21世纪高等教育网络工程规划教材

21st Century University Planned Textbooks of Network Engineering

网络操作系统

——Windows Server 2012 R2配置与管理

（第2版）

Network Operating System

——Windows Server 2012 R2 (2nd Edition)

陈景亮 钟小平 宋大勇◎编著

人 民 邮 电 出 版 社

北 京

图书在版编目（C I P）数据

网络操作系统 : Windows Server 2012 R2配置与管理 / 陈景亮, 钟小平, 宋大勇编著. -- 2版. -- 北京 : 人民邮电出版社, 2017.6(2019.4重印)
21世纪高等教育网络工程规划教材
ISBN 978-7-115-45032-6

Ⅰ. ①网… Ⅱ. ①陈… ②钟… ③宋… Ⅲ. ①Windows操作系统－网络服务器－高等学校－教材 Ⅳ. ①TP316.86

中国版本图书馆CIP数据核字(2017)第036092号

内 容 提 要

本书以广泛使用的 Windows Server 2012 R2 为例介绍网络操作系统的部署、配置与管理的技术方法。全书共 16 章，内容包括系统安装、系统管理、存储、网络、名称解析、Active Directory、DHCP、证书服务、Windows Server 更新服务、网络资源共享、Web 服务器、远程桌面服务、路由器、远程访问服务、服务器核心版以及 Hyper-V 虚拟机。

本书内容丰富，注重系统性、实践性和可操作性，对于每个知识点都有相应的操作示范，便于读者快速上手。

本书可作为计算机网络相关专业的教材，也可作为网络管理和维护人员的参考书。

◆ 编　　著　陈景亮　钟小平　宋大勇
　责任编辑　刘　博
　责任印制　陈　犇

◆ 人民邮电出版社出版发行　　北京市丰台区成寿寺路 11 号
　邮编　100164　　电子邮件　315@ptpress.com.cn
　网址　http://www.ptpress.com.cn
　固安县铭成印刷有限公司印刷

◆ 开本：787×1092　1/16
　印张：31　　　　　　　　2017 年 6 月第 2 版
　字数：773 千字　　　　　2019 年 4 月河北第 3 次印刷

定价：69.80 元

读者服务热线：(010) 81055256　印装质量热线：(010) 81055316

反盗版热线：(010) 81055315

广告经营许可证：京东工商广登字 20170147 号

前　　言

计算机网络已深入到社会的各个领域，不只是电信部门、研究部门、高科技企业，各行各业都对网络工程技术人才提出了迫切的需求，尤其是熟练掌握网络规划、设计、组建和运维管理的高级应用型人才。

计算机网络是由硬件和软件两部分组成的，其中网络操作系统是构建计算机网络的软件核心和基础，是网络的心脏和灵魂。网络操作系统既具有单机操作系统所需的功能，又具有为网络计算机提供网络通信和网络资源共享以及为网络用户提供各种网络服务的功能，是网络用户与计算机网络之间的接口。Windows Server 2012 R2是微软首款支持云计算环境的网络操作系统，易于部署，能够为用户提供全面、可靠的服务器平台和网络基础结构，满足了不同规模用户的需求。

我国很多高等院校的网络相关专业都将“网络操作系统”作为一门重要的专业课程。为了帮助高等院校教师全面、系统地讲授这门课程，使学生能够熟悉网络操作系统的原理，掌握网络操作系统的安装、设置、管理的方法和技能，同时考虑到Windows Server 2012 R2已逐渐成为网络操作系统主流，我们几位长期在高等院校从事网络专业教学的教师共同编写了本书。

本书内容系统全面，结构清晰。在内容编写方面注重难点分散、循序渐进，在文字叙述方面注重言简意赅、重点突出，在实例选取方面注重实用性和针对性。

全书共16章，按照从基础到应用的逻辑进行组织，内容覆盖Windows Server 2012 R2的主要服务器角色和功能。第1章讲解网络操作系统基础和Windows Server 2012 R2安装；第2章～第4章讲解系统管理工具的使用，用户、存储和网络的配置与管理；第5章～第9章讲解各类网络基本服务，包括DNS、Active Directory、DHCP、证书服务和Windows Server更新服务；第10章～第12章讲解应用服务；第13章和第14章讲解网络通信服务（路由器与远程访问）；第15章讲解服务器核心版；第16章讲解Hyper-V虚拟机。

全书每章按照基础知识或原理、部署、配置与管理的内容组织模式进行编写。作为应用型本科教材，本书对于不可缺少的原理部分，讲解简单明了，尽可能使用表格和示意图；配置与管理部分含有大量的动手实践内容，介绍具体的部署和操作步骤，直接向学生进行示范。

本书的参考学时为48学时，其中实践环节为16～20学时。

由于时间仓促，加之我们水平有限，书中难免存在不足之处，敬请广大读者批评指正。

编　者

2016年11月

目　录

第 1 章　Windows Server 2012 R2 安装

Windows Server 2012 R2 是 Windows Server 2012 的升级版本，是一套适应性强的服务器操作系统，能够满足不同规模用户的需求。从中小型企业的文件服务到企业级数据中心和混合云计算，服务器操作系统都可以选择它。本章首先简述网络操作系统的基础知识，然后对 Windows Server 2012 R2 进行介绍，最后讲解如何安装 Windows Server 2012 R2 操作系统。

1.1　网络操作系统概述

计算机网络是由硬件和软件两部分组成的，其中网络操作系统是构建计算机网络的软件核心和基础，是网络的心脏和灵魂。网络操作系统与单机操作系统之间并没有本质的区别，仅仅是增加了网络连接功能和网络服务，它是向网络计算机提供服务的特殊操作系统。由于网络操作系统是运行在服务器之上的，所以有时也将它称为服务器操作系统。

1.1.1　网络操作系统的概念

严格地说，单机操作系统只能为本地用户使用本机资源提供服务，不能满足开放的网络环境的要求。与单机操作系统不同，网络操作系统服务的对象是整个计算机网络，具有更复杂的结构和更强大的功能，必须支持多用户、多任务和网络资源共享。

对于联网的计算机系统来说，它们的资源既是本地资源，又是网络资源；既要为本地用户使用资源提供服务，又要为远程网络用户使用资源提供服务。这就要求网络操作系统能够屏蔽本地资源与网络资源的差异性，为用户提供各种基本网络服务功能，完成网络共享系统资源的管理，并提供网络系统的安全性服务。

网络操作系统是建立在计算机操作系统基础上，用于管理网络通信和共享资源，协调各主机上任务的运行，并向用户提供统一的有效的网络接口的软件集合。从逻辑上看，网络操作系统软件由以下 3 个层次组成。

- 位于低层的网络设备驱动程序。
- 位于中间层的网络通信协议。
- 位于高层的网络应用软件。

它们相互之间是一种高层调用低层，低层为高层提供服务的关系。

与一般操作系统不同的是，网络操作系统可以将它们的功能分配给连接到网络上的多台计算机，另一方面，它又依赖于每台计算机的本地操作系统，使多个用户可以并发访问共享资源。

一个计算机网络除了运行网络操作系统，还要运行本地（客户机）操作系统。网络操作系统运行在称为服务器的计算机上，在整个网络系统中占主导地位，指挥和监控整个网络的运行。网络中的非服务器的计算机通常称为工作站或客户机，它们运行桌面操作系统或专用的客户端操作系统。

1.1.2 网络操作系统的工作模式

早期网络操作系统采用集中模式，实际上是由分时操作系统加上网络功能演变而成的，系统由一台主机和若干台与主机相连的终端构成，将多台主机连接形成网络，信息的处理和控制都是集中在主机上，UNIX 就是典型的例子。现代网络操作系统主要有以下两种工作模式。

1. 客户机/服务器（Client/Server）模式

客户机/服务器模式简称 C/S 模式，是目前较为流行的工作模式。它将网络中的计算机分成两类站点，一类是作为网络控制中心或数据中心的服务器，提供文件打印、通信传输、数据库等各种服务；另一类是本地处理和访问服务器的客户机。客户机具有独立处理和计算能力，仅在需要某种服务时才向服务器发出请求。服务器与客户机之间的关系如图 1-1 所示。

提示：服务器与客户机的概念有多重含义，有时指硬件设备，有时又特指软件（进程）。在指软件的时候，也可以称服务（Service）和客户（Client）。

采用这种模式的网络操作系统软件由两部分组成，即服务器软件和客户机软件，两者之间的关系如图 1-2 所示，其中服务器软件是系统的主要部分。同一台计算机可同时运行服务器软件和客户端软件，既可充当服务器，也可充当客户机。

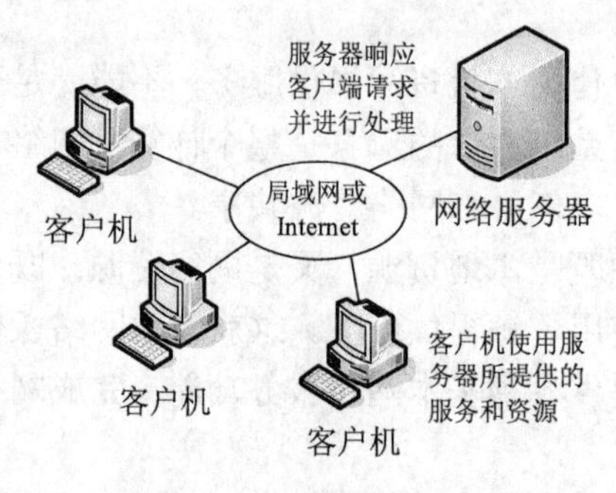

图 1-1 服务器与客户机

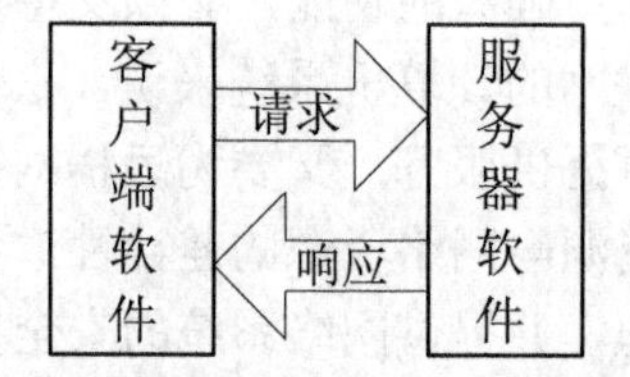

图 1-2 服务器软件与客户端软件

这一模式的信息处理和控制都是分布式的，任务由服务器和客户机共同承担，主要优点是数据分布存储、数据分布处理、应用实现方便，适用于计算机数量较多、位置相对分散、信息传输量较大的网络。NetWare 和 Windows 网络操作系统采用的就是这种模式。

2. 对等（Peer to Peer）模式

采用对等模式的网络操作系统允许用户之间通过共享方式互相访问对方的资源，联网的各台计算机同时扮演服务器和客户机两个角色，并且具有对等的地位。这种模式的主要优点是平等性、可靠性和可扩展性较好。它适用于小型计算机网络之间资源共享的场合，无需购置专用服务器。Windows 8 操作系统就内置了对等式操作系统，通过相应的设置可以方便地实现对等模式网络。

1.1.3　网络操作系统的体系结构

操作系统的体系结构和设计方法都在不断更新，就网络操作系统来说，主要有层次结构和微内核结构两种类型，其中微内核结构与客户机/服务器模式结合起来。

1. 内核组织方式：单内核与微内核

无论采用哪种体系结构，操作系统的任务至少都可划分为两类：内核模式和用户模式。内核是操作系统最底层的核心部分。以内核模式运行的代码可访问系统硬件和系统数据。为保护系统和数据，只允许某些代码以内核模式运行，而让其他代码都以用户模式运行。

操作系统设计的一个基本问题就是内核的功能设计。由于操作系统设计的目标和环境不同，内核的大小和功能有很大差别。网络操作系统主要有两种内核组织方式：单内核（monolithic kernel）和微内核（microkernel）。

（1）单内核

单内核结构在硬件层之上定义了一个抽象接口，以实现操作系统的功能，如进程管理、文件系统和存储管理等，这些功能由多个运行在内核模式（核心态）的模块来完成。这些模块通常按层次划分（图 1-3），形成垂直型结构。尽管其中每一模块都各自实现自己的功能，但内核代码是高度集成的，所有模块都在同一内核空间上运行，模块之间的联系通过函数或过程调用来实现。

单内核的优点是运行效率高、核心部分简洁。但是由于内核具有较多的功能，整个内核偏大，内部模块之间互相调用的关系较为复杂，一个很小的 bug 就有可能导致整个系统崩溃。Linux 和 FreeBSD 采用的就是典型的单内核结构。

（2）微内核

微内核是一种新型结构，其基本思想就是内核要尽可能小，将大量的操作系统功能放到内核之外去实现。如图 1-4 所示，微内核用水平型结构代替垂直型结构，内核中仅存放那些最基本的核心操作系统功能；内核外部的其他服务和应用，作为独立的服务器进程，在用户模式下运行，这些模块之间的联系通过微内核提供的消息传递机制来实现。

微内核体现了操作系统结构设计的新思想，将内核和核外服务程序的开发分离，可为特定应用程序或运行环境要求定制服务程序，具有较好的可伸缩性，简化了实现，提供了灵活性，很适合网络操作系统与分布式系统的构造。另外，微内核还能执行保护功能。

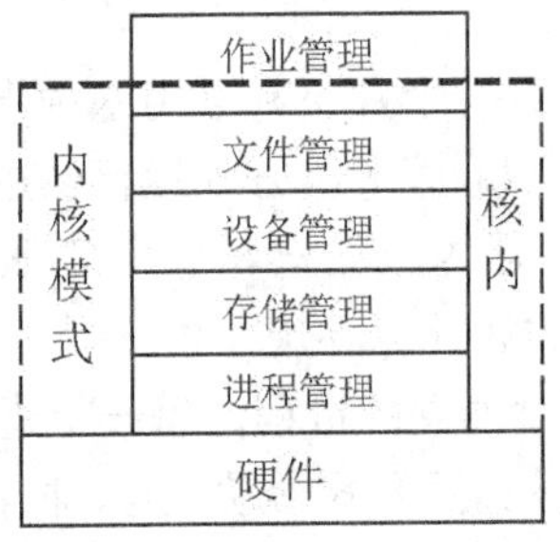

图 1-3　单内核（核内分层）

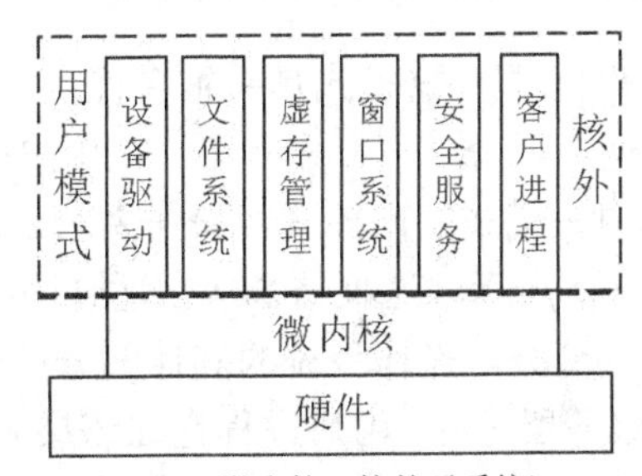

图 1-4　微内核（核外子系统）

2. 层次式体系结构

层次式体系结构参照了结构化程序设计思想，对操作系统进行严格的分层，使得整个操作系统层次分明，如图 1-5 所示。UNIX 和 Linux 系统采用的就是这种体系结构。

在采用层次结构的操作系统中，各个模块都有相对固定的位置和相对固定的层次。在严格的分层结构中，任何一层只能调用比它低的层次所提供的服务，并为其上层提供服务。这种结构的优点是功能明确，调用关系清晰（即高层对低层单向依赖），保证设计和实现的正确性；各层可分别实现，且便于扩充；高层错误不会影响到低层。缺点主要是效率低、层次之间的调用开销大、系统内核比较大。

3. 微内核体系结构

微内核的提出是为了克服内核由于功能的增加而逐渐变大的缺点，基本的设计思想是将操作系统中与硬件直接相关的部分抽取出来作为一个公共层，称之为硬件抽象层（HAL）。如图 1-6 所示，这个硬件抽象层其实就是一种虚拟机，它向所有基于该层的其他层通过 API 接口提供一系列标准服务。操作系统的大部分代码只要在一种统一的硬件体系结构上进行设计就可以了。这种体系结构将必要的核心功能集成到微内核中，将绝大部分功能都放在微内核外面的一组服务器（进程）中实现。

微内核体系结构的优点是具有灵活性和可扩展性，增加新的功能或设备，不必修改内核；可靠性高，较少的微内核代码容易进行测试，较少的 API 接口为内核之外的操作系统服务生成高质量代码创造了条件；可移植性好，所有与特定 CPU 有关的代码均在内核中，因而把系统移植到一个新 CPU 上所做修改较小；支持分布式系统和网络系统。但是，现代微内核结构操作系统还存在着许多问题，目前主要用于研究性操作系统。

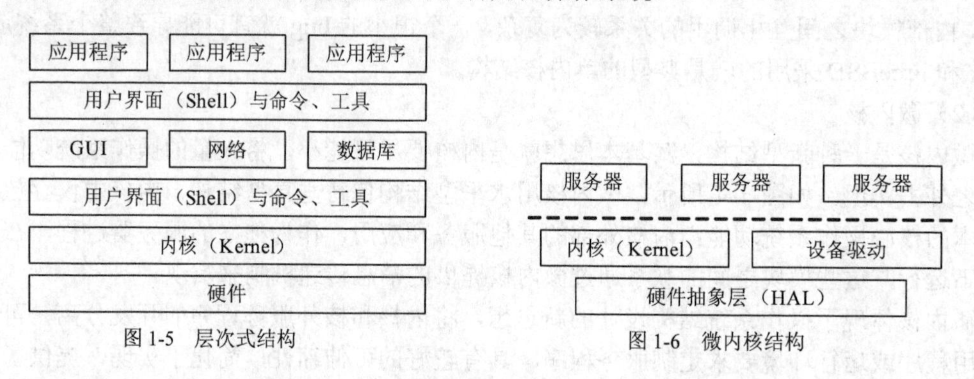

图 1-5 层次式结构

图 1-6 微内核结构

4. 与客户机/服务器模式结合的微内核体系结构

由于客户机/服务器模式具有很多优点，微内核操作系统中几乎都采用这种模式。它将操作系统分成两大部分，一部分是运行在用户模式并以客户机/服务器方式运行的进程；另一部分是运行在内核模式的内核（即操作系统最基本部分）。微内核结构与客户机/服务器模式结合方式如图 1-7 所示，这种结合非常适合网络环境及分布式计算环境。

除内核部分外，操作系统的其他部分被分成若干相对独立的进程，每一个进程实现一类服务，称为服务器进程。用户进程也在该层并以客户机/服务器方式活动，是一种客户机进程。用户进程与服务器进程形成了客户机/服务器关系。客户机进程与服务器进程之间是借助微内核提供的消息传递机制来实现信息交互的。客户机和服务器都运行于相同的微内核中，让用户和服务器都以用户进程的方式运行，一台机器可以运行单个进程，多个客户机、多个服务器或二者的混合。

提示： 在实际应用中，以单内核结构为基础的操作系统却一直占据着主导地位。微软声称 Windows 网络操作系统基于改良的微内核架构。

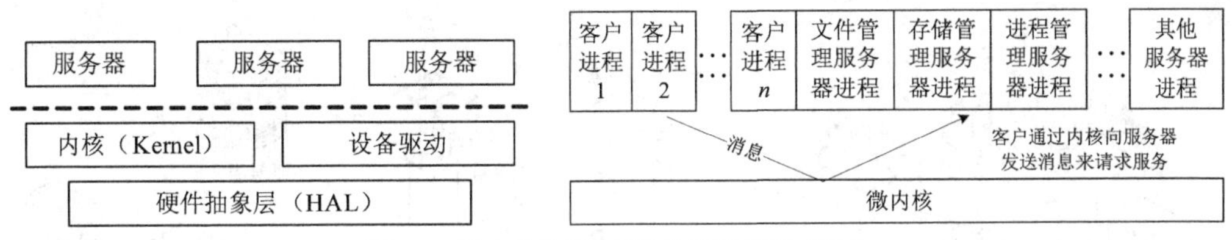

图 1-7 微内核结构与客户机/服务器模式结合

1.1.4 常用的网络操作系统

随着计算机网络的迅速发展，市场上出现了多种网络操作系统并存的局面。各种操作系统在网络应用方面都有各自的优势，都极力提供跨平台的应用支持。目前主流的网络操作系统主要有 Windows、UNIX 和 Linux。Windows 操作系统的突出优点是便于部署、管理和使用，深受国内企业的青睐；UNIX 版本很多，大多要与硬件相配套，一般提供关键任务功能的完整套件，在高端市场处于领先地位；Linux 凭借其开放性和高性价比等特点，近年来获得了长足发展，市场份额不断增加。

1.1.5 服务器在网络中的部署

服务器是在网络环境中为用户计算机提供各种服务的计算机，承担网络中数据的存储、转发和发布等关键任务，是网络应用的基础和核心。运行网络操作系统的服务器在网络中起着关键作用。

服务器一般要为网络中的所有用户提供服务，用户对服务器访问的频繁程度远高于对其他计算机的访问，与服务器的连接往往成为网络瓶颈，为此在网络中部署服务器应当遵循以下 4 项基本原则。

- 服务器应当直接连接到中心集线设备（交换机或路由器）。
- 服务器应当连接至集线设备所能提供的最高速率的端口上。
- 服务器应当连接至性能最高的交换机上。
- 将需要频繁访问服务器的计算机与服务器连接到同一集线设备，如果中心集线设备端口受限，尽可能将其连接到该集线设备的直接下级集线设备，以减少交换层次。

这里给出常见的服务器部署的网络拓扑。

1. 单一服务器部署

中小型网络通常部署一台服务器，服务器往往承担多种角色，如文件服务器、Web 服务器、数据库服务器等，部署在网络的中心位置，如图 1-8 所示。

2. 多服务器分层部署

大中型网络通常部署多台服务器，根据业务特点分层级部署。如图 1-9 所示，在核心层部署企业级服务器，为整个网络提供服务，如 Web 服务器、数据库服务器；在接入层或分支区域部署部门级服务器，主要为部门或分支机构提供服务，如文件和打印服务器。

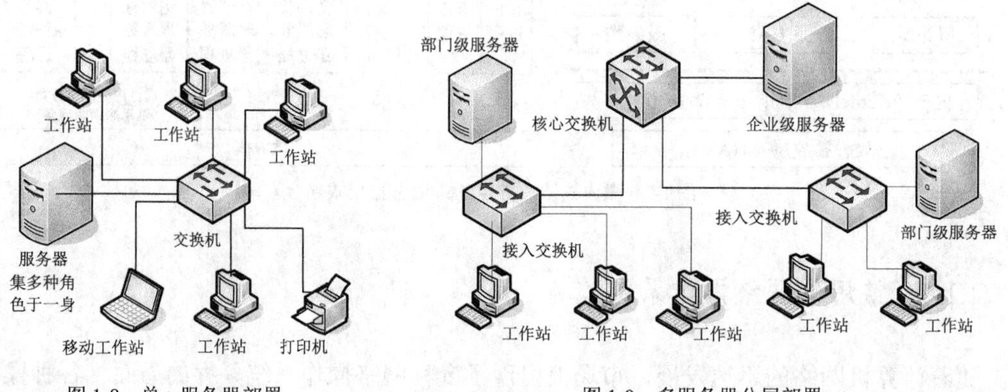

图 1-8　单一服务器部署　　　　图 1-9　多服务器分层部署

3. 服务器链式部署

大型网站访问量大，对带宽要求高，往往需要多台服务器来承担不同角色并提供服务，最简单的是链式部署，让用户首先访问缓存服务器，如图 1-10 所示。

4. 服务器群集部署

群集（Cluster）将多台服务器连接到一起，以一台服务器的形式向用户提供服务，旨在提高整个系统的性能和可用性。群集中的所有服务器通过高速网络相互连接，往往共享数据存储空间，拥有一个公共接口，用户通过该接口可以访问其中任意一台服务器，如图 1-11 所示。

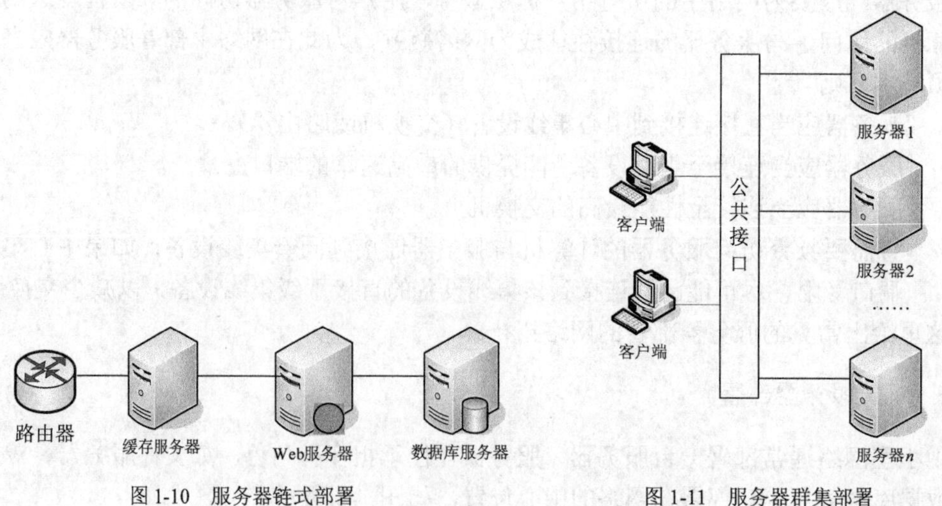

图 1-10　服务器链式部署　　　　图 1-11　服务器群集部署

目前主要有两种服务器群集类型，一种以故障转移或容错为主，一旦其中有一台或几台服务器出现停机，其运行的应用由群集中的其他服务器自动接管，从而提高整个系统的可用性；另一种以负载均衡为主，将服务和应用程序部署到多台服务器，将用户网络请求分散到多台服务器上，从而提高整个系统的性能。

1.2　Windows Server 2012 R2 简介

Windows Server 2012 R2 是微软首款支持云计算环境的网络操作系统，与之前版本相比，新增功能多达 300 多项，涉及虚拟化、网络、存储、可用性等多方面。从中小型企业到数据中心，Windows Server 2012 R2 都是当仁不让的选择。

1.2.1　Windows Server 2012 R2 的特性

Windows Server 2012 R2 是 Windows Server 2012 的升级版本，是基于 Windows 8.1 界面的新一代 Windows 服务器操作系统，其核心版本号为 Windows NT 6.3。与它对应的桌面（客户端）操作系统版本是 Windows 8.1。

Windows Server 2012 R2 功能涵盖服务器虚拟化、存储、软件定义网络（Software Defined Network，SDN）、服务器管理和自动化、Web 和应用程序平台、访问和信息保护、虚拟桌面基础结构等。

Windows Server 2012 R2 提供企业级数据中心解决方案。它能够更有效地提高性能和扩展能力，运行最大的工作负载，同时支持强大的恢复选项以防停电造成损失。

Windows Server 2012 R2 以应用程序为重心。其开放框架带来增强支持，解决本地环境和公有云与服务提供商云之间的应用程序移植问题，从而更灵活地生成、部署和扩展应用程序以及网站。

Windows Server 2012 R2 以用户为中心。它使用广泛的存储选择和 VHD（虚拟磁盘格式）去重功能，部署虚拟桌面基础结构，显著降低了存储成本。

Windows Server 2012 R2 易于部署，成本效益高。它提供多租户感知存储和联网多租户功能，可以在成本低的行业标准硬件上进行存储和联网。

1.2.2　Windows Server 2012 R2 的新增功能和增强功能

Windows Server 2012 R2 继承了 Windows Server 2012 的优秀特性，将能够提供全球规模云服务的 Microsoft 体验带入企业用户的基础架构，在虚拟化、管理、存储、网络等许多方面具备多种新增功能和增强功能。下面列举部分新增功能和增强功能。

- 桌面的改进。在 Windows Server 2012 中去掉了桌面左下角的“开始”按钮，Windows Server 2012 R2 又将该按钮⊞加上了。单击该按钮，或者按 Win 键可以打开“开始”界面。另外，服务器管理器仪表板提供彩色警告来指示问题。
- 在存储管理方面，改进了群集共享卷和存储空间，新增存储分层（Storage Tiering）、回写缓存（Write Back Cache）和从存储池可用空间自动重建存储空间等功能。

- 在虚拟化方面，改进虚拟桌面基础架构（VDI）以便轻松实现跨设备部署虚拟资源，新增第二代虚拟机便于动态迁移，Hyper-V 虚拟磁盘使用 VHDX 格式以提高容量和性能。
- Windows PowerShell 升级到 4.0 版本，增加了更多的命令、参数，有助于扩展和提升任务自动化能力。

1.2.3 Windows Server 2012 R2 的版本

Windows Server 2008 R2 提供企业版，而 Windows Server 2012 不再提供企业版，而是将原先的企业版功能转到数据中心版。与 Windows Server 2012 一样，Windows Server 2012 R2 也提供 4 个版本，说明如下。

1. 标准版（Standard Edition）

这是 Windows Server 2012 R2 旗舰版，可以用于构建企业级云服务器。该版本功能丰富，能够充分满足企业组网要求，既可作为多用途服务器，又可作为专门服务器。

它所支持的处理器芯片不超过 64 个，内存最大为 4 TB，用户数不受限制，但是虚拟机权限有限，最多仅支持 2 个虚拟机，显然，它不适合虚拟化环境。

2. 数据中心版（Datacenter Edition）

这是最高级的 Windows Server 2012 R2 版本，最大的特色是虚拟化权限无限，可支持的虚拟机数量不受限制，最适合高度虚拟化的企业环境。与标准版的差别只有授权，特别是虚拟机实例授权。

3. 精华版（Essentials Edition）

这是适合小型企业及部门级应用的版本。它所支持的处理器芯片不超过 2 个，内存最大为 64 GB，用户数最多为 25 个，远程桌面连接限制为 250 个，可以支持一个虚拟机或一个物理服务器，但两者不可以同时使用。精华版与以上两个版本产品功能相同，但部分受限。

4. 基础版（Foundation Edition）

这是最低级别的 Windows Server 2012 R2 版本，包括其他版本中的大多数核心功能，但是主要参数都很受限。它所支持的处理器芯片不超过 1 个，内存最大为 32 GB，用户数最多为 15 个，远程桌面连接限制为 20 个，不支持虚拟化，既不能作为虚拟机主机，又不能作为虚拟机客户机。

1.3 Windows Server 2012 R2 安装

安装网络操作系统是搭建网络服务器的第一步，选择一个稳定并且易用的操作系统非常关键。随着基于 64 位处理器的 PC 服务器的逐渐普及，Windows Server 2012 R2 成为目前流行的 Windows 服务器操作系统，能够为用户提供全面、可靠的服务器平台和网络基础结构。

1.3.1　组建测试网络

在学习网络服务器配置与管理的过程中，虽然网络服务或应用程序可以直接在物理服务器上进行测试，但是为了达到好的测试效果，往往需要两台或多台计算机进行联网测试。在实际工作中，正式部署生产服务器之前都需要先进行测试。如果有多台计算机，可以组成一个小型网络用于测试；如果只有一台计算机，可以采用虚拟机软件构建一个虚拟网络环境用于测试。

本书实例运行的基本网络环境涉及 3 台计算机。

- 用作域控制器和部署基本服务的服务器。运行 Windows Server 2012 R2，名称为 SRV2012A，IP 地址为 192.168.1.10，域的名称为 abc.com；
- 用于安装其他网络服务的服务器。运行 Windows Server 2012 R2，名称为 SRV2012B，IP 地址为 192.168.1.20，用于测试网关或路由器时需增加一个 Internet 连接（可加一个网卡模拟公网连接）。
- 用作客户端的计算机。运行 Windows 8.1，名称为 Win8-PC。

不同的实验要求可根据需要调整或增减，例如域控制器与服务器由一台计算机充当。

通过虚拟机软件，可以在一台物理计算机上模拟出一台或多台虚拟计算机，这些虚拟机完全就像真正的计算机那样进行工作，可以安装操作系统、应用程序及访问网络资源等。VMware 的快照（Snapshot）功能可以用于保存和恢复系统当前状态，这对测试很有用。强烈建议读者使用 VMware 创建网络环境，以利于服务器部署和测试，因为有些服务器功能还需变更网络环境、调整服务器和客户端的基本配置。

提示：在 VMware 虚拟机中安装 Windows Server 2012 R2 服务器之后，可以通过 VMware 的克隆（Clone）快速安装另一台服务器。由于要用到 Active Directory，在同一域中两台计算机不能有相同的 SID。SID 也就是安全标识符（Security Identifiers），是标识用户、组和计算机账户的唯一号码。Windows Server 2012 R2 内置有 SID 更改工具 Sysprep（系统准备工具），执行系统卷中的\windows\system32\sysprep\sysprep.exe，根据提示操作即可更改 SID，系统可以重新获取 SID，还需要重新激活。

1.3.2　Windows Server 2012 R2 安装概述

与早期 Windows Server 版本相比，Windows Server 2012 R2 的安装过程更为简单。

1. Windows Server 2012 R2 安装模式

Windows Server 2012 R2 提供了以下两种安装模式。

- 带有 GUI 的服务器：这是一种完全安装模式，安装完成后的操作系统内置图形用户界面，可以充当各种服务器角色。通常采用这种安装模式。
- 服务器核心（Server Core）安装：安装完成后的系统仅提供最小化的环境，没有图形用户界面，只能通过命令行或 Windows PowerShell 来管理系统，这样可以降低维护与管理需求，同时提高安全性。不过它仅支持部分服务器角色。

2. Windows Server 2012 R2 安装方式

Windows Server 2012 R2 具有以下 3 种安装方式。

- 全新安装方式：一般通过 Windows Server 2012 R2 DVD 光盘启动计算机并运行其中的安装程序。如果磁盘内已经安装了以前版本的 Windows 操作系统，也可以先启动此系统，然后运行 DVD 内的安装程序，不升级原 Windows 操作系统，这样磁盘分区内原有的文件会被保留，但原 Windows 操作系统所在的文件夹（Windows）会被移动到 Windows.old 文件夹内，而安装程序会将新操作系统安装到此磁盘分区的 Windows 文件夹内。
- 升级安装方式：将原有的 Windows 操作系统升级到 Windows Server 2012 R2。用户必须先启动原有的 Windows 系统，然后运行 Windows Server 2012 R2 DVD 内的安装程序。原有 Windows 系统会被 Windows Server 2012 R2 替代，不过原来大部分的系统设置会被保留在 Windows Server 2012 R2 系统内，常规的数据文件（非系统文件）也会被保留。
- 其他安装方式：首次安装 Windows Server 2012 R2 通常选择全新安装或升级安装。另外，还可以采用其他一些更高级的安装方式，如无人参与安装，使用 Windows Automated Installation Kit 中的 ImageX 进行克隆安装，微软提供的部署解决方案（如 Windows Deployment Service 使用 Windows Server 2012 R2 包含的功能进行网络执行安装），以及第三方解决方案（如 Ghost 与微软系统准备工具 Sysprep 结合起来进行快速安装）。

3. Windows Server 2012 R2 安装要求

Windows Server 2012 R2 几乎可以安装在任何现代服务器上。它的系统安装要求相对不高，最低配置为一个 1.4 GHz 的 64 位 CPU、512 MB 内存、32 GB 磁盘存储、千兆以太网以及 DVD 或者其他安装媒介。次要的需求包括 SVGA 显示设备、1024×768 或更高分辨率、一个键盘和鼠标，以及 Internet 接入。

Windows Server 2012 R2 仅支持 64 位的体系结构，不可以在 32 位 CPU 的服务器上安装。

4. 安装之前的准备工作

在安装 Windows Server 2012 R2 之前需要做如下准备工作。

- 备份数据，包括配置信息、用户信息和相关数据。
- 切断 UPS 设备的连接。
- 如果使用的大容量存储设备由厂商提供了驱动程序，需准备好相应的驱动程序，以便于在安装过程中选择这些驱动程序。

1.3.3 全新安装 Windows Server 2012 R2

全新安装有两种情况，一种是在当前没有任何操作系统的计算机上安装，另一种是当前已有操作系统，但不希望保留它。

Windows Server 2012 R2 安装包很大，通常使用 DVD 光盘介质安装，这就要求服务器提供 DVD 光驱。将服务器设置为从光驱启动，将安装光盘插入光驱，重新启动即可开始安装过程。如果采用虚拟机，将虚拟机的 CD/DVD 重定向到 Windows Server 2012 R2 安装包映像文件即可。这里的实验操作采用虚拟机环境。下面进行操作示范。

1.（实验 1-1）全新安装 Windows Server 2012 R2 示范

（1）启动 Windows 安装程序，首先出现的界面如图 1-12 所示，选择要安装的语言、时间和货币格式、键盘和输入方法，这里保持默认值，单击“下一步”按钮。

（2）出现相应的界面，单击“现在安装”按钮开始安装。

（3）出现“输入产品密钥以激活 Windows”的界面，输入正确的产品序列号，单击“下一步”按钮。

（4）出现图 1-13 所示的界面，选择要安装的版本，这里选择“Windows Server 2012 R2 Standard（带有 GUI 的服务器）”，单击“下一步”按钮。

服务器核心（Server Core）不含任何 GUI 界面，这要求管理员熟悉命令行工具和远程管理技术，初学者最好先熟悉 GUI 界面之后再考虑这种版本。

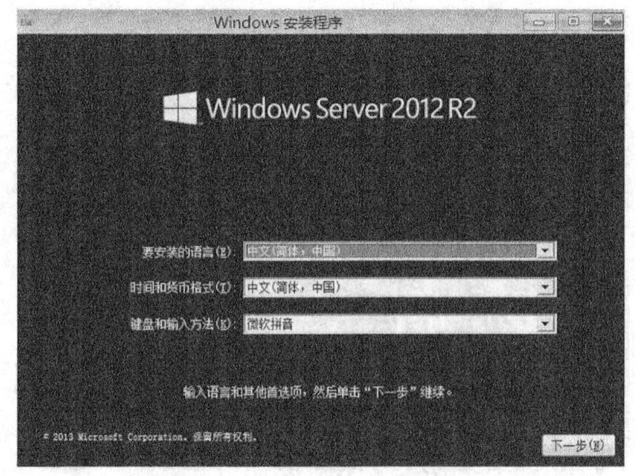

图 1-12　设置安装基本环境

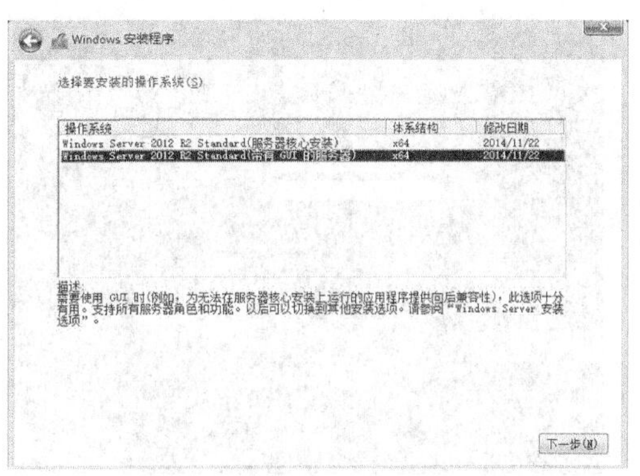

图 1-13　选择安装版本

（5）出现“许可条款”界面，选中“我接受许可条款”选项，单击“下一步”按钮。

（6）出现图 1-14 所示的界面，选择安装类型，选择“自定义：仅安装 Windows（高级）”执行全新安装。

第一项表示升级安装，后面将进行示范。

（7）出现图 1-15 所示的界面，选择要安装系统的磁盘分区，这里保持默认设置，单击“下一步”按钮。

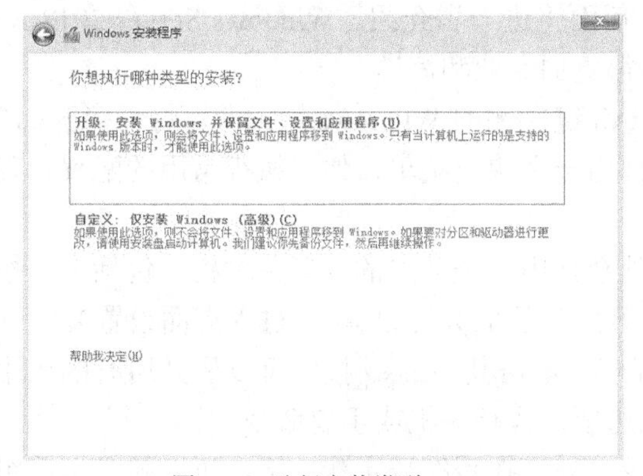

图 1-14　选择安装类型

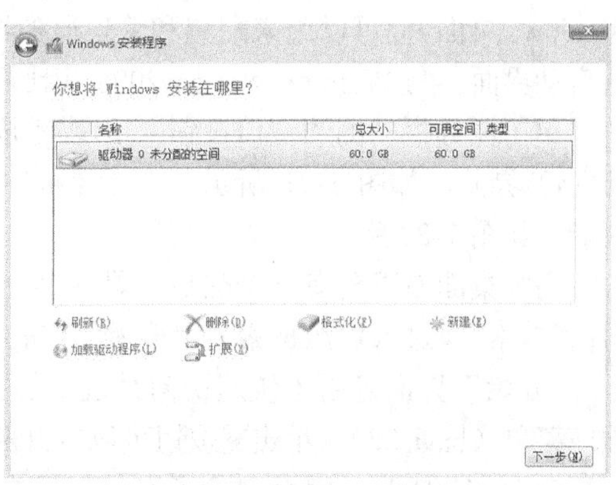

图 1-15　选择要安装系统的磁盘分区

有些磁盘需要厂商专门提供的驱动程序，此时可能不能发现任何磁盘（虽然 BIOS 中能发现），单击“加载驱动程序”按钮执行此项任务。也可在这个界面新建磁盘分区，删除已有的分区或对分区进行格式化。为保证系统安全性和稳定性，最好先删除原有分区，然后再重新创建新的分区。

（8）接着开始显示安装进度，如图 1-16 所示。

（9）安装过程中还要重新启动多次，当出现图 1-17 所示的界面时，设置本地管理员账户 Administrator 的密码，如果单击按钮将以明文显示密码。Windows Server 2012 R2 对密码有要求，至少 8 个字符，包括大写字母、小写字母和数字。

（10）单击“完成”按钮完成设置，之后出现如图 1-18 所示的系统界面。此时说明操作系统已正常运行，只是没有用户登录。

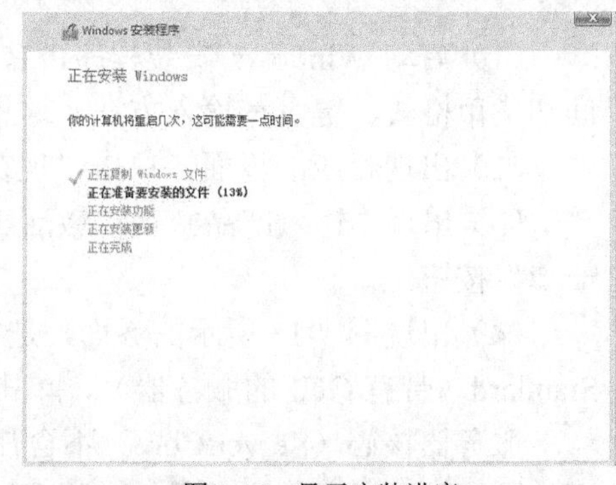

图 1-16　显示安装进度

图 1-17　设置管理员密码

图 1-18　系统正常运行

2. 登录 Windows Server 2012 R2

根据提示按 Ctrl+Alt+Delete 组合键（在 VMware 虚拟机中通过虚拟机软件发送该命令，或者按 Ctrl+Alt+Insert 组合键）弹出登录对话框，如图 1-19 所示，默认以管理员身份登录，输入管理员密码，单击右向箭头图标登录即可。

成功登录后将出现图 1-20 所示的界面，显示的是服务器管理器仪表板（默认遮盖了 Windows 桌面），可以用来配置和管理服务器，后面将进一步介绍。Windows Server 2012 R2 的启动界面，与 Windows Server 2008 相比，显得更加专业和简洁。

单击任务栏左侧的窗口按钮，或者按左 Alt 键左侧的 Windows 键，即可打开“开始”（Start）界面，如图 1-21 所示。右击该按钮会弹出一个快捷菜单，便于执行常用的配置管理功能，如图 1-22 所示。

另外桌面右下角有一个热点，鼠标移到此处会弹出一个动态的垂直菜单栏，包括 3 个按钮：“搜索”（进入资源搜索）、“开始”（进入“开始”界面）、“设置”（进入桌面设置）。

“开始”界面可用于快速访问系统中的主程序。单击其中的按钮可以展开所有的应用程序菜单（图 1-23），单击按钮可以打开关机选项，执行关机或重启命令。

Ctrl+Alt+Delete 组合键除了用于交互式登录之外，在系统登录状态下，可以随时按此组合键打开图 1-24 所示的安全菜单，执行锁定系统、切换用户、注销、更换密码、打开任务管理器、关机、重启等系统管理和应急处理操作。

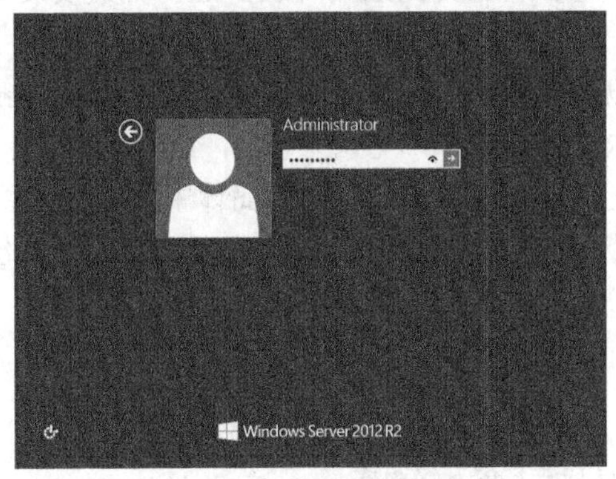

图 1-19　以管理员身份登录

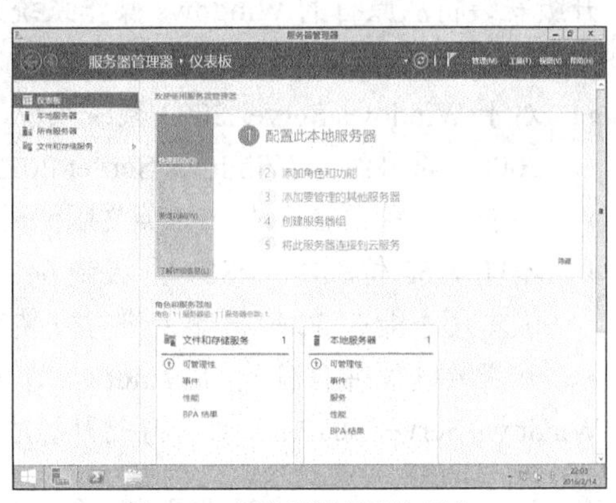

图 1-20　服务器管理器仪表板

图 1-21　“开始”界面

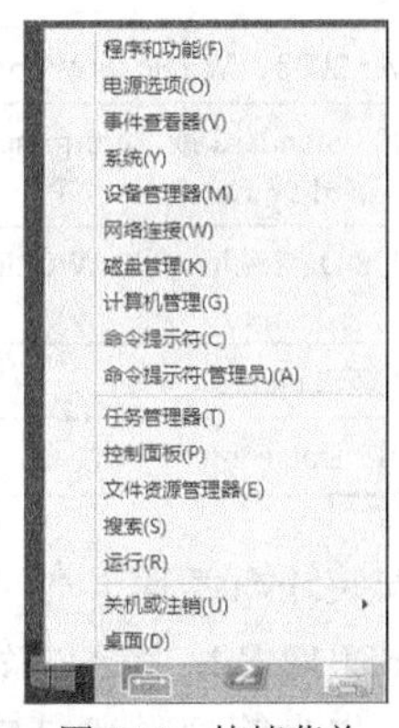

图 1-22　快捷菜单

图 1-23　“应用”界面

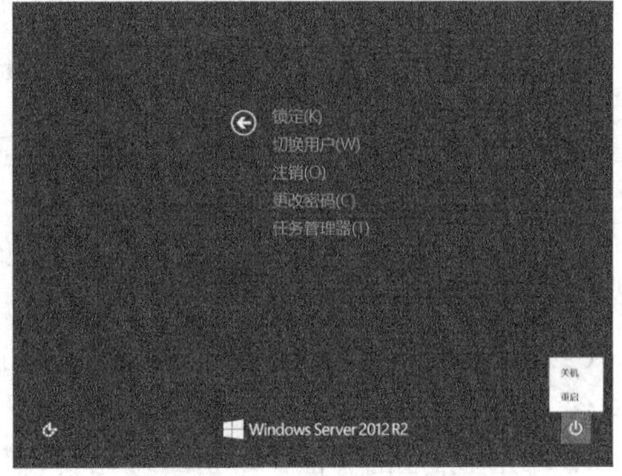

图 1-24　Windows 安全菜单

1.3.4　升级安装 Windows Server 2012 R2

有些用户需要在现有的服务器上采用升级安装的方式部署 Windows Server 2012 R2，以避免重新构建服务器、重新安装应用程序。

1. 升级安装说明

升级安装将从原有的 Windows 操作系统升级到 Windows Server 2012 R2。升级安装是有限制条件的，列举如下。

- 对于 Windows Server 2003 系统来说，无法直接升级，可以先升级到 Windows Server 2008，再升级到 Windows Server 2012 R2。
- 不能从一种语言版本（如英文版）升级到另一种语言版本（如简体中文版）。
- 不能从 32 位版本（x86）升级到 64 位版本（x64）。Windows Server 2012 R2 的任何版本都不能在 32 位机器上进行安装或升级。
- 升级要确保拥有有效的 Windows 许可证。

Windows Server 2012 R2 所支持的升级版本见表 1-1。

表 1-1　Windows Server 2012 R2 所支持的升级版本

原操作系统版本	可升级到的操作系统版本
Windows Web Server 2008、Windows Web Server 2008 R2	Windows Server 2012 R2 Standard
Windows Server 2008 Standard 或 Enterprise SP2、Windows Server 2008 R2 Standard 或 Enterprise SP1	Windows Server 2012 R2 Standard 或 Datacenter
Windows Server 2008 Datacenter SP2、Windows Server 2008 R2 Datacenter SP1	Windows Server 2012 R2 Datacenter
Windows Server 2012 Standard	Windows Server 2012 R2 Standard 或 Datacenter
Windows Server 2012 Datacenter	Windows Server 2012 R2 Datacenter

另外升级安装还有考虑其他一些问题，如拟升级的服务器上的软件或驱动程序是否支持 Windows Server 2012 R2，比较关键的服务器在升级之前应当进行备份。微软主张应当尽可能避免升级安装。作为管理员还是应当掌握升级安装。

用户必须先启动原有的 Windows 系统，然后运行 Windows Server 2012 R2 安装程序。

2.（实验 1-2）升级安装 Windows Server 2012 R2 示范

这里示范一下从 Windows Server 2008 R2 Standard 简体中文版升级到 Windows Server 2012 R2 Standard 简体中文版的操作过程。

（1）做好升级安装准备。作为实验操作，如果没有现成的 Windows Server 2008 R2 Standard 服务器，可以先安装一台（最好是虚拟机）。

（2）在 Windows Server 2008 R2 服务器上打开 Windows Server 2012 R2 安装光盘（或映像文件），运行其中的 setup.exe 安装程序。

（3）出现相应的界面，单击“现在安装”按钮开始安装。

（4）出现图 1-25 所示的界面，可以选择获取重要的 Windows 更新。为加快安装步骤，这里选择“不，谢谢”。

（5）出现“输入产品密钥以激活 Windows”的界面，输入正确的产品序列号，单击“下一步”按钮。

（6）出现相应的界面（参见图 1-13），选择要安装的版本，这里选择“Windows Server 2012 R2 Standard（带有 GUI 的服务器）”，单击“下一步”按钮。

（7）出现“许可条款”界面，选中“我接受许可条款”选项，单击“下一步”按钮。

（8）出现相应的界面（参见图 1-14），选择安装类型，这里选择第一项进行升级安装。

（9）安装程序开始检查兼容性，检查完毕生成报告，如图 1-26 所示。单击“下一步”按钮。

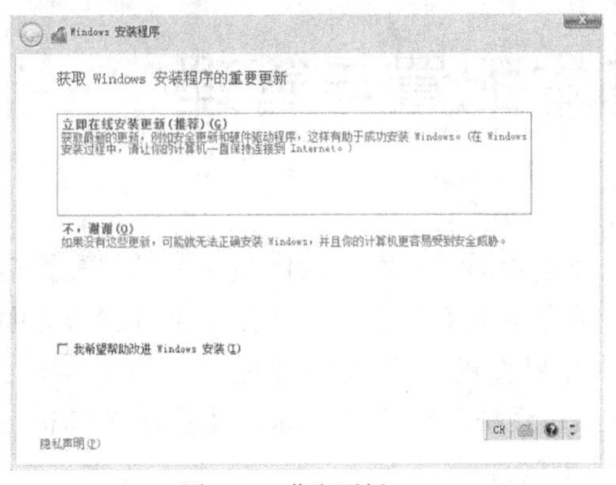

图 1-25　获取更新

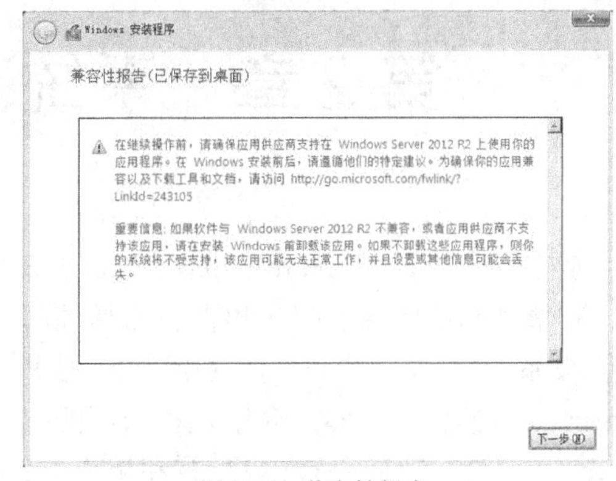

图 1-26　兼容性报告

（10）接着开始显示安装进度，安装过程中还要重新启动多次。

与全新安装不同的是，管理员密码将保持原操作系统的设置，安装过程中不用单独设置。当升级完成后重新启动到 Windows Server 2012 R2，出现登录界面。成功登录之后，呈现的初始界面是服务器管理器，而不是 Windows Server 2008 R2 默认的初始配置工具。

1.4　习　　题

1．简述网络操作系统的两种工作模式。

2．Windows 网络操作系统采用的是哪一种体系结构？这种体系结构有何特点？

3．Windows Server 2012 R2 有哪几个版本？

4．Windows Server 2012 R2 安装模式有哪几种？

5．升级安装有什么特点？

6．采用全新安装方式在服务器上安装 Windows Server 2012 R2 企业版，以管理员身份登录之后熟悉操作界面。

第 2 章　系统基本配置与管理

从本章开始以 Windows Server 2012 R2 企业版为例讲解网络操作系统的具体配置与管理。本章是网络服务器配置和管理的基础部分，重点是配置管理工具，首先讲解图形界面的重量级系统管理工具——服务器管理器和命令行界面的专业系统管理工具——Windows PowerShell 的使用，然后介绍几种通用的 Windows 系统配置管理工具，最后讲解 Windows Server 2012 R2 系统运行环境配置和用户与组的配置管理。

2.1　使用服务器管理器

微软一直致力于让管理员使用单一工具来集中管理服务器，这个工具就是服务器管理器（Server Manager）。在图形界面下配置管理 Windows Server 2012 R2 服务器，它可能是使用频率最高的工具。

2.1.1　服务器管理器主要功能

服务器管理器有助于简化服务器管理，提高服务器管理效率。作为一个集中式的管理控制台，服务器管理器用于查看和管理影响服务器工作效率的大部分信息和工具。管理员使用该工具可以完成以下众多配置管理任务，使服务器管理更为高效。

- 查看和更改服务器上已安装的服务器角色及功能。
- 在本地服务器或其他服务器上执行与服务器运行生命周期相关联的管理任务，如启动或停止服务，以及管理本地用户账户。
- 执行与本地服务器或其他服务器上已安装角色的运行生命周期相关联的管理任务，包括扫描某些角色，确定它们是否符合最佳做法。
- 确定服务器状态，识别关键事件，分析并解决配置问题和故障。
- 通过安装被称为角色、角色服务和功能的软件程序包来部署服务器。

Windows Server 2012 和 Windows Server 2012 R2 进一步改进了服务器管理器，除了用于管理本地服务器外，还可以用于管理多个远程服务器，这样就可以通过单个控制台集中管理多个服务器。对于中小型企业来说，服务器管理器是非常重要的系统管理工具。

2.1.2　启动服务器管理器

当以管理员组成员的身份登录到 Windows Server 2012 R2 服务器上时，默认自动启动服务器管理器。如果关闭了服务器管理器，可以考虑采用下列任一方法重新启动它。

- 在 Windows 任务栏上单击“服务器管理器”图标。
- 在 Windows 的“开始”屏幕上单击“服务器管理器”磁贴。
- 运行 compmgmtlauncher.exe 命令。

如果不想让服务器管理器每次登录时自动启动，在服务器管理器中单击右上角的“管理”菜单，选中“服务器管理属性”打开相应的对话框，选中“在登录时不自动启动服务器管理器”复选框即可。另一种方式是修改注册表来实现，具体是将 HKEY_LOCAL_MACHINE\SOFTWARE\Microsoft\Server Manager 下的\DoNotOpenSerever ManagerAtLogon 项值由 0 改为 1。另外，使用本地组策略也可以阻止服务器管理器自动启动，请读者自己尝试本地组策略编辑。

提示：服务器管理器的许多操作需要管理员权限。如果使用不具备管理员权限的账户登录到服务器，执行需要管理员特权的操作时，切换到 Windows 的“开始”界面，右击“服务器管理器”磁贴，选择“以管理员身份运行”命令并提供具有管理员权限的账户凭据即可。

2.1.3　服务器管理器界面

服务器管理器更容易让管理员将注意力集中在服务器需要完成的任务上。服务器管理器是一个扩展的 Microsoft 管理控制台（MMC），初始界面如图 2-1 所示，与 Windows Server 2008 相比，新的界面更加简洁，操作起来更加简单快捷，界面使用了新的 Metro 风格方框。

顶部显得非常简洁，但内容非常丰富。顶部右侧的工具栏分别有“管理”“工具”“视图”和“帮助”菜单，可以完成绝大多数配置管理任务。“工具”菜单提供了多数 Windows 系统管理工具入口，如图 2-2 所示。

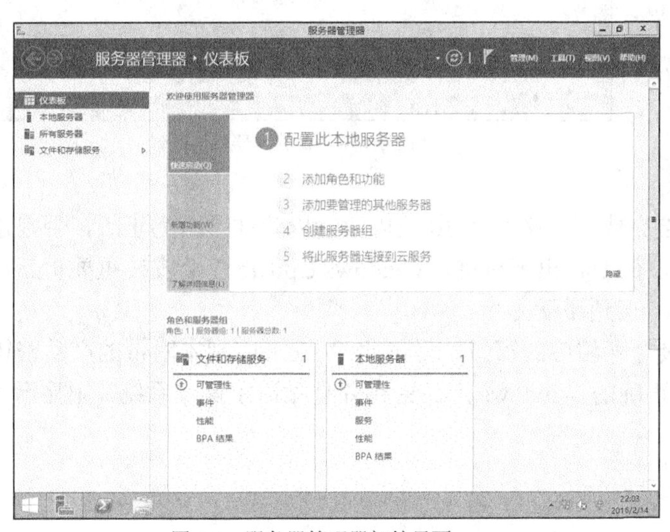

图 2-1　服务器管理器初始界面

图 2-2　“工具”菜单

左侧导航窗格不再是传统的树状导航（折叠式），而是直接给出一个列表，初始界面包括 4 项，分别是仪表板、本地服务器、所有服务器以及文件和存储服务。

“仪表板”是服务器管理器启动后的第一个界面，右侧内容部分为配置区和仪表区。在上部的配置区中可以进行常用项目的快速启动，查看新增功能的帮助，了解解决方案。下部的仪表区则用于服务器状态监控，分析并解决配置问题和故障。

“本地服务器”用于显示几乎全部的本地服务器信息，其中“属性”部分相当于 Windows Server 2008 的“初始配置任务”所显示的内容，但显示了更多的内容，比如硬件信息等。往下拖动可以看到更多内容，比如服务、详细的日志、服务器角色等概览。还有用于性能评估和分析的工具，基本上都与服务器监控有关。

“所有服务器”提供集中管理的所有服务器的信息，以及配置管理项目。

“文件和存储服务”实际上是一个服务器角色，提供角色的配置管理项目。添加新角色之后，该角色也将出现在左侧列表中。

2.1.4 配置服务器属性

Windows Server 2012 R2 在安装过程中没有提供域名和网络配置等基本信息，需要管理员在安装之后立即进行配置。

在服务器管理器仪表板中提供了一个“快速启动”菜单，单击其中的“配置此本地服务器”链接，或者单击服务器管理器左侧列表中的“本地服务器”链接，打开本地服务器配置管理界面。如图 2-3 所示，其中的“属性”窗口列出了服务器的所有属性，其中每个设置项的旁边都提供了一个文本链接，单击链接可以设置相应的属性。这里只讲解最基本的配置，其他一些属性用到后续相应章节再介绍。

图 2-3 服务器管理器属性设置

1. Windows 激活

Windows Server 2012 R2 安装完成后，必须在 30 天内激活以验证是否为正版，否则过期时，虽然系统仍然可以正常运行，但是将出现黑屏，Windows Update 仅会安装重要更新，系统还会持续提醒必须激活系统，一直到激活为止。

单击“产品 ID”右侧的链接打开相应的窗口，提供此 Windows 副本附带的产品密钥，根据提示操作即可。如果提供了正确的 Windows 产品密钥并且激活了操作系统，则显示“已激活”以及 Windows 产品 ID。

2. 网络配置

Windows Server 2012 R2 作为网络操作系统，需要在网络环境中运行，安装完成之后需要检查更改网络设置。Windows Server 2012 R2 的网络连接默认采用自动获取 IP 地址的方式，作为服务器应当改为手动分配静态 IP 地址。

单击网络连接（例中为 Ethernet0）右侧的链接打开相应的“网络连接”窗口，右击要设置的网络接口，选择“属性”命令弹出相应的属性设置对话框，双击其中的“Internet 协议版本 4 (TCP/IPv4)”项打开相应的对话框，根据需要设置 IP 地址、子网掩码、默认网关，如

图 2-4 所示。这里主要设置 IPv4 地址，至于 IPv6 地址的配置将在第 4 章介绍。

服务器可能会提供多个网络接口，这就需要对每个接口分别进行配置。

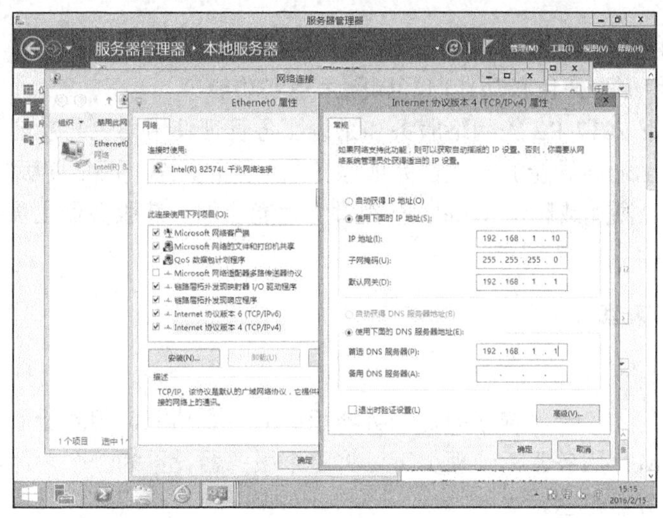

图 2-4　IP v4 设置

3．更改计算机名称与工作组名称

每台计算机的名称必须是唯一的，不可以与同一网络上的其他计算机同名。虽然安装系统时会自动设置计算机名（一个随机生成的名称），但是服务器一般都将计算机名改为更有意义的名称。实际部署中，一般将同一部门或工作性质相似的计算机划分为同一个工作组，便于它们之间通过网络进行通信。计算机默认所属的工作组名为 WORKGROUP。

单击“计算机名”右侧的链接打开“系统属性”窗口，在“计算机名”选项卡中单击“更改”按钮弹出相应的对话框进行修改，修改计算机名或者所属工作组名，如图 2-5 所示。完成修改后必须重新启动计算机。

如果要加入域，也需要在这里设置。具体将在第 6 章介绍。

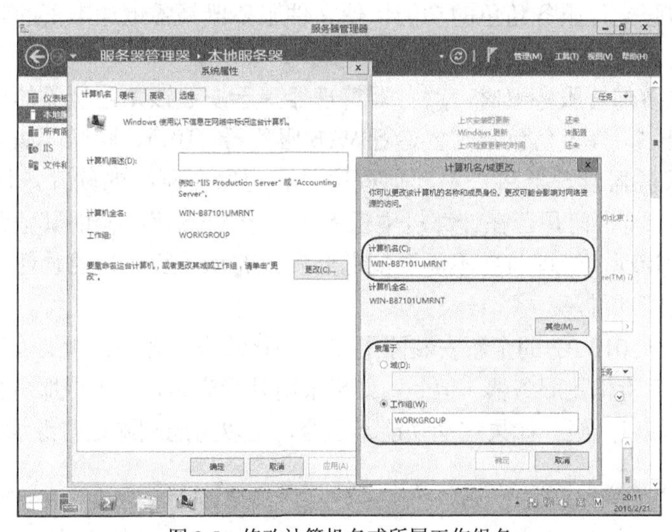

图 2-5　修改计算机名或所属工作组名

2.1.5 管理角色与功能

实验 2-1 使用添加角色和功能导向安装角色和功能

实验 2-2 使用删除角色和功能向导删除角色和功能

Windows Server 2012 R2 的网络服务和系统服务管理使用角色与功能等概念。使用服务器管理器的角色和功能向导能够一次性完成服务器的全部配置，而早期版本的 Windows 操作系统需要多次运行“添加或删除 Windows 组件”功能才能安装服务器上需要的所有角色、角色服务及功能。

1. 相关的术语和概念

（1）角色（Role）

角色是软件程序的集合，描述的是服务器承载的主要功能，相当于服务器的一个门类，如 DNS 服务器、Web 服务器。管理员可以将整个服务器设置为一个角色，也可以在一台计算机上运行多个服务器角色。

（2）角色服务（Role Service）

每个角色都提供一组功能，这些功能用于执行特定的任务，称为角色服务。角色服务是提供角色功能的软件程序，相当于服务器组件。每个服务器角色可以包含一个或多个角色服务。有些角色（例如 DNS 服务器）只有一个组件，因此没有可用的角色服务。有些角色（比如远程桌面服务）可以安装多个角色服务，这取决于企业的需要。

安装角色时，可以选择角色提供的角色服务。可以将角色视作对密切相关的互补角色服务的分组，在大多数情况下，安装角色意味着安装该角色的一个或多个角色服务。

（3）功能（Feature）

功能并非描述服务器的主要功能，而是描述服务器的辅助或支持性功能（或特性）。功能是一些软件程序，相当于系统组件，这些程序虽然不直接构成角色，但可以支持或增强一个或多个角色的功能，或增强整个服务器的功能，而不管安装了哪些角色。例如，“故障转移群集”功能可以增强文件服务角色的功能，使文件服务器具备更加丰富的功能。

（4）角色、角色服务与功能之间的依存关系

安装角色并准备部署服务器时，服务器管理器提示安装该角色所需的任何其他角色、角色服务或功能。例如，许多角色都需要运行 Web 服务器（IIS）。同样，如果要删除角色、角色服务或功能，服务器管理器将提示其他程序是否也需要删除的软件。例如，如果要删除 Web 服务器（IIS），将询问是否在计算机中保留依赖于 Web 服务器的其他角色。不过这种依存关系由系统统一管理，管理员并不需要知道要安装的角色所依赖的软件。

（5）角色与功能的继承

Windows Server 2012 R2 的全新安装除了文件和存储服务之外，没有安装其他角色，目的是让用户以最低的风险构建服务器。但是，如果采用升级安装，对于原服务器上安装的角色和功能仅自动识别并加以升级。如果这些功能不适合，可以考虑删除这些继承的角色和功能。

2. 查看角色和功能

在服务器管理器中可以按照不同的节点层次（所有服务器、本地服务器、某个角色）查

看已安装的角色和功能。例如，单击服务器管理器左侧列表中的“本地服务器”链接，在右侧窗格中往下拉到“角色和功能”面板，即可查看本地服务器上安装的角色和功能列表，如图 2-6 所示，其中“类型”栏明确区分了角色、角色服务和功能。

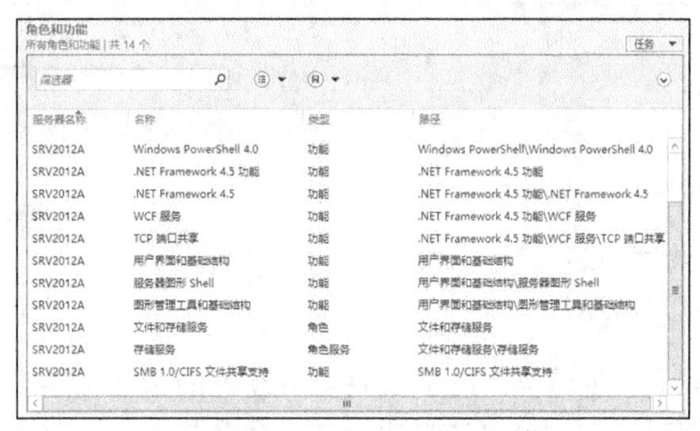

图 2-6　查看角色和功能

3. 使用添加角色和功能向导安装角色和功能

使用服务器管理器的添加角色和功能向导可以方便地安装服务器组件。这样做可简化在服务器上安装角色的过程，并允许一次安装多个角色。添加角色向导将验证对于向导中所选的任何角色，是否已将该角色所需的所有软件组件一起安装。如有必要，该向导将提示管理员安装所选角色所需的其他角色、角色服务或软件组件。

在 Windows Server 2008 R2 中，添加角色向导和添加功能向导是分开的，Windows Server 2012 R2 中将两种合并为一个向导。需要注意的是，功能与角色是彼此独立的，而角色服务是角色的子项。

角色可以描述为在网络中使用的主要功能，当安装角色时，会安装一组启用该功能的组件。每个角色有一组默认的组件，可以对其定制。

下面介绍使用添加角色和功能向导安装角色和功能。

（1）服务器管理器仪表板提供了一个“快速启动”菜单，单击其中的“添加角色和功能”链接（或者在本地服务器“角色和功能”窗口中单击右上角的“任务”下拉菜单，从中选择“添加角色和功能”命令），启动添加角色和功能向导，显示“开始之前”界面，确定目标服务器和网络环境已为要安装的角色和功能做好准备，单击“下一步”按钮。

（2）出现图 2-7 所示的界面，选择安装类型。这里选择第一个选项，单击“下一步”按钮。

这是 Windows Server 2012 R2 新增的选项，有两个选项。第一个选项表示在单台服务器上安装角色或功能的所有部分；第二个选项表示为远程桌面服务安装基于虚拟机的桌面或基于会话的桌面，这种情况可根据需要将远程桌面服务角色的逻辑部分分布于不同的服务器，这个选项只与远程桌面服务相关。

（3）出现图 2-8 所示的界面，选择要安装角色和功能的目标服务器。这里选择第一个选项，从服务器池中选择一台目标服务器，例中为本地服务器，单击“下一步”按钮。

如果选择第二个选项，要将离线的虚拟硬盘（VHD）作为目标服务器，配置更复杂一些，先选择安装 VHD 的服务器，然后选择 VHD 文件。虚拟硬盘必须运行 Windows Server 2012 R2，只能有一个系统卷（分区），存储 VHD 是网络共享文件夹。

（4）出现图 2-9 所示的界面，从“角色”列表中选择要安装的服务器角色。这里以 Web 服务器（IIS）为例，单击该项。可同时选择多个角色，有些角色还需相应的功能支持。

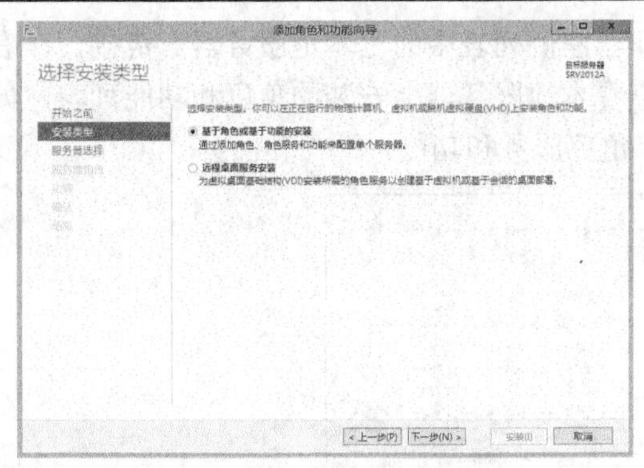

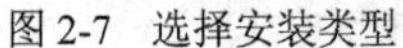

图 2-7　选择安装类型

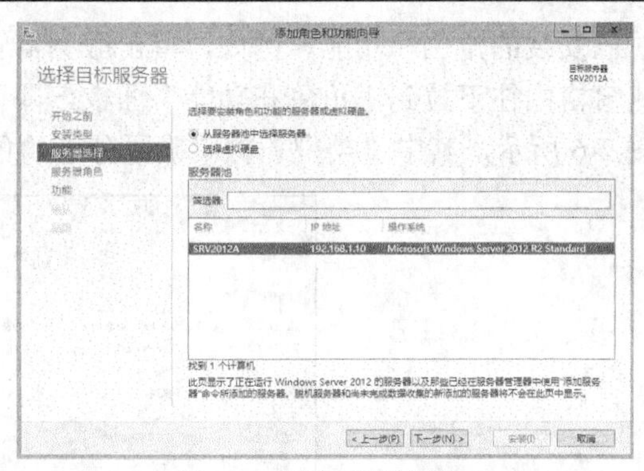

图 2-8　选择目标服务器

（5）弹出图 2-10 所示的对话框，提示需要安装额外的管理工具“IIS 管理控制台”，单击“添加功能”按钮关闭该对话框回到“选择服务器角色”界面，此时“Web 服务器(IIS)”已被选中，再单击“下一步”按钮。

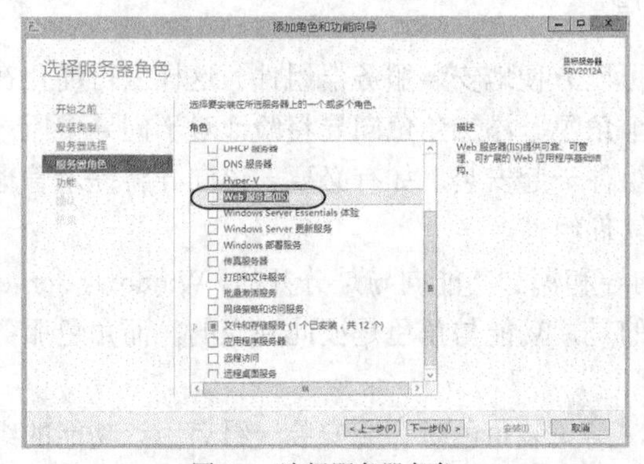

图 2-9　选择服务器角色

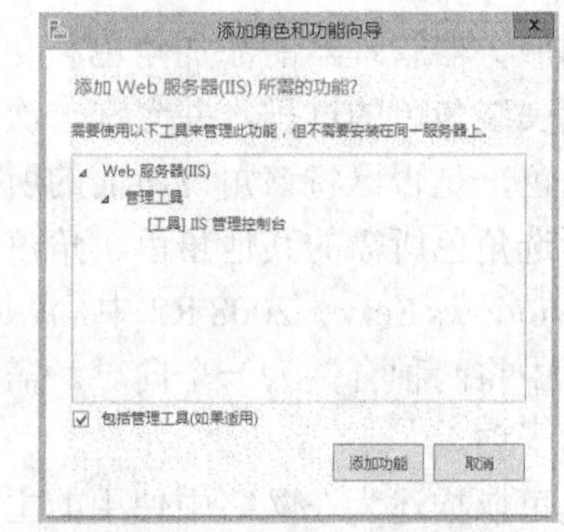

图 2-10　提示所需安装的功能

（6）出现图 2-11 所示的界面，从“功能”列表中选择要安装的功能。与安装角色一样，可以单击功能项来查看其描述信息。这里以 Windows Server Backup 为例，选中该项，单击“下一步”按钮。

可以一次性添加多个功能，也可以不添加任何功能。功能与设置的角色无关。

（7）出现相应的界面，对于新安装的角色给出相应的摘要信息。单击“下一步”按钮。

（8）出现图 2-12 所示的界面，选择角色所需的角色服务。例中保持默认选择，单击“下一步”按钮。

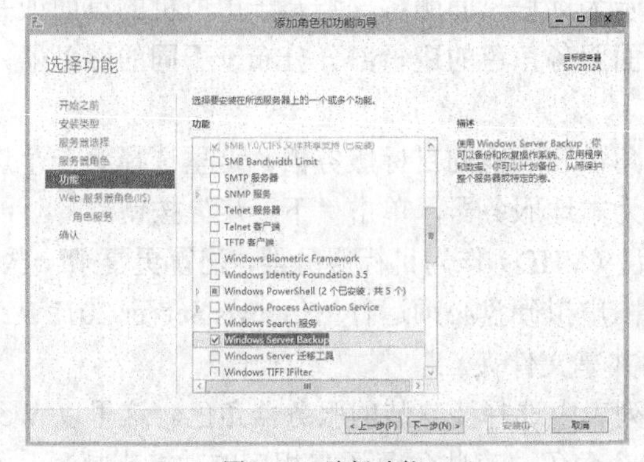

图 2-11　选择功能

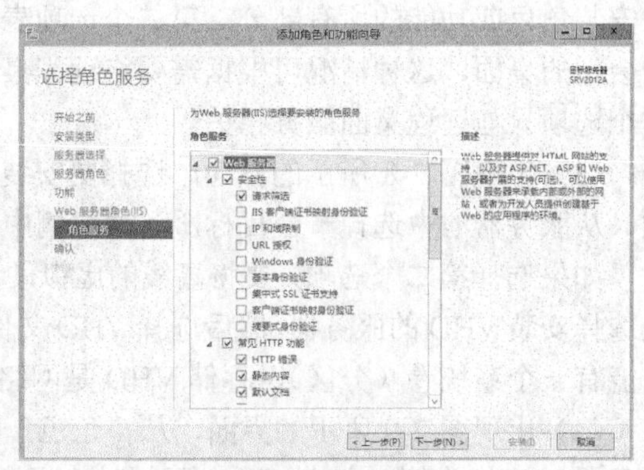

图 2-12　选择角色服务

角色服务是角色的一个子组件，一个角色往往包括多个角色服务。安装向导为每个角色提供默认的角色服务，可以根据需要选择额外的角色服务。

如果有多个角色将依次给出角色的摘要信息和角色服务选择界面，重复第（7）步和第（8）步的操作。

（9）出现图 2-13 所示的界面，确认要安装的角色或功能，如果要更改相关选择，可单击“上一步”按钮重新设置。这里单击“安装”按钮开始安装过程。

单击“指定备用源路径”链接可以为安装角色和功能时所必需的文件指定备用源路径。

（10）出现“安装进度”界面，显示安装进度、结果、以及消息（如警告、失败或已安装的角色或功能所需的安装后配置步骤）。例中完成安装之后的界面如图 2-14 所示，单击“关闭”按钮即可。

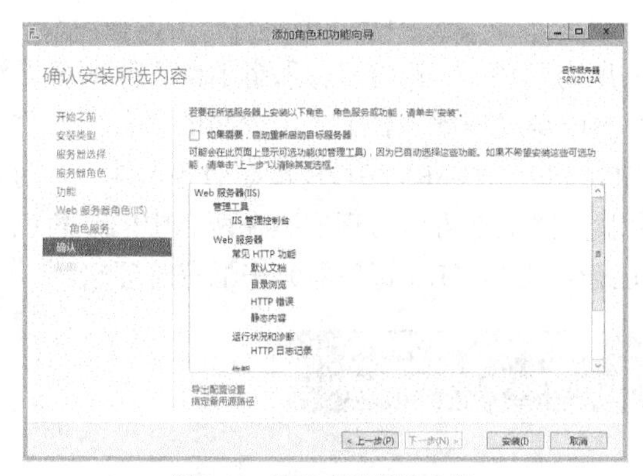

图 2-13　确认安装所选内容

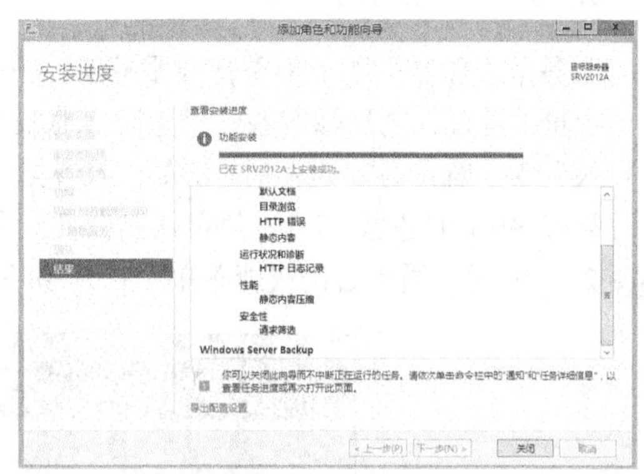

图 2-14　完成角色和功能安装

4. 使用删除角色和功能向导删除角色和功能

必须以管理员身份登录服务器才能卸载角色、角色服务和功能。

（1）打开服务器管理器，从“管理”菜单中选择“删除角色和功能”命令（或者在“角色和功能”窗口中单击右上角的“任务”下拉菜单，从中选择“删除角色和功能”命令），启动删除角色和功能向导，单击“下一步”按钮。

（2）出现“选择目标服务器”界面，选择要删除角色和功能的服务器或虚拟硬盘。

这里选择第一个选项，从服务器池中选择一台目标服务器，例中为本地服务器，单击“下一步”按钮。

（3）出现“服务器角色”界面，从中选择要删除的角色或该角色的角色服务（清除相应的复选框），如图 2-15 所示，例中拟删除“Web 服务器(IIS)”角色下的“应用程序开发”角色服务，单击“下一步”按钮。

（4）出现“功能”界面，从中选择要删除的功能，例中没有选择要删除的功能，单击“下一步”按钮。

（5）出现图 2-16 所示的界面，确认要删除的角色或功能，如果要更改相关选择，可单击“上一步”按钮重新设置。这里单击“删除”按钮开始删除过程。

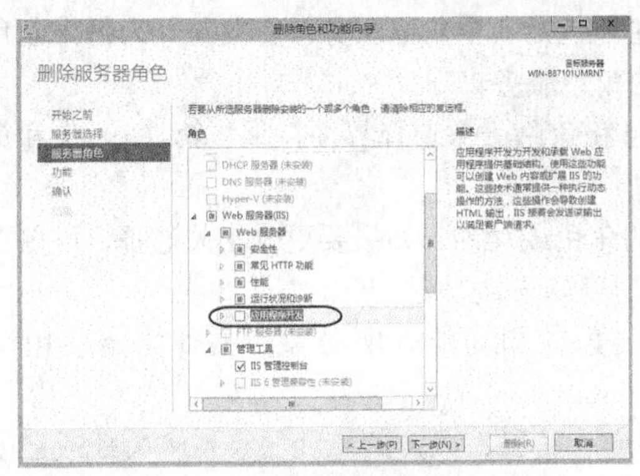

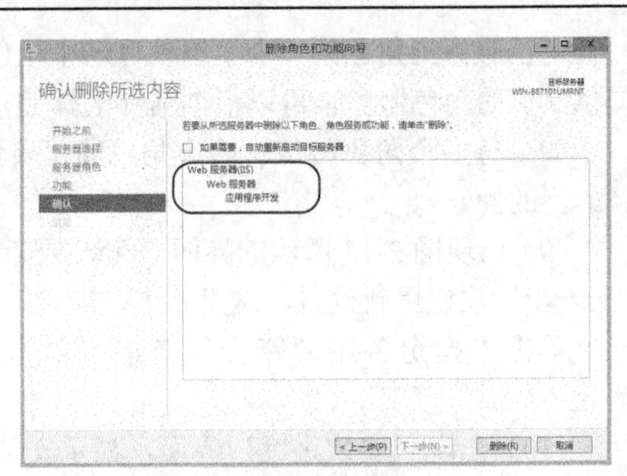

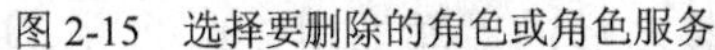
图 2-15　选择要删除的角色或角色服务　　　　图 2-16　确认删除所选内容

5. 集中管理服务器角色

服务器管理器可用于集中管理服务器池中的所有角色。一旦将目标服务器纳入到服务器池中进行集中管理，则目标服务器（无论本地服务器还是远程服务器）上所安装的服务器角色都将列入左侧导航窗格的列表中。例如，服务器 SRV2012A 和 SRV2012B 都在服务器池中，两者都安装有 Web 服务器（IIS）角色，则在任一台服务器上都可以管理安装在两者中的该角色，如图 2-17 所示，通过右击快捷菜单可打开该角色管理工具（IIS 管理器）来配置管理它。

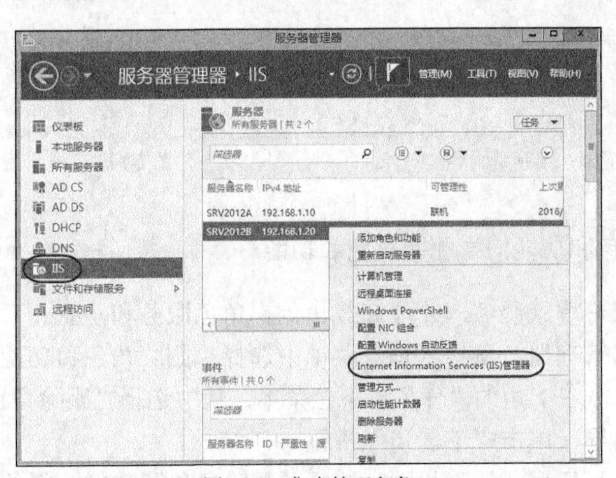

图 2-17　集中管理角色

2.1.6　使用服务器管理器管理远程服务器

实验 2-3　将远程服务器添加到服务器管理器中

在 Windows Server 2012 R2 中，使用单个服务器管理器控制台除了管理本地服务器外，还可以管理多台远程服务器。被管理的 Windows 服务器（托管服务器）至少是 Windows Server 2003 版本，不能使用较旧版本的服务器管理器管理较新版本的 Windows 服务器。

1. 将远程服务器添加到服务器管理器中

首先要将被管理的远程服务器添加到管理用服务器的服务器池。托管服务器与运行服务器管理器的计算机位于同一域中，将远程服务器添加到服务器池非常简单，只需打开“添加服务器”对话框，在“Active Directory”选项卡中选择当前域中要管理的服务器即可。

其他情形则要复杂一些，即使添加成功，也会出现凭据无效、WinRM 身份协商验证错误等。为解决这些问题，需要采取一些措施。下面示范将工作组中的服务器添加到服务器池的过程。

（1）确认托管服务器上已经启用远程管理。可以在该服务器上查看本地服务器属性设置，如图 2-18 所示。

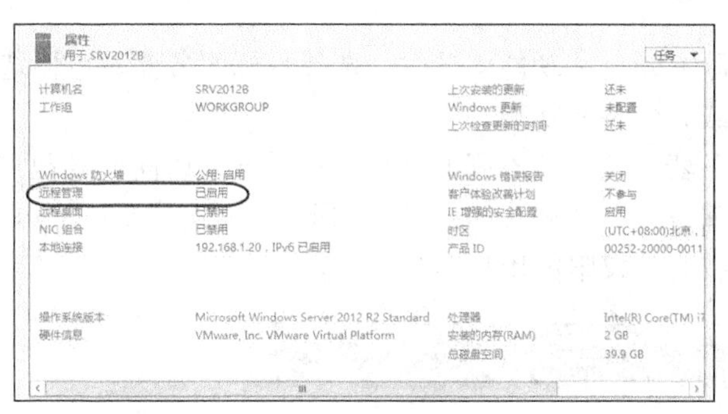

图 2-18　确认启用远程管理

（2）在运行服务器管理器的计算机上启动 Windows PowerShell 会话（从服务器管理器的“工具”菜单中执行“Windows PowerShell”命令），运行以下命令将远程服务器（例中为 SRV2012B）添加到本地计算机的受信任主机列表中。

```
Set-Item wsman:\localhost\Client\TrustedHosts SRV2012B -Concatenate -Force
```

（3）如果两台计算机的网络位置设置为“公用”，则需要分别改为“专用”。具体方法是从服务器管理器的“工具”菜单中执行“本地安全策略”命令打开相应的对话框，单击“网络列表管理器策略”节点，再单击要设置的网络名称（例中为“网络 2”），切换到“网络位置”选项卡，在“位置类型”区域选中“专用”即可，如图 2-19 所示。

（4）在服务器管理器上从“管理”菜单中选择“添加服务器”命令，弹出相应的对话框，切换到“DNS”选项卡，如图 2-20 所示，这里输入托管服务器的 IP 地址，按回车键或单击右边的搜索按钮列出可选的服务器，选择要添加的服务器，单击右箭头按钮将其移到“已选择”列表中，再单击“确定”按钮。

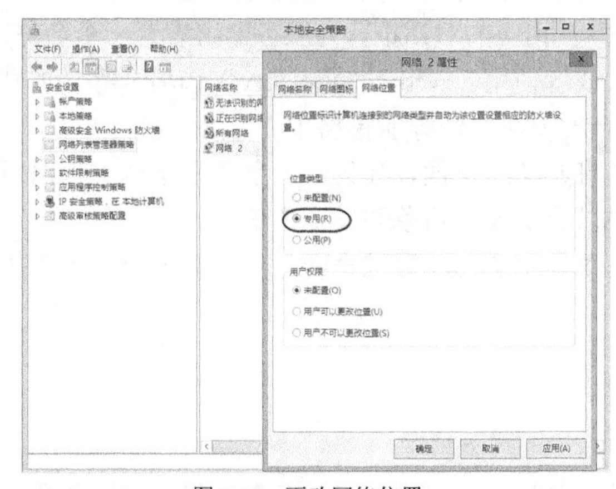

图 2-19　更改网络位置

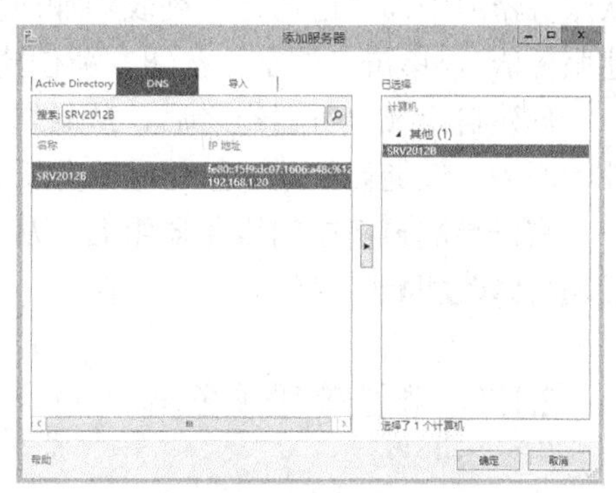

图 2-20　添加服务器

（5）在服务器管理器上打开“所有服务器”页面，如果成功加入，新添加的服务器将出现在列表中。

2．管理远程服务器

成功添加托管服务器之后，只要“所有服务器”列表中其可管理性显示为“联机”，即可对它进行远程管理。右击要管理的远程服务器，从快捷菜单中选择要执行的管理操作命令，如图 2-21 所示。

使用添加（或删除）角色和功能向导时，选择目标服务器时可以选择远程服务器，在该服务器上安装（或卸载）角色和功能。

所添加的某些服务器可能需要不同的用户账户凭据来访问或管理它们。如果因此被拒绝访问，可以使用“管理方式”命令（如图 2-22 所示）打开“Windows 安全性”对话框，提供在托管服务器上具有访问权限的用户名和密码。

图 2-21　管理远程服务器

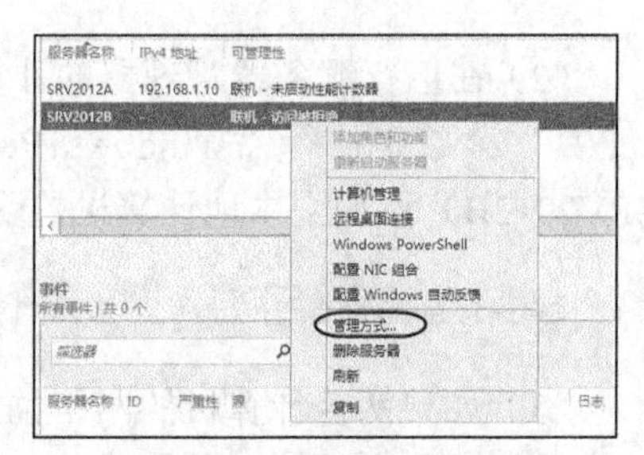

图 2-22　“管理方式”命令

3．创建和管理服务器组

纳入服务器管理器的所有托管服务器自动添加到服务器池中，可以将服务器池的一个子集作为一个逻辑单元来查看和管理，这个子集就是服务器组，一台服务器可以同时作为多个组的成员。“所有服务器”是默认的服务器组，服务器池中的所有服务器都是其成员。

如果管理的服务器较多，可以创建自定义组，如按部门、按地理位置分组。具体方法是从“管理”菜单中选择“创建服务器组”命令打开相应的对话框，为服务器组设置一个名称，从服务器池中向“已选定”列表添加服务器（或者使用“Active Directory”选项卡等添加其他服务器），单击“确定”按钮，新创建的组会出现在左侧导航窗格中。

创建自定义服务器组之后，从导航窗格中打开该组页面，作为一个整体显示有关该组事件、服务、性能计数器、最佳做法分析器结果以及所安装角色和功能的信息。

右击导航窗格中的服务器组名，从弹出的菜单中选择相应的命令，可以对该服务器组执行编辑修改和删除操作。

2.1.7　监控管理服务器

管理员一项重要的工作就是维护服务器的正常运行，监控所有角色和功能。在服务器仪表板中，对于存在问题的将给出红色显示。这里简单介绍常见的监管操作。

1. 查看和配置事件（Events）

与事件查看器一样，可通过服务器管理器集成的事件工具来获取疑难解答信息，帮助管理员诊断和解决问题。

在服务器管理器中，打开除仪表板之外的任何页面（可以是任一角色、任一服务器、所有服务器），在“事件”图块中列出所有事件，单击某一事件，可以得到该事件的详细描述信息，如图 2-23 所示。如果事件较多，可以按列表中的栏目字段排序，或者使用筛选器进行查询。还可以对要收集的事件日志数据进行配置。从“事件”图块的“任务”菜单中选择“配置事件数据”命令，弹出图 2-24 所示的对话框，可以选择收集的事件的严重性级别，指定事件发生的时间段，选择事件来源的事件日志文件。保存更改后，事件数据将自动刷新。

图 2-23　事件列表

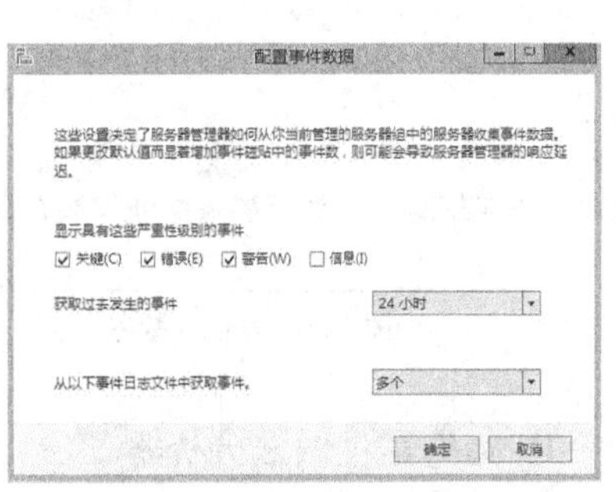

图 2-24　配置事件数据

2. 查看和管理服务（Service）

与服务控制台一样，可通过服务器管理器集成的服务工具查看所有的服务，并可以启动、停止、重新启动、暂停或恢复服务。

在服务器管理器中，打开除仪表板之外的任何页面（可以是任一角色、任一服务器、所有服务器），如图 2-25 所示，在“服务”图块中列出所有服务，包括服务名称、运行状态和启动类型。右击某一服务，从弹出的菜单中可以执行服务管理操作（如启动、停止）。

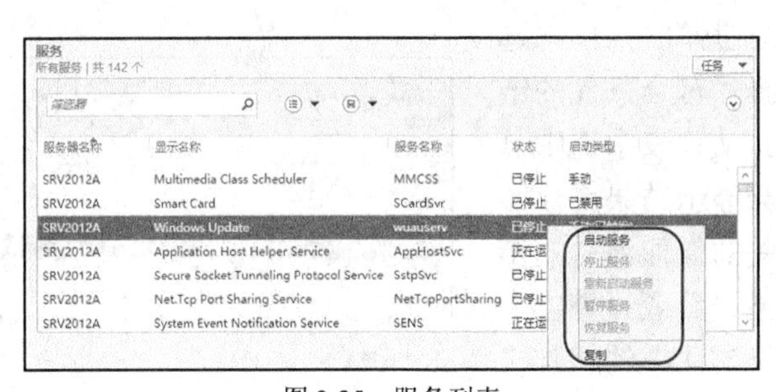

图 2-25　服务列表

3. 查看和配置性能（Performance）日志数据

通过服务器管理器集成的性能工具可获取疑难解答信息，帮助管理员诊断和解决问题。性能数据是从计算机组件中获得的，系统组件在系统上工作时将生成性能数据。Windows 操作系统以性能对象、计数器和实例的形式来定义要收集的性能数据。

在服务器管理器中，打开除仪表板之外的任何页面（可以是任一角色、任一服务器、所有服务器），在“性能”图块中配置要收集的性能数据，性能计数器是默认关闭的（在“计数器状态”列中查看状态），右击列表中的一个项，从弹出菜单中选择“启动性能计数器”命令。性能计数器数据收集可能需要一些时间，具体取决于要从其中收集数据的服务器数和可用网络带宽，如图 2-26 所示。

从“性能”图块的“任务”菜单中选择“配置性能警报”命令，弹出如图 2-27 所示的对话框，可以指定要服务器管理器收集的性能计数器警报的 CPU 使用率的百分比，以及必须具有的剩余可用内存（以 MB 计）。

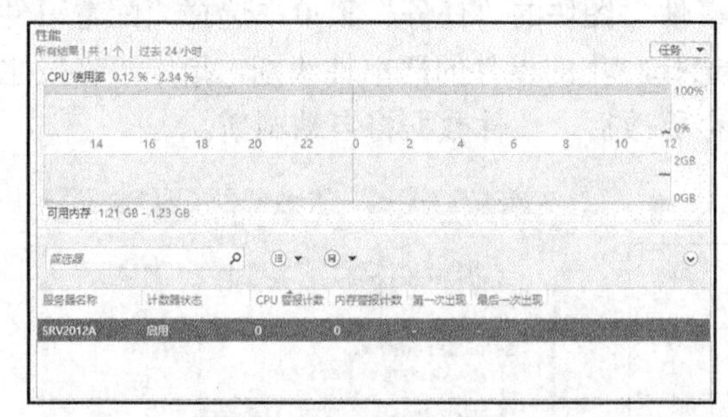

图 2-26　性能计数器

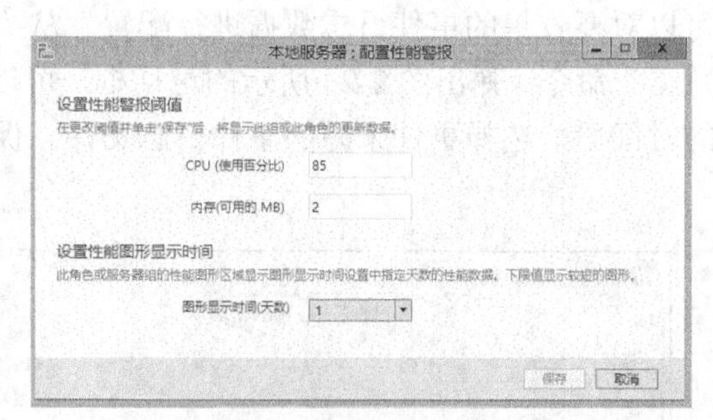

图 2-27　配置性能警报

4. 运行最佳做法分析器

最佳做法是通常情况下由专家定义的采用理想方式配置服务器的指南。最佳做法分析器（Best Practices Analyzer，BPA）可以通过扫描服务器上安装的角色并向管理员报告违反最佳做法的情况，从而帮助管理员减少违反最佳做法。

在服务器管理器中，打开除仪表板之外的任何页面（可以是任一角色、任一服务器、所有服务器），从“最佳做法分析器”图块的“任务”菜单上选择“启动 BPA 扫描”命令，扫描该服务器上安装的所有角色。

BPA 扫描可能需要几分钟才能完成，具体取决于所选的角色或服务器的规则数量。扫描完成后，可以在 BPA 磁贴中查看扫描结果。默认仅显示严重性为“警告”或“错误”的扫描结果。可以单击按钮弹出菜单来选择筛选条件，这里选择“符合条件的结果”，如图 2-28 所示。从列表中选中一个结果时，预览窗格会显示结果属性，包括角色是否符合相关的最佳做法的指示。对于严重性为“错误”或“警告”的结果，可以通过结果属性中的超链接访问 Windows Server 技术中心的详细解决方案。

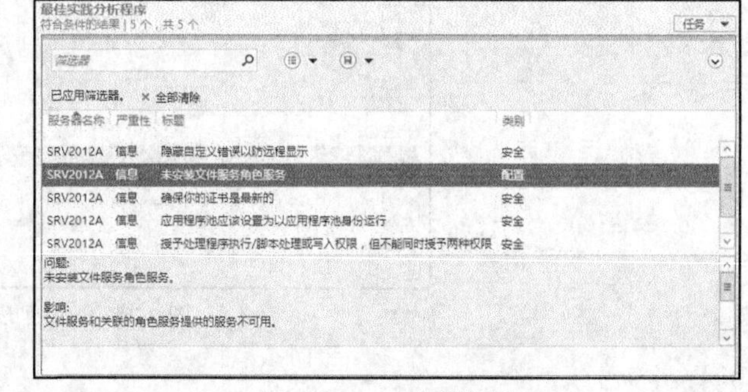

图 2-28　BPA 扫描结果

5. 通过仪表板监控服务器运行

在服务器管理器的仪表板上，可以通过缩略图来监控角色、服务器和服务器组的运行，服务器管理器从托管服务器获取数据后，将为这些监控对象自动创建缩略图。如图 2-29 所示，这里显示两个角色（IIS、文件和存储服务）、一个本地服务器和一个“所有服务器”组共 4 个监控对象，每个监控对象形成一个磁贴（其标题右侧的数字表示的是所涉及的服务器数量），提供可管理性、事件、服务、性能和 BPA 结果共 5 个标题行，表示监控的项目。一旦满足所设置的警报条件，缩略图相应的标题行将颜色更改为红色，并且在左侧显示警报条数，同时该磁贴的标题也显示为红色，这就意味着报警，提示可能出现问题。

单击缩略图中的某一标题行，将打开相应的详细信息视图，供管理员查看具体的监控信息。例如，单击“可管理性”标题行，将弹出如图 2-30 所示的对话框，可以查看相关的详细信息。服务器的可管理性包括的衡量指标主要有：服务器是联机还是脱机、是否可访问和将数据报告给服务器管理器、登录本地计算机的用户是否具有足够用户权限来访问或管理远程服务器等。

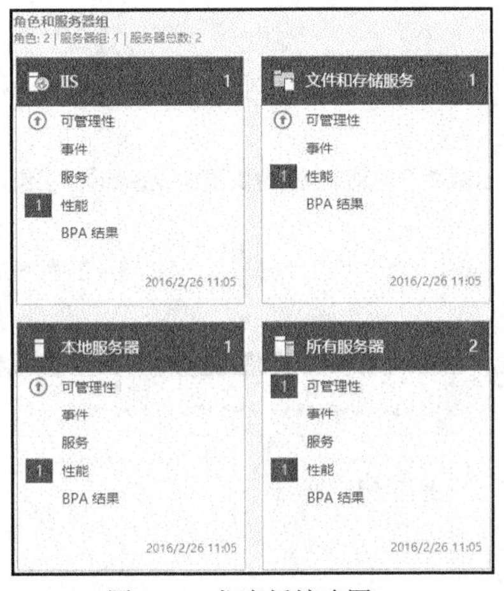

图 2-29　仪表板缩略图

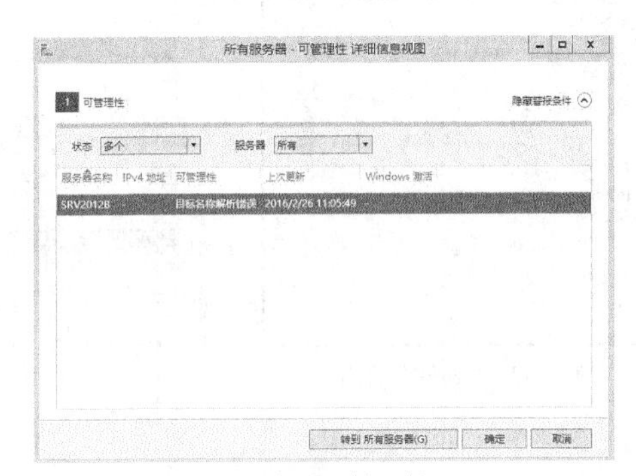

图 2-30　查看可管理性

可以在详细信息视图对话框中设置和修改要在仪表板中发出警报的条件。这里以事件为例（服务、性能等可以参照），单击缩略图某磁贴（例中为“本地服务器”）中的“事件”行，打开如图 2-31 所示的详细信息视图，除了查看事件列表外，还可以通过配置警报条件，让所记录的事件与指定的严重性级别、来源、时间段、事件 ID 或服务器相匹配时显示警报。由于事件严重性级别设置为“关键”，这里没有显示任何发出警报的事件。如果将事件严重性级别设置为“所有”，则显示许多报警事件，如图 2-32 所示，左上角给出发出警报的事件数量，仪表板缩略图中相应标题行也会红色高亮显示。

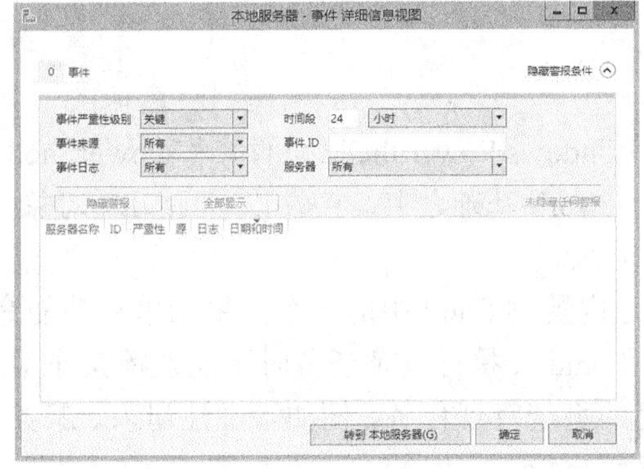

图 2-31　“事件”详细信息视图

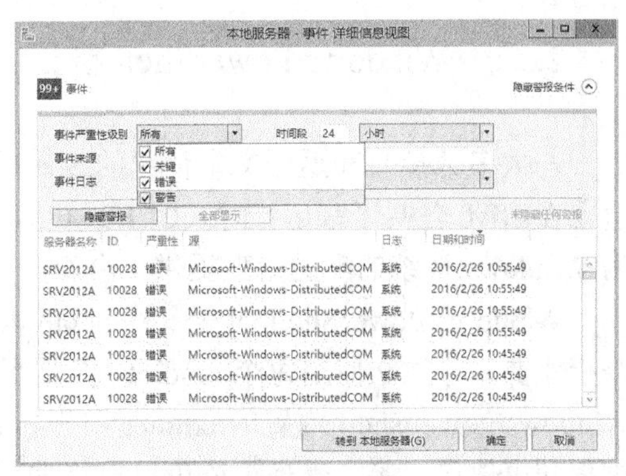

图 2-32　更改警报条件后的详细信息视图

这里的详细信息视图中只能查看事件列表，要查看该事件的详细描述信息，需要转到相应的角色、服务器和服务器组的页面。

6. 查看任务详情和通知

当执行添加角色和功能、启动服务或刷新仪表板等管理任务时，服务器管理器控制台顶部“通知”区域会显示一个通知。单击标志图标弹出“通知”菜单，如图 2-33 所示，给出任务列表，包括每项任务的进度和状态信息。

单击“通知”菜单底部的“任务详细信息”链接，打开图 2-34 所示的对话框，提供任务事件的完整描述，这有助于了解任务失败相关的详细错误，从而排除故障，解决问题。

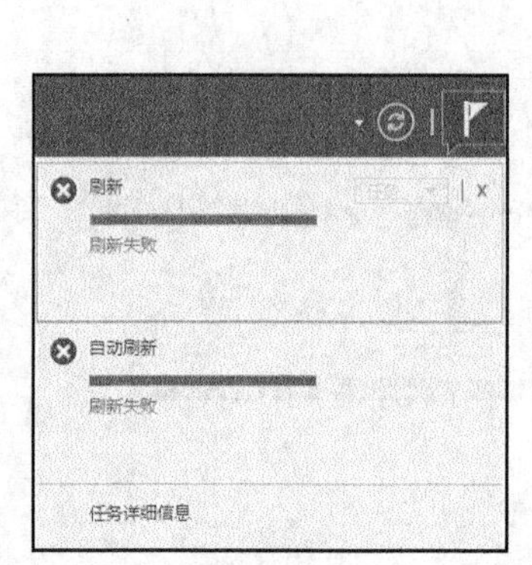

图 2-33 “通知”菜单

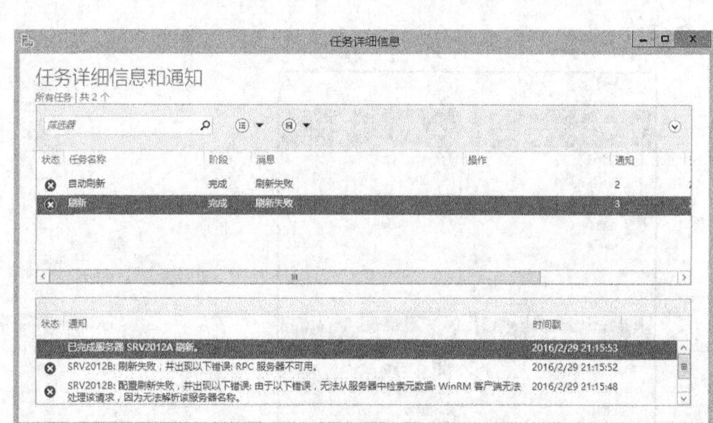

图 2-34 查看任务详细信息

2.2 使用 Windows PowerShell

Windows PowerShell 是一种专门为系统管理设计的、基于任务的命令行 Shell 和脚本语言。命令行窗口和脚本环境既可以独立使用，也可以组合使用。与图形用户界面管理工具不同的是，管理员可以在一个 Windows PowerShell 会话中合并多个模块和管理单元，以简化多个角色和功能的管理。作为专业的 Windows 网络管理员或系统管理员，应当熟悉和掌握这种专业工具。Windows PowerShell 的功能非常丰富，这里主要介绍它的基本使用。

2.2.1 Windows PowerShell 概述

与大多数接收和返回文本信息的 Shell 不同，Windows PowerShell（可直接称 PowerShell）建立在.NET 公共语言运行时（CLR）和.NET Framework 基础之上，接收和返回.NET 对象，为 Windows 系统的配置管理提供了全新的工具和方法。

Windows PowerShell 的命令称为 cmdlet，这是内置到 Shell 中的一个简单的单一功能命令行工具。可独立使用每个 cmdlet，但是组合使用 cmdlet 执行复杂任务时更能发挥其作用。Windows PowerShell 内置的 cmdlet 用于执行常见的系统管理任务，例如管理注册表、服务、进程和事件日志等。管理员还可以自行编写命令行 cmdlet。

Windows PowerShell 具有丰富的表达式解析程序和完整开发的脚本语言。通过采用一致的句法与命名规范，以及将脚本语言与互动 Shell 集成，它能降低流程的复杂性，并缩短完成系统管理任务所需时间。

Windows PowerShell 提供程序可以让管理员像访问文件系统一样轻松地访问数据存储（例如注册表和证书存储）。

Windows PowerShell 是一个完全可扩展的环境。任何人都可以为它编写命令，也可以使用其他人编写的命令。命令是通过使用模块和管理单元共享的，Windows PowerShell 中的所有 cmdlet 和提供程序都是在管理单元或模块中分发的。专业人员可使用 Windows PowerShell 自动控制 Windows 操作系统，管理 Windows 上运行的应用程序。

在 Windows Server 2012 R2 中，Windows PowerShell 版本升级为 4.0。

2.2.2　Windows PowerShell 的基本用法

1. 启动 Windows PowerShell

安装 Windows Server 2012 R2 之后，便可以使用与之关联的 cmdlet。可以从“开始”屏幕、任务栏、命令运行对话框、命令提示符窗口中启动 Windows PowerShell，

通常在 Windows 任务栏中单击“Windows PowerShell”图标即可快速启动 Windows PowerShell。从“开始”屏幕上单击“Windows PowerShell”磁贴，或者在命令运行对话框或命令提示符窗口执行命令 PowerShell 都可启动它。甚至可以从另一个 Windows PowerShell 窗口中启动它。可以在一台计算机上启动 Windows PowerShell 的多个实例。

Windows PowerShell 命令行窗口如图 2-35 所示。与 DOS 命令行类似，也有提示符，不过最前面标有“PS”（PowerShell 简称）。

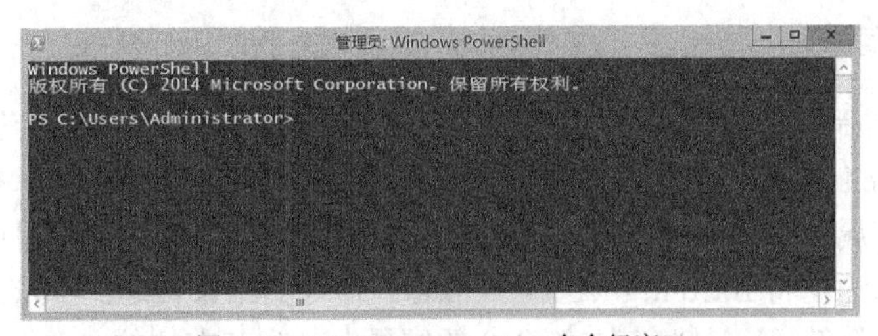

图 2-35　Windows PowerShell 命令行窗口

有少部分命令需要以管理员特权启动 Windows PowerShell。在任务栏中右击“Windows PowerShell”图标，选择“以管理员身份运行 Windows PowerShell”命令即可。

2. 使用 cmdlet

cmdlet 的命名方式是“动词-名词”，例如 Get-Help、Get-Command。可以像使用传统的命令和实用工具那样使用 cmdlet，在 PowerShell 命令提示符下输入 cmdlet 的名称。PowerShell 命令不区分大小写。例如，执行 Get-Date 获取当前日期时间的 cmdlet 如下：

```
PS C:\Users\Administrator>Get-Date
2016年3月1日 11:51:00
```

执行 Get-Command 命令获取会话中的 cmdlet 列表，以及其他命令和命令元素，包括 PowerShell 中可用的别名（Alias，命令昵称）、函数（Function）和可执行文件。默认的 Get-Command 显示 3 列：CommandType（命令类型）、Name（名称）和 Definition（定义）。

Get-Help 是了解 Windows PowerShell 的有用工具。执行 Get-Help 命令显示关于 Windows PowerShell 使用的最基本的帮助信息。要了解具体某个 cmdlet，可将该 cmdlet 名称作为参数加入，如执行 Get-Help Get-Command 命令获取 Get-Command 的帮助信息。

要进一步查看某个 cmdlet 的信息，可提供相应的选项。例如，要查看 Get-Command 示例，执行命令 Get-Help Get-Command -examples；要获取 Get-Command 有关详细信息，执行 Get-Help Get-Command -detailed；要获取 Get-Command 技术信息，执行 Get-Help Get-Command -full 。

3. 使用函数

函数是 Windows PowerShell 中的一类命令。像运行 cmdlet 一样，输入函数名称即可运行函数。函数可以具有参数。Windows PowerShell 附带一些内置函数，例如，mkdir 函数用于创建目录（文件夹）。还可以添加从其他用户那里获得的函数以及编写自己的函数。

要查找所有函数，执行命令 Get-Command -CommandType function。

4. 使用别名

输入 cmdlet 名可能比较麻烦，为此 Windows PowerShell 支持别名（替代名称）。可以为 cmdlet 名称、函数名称或可执行文件的名称创建别名，然后在任何命令中输入别名。

Windows PowerShell 包括许多内置的别名，例如 ls 是 Get-ChildItem（用于列出文件和子目录）的别名。要查找当前会话中的所有别名，执行 Get-Alias 命令。管理员可以创建自己的别名。

5. 使用对象管道

可以像 DOS 命令一样使用管道，即将一个命令的输出作为输入传递给另一命令。Windows PowerShell 提供了一个基于对象而不是基于文本的新体系结构。接收对象的 cmdlet 可以直接作用于其属性和方法，而无需进行转换或操作，可以通过名称引用对象的属性和方法。下面示例的用途是将 IPConfig（IP 配置信息）命令的结果传递到 Findstr（查找字符串）命令，其中管道运算符“|”是将其左侧命令的结果发送到其右侧的命令。

```
PS> ipconfig | findstr "Address"
      IP Address. . . . . . . . . . . . : 192.168.1.5
      IP Address. . . . . . . . . . . . : 192.168.1.22
```

6. 使用驱动器与提供程序

可以在 Windows PowerShell 提供的任何数据存储中创建 Windows PowerShell 驱动器。驱动器可以具有任何有效的名称，后跟冒号，如 D:或 My Drive:。可以使用在文件系统驱动器中所用的相同方法在这些驱动器中导航。PowerShell 驱动器无法在 Windows 资源管理器或 Cmd.exe（命令行）中查看或访问，仅在 Windows PowerShell 中有效。

Windows PowerShell 附带有 PowerShell 提供程序支持的多个驱动器。执行 Get-PSDrive 命令查看 PowerShell 驱动器列表，其中 Provider 表示提供程序。

也可以使用 New-PSDrive cmdlet 创建自己的 PowerShell 驱动器。例如，要在 My Documents 根目录下创建一个名为“MyDocs:”的新驱动器，执行以下命令：

```
new-psdrive -name MyDocs -psprovider FileSystem -root "$home\My Documents"
```

这样就可以像使用任何其他驱动器那样使用 MyDocs:驱动器。

Windows PowerShell 提供程序是基于.NET Framework 的程序，用于访问存储于专用数据存储中的数据。提供程序公开的数据存储在驱动器中，可以像在硬盘驱动器上一样通过路径访问这些数据。可以使用提供程序支持的任何内置 cmdlet 管理提供程序驱动器中的数据。此外，可以使用专门针对这些数据设计的自定义 cmdlet。

执行 Get-PSProvider 可以查看 PowerShell 提供程序的列表。有关提供程序的最重要信息是它所支持的驱动器的名称。

Windows PowerShell 包括一组内置提供程序，可用于访问不同类型的数据存储。如提供程序 Alias 对应的驱动器为 Alias:,可以访问的数据存储为 PowerShell 别名；提供程序 Registry 对应的驱动器为 HKLM:和 HKCU:，可以访问的数据存储为 Windows 注册表。

可以像在文件系统驱动器中一样查看和浏览提供程序驱动器中的数据。要查看提供程序驱动器的内容，使用 Get-Item 或 Get-ChildItem cmdlet。输入驱动器名称，后跟一个冒号。例如，若要查看 Alias:驱动器的内容，执行以下命令：

```
get-item alias:
```

可以从一个驱动器中查看和管理任何其他驱动器中的数据。例如，若要从另一个驱动器查看 HKLM: 驱动器中的 HKLM\Software 注册表项，执行以下命令：

```
get-childitem hklm:\software
```

2.2.3　使用 Windows PowerShell 模块

模块（Module）是包含 PowerShell 命令（如 cmdlet 和函数）和其他项（如提供程序、变量、别名和驱动器）的程序包。在运行安装程序或者将模块保存到磁盘上后，可以将模块导入到 PowerShell 会话中，可以像内置命令一样使用其中的命令或项。还可以使用模块组织 cmdlet、提供程序、函数、别名以及创建的其他命令，并将它们与其他人共享。使用某个模块，涉及到安装模块、导入模块、查找模块中命令和使用模块中的命令等操作。

1. 安装模块

大多数模块都已经安装好了。Windows PowerShell 附带几个预先安装的模块。在用于安装模块的安装程序中包含许多其他模块。

如果收到的模块是包含文件的文件夹形式，则需要将该模块安装到计算机上，然后才能将它导入到 Windows PowerShell 中。通常模块的安装只不过是将模块复制到驱动器上计算机可以访问的某个特定位置。安装模块文件夹的步骤如下。

（1）为当前用户创建Modules目录（如果没有该目录）。在PowerShell命令行中执行命令：new-item-type directory-path $home\Documents\WindowsPowerShell\Modules。

（2）将整个模块文件夹复制到Modules目录中。可以使用任意方法复制文件夹。

虽然可将模块安装到任何位置，但将模块安装到默认模块位置会使模块管理更方便。Windows PowerShell有两个默认的模块位置，$pshome\Modules（%windir%\System32\Windows PowerShell\v1.0\Modules）用于系统；$home\My Documents\WindowsPowerShell\Modules（%UserProfile%\My Documents\WindowsPowerShell\Modules）用于当前用户。通过更改PSModulePath环境变量（$env:psmodulepath）的值，可更改系统上的默认模块位置。

2．导入模块

要使用模块中的命令，就要将已经安装的该模块导入到PowerShell会话中。

在导入模块之前，可以使用Get-Module -ListAvailable列出可以导入到会话中的所有已安装模块，即查找安装到默认模块位置的模块；使用Get-Module列出已导入到PowerShell会话的所有模块。

要将模块从默认模块位置导入到当前PowerShell会话中，执行以下命令：

```
Import-Module <模块名>
```

该命令以模块名作为参数。例如，要将ActiveDirectory模块导入到PowerShell会话中，则执行Import-Module ActiveDirectory。

要导入默认模块位置以外的模块，应在命令中使用模块文件夹的完全限定路径，例如：

```
Import-Module c:\ps-test\TestCmdlets
```

还可以将所有模块导入PowerShell会话，执行以下命令：

```
Get-Module -ListAvailable | Import-Module
```

Import-Module命令将模块导入当前的PowerShell会话，仅能影响当前会话。要将模块导入到已启动的每一个PowerShell会话中，就应将Import-Module命令添加到PowerShell配置文件。

微软从Windows Server 2012开始提供自动导入PowerShell模块的功能。当试图调用一条命令时，系统会自动导入该命令所在的模块。

3．使用模块中的命令

将模块导入到PowerShell会话中之后，即可使用模块中的命令。可以使用以下命令查找模块中的命令。

```
Get-Command  -module  <模块名>
```

要获取模块中的某命令的相关帮助，请使用以下命令：

```
Get-Help  <命令名>
```

加上选项-detailed可获取详细帮助。

4. 删除模块

删除模块时将从 PowerShell 会话中删除模块添加的命令。要从会话中删除模块，使用以下命令格式：

```
Remove-Module  <模块名>
```

删除模块的操作是导入模块操作的逆过程。删除模块并不会将模块卸载。

2.2.4　使用 Windows PowerShell 管理单元

Windows PowerShell 管理单元是.NET Framework 程序集，包含 PowerShell 提供程序和 cmdlet。

Windows PowerShell 内置一组基本管理单元，如 Microsoft.PowerShell.Core 包含用于管理 Windows PowerShell 基本功能的提供程序和 cmdlet，主要含有 FileSystem、Registry、Alias、Environment、Function 和 Variable 提供程序，以及 Get-Help、Get-Command 和 Get-History 之类的基本 cmdlet。

通过添加包含自己创建的或从他人获得的提供程序和 cmdlet 的管理单元，可以扩展 PowerShell 的功能。添加管理单元之后，它所包含的提供程序和 cmdlet 即可在 PowerShell 中使用。

1. 查找管理单元

执行命令 Get-PSSnapin 列出已添加到 Windows PowerShell 会话中的所有管理单元。

要获取每个 PowerShell 提供程序的管理单元，执行以下命令：

```
get-psprovider | format-list name, pssnapin
```

要获取 Windows PowerShell 管理单元中的 cmdlet 的列表，执行以下命令：

```
get-command -module <管理单元名称>
```

2. 注册管理单元

启动 Windows PowerShell 时，内置管理单元将在系统中注册，并添加到默认会话中。但是，用户创建的或从他人处获得的管理单元，必须注册后将其添加到会话中。注册管理单元就是将其添加到 Windows 注册表。大多数管理单元都包含注册.dll 文件的安装程序（.exe 或.msi 文件）。不过，如果收到.dll 文件形式的管理单元，则可以在系统中注册。要获取系统中所有已注册的管理单元，或验证某个管理单元是否已注册，执行以下命令：

```
get-pssnapin -registered
```

3. 添加管理单元

使用 Add-PsSnapin 命令将已注册的管理单元添加到当前会话。例如，要将 Microsoft SQL

Server 管理单元添加到会话，执行以下命令：

```
add-pssnapin sql
```

命令完成后，该管理单元中的提供程序和 cmdlet 将在当前会话中可用。

4. 保存管理单元

在以后的 PowerShell 会话中使用某个管理单元有两种解决方案。一种是将 Add-PSSnapin 命令添加到 PowerShell 配置文件，以后所有 PowerShell 会话中均可用；另一种是将管理单元名称导出到控制台文件，可以在需要这些管理单元时才使用导出文件。

用户还可以保存多个控制台文件，每个文件都包含不同的管理单元组。使用 Export-Console 命令将会话中的管理单元保存在控制台文件（.psc1）中。例如，要将当前会话配置中的管理单元保存到当前目录中的 NewConsole.psc1 文件，执行以下命令：

```
export-console NewConsole
```

Windows PowerShell 要使用包含管理单元的控制台文件，可以从 Cmd.exe 中或在其他 PowerShell 会话中的命令提示符下执行命令 Powershell.exe 启动 PowerShell，并用 PSConsoleFile 参数指定控制台文件。下面是一个简单的例子。

```
powershell.exe -psconsolefile NewConsole.psc1
```

5. 删除管理单元

要从当前会话中删除 PowerShell 管理单元，使用 Remove-PSSnapin 命令。该命令从会话中移除管理单元，但该管理单元仍为已加载状态，只是它所支持的提供程序和 cmdlet 不再可用。

2.2.5 编写和运行 Windows PowerShell 脚本

Windows PowerShell 除了提供交互式界面外，还完全支持脚本。脚本相当于 DOS 批处理文件。编写脚本可以保存命令以备将来使用，还能分享给其他用户。如果重复运行特定的命令或命令序列，或者需要开发一系列命令执行复杂任务，就要使用脚本保存命令，然后直接运行。Windows PowerShell 脚本文件的文件扩展名为.ps1。脚本具有其他一些功能，例如 #Requires 特殊注释、参数使用、支持 Data 节，以及确保安全的数字签名。它还可以为脚本及其中的任何函数编写帮助主题。

1. 编写脚本

脚本可以包含任何有效的 PowerShell 命令，既可以包括单个命令，又可以包括使用管道、函数和控制结构（例如 If 语句和 For 循环）的复杂命令。编写脚本可以使用记事本等文本编辑器，如果脚本较为复杂，最好使用专用的脚本编辑器集成脚本环境（ISE）。这里给出一个用于记录服务日志的脚本示例，包括以下两条命令：

```
$date = (get-date).dayofyear
get-service | out-file "$date.log"
```

第 1 条命令获取当前日期；第 2 条命令获取在当前系统上运行的服务，并将其保存到日志文件中，日志文件名根据当前日期创建。将脚本内容保存到名为 ServiceLog.ps1 的文件中。

2. 修改执行策略

脚本是一种功能非常强大的工具，为防止滥用影响安全，Windows PowerShell 通过执行策略（Execution_Policies）决定是否允许脚本运行。执行策略还用于确定是否允许加载配置文件。

Windows PowerShell 执行策略保存在 Windows 注册表中。默认的执行策略“Restricted”是最安全的执行策略，不允许任何脚本运行，而且不允许加载任何配置文件。如果要运行脚本或加载配置文件，则要更改执行策略。目前 Windows PowerShell 提供了 6 种执行策略，执行 Get-Help about_Execution_Policies 命令可获取帮助信息。其中“AllSigned”策略允许运行脚本，但要求由可信发布者签名，在运行来自尚未分类为可信或不可信发布者的脚本之前进行提示；“Unrestricted”策略允许运行未签名脚本，运行从 Internet 下载的脚本和配置文件之前警告用户。

要查找系统上的执行策略，执行命令 Get-Executionpolicy；要更改系统上的执行策略，执行命令 Set-ExecutionPolicy。例如，这里将执行策略更改为“Unrestricted”，执行命令：

```
PS C:\Users\Administrator> Set-ExecutionPolicy Unrestricted
```

3. 运行脚本

要运行脚本，在命令提示符下输入该脚本的名称，其中文件扩展名是可选的，但是必须指定脚本文件的完整路径。例如，若要运行 C:\Scripts 目录中的 ServicesLog 脚本，输入：

```
c:\scripts\ServicesLog.ps1
```

或者输入：

```
c:\scripts\ServicesLog
```

如果要运行当前目录中的脚本，则输入当前目录的路径，或者使用一个圆点表示当前目录，在后面输入路径反斜杠（.\）。

提示：为安全起见，在 Windows 资源管理器中双击脚本图标时，或者输入不带完整路径的脚本名时（即使脚本位于当前目录中），Windows PowerShell 都不会运行脚本。

4. 使用集成的脚本环境 ISE

Windows PowerShell 提供一个集成的脚本环境（Integrated Scripting Environment，ISE），便于编写、运行和测试脚本。

通常右击 Windows 任务栏中的“Windows PowerShell”图标，选择“Windows PowerShell ISE”磁贴，或者在命令运行对话框、命令提示符窗口或 Windows PowerShell 窗口执行命令 powershell_ise.exe 都可启动 ISE。

ISE 界面如图 2-36 所示。脚本窗格用于编辑脚本，下面的命令控制台可以显示脚本执行过程和结果，也可以像 PowerShell 命令行一样运行交互式命令。右侧窗格提供的是命令附加工具，可以浏览和查询 Windows PowerShell，插入到命令控制台，或者复制到脚本中。

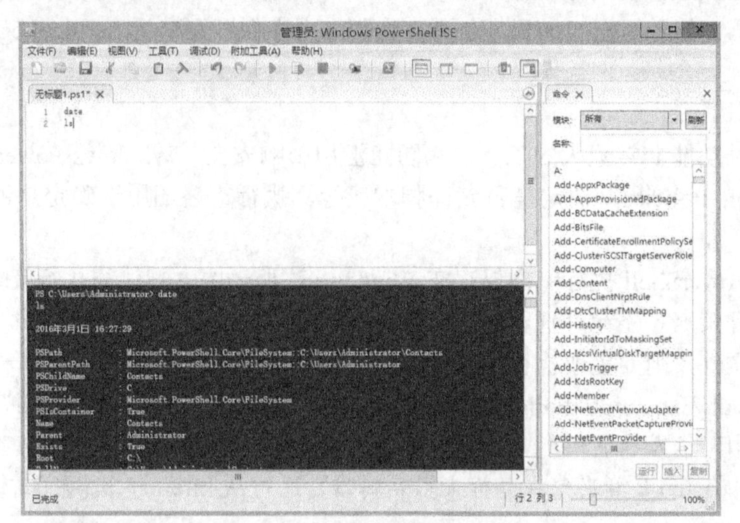

图 2-36　ISE 界面

2.2.6　使用 Windows PowerShell 配置文件

Windows PowerShell 配置文件是在 PowerShell 启动时运行的脚本，可以将它用作登录脚本来自定义环境。设计良好的配置文件有助于使用 Windows PowerShell 管理系统。

添加命令、别名、函数、变量、管理单元、模块只是将它们添加到当前的 PowerShell 会话中，仅在当前会话内有效，一旦退出会话或者关闭 PowerShell，则这些更改将丢失。如果要保留这些更改，可将它们添加到配置文件，每次启动 PowerShell 都会加载该配置文件。配置文件的另一种常见用法是保存常用函数、别名和变量，便于会话中直接使用这些项值。一定规模的用户还可创建、共享和分发配置文件，以强制实施 Windows PowerShell 的统一视图。

在 Windows PowerShell 中可以有 4 个不同的配置文件：$PsHome \profile.ps1 适用于所有主机所有用户，$PsHome \ Microsoft.PowerShell_profile.ps1 适用于当前主机所有用户，Documents\WindowsPowerShell\profile.ps1 适用于所有主机当前用户，$Home \My Documents\WindowsPowerShell\Microsoft.PowerShell_profile.ps1 适用于当前主机当前用户。其中$PsHome 变量表示 Windows PowerShell 的安装目录（如 C:\Windows\System32\WindowsPowerShell\v1.0），$Home 变量表示当前用户的主目录（如 C:\Users\Administrator）。

特殊的配置文件优先级高于一般的配置文件。作为范围的“主机”实际上是指 Windows PowerShell 的 Shell。所有用户所有主机表示适用于所有用户和所有 Shell；所有用户当前主机表示适用于所有用户，但仅适用于 Microsoft.PowerShell Shell；当前用户所有主机表示仅适用于当前用户，但会影响所有 Shell；当前用户当前主机表示仅适用于当前用户和 Microsoft.PowerShell Shell。

$Profile 是一个自动变量，用于存储当前会话中可用的 Windows PowerShell 配置文件的路径，也就是“当前用户当前主机”配置文件的路径。要显示该路径，执行以下命令：

```
PS C:\Users\Administrator> $profile
C:\Users\Administrator\Documents\WindowsPowerShell\Microsoft.PowerShell_profile.ps1
```

可以在命令中直接使用$Profile 变量表示配置文件路径。

系统不会自动创建 Windows PowerShell 配置文件。要创建配置文件，首先要在指定位置中创建具有指定名称的文本文件。

可以先确定是否已经在系统上创建了 Windows PowerShell 配置文件，执行以下命令：

```
PS C:\Users\Administrator> test-path $profile
False
```

如果存在配置文件，则响应为 True，否则响应为 False。

要创建适用于当前主机当前用户的 Windows PowerShell 配置文件，执行以下命令：

```
new-item -path $Profile -itemtype file -force
```

要在记事本中打开配置文件，执行以下命令：

```
notepad $Profile
```

要创建其他配置文件之一，如适用于所有用户和所有主机的配置文件，可执行以下命令：

```
new-item -path $PsHome \profile.ps1 -itemtype file -force
```

仅当配置文件的路径和文件名与$Profile 变量中存储的路径和文件名完全一致时，配置文件才有效。因此，如果在记事本中创建一个配置文件并保存它，或者将一个配置文件复制到系统中，则一定要用$Profile 变量中指定的文件名将该文件保存到在此变量中指定的路径下。

使用配置文件存储常用的别名、函数和变量。例如，以下命令会创建一个名为 pro 的函数，该函数用于在记事本中打开用户配置文件。

```
function pro { notepad $profile }
```

提示： Windows PowerShell 执行策略必须允许加载配置文件。如果它不允许，则加载配置文件的尝试将失败，而且 Windows PowerShell 显示一条错误消息。

2.2.7　使用 Windows PowerShell 管理角色和功能

刚开始使用 Windows PowerShell 可能有些不适应，一旦习惯之后，就会发现它比图形界面管理工具更好用，效率更高。前面介绍了使用服务器管理器控制台管理角色和功能，这里简单介绍一下如何使用 Windows PowerShell 完成同样的任务。

在 Windows PowerShell 中可以查看、安装或删除角色、角色服务和功能，这是由 ServerManager 模块提供的 cmdlet 来实现的。以管理员特权启动 Windows PowerShell 之后执行 Import-module ServerManager 加载服务器管理器模块。实际上在 Windows Server 2012 R2 中执行该模块的任一命令，都会隐式加载该模块，也可以不执行显式加载模块的命令。

相关的主要命令列举如下。

- Get-WindowsFeature：查看角色、角色服务和功能。
- Install-WindowsFeature（别名为 Add-WindowsFeature）：添加角色、角色服务和功能。
- Uninstall-WindowsFeature（别名为 Remove-WindowsFeature）：删除角色、角色服务和功能。

首先执行 Get-WindowsFeature 获取角色、角色服务和功能的安装情况，如图 2-37 所示。该命令给出的报告比较长，这里仅包含了一部分。为方便分析，可以通过重定向将结果输出到文本文件中，如在该命令后加上“ > c:\windowsfeature_report.txt”。

图 2-37　执行 Get-WindowsFeature

结果中“Display Name”列提供角色、角色服务和功能的显示名称，“X”标记表示已安装的，没有安装的就没有该标记。“Name”列给出用于安装的项目名称；“Insatll State”列进一步给出安装状态，其中“Installed”表示已安装，“Available”表示可安装而未安装。

接下来示范安装角色和功能。这里以安装 Web 服务器中的 WebDAV 发布为例，对应的安装项目名称为 Web-DAV-Publishing，执行以下命令：

```
Install-WindowsFeature -Name Web-DAV-Publishing -Restart
```

只要加一个选项-Restart，安装之后就自动重启系统。

为稳妥起见，在正式安装之前，可以使用选项-Whatif 来了解安装过程中发生的情况，这样并不实际运行该命令。例如，以下显示的 AD 证书安装过程中的情况：

```
PS C:\Users\Administrator> Install-WindowsFeature -Name AD-Certificate -Whatif
WhatIf: 是否继续安装?
WhatIf: 正在执行“[Active Directory 证书服务] Active Directory 证书服务”安装。
WhatIf: 正在执行“[Active Directory 证书服务] 证书颁发机构”安装。
WhatIf: 安装完成之后，可能需要重新启动目标服务器。

Success Restart Needed Exit Code      Feature Result
------- -------------- ---------      --------------
True    Maybe          Success        {Active Directory 证书服务，证书颁发机构}
```

在服务器管理器通过向导添加角色和功能的过程中可以导出配置文件（参见图 2-14），然后基于配置文件来安装。基本用法是：

```
Install-WindowsFeature -ConfigurationFilePath 配置文件路径
```

相关的命令有多个选项和参数，具体可以查看相关帮助。删除角色、角色服务和功能的操作也是类似的。

还可以使用 Windows PowerShell 脚本批量管理角色和功能，同时为多台服务器安装。

2.3　Windows 系统配置与管理工具

Windows 操作系统提供多种通用的系统管理工具，用来配置和管理系统和用户，设置其他特性。熟悉这些工具对于配置和管理系统是至关重要的一步。前面已经介绍过服务器管理器和 Windows PowerShell 这两种重要工具，这里再介绍其他管理工具。

2.3.1　Microsoft 管理控制台

Windows Server 2012 R2 仍然沿用 3.0 版本的 Microsoft 管理控制台（Microsoft Management Console，MMC）。它具有经过优化的界面和管理结构，可以集成多数管理功能。

1. MMC 的特点

MMC 本身只是一个框架，是一种集成管理工具的管理界面，用来创建、保存并打开管理工具，而 MMC 本身并不执行管理功能。在 MMC 中，每一个单独的管理工具算作一个“管理单元”，每一个管理单元完成某一特定的管理功能或一组管理功能。在一个 MMC 中，可以同时添加多个“管理单元”。

MMC 具有统一的管理界面，如图 2-38 所示。MMC 由菜单栏、工具栏、控制台树窗格、详细信息窗格和操作窗格等部分组成。控制台树通常显示所管理的对象的树状层次结构，列出可以使用的管理工具（管理单元）及其下级项目；详细窗格给出所选项目的信息和有关功能，内容随着控制台树中项目的选择而改变；操作窗格列出所选项目所提供的管理功能。

提示：每一个 MMC 控制台实际上是一个扩展名为.msc 的文件。为执行各种管理任务，系统提供多个预配置的 MMC 控制台，保存在引导分区的 Windows\System32 文件夹中。针对某一特定的管理任务，每一个预配置控制台包括了一个或多个管理单元。“管理工具”菜单仅仅包括了一部分控制台（实际上是指向.msc 文件的快捷方式），也就是一些最常用的管理工具，例如组件服务控制台如图 2-39 所示，它包括 3 个管理单元，前述的服务器管理器也是一个 MMC 管理单元。后续章节涉及的各类服务或应用的图形界面管理工具大都是以 MMC 管理单元的形式提供的，如 DNS 管理器、DHCP 控制台。

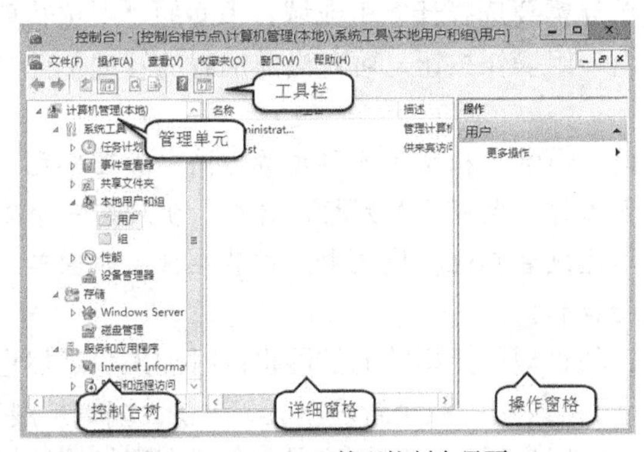

图 2-38　Microsoft 管理控制台界面

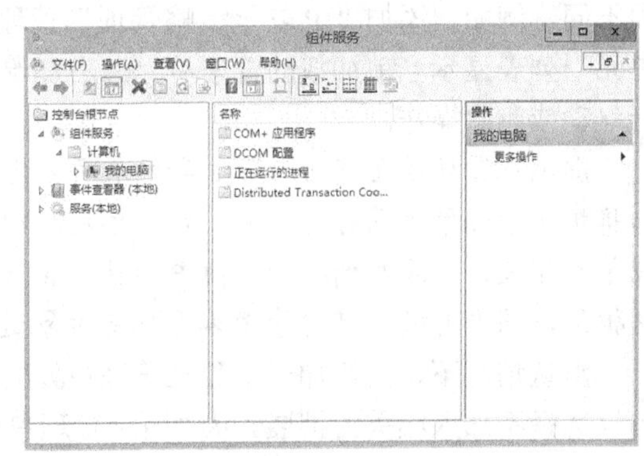

图 2-39　组件服务控制台

管理员通过 MMC 使用管理工具来管理硬件、软件和 Windows 系统的网络组件。MMC 为这些管理工具提供了统一的界面，只要掌握其中一种工具的使用方法，就自然会掌握其他工具的使用方法，当然各种不同工具的功能还是有区别的。更为重要的是，可以将这些管理工具组合起来，让用户创建自己的控制台，并且可以保存为控制台文件，供以后直接调用。使用 MMC 有两种方法，一种是直接使用已有的 MMC 控制台，另一种是创建新的控制台或修改已有的控制台。

2. 自定义 MMC 控制台

Windows Server 2012 R2 对最常用的管理工具提供预配置 MMC 控制台，至于其他管理工具，则可以自定义 MMC 来调用。还可以创建自定义控制台来组合多种管理单元。这里讲解添加管理单元以定制 MMC 控制台的过程。

（1）右击任务栏左侧的窗口图标，选择“运行”命令（或者按 Windows+R 组合键），输入“MMC”，单击“确定”按钮，打开 MMC 界面，选择“文件”>“添加/删除管理单元”命令，弹出相应的对话框，如图 2-40 所示。

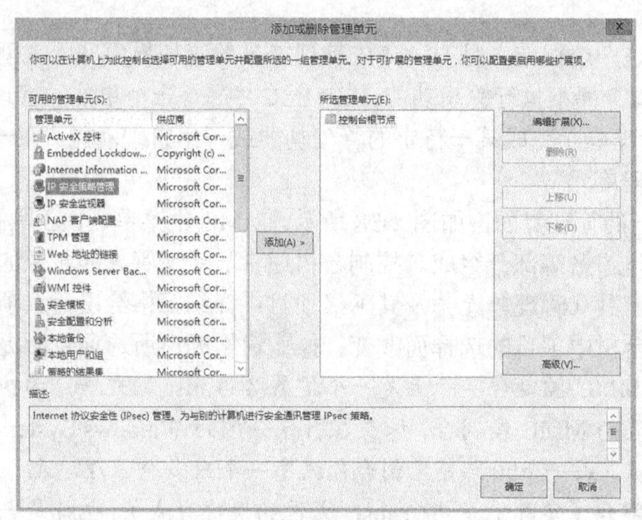

图 2-40　添加或删除管理单元

（2）左侧“可用的管理单元”列表显示可加载的管理单元，从中选择要添加到 MMC 界面的管理单元，单击“添加”按钮，根据提示进行操作即可。不同的管理单元需要设置的选项不同，例如，添加“IP 安全策略管理”管理单元需要选择计算机或域。中间的“所选管理单元”列表显示当前加载的管理单元。右侧给出一组操作按钮，可对当前加载的管理单元进行移动或删除操作。

提示：管理单元可分为独立和扩展两种形式。通常将独立管理单元称为简单管理单元，而将扩展管理单元简称为扩展。管理单元可独立工作，也可添加到控制台中。扩展与一个管理单元相关，可添加到控制台树中的独立管理单元或者其他扩展之中。扩展在独立管理单元的框架范围内有效，可对管理单元目标对象进行操作。

默认情况下，当添加一个独立管理单元时，与管理单元相关的扩展也同时加入，当然也可以选择不加入相关的扩展。从“所选管理单元”列表选中某个管理单元，单击“编辑扩展”按钮，将列出当前选中管理单元的扩展，并且允许用户添加所有的扩展，或者有选择性地启用或禁用特定的扩展。例如，“服务”管理单元相关的扩展如图 2-41 所示。

（3）可根据需要添加其他管理单元。单击“确定”按钮，完成管理单元的添加。图 2-42 显示的就是有多个管理单元的控制台，这样通过一个控制台就可执行多种管理任务。

（4）为便于今后使用，选择“文件”>“保存”命令，将该控制台设置保存到文件（例中命名为“控制台示例.msc”），一般保存在“管理工具”文件夹中。

保存好以后，从“所有程序”>“管理工具”菜单中单击该控制台名称，即可打开该控制台。也可在 MMC 界面打开相应的控制台文件。

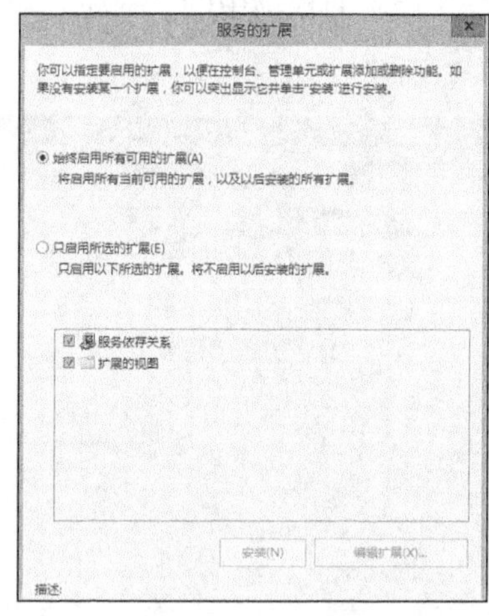

图 2-41　编辑扩展

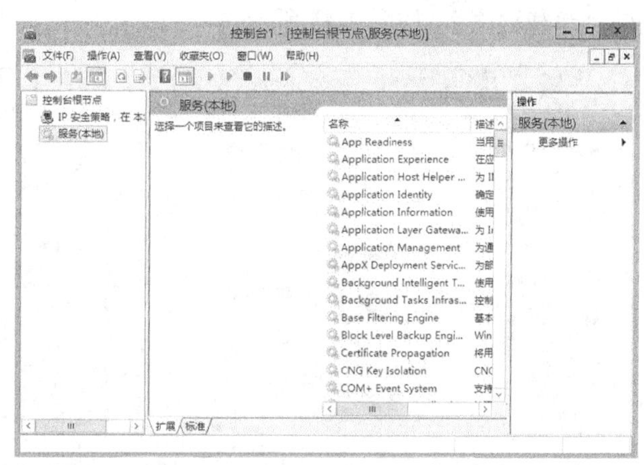

图 2-42　加载多个管理单元的控制台

3. 使用 MMC 执行管理任务

使用 MMC 控制台管理本地计算机时，需要具备执行相应管理任务的权限。使用 MMC 远程管理网络上的其他计算机，需要满足两个前提条件，一是拥有被管理计算机的相应权限，二是在本地计算机上提供有相应的 MMC 控制台。

打开 MMC 控制台文件来启动相应管理工具执行管理任务，可以使用以下任意一种方法。

- 对于常用的管理工具，可以直接从“管理工具”菜单中打开，如“计算机管理”“事件查看器”“服务”“性能”“证书颁发机构”等。
- 通过服务器管理器的“工具”菜单也可打开部分 MMC 控制台。
- 通过资源管理器找到相应的.msc 文件，运行即可。
- 使用命令行启动 MMC 控制台，基本语法格式如下：

```
mmc  文件路径\.msc文件  /a
```

其中参数/a 表示强制以作者模式打开控制台。例如，执行命令 mmc c:\windows\system32\diskmgmt.msc 将打开“磁盘管理”工具。

2.3.2　控制面板

MMC 所提供的工具不能完全取代控制面板中的配置管理对象，而在控制面板的“管理工具”文件夹中却能找到一部分常用的 MMC 工具。Windows Server 2012 R2 依然提供控制面板，将它作为一个配置硬件和操作系统的控制中心。默认情况下，并不是所有的项目都出现在“控制面板”文件夹中，例如，红外和无线连接随着红外线端口或类似的无线硬件出现在系统中，才在“控制面板”文件夹中显示相应的项目。

要使用控制面板中的配置管理工具，在 Windows 的“开始”屏幕上单击“服务器管理器”磁贴打开相应的对话框，如图 2-43 所示，从中选择相应的项目即可。Windows Server 2012 R2 控制面板的命令项默认以选项集合的形式列出，不再是单一的命令项（可以改变查看方式来给出命令项列表）。其中一些控制面板项控制比较简单的选项集，还有一些项则比较复杂。例如“添加或删除程序”命令项不存在了，而是融入到“程序”控制面板项中的“程序和功能”下面的“卸载程序”，如图 2-44 所示。

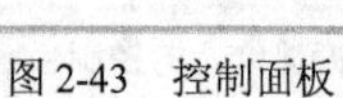
图 2-43　控制面板

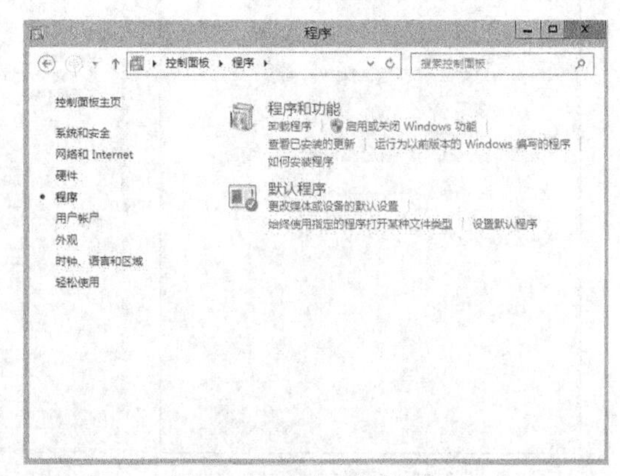

图 2-44　“程序”控制面板项

2.3.3　CMD 命令行工具

专业管理员往往选择命令行工具来管理系统和网络，这样不仅能够提升工作效率，而且还能完成许多在图形界面下无法胜任的任务。CMD 是 Windows 平台下的 DOS 命令行环境，Windows PowerShell 是一种新型的基于.NET 的命令行工具，Windows Server 2012 R2 依然保留了传统的 CMD 工具，以实现向后兼容。另外，对于不提供图形界面的 Windows Server 2012 R2 服务器核心版，命令行工具至关重要。命令行程序通常具有占用资源少、运行速度快、可通过脚本进行批量处理等优点。当出现故障，或是被病毒、木马破坏，系统无法引导时，可以通过短小精悍的 DOS 操作系统引导进入命令行，然后进行备份数据、修复系统等工作。

许多图形界面管理工具都有对应的 CMD 命令行工具，还有一些命令行工具功能更为强大，例如 schtasks 是任务计划工具的命令行版本，创建一个任务：

```
schtasks /create /tn test /tr cmd /sc once /st 10:00
```

/tn 指定任务名称，/tr 指定要运行的程序，/sc 指定调度情况，/st 指定开始运行的时间。

需要在命令提示符窗口（如图 2-45 所示）中输入可执行命令进行交互操作。在 Windows Server 2012 R2 中可通过以下 3 种方式打开“命令提示符”窗口。

图 2-45　命令行窗口

- 右击任务栏左侧的窗口图标，选择“运行”命令（或者按 Windows+R 组合键）打开“运行”对话框，输入“cmd”，单击“确定”按钮。
- 在“开始”屏幕上打开“应用”菜单，单击其中的“命令提示符”。
- 运行%SystemRoot%\System32 或%SystemRoot%\System32\SysWOW64 的 cmd.exe。

输入命令必须遵循一定的语法规则，命令行中输入的第 1 项必须是一个命令的名称，从第 2 项开始是命令的选项或参数，各项之间必须由空格或 Tab 隔开，格式如下：

```
提示符> 命令 选项 参数
```

选项是包括一个或多个字母的代码，前面有一个“/”符号，主要用于改变命令执行动作的类型。参数通常是命令的操作对象，多数命令都可使用参数。有的命令不带任何选项和参数。Windows 命令并不区分大小写。可以附带选项/?获取相关命令的帮助信息，系统会反馈该命令允许使用的选项、参数列表以及相关用法。

例如，sc 是用于与服务控制管理器通信的命令行程序，用于查询、控制服务的状态以及配置服务信息。启动/停止/暂停服务的语法格式如下：

```
sc start/stop/pause service
```

2.3.4　注册表编辑器

注册表是 Windows 系统存放配置信息的核心文件，用于存放有关操作系统、应用程序和用户环境的信息，必要时可以直接编辑和修改注册表来实现系统配置。实际上使用各种 MMC 管理单元修改某项设置时，通常就等于修改注册表中的某项设置。有些问题只能通过直接修改注册表才能解决。对于系统管理员来说，不仅要理解注册表的功能以及如何修改它，还要保护注册表，使它免受破坏或避免未授权的访问。

1. 注册表结构

注册表具体内容取决于安装在每台计算机上的设备、服务和程序。一台计算机上的注册表内容可能与另一台有很大不同，但是基本结构是相同的。注册表的内部组织结构是一个树状分层的结构，如图 2-46 所示，具体说明如下。

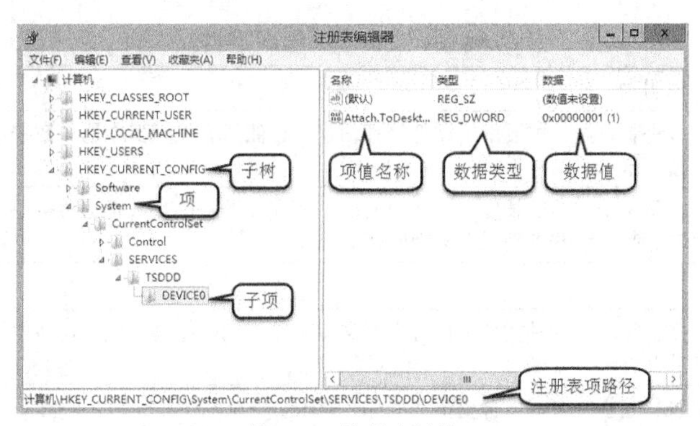

图 2-46　注册表结构

- 整个结构分为 5 个主要分支，称为子树（subtree），又称文件夹。
- 每一个子树下包含若干项，又称键（key）。
- 每一个项下包含若干子项，又称子键（subkey），子项是项中的一个子分支。
- 每一个子项下可能包含若干下级子项。
- 每一个子项下可能包含若干项值（value），又称键值。
- 每一个项值对应某项具体设置。

2. 子树

注册表中实际上有两个“物理”子树，即 HKEY_LOCAL_MACHINE 和 HKEY_USERS，前者包含了与系统和硬件相关的设置，后者包含了与用户有关的设置。这两个子树被分成以下 5 个“逻辑”子树，便于查找信息和理解注册表的逻辑结构。

- HKEY_LOCAL_MACHINE（HKLM）：存储本地计算机系统的设置，即与登录用户无关的硬件和操作系统的设置。例如，设备驱动程序、内存、已装硬件和启动属性。
- HKEY_CLASSES_ROOT（HKCR）：包含与文件关联的数据。例如，文件类型与其应用程序建立关联。
- HKEY_CURRENT_USER（HKCU）：存储当前登录到本地系统的用户的特征数据，包括桌面配置和文件夹、网络和打印机连接、环境变量、“开始”菜单和应用程序，以及用户操作环境和用户界面的其他设置。
- HKEY_USERS（HKU）：存储登录到本地计算机的用户的特征数据，以及本地计算机用户的默认特征数据。
- HKEY_CURRENT_CONFIG（HKCC）：存储启动时所标识的本地计算机的硬件配置数据，并包括有与设备分配、设备驱动程序等有关的设置。该子树实际上是 HKEY_LOCAL_MACHINE\SYSTEM\CurrentControlSet\Hardware Profiles\Current 项的别名。

3. 项值

项是注册表中的容器，可包含其他子项，也可包含具体的项值条目。项值位于注册表层次结构的最底端，它由名称、数据类型和数据值 3 部分组成。名称标识了设置项目，数据类型描述了该项的数据格式，而数据值则是设置值。Windows 注册表所支持的数据类型见表 2-1。

表 2-1　Windows 注册表项值数据类型

数据类型	说明
REG_BINARY	二进制数据。主要用于硬件组件信息，在注册表编辑器中这种数据可以以二进制或十六进制格式来显示或编辑
REG_DWORD	占用 4 个字节的长度。许多设备驱动程序和服务的参数是这种类型，并在注册表编辑器中以二进制、十六进制或十进制的格式显示
REG_SZ	字符串
REG_MULTI_SZ	多字符串。这种类型由包含多个文本字符串的数据项值使用，多值用空格、逗号或其他标记分开
REG_EXPAND_SZ	可扩充字符串，内含变量（例如%SystemRoot%）
REG_FULL_RESOURCE_DESCRIPTOR	用来存储硬件或驱动程序所占用的资源清单。用户无法修此处的数据

4. Hive（蜂巢）与注册表文件

Windows 将注册表数据存储到一系列注册表文件中，每一个注册表文件内所包含的项、子项、项值的集合称为 Hive（通常译为“蜂巢”），因而注册表文件又称为蜂巢文件。

HKEY_LOCAL_MACHINE 子树下的 SAM、SECURITY、SOFTWARE、SYSTEM 都是蜂巢，因为其中的项、子项、项值分别存储到不同的注册表文件内。这些注册表文件保存在%SystemRoot%\System32\Config 文件夹中（%SystemRoot%是指存储 Windows 系统文件的文件夹），文件名分别是 Sam 与 Sam.log、Security 与 Security.log、Software 与 Software.log、System 与 System.log。

属于用户配置文件的数据存储在%SystemDrive%\Documents and Settings\用户名文件夹中，其文件名是 Ntuser.dat 与 Ntuser.dat.log。默认用户配置文件路径为%SystemDrive%\Documents and Settings\Default User\Ntuser.dat 与 Ntuser.dat.log。

5. 编辑注册表

Windows 提供注册表编辑器 Regedit.exe 用于查看和修改注册表。在操作注册表之前要记住两点，一是要备份注册表，二是要小心修改注册表，因为错误的修改可能导致系统不能启动。

提示：对注册表的大多数改动，不论被修改的是系统、用户、服务、应用程序还是其他对象，都要尽可能使用配置管理工具来完成。只有在没有其他管理工具时，才考虑使用注册表编辑器来修改注册表。

执行 regedit 命令即可启动 Regedit 编辑器。参见图 2-46，整个编辑器分为两个窗格，左窗格显示树形结构，右窗格显示树形结构中当前被选中对象的具体内容，展开树形结构并选中所要查看的对象，即可查看特定的键或设置，根据需要还可以进行修改。

可以使用注册表编辑器来查找或操作网络上另一台计算机的注册表。选择“文件”>“连接网络注册表”命令来连接远程计算机。远程注册表的子树在本地注册表的子树下面显示，注意只能够看到远程计算机的 HKEY_LOCAL_MACHINE 与 HKEY_USERS 两个子树。

6. 使用 Windows PowerShell 管理注册表

除了注册表编辑器外，还可以使用 Windows PowerShell 来管理注册表。它提供了两个关于注册表的驱动器：HKCU 和 HKLM，分别表示子树 HKEY_CURRENT_USER 和 HKEY_LOCAL_MACHINE。其他 3 个子树可以先转到注册表的根部：

```
Set-Location -Path Microsoft.PowerShell.Core\Registry::
Get-ChildItem -Recurse
```

“Microsoft.PowerShell.Core\Registry::”是一个特殊的路径，表示注册表的根路径。进入根路径，就能随意转到一个注册表路径。

```
Push-Location HKLM:SOFTWARE\Wow6432Node\Microsoft\Windows\CurrentVersion\Run
Pop-Location
```

经常需要在其他驱动器中进行操作（如文件系统），这就需要临时访问注册表，可以使用 Push-Location 暂时转到注册表的驱动器，操作完成后使用 Pop-Location 回到原来的驱动器。

这是一种推荐做法，可以方便地在不同驱动器之间切换。下面是一个更改注册表的值的例子。

```
Set-Item  -Path  HKLM:SOFTWARE\Wow6432Node\Microsoft\Windows\CurrentVersion\Run\PS -Value "PSV2" -Force -PassThru
Set-ItemProperty -Path KLM:SOFTWARE\Wow6432Node\Microsoft\Windows\CurrentVersion\Run -Name "VS2010" -Value "E:\" -PassThru
```

7. 使用注册文件

在处理注册表数据之前，往往要备份正在处理的子项，以便发生意外时恢复原来的数据。为此在注册表编辑器中选择计划要处理的子项，然后选择“文件”>“导出”命令，将这些子项导出到外部文件。导出文件的默认文件类型是注册文件，它的扩展名是.reg。注册文件包含所选择的项和子项的所有数据。要将注册文件的数据恢复到注册表，可以导入命令，也可直接双击该文件将其导入。

除备份和恢复注册表数据外，.reg 文件还可直接用于管理系统上的注册表。按照格式编写.reg 文件，将其内容导入到注册表，即可用来控制用户、软件设置、计算机设置或者存储在注册表的任何其他数据。这特别适合将所需注册表的改变发布到多台计算机的情形。

注册文件是 Unicode 文本文件，使用下面的格式：

```
NameOfTool                     ## 第一行工具名用于识别完成这个程序的工具
blank line                      ## 空行
[Registry path]                  ## 注册表路径（层次结构每一层都用反斜杠\分开）
"DataItemName"=DataType:value   ## 项值定义
……
```

一个注册文件中可以有多个注册表路径。项值定义中的的名称用引号，等号紧跟在数项值名称后面，然后是数据类型，后面跟着冒号，最后是数值。

2.4 配置系统运行环境

安装 Windows Server 2012 R2 系统之后，还要适当配置系统运行环境。2.1.4 节已经介绍了激活、网络配置与计算机名称更改。这里再补充介绍其他必要的配置。

2.4.1 硬件设备安装与设置

大部分情况下，安装硬件设备非常简单，只要将设备安装到计算机即可，因为现在绝大部分的硬件设备都支持即插即用，而 Windows 的即插即用功能会自动检测到用户所安装的即插即用硬件设备，并自动安装该设备所需要的驱动程序。

如果 Windows 系统检测到某个设备，但是却无法找到适当的驱动程序，则系统会显示相应的界面，要求用户提供驱动程序。如果用户安装的是最新的硬件设备，而系统又检测不到这个尚未被支持的硬件设备，或硬件设备不支持即插即用，则可以利用“添加硬件”向导来安装与设置此设备。

1. 通过设备管理器配置管理硬件设备

可以利用设备管理器来查看、停用、启用计算机内已安装的硬件设备，也可以用它来针对硬件设备执行调试、更新驱动程序、回滚（rollback）驱动程序等工作。

右击任务栏左侧的窗口图标，选择“设备管理器”命令（或者打开控制面板，单击“硬件”项，再单击“设备管理器”项）即可打开相应的设备管理器，如图 2-47 所示。

要查看隐藏的硬件设备，从“查看”菜单中选择“显示隐藏的设备”选项即可。

要停用、卸载、更新硬件设备驱动程序，只要右击该设备，从快捷菜单中选择相应项即可。对于停用的设备、驱动程序有问题的设备还会给出相应标记。

更新某个设备的驱动程序之后，如果发现此新驱动程序无法正常运行时，可以将之前正常的驱动程序再安装回来，这个功能称为回滚驱动程序。具体方法是右击某设备，选择“属性”命令打开如图 2-48 所示的对话框，单击“回滚驱动程序”按钮。如果设备没有更新过驱动程序，则不能回滚驱动程序。

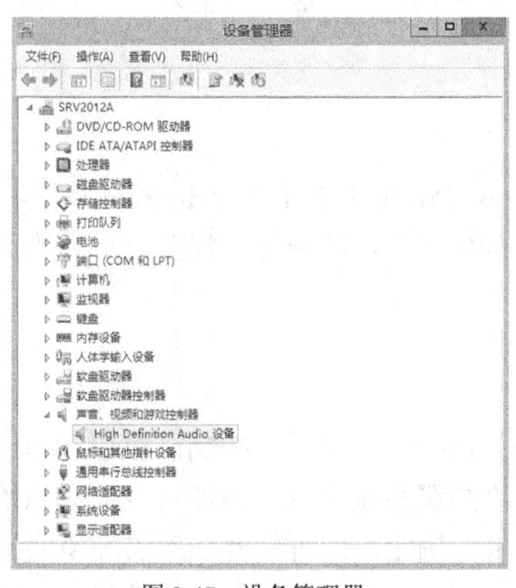

图 2-47　设备管理器

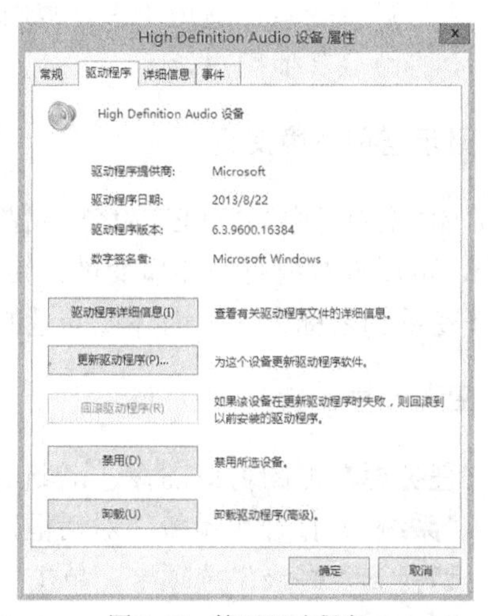

图 2-48　管理驱动程序

2. 驱动程序签名

驱动程序如果通过 Microsoft 测试，则可以在 Windows 内正常运行，这个程序也会获得 Microsoft 的数字签名（Digital Signature）。驱动程序经过签名后，该程序内就会包含一个数字签名，系统通过此签名来得知该驱动程序的发行厂商名称与该程序的原始内容是否被篡改，以确保所安装的驱动程序是安全的。

安装驱动程序时，如果该驱动程序未经过签名、数字签名无法被验证是否有效，或者驱动程序内容被篡改过，系统就会显示警告信息。建议用户安装经过 Microsoft 数字签名的驱动程序，以确保系统能够正常运作。

Windows Server 2012 R2 的内核模式驱动程序必须经过签名，否则系统会显示警告信息，而且也不会加载此驱动程序。即使通过应用程序来安装未经过签名的驱动程序，系统也不会加载此驱动程序，只是不会给出警告。如果因系统不加载该驱动程序而造成系统不正常运行或无法启动，则需要禁用驱动程序签名强制，以便正常启动 Windows Server 2012 R2，具体操作方法是：启动计算机完成自检，系统启动时按 F8 键进入“高级启动选项”界面，选择

“禁用驱动程序签名强制”，按回车键启动系统，启动成功后在将该驱动程序卸载，以便重新使用常规模式启动系统时，可以正常启动、正常运行。

2.4.2　环境变量管理

在 Windows Server 2012 R2 计算机中，环境变量会影响计算机如何运行程序、如何搜索文件、如何分配内存空间等。管理员可修改环境变量来定制运行环境。

1．环境变量的类型

Windows 的环境变量分为以下两种。

- 系统环境变量：适用于在计算机上登录的所有用户。只有具备管理员权限的用户才可以添加或修改系统环境变量。但是建议最好不要随便修改此处的变量，以免影响系统的正常运行。
- 用户环境变量：适用于在计算机上登录的特定用户。这个变量只适用于该用户，不会影响到其他用户。

2．显示当前环境变量

在 CMD 命令行中执行 SET 命令，或者在 Windows PowerShell 中执行 dir env:或 Get-ChildItem env:命令，可以查看现有的环境变量。结果如图 2-49 所示，其中每一行有一个环境变量，左边为环境变量的名称，右边为环境变量的值。

3．更改环境变量

右击任务栏左侧的窗口图标，选择“系统”命令（也可以从控制面板中选择“系统和安全”>“系统”）打开“系统”对话框，再单击“高级系统设置”项即可打开“系统属性”对话框，切换到“高级”选项卡，单击“环境变量”按钮，即可打开相应的环境变量设置对话框，如图 2-50 所示。其中上半部为用户环境变量区，下半部为系统环境变量区。管理员可根据需要添加、修改、删除用户和系统的环境变量。

图 2-49　查看环境变量

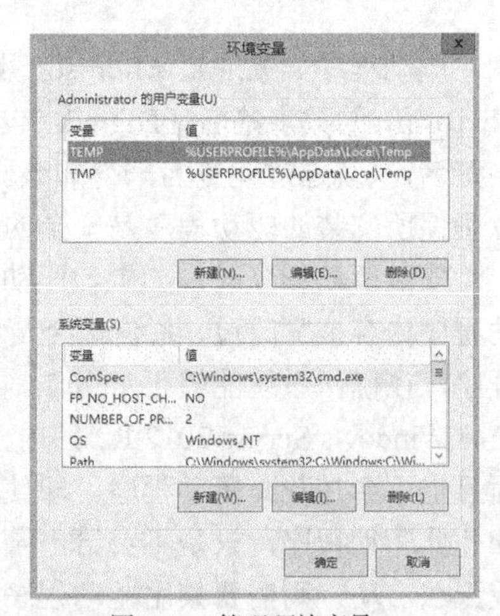

图 2-50　管理环境变量

4. AUTOEXEC.BAT 文件中的环境变量

除了系统环境变量和用户环境变量之外，系统根文件夹的 AUTOEXEC.BAT 文件中的环境变量设置也会影响计算机的环境变量。如果这 3 处的环境变量设置有冲突，其设置的原则有以下两点。

- 对于环境变量 PATH，系统设置的顺序是系统环境变量设置→用户环境变量设置→AUTOEXEC.BAT 设置。
- 对于不是 PATH 的环境变量，系统设置的顺序是 AUTOEXEC.BAT 设置→系统环境变量设置→用户环境变量设置。

可直接在 AUTOEXEC.BAT 文件中更改环境变量。系统只有在启动时才会读取该文件，因此修改该文件中的环境变量后必须重新启动，这些变量才起作用。

5. 环境变量的使用

用户可直接引用环境变量。使用环境变量时，必须在环境变量的前后加上%，例如%USERNAME%表示要读取的用户账户名称，%SystemRoot%表示系统根文件夹（即存储系统文件的文件夹）。

2.4.3　虚拟内存配置

虚拟内存由物理内存和硬盘空间组成。如果操作系统和应用程序需要的内存数量超过了物理内存，操作系统就会暂时将不需要访问的数据通过分页操作写入到硬盘上的分页文件（又称虚拟内存文件或交换文件）中，从而给需要立刻使用内存的程序和数据释放内存。分页文件名为 pagefile.sys，默认情况下位于操作系统所在分区的根目录下。

更改虚拟内存文件的存储位置或大小可以提高系统性能。Windows Server 2012 R2 安装过程中会自动管理所有磁盘的分页文件，并且将该文件存放在安装 Windows Server 2012 R2 系统的根文件夹中。启动时创建分页文件，将其大小设置为最小值，此后系统不断根据需要增加，直至达到可设置的最大值。管理员可以自行设置分页文件大小，或者将分页文件同时创建在多个物理磁盘内，以便提高分页文件的运行效率。

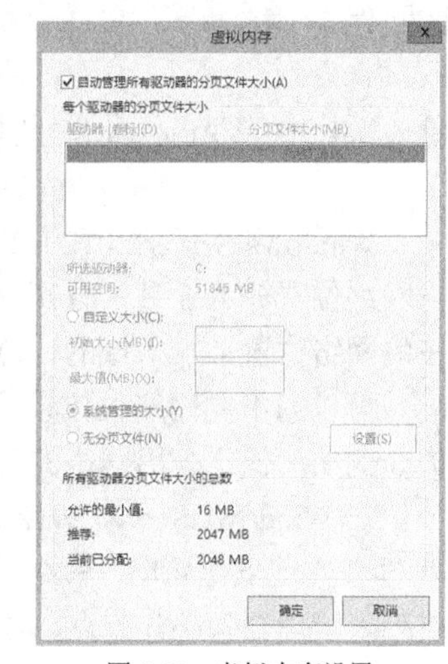

图 2-51　虚拟内存设置

右击任务栏左侧的窗口图标，选择“系统”命令（也可以从控制面板中选择“系统和安全”>“系统”）打开“系统”对话框，再单击“高级系统设置”项即可打开“系统属性”对话框，切换到“高级”选项卡，单击“性能”区域的“设置”按钮，再切换到“高级”选项卡，单击“虚拟内存”区域的“更改”按钮，打开相应的对话框，如图 2-51 所示，即可调整虚拟内存。如果减小了分页文件设置的初始值或最大值，则必须重新启动计算机才能看到这些改动的效果。增大则通常不要求重新启动计算机。

提示：为获得最佳性能，不要将初始大小设成低于“所有驱动器分页文件大小的总数”区域中的推荐大小值。推荐大小等于系统物理内存大小的 1.5 倍。尽管在使用需要大量内存的程序时，可能会增加分页文件的大小，但还是应该将分页文件保留为推荐大小。

2.4.4 启动和故障恢复设置

通过相应的故障恢复设置，当 Windows Server 2012 R2 系统发生严重的错误以致意外终止时，可以利用这些信息来协助用户查找问题。

右击任务栏左侧的窗口图标，选择“系统”命令（也可以从控制面板中选择“系统和安全”>“系统”）打开“系统”对话框，再单击“高级系统设置”项即可打开“系统属性”对话框，切换到“高级”选项卡，单击“启动和故障恢复”区域的“设置”按钮，打开相应的对话框，如图 2-52 所示，在“系统失败”区域设置相应的选项。

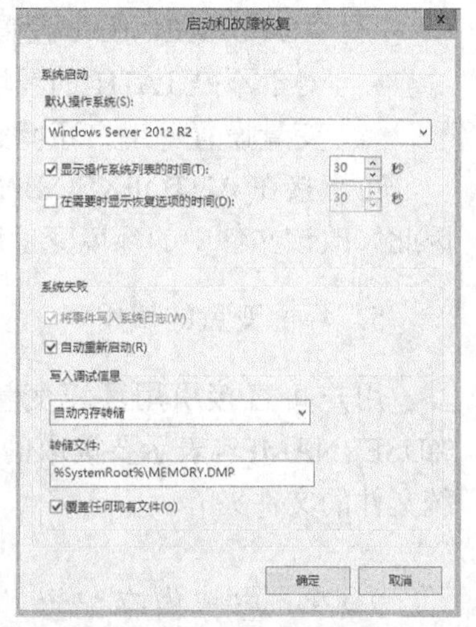

图 2-52 启动和故障恢复设置

“将事件写入系统日志”选项表示可利用事件查看器查看系统日志内容，查找系统失败的原因。

“自动重新启动”选项表示系统失败时，自动关闭计算机并重新启动。

“写入调试信息”区域用来设置当发生意外终止时，系统如何将内存中的数据写到转储文件内，这里有以下 3 种方式供选择。

- 完全内存转储：将该计算机内所有内存的数据写入转储文件，这是默认设置。
- 核心内存转储：仅将系统核心所占的内存内容写到转储文件，这种方式速度较快。
- 小内存转储：仅将有助于查找问题的少量内存内容写到转储文件。

默认的转储文件是%SystemRoot%\MEMORY.DMP，其中%SystemRoot%是存储系统文件的文件夹。默认选中“覆盖任何现有文件”选项，如果指定的文件已经存在，转储时将覆盖该文件。

2.4.5 Windows 防火墙与网络位置

Windows Server 2012 R2 内置 Windows 防火墙以保护服务器本身免受外部攻击。它同时将网络位置分为 3 种，分别是专用网络、公用网络与域网络。系统自动判断并设置计算机所在的网络位置，加入域的计算机的网络位置自动设置为域网络，不可直接变动。

可以为不同网络位置设置不同的 Windows 防火墙配置，为计算机提供最合适的安全保护。例如，位于公用网络的计算机的 Windows 防火墙设置比位于专用网络的严格。

在 Windows Server 2012 R2 中不能直接更改网络位置，可以从控制面板中选择“管理工具”>“本地安全策略”命令（或者执行 SecPol.msc）打开“本地安全策略”控制台，单击“网络列表管理器策略”节点，再单击要设置的网络名称，切换到“网络位置”选项卡，更改“位置类型”选项。

系统默认已经启用 Windows 防火墙并阻止其他计算机与本机通信。从控制面板中选择“系统和安全”>“Windows 防火墙”，可以显示当前 Windows 防火墙状态。

单击“启动或关闭 Windows 防火墙”链接，打开如图 2-53 所示的窗口，可以打开或关闭防火墙。如果启用防火墙，可进一步设置选项，如果选中第 1 个复选框，将完全阻止其他计算机的访问；选中第 2 个复选框，遇到被阻止的通信时将给出提示。可以将计算机上的每个网络连接（接口）安排到一个网络位置。为安全起见，最好将所有网络位置都启用防火墙。

启用 Windows 防火墙的默认设置没有选中“阻止所有传入连接，包括位于允许应用列表中的应用”复选框，允许选择部分程序与其他计算机通信。单击“允许应用通过 Windows 防火墙进行通信”链接，打开如图 2-54 所示的窗口，可以在“允许的应用和功能”列表中基于网络位置来设置要允许通过 Windows 防火墙的程序和功能。例中 FTP 服务器在专用网络、公用网络和域网络中都允许通过 Windows 防火墙，而 HTTPS 在公用网络和域网络中都允许通信。

图 2-53　打开或关闭防火墙

图 2-54　允许程序通过防火墙通信

提示：在后续的配置管理实验中，为方便调试，可以先将 Windows 防火墙都关闭，调试成功后再启用 Windows 防火墙，并检查确认允许的程序和功能列表。

2.5　用户与组的配置管理

每个用户必须要有一个账户，通过该账户登录到计算机访问其资源。用户账户用于用户身份验证，授权用户对资源进行访问，审核网络用户操作。在 Windows 网络中，按照作用范围，用户账户分为本地用户账户与域用户账户。

用户组是一类特殊账户，就是指具有相同或者相似特性的用户集合，比如可以将一个部门的用户组建为一个用户组。管理员向一组用户而不是每一个用户分配权限来简化用户管理工作。用户可以是一个或多个用户组的成员。如果一个用户属于某个组，该用户就具有在该本地计算机上执行各种任务的权力和能力。用户组也可分为本地用户组和域用户组。

这里主要讲解本地用户账户与用户组。相关的域账户将在第 6 章讲解。

2.5.1　本地用户概述

本地用户账户只属于某台计算机，存放在该机本地安全数据库中，为该机提供多用户访问的能力，但是只能访问该机内的资源，不能访问网络中的资源。不同的计算机有不同的本地用户账户。使用本地用户账户，可以直接在该计算机上登录，也可从其他计算机上远程登录到该计算机，由该计算机在本地安全数据库中检查该账户的名称和密码。

Windows Server 2012 R2 系统自动创建的账户称为内置账户，主要有两个，一个是系统管理员（Administrator），具有对服务器的完全控制权限，可以管理整个计算机的账户数据库，该账户不能被删除，但可以被重命名或禁用；另一个是来宾（Guest），作为临时账户，可以访问网络中的部分资源，默认情况下该账户是禁用的。

提示： 平常最好不要以系统管理员身份运行计算机，以免使系统受到木马及其他安全风险的威胁。需要执行管理任务时，如升级操作系统或配置系统参数，先注销其他用户再以管理员身份登录。

2.5.2 用户账户的创建

无论是从本地，还是从网络中其他计算机登录到 Windows 服务器，必须拥有相应的用户账户。用户账户主要包括用户名、密码、所属组等信息。创建用户账户的步骤如下。

（1）右击任务栏左侧的窗口图标，选择“计算机管理”命令（也可以从控制面板中选择“管理工具”>“计算机管理”）打开计算机管理控制台，

（2）在左侧控制台树中依次展开“系统工具”>“本地用户和组”>“用户”节点。

（3）右击空白区域或“用户”节点，从快捷菜单中选择“新用户”命令打开相应的对话框，如图 2-55 所示。

（4）输入用户名和密码，默认选中“用户下次登录时须更改密码”复选框，可根据需要选中“用户不能更改密码”“密码永不过期”和“账户已禁用”复选框。

（5）单击“创建”按钮将关闭“新用户”对话框，计算机管理控制台右侧详细窗格用户列表中将增加新建的用户，表明本地用户创建成功。

2.5.3 用户账户的管理

对于已创建的用户账户，往往还需要进一步配置和管理，这需要使用计算机管理控制台，从用户列表中选择要管理的用户进行设置，如图 2-56 所示。

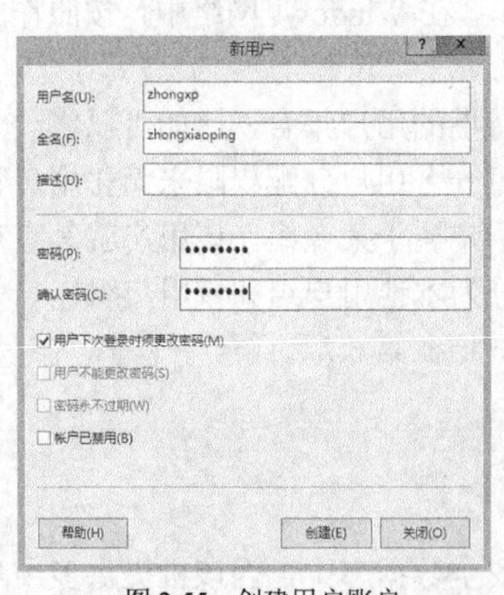

图 2-55 创建用户账户

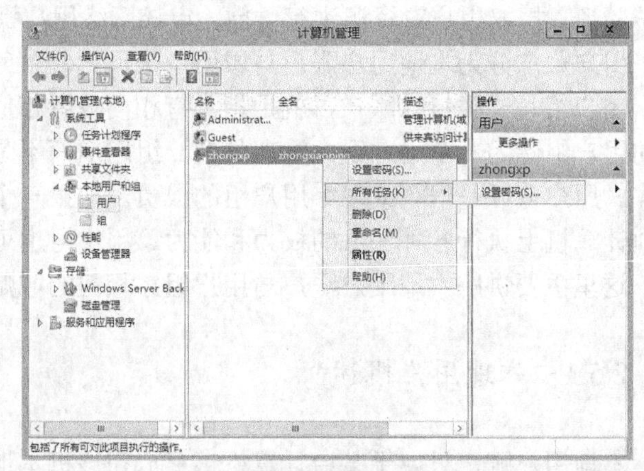

图 2-56 管理用户账户

- 重设密码。出于安全性考虑，最好过一段时间就对用户账户的密码进行重新设置。

  右击要重设密码的用户账户，从快捷菜单中选择“设置密码”命令，弹出相应对话

框，分别输入两次完全一样的密码完成设置。

- 重命名账户。需要将一个用户账户转给另一个用户时，可以对该用户重新命名。例如，一个新员工替代一个已离职的员工，可将后者的账户重命名给前者。右击要重命名的用户账户，从快捷菜单中选择“重命名”命令，直接更改用户名即可。
- 禁用、启用账户。如果某用户在一段时间内不需要账户，以后还需要使用，如暂时离开公司，可以将其账户临时禁用，等他返回之后再启用，以防止他人利用其用户账户登录到服务器。右击要设置的用户账户，选择“属性”命令打开相应对话框，切换到“账户”选项卡，选中“账户已禁用”复选框将禁用该账户；清除该复选框，则启用该账户。
- 删除用户账户。不需要使用的用户账户可以删除。右击要删除的用户账户，从快捷菜单中选择“删除”命令，根据提示确认即可。已删除的用户账户是不能恢复的。

2.5.4　内置组账户与特殊组账户

Windows Server 2012 R2 自动创建内置组，下面列出 7 个主要的内置组账户。

- 管理员组（Administrators）：其成员具有对服务器的完全控制权限，可以根据需要向用户指派用户权力和访问控制权限。管理员账户（Administrator）是其默认成员。
- 备份操作员组（Backup Operators）：其成员可备份和还原服务器上的文件。
- 超级用户组（Power Users）：其成员可以创建用户账户，修改并删除所创建的账户。
- 网络配置用户组（Network Configuration Users）：成员可以执行常规的网络配置功能。
- 性能监视用户组（Performance Monitor Users）：其成员可以监视本地计算机的性能。
- 用户组（Users）：其成员可以执行大部分普通任务。可以创建本地组，但是只能修改自己创建的本地组。
- 远程桌面用户组（Remote Desktop Users）：其成员可以远程登录服务器，允许通过终端服务登录。

除了内置组之外，Windows Server 2012 R2 内还有一些特殊组，管理员无法更改这些组的成员。下面列出 5 个比较常见的特殊组。

- Everyone：任意一个用户都属于该组。若 Guest 账户被启用，则在委派权限给 Everyone 时需要小心，因为若一个计算机内没有账户的用户通过网络来登录计算机时，会被自动允许使用 Guest 账户来连接。因为 Guest 也是 Everyone 组成员，所以 Guest 账户具有 Everyone 所拥有的权限。
- Authenticated Users：任何使用有效用户账户来登录此计算机的用户，都属于此组。
- Interactive：任何在本地交互登录（按 Ctrl+Alt+Delete 组合键）的用户，都属于此组。
- Network：任何通过网络来登录此计算机的用户，都属于此组。
- Anonymous Logon：任何未使用有效的一般用户账户来登录的用户，都属于此组。不过该组默认并不属于 Everyone 组。

2.5.5　创建和配置本地用户组账户

除了内置组之外，管理员可以根据实际需要来创建自己的用户组，如将一个部门的用户全部放置到一个用户组中，然后针对这个用户组进行权限设置。

打开计算机管理控制台，依次展开“系统工具”>“本地用户和组”>“组”节点，右击空白区域或“组”节点，从快捷菜单选择“新建组”命令打开相应的对话框，根据提示输入用户组名称和说明文字即可。

通过组来为用户账户分配权限，对用户进行分组管理，前提是让用户成为组的成员。为用户组添加成员有两种方式，一种是为用户选择所属组，将现有用户账户添加到一个或多个组；另一种是向组中添加用户，将一个或多个用户添加到现有的组中。

2.6 习　题

1．解释服务器角色、角色服务与功能的概念，并说明它们之间的关系。

2．什么是 Windows PowerShell？

3．Windows PowerShell 配置文件有什么作用？

4．解释 Windows PowerShell 模块与管理单元。

5．Microsoft 管理控制台有什么特点？

6．简述注册表结构。

7．本地用户与域用户有何不同？

8．在服务器管理器中使用添加角色和功能向导添加“DNS 服务器”角色，然后将它卸载。

9．在 Windows PowerShell 命令行中执行命令获取系统中所有已注册的管理单元。

10．自定义一个 MMC 控制台。

第 3 章　磁盘存储和文件系统管理

磁盘管理建立起原始的数据存储，然后借助于文件系统将原始的存储转换为能够存储和检索数据的可用格式。Windows 服务器操作系统不断改进数据存储的性能和可用性。Windows Server 2012 R2 不单单限于磁盘存储，它具有很多以前只有在硬件级别上才有的存储功能，如存储空间、存储分层、回写缓存等。本章在介绍磁盘存储基本知识的基础上，结合实际应用，重点介绍了基本磁盘管理、动态磁盘管理、文件系统管理及 NTFS 文件系统的高级功能实现、BitLocker 驱动器加密、存储空间管理以及重复数据删除配置。

3.1　磁盘存储基础

磁盘用来存储需要永久保存的数据，目前常见的磁盘包括硬盘（Hard Disk）、软盘、光盘、闪存（Flash Memory，如 U 盘、CF 存储卡、SD 存储卡）等。磁盘在系统中使用都必须先进行分区，然后对分区进行格式化，这样才能用来保存文件和数据。

3.1.1　磁盘数据组织

一块硬盘是由若干张盘片构成的，每张盘片的表面都会涂上一层薄薄的磁粉。硬盘提供一个或多个读写头，由读写磁头来改变磁盘上磁性物质的方向，由此存储计算机中的 0 或者 1 的数据。一块硬盘包括盘面、磁道、扇区、柱面等逻辑组件。硬盘的容量由盘面数（磁头数）、柱面数和扇区数决定，其计算公式为：

硬盘容量 ＝ 盘面数×柱面数×扇区数×512 字节

目前几乎所有的硬盘都支持逻辑块地址（Logical Block Address，LBA）寻址方式，将所有的物理扇区都统一编号，按照从 0 到某个最大值排列，这样只用一个序数就确定了一个唯一的物理扇区。

1．低级格式化

所谓低级格式化，就是将空白磁盘划分出柱面和磁道，再将磁道划分为若干个扇区，每个扇区又划分出标识区、间隔区（GAP）和数据区等。目前所有硬盘厂商在产品出厂前，已经对硬盘进行了低级格式化处理。低级格式化是物理级的格式化，对硬盘有损伤，影响磁盘寿命。如果硬盘已有物理坏道，则低级格式化会使损伤更严重，加快报废。

2. 磁盘分区

磁盘在系统中使用都必须先进行分区，然后建立文件系统，才可以存储数据。分区也有助于更有效地使用磁盘空间。每一个分区（Partition）在逻辑上都可以视为一个磁盘。每一个磁盘都可以划分若干分区，每一个分区有一个起始扇区和终止扇区，中间的扇区数量决定了分区的容量。分区表用来存储这些磁盘分区的相关数据，如每个磁盘分区的起始地址、结束地址、是否为活动磁盘分区等。

3. 高级格式化

磁盘分区在作为文件系统使用之前还需要初始化，并将记录数据结构写到磁盘上，这个过程就是高级格式化，实际上就是在磁盘分区上建立相应的文件系统，对磁盘的各个分区进行磁道的格式化，在逻辑上划分磁道。平常所说的格式化就是指高级格式化。高级格式化与操作系统有关，不同的操作系统有不同的格式化程序、不同的格式化结果、不同的磁道划分方法。

当一个磁盘分区被格式化之后，就可称为卷（Volume）。在 DOS、Windows 操作系统中，每一个卷有所谓的盘符（一般使用字母表示），又称驱动器号。卷的序列号由系统自动产生，不能由手工修改。卷还有卷标（Label），由系统默认生成，也可以自定义。

提示：术语“分区”和“卷”通常可互换使用。就文件系统的抽象层来说，卷和分区的含义是相同的。分区是硬盘上由连续扇区组成的一个区域，需要进行格式化才能存储数据。硬盘上的“卷”是经过格式化的分区或逻辑驱动器。另外还可将一个物理磁盘看作是一个物理卷。

4. 磁盘数据存储区域

磁盘划分为若干分区或卷，由分区或卷存储数据。例如一个主分区、两个逻辑分区的磁盘存储区域如下。

MBR	C:	EBR	D:	EBR	E:

MBR 即主引导记录，EBR 为扩展引导记录，都是由磁盘分区产生的。

至于每个磁盘分区又可包括 OBR（操作系统引导扇区）、目录区、数据区等区域，这取决于文件系统类型，是由高级格式化产生的。例如，FAT 分区的存储结构如下。

OBR	FAT1	FAT2	DIR（目录区）	DATA（数据区）

3.1.2 分区样式：MBR 与 GPT

磁盘中的分区表用来存储这些磁盘分区的相关数据。传统的解决方案是将分区表存储在主引导记录（MBR）内。现在又推出了一种称为 GUID 分区表（GUID Partition Table，GPT）的新分区样式，GUID 全称为 Globally Unique Identifier，可译为全局唯一标识符。这两种分区样式有所不同，但与磁盘分区相关的配置管理任务差别并不大。为区分使用这两种分区样式的磁盘，通常将使用 MBR 分区样式的磁盘标记为 MBR 磁盘，而将使用 GPT 分区样式的磁盘标记为 GPT 磁盘。

1. MBR 磁盘

传统的 PC 架构采用“主板 BIOS 加磁盘 MBR 分区”的组合模式，基于 x86 处理器的操作系统通过 BIOS 与硬件进行通信，BIOS 使用 MBR 分区样式来识别所配置的磁盘。MBR 包含一个分区表，该表说明分区在磁盘中的位置。对于基于 x86 的计算机来说，MBR 是唯一可用的分区样式，所以系统将自动使用这种分区样式。MBR 分区的容量限制是 2 TB，最多可支持 4 个磁盘分区，可通过扩展分区来支持更多的逻辑分区。

MBR 分区又称为 DOS 分区。DOS、Windows、Linux 以及基于 IA32 平台的 FreeBSD 和 OpenBSD 等操作系统都使用 DOS 分区体系。DOS 分区是最常见也是最复杂的分区体系。

2. GPT 磁盘

随着主板集成技术的发展，硬盘容量突破了 2 TB，出现了“主板 EFI 加硬盘 GPT 分区”的组合模式。2004 年 Microsoft 与 Intel 共同推出一种名为可扩展固件接口（Extensible Firmware Interface，EFI）的主板升级换代方案。后来基于 EFI 推出了新型的 UEFI（Unified Extensible Firmware Interface）接口标准。这种接口用于操作系统自动从预启动的操作环境加载到一种操作系统上。UEFI 的所有者不再是 Intel，而是一个名为 Unified EFI Form 的国际组织。

不像 BIOS 那样既是固件又是接口，UEFI 只是一个接口，位于操作系统与平台固件之间。UEFI 规范还包含了 GPT 分区样式的定义。与 MBR 磁盘分区相比，GPT 磁盘分区具有更多优点。

- GPT 分区容量限制为 18 EB（1 EB=1 024 PB=1 048 576 TB），而 MBR 分区最大仅为 2 TB。
- GPT 最多支持 128 个分区，而 MBR 磁盘最多只能有 4 个主分区，或者 3 个主分区加 1 个扩展分区和数量无限制的逻辑驱动器。
- 允许将主磁盘分区表和备份磁盘分区表用于冗余。
- 支持唯一的磁盘和分区 ID（GUID）。
- 性能更加稳定。
- 与 MBR 分区的磁盘不同，在 GPT 磁盘上，至关重要的平台操作数据位于分区中，而不是位于未分区或隐藏的扇区中。
- GPT 磁盘有冗余的主分区和备份分区表来提高分区数据结构的完整性。

提示：GPT 是 UEFI 方案的一部分，但并不依赖于 UEFI 主板，在 BIOS 主板的 PC 中也可使用 GPT 分区，但只有基于 UEFI 主板的系统支持从 GPT 启动。考虑到兼容性，GPT 磁盘中也提供了“保护 MBR”区域，让仅支持 MBR 的程序可以正常运行。

3. MBR 与 GPT 磁盘之间的转换

MBR 和 GPT 磁盘之间的转换需要删除所有的卷和分区，即只有空盘才能进行转换。在 Windows 系统中可使用磁盘管理控制台或命令行工具 DiskPart 来实现转换。

3.1.3　基本磁盘

在 Windows 系统中将磁盘分为基本磁盘和动态磁盘两种类型。所有磁盘一开始都是基本磁盘。基本磁盘带有数据结构（具体取决于这个磁盘是 MBR 类型还是 GPT 类型），一方面便于操作系统识别该磁盘，另一方面存储一个磁盘签名以唯一标识该磁盘。该签名信息在初始化过程中写入到该磁盘，初始化通常发生在将磁盘添加到系统中的时候。

1. 主分区与扩展分区

基本磁盘用于存储任何文件之前，必须被划分成分区。分区是能够存放一个或更多卷的物理磁盘区域，这取决于这个分区是主分区还是扩展分区。

主分区可用来启动操作系统，又称基本分区。它可以存储引导扇区，引导扇区在启动操作系统时使用。当然，要让主分区成为可启动的，必须将它指定为活动的，并且在该分区上安装合适的操作系统启动文件。每个主分区都可以被赋予一个驱动器号（盘符）。

扩展分区无法用来启动操作系统，只可以被用来存储文件。扩展分区可以包含多个逻辑分区（逻辑驱动器）。扩展分区本身不能被赋予一个驱动器号（盘符），而位于扩展分区之中的逻辑分区可以被赋予一个驱动器号（盘符）。

2. MBR 磁盘分区体系

一个 MBR 磁盘内最多可以创建 4 个主分区。可使用扩展分区来突破这一限制，在扩展分区上划分任意数量的逻辑分区。因为扩展分区也会占用一条磁盘分区记录，所以一个 MBR 磁盘内最多可以创建 3 个主分区与 1 个扩展分区。必须先在扩展分区中建立逻辑分区，才能存储文件。每一个磁盘上只能够有一个扩展磁盘分区。MBR 磁盘分区如图 3-1 所示。

MBR 磁盘分区体系如图 3-2 所示，它包括 MBR、主分区、扩展分区，在扩展分区中又可创建若干逻辑分区。

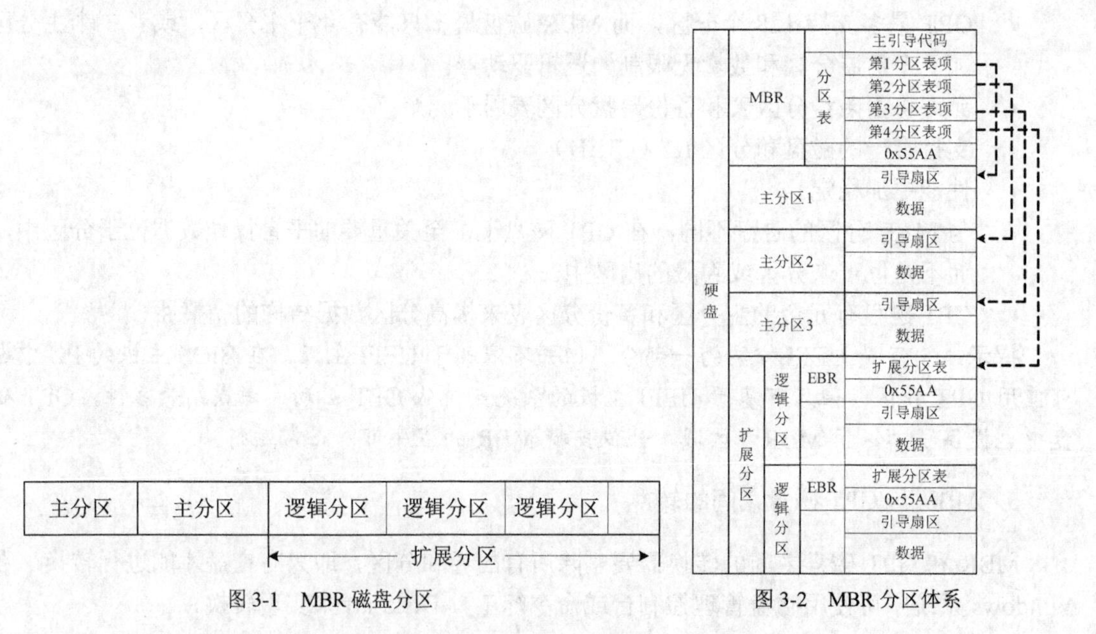

图 3-1　MBR 磁盘分区　　　　图 3-2　MBR 分区体系

MBR 即主引导记录，位于整个硬盘的 0 柱面 0 磁道 1 扇区，共占用了 63 个扇区，但实际只使用了第 1 个扇区（512 字节），该扇区又称主引导扇区。总共 512 字节的主引导记录又可分为 3 部分：引导代码（用来启动系统）、分区表（DPT，记录磁盘分区信息）和结束标志。

主引导记录的作用就是检查分区表是否正确以及确定哪个分区为引导分区，并在程序结束时把该分区的启动程序（也就是操作系统引导扇区）调入内存加以执行。

提示：MBR 不因操作系统的不同而不同，不同的操作系统可能会存在相同的 MBR，即使不同，MBR 也不会夹带操作系统的性质，它具有公共引导的特性。

EBR（Extended Boot Record）可译为扩展引导记录，又称虚拟 MBR。MBR 最多只能描述 4 个分区项，如果要在一个硬盘上划分更多的分区，就要使用扩展分区，为此引入 EBR。扩展分区中的每个逻辑驱动器都存在一个类似于 MBR 的 EBR。EBR 结构与 MBR 一样，包括有扩展分区表。第一个逻辑驱动器的扩展分区表中的第一项指向它自身的引导扇区，第二项指向下一个逻辑驱动器的 EBR，如果后面没有逻辑驱动器，第二项就不会使用，而且被记录成一系列零。如果磁盘上没有扩展分区，就不会有 EBR 和逻辑驱动器。

3．GPT 磁盘分区体系

一个 GPT 磁盘内最多可以创建 128 个主分区，其中包括一个 Microsoft 保留分区（System Reserved，MSR）。GPT 磁盘不必创建扩展分区或逻辑驱动器。

GPT 磁盘分区体系如图 3-3 所示。一个 GPT 磁盘可以分为两大部分：保护 MBR 和 EFI 部分。保护 MBR 部分只由 0 号扇区组成，在这个扇区中包含一个 DOS 分区表，分区表内只有一个表项，这个表项描述了一个类型值为 0xEE 的分区，大小为整个磁盘。这个分区的存在可以使计算机认为这个磁盘是合法的，并且已被使用，从而不再试图对其进行格式化等操作，所以该扇区又被称为“保护 MBR”。实际上，EFI 根本不使用这个分区表。

		保护MBR	0号扇区
EFI部分		EFI信息（GPT头）	1号扇区
		分区表	2~33号扇区
	GPT分区	Microsoft保留分区	
		基本数据分区	
		基本数据分区	
		⋮	
		基本数据分区	
		剩余扇区	
	备份区	分区表备份	2~33号扇区备份
		EFI信息备份	1号扇区备份

图 3-3　GPT 分区体系

EFI 部分又可以分为以下 4 个区域。

- EFI 信息区：也称为 GPT 头，起始于磁盘的 1 号扇区，通常只占用这一个扇区。
- 分区表区：包含分区表项。这个区域由 GPT 头定义，一般占用磁盘 2～33 号扇区。
- GPT 分区：由分配给分区的扇区组成。这个区域的起始和结束地址由 GPT 头定义。
- 备份区：位于磁盘的尾部，包含 GPT 头和分区表的备份。

提示：可以混合使用 GPT 磁盘和 MBR 磁盘，但是它们必须从一个 GPT 磁盘启动。系统分区必须在一个 GPT 磁盘上创建，这种被称作 EFI 系统分区的分区，必须使用 FAT 文件系统来格式化，并且大小限制为 100 MB～1 GB。系统文件必须位于另一个分区上，与存储在系统分区上的启动文件分开。

4．基本卷

基本磁盘上的主分区和逻辑驱动器称为基本卷。当使用基本磁盘时，只能创建基本卷。基本卷由单个磁盘的连续区域构成，是可以被独立格式化的磁盘区域。

可以向现有的主分区和逻辑驱动器添加更多空间，方法是在同一磁盘上将原有的主分区和逻辑驱动器扩展到邻近的连续未分配空间。要扩展的基本卷，必须是使用 NTFS 文件系统格式化的。可以在包含连续可用空间的扩展分区内扩展逻辑驱动器。如果要扩展的逻辑驱动器大小超过了扩展分区内的可用空间大小，只要存在足够的连续未分配空间，扩展分区就会增大直到能够包含逻辑驱动器的大小。

3.1.4 动态磁盘

微软从 Windows 2000 开始推出动态磁盘，其主要优点是支持具有附加性能或容错优势的多磁盘配置。动态磁盘是由基本磁盘转换而来的。

1. 动态磁盘组织结构

动态磁盘由逻辑磁盘管理子系统（LDM）负责管理，其空间通过一个特殊的 LDM 数据库来分配。LDM 数据库位于每个动态磁盘末尾的 1MB 保留空间中，存储这个数据库的区域又称 LDM 元数据分区。

动态磁盘上主体部分是 LDM 分区，也就是动态分区，用于存储转换时所创建的动态卷（由原来的基本分区转换而来）。

动态磁盘的开头也包含有 DOS 分区表，这是为了继承一些在 Windows 2000/XP 下运行的磁盘管理工具，或者在双引导环境中让其他系统不至于认为动态磁盘还没有被分区。由于 LDM 动态分区在磁盘的 DOS 分区表中并没有体现出来，所以被称为软分区，而 DOS 分区被称为硬分区。动态磁盘具有如下内部组织结构，其中 MBR 中包含 DOS 分区表。

MBR	LDM 分区区域	LDM 数据库

2. 动态卷及其类型

在动态磁盘上使用“卷”（Volume）来取代“磁盘分区”这个术语。卷代表动态磁盘上的一块存储空间，可以看作是一个逻辑盘。卷可以是一个物理硬盘的逻辑盘，也可以是多个硬盘或多个硬盘的部分空间组成的磁盘阵列，但它的使用方式与基本磁盘的主分区相似，都可分配驱动器号，经格式化后存储数据。

对于操作系统来说，卷相当于一个本地磁盘。卷分为两种，一种是基本磁盘上的基本卷，另一种是动态磁盘上的动态卷。操作系统必须安装在基本卷上，之后基本卷可随基本磁盘转换而变成动态卷。

不论动态磁盘使用的是 MBR 分区，还是 GPT 分区，都可以创建最多 2 000 个动态卷，但一般创建的动态卷少于 32 个。

Windows 网络操作系统支持 5 种动态卷，具体说明见表 3-1。

表 3-1　　动态卷类型

卷类型	说明
简单卷	单个物理磁盘上的卷，可以由磁盘上的单个区域或同一磁盘上连接在一起的多个区域组成，可以在同一磁盘内扩展简单卷
跨区卷	将简单卷扩展到其他物理磁盘，这样由多个物理磁盘的空间组成的卷就称为跨区卷，适用于有多个硬盘，需要动态扩大存储容量的场合
带区卷	以带区形式在两个或多个物理磁盘上存储数据的卷
镜像卷	在两个物理磁盘上复制数据的容错卷
RAID-5 卷	具有数据和奇偶校验的容错卷，分布于 3 个或更多的物理磁盘

3. 动态磁盘的特点

动态磁盘可以提供一些基本磁盘不具备的功能，例如创建可跨越多个磁盘的卷（跨区卷和带区卷）或具有容错能力的卷（镜像卷和 RAID-5 卷）。它具有以下特点。

- 卷数目不受限制。动态磁盘不使用分区表，可容纳若干卷，而且能提高容错能力。
- 可动态调整卷。在动态磁盘上建立、调整、删除卷，不需重新启系统即能生效。
- 动态磁盘格式是专有的，与包括 Windows 早期版本在内的其他操作系统不兼容。

3.1.5　磁盘管理工具

1. 磁盘管理控制台

在 Windows Server 2012 R2 中可以使用磁盘管理控制台来管理本地或网络中其他计算机的磁盘。右击任务栏左侧的窗口图标，选择“磁盘管理”命令（也可通过计算机管理控制台来访问）即可使用它。还可在命令行中执行 diskmgmt.msc 命令来启动该工具。可以在不需要重新启动系统或中断用户的情况下执行多数与磁盘相关的任务，大多数配置更改将立即生效。

如图 3-4 所示，在磁盘管理控制台中，通过磁盘列表能够查看当前计算机所有磁盘的详细信息，包括磁盘类型、容量、未指派空间、状态、设备类型和分区样式等。通过卷列表可以查看计算机所有卷的详细信息，有布局、类型、文件系统、状态、容量、空闲空间、空闲空间所占的百分比、当前卷是否支持容错和用于容错的开销等。

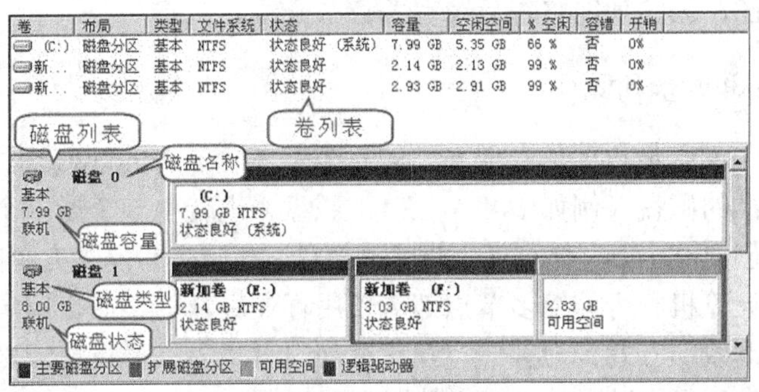

图 3-4　磁盘管理控制台

磁盘状态可标识当前磁盘的可用状态，除“联机”以外，还有“音频 CD”“外部”“正在初始化”“丢失”“无媒体”“没有初始化”“联机（错误）”“脱机”和“不可读”等多种状态。

卷状态用于标识磁盘上卷的当前状态，有些卷还有子状态，在卷状态后面的括号里标注。例如，当卷状态为“良好”时，可以有“启动”“系统”等子状态。除“良好”以外，还有“失败”“失败的重复”“格式化”“正在重新生成”“重新同步”“数据未完成”“未知”“陈旧数据”等多种卷状态。

2. 命令行磁盘管理工具

也可以使用命令行工具管理磁盘和卷。相关的命令行工具如下。

- Chkdsk：检查磁盘错误并修复发现的任何错误。
- Convert：可将 FAT 或 FAT32 卷转化为 NTFS 卷。
- DiskPart：可以扩展基本卷或动态卷，添加或中止镜像，指派或删除磁盘驱动器号，创建或删除分区和卷，将基本磁盘转化为动态磁盘，或将 MBR 磁盘转化为 GPT 磁盘，导入磁盘并使脱机磁盘和卷联机。正常运行该命令时需要系统服务 Logical Disk Manager Administrative Service（dmadmin）、Logical Disk Manager（dmserver）、Plug and Play（PlugPlay）、Remote Procedure Call（RPC）这 4 个服务的支持，因此在纯 DOS、WinPE 下都不能够运行该命令。
- Format：使用一种文件系统格式化卷或已装入的驱动器。
- Fsutil：可以执行多种与 NTFS 文件系统相关的任务，例如管理磁盘配额、卸载卷或查询卷信息。
- Mountvol：可装入 NTFS 文件夹中的卷，或从中卸载。

3.1.6 Windows Server 2012 R2 存储功能

Windows Server 2012 R2 改进了数据存储的性能和可用性，这里介绍其主要存储功能。

1. 存储服务

文件和存储服务是 Windows Server 2012 R2 提供的服务器角色，默认情况下仅安装有该角色，足见其重要性。该角色默认只安装有存储服务与文件服务器两个角色服务。存储服务主要供管理员使用服务器管理器或 PowerShell 管理服务器的存储功能。其他一些角色服务主要是提供文件服务的，相关功能将在后续有关章节介绍。

2. 存储空间（Storage Spaces）

Windows 存储空间是最重要的存储新功能。作为包括在 Windows 中的存储子系统，它可用来将符合行业标准的磁盘（例如 SATA、SAS 磁盘）组合为一个或多个存储池，然后基于存储池的可用空间创建称为“存储空间”的虚拟磁盘。存储空间提供完善的存储虚拟化功能，使用户能够对单一计算机和可伸缩多节点部署使用行业标准的存储。用户可以根据需要，借助该功能，以经济高效的方式扩充存储。存储空间与故障转移群集集成以提供高可用性，并与群集共享卷（CSV）集成以支持扩展文件服务器部署。

3. 存储分层（Storage Tiering）

Windows Server 2012 R2 改进了存储空间，使之成为更适合企业级客户的存储分层。这种功能是在不同的数据种类之间进行动态数据块存储移动，自动地将经常访问的数据移到较快的存储层（固态硬盘），将不经常访问的数据移到较慢的存储层（传统硬盘）。

存储分层允许存储空间使用传统磁盘或固态硬盘创建虚拟磁盘，然后将数据传送到最适合数据使用模式的存储介质。Windows 可以区分存储池内的传统磁盘介质和固态存储，使用 heatmap 算法来决定数据块活跃程度，并将“最热”数据块自动移到最快层级。

存储分层功能对企业用户来说有两大好处，一是提高性能，数据被频繁读取的区块（热块）被动态地移至固态存储，实现最高效率地访问；二是降低成本，可以允许管理员使用商用 JBOD 存储，部分实现类似昂贵的 SAN（存储区域网络）的功能。

4. 回写缓存（Write Back Cache）

回写缓存是 Windows Server 2012 R2 提供的与存储分层密切相关的新功能，目的在于改进虚拟磁盘的写入性能。存储空间可以使用存储池中现有的固态硬盘（随机访问时具有优越的性能）来创建回写缓存，该缓存针对电源故障提供容错能力，并且可以先在固态硬盘中缓冲小规模随机写入操作，然后将这些操作读入硬盘驱动器。这样存储空间可以减少随机写入的延迟，同时大大降低对其他数据传输的性能影响。

5. 双重奇偶校验（Double Parity Check）

Windows Server 2012 R2 存储空间支持双重奇偶校验，该功能可以检测并恢复两个同步磁盘（而不是单个磁盘）故障。当故障发生时，磁盘可以利用多余的存储空间进行迅速重建，在冗长的磁盘重建过程中将对存储性能的影响减到最小。双重奇偶校验将奇偶校验信息的两个副本存储在奇偶校验空间中，防止同时发生两起物理磁盘故障，并优化存储效率。

6. 从存储池可用空间自动重建存储空间

这是 Windows Server 2012 R2 的一项新功能，使用存储池中的备用容量而不是单个热备件，来减少发生物理磁盘故障后重建存储空间所需的时间。

在 Windows Server 2012 中，可以指派存储池内的一个磁盘充当热备件（Hot Spare），若一个磁盘出现故障，则这个热备件可以接管，这意味着将存储空间浪费在一个可能仅在紧急情况下才启用的磁盘上。Windows Server 2012 R2 不再需要热备件。如果一个物理磁盘出现故障，这个磁盘的内容可以被写到存储池内的多个物理磁盘，而不是只被写到一个专用的热备件。这带来的好处是磁盘重建时间往往更快，因为多个磁盘参与到这个过程当中。

7. 重复数据删除

Windows Server 2012 开始提供重复数据删除（Data Deduplication）功能。该功能可以对操作系统上的所有分区进行重复数据删除，包括存储空间中创建的卷。这样可以在提高性能的基础上最小化存储容量需求。Windows Server 2012 R2 中这些功能还可以用于 VDI（虚拟桌面基础架构）存储。

3.2 基本磁盘的管理

在基本磁盘用于存储任何文件之前，必须将其划分成分区（卷）。为实现兼容性，Windows Server 2012 R2 仍然支持基本磁盘，并将那些在早期版本中已分区或未分区的磁盘初始化为基本磁盘。

3.2.1 进一步了解基本卷

基本磁盘内的每个主分区或逻辑分区又被称为“基本卷”。基本卷是可以被独立格式化的磁盘区域。当使用基本磁盘时，只能创建基本卷。

1. 引导卷和系统卷

Windows 操作系统定义了两个概念：启动卷（Boot Volume）和系统卷（System Volume）。

启动卷又称引导卷，是用来存储 Windows 操作系统文件的磁盘分区。操作系统文件一般存放在 Windows 文件夹内，该文件夹所在的磁盘分区就是启动卷。

系统卷是存储着一些用来启动操作系统的文件（例如 Windows 启动管理器 bootmgr）的分区。Windows 利用这些文件内的程序到启动卷的 Windows 文件夹内读取其他启动 Windows 所需要的文件。

系统卷必须是主分区，而且该分区必须为活动分区，才能启动 Windows Server 2012 R2。引导卷可以是主分区，也可以是扩展分区上的逻辑分区。启动卷与系统卷可以是同一分区，也可以是不同分区，如图 3-5 所示。

安装 Windows Server 2012 R2 时将自动创建容量为 350 MB 的系统保留区作为系统卷（默认没有分配驱动器号），如图 3-6 所示。该区包括 Windows 系统修复环境。如果删除该分区，则启动卷与系统卷合为一个分区。

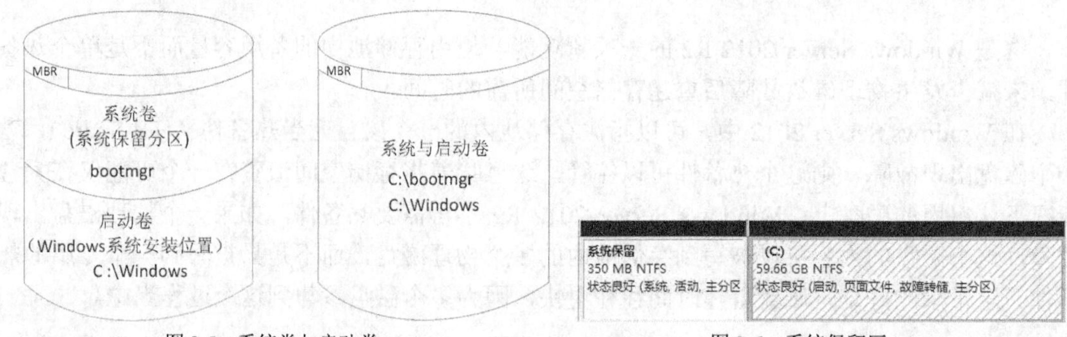

图 3-5　系统卷与启动卷　　　　图 3-6　系统保留区

提示：系统默认将 Windows Server 2012 R2 安装在 Windows 文件夹内，如果用环境变量来表示的话，可以用%SystemRoot%来表示该文件夹。

2. UEFI 系统分区与启动卷

使用 UEFI 接口的计算机可以选择 UEFI 模式或传统的 BIOS 模式启动。如果使用 UEFI 模式，用于启动的磁盘必须是 GPT 磁盘，如图 3-7 所示，该磁盘至少需要以下 3 个分区。

- EFI 系统分区：文件系统格式为 FAT32，用于保存 BIOS、OEM 厂商所需文件和启动操作系统所需的文件，以及 Windows 修复环境（RE）。该分区通常占用 350 MB 空间。
- Microsoft 保留分区（MSR）：保留用作操作系统使用。
- Windows 分区：文件系统格式为 NTFS，用于保存 Windows 操作系统文件。这些系统文件一般存放在 Windows 文件夹中。

在 UEFI 模式下，如果直接在一个空白硬盘上安装 Windows Server 2012 R2，则除上述 3 个分区外，安装程序还会自动创建一个恢复分区，如图 3-8 所示。这实际上是将 Windows 修复环境（RE）从 EFI 系统分区中独立出来形成一个恢复分区，该分区通常占用 300 MB 的空间，而 EFI 系统分区则占用 100 MB 左右的空间。

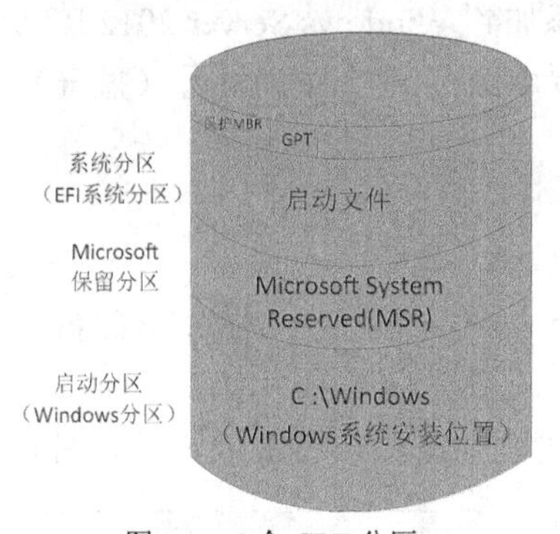

图 3-7　3 个 GPT 分区

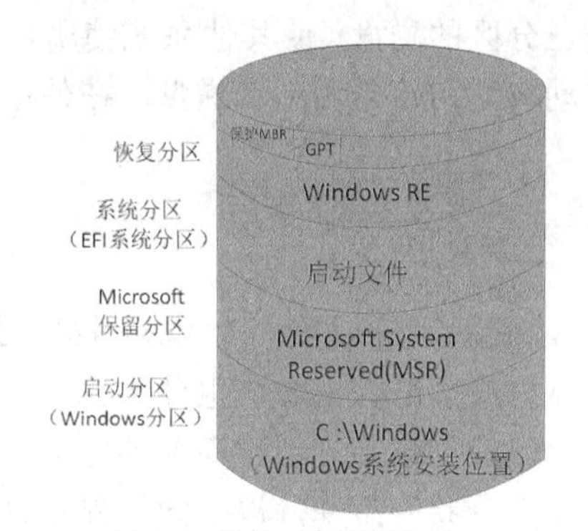

图 3-8　增加一个恢复分区

GPT 磁盘作为数据盘，至少需要一个 Microsoft 保留分区和一个数据分区。

在 UEFI 模式下可以有 MBR 磁盘，但是它不能作为系统盘，而只能当作数据盘。

安装 Windows Server 2012 R2 之前，有的计算机可能需要在 BIOS 设置中改为 UEFI 模式启动，否则会以传统 BIOS 模式运行。在 UEFI 模式下安装 Windows Server 2012 R2 之后，系统会自动修改 BIOS 设置，将其改为优先通过 Windows Boot Manager 来启动计算机。

要将已安装有操作系统的 MBR 磁盘转换为 GPT 磁盘，必须先删除其中的所有磁盘分区。常用的方法是在安装过程中选择修复计算机，进入命令行，运行 DiskPart 程序，依次执行 select disk *n*（*n* 为磁盘序号）、clean、convert gpt 命令即可。

使用 Windows 磁盘管理控制台可以看到 GPT 磁盘的系统保留区、恢复分区、EFI 系统分区，不能看到保留分区。使用 DiskPart 工具则可以看到所有的分区。

3.2.2　初始化磁盘

所有磁盘一开始都是带数据结构的基本磁盘。操作系统根据数据结构识别该磁盘。具体的数据结构取决于该磁盘分区形式是 MRB 还是 GPT。数据结构还存储了一个磁盘签名，它唯一地标识这个磁盘。这个签名通过被称为“初始化”的过程写入到该磁盘，初始化通常发生在将磁盘添加到系统的时候。

在 Windows Server 2012 R2 计算机中添加新磁盘时，必须先初始化磁盘。安装新磁盘（通过虚拟机操作时应将磁盘状态改为“联机”）后，系统会自动检测到新的磁盘，并且自动更新磁盘系统的状态，将其作为基本磁盘。打开磁盘管理控制台时，自动打开如图 3-9 所示的对话框，选择要划分分区的磁盘及其分区形式（MBR 或 GPT），单击“确定”按钮，完成初始化磁盘。如果单击“取消”按钮，磁盘状态就会显示为“没有初始化”。可根据需要在以后执行初始化磁盘操作（方法是选中该磁盘，选择相应的“初始化磁盘”命令）。

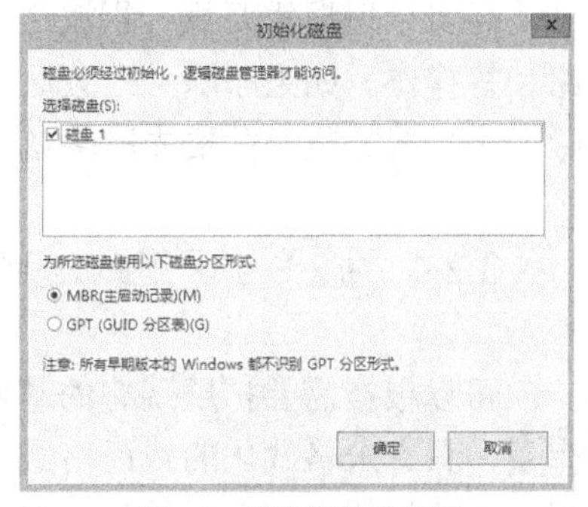

图 3-9　磁盘初始化界面

如果在“磁盘管理”窗口中看不到新安装的磁盘，可执行“操作”>“重新扫描磁盘”命令。如果使用其他程序或实用工具创建分区，而“磁盘管理”窗口中没有检测到更改，则必须关闭磁盘管理控制台，然后重新打开该工具。

将已分区的磁盘（或其他系统使用过的硬盘）添加到 Windows Server 2012 R2 计算机时，系统自动将其初始化为基本磁盘。在使用之前需要为其分配一个驱动器号（盘符）。

3.2.3 磁盘分区管理

对 MBR 磁盘来说，一个基本磁盘内最多可以有 4 个主分区，而对 GTP 磁盘来说，一个基本磁盘内最多可有 128 个主分区。

主分区的创建通过新建简单卷完成。打开磁盘管理控制台，右击一块未分配的空间，选择“新建简单卷”命令，根据向导提示进行操作，当出现如图 3-10 所示的界面时，指定简单卷大小（分区大小），然后单击“下一步”按钮，根据向导提示完成驱动器号和路径指定、文件系统选择、格式化等任务。

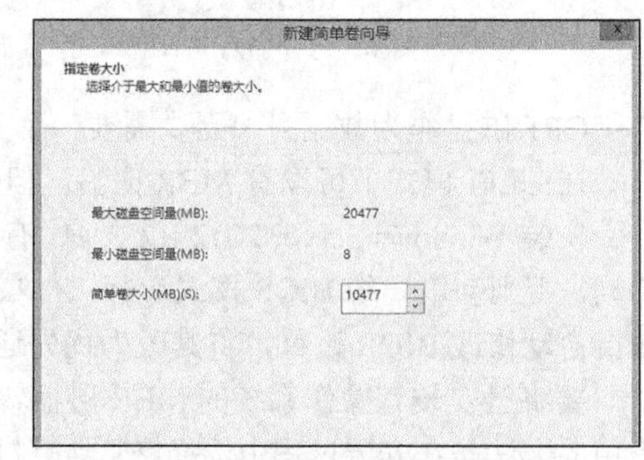

图 3-10　指定简单卷的大小（分区大小）

可以在基本磁盘中尚未使用的空间内创建扩展分区，但是在一个基本磁盘内只可以创建一个扩展分区。Windows Server 2008 R2 的磁盘管理控制台不再直接提供创建扩展分区功能，只有在一块磁盘已有 3 个主分区的情况下，通过新建简单卷向导创建第 4 个简单卷时，才会自动将其设置为扩展分区，并创建一个逻辑驱动器。如果不想受此限制，可以改用命令行工具 diskpart.exe 来创建扩展分区，具体步骤如下。

（1）在命令行中执行 diskpart 命令进入交互界面。

（2）选择要操作的磁盘，这里执行命令 select disk 1 选择磁盘 1。可进一步执行命令 list partition 查看该磁盘的分区列表。

（3）执行 create partition extended 命令就未分配磁盘空间创建扩展分区。如果要指定扩展分区大小，可使用参数 size 指定，单位为 MB，如 size = 10 000 表示大约 10 GB。

（4）退出 DiskPart 交互界面。

创建扩展分区后，就可以在此扩展分区内创建多个逻辑驱动器（逻辑分区）。打开磁盘管理控制台，右击扩展分区，选择“新建简单卷”命令，根据向导提示完成该逻辑驱动器大小设置、驱动器号和路径指定、文件系统选择、格式化等任务。

还可以根据需要执行指派活动分区、删除磁盘分区、格式化磁盘分区、更改驱动器号和路径等操作。如果删除一个分区，那么该分区上的所有数据都会丢失，而且不可恢复。要删除一个扩展分区，需要先删除该扩展分区包含的所有逻辑驱动器，然后才能删除它。

3.2.4 扩展与压缩基本卷

可以根据需要扩展现有的基本卷，也就是将未分配的空间合并到基本卷内，以便扩大其容量。只有未格式化的或已格式化为 NTFS 的基本卷才可以被扩展，系统卷与启动卷无法扩展，新增加的空间必须是紧跟着该基本卷之后的未分配空间。

在磁盘管理控制台中右击基本卷，选择“扩展卷”命令打开相应的对话框，选择要扩展的磁盘空间，单击“下一步”按钮完成基本卷的扩展。也可使用命令行工具 DiskPart 来扩展基本卷。

压缩卷是指缩减卷空间，缩小原分区，从卷中未使用的剩余空间中划出一部分作为未分区空间。操作方法与扩展卷相似，只是要选择“压缩卷”命令。

3.3　动态磁盘管理

动态磁盘由基本磁盘转换而来，Windows Server 2012 R2 服务器支持动态磁盘，可提供更多的卷、更大的存储能力。不论动态磁盘使用的是 MBR 分区，还是 GPT 分区，都可以创建动态卷。为方便实验测试，建议使用虚拟机软件 VMware 来模拟多块硬盘进行操作。

3.3.1　将基本磁盘转换为动态磁盘

实验 3-1　将基本磁盘转换为动态磁盘

要使用动态卷，必须首先建立动态磁盘。默认情况下，Windows Server 2012 R2 将所有硬盘都视为基本磁盘，这就需要将基本磁盘转换为动态磁盘，不过需要注意以下两点。

- 将基本磁盘转换为动态磁盘以整个物理磁盘为单位，不能只转换其中一个分区。
- 将基本磁盘转换为动态磁盘不会影响原有数据，但是不能轻易将动态磁盘再转回基本磁盘，除非删除整个磁盘上的所有卷。

添加新的磁盘时，当打开磁盘管理控制台时，会自动启动磁盘初始化向导。基本磁盘可以按照以下步骤转换为动态磁盘。

（1）打开磁盘管理控制台，右击要转换的磁盘，选择“转换为动态磁盘”命令，打开如图 3-11 所示的对话框。

（2）从列表中选择要转换的基本磁盘，这里选中“磁盘 1”与“磁盘 2”，单击“确定”按钮。

（3）出现对话框列出要转换的物理磁盘的内容，单击“详细信息”按钮可查看某磁盘的具体卷信息，如图 3-12 所示。

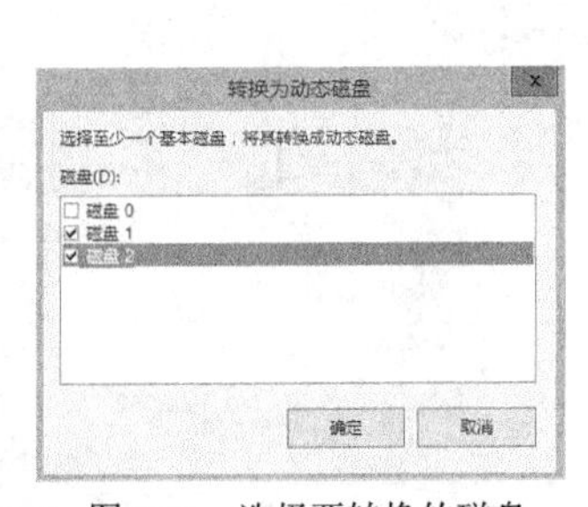

图 3-11　选择要转换的磁盘

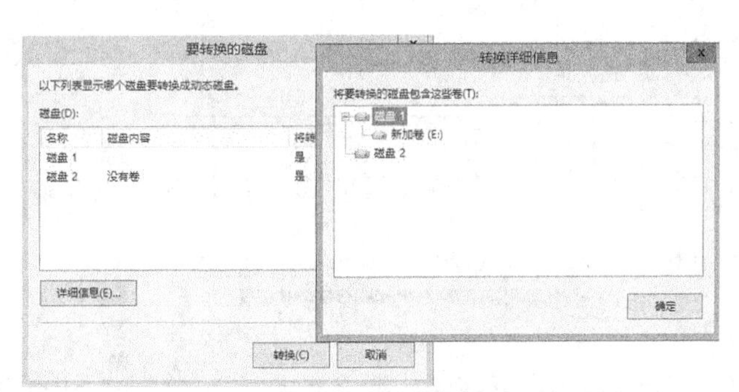

图 3-12　列出要转换的磁盘内容

（4）单击“转换”按钮，弹出警告对话框，提示转换成动态磁盘将无法从这些磁盘上的任何卷启动已安装的操作系统，单击“是”按钮开始执行转换。

转换完毕，该磁盘上的状态标识由“基本”变为“动态”；如果原基本磁盘包含分区或逻辑驱动器，都将变为简单卷，如图 3-13 所示。

如果要转换的磁盘中安装有操作系统，系统和启动分区将变成包含引导信息的简单卷（即引导卷）。转换过程中还需重新启动计算机。如果要卸载 Windows Server 2012 R2 并安装其他操作系统，则必须先备份数据，再将动态磁盘还原为基本磁盘，否则其他操作系统将无法识别动态磁盘。

提示：一旦转换为动态磁盘后，就无法直接再将其转换回基本磁盘，除非删除动态磁盘内的所有扇区。也就是说，只有空的磁盘才可以转换回基本磁盘。

3.3.2 创建和管理简单卷

简单卷是动态磁盘中的基本单位，它的地位与基本磁盘中的主磁盘分区相当。可以从一个动态磁盘内选择未指派空间来创建简单卷，并且在必要的时候可以将此简单卷扩大。简单卷可以被格式化为 FAT 或 NTFS 文件系统。

可以利用同一物理磁盘上的空闲空间创建简单卷。打开磁盘管理控制台，右击动态磁盘上的未分配空间，选择“新建简单卷”命令启动相应的向导，根据提示执行简单卷大小定义、驱动器号和路径指定、文件系统选择、格式化等操作即可。

可以将未分配空间合并到简单卷中，也就是扩展简单卷的空间，以便扩大其容量。扩展简单卷必须注意以下 3 个问题。

- 只有未格式化或 NTFS 格式的简单卷才可以被扩展。
- 安装有操作系统的简单卷不能扩展。
- 新增加的空间，既可以是同一个磁盘内的未分配空间，也可以是另外一个磁盘内的未分配空间。一旦将简单卷扩展到其他磁盘的未分配空间内，它就变成了跨区卷。简单卷可以成为镜像卷、带区卷或 RAID-5 卷的成员之一，但是将它扩展成跨区卷后，就不具备该功能了。

右击动态磁盘上要扩展的简单卷，选择“扩展卷”命令，启动扩展卷向导，根据提示进行操作，当出现如图 3-14 所示的对话框时，选择要使用的动态磁盘，并指定要并入原有卷的空间。扩展完毕，原有卷和扩展后的卷都使用相同的驱动器号和标签。

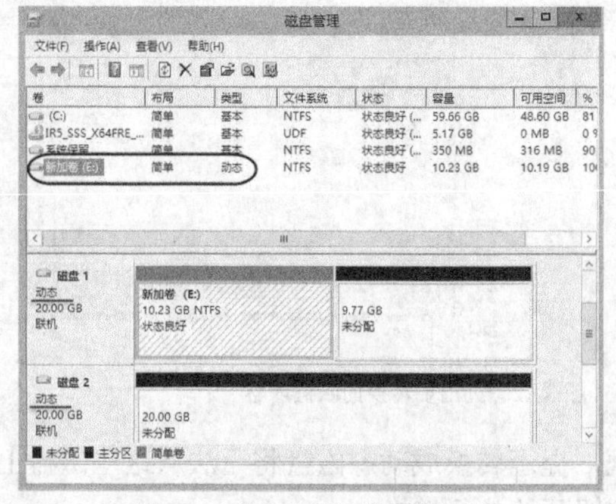

图 3-13 转换之后的动态磁盘

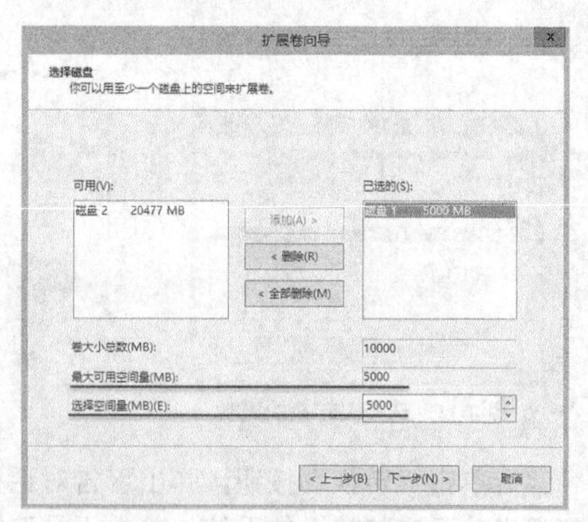

图 3-14 指定扩展空间

还可以通过压缩卷来缩小简单卷的空间。

3.3.3　创建和管理跨区卷

跨区卷是指多个位于不同磁盘的未分配空间所组合成的一个逻辑卷。可将多个磁盘内的多个未分配空间合并成一个跨区卷，并赋予一个共同的驱动器号。跨区卷具有以下 5 个特性。

- 跨区卷必须由两个或两个以上物理磁盘上的存储空间组成。
- 组成跨区卷的每个成员，其容量大小可以不相同。
- 组成跨区卷的成员中，不可以包含系统卷与活动卷。
- 将数据存储到跨区卷时，是先存储到其成员中的第 1 个磁盘内，待其空间用尽时，才会将数据存储到第 2 个磁盘，依此类推。所以它不具备提高磁盘访问效率的功能。
- 跨区卷被视为一个整体，无法独立使用其中任何一个成员，除非将整个跨区卷删除。

打开磁盘管理控制台，右击要组成跨区卷的任一未分配空间，选择“新建跨区卷”命令启动相应的向导，根据提示执行卷成员（组成跨区卷的磁盘及其空间）指定（如图 3-15 所示）、驱动器号和路径指定、文件系统选择、格式化等操作即可。操作成功的跨区卷如图 3-16 所示，示例中跨区卷分布在两个磁盘内，总空间为 11.14 GB，使用同一驱动器号。

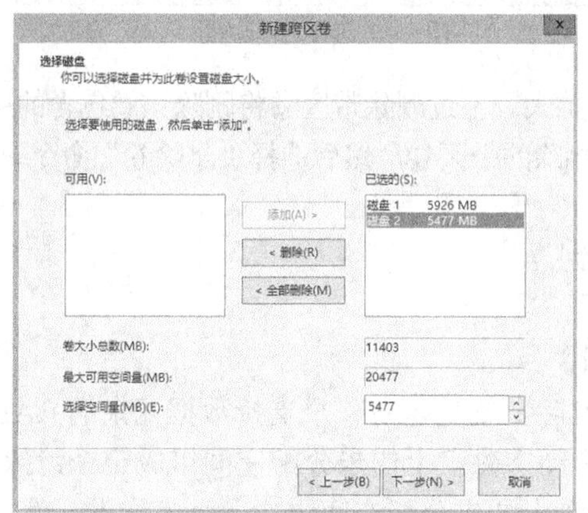

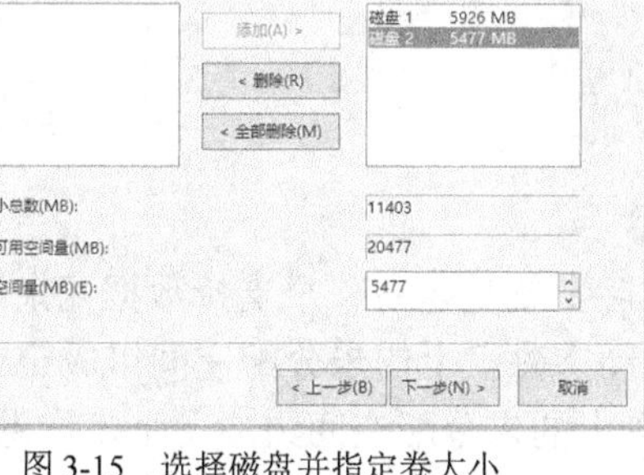

图 3-15　选择磁盘并指定卷大小

图 3-16　跨区卷示例

可以将未分配空间合并到跨区卷中，也就是扩展跨区卷的空间，以便扩大其容量。只有 NTFS 格式的跨区卷才可以被扩展，扩展跨区卷的步骤同简单卷。还可以通过压缩卷来缩小跨区卷的空间。

3.3.4　创建和管理带区卷（RAID 0 阵列）

实验 3-2　创建和管理带区卷（RAID 0 阵列）

在 Windows Server 2012 R2 上创建带区卷，实际上就是建立一个高性能的软件 RAID 0 阵列。带区卷是指多个分别位于不同磁盘的未分配空间所组合成的一个逻辑卷，拥有一个共同的驱动器号。如果没有未分配空间，则可以通过删除现有的卷来产生。与跨区卷不同的是，带区卷的每个成员其容量大小是相同的，并且数据写入时是以 64 KB 为单位平均地写到每个磁盘内。带区卷使用 RAID 0 技术，是工作效率最高的动态卷类型。

创建带区卷至少需要两个磁盘有未分配空间，可通过压缩卷来腾出未分配空间。

打开磁盘管理控制台，右击要组成带区卷的磁盘中任一未分配空间，选择“新建带区卷”命令启动相应的向导，根据提示执行卷成员（组成带区卷的磁盘及其空间）指定（如图 3-17 所示，例中带区卷成员空间相同，均为 4 073 MB）、驱动器号和路径指定、文件系统选择、格式化等操作即可。操作成功的带区卷如图 3-18 所示，示例中带区卷分布在两个磁盘内，总空间 7.96 GB 正好是卷成员空间的两倍，使用同一驱动器号。

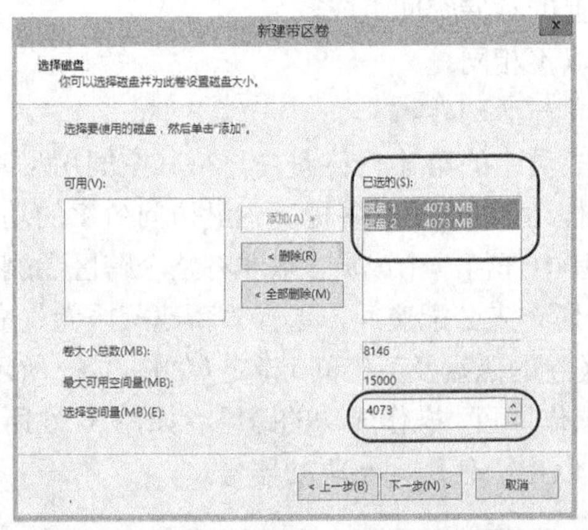

图 3-17　选择磁盘并指定卷大小

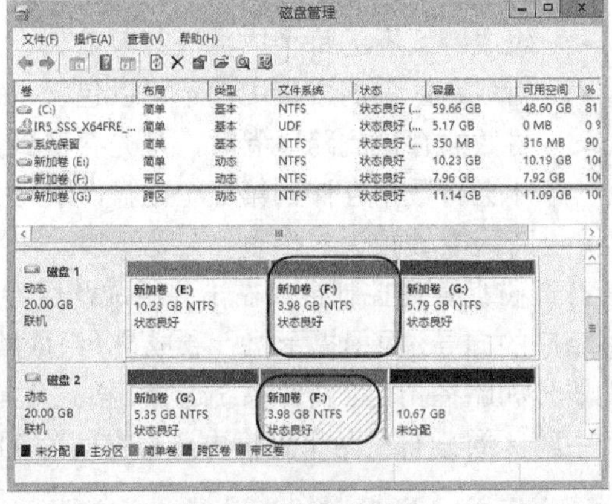

图 3-18　带区卷示例

带区卷只能整个被删除，不能分割，也不能再扩大。不过删除带区卷将删除该卷包含的所有数据以及组成该卷的分区。要删除带区卷，右击要删除的带区卷，然后选择“删除卷”命令即可。

3.3.5 创建和管理镜像卷（RAID 1 阵列）

实验 3-3 创建和管理镜像卷（RAID 1 阵列）

在 Windows Server 2012 R2 中创建镜像卷，实际上就是建立一个支持数据冗余的 RAID 1 阵列。每个镜像卷需要两个动态磁盘，既可将两个动态磁盘上的未分配空间组成一个镜像卷，又可将一个动态磁盘上的简单卷与另一个动态磁盘上的未分配空间组成一个镜像卷，然后给予一个逻辑驱动器号。若要为一个存储有数据的简单卷添加镜像，则另一个动态磁盘的未分配空间不能小于该简单卷的容量。组成镜像卷的成员可以包含系统卷与活动卷。

1. 创建镜像卷

要将一个磁盘上的简单卷与另一个磁盘的未分配空间组合成一个镜像卷，右击该简单卷（例中为磁盘 1 的 E 卷），选择“添加镜像”命令，出现图 3-19 所示的对话框，选择另一个成员磁盘（例中为磁盘 2），单击“添加镜像”按钮，系统将在磁盘 2 中的未分配空间内创建一个与磁盘 1 的 E 卷相同的卷，并且开始将磁盘 1 的 E 卷内的数据复制到磁盘 2 的 E 卷，即进行重新同步，这要花费一些时间。同步操作结束后，其状态将由“重新同步”转变为“状态良好”。完成后的镜像卷如图 3-20 所示，它分布在两个磁盘上，且每个磁盘内的数据是相同的。

如果要利用两个动态磁盘的未分配空间创建一个镜像卷，那么需要右击任一未分配空间，选择“新建镜像卷”命令启动相应的向导，选择两个成员磁盘及其卷空间，指定驱动器号并对该卷进行格式化。

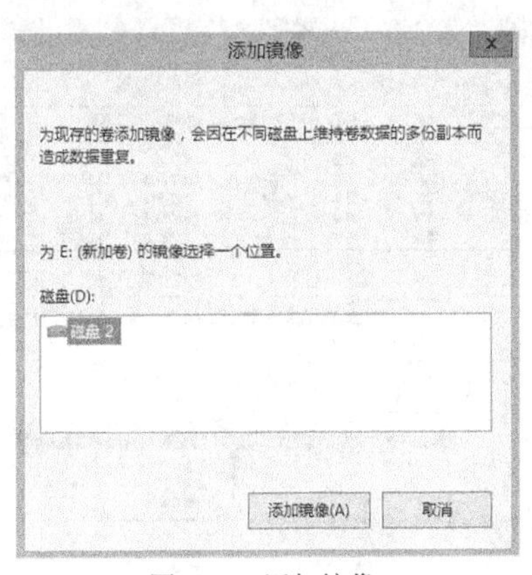

图 3-19　添加镜像

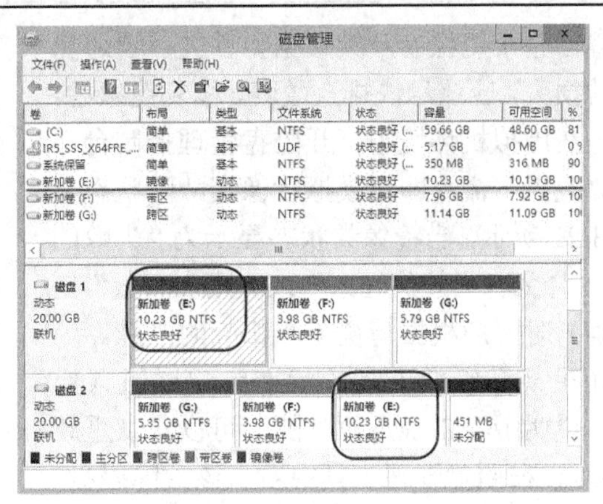

图 3-20　新创建的镜像卷

整个镜像卷被视为一个整体，镜像意味着一份数据将同时写到两个磁盘上。两个成员内将存储完全相同的数据，当有一个磁盘发生故障时，系统仍然可以使用另一个正常磁盘内的数据，因此具备容错的能力。镜像卷比较实用，在实际应用中可根据需要对镜像卷实现进一步管理。

2. 中断镜像卷

要强制解除两个磁盘的镜像关系，执行中断镜像操作，将镜像卷分成两个卷。右击镜像卷，选择“中断镜像卷”命令，弹出对话框提示“如果中断镜像卷，数据将不再有容错性。要继续吗？”，单击“是”按钮，则组成镜像的两个成员自动改为简单卷（不再具备容错能力），其中的数据也被分别保留，磁盘驱动器号也会自动更改，列在前面的卷的驱动器号维持原镜像卷的代号，列在后面的卷的驱动器号自动取用下一个可用的驱动器号。

3. 删除镜像与删除镜像卷

也可通过删除镜像来解除两个磁盘的镜像关系。右击镜像卷，选择“删除镜像”命令弹出图 3-21 所示的对话框，从中选择一个磁盘，单击“删除镜像”按钮即可删除该镜像。

与中断镜像不同的是，一旦删除镜像，被删除磁盘上镜像对应空间就变成未分配的空间，数据被删除；而剩下磁盘上镜像对应空间变成不再具备容错能力的简单卷，数据仍然保留下来。

至于删除镜像卷则是指删除整个卷，两个成员的数据都被删除，并且变为未分配空间。右击镜像卷，选择“删除卷”命令进行此操作。

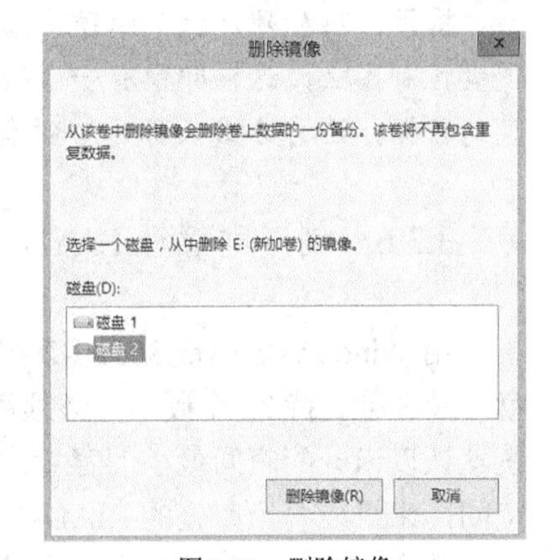

图 3-21　删除镜像

4. 镜像卷的故障恢复

镜像卷具备容错功能，即使其中一个成员发生严重故障（例如断电或整个硬盘故障），另一个完好的硬盘会自动接替读写操作，只是不再具备容错功能。但是，如果两个磁盘都出现故障，整个镜像卷及其数据将丢失，要避免这样的损失，应该尽快排查故障，修复镜像卷。例如，在虚拟机环境中打开磁盘管理控制台，通过“脱机”命令即可模拟镜像卷故障状态，如图 3-22 所示，当镜像卷状态显示为“失败的重复”（译为“失效的冗余”或“冗余失效”更为准确）时，应根据情况采取相应的措施。

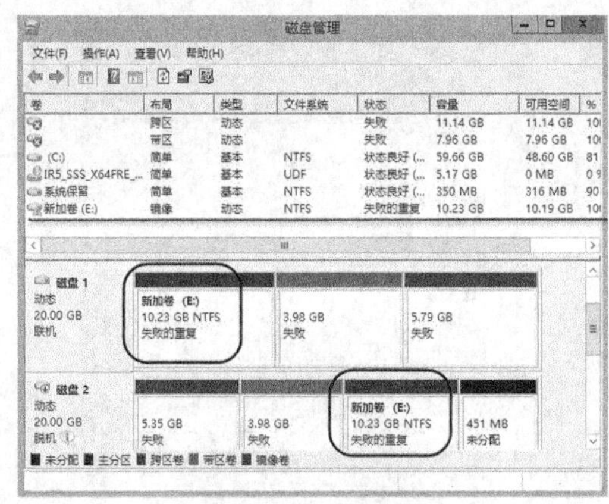

图 3-22　镜像卷故障状态

如果某个镜像磁盘的状态为“联机（错误）”，说明 I/O 错误是暂时的，可以尝试重新激活磁盘。在磁盘管理工具中右击该故障磁盘，选择“重新激活磁盘”命令即可。

如果镜像磁盘状态为“脱机”或“丢失”，应尝试重新连接并激活磁盘。首先，确保物理磁盘已经正确连接到计算机上（如有必要，请打开或重新连接物理磁盘）；然后，再尝试重新激活该磁盘。如果上述方法仍然没有使该镜像卷恢复正常，应当用另一磁盘替换出现故障的磁盘。

要替换镜像卷中出现故障的磁盘，必须准备一个未分配空间不小于待修复区域的动态磁盘，可通过检查磁盘属性检查未分配空间大小。

（1）使用新磁盘将故障磁盘替换下来。对于热插拔硬盘，可在线操作；对于非热插拔硬盘，需要关机后更换硬盘，再重新启动计算机。

（2）打开磁盘管理控制台，如果新磁盘为基本磁盘，需要转换为动态磁盘；如果新磁盘为外来的动态磁盘，需要执行“导入外部磁盘”操作。

（3）执行“删除镜像”命令，将标识为“丢失”的磁盘删除。

（4）右击要重新镜像的卷，选择“添加镜像”命令，根据提示利用新的磁盘组成一个新的镜像卷。系统将通过重新同步镜像中的数据进行自我修复。

提示：应从硬件上加强镜像卷的安全性。尽可能地将用于镜像的两块硬盘连接到不同的硬盘控制器上，这样即使有一个硬盘控制器出现故障，另一个硬盘控制器仍可存取另一块硬盘的数据。这种方式又称为“磁盘双工”，它还兼具可以提高磁盘访问效率的功能。

3.3.6　创建和管理 RIAD-5 卷（RAID 5 阵列）

用 Windows Server 2012 R2 实现 RAID-5 卷（相当于 RAID 5 阵列），至少需要用 3 块硬盘，最多可支持 32 个硬盘。必须用多个动态磁盘上的未分配空间来组成一个 RAID-5 卷。系统默认以未分配空间最小的容量为单位，然后从所选的动态磁盘中分别取用该容量的未分配空间，来组成一个完整的 RIAD-5 卷。当然也可自定义最小单位。

整个 RAID-5 卷被视为一个整体，不能将其中任何一个成员独立出来使用。只有将整个 RAID-5 卷删除，才能还原每一个成员。不过，这样 RAID-5 卷上所有的数据都将丢失。

RAID-5 卷具备容错功能，即使其中某一个成员发生严重故障（例如整个硬盘故障），系统也是能够正常运行的，仍然可以继续使用其余的联机磁盘访问该卷，只是不再具备容错功能。但是，如果再有其他成员磁盘出现故障，该卷及其数据将丢失，要避免这样的损失，应该尽快排查故障，通过 RAID-5 卷的其他成员重新生成数据以修复 RAID-5 卷。具体地讲，当 RAID-5 卷状态显示为“失败的重复”时，应根据情况采取相应的措施。

与镜像卷相似，如果 RAID-5 卷成员磁盘的状态为“联机（错误）”，说明 I/O 错误是暂时的，应尝试重新激活磁盘；如果成员磁盘状态为“脱机”或“丢失”，说明该磁盘已经断开连接，应尝试重新连接并激活磁盘。如果上述方法仍然没有使 RAID-5 卷恢复正常，此时应当替换 RAID-5 卷中出现故障的成员磁盘。

要替换 RAID-5 卷的成员磁盘，必须准备一个未分配空间不小于要修复的区域的动态磁盘，可通过检查磁盘属性来查看未分配空间大小。替换 RAID-5 卷的成员磁盘的步骤如下。

（1）使用新磁盘将故障磁盘替换下来。

（2）打开磁盘管理控制台，如果新磁盘为基本磁盘，需要升级为动态磁盘，如果新磁盘为外来的动态磁盘，需要执行“导入外部磁盘”操作。

（3）右击出现故障的 RAID-5 卷，选择“修复卷”命令，选择用于修复卷的磁盘。

（4）单击“确定”按钮，系统将通过奇偶校验数据重建 RAID-5 卷。

（5）修复成功后，RAID-5 卷的状态将变为“状态良好”。

（6）右击标识为“丢失”的磁盘，选择“删除磁盘”命令将其删除即可。

3.4　文件系统管理

磁盘管理建立原始数据存储，借助于可安装文件系统（Installable File System，IFS）驱动程序将原始存储转换为可以存储和检索数据的可用格式。要让操作系统能够在磁盘中有效率地调用文件内容与文件信息，就需要文件系统支持。在操作系统中命名、存储和组织文件的综合结构就是文件系统。几乎每一种操作系统都有其专属的文件系统。不论是选用基本磁盘，还是选用动态磁盘，每一个卷都需要一个文件系统。

3.4.1　文件系统概述

ReFS（Resilient File System）文件系统对 NTFS 文件系统进行了关键改进。ReFS 虽然先进，但是由于目前只能应用于存储数据，还不能用于引导系统，并且在移动存储介质上也无法使用，所以 Windows Server 2012 R2 默认的文件系统仍然是 NTFS。Windows Server 2012 R2 也可以使用传统的 FAT16 和 FAT32，还支持光盘文件系统（Compact Disk File System，CDFS）、通用磁盘格式（Universal Disk Format，UDF）和 DVD。

1. NTFS 文件系统

Windows 服务器多采用 NTFS 文件系统，这样可以充分利用 NTFS 的高级功能。

NTFS 的主要优点在于其功能和安全性，而不是性能。NTFS 还提供 DFS（分布式文件系统）、EFS（加密文件系统）、装入卷、磁盘配额等特性。额外的开销是 NTFS 的一个缺点，但是硬件性能的提高足以忽略这点开销，一直以来 Windows 网络操作系统首选 NTFS。

NTFS 最初设计时就考虑到企业级的应用环境，采用了一种全新的体系结构，能支持许多高级的属性和功能。NTFS 存储卷数据的方式不同于 FAT，它使用一个称为主文件表（MFT）

的层次数据库。文件和目录都用 MFT 中的记录来表示，记录的属性描述了它们的内容。因为MFT是一个数据库而不是简单的簇映射,因此MFT的项目可以比FAT表包含更多的信息,并能以更多方式索引，而不仅仅是按照文件名索引。NTFS 卷的结构如下所示。

引导区	NTLDR 区	MFT	系统文件	数据区

引导区位于第 1 个扇区，由 BIOS 参数块（BPB）和引导程序构成。BPB 存储了有关卷布局的信息，系统根据这些 BPB 参数来得到分区的重要信息。引导程序加载启动系统的文件 NTLDR，它通过引导扇区中的 BPB 找到其在磁盘中的位置，并把其后面的 NTLDR 区域读入内存。

NTLDR 区域位于第 1 个扇区后面的 15 个扇区，实际是引导程序的一部分，它被引导扇区中的引导程序读到内存中后，再将执行权交给它，从而来完成操作系统的引导。

文件的每一个属性都在 MFT 中进行记载。当一个属性太大，一个 MFT 不能记录时，就会用多个 MFT 进行记录。NTFS 文件系统的 MFT 中还记录了一些非常重要的系统数据，这些数据被称为元数据文件，它包括了用于文件定位和恢复的数据结构、引导程序数据以及整个卷的分配位图等信息。

NTFS 采用 64 位寻址方案，理论上每个文件大小可达 2^{64} B 即 16 EB，一个分区的最大字节数是 2 的 64 次方，即 16 EB。NTFS 也提供了可变的簇大小，簇会根据卷大小自动调整。

2. Windows Server 2012 R2 对 NTFS 的改进

Windows Server 2012 R2 对 NTFS 的改进主要体现在以下两个方面。

一方面为廉价存储设备提供数据完整性保障。具体实现方式是让 NTFS 通过“flush”命令代替“forced unit access”(“write-through”）来执行所有需要通过顺序写入以确保文件系统元数据完整性的操作。这一改进让用户可以放心使用成本低廉的标准 SATA 驱动器。

另一方面改进 NTFS 的可用性，这是通过使用在线扫描、自愈修复和减少修复所需时间等功能来实现的。

总之，经过改进，NTFS 可在使用低成本的标准 SATA 驱动器的同时保障数据完整性，同时还增加了执行在线错误扫描和修复功能，无需将卷离线即可进行修复。不仅如此，对 Chkdsk 操作的改进还可以充分利用在线健康度检查特性极大地减少修复错误内容所需的时间。通过配合使用这些新功能，用户能够放心地部署容量非常大的 NTFS 卷。Windows Server 2012 R2 所支持的卷大小高达 64 TB。

3. ReFS 文件系统

ReFS 可译为弹性文件系统，是一种以 NTFS 为基础开发的全新设计的文件系统，不仅保留了与 NTFS 的兼容性，同时可以支持新一代存储技术与场合。ReFS 与 NTFS 大部分兼容，其设计目的主要是为了保持较高的稳定性，可以自动验证数据是否损坏，并尽力恢复数据。如果与存储空间联合使用，则可将其容量与可靠性优势进一步放大，提供更佳的数据防护，同时提升上亿级别的文件处理性能。ReFS 具有下列特性。

- 可靠、可扩展的磁盘结构。ReFS 依然可以使用 NTFS 的 API，以保证与 NTFS 的兼容性。重复使用底层代码，ReFS 使用了重新架构的磁盘结构引擎“Minstore”，独家使用了 B+树作为唯一且通用的磁盘结构，借此展现磁盘上保存的全部信息。
- 完整性流（Integrity Streams）。这种特性可保护文件免遭任何形式的数据损坏。

- 可靠的磁盘更新策略。ReFS 使用了一种在写入事务中进行分配的模式（也叫做“写入时复制”）以提供最大化的可靠性，同时无需采用日志结构的文件系统。
- 数据打捞（Salvage）。这种特性实现损坏还原，以便在任何情况下尽可能提高卷的可用性。这是一种可以将损坏的数据从卷的命名空间中实时删除的功能。
- 支持更大的卷、目录以及文件。ReFS 磁盘格式通过使用 16 KB 的簇大小，在设计上可支持高达 2^{78} 字节的卷，但 Windows 栈只能对 2^{64} 字节进行寻址。这种格式还可支持 $2^{64}-1$ 字节的单个文件，一个目录中可保存 2^{64} 个文件，卷中也可以保存相同数量的目录。

4. 文件系统的转换

NTFS 优势明显，在安装 Windows 服务器时，最好将系统分区设为 NTFS 分区。如果服务器已经安装运行，应确保服务器上所有的硬盘分区都是 NTFS 或 ReFS 格式，以提高磁盘读写性能和安全性，这可能涉及文件系统格式的转换，目前有两种转换方法。

- 通过格式化操作转换。选择 NTFS 或 ReFS 文件格式重新格式化（图形界面工具或命令工具 Format），会导致数据丢失，适用于没有任何可用数据的磁盘分区。有些磁盘管理工具也可转换文件系统格式，采用的也是格式化技术，选择时应格外注意。
- 使用内置的实用工具 Convert。将 FAT 或 FAT32 文件系统无损地转换成 NTFS 文件系统，适用于保存有可用数据和文件的磁盘分区。不过转换后无法转回原来的 FAT16 或 FAT32 分区。

Convert 命令的语法格式如下：

```
convert [Volume] /fs:ntfs [/v] [/cvtarea:FileName] [/nosecurity] [/x]
```

各项参数说明如下。

- Volume：要转换的卷（分区）或驱动器号，后跟冒号。
- /fs:ntfs：必选参数，指示将分区转换为 NTFS 格式。
- /v：指定详细模式，即在转换期间将显示所有的消息。
- /cvtarea:FileName：适用于高级用户，指定将主控文件表（MFT）以及其他 NTFS 元数据文件写入相邻的现存占位符文件中。该文件必须位于要转换的文件系统的根目录下。如果使用该参数，可以使转换后的文件系统具有较少的碎片。注意在运行 Convert 之前，首先必须使用 fsutil file createnew 命令创建占位符文件。
- /nosecurity：对于转换后的文件和目录的安全性设置，此参数指示将其指定为每个人都可访问。
- /x：如果需要，使用该参数可在转换之前将该卷（分区）卸载。

例如，要将驱动器 E 上的卷转换为 NTFS 格式，使之能够被所有人访问，并且显示转换期间的所有消息，请执行以下命令：

```
convert e:/fs:ntfs /v /nosecurity
```

提示：将非 NTFS 格式转换为 NTFS，所有的访问控制列表都将设置为 Everyone→完全控制，管理员还应该根据需要修改其权限设置。目前还不支持 NTFS 和 ReFS 之间转换数据，不过数据可在这两种格式之间进行复制。

3.4.2 NTFS 磁盘配额管理

实验 3-4　磁盘配额的设置与使用

磁盘配额管理的主要作用是限制是用户在卷（主分区或逻辑驱动器）上的存储空间，防止用户占用额外的服务器磁盘空间，既可减少磁盘空间的浪费，又可避免不安全因素，这对管理共享服务器磁盘的用户尤其有用。

1. 磁盘配额的特性

磁盘配额具有如下特性。

- 只有 NTFS 卷才支持磁盘配额。ReFS、FAT、FAT32 格式的磁盘都不支持。
- 磁盘配额只应用于卷，且不受卷的文件夹结构及物理磁盘上的布局的影响。如果卷有多个文件夹，则分配给该卷的配额将整个应用于所有文件夹。Windows Server 2012 R2 还支持文件夹配额管理，请参见后续章节的有关内容。
- 磁盘配额监视用户的卷使用情况，依据文件所有者来计算其使用空间，并且不受卷中用户文件的文件夹位置的限制。如果用户 A 建立了 5 MB 的文件，而用户 B 取得了该文件的所有权，那么用户 A 的磁盘使用将减少 5 MB，而用户 B 的磁盘使用将增加 5 MB。
- 磁盘配额有两个控制点：警告等级和配额限制。第一个控制点是当用户的磁盘使用量要超越警告等级时，系统可以记录此事件或忽略不管；第二个控制点是当用户的磁盘使用量要超越配额限制时，系统可以拒绝该写入动作、记录该事件或忽略不管。

2. 磁盘配额的设置与使用

磁盘配额的设置有两种类型，一种针对所有用户的通用设置（默认的配额限制），另一种是针对个别用户的单独设置，单独设置优先于通用设置。设置和使用磁盘配额非常简单，可以参照下述步骤完成操作。Administrators 组成员可启用 NTFS 卷上的配额，为所有用户设置磁盘配额。

（1）在 Windows 任务栏上单击“资源管理器”图标，或者从“开始”屏幕上单击“这台电脑”磁贴打开“这台电脑”窗口，右击要启用磁盘配额的 NTFS 卷（驱动器），选择“属性”命令，打开属性对话框，切换到“配额”选项卡。如图 3-23 所示，进行各项设置。也可以从磁盘管理控制台中来打开 NTFS 卷的属性设置对话框来设置配额选项。

（2）选中“启用配额管理”复选框，启用配额功能。尽管启用磁盘配额功能，默认情况下并不限制磁盘使用。只有为卷上用户设置默认配额限制才能确定用户的超过限额行为。

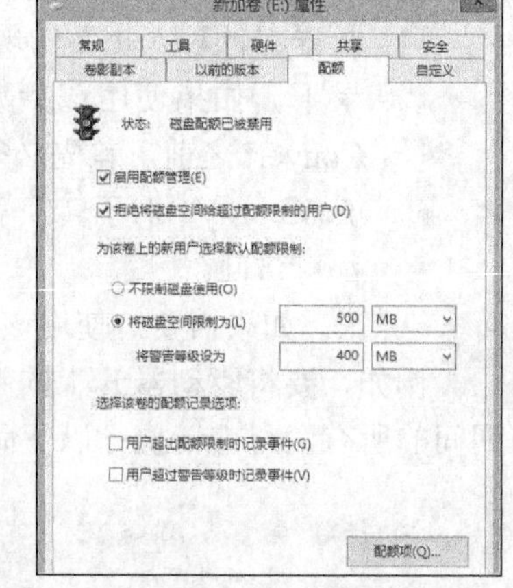

图 3-23　启用磁盘配额

（3）选中“将磁盘空间限制为”单选钮，在右侧两个文本框中分别设置默认的配额限制和警告等级的磁盘占用空间。通常配额限制的值应大于警告等级的值。至于系统如何处置用户的超过限额行为，还需进一步设置。

（4）选中最下面的两个复选框，设置当用户使用空间超过警告等级或配额限制时，系统将此记录到事件日志，便于管理员查看和监控。这两个行为并不足以阻止用户超限行为。如果严格限制用户使用，应选中上面的“拒绝将磁盘空间给超过配额限制的用户”复选框。

（5）至此磁盘配额仍处于被禁用状态，单击“确定”或“应用”按钮，将弹出相应的提示对话框，单击“确定”按钮启用磁盘配额系统，状态将显示为“磁盘配额系统正在使用中”。

启用配额系统后系统重新扫描该卷，更新磁盘使用数据，系统自动跟踪所有用户对卷的使用。

（6）单击“配额项”按钮，打开如图 3-24 所示的对话框。可检查该卷上的用户账户的磁盘使用情况，跟踪磁盘配额限制，确定哪些账户超出限制，哪些账户被警告。

提示：系统管理员和 Administrators 组成员不受默认配额限制影响。启用磁盘配额后，系统将自动建立并实时更新磁盘配额项目列表，并将所有文件拥有者当作新用户加入其中。此后警告等级和配额限制的更改仅仅影响新的用户，不会影响以前用户，即以前用户的配额限制不变。

至此所有用户仅接受默认配额限制，还可针对特定用户进一步设置磁盘配额。

（7）从菜单中选择“配额”>“新建配额项”命令，弹出“选择用户”对话框，在此需要输入一个或多个用户账户名称，也可通过查找来选取用户。

（8）单击“确定”按钮弹出如图 3-25 所示的对话框，为选定用户单独设置磁盘配额限制和磁盘配额警告级别。

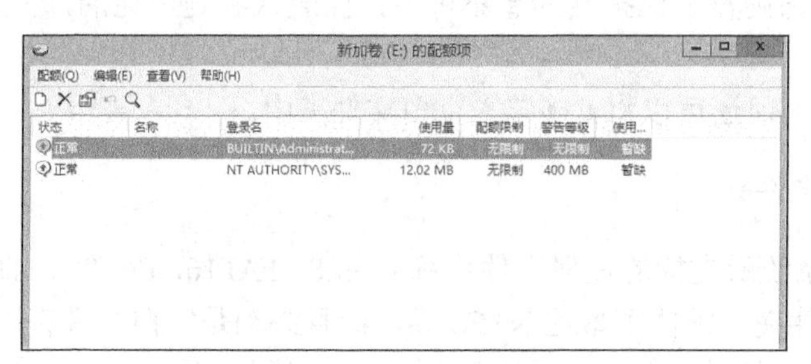

图 3-24　磁盘配额项管理界面

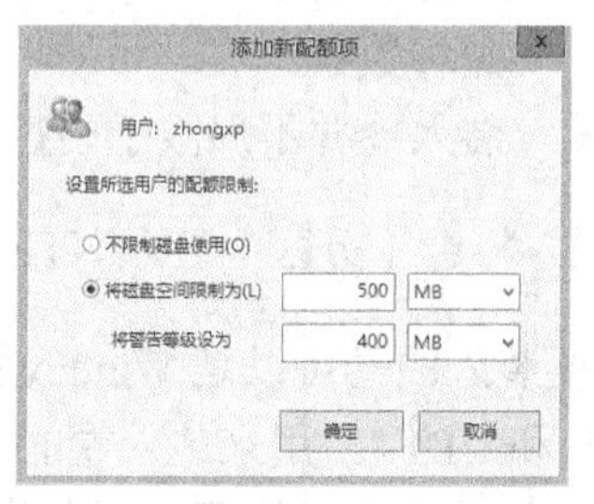

图 3-25　单独设置磁盘配额限制

3.4.3　在 NTFS 文件夹中装入卷

实验 3-5　将卷（分区）装入 NTFS 文件夹

UNIX 和 Linux 系统使用单一的目录树结构，整个系统只有一个根目录，各个磁盘分区以挂载到某个目录的形式成为根目录的一部分。Windows 系统中使用 26 个字母来标明分区，用户可以通过相应的驱动器符号访问分区。NTFS 提供一种称为“装入卷”(mounted volumes，又译为“挂载卷”）的特性，类似于 UNIX 和 Linux 系统的挂载功能，可将一个卷（分区）挂载到一个 NTFS 文件夹，用户通过访问该文件夹来访问该卷。

1. 概述

装入卷（挂载卷）允许在某个 NTFS 文件夹中装入一个卷，使得所装载的卷就像是物理上包含在其宿主卷中一样。图 3-26 示意了装入卷的工作原理，图中卷（如 D:、E:、F:）都能够显示成卷 C:中的文件夹。

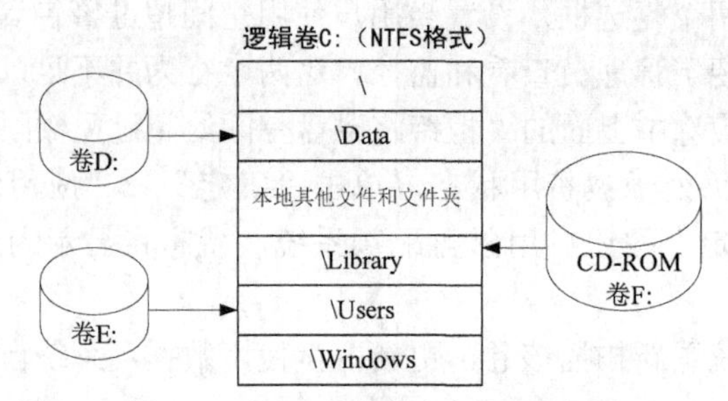

图 3-26　在 NTFS 文件夹中装入多个卷

使用装入卷主要有以下用处。

- 在一个逻辑卷中可以挂装多个卷（各种物理卷），从而简化磁盘存储资源的查看或访问。必要时某个卷还能挂载到多个 NTFS 文件夹中。
- 克服用 26 个字母标识驱动器的限制。装入卷无需驱动器标识符，可以简单地把每个卷安装在 NTFS 文件夹下。
- 磁盘配额可用于装入卷，从而有效地将配额应用于单个文件夹。可以将不同的配额用于单个逻辑卷中的不同文件夹。
- 在不改变硬件的情况下扩展卷的大小。装入的卷能够在本地添加附加的存储空间，或者在现有的卷中安装新的存储空间，这样就可以在不替换现有硬件的情况下完成卷容量的增加。另外，动态硬盘上已扩展的卷不可逆，而装入卷是可逆的，并且不破坏数据。
- 装入卷并不局限于硬盘分区，还可以将 CD 装入空白文件夹中。

2. 将卷（分区）装入 NTFS 文件夹

要装入的卷可以是 Windows 系统所支持的任何文件系统（ReFS、FAT16、FAT32、NTFS、CDFS 和 UDF），用来装入卷的文件夹必须位于本地 NTFS 卷，而且必须是空白文件夹。

可以使用磁盘管理控制台将现有的卷装入 NTFS 文件夹，具体步骤如下。

（1）打开磁盘管理控制台，右击所要装入的卷，从快捷菜单中选择“更改驱动器号和路径”命令。

（2）出现图 3-27 所示的对话框，列出该卷当前的驱动器号或路径。

（3）单击“添加”按钮，弹出如图 3-28 所示的对话框，指定要装入该卷的本地 NTFS 空白文件夹的路径，然后单击“确定”按钮。

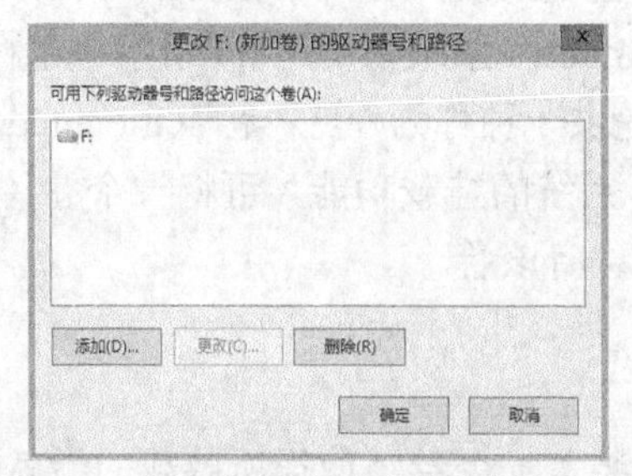

图 3-27　执行“更改驱动器号和路径”命令

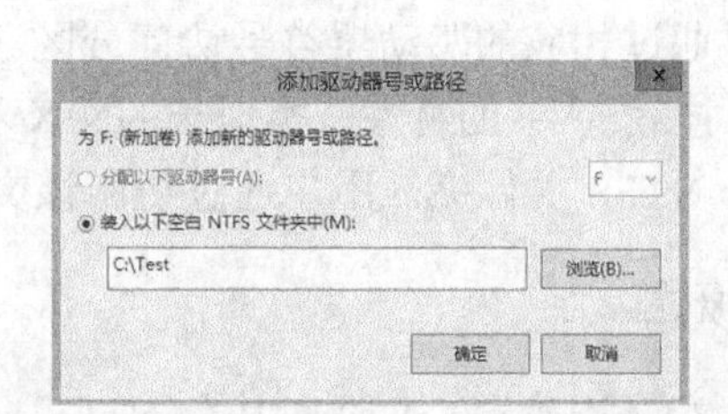

图 3-28　设置用来装入卷的 NTFS 空白文件夹

装入卷在资源管理器中的出现方式取决于卷的类型。硬盘卷以驱动器图标而不是文件夹图标的形式出现，如图 3-29 所示。而 CD-ROM 卷以 CD 图标的形式出现。

也可在创建主分区、逻辑驱动器（逻辑分区）或卷的过程中，在“分配驱动器号和路径”界面中，设置要装入的 NTFS 文件夹，如图 3-30 所示。

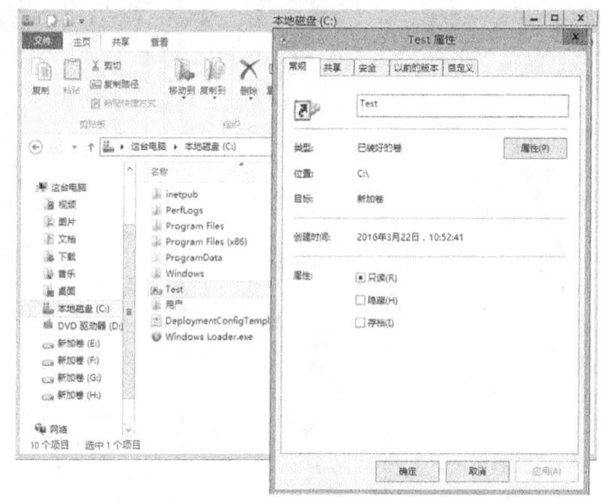

图 3-29　查看装入卷

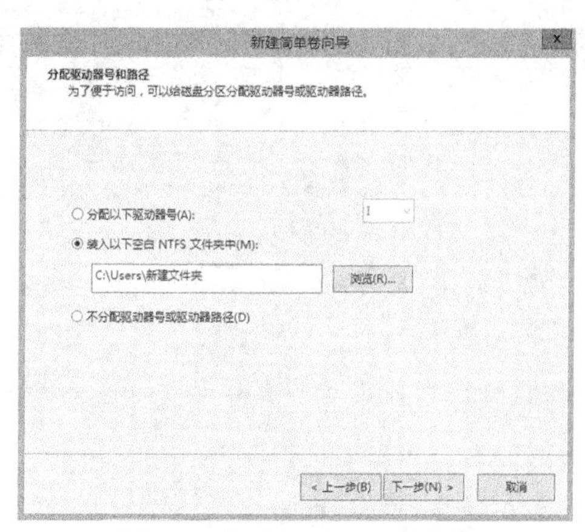

图 3-30　指派驱动器号和路径

3. 卸载装入卷

卸载某个卷是相当容易的。打开磁盘管理控制台，右击所要卸载的卷，并从快捷菜单中选择“更改驱动器号和路径”命令，单击“删除”按钮，根据提示确认删除操作即可。

当然也可使用命令行工具 mountvol 来管理装入卷，这个工具不需要单独安装。运行不带任何参数的 mountvol 命令将提供命令的语法以及计算机中所有卷的 GUID 信息。

3.4.4　文件和文件夹权限

在 NTFS 与 ReFS 卷中，管理员可通过设置文件与文件夹权限以指定访问它们的用户与组，以及允许的访问级别。FAT、FAT32 文件系统上的文件和文件夹，无法设置这种权限，因此以前又将这种权限称为 NTFS 权限，或称安全权限。

NTFS 权限是一组标准权限，控制用户或组对资源的访问，为资源提供安全性。具体实现方法是允许管理员和用户控制哪些用户可以访问单独文件或文件夹，指定用户能够得到的访问种类。不论文件或文件夹在计算机上或网络上是否为交互访问，这种安全性都是有效的。Windows Server 2012 R2 提供了以下两类安全权限。

- 文件权限：用于控制对 NTFS、ReFS 卷上单独文件的访问。
- 文件夹权限：用于控制对 NTFS、ReFS 卷上单独文件夹的访问。

1. 访问控制列表（ACL）

NTFS、ReFS 卷上每个文件和文件夹都有一个访问控制列表（Access Control List，ACL）与之相关联。ACL 中包含有授权访问该文件（或文件夹）的所有用户账户和组，以及它们被授予的访问权限。要让某个账户访问某个文件或文件夹，ACL 中必须包含一个与该账户对应的入口，称为访问控制入口（Access Control Entries，ACE）。为了让用户能够访问文件或者文件夹，访问控制入口必须具有用户所请求的访问权限类型。如果 ACL 没有相应的 ACE 存在，Windows Server 2012 R2 就拒绝该账户访问相应资源。

图 3-31 就是一个图形界面显示的 ACL，它包含多个 ACE，例如 Everyone 账户对此该文件夹具有读取和执行权限，而 Users 账户具有创建文件夹和附加数据的权限。

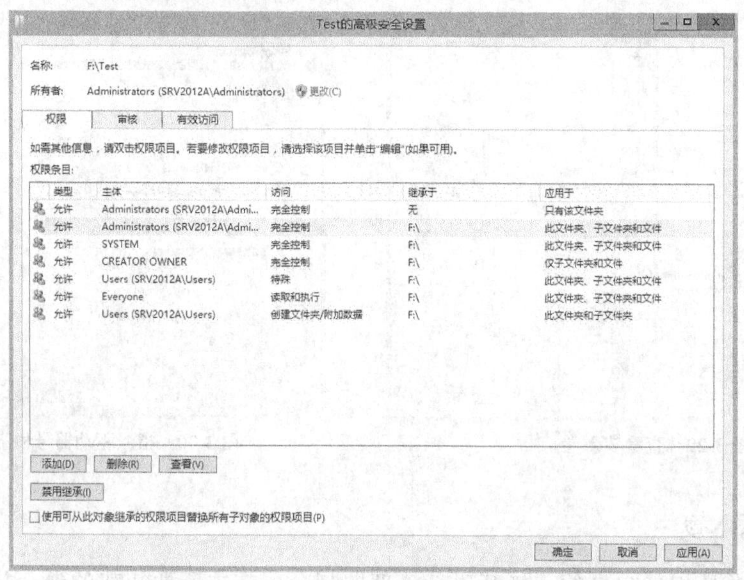

图 3-31　访问控制列表（文件夹高级安全设置）

管理员可以直接使用命令行工具 Cacls 显示并修改文件或文件夹的访问控制列表。当然，更多的时候还是使用图形界面（资源管理器）进行管理。

2. 文件和文件夹基本权限

文件和文件夹基本权限包括 6 种，具体说明见表 3-2。这几种基本权限实际上都是一些具体权限（特殊权限）的组合，特殊权限包括"遍历文件夹/运行文件""列出文件夹/读取数据"等 14 种。

表 3-2　　文件与文件夹基本权限

权限	文件	文件夹
读取	读取文件内的数据、查看文件的属性、查看文件的所有者、查看文件等	查看文件夹内的文件名称与子文件夹名称、查看文件夹的属性、查看文件夹的所有者、查看文件夹
写入	更改或覆盖文件的内容、改变文件的属性、查看文件的所有者、查看文件等	在文件夹内添加文件与文件夹、改变文件夹的属性、查看文件夹的所有者、查看文件夹
列出文件夹目录		该权限除了拥有"读取"的所有权限之外，它还具有"遍历子文件夹"的权限，也就是具备进入到子文件夹的功能
读取和运行	除了拥有"读取"的所有权限外，还具有运行应用程序的权限	拥有与"列出文件夹目录"几乎完全相同的权限，只有在权限的继承方面有所不同："列出文件夹目录"的权限仅由文件夹继承，而"读取和运行"是由文件夹与文件同时继承
修改	除了拥有"读取""写入"与"读取和运行"的所有权限外，还可以删除文件	除了拥有前面的所有权限外，还可以删除子文件夹
完全控制	拥有所有文件权限，也就是除了拥有前述的所有权限之外，它还拥有"更改权限"与"取得所有权"的权限	拥有所有文件夹的权限，也就是除了拥有前述的所有权限之外，它还拥有"更改权限"与"取得所有权"的权限

3. 文件和文件夹权限设置

在 NTFS、ReFS 卷中系统会自动设置其默认权限值，其中有一部分权限会被其下的文件夹、子文件夹或文件继承。用户可以更改这些默认值。

文件和文件夹权限设置以文件或文件夹为设置对象，而不是以用户或组为设置对象，也就是先选定文件或文件夹，再设置哪些账户对它有什么权限，不能直接设置用户或组能够访问哪些对象。最好是将权限分配给组以简化管理。

只有 Administrators 组成员、文件或文件夹的所有者、具备完全控制权限的用户，才有权指派这个文件或文件夹的安全访问权限。下面讲解文件夹访问权限的设置步骤。

（1）打开“这台电脑”窗口，定位到要设置权限的文件夹，右击它，从快捷菜单中选择“属性”命令打开相应对话框，切换到“安全”选项卡，如图 3-32 所示。

（2）在“组或用户名”区域列出了已经分配文件夹权限的用户或组账户，下面的区域显示所选用户或组的具体权限项目，可见 Administrators 组具备最高级权限“完全控制”。权限项目复选框为灰色，表明是从父文件夹继承的权限。

（3）要更改权限时，单击“编辑”按钮弹出如图 3-33 所示的对话框，只需选中权限条目右侧的“允许”或“拒绝”复选框即可。不过，虽然可以更改从父对象所继承的权限（例如添加权限，或者通过选中“拒绝”复选框删除权限），但是不能够直接将灰色的对勾删除。

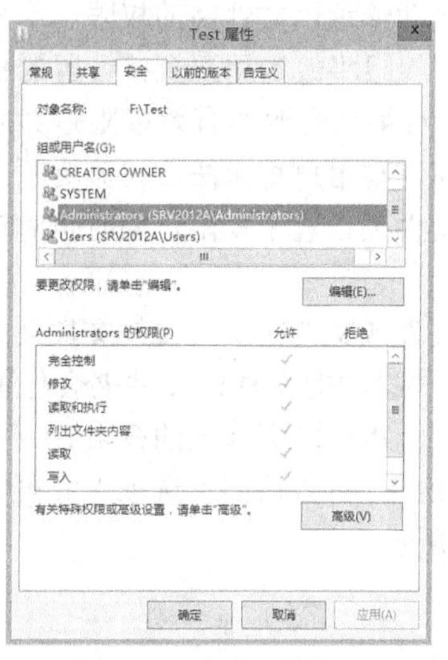

图 3-32 “安全”选项卡

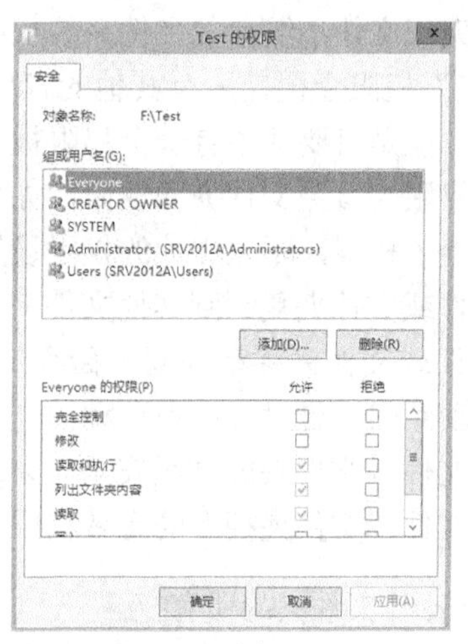

图 3-33 编辑权限

使用“拒绝”选项一定要谨慎。对 Everyone 组应用“拒绝”可能导致任何人都无法访问资源，包括管理员。全部选择“拒绝”，则无法访问该目录或文件的任何内容。

（4）如果要指派其他的用户权限，单击“添加”按钮，弹出“选择用户或组”对话框，选择用户或组，回到文件夹属性对话框，新加入的用户或组已出现在列表中。默认为新加入的用户或组授予了“读取和运行”“列出文件夹目录”和“读取”权限，可根据需要修改。

（5）如果要为组或用户设置特殊权限，应单击“高级”按钮，打开高级安全设置对话框（参见图 3-31），可查看或更改现有组或用户的特殊权限。

“添加”“删除”“查看”“编辑”按钮用于权限条目的管理。

“禁用继承”按钮用于禁止继承父文件夹的权限，这是一个开关按钮，执行之后就变成

“启用继承”按钮。底部的复选框表示将文件夹内子对象的权限以该文件夹的权限替代。

（6）根据需要利用特殊权限更精确地指派权限。从“权限条目”列表中选择一个要修改的项目，单击“编辑”按钮弹出图 3-34 所示的对话框，设置用户的基本权限。其中“应用于”下拉列表用来指定权限被应用到什么地方，例如，应用到文件夹、子文件夹或文件等。单击“显示高级权限”按钮切换相应的界面，如图 3-35 所示，设置具体的高级权限。

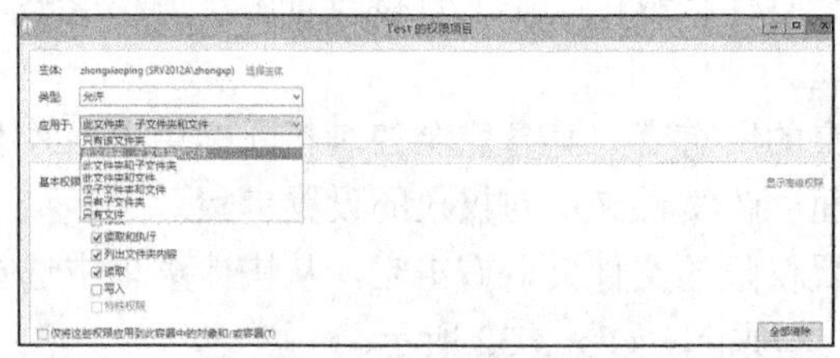

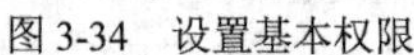

图 3-34　设置基本权限

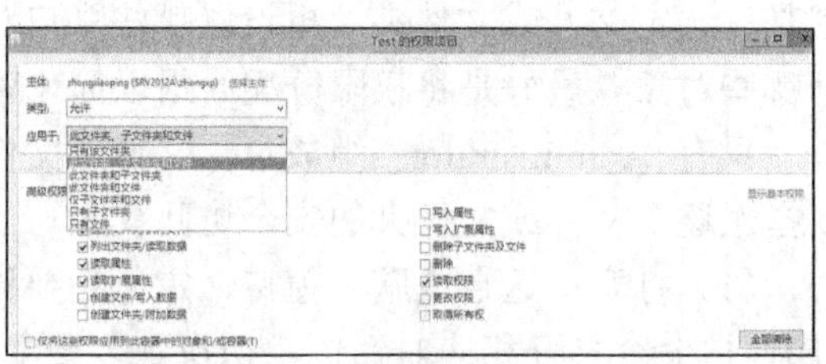

图 3-35　设置高级权限

4. 有效权限

如果用户属于某个组，将具有该组的全部权限。

权限具有累加性。一个属于多个组的用户的权限就是各组权限与该用户权限的累加。

权限具有继承性。子文件夹与文件可继承来自父文件夹的权限。当用户设置文件夹的权限后，在该文件夹下添加的子文件夹与文件默认会自动继承该文件夹的权限。用户可以设置让子文件夹或文件不继承父文件夹的权限，这样它的权限将改为用户直接设置的权限。

“拒绝”权限会覆盖所有其他的权限。虽然用户对某个资源的有效权限是其所有权限来源的总和，但是只要其中有一个权限被设为拒绝访问，则用户将无法访问该资源。

文件权限会覆盖文件夹的权限。如果针对某个文件夹设置了权限，同时也对该文件夹内的文件设置了权限，则以文件的权限设置为优先。

将文件或文件夹复制到其他文件夹，被复制的文件或文件夹继承目的文件夹的权限。

将文件或文件夹移动到同一磁盘的文件夹中，被移动的文件或文件夹会保留原来的权限；但移动到另一磁盘，则被移动的文件或文件夹则继承目的文件夹的权限。

打开文件或文件夹的高级安全设置对话框，切换到“有效访问”选项卡，可以查看用户或组对该文件或文件夹拥有的有效权限，如图 3-36 所示。

5. 文件与文件夹的所有权

所有权是一种特殊的权限。NTFS 或 ReFS 卷内每个文件与文件夹都有其所有者，所有者对该对象拥有所有权，有所有权便可设置对象的访问权限。默认情况下，创建文件或文件夹的用户就是该文件或文件夹的所有者。

当然，文件或文件夹的所有者始终可以更改其权限，无论存在任何保护该文件或文件夹的权限，甚至已经拒绝了所有访问。例如，如果不小心拒绝了 Everyone 组对文件或文件夹的“完全控制”权限，会导致连管理员都无法访问该文件或文件夹的情况，而通过所有权机制即可解决。

管理员可以获得计算机中任何文件或文件夹的所有权，也可让其他用户或组取得所有权，即更改所有者。

打开文件或文件夹的高级安全设置对话框，如图 3-37 所示，可查看该文件或文件夹的所有者，单击“更改”按钮弹出“选择用户或组”对话框，选择所需的用户或组，可使其取得所有权。

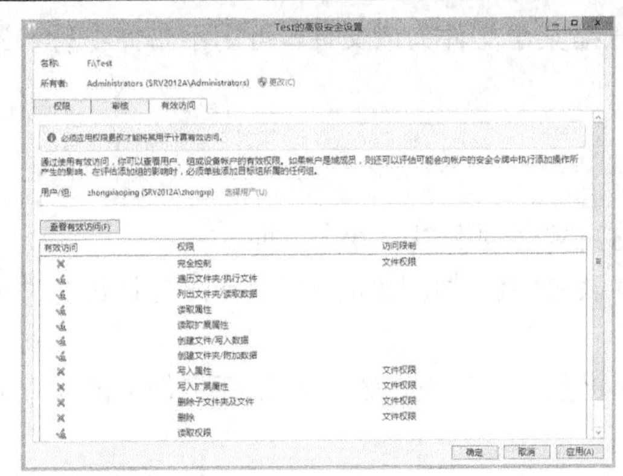
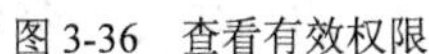

图 3-36　查看有效权限

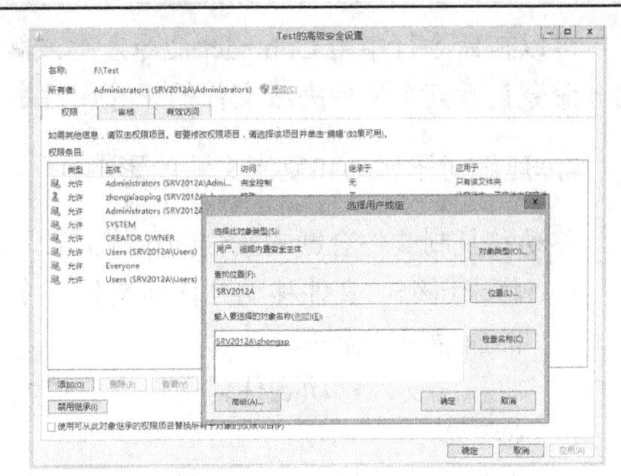

图 3-37　查看或更改所有者

3.4.5　启用 NTFS 压缩

使用 NTFS 压缩可以优化磁盘空间，既可以压缩整个 NTFS 卷，也可以配置 NTFS 卷中所要压缩的某个文件和文件夹。簇尺寸大于 4 KB 的卷不支持压缩，这是因为权衡存储空间的增加和性能的损失，这样做是不值得的。存储空间的增加取决于被压缩的文件类型。

1. 启用压缩

可以在格式化某个卷时启用压缩，也可以在任何时候为整个卷、某个文件或某个文件夹启用压缩。

在格式化卷时启动压缩的方法是选中“启用文件和文件夹压缩”选项。如果使用 Format 命令格式化卷，可使用开关选项/c。无论选用何种方法，默认情况下，一旦启用卷压缩，其中的文件和文件夹都会被压缩。

也可以对已经格式化过的卷启用或禁用压缩。打开该卷的属性对话框，在“常规”选项卡中选中“压缩此驱动器以节约磁盘空间”选项，如图 3-38 所示。系统会询问是只压缩根文件夹，还是同时压缩所有的子文件夹和文件。

至于某个文件或文件夹的压缩，打开相应的属性设置对话框，单击“高级”按钮，选中“压缩内容以便节省磁盘空间”选项，如图 3-39 所示。

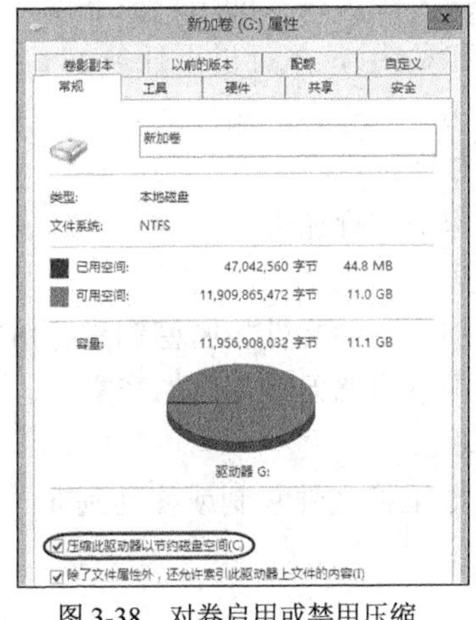

图 3-38　对卷启用或禁用压缩

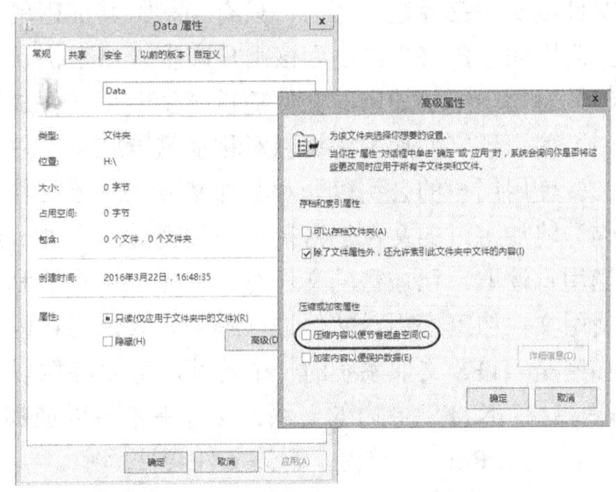

图 3-39　文件或文件夹的压缩

可以在命令行中用 Compact 命令压缩或解压缩某个文件夹或文件。可用不带命令行参数的该命令查看某个文件夹或文件的压缩属性。

2. 压缩对于移动和复制文件的影响

移动和复制文件会影响它们的压缩属性，这主要体现在以下 6 个方面。

- 将未压缩的文件移动到任何文件夹中：该文件仍然保持未压缩状态，与目标文件夹的压缩属性无关。
- 将压缩文件移动到任何文件夹：该文件仍然保持压缩状态，与目标文件夹的压缩属性无关。
- 复制文件：该文件具有目标文件夹的压缩属性。例如，将压缩文件复制到未压缩的文件夹中，该文件在目标文件夹中是未压缩的。
- 替换文件：如果将一个文件复制到某个文件夹中，而该文件夹中已经有了一个同名文件，并且新复制的文件替换了原始文件，那么该文件使用被替换文件的压缩属性。
- 将 FAT 卷中的文件复制或移动到 NTFS 卷中：该文件使用目标文件夹的压缩属性。
- 将 NTFS 卷中的文件复制或移动到 FAT 卷中：所有的文件不压缩。

3. 压缩对性能的影响

压缩确实影响性能。在移动或拷贝文件时，即使在同一个卷中，文件也得先解压缩，然后再压缩。在网络传输中，文件的解压缩也会影响到带宽以及速度。

此外，压缩某些类型的文件（如 jpg）效果相反，它实际上会产生更大的文件（而不是把文件变小）。确定压缩对给定系统的影响的唯一方法就是测试。

3.4.6 加密文件系统

Windows Server 2012 R2 利用“加密文件系统（Encrypting File System，EFS）”提供文件加密的功能，以增强文件系统的安全性。

1. 加密文件系统概述

文件或文件夹经过加密后，只有当初将其加密的用户或者经过授权的用户能够读取。用户一旦启用加密，EFS 自动为该用户产生一对密钥（公钥和私钥），执行以下任务。

（1）对每一个要加密的文件随机产生一个文件加密密钥。

（2）使用该文件加密密钥以对称加密方式将文件属性加密。

（3）使用用户的公钥以非对称加密方式对该文件加密密钥进行加密。

（4）将加密过的文件加密密钥与加密过的文件一起存放。

当用户读取自己加密的文件时，首先以用户的私钥对加密过的文件加密密钥进行解密，然后使用文件加密密钥对文件进行解密。其他用户因为私钥不同就无法读取加密文件。

加密是 NTFS 文件系统的一个特性，需要注意以下事项。

- 只有 NTFS 卷内的文件、文件夹才可以被加密。如果将文件复制或移动到非 NTFS（包括 ReFS）卷内，则该文件会被解密。
- 不能对整个卷进行加密。

- 文件压缩与加密无法并存。
- 当用户将一个未加密的文件移动或复制到加密文件夹时，该文件会自动加密，而将一个加密的文件移动或复制到非加密文件夹时，该文件仍然会保持其加密的状态。
- 利用 EFS 加密的文件，只有存储在硬盘内才会被加密，通过网络发送时是不加密的。

2. 对文件夹或文件进行加密

通常对文件夹进行加密，具体步骤如下。

（1）右击要加密的文件夹，从快捷菜单中选择“属性”命令打开属性设置对话框。

（2）单击“高级”按钮弹出图 3-40 所示的对话框，选中“加密内容以便保护数据”选项。

（3）单击“确定”按钮，回到属性设置对话框，再单击“确定”，弹出如图 3-41 所示的对话框，选择加密作用范围。

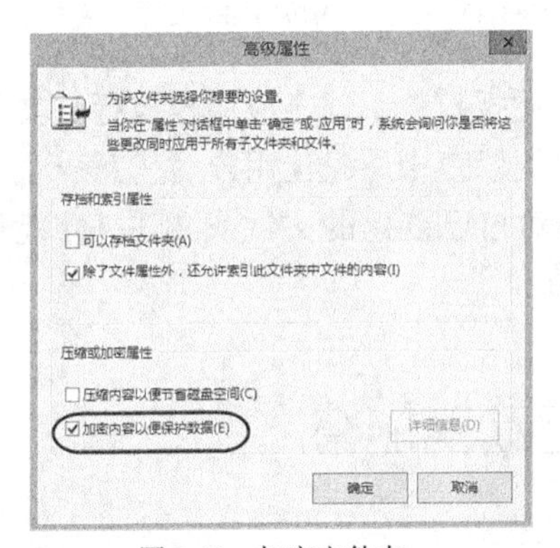

图 3-40　加密文件夹

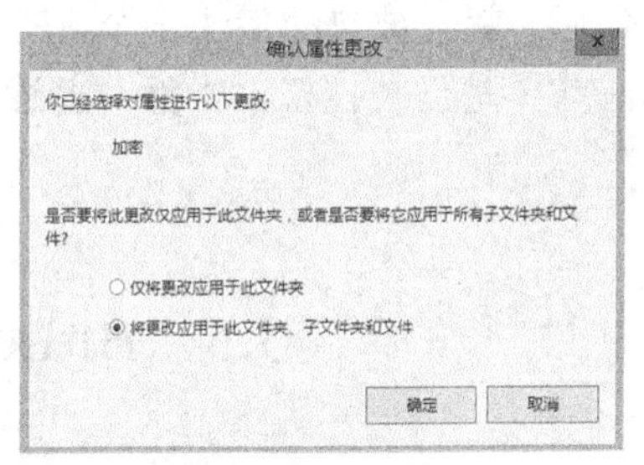

图 3-41　设置加密范围

如果选择第一个选项，则以后在该文件夹内所添加的文件、子文件夹与子文件夹内的文件都会自动加密，但是并不会影响到该文件夹内现有的文件与文件夹；如果选择第二个选项，则不但以后在该文件夹内添加的文件、子文件夹与子文件夹内的文件都会自动加密，同时会加密已经存在于该文件夹内的现有文件、子文件夹与子文件夹内的文件。

（4）单击“确定”按钮，系统开始加密处理。

用户也可以对非加密文件夹内的文件进行加密。要对个别文件进行加密时，步骤与文件夹类似，当出现图 3-42 所示的对话框时，则可以选择仅针对该文件进行加密，或者对文件及其父文件夹都进行加密。

加解密都是由系统在后台处理的，除了能够看到加密属性外，用户访问加密文件与未加密文件没什么不同。加密后的项目使用绿色显示。

用户还可以利用 cipher.exe 程序对文件、文件夹进行加密。

3. 授权他人访问加密文件

在对文件夹中的文件进行加密后，只有执行加密用户可以访问该文件。不过，可以授权让其他的用户也能够访问该文件。具体方法是，右击已经加密的文件，打开属性设置对话框，单击“高级”按钮，如图 3-43 所示，单击“详细信息”按钮，再单击“添加”按钮，选择要授权的用户，单击“确定”按钮，以后新添加的用户也可以访问这个加密的文件。

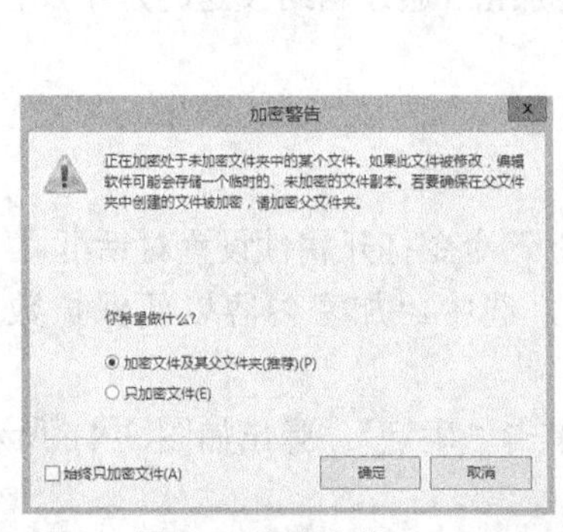

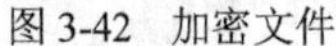
图 3-42　加密文件

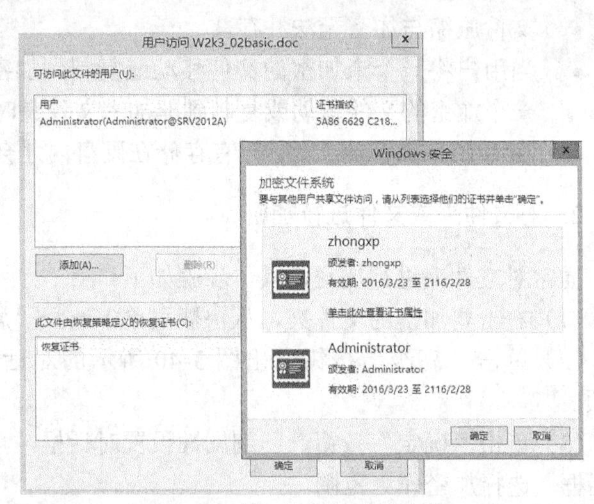

图 3-43　授权他人访问加密文件

要注意的是，只有具备 EFS 证书的用户才可以被授权。不过一般用户执行过文件或文件夹加密操作后，就会被自动赋予一个 EFS 证书。本例示范中，先让用户对任意一个文件执行加密操作，前提是已被授权。当然，普通用户只有对自己创建的文件或文件夹才能执行加密操作。

3.5　BitLocker 驱动器加密

BitLocker 驱动器加密为整个磁盘驱动器提供保护，确保计算机中的数据即使在无人参与、丢失或被盗的情况下也不会被篡改。这对于物理安全措施不太可靠的服务器、经常需要移动的笔记本计算机来说，是一项重要的安全应用。注意 BitLocker 不支持动态磁盘的加密，也不支持可启动 VHD（虚拟磁盘）的加密，但是数据卷 VHD 支持 BitLocker。

3.5.1　BitLocker 基础

微软从 Windows Vista 开始提供 BitLocker 加密技术，最初只可以加密操作系统驱动器。Windows Vista SP1 和 Windows Server 2008 新增了对于固定数据驱动器（如内部硬盘驱动器）加密的支持。Windows Server 2008 R2 和 Windows 7 又增加了 BitLocker to Go 功能，可以对可移动数据驱动器（如外部硬盘驱动器和 USB 闪存驱动器）进行加密，以防止数据外泄。Windows Server 2012 和 Windows 8 引入了网络解锁功能，在域环境中通过自动解锁可以在重新启动系统时连接到有线网络的操作系统卷；还提供了仅加密已用磁盘空间的加密方式以加速加密过程。

Windows Server 2012 R2 和 Windows 8.1 中的 BitLocker 增强支持主要包括两个特性。一个特性是设备加密，为安装有受信任的平台模块（Trusted Platform Module，TPM）的基于 x86 和 x64 的计算机上的设备加密提供支持，这与标准 BitLocker 实现不同，设备加密会自动启用，以便始终保护设备；另一个特性是恢复密码保护程序使用符合 FIPS（美国联邦信息处理标准）的算法，这使 BitLocker 在 FIPS 模式下更易于管理。

1. BitLocker 的加密方式

BitLocker 驱动器加密可为丢失或被盗的操作系统驱动器、固定数据驱动器和可移动数据驱动器提供保护。使用 BitLocker 驱动器加密，计算机必须符合特定的要求。这些要求根据要加密的驱动器类型而有所不同，也决定了所采用的加密方式。

（1）Windows 操作系统驱动器。

对安装有 Windows 系统的驱动器（操作系统驱动器）加密时，BitLocker 要将其自身的加密和解密密钥存储在硬盘之外的某个硬件设备上，共有以下 3 种加密方式。

- TPM（受信任的平台模块）。TPM 是一种支持高级安全功能的特殊微芯片，如果计算机使用 1.2 或更高版本的 TPM，则 BitLocker 会将其密钥存储在 TPM 中。所使用的 BIOS 或 UEFI 固件要与 TPM 兼容，外加一个 PIN（个人识别密码）。通过设置的 PIN 以及 TPM 验证，非法用户即使拥有计算机物理访问权限，也无法启动计算机。
- 可移动 USB 内存设备（如 U 盘）。对于不支持 TPM 或者 TPM 版本低于 1.2 的计算机，BitLocker 可以将其密钥存储在 USB 内存设备中。这种方式要求 BIOS 或 UEFI 固件具有在启动环境中读取 USB 内存设备的功能，每次启动时都要插入该 USB 内存设备。
- 密码。可以直接设置密码，以便在启动时输入密码进行解锁。这是最简便的方式。

注意没有 TPM 的计算机无法使用 BitLocker 同时提供的系统完整性验证。

另外，要在操作系统驱动器上启用 BitLocker，该硬盘必须至少有两个分区：系统分区（包含启动计算机所需的文件，并且必须至少具有 200 MB 的空间）和操作系统分区（包含 Windows）。其中操作系统分区会被加密，而系统分区将保持未加密状态，以便可以启动计算机。如果计算机不具有这两个分区，BitLocker 将会创建它们。必须使用 NTFS 文件系统对两个分区进行格式化。

（2）数据驱动器。

在固定数据驱动器和可移动数据驱动器上，用户可以使用以下 3 种方式来提供 BitLocker 加密保护。

- 密码。可以设置密码，以便在启动时输入密码进行解锁。
- 智能卡。访问加密的数据驱动器时需要插入智能卡，输入 PIN 号码来解锁。
- 自动解锁。对于操作系统驱动器来说，启用 BitLocker 加密后就可以设置将启用 BitLocker 加密的固定数据驱动器自动解锁。对于可移动数据驱动器来说，无需操作系统驱动器启用 BitLocker 加密，只要使用密码或智能卡解锁后，就可以设置以后自动解锁。

对于要加密的数据驱动器，必须使用 exFAT、FAT 或 NTFS 文件系统对其进行格式化。

2. 安装 BitLocker

Windows Server 2012 R2 默认没有安装 BitLocker，可以通过使用服务器管理器或 Windows PowerShell 来安装它，前提是以管理员身份登录。在服务器管理器中，BitLocker 可以作为功能添加。

3.5.2 加密操作系统驱动器

实验 3-6 加密操作系统驱动器

要保护整个计算机，对操作系统驱动器加密是非常有必要的。这里在虚拟机上进行示范，由于条件限制，使用密码方式来解锁。如果有条件，最好使用 TPM 方式来实现。下面示范使用 BitLocker 对操作系统驱动器加密。

（1）检查确认已经安装 BitLocker。

（2）检查确认操作系统磁盘分区符合要求，拥有一个系统保留的分区。

（3）由于没有 TPM 支持，修改组策略，允许使用附加身份验证的方式。

为操作系统磁盘加密默认仅支持 TPM 方式。对于不带 TPM 的计算机，可以考虑采用附加身份验证的方式（U 盘或密码），为此需要更改相应的组策略。这里运行 gpedit.msc 打开本地组策略编辑器（如果是域网络，可通过编辑 AD 组策略），如图 3-44 所示，依次展开“计算机配置”>“管理模板”>“Windows 组件”>“BitLocker 驱动器加密”>“操作系统驱动器”节点，双击“启动时需要附加身份验证”项弹出如图 3-45 所示的对话框，选中“已启用”单选钮和“没有兼容的 TPM 时允许 BitLocker”复选框，单击“确定”按钮。

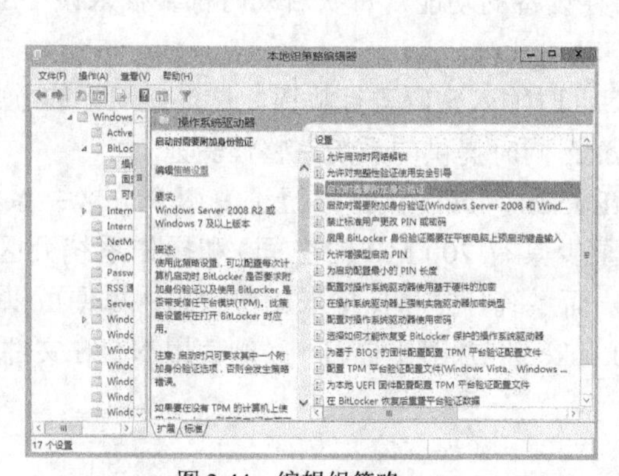

图 3-44 编辑组策略

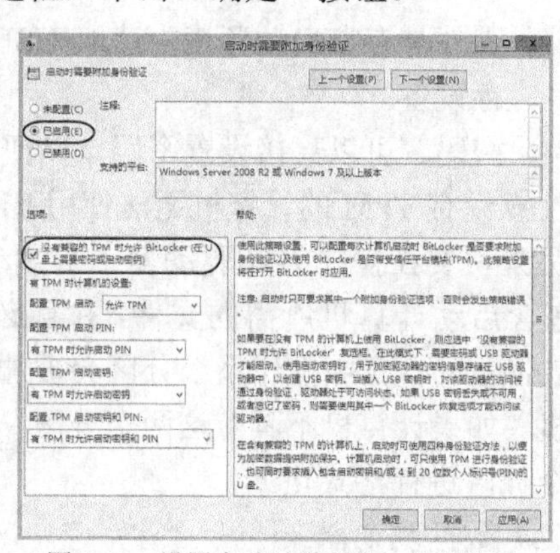

图 3-45 设置启动时需要附加身份验证

接下来启用 BitLocker 加密。

（4）打开控制面板，单击“系统和安全”类目，如图 3-46 所示，单击“BitLocker 驱动器加密”项打开如图 3-47 所示的窗口。

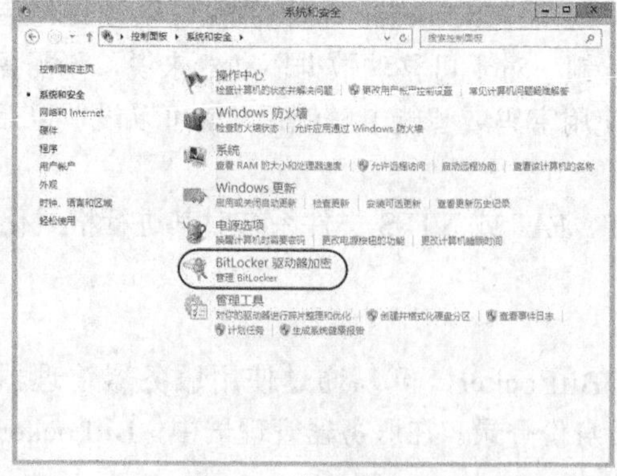

图 3-46 控制面板

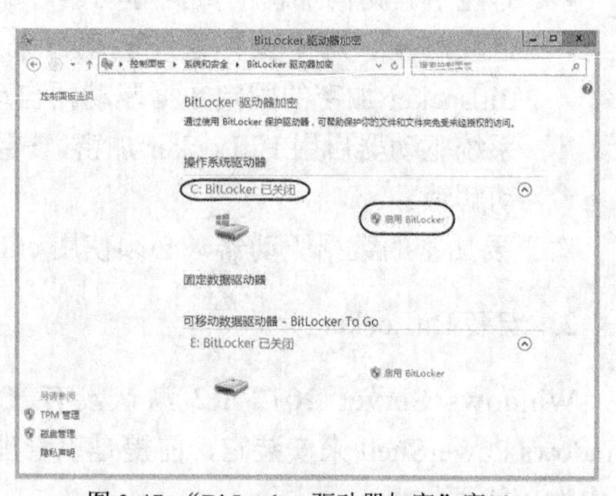

图 3-47 “BitLocker 驱动器加密”窗口

为方便管理员操作，左下角还提供了“TPM 管理”和“磁盘管理”两个链接，前者可用于启动 TPM 管理工具，可以测试计算机是否具有 TPM 安全硬件；后者用于启动磁盘管理工具，用于配置和管理当前计算机的所有磁盘。

（5）默认“操作系统驱动器”下面的 C:驱动器的 BitLocker 已关闭，单击右侧的“启用 BitLocker”按钮弹出图 3-48 所示的对话框，选择启动时解锁驱动器的方式，这里选择“输入密码”。

（6）出现图 3-49 所示的对话框，设置密码，单击“下一步”按钮。

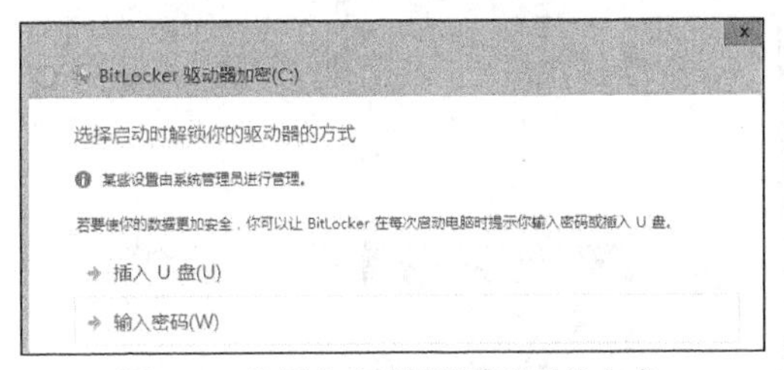

图 3-48　选择启动时解锁驱动器的方式

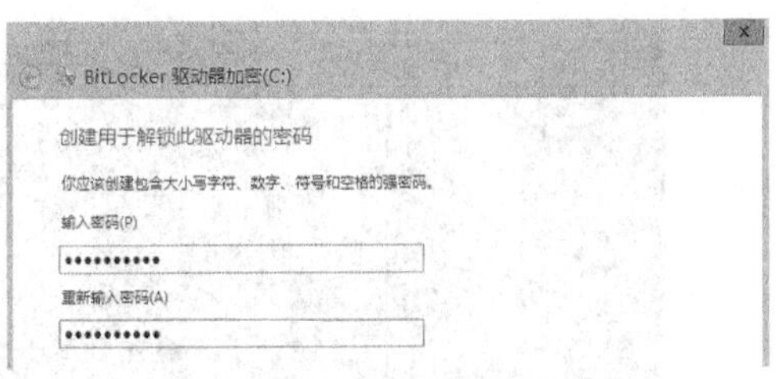

图 3-49　设置解锁用密码

（7）出现图 3-50 所示的对话框，选择备份恢复密钥的方式，这里选择“保存到文件”，单击“下一步”按钮。

（8）出现图 3-51 所示的对话框，选择保存密码恢复文件的文件夹，单击“保存”按钮。这里一般会弹出一个对话框，提示是否将恢复密钥保存到本地，单击“是”。

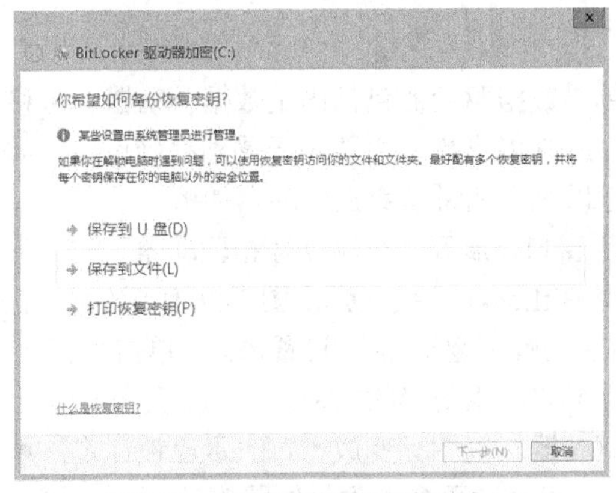

图 3-50　选择备份恢复密钥的方式

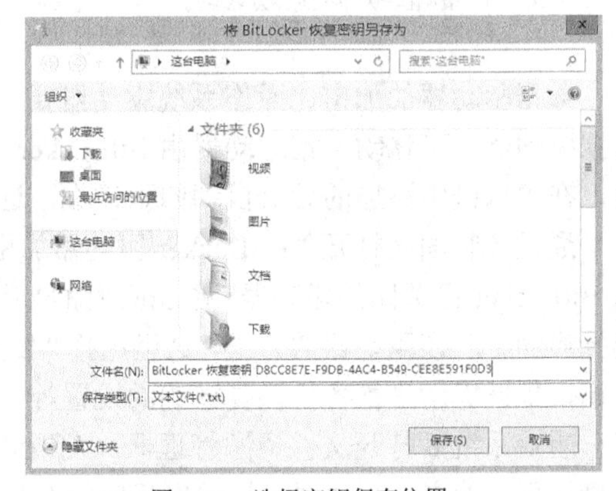

图 3-51　选择密钥保存位置

注意不可将其保存到操作系统磁盘中，也不可以保存到固定数据盘的根文件夹中。

（9）出现图 3-52 所示的对话框，选中第一个单选钮，单击“下一步”按钮。

（10）出现图 3-53 所示的对话框，确认选中“运行 BitLocker 系统检查”复选框，单击“继续”按钮，此时会弹出对话框要求重启计算机（有光盘应同时取出）。

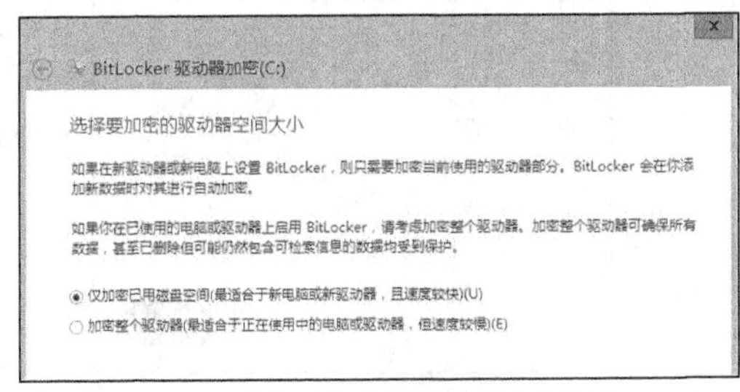

图 3-52　选择要加密的驱动器空间大小

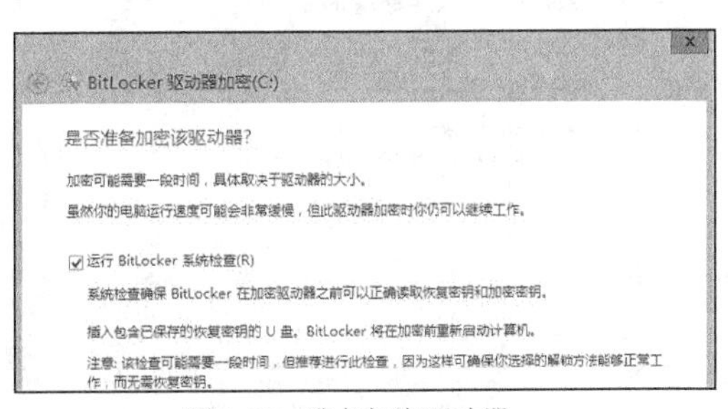

图 3-53　准备加密驱动器

为确保 BitLocker 加密的计算机正常运行，启动选项应配置为硬盘驱动器位于启动顺序的第一位，即排在任何其他驱动器之前，例如 CD/DVD 驱动器或 USB 驱动器。

（11）重启计算机后将出现“BitLocker 驱动器加密”界面（参见图 3-54），输入所设置的密码进行解锁，才能启动系统。

（12）登录系统后，任务栏上会显示相应的 BitLocker 图标，单击该图标即可显示加密进度，如图 3-55 所示。首次加密耗时较长。

图 3-54　输入解锁用密码

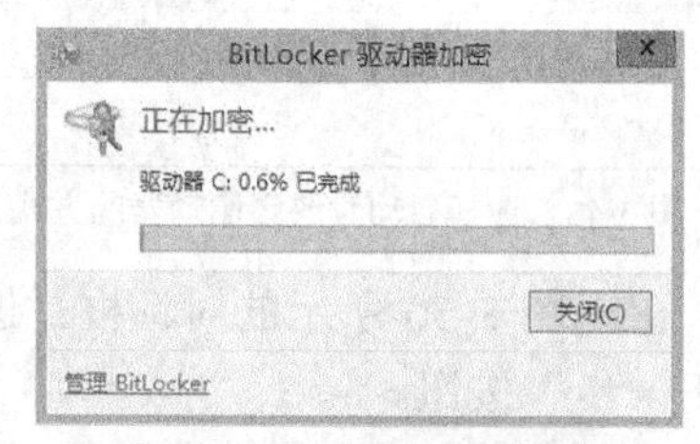

图 3-55　驱动器加密进度

3.5.3　加密数据驱动器

数据驱动器的加密比操作系统驱动器要简单。数据驱动器包括固定数据驱动器和可移动数据驱动器。可移动数据驱动器由 BitLocker to Go 功能支持，主要用于移动存储设备，如 U 盘，在虚拟机中添加的硬盘自动归到该类，这里以此为例讲解数据驱动器加密。

通过控制面板打开“BitLocker 驱动器加密”窗口，展开“可移动数据驱动器”类目下显示 BitLocker 已关闭的驱动器，单击右侧的“启用 BitLocker”按钮弹出图 3-56 所示的对话框，选择启动时解锁驱动器的方式，这里选择“使用密码解锁驱动器”，设置密码，单击“下一步”按钮，根据提示进行备份恢复密钥的设置等，直至完成驱动器的加密。

重启系统后打开文件资源管理器，发现该驱动器左侧图标变成🔒，表示已被锁定，不能直接访问。单击该驱动器，将弹出相应的对话框，可展开更多选项，如图 3-57 所示。这里输入前面设置的解锁密码即可正常访问驱动器。

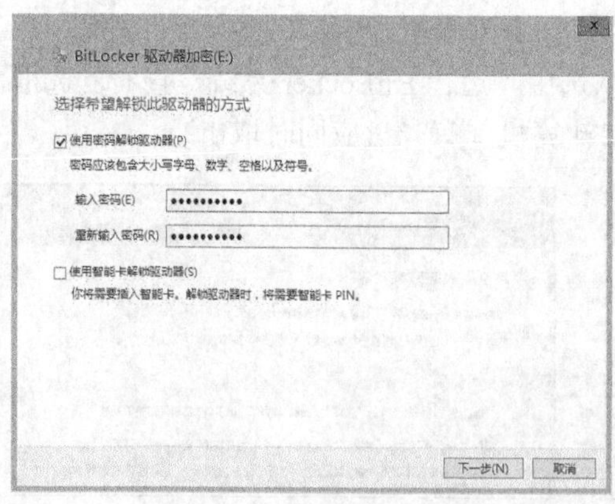

图 3-56　设置解锁方式

图 3-57　解锁驱动器

如果忘记密码，也可输入恢复密钥。还可以选择自动解锁，这样每次启动后自动解锁该驱动器。

3.5.4　管理 BitLocker 驱动器加密

启用 BitLocker 驱动器加密之后，可以对其进一步管理。通过控制面板打开“BitLocker 驱动器加密”窗口，如图 3-58 所示。可以查看各个驱动器当前的 BitLocker 加密状态，还可以对它们执行挂起保护、关闭 BitLocker、备份恢复密钥、更改与删除密码、启用自动解锁等管理操作。

例如，单击“挂起保护”按钮弹出如图 3-59 所示的提示对话框，单击“是”按钮即可临时挂起 BitLocker 保护。如果需要升级计算机的 BIOS、硬件或操作系统，对已使用 BitLocker 加密的操作系统驱动器需要执行挂起保护操作。挂起之后，计算机暂时不受 BitLocker 保护。下次启动计算机时无需 BitLocker 解锁直接进入系统，启动完成后将自动恢复 BitLocker 保护。

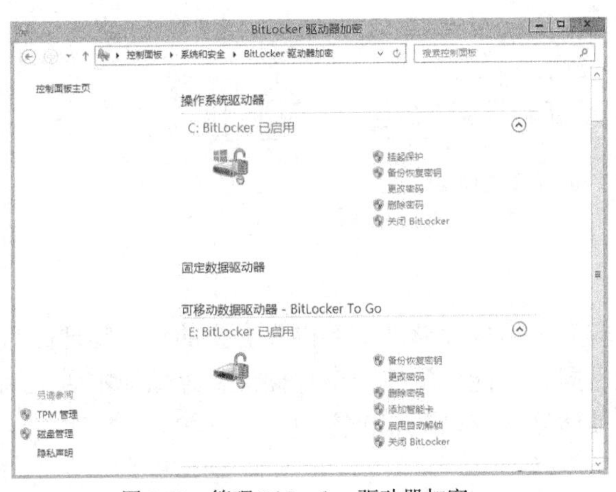

图 3-58　管理 BitLocker 驱动器加密

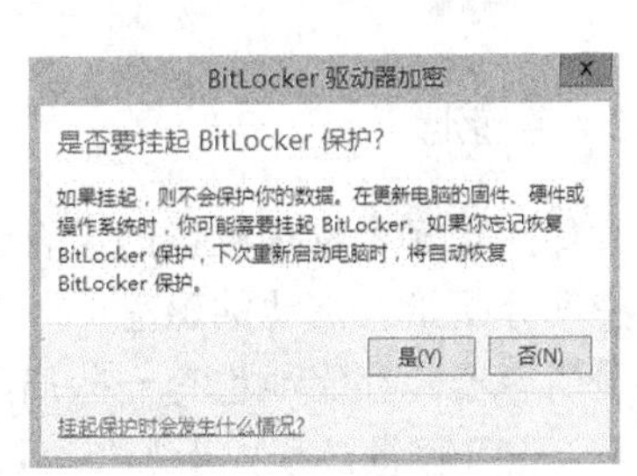

图 3-59　挂起 BitLocker 保护

3.6　存储空间管理

存储空间为用户的核心业务提供经济、高可用性、可拓展和灵活的存储解决方案。它可以将多个物理磁盘组合在一起使用，而且具备容错和自我恢复能力，与 RAID（磁盘阵列）有点类似，与 Linux 的 LVM（逻辑卷管理）十分相似。这种存储虚拟化功能有助于用户使用业界标准来进行单台计算机和可扩展的多节点存储部署。它的适用对象非常广泛，从使用 Windows 8 做个人存储的客户，到使用 Windows Server 2012 R2 做高可用性存储的客户，再到需要节约成本的企业和云托管公司。这里讲解 Windows Server 2012 R2 的存储空间管理。

3.6.1　存储空间概述

存储空间的主要设计目的是虚拟化廉价存储磁盘并提供高可用性和可拓展性，因此只支持以下存储磁盘类型：SAS（Serial Attached SCSI，串行连接 SCSI）、SATA、USB 驱动器和 VHD/VHDX（Hyper-V 虚拟机所用虚拟磁盘格式）。不能将启动系统部署到存储空间。

1．存储空间架构

存储空间可以看作是一种基于物理驱动器创建逻辑驱动器的机制，其架构如图 3-60 所示。最底层是由本地磁盘组成的物理存储设备，基于物理磁盘创建一个或多个存储池（Storage Pool），每个池中可以加入多个物理磁盘。在每个存储池中可以创建一个或多个虚拟磁盘，在每个虚拟磁盘上可以创建一个或多个卷（相当于磁盘分区）。通过以上对存储空间的创建和配置，可以实现对多个物理磁盘的虚拟化使用并实现存储的高可用性。

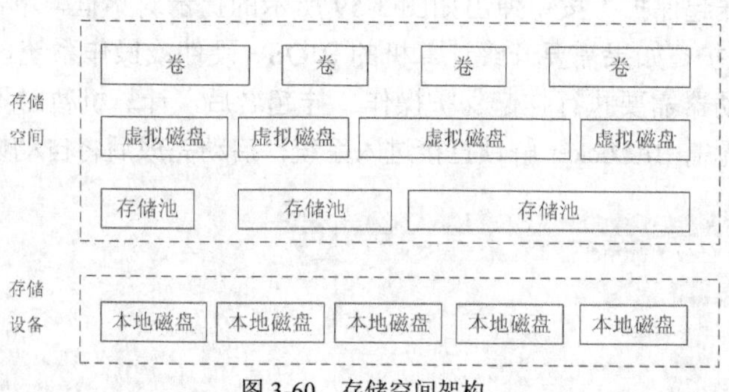

图 3-60　存储空间架构

2．存储池

存储池是多个物理磁盘的组合，其容量是组成存储池的各磁盘容量的和。物理磁盘是由存储空间分配给存储池的磁盘，一个磁盘同时只能分配给一个存储池。存储池本质上就是磁盘的逻辑容器。存储池也有一些局限，具体体现在以下 4 个方面。

- 磁盘容量必须大于等于 4 GB。
- 加入存储池的磁盘不能分区，也不能格式化。
- 存储池中所有驱动器必须具备相同的扇区大小。
- 光纤通道或 iSCSI 磁盘不支持存储池。

3．热备用

往存储池中添加物理磁盘时，可以将磁盘设成自动或热备用。设置成自动的磁盘会成为工作磁盘，而设置成热备用的磁盘不会马上启用。只有当工作磁盘出现问题的时候，热备用磁盘才会自动接替工作。由于热备用磁盘需要一些时间来从其他工作磁盘上获得相应数据，所以热备用磁盘可能会需要一些时间才能完全接替出现问题的磁盘承担工作任务。

4．虚拟磁盘与卷

在存储池中创建虚拟磁盘，然后在虚拟磁盘中创建卷（分区），再赋予卷（分区）一个驱动器号或者将其挂载到 NTFS 文件夹，这样才能通过驱动器号或文件夹来存取其中的数据。此时虚拟磁盘就可以像物理磁盘一样使用了。虚拟磁盘有以下 4 种布局可供选择。

- Simple（简单）：这种布局类似于 RAID 0，可以条带化的同时对多个物理磁盘写入数据，增加数据吞吐效率，但是不提供冗余功能。只要有一块或以上物理磁盘就可以配置这种布局。
- Two-way Mirror（双向镜像）：这种布局类似于 RAID 1，同时对两块物理磁盘写入相同的数据，实现数据的镜像和冗余，但是会浪费磁盘的容量。至少需要两块物理磁盘才能配置这种布局，并允许一块磁盘损坏数据仍然存在。
- Parity（奇偶校验）：这种布局类似于 RAID 5，可以条带化的同时对多个物理磁盘写入数据和校验数据，增加数据可靠性，但是会浪费一部分的磁盘容量。至少需要三块物理磁盘才能配置这种布局，并且最多允许一块物理磁盘损坏也不会丢失数据。
- Three-way Mirror（三向镜像）：这种布局可以同时对三块物理磁盘写入相同的数据，实现数据的镜像和冗余，但是会浪费磁盘的容量。至少需要五块物理磁盘才能配置这种布局，并且最多允许两块物理磁盘损坏也不会丢失数据。

在配置虚拟磁盘大小的时候，可以选择固定大小或精简大小。如果选择固定大小比如 100 GB，那么存储池就会立即分配掉 100 GB 给该虚拟磁盘，即使该虚拟磁盘上的数据只有 10 GB。如果选择精简大小 100 GB，那么存储池并不会分配给该虚拟磁盘 100 GB，而只会分配给它实际使用的大小 10 GB，随着实际使用空间的增大而动态地增加分配的磁盘大小，最多分配到 100 GB。精简配置的另一个好处是，即使当前物理磁盘只有 50 GB，也可以先设置配置 100 GB，将来再有物理磁盘的时候，可以将它们添加到已配置的虚拟磁盘中。

5. 存储空间管理工具

在 Windows Server 2012 R2 中可以使用图形界面的服务器管理器和命令行环境的 PowerShell 这两种工具来配置管理存储空间。

打开服务器管理器，“文件和存储服务”作为一个服务器角色已经安装好。在左侧列表中单击该角色打开相应的界面，再单击“存储池”节点，出现图 3-61 所示的存储池配置窗口。

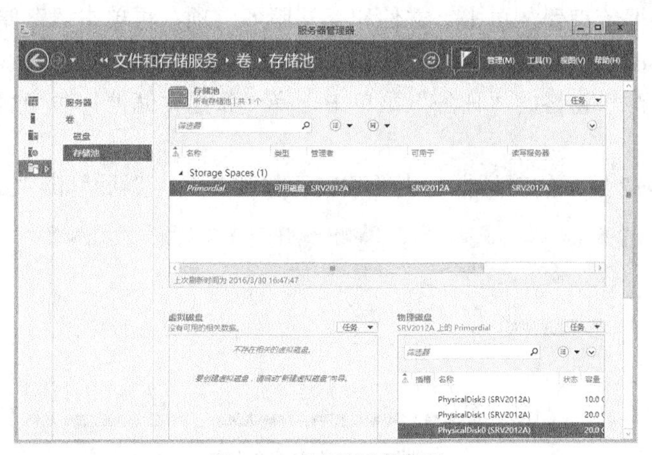

图 3-61　存储池配置界面

该窗口分为 3 个窗格，具体说明如下。

- 上部为“存储池”窗格，在“Storage Spaces”节点下给出一个存储池列表，节点名右边的数字表示当前存储池的数量。默认情况下，如果还有没有分配给其他存储池的物理磁盘，则自动归到名为“Primordial”（初始）的特殊存储池中。注意该存储池主要用于归集可用磁盘，不能直接在其中创建虚拟磁盘。一旦没有待分配的物理磁盘，则该存储池自动消失。
- 左下部为“虚拟磁盘”窗格，用于创建和管理虚拟磁盘。
- 右下部为“物理磁盘”窗格，用于管理存储池对应的物理磁盘。在这里可以通过驱动器指示灯来确定当前在哪个磁盘上工作（虚拟机不支持）。

“存储池”节点之上的“磁盘”节点列出服务器上可访问的磁盘，包括虚拟磁盘。物理硬盘一旦分配给存储池，将不在此直接显示。除此之外，还列出相关的卷和存储池。

“卷”节点列出服务器上可访问的卷（分区），以及关联的共享、磁盘（包括虚拟磁盘）和 iSCSI 虚拟磁盘。

3.6.2 创建存储空间

实验 3-7 创建存储空间

存储空间功能强大，配置却比较简单，无需对管理人员进行专门培训。基本步骤如下。

（1）获取空闲物理磁盘。

（2）创建存储池。

（3）创建虚拟磁盘。

（4）基于虚拟磁盘创建卷。

这里示范使用服务器管理器创建存储空间，至于如何使用 PowerShell 创建存储空间请读者参考资料。重新部署一下实验环境，这里在虚拟机中添加 3 块硬盘。

1. 创建存储池

创建存储池时需要确定拟分配给它的物理磁盘，具体操作步骤如下。

（1）打开服务器管理器，单击“文件和存储服务”项，再单击“存储池”节点打开相应的控制台，如图 3-61 所示，这里使用“Primordial”存储池提供可用磁盘。

（2）从“存储池”窗格的“任务”菜单中选择“新建存储池”命令启动相应的向导，单击“下一步”按钮。

（3）出现图 3-62 所示的对话框，为新建的存储池命名，然后单击“下一步”按钮。

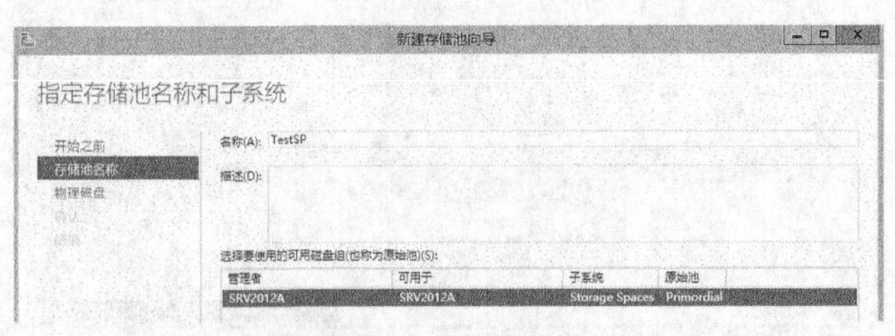

图 3-62 存储池命名

（4）出现图 3-63 所示的对话框，为新建的存储池选择物理磁盘，可以同时选择 SATA 磁盘和 SAS 磁盘。然后单击“下一步”按钮。

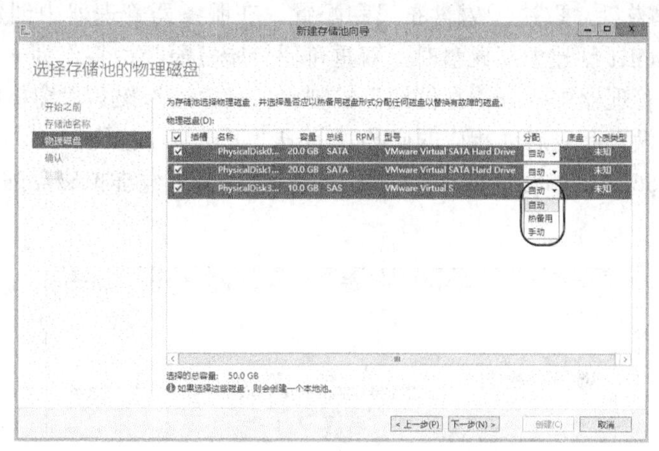

图 3-63　为存储池选择磁盘

往存储池中添加物理磁盘时可以选择分配方式，默认为自动，还可以选择热备用或手动。一个存储池中可以有多个热备用磁盘，但是不能混用手动和自动。这里全部选择默认的自动，系统将在热备用和可用空间之间进行平衡。

（5）出现“确认选择”对话框，显示上述步骤设置的选项摘要，如果没有问题，单击“创建”按钮。

（6）出现“查看结果”对话框，系统依次进行收集信息、创建存储池和更新缓存操作，并显示相应的进度和状态，完成之后单击“关闭”按钮。

如果选中“在此向导关闭时创建虚拟磁盘”复选框，单击“关闭”按钮将启动虚拟磁盘创建向导。

可以通过磁盘管理工具来进一步了解分配给存储池的物理磁盘。物理磁盘未分配之前如图 3-64 所示，此时能够看到未加入池中的磁盘列表。已经分配给存储池之后如图 3-65 所示，此时那些物理磁盘已经看不见，只有操作系统磁盘。这说明存储池就是一个磁盘容器，要看到它们就必须创建虚拟磁盘。

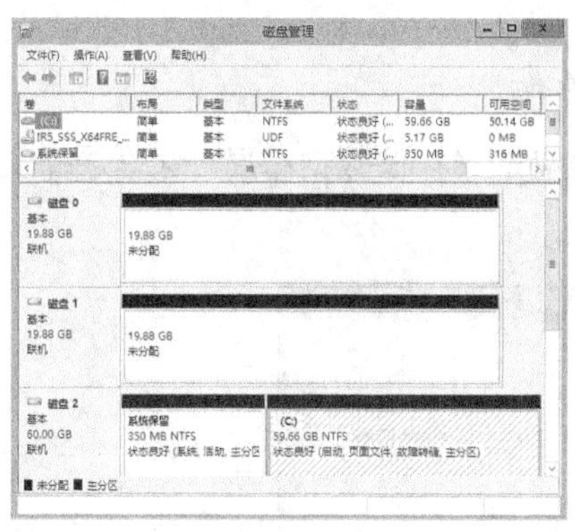

图 3-64　未分配的磁盘

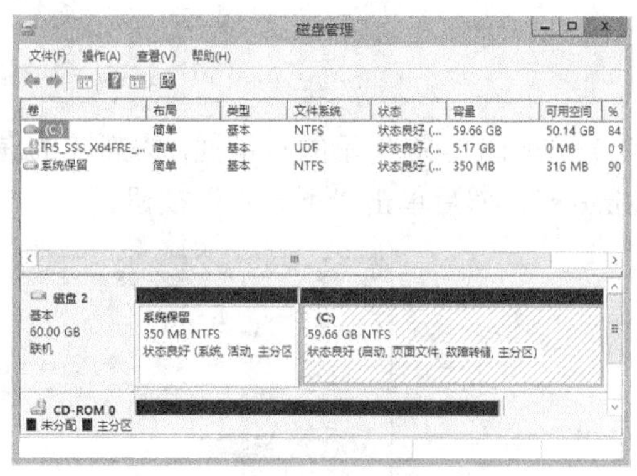

图 3-65　已分配给存储池的磁盘消失

2. 创建虚拟磁盘

虚拟磁盘是从存储池中划分出来的存储空间。要利用存储池的空间，就必须创建虚拟磁盘。它不会与存储池中的某块物理硬盘直接相关，只是一块从存储池中分配的空间。至于它如何访问物理磁盘，取决于磁盘布局和配置。在服务器管理器中创建虚拟磁盘或使用 New-VirtualDisk cmdlet 创建虚拟磁盘时，双重奇偶校验复原类型将作为一个选项提供。

（1）从服务器管理器中打开“存储池”控制台，从“虚拟磁盘”窗格的“任务”菜单中选择“新建虚拟磁盘”命令启动相应的向导，单击“下一步”按钮。

（2）出现图 3-66 所示的对话框，从列表中选择要用来创建虚拟磁盘的存储池，然后单击“下一步”按钮。

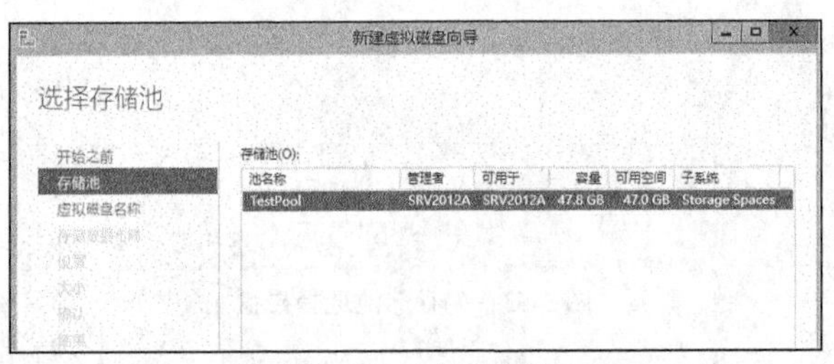

图 3-66 选择存储池

（3）出现图 3-67 所示的对话框，为新建的虚拟磁盘命名，然后单击“下一步”按钮。如果具备存储分层条件，这里可选择“在此磁盘上创建存储层”复选框。

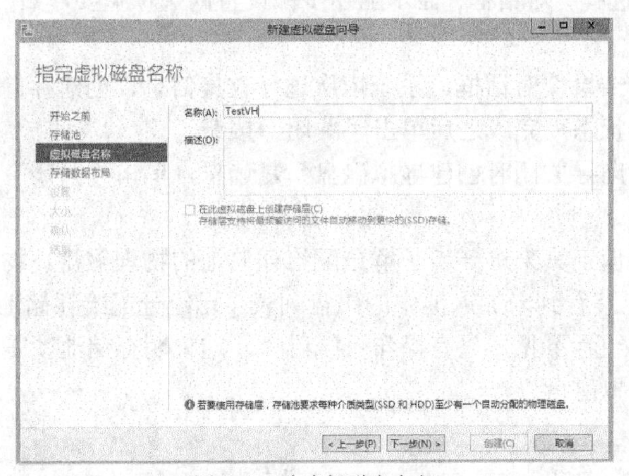

图 3-67 为虚拟磁盘命名

（4）出现图 3-68 所示的对话框，为新建的虚拟磁盘选择存储数据布局，这里选择最简单的“Simple”，然后单击“下一步”按钮。

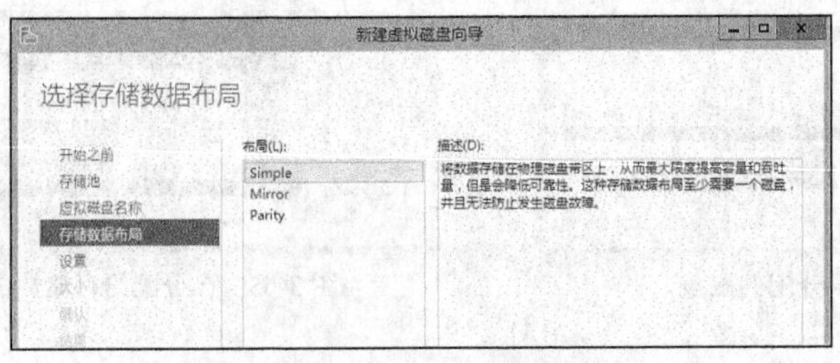

图 3-68 选择存储数据布局

（5）出现图 3-69 所示的对话框，为新建的虚拟磁盘指定设置类型，这里选择 “精简”，然后单击“下一步”按钮。

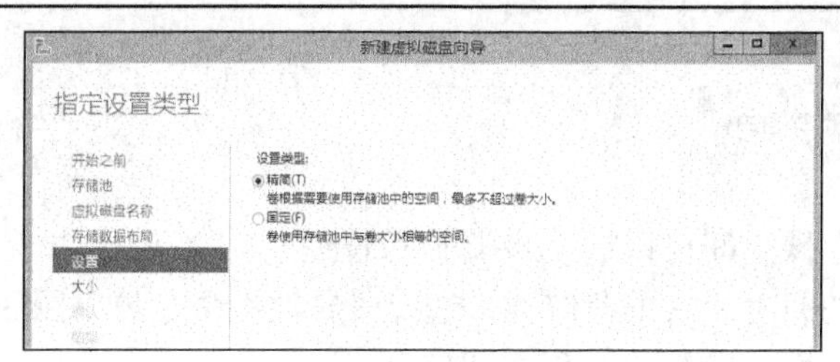

图 3-69　指定设置类型

（6）出现图 3-70 所示的对话框，为新建的虚拟磁盘指定容量大小，单击“下一步”按钮。由于前面选择“精简”设置类型，这里可以设置大于存储池空间的容量。

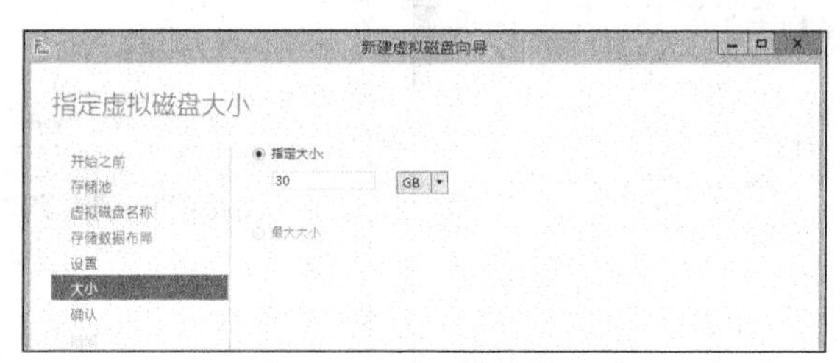

图 3-70　设置虚拟磁盘容量

（7）出现“确认选择”对话框，显示上述步骤设置的选项摘要，如果没有问题，单击“创建”按钮。

（8）出现“查看结果”对话框，系统依次执行收集信息、创建虚拟磁盘、重新扫描磁盘、初始化磁盘和更新缓存任务，并显示相应的进度和状态，完成之后单击“关闭”按钮。

默认选中“在此向导关闭时创建卷”复选框，单击“关闭”按钮将启动新建卷向导。

3. 创建虚拟磁盘的卷

创建好虚拟磁盘之后，就可以像标准的物理磁盘一样创建和格式化卷（分区）。除了可以通过存储池控制台创建，还可以使用磁盘管理控制台或 DiskPart 命令行工具在虚拟磁盘上创建和管理卷，这里示范通过存储池控制台创建。

打开“存储池”控制台，右击要创建卷的虚拟磁盘，选择“新建卷”命令启动相应的向导，根据提示依次选择服务器和磁盘、指定卷大小、分配驱动器号或文件夹、选择文件系统等操作，直至完成卷的创建，结果如图 3-71 所示。

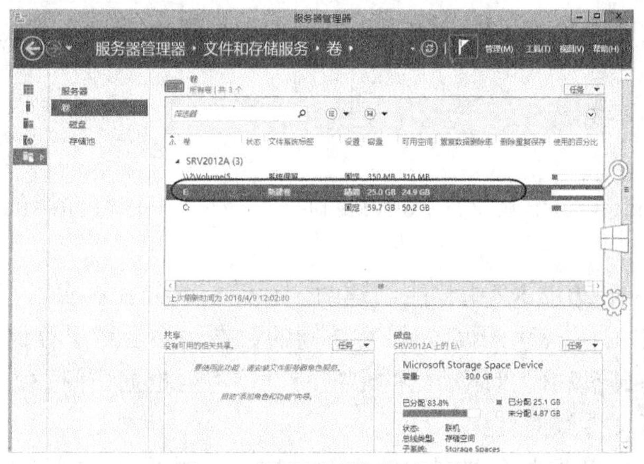

图 3-71　在虚拟磁盘上创建卷

3.6.3 管理存储空间

对于已经创建的存储空间可以进一步调整和管理。

可以查看存储池的属性。右击存储池，选择“属性”命令弹出图 3-72 所示的对话框，可以查看存储池的常规属性、运行状况和详细信息。

往存储池中添加物理磁盘，右击存储池，选择“添加物理磁盘”命令弹出图 3-73 所示的对话框，可以选择要添加的磁盘。

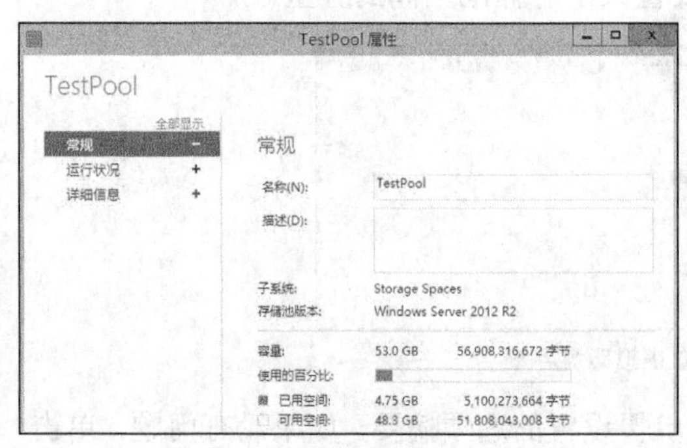

图 3-72 查看存储池属性

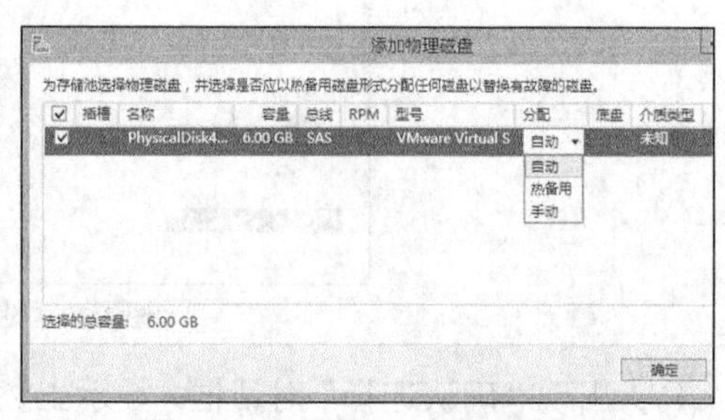

图 3-73 往存储池添加物理磁盘

对于虚拟磁盘，可以进行分离、扩展和删除操作。如图 3-74 所示，右击虚拟磁盘，选择相应的命令即可。例如，执行扩展虚拟磁盘将弹出图 3-75 所示的界面。虚拟磁盘的分离是将该虚拟磁盘从磁盘管理器中剔除，从而在资源管理器中消失，整个虚拟磁盘并未删除。如果要将其重新加入，只需要执行连接虚拟磁盘。

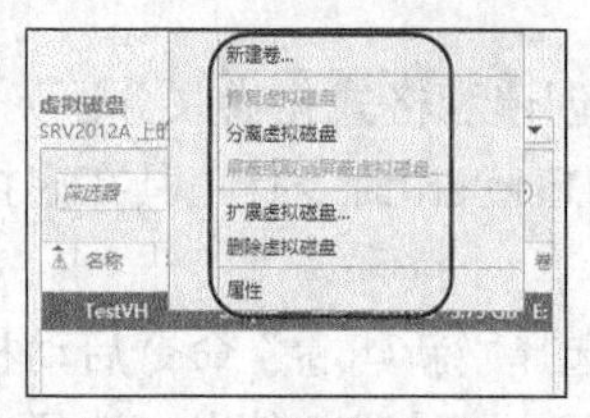

图 3-74 虚拟磁盘操作

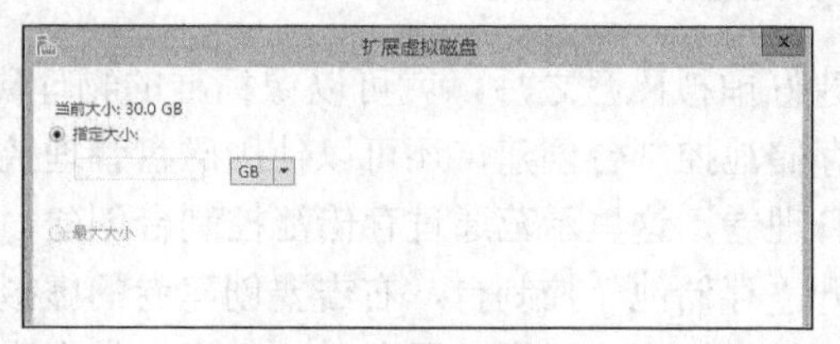

图 3-75 扩展虚拟磁盘

对于组成存储池的物理磁盘可以执行删除操作，这将尝试重建该物理磁盘上存储数据的任何虚拟磁盘，一定要保证有足够的物理磁盘数量和空间来转储该磁盘上的数据。

3.6.4 存储分层管理

存储分层是 Windows Server 2012 R2 的新特性，涉及快速存储用的固态硬盘，这里介绍实现的基本步骤。

在 Windows Server 2012 R2 中只能创建两个存储层，分别对应固态硬盘（SSD）和传统的硬盘驱动器（HDD），前者用于存储经常访问的数据，后者用于存储不经常访问的数据。存储分层结合了固态硬盘和硬盘驱动器的最佳特性，将会根据访问数据的频率，以透明方式在两个层之间移动子文件级的数据。

通常使用 PowerShell 配置存储层。使用存储层时，需要以不同的方式执行以下操作。

- 要创建包含存储层的存储空间，存储池必须包含足够数量的旋转硬盘（传统硬盘）和固态硬盘以支持选定的存储布局，并且旋转硬盘必须包含足够的可用空间。
- 使用新建虚拟磁盘向导或 New-VirtualDisk cmdlet 创建存储空间时，可以指定创建包含存储层的虚拟磁盘。
- 要创建包含存储层的存储空间，虚拟磁盘必须使用固定的设置，并且两个层上的柱数应该相同（一个包含存储层的四柱双向镜像要求使用 8 个固态硬盘和 8 个旋转硬盘）。
- 在使用存储层的虚拟磁盘上创建的卷大小应该与虚拟磁盘的大小相同。
- 管理员可以使用 Set-FileStorageTier cmdlet 将文件“固定”（分配）到标准硬盘驱动器层或更快的固态硬盘层。这可以确保始终从相应的层访问文件。

1. 创建 SSD 与 HDD 存储池

具体方法是基于 SSD 和 HDD 驱动器分别创建存储池，然后创建虚拟磁盘，将该虚拟磁盘分配给层，最后创建卷（进行分区和格式化）。

使用 PowerShell 命令 Get-PhysicalDisk 获取当前物理磁盘的信息，其中会显示介质类型 SSD 或 HHD。

```
Get-PhysicalDisk |Select FriendlyName, MediaType, OperationalStatus,HealthStatus
```

使用命令 New-StorageTier 创建存储层。分别创建 SSD 池和 HDD 池，并保存在相应变量中。

```
$SSDTier = New-StorageTier -StoragePoolFriendlyName "TestPool" -FreindlyName SSD_Tier
-MediaType SSD
$HDDTier = New-StorageTier -StoragePoolFriendlyName "TestPool" -FreindlyName HDD_Tier
-MediaType HDD
```

新建一个虚拟磁盘并将其绑定到存储层。

```
New-VirtualDisk -StoragePoolFriendlyName "TestPool" -FreindlyName Tiered_VD -StorageTiers
@($SSDTier, $HDDTier) -StorageTierSizes @(10GB,40GB) -ResiliencySettingName Simple
```

选项 - StorageTiers　@($SSDTier, $HDDTier)指定所使用的存储层。

选项 - StorageTierSizes @(10GB, 40GB)指定每个层的容量大小，顺序与前一选项保持一致。此例总量为 50 GB，SSD 和 HDD 各占 10 GB 和 40 GB。

基于该虚拟磁盘创建卷。

Get-VirtualDisk | Get-Disk |New-Partition –Size 20GB –AssignDriveLetter |Format-Volume –Force –confirm:$false

2. 配置回写缓存

回写缓存的目的在于帮助改进 VHD 的写入性能。因为与硬盘驱动器 HDD 存储相比，固态存储提供更高的随机写入 I/O，所以 Windows 能够使用回写缓存消除临时猛增的写入活动。当写入的 I/O 活动减少的时候，数据自动地从高速缓存被移动到 HDD 层。

回写缓存对于管理员和用户是透明的，如果存储池中具有足够数量的固态硬盘，将在所有新的虚拟磁盘上创建回写缓存。

只要高速存储层的容量大于 1 GB，回写缓存在任何使用存储层的 VHD 上被自动地创建并使用。回写缓存的任何改动都必须在 VHD 创建的时候做出（而且 VHD 必须通过 PowerShell 创建），无法事后对回写缓存进行改动。

创建虚拟磁盘时加上选项-WriteCacheSize，下例增加一个大小为 1 GB 的回写缓存。

```
New-VirtualDisk -StoragePoolFriendlyName "TestPool" -FreindlyName Tiered_VD -StorageTiers
@($SSDTier, $HDDTier) -StorageTierSizes @(10GB,40GB) -ResiliencySettingName Simple
-WriteCacheSize 1GB
```

3.7 重复数据删除

在企业中，存储空间的使用往往是惊人的，例如备份数据、文件服务器数据、虚拟化平台数据等。而在以往的 Windows 平台并没有特别直接有效的方式来帮助节省磁盘空间，Windows Server 2012 开始提供重复数据删除的新功能。该功能可以对操作系统上的所有分区进行重复数据删除，包括存储空间中创建的卷。重复数据删除功能可以大量减小相似数据对磁盘空间的占用率，从而大大节省磁盘空间的消耗。

3.7.1 重复数据删除概述

重复数据删除技术是 Windows Server 2012 和 Windows Server 2012 R2 的自带功能。这种技术在磁盘卷中查找重复的内容，保留一份副本并删除其余重复的部分，而且在数据被移除的位置会插入一个“链接”指向保留的那份数据块上面去。

重复数据删除使用一个称为块存储（chunk store）的概念。目标是通过将文件分割成小的且可变换大小、确定重复的区块，块大小通常为 32～128 KB，平均为 64 KB 左右。然后保持每个区块一个副本，在更小的空间中存储更多的数据。区块的冗余副本被对单个副本的引用所取代。

在块存储中这些数据块将被压缩和保存。每个块保存在一个容器中，当容器增长到 1 GB 左右时会创建一个新的容器。可以在卷的根目录下通过 System Volume Information 文件夹查看块存储及其容器。重解析点（reparse point）代替了普通文件，如果要访问文件，该点会显示保存数据的位置并恢复文件。

重复数据删除期间文件在磁盘上的转换如图 3-76 所示。重复删除之后，文件不再作为独立的数据流进行存储，而是替换为指向存储在通用区块存储位置的数据块的存根。由于这些文件共享区块，且这些区块仅存储一次，从而减少了存储所有文件所需的磁盘空间。在文件访问期间，正确的区块会采用透明的方式组装以处理数据，而不需要调用应用程序，也无需用户了解文件在磁盘上的转换。这样管理员便能够对文件应用重复数据进行删除，而无需担心应用程序的行为变化或对访问这些文件的用户造成影响。

Windows Server 2012 R2 支持在扩展文件服务器和群集共享卷上启用重复数据删除功能。Windows Server 2012 R2 也特别针对 VHD 和 VHDX 文件进行了算法的优化，并且增强了 Windows 写入磁盘的效率和磁盘算法的优化。

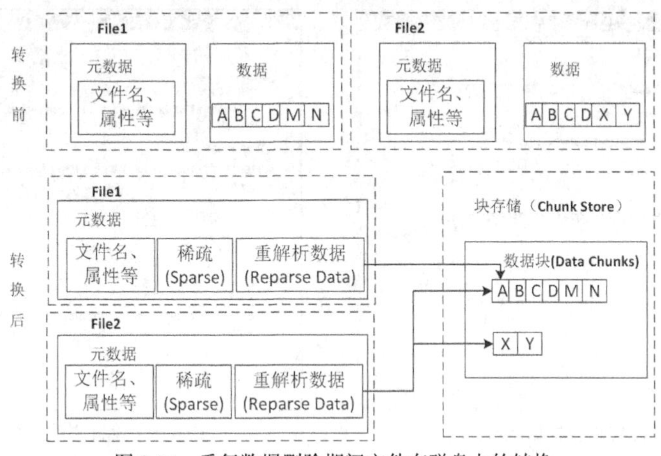

图 3-76　重复数据删除期间文件在磁盘上的转换

3.7.2　配置重复数据删除

实验 3-8　配置重复数据删除

在 Windows Server 2012 R2 中重复数据删除是“文件和存储服务”角色下的一个角色服务，默认情况下并未安装它。可以通过服务器管理器的添加角色和功能向导来安装它。使用 PowerShell 安装更为简单，只需执行以下命令：

```
Add-WindowsFeature -name FS-Data-Deduplication
```

安装成功之后就可以通过服务器管理器或 PowerShell 来配置重复数据删除。这里以使用服务器管理器为例进行示范。

（1）打开服务器管理器，单击“文件和存储服务”项，再单击“卷”节点。

（2）右击要配置的卷，选择“配置重复数据删除”命令弹出相应的对话框，如图 3-77 所示，接着设置有关选项。

（3）从“重复数据删除”下拉列表中选择“一般用途文件服务器”。

默认是禁用，还有一个选项是虚拟桌面架构服务器。

（4）在下面的文本框中设置需要重复数据删除功能处理的文件已经存在的天数。默认为 3 天，也就是说只有存在 3 天以上的文件才会应用该功能。如果设置为 0，则立即执行。

（5）设置要排除的文件扩展名。例如可以要求对 SQL Server 数据库和 Access 数据库文件不进行重复数据删除处理，添加扩展名为“mdf,mdb”，多个扩展名之间用逗号分隔。

（6）设置要排除的文件夹。

（7）单击“设置删除重复计划”按钮打开如图 3-78 所示的对话框，这里保持默认设置。

共有 3 个主选项，默认启用了后台优化。如果启用吞吐量优化，在处理大量数据时强制执行优化工作，对于多个卷的情况可以并行处理。

（8）关闭该对话框，再单击“确定”按钮完成配置。

在服务器管理器中查看卷时，可以查看已启用重复数据删除功能的卷的重复数据删除、删除重复节省（此处英文原文为 Savings，译为“保存”不妥），由于还没有进行任何重复数据删除操作，因此都为 0，如图 3-79 所示。

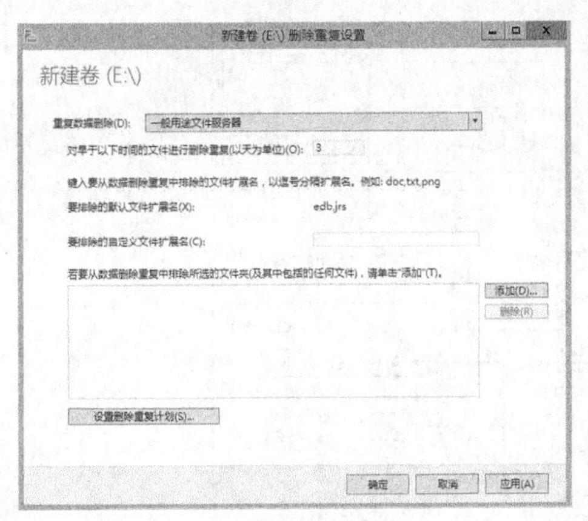

图 3-77　配置重复数据删除

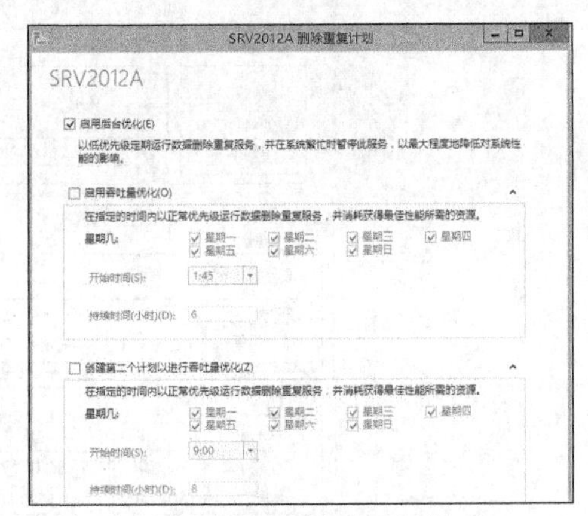

图 3-78　设置删除重复计划

图 3-79　查看卷的重复数据删除信息

接下来进行实际测试。往启用重复数据删除功能的卷中复制两个相同的大文件（复制到同一文件夹中则其中一个需要改名）。通常使用.iso 文件进行测试，默认需要等上 3 天重复数据删除引擎才会进行处理，要立即处理可在 PowerShell 中执行以下命令：

```
Start-DedupJob -Volume E: -Type Optimization
```

再执行以下 PowerShell 命令查看删除任务进度：

```
Get-DedupJob
```

完成重复数据删除后，可以打开服务器管理器查看该卷的当前重复数据删除率和删除重复节省容量，如图 3-80 所示，这表明已经成功实现了该功能。

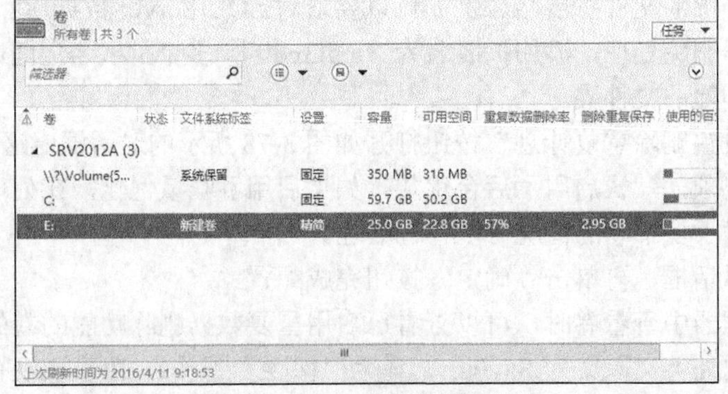

图 3-80　验证卷的重复数据删除

3.8　习　　题

1．低级格式化与高级格式化有何不同？
2．简述分区样式 MBR 与 GPT。
3．简述 MBR 磁盘分区体系。
4．简述动态磁盘组织结构。
5．动态卷有哪些类型？
6．简述 Windows Server 2012 R2 的主要存储功能。
7．简述 Windows 启动卷和系统卷。
8．简述 UEFI 系统分区与启动卷。
9．简述 ReFS 文件系统。
10．简述 Windows 磁盘配额的特性。
11．什么是访问控制列表（ACL）？什么是有效权限？
12．简述加密文件系统。
13．简 BitLocker 驱动器加密。
14．简述存储空间架构。
15．简述存储分层。
16．简述重复数据删除功能。
17．在 Windows Server 2012 R2 中创建一个镜像卷。
18．将一个卷（分区）装入某 NTFS 文件夹。
19．对 Windows Server 2012 R2 操作系统驱动器进行加密，然后解除加密。
20．使用服务器管理器创建存储空间。
21．配置重复数据删除并进行实际测试。

第 4 章　网络配置与管理

Windows Server 2012 R2 是网络操作系统，主要用于网络的管理与控制，支持网络服务和应用，而网络配置与管理是一项重要的基础性工作。本章介绍 Windows 网络基础知识，讲解网络连接的配置管理，内容包括 IPv4 和 IPv6 协议。Windows Server 2012 R2 本身集成了 NIC 组合，可以为网络连接提供高可用性和带宽聚合，本章专门讲解 NIC 组合的配置。

4.1　Windows 网络基础

Windows 网络体系是按分层结构实现的，通过定义各层的功能，指定各层之间的接口，可实现各层的相对独立，替换某个层不会影响到其他层。

4.1.1　OSI 参考模型与网络通信协议

为降低设计的复杂性，增强通用性和兼容性，计算机网络都设计成层次结构。网络分层的国际标准是 OSI/RM（开放式系统互连参考模型）。这种分层体系使多种不同的硬件系统和软件系统能够方便地连接到网络，按照这个标准设计和建成的网络系统都可互连互通。OSI 定义的标准框架只是一种抽象的分层结构，具体实现则有赖于各种网络体系的具体标准，它们通常是一组可操作的协议集合，对应于网络分层，不同层次有不同的通信协议。

1. OSI 参考模型

OSI 是一个分层结构，共有 7 层，从下往上分别是：物理层、数据链路层（通常简称链路层）、网络层、传输层、会话层、表示层和应用层。其中各个功能层执行特定的、相对简单的任务。每一层都由上一层支配，并从上一层接收数据，为上一层提供服务。

OSI 参考模型采用逐层传递、对等通信的机制。整个通信过程都必须经过一个自上而下（发送方）和自下而上（接收方）的数据传输过程，但通信必须在双方对等层次进行。网络中的节点之间要相互通信，必须经过一层一层的信息转换来实现。源主机向目标主机发送数据，数据必须逐层封装，目标主机接收数据后，必须对封装的数据进行逐层分解。各层通信机制如图 4-1 所示。

对于用户来说，这种数据通信看起来就好像是两台计算机相关联的同等层次直接进行的，而对同一主机内的相邻层次之间的通信是透明的，两台计算机之间的通信看起来就像在通信的双方对应层之间就建立了一种逻辑的、虚拟的通信。

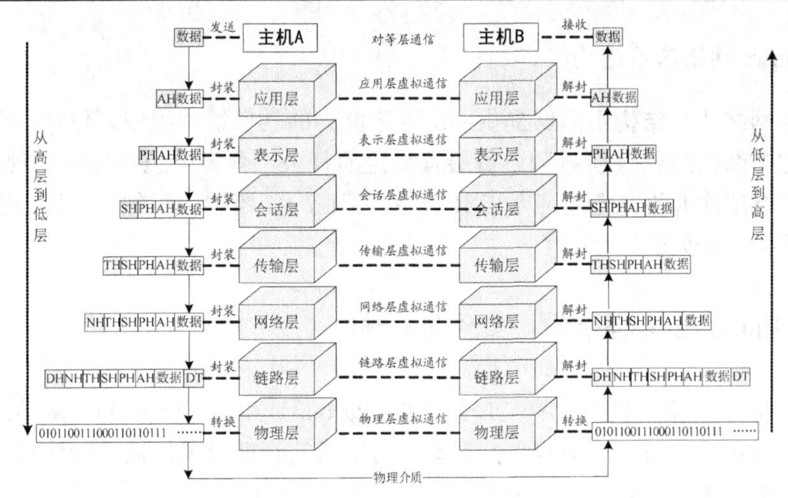

图 4-1　OSI 参考模型的通信机制

2. 网络通信协议

网络通信协议有时简称网络协议，是计算机在网络中实现通信时必须遵守的规则和约定，主要是对信息传输的速率、传输代码、代码结构、传输控制步骤、差错控制等做出规定并制定出标准。只有采用相同网络协议的计算机才能进行信息的沟通与交流。协议由以下 3 部分组成：语义（Semantics）、语法（Syntax）和时序（Timing）。

由于协议十分复杂，涉及面很广，因此在制定协议时通常采用的方法也是分层法，每一层分别负责不同的通信功能。层次和协议的集合就可称为网络的体系结构。除了单个协议外，还有协议组件（又称协议簇），它是一组不同层次上的多个协议的组合。

TCP/IP 协议就是以套件的形式推出的，它包括一组互相补充、互相配合的协议。TCP/IP 协议组包括 TCP（传输控制协议）、IP（互连网协议）和其他的协议，所有这些协议相互配合，实现网络上的信息通信。它是目前最完整的、被普遍接受的通信协议标准。

3. TCP/IP 协议的分层结构

与其他分层的通信协议一样，TCP/IP 将不同的通信功能集成到不同的网络层次，形成了一个具有 4 个层次的体系结构，能够解决不同网络的互连。如图 4-2 所示，左边是 OSI 参考模型的 7 层结构，右边是 TCP/IP 协议体系的 4 层结构，中间则是 TCP/IP 主要的协议组件。其间的对应关系一目了然。TCP/IP 的设计隐藏了较低层次的功能，主要协议都是高层协议，没有设计专门的物理层协议。

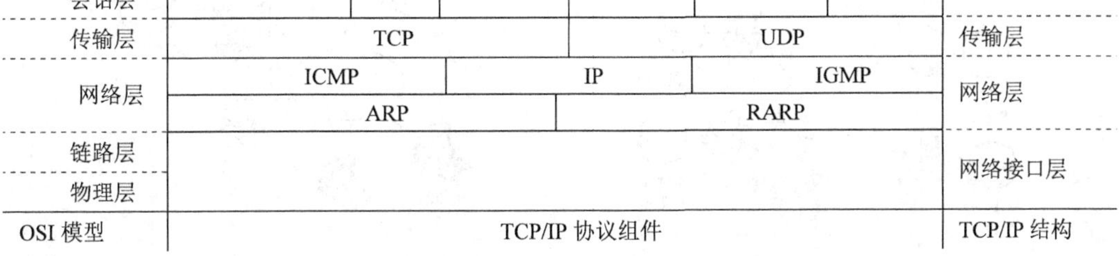

OSI 模型	TCP/IP 协议组件	TCP/IP 结构
应用层 表示层 会话层	SMTP　FTP　HTTP　Telnet　SNMP　DNS	应用层
传输层	TCP　UDP	传输层
网络层	ICMP　IP　IGMP ARP　RARP	网络层
链路层 物理层		网络接口层

图 4-2　TCP/IP 协议的分层结构

4. Windows 网络体系结构

Windows 网络体系结构由能够提供网络互连能力的软件组件组成，包括一系列组件、协议和接口。这些网络组件分层排列，每层有特定的任务，有多个组件可以实现相似的任务。Windows 的网络层次并不完全对应于 OSI 模型，存在一些跨层的组件。这种分层设计使得整个网络体系结构十分灵活。

4.1.2 Windows 网络架构：工作组与域

规划 Windows 网络架构时，有工作组（Workgroup）和域（Domain）两种选择。前者为分布式的管理模式，适用于小型网络；后者为集中式的管理模式，拥有较优越的管理能力，更适合于大中型网络。

1. 工作组网络架构

工作组是一种对等式网络，联网计算机彼此共享对方的资源，每台计算机地位平等，只能够管理本机资源。如图 4-3 所示，无论是服务器还是工作站，都拥有本机的本地安全账户数据库，称为安全账户管理器（SAM，Security Accounts Manager）数据库。如果用户要访问每台计算机内的资源，那么必须在每台计算机的 SAM 数据库内创建该用户的账户。

采用工作组结构，计算机各自为政，网络管理很不方便，突出的问题有以下两点。

- 账户管理烦琐。例如有 10 台计算机和 20 个用户，需要相互访问，则要在每台计算机上重复创建相同的 20 个用户账户，任一账户修改，都要在每台计算机上进行相应修改。
- 系统设置不便。例如，需要对每台计算机进行安全设置。

工作组不一定要部署服务器计算机，若干 Windows 客户端就能构建一个工作组结构的网络。

2. 域网络架构

域由一群通过网络连接在一起的计算机组成，它们将计算机内的资源共享给网络上的其他用户访问。与工作组不同的是，域是一种集中管理式网络，域内所有的计算机共享一个集中式的目录数据库，它包含整个域内的用户账户与安全数据。在域结构的 Windows 网络中，这个目录数据库存储在域控制器中。

域控制器主管整个域的账户与安全管理，所有加入域的计算机，都以域控制器的账户和安全性设置为准，不必个别建立本地账户数据，如图 4-4 所示。

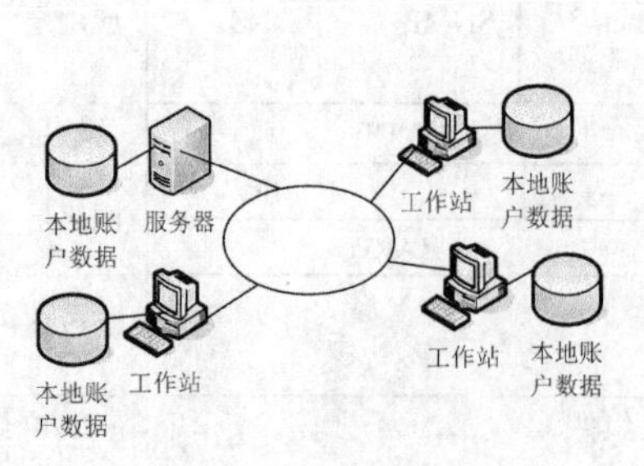

图 4-3 工作组网络架构

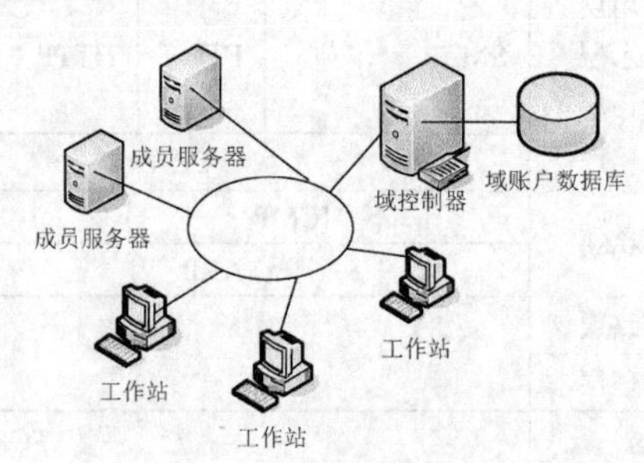

图 4-4 域网络架构

在域网络结构中，只有服务器计算机才可以胜任域控制器的角色。计算机必须加入域，用户才能够在这些计算机上利用域账户登录，否则只能够利用本地安全账户登录。

用户以域账户登录域后，即可根据授权使用域中相应的服务和资源。网管员只需维护域控制器上的目录数据库，即可管理域里的所有用户与计算机，这样能大大提高网络管理效率，适用于较复杂的或规模较大的网络。

提示：如果企业主要是运行基于数据库服务器的信息管理系统，或者提供网站服务，就不一定要建立域环境，可将这些服务器作为非域成员单独管理。

4.1.3 Windows Server 2012 和 Windows Server 2012 R2 的网络新功能

Windows Server 2012 和 Windows Server 2012 R2 在网络方面新增了一些功能，对部分已有功能进行了改进。下面列出相关的技术和功能。

1. 分支缓存（BranchCache）

这是一种广域网（WAN）带宽优化技术。为在用户访问远程服务器上的内容时优化 WAN 带宽，分支缓存从总部或托管的云内容服务器复制内容，并将内容缓存在分支机构办公室位置，使分支机构办公室的客户端计算机可以从本地访问内容，而不是从 WAN 访问。Windows Server 2012 相关的改进功能包括：自动执行 BranchCache 客户端计算机配置、与 Windows 文件服务器深度集成、将少量更新缓存为文件、节约更多带宽、改进安全性、简化托管缓存服务器部署等。

2. 数据中心桥接（Data Center Bridging，DCB）

这是 Windows Server 2012 引入的新技术。DCB 是一系列在数据中心中实现融合架构的 IEEE 标准。在融合架构中，存储、数据网络、群集 IPC（用于并行任务执行时的进程间通信的专用网络）和管理流量全部共享同一个以太网基础结构。DCB 为特定类型的流量提供基于硬件的带宽分配，并借助基于优先级的流控制增强以太网的传输可靠性。

3. IP 地址管理（IPAM）

Windows Server 2012 中的 IPAM 是一个全新的内置框架，用于发现、监视、审核和管理企业网络上使用的 IP 地址空间。IPAM 可以对运行 DHCP 和 DNS 的服务器进行管理和监视。Windows Server 2012 R2 对 IPAM 提供许多增强支持，如基于角色的访问控制、虚拟地址空间管理、增强 DHCP 服务器管理、外部数据库支持，以及升级和迁移支持。

4. NIC 组合

Windows Server 2012 引入这项新技术，它也称为负载平衡和故障转移（LBFO），允许出于带宽聚合、通信故障转移等目的将一台计算机上的多个网络适配器放置到一个小组中。

5. 服务质量（QoS）

QoS 是一组用于以具有成本效率的方式管理网络通信的技术，以增强网络环境的用户体验。可以使用 QoS 技术测量带宽、检测不断变化的网络条件，并对通信进行优先级分配或节流。Windows Server 2012 的 QoS 包括新带宽管理功能，让云托管提供商和企业可提供向运行 Hyper-V 的服务器上的虚拟机提供可预测网络性能的服务。

6. 经过 802.1X 身份验证的有线和无线访问

经过 802.1X 身份验证的有线和无线访问提供 EAP（可扩展的身份验证协议）身份验证类型的隧道传输层安全，简称 EAP-TTLS。EAP-TTLS 是 Windows Server 2012 开始采用的新技术。作为基于标准的 EAP 隧道技术，它支持相互身份验证，使用 EAP 方法和其他旧协议为客户端身份验证提供安全隧道。Windows Server 2012 R2 对经过 802.1X 身份验证的有线访问和无线访问提供了新增功能，如扩展了企业有线和无线以太网访问的密码用法，增加了对 802.11ac 的支持。

4.1.4 Windows PowerShell 的网络管理功能

与图形界面工具相比，Windows PowerShell 是一种更为高效的配置管理工具，在 Windows Server 2012 R2 中其版本升级为 4.0，命令多达 2 500 条。其中关于网络组件和服务的命令有数百条，可以用于执行从简单的 IP 地址配置到专业的网络功能配置（如 QoS）等多种网络管理任务。

Windows Server 2012 R2 中与网络管理有关的 PowerShell 模块列举如下。

- BranchCache（用于分支缓存配置管理）。
- NetAdpater（用于网络适配器配置管理）。
- NetConnection（用于网络连接状态管理）。
- NetLBFO（用于 NIC 聚合的配置管理）。
- NetQoS（用于服务质量的管理）。
- NetSecurity（用于网络安全的管理）。
- NetSwitchTeam（用于网络交换机组的管理）。
- NetTCPIP（用于 TCP/IP 配置）。
- NetworkTransition（用于网络迁移）。
- NetWNV（用于 Windows 网络虚拟化）。

4.2 网络连接配置管理

在 Windows Server 2012 R2 中必须正确配置网络连接，才能使服务器计算机同网络中其他计算机之间进行正常通信。

4.2.1 网络连接配置

Windows Server 2012 R2 支持多种网络接口设备类型，包括以太网连接、令牌环连接、无线局域网连接、ADSL 连接、ISDN 连接、Modem 连接等。一般情况下，安装程序均能自动检测和识别到网络接口设备。安装完 Windows Server 2012 R2 之后可以直接通过服务器管理器进行系统的网络连接配置，也可以通过“网络和共享中心”工具来进行配置。用于局域网连接的网络适配器默认显示的网络连接名称通常为“Ethernet0”。

在服务器管理器中打开本地服务器配置管理界面，单击网络连接（例中为 Ethernet0）右侧的链接打开相应的“网络连接”窗口，如图 4-5 所示，可以通过工具栏或快捷菜单查看状态，设置属性，或者重命名。

也可以从控制面板中选择“网络连接”>“网络和 Internet”>“网络和共享中心”，打开如图 4-6 所示的“网络和共享中心”窗口，查看当前的网络连接状态和任务。单击相应的网络连接项就可以查看网络连接状态，要进一步配置网络连接，单击“属性”按钮打开网络连接属性设置对话框，列出该网络连接所使用的网络协议及其他网络组件，可以根据需要安装或卸载网络协议或组件。

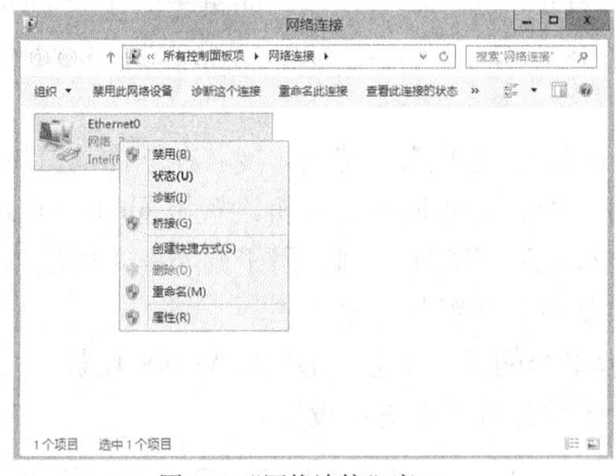

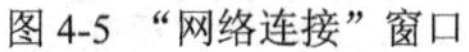
图 4-5　“网络连接”窗口

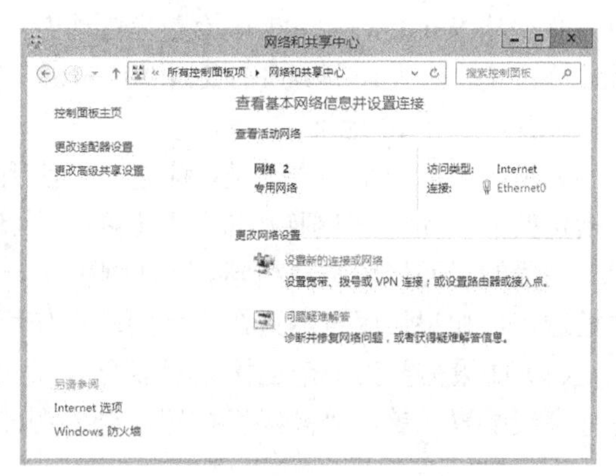

图 4-6　“网络和共享中心”窗口

还有一种快速打开“网络连接”窗口的方式是，右击任务栏左侧的窗口图标，从快捷菜单中选择相应的命令。

要建立新的网络连接，单击“更改网络设置”区域中的“设置新的连接或网络”项，选择不同的网络连接方式，根据向导提示完成网络连接的建立。

4.2.2　TCP/IP 配置

TCP/IP 配置是网络连接配置中最主要的部分。对于 Windows Server 2012 R2 来说，TCP/IP 协议就是首选的网络协议，也是登录系统、使用 Active Directory、域名系统（DNS）以及其他应用的先决条件。其 TCP/IP 协议栈包括大量的服务和工具，便于管理员应用、管理和调试 TCP/IP 协议。Windows Server 2012 R2 装载了许多基于 TCP/IP 协议的服务，并对 TCP/IP 提供了强有力的支持，提供的图形化管理界面便于初学者进行基本的配置管理。对于熟练用户来说，Windows PowerShell 或像 Netsh 这样的命令行实用工具更合适。

1. TCP/IP 基本配置

TCP/IP 基本配置包括 IP 地址、子网掩码、默认网关、DNS 服务器配置等。设置 IP 地址和子网掩码后，主机就可与同网段的其他主机进行通信，但是要与不同网段的主机进行通信，还必须设置默认网关地址。默认网关地址是一个本地路由器地址，用于与不在同一网段的主机进行通信。主机作为 DNS 客户端，访问 DNS 服务器来进行域名解析，使用目标主机的域名与目标主机进行通信，可同时设置首选以及备用 DNS 服务器的 IP 地址。具体步骤示范如下。

（1）通过服务器管理器或控制面板打开要设置 TCP/IP 的网络连接的属性设置窗口，从组件列表中选择“Internet 协议版本 4（TCP/IPv4）”项，单击“属性”按钮打开图 4-7 所示的对话框。

（2）选择 IP 地址分配方式，这里有两种情况。

如果要通过动态分配方式获取 IP 地址，应选择“自动获得 IP 地址”单选钮，这样计算机启动时自动向 DHCP 服务器申请 IP 地址，除了获取 IP 地址外，还能获得子网掩码、默认网关和 DNS 服务器信息，自动完成 TCP/IP 协议配置。对于服务器，一般不让 DHCP 服务器指派地址，而应设置固定的 IP 地址。

微软从 Windows 2000 开始支持自动专用 IP 寻址（APIPA）功能，如果无法访问 DHCP 服务器，将自动从 IP 地址 169.254.0.1～169.254.255.254，子网掩码为 255.255.0.0 的保留地址范围中获取一个 IP 地址。

如果要分配一个静态地址，应选择“使用下面的 IP 地址”单选钮，接着在下面的区域输入指定的 IP 地址、子网掩码以及默认的网关地址。必须为不同的计算机设置不同的 IP 地址，同一网段的子网掩码必须相同。默认网关是一个本地路由器 IP 地址，用于同不在本网段内的主机通信。如果该服务器只在本地网段内使用，就不需设置此地址。

（3）如果需要为一个连接设置多个 IP 地址或多个网关，或进行 DNS、WINS 设置，就要进行高级配置，单击“高级”按钮，进入图 4-8 所示的对话框进行设置。

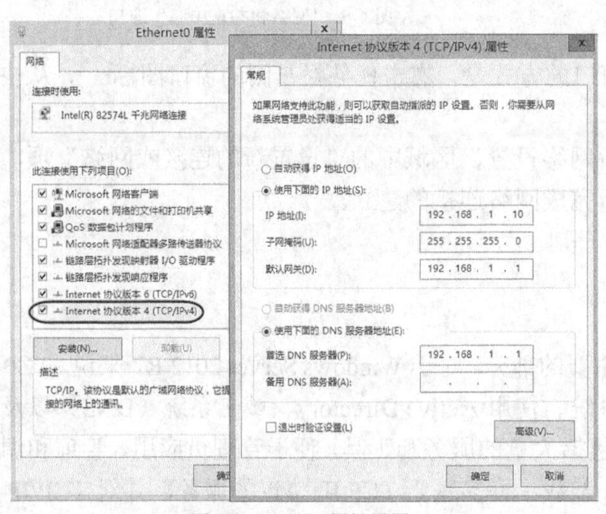

图 4-7　TCP/IP 属性设置

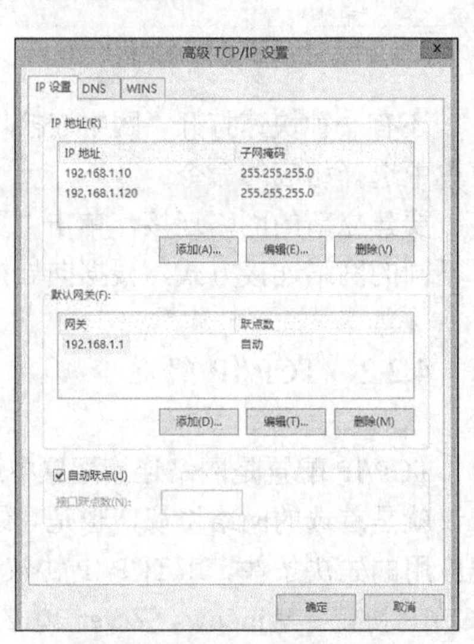

图 4-8　TCP/IP 高级属性设置

（4）选择 DNS 服务器地址分配方式。

2. 为网络连接分配多个 IP 地址

对于 Windows Server 2012 R2 服务器来说，可以对单个网络适配器分配多个 IP 地址，这就是所谓的多重逻辑地址。最常见的应用就是机器在 Internet 上用作服务器，让每个 Web 站点都有自己的 IP 地址，这是一种典型的虚拟主机解决方案。另外，还可以在同一物理网段上建立多个逻辑 IP 网络，此时配置多个 IP 地址的计算机相当于逻辑子网之间的路由器，如

图 4-9 所示。在 TCP/IP 高级属性设置对话框的“IP 设置”选项卡中配置多个 IP 地址（参见图 4-8）。

3．为多个网络连接配置 IP 地址

尽管可以为一个网卡配置多个 IP 地址，但是这样对性能没有任何好处，应尽可能地将不重要的 IP 地址从现有的服务器 TCP/IP 配置中删除。Windows Server 2012 R2 支持多个网络适配器，网络协议同时在多个网络适配器上通信。一台计算机安装多个网卡，为每个网络连接指定一个主要 IP 地址，这就是所谓的多重物理地址，主要用于路由器、防火墙、代理服务器、NAT 和虚拟专用网等需要多个网络接口的场合。

具体方法是分别安装每个网卡的驱动程序，然后分别设置每个网络连接的属性。Windows Server 2012 R2 计算机上设置多个网卡的界面如图 4-10 所示。为便于识别，一般可以为各个网络连接重新命名（默认第 2 个网络连接名称为“Ethernet1”）。当然，除了 TCP/IP 协议之外，还可以为不同的网卡绑定不同的网络协议。

也可以对每一个网卡指定额外的默认网关。与多个 IP 地址同时保留激活状态不同，额外的网关只在主要的默认网关不可到达时，才能够使用（按列出的顺序尝试）。

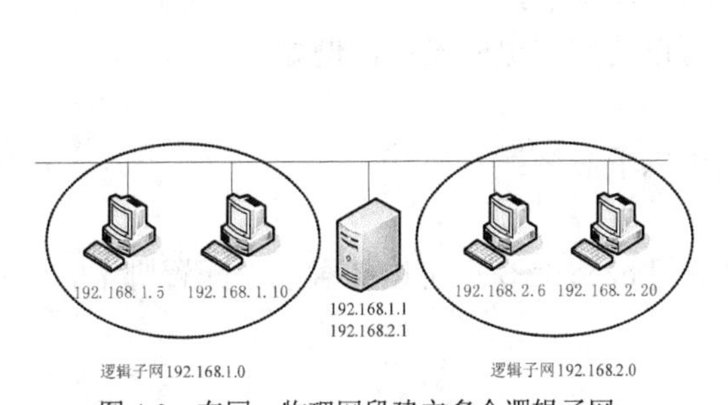

图 4-9　在同一物理网段建立多个逻辑子网

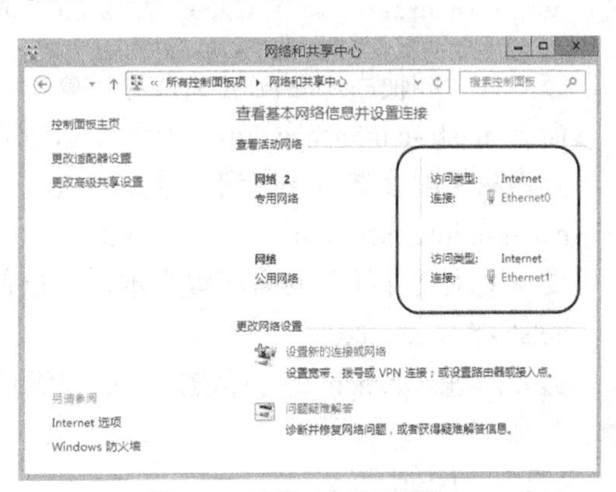

图 4-10　设置多个网络连接

4．使用命令行工具 Netsh 配置 TCP/IP

Netsh 功能强大，可用于从本地或远程显示或修改当前正在运行的计算机的网络配置。它还提供了一个脚本功能，对于指定计算机，可以通过此功能以批处理模式运行一组命令。为了存档或配置其他服务器，Netsh 也可以将配置脚本保存在文本文件中。Netsh 命令可以在两种模式下运行：交互式和非交互式。当需要进行单一设置时，使用非交互式模式即可。要在交互模式下使用，只需在命令提示符下输入该命令即可。下面介绍其常见用法。

（1）查看网络配置。

语法格式如下：

```
netsh interface ip show 参数
```

通过参数来决定要显示的网络配置信息，例如参数 address 表示显示 IP 地址配置；config 表示显示 IP 地址和更多信息；dns 表示显示 DNS 服务器地址；icmp 表示显示 ICMP 统计信息；interface 表示显示 IP 接口统计信息；ipaddress 表示显示当前 IP 地址。

（2）配置网络接口 IP 和网关 IP。

例如，以下命令表示将名为“本地连接”的网络接口配置为：IP 地址 10.1.1.10，子网掩码 255.0.0.0，默认网关 10.1.1.1，其中 static 表示分配静态地址。

```
netsh interface ip set address "本地连接" static  10.1.1.10  255.0.0.0 10.1.1.1
```

（3）配置网络接口的 DNS 服务器。

例如，以下命令表示将名为“本地连接”的网络接口的 DNS 服务器配置为 202.102.160.68。

```
netsh interface ip set dns "本地连接" static 202.102.160.68
```

（4）配置自动获取 IP 地址、DNS 地址。

例如，以下命令表示将名为“本地连接”的网络接口配置为自动获取 IP。

```
netsh interface ip set address "本地连接" dhcp
```

以下命令表示将名为“本地连接”的网络接口配置为自动获取 DNS 服务器地址。

```
netsh interface ip set dns "本地连接" dhcp
```

（5）查看和使用网络配置文件。

命令 netsh -c interface dump 表示显示当前的配置脚本。

要将网络配置脚本导出到一个文本文件，可以使用重定向操作，例如：

netsh -c interface dump > d:\net1.txt

要从文本文件导入网络配置脚本，可以使用以下命令：

netsh -f d:\net1.txt

另外，进入 Netsh 交互环境后，在根级目录用 exec 命令也可以加载一个配置脚本。

4.2.3 IPv6 配置

IPv6 和 IPv4 之间最显著的区别是 IP 地址的长度从 32 位增加到 128 位，近乎无限的 IP 地址空间是部署 IPv6 网络最大的优势。与 IPv4 相比，IPv6 取消了广播地址类型，而以更丰富的多播地址代替，同时增加了任播地址类型。Windows Server 2012 R2 支持基于 IPv6 的互连网络。

1. IPv6 地址的表示方法

IPv6 地址文本表示有以下 3 种方法。在 URL 中使用 IPv6 地址要用符号“[”和“]”进行封闭。

- 优先选用格式 x:x:x:x:x:x:x:x。IPv6 的 128 位地址分成 8 段，每段 16 位，每个 16 位段转换成 4 位十六进制数字，用冒号“:”分隔，如 20DA:00D3:0000:2F3B:02AA:00FF:FE28:9C5A，又称为冒号十六进制格式。可以删除每个段中的前导零以进一步简化 IPv6 地址表示，但每个信息块至少要有一位，如上述地址可简化为：20DA:D3:0:2F3B:2AA:FF:FE28:9C5A。
- 双冒号缩写格式。可以将 IPv6 地址中值为 0 的连续多个段缩写为双冒号“::”。例如，多播地址 FF02:0:0:0:0:0:0:2 可缩写为 FF02::2。双冒号在一个地址中只能使用一次。

- IPv4 兼容地址格式 x:x:x:x:x:x:d.d.d.d。IPv6 设计时考虑对 IPv4 的兼容性，以利于网络升级。在混用 IPv4 节点和 IPv6 节点的环境中，采用替代地址格式 x:x:x:x:x:x:d.d.d.d 更为方便，其中“x”是地址的 6 个高阶 16 位段的十六进制值，“d”是地址的 4 个低阶 8 位组十进制值（标准的 IPv4 地址表示法），如 0:0:0:0:0:0:13.1.68.3，0:0:0:0:0:FFFF:129.144.52.38。可以采用双冒号缩写格式，这两个地址分别缩写为::13.1.68.3 和::FFFF:129.144.52.38。

2. IPv6 地址的前缀（子网前缀）

IPv6 中不使用子网掩码，而使用前缀长度来表示网络地址空间。IPv6 前缀又称子网前缀，是地址的一部分，指出有固定值的地址位，或者属于网络标识符的地址位。

IPv6 前缀与 IPv4 的 CIDR（无类域间路由）表示法的表达方式一样，采用“IPv6 地址/前缀长度”的格式，前缀长度是一个十进制值，指定该地址中最左边的用于组成前缀的位数。IPv6 前缀所表示的地址数量为 2 的（128－前缀长度）次方。例如，20DA:D3:0:2F3B::/60 是子网前缀，表示前缀为 60 位的地址空间，其后的 68（128－60）位可分配给网络中的主机，共有 2^{68} 个主机地址。

3. IPv6 地址类型标识（格式前缀）

IPv6 地址类型由地址的高阶位标志，主要地址类型标志（又称格式前缀）见表 4-1。

表 4-1　　IPv6 地址类型标识

地址类型	二进制前缀	IPv6 符号表示法
未指定	00...0 （128 位）	::/128
环回	00...1 （128 位）	::1/128
多播	11111111	FF00::/8
链路本地单播	1111111010	FE80::/10
全球单播	其他的任何一种	

4. IPv6 单播地址

每个接口上至少要有一个链路本地单播地址，类似 IPv4 的 CIDR 地址。在 IPv6 中的单播地址类型有全球单播、站点本地单播（已过时）和链路本地单播。任何 IPv6 单播地址都需要一个接口标识符。一个 IPv6 单播地址也可看成由子网前缀和接口标识符（接口 ID）两个部分组成，如图 4-11 所示。

图 4-11　IPv6 单播地址结构

子网前缀用来标识网络部分，接口标识符则用来标识该网络上节点的接口。子网前缀由 IANA、ISP 和各组织分配。对于不同类型的单播地址，前缀部分还可进一步划分为几部分，分别标识不同的网络部分。IPv6 为每一个接口指定一个全球唯一的 64 位接口标识符。对于以太网来说，IPv6 接口标识符直接基于网卡的 48 位 MAC 地址得到。

（1）链路本地IPv6单播地址。链路本地地址用于单一链路，类似于IPv4私有地址，格式如图4-12所示。链路本地地址被设计用于在单一链路上寻址，在诸如自动地址配置、邻居发现，或者在链路上没有路由器时使用。

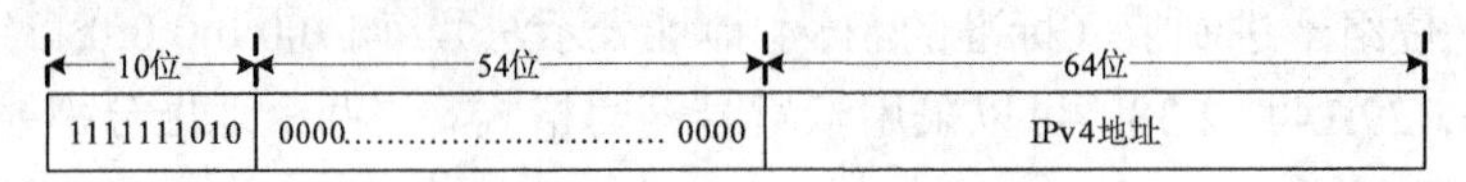

图4-12　链路本地IPv6单播地址格式

（2）IPv6全球单播地址。IPv6全球单播地址一般格式如图4-13所示。全球路由前缀是一个的典型等级结构值，该值分配给站点（一群子网或链路），子网ID是该站点内链路的标识符。除了以二进制000开始的全球单播地址外，所有全球单播地址有一个64位的接口ID字段（即 $n+m=64$）。以二进制000开头的全球单播地址在大小上或接口ID字段结构上没有这类限制。具有嵌入的IPv4地址的IPv6地址就是一种以二进制000开始的全球单播地址。

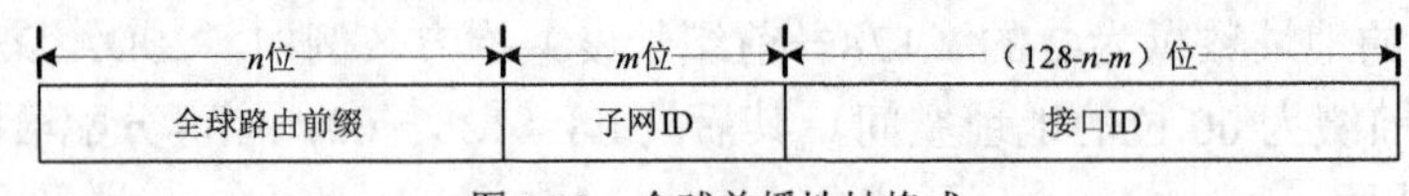

图4-13　全球单播地址格式

（3）嵌入IPv4地址的IPv6地址。

已经定义了以下两类携带IPv4地址的IPv6地址，它们均在地址的低阶32位中携带IPv4地址。

一种是IPv4映射的IPv6地址，格式如图4-14所示，高阶80位为全0，中间16位为全1，最后32位为IPv4地址。在支持双栈的IPv6节点上，IPv6应用发送目的地址为这种地址的数据包时，实际上发出的数据包为IPv4数据包（目的地址是“IPv4映射的IPv6地址”中的IPv4地址）。

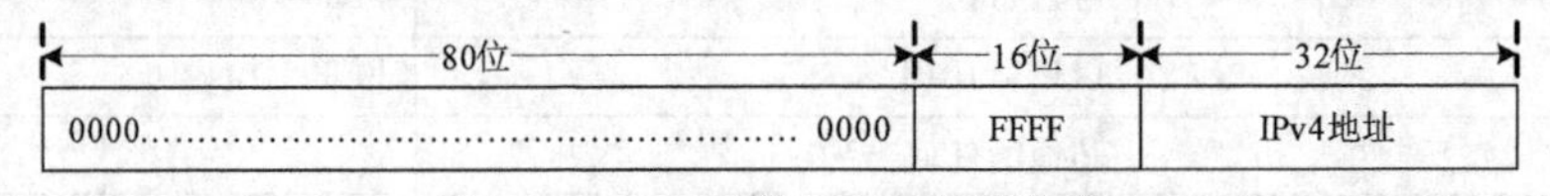

图4-14　IPv4映射的IPv6地址格式

另一种是IPv4兼容的IPv6地址，在低阶32位携带IPv4地址，前96位全为0，主要用于一种自动隧道技术，由于这种技术不能解决地址耗尽问题，已经逐渐被废弃。

5. 特殊的IPv6地址

与IPv4类似，IPv6也有两个比较特殊的IPv6地址。

（1）未指定的IPv6地址。0:0:0:0:0:0:0:0（::）是未指定地址，相当于IPv4未指定地址0.0.0.0，只能作为尚未获得正式地址的主机的源地址，不能作为目的地址，不能分配给真实的网络接口。使用未指定地址的一个例子是正在初始化的主机还没有学习到它自己的地址之前，它发送的任何IPv6数据包中的源地址字段的内容就是这个地址。

（2）IPv6环回地址。0:0:0:0:0:0:0:1（::1）是环回地址，相当于IPv4中的localhost（127.0.0.1），节点用其发送返回给自己的IPv6数据包。它不能分配给任何物理接口。它被看成属于链路本地范围，可以被当作是虚拟接口的链路本地单播地址，该虚拟接口通向一个假想的链路，该链路和谁也不连通。以环回地址为目的地址的IPv6数据包决不能发送到单一节点以外，并且决不能经由 IPv6 路由器转发。

6. IPv4 到 IPv6 的过渡

在 IPv6 成为主流协议之前，很长一段时间将是 IPv4 与 IPv6 共存的过渡阶段，为此必须提供 IPv4 到 IPv6 的平滑过渡技术，解决 IPv4 和 IPv6 的互通问题。目前解决过渡问题的主要技术方案有 3 种：双协议栈、隧道技术和协议转换技术。

双协议栈是指节点上同时运行 IPv4 和 IPv6 两套协议栈。双栈网络不需要特殊配置，业务开展非常方便，是目前开展 IPv6 网络试验的重点之一。双栈技术是 IPv4 向 IPv6 过渡的基础，所有其他过渡技术都以此为基础。

隧道是指一种协议封装到另外一种协议中的技术。IPv6 穿越 IPv4 隧道技术提供一种使用现存 IPv4 路由基础设施携带 IPv6 流量的方法，利用现有 IPv4 网络为分离的 IPv6 网络提供互连。常用的自动隧道技术有 IPv4 兼容 IPv6 自动隧道、6to4 隧道和 ISATAP 隧道。

隧道技术不能实现 IPv4 主机与 IPv6 主机的直接通信，而由 IPv4 的 NAT 技术发展而来的协议转换则可解决这个问题。现在比较有代表性的协议转换技术是 NAT64 和 IVI。

7. IPv6 的配置

Windows Server 2012 R2 预安装 IPv6 协议，并为每个网络接口自动配置一个唯一的链路本地地址，其前缀是 FE80::/64，接口标识符为 64 位，派生自网络接口的 48 位 MAC 地址。可以使用 ipconfig/all 命令来查看网络连接配置，下面列出某台主机与 IPv6 有关的网络连接配置部分信息。

```
以太网适配器 本地连接:
   连接特定的 DNS 后缀 . . . . . . . :
   描述. . . . . . . . . . . . . . . : Intel(R) PRO/1000 MT Network Connection
   物理地址. . . . . . . . . . . . . : 00-0C-29-BB-FE-97
   DHCP 已启用 . . . . . . . . . . . : 否
   自动配置已启用. . . . . . . . . . : 是
   本地链接 IPv6 地址. . . . . . . . : fe80::2cd4:e2ce:4b9d:6ef4%11(首选)
   IPv4 地址 . . . . . . . . . . . . : 192.168.1.10(首选)
   子网掩码  . . . . . . . . . . . . : 255.255.255.0
   子网掩码  . . . . . . . . . . . . : 255.255.255.0
   默认网关. . . . . . . . . . . . . : 192.168.1.1
   DHCPv6 IAID . . . . . . . . . . . : 234884137
   DHCPv6 客户端 DUID  . . . . . . . : 00-01-00-01-1A-8D-2F-6E-00-0C-29-C6-2C-1A
   DNS 服务器  . . . . . . . . . . . : 192.168.1.2
   TCPIP 上的 NetBIOS  . . . . . . . : 已启用
隧道适配器 isatap.{247A560A-EBD8-41F3-80F1-883E0140180B}:
(以下略)
```

“本地连接”部分给出本地链接 IPv6 地址，也就是链路本地地址。这里值为 fe80::2cd4:e2ce:4b9d:6ef4%11。后面跟了一个参数%11，“11”为区域 ID（ZoneID）。在指定链路本地目标地址时，可以指定区域 ID，以便使通信的区域（特定作用域的网络区域）成为特定的区域。用于指定附带地址的区域 ID 的表示法是：地址%区域 ID。

Windows Server 2012 R2 会自发建立一条 IPv6 的隧道，通常用 ipconfig /all 会看到很多条隧道，如 isatap 之类的。这是因为 Windows 在 IPv6 迁移过程中使用了一种或多种 IPv6 过渡技术。隧道适配器是 6to4 网络过渡机制，可以使连接到纯 IPv4 网络上的孤立 IPv6 子网或 IPv6 站点与其他同类站点在尚未获得纯 IPv6 连接时彼此间进行通信。目前 IPv6 暂时还用不到，可以暂时关闭，只要在本地连接属性设置中清除 IPv6 协议选项即可。

与 IPv4 一样，IPv6 协议配置内容包括 IPv6 地址、默认路由器和 DNS 服务器。Windows Server 2008 R2 提供类似 IPv4 的配置工具。在“网络和共享中心”窗口中单击要设置的网络连接项，再单击“属性”按钮打开网络连接属性设置窗口，从组件列表中选择“Internet 协议版本 6（TCP/IPv6）”项，单击“属性”按钮打开“Internet 协议版本 6（TCP/IPv6）属性”设置对话框，与 IPv4 一样选择 IP 地址分配方式。如果需要为一个连接设置多个 IPv6 地址或多个网关，或进行 DNS 设置，就需要进行高级配置。

除了自动配置链路本地地址的实际接口（“本地连接”）之外，还可自动配置 6to4 隧道操作伪接口（6to4 Pseudo-Interface）和自动隧道操作伪接口（Automatic Tunneling Pseudo-Interface），当然每个网络接口自动拥有环回伪接口（Loopback Pseudo-Interface）。

在 Windows Server 2012 R2 中可使用命令行脚本实用工具 Netsh 来配置 IPv6，用于接口 IPv6 的 Netsh 命令可用于查询和配置 IPv6 接口、地址、缓存以及路由。

4.2.4 网络诊断测试工具

在网络故障排查过程中，各类测试诊断工具是必不可少的。Windows Server 2012 R2 内置的网络测试工具使用起来非常方便，小巧实用，提供了许多开关选项。

- arp。用于查看和修改本地计算机上的 ARP 表项。该表项用于缓存最近将 IP 地址转换成 MAC（媒体访问控制）地址的 IP 地址/MAC 地址对。最常见的用途是查找同一网段的某主机的 MAC 地址，并给出相应的 IP 地址。可使用 arp 命令来查找硬件地址问题。
- ipconfig。主要用来显示当前的 TCP/IP 配置，也用于手动释放和更新 DHCP 服务器指派的 TCP/IP 配置，这一功能对于运行 DHCP 服务的网络特别有用。
- ping。用于测试 IP 网络的连通性，包括网络连接状况和信息包发送接收状况。
- tracert。是路由跟踪实用程序，用于确定 IP 数据包访问目的主机所采取的路径。
- pathping。用于跟踪数据包到达目标所采取的路由，并显示路径中每个路由器的数据包损失信息，也可以用于解决服务质量（QoS）连通性的问题。它将 ping 和 tracert 命令的功能和这两个工具所不提供的其他信息结合起来。
- netstat。用于显示协议统计和当前 TCP/IP 网络连接。

除了上述命令行工具外，还有一些非常实用的命令工具，如用于诊断 NetBIOS 名称问题的 nbtstat、用于诊断 DNS 问题的 nslookup 以及用于查看和设置路由的 route 等。

4.3 NIC 组合配置

Windows Server 2012 R2 操作系统本身集成 NIC 组合解决方案，配置和使用极其方便。

4.3.1 NIC 组合概述

NIC 组合（NIC Teaming）又称网卡聚合，旨在将两个或更多的网络适配器组合成一个逻辑适配器，为网络连接提供容错（高可用性）和带宽聚合。在 NIC 组合中，每个成员都有自己的物理形态，各自连接独立的线路，要求能正常连接到网络。

NIC 组合提供了一种廉价而高效的网络连接高可用性解决方案。在实际应用中，不管系统如何健壮，都不能完全避免主机的网卡、网卡所连接的交换机端口故障，甚至是交换机本身发生故障或出现问题而导致应用的不可用。NIC 组合可以满足对网络高可用性的需求。

NIC 组合也用来聚合多个网卡的带宽，从而提供更大的网络吞吐量。例如一台服务器拥有 3 个 1 Gbit/s 的吉比特网卡，将它们配置为一个 NIC 组合，形成一个逻辑的网卡，带宽将达 3 Gbit/s。

在 Windows Server 2008 R2 中，NIC 组合只能依靠第三方软件解决方案实现，如 HP、Dell、Intel、Broadcom 等公司开发的软件，而且需要配套的网络适配器硬件。如果在一个配置了 NIC 组合的网络上出现连接错误，需要寻求第三方的供应商来解决问题，微软自身无法提供相应的支持。微软从 Windows Server 2012 开始，操作系统内置 NIC 组合，用户不必依赖第三方，提供商、硬件和线路对用户来说都是透明的。

提示： 由于 NIC 组合出于带宽聚合或通信故障转移（防止在网络组件发生故障时失去连接）的目的将多个网络适配器聚到一个小组中，它也被称为负载平衡和故障转移（Load Balance and Failover，LBFO）。

4.3.2 NIC 组合的 3 种模式

Windows Server 2012 和 Windows Server 2012 R2 支持 3 种 NIC 组合模式。

1. 静态组合（Static Teaming）

这是一种依赖于交换机的组合方式，要求支持 NIC 组合的交换机参与，NIC 组合的所有成员适配器（网卡）连接到同一物理交换机，不能分散到不同的交换机上，如图 4-15 所示。

2. 交换机无关的组合（Switch-independent Teaming）

这是一种不依赖于交换机的组合方式，不要求交换机参与 NIC 组合，NIC 组合的成员适配器（网卡）可以连接到不同的交换机，如图 4-16 所示。

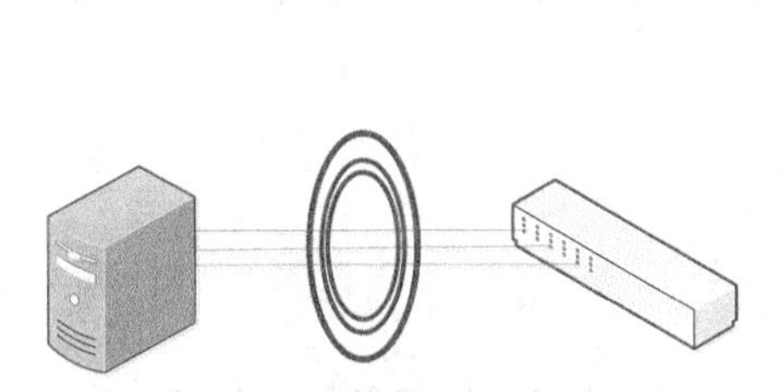

图 4-15　依赖交换机的静态组合

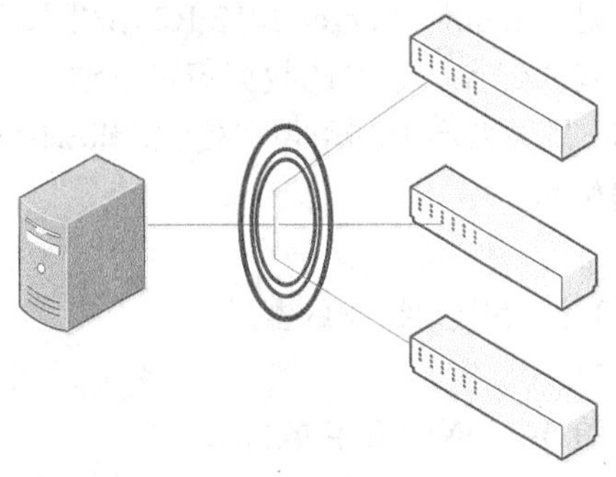

图 4-16　不依赖交换机的 NIC 组合

这种组合方式适用于任何交换机，包括非智能的交换机或支持 NIC 组合的交换机，由 Windows Server 2012 或 Windows Server 2012 R2 来完成相应的 NIC 组合处理工作，从而在交换机这个级别实现容错和高可用性。

3. 链路聚合控制协议（Link Aggregation Control Protocol，LACP）

这种模式实现到同一台交换机的链路聚合，只不过不是静态配置的，而是一种动态组合，通过一种智能的链路协商协议 LACP 进行自动协商来实现。LACP 原本用于交换机和交换机之间的链路聚合，启用了 LACP 协议的两台交换机会相互发送 LACP 的协商报文，当发现两者之间有多条可用的链路的时候，自动将这些链路组合成一条带宽更大的逻辑链路，从而利用负载均衡来实现增加交换机间链路带宽的目的。这是属于依赖于交换机的模式，与静态组合类似，组合中的所有成员适配器都连接到相同的交换机。

实际配置中，需要预先配置交换机以启用 LACP。一旦配置完成，无论交换机何时重新配置，都会把多块网卡合并成一个逻辑的线路，这种组合方式的速度是最快的。

4.3.3 NIC 组合的负载均衡模式

选择完组合模式之后，还需要选择负载均衡模式，以确定流量通过 NIC 组合时如何处理。负载均衡模式也有 3 种。

1. 地址散列（Address Hash）

使用这种模式，数据包到达 NIC 组合之后，会根据目的地址信息（通常是 MAC 地址、IP 地址和端口号）执行散列算法，根据算法的结果，NIC 组合决定由哪个成员适配器发送数据包。这种模式的不足之处在于无法控制流量的走向，如果有大量数据是流向一个目标地址，那么只会通过一块物理网卡来发送。

2. Hyper-V 端口

这种用于 Hyper-V 的模式，与无法控制的地址散列相比，效率更高，数据会通过绑定虚拟的不同物理网卡传输，同时这种绑定是基于每个虚拟网卡，而不是每台虚拟机的。如果使用 Hyper-V 外部虚拟交换机，建议选择这种模式。

3. 动态

这是 Windows Server 2012 R2 新引入的一种模式，也是目前最优化的模式，它吸取了前两种模式的优点。经过的数据流可以通过一个称为 flowlets 的概念均匀地分配给所有的成员适配器，最大效率地利用带宽资源。flowlets 的实质是将大的流量分割为若干较小的流量来优化数据传输。

4.3.4 NIC 组合的配置

实验 4-1 NIC 组合的配置

在配置 NIC 组合之前，要考虑是在物理服务器上还是在虚拟服务器上创建 NIC 组。在一台物理服务器上，Windows Server 2012 R2 一个 NIC 组合最多包括 32 个网络适配器。创建 NIC 组合至少包括一个网络适配器，单个网络适配器的 NIC 组合可以用于 VLAN（虚拟局域网）通信隔离，但只有至少包括两个网络适配器的 NIC 组合才具有容错能力。在 Hyper-V 虚拟服务器上一个 NIC 组合仅能包括两个成员适配器。

在 Windows Server 2012 R2 中创建 NIC 组合非常简单，可以通过图形界面的服务器管理器来配置，也可以通过 PowerShell 命令行进行配置。这里以服务器管理器配置 NIC 组合为例进行示范。首先确认安装有两个或两个以上的网卡，而且具有相同的连接速度。例中提供有两个网卡。

（1）以管理员权限的身份登录 Windows Server 2012 R2，打开服务器管理器。

（2）进入本地服务器配置管理界面，“属性”窗口默认显示 NIC 组合处于已禁用状态，如图 4-17 所示。

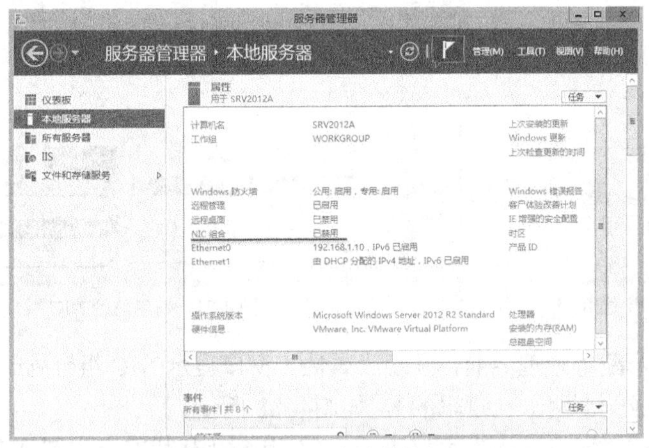

图 4-17　NIC 组合的状态

（3）单击“NIC 组合”右侧的“已禁用”链接打开相应的对话框，显示当前的 NIC 组合情况。如图 4-18 所示，例中有两个可以添加到组中的网络适配器。

（4）在“网络适配器”选项卡中选择要用于创建 NIC 组合的适配器（可按住 Ctrl 或 Shift 键进行多选），如图 4-19 所示，单击鼠标右键从快捷菜单中选择“添加到新组”命令（也可以从“任务”菜单中选择该命令）。

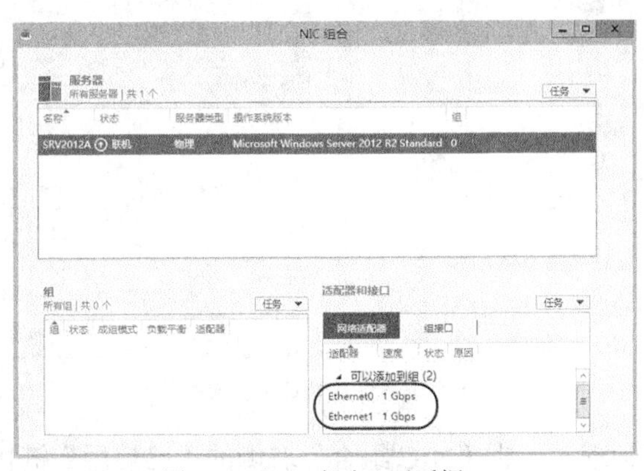

图 4-18　“NIC 组合”对话框

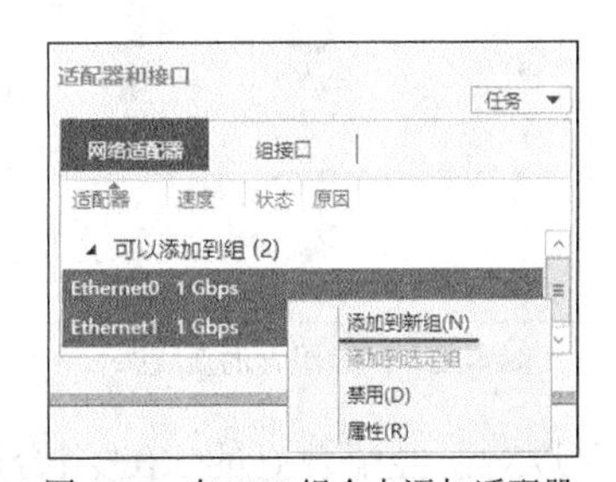

图 4-19　向 NIC 组合中添加适配器

（5）出现如图 4-20 所示的对话框，在“组名称”框中为新建组合命名，确认已选中要加入组合的成员适配器，然后单击“其他属性”按钮展开相应的选项，选择成组模式和负载均衡模式。

如果有多余的网络适配器，还可以为 NIC 组配置备用适配器。另外主要组接口用于设置 NIC 组的接口的 VLAN（虚拟局域网）成员身份。

（6）单击“确定”按钮，系统开始创建 NIC 组合。创建成功后，在“NIC 组合”对话框中可以看到已创建的组及其成员适配器，如图 4-21 所示。

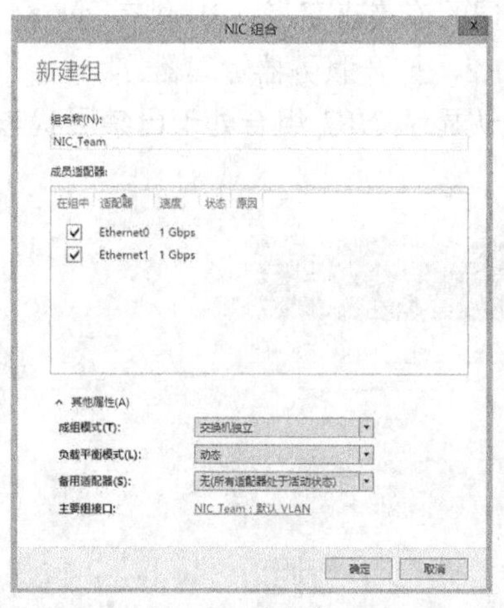

图 4-20　新建组

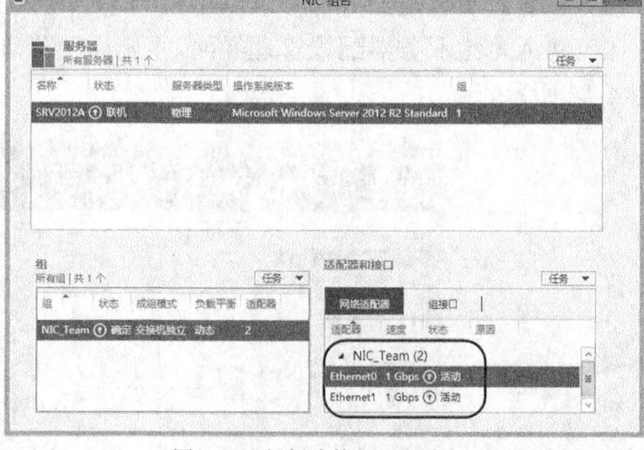

图 4-21　新创建的 NIC 组合

回到本地服务器配置管理界面，发现“属性”窗口显示 NIC 组合处于已启用状态，原来两个网卡已经合并成一个网卡（逻辑的），如图 4-22 所示。

通过控制面板的“网络连接”可以查看 NIC 组合及其状态，如图 4-23 所示。NIC 组合就是一个逻辑的网络连接，与物理网络连接一样可以查看和配置其属性和状态等。例中的 NIC 组合包括两个网卡，其速度是这两个成员网卡的速度和。

图 4-22　NIC 组合的新状态

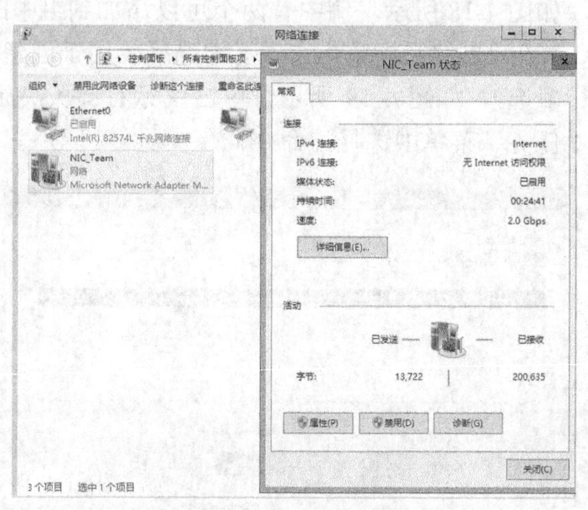

图 4-23　查看 NIC 组合的信息

可以对已经配置好的 NIC 组合进行管理。单击“NIC 组合”右侧的“已启用”链接打开相应的对话框，如图 4-24 所示，可以在“组”窗格中删除现有的组，或者查看、修改组的属性，还可以在“适配器和接口”窗格中的“网络适配器”选项卡中增删组成员。一旦删除 NIC

组，组成员将恢复原来的非成组状态。

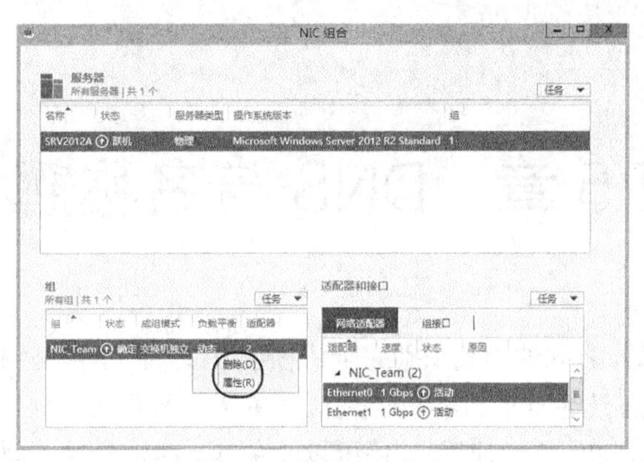

图 4-24　管理 NIC 组合

4.4　习　　题

1．简述 TCP/IP 协议的分层结构。
2．简述域网络架构。
3．IPv6 地址分为哪几种类型？
4．解释 IPv6 全球单播地址与链路本地单播地址。
5．什么是 NIC 组合？它有什么作用？
6．NIC 组合有哪几种模式？
7．NIC 组合的负载均衡模式有哪几种？
8．在 Windows Server 2012 R2 服务器中创建一个 NIC 组合。

第 5 章　DNS 与名称解析

TCP/IP 网络中各节点之间的相互识别完全依赖于 IP 地址。用数字表示的 IP 地址难以记忆，而且不能形象、直观地描述企业或机构，于是就产生了“名称一地址”转换方案，为联网计算机赋予有意义的名称来帮助记忆和识别，还可以避免 IP 地址变动的问题。名称与地址的转换是由名称解析系统来实现的。DNS 名称解析是 TCP/IP 网络必须提供的基本服务。本章首先介绍名称解析的基础知识，然后重点讲解 Windows Server 2012 R2 的 DNS 服务器配置与管理。

本章的实验环境涉及两台运行 Windows Server 2012 R2 的服务器和一台运行 Windows 8.1 的客户机，计算机名称（IP 地址）分别是 SRV2012A（192.168.1.10）、SRV2012B（192.168.1.20）和 Win8-PC（192.168.1.50）。

5.1　名称解析基础

Windows 网络主要有两类计算机名称解析方案，一类是主机名解析，可用的机制是 hosts 文件和域名服务；另一类是 NetBIOS 名称解析，可用的机制是网络广播、WINS 以及 lmhosts 文件。不管采用哪种机制，目的都是要将计算机名称和 IP 地址等同起来。

5.1.1　hosts 文件

现在的域名系统是由 hosts 文件发展而来的。早期的 TCP/IP 网络用一个名为 hosts 的文本文件对网内的所有主机提供名称解析。该文件是一个纯文本文件，又称主机表，可用文本编辑器来处理，这个文件以静态映射的方式提供 IP 地址与主机名的对照表，例如：

```
127.0.0.1    localhost
192.168.1.10     srv2012a     dns.abc.com
```

主机名既可以是完整的域名，也可以是短格式的主机名，还可以包括若干别名，使用起来非常灵活。不过，每台主机都需要配置相应的 hosts 文件（位于 Windows 计算机的 \%SystemRoot%\System32\drivers\etc 文件夹）并及时更新，管理起来很不方便。这种方案目前仍在使用，仅适用于规模较小的 TCP/IP 网络，或者一些网络测试场合。

5.1.2　DNS 域名解析

随着网络规模的扩大，hosts 文件无法满足主机名解析需要，于是产生了一种基于分布式数据库的域名系统 DNS（Domain Name System），用于实现域名与 IP 地址之间的相互转换。DNS 域名解析可靠性高，即使单个节点出了故障，也不会妨碍整个系统的正常运行。

1. DNS 结构与域名空间

如图 5-1 所示，DNS 结构如同一棵倒过来的树，层次结构非常清楚，根域位于最顶部，紧接着在根域的下面是几个顶级域，每个顶级域又进一步划分为不同的二级域，二级域下面再划分子域，子域下面可以有主机，也可以再分子域，直到最后是主机。

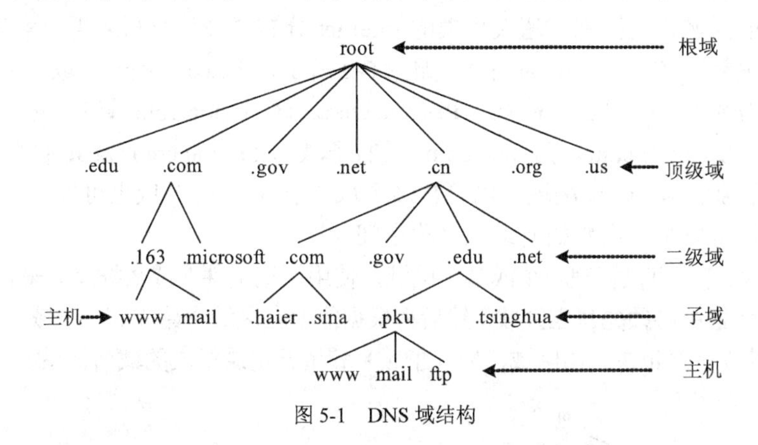

图 5-1　DNS 域结构

将这个树状结构称为域名空间（Domain Name Space），DNS 树中每个节点代表一个域，通过这些节点对整个域名空间进行划分，形成一个层次结构，最大深度不得超过 127 层。

域名空间的每个域的名字通过域名进行表示。与文件系统的结构类似，每个域都可以用相对或绝对的名称来标识。相对于父域（上一级域）来表示一个域，可以用相对域名；绝对域名指完整的域名，称为 FQDN（Fully Qualified Domain Name，可译为“全称域名”或“完全规范域名”），采用从节点到 DNS 树根域的完整标识方式，并将每个节点用符号“.”分隔。要在整个 Internet 范围内来识别特定的主机，必须用 FQDN，例如 google.com。

FQDN 有严格的命名限制，长度不能超过 256 字节，只允许使用字符 a～z、0～9、A～Z 和连接号“-”。点号“.”只允许在域名标识符之间或者 FQDN 的结尾使用。域名不区分大小写。

Internet 上每个网络都必须向 InterNIC（国际互连网络信息中心）注册自己的域名，这个域名对应于自己的网络，是网络域名。拥有注册域名后，即可在网络内为特定主机或主机的特定应用程序或服务自行指定主机名或别名，如 www、ftp。对于内网环境，可不必申请域名，完全按自己的需要建立自己的域名体系。

2. 域名系统的组成

DNS 基于客户机/服务器机制实现域名与 IP 地址转换。域名系统包括以下 4 个组成部分。

- 名称空间。指定用于组织名称的域的层次结构。
- 资源记录。将域名映射到特定类型的资源信息，注册或解析名称时使用。
- DNS 服务器。存储资源记录并提供名称查询服务的程序。
- DNS 客户端。也称解析程序，用来查询服务器获取名称解析信息。

3. 区域及其授权管辖

域是名称空间的一个分支，除了最末端的主机节点之外，DNS 树中的每个节点都是一个域，包括子域（Subdomain）。整个域空间非常庞大，这就需要划分区域进行管理，以减轻网络管理负担。区域（Zone）通常表示管理界限的划分，是 DNS 名称空间的一个连续部分，它开始于一个顶级域，一直到一个子域或是其他域的开始。区域管辖特定的域名空间，它也是 DNS 树状结构上的一个节点，包含该节点下的所有域名，但不包括由其他区域管辖的域名。也正是有这样的区域管辖机制，超大规模的 Internet 分布式域名解析才得以实现。

这里举例说明区域与域之间的关系。如图 5-2 所示，abc.com 是一个域，用户可以将它划分为两个区域分别管辖：abc.com 和 sales.abc.com。区域 abc.com 管辖 abc.com 域的子域 rd.abc.com 和 office.abc.com，而 abc.com 域的子域 sales.abc.com 及其下级子域则由区域 sales.abc.com 单独管辖。一个区域可以管辖多个域（子域），一个域也可以分成多个部分交由多个区域管辖，这取决于用户如何组织名称空间。

一台 DNS 服务器可以管理一个或多个区域，使用区域文件（或数据库）来存储域名解析数据。在 DNS 服务器中必须先建立区域，然后再根据需要在区域中建立域（子域），最后在区域或域（子域）中建立资源记录。由区域、域（子域）和资源记录组成的域名体系如图 5-3 所示。

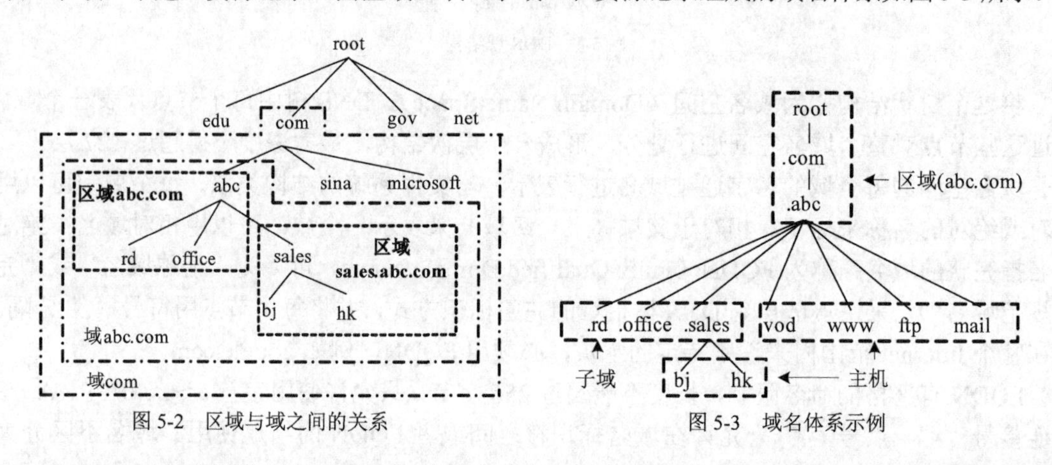

图 5-2 区域与域之间的关系　　图 5-3 域名体系示例

区域是授权管辖的，区域在授权服务器上定义，负责管理一个区域的 DNS 服务器就是该区域的授权服务器（又称权威服务器）。如图 5-4 所示，例中企业 abc 有两个分支机构 corp 和 branch，它们又各有下属部门，abc 作为一个区域管辖，分支机构 branch 单独作为一个区域管辖。一台 DNS 服务器可以是多个区域的授权服务器。整个 Internet 的 DNS 系统是按照域名层次组织的，每台 DNS 服务器只对域名体系中的一部分进行管辖。不同的 DNS 服务器有不同的管辖范围。

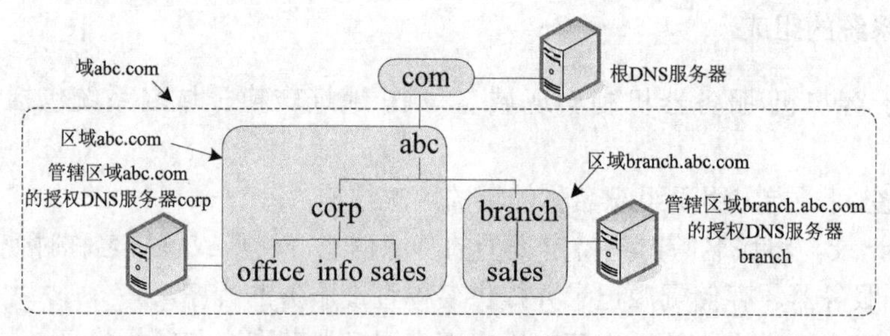

图 5-4 DNS 区域授权管辖示例

根 DNS 服务器通常用来管辖顶级域（如.com），当本地 DNS 服务器不能解析时，它便以 DNS 客户端身份向某一根 DNS 服务器查询。根 DNS 服务器并不直接解析顶级域所属的所有域名，但是它一定能够联系到所有二级域名的 DNS 服务器。

每个需要域名的主机都必须在授权 DNS 服务器上注册，授权 DNS 服务器负责对其所管辖的区域内的主机进行解析。通常授权 DNS 服务器就是本地 DNS 服务器。

4. 区域委派

DNS 基于委派授权原则自上而下解析域名，根 DNS 服务器仅知道顶级域服务器的位置，顶级域服务器仅知道二级域服务器的位置，依此类推，直到在目标域名的授权 DNS 服务器上找到相应记录。

DNS 名称空间分割成一个或多个区域进行管辖，这就涉及子域的授权问题。这有两种情况，一种情况是将父域的授权服务器作为子域的授权服务器，它所有的数据都存在于父域的授权服务器上；另一种情况是将子域委派给其他 DNS 服务器，它所有的数据存在于受委派的服务器上。

委派（Delegation，又译为“委托”）是 DNS 成为分布式名称空间的主要机制。它允许将 DNS 名称空间的一部分划出来，交由其他服务器负责。如图 5-4 所示，branch.abc.com 是 abc.com 的一部分，但是 branch.abc.com 名称空间由区域 abc.com 委派给服务器 branch 负责，branch.abc.com 区域的数据保存在服务器 branch 上，服务器 corp 仅提供一个委派链接。

区域委派具有以下 3 个优点。

- 减少 DNS 服务器的潜在负载，如果.com 域的所有内容都由一台服务器负责，那么成千上万个域的内容会使服务器不堪重负。
- 减轻管理负担，分散管理使得分支机构也能够管理它自己的域。
- 负载平衡和容错。

5. DNS 查询结果

DNS 解析分为正向查询和反向查询两种类型，前者指根据计算机的 DNS 域名解析出相应的 IP 地址，后者指根据计算机的 IP 地址解析其 DNS 名称。

DNS 查询结果可分为以下 4 种类型。

- 权威性应答。返回至客户端的肯定应答，是从直接授权机构的服务器获取的。
- 肯定应答。返回与查询的 DNS 域名和查询消息中指定的记录类型相符的资源记录。
- 参考性应答。包括查询中名称或类型未指定的其他资源记录，若不支持递归过程，则这类应答返回至客户端。
- 否定应答。表明在 DNS 名称空间中没有查询的名称，或者查询的名称存在，但该名称不存在指定类型的记录。

对于权威性应答、肯定或否定应答，域名解析程序都将其缓存起来。

6. DNS 缓存

使用缓存可以大大减少 DNS 查询的开销。通常每台 DNS 服务器都维护一个高速缓存，存放最近访问过的域名及其解析记录。收到客户的域名解析请求时，DNS 服务器首先按标准过程检查它是否属于授权管辖区域的域名，如果未被授权，则查看自己的高速缓存。

许多 DNS 客户端也支持高速缓存，维护存放自己最近使用的域名及其解析记录，通常只有从缓存中查不到结果时，才使用 DNS 服务器。这样一方面提高 DNS 查询效率，另一方面减轻 DNS 服务器的负担，使得服务器可为更多主机提供 DNS 解析服务。

7. 递归查询与迭代查询

递归查询要求 DNS 服务器在任何情况下都要返回结果。一般 DNS 客户端向 DNS 服务器提出的查询请求属递归查询。标准的递归查询过程如图 5-5 所示。假设域名为 test1.abc.com 的主机要查询域名为 www.info.xyz.com 的服务器的 IP 地址。它首先向其本地 DNS 服务器（区域 abc.com 授权 DNS 服务器）查询（第 1 步）；本地 DNS 服务器查询不到，就通过根提示文件向负责.com 顶级域的根 DNS 服务器查询（第 2 步）；根 DNS 服务器根据所查询域名中的“xyz.com”再向 xyz.com 区域授权 DNS 服务器查询（第 3 步）；该授权 DNS 服务器直接解析域名 www.info.xyz.com，将查询结果按照图中的第 4～6 步的顺序返回给请求查询的主机。

采用这种方式，根 DNS 服务器需要经过逐层查询才能获得查询结果，效率很低，而且还会增加根 DNS 服务器的负担。为解决这个问题，实际上采用图 5-6 所示的解决方案：根 DNS 服务器在收到本地 DNS 服务器提交的查询时（第 2 步），直接将下属的授权 DNS 服务器的 IP 地址返回给本地 DNS 服务器（第 3 步），然后让本地 DNS 服务器直接向 xyz.com 区域授权 DNS 服务器查询。这是一种递归与迭代相结合的查询方法。

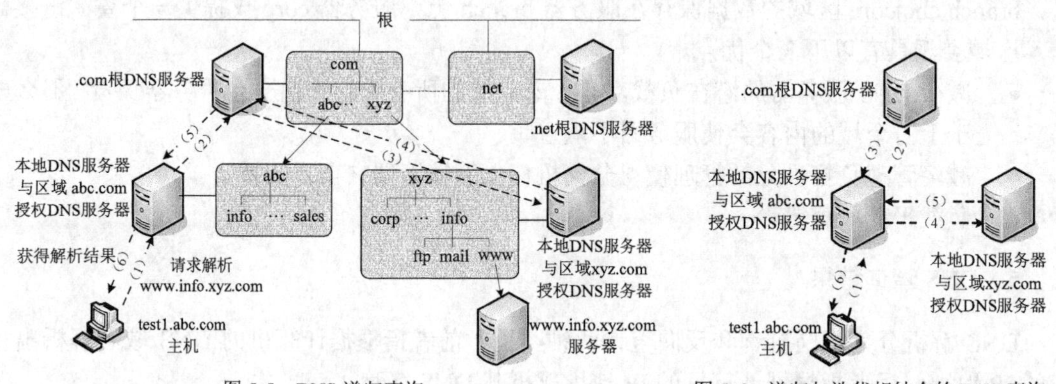

图 5-5　DNS 递归查询　　图 5-6　递归与迭代相结合的 DNS 查询

迭代查询将对 DNS 服务器进行查询的任务交给 DNS 客户端，DNS 服务器只是给客户端返回一个提示，告诉它到另一台 DNS 服务器继续查询，直到查到所需结果为止。如果最后一台 DNS 服务器中也不能提供所需答案，则宣告查询失败。一般 DNS 服务器之间的查询请求属于迭代查询。

8. DNS 服务器类型

根据配置或角色，可将 DNS 服务器分为以下 4 种类型。

- 主域名服务器（primary name server）：存储某个名称空间的原始和权威区域记录，为其他域名服务器提供关于该名称空间的查询。
- 辅助域名服务器（second name server）：又称从域名服务器，名称空间信息来自主域名服务器，响应来自其他域名服务器的查询请求。辅助域名服务器可提供冗余服务。

- 高速缓存 DNS 服务器（caching only server）：又称惟缓存服务器，将它收到的解析信息存储下来，并再将其提供给其他用户进行查询，直到这些信息过期。它对任何区域都不能提供权威性解析。
- 转发服务器（forwarding server）：向其他 DNS 服务器转发不能满足的查询请求。如果接收转发要求的 DNS 服务器未能完成解析，则解析失败。

DNS 服务器可以是以上一种或多种配置类型。例如，一台域名服务器可以是一些区域的主域名服务器、另一些区域的辅助域名服务器，并且仅为其他区域提供转发解析服务。

9. 域名解析过程

DNS 域名解析过程如图 5-7 所示，具体步骤说明如下。

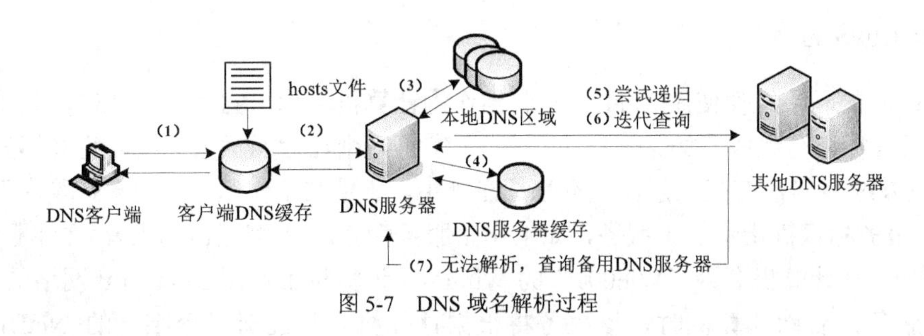

图 5-7　DNS 域名解析过程

（1）使用客户端本地 DNS 解析程序缓存进行解析，如果解析成功，返回相应的 IP 地址，查询完成。否则继续尝试下面的解析。

本地解析程序的域名信息缓存有以下两个来源。

- 如果本地配置有 host 文件，则来自该文件的任何主机名称到地址的映射，在 DNS 客户服务启动时将其映射记录预先加载到缓存中。host 文件比 DNS 优先响应。
- 从以前 DNS 查询应答的响应中获取的资源记录，将被添加至缓存并保留一段时间。

（2）客户端将名称查询提交给所设定的首选（主）DNS 服务器。

（3）DNS 服务器接到查询请求，搜索本地 DNS 区域数据文件（存储域名解析数据），如果查到匹配信息，则做出权威性应答，返回相应的 IP 地址，查询完成。否则继续解析。

（4）如果本地区域数据库中没有，就查 DNS 服务器本地缓存，如果查到匹配信息，则做出肯定应答，返回相应的 IP 地址，查询完成。否则继续下面的解析过程。

（5）使用递归查询来完全解析名称，这需要其他 DNS 服务器的支持。

递归查询要求 DNS 服务器在任何情况下都要返回所请求的资源记录信息。例如，要使用递归过程来定位名称 host.abc.com，首先使用根提示文件查找根服务器，确定对顶级域.com 具有权威性控制的 DNS 服务器的位置；随后对顶级域名.com 使用迭代查询，以便获取 abc.com 服务器的参考性应答；最后与 abc.com 服务器联系上，并向发起递归查询的源 DNS 服务器做出权威性的应答。当源 DNS 服务器接收到权威性应答时，将其转发给发起请求的客户端，从而完成递归查询。

（6）如果不能使用递归查询（例如 DNS 服务器禁用递归查询），则使用迭代查询。

（7）如果还不能解析该名称，则客户端按照所配置的 DNS 服务器列表，依次查询其中所列的备用 DNS 服务器。

提示：采用递归或迭代来处理客户端查询时，将所获得的大量有关DNS名称空间的重要信息交由DNS服务器缓存，既加速DNS解析的后续查询，又减少网络上与DNS相关的查询通信量。

5.1.3 NetBIOS名称解析

NetBIOS是Windows传统的名称解析方案，主要目的是向下兼容低版本Windows系统。启用NetBIOS时，每一台计算机都由操作系统分配一个NetBIOS名称。NetBIOS早就该被DNS域名取代，但是因为还有一些Windows服务仍然在使用它，所以它仍然是Windows网络的一个完整部分。

1. NetBIOS名称

Windows的网络组件使用NetBIOS名称作为计算机名称，它由一个15字节的名字和1个字节的服务标识符组成。如果名字少于15个字符，则在后面插入空格，将其填充为15个字符。NetBIOS命名没有任何层次，不管是在域中，还是在工作组中，同一网段内不能重名。第16字节服务标识符指示一个服务，如工作站服务为00，主浏览器为1D，文件服务器服务为20。例如，在计算机名为“Win001”的Windows计算机上启用Microsoft网络的文件和打印机共享服务，启动计算机时，该服务将根据计算机名称注册一个唯一的NetBIOS名称“Win001 [20]”。在TCP/IP网络中建立文件和打印共享连接之前，必须先创建TCP连接。要建立TCP连接，还必须将该NetBIOS名称解析成IP地址。

NetBIOS名称分为两种：唯一（Unique）名称和组（Group）名称。当NetBIOS进程与特定计算机上的特定进程通信时使用前者；与多台计算机上的多个进程通信时使用后者。

2. NetBIOS的节点类型

Windows计算机可以通过多种方式在网络上将NetBIOS名称注册并解析到IP地址。系统通过节点类型（Node Type）指定计算机应该使用哪些方式，以及按照什么顺序使用这些方式。共有以下4种节点类型。

- B节点（B-node）。客户端使用网络广播来注册和解析NetBIOS名称。
- P节点（P-node）。客户端定向单播（点对点）通信到NetBIOS名称服务器（简称NBNS）注册和解析NetBIOS名称。
- M节点（M-node）。B节点和P节点的混合方式。名称注册客户端使用广播。名称解析客户端先使用广播（相当于B节点），不成功则定向单播通信到NBNS（相当于P节点）。
- H节点（H-node）。P节点和B节点的混合方式。名称注册和解析客户端都先定向单播通信到NBNS（相当于P节点）；如果不可用，再使用广播方式（相当于B节点）继续。

Windows计算机默认采用B节点，将其配置为WINS客户端时则变成H节点。WINS（Windows Internet Name Server）是NetBIOS名称注册和解析的企业网络解决方案，用来提供与DNS相似的NetBIOS名称服务。WINS服务器是典型的NetBIOS名称服务器（NBNS）。

3. NetBIOS 名称注册

运行低版本 Windows 系统的计算机无论何时登录到网络，都要求注册（登记）自己的 NetBIOS 名称，以确保没有其他系统正在使用相同名称和 IP 地址。计算机移动到其他子网上，并且手工地改变其 IP 地址，则注册过程能够确保其他系统和 WINS 服务器都知道这个变化。计算机使用的名称注册方法依赖于其节点类型。B 节点和 M 节点使用广播来注册 NetBIOS 名称，而 H 节点和 P 节点直接向 WINS 服务器发送单播消息。

4. NetBIOS 名称解析

系统解析一个 NetBIOS 名称时，总是最先查询 NetBIOS 名称高速缓存。如果在高速缓存中找不到这个名称，就会根据系统节点类型决定后续的解析方式。非 WINS 客户端 NetBIOS 名称解析顺序：名称高速缓存→广播→lmhosts 文件。WINS 客户端可使用所有可用的 NetBIOS 名称解析方式，具体顺序：名称高速缓存→WINS 服务器→广播→lmhosts 文件。每一步如果解析不成功将转向下一步，否则结束名称解析。

（1）NetBIOS 名称缓存。在每个网络会话过程中，系统在内存高速缓存中存储所有成功解析的 NetBIOS 名称，便于重新使用，这是效率最高的解析方式。NetBIOS 名称缓存是所有类型节点最先访问的资源。

（2）广播解析。将名称解析请求广播到本地子网上的所有系统，每个接收到该消息的系统必须检查要请求其 IP 地址的 NetBIOS 名称。广播方式是系统内置的，不需配置，能保证同一网段中计算机名称的唯一性。但是只局限于同一网段，无法跨路由器查询不同网段的计算机。

（3）lmhosts 文件解析。lmhosts 文件提供静态的 NetBIOS 名称与 IP 地址对照表，一般作为 WINS 和广播的替补方式。这种方式的查询速度相对较慢，但可以跨网段解析名称。对于非 WINS 客户端来说，这是对其他网段上的计算机唯一可用的 NetBIOS 名称解析方式。

（4）WINS 解析。WINS 是 Microsoft 推荐的 NetBIOS 名称解析方案。不同于广播方式，WINS 只使用单播传输，大大减少了 NetBIOS 名称解析产生的流量，而且不用考虑网段之间的边界。

WINS 服务可以克服广播解析和 lmhosts 这两种方式的不足，并且部署简单、方便。WINS 运行机制如图 5-8 所示。WINS 将 IP 地址动态地映射到 NetBIOS 名称，保持 NetBIOS 名称和 IP 地址映射的数据库，WINS 客户端用它来注册自己的 NetBIOS 名称，并查询运行在其他 WINS 客户端名称的 IP 地址。

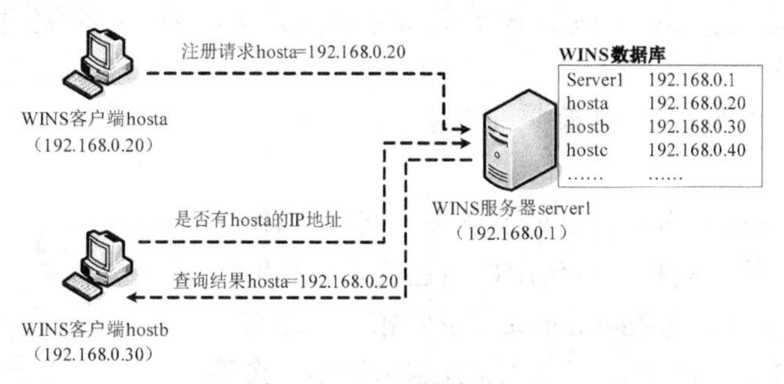

图 5-8　WINS 运行机制

5. 禁用 NetBIOS 名称解析

支持 NetBIOS 的唯一目的是兼容历史遗留的系统和应用程序。要在 Windows 网络环境里使用纯粹的 TCP/IP 实现方案，就应当放弃 NetBIOS 名称解析，完全使用 DNS 系统。停用 NetBIOS 需要首先升级所有低版本 Windows 操作系统，同时检查是否运行有依靠 NetBIOS 的应用程序。然后在所有 Windows 系统上禁用 NetBIOS。可在网络连接的高级 TCP/IP 协议设置对话框中的“WINS”选项卡上选中“禁用 TCP/IP 上的 NetBIOS”选项。

5.1.4 首选 DNS 名称解析方案

每一个完善的 TCP/IP 网络都应提供 DNS 服务。考虑到兼容性和功能，名称解析应采用 DNS 系统，如面向 Internet 或较大规模的 Intranet 提供的名称解析服务，或者在采用 Windows、UNIX 等多种操作系统的混合网络中部署 DNS 系统。在 Windows 网络中，DNS 是一种重要的基础组件，Active Directory 域和 Kerberos 认证系统等基础架构都必须依赖它。

Windows 服务器支持动态 DNS，动态 DNS 提供与 WINS 类似的服务，能够让客户端在 DNS 中自动建立主机记录，并使用 DNS 查找其他动态注册的主机名称，不需要 DNS 管理人员的参与。与 WINS 相比，动态 DNS 更先进，可以建立层次名称体系，而且是一个通用于各种平台的开放性标准。

5.2 DNS 规划

部署 DNS 首先要做好规划，一是域名空间规划，选择或注册一个唯一的父 DNS 域名，通常是二级域名，根据用户的组织机构设置和网络服务规划建立分层的域名体系；二是服务器规划，确定 DNS 服务器的数量及其角色（主服务器/辅助服务器）。实际应用中往往需要根据网络环境，选择不同的 DNS 部署方案。

在 Windows 网络中，DNS 服务器已集成到 Active Directory 的设计和实施中，并与 Active Directory 共享相同的名称空间结构。一方面，部署 Active Directory 需要以 DNS 为基础，定位域控制器需要 DNS 服务器；另一方面，Windows 的 DNS 服务器可使用 Active Directory 来存储和复制区域。安装 Active Directory 时，在域控制器上运行的 DNS 服务器使用 Active Directory 数据库的目录集成区域存储区。如果准备使用 Active Directory，则需要首先规划 DNS 名称空间。可从 Active Directory 设计着手并用适当的 DNS 名称空间支持它。

5.2.1 在独立的内网中部署 DNS

DNS 服务器只面向内网提供域名服务，DNS 系统的设计和实现不存在什么限制。可使用由自己完全主持的内部专用 DNS 名称空间，与 Internet 域名空间相似，通常设计一个自身包含 DNS 域树的结构和层次，这里给出一个简单例子，如图 5-9 所示。

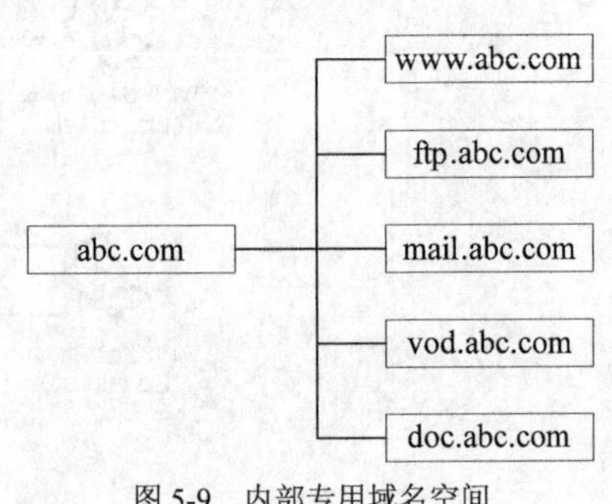

图 5-9 内部专用域名空间

需要部署内部 DNS 服务器，该服务器为根域和顶级域主持区域，可以选择任何 DNS 命名标准配置 DNS 服务器，作为网络 DNS 分布式设计的有效根服务器。内网多为高速局域网，即使对于较大的、有多重子网的网络区域，往往也只需部署一台 DNS 服务器。为提供备份和故障转移，可再配置一台备份 DNS 服务器。对于拥有大量节点的网络，至少要在每个 DNS 区域上使用两台服务器。

如果建立域网络，DNS 服务器要与 Active Directory 规划结合起来。可从 Active Directory 设计着手并用适当的 DNS 名称空间支持它，内网的域名可直接进行规划，不要考虑 Internet 域名。通常将 DNS 服务器安装在域控制器上。

5.2.2　直接使用 Internet 的 DNS

如果只需要在 Internet 上使用 DNS，一般不需要部署自己的 DNS 服务器，只需使用 ISP 提供的 DNS 服务器即可，只是名称空间要纳入整个 Internet 的 DNS 名称空间，在 Internet 上注册自己的二级域名或三级域名。

域名注册通常由 ISP 代理。选择目前尚未注册或使用的二级域名或三级域名，然后注册并获得至少一个可在 Internet 上有效使用的 IP 地址，最后向 Internet 域名注册机构申请注册自己的 DNS 域名（一般是网络域名）。拥有注册域名后，即可为特定主机或主机的特定网络服务，自行指定主机名或别名，如 info、www。

5.2.3　在接入 Internet 的内网中部署 DNS

多数内网都要连接到 Internet（外网），这就需要对 Internet 上 DNS 服务器进行引用或转发，DNS 的部署相对复杂一些。

因为要引用外部 DNS 名称空间，通常采用兼容于外部域名空间的内部域名空间方案，将用户的内部 DNS 名称空间规划为外部 DNS 名称空间的子域，如图 5-10 所示，例中 Internet 名称空间是 abc.com，内部名称空间是 corp.abc.com。

也可采用另一种命名方案，即内部域名空间和外部域名空间各成体系，内部 DNS 名称空间使用自己的体系，外部 DNS 名称空间使用注册的 Internet 域名。

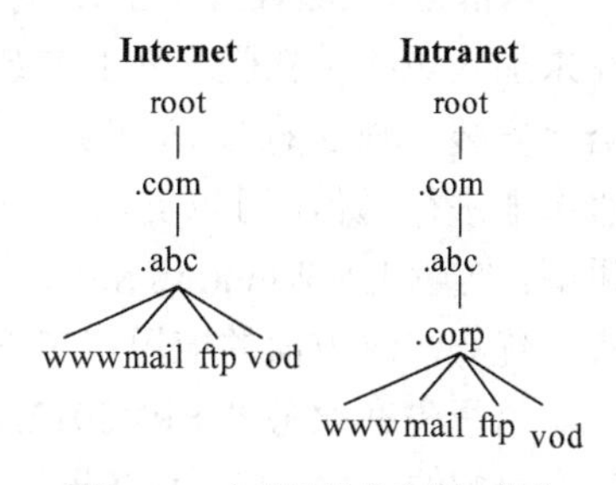

图 5-10　内外网域名空间一体化

如果需要 Active Directory，往往要结合 Internet 域名选择 DNS 名称，以在 Internet 上注册的 DNS 域名后缀开始，并将该名称与用户的地理信息或组织机构设置结合起来，组成 Active Directory 域的全名。例如，某企业将其销售部的域命名为 sales.abc.com。

服务器部署也有两种方案。一种方案是在内外网分别部署 DNS 服务器，如图 5-11 所示，在内网中部署内部 DNS 服务器以主持内部 DNS 名称空间，负责内部域名解析；在防火墙前面部署外部 DNS 服务器（多数直接使用公共的 DNS 服务器），负责 Internet 名称解析。通常在内部 DNS 服务器上设置 DNS 向外转发功能，便于内网主机查询 Internet 名称。

另一种方案是在内网部署可对外服务的 DNS 服务器，通过设置防火墙的端口映射功能，将内部 DNS 服务器对 Internet 开放，让外部主机使用内部 DNS 服务器也可进行名称解析，如图 5-12 所示。

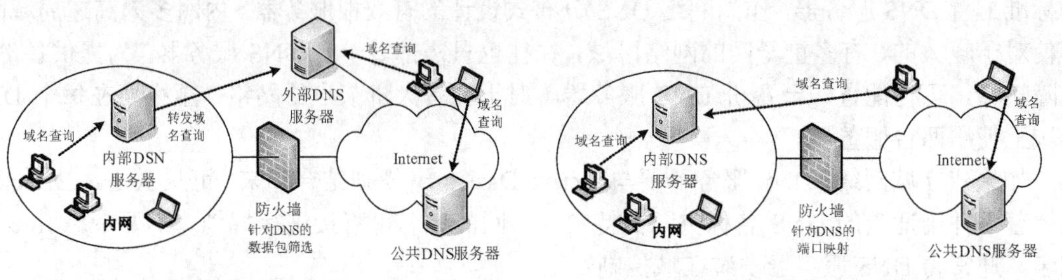

图 5-11　内外网分别部署 DNS 服务器　　　　图 5-12　内网发布 DNS 服务器

5.3　DNS 基本配置和管理

一般网络操作系统都内置 DNS 服务器软件，Windows Server 2012 R2 与其之前的版本一样提供内置的 DNS 服务器角色。它可以向后兼容到 Windows Server 2003 的 DNS，不过 Windows Server 2008 之前的版本只能解析 IPv4 地址，不支持 IPv6 地址。

作为一个标准的 DNS 服务器，Windows Server 2012 R2 的 DNS 服务器符合 DNS RFC 规范，可与其他 DNS 服务器实现系统之间的互操作，而且具备很多增强特性。除 DNS 标准命名协议外，该 DNS 服务器的域名还支持使用扩展 ASCII 和下划线字符，不过这种增强字符只能支持用于全网运行 Windows 操作系统的纯 Windows 网络。

5.3.1　DNS 服务器的安装

Windows Server 2012 R2 的 DNS 可以根据具体的应用场合以不同的配置进行安装。可以在未加入域的独立服务器上安装，也可以在已加入域的成员服务器或 Active Directory 域控制器上安装。独立的 DNS 服务器就是通用的 Internet 名称解析服务器，可以与 Internet 根 DNS 服务器进行通信，可以支撑一个局域网。本章以独立服务器安装和配置 DNS 服务器为例进行讲解。实际上，Windows Server 2012 R2 的 DNS 只有与 Active Directory 一起使用才能真正发挥其优势，这方面的应用将在下一章讲解。

这里先在服务器 SRV2012A 上安装。首先要确认服务器本身的 IP 地址是固定的，不能是动态分配的。然后使用服务器管理器中的添加角色和功能向导来安装 DNS 服务器。当出现“选择服务器角色”界面时，从“角色”列表中选择“DNS 服务器”角色，会提示需要安装额外的管理工具“DNS 服务器工具”，单击“添加功能”按钮关闭该对话框回到“选择服务器角色”界面，此时“DNS 服务器”已被选中，再单击“下一步”按钮，根据向导的提示完成安装过程。安装完毕即可运行 DNS 服务器，不必重新启动系统。这样就创建了一台独立的 DNS 名称服务器。

5.3.2　DNS 服务器管理工具

Windows Server 2012 R2 提供了两种 DNS 服务器管理工具，分别是图形界面的 DNS 管理器（一个 MMC 管理单元）和命令行工具 PowerShell。PowerShell 适合高级管理员使用，除了具备 DNS 管理器的管理功能之外，还提供了一些额外的功能，如创建目录分区。这里主要介绍 DNS 管理器。

管理员通过 DNS 管理器对 DNS 服务器进行配置和管理。从“管理工具”菜单或服务器管理器的“工具”菜单中选择“DNS”命令可打开 DNS 管理器。也可以在服务器管理器的“本地服务器”界面，通过“任务”菜单来打开 DNS 管理器。

DNS 服务器是以区域而不是以域为单位来管理域名服务的。DNS 数据库的主要内容是区域文件。一个域可以分成多个区域，每个区域可以包含子域，子域可以有自己的子域或主机。DNS 管理器主界面如图 5-13 所示，可见 DNS 是典型的树状层次结构。DNS 管理器可以管理多个 DNS 服务器，一个 DNS 服务器可以管理多个区域，每个区域可再管理域（子域），域（子域）再管理主机，基本上就是“服务器→区域→域→子域→主机（资源记录）”的层次结构。

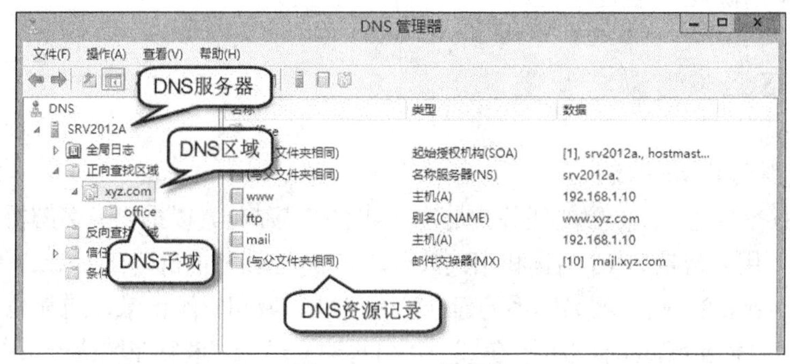

图 5-13　DNS 管理器

建议从“查看”菜单中选中“高级”选项，这样能提供更多的配置管理选项。

5.3.3　DNS 服务器级管理

在 DNS 服务器级主要是执行服务器级管理任务和设置 DNS 服务器属性。

1. 服务器级管理

如图 5-14 所示，在 DNS 管理器中右击要配置的 DNS 服务器，从快捷菜单中选择相应的命令，可对 DNS 服务器进行管理，如停止服务、清除缓存等。

2. 管理其他 DNS 服务器

安装 DNS 服务器后，系统自动将本机默认的 DNS 服务器添加到 DNS 控制台树中。还可将其他基于 Windows 平台的 DNS 服务器添加到控制台中进行管理。在 DNS 控制台树中右击“DNS”节点，选择“连接到 DNS 服务器”命令，设置要管理的 DNS 服务器。

3. 设置 DNS 服务器属性

在 DNS 管理器中右击要配置的 DNS 服务器，从快捷菜单中选择“属性”命令打开如图 5-15 所示的属性对话框，可通过设置各种属性来配置 DNS 服务器。

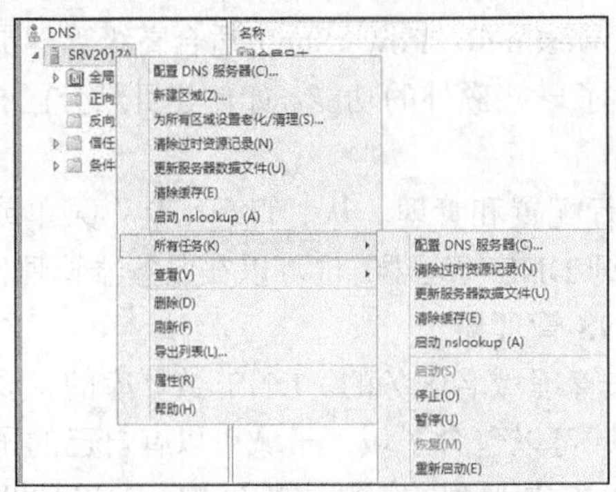

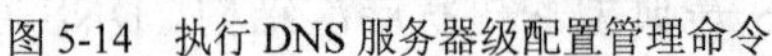
图 5-14　执行 DNS 服务器级配置管理命令

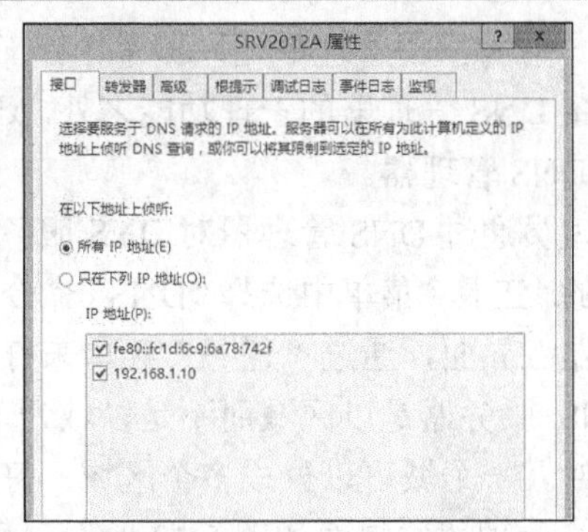

图 5-15　设置 DNS 服务器属性

默认在“接口”选项卡设置 DNS 服务监听接口。例中监听所有 IP 地址，包括 IPv6 地址。如果要屏蔽一些地址，选中“只在下列 IP 地址”选项，只勾选所需的 IP 地址。如果不想支持 IPv6 地址，请清除相关的复选框。

5.3.4　DNS 区域配置与管理

实验 5-1　创建 DNS 区域

安装 DNS 服务器之后，首要的任务就是建立域的树状结构，以提供域名解析服务。区域实际上是一个数据库，用来链接 DNS 名称和相关数据，如 IP 地址和主机，在 Internet 中一般用二级域名来命名，如 microsoft.com。域名体系的建立涉及区域、域和资源记录，通常是首先建立区域，然后在区域中建立 DNS 域，如有必要，在域中还可再建立子域，最后在域或子域中建立资源记录。

1. 区域类型

按照解析方向，DNS 区域分为以下两种类型。

- 正向查找区域。即名称到 IP 地址的数据库，用于提供将名称转换为 IP 地址的服务。
- 反向查找区域。即 IP 地址到名称的数据库，用于提供将 IP 地址转换为名称的服务。反向解析是 DNS 标准实现的可选部分，因而建立反向查找区域并不是必需的。

按照区域记录的来源，DNS 区域又可分为以下 3 种类型。

- 主要区域。安装在主 DNS 服务器上，提供可写的区域数据库。最少有两个记录：一个起始授权机构（SOA）记录和一个名称服务器（NS）记录。
- 辅助区域。来源于主要区域，是只读的主要区域副本，部署在辅助 DNS 服务器上。
- 存根区域（stub zone）。来源于主要区域，但仅包含起始授权机构（SOA）、名称服务器（NS）与主机（A）等部分记录，目的是据此查找授权服务器。

2. 创建 DNS 区域

安装 Active Directory 时，如果选择在域控制器上安装 DNS 服务器，将基于给定的 DNS 全名自动建立一个 DNS 正向区域。这里是一个独立的 DNS 服务器，示范一下通过新建区域向导创建正向查找区域的步骤。

（1）打开 DNS 管理器，展开要配置的 DNS 服务器节点。

（2）右击“正向查找区域”节点，选择“新建区域”命令，启动新建区域向导。

（3）单击“下一步”按钮，出现图 5-16 所示的对话框，选择区域类型。有 3 种区域类型，这里选中“主要区域”单选按钮。只有该 DNS 服务器充当域控制器时，“在 Active Directory 中存储区域”复选框才可选用。

（4）单击“下一步”按钮，出现图 5-17 所示的对话框，在“区域名称”文本框中输入区域名称。如果用于 Internet 上，这里的名称一般是申请的二级域名；对于用于内网的内部域名，则可以自行定义，甚至可启用顶级域名。

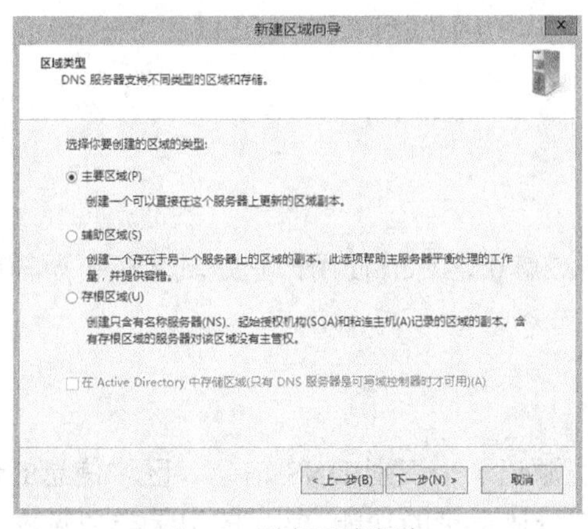

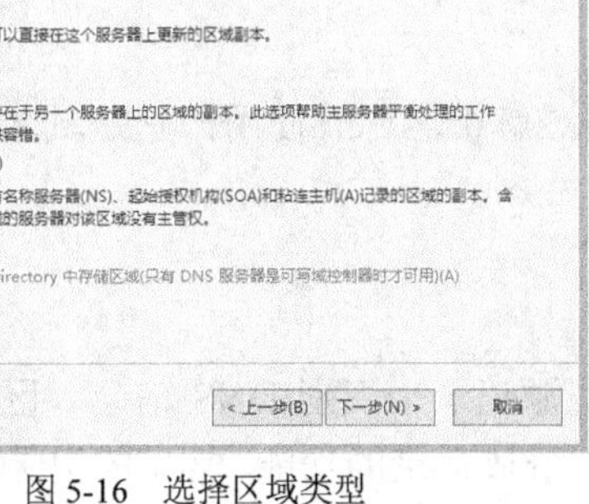

图 5-16　选择区域类型

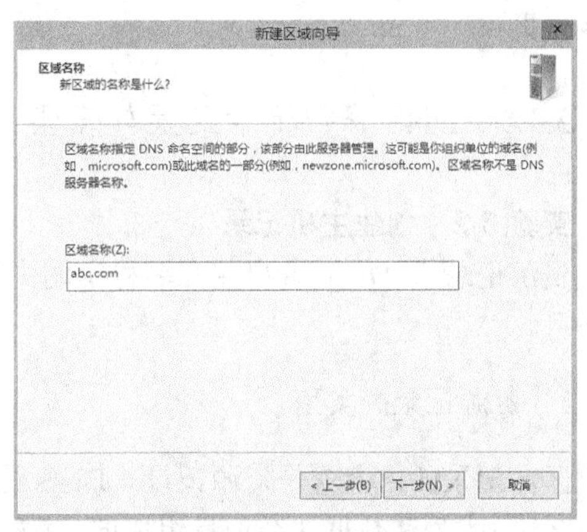

图 5-17　设置区域名称

（5）单击“下一步”按钮，出现图 5-18 所示的对话框，定义区域文件，DNS 域名记录将保存在该文件中。

（6）单击“下一步”按钮，出现图 5-19 所示的对话框，设置动态更新选项。由于不是 Active Directory 集成的区域，这里选择默认的“不允许动态更新”单选按钮。

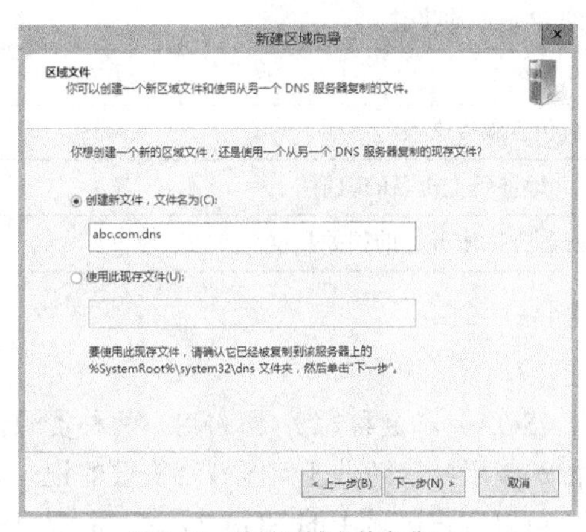

图 5-18　设置区域文件名称

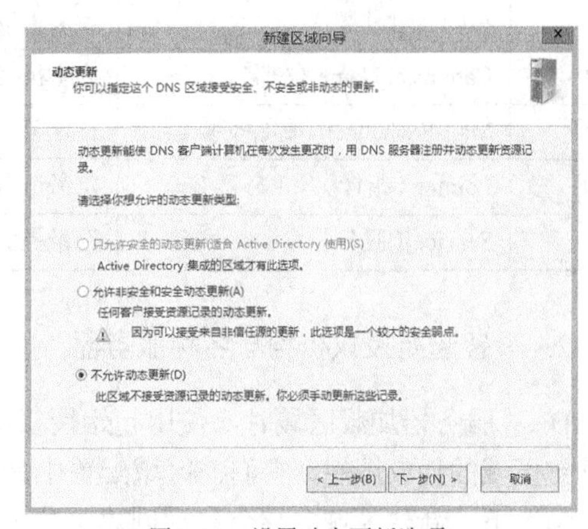

图 5-19　设置动态更新选项

（7）单击“下一步”按钮，显示新建区域的基本信息，单击“完成”按钮完成区域的创建。

3．创建域（子域）

根据需要在区域中再建立不同层次的域或子域。在 DNS 管理器中，右击要创建域（子域）的区域，选择“新建域”命令打开“新建 DNS 域”对话框，在文本框中输入域名。这里的域名是相对域名，如 sales，这样建立了一个绝对域名为 sales.abc.com 的域。

4. 区域的配置管理

建立区域后还有一个配置和管理的问题。展开 DNS 管理器目录树，右击要配置的区域，选择“属性”命令，打开区域属性设置对话框，可设置区域的各种属性和选项。

可以删除区域中的域（子域），一旦删除，域中的所有资源记录也将随之删除，所以应非常慎重。

5.3.5 DNS 资源记录配置与管理

实验 5-2 创建主机记录

资源记录供 DNS 客户端在名称空间中注册或解析名称时使用，它是域名解析所需的具体条目。

1. 资源记录的类型

区域记录的内容就是资源记录。DNS 通过资源记录来识别 DNS 信息。区域信息的记录是由名称、类型和数据 3 个项目组成的。类型决定着该记录的功能，常见的记录类型见表 5-1。

表 5-1 常见的 DNS 资源记录类型

类型	名称	说明
SOA	Start of Authority（起始授权机构）	记录区域主要名称服务器（保存该区域数据正本的 DNS 服务器）
NS	Name Server（名称服务器）	记录管辖区域的名称服务器（包括主要名称服务器和辅助名称服务器）
A	Address（主机）	定义主机名到 IP 地址的映射
CNAME	Canonical Name（别名）	为主机名定义别名
MX	Mail Exchanger（邮件交换器）	指定某个主机负责邮件交换
PTR	Pointer（指针）	定义反向的 IP 地址到主机名的映射
SRV	Service（服务）	记录提供特殊服务的服务器的相关数据

2. 设置起始授权机构与名称服务器

DNS 服务器加载区域时，使用起始授权机构（SOA）和名称服务器（NS）两种资源记录来确定区域的授权属性，它们在区域配置中具有特殊作用，它们是任何区域都需要的记录。在默认情况下，新建区域向导会自动创建这些记录。可以双击区域中的 SOA 或 NS 资源记录条目打开相应的区域设置对话框，或者直接打开区域属性设置对话框，来设置这两条重要记录。

在图 5-20 所示的“起始授权机构”选项卡中设置起始授权机构（SOA）。该资源记录在任何标准区域中都是第 1 条记录，用来设置该 DNS 服务器当前区域的主服务器（保存该区域数据正本的 DNS 服务器）以及其他属性。

在图 5-21 所示的“名称服务器”选项卡中编辑名称服务器列表。名称服务器是该区域的授权服务器，负责维护和管理所管辖区域中的数据，它被其他 DNS 服务器或客户端当作权威的来源，可设置多条 NS 记录。

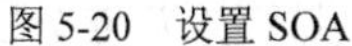
图 5-20　设置 SOA

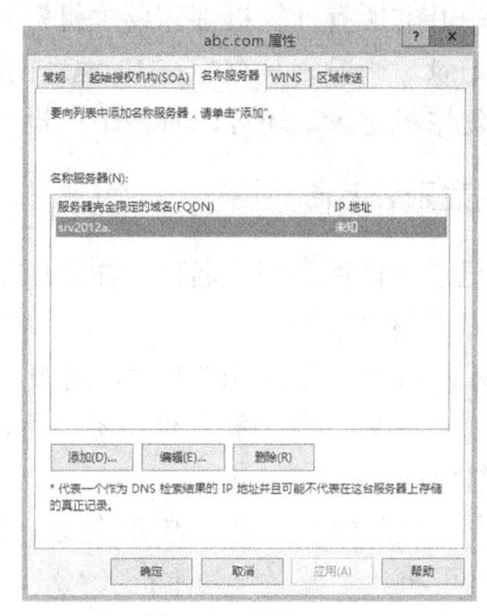

图 5-21　设置 NS

由于是独立的服务器，这两种资源记录中的主服务器和名称服务器都没有使用完整的域名，可以考虑补齐，例中改为 srv2012a.abc.com。

3. 创建主机记录

在多数情况下，DNS 客户端要查询的是主机信息。可以为文件服务器、邮件服务器和 Web 服务器等建立主机记录。用户可在区域、域或子域中建立主机记录，常见的各种网络服务，如 www、ftp 等，都可用主机名来指示。这里以建立 srv2012a.abc.com 主机记录为例示范具体操作步骤。

（1）在 DNS 管理器中展开目录树，右击要在其中创建主机记录的区域或域（子域）节点，例中为 abc.com 区域，选择“新建主机（A 或 AAAA）”命令，打开图 5-22 所示的对话框。

（2）在“名称”文本框中输入主机名称，例中为“srv2012a”。这里应输入相对名称。

（3）在“IP 地址”框中输入与主机对应的 IP 地址。

（4）如果 IP 地址与 DNS 服务器位于同一子网内，且建立了反向查找区域，则可选中“创建相关的指针（PTR）记录”复选框，这样反向查找区域中将自动添加一个对应的记录。

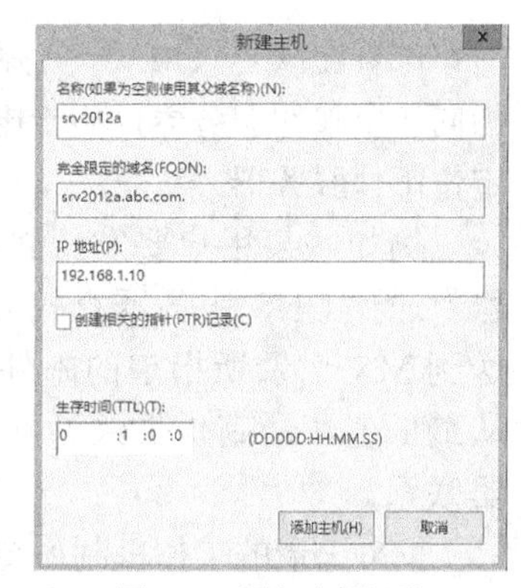

图 5-22　添加主机记录

如果还没有对应的反向查找区域，此时选中该复选框将不起作用，可以以后再更改。

提示：由于在 DNS 管理器“查看”菜单中选中了“高级”选项，这里可以设置记录的 TTL（生存时间），即 DNS 服务器缓存该记录的时间，Windows Server 2012 R2 默认设置为 1 个小时。

（5）单击“添加主机”按钮，完成该主机记录的创建。

这样主机记录就被添加到域中，可以通过 srv2012a.abc.com 域名来访问 IP 地址为 192.168.1.10 的服务器。

请读者再创建一个名为 www.abc.com 的主机记录来访问 Web 服务器。

网络中并非所有计算机都需要主机资源记录，但是以域名来提供网络服务的计算机需要提供主机记录。一般为具有静态 IP 地址的服务器创建主机记录，也可为分配静态 IP 地址的客户端创建主机记录。还可以将多个主机名解析到同一 IP 地址。

4. 创建别名记录

别名记录又被称为规范名称，往往用来将多个域名映射到同一台计算机。总的来说，别名记录有以下两种用途。

- 标识同一主机的不同用途。例如，一台服务器拥有一个主机记录 srv.abc.com，要同时提供 Web 服务和邮件服务，可以为这些服务分别设置别名 www 和 mail，实际上都指向 srv.abc.com。
- 方便更改域名所映射的 IP 地址。当有多个域名需要指向同一服务器的 IP 地址，此时可将一个域名作为主机（A）记录指向该 IP，然后将其他的域名作为别名指向该主机记录。这样一来，当服务器 IP 地址变更时，就不必为每个域名更改指向的 IP 地址，只需要更改那个主机记录即可。

在新建别名记录之前，要有一个对应的主机记录。展开 DNS 管理器的目录树，右击要创建别名记录的区域或域（子域）节点，选择“新建别名（CNAME）”命令，打开相应的对话框，如图 5-23 所示，分别在“别名”和“目标主机的完全合格的域名”文本框中输入别名名称和对应主机的全称域名，单击“确定”按钮完成别名记录的创建。

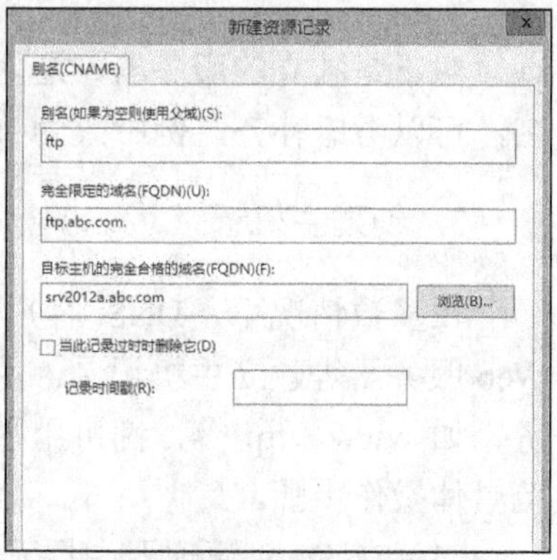

图 5-23　添加别名记录

5. 创建邮件交换器记录

邮件交换器（MX）资源记录为电子邮件服务专用，指向一个邮件服务器，用于电子邮件系统发送邮件时根据收信人的邮箱地址后缀（域名）来定位邮件服务器。

例如，某用户要发一封信给 user@domain.com 时，该用户的邮件系统（SMTP 服务器）通过 DNS 服务器查找 domain.com 域名的 MX 记录，若 MX 记录存在，则将邮件发送到 MX 记录所指定的邮件服务器上。若一个邮件域名有多个邮件交换器记录，则按照从最低值（最高优先级）到最高值（最低优先级）的优先级顺序尝试与相应的邮件服务器联系。

MX 记录的工作机制如图 5-24 所示。对于 Internet 上的邮件系统而言，必须拥有 MX 记录。企业内部邮件服务器涉及外发和外来邮件时，也需要 MX 记录。

在建立 MX 记录之前，需要为邮件服务器创建相应的主机记录。展开 DNS 管理器的目录树，右击要创建 MX 记录的区域或域（子域）节点，选择“新建邮件交换器”命令，打开相应的对话框，如图 5-25 所示，在“主机或子域”文本框中输入此 MX 记录负责的域名，这里的名称是相对于父域的名称，例中为空，表示父域为此邮件交换器所负责的域名；在“邮件服务器的完全限定的域名”文本框中输入负责处理上述域邮件的邮件服务器的全称域名；在“邮件服务器优先级”文本框中设置优先级，当一个区域或域中有多个邮件交换器记录时，邮件优先送到优先级值小的邮件服务器；单击“确定”按钮向该区域添加新的 MX 记录。

按照例中设置，发往 abc.com 邮件域的邮件将交由邮件服务器 mail.abc.com 投递。

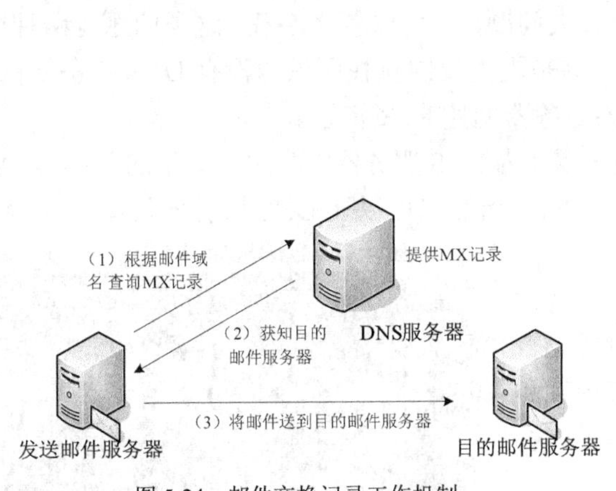

图 5-24 邮件交换记录工作机制

图 5-25 新建邮件交换记录

6. 创建其他资源记录

至于其他类型的资源记录，用户可以根据需要添加。右击要添加记录的区域或域（子域），选择“其他新记录”命令，打开相应的对话框，从中选择所要建立的资源记录类型，然后单击“创建记录”按钮，根据提示操作即可。

5.3.6 使用 nslookup 工具测试 DNS 服务器

如果要对 DNS 服务器排错，或者想要检查 DNS 服务器的信息，可以使用命令行实用工具 nslookup。该工具随 TCP/IP 协议一同安装，nslookup 命令可以在两种模式下运行：交互式和非交互式。

当需要返回单一查询结果时，使用非交互式模式即可。非交互模式的语法如下：

```
nslookup [-选项] [查询域名] [DNS 服务器]
```

若要在交互模式下使用，只需在命令提示符下输入 nslookup 即可，这种方式具有非常强的查询功能。要中断交互命令，需要按 Ctrl+C 组合键。要退出交互模式并返回到命令提示符下，在命令提示符下输入 exit 即可。

如果在命令 nslookup 中没有指定 DNS 服务器，需要配置运行 nslookup 命令的计算机的 DNS 客户端（主要是设置 DNS 服务器地址）。

在 DNS 管理器中启动 nslookup 则不受这些限制，直接进入交互模式。具体方法是选中服务器节点，从“操作”菜单（或右击该节点弹出的快捷菜单）中选择“启动 nslookup”命令进入其交互模式。

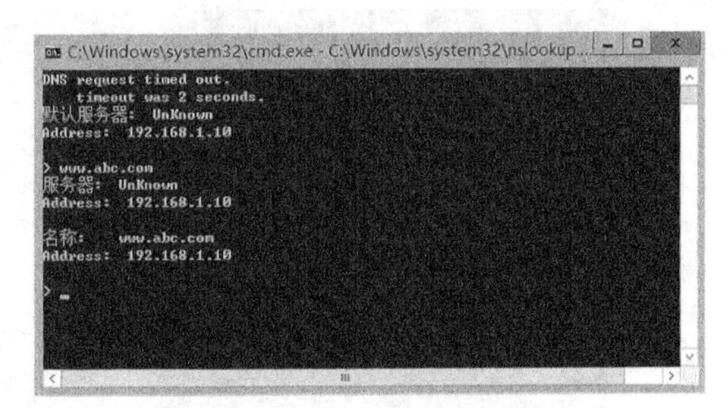

图 5-26 测试域名是否被解析（主机记录）

输入相应的域名，再回车即可得知该域名是否被解析，如图 5-26 所示。

注意启动 nslookup 之后默认服务器（指的是

默认 DNS 服务器）显示为“Unknown”，域名查询结果中服务器（指的是提供解析服务的 DNS 服务器）也显示为“Unknown”，这不是什么大问题，也可以置之不理。这类问题有两种情况。

一种是服务器地址显示为 IPv4 地址，这是因为反向查找区域内没有 DNS 服务器的指针（PTR）记录，可以在反向查找区域中为该服务器创建 PTR 记录。

另一种是服务器地址显示为 IPv6 地址，需要为 DNS 服务器创建 IPv6 地址的主机（AAAA）记录和相应的 PTR 记录。如果不需要支持 IPv6，当然也可以让 DNS 服务器仅监听 IPv4 端口（图 5-15）。

默认查找的是主机（A）记录，要查找特定类型的记录，可以先使用 set type 命令设置要查询的 DNS 记录类型，然后再输入域名，可得到相应类型的域名测试结果，测试邮件交换器（MX）记录的过程和结果如图 5-27 所示。

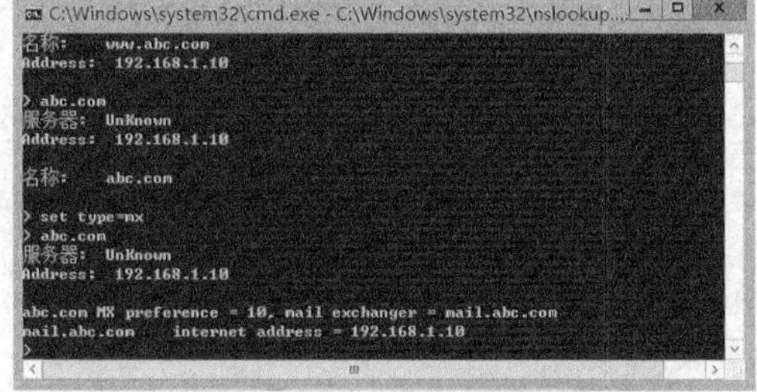

图 5-27　测试域名的 MX 记录

5.3.7　反向查找区域配置与管理

实验 5-3　创建反向查找区域

多数情况下执行 DNS 正向查询，将 IP 地址作为应答的资源记录。DNS 也提供反向查询过程，允许客户端在名称查询期间根据已知的 IP 地址查找计算机名。

DNS 定义了特殊域 in-addr.arpa，并将其保留在 DNS 名称空间中以提供可靠的方式来执行反向查询。为了创建反向名称空间，in-addr.arpa 域中的子域是采用 IP 地址带句点的十进制编号的相反顺序形式的。与 DNS 名称不同，当 IP 地址从左向右读时，它们是以相反的方式解释的，因此对于每个 8 位字节值需要使用域的反序。从左向右读 IP 地址时，是从地址中第 1 部分的最一般信息（IP 网络地址）到最后 8 位字节中包含的更具体信息（IP 主机地址）。建立 in-addr.arpa 域树时，IP 地址 8 位字节的顺序必须倒置。

1．创建反向查找区域

创建反向查找区域的步骤与正向查找区域一样，只是设置界面有所不同。使用新建区域向导创建反向查找区域，当出现选择是为 IPv4 还是 IPv6 创建反向查找区域的界面时，这里以 IPv4 为例，选择“IPv4 反向查找区域”单选钮；当出现图 5-28 所示的界面时，设置反向查找区域的网络 ID 或区域名称，最省事的方法是按照正常顺序输入网络 ID；当出现图 5-29 所示的界面时，设置区域文件名称，一般使用默认的设置。反向查找区域也有一个动态更新的设置。

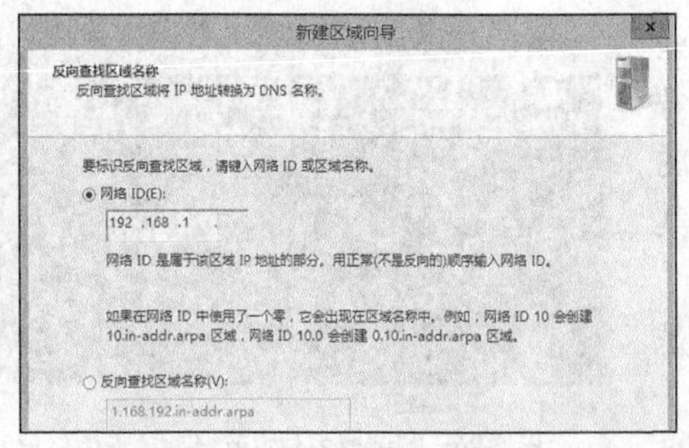

图 5-28　设置反向查找区域的网络 ID

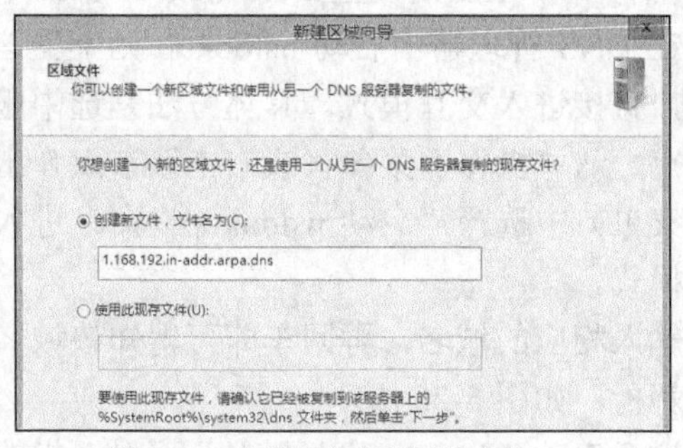

图 5-29　设置反向查找区域文件

2. 在反向查找区域中管理资源记录

在 DNS 中建立的 in-addr.arpa 域树要求定义其他资源记录类型，如指针（PTR）资源记录。这种资源记录用于在反向查找区域中创建映射，该反向查找区域一般对应于其正向查找区域中主机的 DNS 计算机名的主机记录。

除了在正向查找区域中新建主机记录时添加指针记录外，还可直接向反向查找区域中添加指针记录（参见图 5-30）、别名记录以及其他记录。

正向查找区域中的主机记录如果没有创建相应的指针记录，可以编辑该记录，选中“更新相关的指针（PTR）记录”选项即可。

反向查找区域及其记录如图 5-31 所示。

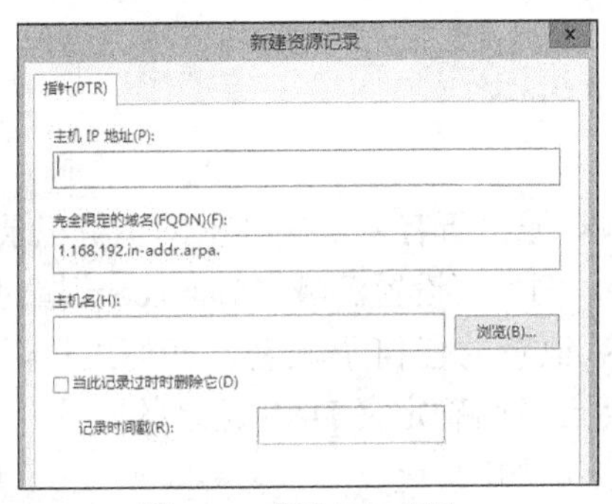

图 5-30　新建 PTR 记录

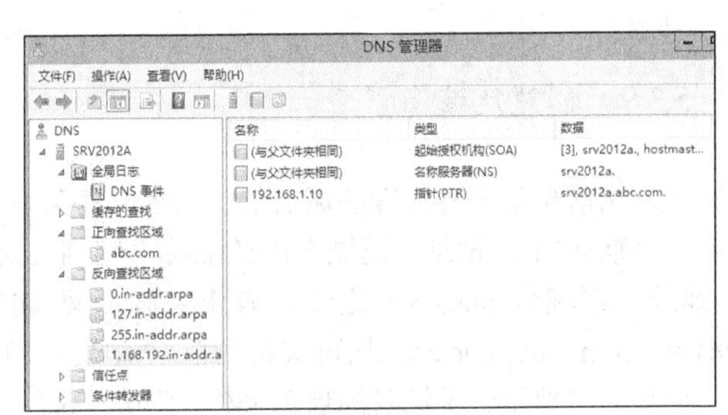

图 5-31　反向查找区域及其记录

5.3.8　IPv6 的 DNS 解析

微软自 Windows Server 2008 开始增强对 IPv6 的 DNS 解析。IPv6 地址的正向名称解析使用 IPv6 主机记录，称为 AAAA 记录。对于反向名称解析，IPv6 使用 ip6.arpa 域，由 32 个数字组成的 IPv6 地址中的每个十六进制数字均以相反的顺序变成反向域层次结构中单独的一层。例如，地址 ed92:2ade:715b:4111:dd48:ab34:f07d:3258 的反向查找域名为 8.5.2.3.d.7.0.f.4.3.b.a.8.4.d.d.1.1.1.4.b.5.1.7.e.d.a.2.2.9.d.e.ip6.arpa。

要在正向查找区域添加一条 AAAA 记录，在 DNS 管理器中只需右击该区域名称，选择“新建主机（A 或 AAAA）”命令，打开图 5-32 所示的对话框，在“IP 地址”框中输入 IPv6 地址即可。

DNS 管理器的新建区域向导支持 IPv6 反向区域的创建。使用新建区域向导创建反向查找区域，根据提示选择 IPv6 反向查找区域，当出现如图 5-33 所示的对话框时，只需输入 IPv6 子网前缀，向导会自动创建区域。与 IPv4 反向查找区域不同的是，向导不会自动给出区域文件名，需要管理员自行给出文件名。

至于 IPv6 的指针（PTR）记录，与 IPv4 一样，除了在正向查找区域中新建主机记录时添加指针记录外，还可直接向反向查找区域中添加指针记录。当然还可以在反向区域中添加别名记录以及其他记录。

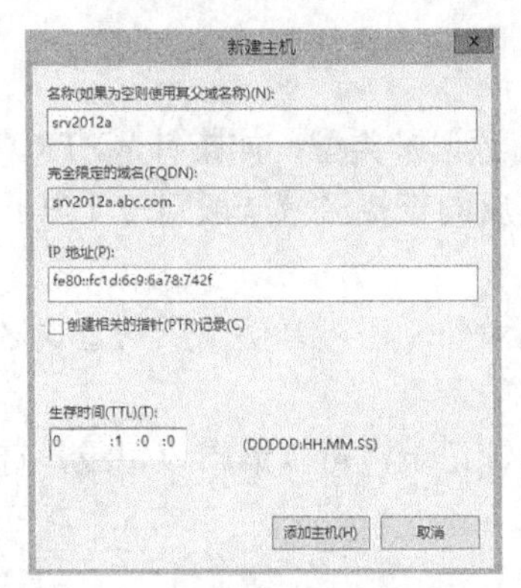

图 5-32　新建 IPv6 主机记录

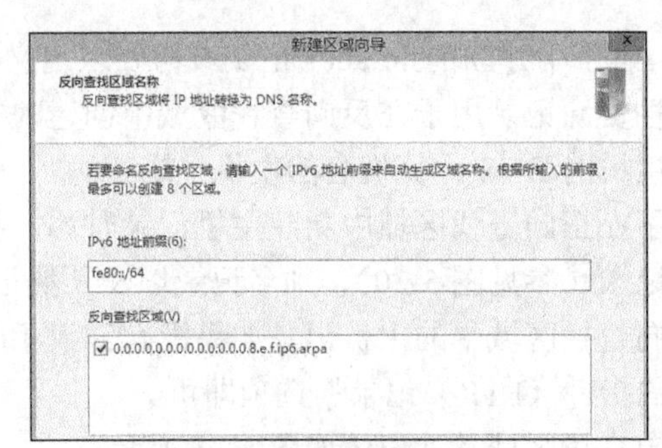

图 5-33　反向查找区域命名

5.3.9　创建泛域名记录

泛域名解析是一种特殊的域名解析服务，将某 DNS 域中所有未明确列出的主机记录都指向一个默认的 IP 地址，泛域名用通配符“*”来表示。例如，设置泛域名*.abc.com 指向某 IP 地址，则域名 abc.com 之下所有未明确定义 DNS 记录的任何子域名、任何主机，如 sales.abc.com、dev.abc.com 均可解析到该 IP 地址，当然已经明确定义 DNS 记录的除外。

泛域名主要用于子域名的自动解析，应用非常广泛。例如，企业网站采用虚拟主机技术在同一个服务器上架设多个网站，部门使用二级域名访问这些站点，采用泛域名就不用逐一维护二级域名，以节省工作量。

Windows Server 2012 R2 的 DNS 服务器允许直接使用“*”字符作为主机名称。展开 DNS 管理器的目录树，右击要创建泛域名的区域或域（子域）节点（例中为 sales.abc.com），选择“新建主机”命令，打开相应的对话框，如图 5-34 所示，在“名称”文本框中输入“*”，在“IP 地址”框中输入该泛域名对应的 IP 地址，单击“添加主机”按钮完成泛域名记录的创建。

图 5-34　新建泛域名记录

5.3.10　配置 DNS 轮询实现负载均衡

实验 5-4　配置 DNS 轮询实现负载均衡

通常规模较大的网站的同一个域名（如 www.163.com）会有很多 IP 地址，以便提高负载均衡和性能，这些服务器可能在地理位置上也很分散。一个域名可以对应多个主机，DNS 服务器可以将域名解析请求按照记录的顺序，逐一分配到不同的 IP 上，这样就完成了简单的负载均衡。这就是所谓的 DNS 轮询。

例如，有两台 Web 服务器，IP 地址分别为 192.168.1.11 和 192.168.1.55，采用同一个域名 www.xyz.com，在 DNS 服务器的正向查找区域中为该域名分别建立两个主机记录，IP 地址对应上述两个地址。当客户端访问该域名时，DNS 服务器会使用轮询（Round-Robin）算法在这两个 IP 地址中查找，返回其中的一个 IP 地址，下次访问时返回的可能是另一个 IP 地址，这样能有效地将通信分布到不同的服务器上。读者可以使用 nslookup 来进行测试，查看返回的 IP 地址。

如果再增加一台 Web 服务器，IP 地址为 172.16.16.10，提供该域名的主机记录。这个 IP 地址位于不同的网段，如果按照上述轮询方法，有可能在 192.168.1.0 子网中的客户端访问该域名会获得 172.16.16.10 地址，而不是网段内的 192.168.1.11 或 192.168.1.55，这显然违背就近访问的原则。而 DNS 服务器可以提供网络掩码排序（Netmask Ordering）算法，根据子网掩码来判断 DNS 解析的地址和客户端是否在同一个网段或者离得比较近，然后优先返回较近的服务器的地址。这对地理位置上比较分散的服务器实现负载均衡很有效。

Windows Server 2012 R2 的 DNS 服务器默认启用 DNS 轮询（循环）和网络掩码排序，可以在 DNS 管理器中查看 DNS 服务器属性设置对话框的“高级”选项卡（如图 5-35 所示）中来设置相关的选项。

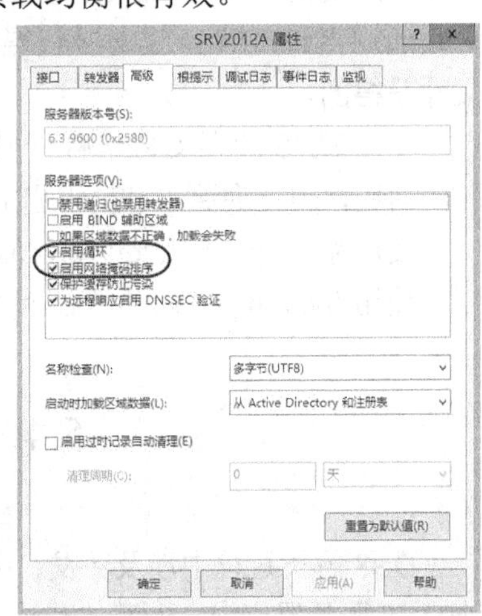

图 5-35　启用轮询和网络掩码排序

这种方法实现负载均衡部署简单、成本低，只需根据需要部署服务器，在 DNS 服务器上绑定若干相应的主机记录。不足之处也很明显，一是可靠性低，一个域名 DNS 轮询多台服务器，其中一台服务器发生故障，所有访问该域名的请求将不会有回应；二是负载分配不均，采用的是简单的轮询算法，不能区分服务器的差异，不能反映服务器的当前运行状态，不能为性能较好的服务器多分配请求，甚至会出现客户请求集中在某一台服务器上的情况。

5.3.11　DNS 客户端配置与管理

网络中的计算机如果要使用 DNS 服务器的域名解析服务，则必须进行设置，使其成为 DNS 客户端。操作系统都内置 DNS 客户端，配置管理方便。

1. 为配置静态 IP 地址的客户端配置 DNS

最简单的客户端设置就是直接设置 DNS 服务器地址。打开网络连接属性对话框，从组件列表中选择“Internet 协议版本 4（TCP/IPv4）”项，单击“属性”按钮打开相应的对话框，可分别设置首选 DNS 服务器地址和备用 DNS 服务器地址。在大多数情况下，客户端使用列在首位的首选 DNS 服务器。当首选服务器不能用时，再尝试使用备用 DNS 服务器。

如果要设置更多的 DNS 选项，单击“高级”按钮，打开相应的高级 TCP/IP 设置对话框，切换到“DNS”选项卡，根据需要设置选项。如果要查询两个以上的 DNS 服务器，在“DNS 服务器地址”列表中添加和修改要查询的 DNS 服务器地址。这样，客户端按以优先级排列的 DNS 名称服务器列表查询相应的 DNS 服务器，直到获得所需的 IP 地址。对于不合格域名的解析，可设置相应选项来提供扩展查询。

2. 为启用 DHCP 的客户端配置 DNS

可让 DHCP 服务器为 DHCP 客户端自动配置 DNS，此时应在“Internet 协议版本 4（TCP/IPv4）属性”对话框中选中“自动获得 DNS 服务器地址”复选框。要使用由 DHCP 服务器提供的动态 IP 地址为客户端配置 DNS，一般只需在 DHCP 服务器端设置两个基本的

DHCP 作用域选项：006（DNS 服务器）和 015（DNS 域名）。006 选项定义供 DHCP 客户端使用的 DNS 服务器列表，015 选项为 DHCP 客户端提供在搜索中附加和使用的 DNS 后缀。如果要配置其他 DNS 后缀，需要在客户端上为 DNS 手动配置 TCP/IP 协议。这种自动配置方式大大简化了 DNS 客户端的统一配置。

3. 使用 ipconfig 命令管理客户端 DNS 缓存

客户端的 DNS 查询首先响应客户端的 DNS 缓存。DNS 缓存条目主要包括两种类型，一种是通过查询 DNS 服务器获得的；另一种是通过%SystemRoot%\System32\drivers\etc\hosts 文件获得的。

由于 DNS 缓存支持未解析或无效 DNS 名称的负缓存，再次查询可能会引起查询性能方面的问题，因此遇到 DNS 问题时，可清除缓存。在测试 DNS 解析时，一定要清除本地缓存。

使用命令 ipconfig /displaydns 可显示和查看客户端解析程序缓存。

使用 ipconfig /flushdns 命令可刷新和重置客户端解析程序缓存。

5.4 DNS 高级配置和管理

DNS 解析过程中涉及转发、递归、迭代、委派等方法。迭代方法是由 DNS 客户端自动向其他 DNS 服务器查询，而其他几种方法都要通过被查询的 DNS 服务器关联其他 DNS 服务器。这里重点介绍一下递归用到的根提示文件和转发用到的 DNS 转发器。至于委派，后面将专门介绍。

5.4.1 DNS 动态注册和更新

实验 5-5 DNS 动态注册和更新

以前的 DNS 被设计为区域数据库，只能静态改变，添加、删除或修改资源记录仅能通过手工方式完成。而 DNS 动态更新允许 DNS 客户端在域名或 IP 地址发生更改的任何时候，使用 DNS 服务器动态地注册和更新其资源记录，从而减少手动管理工作。这对于频繁移动或改变位置并使用 DHCP 获得 IP 地址的客户端特别有用。

1. 理解 DNS 动态更新

修改资源记录仅能通过手工方式完成。而 DNS 动态更新允许 DNS 客户端在域名或 IP 地址发生更改的任何时候，使用 DNS 服务器动态地注册和更新其资源记录，从而减少手动管理工作。

DNS 动态更新允许 DNS 客户端变动时自动更新 DNS 服务器上的主机资源记录。默认情况下 Windows 客户端动态地更新 DNS 服务器中的主机资源记录。一旦部署 DNS 动态更新，遇到以下任何一种情形，都可导致 DNS 动态更新。

- 在 TCP/IP 配置中为任何一个已安装好的网络连接添加、删除或修改 IP 地址。
- 通过 DHCP 更改或续订 IP 地址租约，如启动计算机，或执行 ipconfig /renew 命令。
- 执行 ipconfig /registerdns 命令，手动执行 DNS 中客户端名称注册的刷新。
- 启动计算机。

- 将成员服务器升级为域控制器。

有两种实现方案，一种是直接在 DNS 客户端和服务器之间实现 DNS 动态更新，另一种是通过 DHCP 服务器来代理 DHCP 客户端向支持动态更新的 DNS 服务器进行 DNS 记录更新。这里介绍第一种方案，第二种方案将在第 7 章讲解 DHCP 服务器时介绍。要实现动态更新功能，必须同时在 DNS 服务器端和客户端启用 DNS 动态更新功能。

提示： 如果允许动态更新，也就允许来自非信任源的 DNS 更新，显然对网络安全不利。为安全起见，应在 Active Directory 环境中实现 DNS 动态更新。本章架设的是独立 DNS 服务器，这里只是在非域环境中示范一下 DNS 动态更新的实现。

2. 在 DNS 服务器端启用动态更新

在 DNS 管理器中右击要设置的区域，从快捷菜单中选择“属性”命令打开相应的对话框，如图 5-36 所示，从“动态更新”下拉菜单中选择“非安全”（这里没有使用 Active Directory 集成区域）。

3. 在 DNS 客户端设置 DNS 动态注册选项

要确保 DNS 动态注册成功，还要正确设置 DNS 注册选项。打开网络连接的“高级 TCP/IP 设置”对话框，切换到“DNS”选项卡，如图 5-37 所示，确认已经选中“在 DNS 中注册此连接的地址”复选框（默认选中），以自动将该计算机的名称和 IP 地址注册到 DNS 服务器。这里没有域环境，还应设置 DNS 注册的主 DNS 后缀，需要选中“在 DNS 注册中使用此连接的 DNS 后缀”复选框，并在“此连接的 DNS 后缀”文本框中指定后缀。

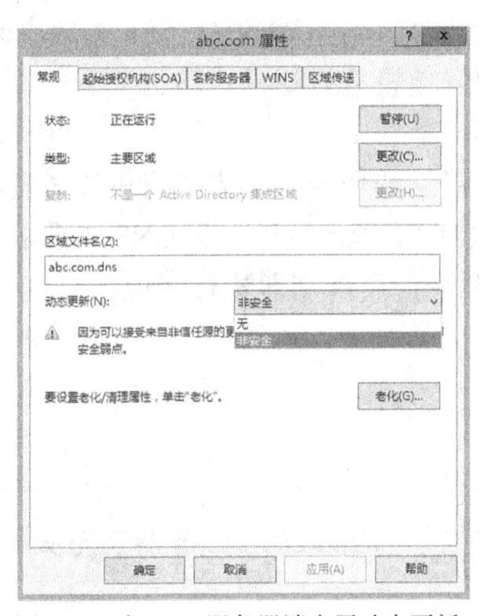

图 5-36　在 DNS 服务器端启用动态更新

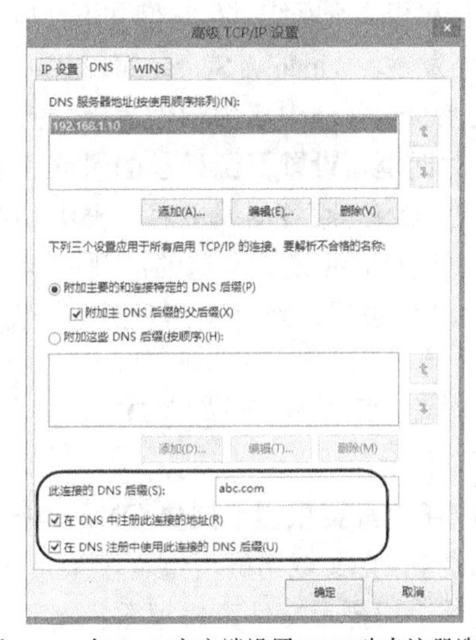

图 5-37　在 DNS 客户端设置 DNS 动态注册选项

4. 测试 DNS 动态更新

完成上述设置后，即可开始测试。在 DOS 命名行中执行 ipconfig /registerdns 命令：

```
C:\Windows\system32>ipconfig /registerdns
Windows IP 配置
已经启动了注册此计算机的所有适配器的 DNS 资源记录。任何错误都将在 15 分钟内在事件查看器中报告。
```

注意在 Windows 8 计算机中执行此命令需要作为管理员运行。

稍后在服务器上的 DNS 管理器中查看自动更新的域名，自动注册的域名记录类型将成为主机记录，如图 5-38 所示。可以进一步查看该主机记录的详细属性，如图 5-39 所示，注意其生存时间值（动态变化）。

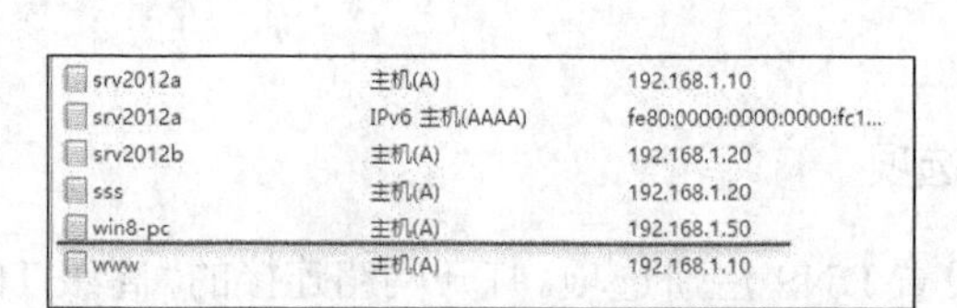

图 5-38　自动注册或自动更新的域名

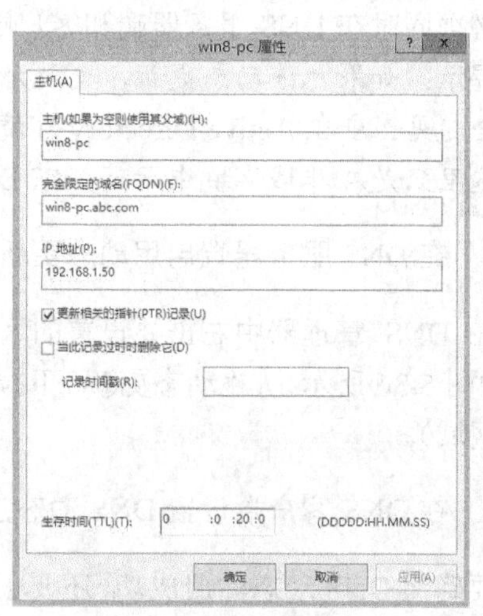

图 5-39　查看主机记录

5. 资源记录的老化和清理

通过 DNS 动态更新，当计算机在网络上启动时资源记录被自动添加到区域中。但是，在某些情况下当计算机离开网络时，它们并不会自动删除。如果网络中有移动式用户和计算机，则该情况可能经常发生。Windows Server 2012 R2 DNS 服务器支持老化和清理功能，可以解决这些问题。

可在 DNS 区域中启用清理功能。打开区域的属性设置对话框，单击“老化”按钮，打开相应的对话框，设置资源记录的清理和老化属性。

也可在 DNS 服务器属性对话框中切换到“高级”选项卡，选中“启用过时资源记录自动清理”复选框，并设置合适的清理周期，以按期自动清理。另外，在 DNS 管理器树中右击相应的 DNS 服务器，选择“清理过时资源记录”命令，可以立即执行清理。

5.4.2　配置根提示提供 DNS 递归查询

实验 5-6　配置根提示提供 DNS 递归查询

递归是 Internet 域名解析过程中最常用的方法，被查询的 DNS 服务器首先从顶部开始，这就需要使用根提示文件查找根服务器。

根提示用来解决本地 DNS 服务器上不存在的域的查询，便于 DNS 服务器在网络中搜寻其他 DNS 服务器。只有在转发器没有配置或未响应的情况下，才会使用这些根提示。

使用 DNS 管理器首次添加和连接 Windows Server 2012 R2 DNS 服务器时，根提示文件 Cache.dns 会自动生成，此文件通常包含 Internet 根服务器的名称服务器（NS）和主机（A）资源记录。打开 DNS 服务器属性对话框，切换到“根提示”选项卡，可查看名称服务器列表，如图 5-40 所示。对于 Internet 上的 DNS 服务器，应当注意更新，通过使用匿名 FTP 连接到站点 ftp://rs.internic.net/domain/named.root 即可获取其副本。

如果在企业内网使用 DNS 服务，如独立的 Intranet（内网），可以用指向内部根 DNS 服务器的类似记录编辑或替换此文件。

这里做一个实验，将服务器 SRV2012A 作为内部根服务器，在服务器 SRV2012B 上安装 DNS 服务器，也使其成为一个独立的 DNS 服务器，然后在服务器 SRV2012B 上配置根提示，使其为 DNS 客户端提供递归查询服务。

在服务器 SRV2012B 上打开 DNS 服务器属性对话框，切换到“根提示”选项卡，单击“添加”按钮弹出图 5-41 所示的对话框，输入要添加的名称服务器的信息，这里加入的是服务器 SRV2012A 的全称域名和 IP 地址。

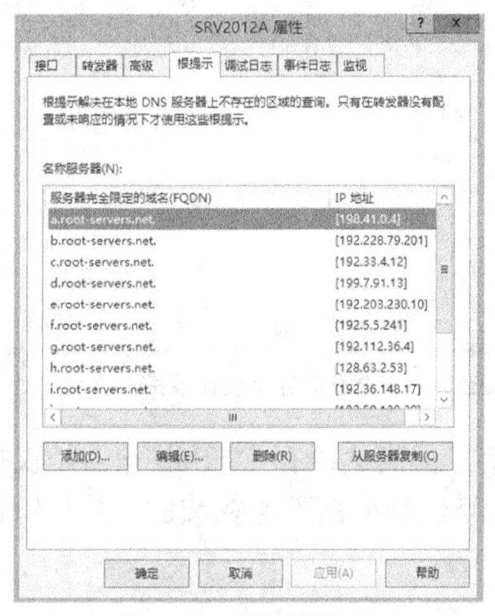

图 5-40 查看根提示

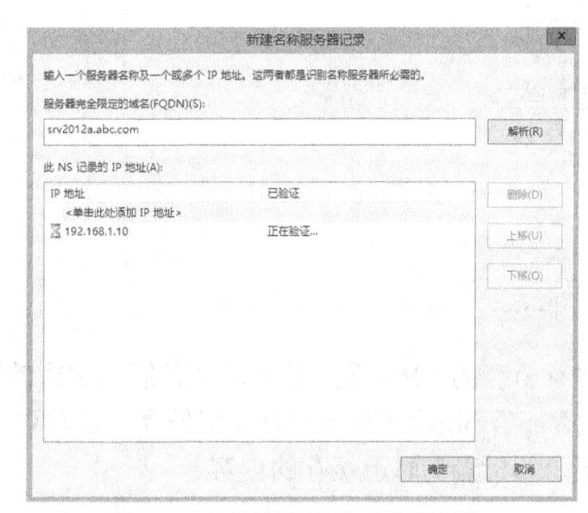

图 5-41 在根提示中添加名称服务器

然后在 Windows 8 客户端上进行测试。将其 DNS 服务器设置为服务器 SRV2012B（192.168.1.20），先使用 ipconfig /flushdns 命令清除客户端 DNS 缓存，然后执行以下命令：

```
C:\Windows\system32>ping ftp.abc.com
正在 Ping srv2012a.abc.com [192.168.1.10] 具有 32 字节的数据:
```

可见，服务器 SRV2012B 没有提供任何区域，照样可以解析 abc.com 域的域名，这就是通过根提示的指示递归查询得来的。

5.4.3 配置高速缓存 DNS 服务器

实验 5-7 配置高速缓存 DNS 服务器

为减轻网络和系统负担，可以将本地 DNS 服务器设置为高速缓存 DNS 服务器。这种 DNS 服务器没有自己的域名解析库，只是帮助 DNS 客户端向外部 DNS 服务器请求数据，充当一个“代理人”角色，通常部署在网络防火墙上。在大型网络环境中，可以考虑删除其他 DNS 服务器上的根提示文件，只需依赖于一台 DNS 服务器（高速缓存 DNS 服务器）来支持外部的 DNS 解析。

Windows Server 2012 R2 DNS 服务器安装完成之后，不要配置和加载任何区域，只通过根提示或转发器请求其他 DNS 服务器对域名进行解析，这样就可以成为一台高速缓存 DNS 服务器。

这里以服务器 SRV2012B 为例，5.4.2 节中完成的配置就使它成为一台高速缓存 DNS 服务器，它可以通过根提示请求服务器 SRV2012A 帮助解析，获得解析结果后转给提出请求的客户端，同时将名称解析信息缓存一段时间。多长时间由DNS记录的TTL所决定，Windows的DNS服务器提供的DNS记录默认为1小时。

可以在高速缓存DNS服务器（这里为SRV2012B）上查看缓存信息。打开DNS管理器，从“查看”菜单中选中“高级”选项，目录树中将显示“缓存的查找”节点，可以查看该服务器的缓存信息，如图5-42所示。展开该节点，可以按照域名的层次查看有哪些缓存记录，5.4.2节中的测试产生的缓存信息如图5-43所示。这些缓存到期自动失效，也可以强制删除。

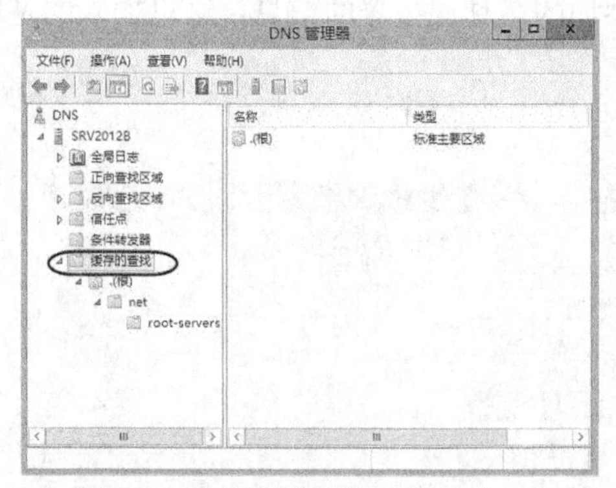

图5-42　显示“缓存的查找”节点

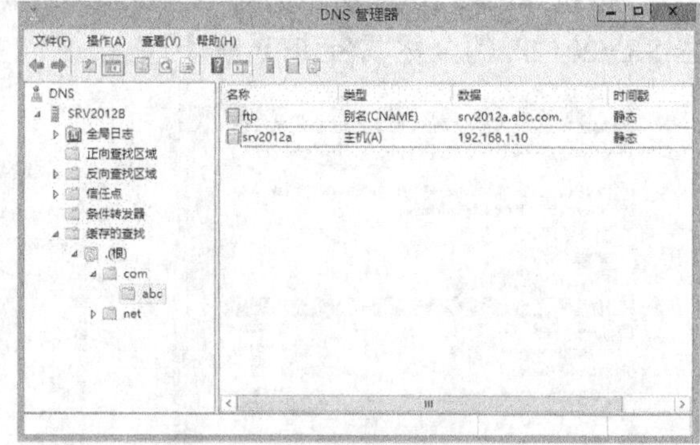

图5-43　查看服务器缓存条目

尽管所有的DNS服务器都缓存它们已解析的查询，但高速缓存DNS服务器是仅执行查询、缓存应答和返回结果的DNS服务器。它们对于任何域来说都不是权威的，并且所包含的信息限于解析查询时已缓存的内容。

5.4.4　配置DNS转发服务器

实验5-8　配置DNS转发服务器

不用根提示文件，转发也可以用来解析Internet名称。通常将ISP（Internet服务提供商）自己的DNS服务器作为内部DNS服务器的转发器。另外，转发器可以限制内部DNS服务器与指定的外部DNS服务器进行通信。

1. DNS转发概述

当本地DNS服务器解决不了查询时，可将DNS客户端发送的域名解析请求转发到外部DNS服务器。此时本地DNS服务器可称为转发服务器，而上游DNS服务器称为转发器。如图5-44所示，转发过程涉及一个DNS服务器与其他DNS服务器直接通信的问题。配置使用转发器的DNS服务器，实质上也是作为其转发器的DNS客户端。一般在位于Intranet与Internet之间的网关、路由器或防火墙中使用DNS转发器。

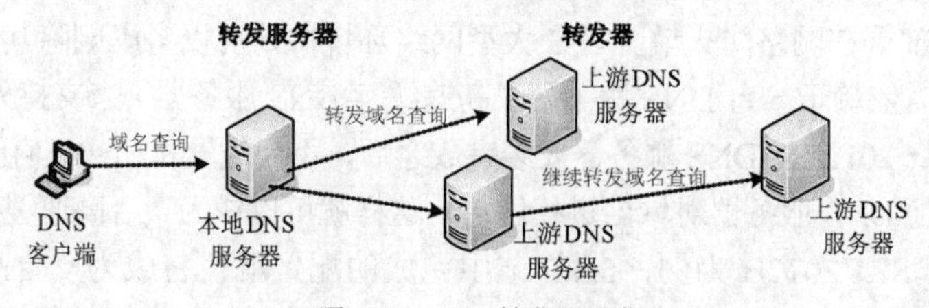

图5-44　DNS转发器示意

这里给出一个例子，将服务器 SRV2012B 配置为转发服务器，将服务器 SRV2012A 作为它的转发器。

2．设置 DNS 转发器

在服务器 SRV2012B 上打开 DNS 服务器属性对话框，切换到“转发器”选项卡，默认没有设置任何转发器，单击“编辑”按钮弹出相应的对话框，如图 5-45 所示，可根据需要设置多个转发器的 IP 地址。这里添加服务器 SRV2012B 的 IP 地址，结果如图 5-46 所示。

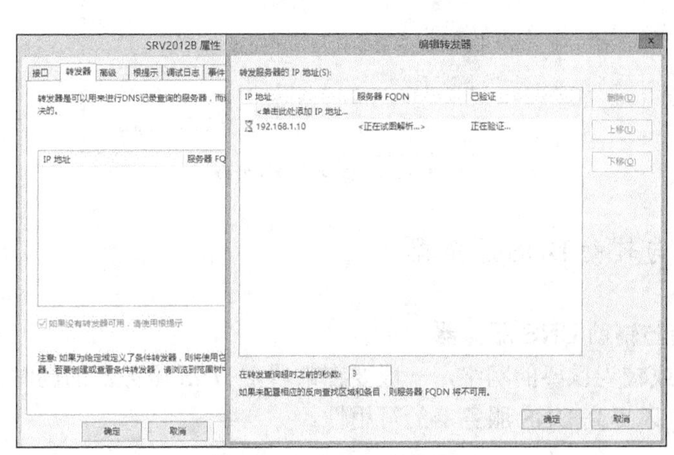

图 5-45　添加 DNS 转发器

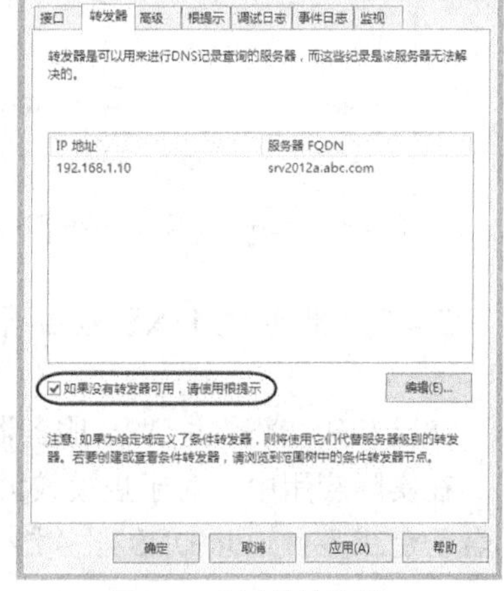

图 5-46　新建的转发器

在“转发器”选项卡中有一个复选框“如果没有转发器可用，请使用根提示”默认是选中的。在大型网络环境中，如果需要集中基于 Internet 的 DNS 查询，可以清除该复选框。

接下来进行测试。为便于比对，可以将服务器 SRV2012B 根提示添加的名称服务器 SRV2012B 删除。实际上转发是优先于根提示的。

在 Windows 8 客户端上进行测试。将其 DNS 服务器设置为服务器 SRV2012B（192.168.1.20），先使用 ipconfig /flushdns 命令清除客户端 DNS 缓存，然后执行以下命令：

```
C:\Windows\system32>ping www.abc.com
正在 Ping www.abc.com [192.168.1.10] 具有 32 字节的数据:
```

可见，服务器 SRV2012B 没有提供任何区域，照样可以解析 abc.com 域的域名，这就是通过转发器查询得来的。由于查询结果不是直接由服务器 SRV2012B 提供的，它也会将查询结果缓存起来。可以在 DNS 管理器中查看该缓存记录的详细信息，如图 5-47 所示，这些信息是只读的，不能更改。

3．设置条件转发器

Windows Server 2012 R2 支持条件转发器功能，可为不同的域指定不同的转发器。具体方法是在 DNS 管理器中展开 DNS 服务器节点，右击“条件转发器”节点，选择“新建条件转发器”命令弹出图 5-48 所示的对话框，在“DNS 域”文本框中设置要进行转发的域名，在“主服务器的 IP 地址”区域添加用于转发相应域名请求的转发器的 IP 地址（可添加多个）。

另外根据需要可以在“条件转发器”节点下面添加多个转发器。

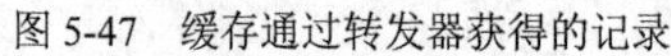
图 5-47　缓存通过转发器获得的记录

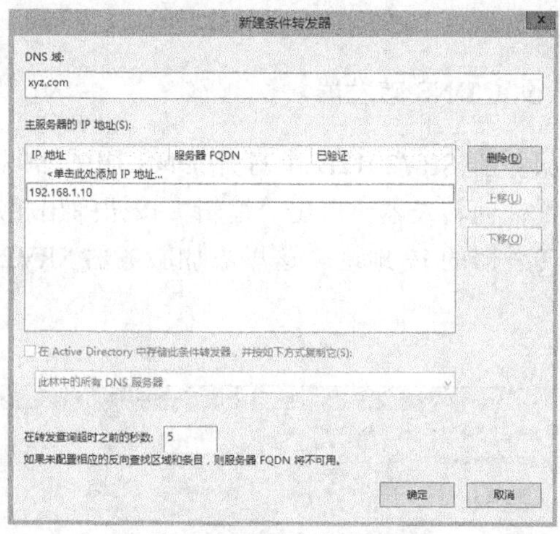

图 5-48　新建条件转发器

5.4.5　部署主 DNS 服务器与辅助 DNS 服务器

实验 5-9　部署主 DNS 服务器与辅助 DNS 服务器

在实际应用中，对于规模较大或较为重要的网络，一般要在部署主 DNS 服务器的同时，部署一台或多台辅助 DNS 服务器，以提高 DNS 服务器的可用性。

1. 进一步了解辅助 DNS 服务器

可根据实际需要，让 DNS 服务器管理多个不同的主要区域和辅助区域。对每个区域来说，管理其主要区域的服务器是该区域的主 DNS 服务器，管理其辅助区域的服务器是该区域的辅助 DNS 服务器。

辅助 DNS 服务器与主 DNS 服务器的区别主要在于区域数据的来源不同。辅助 DNS 服务器通过网络从其主 DNS 服务器上复制数据，这个传送的过程称为区域传输（zone transfer）。区域的辅助服务器启动时与其主服务器进行连接并启动一次区域传输，然后以一定的时间间隔查询主服务器来了解数据是否需要更新，间隔时间在起始授权机构（SOA）记录中设置。它们之间的数据同步过程如图 5-49 所示。

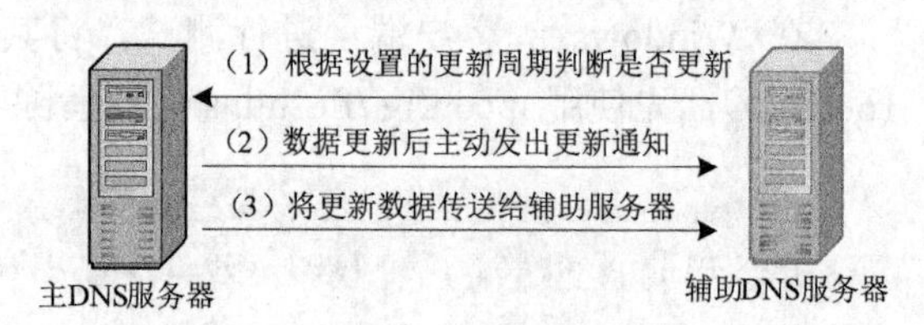

图 5-49　主/辅助服务器数据同步过程

总的来说，辅助 DNS 服务器主要具有以下作用。

- 减轻主 DNS 服务器的负载。直接由辅助服务器负担部分域名查询。
- 提供容错能力。如果主 DNS 服务器崩溃了，可由辅助 DNS 服务器负责解析域名。
- 减轻网络负载，提高响应速度。可以让辅助服务器就近响应客户端的请求。

DNS 是网络基本服务，每个区域必须有主 DNS 服务器。通常将区域的主服务器和辅助服务器部署在不同子网上，这样如果一个子网连接中断，DNS 客户端还能直接查询另一个子网上的 DNS 服务器。为便于实验，例中将主服务器和辅助服务器部署在同一子网中，SRV2012A 和 SRV2012B 分别作为主、辅服务器。

2. 在辅助 DNS 服务器上创建辅助区域

主 DNS 服务器主要是创建并管理主要区域，除了正向查找区域外，还可创建反向查找区域，具体步骤前面已经介绍过。辅助 DNS 服务器从主 DNS 服务器中接收并保存区域文件，需要在与主服务器不同的主机上架设，本例为 abc.com 区域的主 DNS 服务器构建一台辅助 DNS 服务器。

在 SRV2012B 服务器上打开 DNS 管理器，展开要配置的 DNS 服务器，右击“正向查找区域”节点，选择“新建区域”命令启动新建区域向导，根提提示进行操作。当出现“区域类型”对话框时，选中“辅助区域”；当出现“区域名称”对话框时，输入区域名称，这里的名称应与主 DNS 服务器上相应区域的名称相同，例中为 abc.com；当出现图 5-50 所示的对话框时，设置主服务器的 IP 地址。还可以根据需要为反向查找区域创建辅助区域，步骤同上。

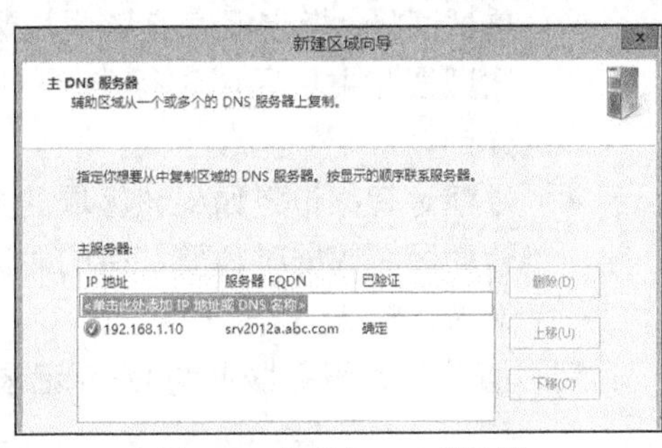

图 5-50　设置主 DNS 服务器

3. 在主 DNS 服务器启用区域复制

默认情况下，主要区域禁用区域复制（传输）功能。要启用区域复制功能，在主服务器 SRV2012B 上展开 DNS 管理器，右击要配置的主要区域，选择“属性”命令，切换到“区域复制”选项卡，选中“允许区域复制”复选框，并设置允许复制的目标服务器，这里设置向特定的 DNS 服务器（上述辅助服务器 192.168.1.20）进行区域复制，如图 5-51 所示。

单击“通知”按钮，还可设置区域更改时自动通知哪些 DNS 服务器。

4. 区域复制与更新

启用区域复制功能，可以手动或自动更新区域数据。

在辅助 DNS 服务器的 DNS 管理器中右击相应的辅助区域，弹出图 5-52 所示的快捷菜单，从中选择“从主服务器传输”命令即可立即从主服务器复制区域数据，此时传输的是更新增量的部分；选择“从主服务器传送区域的新副本”命令，则重新更新所有的记录。

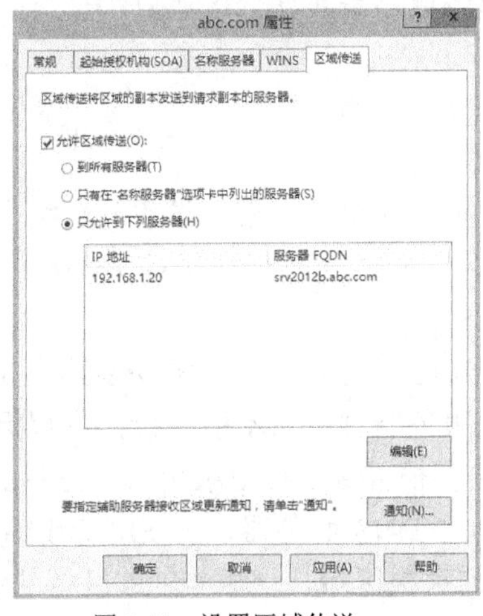

图 5-51　设置区域传送

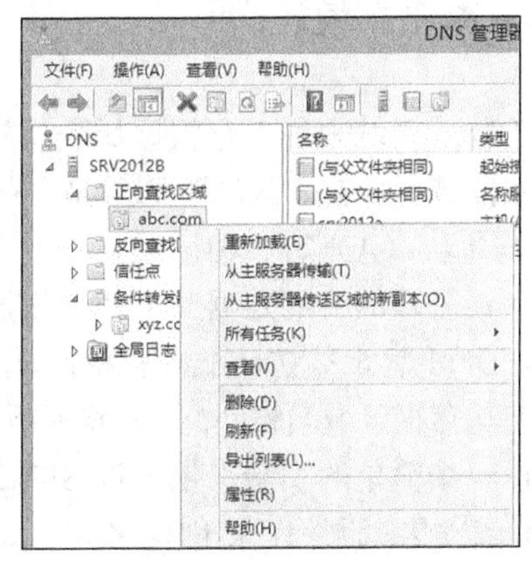

图 5-52　管理辅助区域

自动更新区域数据的相关选项在主 DNS 服务器上的主要区域上设置，在该区域的属性设置对话框中切换到“起始授权机构(SOA)”选项卡，参见图 5-20，可以设置如下选项。

- 刷新间隔：指定保存该区域数据副本的辅助服务器需要多久就检查一次保存在主服务器中的该区域数据的当前值，默认值是 15 分钟。
- 重试间隔：指定保存有该区域数据副本的辅助服务器与主服务器连接失败后，下一次试图与主要区域进行连接的时间间隔。该值通常应小于刷新间隔，默认值为 10 分钟。
- 过期时间：指定如果该区域的数据没有刷新，保存有该区域副本的服务器在丢弃其辅助区域数据时需要等待的时间。这防止辅助服务器使用过期数据来响应客户端的请求，默认值为 24 小时。

可以查看辅助服务器上的 DNS 记录，如图 5-53 所示。

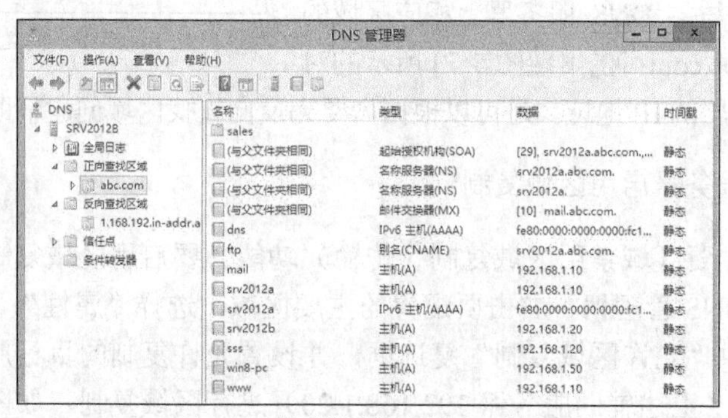

图 5-53　辅助服务器上的 DNS 记录

完成辅助服务器部署后，DNS 客户端可以设置首选服务器或备用服务器来解析域名。DNS 客户端访问辅助服务器时，如果辅助区域能够提供解析，就直接将结果返回给客户端。读者可以进行测试。

这里的区域复制是传统的解决方案，所有的辅助服务器都是主服务器的完整备份，全部区域始终都被复制，在 UNIX/Linux 环境中也普遍采用。Windows 服务器还提供了另一种基于 Active Directory/DNS 的复制，DNS 区域存在于域控制器上，这些区域通过 Active Directory 被复制，没有主要和辅助的概念，可选择是对全部区域还是对部分区域复制。

5.4.6　配置存根区域

相对于辅助区域来说，存根区域使用较少，配置也简单。存根区域也是一种来源于主要区域的副本区域。与辅助区域不同的是，存根区域内仅包含起始授权机构（SOA）、名称服务器（NS）与主机（A）等 3 种记录。

配置存根区域的目的是据此查找授权服务器，实际上可看作是一种联系其他 DNS 服务器的方法。DNS 客户端访问配有存根区域的 DNS 服务器时，它不能直接提供解析，如果要解析的域名与存根区域名称匹配，则将解析请求转给存根区域 3 种记录所指示的 DNS 服务器。

这里做一个简单的实验，依然以 SRV2012A 为主 DNS 服务器，在 SRV2012B 上将原有的 abc.com 辅助区域删除，再创建名称为 abc.com 的存根区域，步骤与辅助区域的创建类似，也涉及主 DNS 服务器的设置。

完成之后，在 SRV2012B 服务器上查看存根区域的信息，发现它从主 DNS 服务器的主要区域复制了 SOA、NS 和 A（AAAA）记录，其他的都不会被复制，如图 5-54 所示。存根区域可以像辅助区域一样管理，可以看作是一种特殊的辅助区域。

接下来进行测试。将服务器 SRV2012B 上的 DNS 缓存记录清除。在 Windows 8 客户端上将其 DNS 服务器设置为服务器 SRV2012B（192.168.1.20），先使用 ipconfig /flushdns 命令清除客户端 DNS 缓存，再执行以下命令：

```
C:\Windows\system32>ping www.abc.com
正在 Ping www.abc.com [192.168.1.10] 具有 32 字节的数据:
```

可见，服务器 SRV2012B 没有提供任何区域，照样可以解析 abc.com 域的域名，这就是通过存根区域转向 SRV2012A 查询得来的。由于查询结果不是直接由服务器 SRV2012B 提供的，它也会将查询结果缓存起来。可以在 DNS 管理器中查看该缓存记录的详细信息，如图 5-55 所示，这些信息是只读的，不能更改。

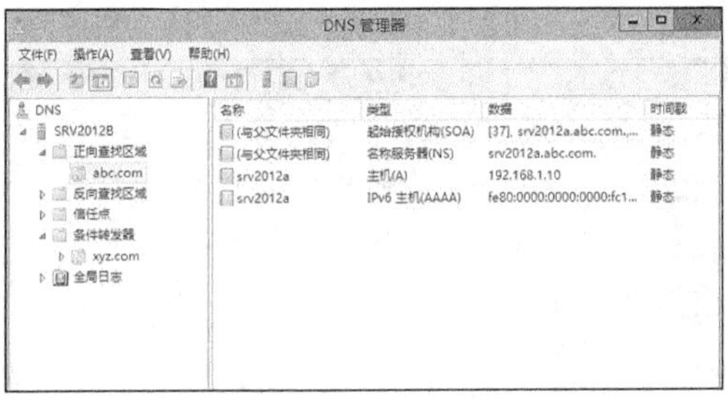

图 5-54　查看存根区域

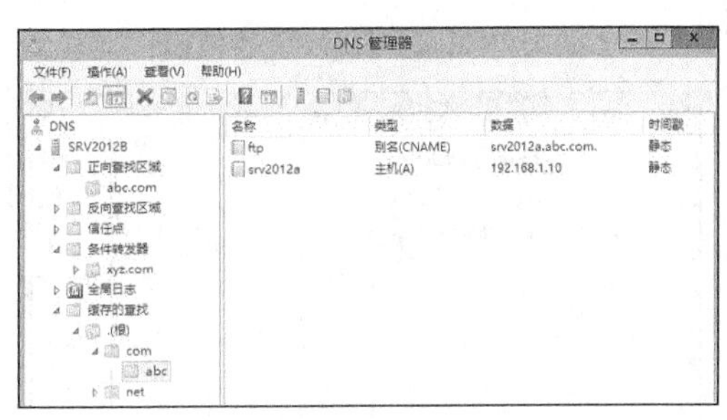

图 5-55　查看服务器上的 DNS 缓存

5.4.7　配置区域委派

实验 5-10　配置区域委派

如果所在的组织机构比较小，很可能只有一个单域。然而，规模较大的机构常常将名称空间中的不同部分的职责和管理进行分离，这就涉及区域委派。

例如，branch.abc.com 是 abc.com 的一个子域，可以直接在 abc.com 区域中创建一个子域 branch，将其资源记录都保存在 abc.com 区域的授权服务器上，这是集中管理的一种简单方案，适合规模较小、负担较轻的情况。如果规模较大，要将 branch.abc.com 作为区域单独管理，就需要创建区域委派，将子域委派给其他 DNS 服务器来进行管理。这样，受委派的 DNS 服务器将承担此子域的管理，并且此子域是该受委派服务器的主要区域；而其父域只有此子域的委派记录，即指向此子域的权威 DNS 服务器（受委派服务器）的 A 和 NS 记录，并且不对其子域进行实际管理。这里就此例给出实现委派的具体步骤，SRV2012A 和 SRV2012B 分别作为委派的和受委派的 DNS 服务器。

（1）在受委派的 DNS 服务器 SRV2012B 上创建区域 branch.abc.com，根据需要添加资源记录（这里添加一条解析 test.branch.abc.com 的主机记录），如图 5-56 所示。

（2）在 branch.abc.com 的父域 abc.com 的 DNS 服务器 SRV2012A 上，打开 DNS 管理器，右击 abc.com 区域，选择“新建委派”命令，启动相应向导。

（3）如图 5-57 所示，在向导中指定被委派域的名称（本例中是 branch），该向导自动使用父域名作后缀将全称域名加到被委派域。

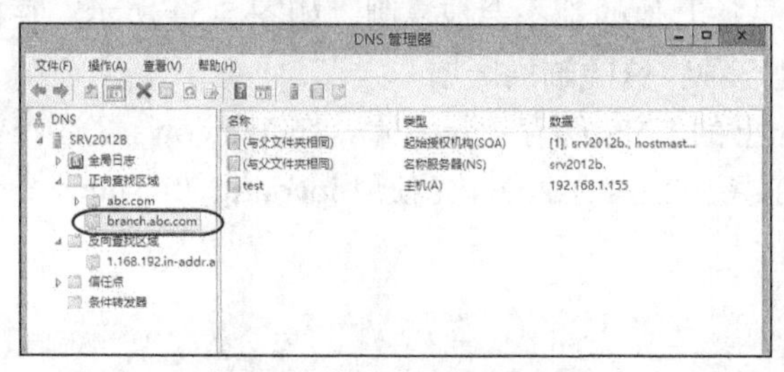

图 5-56　为子域创建区域

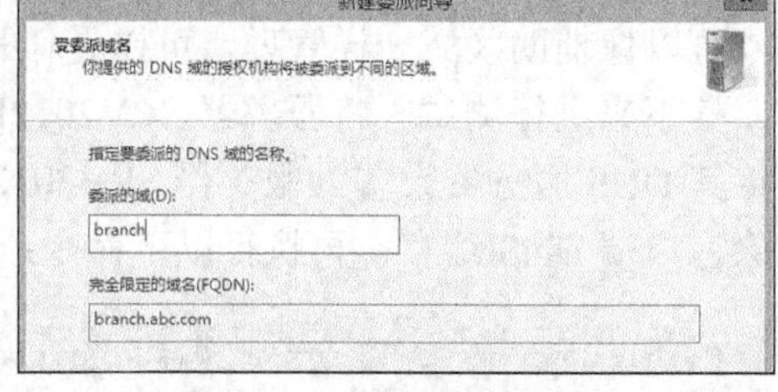

图 5-57　设置受委派域名

（4）单击“下一步”按钮，单击“添加”按钮添加受委派服务器的全称域名和 IP 地址，该服务器保存有子域 branch.abc.com 的记录。本例中指定 branch.abc.com 区域的授权服务器（这里是 SRV2012B）的名称和地址，如图 5-58 所示。

新建的委派如图 5-59 所示，这是一个特殊的子域，包含指向受委派的服务器的名称服务器记录。

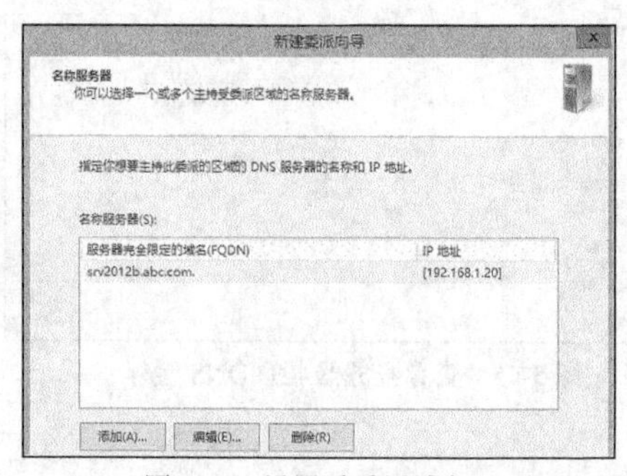

图 5-58　设置受委派域名

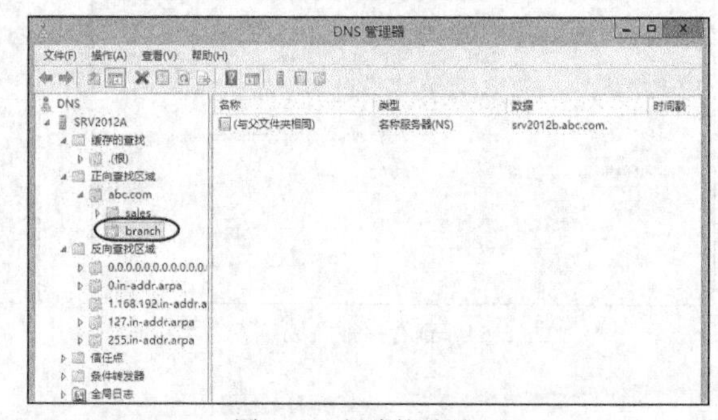

图 5-59　新建的委派

根据需要添加管理委派子域记录的其他 DNS 服务器，当然也要在受委派服务器上针对子域创建相应的区域。

可以对委派区域进行测试，将 DNS 客户端的 DNS 服务器设置为主持 abc.com 区域的服务器（这里是 SRV2012A，IP 地址是 192.168.1.10），执行以下命令尝试访问 branch.abc.com 区域的资源记录：

```
C:\Users\zhong>ping test.branch.abc.com
正在 Ping test.branch.abc.com [192.168.1.155] 具有 32 字节的数据:
```

结果表明区域委派设置成功。SRV2012A 不能直接提供解析，它将其委派给 SRV2012B，获得解析结果后再返给客户端，此结果也会保存到 SRV2012A 服务器的缓存中。

如果客户端将 DNS 服务器设置为受委派的服务器（这里是 SRV2012B，IP 地址是 192.168.1.20），执行上述命令（之前清除客户端缓存），那么主持 branch.abc.com 区域的服务器 SRV2012B 将直接从 branch.abc.com 区域中提供权威的解析结果。

在默认情况下，DNS 的父域将管理自己的子域，并且子域伴随父域一起进行复制和更新。但是，可以将子域委派给其他的 DNS 服务器来进行管理，此时，被委派服务器将承担此子域的管理，并且此子域是该被委派服务器的主要区域。而其父域只有此子域的委派记录，即指向此子域的权威 DNS 服务器（被委派服务器）的 A 和 NS 记录，并且不对其子域进行实际管理。

5.5　习　　题

1．为什么首选 DNS 名称解析？

2．什么是域名空间？

3．简述区域管辖与区域委派。

4．简述递归查询与迭代查询。

5．简述 DNS 域名解析过程。

6．DNS 服务器有哪几种类型？

7．如何规划 DNS？

8．常见的 DNS 资源记录类型有哪些？SOA 与 NS 记录各有什么作用？

9．什么是泛域名解析？

10．何时需要清除本地 DNS 缓存？如何清除？

11．什么是 DNS 动态更新？

12．根提示有什么作用？

13．高速缓存 DNS 服务器有什么特点？

14．什么是辅助区域？什么是存根区域？

15．在 Windows Server 2012 R2 服务器上安装 DNS 服务器，分别建立一个 DNS 正向查找区域和反向查找区域。

16．配置一台 DNS 转发服务器，并进行测试。为邮件服务器建立一个 MX 记录（完全域名为 mail.abc.com）。

第 6 章　Active Directory 与域

Active Directory 简称 AD，通常译为活动目录，是一种用于组织、管理和定位网络资源的增强性目录服务，用于建立以域控制器为核心的 Windows 域网络。作为 Windows 网络的基础设施，它以域（Domain）为基础对网络资源实行集中管理和控制。本章在介绍目录服务与 Active Directory 基本知识的基础上，重点讲解 Active Directory 的部署、管理和应用。Active Directory 组策略可以针对 Active Directory 站点、域或组织单位的所有计算机和所有用户统一配置，是集中配置和管理 Windows 网络的重要手段，必须熟练掌握。

本章的实验环境涉及到两台运行 Windows Server 2012 R2 的服务器和一台运行 Windows 8.1 的客户机，计算机名称（IP 地址）分别是 SRV2012A（192.168.1.10）、SRV2012B（192.168.1.20）和 Win8-PC（192.168.1.50）。

6.1　Active Directory 基础

对于 Windows 网络来说，规模越大，需要管理的资源越多，建立 Active Directory 就越有必要。在介绍 Active Directory 之前，先简单介绍一下目录服务。

6.1.1　目录服务

1. 什么是目录服务

目录服务是一种存储、管理和查询信息的基本网络服务。目录服务基于客户机/服务器模式，可以将目录看成一个具有特殊用途的数据库，用户或应用程序连接到该数据库后，便可查询、读取、添加、删除和修改其中的信息，而且目录信息可自动分布到网络中的其他目录服务器。

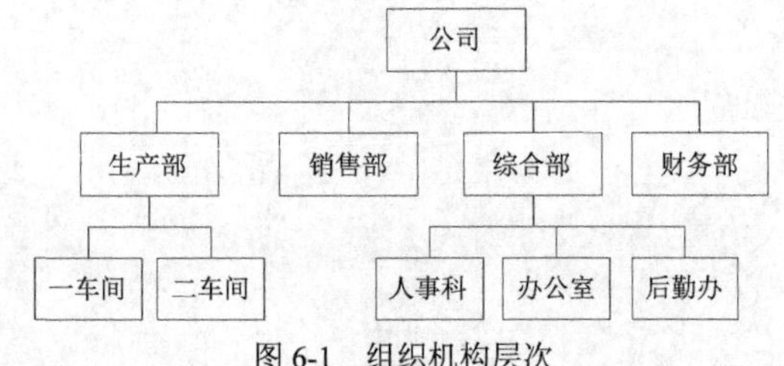

图 6-1　组织机构层次

与关系型数据库相比，目录数据库特点如下。

- 数据读取和查询效率非常高，比关系型数据库能够快一个数量级。
- 数据写入效率较低，适用于数据不需要经常改动，但需要频繁读出的情况。
- 以树状的层次结构来描述数据信息。如图 6-1 所示，这种模型与现实世界中大量存在的层次结构完全一致。采用目录数据库就能够轻易地做到与实际业务模式相匹配。

- 能够维持目录对象名称的唯一性。

目录服务是扩展计算机系统最重要的组件之一，适合基于目录和层次结构的信息管理，尤其是基础性、关键性信息管理。通讯簿、客户信息、组织结构信息、计算机网络资源、数字证书和公共密钥等，都适合使用目录数据库管理。

2. 目录服务标准

目录服务的两个国际标准是 X.500 和 LDAP。

X.500 是全球范围目录服务的一种国际标准，包括从 X.501 到 X.509 等一系列标准。它为网络用户提供分布式目录服务，定义一个机构如何在全局范围内共享名字和与它们相关的对象。X.500 规定总体命名方式和全球统一的名字空间。一个完整的 X.500 系统称为一个目录，这个目录是一个数据库，称为目录信息数据库（DIB）。X.500 是层次性的，所有对象被组织成树状结构，模仿一个机构的组织形式。X.500 目录服务还能够实现身份认证、访问控制。用于 X.500 客户端与服务器通信的协议是 DAP（Directory Access Protocol）。

X.500 被公认为是实现目录服务的一个最佳途径，但是投资大，效率低，也不适应 TCP/IP 协议体系。鉴于此，出现了 DAP 的简化版轻量级目录访问协议（Lightweight Directory Access Protocol，LDAP）。LDAP 是 Internet 上目录服务的通用访问协议，旨在简化 X.500 目录的复杂度以降低开发成本，同时适应 Internet 的需要。

LDAP 已经成为目录服务的事实标准，可以根据需要定制。LDAP 支持 TCP/IP 协议，这对访问 Internet 是必需的。为保证数据访问安全，可使用 LDAP 的 ACL（访问控制列表）来控制对数据读和写的权限。LDAP 目前有两个版本：第 2 版（LDAP v2）和第 3 版（LDAP v3）。

3. LDAP 目录树结构

LDAP 目录由包含有描述性信息的各个条目（记录）组成，LDAP 使用一种简单的、基于字符串的方法表示目录条目。LDAP 使用目录记录的识别名称（DN）读取某个条目。

LDAP 定位于提供全球目录服务，目录数据按树状的层次结构来组织，从一个根开始，向下分支到各个条目，其层次结构如图 6-2 所示。

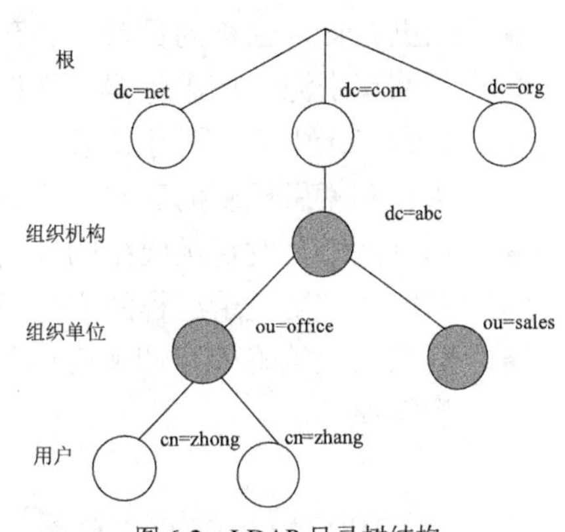

图 6-2 LDAP 目录树结构

要实现 LDAP，预先规划一个可扩展且有效的结构很重要。首先要建立根，根是目录树的最顶层，其他对象都基于根。因而将根称为基本 DN（也译为基准 DN）。它可使用以下 3 种格式来表示。

- X.500 标准格式，如 o=abc，c=CN，其中 o=abc 表示组织名，c=CN 表示所在国别。
- 直接使用公司的 DNS 域名，如 o=abc.com。这是目前最常用的格式。
- 使用 DNS 域名的不同部分，如 dc=abc，dc=com。这种格式将域名分成两个部分，更灵活、便于扩展。例如，当 abc.com 和 xyz.com 合并之后，不必修改现有结构，只需将 dc=com 作为基本 DN。对于新安装的 LDAP 服务器，强烈建议使用这种格式。

目录往下被进一步细分成组织单位（Organizational Unit，OU）。OU 又译为组织单元，属于目录树的分支节点，也可继续划分更低一级的 OU。OU 作为“容器”，包含其他分支节点或叶节点。

最后在 OU 中包含实际的记录项，也称条目（Entry），即目录树中的叶子节点，相当于数据库表中的记录。所有记录项都有一个唯一的识别名称（DN）。

每一个记录项的 DN 由两个部分组成：RDN（相对识别名称）和记录在 LDAP 目录中的位置。RDN 是 DN 中与目录树的结构无关的部分，通常存储在公用名称（Common Name，CN）这个属性里。例如，将公司员工信息作为记录，这里给出一个完整的 DN：

```
cn=wang, ou=employee, dc=abc, dc=com
```

cn=wang 是 RDN，用于唯一标识记录；后面的 ou 和 dc 值指向目录结构中记录的位置。

4. LDAP 对象类和模式

像普通的数据库一样，存储数据需要定义表的结构和各个字段。对于目录数据来说，也需要定制目录的对象类型。LDAP 存储各种类型的数据对象，这些对象可以用属性来表示。LDAP 目录通过对象类（objectClasses）的概念来定义运行哪一类的对象使用什么属性。

模式（Schema）是按照相似性进行分组的对象类集合。例如，广为使用的 inetOrgPerson 模式包含 departmentNumber、employeeType、givenName、homePhone 和 manager 等对象类。

6.1.2 Active Directory 的功能

Active Directory 存储了网络对象大量的相关信息，网络用户和应用程序可根据不同的授权使用在其中发布的有关用户、计算机、文件和打印机等的信息。它具有下列功能。

- 数据存储，也称为目录，它存储着与 Active Directory 对象有关的信息。这些对象包括共享资源，如服务器、文件、打印机、网络用户和计算机账户。
- 包含目录中每个对象信息的全局编录，允许用户和管理员查找目录信息。
- 查询和索引机制的建立，可以使网络用户或应用程序发布并查找这些对象及其属性。
- 通过网络分发目录数据的复制服务。
- 与网络安全登录过程的安全子系统集成，控制目录数据查询和数据修改的访问。
- 提供安全策略的存储和应用范围，支持组策略来实现网络用户和计算机的集中配置和管理。

6.1.3 Active Directory 对象

Active Directory 以对象为基本单位，采用层次结构来组织管理对象。这些对象包括网络中的各项资源，如用户、计算机、打印机、应用程序等。Active Directory 对象可分为两种类型，一种是容器对象，可包含下层对象；另一种是非容器对象，不包含下层对象。

1. Active Directory 对象的特性

- 每个对象具有全域唯一标识符（GUID），该标识符永远不会改变，无论对象的名称或属性如何更改，应用程序都可通过 GUID 找到对象。

- 每个对象有一份访问控制列表（ACL），记载安全性主体（如用户、组、计算机）对该对象的读取、写入、审核等访问权限。
- 对象具有多种名称格式便于以不同方式访问，具体名称类型的说明见表 6-1。Active Directory 根据对象创建或修改时提供的信息，为每个对象创建 RDN 和规范名称。

表 6-1　　Active Directory 对象名称的类型

对象名称	说明	示例
SID（安全标识符）	标识用户、组和计算机账户的唯一号码	S-1-5-21-1292428093-725345543
LDAP RDN	LADP 相对识别名称。RDN 必须唯一，不能在组织单位中重名	cn=zhong
LDAP DN	LADP 唯一识别名称。DN 是全局唯一的，反映对象在 Active Directory 层次中的位置	cn=zhong,ou=sales,dc=abc,dc=com
AD 规范名称	AD 管理工具使用的名称	abc.com/sales/zhong
UPN	用户主体名称，即 Windows 域登录名称	zhong@abc.com

2. Active Directory 对象的主要类别

Active Directory 对象有如下主要类别。

- 用户（User）。作为安全主体，被授予安全权限，可登录到域中。
- 计算机（Computer）。表示网络中的计算机实体，加入到域的 Windows 计算机都可创建相应的计算机账户。
- 联系人（Contact）。一种个人信息记录。联系人没有任何安全权限，不能登录网络，主要用于通过电子邮件联系的外部用户。
- 组（Group）。某些用户、联系人、计算机的分组，用于简化大量对象的管理。
- 组织单位（Organizational Unit）。这是将域进行细分的 Active Directory 容器。
- 打印机（Printer）。在 Active Directory 中发布的打印机。
- 共享文件夹（Shared Folder）。在 Active Directory 中发布的共享文件夹。
- InetOrgPerson。标准的用户对象类，可以作为安全主体。

6.1.4　Active Directory 架构

Active Directory 中的每个对象都是在架构中所定义的类的实例。Active Directory 架构包含目录中所有对象的定义。架构的英文名称为 Schema，也可译为模式，实际上就是对象类。在 LDAP 目录服务中，Schema 一般以文本方式来存储，在 Active Directory 中却将其作为一种特殊的对象。架构对象由对象类和属性组成，是用来定义对象的对象。

在架构中，对象类代表共享一组共同特征的目录对象的类别，比如用户、打印机或应用程序。每个对象类的定义包含一系列可用于描述类的实例的架构属性。例如，“User”类有 givenName、surname 和 streetAddress 等属性。在目录中创建新用户时，该用户变成“User”类的实例，输入的有关用户的信息变成属性的实例。

每个林只能包含一个架构，存储在架构目录分区中。架构目录分区和配置目录分区一起被复制到林中所有域控制器。但单独的域控制器，即架构主机控制着架构的结构和内容。

6.1.5 Active Directory 的结构

Active Directory 以域为基础，具有伸缩性以满足任何网络的需要，包含一个或多个域，每个域具有一个或多个域控制器。多个域可合并为域树，多个域树可合并为林。Active Directory 是一个典型的树状结构，按自上而下的顺序，依次为林→树→域→组织单元。在实际应用中，则通常按自下而上的方法来设计 Active Directory 结构。

1. 域

域是 Active Directory 的基本单位和核心单元，是 Active Directory 的分区单位，Active Directory 中必须至少有一个域。域包括以下 3 种类型的计算机。

- 域控制器。它是整个域的核心，存储 Active Directory 数据库，承担主要的管理任务，负责处理用户和计算机的登录。
- 成员服务器。域中非域控制器的 Windows 服务器，不存储 Active Directory 信息，不处理账户登录过程。
- 工作站。加入域的 Windows 计算机，可以访问域中的资源。

成员服务器和工作站可统称为域成员计算机。域就是一组服务器和工作站的集合，如图 6-3 所示。它们共享同一个 Active Directory 数据库。Windows Server 2012 R2 采用 DNS 命名方式来为域命名。

2. 组织单位

为便于管理，往往将域再进一步划分成多个组织单位。组织单位是可将用户、组、计算机和其他组织单位放入其中的 Active Directory 容器。

组织单位相当于域的子域，可以像域一样包含各种对象。组织单位本身也具有层次结构，如图 6-4 所示。可在组织单位中包含其他的组织单位，将网络所需的域的数量降到最低程度。

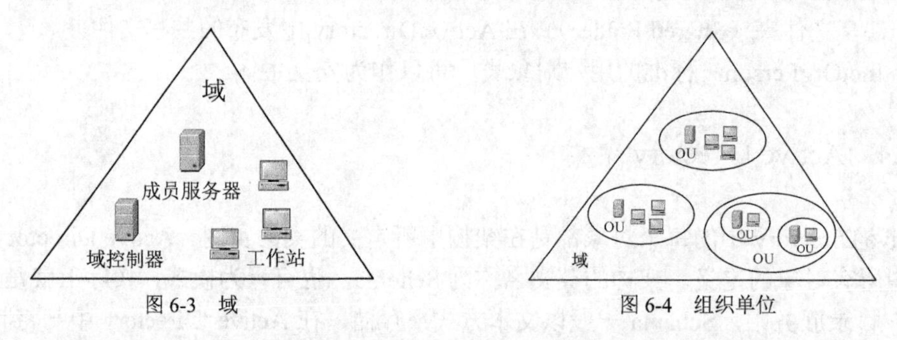

图 6-3 域　　图 6-4 组织单位

每个域的组织单位层次都是独立的，组织单位不能包括来自其他域的对象。

在域中创建组织单位应该考虑能反映组织单位的职能或商务结构。

3. 域树

可将多个域组合成为一个域树。域树中的第一个域称作根域，同一域树中的其他域为子域，位于上层的域称为子域的父域，如图 6-5 所示，root.com 域为 child.root.com 的父域，它也是该域树的根域。域树中的域虽有层次关系，但仅限于命名方式，并不代表父域对子域具有管辖权限。域树中各域都是独立的管理个体，父域和子域的管理员是平等的。

4. 林

林是一个或多个域树通过信任关系形成的集合。林中的域树不形成邻接的名称空间，各自使用不同的 DNS 名称，如图 6-6 所示。林的根域是林中创建的第一个域，所有域树的根域与林的根域建立可传递的信任关系。

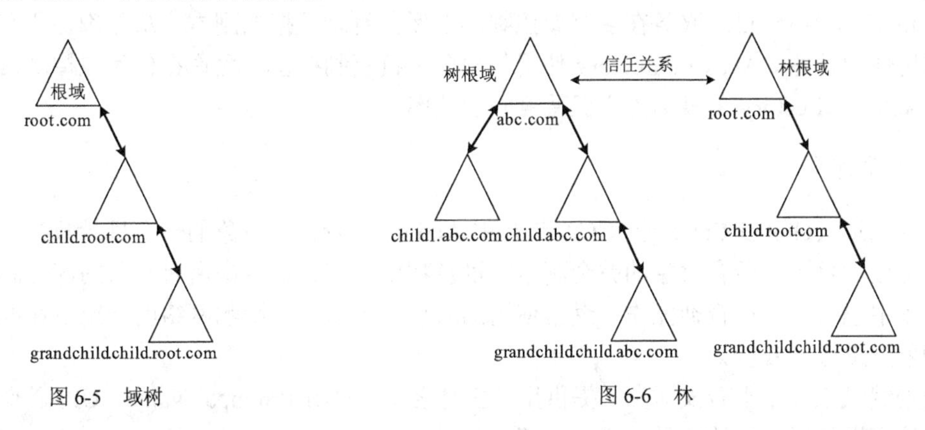

图 6-5　域树　　　图 6-6　林

5. 域信任关系

域信任关系是建立在两个域之间的关系，它使一个域中的账户由另一个域中的域控制器验证。如图 6-7 所示，所有域信任关系都只能有两个域——信任域和受信任域；信任方向可以是单向的，也可以是双向的；信任关系可传递，也可不传递。

在 Active Directory 中创建域时，相邻域（父域和子域）之间自动创建信任关系。在林中，在林根域和从属于此林根域的任何树根域或子域之间自动创建信任关系。因为这些信任关系是可传递的，所以可以在林中的任何域之间进行用户和计算机的身份验证。

除默认的信任关系外，还可手动建立其他信任关系，如林信任（林之间的信任）、外部信任（域与林外的域之间的信任）等信任关系。

6. Active Directory 站点

Active Directory 站点可看成一个或多个 IP 子网中的一组计算机定义。站点与域不同，站点反映网络物理结构，而域通常反映整个组织的逻辑结构。逻辑结构和物理结构相互独立，可能相互交叉。Active Directory 允许单个站点中有多个域，单个域中有多个站点，如图 6-8 所示。

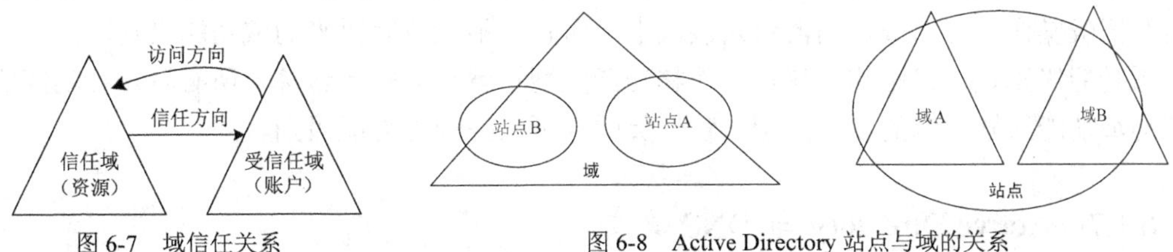

图 6-7　域信任关系　　　图 6-8　Active Directory 站点与域的关系

Active Directory 站点的主要作用是使 Active Directory 适应复杂的网络连接环境，一般只有在有多种网络连接的网络环境（如广域网）中才规划站点。默认情况下，建立域时将创建一个名为 Default-First-Site 的默认站点。

7. Active Directory 目录复制

由于域中可以有多台域控制器，要保持每台域控制器具有相同的 Active Directory 数据库，必须采用复制机制。目录复制提供了信息可用性、容错、负载平衡和性能优势。通过复制，Active Directory 目录服务在多个域控制器上保留目录数据的副本，从而确保所有用户的目录可用性和性能。Active Directory 使用一种多主机复制模型，允许在任何域控制器上更改目录。Active Directory 依靠站点来保持复制的效率。

8. 全局编录

全局编录（Global Catalog，GC）是林中 Active Directory 对象的一个目录数据库，存储林中主持域的目录中所有对象的完全副本，以及林中所有其他域中所有对象的部分副本。这部分副本中包含用户在查询操作中最常使用的对象，可以在不影响网络的情况下在林中所有域控制器上进行高效查询。

全局编录主要用于查找对象、提供用户主体名称（User Principal Name，UPN）验证、在多域环境中提供通用组的成员身份信息等。

默认情况下，林中第一个域的第一个域控制器将自动创建全局编录，可以向其他域控制器添加全局编录功能，或者将全局编录的默认位置更改到另一个域控制器上。还可以让一个远程站点的域控制器持有一个备份，使域控制器不必跨越广域网连接进行身份验证或解析全局对象。

6.1.6 域功能级别与林功能级别

Active Directory 域服务将域和林分为不同的功能级别，对应不同的特色与功能限制。Windows Server 2012 R2 有以下 4 个域功能级别，分别用于支持不同的域控制器。

- Windows Server 2008。支持 Windows Server 2008 到 Windows Server 2012 R2 版本的域控制器。
- Windows Server 2008 R2。支持支持 Windows Server 2008 R2 到 Windows Server 2012 R2 版本的域控制器。
- Windows Server 2012。支持 Windows Server 2012 和 Windows Server 2012 R2 版本的域控制器。
- Windows Server 2012 R2。仅支持 Windows Server 2012 R2 版本的域控制器。

可根据需要提升域功能级别以限制所支持的域控制器。一旦提升域功能级别，就不能再将运行旧版操作系统的域控制器引入该域中，而且也不能改回原来的域功能级别。

域功能级别设置仅影响到该域，而林功能级别设置会影响到该林内所有域。林功能级别有着与域功能级别类似的 4 个级别，管理员同样可以提升林功能级别。

6.1.7 Active Directory 与 DNS 集成

Active Directory 与 DNS 集成并共享相同的名称空间结构，两者集成体现在以下 3 个方面。

- Active Directory 和 DNS 有相同的层次结构。
- DNS 区域可存储在 Active Directory 中。如果使用 Windows 服务器的 DNS 服务器，主区域文件可存储于 Active Directory，可复制到其他 Active Directory 域控制器。
- Active Directory 将 DNS 作为定位服务使用。为了定位域控制器，Active Directory 客户端需查询 DNS，Active Directory 需要 DNS 才能工作。如图 6-9 所示，DNS 将 AD 域、站点和服务名称解析成 IP 地址。

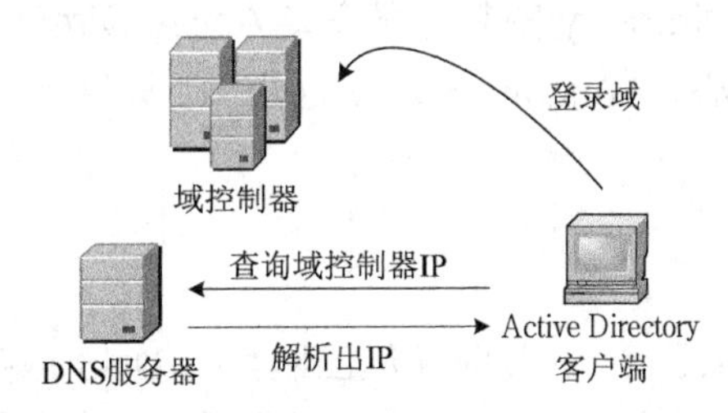

图 6-9　Active Directory 将 DNS 作为定位服务使用

DNS 不需要 Active Directory 也能运行，而 Active Directory 需要 DNS 才能正常运行。

6.2　部署 Active Directory

部署 Active Directory 的关键是安装配置域控制器，前提是做好 Active Directory 规划。

6.2.1　Active Directory 规划

Active Directory 规划的内容主要是 DNS 名称空间和域结构，必要时还要规划组织单位或 Active Directory 站点。这里给出 6 个基本原则。

- 尽可能减少域的数量。建议企业网应尽可能使用单一域结构，以简化管理工作。与多域结构相比，它能实现网络资源集中管理并保障管理上的简单性和低成本。规模较小的网络，如 50 个节点以内的网络，只需建立一个域即可。规模更大的网络，应尽可能在域中建立组织单位层次结构，以代替多域的设计结构。
- 组织单位的规划很重要，在域内划分组织单位可依据多种标准，如按对象（用户、计算机、组、打印机等）来划分、按业务部门（如市场部、生产部、销售部）划分、按地理位置划分等。可在组织单位中根据新的标准再划分组织单位，形成组织单位的层次结构。
- 林是驻留在该林内的所有对象的安全和管理边界，Active Directory 中必须有一个林。
- 选择 DNS 名称用于 Active Directory 域时通常使用现有域名，以企业保留在 Internet 上使用的已注册 DNS 域名后缀开始，并将该名称和企业中使用的地理名称或部门名称结合起来，组成 Active Directory 域的全名。例如，可将某信息中心的域命名为“info.abc.com”。

- 内部名称空间与外部名称空间尽可能保持一致。微软建议将两者分离，对 DNS 域名进行分组，如内部 DNS 名称使用诸如“internal.abc.com”的名称，外部 DNS 名称使用诸如“external.abc.com”的名称。
- 多数情况下只需一个 Active Directory 站点，如一个包含单个子网的局域网，或者以高速主干线连接的多个子网。

6.2.2 Active Directory 安装

实验 6-1 通过 Active Directory 安装向导安装 Active Directory

域控制器是整个域的核心，Windows Server 2012 R2 提供 Active Directory 域服务安装向导来安装和配置域控制器。

1. 考虑 DNS 配置

默认情况下，Active Directory 安装向导从已配置的 DNS 服务器列表中定位新域的权威 DNS 服务器，如果找到可接收动态更新的 DNS 服务器，则在重新启动域控制器时，所有域控制器的相应记录都自动在 DNS 服务器上注册；如果没有找到，安装向导将 DNS 服务器安装在域控制器上，并根据 Active Directory 域名自动配置一个区域。

如果网络上没有 DNS 服务器，可在安装 Active Directory 时选择自动安装和配置本地 DNS 服务器，这样 DNS 服务器将安装在运行 Active Directory 安装向导的域控制器上。这是推荐的方式，下面的安装示例就是这种情况。

2. 通过 Active Directory 安装向导安装 Active Directory

这里以单域结构为例示范安装域中第一台域控制器并同时安装 DNS。

（1）打开服务器管理器，启动添加角色和功能向导，根据提示进行安装操作。

（2）当出现“选择服务器角色”界面时，选择角色“Active Directory 域服务”，会提示需要添加所需的功能，单击“添加功能”按钮关闭该对话框回到“选择服务器角色”界面，此时“Active Directory 域服务”已被选中。

（3）单击“下一步”按钮，根据向导的提示进行操作，当出现如图 6-10 所示的界面时，确认安装所选内容，单击“安装”按钮开始安装。

（4）安装结束时将出现如图 6-11 所示的界面。

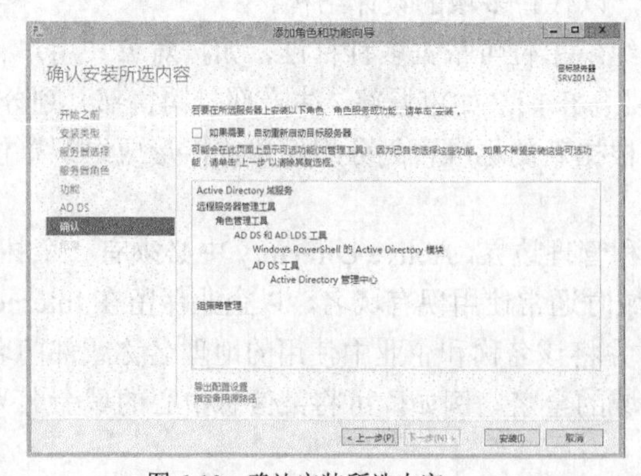

图 6-10 确认安装所选内容

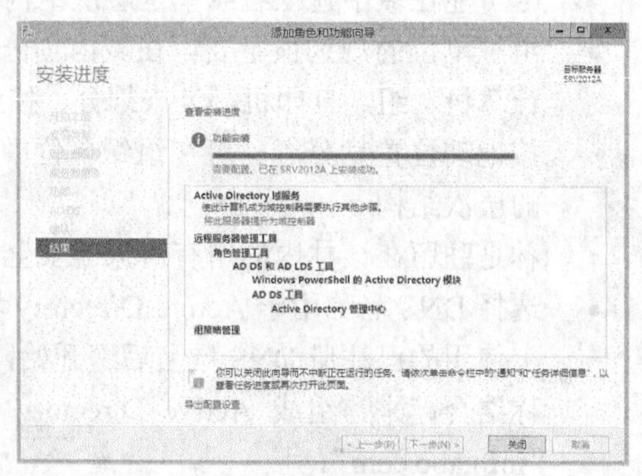

图 6-11 安装结束界面

提示：与之前的几种服务器角色不同，AD 域服务的安装分为两个阶段，一是安装 AD 服务本身，二是将服务器提升为域控制器。到目前为止，只是安装了 AD 域服务，要建立 Active Directory，还需要继续配置，将当前服务器提升为域控制器。单击“将此服务器提升为域控制器”链接启动 Active Directory 域服务配置向导。

如果此时单击“关闭”按钮，之后可以再提升为域控制器。在服务器管理器中单击左侧列表中的“AD DS”节点，右侧窗格顶部将显示“×××中的 Active Directory 域服务所需的配置”的提示（参见图 6-12），再单击其右侧的“更多”链接弹出图 6-13 所示的窗口，这里提供了“将此服务器提升为域控制器”链接，也可以用来启动域服务配置向导。另外，单击服务器管理器顶部标志即可弹出通知菜单，也会提供这个链接。

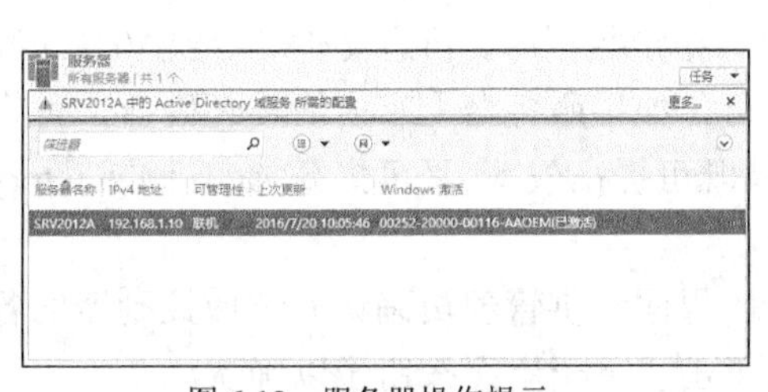

图 6-12 服务器操作提示

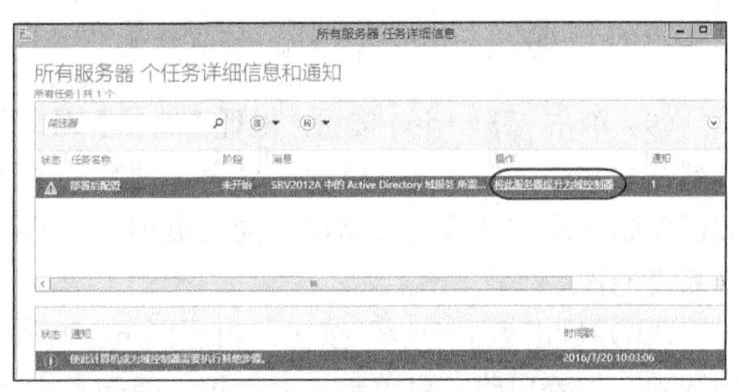

图 6-13 任务详细信息

（5）如图 6-14 所示，在“部署配置”界面选择“添加新林”，并指定根域名（例中为内部域名 abc.com，仅用于示范）。

（6）单击“下一步”按钮，出现“域控制器选项”界面，如图 6-15 所示，选择林功能级别和域功能级别（这里都保持默认的“Windows Server 2012 R2”）；指定域控制器功能（这里保持默认设置，选中“域名系统服务器”，表示在域控制器上同时建立 DNS 服务器。由于是第一台域控制器，必须担任“全局编录”服务器角色，而且不能作为只读域控制器）；设置目录服务还原模式的系统管理员密码。

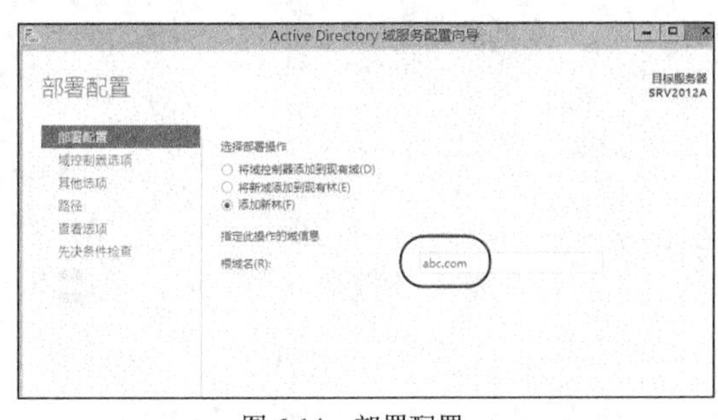

图 6-14 部署配置

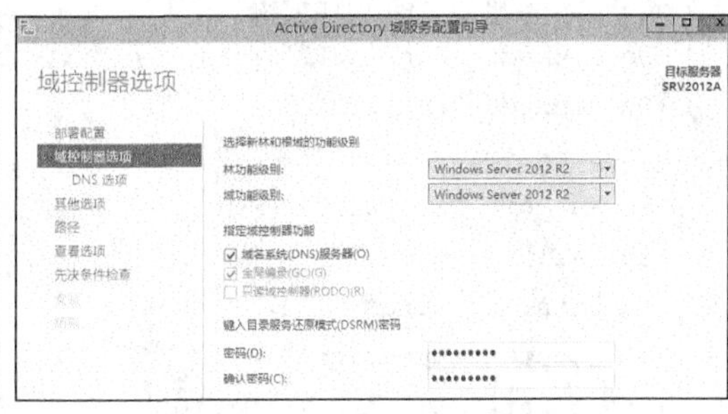

图 6-15 设置域控制器选项

当 Active Directory 数据损坏时，可在域控制器上开机时按 F8 键进入目录服务还原模式，重建 Active Directory 数据库，此时需要输入此处指定的密码。

（7）单击“下一步”按钮，Active Directory 将试图定位 DNS 服务器，由于之前未提供 DNS 服务器，出现图 6-16 所示的对话框，提示无法创建 DNS 服务器委派。

这只是一个提示，而不是一个报错。这是因为 Active Directory 向导已经将 DNS 配置好，还尝试为 DNS 创建一个委派，但到目前还没有安装 DNS 服务器。

（8）单击“下一步”按钮，设置其他选项。除 DNS 域名外，系统还会创建新域的 NetBIOS 名称，目的是兼容早期版本 Windows 系统。默认采用 DNS 域名最左侧的名称，如图 6-17 所示。安装程序将验证 DNS 域名与 NetBIOS 名称是否已被使用。

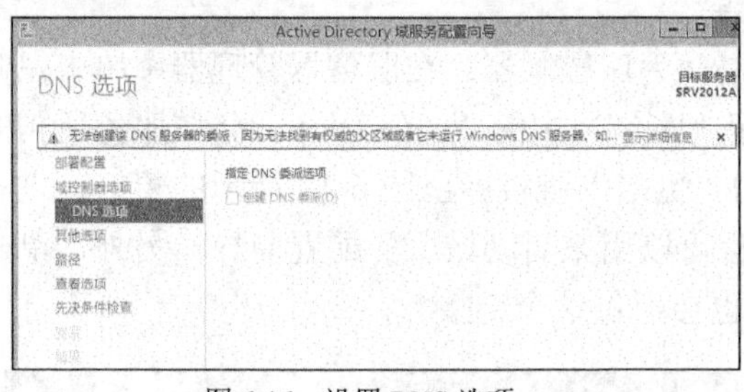

图 6-16　设置 DNS 选项

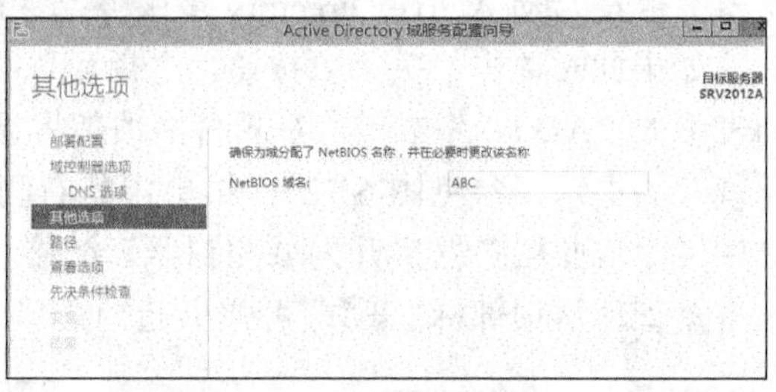

图 6-17　设置其他选项

（9）单击“下一步”按钮，出现“路径”对话框，指定数据库、日志文件和 SYSVOL（存储域共享文件）的文件夹位置，这里保留默认值即可。如果服务器上有多块物理硬盘，可将数据库和日志文件分别存储在不同硬盘中，分开存储既可提高效率，又可提高 Active Directory 修复可能性。

（10）单击“下一步”按钮，出现图 6-18 所示的界面，供管理员确认安装域控制器的各种选项。如要更改，可单击“上一步”按钮，否则单击“下一步”按钮予以确认。

这里提供了一个“查看脚本”按钮，可以将这些设置导出到 PowerShell 脚本，便于使用 PowerShell 自动安装域控制器。例中的脚本为：

```
#
# 用于 AD DS 部署的 Windows PowerShell 脚本
#
Import-Module ADDSDeployment
Install-ADDSForest `
-CreateDnsDelegation:$false `
-DatabasePath "C:\Windows\NTDS" `
-DomainMode "Win2012R2" `
-DomainName "abc.com" `
-DomainNetbiosName "ABC" `
-ForestMode "Win2012R2" `
-InstallDns:$true `
-LogPath "C:\Windows\NTDS" `
-NoRebootOnCompletion:$false `
-SysvolPath "C:\Windows\SYSVOL" `
-Force:$true
```

（11）单击“下一步”按钮，出现图 6-19 所示的界面，向导进行先决条件检查，这里顺利通过检查，仅给出一些提示性信息，单击“安装”开始升级操作。等待一段时间完成安装后将自动重启系统。

如果没有通过检查，则需要根据提示排查并处理存在的问题。

从 Windows Server 2012 开始，微软弃用了 dcpromo.exe 工具，但可以使用 Windows PowerShell 安装 AD 域服务。具体步骤请参见第 15 章的有关内容。

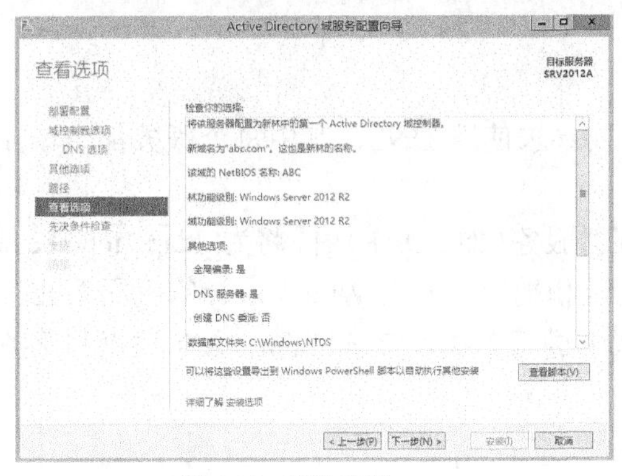

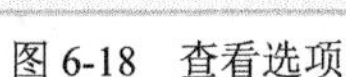
图 6-18　查看选项

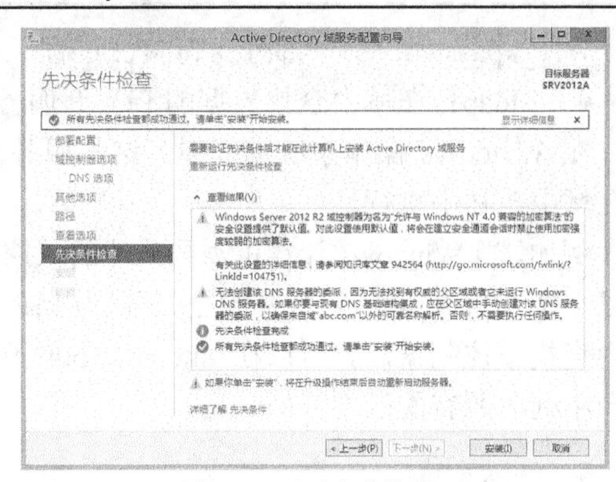

图 6-19　先决条件检查

6.2.3　检查 DNS 服务器配置

Active Directory 依赖于 DNS，使用 Active Directory 域服务配置向导配置一台新的域控制器，会自动配置 DNS 服务和设置。域控制器的 IP 配置必须保证能够访问 Active Directory 环境中的一台 DNS 服务器，最好是林根的 DNS 服务器或者是父域中的 DNS 服务器。不过，创建 Active Directory 环境中的第一台域控制器是个例外，因为此时还没有任何 Active Directory 可用的 DNS 结构。

完成上述域控制器安装后，该服务器上网络连接 TCP/IP 设置所涉及的 DNS 服务器如果没有设置为域控制器本身，将自动设置。Active Directory 需要服务（SRV）记录和动态 DNS 更新来保证正常运转。可以进一步检查和验证相关的 DNS 设置。

1. 服务（SRV）记录

Active Directory 在 DNS 中注册各种服务（SRV），这些记录用于特定的服务，确保计算机能够查找到域中的域控制器，是 Active Directory 正常运行所必需的。

例中在域控制器上同时建立 DNS 服务器，并自动创建名为“abc.com”的区域。可以进一步检查 DNS 服务器内是否存在该域控制器注册的记录，以便让其他计算机通过 DNS 服务器来定位该域控制器。在 DNS 控制台单击服务器（例中为 SRV2012A）节点并展开，然后再展开“正向查找区域”>“abc.com”节点，可发现域控制器已将其主机名与 IP 地址注册到 DNS 服务器中，如图 6-20 所示。

进一步展开“_tcp”节点，如图 6-21 所示，可以发现以下 4 条记录。

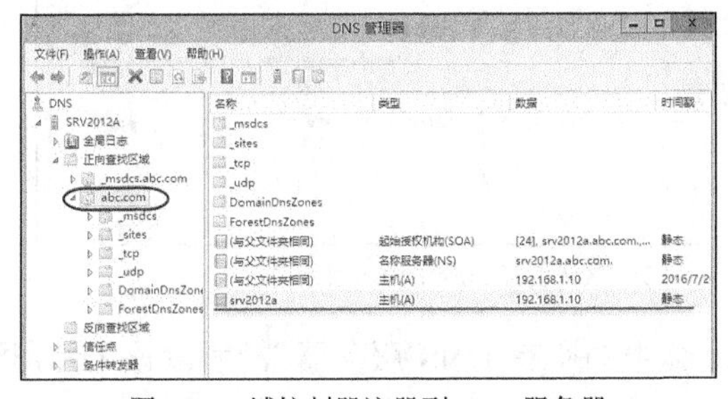

图 6-20　域控制器注册到 DNS 服务器

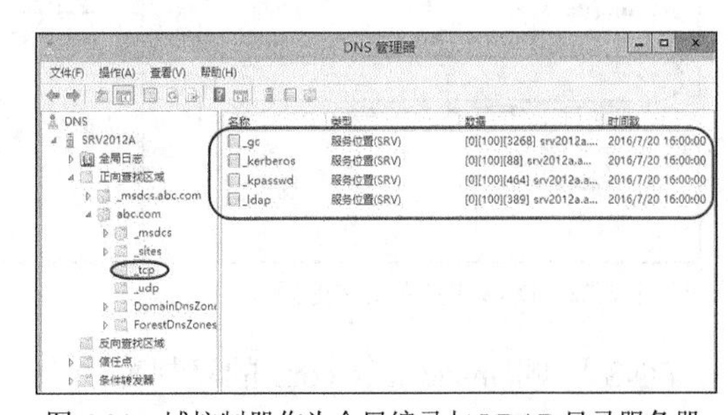

图 6-21　域控制器作为全局编录与 LDAP 目录服务器

- _gc：在全局编录中查找数据的 LDAP 服务。
- _kerberos：身份验证过程。

- _kpasswd：另一部分身份验证过程。
- _ldap：在域中查找数据的 LDAP 服务。

在 Windows 操作系统进程中，这些服务需要寻求使用 DNS，其中每个服务都由域控制器在域中或林中执行。

例如，当 Windows 计算机需要具体的域控制器服务（如 LDAP）时，将为_ldap._tcp.abc.com 请求一个 SRV 回应，它需要的是充分利用 IP 地址和端口。如果 Windows 计算机需要在其站点内查找域控制器，就可以在_site.abc.com 子域中进行查找，该子域将在 AD 站点和服务控制台中列举所有的已创建的站点。

2. 动态更新

在域控制器上创建的 DNS 服务器自动启用动态更新功能。在 DNS 管理器中右击要设置的区域（例中为 abc.com），从快捷菜单中选择“属性”命令打开相应的对话框，如图 6-22 所示，“常规”选项卡中“动态更新”下拉菜单中已经选择“安全”，区域的类型也是 Active Directory 集成区域，这种在 Active Directory 环境中实现的 DNS 动态更新非常安全。

3. 应用程序目录分区

应用程序目录分区是 Active Directory 数据库的组成部分，是整个林名称空间的一部分，是仅复制到特定域控制器的目录分区。参与特定应用程序目录分区复制的域控制器寄存该分区的副本。当创建新域或新林时，可以使用应用程序目录分区在不同的域之间共享 DNS 区域。应用程序目录分区可包含除了安全主体之外的任何类型的对象。

默认全新安装域控制器时会自动创建两个应用程序目录分区：ForestDnsZones 目录分区和 DomainDnsZones 目录分区。这两个目录分区都可以存储 DNS 的区域记录，但复制的范围（作用域）不同，一个是整个林范围内的域控制器之间复制，另一个是域范围内的域控制器之间复制。

默认建立林中第一台域控制器时都会让向导自动安装 DNS 服务，例中默认创建了两个 DNS 区域：_msdcs.abc.com 和 abc.com，如图 6-23 所示。

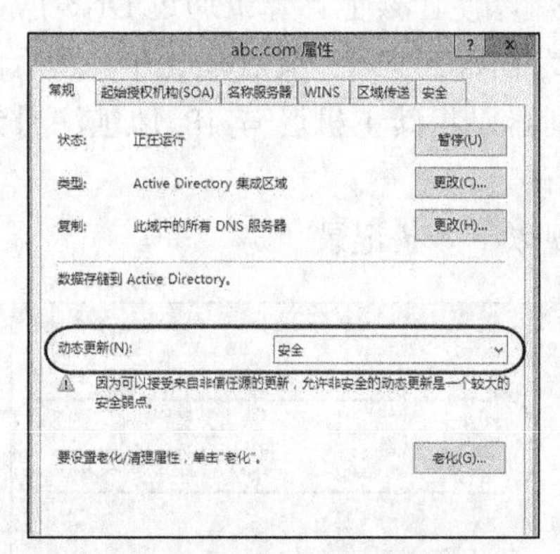

图 6-22　DNS 服务器动态更新

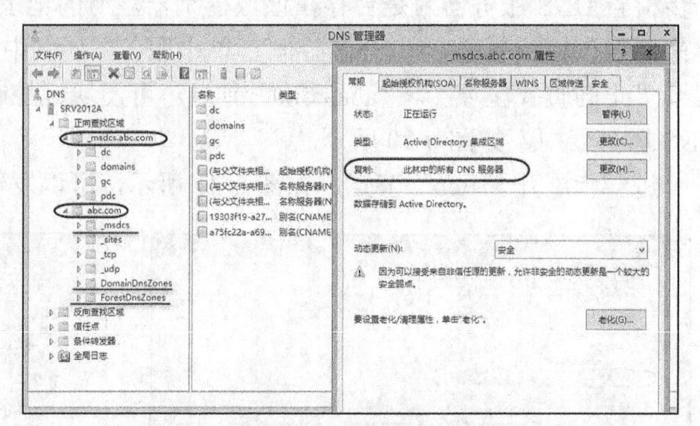

图 6-23　默认创建的应用程序目录分区

DNS 区域_msdcs.abc.com 的复制范围为“此林中的所有 DNS 服务器”，所以该 DNS 区域实际上是存储在 ForestDnsZones.abc.com 这个默认创建的 DNS 应用程序分区中了。注意该区域是被默认委派的，因为在 abc.com 的区域里面有一个委派记录_msdcs。_msdcs.abc.com 区域主持林中所有域控制器的域控制器定位器 DNS 资源记录，它还可用于在域或林中定位具有特定角色的域控制器。

DNS 区域 abc.com 的复制作用域为“此域中的所有 DNS 服务器”，所以该 DNS 区域实际上是存储在 DomainDnsZones.abc.com 这个默认创建的 DNS 应用程序分区中了。

6.2.4　Active Directory 管理工具

在 Windows Server 2012 R2 域控制器上可直接使用以下内置的图形界面 Active Directory 管理工具。

（1）Active Directory 管理中心控制台。

（2）Active Directory 用户和计算机控制台。

（3）Active Directory 域和信任控制台。

（4）Active Directory 站点和服务控制台。

其中第 1 种是 Windows Server 2008 R2 新增的管理工具，用于管理各种 Active Directory 对象。其界面如图 6-24 所示，采用三栏结构，左中右分别为导航、详细和操作。其中图标表示域，图标表示容器，图标表示组织单位。导航窗格中提供两种视图：列表视图和树视图（层次结构），单击切换到列表视图，单击切换到树视图。默认显示的是列表视图。后 3 种工具继承于以前的 Windows 服务器版本。可从“管理工具”菜单中选择这些工具，或者在服务器管理器中的“工具”菜单来打开这些工具。

提示： 本章介绍 Active Directory 配置管理时以 Active Directory 管理中心工具为主。它可以部分取代早期版本常用的 Active Directory 用户和计算机控制台（如图 6-25 所示，所用图标不同，图标表示域，图标表示容器，图标表示组织单位）。注意管理中心工具运行对系统性能要求较高，也没有包括所有功能，必要时可以改用 Active Directory 用户和计算机控制台，或者其他两个控制台，这几个控制台有时候似乎更好用。

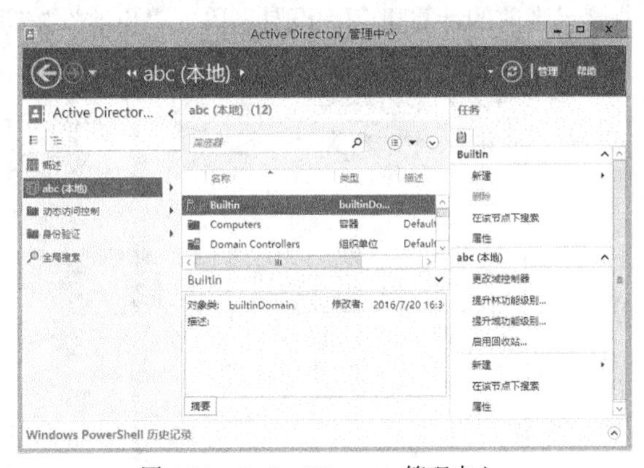

图 6-24　Active Directory 管理中心

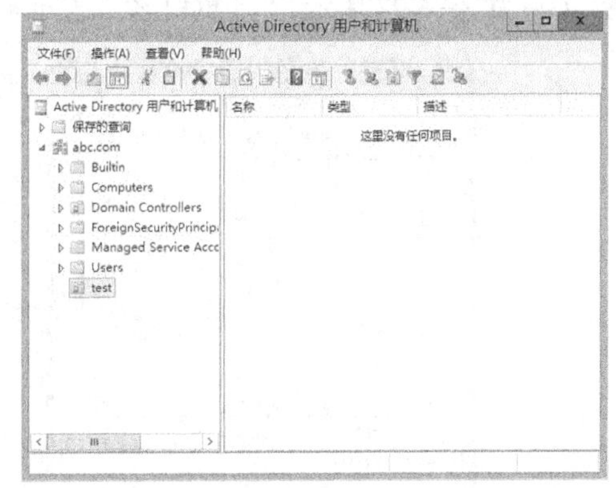

图 6-25　Active Directory 用户和计算机控制台

要在域成员计算机上使用 Active Directory 管理工具，必须先进行安装。在 Windows Server 2012 R2 成员服务器上可以通过服务器管理器的添加功能向导来安装 Active Directory 管理工具。如图 6-10 所示，依次展开“远程服务器管理工具” > “角色管理工具” > “AD DS 和 AD LDS 工具” > “AD DS 工具”，选中“AD DS 管理单元和命令行工具”和“Active Directory 管理中心”，单击“下一步”按钮，根据向导提示操作即可。

Windows 7 和 Windows 8 域成员计算机则需到微软网站下载远程服务器管理工具进行安装，

通过打开 Windows 功能来启用“AD DS 管理单元和命令行工具”和“Active Directory 管理中心”。

无论是在域控制器上，还是在域成员计算机上，只要安装有 Active Directory 管理工具，就可使用 MMC 来加载 Active Directory 管理工具。

6.2.5 域成员计算机的配置与管理

实验 6-2 将计算机添加到域

实验 6-3 让域成员计算机退出域

Windows 计算机可作为域成员加入 Active Directory 域，接受域控制器集中管理。有两种情况，一种是将独立服务器加入到域，另一种是将工作站添加到域。加入到域的计算机可统称为域成员计算机。在安装 Windows 操作系统时可以选择加入到域中，或保留在工作组中，以后再添加到 Active Directory 域中。

1. 将计算机添加到域

这里以 Windows 8 计算机为例。运行其他 Windows 版本的计算机加入到域的操作步骤基本相同，只是界面略有差别。

（1）以本机系统管理员身份登录，确认能够连通域控制器计算机。

Windows Vista 以上版本默认启用用户账户控制，如果不以管理员身份登录，在更改计算机名等设置信息时也会要求输入本机系统管理员账户名及其密码。

（2）在 TCP/IP 属性设置中将 DNS 服务器设置为能够解析域控制器域名的 DNS 服务器 IP 地址，如图 6-26 所示。在单域网络中，DNS 服务器通常就是域控制器本身。

（3）右击“开始”菜单中的图标，选择“系统”命令打开“系统”控制面板，单击“计算机名称、域与工作组设置”区域的“更改设置”按钮弹出“系统属性”对话框。

（4）如图 6-27 所示，“计算机名”选项卡中显示当前的计算机名称设置，单击“更改”按钮。

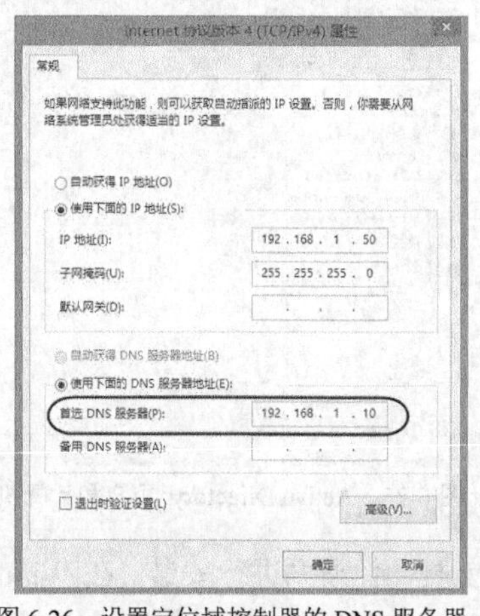

图 6-26 设置定位域控制器的 DNS 服务器

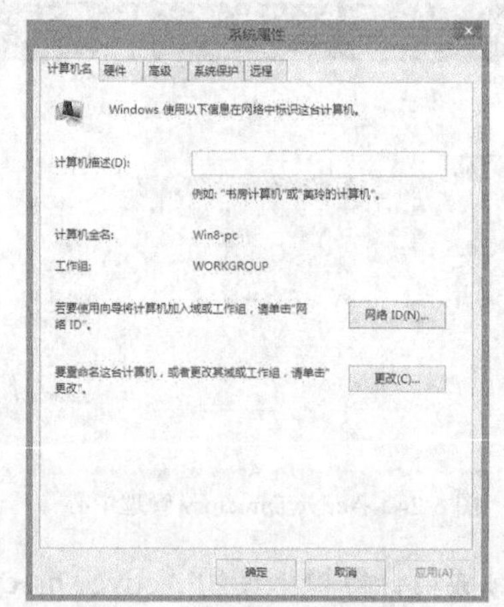

图 6-27 显示当前的计算机名称

（5）打开图 6-28 所示的对话框，在“隶属于”区域选中“域”单选按钮，在下面的文本框中输入要加入域的域名，单击“确定”按钮。

这里的域名可以是域的 DNS 域名（如 abc.com），也可是域的 NetBIOS 名称（如 abc）。使用 DNS 域名一定要确保已经设置好 DNS 服务器，即该计算机能够获知域控制器 IP 地址，否则将提示“不能联系某域的域控制器”。

（6）出现相应的对话框，根据提示输入具有将计算机加入域权限的域用户账户的名称和密码，单击“确定”按钮。

提示： 除了域管理员账户（隶属于 Domain Admins），普通的域用户账户（隶属于 Domain Users）也具有将计算机加入域的权限，只不过一个账户最多可以新建 10 个计算机账户。域用户账户需要完整的名称，如 zhong@abc.com。

（7）如无异常情况，将出现欢迎加入域的提示，单击“确定”按钮。

（8）出现必须重新启动计算机才能应用这些更改的提示，单击“确定”按钮。

（9）回到“系统属性”对话框，如图 6-29 所示，可发现 DNS 域名后缀已加入完整的计算机名称，单击“关闭”按钮。

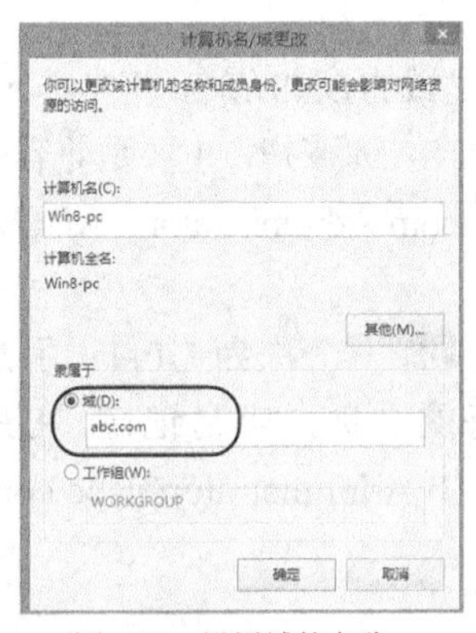

图 6-28　设置域的名称

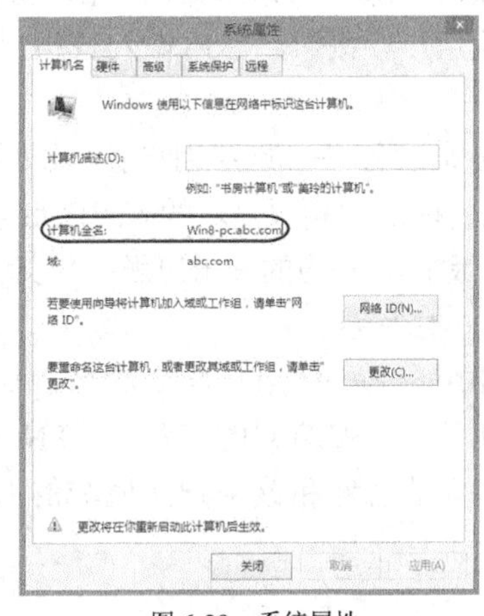

图 6-29　系统属性

（10）弹出提示对话框，重新启动计算机，使上述更改生效。

此时在域控制器上打开 Active Directory 管理中心，在导航窗格中单击相应域（abc.com），在详细窗格中单击“Computers”节点，发现该计算机加入域，并自动指派相应计算机账户。

另外，该计算机的 DNS 域名也自动注册到与该域名对应的 DNS 区域（参见图 6-30），因为 DNS 动态更新是由 AD 域配置向导自动配置的。还要注意域成员计算机的 DNS 设置无需特别定制，采用默认选项值即可，如图 6-31 所示。

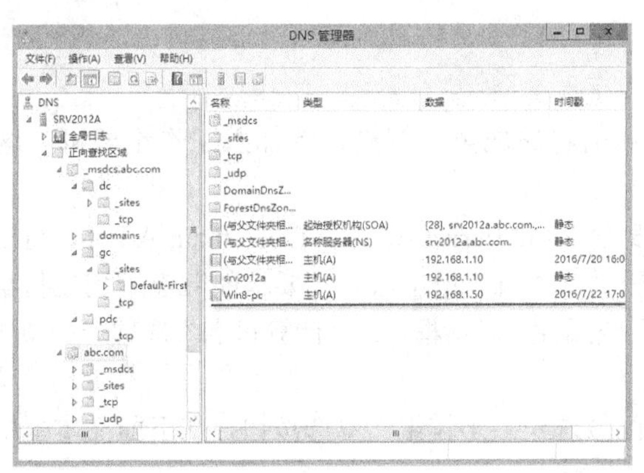

图 6-30　自动注册 DNS 域名

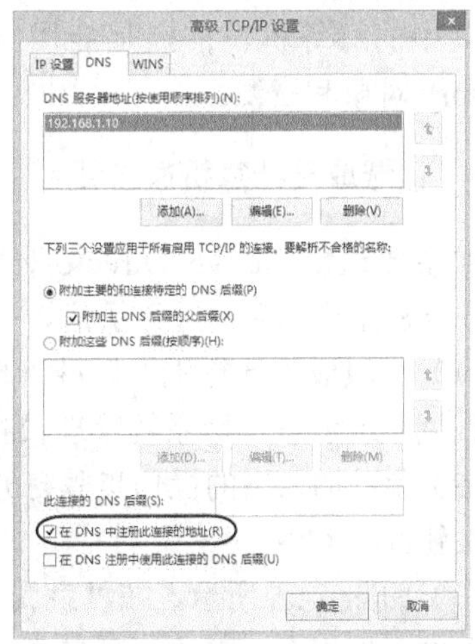

图 6-31　域成员计算机 DNS 设置

2. 域成员计算机登录到域

可以在域成员计算机上通过本地用户或域账户进行登录。启动域成员计算机（服务器或工作站），按 Ctrl+Alt+Delete 组合键出现登录界面。如图 6-32 所示，默认出现的是本地用户登录（格式为“主机名\账户”），此时系统利用本地安全账户数据库来检查账户与密码，如果成功登录，只可以访问本地计算机的资源，无法访问域内其他计算机的资源。

图 6-32 本地用户账户登录

要访问域内资源，必须以域用户账户身份登录到域。单击人头像左侧的箭头以切换用户，再单击“其他用户”按钮，然后输入域用户账户名及其密码。域用户账户名有以下两种表示方式。

- SAM 账户名——域名\用户名。此处域名既可以是域的 DNS 域名（相当于 Active Directory 规范名称），又可以是域的 NetBIOS 名称（相当于 SAM 账户，主要是兼容 Windows 2000 以前版本），相应的域用户账户名表示例子如 abc.com\Administrator、ABC\Administrator，如图 6-33 所示。
- UPN 用户名——用户名@域名。域用户账户具有一个称为 UPN（用户主体名称，类似于电子邮箱）的名称。UPN 是一个友好的名称，容易记忆。UPN 包括一个用户登录名称和该用户所属域的 DNS 名称，如 Administrator@abc.com，如图 6-34 所示。

图 6-33 域名\账户登录

图 6-34 UPN 账户登录

域用户账户登录到域后，可通过 Windows 资源管理器中的“网络”节点来查看网络中的域及其中的计算机，前提是启用网络发现和文件共享功能，当然还可以直接搜索 Active Directory 对象和资源。

3. 让域成员计算机退出域

如果要退出 Active Directory 域，只需将域成员计算机重新加入工作组即可。这里以 Windows 8 计算机为例进行示范。

（1）在域成员计算机上以域管理员身份（Enterprise Admins 或 Domain Admins 组成员）登录到域，或者以本地系统管理员身份登录到本机。退出域并不要求能够连通域控制器。

（2）参考加入域的操作步骤打开“系统属性”对话框，在“计算机名”选项卡中单击“更改”按钮。

（3）如图 6-35 所示，在“隶属于”区域选中“工作组”单选按钮，在下面文本框中输入要加入的工作组名，单击“确定”按钮。

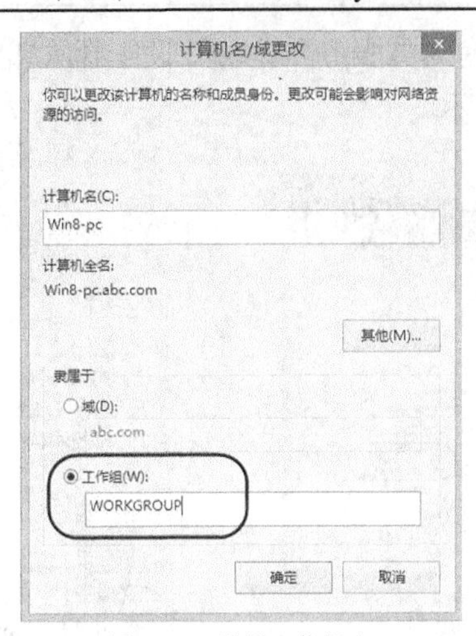

图 6-35　设置工作组名

（4）根据提示输入具有将计算机从域中删除权限的用户的名称和密码，单击“确定”按钮。

（5）出现欢迎加入工作组的提示，单击“确定”按钮，根据提示完成其他步骤，重新启动计算机，使上述更改生效。

此后，在该计算机上就只能利用本地用户账户登录，无法使用域用户账户来登录。

与此同时，DNS 服务器上的相应 DNS 域名也自动注销。

6.2.6　域控制器的管理

以域系统管理员身份登录到域控制器，可根据需要对域控制器进一步配置和管理。

1．提升域和林功能级别

可根据需要提升域功能级别以限制所支持的域控制器。一旦提升域功能级别，就不能再将运行旧版操作系统的域控制器引入该域中。例如，如果将域功能级别提升至 Windows Server 2012 R2，则不能再将运行 Windows Server 2012 的域控制器添加到该域中。如图 6-36 所示，在域控制器上打开 Active Directory 管理工具，选中要管理的林或域，在“任务”窗格中执行“提升域功能级别”命令即可。例中安装域控制器时域和林功能级别均设置为 Windows Server 2012 R2，目前不能提升。

2．删除（降级）域控制器

在 Active Directory 环境中，Windows 服务器可以充当域控制器、成员服务器和独立服务器 3 种角色。成员服务器是域中非域控制器的服务器，不处理域账户登录过程，不参与 Active Directory 复制，不存储域安全策略信息。与其他域成员一样，它服从站点、域或组织单位定义的组策略，同时也包含本地安全账户数据库（SAM）。独立服务器是非域成员的服务器，如果 Windows 服务器作为工作组成员安装，则该服务器是独立的服务器。独立服务器可与网络上的其他计算机共享资源，但是不能分享 Active Directory 所提供的好处。

独立服务器或成员服务器可升级为域控制器。也可将域控制器降级为成员服务器。将独立服务器加入到域，可使其变为成员服务器。成员服务器从域中退出，又可变回独立服务器。这种角色转换关系如图 6-37 所示。

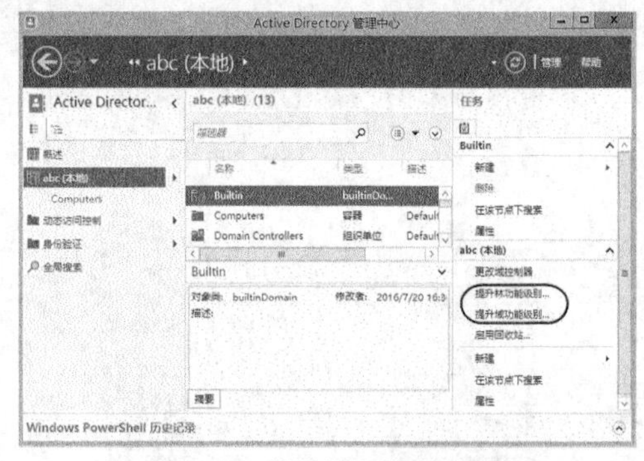

图 6-36　提升域和林功能级别

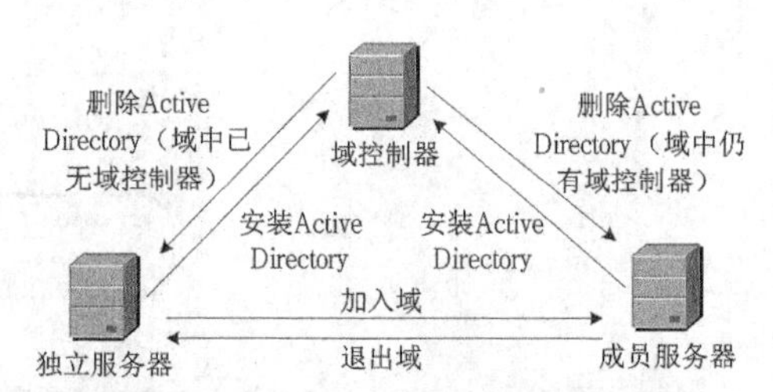

图 6-37　Active Directory 域中服务器角色转换

可根据需要删除域控制器（也就是删除 Active Directory），或者对其进行降级。在域控制器上运行命令 dcpromo 打开 Active Directory 安装向导，根据指示执行删除操作。删除之后需要重新启动服务器。

如果该域有子域，则不能将它删除。如果这个域控制器是该域中的最后一个域控制器，则降级这个域控制器将使该域从林中删除。至于林中最后一个域，降级其域控制器也将删除林。

6.3　管理与使用 Active Directory 对象和资源

域管理的一项重要任务是对各类 Active Directory 对象进行合理的组织和管理，这些对象包括网络中的各项资源，其中最重要的是用户、组和计算机。早期版本中这些对象主要是通过“Active Directory 用户和计算机”控制台来管理的，在 Windows Server 2012 R2 中可以使用综合性的 Active Directory 管理工具。

6.3.1　管理组织单位

在介绍 Active Directory 对象之前，先来看组织单位的管理。组织单位相当于域的子域，可以像域一样包含用户、组、计算机、打印机、共享文件夹以及其他组织单位等各种对象。组织单位是可指派组策略设置或委派管理权限的最小作用域或单位。

组与组织单位不能混淆。一个用户可隶属于多个组，但只能隶属于一个组织单位；组织单位可包含组，但是组不能将组织单位作为成员；组可作为安全主体，被授予权限，而组织单位不行。

使用组织单位可将网络所需的域的数量降到最小程度，创建组织单位应该考虑能反映企业的职能或业务结构。要创建新的组织单位，打开 Active Directory 管理中心，右击要添加组织单位的域（或组织单位），选择“新建”>“组织单位”命令，弹出图 6-38 所示的对话框，为其命名。当然还可根据需要添加地址、管理者等信息。

组织单位可以看成一种特殊目录容器对象，在 Active Directory 管理工具中以一种文件夹的形式（图标为▇）出现。组织单位可以像域一样管理用户、计算机等对象，如图 6-39 所示。可以在组织单位中新建 Active Directory 对象，也可以在组织单位与其他容器（域、组织单位）之间移动 Active Directory 对象。

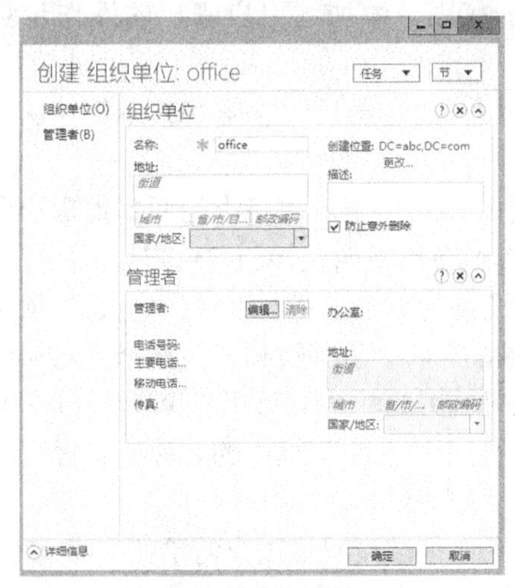

图 6-38 设置组织单位

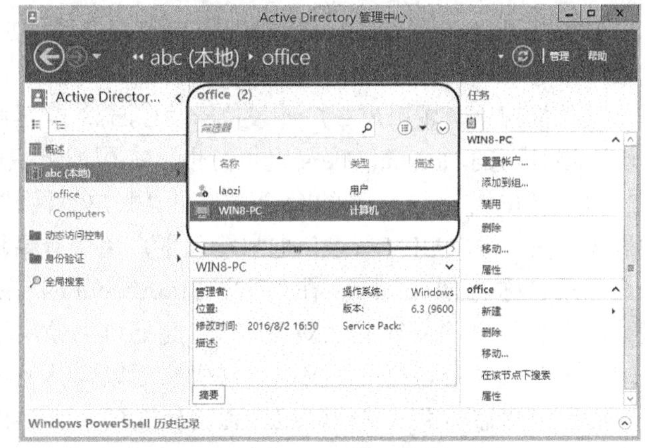

图 6-39 组织单位包含的对象

对于组织单位本身也可执行重命名、移动或删除等操作。与组对象不同，一旦删除组织单位，其中的成员对象也将被删除。

6.3.2 管理计算机账户

在域环境中，每个运行 Windows 操作系统的计算机都有一个计算机账户。与用户账户类似，计算机账户提供了一种验证和审核计算机访问网络以及域资源的方法。连接到网络上的每一台计算机都应有自己唯一的计算机账户。

当将计算机加入到域时，该计算机相应的计算机账户被自动添加到域的“Computers”容器中。对于计算机账户可执行禁用、重置账户、删除计算机账户等管理操作。

6.3.3 管理域用户账户

实验 6-4 创建域用户账户

域用户账户在域控制器上建立，又称 Active Directory 用户账户，用来登录域、访问域内的资源，账户数据存储在目录数据库中，可实现用户统一的安全认证。

非域控制器的计算机（包括域成员计算机）上还有本地账户。本地账户数据存储在本机中，不会发布到 Active Directory 中，只能用来登录账户所在计算机，访问该计算机上的资源。前面具体介绍过本地用户的管理。本地账户主要用于工作组环境，对于加入域的计算机来说，一般不必再建立和管理本地账户，除非要以本地账户登录。

Windows Server 2012 R2 域控制器提供了以下两个内置域用户账户。

- Administrator。系统管理员账户，对域拥有最高权限，为安全起见，可将其重命名。
- Guest。来宾账户，主要供没有账户的用户使用，访问一些公开资源，默认被禁用。

1．创建域用户账户

为获得用户验证和授权的安全性，应为加入网络的每个用户创建单独的域用户账户。每个用户账户又可添加到组以控制指派给账户的权限。添加域用户账户的操作步骤如下。

（1）打开 Active Directory 管理中心，右击要添加用户的容器（例中是“Users”），从快捷菜单中选择“新建”>“用户”命令。

默认情况下，域用户账户一般位于“Users”容器中，域控制器计算机上的原本地账户自动转入该容器的 Domain Users 组中。也可在域或组织单位节点下面直接创建用户。

（2）弹出图 6-40 所示的对话框，在“账户”区域设置用户账户基本信息。“全名”项必须设置；在“用户 UPN 登录”框中输入用户用于登录域的名称，从下拉列表中选择要附加到用户登录名称的 UPN 后缀；在“用户 SamAccountName 登录”框中输入可用于 Windows 2000 以前版本的用户登录名（SAM 账户），此处可以使用不同于“名字”框中的名称，管理员可以随时更改此登录名；设置密码、密码选项以及其他账户选项。

（3）根据需要进入其他区域设置其他选项。如“组织”区域设置该账户的单位信息；“隶属于”区域设置所属组；“配置文件”区域设置用户配置文件信息。

（4）完成用户账户设置后，单击“确定”按钮完成用户账户的创建。

2．管理域用户账户

新创建的用户如图 6-41 所示，可以根据需要进行管理操作，如删除、禁用、复制、重命名、重设密码、移动账户等。

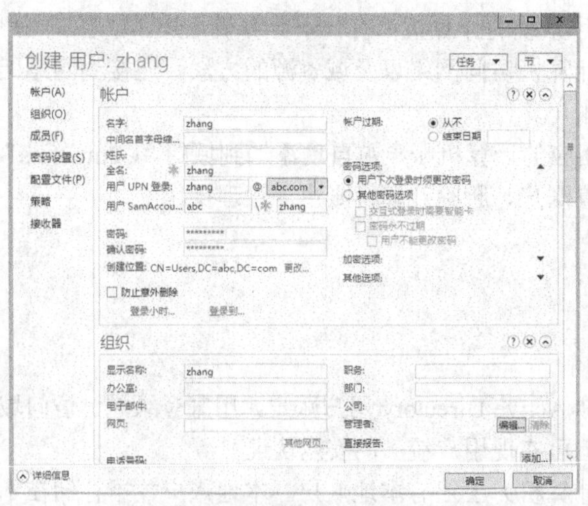

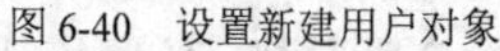
图 6-40　设置新建用户对象

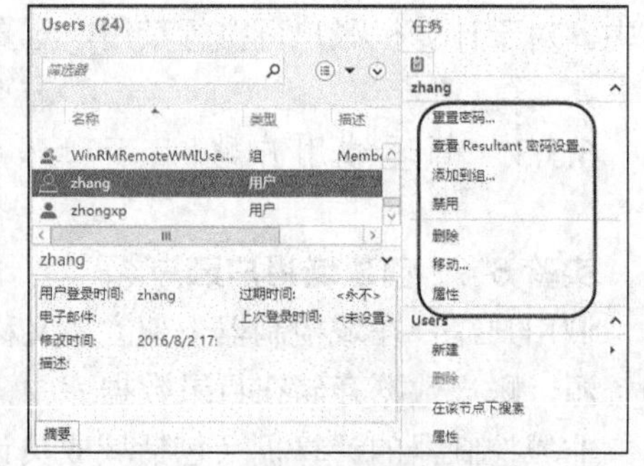

图 6-41　管理新建的用户对象

3．配置域用户账户

如果要进一步设置用户账户，双击相应的用户账户或者右击账户选择“属性”命令，弹出图 6-42 所示的对话框，根据需要配置。用户属性设置对话框比新建用户对话框多提供了一个“扩展”区域用于设置扩展选项，如图 6-43 所示。

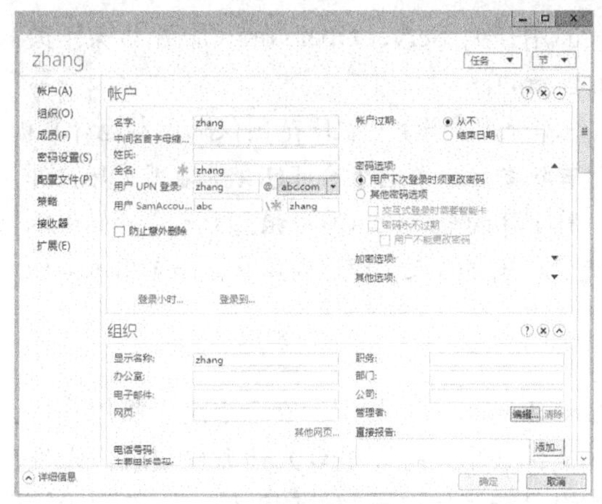

图 6-42　设置用户账户属性

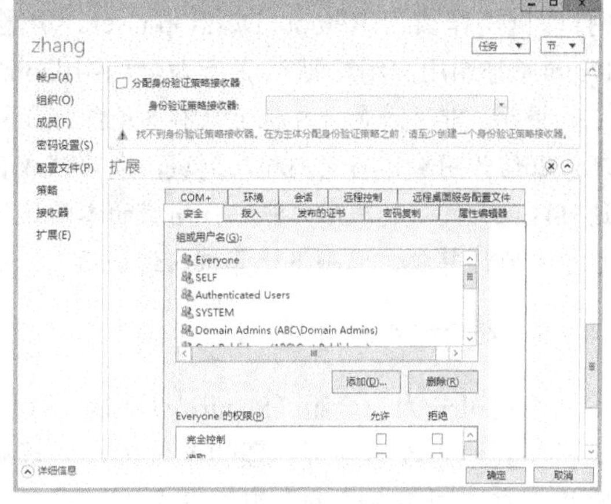

图 6-43　设置扩展选项

6.3.4　管理组

在域中，组可包含用户、联系人、计算机和其他组的 Active Directory 对象或本机对象。组作为一种特殊的对象，使用组可以简化 Active Directory 对象的管理。

1. 组的特性

组具有如下 3 个特性。

- 组可跨越组织单位或域，将不同域、不同组织单位的对象归到一个组。
- 组可作为安全主体，与用户、计算机一样被授予访问权限。
- 组为非容器对象，组成员与组之间没有从属关系，一个对象可属于多个不同的组。

2. 组的作用域

每个组均具有作用域，作用域确定组在域树或林中所应用的范围。根据不同的作用域，可以将组分为以下 3 种类型。

（1）通用组。具有通用作用域，成员可以是任何域的用户账户、全局组或通用组，权限范围是整个林。

内置的通用组有 Enterprise Admins（位于林根域，成员有权管理林内所有域）和 Schema Admins（管理架构权限），这两个组均位于 Users 容器中，默认的组成员为林根域内的 Administrator。

（2）全局组。具有全局作用域，其成员可以是同域用户或其他全局组，权限范围是整个林。

内置全局组位于 Users 容器中，常用的主要有 Domain Admins（域管理员）、Domain Computers（加入域的计算机）、Domain Controllers（域控制器）、Domain Users（添加的域用户自动属于该组，同时该组又是本地组 Users 成员）、Domain Guests。

（3）本地域组。具有本地域作用域，成员可以是任何域的用户账户、全局组，权限范围仅限于同域（建立组的域）的资源，只能将同域资源指派给本地域组。本地域组不能访问其他域的资源。

内置的本地域组位于 Builtins 容器中，主要有 Account Operators（账户操作员）、Administrators（系统管理员）、Backup Operators（备份操作员）、Gusets（来宾）、Printer Operators

（打印机操作员）、Remote Desktop Users（远程桌面用户）、Server Operators（服务器操作员）、Users（普通用户组，默认成员为全局组 Domain Users）。

提示：非域成员计算机上只有本地组，用来组织本地用户账户，权限范围仅限于本地计算机，不涉及组作用域。当它们加入到域，成为域成员计算机之后，本地组除可包含本地用户账户外，还可以包含同域的域用户账户、同域的本地域组、整个林的全局组与通用组。由于本地组权限仅限于本地计算机，因而将计算机入到域后，一般使用本地域组来管理域内账户，而不用本地组。

3. 安全组和通信组

组还可分为安全组（Security）和通信组（Distribute）两种类型。安全组用于将用户、计算机和其他组收集到可管理的单位中，为资源（文件共享、打印机等）指派权限时，管理员应将那些权限指派给安全组而非个别用户；通信组只能用作电子邮件的通信，不能用于筛选组策略设置，不具备安全功能。

4. 默认组

创建域时自动创建的安全组称为默认组。许多默认组被自动指派一组用户权力，授权组中的成员执行域中的特定操作。默认组位于“Builtins”容器和“Users”容器中。“Builtins”容器包含用本地域作用域定义的组。“Users”容器包含通过全局作用域定义的组和通过本地域作用域定义的组。可将这些容器中的组移动到域中的其他组或组织单位，但不能将它们移动到其他域。

安装 Windows Server 2012 R2 独立服务器或成员服务器时自动创建默认本地组。本地组不同于本地域组，必须在本机上独立管理。在域成员计算机上可向本地组添加本地用户、域用户、计算机以及组账户，如图 6-44 所示；但不能向本地域组添加本地用户和本地组账户。

5. 创建组

要创建新的组，打开 Active Directory 管理中心，右击要添加组的容器（域或组织单位），选择“新建”>“组”命令，弹出图 6-45 所示的对话框，设置组的名称，选择组作用域和组类型。根据需要进入其他区域设置其他选项。如“组织”区域设置该组的单位信息；“隶属于”区域设置所属组；“成员”区域添加组成员。完成设置后，单击“确定”按钮完成组账户的创建。

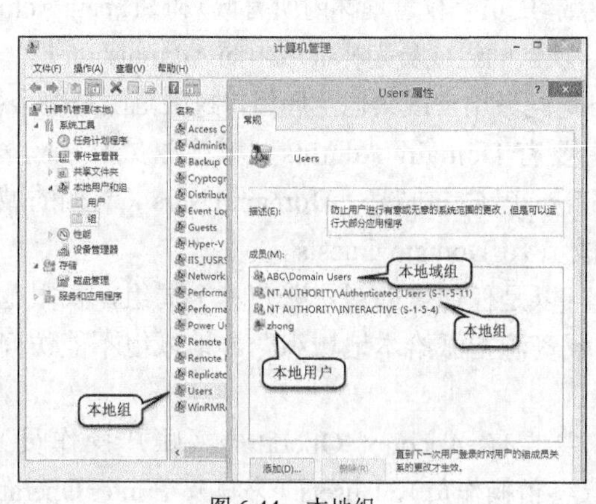

图 6-44　本地组

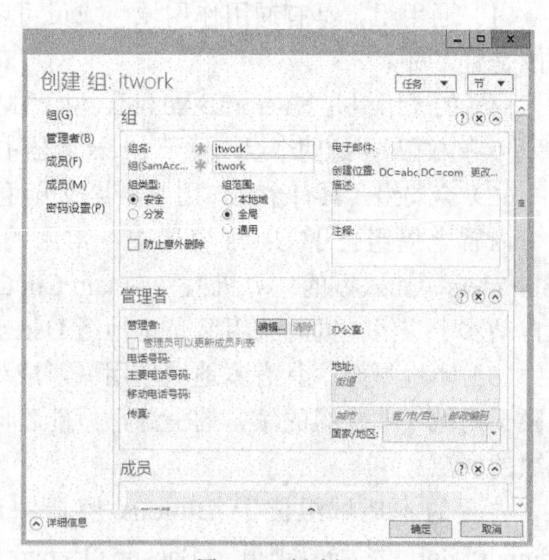

图 6-45　创建组

可以对组执行管理操作，如移动到其他容器、添加到其他组，或进一步设置组属性。

6. 添加组成员

要将成员添加到组中，有两种方法。一种是打开组的属性设置对话框，在“成员”区域单击“添加”按钮弹出相应的对话框，单击“位置”按钮指定对象所属的域，在“输入对象名称来选择”列表中指定要添加的成员对象（如用户账户、联系人、其他组），单击“确定”按钮即可，如图 6-46 所示；另一种方法是打开 Active Directory 对象（如用户账户、计算机、组）的属性对话框，在“隶属于”区域单击“添加”按钮弹出相应的对话框，选择所属的组对象，如图 6-47 所示。

图 6-46　往组中添加成员

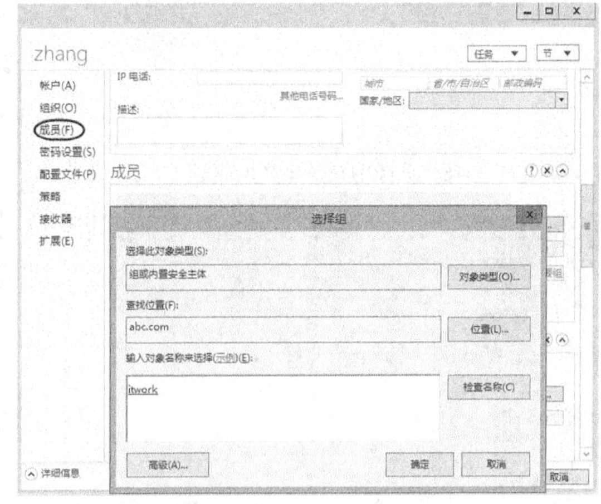

图 6-47　为成员设置所属组

可根据需要删除组成员，另外删除组不会删除其成员。

6.3.5　选择用户、计算机或组对象

用户、计算机、组作为安全主体，在实际应用（如用户管理、用户权限设置等）中经常需要查找和指定这些对象。Windows 系统提供了用户选择向导，便于管理员快速查找和选择用户、计算机、组等对象。前面一些配置过程已经涉及，这里再补充讲解一下。

例如，要添加组成员，在组属性设置对话框中的“成员”区域单击“添加”按钮，将弹出图 6-48 所示的对话框，如果知道对象的名称，在“输入对象名称来选择”框中直接输入即可。如果要从域中查找，可单击“高级”按钮打开图 6-49 所示的对话框，单击“立即查找”按钮来快速搜索该域中的账户。

可根据需要进一步限定查找范围，单击“对象类型”按钮，弹出图 6-50 所示的对话框，选择要查找的对象类型；单击“位置”按钮，弹出图 6-51 所示的对话框，选择要查找的范围，可以是整个目录、某个域、某个组、某个组织单位或本地计算机，还可以在“一般性查询”区域指定具体的查询条件。

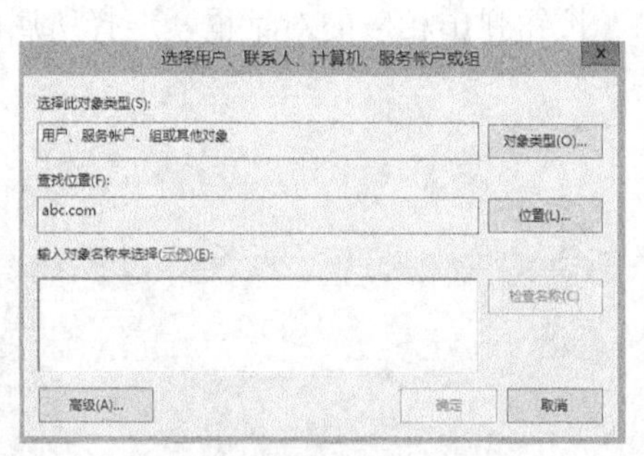

图 6-48　选择用户、计算机或组

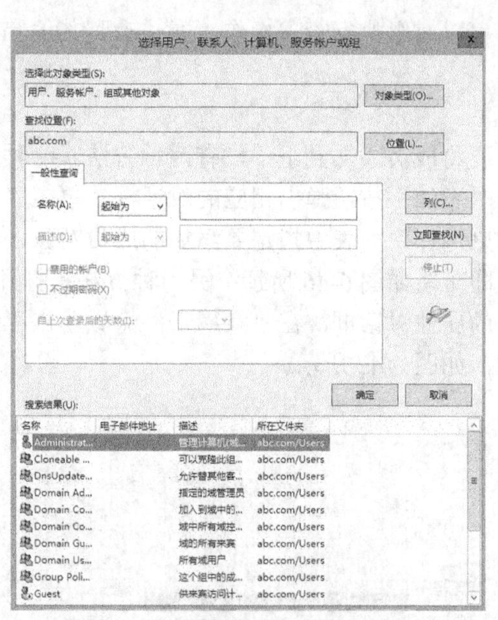

图 6-49　选择用户、计算机或组（高级）

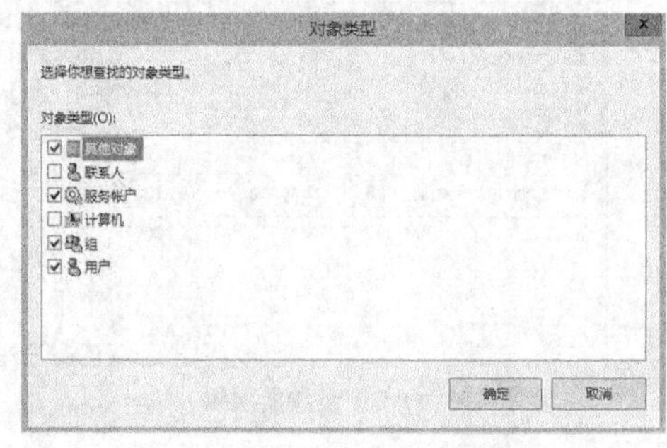

图 6-50　选择要查找的对象类型

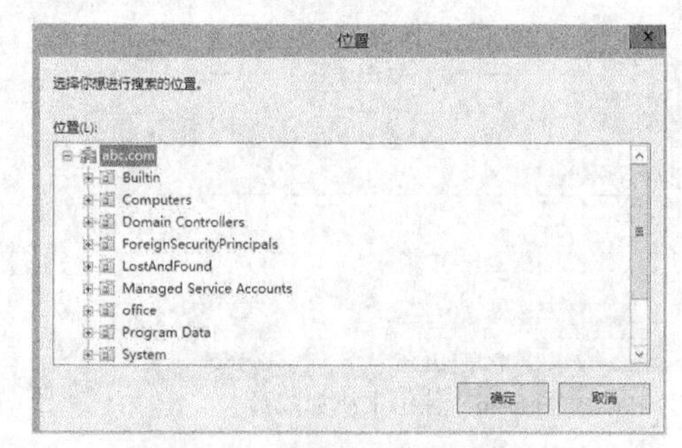

图 6-51　选择要查找的位置范围

6.3.6　查询 Active Directory 对象

1. 使用 Active Directory 管理工具查询

在域控制器上可直接使用 Active Directory 管理中心或 Active Directory 用户和计算机控制台查找几乎所有的 Active Directory 对象，通常以普通域用户身份登录到域执行 Active Directory 对象查询任务。在域成员计算机上需要安装 Active Directory 管理工具。

例如，打开 Active Directory 管理中心执行全局搜索，如图 6-52 所示。可进一步限制查找对象和范围。从“搜索”下拉列表中选择要查询的对象类型，从“范围”下拉列表中选择要查询的范围（整个目录、某域）。

2. 使用内置 Active Directory 搜索工具

在域成员计算机上，可通过 Windows 资源管理器上的“网络”节点来搜索 Active Directory 中的用户、联系人、组、计算机、共享文件夹、打印机、组织单位等对象。例如，在 Windows 8

域成员计算机上打开文件资源管理器，双击“网络”节点，再切换到“网络”选项卡，单击“搜索 Active Directory”链接打开相应的对话框。如图 6-53 所示，可直接搜索用户、联系人和组。还可进一步限制查找对象和范围，或者切换到“高级”选项卡设置更为复杂的搜索条件。

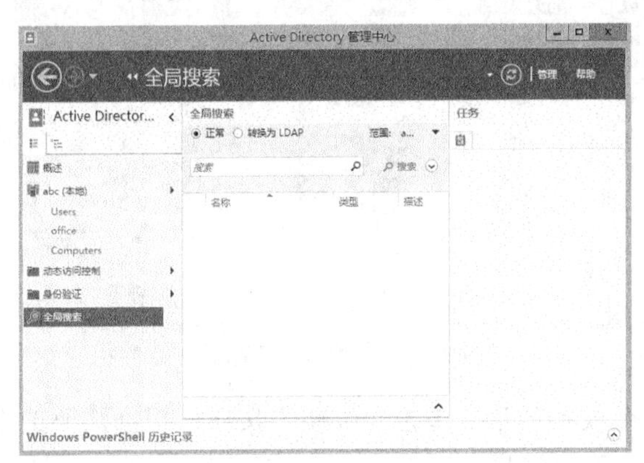

图 6-52　使用 Active Directory 管理中心查询

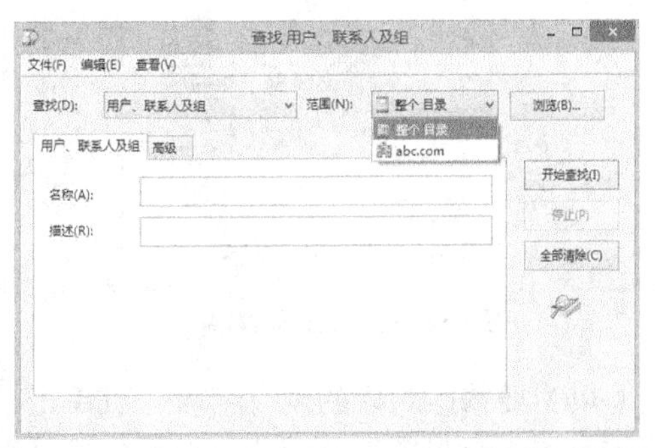

图 6-53　使用内置 Active Directory 搜索工具

6.3.7　设置 Active Directory 对象访问控制权限

实验 6-5　设置 Active Directory 对象访问控制权限

使用访问控制权限，可控制哪些用户和组能够访问 Active Directory 对象以及访问对象的权限。每个 Active Directory 对象都有一个访问控制列表（ACL），记录安全主体（用户、组、计算机）对对象的读取、写入、审核等访问权限。不同的对象类型提供的访问权限项目也不一样。

提示：只有安全主体能够被授予权限。安全主体是被自动指派了安全标识符（SID）的目录对象，只包括用户账户、计算机账户和组。用户或计算机账户的主要用途有：验证用户或计算机的身份；授权或拒绝访问域资源；管理其他安全主体；审计使用用户或计算机账户执行的操作。

在域中，访问控制是通过为对象设置不同的访问级别或权限（如“完全控制”“写入”“读取”）来实现的。访问控制定义了不同的用户使用 Active Directory 对象的权限。默认情况下，Active Directory 中对象的权限被设置为最安全的设置。管理员可根据需要为 Active Directory 对象设置访问权限，操作步骤如下。

（1）打开 Active Directory 管理中心，右击要设置权限的对象，选择“属性”命令打开相应的对话框。

（2）在“扩展”区域切换到“安全”选项卡，列出当前的权限设置，如图 6-54 所示。

（3）要为新的组和用户指定访问该对象的权限，单击“添加”按钮，根据提示添加新的组或用户账户，并设置相应权限即可。要进一步设置该对象的详细访问权限，进行下面的操作。

（4）单击“高级”按钮查看可用于该对象的所有权限项目，如图 6-55 所示。

（5）要给对象添加新的权限，单击“添加”按钮打开相应的对话框，指定要添加的组、计算机或用户的名称，根据需要选中或清除相应权限项目前面的“允许”或“拒绝”复选框。

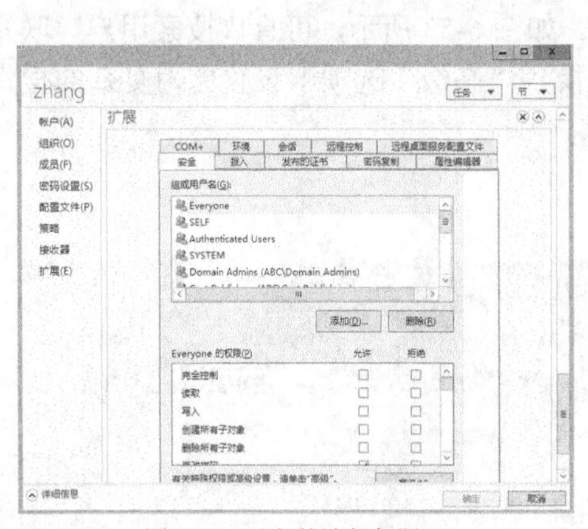

图 6-54　对象的访问权限

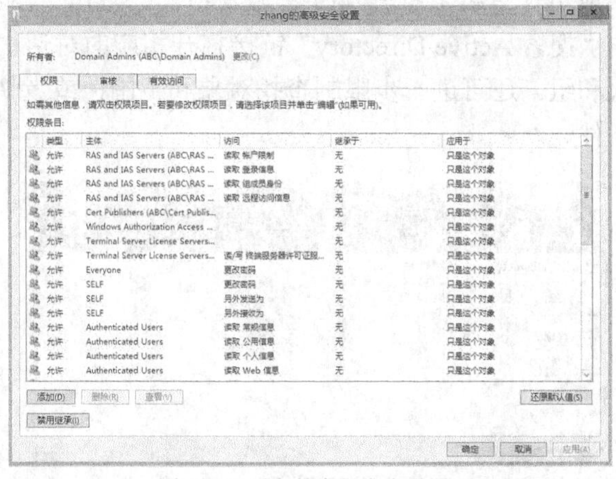

图 6-55　对象的高级安全设置

（6）要修改对象的现有权限，可单击某个权限项目，单击“编辑”按钮，根据需要选中或清除相应权限项目前面的“允许”或“拒绝”复选框。

注意应尽量避免为对象的某个属性分配权限，一般保持默认值即可。如果操作不当，可能造成无法访问 Active Directory 对象的问题。

6.4　通过组策略配置管理网络用户和计算机

在 Windows 域网络环境中可通过 Active Directory 组策略（Group Policy）来实现用户和计算机的集中配置和管理。例如，管理员可为特定的域用户或计算机设置统一的安全策略，可为域中的每台计算机自动安装某个软件，还可为某个组织单位中的用户设置统一的 Windows 界面。通过组策略可以针对 Active Directory 站点、域或组织单位的所有计算机和所有用户进行统一配置。组策略能够大大减轻管理员的负担，便于企业实施全网配置管理、应用部署和安全设置策略。

Windows 2000 首次引入组策略，之后微软每一次操作系统及其服务包的升级换代，组策略都有所改进和增强。Windows Server 2012 R2 提供的组策略与之前的版本相比，无论是功能上还是技术上改进非常大，包括组策略管理、组策略编辑、可用的管理项目等。

6.4.1　组策略概述

组策略与“组”没有关系，可以将它看成一套（组）策略。管理员通过构建组策略对象（Group Policy Object，GPO）来配置组策略，组策略对象是设置组策略的容器，可以应用到 Active Directory 域中的用户和计算机账户。

1. 组策略的两类配置

组策略是一种 Windows 系统管理工具，主要用于定制用户和计算机的工作环境，包括安全选项、软件安装、脚本文件设置、桌面外观、用户文件管理等。如图 6-56 所示，组策略包括以下两大类配置。

- 计算机配置。包含所有与计算机有关的策略设置，应用到特定的计算机，不同的用户在这些计算机上都受该配置的控制。
- 用户配置。包含所有与用户有关的策略设置，应用到特定的用户，只有这些用户登录后才受该配置的控制。如果使用 Active Directory 组策略，用户在网络不同的计算机上都受该配置的控制。

这两大类之间有大量的重叠，可以根据需要同时使用两种类型设置的策略，也可以分别设置基于计算机的策略和基于用户的策略。

2. 本地组策略与 Active Directory 组策略

本地组策略设置存储在各个计算机上，只能作用于该计算机。每台运行 Windows 2000 及更高版本的计算机都有一个本地组策略对象。另外，本地安全策略相当于本地组策略的一个子集，仅仅能够管理本机上的安全设置，可以通过控制面板中管理工具下面提供的相应链接来打开它。

在非 AD 网络环境中，或者缺少 Windows 域控制器的网络中，本地组策略对象的设置比较重要，因为此时它们不能被其他组策略对象覆盖。本地组策略对象驻留在%SystemRoot%\System32\GroupPolicy 中，可以使用命令工具 gpedit.msc 打开组策略管理单元，编辑存储在本地计算机上的本地组策略对象（参见图 6-56），设置项目与 AD 组策略基本相同，包含的设置要少于非本地组策略对象的设置，尤其是在“安全设置”类别中。

除了针对本地计算机的组策略外，还可以设置基于本地用户组或单个用户的组策略，具体方法是使用 MMC 控制台添加“组策略对象编辑器”管理单元时，如图 6-57 所示，可以选择管理员、非管理员或单个用户，就可以设置基于它们的策略。

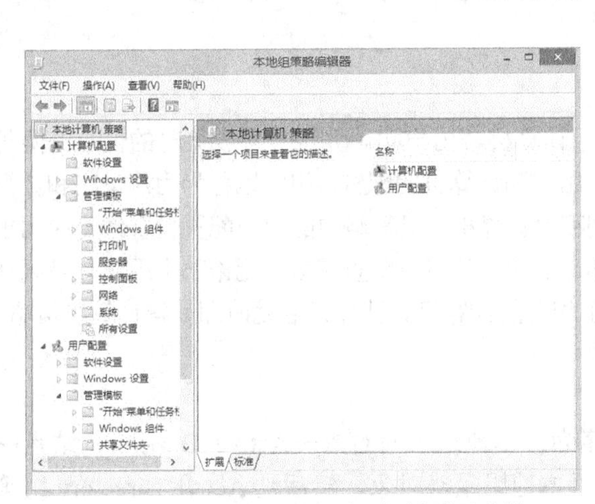

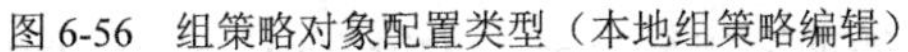

图 6-56 组策略对象配置类型（本地组策略编辑）

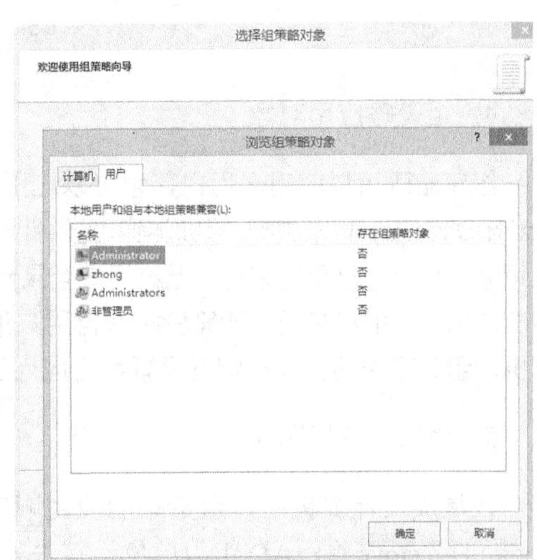

图 6-57 选择组策略对象

Active Directory 组策略存储在域控制器中，只能在 Active Directory 环境下使用，可作用于 Active Directory 站点、域或组织单位中的所有用户和所有计算机，但不能应用到组。Active Directory 组策略用来定义自动应用到网络中特定用户和计算机的默认设置。Active Directory 组策略又称域组策略。

AD 组策略不影响未加入域的计算机和用户，这些计算机和用户只能使用本地组策略管理。只有在非域网络环境中，才考虑本地组策略对象的设置。因此，对于网络管理来说，除非明确指出，组策略一般是指 Active Directory 组策略。

3．组策略对象

组策略设置存储在组策略对象（GPO）中，即组策略是由具体的组策略对象来实现的。无论是计算机配置，还是用户配置，组策略对象都包括以下 3 个方面的配置内容。

- 软件设置。管理软件的安装、发布、更新、修复和卸载等。
- Windows 设置。设置脚本文件、账户策略、用户权限、用户配置文件等。
- 管理模板。基于注册表来管理用户和计算机的环境。

可以以站点、域或组织单位（OU）为作用范围来定义不同层次的组策略对象。一旦定义了组策略对象，则该对象包含的规则将应用到相应作用范围的用户和计算机的设置。组策略对象的作用范围是由组策略对象链接（GPO Link）来设置的。任何组策略对象要生效，必须链接到某个 Active Directory 对象（站点、域或组织单位）。组策略对象与链接对象的关系如图 6-58 所示。一个未链接的组策略对象不能作用于任何 Active Directory 站点、域或组织单位。

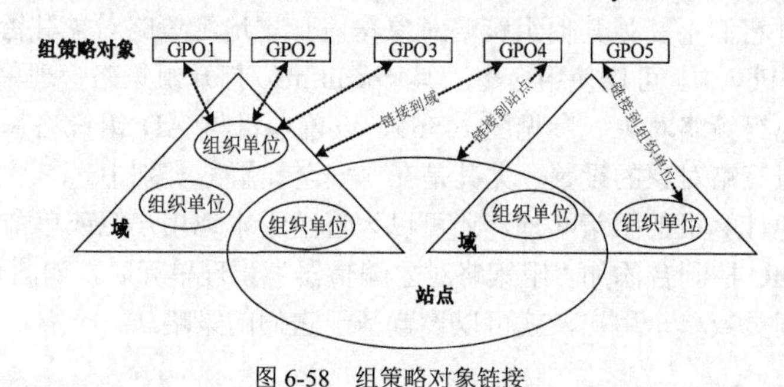

图 6-58　组策略对象链接

4．组策略应用对象

组策略既可以应用于用户，也可以应用于计算机。用户和计算机是接收策略的仅有的两种 Active Directory 对象类型。组策略可提供针对用户和计算机的配置，相应地称为用户策略和计算机策略。对于用户配置来说，无论用户登录到哪台计算机，组策略中的用户配置设置都将应用于相应的用户。用户在登录计算机时获得用户策略。对于计算机配置来说，无论哪个用户登录到计算机，组策略中的计算机配置设置都将应用于相应的计算机。计算机启动时即获得计算机策略。

5．组策略应用顺序

在域成员计算机中，组策略的应用顺序为：本地组策略对象→Active Directory 站点→Active Directory 域→AD 组织单位。首先处理本地组策略对象，然后是 Active Directory 组策略对象。对于 Active Directory 组策略对象，最先处理链接到 Active Directory 层次结构中最高层对象的组策略对象，然后是链接到其下层对象的组策略对象，依此类推。当策略不一致时，默认情况下后应用的策略将覆盖以前应用的策略。

在 Active Directory 层次结构的每一级组织单位中，可链接一个或多个组策略对象，也可不链接任何组策略对象。如果一个组织单位链接了多个组策略对象，则按照管理员指定的顺序同步处理。

6.4.2 管理 Active Directory 组策略对象

实验 6-6 新建组策略对象

要使用组策略对象，就需要创建和管理相应的组策略对象。首先要做好组策略规划。

1. 组策略规划要点

要做好组策略规划，需要注意以下要点。

- 共性策略应用于上层容器（如站点或域），个性策略应用于下层容器（如组织单位）。
- 少用或不用“阻止策略继承”和“禁止替代”功能，保持组策略清晰明了，减少各项设置冲突。
- 尽可能减少组策略对象的数目。
- 禁用组策略对象中不设置的节点（计算机配置和用户配置），以加快登录速度。

2. 组策略管理控制台

以前 Windows 服务器版本使用 Active Directory 用户和计算机控制台管理适合域或组织单位的组策略，使用 Active Directory 站点和服务控制台来管理适合 Active Directory 站点的组策略设置，这些工具提供“组策略”选项卡。Windows Server 2012 R2 则使用专门的组策略管理控制台（GPMC）。

可直接在命令行状态运行 gpmc 命令，或者从管理工具菜单中执行“组策略管理”命令，打开组策略管理控制台。该控制台主界面如图 6-59 所示，管理员可用它来管理多个站点、域和组织单位的组策略。组策略对象实体位于“组策略对象”节点下面，一个组策略对象实体可以作用于多个站点、域或组织单位，一个站点、域或组织单位可以链接多个组策略对象实体。

3. 新建组策略对象

可为 Active Directory 站点、域或组织单位创建多个组策略对象。具体步骤如下。

（1）以系统管理员身份登录到域控制器，打开并展开组策略管理控制台，导航到要配置的域节点（例中为 abc.com），可以发现已经有一个名为“Default Domain Policy”的默认组策略对象链接到该域。右击该域节点，选择“新建”>“在这个域中创建 GPO 并在此处链接”命令，如图 6-60 所示。

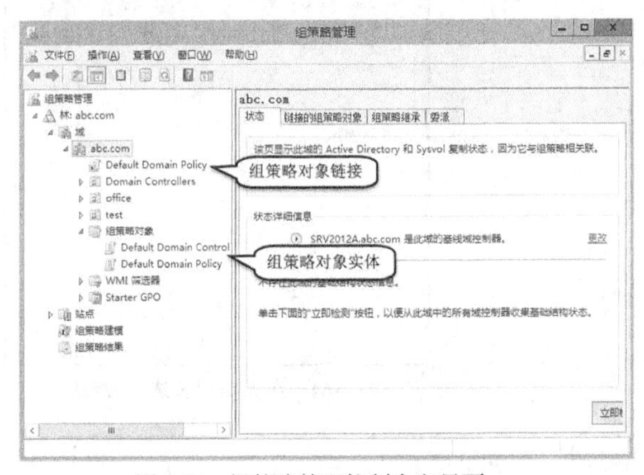

图 6-59 组策略管理控制台主界面

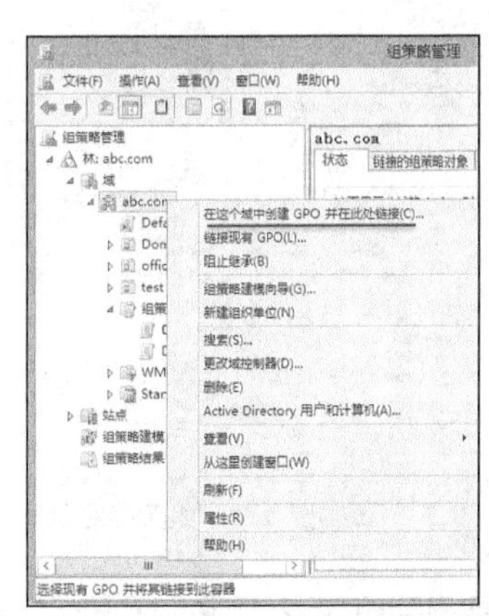

图 6-60 执行组策略对象链接创建命令

（2）弹出“新建 GPO”对话框，为新建的组策略对象命名（例中为“Test Group Policy”），单击“确定”按钮。

新建的组策略对象将出现在组策略对象列表中，如图 6-61 所示；同时出现在该域链接的组策略对象列表中，如图 6-62 所示。两处都可查看该对象的状态，右击该对象，从快捷菜单中选择相应的命令对其执行各种操作。

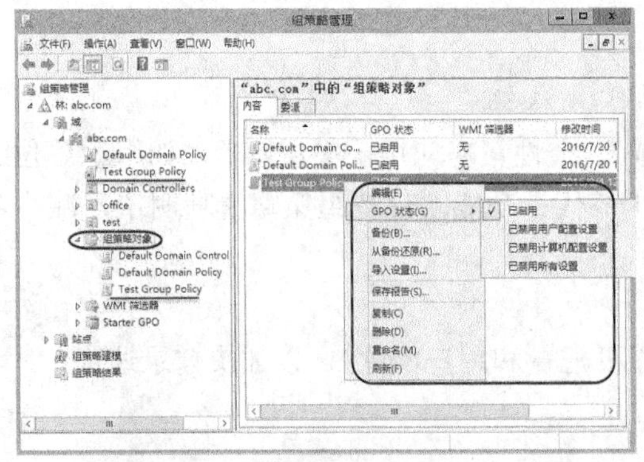

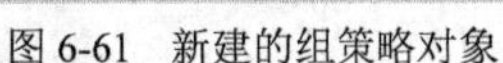

图 6-61　新建的组策略对象

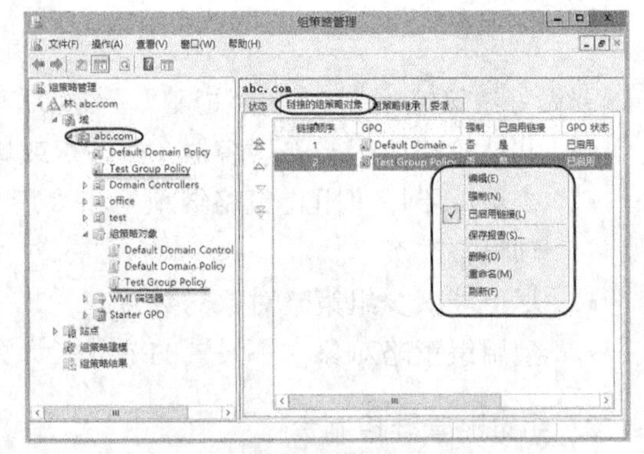

图 6-62　新建组策略对象的链接

此处示例操作是创建组策略对象并同时链接到 Active Directory 站点、域或组织单位。也可以先创建组策略对象（在“组策略对象”节点下创建），再在 Active Directory 站点、域或组织单位节点下执行“链接现有 GPO”命令（图 6-60），选择链接的组策略对象。

新建的组策略对象没有进行任何设置，需要进行编辑。这一点放到 6.4.3 节讲解。

4. 查看和管理组策略对象

在组策略管理控制台中单击“组策略对象”节点下的组策略对象，或者单击 Active Directory 容器（站点、域或组织单位）的组策略对象链接，都可在右侧窗格查看该对象的详细情况。切换到“作用域”选项卡查看当前对象作用域（如查看该组策略对象链接到哪些站点、域或组织单位），设置安全筛选（应用对象），如图 6-63 所示；切换到“设置”选项卡查看具体策略选项设置，如图 6-64 所示。

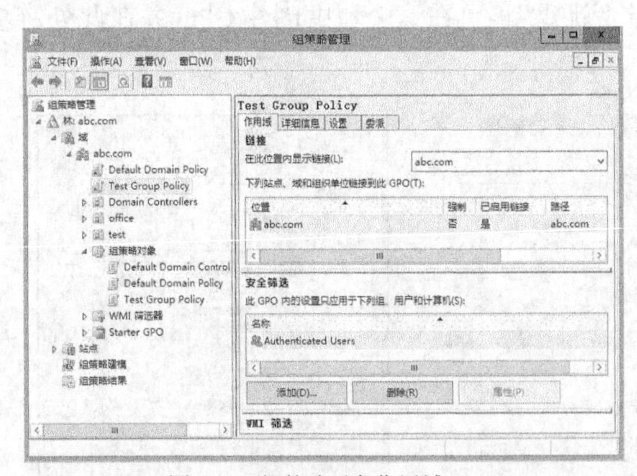

图 6-63　组策略对象作用域

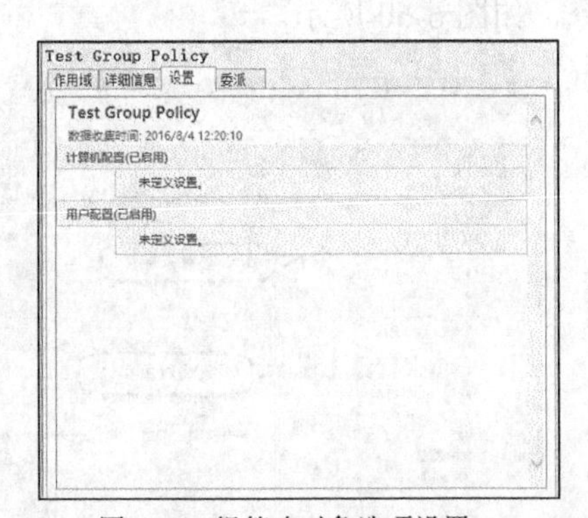

图 6-64　组策略对象选项设置

要删除组策略对象，右击它选择“删除”命令即可。

5. 管理组策略对象及其链接

可以对现有组策略对象及其链接进行管理操作。

（1）链接组策略对象。定位到要链接组策略对象的站点、域或组织单位，右击它并选择“链接现有 GPO”命令，弹出“选择 GPO”对话框，从列表中选择要链接的对象，单击“确定”按钮。

（2）调整组策略对象顺序。如果有多个组策略对象链接到同一个容器，可根据需要调整这些组策略对象的应用顺序。如图 6-62 所示，链接的组策略对象列表中的顺序确定优先级，最上方的优先级最高，可根据需要单击上下箭头来调整排列顺序。

（3）修改组策略的继承设置。可以改变默认的组策略继承，阻止或强制继承。继承只能在站点、域和组织单位上设置，而不能在具体的组策略对象上设置。右击要设置继承的站点、域和组织单位，选择“阻止继承”命令将阻止策略继承（参见图 6-60 中的快捷菜单），这样从更高级站点、域或组织单位继承的策略在当前作用范围内被拒绝。

（4）删除组策略对象。对于不再需要的组策略对象，可以直接删除。选中某个要删除的组策略对象，单击“删除”按钮，弹出相应的对话框，提示是否删除该对象及其链接，根据需要选择即可。

6. 创建 Starter GPO

从 Windows Server 2008 开始，策略中新增加了 Starter GPO 功能，管理员可以创建 Starter GPO，并在其中编辑多数 GPO 要使用到的通用设置，这样它就起到了一个组策略设置模板的作用。Starter GPO 可以导入和导出，便于分发到其他环境。

可以使用 Starter GPO 将管理模板策略设置集合存储在单个对象中。当从 Starter GPO 新建 GPO 时，新的 GPO 会具有在 Starter GPO 中定义的所有管理模板策略设置及其值。新建 GPO 的过程中会弹出图 6-65 所示的对话框，此时可以选择已有的 Starter GPO 作为 GPO 基础设置。

默认情况下没有显示任何 Starter GPO，但是单击“创建 Starter GPO 文件夹”按钮会提供系统若干预置的 Starter GPO，如图 6-66 所示，可以直接使用。

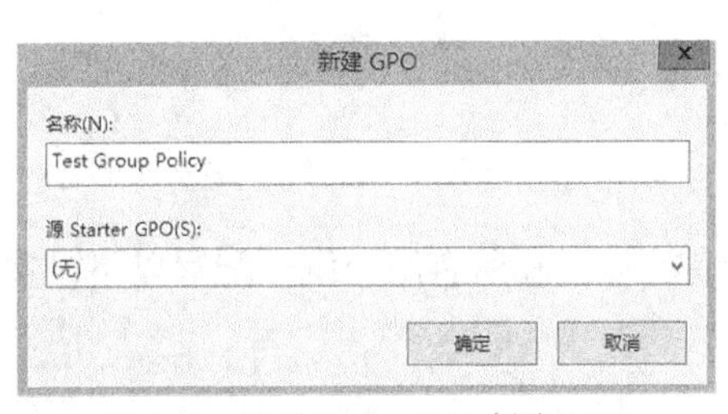

图 6-65　基于 Starter GPO 创建 GPO

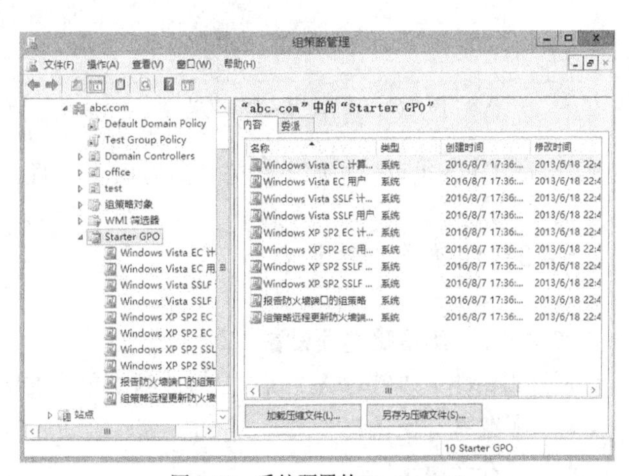

图 6-66　系统预置的 Starter GPO

也可以根据需要创建自己的 Starter GPO。右击“Starter GPO”节点，选择“新建”命令，根据提示操作即可。

7. 备份和还原 GPO

在“组策略对象”节点上或下属节点上，可以执行全部组策略对象或某一具体组策略对象的备份和还原操作。在“Starter GPO”节点上或下属节点上，可以执行全部 Starter GPO 或某一具体 Starter GPO 的备份和还原操作。

8. 委派组策略管理

默认情况下，组策略对象仅可以由域管理员组（Domain Admins）和 Group Policy Creator Owners 组成员创建。域管理员组成员对所有的 GPO 都拥有完全的控制权限，而 Group Policy Creator Owners 组成员只能修改自己创建的策略。可以使用委派，将这些权限指派给其他组账户或用户账户。

在组策略管理控制台中单击“组策略对象”节点，右侧窗格中切换到“委派”选项卡，如图 6-67 所示，可以查看到已经获得授权在该域中创建 GPO 的用户和组账户列表。单击“添加”按钮，根据提示可添加受委派的用户或组账户，这样它们也具备创建 GPO 的权限。

对于现有的 GPO，可以委派的权限种类就多一些，如读取、编辑、删除等，如图 6-68 所示。在添加受委派的用户或组账户时，也需要指定 GPO 控制权限。

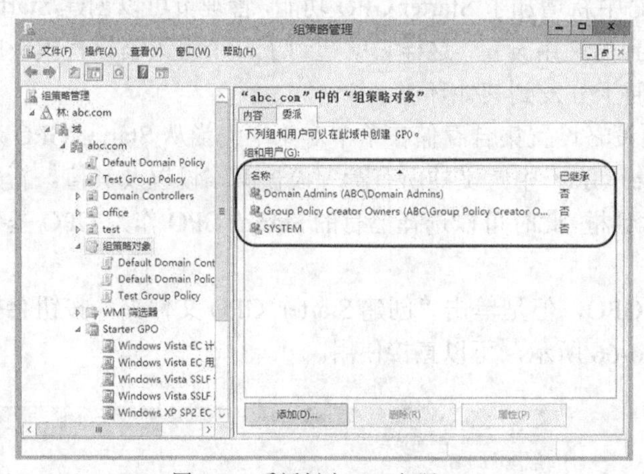

图 6-67 委派创建 GPO 权限

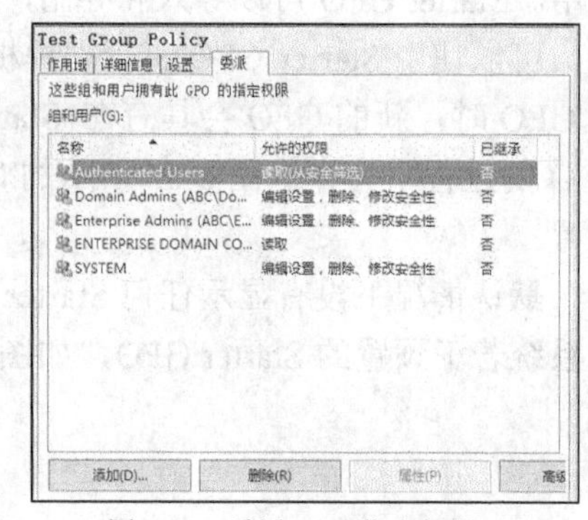

图 6-68 委派 GPO 指定权限

Starter GPO 也可以按照上述方法进行委派管理。

6.4.3 组策略选项设置

实验 6-7 组策略选项设置

通过组策略可以针对 AD 站点、域或组织单位的所有计算机和所有用户统一配置以下设置。

- 配置管理模板。
- 文件夹重定向。
- 指定启动、关机、登录和注销脚本。

- 管理安全设置。
- 集中管理软件分发（部署）。

创建组策略对象之后，需要对其进行编辑，设置相应的选项来实现上述功能。由于组策略选项非常丰富，不便一一讲解，这里仅给出一个简单例子进行示范。

在 Windows Server 2012 R2 中使用组策略管理编辑器来编辑修改组策略对象。

（1）在组策略管理控制台中右击要编辑的组策略对象，选择“编辑”命令打开组策略管理编辑器，对组策略对象进行编辑。

每个组策略对象包括计算机配置和用户配置两个部分，分别对应所谓的计算机策略和用户策略。这里以禁用用户更改主页设置为例。

（2）如图 6-69 所示，在组策略管理编辑器中依次展开“用户配置” > “策略” > “管理模板” > “Windows 组件” >Internet Explorer 节点，双击“禁用更改主页设置”项。

（3）弹出图 6-70 所示的对话框。选中“已启用”单选按钮，并设置主页，单击“确定”或“应用”按钮以启用该策略。每个选项都提供了详细的说明信息。

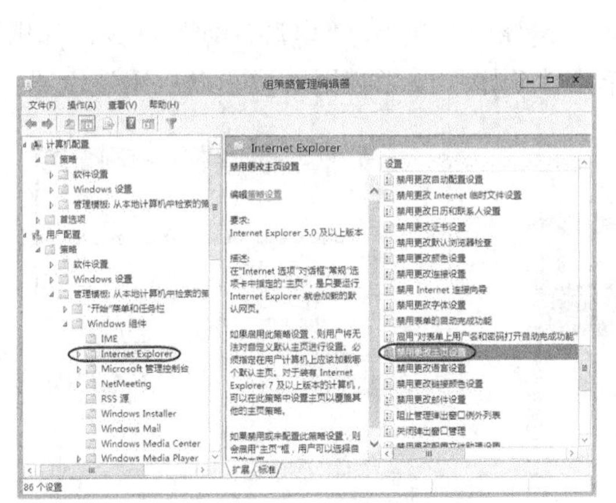

图 6-69　定位要设置的选项

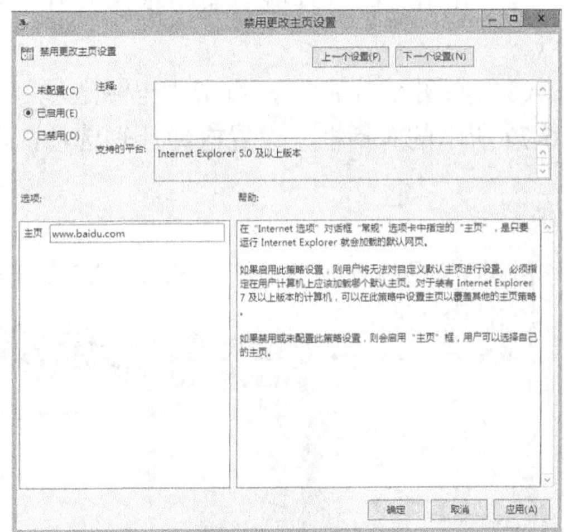

图 6-70　查看和设置选项

（4）根据需要设置其他选项，然后关闭组策略管理编辑器，完成组策略对象的编辑。

6.4.4　组策略首选项

从 Windows Server 2008 开始，组策略分成了策略设置（Policy Settings）和策略首选项（Policy Preferences）两个部分。其中前者基本上继承了以前版本组策略的主要内容，而后者则是全新的内容，为管理员提供更多更细的设置。

组策略首选项则是不受管理的、非强制性的，这与组策略设置不同。这种非强制性适合进行初始配置，但最终用户仍处于可控状态。

组策略首选项具有灵活性，利用它可以轻松地向所管理的 GPO 中添加任何注册表值、文件或文件夹。由于 GPP 是基于 XML 构建的，因此可将其高效率地复制并粘贴到其他 GPO 中。

域管理员可以使用组策略首选项向域内的计算机推送各种策略，如登录时自动映射网络硬盘，更新内置 Administrator 账户的密码，修改注册表，启动程序，新建用户等。注意，策略首选项如果包含用户名和认证信息，可能让一个普通的用户通过这些信息获得策略中的账户密码，从而提升自己的权限甚至控制域内其他计算机，这种安全隐患不可忽视。

很多系统设置既可以通过策略设置来实现，又可以通过策略首选项来实现，两者之间有不少重叠之处。同一个 GPO 中的策略和首选项发生冲突时，基于注册表的策略通常优先。对于未基于注册表的策略和首选项来说，最后写入的值优先，这取决于策略与首选项的客户端扩展执行的顺序。所有基于注册表的策略设置都定义在管理模板中，这可以作为判断策略设置是否是基于注册表的依据。

编辑策略首选项的方法与组策略设置类似，下面进行示范。

（1）在组策略管理控制台中右击要编辑的组策略对象，选择“编辑”命令打开组策略管理编辑器，对组策略对象进行编辑。

计算机配置和用户配置两个部分都包含有首选项。这里以设置电源计划为例。

（2）在组策略管理编辑器中依次展开“计算机配置”>“首选项”>“控制面板设置”节点。

（3）如图 6-71 所示，右击“电源选项”项，选择“新建”>“电源计划”命令，弹出如图 6-72 所示的对话框，设置电源计划选项，单击“确定”或“应用”按钮以启用该设置。

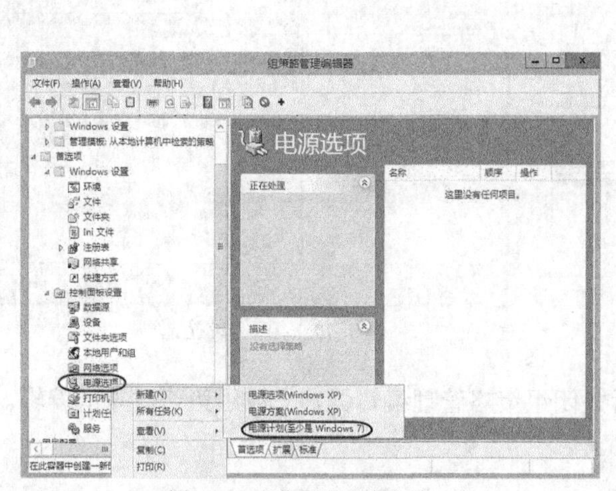

图 6-71　定位要设置的选项

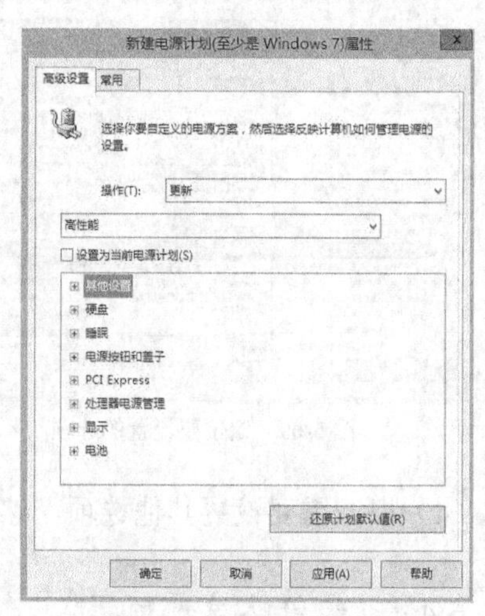

图 6-72　设置电源选项

这里的“操作”下拉菜单根据不同的首选项设置提供不同的选项。常见的有创建、替换、更新和删除。这里的更新表示修改电源计划的设置。

在大多数情况下，GPO 中的实际配置界面是完全相同的，这可以让用户在配置设置时感到简单而熟悉。

（4）根据需要设置其他选项，然后关闭组策略管理编辑器，完成组策略对象的编辑。

6.4.5　组策略的应用过程

组策略并不是由域控制器直接强加的，而是由客户端主动请求的。

1. 何时应用组策略

当发生下列任一事件时，客户端从域控制器请求策略。

- 计算机启动。域控制器根据该计算机账户在 Active Directory 中的位置（站点、域或组织单位）来决定该计算机应用哪些组策略对象。
- 用户登录（按 Ctrl+Alt+Delete 组合键登录）。域控制器根据该用户账户在 Active Directory 中的位置（站点、域或组织单位）来决定该用户应用哪些组策略对象。
- 应用程序通过 API 接口 RefreshPolicy()请求刷新。
- 用户请求立即刷新。
- 如果组策略的刷新间隔策略已经启用，按间隔周期请求策略。

一般都是计算机启动之后，用户才能够登录到域，因而先应用计算机设置，再应用用户设置，但是当两者由冲突时，计算机设置优先。由于计算机和用户分别属于不同的站点、域或组织单位，此时的应用顺序为本地→站点→域→组织单位→子组织单位。

2. 刷新组策略

操作系统启动之后，默认设置为客户端每隔 90～120 分钟便会重新应用组策略。如果要强制立即应用组策略，可执行命令 Gpupdate。Gpupdate 的语法格式如下。

```
gpupdate [/target:{computer | user}] [/force] [/wait:Value] [/logoff] [/boot]程序
```

各参数含义说明如下。

- /target:{computer | user}。选择是刷新计算机设置还是用户设置，默认情况下将同时处理计算机设置和用户设置。
- /force。忽略所有处理优化并重新应用所有设置。
- /wait:Value。策略处理等待完成的秒数。默认值为 600 秒，0 表示不等待，而-1 表示无限期。
- /logoff。刷新完成后注销。
- /boot。刷新完成后重新启动计算机。

可以通过组策略本身的配置来设置如何刷新某 Active Directory 站点、域或组织单位的用户和计算机组策略。最省事的方式是直接编辑 Default Domain Policy 的默认组策略对象，依次展开“计算机配置”>“策略”>“管理模板”>“系统”>“组策略”节点，主要有以下两种设置。

（1）禁用组策略的后台刷新。双击“关闭组策略的后台刷新”项，如图 6-73 所示，选中“已启用”单选按钮以启用该策略，单击“确定”按钮，将防止组策略在计算机使用时被更新，这样系统会等到当前用户从系统注销后才会更新计算机和用户策略。

（2）设置组策略刷新间隔。如果禁用“关闭组策略的后台刷新”策略，在用户工作时组策略仍然能够刷新，更新频率由“计算机组策略刷新间隔”和“用户组策略更新间隔”这两个策略来决定。默认情况下，组策略将每 90 分钟更新一次，并有 0～30 分钟的随机偏移量。可以指定 0～64 800 分钟（45 天）的更新频率。如果选择 0 分钟，计算机将每隔 7 秒钟试着更新一次组策略。但是，由于更新可能会干扰用户工作并增加网络通信，因此对于大多数安装程序来说，更新间隔太短不合适。

双击“计算机组策略刷新间隔”项，如图 6-74 所示，切换到“设置”选项卡，选中“已启用”单选按钮，使用下拉列表选择刷新时间间隔及随机的偏移量，然后单击“确定”按钮。最后双击“关闭组策略的后台刷新”图标，选中“已禁用”选项以禁用该策略，单击“确定”按钮。也可使用“用户组策略刷新间隔”策略为用户的组策略设置更新频率。

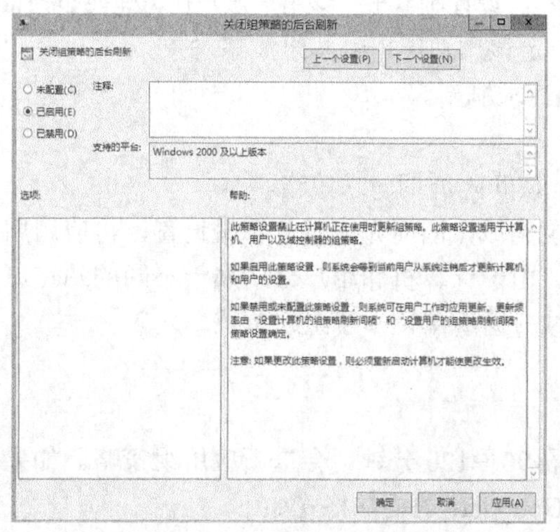

图 6-73　启用“关闭组策略的后台刷新”策略

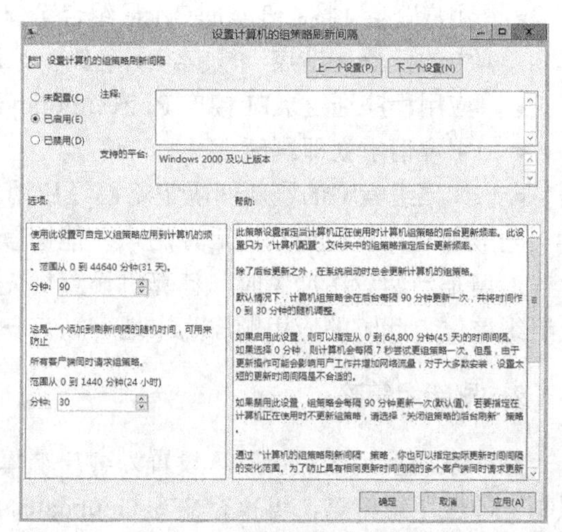

图 6-74　设置组策略刷新间隔

3．确定组策略结果集

组策略结果集是通过组策略最终应用到计算机或用户的具体策略设置。在每台 Windows 计算机上运行命令行工具 rsop.msc 可获得当前计算机上的组策略结果集，如图 6-75 所示。

组策略管理控制台提供了组策略结果向导，可以集中查看和管理域成员计算机的组策略结果集。右击“组策略结果”节点，选择“组策略结果向导”命令启动该向导，单击“下一步”按钮，根据提示选择要查看的计算机、用户账户，最后显示相应的计算机策略设置和用户策略设置，如图 6-76 所示。如果要打印或保存报告，在结果窗格中右击设置报告，然后执行相应操作即可。

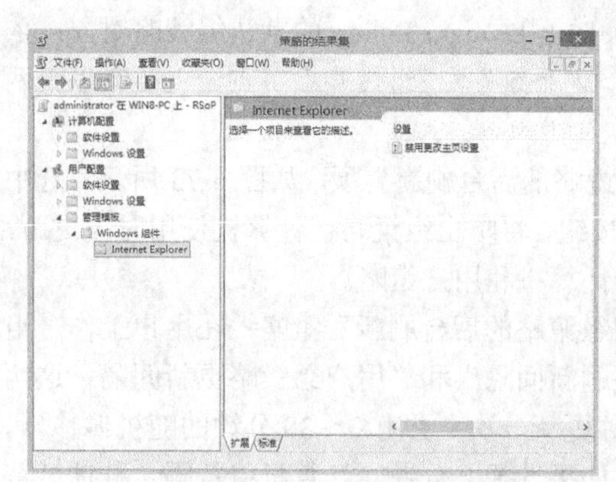

图 6-75　当前计算机上的组策略结果集

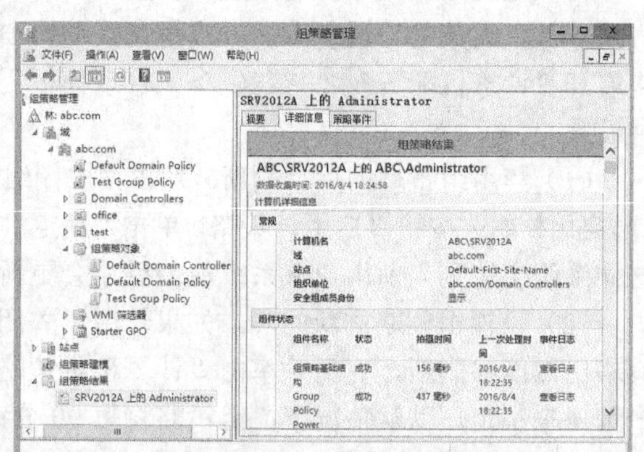

图 6-76　组策略管理控制台提供的组策略结果集

6.5　Active Directory 委派管理

早期版本的 Windows 域中，要对用户、组和计算机进行单独控制，就必须创建多个域。现在单个 Active Directory 域中能够实现委派管理，就不必创建多个域，这样可以减少域控制器的数量，而且单域环境也更易于管理。

6.5.1　Active Directory 委派管理概述

Active Directory 定义了特定的权限和用户权力，可用于委派或限制管理控制权限。通过使用组织单位、组和权限的组合，可以定义某个用户最适合的管理范围，可以是整个域、域内的所有组织单位或单个组织单位。通过委派管理，可以为适当的用户和组指派一定范围的管理任务。可以为普通用户和组指派基本管理任务，让域管理员执行域范围和林范围的管理。通过委派管理，可以让组更多地控制它们的本地网络资源。还可以通过限制管理员组的成员，保护网络不受意外或恶意的损伤。

委派管理有两个问题要明确，一是要界定委派管理的范围（管理单位），二是要委派给哪些用户或组。在 Active Directory 中可以委派的管理单位可以是站点、域、组织单位或容器。不同级别的管理单位，可以委派的管理任务也不尽相同，例如将计算机加入域的任务只能在域上委派，不能在组织单位上委派。

一般在组织单位一级进行委派，将组织单位委托给不同的管理员进行控制，以减轻域管理员负担。受委派的管理员可以是用户或组，要保证具备相应的管理能力。

6.5.2　使用组织单位进行委派控制

实验 6-8　使用组织单位进行委派控制

Active Directory 可以向一组用户授予部分或全部管理权限，这样就可以将单域网络进一步划分，例如一个公司分成办公室、市场、工程等多个部门，可以为每个部门创建一个组织单位，然后为组织单位委派相应的管理员和管理任务。

1. 委派管理的基本步骤

（1）创建和配置用于委派控制的组织单位。

（2）将要纳入统一管理的用户账户和计算机账户移动到该组织单位中。

（3）创建和配置要委派给管理权限的用户账户或组账户。

（4）将组织单位的管理权限委派给指定的用户账户或组账户。

2. 使用控制委派向导实现委派管理

Active Directory 用户和计算机控制台提供了控制委派向导（Delegation of Control Wizard），可以方便地实现委派管理。这里以此为例进行示范，前提是已经创建了组织单位、用户和组账户。

（1）展开 Active Directory 用户和计算机控制台树。

（2）右击要委派控制的组织单位（例中为“office”组织单位），从快捷菜单中选择“委派控制”命令以启动控制委派向导。

委派管理单位也可以是站点、域或容器。

（3）单击“下一步”按钮，打开图 6-77 所示的对话框，指定要委派管理任务的用户或组。单击“添加”按钮打开“选择用户、计算机或组”对话框，选择用户或组，这里选择组账户“itwork”。

（4）单击“下一步”按钮，打开图 6-78 所示的对话框，指定要委派的管理任务。这里选择重置密码。

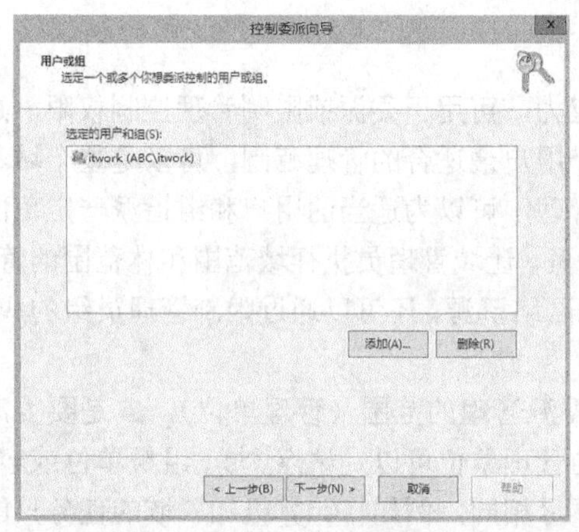

图 6-77　指定要委派管理任务的用户或组

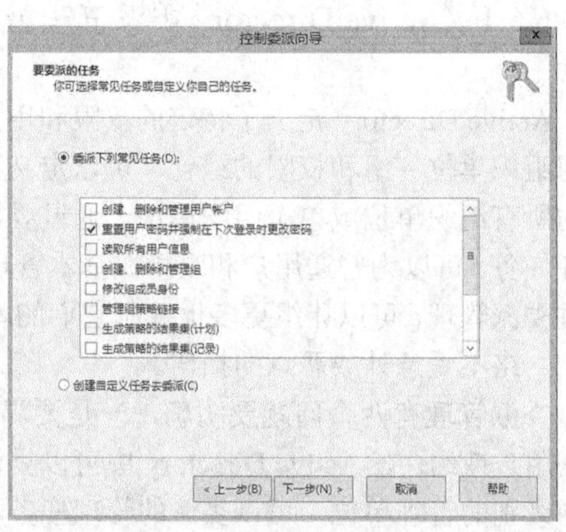

图 6-78　指定要委派的管理任务

（5）单击“下一步”按钮，出现图 6-79 所示的确认界面，给出委派控制的详细清单，确认无误后单击“完成”按钮即可。

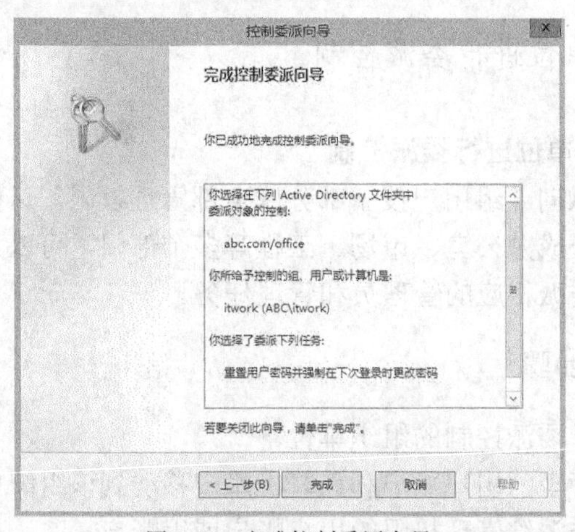

图 6-79　完成控制委派向导

3. 查看和撤销委派管理

对于委派的管理任务，不能直接删除和更改。实际上，委派管理就是修改 AD 对象（站点、域、组织单位）的访问权限。了解这一点，就可通过前面介绍的设置 AD 对象访问权限的方法来撤销或更改委派管理任务。

展开 Active Directory 用户和计算机控制台，从“查看”菜单中选择“高级功能”选项，这样就能展现更多的设置项目。右击要查看的组织单位“office”，从快捷菜单中选择“属性”命令打开相应的对话框，切换到“安全”选项卡，单击受委派的组账户“itwork”，发现其拥有“特殊权限”，如图 6-80 所示。

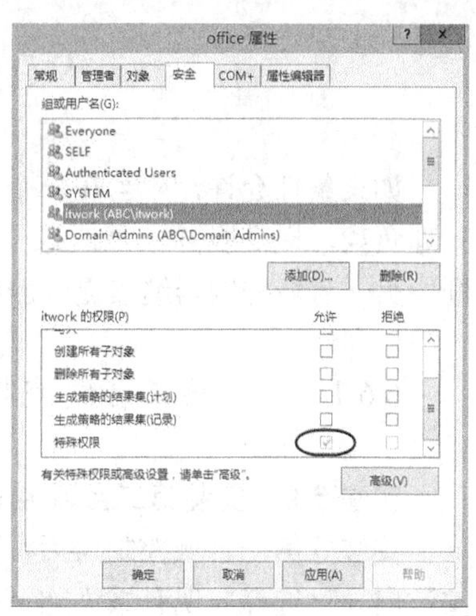

图 6-80　“安全”选项卡

单击“高级”按钮弹出图 6-81 所示的窗口，其中关于组账户“itwork”有两个条目，其中一个条目显示“重置密码”，另一个条目没有显示任何访问权限。实际上这两个条目就是上例委派控制向导生成的，因而可以在这里手动修改委派控制。

可以进一步查看甚至修改具体委派的权限。选中第一个条目，单击“编辑”按钮弹出图 6-82 所示的对话框，发现仅选中“重置密码”。同样打开第二个条目的权限项目，向下滚动视图，会发现“属性”区域中选中了“读取 pwdLastSet”和“写入 pwdLastSet”，这说明在重置密码对话框中可以读写 pwdLastSet 属性。

为一个账户赋予一个组织单位的权限项目非常多，可以达到上千种，考虑到“允许”和“拒绝”两大门类，则会翻倍。管理员可以根据需要修改具体权限。

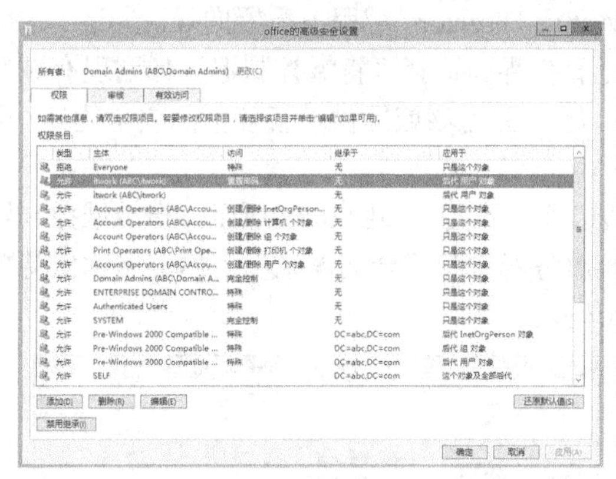

图 6-81　高级安全设置

图 6-82　权限项目

要撤销委派管理，只需在管理单位的“安全”选项卡（图 6-80）中删除受委派的账户。

显然，如果不使用控制委派向导，还可以使用 Active Directory 管理中心工具中的 AD 对象权限设置来手动定制委派。

另外，还可以通过命令行工具 dsacls 获取 AD 对象的访问控制列表来查找委派管理的信息，例如执行命令 dsacls ou=office,dc=abc,dc=com，可以查看 office 的委派管理，其中会显示以下部分信息，这与上述权限项目的设置是一致的。

```
允许 ABC\itwork                    pwdLastSet 的 特殊访问
                                 WRITE PROPERTY
                                 READ PROPERTY
允许 ABC\itwork                    Reset Password
```

6.6 添加第二台域控制器

如果条件允许，应当在一个域内创建两台或更多的域控制器。一方面可以分担域控制器处理负载，提高服务能力。另一方面提高可用性，也就是容错，若一台域控制器发生故障，则由另一台域控制器继续提供服务，前提是配置 Active Directory 目录复制。

6.6.1 安装第二台域控制器

实验 6-9 安装第二台域控制器

安装好第一台域控制器后，要安装另一台域控制器，只需在运行 Active Directory 域服务安装向导时选择向现有域添加域控制器即可。这里进行示范，在 SRV2012B 服务器上安装第二台域控制器，同时安装 DNS 服务器以较小的开销增加冗余性，并实现负载均衡。

首先做好 IP 配置，为 SRV2012B 分配一个静态 IP 地址（192.168.1.20），将其 DNS 服务器的 IP 地址设置为第一台域控制器（192.168.1.10）以便能够找到域。

（1）打开服务器管理器，启动添加角色和功能向导，根据提示安装 Active Directory 域服务。

（2）将当前服务器提升为域控制器，启动 Active Directory 域服务配置向导。

（3）出现图 6-83 所示的界面时，在“部署配置”界面选择“将域控制器添加到现有域”，并指定域名（例中为内部域名 abc.com，仅用于示范），并为该域提供域管理员的安全凭证（用户名和密码）。

（4）单击“下一步”按钮，出现“域控制器选项”界面，如图 6-84 所示，指定域控制器功能（这里保持默认设置，同时选中“域名系统服务器”和“全局编录”）；站点名称保持默认设置；设置目录服务还原模式的系统管理员密码。

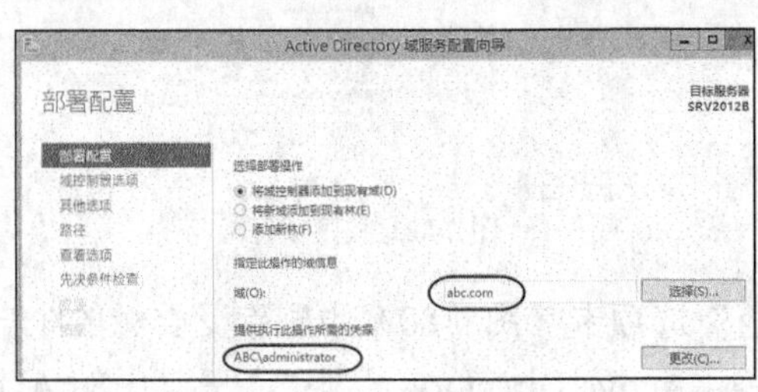

图 6-83 部署配置

图 6-84 设置域控制器选项

（5）单击“下一步”按钮，提示无法创建 DNS 服务器委派，不予理会。

（6）单击“下一步”按钮，出现图 6-85 所示的界面，设置其他选项。从“复制自”下拉菜单中选中“任何域控制器”。

（7）单击“下一步”按钮，出现“路径”对话框，指定数据库、日志文件和 SYSVOL（存储域共享文件）的文件夹位置，这里保留默认值即可。

（8）单击“下一步”按钮，出现图 6-86 所示的界面，供管理员确认安装域控制器的各种选项。如要更改，可单击“上一步”按钮，否则单击“下一步”按钮予以确认。

（9）单击“下一步”按钮，根据提示单击“安装”开始升级操作。等待一段时间完成安装后将自动重启系统。

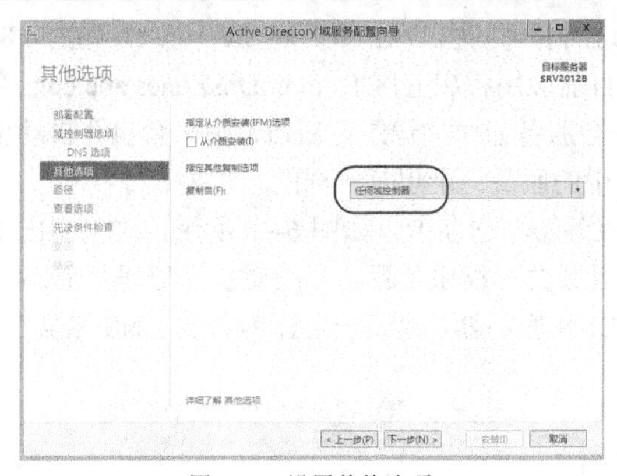

图 6-85　设置其他选项

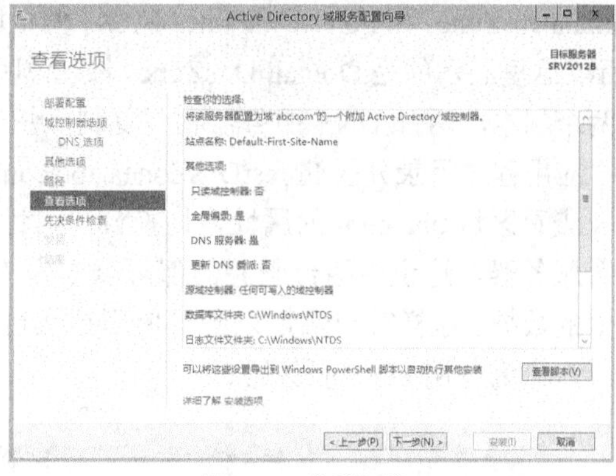

图 6-86　查看选项

6.6.2　检查两台域控制器的关系

1. 查看复制关系

在该服务器（SRV2012B）上打开 Active Directory 站点和服务控制台，该工具配置站点的目录数据的复制。如图 6-87 所示，两个域控制器位于同一站点，每个服务器对象都包含一个名为“NTDS Settings”的对象，它代表复制系统中的域控制器。右击 SRV2012A 下面的“NTDS Settings”对象，弹出相应的快捷菜单，可以操作复制和连接。

站点中服务器的复制伙伴由连接对象标识。复制是沿一个方向进行的。服务器的连接对象包含有关向第一台服务器发送复制的其他服务器（“源”服务器）的信息。连接对象存储控制站点内复制的计划，由复制系统自动生成。从上述快捷菜单中选择“属性”命令弹出图 6-88 所示的对话框，这里给出了站点中服务器的复制合作关系，例中复制的源和目标都是 SRV2012B，这说明 SRV2012A 与 SRV2012B 相互复制。

如果在 SRV2012A 服务器上打开 Active Directory 站点和服务控制台，可以查看类似的复制信息，方向正好相反。

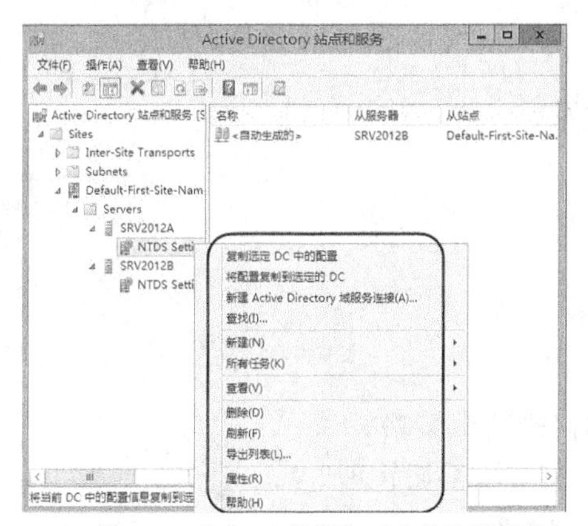

图 6-87　“NTDS 设置”对象的快捷菜单

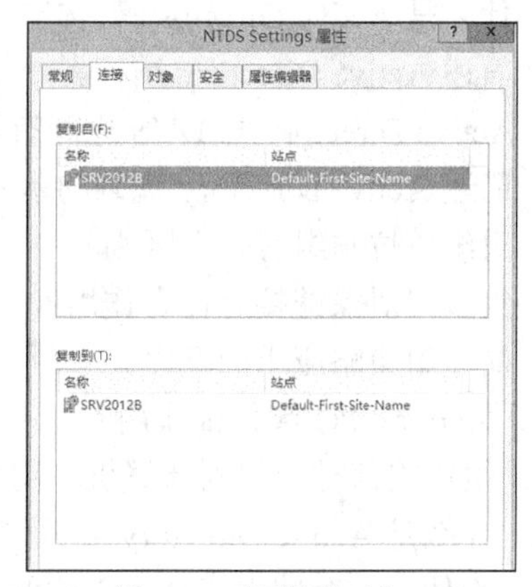

图 6-88　查看连接对象

2. 查看 DNS 服务器

再来检查 DNS 服务器的配置。在 SRV2012B 服务器上打开 DNS 控制台，可以发现创建了一个与 SRV2012A 上同样的 DNS 服务器，资源记录完全相同。abc.com 区域下面的两个特殊域

DomainDnsZones 和 ForestDnsZones 包含了两个域控制器提供 LDAP 服务的 SRV 记录，如图 6-89 所示。这里展示的是 DomainDnsZones 域，说明目前应用程序分区 DomainDnsZones.abc.com 存在两个副本，两台 DNS 服务器相互复制，任一台服务器中的记录更新后，另一台也会自动更新。应用程序目录分区 ForestDnsZones.abc.com 中的服务记录也是一样的。

查看区域 abc.com 的属性，切换到“名称服务器”选项卡，如图 6-90 所示，这里列出了两台服务器。这说明两台服务器都可以作为该区域的授权服务器，负责维护和管理所管辖区域中的数据。这样客户端可以同时使用这两台 DNS 服务器，建议一台作为首选 DNS 服务器，另一台作为备用 DNS 服务器。

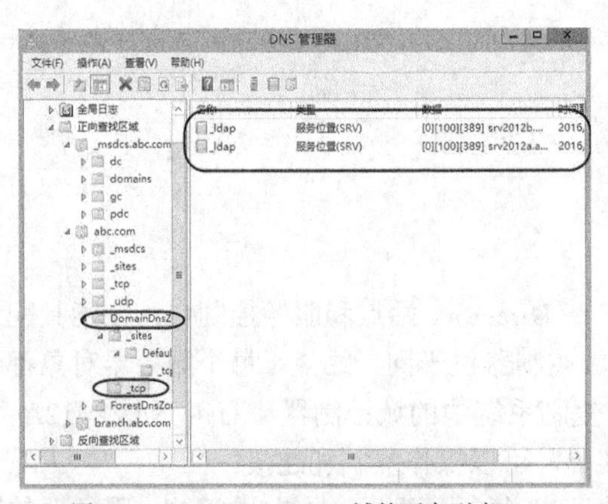

图 6-89　DomainDnsZones 域的两个副本

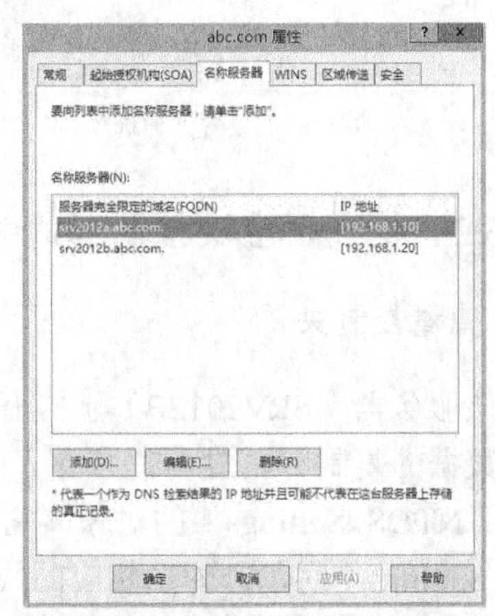

图 6-90　两条名称服务器记录

6.7　习　题

1．什么是目录服务？目录服务有哪些特点？
2．什么是 Active Directory？什么是域？
3．什么是 Active Directory 架构？
4．简述 Active Directory 结构。
5．Active Directory 与 DNS 之间有什么关系？
6．简述 Active Directory 规划的基本原则。
7．组织单位与组有什么区别？
8．组策略对象链接有什么作用？
9．简述组策略应用的顺序。
10．Starter GPO 起什么作用？
11．组策略何时应用到计算机和用户？如何刷新组策略？
12．什么是 Active Directory 委派管理？如何实施委派管理？
13．为什么一个域内应至少创建两台域控制器？
14．在 Windows Server 2012 R2 服务器上安装 Active Directory 域服务以建立域。
15．分别将 Windows 服务器和客户机添加到域，再尝试退出域。
16．创建一个 Active Directory 域用户账户，并添加到组。
17．配置组策略以修改域成员计算机的账户密码策略，并进行测试。

第 7 章 DHCP 与 IP 地址管理

与 DNS 一样，DHCP 也是一项基本的 TCP/IP 网络服务，除了自动分配 IP 地址之外，还可用来简化客户端 TCP/IP 设置，提高网络管理效率。除了通用的 DHCP 服务器功能外，Windows Server 2012 R2 还支持 DHCP 故障转移（DHCP Failover）功能，以提供高可用性的 IP 地址配置能力。IP 地址管理（IP Address Management，IPAM）是新功能，用于集中化管理 IP 地址配置，还可以对 DHCP 和 DNS 服务器进行监管，以降低网络管理的复杂度。

本章的实验环境涉及到两台运行 Windows Server 2012 R2 的服务器和一台运行 Windows 8.1 的客户机，计算机名称（IP 地址）分别是 SRV2012A（192.168.1.10）、SRV2012B（192.168.1.20）和 Win8-PC（动态获取 IP）。其中 SRV2012A 作为域控制器，SRV2012B 作为域成员服务器。

7.1 DHCP 基础

动态主机配置协议（Dynamic Host Configuration Protocol，DHCP）是一种简化主机 IP 配置管理的 TCP/IP 标准。除了自动分配 IP 地址之外，DHCP 还可用来简化客户端 TCP/IP 设置工作，减轻网络管理负担。

7.1.1 DHCP 的作用

在 TCP/IP 网络中每台计算机都必须拥有唯一的 IP 地址。设置 IP 地址可以采用两种方式：一种是手工设置，即分配静态的 IP 地址，这种方式容易出错，易造成地址冲突，适用于规模较小的网络；另一种是由 DHCP 服务器自动分配 IP 地址，适用于规模较大的网络，或者是经常变动的网络，这种方式要用到 DHCP 服务。使用 DHCP 具有以下 4 个优点。

- 实现安全、可靠的 IP 地址分配，避免因手工分配引起的配置错误，还能防止 IP 地址冲突。
- 减轻配置管理负担，使用 DHCP 选项在指派地址租约时提供其他 TCP/IP 配置（包括 IP 地址、默认网关、DNS 服务器地址等），大大降低配置和重新配置计算机的时间。
- 便于对经常变动的网络计算机进行 TCP/IP 配置，如移动设备、便携式计算机。
- 有助于解决 IP 地址不够用的问题。

7.1.2 DHCP 的 IP 地址分配方式

DHCP 分配 IP 地址有以下 3 种方式。

- 自动分配。DHCP 客户端一旦从 DHCP 服务器租用到 IP 地址后，这个地址就永久地给该客户端使用。这种方式也称为永久租用，适用于 IP 地址较为充足的网络。
- 动态分配。DHCP 客户端第一次从 DHCP 服务器租用到 IP 地址后，这个地址归该客户端暂时使用，一旦租约到期，IP 地址归还给 DHCP 服务器，可提供给其他客户端使用。这种方式也称限定租期，适用于 IP 地址比较紧张的网络。
- 手动分配。DHCP 服务器根据客户端物理地址预先配置对应的 IP 地址和其他设置，应 DHCP 客户端的请求传递给相匹配的客户端主机。这样分配的地址称为保留地址。

7.1.3 DHCP 的系统组成

DHCP 的系统组成如图 7-1 所示。DHCP 服务器可以是安装 DHCP 服务器软件的计算机，也可以是内置 DHCP 服务器软件的网络设备，为 DHCP 客户端提供自动分配 IP 地址的服务。DHCP 客户端就是启用 DHCP 功能的计算机，启动时自动与 DHCP 服务器通信，并从服务器那里获得自己的 IP 地址。

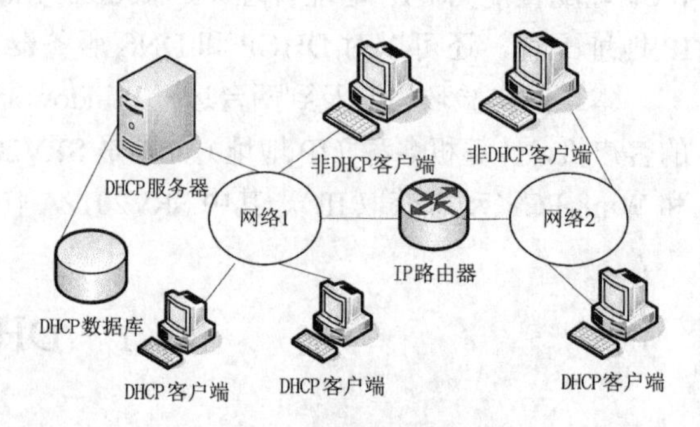

图 7-1 DHCP 的系统组成

通过在网络上安装和配置 DHCP 服务器，DHCP 客户端可在每次启动并加入网络时，动态地获得其 IP 地址和相关配置参数。DHCP 可为同一网段的客户端分配地址，也可为其他网段的客户端分配地址（应使用 DHCP 中继代理服务）。只有启用 DHCP 功能的客户端才能享用 DHCP 服务。

DHCP 服务器要用到 DHCP 数据库，该库主要包含以下 DHCP 配置信息。

- 网络上所有客户端的有效配置参数。
- 为客户端定义的地址池中维护的有效 IP 地址，以及用于手动分配的保留地址。
- 服务器提供的租约持续时间。

提示：租约定义从 DHCP 服务器分配的 IP 地址可使用的时间期限。当服务器将 IP 地址租用给客户端时，租约生效。租约过期之前客户端一般需要通过服务器更新租约。当租约期满或在服务器上被删除时，租约将自动失效。租约期限决定租约何时期满以及客户端需要用服务器更新的频率。

7.1.4 DHCP 的工作原理

DHCP 基于客户机/服务器模式，服务器端使用 UDP 67 端口，客户端使用 UDP 68 端口。DHCP 客户端每次启动时，都要与 DHCP 服务器通信，以获取 IP 地址及有关的 TCP/IP 配置信息。有两种情况，一种是 DHCP 客户端向 DHCP 服务器申请新的 IP 地址，另一种是已经获得 IP 地址的 DHCP 客户端要求更新租约，继续租用该地址。

1. 申请租用 IP 地址

只要符合下列情形之一，DHCP 客户端就要向 DHCP 服务器申请新的 IP 地址。

- 首次以DHCP客户端身份启动。从静态IP地址配置转向使用DHCP也属于这种情形。
- DHCP 客户端租用的 IP 地址已被 DHCP 服务器收回，并提供给其他客户端使用。
- DHCP 客户端自行释放已租用的 IP 地址，要求使用一个新地址。

DHCP 客户端从开始申请到最终获取 IP 地址的过程如图 7-2 所示，下面具体讲解。

（1）DHCP 客户端以广播方式发出 DHCPDISCOVER（探测）信息，查找网络中的 DHCP 服务器。

（2）网络中的 DHCP 服务器收到来自客户端的 DHCPDISCOVER 信息之后，从 IP 地址池中选取一个未租出的 IP 地址作为 DHCPOFFER（提供）信息，以广播方式发送给网络中的客户端。

此时客户端没有自己的 IP 地址，所以只能用广播方式。服务器准备租出的 IP 地址将临时保留起来，以免同时分配给其他客户端。

（3）DHCP 客户端收到 DHCPOFFER 信息之后，再以广播方式向网络中的 DHCP 服务器发送 DHCPREQUEST（请求）信息，申请分配 IP 地址。

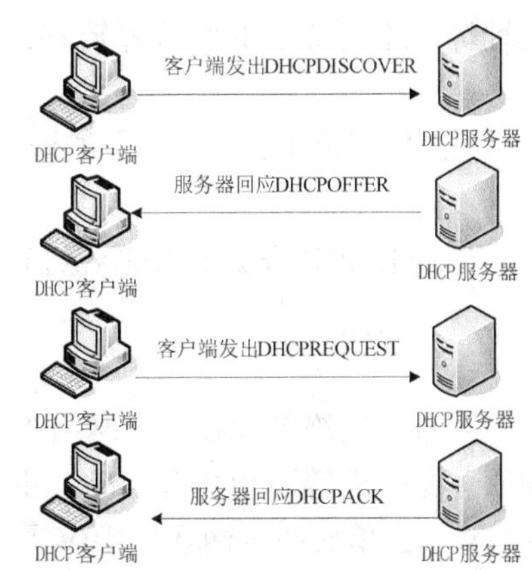

图 7-2　DHCP 分配 IP 地址的过程

如果网络中有多个DHCP服务器都接收到客户端的 DHCPDISCOVER 信息，并且都向客户端发送 DHCPOFFER 信息，DHCP 客户端只会选择第一个收到的 DHCPOFFER 信息。客户端之所以采用广播方式发送 DHCPREQUEST 信息，是因为除了通知已被选择的 DHCP 服务器，还要通知其他未被选择的 DHCP 服务器，使它们能及时释放原本准备分配给该 DHCP 客户端的 IP 地址，供其他客户端使用。

（4）DHCP 服务器收到 DHCP 客户端的 DHCPREQUEST 信息之后，以广播方式向客户端发送 DHCPACK（确认）信息。除 IP 地址外，DHCPACK 信息还包括 TCP/IP 配置数据，如默认网关、DNS 服务器等。

（5）DHCP 客户端收到 DHCPACK 信息之后，随即获得了所需的 IP 地址及相关的配置信息。

2. 续租 IP 地址

如果 DHCP 客户端要延长现有 IP 地址的使用期限，则必须更新租约。当遇到以下两种情况时，需要续租 IP 地址。

- 不管租约是否到期，已经获取 IP 地址的 DHCP 客户端每次启动时都将以广播方式向 DHCP 服务器发送 DHCPREQUEST 信息，请求继续租用原来的 IP 地址。即使 DHCP 服务器没有发送确认信息，只要租期未满，DHCP 客户端仍然能使用原来的 IP 地址。
- 租约期限超过一半时 DHCP 客户端自动以非广播方式向 DHCP 服务器发出续租 IP 请求。

如果续租成功，DHCP 服务器将给该客户端发回 DHCPACK 信息，予以确认。如果续租不成功，DHCP 服务器将给该客户端发回 DHCPNACK 信息，说明目前该 IP 地址不能分配给该客户端。

7.2 DHCP 服务器配置与管理

Windows Server 2012 R2 内置的 DHCP 服务器功能强大，具备一些高级特性，如超级作用域、DHCP 与 DNS 集成、多播作用域、筛选器、Active Directory 支持、客户端自动配置 IP 地址等，还支持 DHCP 故障转移。下面以该平台为例讲解 DHCP 服务器的配置管理。

7.2.1 DHCP 服务器部署

部署 DHCP 服务器首先要进行规划，主要是确定 DHCP 服务器的数目和部署位置。

1. DHCP 规划

可根据网络的规模，在网络中安装一台或多台 DHCP 服务器。具体要根据网络拓扑结构和服务器硬件等因素综合考虑，主要有以下 3 种情况。

- 在单一的子网环境中仅需一台 DHCP 服务器。
- 非常重要的网络在部署主要 DHCP 服务器的基础上，再部署一台或多台辅助（或备份）DHCP 服务器，如图 7-3 所示。这样做有两大好处，一是提供容错，二是在网络中平衡 DHCP 服务器的使用。通常使用 70/30 规则划分两个 DHCP 服务器之间的作用域地址。如果将服务器 1 配置成可使用大多数地址（约 70%），则服务器 2 可以配置成让客户机使用其他地址（约 30%），使用排除地址的方法来分割地址范围。
- 在路由网络中部署 DHCP 服务器。DHCP 依赖于广播信息，一般情况下 DHCP 客户端和 DHCP 服务器应该位于同一个网段之内。对于有多个网段的路由网络，最简单的办法是在每一个网段中安装一台 DHCP 服务器，但是这样不仅成本高，而且不便于管理。更科学的办法是在一两个网段中部署一到两台 DHCP 服务器，而在其他网段使用 DHCP 中继代理。如图 7-4 所示，如果 DHCP 服务器与 DHCP 客户端位于不同的网段，则需要配置 DHCP 中继代理，使 DHCP 请求能够从一个网段传递到另一个网段，这必须遵循以下要求：一是在路由网络中，一个 DHCP 服务器必须至少位于一个网段中；二是必须使用路由器或计算机作为 DHCP 和 BOOTP 中继代理服务器以支持网段之间 DHCP 通信的转发。

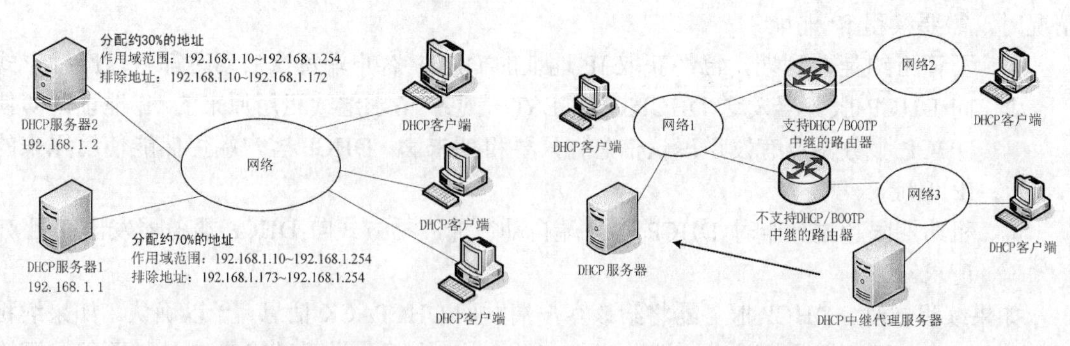

图 7-3 配置两台 DHCP 服务器　　图 7-4 跨网段的 DHCP 中继

提示：DHCP 中继代理有两种解决方案。一是直接通过路由器实现，要求路由器必须支持 DHCP/BOOTP 中继代理功能，能够中转 DHCP 和 BOOTP 通信，现在多数路由器或三层交换机都支持 DHCP 中继代理；二是在路由器不支持 DHCP/BOOTP 中继代理功能的情况下，使用 DHCP 中继代理组件，例如可在一台 Windows Server 2012 R2 服务器上安装 DHCP 中继代理组件，注意不能在 DHCP 服务器上同时配置 DHCP 中继代理。

2. DHCP 服务器的安装

在 Windows Server 2012 R2 上安装 DHCP 服务器并不复杂，只是要注意 DHCP 服务器本身的 IP 地址应是固定的，不能是动态分配的。这里在域控制器 SRV2012A 上示范安装。

使用服务器管理器中的添加角色和功能向导来安装 DHCP 服务器。当出现“选择服务器角色”界面时，从“角色”列表中选择“DHCP 服务器”角色，会提示需要安装额外的管理工具“DHCP 服务器工具”，单击“添加功能”按钮关闭该对话框回到“选择服务器角色”界面，此时“DHCP 服务器”已被选中，再单击“下一步”按钮，根据向导的提示完成安装过程。

安装结束时出现图 7-5 所示的界面，目前只是安装了 DHCP 服务器，还需要继续完成 DHCP 配置。单击“完成 DHCP 配置”链接启动 DHCP 安装后配置向导。

如果单击“关闭”按钮，则可以之后进行 DHCP 安装后配置，如单击服务器管理器顶部标志▶即可弹出通知菜单，也会提供这个链接。

根据向导提示进行操作，当出现图 7-6 所示的对话框时，提交域管理员账户凭据。出现“摘要”界面，当提示创建安全组和授权 DHCP 服务器都处于完成状态时，单击“关闭”按钮完成配置。此时自动运行 DHCP 服务器，不必重新启动系统。

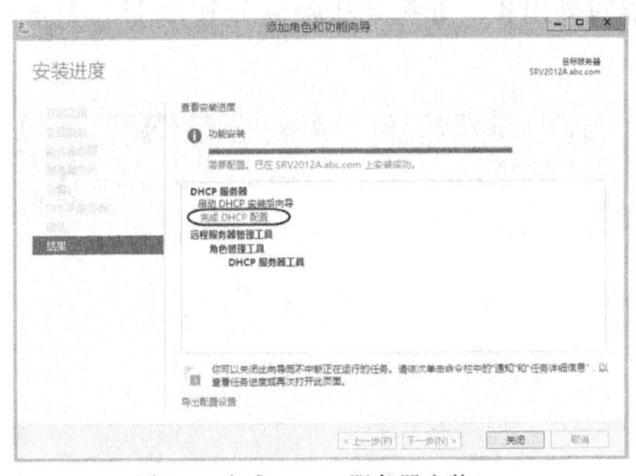

图 7-5　完成 DHCP 服务器安装

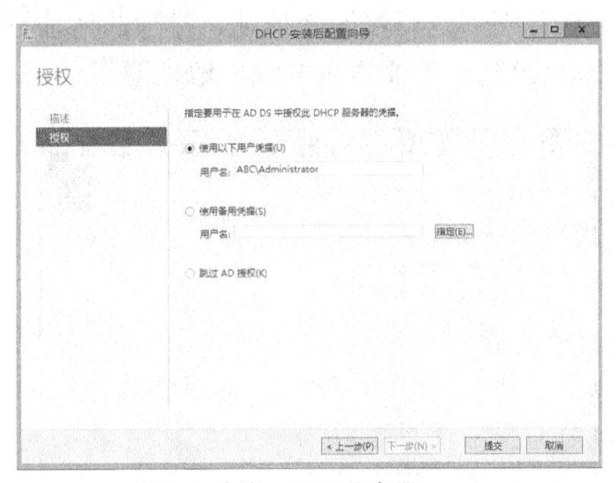

图 7-6　授权 DHCP 服务器

3. DHCP 控制台

管理员通过 DHCP 控制台对 DHCP 服务器进行配置和管理。从“管理工具”菜单或服务器管理器的“工具”菜单中选择“DHCP”命令可打开 DHCP 控制台。也可以在服务器管理器的“本地服务器”界面，通过“任务”菜单来打开 DHCP 控制台。

DHCP 是按层次结构进行管理的，控制台主界面如图 7-7 所示。在 DHCP 控制台中可以管理多个

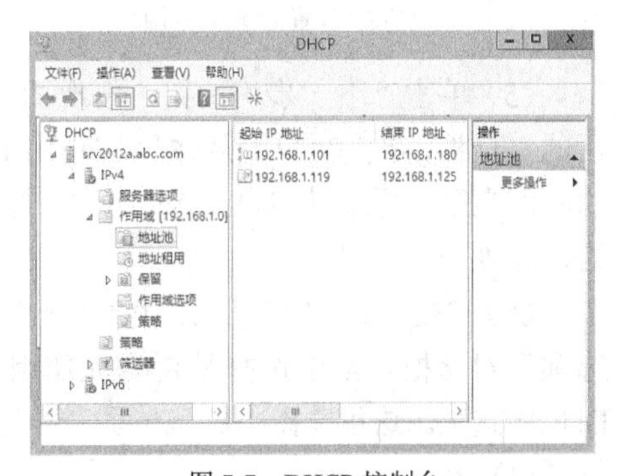

图 7-7　DHCP 控制台

DHCP 服务器，一个 DHCP 服务器可以管理多个作用域。由于支持 DHCPv6，为每一台 DHCP 服务器增加了 IPv4 和 IPv6 两个子节点。基本管理层次为：DHCP→DHCP 服务器→IPv4/IPv6→作用域→IP 地址范围。

7.2.2 DHCP 作用域配置与管理

实验 7-1 创建作用域

DHCP 服务器以作用域为基本管理单位向客户端提供 IP 地址分配服务。作用域也称为领域，是对使用 DHCP 服务的子网进行的计算机管理性分组，是一个可分配 IP 地址的范围。一个 IP 子网只能对应一个作用域。

1. 创建作用域

在创建作用域的过程中，根据向导提示，可以很方便地设置作用域的主要属性，包括 IP 地址的范围、子网掩码和租约期限等，还可定义作用域选项。下面示范操作步骤。

（1）展开 DHCP 控制台目录树，右击“IPv4”节点，选择“新建作用域”命令，启动新建作用域向导。

（2）单击“下一步”按钮出现“作用域名称”对话框，设置作用域的名称和说明信息。

（3）单击“下一步”按钮，出现图 7-8 所示的对话框，设置要分配的 IP 地址范围，其中“长度”和“子网掩码”用于解析 IP 地址的网络和主机部分，一般用默认值即可。

（4）单击“下一步”按钮，出现图 7-9 所示的对话框。可根据需要从 IP 地址范围中选择一段或多段要排除的 IP 地址，排除的地址不能对外出租。如果要排除单个 IP 地址，只需在“起始 IP 地址”文本框中输入地址即可。

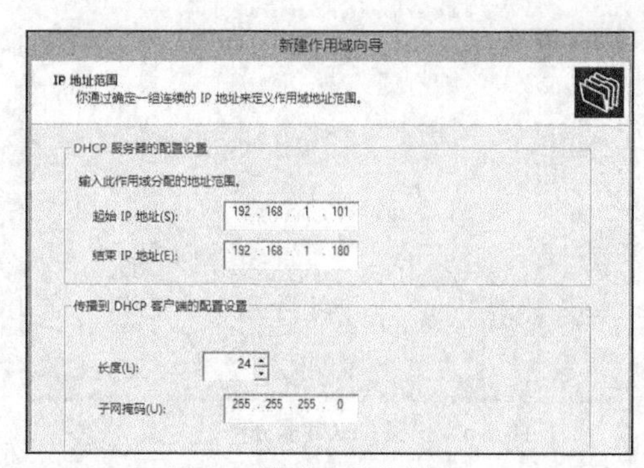

图 7-8 设置 IP 地址范围

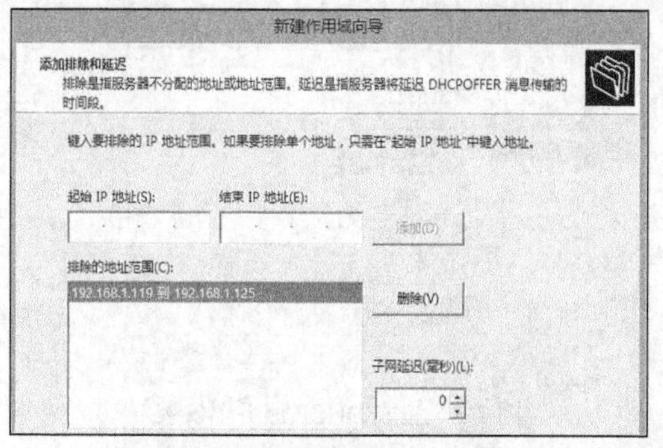

图 7-9 设置要排除的 IP 地址范围

（5）单击“下一步”按钮，出现图 7-10 所示的对话框，定义客户端从作用域租用 IP 地址的时间期限。默认为 8 天，对于经常变动的网络，租期应短一些。

（6）单击“下一步”按钮，出现“配置 DHCP 选项”对话框，从中选择是否为此作用域配置 DHCP 选项。这里选择“是”选项，否则将跳到第（10）步。

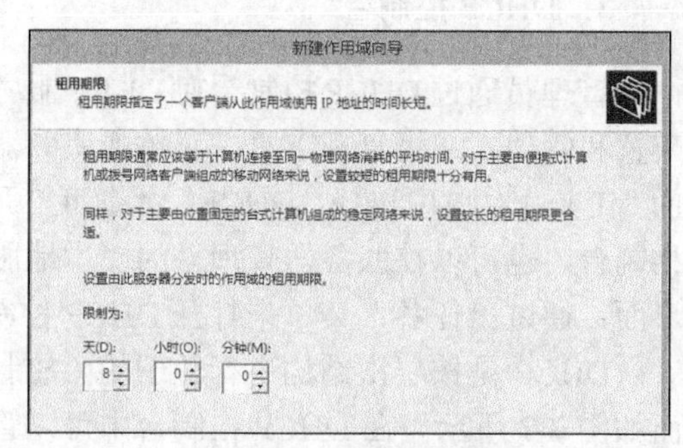

图 7-10 设置租约期限

（7）单击“下一步”按钮，出现图 7-11 所示的对话框。设置此作用域发送给 DHCP 客户端使用的路由器（默认网关）的 IP 地址。

（8）单击“下一步”按钮，出现图 7-12 所示的对话框。这里主要是在“IP 地址”列表中添加发送给 DHCP 客户端使用的 DNS 服务器地址。“父域”文本框输入用来为客户端解析不完整的域名时所提供的默认父域名，例如，父域名为 abc.com，如果 DHCP 客户端名为 myhost，则其全称域名为 myhost.abc.com。

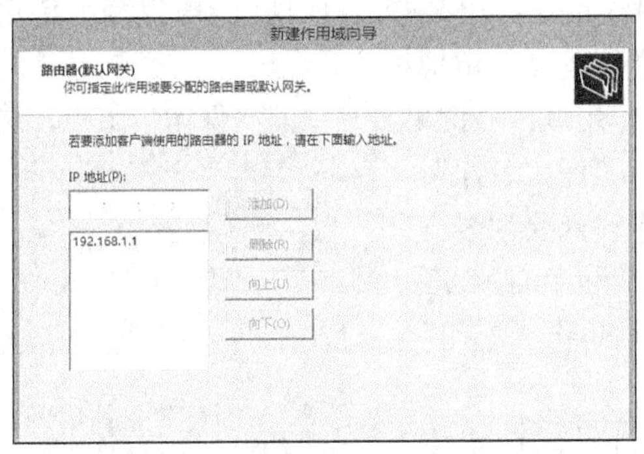

图 7-11　设置路由器（默认网关）选项

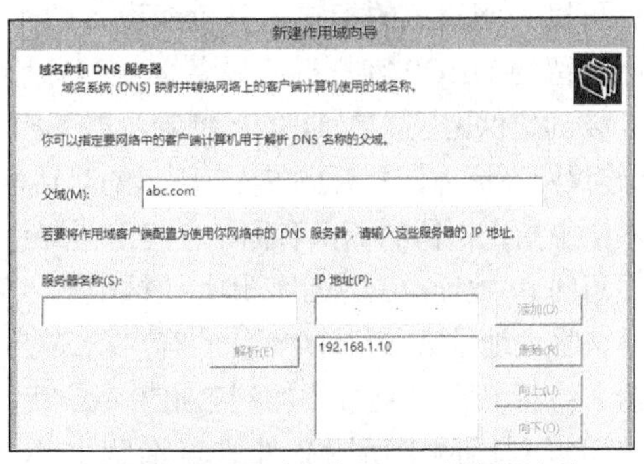

图 7-12　设置域名称和 DNS 服务器选项

（9）单击“下一步”按钮，出现相应的的对话框，设置客户端使用的 WINS 服务器。

（10）单击“下一步”按钮，出现对话框提示是否激活该作用域，这里选择激活，该作用域就可提供 DHCP 服务了。

（11）单击“下一步”按钮，单击“完成”按钮完成作用域的创建。

2. 管理作用域

管理员也可根据需要对作用域进行配置和调整。如图 7-13 所示，在 DHCP 控制台中右键单击要处理的作用域，从弹出菜单中选择“属性”“停用”“协调”“删除”选项可完成修改 IP 范围、停用、协调与删除等作用域管理操作。作用域属性设置对话框如图 7-14 所示。

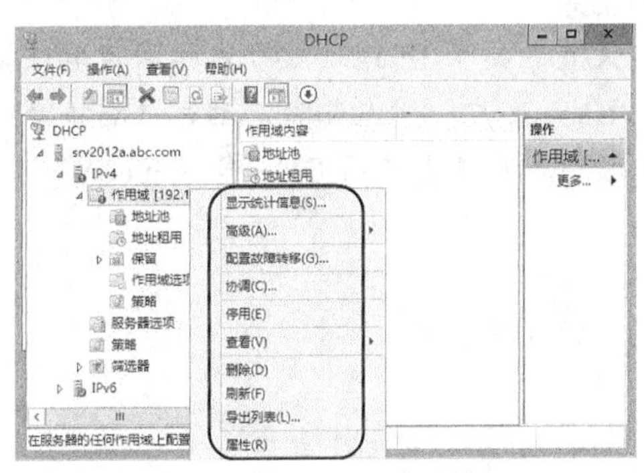

图 7-13　管理 DHCP 作用域

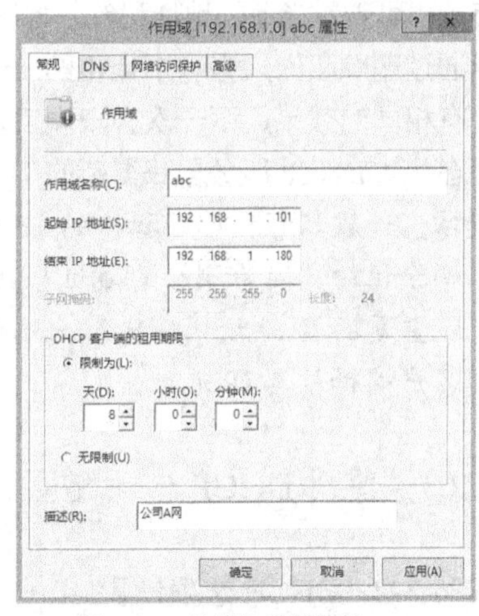

图 7-14　设置作用域属性

3. 设定客户端保留地址

排除的地址不允许服务器分配给客户端，而保留地址则将特定的 IP 地址留给特定的 DHCP 客户端，供其“永久使用”。这在实际应用中很有用处，一方面可以避免用户随意更改 IP 地址；另一方面用户也无需设置自己的 IP 地址、网关地址、DNS 服务器等信息，可以通过此功能逐一为用户设置固定的 IP 地址，即所谓“IP-MAC”绑定，减少维护工作量。

可以为网络上的指定计算机或设备的永久租约指定保留某些 IP 地址，一般仅为因特定目的而保留的 DHCP 客户端或设备（如打印服务器）建立保留地址。

要创建保留区，在 DHCP 控制台展开相应的作用域，右键单击其中的“保留”节点，选择“新建保留”命令，打开图 7-15 所示的对话框，在“保留名称”文本框中指定保留的标识名称，在“IP 地址”框中输入要为客户端保留的 IP 地址；在“MAC 地址”框中输入客户端网卡的 MAC 编号（物理地址），选择所支持的客户端类型，然后单击“添加”按钮，将保留的 IP 地址添加到 DHCP 数据库中。

可以利用网卡所附软件来查询网卡 MAC 地址。在安装 TCP/IP 协议的 Windows 平台上，使用 DOS 命令 ipconfig/all 查看本机的物理地址。

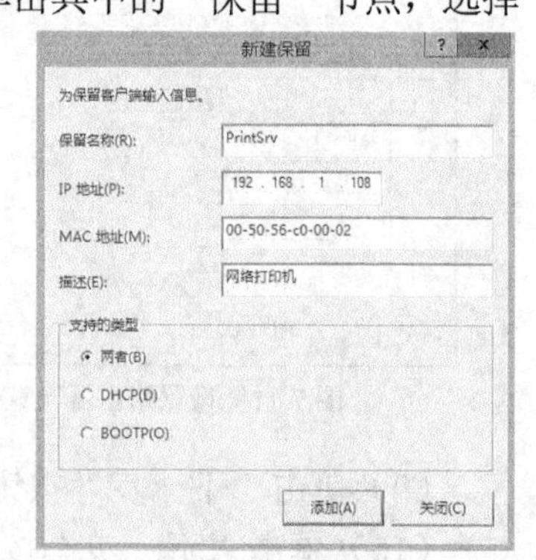

图 7-15 设置保留地址

4. 管理地址租约

DHCP 服务器为其客户端提供租用 IP 地址，每份租约都有期限，到期后如果客户端要继续使用该地址，则客户端必须续订。租约到期后，将在服务器数据库中保留大约 1 天的时间，以确保在客户端和服务器处于不同的时区、单独的计算机时钟没有同步、在租约过期时客户端从网络上断开等情况下，能够维持客户租约。过期租约包含在活动租约列表中，用变灰的图标来区分。

在 DHCP 控制台展开某作用域，单击其中的“地址租用”节点，可查看当前的地址租约，如图 7-16 所示。管理员可以通过删除租约来强制中止租约。删除租约与客户租约过期有相同的效果，下一次客户端启动时，必须进入初始化状态并从 DHCP 服务器获得新的 TCP/IP 配置信息。

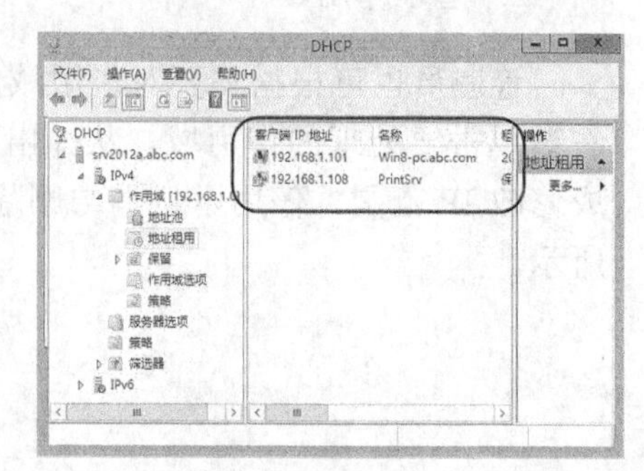

图 7-16 查看和管理地址租约

提示：一般只有在已经租出的 IP 地址与要设置的排除 IP 地址或客户端保留地址相冲突时，才删除租约。因为删除的地址将指派给新的活动客户，所以删除活动客户端将导致在网络上出现重复的 IP 地址。删除客户端租约，一般在客户端上使用 DOS 命令 ipconfig /release 以强制客户端释放其 IP 地址。

7.2.3 使用 DHCP 选项配置客户端的 TCP/IP 设置

实验 7-2 DHCP 选项设置

除了为 DHCP 客户端动态分配 IP 地址外，还可通过 DHCP 选项设置，使 DHCP 客户端在启动或更新租约时，自动配置 TCP/IP 设置，如默认网关、WINS 服务器和 DNS 服务器，既简化客户端的 TCP/IP 设置，也便于整个网络的统一管理。

1. DHCP 选项级别

根据 DHCP 选项的作用范围，可以设置 4 个不同级别的 DHCP 选项。

- 服务器选项。应用于该 DHCP 服务器所有作用域的所有客户端。
- 作用域选项。应用于 DHCP 服务器上的某特定作用域的所有客户端。
- 类别选项。在类别级配置的选项，只对向 DHCP 服务器标明自己属于特定类别的客户端使用。这些选项仅应用于标明为获得租约时指定的用户或供应商成员的客户端。
- 保留选项。仅应用于特定的保留客户端。

不同级别的选项存在着继承和覆盖关系，层次从高到低的顺序为：服务器选项→作用域选项→类别选项→保留选项。

下层选项自动继承上层选项，下层选项覆盖上层选项。例如，保留客户端自动拥有服务器和作用域选项，如果它配置的选项与上层冲突，将自动覆盖上层选项。在多数网络中，通常首选作用域选项。这里以此为例来讲解其设置。

2. DHCP 选项设置

（1）展开 DHCP 控制台，单击要设置的作用域节点下面的“作用域选项”节点，详细窗格中列出当前已定义的作用域选项，如图 7-17 所示。

（2）双击列表中要设置的作用域选项，或者右击“作用域选项”节点并选择“配置选项”命令，打开图 7-18 所示的对话框，可从中修改现有选项或添加新的选项。

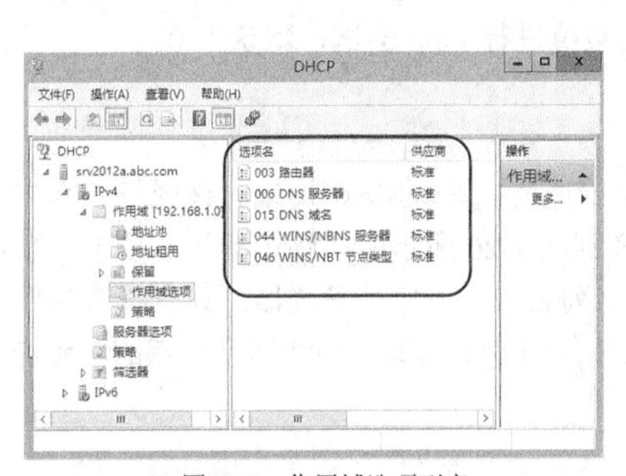

图 7-17　作用域选项列表

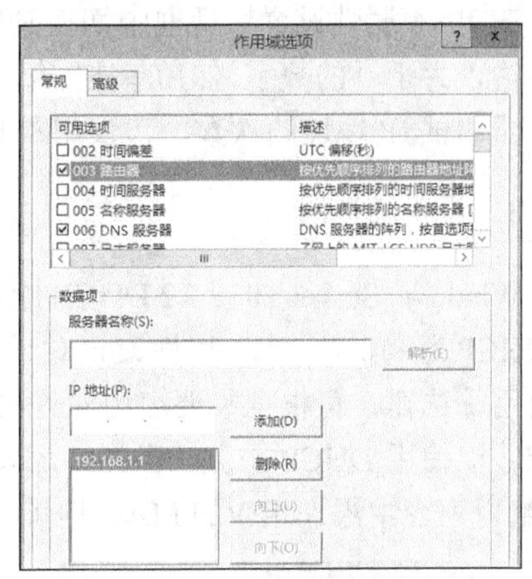

图 7-18　作用域选项设置

（3）从“可用选项”列表中选择要设置的选项，定义相关的参数。例如，要设置 DNS，可在下面的数据输入区域显示、添加和修改 DNS 服务器的 IP 地址，可以同时设置多个 DNS 服务器，DHCP 客户端自动将 DNS 信息配置到该机 TCP/IP 设置中。

Windows 计算机作为 DHCP 客户端支持的 DHCP 选项比较有限，常见选项有：003 路由器、006 DNS 服务器、015 DNS 域名、044 WINS/NBNS 服务器、046 WINS/NBT 节点类型和 047 NetBIOS 作用域表示。使用新建作用域向导创建作用域时，可直接设置 DNS 域名、DNS 服务器、路由器和 WINS 等选项。

（4）单击“确定”按钮完成作用域选项配置。

7.2.4 DHCP 服务器级配置与管理

DHCP 服务器的配置与管理比较简单，具体说明如下。

1. DHCP 服务器两级管理

在 Windows Server 2012 R2 中可对 DHCP 服务器进行两个级别的配置管理。

一级是 DHCP 服务器本身的配置管理。在 DHCP 控制台中右击要配置的 DHCP 服务器，从快捷菜单中选择相应的命令，可对 DHCP 服务器进行管理，如授权删除、DHCP 数据库的备份与还原、DHCP 服务的启动与停止等。安装 DHCP 服务器后，系统自动将本机默认的 DHCP 服务器添加到 DHCP 控制台的目录树中。当然还可将网上的其他基于 Windows 平台的 DHCP 服务器添加到控制台中进行管理。在 DHCP 控制台中右击“DHCP”节点，选择“添加服务器”命令，从弹出的对话框中选择要加入的 DHCP 服务器即可。

二级是对 IPv4/IPv6 节点的配置管理。实际工作主要用到 IPv4 属性设置，打开其属性设置对话框即可进行设置。下面讲解比较重要的设置项。

2. 设置冲突检测

设置冲突检测是一项 DHCP 服务器的重要功能。如果启用这项功能，DHCP 服务器在提供给客户端 DHCP 租约时，可用 Ping 程序来测试可用作用域的 IP 地址。如果 Ping 探测到某个 IP 地址正在网络上使用，DHCP 服务器就不会将该地址租用给客户。

在 IPv4 属性设置对话框中切换到图 7-19 所示的“高级”选项卡，在“冲突检测次数”框中输入大于 0 的数字，然后单击“确定”按钮。这里的数字决定将其租用给客户端之前 DHCP 服务器测试 IP 地址的次数，建议用不大于 2 的数值进行 Ping 尝试，默认为 0。

3. 设置筛选器

Windows Server 2012 R2 DHCP 服务器提供筛选器，基于 MAC 地址允许或拒绝客户端使用 DHCP 服务。在 IPv4 属性设置对话框中切换到图 7-20 所示的“筛选器”选项卡，默认没有启用筛选器，可根据需要启用允许列表或拒绝列表。一旦启用筛选器，只有符合条件的客户端才能使用 DHCP 服务。当然，还要在 DHCP 作用域下面的“筛选器”节点的“允许”或“拒绝”列表中添加相应的 MAC 地址。

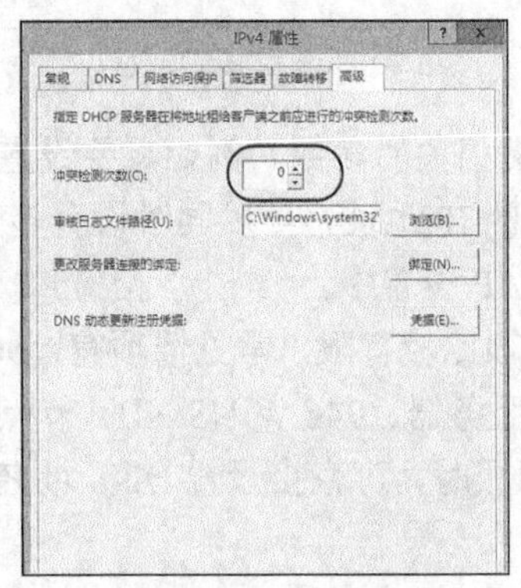

图 7-19　设置冲突检测功能

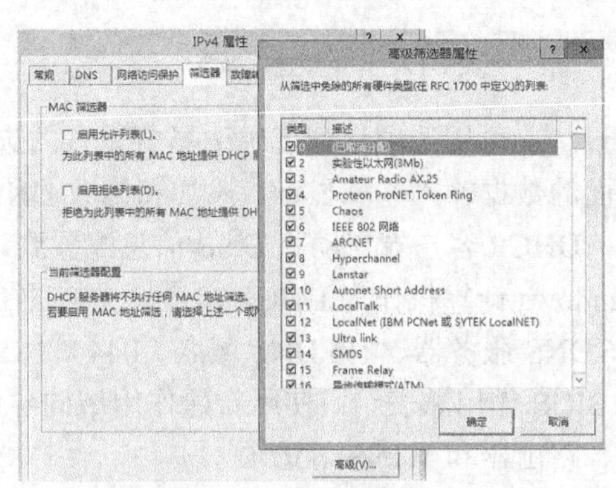

图 7-20　设置 MAC 筛选器

7.2.5　DHCPv6 设置

IPv6 主机除了自动设置自己的 IPv6 地址外，还会通过路由器获得另外的 IPv6 地址。不同的 IPv6 地址有不同的用途，有的用来与同一链接内的主机通信，有的用来连接 Internet，具体可参考第 4 章的有关介绍。

DHCPv6 客户端会在网络上搜寻路由器，然后通过路由器所返回的设置来决定是否向 DHCP 服务器请求更多的 IPv6 地址和 DHCP 选项设置。

Windows Server 2012 R2 的 DHCPv6 支持两种模式来匹配路由器。

- DHCPv6 无状态模式（Stateless Mode）：DHCPv6 客户端仅向 DHCP 服务器请求 DHCP 选项设置，而不会请求 IPv6 地址。它通过路由器返回的前缀来设置 IPv6 地址，或者直接静态设置 IPv6 地址。
- DHCPv6 有状态模式（Stateful Mode）：DHCPv6 客户端向 DHCP 服务器同时请求 IPv6 地址和 DHCP 选项设置。

根据路由器设置来决定 DHCPv6 的运行模式。

- 如果路由器返回的 O&M 标志均被设置为 1，表示客户端需要通过 DHCP 服务器同时获取 IPv6 地址和选项设置，那么应当选择有状态模式。
- 如果路由器返回的 O 标志被设置为 1，而 M 标志未设置，表示客户端不需要通过 DHCP 服务器获取 IPv6 地址，只需要选项设置，那么应当选择无状态模式。

可以根据需要在 DHCP 控制台的“IPv6”节点下根据向导新建 DHCPv6 作用域。

7.3　DHCP 客户端配置与管理

DHCP 客户端软件由操作系统内置，而用于服务器端的 DHCP 软件主要由网络操作系统内置，如 Linux、Windows，它们的功能很强，可支持非常复杂的网络。

DHCP 客户端使用两种不同的过程来与 DHCP 服务器通信并获得配置信息。当客户计算机首先启动并尝试加入网络时，执行初始化过程；在客户端拥有租约之后将执行续订过程，但是需要使用服务器续订该租约。当 DHCP 客户端关闭并在相同的子网上重新启动时，它一般能获得和它关机之前的 IP 地址相同的租约。

7.3.1　配置 DHCP 客户端

DHCP 客户端的安装和配置非常简单。在 Windows 操作系统中安装 TCP/IP 时，就已安装了 DHCP 客户程序，要配置 DHCP 客户端，通过网络连接的“TCP/IP 属性”对话框，切换到“IP 地址”选项卡，选中“自动获取 IP 地址”单选按钮即可。只有启用 DHCP 的客户端才能从 DHCP 服务器租用 IP 地址，否则必须手工设定 IP 地址。

VMWare 虚拟机默认组网模式为 NAT，内置有 DHCP 服务，在测试 DHCP 时注意关闭该服务。

7.3.2 DHCP 客户端续租地址和释放租约

DHCP 客户端可要求强制更新和释放租约。当然，DHCP 客户端也可不释放，不更新（续租），等待租约过期而释放占用的 IP 地址资源。一般使用命令行工具 ipconfig 来实现此功能。

执行命令 ipconfig /renew-all 可更新所有网络适配器的 DHCP 租约。

执行命令 ipconfig /renew adapter 可更新指定网络适配器的 DHCP 租约。其中参数 adapter 用网络适配器名称表示，且支持通配符表示的名称。

一旦服务器返回不能续租的信息，DHCP 客户端就只能在租约到达时放弃原有的 IP 地址，重新申请一个新地址。为避免发生问题，续租在租期达到一半时就将启动，如果没有成功将不断启动续租请求过程。

DHCP 客户端可以主动释放自己的 IP 地址请求。

执行命令 ipconfig /release_all 可释放所有网络适配器的 DHCP 租约。

执行命令 ipconfig /release adapter 可释放指定网络适配器的 DHCP 租约。

7.4 复杂网络的 DHCP 部署

可根据网络的规模，在网络中安装一台或多台 DHCP 服务器。较复杂的网络部署主要涉及 3 种情形：多台 DHCP 服务器、多宿主 DHCP 服务器和跨网段的 DHCP 中继代理。

7.4.1 配置多台 DHCP 服务器

重要的网络需要一个主 DHCP 服务器和一个作为辅助或备份服务器的其他 DHCP 服务器。如图 7-3 所示，可在同一网段中配置多台服务器，这样做有两大用处，一是提供容错，二是在网络中平衡 DHCP 服务器的使用。

在相同子网上使用多个 DHCP 服务器，可以为它所服务的 DHCP 客户机提供更强的容错能力。如果一个 DHCP 服务器不可用，则另一个服务器可以取代它，并继续提供租用新的地址或续租现有地址的服务。

为了平衡 DHCP 服务器的使用，较好的方法是使用 70/30 规则划分两个 DHCP 服务器之间的作用域地址。如果将服务器 1 配置成可使用大多数地址（约 70%），则服务器 2 可以配置成让客户机使用其他地址（约 30%），使用排除地址的方法来分割地址范围。

提示： Windows Server 2012 R2 支持 DHCP 故障转移，建议使用该功能来代替此方案。

7.4.2 多宿主 DHCP 服务器

多宿主 DHCP 服务器，是指一台 DHCP 服务器安装多网卡，为多个独立的网络提供服务，其中每块网卡连接独立的网段。这里以一个例子简单介绍，网络结构如图 7-21 所示。

该 DHCP 服务器连接了两个网络，需要在服务器上创建两个作用域，一个面向子网 192.168.1.0，另一个面向子网 192.168.2.0。DHCP 服务器将通过两块网卡侦听客户端的请求并进行响应。当与网卡 1 位于同一网段的 DHCP 客户端访问 DHCP 服务器时，将从对应的作用域中获取 IP 地址。同样，与网卡 2 位于同一网段的 DHCP 客户端也将获得相应的 IP 地址。

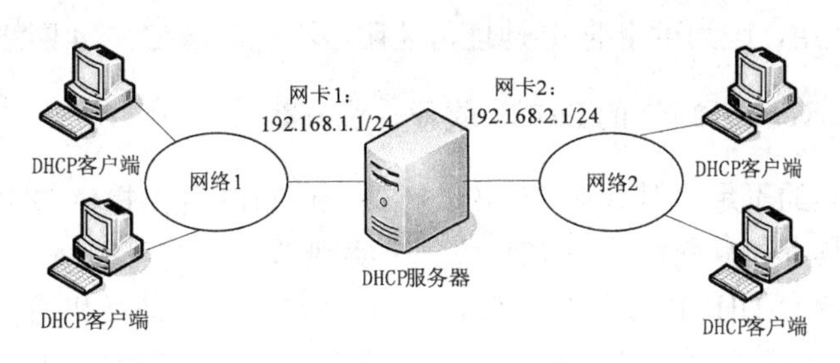

图 7-21　多宿主 DHCP 服务器

7.4.3　跨网段的 DHCP 中继

DHCP 中继代理的作用是将 DHCP 请求从一个网段传递到另一个网段。参见图 7-4，有两种解决方案，一是直接通过路由器实现，要求路由器必须支持 DHCP/BOOTP 中继代理功能（符合 RFC 1542 规范），能够中转 DHCP 和 BOOTP 通信，现在多数路由器或三层交换机都支持此功能；二是使用 DHCP 中继代理软件。

DHCP 中继代理为跨网段 DHCP 客户端提供 DHCP 服务，这涉及多个子网多个作用域，可以设置超级作用域。至少要在一个网段中部署一台 DHCP 服务器。

必须使用路由器或计算机作为 DHCP 和 BOOTP 中继代理服务器以支持网段之间 DHCP 通信的转发。例如，可在一台 Windows 服务器上安装 DHCP 中继代理组件，使其充当中继代理服务器。注意不能在 DHCP 服务器上再配置 DHCP 中继代理。

7.5　配置 DHCP 故障转移

DHCP 作为网络基础设施，一旦出了问题就得手动维护 IP 地址配置，其高可用性显得格外重要。使用 DHCP 故障转移功能能轻松地解决这个问题，确保在一台 DHCP 服务器失效的情况下，仍然能够正常向 DHCP 客户端提供 IP 地址和选项配置的能力。

7.5.1　DHCP 故障转移概述

1. 以前 Windows Server 版本的 DHCP 高可用性方案

以前 Windows Server 版本的 DHCP 对高可用性的支持代价不小，为 DHCP 服务器部署提供了两种高可用性方案。

- 使用 Windows 故障转移群集。将 DHCP 服务器置于一个群集当中，需要使用一个单独的共享存储器，成本很高，群集的设置和维护也比较复杂。另外存储器还有可能成为一个单点故障，为此还需提供存储冗余。

- 拆分 DHCP 作用域。使用两台独立的 DHCP 服务器共同承担作用域职责。通常作用域内 70%的地址被分配给主服务器，剩下的 30%被分配给备份服务器。7.4.1 节已经介绍过。这种部署不提供 IP 地址连续性，并且在作用域已经以高效利用地址空间的方式运行时无法使用，因为可用的 IP 地址可能明显不足，这在 IPv4 网络中是很常见的。

2. Windows Server 2012 R2 的 DHCP 故障转移方案

为克服上述方案的不足，微软从 Windows Server 2012 开始提供 DHCP 故障转移功能，让管理员得以部署具有高复原性的 DHCP 服务来实现 DHCP 高可用性。

这种方案需要两台 DHCP 服务器，它们之间不断复制 IP 地址租用信息，当一台服务器不可用时，可让另一台服务器为整个网络中客户端提供持续可用的 DHCP 服务。它最大的优点是无需昂贵的共享存储（如存储区域网络 SAN）即可提供高可用性的 DHCP 服务。

不过这种故障转移关系仅限于 IPv4 作用域和子网。IPv6 的网络节点往往使用无状态的 IP 自动配置，DHCP 服务器只提供 DHCP 选项配置，而不能保持任何租用状态信息。对无状态 DHCPv6 进行的高可用性部署，仅通过简单地设立两个有标识选项配置的服务器就可以实现。即使在有状态的 DHCPv6 部署中，作用域也不存在 IPv6 地址高利用率的情形，这使得拆分作用域成为一个更可行的 DHCP 高可用性方案。

3. DHCP 故障转移运行模式

Windows Server 2012 和 Windows Server 2012 R2 的 DHCP 故障转移关系总是包含两台服务器，不支持两台以上的 DHCP 服务器。不过它支持以下两种运行模式。

- 热备用服务器模式。这是一种主动/被动的伙伴关系，目的在于容错。其中活跃的服务器负责向作用域或子网中的所有客户端提供 DHCP 服务。当主服务器不可用时，辅助服务器将承担这一职责。主服务器或辅助服务器只是一种角色，承担某一给定子网主服务器角色的服务器可能是另一个子网的辅助服务器。
- 负载均衡模式。这是一种主动/主动的伙伴关系，也是默认模式。两台服务器根据管理员配置的负载分配比率，同时为一给定子网中的客户端提供 DHCP 服务。客户端请求在两台服务器之间进行负载平衡和共享。

7.5.2 部署 DHCP 故障转移

实验 7-3 配置 DHCP 故障转移

1. 部署 DHCP 故障转移的两个前提条件

部署 DHCP 故障转移需要以下两个前提条件。

- 两台运行 Windows Server 2012 或更高版本操作系统的服务器。
- Active Directory 环境支持。DHCP 故障转移必须部署在域控制器或域成员服务器上。

2. 配置 DHCP 故障转移

这里首先在域控制器 SRV2012A 上安装 DHCP 服务器，并配置一个作用域，且该作用域处于激活状态，可直接利用前面的例子。在另一台域成员服务器 SRV2012B 上安装 DHCP 服务器并进行授权，但是要确保没有配置相同地址（交叉地址）范围的作用域。

接下来在这两台服务器之间配置一个 DHCP 故障转移关系。

（1）在 SRV2012A 服务器上打开 DHCP 控制台，右击要创建故障转移关系的作用域，选择“配置故障转移”命令启动配置故障转移向导。如图 7-22 所示，确认作用域被选中。

（2）单击“下一步”按钮，出现图 7-23 所示的对话框，在“伙伴服务器”框中输入伙伴服务器 SRV2012B 的域名或 IP 地址。

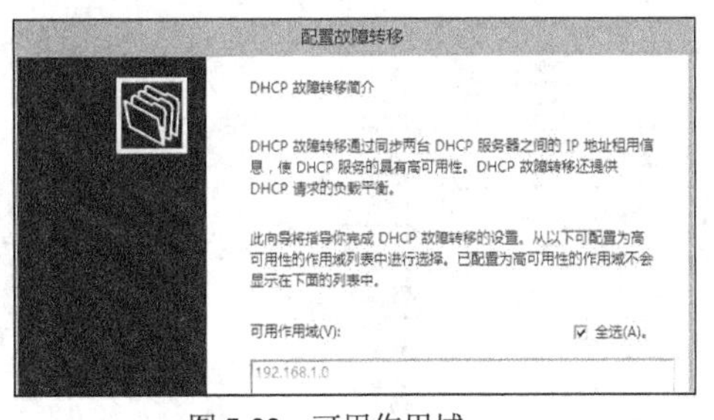

图 7-22　可用作用域

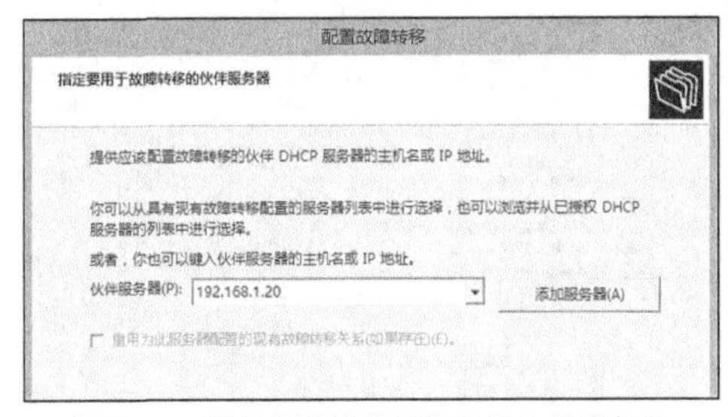

图 7-23　指定故障转移要使用的伙伴服务器

（3）单击“下一步”按钮，出现图 7-24 所示的界面，设置故障转移关系选项。

在“关系名称”框中输入一个名称，或接受默认名称。

“模式”下拉列表中可以选择“负载平衡”或“热备用服务器”，这里选择默认的“负载平衡”模式，并保持默认的分配比例（各 50%）。

在“共享机密”框中为此故障转移关系输入一个共享密码。

这里还有一个最长客户端提前期（Maximum Client Lead Time，MCLT）值很重要。该值决定一台服务器失效后，为原本连接到该服务器的客户端延迟 DHCP 租约的最长时间。也就是活跃的服务器在完全控制 DHCP 作用域之前，最多等待多长时间让其伙伴服务器恢复运行。默认值为 1 小时，非常适合生产环境。如果仅做测试用，可以使用较短的时长，如 1 分钟。

（4）单击“下一步”按钮，出现图 7-25 所示的确认界面，单击“完成”按钮。

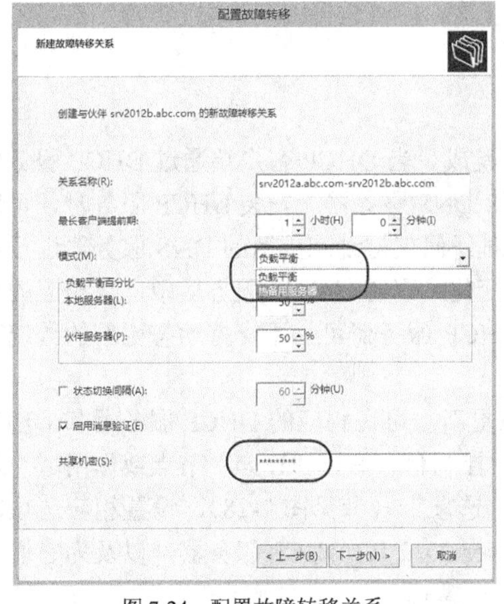

图 7-24　配置故障转移关系

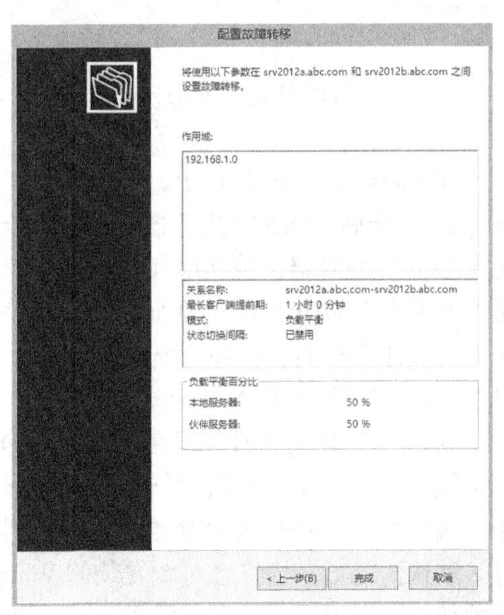

图 7-25　确认故障转移选项设置

（5）接着将显示一个图 7-26 所示的进度对话框，确认故障转移配置成功，单击“关闭”按钮。

在伙伴服务器 SRV2012B 上刷新 DHCP 控制台，验证是否拥有与主服务器 SRV2012B 同样的 DHCP 作用域配置，如图 7-27 所示，右击该作用域弹出相应的快捷菜单可以进一步管理 DHCP 故障转移，如取消故障转移、在伙伴之间复制作用域等。

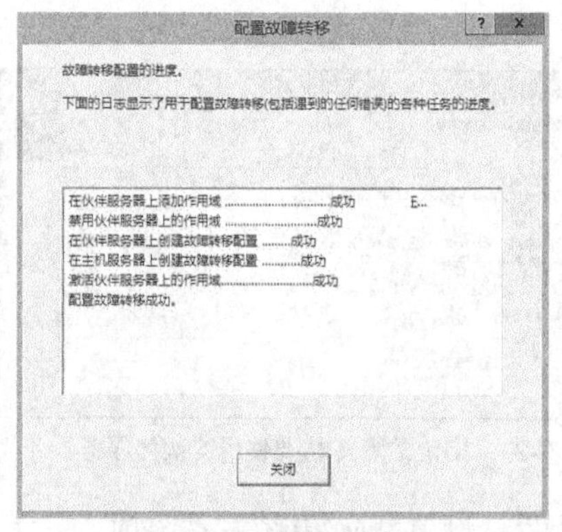

图 7-26　进度对话框

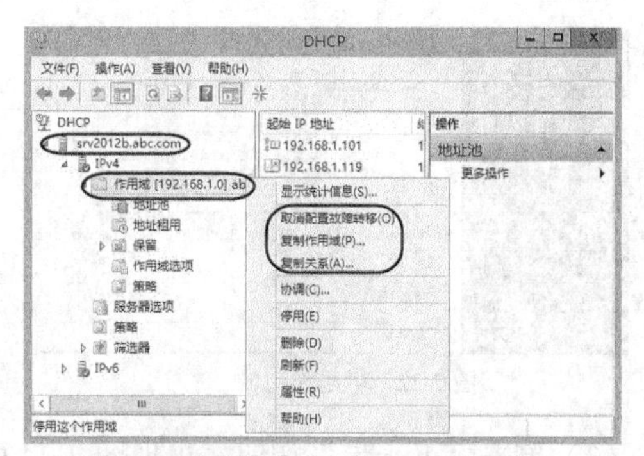

图 7-27　伙伴服务器上的 DHCP 作用域

可以进一步查看或编辑故障转移配置的属性。在任意一台 DHCP 服务器打开的 DHCP 控制台中，右击该作用域，然后选择“属性”命令打开相应的作用域属性设置对话框，切换到“故障转移”选项卡，查看相应的配置信息。验证在“该服务器的状态”旁边和“伙伴服务器的状态”旁边是否都显示了“正常”。

7.6　DHCP 与名称解析的集成

Windows Server 2012 R2 支持 DHCP 与 DNS 和 WINS 集成，为动态分配的 IP 地址解决名称解析问题。

7.6.1　DHCP 与 DNS 的集成

Windows Server 2012 R2 支持 DHCP 与 DNS 集成。当 DHCP 客户端通过 DHCP 服务器取得 IP 地址后，DHCP 服务器自动抄写一份资料给 DNS 服务器。安装 DHCP 服务时，可以配置 DHCP 服务器，使之能代表其 DHCP 客户端对任何支持动态更新的 DNS 服务器进行更新。如果由于 DHCP 的原因而使 IP 地址信息发生变化，则会在 DNS 服务器中进行相应的更新，对该计算机的名称到地址的映射进行同步。DHCP 服务器可为不支持动态更新的传统客户端执行代理注册和 DNS 记录更新。

要使 DHCP 服务器代理客户端实现 DNS 动态更新，可在相应的 DHCP 服务器和 DHCP 作用域上设置 DNS 选项。具体方法是展开 DHCP 控制台，右击“IPv4”节点或作用域，选择“属性”命令打开属性对话框，切换到“DNS”选项卡（参见图 7-28），设置相应选项即可。默认情况下，始终会对新安装的 Windows Server 2012 R2 DHCP 服务器，以及为它们创建的任何新作用域执行更新操作。可以设置以下 3 种模式。

- 按需动态更新。即 DHCP 服务器根据 DHCP 客户端请求进行注册和更新。这是默认配置，选中“根据下面的设置启用 DNS 动态更新”复选框和“仅在 DHCP 客户端请求时动态更新 DNS 记录”单选按钮。
- 总是动态更新。即 DHCP 服务器始终注册和更新 DNS 中的客户端信息。选中“根据下面的设置启用 DNS 动态更新”复选框和“始终动态更新 DNS 记录”单选按钮即可。采用这种模式，不论客户端是否请求执行它自身的更新，DHCP 服务器都会执行该客户端的全称域名（FQDN）、租用的 IP 地址信息以及其主机和指针资源记录的更新。

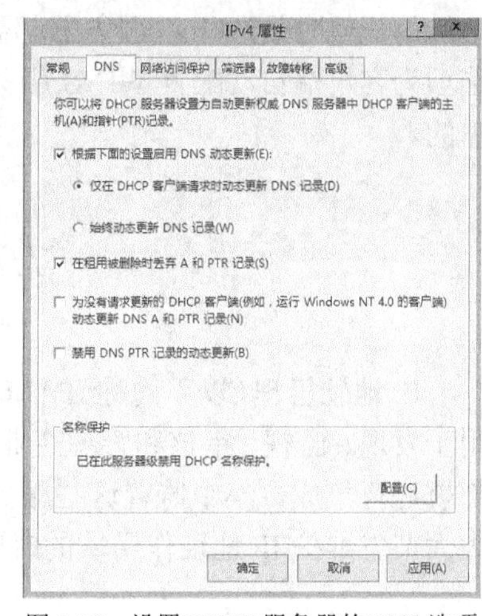

图 7-28　设置 DHCP 服务器的 DNS 选项

- 不允许动态更新。即 DHCP 服务器从不注册和更新 DNS 中的客户端信息。清除“根据下面的设置启用 DNS 动态更新”复选框即可。禁用该功能后，在 DNS 中不会为 DHCP 客户端更新任何客户端主机或指针资源记录。

以上 3 种模式都是针对基于 Windows 的 DHCP 服务器和 DHCP 客户端的设置。还可将 DHCP 服务器设置为代理其他不支持 DNS 动态更新的 DHCP 客户端，此时应选中“为没有请求更新的 DHCP 客户端动态更新 DNS A 和 PTR 记录”复选框。

另外，Windows Server 2012 R2 DHCP 服务器支持名称保护，以防止覆盖已注册的名称。在“DNS”选项卡中单击“名称保护”区域的“配置”按钮可打开图 7-29 所示的对话框，其中默认没有启用名称保护功能，可根据需要启用。

由于默认启用 DNS 动态更新，可以在 DNS 管理器中查看 DHCP 客户端自动注册域名的情况，如图 7-30 所示，这表明成功注册域名。

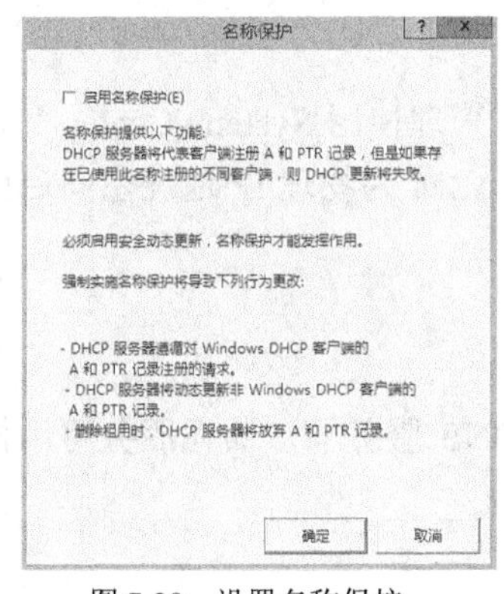

图 7-29　设置名称保护

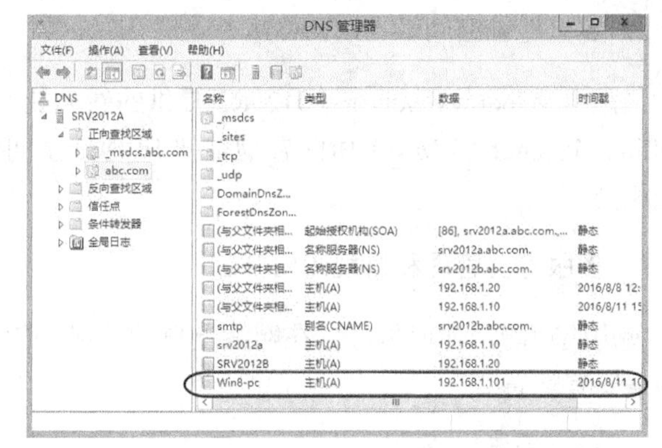

图 7-30　DHCP 客户端自动注册域名

7.6.2　DHCP 与 WINS 的集成

通过解决 IP 地址管理的问题，DHCP 也相应地解决 NetBIOS 名称解析问题。当 IP 地址被自动或动态分配给网络客户时，管理员要记录不断改变的地址的分配几乎是不可能的。鉴于此，WINS 与 DHCP 一起工作来提供自动的 NetBIOS 名称服务器，在 DHCP 分配新的 IP

地址的任何时候，WINS 服务器都会更新。可在客户端手动设置 WINS 服务器，最好通过 DHCP 选项为客户端自动配置 WINS 服务器。当然，只有在需要 NetBIOS 的环境中，WINS 才是必需的。

7.7 部署 IP 地址管理

IP 地址管理（以下简称 IPAM）是微软从 Windows Server 2012 开始提供的一个内置框架，用于发现、监视、审核和管理企业网络上所使用的 IP 地址空间。IPAM 可以与 DHCP 和 DNS 部署进行集成，集中监管这些服务，从而降低网络管理的复杂度。一旦部署了 IPAM，可以大大节省维护 IP 地址作用域的时间。可以说 IP 地址环境越复杂，IPAM 的作用越大。

7.7.1 IPAM 组件

Windows Server 2012 R2 中的 IPAM 是一套集成工具，支持端到端规划、部署、管理和监控 IP 地址基础结构。IPAM 自动在网络上发现包括域控制器、DHCP、DNS 和 NPS（网络策略服务器）在内的 IP 地址基础结构服务器，并且让管理员使用一个中心界面来集中管理它们。为实现这些功能，IPAM 包括以下 5 个组件。

1. 地址空间管理（ASM）

使用此项功能，管理员能够从单个控制台查看 IP 地址基础结构的所有方面，可以在网络上创建高度自定义、多级层次结构的地址空间，并使用它来管理 IPv4 公用和专用地址，以及 IPv6 地址。它还包含强大的报告功能，可使用自定义阈值和警报详细跟踪 IP 地址利用率趋势。

2. 虚拟地址空间管理（VASM）

这是由 Windows Server 2012 R2 提供的新功能，可用来管理使用 System Center Virtual Machine Manager（VMM）所配置的虚拟 IP 地址空间，它与 ASM 为物理 IP 地址空间启用的功能相同。

3. 多服务器管理和监视（MSM）

使用此功能，管理员可以在网络上自动发现 DHCP 和 DNS 服务器，监视服务可用性并集中管理其配置。

4. 网络审核

使用 IPAM 的审核功能，管理员可为在 DHCP 服务器和 IPAM 服务器上执行的所有配置更改以及在网络上分配的 IP 地址提供集中式存储。使用 IPAM 审核工具，可以通过主动跟踪和报告所有管理操作来查看 DHCP 服务器上的潜在配置问题。

5. 基于角色的访问控制

可以用来自定义用户和用户组对 IPAM 中特定对象的操作类型与访问权限。Windows

Server 2012 R2 对该功能进行了改进，提升了基于角色的访问控制的细化程度，除了本地 IPAM 安全组之外，还支持基于角色的内置 IPAM 访问组和自定义 IPAM 访问组。

7.7.2　安装 IPAM

实验 7-4　安装 IPAM

1. 部署 IPAM 的前提条件

部署 IPAM 需要了解以下前提条件。

- 需要在运行 Windows Server 2012 或更高版本操作系统的服务器上安装 IPAM。
- 需要 Active Directory 域环境支持。IPAM 服务器只能在域成员服务器上安装，且仅能在单个域中执行操作。不能在域控制器上安装 IPAM 服务器。
- IPAM 托管的 DHCP 和 DNS 服务器必须是 Active Directory 域成员服务器或域控制器。一台 IPAM 服务器最多支持 150 个 DHCP 服务器和 6 000 个 DHCP 作用域、150 个 DNS 服务器和 500 个 DNS 区域。建议不要在 DHCP 服务器上安装 IPAM，因为这样 IPAM 自动发现 DHCP 服务器的功能会失效。
- IPAM 需要数据库来存储所有的配置和数据。Windows Server 2012 R2 支持 IPAM 使用 Windows 内部数据库或微软 SQL Server（2008 R2 或 2012 版本）。IPAM 可为 Windows 内部数据库中的 10 万位用户存储 3 年的取证数据（IP 地址租约、主机 MAC 地址、用户登录/注销信息）。SQL Server 可以位于 IPAM 服务器上，也可以位于其他服务器上。
- IPAM 不支持 NetBIOS 名称服务、DHCP 中继或代理、WINS、IPv6 地址回收以及路由器和交换机设备上的 DHCP 服务。

2. 安装 IPAM

为便于示范，这里设定一个简单的实验环境：部署 Active Directory 域 abc.com；在域控制器 SRV2012A 上安装 DHCP 服务器并配置一个作用域且已激活，安装 DNS 服务器并配置相应的区域；在另一台域成员服务器 SRV2012B 上安装 IPAM（不要安装 DHCP 服务器）；一台 Windows 8.1 计算机作为 DHCP 客户端。这里在 SRV2012B 上示范安装 IPAM，其他可直接利用前面的例子。

使用服务器管理器中的添加角色和功能向导来安装 IPAM 服务器。当出现“选择功能”界面时，从“功能”列表中选择“IP 地址管理(IPAM)服务器”，会提示需要添加额外的功能，单击“添加功能”按钮关闭该对话框回到“选择功能”界面，此时“IP 地址管理(IPAM)服务器”已被选中，再单击“下一步”按钮，根据向导的提示完成安装过程。

IPAM 包括服务器和客户端两部分，使用上述向导安装 IPAM 服务器时默认会安装客户端。IPAM 客户端是 IPAM 管理工具，就是用于提供管理界面的 IPAM 控制台，可以单独安装在非 IPAM 服务器的 Windows Server 2012 或更高版本操作系统的服务器上。使用添加角色和功能向导，从“远程服务器管理工具”中来选择它进行安装。

使用 PowerShell 安装 IAPM 更为简单，只需执行以下命令：

```
Install-WindowsFeature IPAM -IncludeManagementTools
```

7.7.3　配置 IPAM

实验 7-5　配置 IPAM

安装 IPAM 之后，需要进一步配置，目的是指定要管理的 IP 基础设施。在服务器管理器导航窗格中，单击“IPAM”节点显示“IPAM 概述”窗格，如图 7-31 所示。默认情况下，IPAM 客户端会连接到本地服务器。根据“快速启动”栏给出的步骤进行快捷配置操作。

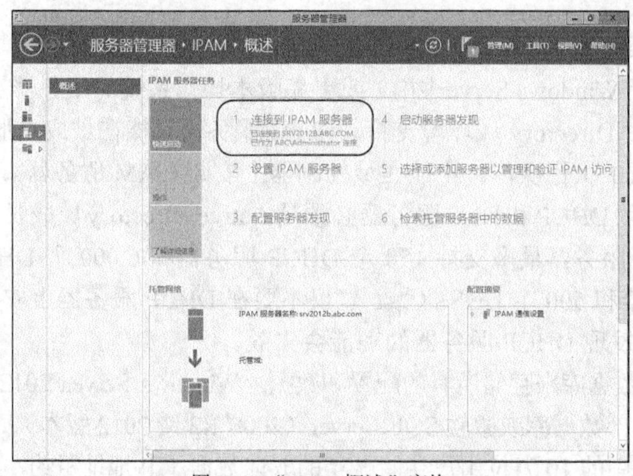

图 7-31　“IPAM 概述”窗格

1. 设置 IPAM 服务器

首先对 IPAM 服务器本身进行设置。

（1）单击“设置 IPAM 服务器”链接启动“设置 IPAM”向导，首先出现的是开始之前的说明内容。

（2）单击“下一步”按钮出现图 7-32 所示的界面，配置 IPAM 数据库，这里采用默认设置的 Windows 内部数据库。

（3）单击“下一步”按钮出现图 7-33 所示的界面，选择设置方法，这里采用默认设置的基于组策略的方法，并在“GPO 名称前缀”文本框中输入组策略对象名的前缀，例中为“IPAM_ABC”。

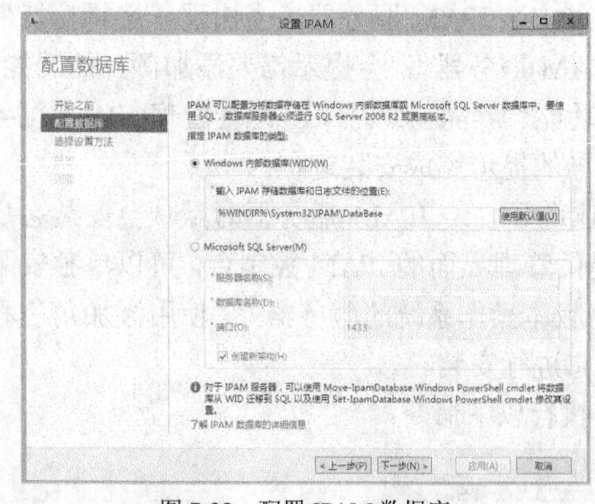

图 7-32　配置 IPAM 数据库

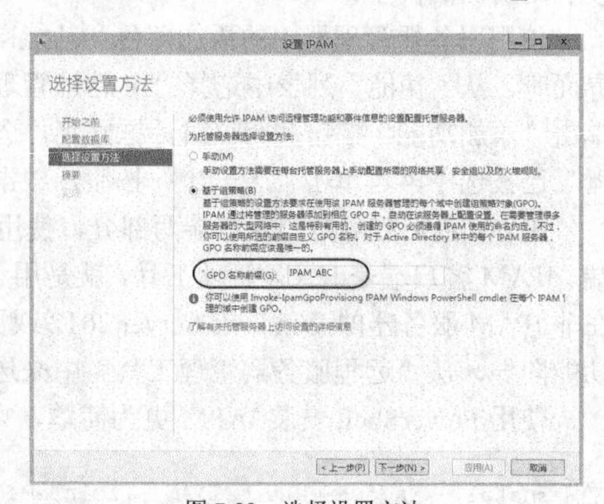

图 7-33　选择设置方法

（4）单击“下一步”按钮出现“摘要”界面，确认显示的 GPO 名称是 IPAM_ABC_DHCP、IPAM_ABC_DNS 和 IPAM_ABC_DC_NPS。

（5）单击“应用”按钮等待设置完成，出现“完成”界面，确定显示“已成功完成 IPAM 设置”，再单击“关闭”按钮。

2. 配置服务器发现

此时应当可以发现“IPAM 概述”窗格中开始显示更多的信息，接下来根据已选择的配置方法来指定 IPAM 要自动发现的托管服务器设置。

在“IPAM 概述”窗格的“快速启动”栏中单击“配置服务器发现”链接，弹出“配置服务器发现”对话框，“选择要发现的域”下拉列表中已给出当前根域（例中为 abc.com），单击“添加”按钮，如图 7-34 所示，选择要发现的域及其服务器角色（这里选中域控制器、DHCP 服务器和 DNS 服务器），单击“确定”按钮。

3. 执行服务器发现

单击“启动服务器发现”链接，系统开始执行 IPAM ServerDiscovery 任务，自动在网络上发现包括域控制器、DHCP、DNS 等的 IP 地址基础结构服务器。单击顶部通知标志，再单击“任务详细信息”链接，等待该任务在“阶段”一栏显示“完成”状态时，再关闭“任务详细信息”对话框，如图 7-35 所示。

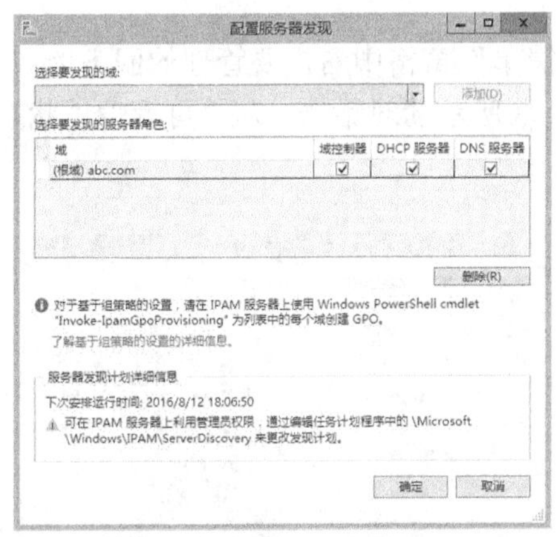

图 7-34　配置服务器发现

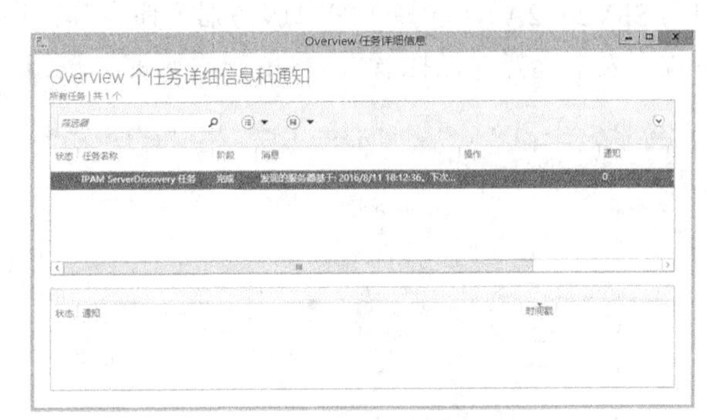

图 7-35　完成服务器发现任务

4. 选择需要管理的服务器

完成服务器发现任务之后，就会给出发现结果，即要管理的各类服务器。

（1）在“IPAM 概述”窗格的“快速启动”栏中单击“选择或添加服务器以管理和验证 IPAM 访问权限”链接，转到“服务器清单”给出已发现的服务器列表。如果未显示任何服务器，单击顶部通知标志左侧的“刷新 IPv4”图标。例中 SRV2012A 可管理性状态将显示为“未指定”，而 IPAM 访问状态显示为“已阻止”，如图 7-36 所示。

显然此时还不能正常管理已发现的服务器。接下来，必须初始化前面指定的组策略对象，授予使用 GPO 管理服务器的权限。

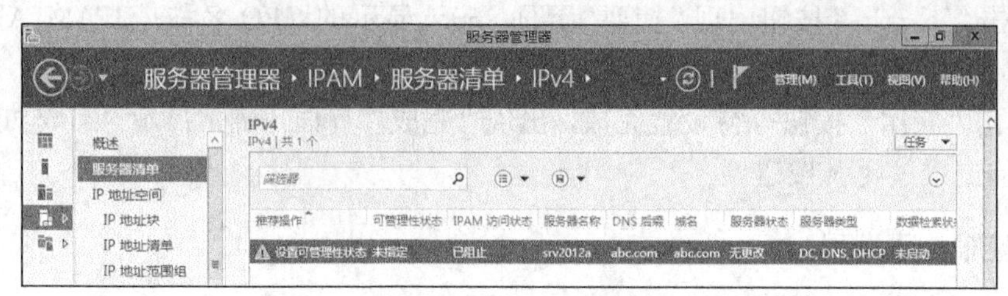

图 7-36 服务器清单列出已发现的服务器

（2）在 IPAM 服务器（这里是 SRV2012B）上以管理员身份运行 Windows PowerShell，执行以下脚本完成 IPAM 组策略对象的创建：

```
    Invoke-IpamGpoProvisioning -Domain abc.com -GpoPrefixName IPAM_ABC -DelegatedGpoUser
Administrator -IpamServerFqdn srv2012b.abc.com
```

其中-Domain 参数指定 GPO 的作用域域名，-GpoPrefixName 参数为前面指定的 GPO 名称前缀，-IpamServerFqdn 参数为 IPAM 服务器的全称域名。

执行上述脚本时，当系统提示确认操作时，按 Enter 键即可。

（3）完成之后，在域参数指示的域中创建并链接 3 个组策略对象（例中名称分别为 IPAM_ABC_DC_NPS、IPAM_ABC_DHCP 和 IPAM_ABC_DNS），用于设置由 IPAM 管理的服务器上的 IPAM 访问设置，可以在域控制器上打开“组策略管理”控制台查看，如图 7-37 所示。

（4）回到 IPAM 服务器，在“IPAM”>“服务器清单”窗格中右击要管理的服务器（例中为 SRV2012A），选择“编辑服务器”命令弹出图 7-38 所示的对话框，从“可管理性状态”下拉列表中选择“已托管”，再单击“确定”按钮。

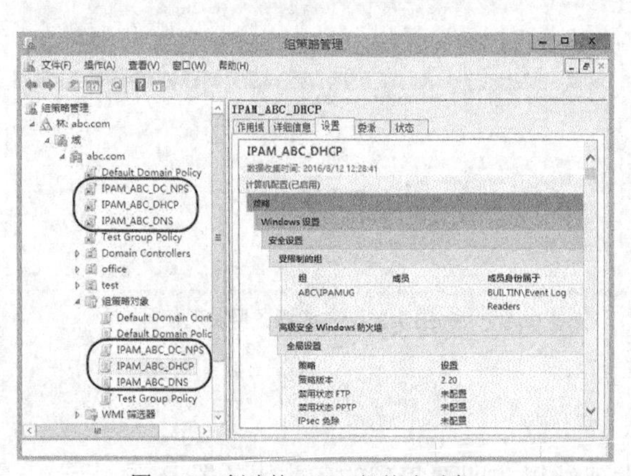

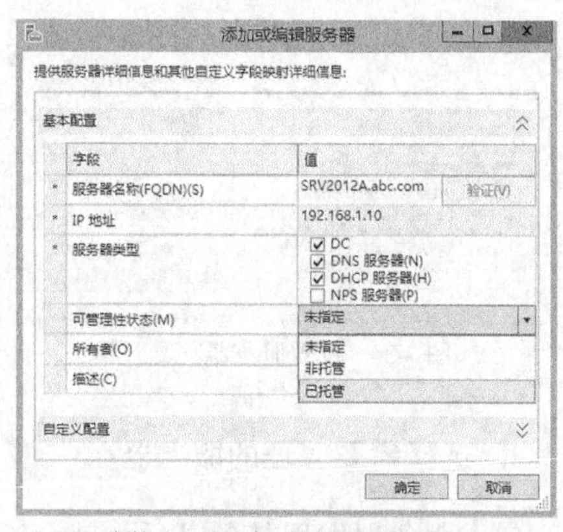

图 7-37 创建的 IPAM 组策略对象　　　　图 7-38 添加或编辑服务器

（5）转到域控制器上打开“Windows PowerShell”窗口，执行命令 gpupdate /force 以刷新计算机策略，应用上述 GPO 设置。

（6）在 IPAM 服务器上单击顶部“刷新 IPv4”图标，或者右击要管理的服务器并选择“刷新服务器状态”命令，确认“IPAM 访问状态”栏显示“已取消阻止”（这可能需要等待几分钟），如图 7-39 所示。

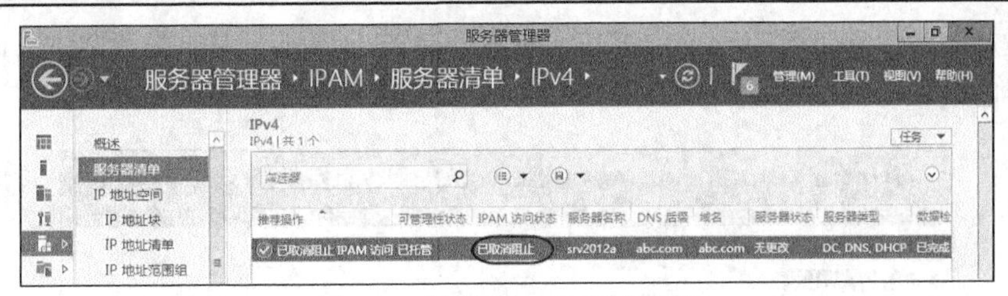

图 7-39　服务器的 IPAM 访问状态

5．检索要管理的服务器的数据

在“IPAM 概述”窗格的“快速启动”栏中单击“检索托管服务器中的数据”链接，开始检索数据。单击顶部“通知”标志，然后等待所有任务的完成。

完成数据检索之后，IP 地址范围和 DNS 区域将出现在 IPAM 控制台中。如果没有显示，可以单击“刷新”图标，因为有时检索数据耗时较长。

7.7.4　使用 IPAM

配置好 IPAM 之后，就可以使用它来管理 IP 地址基础设施。

1．IPAM 控制台

如图 7-40 所示，IPAM 控制台的导航栏提供了若干链接，用于查看、监控、管理和审计要管理的服务器和 IP 地址空间。其中“概述”窗格顶部的“IPAM 服务器任务”区域列出了 3 个快捷任务栏，分别是“快速启动”“操作”和“了解详细信息”，例如“操作”部分列出一系列指向管理操作的快速链接。中部的“托管网络”区域可以查看 IPAM 服务器和托管域的图形化表示，“配置摘要”区域可以查看所有 IPAM 配置设置。底部的“已安排的任务”列出计划在服务器上执行的 IPAM 任务（因空间限制，图中没有显示）。

图 7-40　IPAM 控制台

如图 7-41 所示，“服务器清单”窗格默认在“IPv4”区域给出所有托管和非托管的服务器的列表，此列表是自动或手动发现生成的。可以使用“任务”菜单中的“添加服务器”命令来手动添加服务器。下部有一个详细信息视图，单击上述列表中的服务器时，此视图将显示该服务器的信息，如主机名、IP 地址、IPAM、DNS、DHCP 状态等。

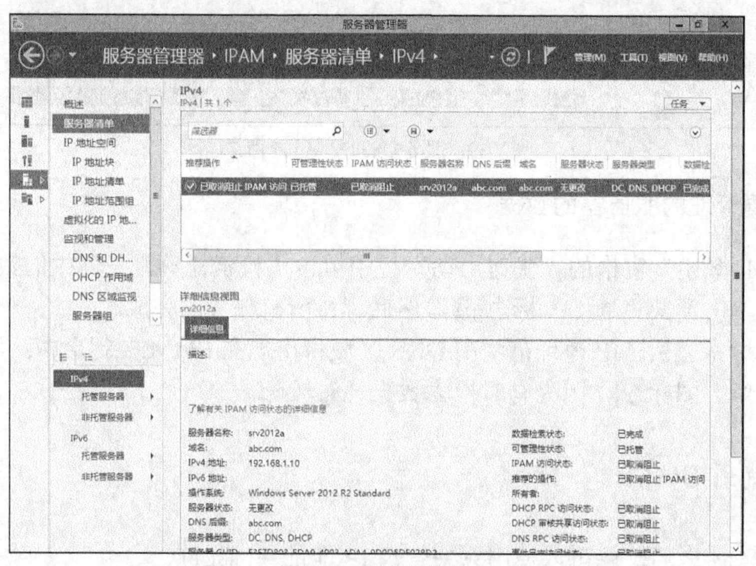

图 7-41　服务器清单

使用 IPAM 控制台可以执行很多管理任务，接下来介绍两个典型的应用：地址空间管理和服务器监控管理。

2. IP 地址空间管理

地址空间管理是 IPAM 的重要功能。先来看几个术语。IP 地址块是用于组织地址空间的大量 IP 地址。IP 地址范围是通常与 DHCP 作用域对应的较小 IP 地址块。IP 地址范围映射到 IP 地址块。

IPAM 自动将 IP 地址分配到 IP 地址范围（类似于 DHCP 作用域），IP 地址范围被自动分配到 IP 地址块。

以下过程演示如何在 IPAM 中创建、删除、导出和导入 IP 地址块、范围和地址。

（1）在 IPAM 导航栏上半部分单击“IP 地址块”链接。

（2）在导航栏下半部分右击“IPv4”节点，再选择“添加 IP 地址块”命令。

（3）弹出如图 7-42 所示的对话框，设置要创建的 IP 地址块的参数。

例中在“网络 ID”框中输入“192.168.1.0”，在“前缀长度”下拉列表中选择“24”，在“自动分配地址值”下拉列表中选择“是”，单击“确定”按钮关闭该对话框。

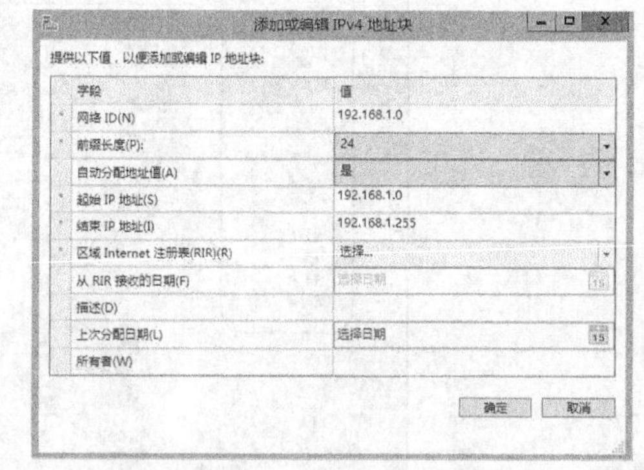

图 7-42　添加 IP 地址块

（4）在“当前视图”下拉列表选择“IP 地址块”，如图 7-43 所示，查看新创建的 IP 地址块。在底部的“配置详细信息”选项卡中可以查看该地址块详细信息，例中“已利用的地址”值显示为 2，这对应于 DHCP 服务器为客户端所颁发的租约。

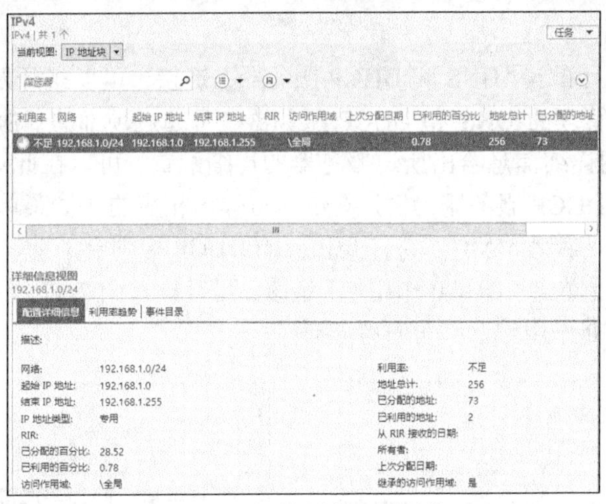

图 7-43　查看创建的 IP 地址块

（5）在“当前视图”下拉列表中选择“IP 地址范围”可以查看 IP 地址范围。如图 7-44 所示，在“配置详细信息”选项卡中查看显示的信息，这正好是 DHCP 服务器所提供的作用域（例中名为“abc”）的详细信息。

管理员可能希望找到一个可用 IP 地址并用它来静态分配到网络设备，这可以通过查找并分配可用的 IP 地址来实现。

（6）在将“当前视图”设置为“IP 地址范围”时，右击 DHCP 服务器所分配的 IP 地址范围，再选择“查找并分配可用的 IP 地址”命令弹出如图 7-45 所示的对话框，首先会给出 DHCP 作用域中第一个可供分配的 IP 地址，判断它的 Ping 答复状态和 DNS 记录状态，如果分别解析并显示“无答复”和“未找到”，则说明可用。

可以根据需要进行 IP 分配。如单击“基本配置”，可以设置 MAC 地址；单击“DHCP 保留”可以设置保留名称和保留类型；单击“DNS 记录”可以设置 DNS 记录。

在 IPAM 导航栏上半部分单击“IP 地址清单”链接，可以查看 IPAM 所管理的所有 IP 地址以及它们对应的设备相关信息。

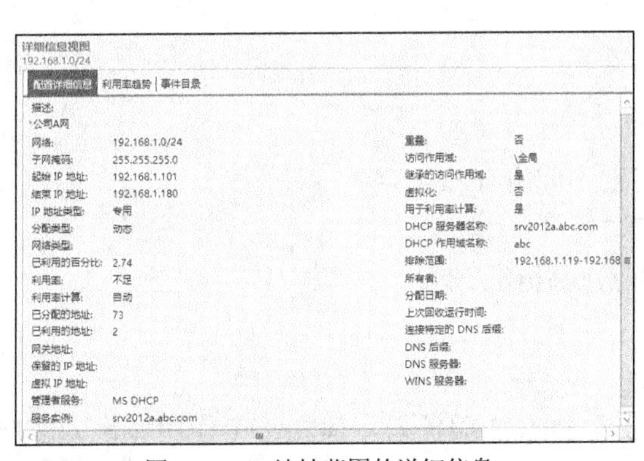

图 7-44　IP 地址范围的详细信息

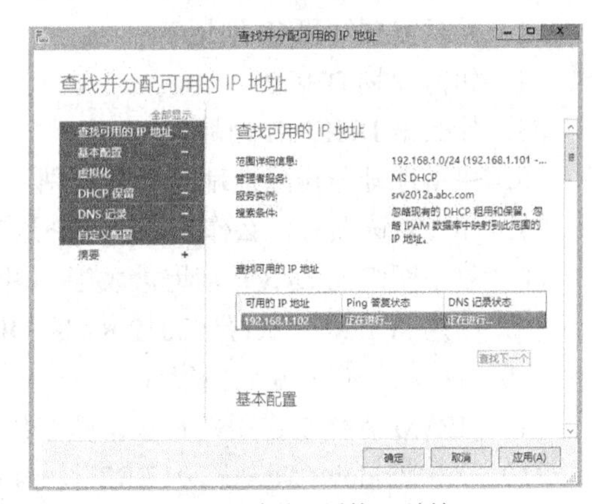

图 7-45　查找可用的 IP 地址

3. 集中监管服务器

可以通过 IPAM 控制台集中监管托管的 DHCP 和 DNS 服务器。可以通过不同的视图来进行操作。

在 IPAM 导航栏上单击“DNS 和 DHCP 服务器”链接，可以打开如图 7-46 所示的视图，默认显示一组可集中管理的 DNS 和 DHCP 服务器（可通过顶部的“服务器类型”下拉列表来选择类型），下部的详细信息给出所选服务器的详细配置。可以在此对 DHCP 和 DNS 服务器进行配置管理。以 DHCP 服务器为例，右击它将弹出相应的快捷菜单，提供 DHCP 管理命令。如果单击其中的“启动 MMC”将打开相应的 DHCP 控制台。

在 IPAM 导航栏上单击“DHCP 作用域”链接，可以打开图 7-47 所示的视图，列出 IPAM 能够获取的所有 DHCP 作用域，并可进行管理。

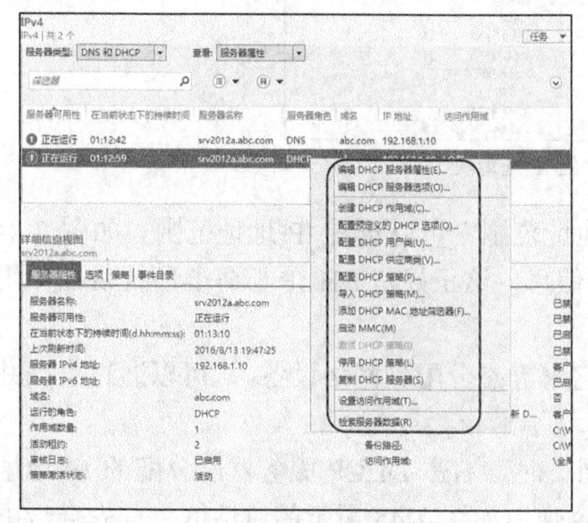

图 7-46　管理 DNS 和 DHCP 服务器

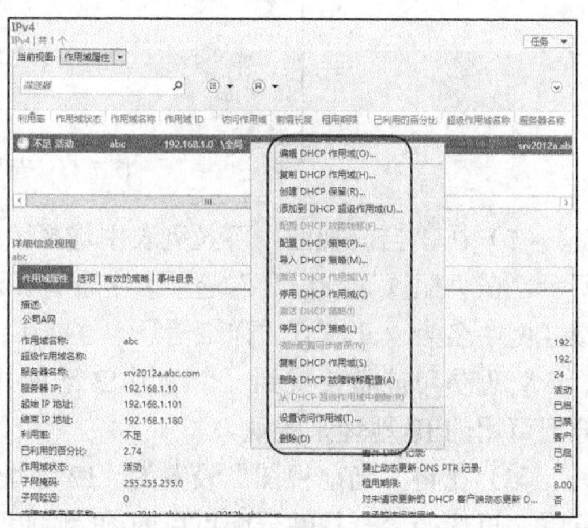

图 7-47　管理 DHCP 作用域

7.8　习　题

1．DHCP 主要作用有哪些？

2．简述 DHCP 申请租用 IP 地址的过程。

3．何时需要续租 IP 地址？

4．如何规划 DHCP？

5．什么是 DHCP 作用域？

6．保留地址与排除地址有什么区别？

7．DHCP 选项有什么作用？DHCP 选项级别之间有什么关系？

8．复杂网络的 DHCP 部署涉及哪几种情形？

9．简述 Windows Server 2012 R2 的 DHCP 故障转移方案。

10．DHCP 与 DNS 如何集成？

11．IPAM 有什么作用？它包括哪些组件？

12．在 Windows Server 2012 R2 服务器上安装 DHCP 服务器，建立一个作用域，为客户端动态分配 IP 地址。

13．设置一个指定路由器、DNS 服务器和 DNS 域名的 DHCP 作用域选项。

14．参照 7.7 节的讲解，搭建一个实验环境，安装 IPAM 并进行配置，以实现集中监管 DHCP 和 DNS 服务器。

第 8 章　PKI 与证书服务

公钥基础结构（Public Key Infrastructure，PKI）是一套基于公钥加密提供安全服务的技术和规范，其核心是证书颁发机构，主要目的是通过自动管理密钥和数字证书，建立起一个安全的网络运行环境。微软的 Active Directory 证书服务（AD CS）是用于构建公钥基础机构，并提供公钥加密、数字证书和数字签名功能的服务器角色。为增强网络安全性，越来越多的场合需要 PKI 支持，甚至需要组织部署自己的证书服务器。本章在介绍 PKI 的基础上，讲解证书服务器部署、证书颁发机构管理、证书注册和证书管理。

8.1　公钥基础结构

使用网络处理事务、交流信息和进行交易活动，都不可避免地涉及网络安全问题，尤其是认证和加密问题。特别是在电子商务活动中，必须保证交易双方能够互相确认身份，安全地传输敏感信息，事后不能否认交易行为，同时还要防止第三方截获、篡改信息，或者假冒交易方。目前通行的解决方案是部署公钥基础结构，提供数字证书签发、身份认证、数据加密和数字签名等安全服务。

8.1.1　网络安全需求

网络通信和电子交易的安全需求可以归纳为以下 4 个方面。

- 信息保密——信息传输的保密性，防止未授权者访问。
- 身份验证——验证确认对方的身份。
- 抗否认——防抵赖，确保发送方不能否认已发送的信息。
- 完整性控制——保证信息传输时不被修改、破坏或伪造。

通过规划公钥基础结构可以满足这些安全需求。

8.1.2　公钥加密技术

为综合解决这些安全问题，确保网络通信和电子交易安全，出现了一种采用非对称加密技术的公钥技术，可以用来为各类网络应用提供认证和加密等安全服务。

最初的加密技术是对称加密，又称单密钥加密或私钥加密。如图 8-1 所示，对信息的加密和解密都使用相同的密钥，双方必须共同保守密钥，防止密钥泄漏。这种技术实现简单，运行效率高，但存在以下两个方面的不足。

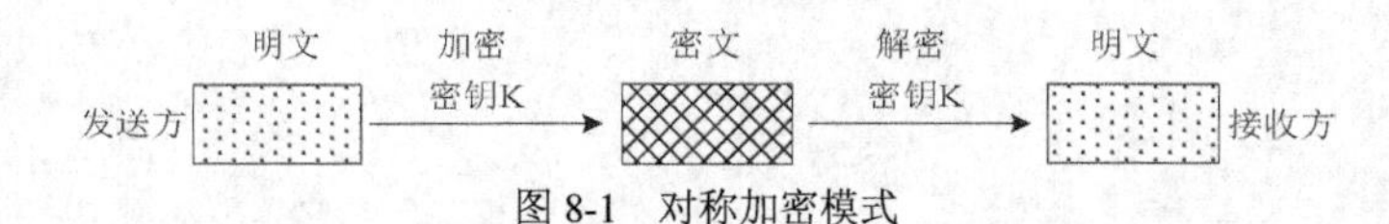

图 8-1　对称加密模式

- 用于网络传输数据加密存在安全隐患。在发送加密数据的同时，也需要将密钥通过网络通知接收者，第三方在截获加密数据的同时，只需再截取相应密钥即可将数据解密使用或非法篡改。如果密钥长度不够，采用暴力法即可将其破解。
- 不利于大规模部署。每对发送者与接收者之间都要使用一个密钥。

非对称加密正好克服对称加密的上述不足。非对称加密又称为公钥加密，它采用密钥对（一个用于加密的公钥和一个用于解密的私钥）对信息进行加密和解密，加密和解密所用的密钥是不同的。公钥通过非保密方式向他人公开，任何人都可获得公钥；私钥则由自己保存。一般组合使用双方的密钥，要求双方都申请自己的密钥对，并互换公钥，当发送方要向接收方发送信息时，利用接收方的公钥和自己的私钥对信息加密，接收方收到发送方传送的密文后，利用自己的私钥和发送方的公钥进行解密还原。

典型的非对称加密模式如图 8-2 所示。这种公钥加密技术既可以防止数据发送方的事后否认，又可以防止他人仿冒或者蓄意破坏，可实现保密、认证、抗否认和完整性控制等安全要求，而且对于大规模应用来说实现起来很容易。

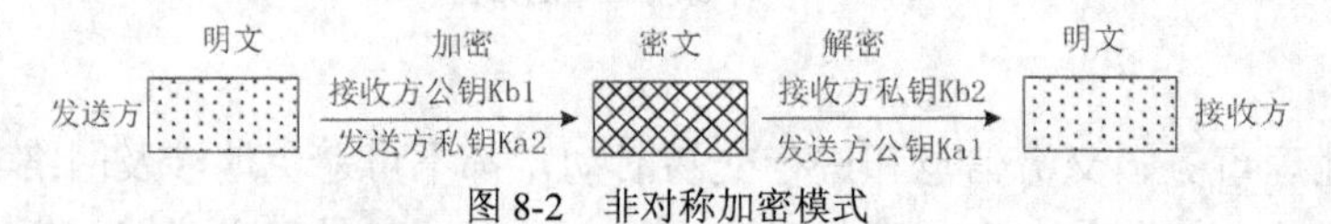

图 8-2　非对称加密模式

提示：在实际应用中，通常将公钥加密和对称加密两种技术结合起来。例如，公钥加密技术经常用来交换对称加密的密钥，使得对称加密能继续用于数据加密。

8.1.3　什么是公钥基础结构

作为一种基础设施，PKI 包括公钥技术、数字证书、证书颁发机构（简称 CA，也称认证机构）和关于公钥的安全策略等基本组成部分，用于保证网络通信和网上交易的安全。PKI 的主要目的是通过自动管理密钥和数字证书，为用户建立起一个安全的网络运行环境，使用户可以在多种应用环境下方便地使用加密和数字签名技术来实现安全应用。

PKI 具有非常广阔的市场应用前景，广泛应用于电子商务、网上金融业务、电子政务和企业网络安全等领域。从技术角度看，以 PKI 为基础的安全应用非常多，许多应用程序依赖于 PKI。下面列举 6 个比较典型的安全技术。

- 基于 SSL（安全套接字层）的网络安全服务。结合 SSL 协议和数字证书，在客户端和服务器之间进行加密通信和身份确认。
- 基于 SET 的电子交易系统。这是比 SSL 更为专业的电子商务安全技术。
- 基于 S/MIME 的安全电子邮件。
- 用于认证的智能卡。
- 软件的代码签名认证。
- 虚拟专用网的安全认证。例如，IPSec VPN 需要 PKI 对 VPN 路由器和客户机进行身份认证。

8.1.4　数字证书

数字证书也称为数字 ID，是 PKI 的一种密钥管理媒介。实际上，它是一种权威性的电子文档，由一对密钥（公钥和私钥）及用户信息等数据共同组成，在网络中充当一种身份证，用于证明某一实体（如组织机构、用户、服务器、设备和应用程序）的身份，公告该主体拥有的公钥的合法性。例如，服务器身份证书用于在网络中标识服务器的身份，确保与其他服务器或用户通信的安全性。可以这样说，数字证书类似于现实生活中的身份证或资格证书。

数字证书的格式一般采用 X.509 国际标准，便于纳入 X.500 目录检索服务体系。X.509 证书由用户公钥和用户标识符组成，还包括版本号、证书序列号、CA 标识符、签名算法标识、签发者名称和证书有效期等信息，如图 8-3 所示。

图 8-3　数字证书

数字证书采用公钥密码机制，即利用一对互相匹配的密钥进行加密、解密。每个用户拥有一个仅为自己掌握的私钥，用它进行解密和签名；同时拥有一个可以对外公开的公钥，用于加密和验证签名。当发送一份保密文件时，发送方使用接收方的公钥对数据加密，而接收方则使用自己的私钥解密，这样信息就可以安全无误地到达目的地，即使被第三方截获，由于没有相应私钥，也无法进行解密。通过数字证书保证加密过程是一个不可逆过程，即只有用私有密钥才能解密。

数字证书是由权威公正的第三方机构即认证中心签发的，以数字证书为核心的加密技术可以对网络上传输的信息进行加密和解密、数字签名和签名验证，确保网上传递信息的机密性、完整性，以及交易实体身份的真实性、签名信息的不可否认性，从而保障网络应用的安全性。

数字证书主要应用于网络安全服务。常见的数字证书类型有 Web 服务器证书、服务器身份证书、计算机证书、个人证书、安全电子邮件证书、企业证书、代码签名证书等。

8.1.5　证书颁发机构

要使用数字证书，需要建立一个各方都信任的机构，专门负责数字证书的发放和管理，以保证数字证书的真实可靠，这个机构就是证书颁发机构（Certificate Authority，CA）。在电子商务领域，CA 又称电子商务认证授权机构或电子商务认证中心。

CA 在 PKI 中提供安全证书服务，因而 PKI 往往又被称为 PKI-CA 体系。作为 PKI 的核心，CA 主要用于证书颁发、证书更新、证书吊销、证书和证书吊销列表（CRL）的公布、证书状态的在线查询、证书认证等。

CA 提供受理证书申请服务，用户可以从 CA 获得自己的数字证书。证书的发放方式有两种，一种是在线发放，另一种是离线发放，由证书颁发机构制作好后，通过存储介质发放给用户。

在大型组织或安全网络体系内，CA 通常建立多个层次的证书颁发机构。分层证书颁发体系如图 8-4 所示。

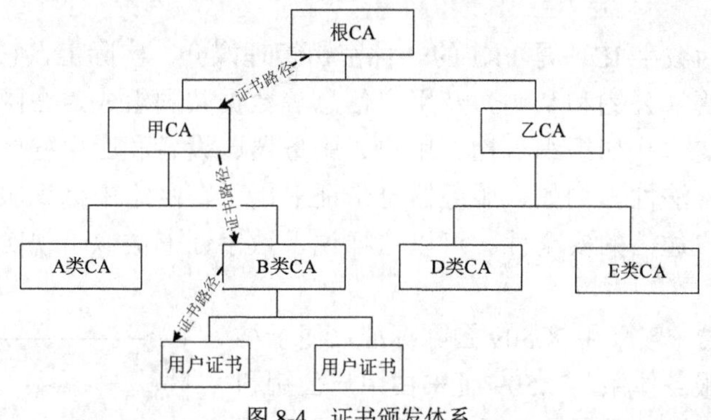

图 8-4　证书颁发体系

根 CA 是证书颁发体系中的第一个证书颁发机构，是所有信任的起源。根 CA 给自己颁发由自己签署的证书，即创建自签名的证书。根 CA 可为下一级 CA（子 CA）颁发证书，也可直接为最终用户颁发证书。

根 CA 以下各层次 CA 统称为从属 CA。每个从属 CA 的证书都由其上一级 CA（父 CA）签发，下级 CA 不一定要与上级 CA 联机。从属 CA 为其下级 CA 颁发证书，也可直接为最终用户颁发证书。

CA 层次不要太多，最多 3 到 4 层。根 CA 最重要的角色是作为信任的根，是整个认证体系的中心，需要最根本的保护。在分层体系中，根 CA 主要用于向下级 CA 颁发证书，而从属 CA 为最终用户颁发特定目的的证书。

从最底层的用户证书到为其颁发证书的 CA 的身份证书，再到上级 CA 的身份证书，最后到根 CA 自身的证书，构成一个逐级认证的证书链。在证书链中，每个证书与为其颁发证书的 CA 的证书密切相关。在身份认证的过程中，如果遇到一份不足以信任的证书时，可通过证书链逐级地检查和确定该证书是否可以信任。与文件路径类似，证书路径就是从根 CA 证书到具体证书的路径。

8.1.6　Windows Server 2012 R2 的证书服务

Windows Server 2012 R2 的证书服务由 Active Directory 证书服务角色提供，包括证书颁发机构、证书层次、密钥、证书和证书模板、证书吊销列表、公共密钥策略、加密服务提供者（CSP）、证书信任列表等功能组件。该角色可用来创建证书颁发机构以接收证书申请，验证申请中的信息和申请者的身份，颁发证书，吊销证书以及发布证书吊销列表（CRL）。

Active Directory 证书服务提供可自定义的服务，用来颁发和管理采用公钥技术的软件安全系统中所使用的数字证书。这些数字证书可用于对电子文档和消息进行加密和数字签名，也可以用于对计算机、用户或网络上的设备账户进行身份验证。

Active Directory 证书服务所支持的应用领域包括安全/多用途 Internet 邮件扩展（S/MIME）、安全的无线网络、VPN（虚拟专用网）、IPSec、EFS（加密文件系统）、智能卡登录、SSL/TLS（安全套接字层/传输层安全性）以及数字签名。

8.2　证书颁发机构的部署和管理

许多网络安全业务需要 PKI 提供相关证书和认证体系，这就需要部署 PKI。PKI 的核心是证书颁发机构。企业的 PKI 解决方案不外乎以下 3 种选择。

- 向第三方 CA 租用 PKI。
- 部署自己的企业级 PKI。
- 部署混合模式 PKI 体系，由第三方 CA 提供根 CA，自建第三方根 CA 的下级证书颁发机构。

要建立证书颁发机构提供证书服务，就要选择合适的证书服务器软件。这里主要以 Windows Server 2012 R2 为例介绍如何组建证书服务器来部署证书颁发机构。在建立证书颁发机构之前，除选择证书服务器软件，还要规划证书颁发机构和公钥基础结构。

8.2.1　规划证书颁发机构

首先要选择证书颁发机构类型。Active Directory 证书服务支持的证书颁发机构可分为企业 CA 和独立 CA。

企业 CA 基于证书模板颁发证书，具有下列特征。

- 需要访问 Active Directory 域服务。
- 使用组策略自动将 CA 证书传递给域中所有用户和计算机的受信任根 CA 证书存储区。
- 将用户证书和证书吊销列表（CRL）发布到 Active Directory。
- 可以为智能卡颁发登录到 Active Directory 域的证书。

企业 CA 使用基于证书模板的证书类型，可以实现以下功能。

- 注册证书时企业 CA 对用户（申请者）强制执行凭据检查（身份验证）。
- 证书使用者名称可以从 Active Directory 中的信息自动生成，或者由申请者明确提供。
- 策略模板将一个预定义的证书扩展列表添加到颁发的证书，该扩展是由证书模板定义的，可以减少证书申请者需要为证书及其预期用途提供的信息量。
- 可以使用自动注册功能颁发证书。

独立 CA 不使用证书模板，可以根据目的或用途（如数字签名）颁发证书，具有下列特征。

- 无需使用 Active Directory 域服务。
- 向独立 CA 提交证书申请时，证书申请者必须在证书申请中明确提供所有关于自己的身份信息以及证书申请所需的证书类型。
- 出于安全性考虑，默认情况下发送到独立 CA 的所有证书申请都被设置为挂起状态，由管理员手动审查颁发。当然也可根据需要改为自动颁发证书。
- 使用智能卡不能颁发用来登录到域的证书，但可以颁发其他类型的证书并存储在智能卡上。
- 管理员必须向域用户明确分发独立 CA 的证书，否则用户要自己执行该任务。

如果证书颁发机构面向企业内网（Intranet）的所有用户或计算机颁发证书，就应选择企业CA，前提是要部署 Active Directory。如果面向企业外部用户或计算机颁发证书，也就是面向Internet 时，就应选择独立 CA。企业内网如果没有部署 Active Directory，也可选择独立 CA。

选择好 CA 类型后，还要规划层次机构。结合企业 CA 和独立 CA，微软的证书颁发机构可分为 4 种类型：企业根 CA、企业从属 CA、独立根 CA 和独立从属 CA。虽然根 CA 可以直接向最终用户颁发证书，但是在实际应用中往往只用于向其他 CA（称为从属 CA）颁发证书。

8.2.2 安装 Active Directory 证书服务角色

实验 8-1 Active Directory 证书服务安装过程

这里以安装企业根 CA 为例讲解证书服务的安装过程。示例的实验环境中部署有 Active Directory，采用单域模式，域名为 abc.com，由一台 Windows Server 2012 R2 服务器 SRV2012A（192.168.1.10）充当域控制器，在域控制器上安装企业根 CA。只能在域控制器或域成员服务器上安装企业 CA。在安装之前，应确认计算机名称和域成员身份，证书服务运行后，更改计算机名称和域成员身份将导致由此 CA 颁发的证书无效。另外提供一台运行 Windows 8.1 的计算机 Win8-PC（192.168.1.50）用作证书客户端进行测试。

1. Active Directory 证书服务的角色服务

Active Directory 证书服务安装时可选择以下角色服务。

- 证书颁发机构：根 CA 和从属 CA 用于向用户、计算机和服务颁发证书，并管理证书的有效性。
- 证书颁发机构 Web 注册：可使用户通过 Web 浏览器连接到 CA，以便申请证书和检索证书吊销列表（CRL）。
- 联机响应程序：可解码对特定证书的吊销状态申请，评估这些证书的状态，并发送回包含所申请证书状态信息的签名响应。
- 网络设备注册服务（NDES）：可使路由器和其他没有域帐户的网络设备获取证书。
- 证书注册策略 Web 服务：使用户和计算机能够获取证书注册策略信息。
- 证书注册 Web 服务：使用户和计算机能够使用 HTTPS 协议执行证书注册。证书注册 Web 服务和证书注册策略 Web 服务一起使用时，可以为未连接到域的域成员计算机或非域成员计算机启用基于策略的证书注册。

一般选择“证书颁发机构”和“证书颁发机构 Web 注册”这两个角色服务。前者是必需的，后者提供 Web 注册方式，也是一种常见的应用。

2. Active Directory 证书服务安装过程

（1）以域管理员身份登录到要安装 CA 的服务器（例中为 Srv2012a.abc.com），打开服务器管理器，启用添加角色和功能向导。

（2）当出现“选择服务器角色”界面时，从“角色”列表中选择“Active Directory 证书服务”角色，会提示需要安装额外的管理工具，单击“添加功能”按钮关闭该对话框回到“选择服务器角色”界面，此时“Active Directory 证书服务”已被选中。

（3）单击“下一步”按钮，出现图 8-5 所示的界面，从中选择要安装的角色服务。这里选择最核心的角色服务“证书颁发机构”和较为实用的角色服务“证书颁发机构 Web 注册”。

选择后一项，如果之前没有安装 Web 服务器（IIS）角色，有可能弹出对话框提示安装 Web 注册所需的 Web 服务器的部分角色服务。

（4）根据提示进行操作，安装完成时后给出相应的结果界面，如图 8-6 所示。

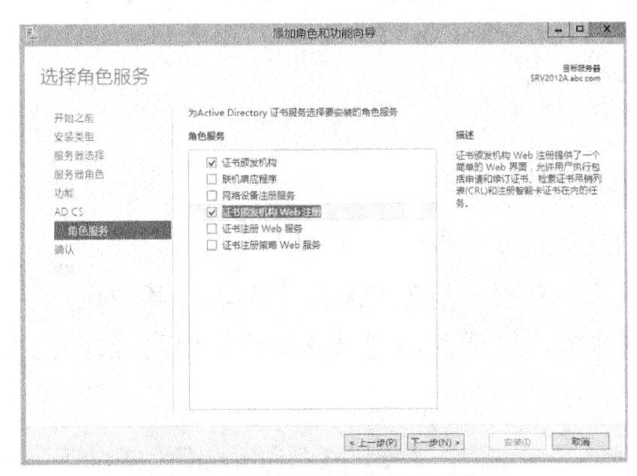

图 8-5　选择证书服务角色服务

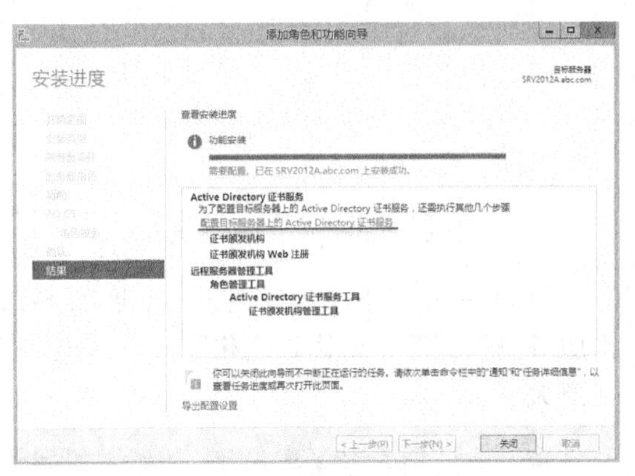

图 8-6　证书服务安装完成

提示：安装过程中需要重新启动服务器。与 Windows Server 2008 的证书安装不同，Windows Server 2012 R2 的证书安装分为两个阶段，前一个阶段完成证书服务的安装，后一个阶段实现证书服务的初始配置。

（5）在安装结果界面中单击“配置目标服务器上的 Active Directory 证书服务”链接，启动“AD CS 配置”向导，如图 8-7 所示，首先是“凭据”界面，用于设置配置证书服务的凭据（用户账户）。

（6）单击“下一步”按钮，出现图 8-8 所示的界面，选择要配置的角色服务。

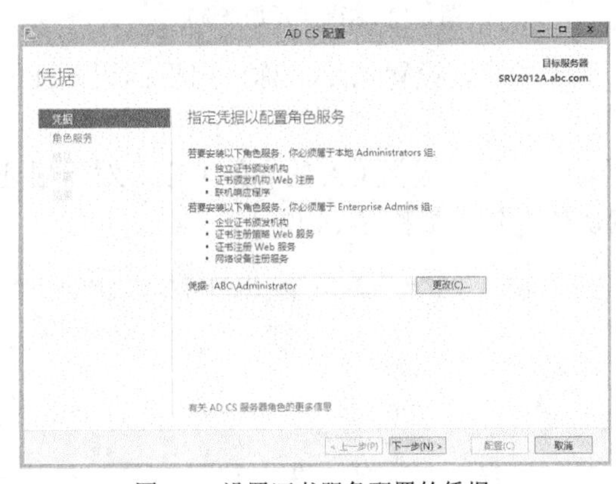

图 8-7　设置证书服务配置的凭据

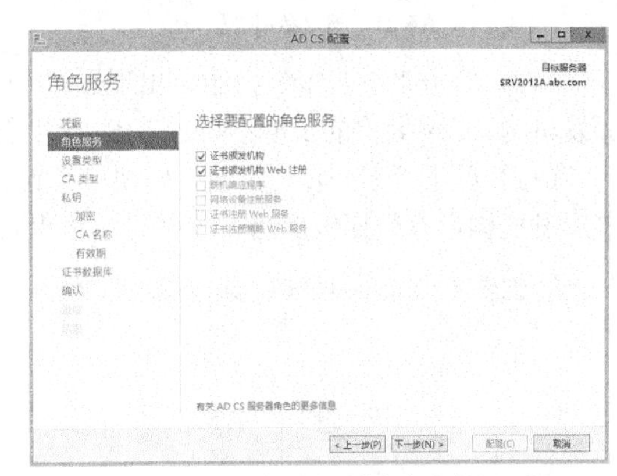

图 8-8　选择要配置的角色服务

（7）单击“下一步”按钮，出现“设置类型”界面，这里选择“企业”，如图 8-9 所示。

（8）单击“下一步”按钮，出现“CA 类型”界面，这里选择“根 CA”，如图 8-10 所示。

（9）单击“下一步”按钮，出现图 8-11 所示的界面，指定私钥类型，这里选择创建新的私钥，CA 必须拥有私钥才能颁发证书给客户端。如果重新安装 CA，可选择使用现有私钥，使用上一次安装时所创建的私钥。

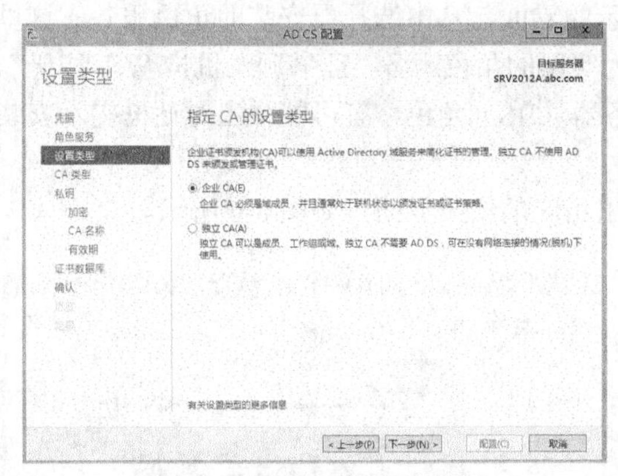

图 8-9　指定 CA 的设置类型

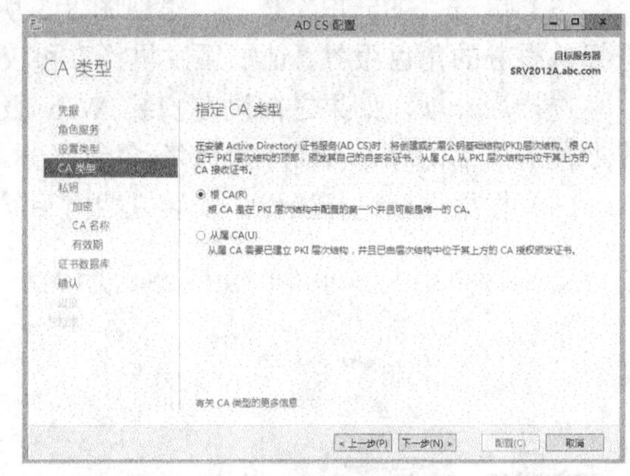

图 8-10　指定 CA 类型

（10）单击“下一步”按钮，出现图 8-12 所示的界面，指定 CA 加密选项，其中包括加密服务提供程序、密钥长度和算法，这里保持默认值。虽然密钥越长越安全，但是系统开销会更大。

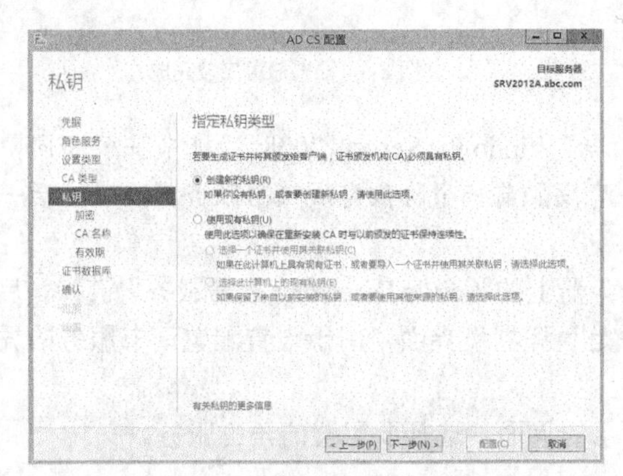

图 8-11　指定私钥类型

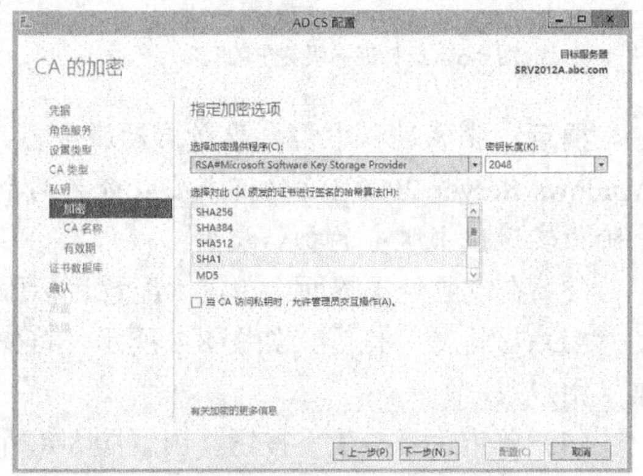

图 8-12　指定 CA 加密选项

（11）单击“下一步”按钮，出现图 8-13 所示的界面，设置 CA 名称，用于标记该证书颁发机构。CA 名称的长度不得超过 64 个字符。

（12）单击“下一步”按钮，出现“设置有效期”界面，设置 CA 的有效期限。对于根证书颁发机构，有效期限应当长一些。这里保持默认值 5 年，如图 8-14 所示。

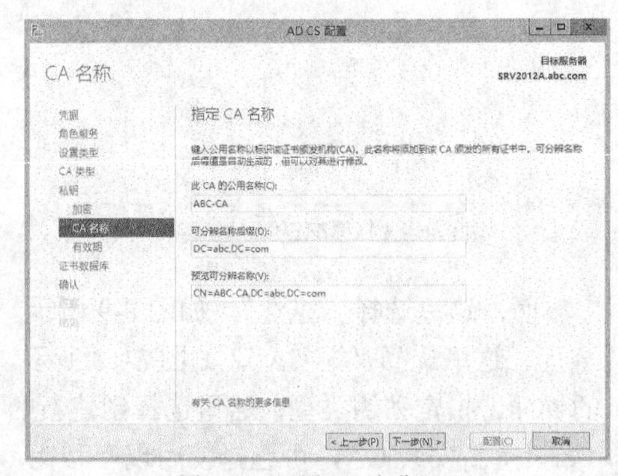

图 8-13　配置 CA 名称

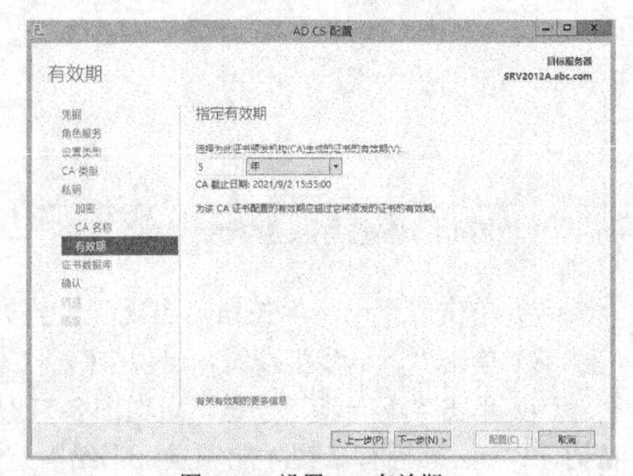

图 8-14　设置 CA 有效期

（13）单击“下一步”按钮，出现“配置证书数据库”界面，设置证书数据库及其日志的存储位置。这里保持默认值。

（14）单击“下一步”按钮，进入“确认”界面，单击“配置”按钮开始配置过程，配置成功后单击“关闭”按钮。该计算机就成为证书服务器。

独立根 CA 的配置步骤与企业根 CA 相差不大，安装类型应选择“独立”。每个 CA 本身也需要确认自己身份的证书，该证书由另一个受信任的 CA 颁发，如果是根 CA，则由自己颁发。从属 CA 必须从另一 CA 获取其 CA 证书，也就是要向父 CA 提交证书申请。企业从属 CA 的父 CA 可以是企业 CA，也可是独立 CA。

8.2.3　管理证书颁发机构

证书颁发机构主要通过证书颁发机构控制台进行配置管理。从“管理工具”菜单中选择“证书颁发机构”命令，即可打开图 8-15 所示的证书颁发机构控制台界面，通过该控制台对证书颁发机构进行配置管理。另外，还可以在服务器管理器中打开证书颁发机构管理工具。

1. 启动或停止证书服务

在证书颁发机构控制台树中，右击证书颁发机构的名称，如图 8-16 所示，从“所有任务”菜单中选择“启动服务”或“停止服务”命令。

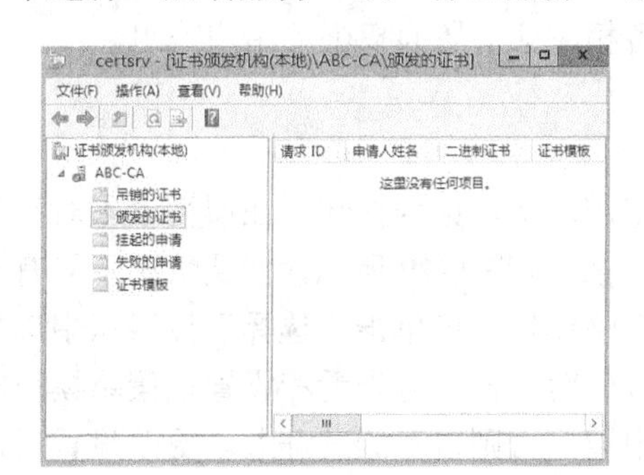

图 8-15　证书颁发机构控制台

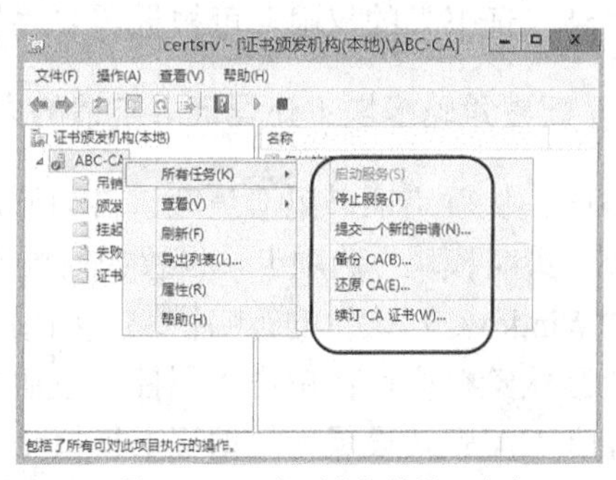

图 8-16　证书颁发机构管理任务

2. 查看证书颁发机构证书

证书颁发机构本身需要 CA 证书。在证书颁发机构控制台中展开目录树，右键单击证书颁发机构的名称，选择“属性”命令打开属性设置对话框，在“常规”选项卡中单击“查看证书”按钮，可查看 CA 自己的证书。如图 8-17 所示，该证书为根 CA 证书，是自己颁发给自己的证书。

3. 设置 CA 管理和使用安全权限

在属性设置对话框中切换到“安全”选项卡，设置组或用户的证书访问权限。如图 8-18 所示，主要有以下 4 种证书访问安全权限。

- “管理 CA”。最高级别的权限，用于配置和维护 CA，具备指派所有其他 CA 角色和续订 CA 证书的能力。具备此权限的用户就是 CA 管理员，默认情况下由系统管理员充任。

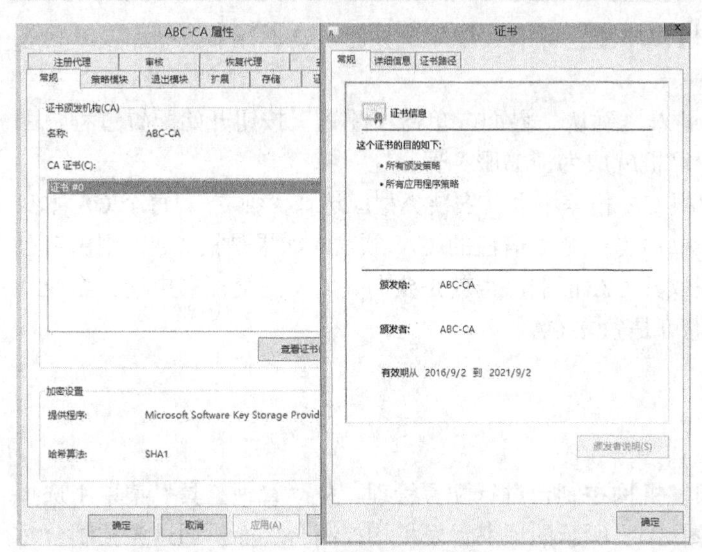

图 8-17 查看 CA 本身的证书

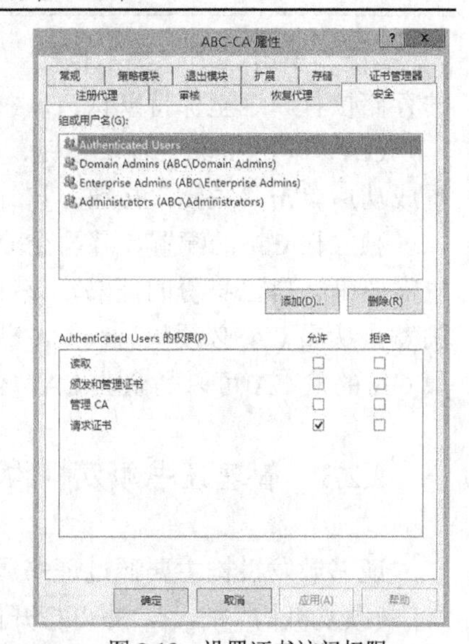

图 8-18 设置证书访问权限

- “颁发和管理证书”。可批准证书注册和吊销申请。具备此权限的用户就是证书管理员。
- “读取”。可读取和查看 CA 中的证书。
- “请求证书”。被授权从 CA 申请证书的客户，即注册用户。

默认情况下，系统管理员拥有“管理 CA”和“颁发和管理证书”的权限；而域用户只具有“请求证书”的权限。可根据需要添加要具备相应证书访问权限的用户或组。

4. 配置策略模块（处理证书申请的方式）

策略模块确定证书申请是应该自动颁发、拒绝，还是标记为挂起。在属性设置对话框中切换到“策略模块”选项卡，设置如何处理证书申请。如图 8-19 所示，默认情况下只有一个名为“Windows 默认”的策略模块，如果有多个策略模块，可单击“选择”按钮从中选择一个作为默认策略模块；单击“属性”按钮打开相应的对话框，可查看和设置该策略模块的内容，企业 CA 默认设置为根据证书模板处理证书申请，否则自动颁发证书。更改设置后，必须重新启动证书服务才能生效。

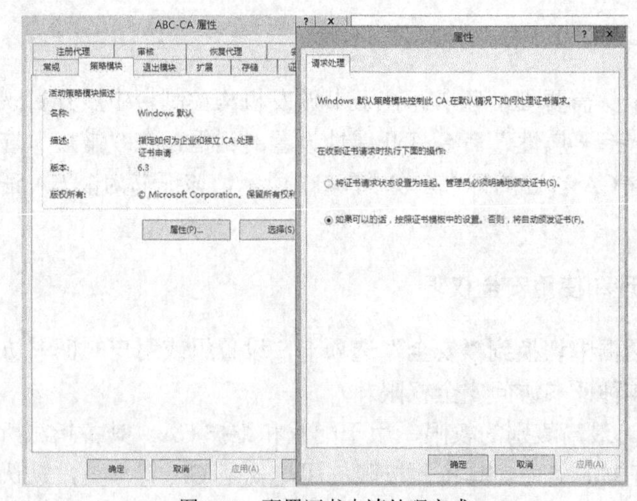

图 8-19 配置证书申请处理方式

5．设置获取证书吊销列表和证书的位置

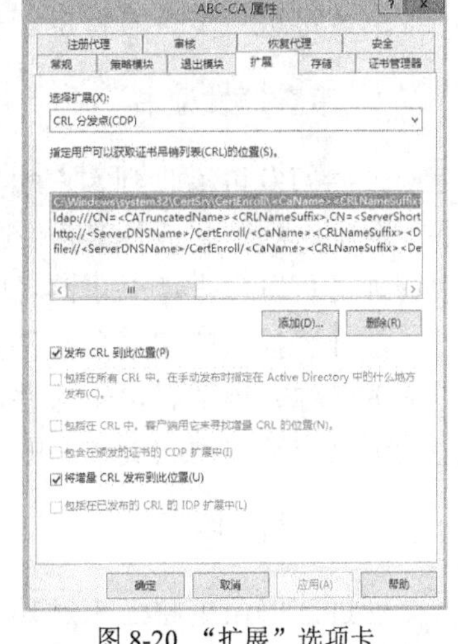

图 8-20 “扩展”选项卡

在属性设置对话框中切换到“扩展”选项卡，可以添加或删除用户获取证书吊销列表和证书的 URL 地址。证书服务提供基于 Web 的服务项目，如图 8-20 所示，从“选择扩展”列表中选择要设置的项，“CRL 分发点”定义用户获取证书吊销列表的地址，“颁发机构信息访问”定义用户获取证书的地址。下面的列表框中列出相应的地址，这些 URL 地址可以是 HTTP、LDAP 或文件地址，其中“ServerDNSName”表示证书服务器的域名，“CaName”表示证书名称，可根据需要修改。

6．备份和还原证书颁发机构

由于证书颁发机构保存着重要的证书及相关服务信息，所以应确保其自身的安全性。备份和还原操作的目的是保护证书颁发机构及其可操作数据，以免因硬件或存储媒体出现故障而导致数据丢失。通过使用证书颁发机构控制台可以备份和还原公钥、私钥和 CA 证书，以及证书数据库。

证书颁发机构控制台提供了备份向导和还原向导，右键单击相应的证书颁发机构名称，从“所有任务”菜单中（参见图 8-16）选择“备份 CA”或“还原 CA”命令即可启动向导。

为安全起见，应使用专用备份程序和还原程序来备份和还原整个证书服务器。

7．续订 CA 证书

由证书颁发机构所颁发的每一份证书都具有有效期限。证书服务强行实施一条规则，即 CA 永远不会颁发超出自己证书到期时间的证书。因此，当 CA 自身的证书达到其有效期时，它颁发的所有证书也将到期。这样，如果 CA 因为某种目的没有续订并且 CA 的生存时间已到，则管理员确认当前到期的 CA 发出的所有证书不再用作有效的安全凭据。

这里举例说明。某个单位安装了带 5 年证书有效期的根 CA，使用该根 CA 向下级 CA 颁发有效期为 2 年的证书。前 3 年，由根 CA 颁发给下级 CA 的每一份证书仍有 2 年的有效期。3 年以后，如果根 CA 证书所剩的有效期不到 2 年，那么证书服务开始缩减由根 CA 颁发的证书的有效期，使它们不会超出 CA 证书的到期时间。这样，4 年后 CA 会向下级 CA 颁发有效期为 1 年的证书。一旦满 5 年，根 CA 就不能再颁发下级 CA 证书。

在证书颁发机构控制台中右击相应的证书颁发机构名称，选择“所有任务”>“续订 CA 证书”命令可启动续订向导。续订时，可以选择为 CA 的证书产生新的公钥和密钥对。

8.2.4　管理证书颁发机构的证书

证书颁发机构（服务器端）的证书管理是通过证书颁发机构控制台来实施的，包括受理证书申请、审查颁发证书、查看证书、吊销证书等。

1．查看已颁发的证书

在证书颁发机构控制台中展开“颁发的证书”文件夹，右侧详细信息窗格中显示已颁发的证书，可进一步查看特定证书的基本信息、详细信息和证书路径。

2. 审查颁发证书

证书颁发机构收到客户端提交的申请后，经审查批准后生成证书，最后向客户端颁发证书。企业 CA 使用证书模板来颁发证书，默认自动颁发证书。独立 CA 一般不自动颁发证书，由管理员负责审查证书申请者的身份，然后决定是否颁发。

展开“挂起的申请”文件夹，右侧详细信息窗格中显示待批准的证书申请，可通过记录申请者名称、申请者电子邮件地址和颁发证书要考虑的其他重要信息来检查证书申请。被拒绝的证书申请将列入到“失败的申请”文件夹。

3. 吊销证书

通过证书吊销将还未过期的证书强制作废。例如，证书的受领人离开单位，或者私钥已泄露，或发生其他安全事件，就必须吊销该证书。被 CA 吊销的证书列入该 CA 的证书吊销列表（CRL）中。在证书颁发机构控制台中展开“颁发的证书”文件夹，右键单击要吊销的证书，选择“所有任务”>“吊销证书”命令打开“证书吊销”对话框，如图 8-21 所示，从列表中选择吊销的原因，单击“是”按钮，该证书将被标记为已吊销并被移动到“吊销的证书”文件夹。

4. 管理证书模板

对于企业 CA 来说，还要涉及证书模板管理。每一种证书模板代表一种用于特定目的的证书类型，证书申请者只能根据其访问权限从企业 CA 提供的证书模板中进行选择。

在证书颁发机构控制台中展开“证书模板”文件夹，右侧详细信息窗格中显示可颁发的证书模板，如图 8-22 所示，默认情况下只启用了 11 种证书模板。

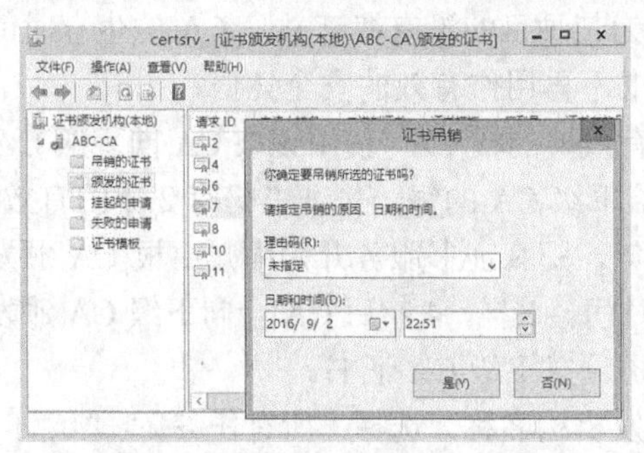

图 8-21 证书吊销

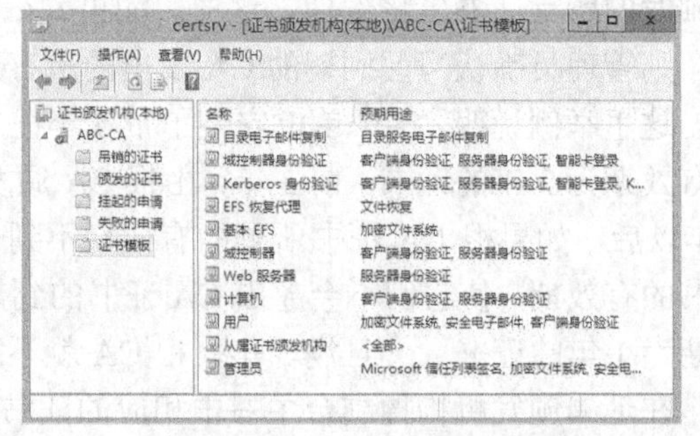

图 8-22 CA 可颁发的证书模板

实际上系统预置的证书模板有 30 多种，需要使用证书模板管理单元管理。注意，打开证书模板管理单元需要管理员权限。在证书颁发机构控制台中右击“证书模板”节点，选择“管理”命令可打开图 8-23 所示的证书模板管理单元，其中列出了已有的证书模板，双击其中某一证书模板打开相应的属性对话框，可以查看和修改该模板的详细设置，如图 8-24 所示。也可执行命令 certtmpl.msc 打开证书模板管理单元。

预置的证书模板如果不能满足需要，可创建新的证书模板，并根据不同用途对其自定义。必须通过复制现有模板来创建新的证书模板，打开证书模板管理单元，右击要复制的模板，选择“复制模板”命令，为该证书模板设置新名称，进行必要的更改即可生成新的证书模板。

图 8-23　证书模板管理单元

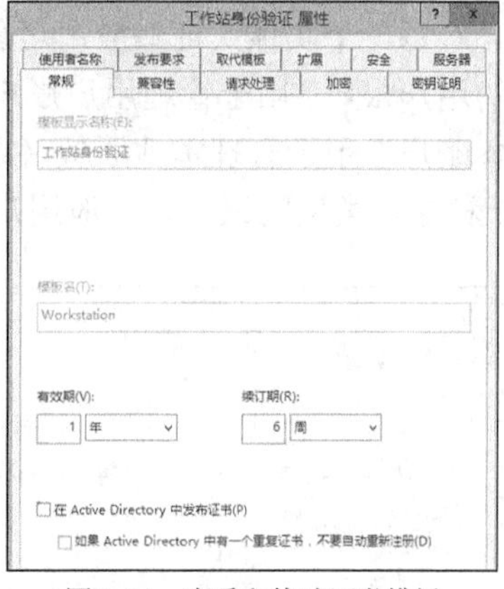

图 8-24　查看和修改证书模板

当然，要使证书颁发机构能够基于某一证书模板，还需要启用该模板，即将该模板添加到证书颁发机构，具体方法是在证书颁发机构控制台中右击“证书模板”节点，选择“新建”>“要颁发的证书模板”命令打开相应的对话框，从列表中选择证书模板。

8.3　证书注册

建立证书颁发机构之后，就要为用户提供证书注册服务，向用户颁发证书。客户端要向证书颁发机构申请证书，获取证书后再进行安装。证书注册是请求、接收和安装证书的过程。无论是用户、计算机还是服务，要想利用证书，必须首先从证书颁发机构获得有效的数字证书。

从独立 CA 申请证书，Web 在线申请几乎是唯一的申请途径，只有在能够生成证书申请文件的前提下，才能手动脱机申请。

从企业 CA 获取证书有 3 种方式：自动注册证书、使用证书申请向导以及通过 Web 浏览器获得证书。这里以向企业 CA 申请注册证书为例来讲解。

证书注册主要是由客户端发起的，首先要了解客户端证书的管理。

8.3.1　管理客户端的证书

客户端的证书管理，主要包括申请和安装证书，以及从证书存储区查找、查看、导入和导出证书。导入和导出证书也是常用的客户证书还原和备份手段。

1. 证书管理单元

Windows 计算机提供了基于 MMC 的证书管理单元，用于管理用户、计算机或服务的证书。在使用证书管理单元之前，必须将其添加到 MMC 控制台。以 Windows 8 计算机为例，从开始菜单中选择“运行”命令打开相应窗口，执行命令 mmc 打开 MMC 控制台，如图 8-25 所示，从菜单中选择“控制台”>“添加/删除管理单元”，单击“添加”按钮，从“可用的独立管理单元”列表中选择“证书”项，然后选择账户类型，加载证书管理单元，可根据需要添加多个证书管理单元，如图 8-26 所示。可将该控制台另存为 MSC 文件，供下次直接调用。

每一个实体（证书应用对象）都必须加载单独的证书。证书管理账户类型有 3 种：“我的用户账户”用于管理用户账户自己的证书；“计算机账户”用于管理计算机本身的证书；“服务账户”用于管理本地服务（系统服务或应用服务）的证书。只有系统管理员才能管理以上 3 种账户类型的证书，一般用户账户只能管理自己的用户账户的证书。

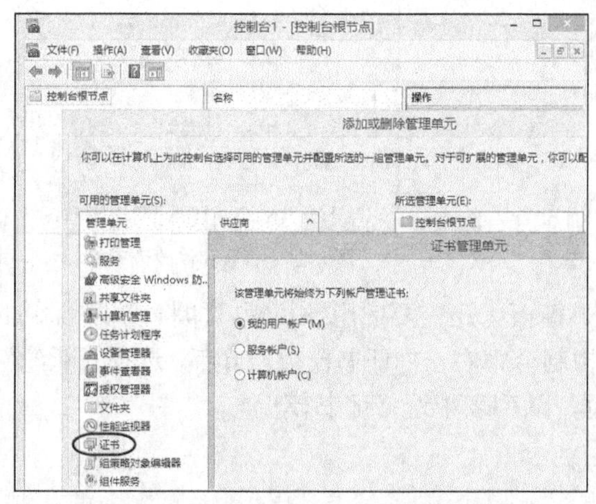

图 8-25　在 MMC 控制台中添加证书管理单元

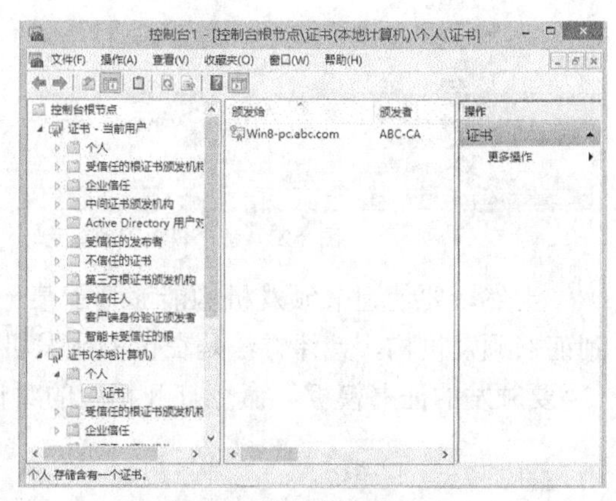

图 8-26　证书管理单元

2. 查验证书的有效性

使用证书管理单元可以执行多种证书管理任务，不过大多数情况下，用户并不需要亲自管理证书和证书存储区，比较常用的是查验证书的有效性，从以下两个方面进行检查。

（1）检查个人证书。个人证书可以是用户证书，也可以是计算机证书，必须获得与证书上的公钥对应的私钥。在证书管理单元中展开“个人”>“证书”文件夹，双击要检查的证书打开相应的属性设置对话框。对于一个有效的证书，必须确认“常规”选项卡中包含“你有一个与该证书对应的私钥”的提示，如图 8-27 所示。如果提示“你没有与该证书对应的私钥”，那么表示注册失败，该证书无效。

（2）检查受信任的根证书颁发机构。客户端必须能够信任颁发某证书的 CA，才能证明该证书的有效性并接受它。例如，收到一封使用某 CA 所颁发的证书签名的电子邮件时，接收方计算机应该信任由该 CA 所颁发的证书，否则将不认可该邮件。要信任颁发某证书的 CA，就需要将该 CA 自身的证书安装到计算机中，该 CA 证书将被作为受信任的根证书颁发机构。

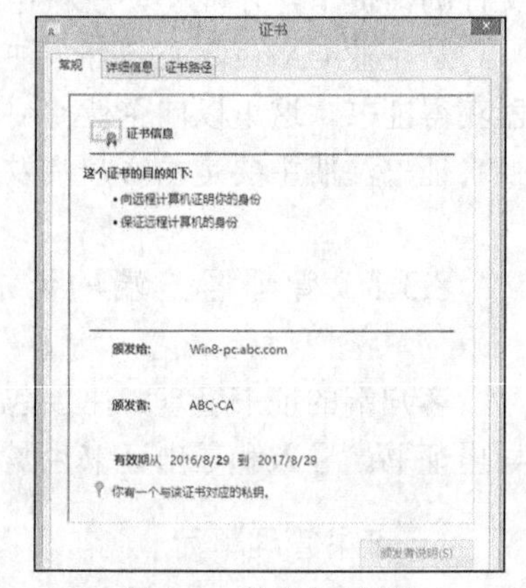

图 8-27　检查个人证书

在证书管理单元中展开“受信任的根证书颁发机构”>“证书”文件夹，如图 8-28 所示，查找带有颁发者（CA）名称的证书，然后检查该证书是否有效，该证书不能过期，也不能没有生效。Windows 系统默认已自动信任一些知名的商业 CA。例中增加的“ABC-CA”为自建的企业根 CA。

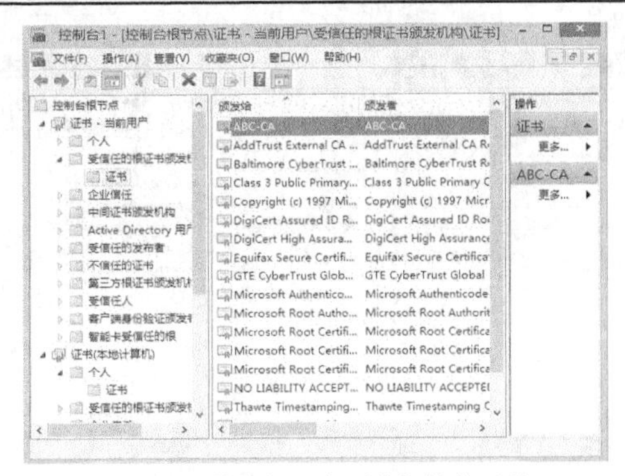

图 8-28　检查根证书颁发机构的证书

3. 浏览器的证书管理功能

主流的浏览器一般提供简单的证书查看、导入与导出功能。以 IE 浏览器为例，打开“Internet 选项”对话框，切换到“内容”选项卡，单击“证书”区域的“证书”按钮可打开相应的对话框，查看和管理证书。

8.3.2 自动注册证书

实验 8-2 自动注册证书

证书自动注册是一个允许客户端自动向证书颁发机构提交证书申请，并允许检索和存储颁发的证书的过程。该过程由管理员控制，客户端定期检查可能需要的任何自动注册任务并执行这些任务，这是通过证书模板和 Active Directory 组策略来实现的。应用组策略可以为用户和计算机自动注册证书，只有域成员计算机能够自动注册证书。下面示范创建一个“用户”证书模板的副本，并将其用于自动注册的操作步骤。

1. 设置用于自动注册的证书模板

（1）以域管理员身份登录到证书服务器，打开证书颁发机构控制台，右键单击“证书模板”节点，选择“管理”命令打开证书模板管理单元。

（2）右键单击其中的“用户”模板，选择“复制模板”命令弹出相应的新模板属性设置对话框，默认是“兼容性”选项卡，从中选择证书颁发机构和证书接收人所兼容的最低 Windows 版本，这里保持默认设置。

（3）切换到“常规”选项卡，在“模板显示名称”框中输入“自动注册的用户”（作为新模板名），确认选中下面两个复选框，如图 8-29 所示。

（4）切换到“安全”选项卡，如图 8-30 所示，在“组或用户名”框选中 Domain Users，在下面的权限列表中选中“注册”和“自动注册”复选框，然后单击“确定”按钮。这样就为所有的域用户授予使用该证书模板自动注册的权限。

（5）将自动注册证书模板添加到证书颁发机构。在证书颁发机构控制台中右击“证书模板”节点，从快捷菜单中选择“新建”>“要颁发的证书模板”命令弹出“启用证书模板”对话框，从列表中选择用于自动注册的新证书模板，单击“确定”按钮即可。

提示：如果要更改已经添加到证书颁发机构的自动注册证书模板，可以先删除它，然后在证书模板管理单元中修改相应的模板，最后再将其重新添加到证书颁发机构。

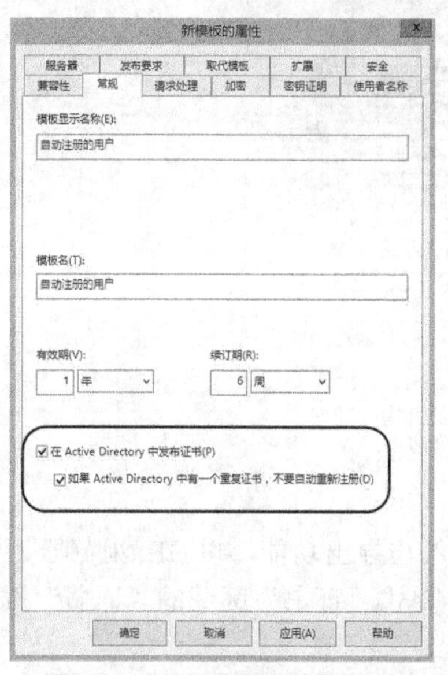

图 8-29　设置证书模板的常规选项

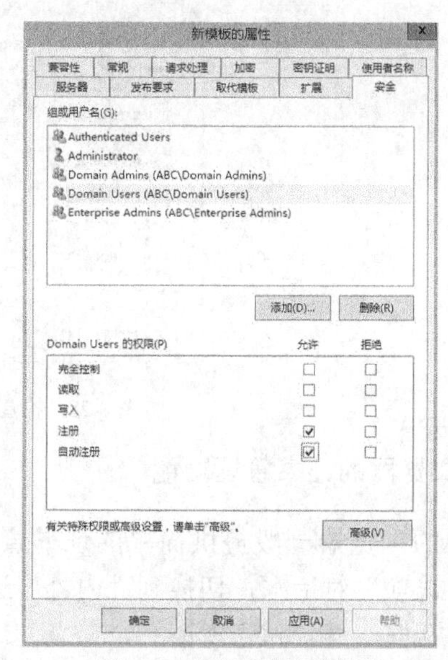

图 8-30　设置自动注册权限

2. 设置用于自动注册证书的 Active Directory 组策略

（1）以域管理员身份登录到域控制器，打开组策略管理控制台，展开目录树。

（2）右击“Default Domain Policy”（默认域策略）条目，单击“编辑”按钮打开组策略编辑器。可根据实际需要选择组策略对象进行编辑。

（3）依次展开“用户配置”>“策略”>“Windows 设置”>“安全设置”>“公钥策略”节点，在右侧详细信息窗格中双击“证书服务客户端-自动注册”项弹出相应的设置对话框，从“配置模式”列表中选中“启用”，并选中下面两个复选框，如图 8-31 所示。

（4）单击“确定”按钮完成组策略设置。

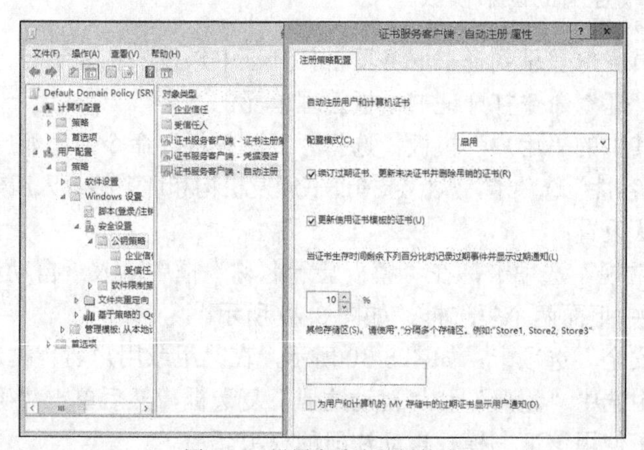

图 8-31　设置自动注册组策略

3. 应用组策略自动注册证书

完成上述配置之后，刷新组策略时域用户将自动注册用户证书。如果要立即刷新组策略，则可以重新启动客户端计算机，或者在命令提示符下运行 gpupdate /force 命令。

这样，用户（用户账户一定要设置有电子邮件账号，否则将被策略模块拒绝注册申请）在登录时就可应用该组策略来自动向证书服务器注册证书，可以在证书服务器上查看是否自动注册用户证书，如图 8-32 所示。

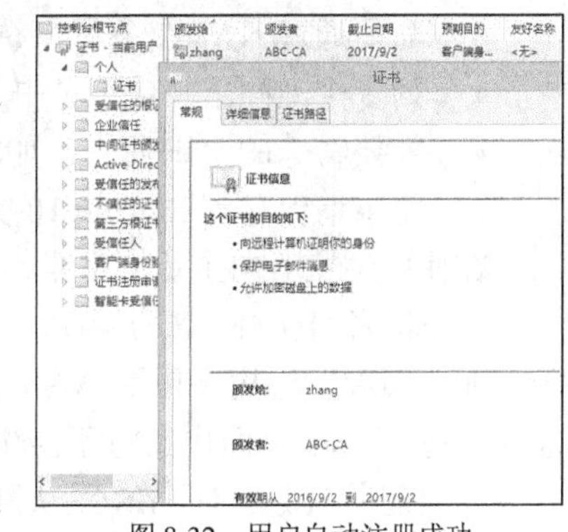

图 8-32　用户自动注册成功

8.3.3　使用证书申请向导申请证书

实验 8-3　使用证书申请向导申请证书

可采用证书申请向导来选择证书模板，更有针对性地申请各类证书。不过，只有客户端计算机作为域成员才能使用这种方式。这种方式使用证书管理单元，能够直接从企业 CA 获取证书。

（1）打开证书管理单元并展开，右键单击“证书-当前用户”>“个人”节点，选择“所有任务”>“申请新证书”命令，启动证书申请向导并给出有关提示信息。

（2）单击“下一步”按钮，出现图 8-33 所示的窗口，从中选择证书注册策略，这里保持默认设置，即由管理员配置的 Active Directory 注册策略。

（3）单击“下一步”按钮，出现图 8-34 所示的窗口，从中选择要申请的证书类别（证书模板），这里选择“用户”。

（4）单击“注册”按钮提交注册申请，如果注册成功将出现“证书安装结果”界面，提示证书已安装在计算机上，单击“完成”按钮。

如果要申请计算机证书，右键单击“证书（本地计算机）”>“个人”节点，选择“所有任务”>“申请新证书”命令，启动证书申请向导即可。只有管理员才能资格申请计算机证书。

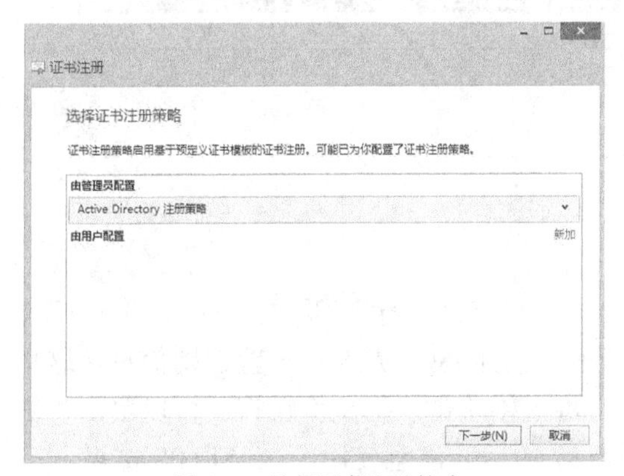

图 8-33　选择证书注册策略

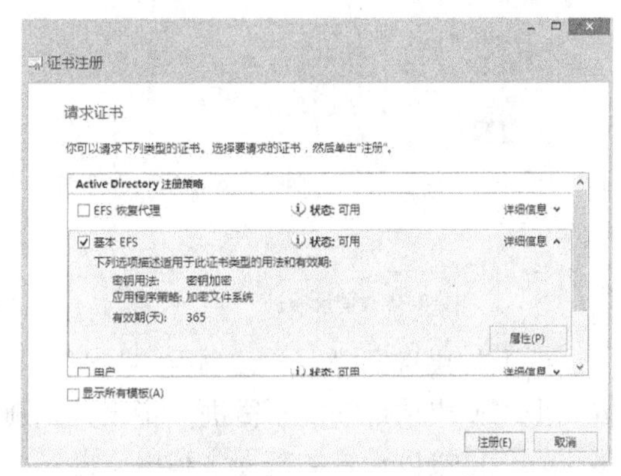

图 8-34　选择证书类别

8.3.4　使用 Web 浏览器在线申请证书

实验 8-4　使用 Web 浏览器在线申请证书

使用 Web 浏览器申请证书是一种更通用、定制功能更强的方法。以下任一情形都需要考虑使用这种方式。

- 非域成员客户端。如运行非 Windows 操作系统的计算机，没有加入域的 Windows 计算机。

- 需要通过 NAT 服务器来访问证书颁发机构的客户端计算机。
- 为多个不同用户申请证书。
- 需要特殊的定制功能，如将密钥标记为可导出、设置密钥长度、选择散列算法，或将申请保存到 PKCS #10 文件等。

在使用浏览器向企业 CA 申请证书时，输入用户凭据很重要。用户名、密码和域除了用于验证申请者身份外，对于用户证书，用户名还表示证书申请者，证书被颁发给该用户。由于企业证书颁发机构对使用 Web 浏览器的证书申请者进行身份验证，如果没有设置身份验证，则通过 Web 页面申请将不能生成证书，即使生成了证书，也无法使用。

安装证书服务器时，IIS 默认网站下的 CertSrv 应用程序已经启用 Windows 身份验证，可以通过 Web 浏览器在线申请证书。

（1）通过浏览器访问 URL 地址 https://servername/certsrv（servername 是主持 CA 的服务器名称或域名，也可使用 IP 地址），弹出“Windows 安全”对话框，如图 8-35 所示，输入用户名和密码。

Web 注册时直接注册用户证书，或者选择创建证书申请，都要求使用 HTTPS 协议访问 CA 应用程序，这就需要在网站中绑定 HTTPS 协议，好在安装证书服务时已经安装了服务器证书，只需在基本绑定中进行有关设置即可。

（2）登录成功后打开欢迎界面（证书申请首页），从中选择一项任务，这里选择“申请证书”。

（3）出现图 8-36 所示的界面，从中选择证书申请类型。

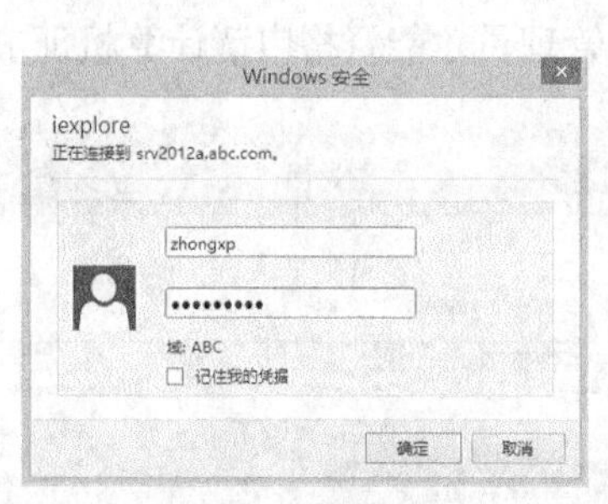

图 8-35　登录验证

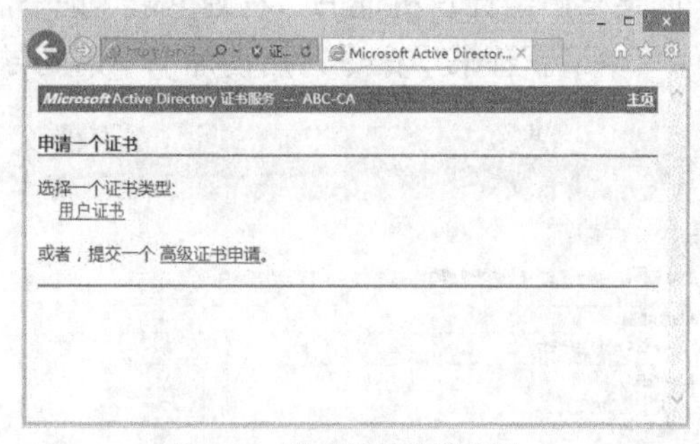

图 8-36　选择证书申请类型

（4）如果选择“用户证书”，将出现“用户证书-识别信息”界面，设置识别信息。这里向企业 CA 申请证书，不需进一步设置识别信息，可直接单击“提交”链接。可以单击“更多选项”链接以设置加密程序和申请格式，如图 8-37 所示。注意使用的是 HTTPS 协议。

如果选择“高级证书申请”，需要从中选择申请高级证书的方式，有两种选择，第一种是创建证书申请，需要填写证书申请信息（这也需要使用 HTTPS 身份验证）；第二种直接利用已经生成的证书申请文件提交申请。

（5）根据不同的选择，将出现不同的界面，根据提示继续操作。企业 CA 自动颁发证书，默认会直接提供已经颁发给用户的证书。当出现“证书已颁发”界面时，如图 8-38 所示，单击“安装此证书”链接，根据提示完成证书安装。

如果 CA 设置为不能自动颁发，证书申请被挂起，需要等待证书申请审查和证书颁发，还要回到证书服务首页，选择查看挂起的证书的状态。如果管理员已经颁发证书，可选择下载证书或证书链，然后在客户端进行安装。

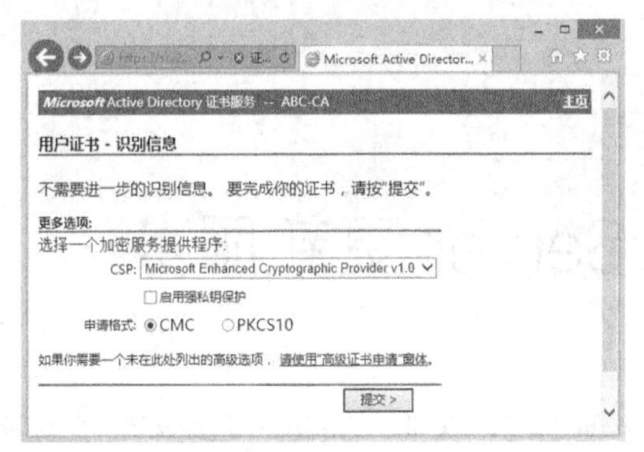

图 8-37　设置证书识别信息

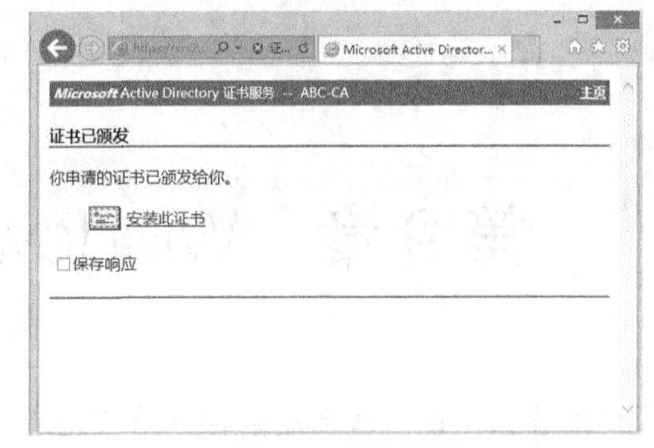

图 8-38　证书已颁发

8.4　习　　题

1．简述网络通信和电子交易的安全需求。
2．对称加密与非对称加密有何区别？
3．什么是公钥基础设施？其主要目的是什么？
4．什么是数字证书？什么是证书颁发机构？
5．简述分层证书颁发体系。
6．为什么要续订 CA 证书？
7．注册证书有哪几种方式？
8．在 Windows Server 2012 R2 服务器上安装企业 CA。
9．在客户端分别使用自动注册、证书申请向导、Web 浏览器申请一个用户证书。

第 9 章 Windows Server 更新服务

操作系统的漏洞和缺陷往往给攻击者大开方便之门，保证 Window 系统安装了最新版本的更新程序（安全补丁、修补程序）对于保证安全是至关重要的。如果系统没有安装必要的更新程序，所有其他安全努力都是徒劳。Windows Server 更新服务（WSUS）是基于网络的更新分发方案，支持 Microsoft 全部产品的更新，能对整个更新过程实现集中管理。本章简单介绍 Windows 更新基础知识，重点讲解 Windows Server 更新服务的部署和管理。

9.1 Windows 更新概述

软件需要使用修补程序来修复代码或配置问题，操作系统也一样。这些问题有时是与安全相关的，并且可能让恶意用户利用系统的安全漏洞和薄弱环节。一旦薄弱环节广为传播，黑客就会经常尝试进入漏洞攻击系统。一般来说，软件需要及时安装安全修补程序，以尽量做好安全防护。

9.1.1 Windows 更新的概念

Microsoft 提供以下几种修补程序，它们都表示软件的更新程序，但侧重点有所不同。

- Service Pack（服务包）：保证软件产品是最新的，并修复产品发布后发现的问题。每个产品都可以有多个独立的服务包，通常同一个服务包可以用于同一产品的多个版本。服务包是累积性的，新的服务包包含所有以前的服务包和最后一个服务包之后修改的文件。
- Hotfix（修补程序）：针对特定问题而发布的代码修补程序，一组修补程序常常可以形成一个服务包。
- Security Patch（安全补丁）：专门用来消除安全漏洞。与修补程序类似，只是其目的主要是保证系统的安全性。没有安装最新安全补丁的 Windows 系统将会面临病毒和攻击的威胁。

Microsoft 将这几种类型统称为更新（Updates）。进行任何更新之前，都应该首先权衡可能带来的风险和利益。在实际部署到产品环境之前，还应该测试所有的更新。Microsoft 提供免费工具用于判断系统是否安装了修补程序。

企业用户往往部署专业的集中式修补程序管理工具，来实现自动化地更新，发布和管理补丁程序、安全服务包等。在 Windows 网络中首选 Windows 服务器所带的 Windows Server

更新服务（简称 WSUS），因为它使通过 Windows 更新软件接收补丁并分发到各个客户端的过程自动化。在讲解 Windows Server 更新服务之前，先简单介绍一下用于更新的系统工具的使用。

9.1.2　使用系统内置的 Windows 更新工具

这是最可靠和最方便的更新实现方法。大多数的更新和补丁会在发布后的很短时间内出现在 Windows Update 网站。也可以从 Microsoft 网站上手动下载这些修补程序和更新。用户使用 Windows 更新又分为在线更新和自动更新两种方法。

1. 在线获取并安装更新

当访问 Windows Update 网站时，它将扫描用户的计算机并提供更新列表，以便用户决定是否下载和安装。将要安装更新程序的计算机连接到 Internet，访问 Windows Update 网站，或者在 IE 浏览器中从“工具”菜单中选择“Windows Update”项来启用在线更新功能。系统通过更新控件与 Windows Update 网站通信，由该站点根据获取的系统信息来判断系统有哪些更新还没有安装，用户可以查看系统所需的 Windows、程序、硬件或设备的更新程序。当然可从列表中选择安装，还可直接使用快速安装选项。

2. 自动获得安全更新

自动更新可以自动将 Windows 更新下载到用户的计算机上。从控制面板中打开“Windows 更新”工具，单击“更改设置”链接可以设置自动更新选项，如图 9-1 所示，下拉列表提供了 4 个选项，只有最后一个选项不支持更新。推荐第一个选项，系统到 Windows Update 网站下载并安装最新更新程序。

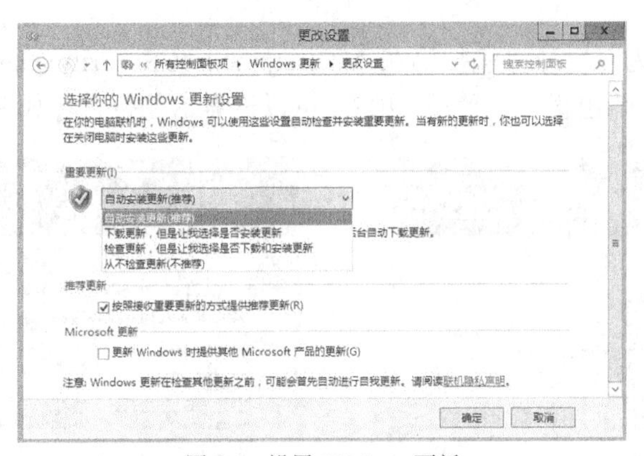

图 9-1　设置 Windows 更新

9.1.3　利用安全工具 MBSA 实现 Windows 更新

Microsoft 的 MBSA（Microsoft Baseline Security Analyzer）是专门的安全扫描工具，除了检测安全漏洞之外，还提供了详细的解决方案以及更新下载地址。MBSA 提供简化的方法来确定缺少的安全更新和常见安全配置错误。

1. MBSA 的特性

为便于用户全面评估 Windows 系统及其产品的安全风险，Microsoft 提供了名为 MBSA 的安全评估工具。MBSA 能够评估一台或多台计算机上的管理性漏洞，其主要功能如下。

- 扫描指定的计算机，并产生扫描报告。扫描报告包括每台计算机使用 MBSA 执行安全检查、结果、修复问题的建议等细节。
- 除了检查操作系统可能导致安全问题的错误配置外，还能够检查 Microsoft SQL Server、MSDE 和 IIS 的安全问题。
- 检查是否安装有最新的 Windows 和 Office 更新程序包，能够检查安全更新、更新回滚（update rollups）和服务器补丁，以及由 Microsoft Update 网站支持的其他产品更新。
- 既可以执行本地扫描，又可执行远程扫描；既可扫描单台计算机，又可对多台计算机批量扫描。
- 对于安全更新扫描，MBSA 使用最新的 Microsoft Update 目录查询每个目标计算机来决定其安全更新的一致性。它支持两种安全更新扫描方式：在线（online）扫描（指被 MBSA 扫描的目标系统与 Microsoft Update 连接时进行的扫描）和离线（offline）扫描（指被 MBSA 扫描的目标系统由 WSUS 管理时进行的扫描，或者是指在离线安全环境中强制系统使用 WSUSSCN2.CAB 目录进行的扫描）。

2. 使用 MBSA 扫描安全更新

通常将 MBSA 部署在企业内网中，也可直接安装在要扫描评估的计算机上。可以从 Microsoft 官网上下载该工具。首次扫描，如果要扫描安全更新，需要将运行 MBSA 的计算机连接到 Internet 以便获取最新的 Microsoft Update 目录。扫描过程中关键是要确定扫描目标并选择扫描选项。在实际使用中通常直接在 Windows 服务器上对自身进行扫描。如图 9-2 所示，仅扫描安全更新。

MBSA 安全扫描为每次计算机扫描在“%userprofile%\SecurityScans”文件夹下保存一个独立的 XML 文件作为输出报告。使用 MBSA 可以查看这些报告，如图 9-3 所示。

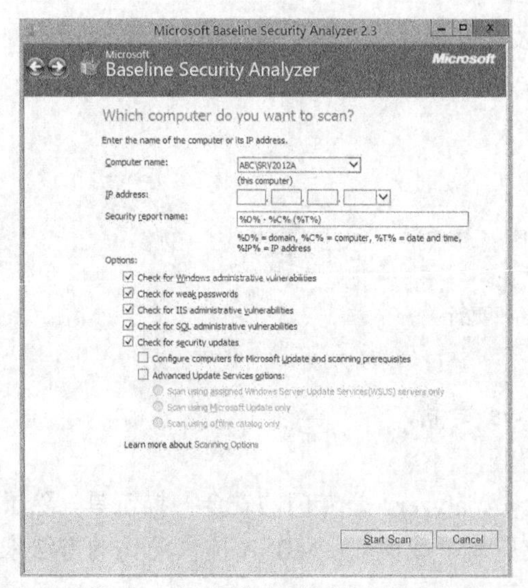

图 9-2　确定扫描目标并选择扫描选项

图 9-3　查看扫描报告

9.2　部署 WSUS 服务器

微软免费提供的 WSUS 是网络化安全更新自动分发的标准解决方案。通过使用 WSUS，可以从 Microsoft Update 网站获取软件更新，并将其分发给网络中的计算机，而且能对整个软件更新过程实现集中管理。可以部署多级 WSUS 服务器，满足大规模网络的需要。现在 WSUS 已经作为一个服务器角色集成在 Windows 服务器操作系统中。这里以 Windows Server 2012 R2 所提供的 WSUS 6.0 版本为例进行讲解。

9.2.1　WSUS 运行方式

WSUS 采用客户机/服务器模式。WSUS 服务器负责内网中的 Windows 升级服务，所有 Windows 更新都集中下载到该服务器中。网络中的计算机作为 WSUS 客户端通过 WSUS 服务器来得到更新，而且客户端已被内置在 Windows 操作系统中。通过简单的配置，将客户端和服务器端关联起来，就可自动下载 Windows 更新。

如图 9-4 所示，WSUS 作为一个完整的 Windows 更新管理解决方案，包括以下 4 个组成部分。

- Microsoft Update 网站：微软专门发布软件更新的网站，WSUS 服务器连接到该网站以获取 Microsoft 产品更新。
- WSUS 服务器：部署在防火墙后面的内网 Windows 服务器上，用于管理更新并将其分发给客户端计算机。一台 WSUS 服务器也可以作为上游服务器为其他下游 WSUS 服务器提供更新源，从而满足较大规模网络的需要。但是最上游的 WSUS 服务器必须能够连接到 Microsoft Update 网站以获取可用的更新。当然，也可部署多台 WSUS 服务器连接到 Microsoft Update 网站。
- WSUS 管理控制台：用于对 WSUS 服务器进行配置管理。
- 自动更新客户端：指内置自动更新功能的 Windows 计算机和设备，它们可以从 Microsoft Update 或运行 WSUS 的服务器接收更新。

可将下载的更新内容存储在本地，也可留存在 Microsoft Update 网站上。

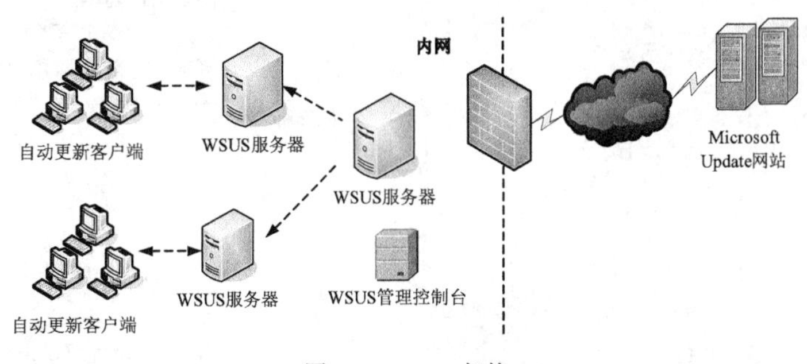

图 9-4　WSUS 架构

9.2.2 WSUS 更新部署和管理的基本步骤

WSUS 更新部署和管理的基本步骤如下。

（1）在服务器上安装 WSUS 角色。

（2）配置网络连接以获取 Microsoft 更新。

（3）同步 WSUS 服务器以下载 Microsoft 产品更新。

（4）配置 WSUS 客户端自动更新。

（5）审批和部署更新。

9.2.3 安装 WSUS 服务器角色

实验 9-1 安装 WSUS 服务器角色

本章的实验环境涉及到两台运行 Windows Server 2012 R2 的服务器和一台运行 Windows 8.1 的客户机，计算机名称（IP 地址）分别是 SRV2012A（192.168.1.10）、SRV2012B（192.168.1.20）和 Win8-PC（192.168.1.50）。实验环境中部署有 Active Directory，便于部署 AD 组策略。其中 SRV2012A 作为域控制器，同时安装 WSUS 服务器组件和管理控制台组件。安装之前，确认该服务器能够访问 Internet，这需要在虚拟机上更改相应配置。SRV2012B 和 Win8-PC 作为 WSUS 客户端用于测试，都需要加入域。

（1）以域管理员身份登录到服务器，打开服务器管理器，启用添加角色和功能向导。

（2）当出现“选择服务器角色”界面时，从“角色”列表中选择“Windows Server 更新服务”，会提示需要安装所需的功能，如 Web 服务器、Windows 内部数据库、管理工具等，单击“添加功能”按钮关闭该对话框回到“选择服务器角色”界面，此时该角色已被选中。

（3）根据提示操作，当出现图 9-5 所示的界面时，从中选择要安装的角色服务。这里保持默认设置，选中“WID 数据库”和“WSUS 服务”。

如果选中“数据库”，则需要部署 SQL Server 数据库服务器用于存储 WSUS 数据。

（4）单击“下一步”按钮，为更新内容提供存储路径，例中为 e:\wsusdata，如图 9-6 所示。

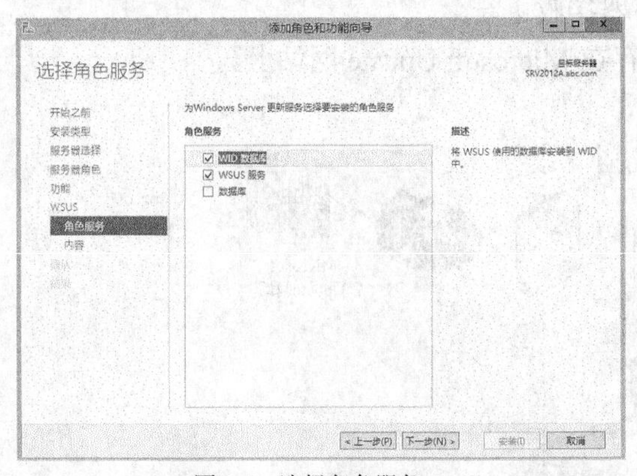

图 9-5 选择角色服务

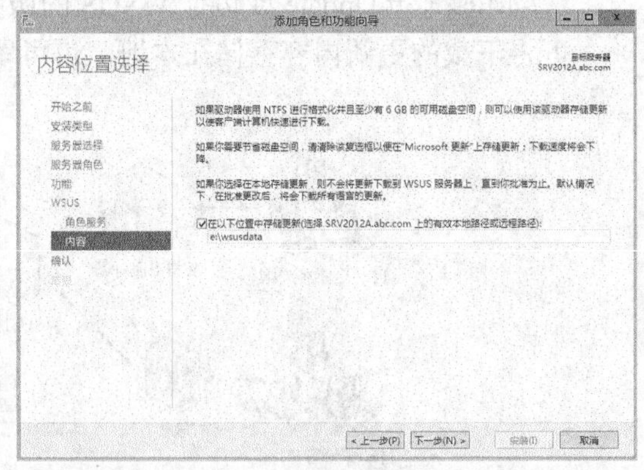

图 9-6 设置更新内容存储路径

（5）单击“下一步”按钮，出现“确认”界面，单击“安装”按钮。

（6）安装完成后给出相应的结果界面，单击“Windows Server 更新服务”下面的“启动安装后任务”链接，开始配置服务器，直至该处显示“已成功完成配置”，单击“关闭”按钮完成 WSUS 服务器角色的安装。

9.2.4　WSUS 服务器基本配置

实验 9-2　WSUS 服务器基本配置

从“管理工具”菜单或服务器管理器的“工具”菜单中选择“Windows Server 更新服务”，将打开“更新服务”控制台（WSUS 管理控制台），管理 WSUS 部署。如图 9-7 所示，该控制台的左侧导航窗格显示 WSUS 部署的分层视图，还提供各种管理项；中间是结果窗格，为左侧视图中选择的项提供状态信息；右侧是操作窗格，提供导航视图中所选节点的常见操作。这些操作功能也可通过导航视图中所选节点的快捷菜单来提供。

首次打开“更新服务”控制台将启动 WSUS 配置向导，如图 9-8 所示。可根据向导提示逐一完成基本配置。此时也可单击“取消”按钮，进入控制台进行配置。以后需要可以从控制台的“选项”视图中运行该向导。这里使用向导完成 WSUS 基本配置，示范如下。

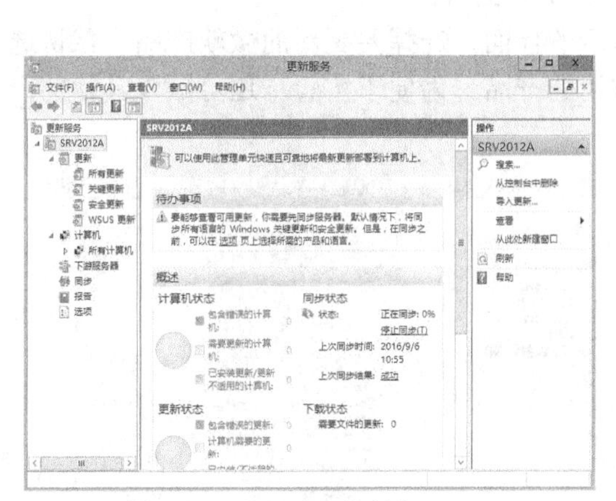

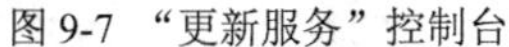
图 9-7　“更新服务”控制台

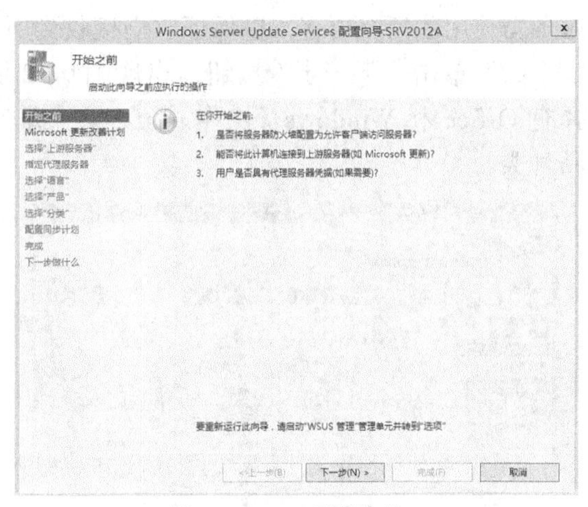

图 9-8　WSUS 配置向导

（1）启动 WSUS 配置向导，确认部署环境符合要求。

（2）单击“下一步”按钮，出现的界面提示用户加入 Microsoft Update 改善计划，这里作为示范，不用加入。

（3）单击“下一步”按钮，出现如图 9-9 所示的界面，选择上游服务器（即更新源），例中仅部署一个 WSUS 服务器，只能选择“从 Microsoft 更新中进行同步”。

如果网络中部署多台 WSUS 服务器，可选择“从其他 Windows Server Update Services 服务器中进行同步”单选钮，并提供该服务器名称和端口。

（4）单击“下一步”按钮，出现“指定代理服务器”界面，如果要通过代理服务器来访问上游服务器（即更新源），可在这里提供代理服务器的信息。这里没有使用代理服务器。

（5）单击“下一步”按钮，出现图 9-10 所示的界面，单击“开始连接”按钮连接到上游服务器（这里为 Microsoft Update），下载同步更新所需的必需信息，包括可用更新类型、可更新产品、可用语言等。此处花费的时间较长。

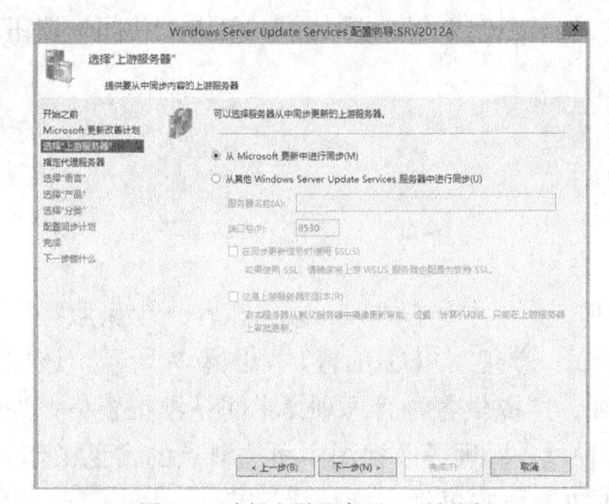

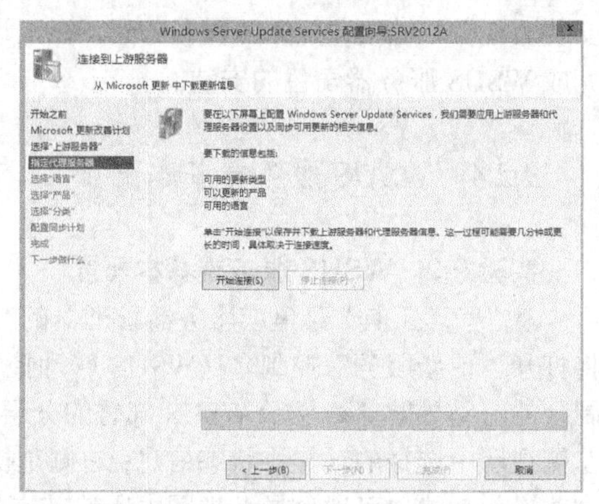

图 9-9　选择上游服务器（更新源）　　　　图 9-10　连接上游服务器（更新源）

（6）待上述连接任务完成后单击“下一步”按钮，出现图 9-11 所示的界面，选择要下载到服务器的更新的语言种类，这里选择简体中文和英文。

仅选择指定的语言可以节省磁盘空间，但必须确保选择此服务器的客户端和下游 WSUS 服务器使用的所有语言，以保证它们接收到所需的所有更新。

（7）单击“下一步”按钮，出现图 9-12 所示的界面，选择要更新的微软产品，默认选择有 Office 和 Windows（操作系统）两类最常用的产品。为便于实验，还可减少具体的产品种类。

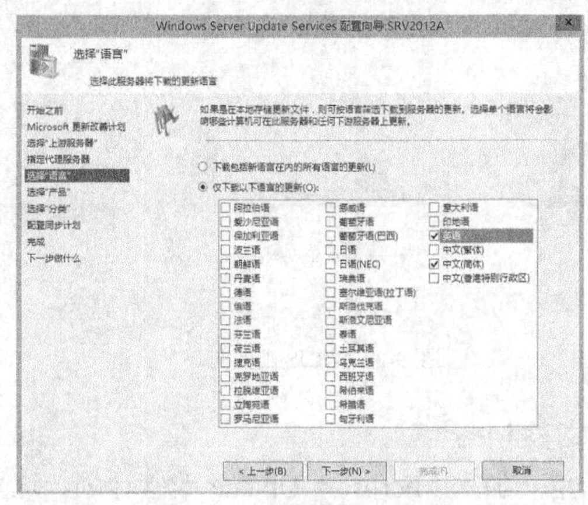

图 9-11　选择更新语言

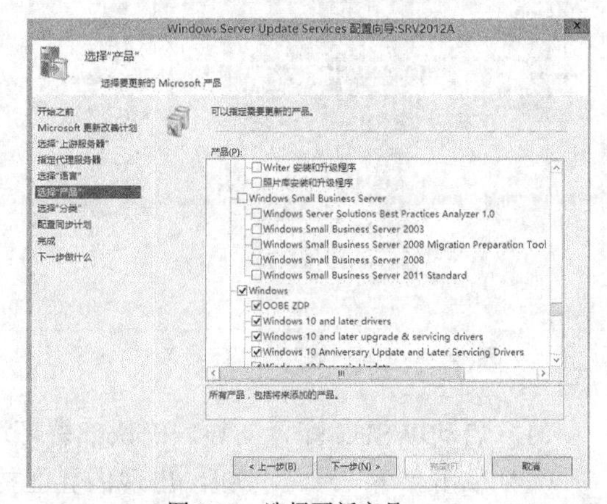

图 9-12　选择更新产品

（8）单击“下一步”按钮，出现图 9-13 所示的界面，选择同步更新内容的类型，可按类型限制要下载的更新。默认选中了安全更新程序、定义更新、关键更新程序。对于服务器版本，建议加上 Service Pack（服务补丁）。

（9）单击“下一步”按钮，出现图 9-14 所示的界面，设置同步计划，这里选择默认的手动同步。如果选择自动同步，还需设置第一次同步的时间和以后同步的频率。

（10）单击“下一步”按钮，出现图 9-15 所示的界面，选中“开始初始同步”复选框。

（11）单击“下一步”按钮即可开始同步。完成同步后单击“下一步”按钮会给出后续步骤提示。单击“完成”按钮则退出 WSUS 服务器初始配置。

以上这些配置都可以由“更新服务”控制台的“选项”视图中的配置项来完成，如图 9-16 所示。该视图还提供更多的 WSUS 服务器配置选项。

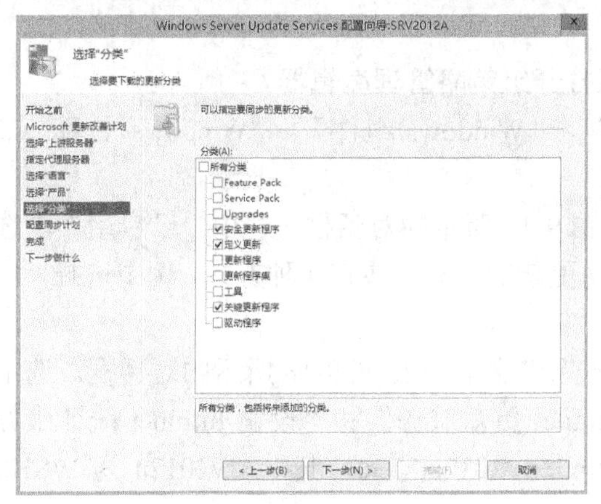

图 9-13　指定更新类型

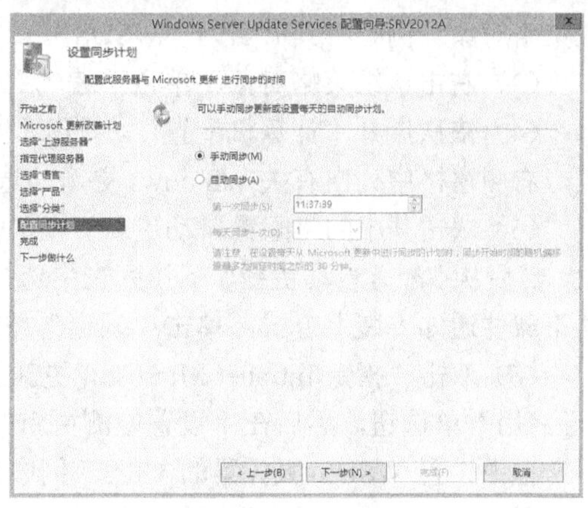

图 9-14　设置同步计划

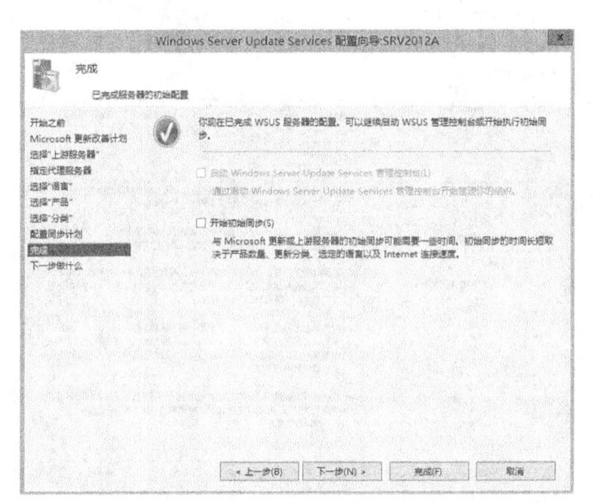

图 9-15　完成初始配置

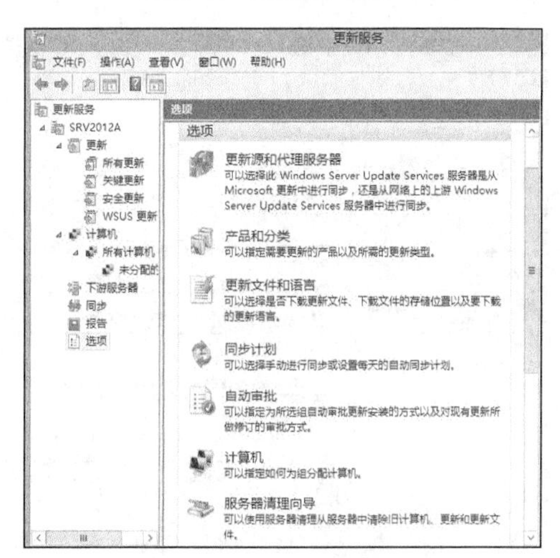

图 9-16　“选项”视图

9.3　配置管理 WSUS 客户端的自动更新

实验 9-3　配置管理 WSUS 客户端的自动更新

运行 Windows 操作系统（服务器版或桌面版）的计算机都可以作为 WSUS 客户端。WSUS 支持客户端计算机分组，便于管理客户端计算机的更新。

9.3.1　通过组策略配置客户端自动更新

通过组策略来配置客户端的自动更新。在 Active Directory 环境中，可使用 AD 组策略对象，规模较大的企业可以针对不同的组织单位制定不同的策略。在非 Active Directory 环境中，也可以使用本地组策略对象。配置的关键有两项，一是将客户端的更新指向 WSUS 服务器，二是配置自动更新方式。下面示范 AD 组策略的相关配置。

（1）以域管理员身份登录到域控制器，打开组策略管理控制台，展开目录树。

（2）为便于实验，这里使用一个适合全域的组策略。在域（abc.com）中创建一个专用的组策略对象，例中将其命名为“WSUS”。

（3）右击该组策略对象，单击“编辑”按钮打开组策略管理编辑器。

（4）依次展开“计算机配置”>“管理模板”>“Windows 组件”>“Windows 更新”节点，右侧窗格中列出有关 Windows 更新的选项。

（5）双击其中的“配置自动更新”项，弹出图 9-17 所示的对话框，选中“已启用”单选钮，然后从“配置自动更新”下拉列表中选择自动更新的方式，共有 4 种方式，例中选择“自动下载并通知安装”方式，单击“确定”按钮。

（6）双击“指定 Intranet Microsoft 更新服务位置”箱，弹出图 9-18 所示的对话框。选中“已启用”单选钮，然后在“设置检测更新的 Intranet 更新服务”和“设置 Intranet 统计服务器”框中设置 WSUS 服务器的 URL。例中为 http://srv2012a:8530，其中 srv2012a 为 WSUS 服务器名称。单击“确定”按钮。

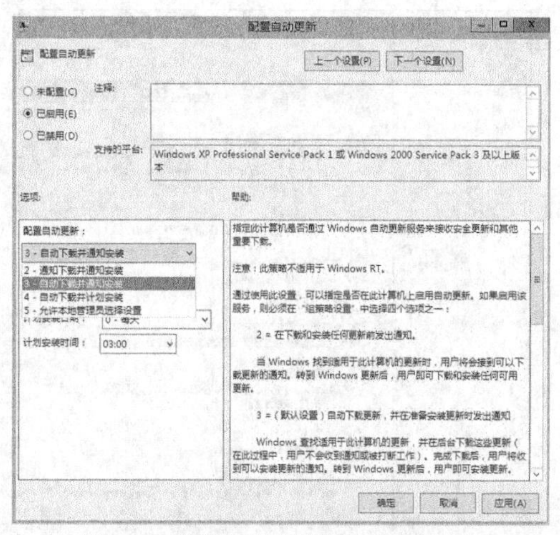

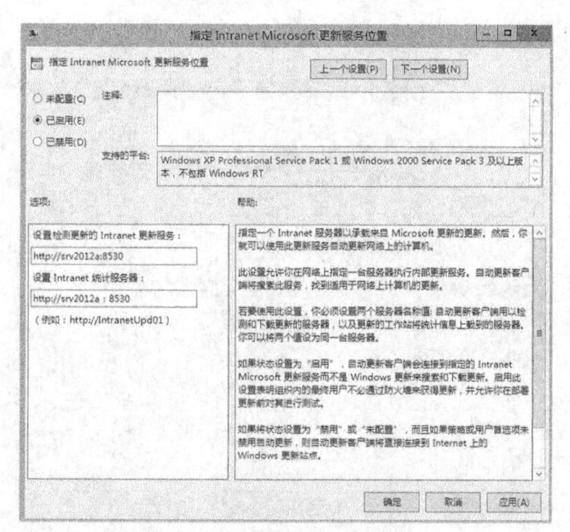

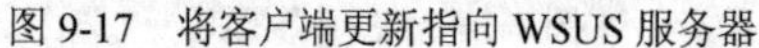
图 9-17　将客户端更新指向 WSUS 服务器

图 9-18　配置自动更新方式

提示： WSUS 早期版本默认更新使用的是 80 端口，现在使用的是 8530 端口。

（7）根据需要设置其他 Windows 更新选项，如自动更新检测频率，然后关闭组策略管理编辑器和组策略管理控制台。

9.3.2　查看 WSUS 客户端

只有组策略应用并生效后，客户端才能联系 WSUS 服务器进行更新升级。默认情况下，每隔 90 分钟组策略便会在后台刷新一次，刷新的时间可能随机偏移 0 到 30 分钟。如果想要以更快的速度刷新组策略，可以在客户端计算机上执行命令 gpupdate /force。

配置 WSUS 客户端的组策略应用后，客户端计算机的自动更新选项将不可设置，如图 9-19 所示，因为该选项已经在组策略中设置，这样就不能通过 Microsoft Update 来自动更新了。但是这与微软的在线更新并无冲突，仍然可以访问微软更新网站进行在线升级。

即使组策略应用，客户端更新也并不会立刻开始，需要等待一段时间。对于基于组策略配置的客户端计算机，需要在组策略刷新之后等待大约 20 分钟，客户端检测 WSUS 服务器上的可用更新，只有当客户端和 WSUS 服务器进行通信后，它才会显示在 WSUS 管理控制台中的计算机列表中。可以通过手动启动检测来加快该过程，方法是在客户端运行 wuauclt.exe

/detectnow 命令，这样就不必等待 20 分钟。

在“更新服务”控制台中展开“计算机”节点，单击“所有计算机”节点，详细信息窗格中可查看已经纳入 WSUS 服务器管理的计算机，如图 9-20 所示，显示计算机的一般信息和 WSUS 信息，其中包括更新状态和组成员身份。客户端计算机过一个自动更新检测间隔，便向 WSUS 服务器报告一次自己的更新状态。

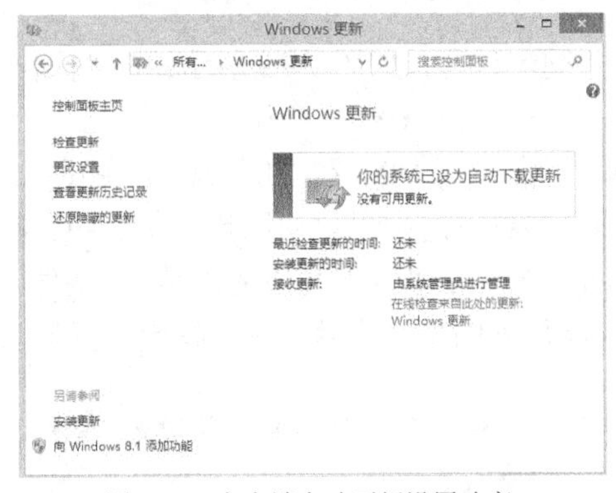

图 9-19　客户端自动更新设置改变

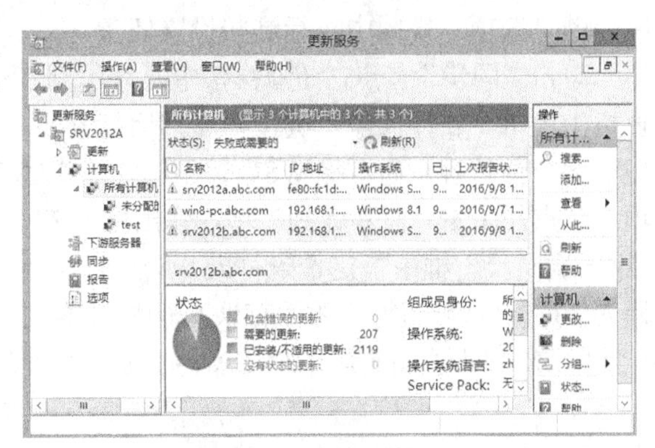

图 9-20　查看所有客户端计算机

9.3.3　分组管理 WSUS 客户端

计算机组是 WSUS 部署的重要组成部分，使用计算机组可以更好地设置特定计算机的 Windows 更新策略，可以创建一个用于测试的计算机组，在大范围部署更新之前进行更新测试，然后再将更新部署到“所有计算机”组。也可以按用途、单位等进行分组。

默认的计算机组有两个：“所有计算机”和“未分配的计算机”。默认情况下，当客户端计算机最初连接到 WSUS 服务器时，WSUS 服务器便会将其添加到这两个组中。

要创建自定义计算机组，在“更新服务”控制台中展开 WSUS 服务器下的“计算机”节点，右击“所有计算机”节点，从快捷菜单中选择“添加计算机组”命令弹出相应的对话框，为它命名并单击“添加”按钮即可。也可以在现有的组下面创建新的组，从而实现组的嵌套。

要将计算机加入到计算机组，右键单击该计算机，选择“更改成员身份”命令打开相应的对话框，选中要加入的组即可。可以将一台计算机添加到多个组中。

9.4　配置管理 WSUS 服务器

前面在部署 WSUS 服务器时介绍了 WSUS 服务器的基本配置，这里进一步讲解服务器端的配置和管理。

9.4.1　设置和运行 WSUS 服务器更新同步

实验 9-4　设置和运行 WSUS 服务器更新同步

要获取更新，必须同步 WSUS 服务器。在同步过程中，WSUS 服务器将从更新源下载更新（包括更新元数据和文件）。当 WSUS 服务器首次进行同步时，它将下载管理员指定的所有更新。首次进行同步后，WSUS 服务器将仅下载自上次联系更新源后发布的新更新。

当 WSUS 客户端计算机联系 WSUS 服务器时，它们将自动扫描更新以确定是否需要这些更新。然后，管理员可以测试各个更新并在必要时进行审批。

在运行同步之前，可以为 WSUS 服务器指定更新源，指定要同步的更新产品和分类，指定要同步的更新语言。除了通过 WSUS 配置向导完成这些设置外，还可以在“更新服务”控制台的“选项”视图中执行这些设置任务。

单击“同步”节点，详细窗格中将显示同步概况和同步过程，如图 9-21 所示。在“操作”窗格中单击“立即同步”链接则即刻运行同步。

为方便管理，通常将 WSUS 服务器配置为按自动计划进行同步。在控制台树中展开“选项”节点，单击“同步计划”项，弹出图 9-22 所示的对话框，选中“自动同步”单选钮，在“第一次同步”框中指定希望每天开始进行同步的时间，然后在“每天同步的次数”（软件中译为“每天同步一次”，明显有误）框中选择希望服务器每天同步的次数。可以指定每天同步 1 至 24 次，即每天同步 1 次到每小时同步 1 次。

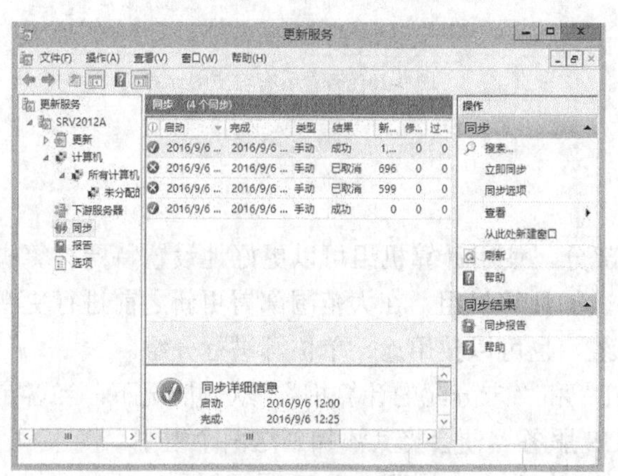

图 9-21　同步过程

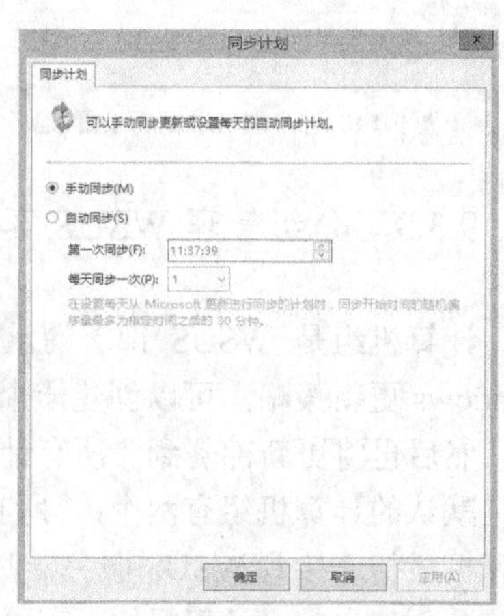

图 9-22　设置同步计划

9.4.2　查看和审批 WSUS 更新

实验 9-5　查看和审批 WSUS 更新

1. WSUS 更新包

微软将其产品的补丁称作更新，更新用于修复或替换计算机中安装的软件。Microsoft Update 网站的每个可用更新都由以下两个组件构成。

- 更新信息：也称为元数据。元数据包含更新的属性，用于快速确定更新的作用。下载的更新元数据软件包通常远远小于实际的更新文件软件包。
- 更新文件：在计算机中安装更新所需的实际文件包。

WSUS 服务器同步时将连接到 Microsoft Update 站点下载相应的更新包。但是，仅仅下载完更新包还不能为客户端提供补丁更新服务，还需要对下载的更新进行审批（批准），只有经过审批的更新才能让客户端下载。没有审批的更新，其审批状态将保留为“未经审批”，WSUS 服务器不会对该更新执行任何操作。

可以选择安装、删除或拒绝更新。可以为所有计算机或特定计算机组审批更新，并设置

WSUS 安装更新的最后期限。

在实际工作中，通常可以依据以下原则审批安装更新。

- 对于符合安全级别的各种安全更新应该批准。
- 对于操作系统的安全更新应该批准。
- 对于各种 IE 版本安全更新应该批准。
- 对于其他各种安全补丁（如 Media Player、OutLook Express 等）应该批准。
- 对于状态为 Updates（修订）版本的安全更新，无需手工批准，系统自动发布。

2. 审批安装更新

这里通过实例示范审批安装更新的步骤。

（1）在“更新服务”控制台树中展开要审批更新的服务器，展开“更新”节点。

（2）在控制台树中将现有更新按分类进行分组，这里以关键更新为例，单击“关键更新”节点。

（3）在中间窗格中对更新进行筛选以显示要审批的更新。这里从“审批”列表中选择“未经审批”，从“状态”列表中选择“失败或需要的”，单击“刷新”按钮显示更新列表。

（4）如图 9-23 所示，在更新列表中，选择一个或多个更新，右击它，从快捷菜单中选择“审批”命令。当然也可通过在“操作”窗格中单击“审批”按钮来执行此步骤。

（5）出现“审批更新”对话框，可针对现有的计算机组审批安装。单击某个计算机组左侧的图标，然后单击“已审批进行安装”项，如图 9-24 所示。

可根据需要对多个组进行审批，或者直接对“所有的计算机”进行审批。

图 9-23　执行审批命令

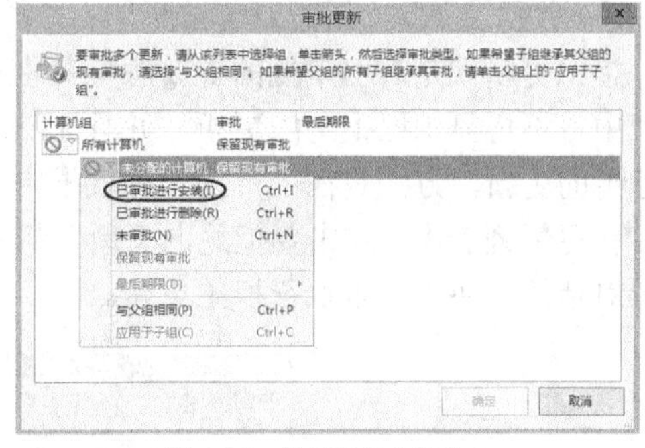

图 9-24　执行审批安装命令

（6）如果要指定更新的安装时间，请再次单击计算机组旁边的图标，单击“最后期限”项，然后选择希望安装更新的时间，如图 9-25 所示。

（7）设置完毕，单击“确定”按钮，开始进行审批，审批结果如图 9-26 所示。

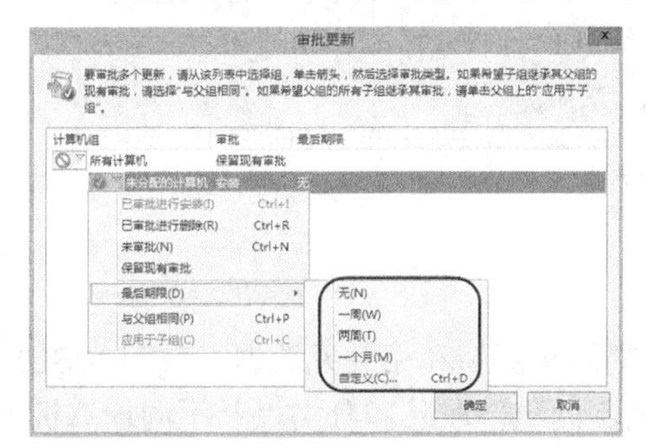

图 9-25　设置审批期限

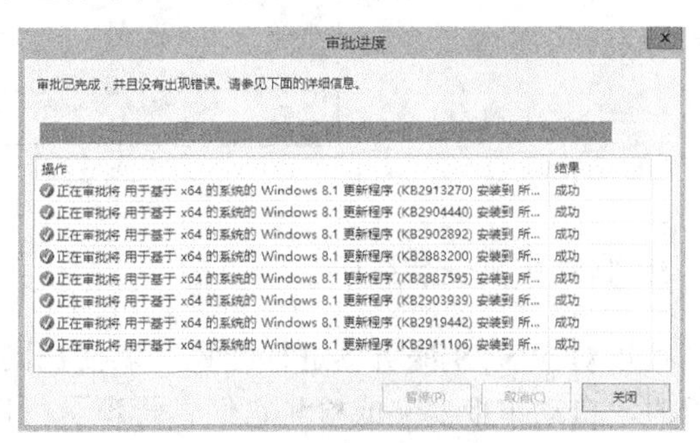

图 9-26　审批结果

3. 审批删除更新

删除操作仅应用于支持删除的更新。执行此步骤之前，请在更新属性中查看“可删除”下面的信息，如图 9-27 所示。

审批删除更新的操作步骤与审批安装更新类似。在更新列表中，选择要删除的更新，右键单击它，从快捷菜单中选择“审批”命令打开“审批更新”对话框，单击某个计算机组旁边的图标，然后单击“已审批进行删除”项，如图 9-28 所示。可根据需要对多个组进行审批，或者直接对“所有的计算机”进行审批。

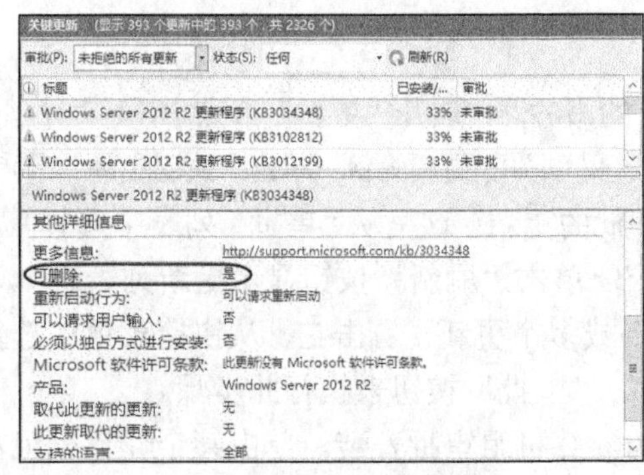

图 9-27　查看可删除属性

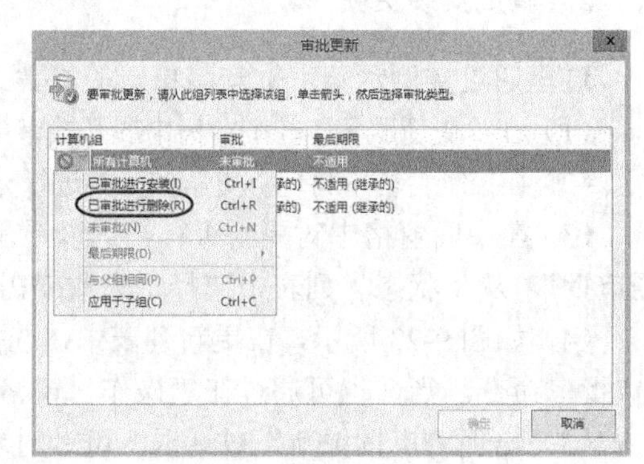

图 9-28　审批删除更新

4. 拒绝更新

拒绝更新就是对已审批的更新解除其审批许可，即改为不准许更新。默认情况下，更新列表中将不再显示已拒绝的更新，并且无法对其进行审批。但是，可以在更新列表中查看已经拒绝的更新，方法是在“审批”列表框中选择“已拒绝”项。

在更新列表中，右击要拒绝的更新，从快捷菜单中选择“拒绝”命令弹出图 9-29 所示的提示对话框，决定是否执行拒绝更新。

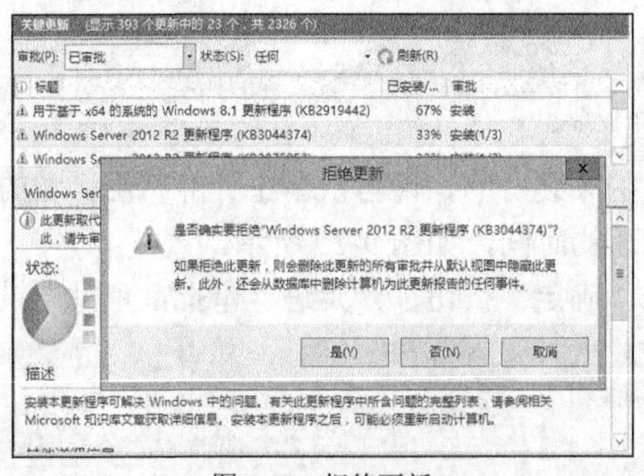

图 9-29　拒绝更新

5. 自动审批安装更新

可以对 WSUS 服务器进行配置，以便在同步期间将更新和相关元数据下载到 WSUS 服务器时，自动审批安装或检测它们。管理员可以为不同更新产品和分类以及不同计算机组配置自动审批规则。如果安装规则出现冲突，则 WSUS 服务器将遵循最后一个安装规则。当然也可以随时启用或禁用这些规则。

（1）从“更新服务”控制台树中打开“选项”视图，单击其中的“自动审批”项打开如图 9-30 所示的对话框。

（2）在“更新规则”选项卡中，选择“默认的自动审批规则”，然后单击“编辑”按钮，以查看默认规则并在必要时对其进行编辑。

（3）根据需要编辑规则属性，可设置要自动更新的产品类型（哪些产品或分类），还可设置自动更新的应用对象（哪些计算机组），如图 9-31 所示。

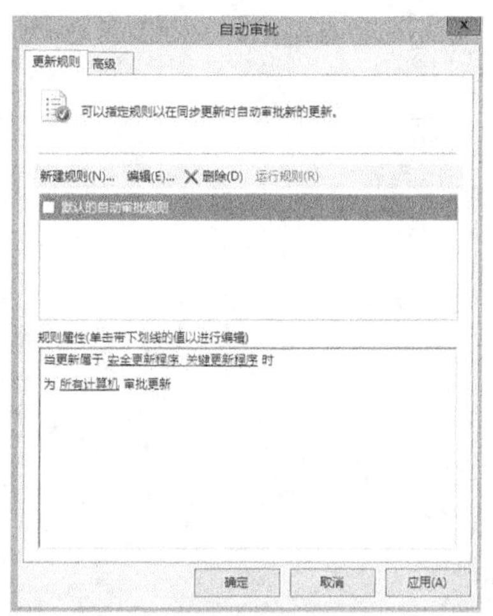

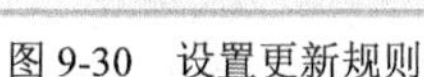
图 9-30　设置更新规则

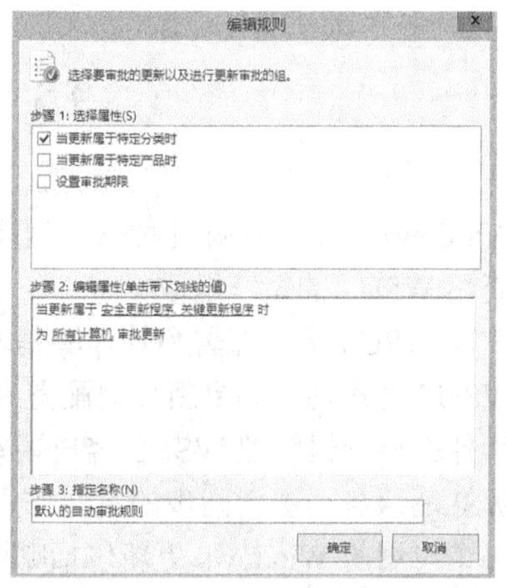

图 9-31　编辑更新规则

（4）默认未启用该规则，可根据需要选中该规则前面的复选框，使之生效。

（5）可以根据需要创建新规则。

（6）单击“确定”按钮完成自动审批规则的设置。

9.4.3　测试 WSUS 客户端的自动更新

在 WSUS 客户端计算机上，当有可用的更新时，系统任务栏上右下角可能会给出提示，通过控制面板打开“Windows 更新”窗口，可以查看当前可以更新的信息，如图 9-32 所示。单击“安装更新”即可开始安装更新过程，完成后提示重新启动计算机以使更新生效，如图 9-33 所示。

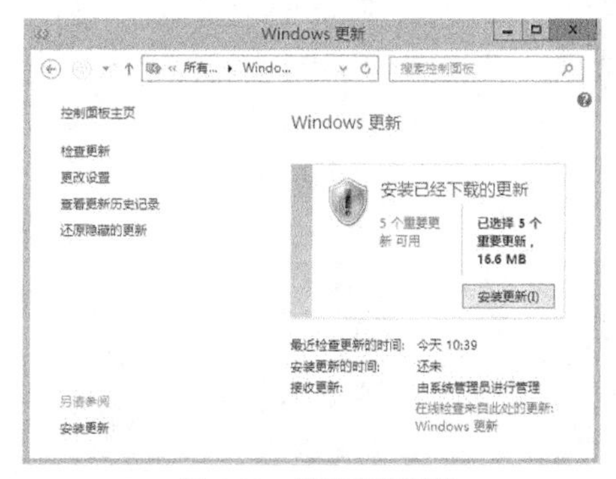

图 9-32　提示安装更新

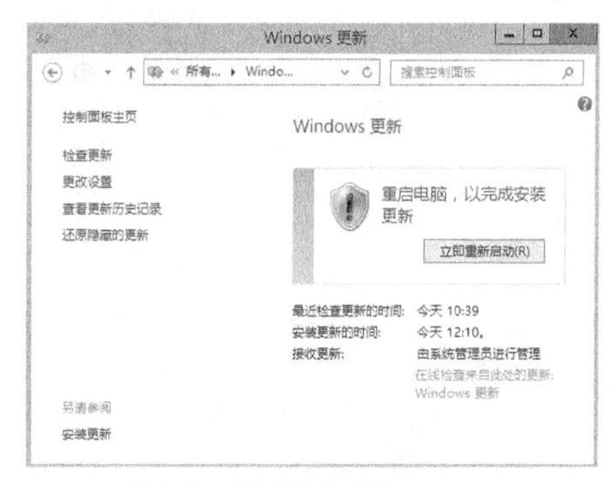

图 9-33　完成更新安装

默认情况下，如果有更新未安装，在退出系统时，将显示安装更新并关机的提示。

WSUS 客户端安装更新后，待到下次连接到 WSUS 服务器时，将自动向服务器端报告自己改变后新的更新状态。

提示：实际应用中更新的部署一般分为测试环境测试和生产环境安装两个阶段。管理员及时检查微软新发布的 Windows 更新，获取更新后，通常先进行测试，将收到的更新分发到测试组，测试成功后再在生产环境中正式分发。微软的最佳实践是 Windows 更新至少一个月安装一次。一般微软的安全中心会在每月 14 日左右发送当月的安全公告摘要，WSUS 也会在 15 日左右接收到微软发放的更新。

9.5 习　　题

1．Windows 更新包括哪几种修补程序？

2．简述 WSUS 的系统组成。

3．简述 WSUS 更新部署和管理的基本步骤。

4．WSUS 客户端自动更新如何配置？

5．为什么要分组管理 WSUS 客户端？

6．WSUS 服务器更新同步的主要作用是什么？

7．每个可用的 Windows 更新包括哪两个部分？

8．为什么要对 Windows 更新安装进行审批？

9．在 Windows Server 2012 R2 服务器上部署 WSUS 服务器，通过组策略配置 WSUS 客户端自动更新，然后在服务器端审批安装更新，最后在客户端进行实际测试。

第 10 章　网络资源共享

计算机网络的基本功能是在计算机间实现信息和资源共享，文件共享和打印机共享可以说是最基本、最普遍的一种网络服务。除了介绍传统的文件夹共享、分布式文件系统和打印服务器管理之外，本章还结合 Windows Server 2012 和 Windows Server 2012 R2 的新特性，专门讲解服务器管理器的共享管理、文件服务器资源管理器、DFS 复制和动态访问控制等内容。动态访问控制是新一代的文件服务器访问控制技术，能在复杂环境中轻松实现灵活而又精细的权限管理，读者应重点掌握。

本章基本的实验环境涉及到两台运行 Windows Server 2012 R2 的服务器和一台运行 Windows 8.1 的客户机，计算机名称（IP 地址）分别是 SRV2012A（192.168.1.10）、SRV2012B（192.168.1.20）和 Win8-PC（192.168.1.50）。SRV2012A 为域控制器，其他为域成员。

10.1　网络资源共享基础

网络资源共享一般通过网络文件系统来实现。采用这种方式，客户端要与服务器建立长期连接，客户端可以像访问本地资源一样访问服务器上的资源。可以将服务器上共享出来的文件夹（或文件系统）当成本地硬盘，将共享出来的打印机当作本地打印机来使用。

10.1.1　文件与打印服务基础

1. 文件服务器

文件共享服务由文件服务器提供，网络操作系统提供的文件服务器能满足多数文件共享需求。文件服务器负责共享资源的管理和传送接收，管理存储设备（硬盘、光盘、磁带）中的文件，为网络用户提供文件共享服务，又称文件共享服务器。如图 10-1 所示，当用户需要使用文件时，可访问文件服务器上的文件，而不必在各自独立的计算机之间传送文件。除了文件管理功能之外，文件服务器还要提供配套的磁盘缓存、访问控制、容错等功能。

通用文件服务器由操作系统来实现。Windows 系统由于操作管理简单、功能强大，使用 PC 服务器可快速建立文件服务器。Windows Server 2012 R2 的文件服务器提供许多增强功能，除了传统的文件共享之外，还提供文件服务器资源管理器，支持分布式文件系统（DFS），支持动态访问控制（DAC）。另外，它将 SMB 协议升级到 3.0 版本以改进企业存储，支持 NFS 协议以提供 Windows 和 UNIX 混合环境的文件共享方案。

2. 打印服务器

打印服务器就是将打印机通过网络向用户提供共享使用服务的计算机，如图 10-2 所示。网络共享打印机是通过打印服务器来实现的，这种打印方式又称为网络打印，能集中管理和控制打印机，降低总体拥有成本，提高整个网络的打印能力、打印管理效率和打印系统的可用性。

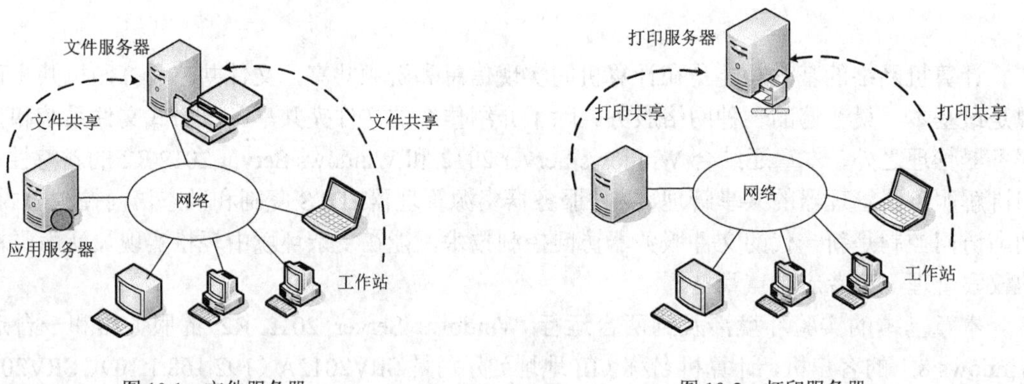

图 10-1 文件服务器　　图 10-2 打印服务器

软件打印服务器是通过软件实现的，将普通打印机连接到计算机上，利用操作系统来实现打印共享。通常与文件服务器结合在一起，打印机共享类似于文件共享。Windows 系统将文件和打印机共享作为最基本的网络服务之一，Windows 计算机将所连接的打印机共享出来，就可成为软件打印服务器。Windows Server 2012 R2 提供了“打印管理”控制台，可以用于查看和管理组织中的打印机和打印服务器，管理打印服务器上的所有网络打印机。

10.1.2 共享协议

Windows Server 2012 R2 支持两种主流的共享协议：SMB 与 NFS。

1. SMB 协议

Windows 计算机使用 NetBIOS 和直接主机（Direct Hosting）来提供任何网络操作系统所必需的核心文件共享服务。Windows 系统都是 SMB/CIFS 协议的客户端和服务器，Windows 计算机之间使用 SMB/CIFS 协议进行网络文件与打印共享。运行其他操作系统的计算机安装支持 SMB/CIFS 协议的软件后，也可与 Windows 系统实现文件与打印共享。

SMB 全称 Server Message Block，用于规范共享网络资源（如目录、文件、打印机以及串行端口）的结构。Microsoft 将该协议用于 Windows 网络的文件与打印共享。早期 Windows 版本主要使用 NetBIOS 进行通信，SMB 也是在 NetBIOS 协议上运行的，而 NetBIOS 本身则运行在 NetBEUI、IPX/SPX 或 TCP/IP 协议上。在 TCP/IP 网络中，SMB 的工作方式为 NetBIOS Over TCP/IP（简称 NetBT）。客户端需要解析 NetBIOS 名称来获得服务器的 IP 地址。最典型的应用就是 Windows 用户能够从“网上邻居”中找到网络中的其他主机并访问其中的共享文件夹。

后来 Microsoft 将 SMB 改造为可以直接运行在 TCP/IP 之上的协议，也就是直接主机

（Direct Hosting）方式，直接跳过 NetBIOS 接口，不需要进行 NetBIOS 名称解析。为与传统的 SMB 协议区分，Microsoft 将其命名为 CIFS（Common Internet File System，通用 Internet 文件系统），试图使其成为企业内网和 Internet 共享文件的标准。CIFS 也是微软分布式文件系统（DFS）实现的基础。

提示：在支持直接主机的同时，微软并没有取消 NetBT。在混合使用 Windows 2000 以前版本操作系统的网络环境中，必须使用 139 端口通过 SMB 协议进行通信；在 Windows 2000 及以后版本构成的网络中可以关闭 139 端口，用 445 端口就能够进行文件共享。

2. SMB 3.0

微软从 Windows Server 2012 开始支持 SMB 3.0。该版本应用于服务器的目的是提供一个替代光纤通道和 iSCSI 的高性能的解决方案。SMB 3.0 在兼容 SMB 1.0 和 2.0 的基础上，提供以下主要特性。

- SMB Transparent Failover：支持群集中的文件服务器解决单点故障。
- SMB Scale Out：支持群集中的文件服务器之间聚合资源平衡负载。
- SMB Multichannel：支持文件服务器同时使用多个连接。
- SMB Direct：这是新的传输协议，支持在配备 RDMA 网络适配器的服务器之间以最小的 CPU 负载和最低延迟直接传输数据。
- SMB Encryption：以每个文件或每个服务器为基础动态为数据加密。
- SMB Directory Leasing：使用 BranchCache（分支缓存）功能在高延迟的 WAN 网络上提供对文档的快速访问。

总之，SMB 3.0 是微软实现中小规模企业存储解决方案的基础。不过只有 Windows 8 或 Windows Server 2012 以及更高版本，才能支持该协议。

3. NFS 协议

NFS（Network File System）可译为网络文件系统，最早是由 Sun 公司开发出来的，其目的就是让不同计算机不同操作系统之间可以彼此共享文件。由于 NFS 使用起来非常方便，被 UNIX/Linux 系统广泛支持。

微软提供 NFS 协议支持的目的是为拥有 Windows 和 UNIX/Linux 的混合环境提供文件共享服务，在不同平台之间实现文件共享。Windows Server 2012 和 Windows Server 2012 R2 对 NFS 进行了改进，提供的增强特性包括：Active Directory 查找、文件筛选驱动程序（旨在提高服务器性能）、UNIX 特殊设备支持、较新版本的 UNIX 支持。

10.1.3 Microsoft 网络共享组件

Microsoft 网络共享采用典型的客户端/服务器工作模式，“Microsoft 网络的文件和打印机共享”是一个服务器组件，与“Microsoft 网络客户端”一起实现网络资源共享。无需安装文件服务器与打印服务器，它们之间就可通过 SMB/CIFS 协议来实现文件与打印机共享。

1. Microsoft 网络的文件和打印机共享

Windows 系统的文件和打印机共享服务由“Microsoft 网络的文件和打印机共享”组件提

供。默认情况下，在安装 Windows 系统时将自动安装并启用该网络组件，允许提供文件和打印机共享服务。该组件在 Windows 系统中对应“Server”服务（从管理工具菜单中选择“服务”命令打开服务管理单元来查看和配置），用于支持计算机之间通过网络实现文件、打印及命名管道共享。在 Windows Server 2012 R2 服务器上可通过网络连接属性对话框安装或卸载该组件，如图 10-3 所示。

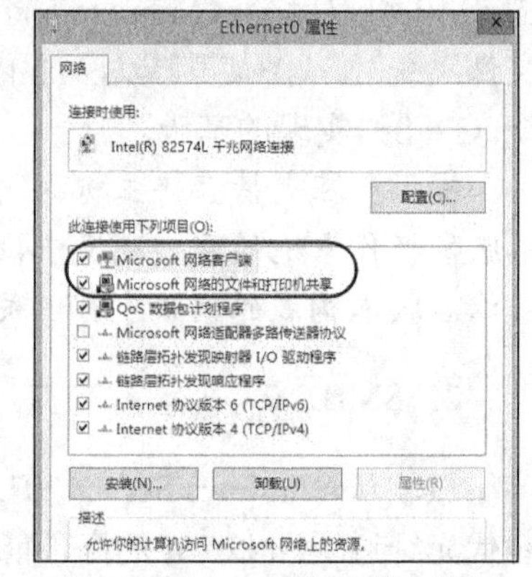

图 10-3　Microsoft 网络的文件和打印机共享

2. Microsoft 网络客户端

“Microsoft 网络客户端”是让计算机访问 Microsoft 网络资源（如文件和打印服务）的软件组件。在 Windows 系统中安装网络组件（网络接口的硬件和驱动程序）时，将自动安装该组件（参见图 10-3）。该组件在目前的 Windows 系统中对应于 Workstation（工作站）服务和 Computer Browser（计算机浏览器）服务（可使用“服务”管理单元查看和配置）。

10.1.4　文件服务有关的角色服务

Windows Server 2012 R2 将文件服务（File Service）和存储服务（Storage Service）两个角色合二为一，称为文件与存储服务（File and Storage Service）。这个服务器角色是系统默认安装的，不过只安装有“存储服务”与“文件服务器”两个角色服务。“文件服务器”采用最新的 SMB 3.0 协议，提供创建和管理共享的能力，为用户提供网络文件访问服务，是实现文件服务器的主要角色服务。

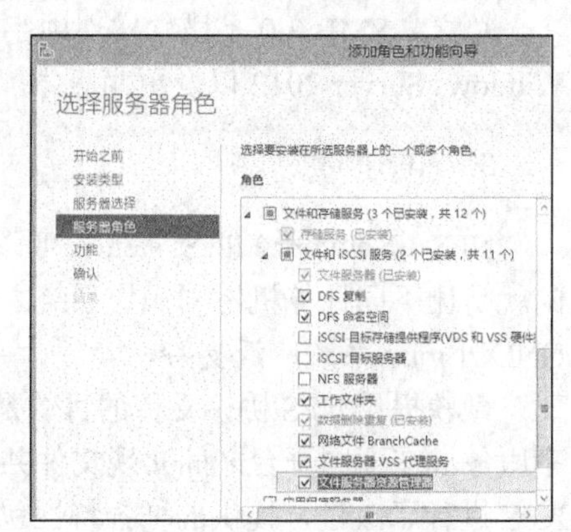

图 10-4　文件服务有关的角色服务

由于 Windows Server 2012 R2 文件服务的功能非常强大，提供了许多增强特性，这都有赖于其他角色服务的支持。这些角色服务可以使用服务器管理器或 PowerShell 来安装。例如，在服务器管理器中使用添加角色和功能向导安装，选择服务器角色时展开“文件和存储服务”下面的“文件和 iSCSI 服务”，列出相关的角色服务，如图 10-4 所示。下面列出与文件服务相关的其他角色服务。

- DFS 复制与 DFS 命名空间：这两个角色服务用于实现分布式文件系统。
- NFS 服务器：提供 NFS 文件服务支持，便于与 UNIX/Linux 平台共享文件。
- 工作文件夹：支持各种计算机上的工作文件。
- 数据删除重复：提供重复数据删除功能以节省磁盘空间。这些功能已经在第 3 章介绍过。
- 网络文件 BranchCache：用于分支机构的缓存。
- 文件服务器 VSS 代理服务：支持卷影副本。
- 文件服务器资源管理器：提供额外的管理工具，如配额管理、存储报告等。

建议将上述角色服务都安装，本章的文件服务要用到这些服务。

10.2 文件夹共享

文件服务器的核心功能是文件资源共享，在 Windows 系统中是通过共享文件夹实现的。查看、创建和配置管理共享文件夹的传统工具主要有计算机管理控制台和文件资源管理器。Windows Server 2012 R2 除了支持传统工具外，还可以直接在服务器管理器中创建和管理共享。只有 Administrators 或 Power Users 组成员能够创建和配置管理共享文件夹。

10.2.1 在服务器管理器中配置管理共享

实验 10-1 使用新建共享向导创建共享

Windows Server 2012 R2 在创建共享方面进行了改进，可以直接在服务器管理器中通过向导创建共享，这种方式非常简单。

1. 使用新建共享向导创建共享

（1）打开服务器管理器，单击“文件和存储服务”节点，再单击“共享”节点，出现图 10-5 所示的界面，列出当前的共享资源。注意右上侧区域的标题“音量”应译为“容量”，原文为“VOLUME”。

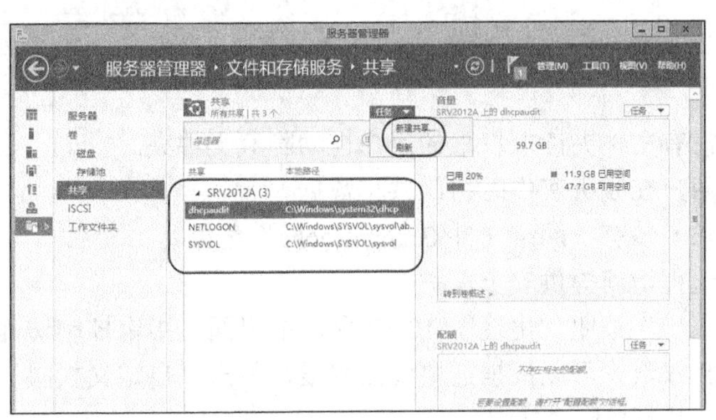

图 10-5 服务器管理器中的“共享”窗格

（2）从“共享”窗格的“任务”下拉菜单中选择“新建共享”命令，或者右击“共享”窗格的内容部分再选择“新建共享”命令，启动新建共享向导。

（3）如图 10-6 所示，首先选择配置文件，涉及两个共享协议及其子选项。这里选择“SMB 共享-快速”。

SMB 共享适合 Windows 系统，NFS 共享用于 UNIX/Linux 系统。两种协议都提供“快速”和“高级”子选项，后者比前者多一个配额配置。SMB 共享还有“应用程序”子选项，主要用于虚拟环境的设置。

（4）单击“下一步”按钮，出现如图 10-7 所示的界面，设置共享位置，即要共享的文件资源。先选择服务器，再选择共享位置，这里选择“按卷选择”，也可以自定义路径。

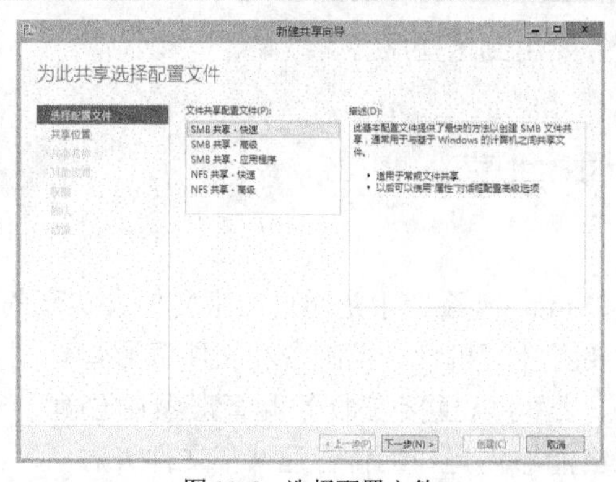

图 10-6　选择配置文件

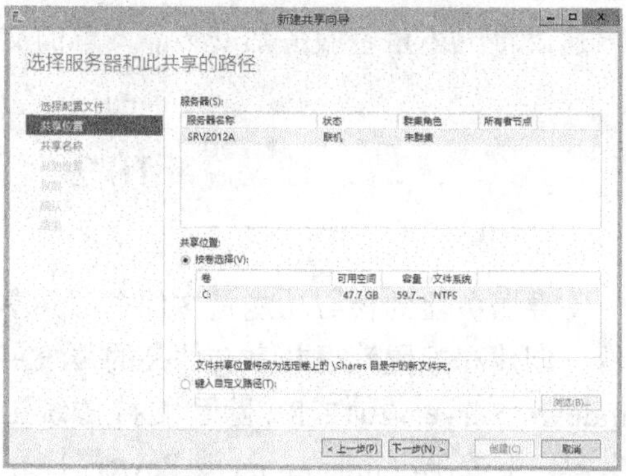

选择服务器和此共享的路径

图 10-7　设置共享位置

（5）单击“下一步”按钮，出现图 10-8 所示的界面，指定共享名称。一旦指定共享名称，会自动给出共享资源对应的本地路径和远程路径，可根据需要修改。

（6）单击“下一步”按钮，出现图 10-9 所示的界面，设置其他选项。这里 4 个选项全选中。

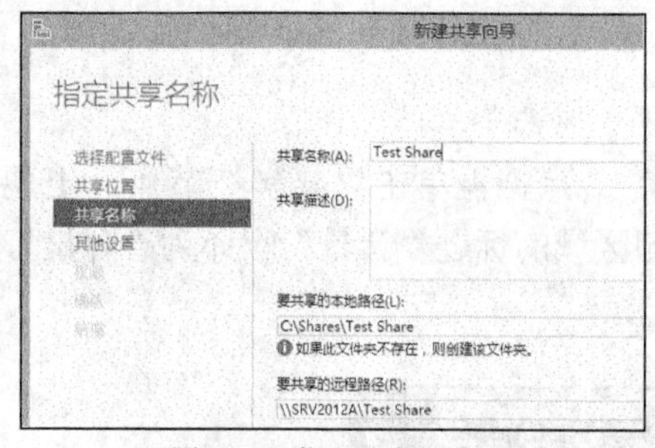

图 10-8　指定共享名称

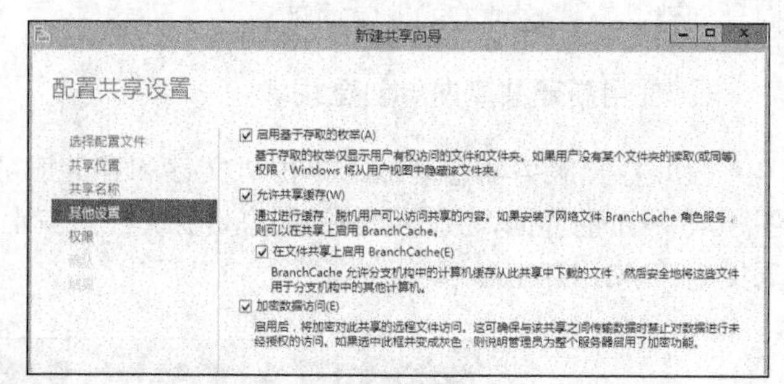

图 10-9　配置共享设置

第 1 个选项对没有文件夹读取权限的用户自动隐藏文件夹。

第 2 个选项让用户在脱机工作时访问共享数据。

第 3 个选项要求安装有“网络文件 BranchCache”角色。

第 4 个选项为远程访问提供安全保护。

（7）单击“下一步”按钮，出现图 10-10 所示的界面，指定控制访问的权限。这里给出共享文件夹的 NTFS 权限。可以根据需要修改权限，单击“自定义权限”弹出相应的界面即可定制 NTFS 权限、共享权限。

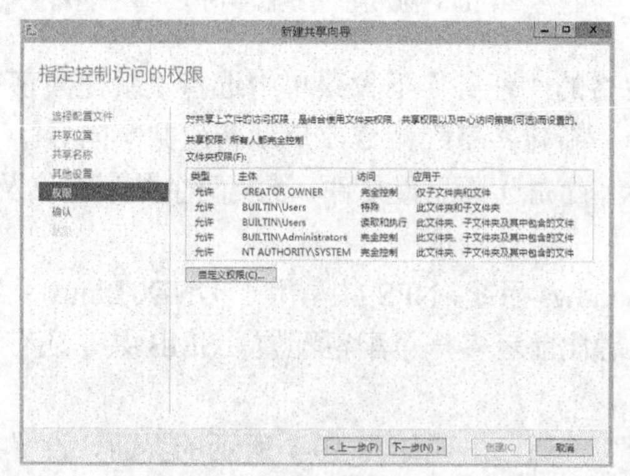

图 10-10　指定控制访问的权限

（8）单击“下一步”按钮，出现“确认选择”界面，单击“创建”按钮。

最后显示“结果”界面，单击“关闭”按钮退出向导。

2. 配置管理共享

新创建的共享出现在“共享”窗格中，如图 10-11 所示。右击要配置管理的共享，选择相应的命令，可以进一步配置管理。选择“停止共享”命令将取消共享；选择“打开共享”命令将打开相应的文件夹；选择“配置配额”命令可以对该文件夹进行配额管理(参见 3.4.2 节的有关介绍)；选择“属性”命令打开图 10-12 所示的对话框，这里提供了“常规”“权限”“设置”和“管理属性”选项卡，可以对该共享进行精细的配置。

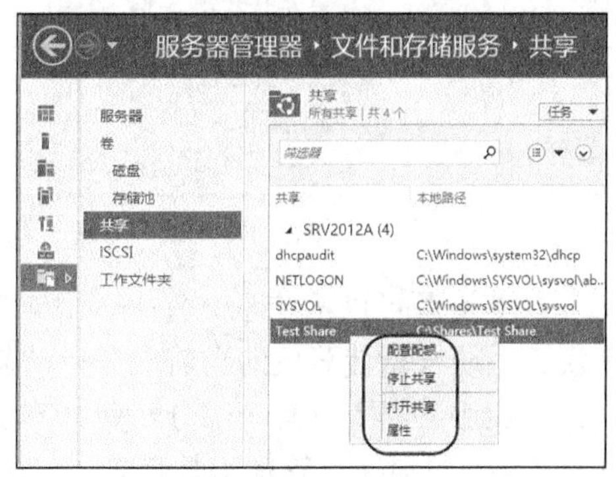

图 10-11 查看共享资源

使用服务器管理器的一大优势是可以非常方便地配置管理其他服务器上的共享资源，只需将其他服务器加入到“所有服务器”组或其他服务器组即可。这里给出一个查看和管理两台服务器上的共享的例子，如图 10-13 所示。另外，使用新建共享向导在其他服务器上创建共享，只需根据提示选择相应的服务器即可，前提是要对它拥有远程管理权限。

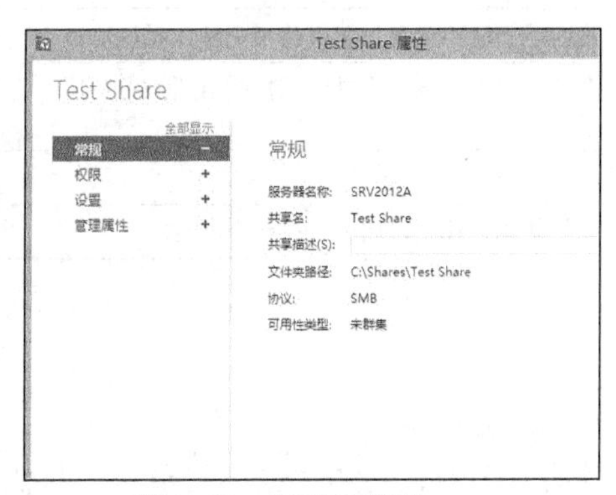

图 10-12 共享属性设置

图 10-13 管理多台服务器的共享

10.2.2 使用计算机管理控制台管理共享文件夹

计算机管理控制台是更为通用的共享文件夹管理工具，功能非常全面。

1. 查看共享文件夹

在计算机管理控制台中展开“共享文件夹”节点，单击“共享”节点，列出当前共享资源。如图 10-14 所示，其中，“共享名”是指供用户访问的资源名称，“文件夹路径”列指示用于共享的文件夹实际路径，“类型”列指示网络连接类型，“客户端连接”列指示连接到共享资源的用户数。

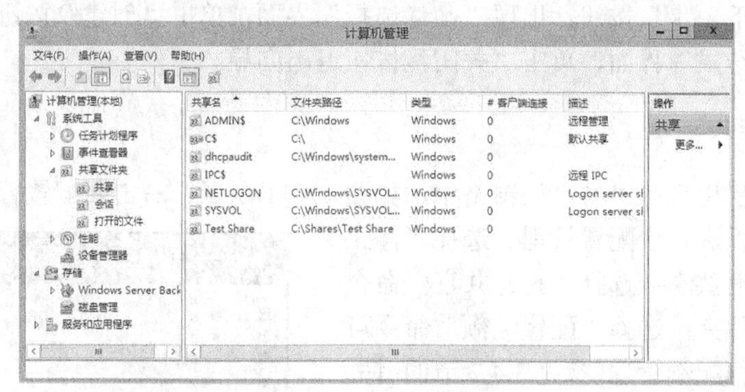

图 10-14　共享文件夹

共享资源可以是共享文件夹（目录）、命名管道、共享打印机或者其他不可识别类型的资源。系统根据计算机的当前配置自动创建特殊共享资源，具体说明见表 10-1。由于配置不同，一般服务器上只有一部分特殊共享资源。特殊共享资源主要由管理和系统本身使用，可通过“共享文件夹”管理工具查看（在文件资源管理器中不可见），建议不要删除或修改特殊共享资源。

表 10-1　　特殊共享资源

共 享 名	说 明
ADMIN$	用于计算机远程管理的资源，共享文件夹为系统根目录路径（如 C:\Windows）
Drive Letter$	驱动器（不含可移动磁盘）根目录下的共享资源，Drive Letter 为驱动器号，例如 E$
IPC$	共享命名管道的资源，用于计算机的远程管理和查看计算机共享资源，不能删除
NETLOGON 和 SYSVOL	域控制器上需使用的资源。删除其中任一共享资源，将导致域控制器所服务的所有客户机的功能丢失
PRINT$	远程管理打印机过程中使用的资源
FAX$	传真服务器为传真客户提供共享服务的共享文件夹，用于临时缓存文件

2．创建共享文件夹

可通过共享文件夹向导来创建共享文件夹，具体步骤如下。

（1）在“计算机管理”控制台展开“共享文件夹”节点，右击“共享”节点，从快捷菜单中选择“新建共享”命令，启动共享文件夹向导。

（2）单击“下一步”按钮，出现图 10-15 所示的对话框，设置要共享的文件夹的路径。

（3）单击“下一步”按钮，出现图 10-16 所示的对话框，设置共享名和共享路径。

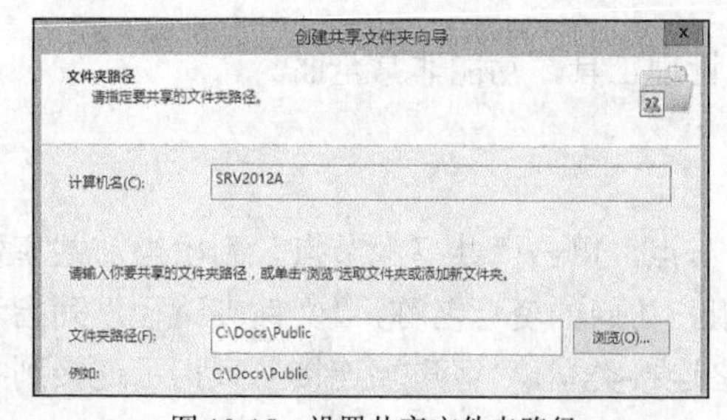

图 10-15　设置共享文件夹路径

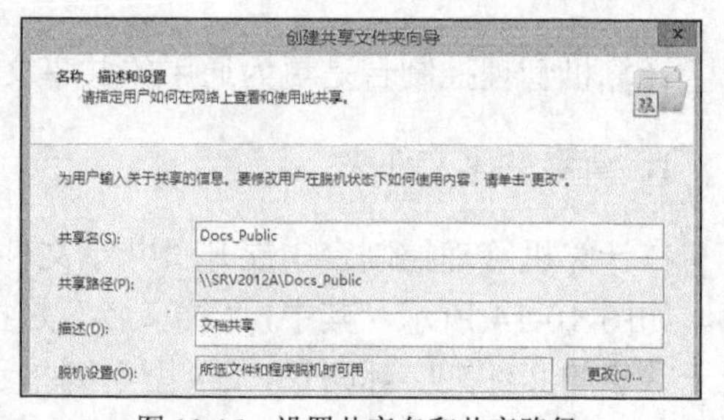

图 10-16　设置共享名和共享路径

（4）单击“下一步”按钮，出现图 10-17 所示的对话框，设置共享权限。

（5）单击“完成”按钮出现“共享成功”对话框，提示共享成功，单击“关闭”按钮。

3. 配置管理共享文件夹

完成共享文件夹创建之后，可以通过共享文件夹的属性设置进一步配置管理。在“共享文件夹”列表中，右击要配置管理的共享资源项，从快捷菜单中选择“停止共享”命令取消共享，使其不再为网络用户所用；选择“属性”命令打开相应的属性设置对话框，如图 10-18 所示，从中设置常规属性，如设置描述信息、用户限制和脱机设置。

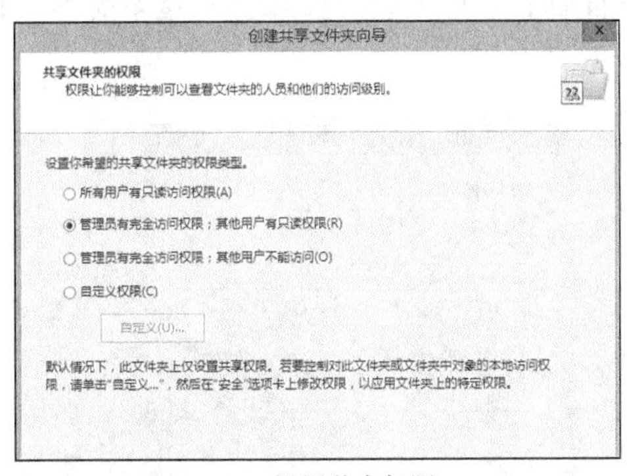

图 10-17　设置共享权限

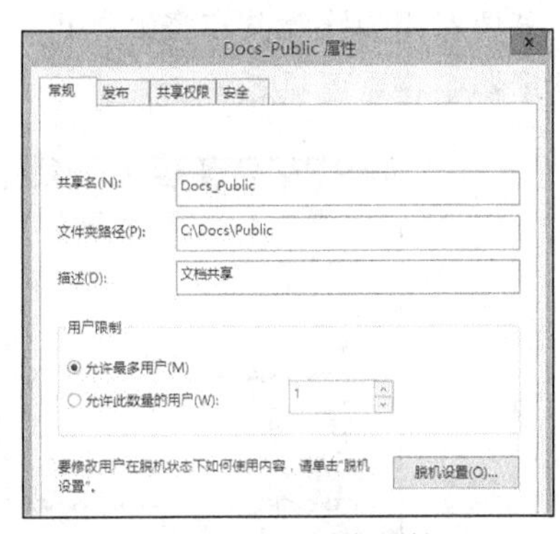

图 10-18　设置常规属性

10.2.3　使用文件资源管理器管理共享文件夹

许多用户习惯使用文件资源管理器来配置和管理共享文件夹，这是一种较为传统的共享管理方法。这种方法可创建共享文件夹、设置权限、更改共享名、停止共享，但是不方便查看共享资源，也不能管理共享会话。

1. 创建共享文件夹

（1）打开文件资源管理器，如图 10-19 所示，右击要共享的文件夹或驱动器，选择“共享”>“特定用户”命令。

（2）出现图 10-20 所示的对话框，从中选择要访问此共享的用户，并设置访问权限。

图 10-19　执行共享命令

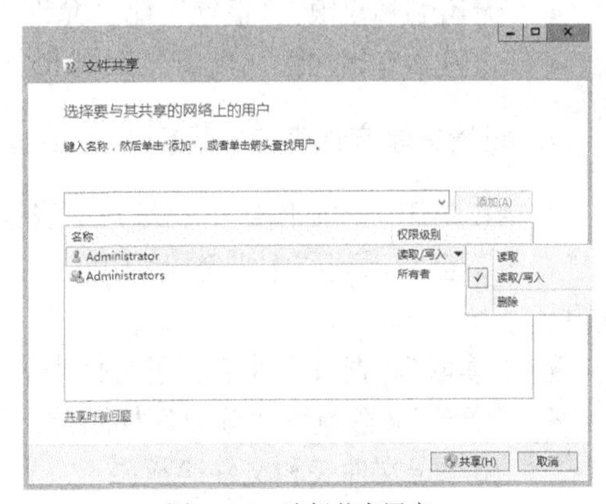

图 10-20　选择共享用户

（3）单击“共享”按钮，出现文件夹已共享的提示界面，完成共享创建。

2. 设置共享文件夹

打开文件资源管理器，右击要共享的文件夹或驱动器，选择“属性”命令打开对话框，切换到“共享”选项卡，如图 10-21 所示，单击“共享”按钮将弹出“文件共享”对话框（参见图 10-20），选择要访问此共享的用户，并设置访问权限，单击“高级共享”按钮将弹出图 10-22 所示的对话框，选择是否共享该文件夹（此处也可用来创建共享），设置共享名（可通过添加或删除共享名来更改共享名，或设置多个共享名），此处“权限”按钮用来设置共享权限。

若要对用户隐藏共享资源，可在共享名的后面加上字符“$”，这样该共享资源在文件资源管理器中将不可见。

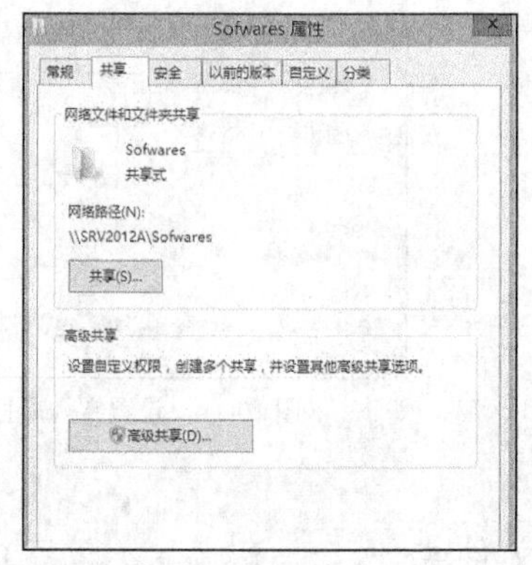

图 10-21　设置共享

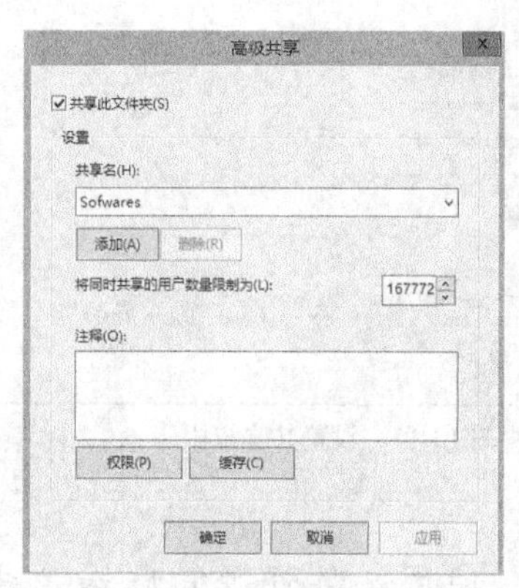

图 10-22　设置高级共享

右击要停止共享的文件夹或驱动器，选择“共享”>“停止共享”命令可以停止共享。

10.2.4　管理共享文件夹的权限

共享文件夹如果位于 FAT 文件系统，则只能受到共享权限的保护；如果位于 NTFS 分区上，便同时具有 NTFS 权限与共享权限，获得双重控制和保护。在设置权限时注意以下 3 个方面。

- 当两种权限设置不同或有冲突时，以两者中较为严格的为准。
- 无论哪种权限，“拒绝”比“允许”优先。
- 权限具有累加性，当用户隶属多个组时，其权限是所有组权限的总和。

1. 设置共享文件夹的共享权限

共享权限用于控制网络用户对共享资源的访问，仅仅适用于通过网络访问资源的用户，共享权限不会应用到在本机登录的用户（包括登录到终端服务器的用户）。有以下 3 种共享权限。

- “读取”。查看文件名和子文件夹名、查看文件数据、运行程序文件。
- “更改”。除具备“读取”权限外，还具有添加文件和子文件夹、更改文件中的数据、删除子文件夹和文件等权限。
- “完全控制”。最高权限。

从计算机管理控制台中打开共享文件夹属性设置对话框，切换到“共享权限”选项卡，可查看当前的共享权限配置，如图 10-23 所示。在 Windows Server 2012 R2 中默认仅为 Everyone 组授予“读取”权限。如果要为其他用户或组指派共享资源的权限，单击“添加”按钮弹出“选择用户、计算机或组”对话框，指定用户或组，然后单击“确定”按钮返回“共享权限”选项卡，再从权限列表中选中“允许”或“拒绝”复选框设置权限。通常先给组指派权限，然后往组中添加用户，这样比给单个用户指派相同权限更容易一些。

2. 设置共享文件夹的 NTFS 权限

使用 NTFS 文件系统的文件和文件夹还可设置访问权限，一般将其称为 NTFS 权限或安全权限。

常用的权限设置方法是先赋予较大的共享权限，然后再通过 NTFS 权限进一步详细地控制。如果要设置 NTFS 权限以加强共享文件夹安全，在共享文件夹属性设置对话框中切换到“安全”选项卡，如图 10-24 所示，查看和编辑 NTFS 权限。除了 6 种基本权限外，还可设置特殊权限（特别的权限），进行更为细腻的访问控制。单击“高级”按钮可设置高级安全选项，这一点可以参考第 3 章的文件系统管理。

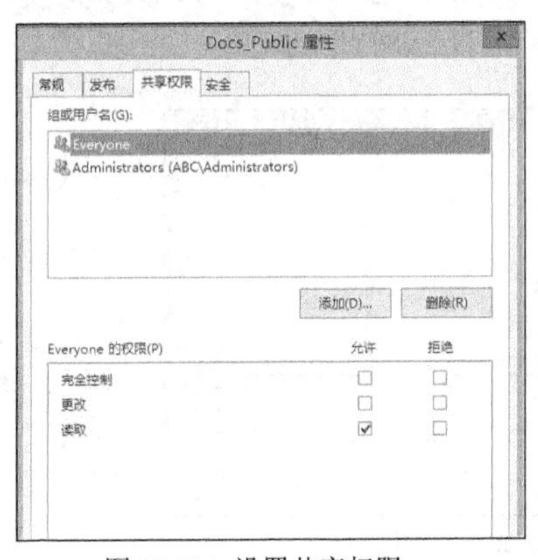

图 10-23　设置共享权限

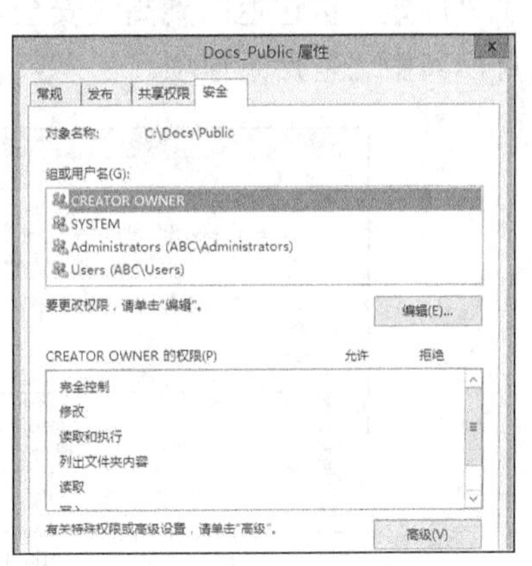

图 10-24　设置 NTFS 权限

3. 高级权限设置：访问限制条件

这里再介绍一下高级安全设置中的条件限制。在 Windows Server 2012 R2 中打开文件夹的高级属性设置对话框时，在“权限”选项卡中列出具体的权限条目，可以编辑现有条目，也可以添加新的条目。

这里以添加权限条目为例，打开相应的对话框，首先需要选择一个权限主体，即希望为其分配权限的用户或组账户，然后设置具体权限。这里提供有一个添加条件的区域，管理员可以添加条件来限制访问，只有符合条件时，才将权限授予指定的主体。

单击“添加条件”按钮出现条件定义表单，用于设置条件表达式，如图 10-25 所示。表达式的内容为：

```
“设备” - “组” - “隶属于每项” - “值” - “Domain Computers”
```

其中第 1 个条件项表示条件的主体，可以是用户或设备（计算机）；最后 1 个条件项定义匹配的具体值；中间的条件项指定匹配方式。例中条件表达式的含义是，使用 Domain

Computers 组成员计算机（设备）登录。这里该权限条目的含义是，用户账户 zhong（主体）被分配了 3 项权限——读取和执行、列出文件夹内容、读取，由于添加限制条件，该用户只有通过隶属于 Domain Computers 组的计算机登录，才能拥有这 3 项权限访问该文件夹。采用这种方式，增加了限制项目，让访问控制变得更为细腻。

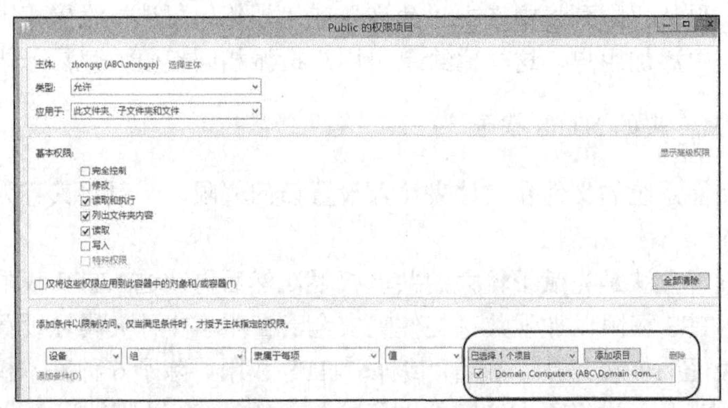

图 10-25　访问条件限制

单击“确定”按钮返回到高级安全设置对话框，如图 10-26 所示，可以发现增加了新的权限条目，其中还包括条件项。

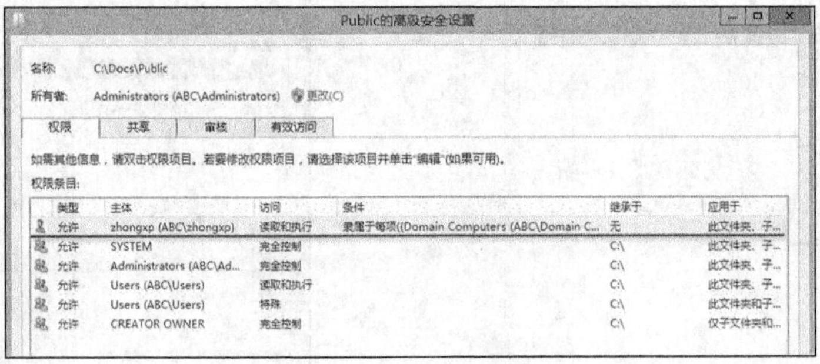

图 10-26　权限条目列表

每个权限条目可以包括多个条件，条件之间可以通过“And”或“Or”进行组合。

10.2.5　在 Active Directory 中发布共享文件夹

在 Windows 域环境中，要便于用户搜索和使用共享文件夹，还需在 Active Directory 中发布共享文件夹。

对于域控制器或域成员计算机上的共享文件夹，具有共享文件夹设置权限的用户可以直接在本机上完成在 Active Directory 发布。在共享文件夹属性设置对话框中切换到“发布”选项卡，如图 10-27 所示，选中“将这个共享在 Active Directory 中发布”复选框，单击“确定”按钮。

共享文件夹也可以作为 Active Directory 对象来管理。打开“Active Directory 用户和计算机”控制台，右击容器对象（如域、组织单位），选择“新建”>“共享文件夹”命令弹出如图 10-28 所示的对话框，设置一个名称，并给出对应的共享路径，单击“确定”按钮。这样该共享文件夹作为对象加入到 Active Directory。可根据需要进一步编辑其属性，如设置关键字等。

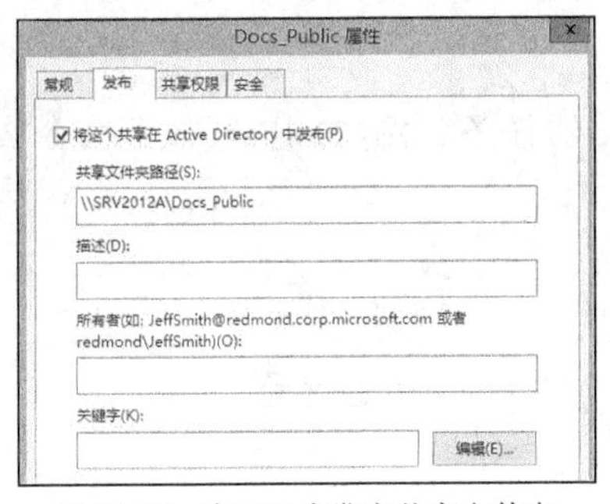

图 10-27　在 AD 中发布共享文件夹

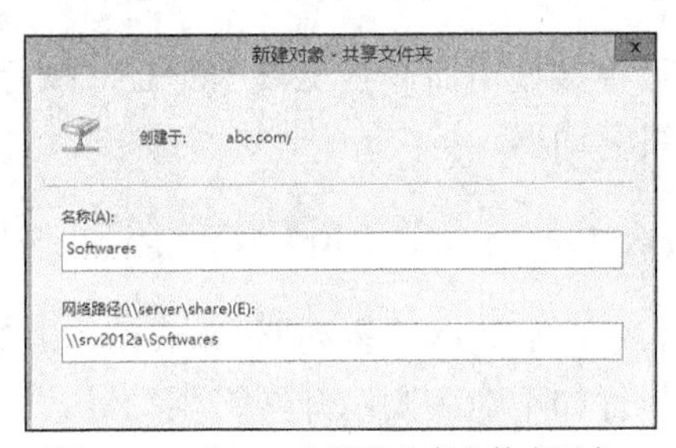

图 10-28　在 AD 中新建共享文件夹对象

10.2.6　客户端访问共享文件夹

用户访问服务器端共享文件夹的方法有多种，下面逐一介绍。

1. 直接使用 UNC 名称

UNC 表示通用命名约定，是网络资源的全称，采用“\\服务器名\共享名”格式。目录或文件的 UNC 名称还可包括路径，采用“\\服务器名\共享名\目录名\文件名”格式。可直接在浏览器、文件资源管理器等地址栏中输入 UNC 名称来访问共享文件夹，如\\srv2012a\test。

2. 映射网络驱动器

通过映射网络驱动器，为共享文件夹在客户端指派一个驱动器号，客户端像访问本地驱动器一样访问共享文件夹。以 Windows 8.1 为例，打开文件资源管理器，单击左上角的“计算机”，从“映射网络驱动器”下拉菜单中选择“映射网络驱动器”命令，打开图 10-29 所示的对话框，在“驱动器”框中选择要分配的驱动器号，在“文件夹”中输入服务器名和共享文件夹名称，即 UNC 名称，其中服务器名也可用 IP 地址代替。如果当前用户账户没有权限连接到该共享文件夹，将提示输入网络密码。

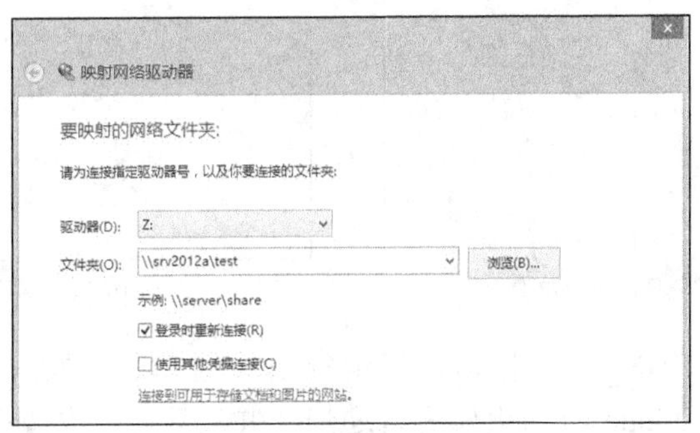

图 10-29　映射网络驱动器

单击其中的“浏览”按钮可直接查找要共享的计算机或文件夹，实际使用的网络发现功能，请参见下面的有关介绍。

要断开网络驱动器，则需要执行相应的“断开网络驱动器”命令。

3. 使用 Net Use 命令

可直接使用命令行工具 Net Use 执行映射网络驱动器任务。例如，执行如下命令实现映射网络驱动器。

```
net use Y: \\Srv2012a\test
```

其中，Y 为网络驱动器号，\\Srv2012a\test 为共享文件夹的 UNC 名称。

执行如下命令则断开网络驱动器。

```
net use Y: \\Srv2012a\test /delete
```

4. 通过网络发现和访问共享文件夹

网络发现用于设置计算机是否可以找到网络上的其他计算机和设备，以及网络上的其他计算机是否可以找到自己的计算机，可通过可视化操作来连接和访问共享文件夹，相当于以前 Windows 版本的“网上邻居”。

打开文件资源管理器，单击“网络”节点，可列出当前网络上可以共享的计算机，单击其中的计算机可发现该计算机提供的共享资源，如图 10-30 所示。

如果提示“网络发现和文件共享已关闭。看不到网络计算机和设备。单击以更改”，依照提示进行操作，选择“启用网络发现和文件共享”命令即可。可以从控制面板的“网络和共享中心”中打开“高级共享设置”来启用或关闭网络发现，如图 10-31 所示。连接到网络时，必须选择一个网络位置。有 4 个网络位置：家庭、工作、公用和域。根据选择的网络位置，Windows 为网络分配一个网络发现状态，并为该状态打开合适的 Windows 防火墙端口。

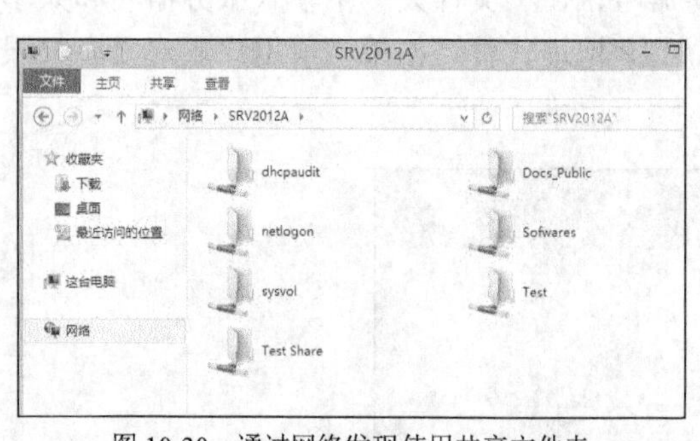

图 10-30　通过网络发现使用共享文件夹

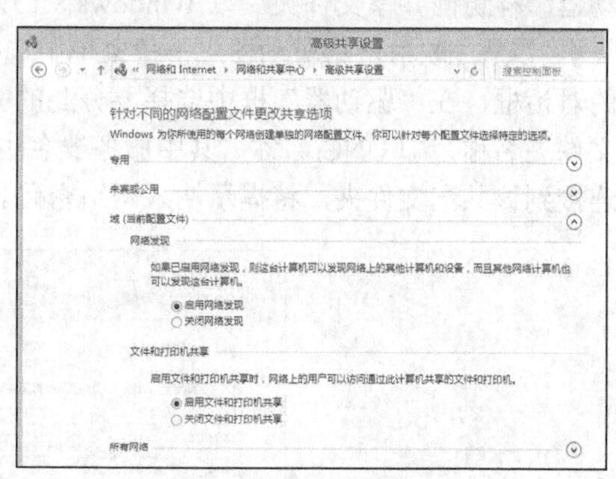

图 10-31　高级共享设置

网络发现需要启动 DNS 客户端、功能发现资源发布、SSDP 发现和 UPnP 设备主机服务，从而允许网络发现通过 Windows 防火墙进行通信，并且其他防火墙不会干扰网络发现。

5. 从 Active Directory 中搜索共享文件夹

对于已发布到 Active Directory 的共享文件夹，还可直接在域成员计算机上通过“网上邻居”来搜索 AD 中的共享文件夹。具体方法是打开文件资源管理器，双击“网络”节点，再切换到“网络”选项卡，单击“搜索 Active Directory”链接打开打开图 10-32 所示的对话框，从“查找”下拉列表中选择“共享文件夹”项，单击“开始查找”按钮即可找到该在 Active Directory 目录中已经发布的共享文件夹，用户可以直接使用。

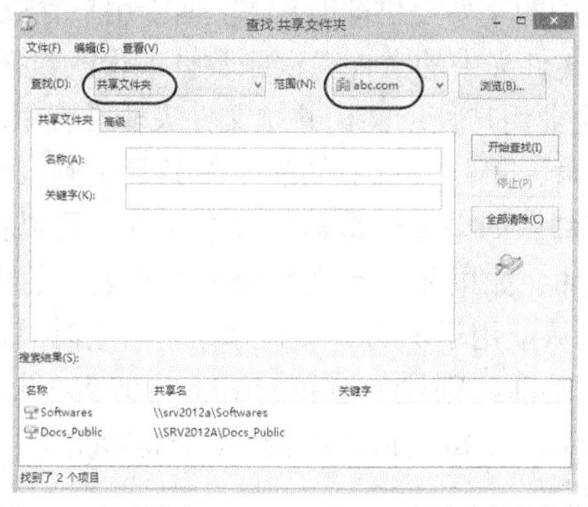

图 10-32　查找在 Active Directory 中的共享文件夹

10.2.7　管理共享文件夹的访问

可以通过计算机管理控制台来查看和管理共享文件夹的访问。

1. 查看和管理正在共享的网络用户

展开“共享文件夹”>“会话”节点，列出当前连接到（正在访问）服务器共享文件夹的网络用户的基本信息，如图 10-33 所示。在服务器端要强制断开其中的某个用户，右击该用户名，然后选择“关闭会话”命令即可。

2. 查看和管理正在共享的文件或资源

展开“共享文件夹”>“打开的文件”节点，列出服务器共享文件夹中由网络用户打开（正在使用）的资源的基本信息，如图 10-34 所示。在服务器端要强制关闭其中某个文件或资源，右击该文件或资源名，选择“将打开的文件关闭”命令即可。

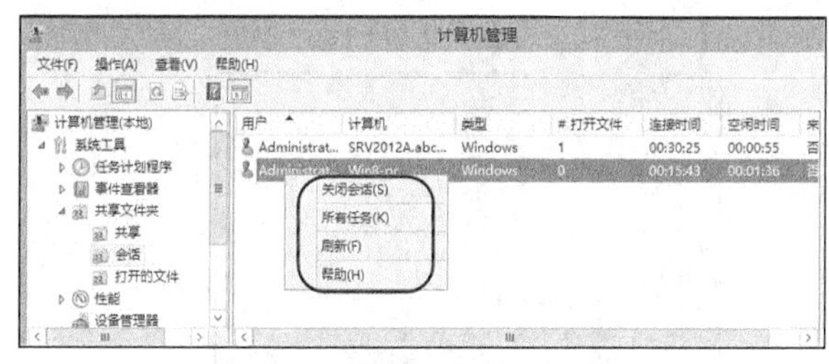

图 10-33　查看和管理用户会话

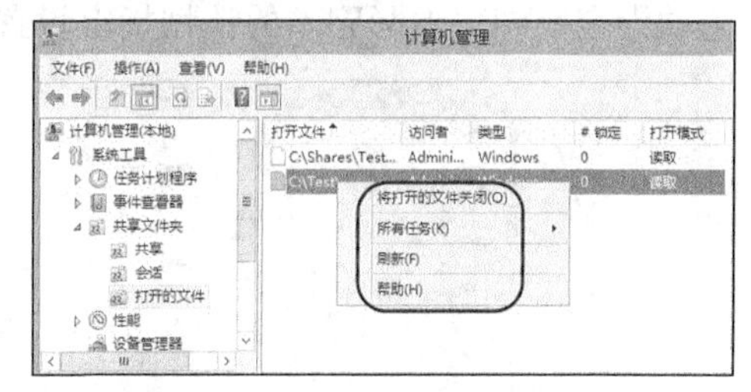

图 10-34　查看和管理打开的文件

10.2.8　配置共享文件夹的卷影副本

实验 10-2　配置共享文件夹的卷影副本

共享文件夹的卷影副本（Shadow Copies of Shared Folder）功能可以将所有共享文件夹中的文件在指定时刻复制到一个卷影副本存储区备用，用户需要该副本时可以随时获取。

1. 卷影副本概述

卷影副本为共享文件夹中的文件提供即时副本，便于用户存取在过去的时间点中存在的共享文件和文件夹。编辑共享文件夹中的文件时误删数据或误改数据，都可通过卷影副本获取文件的“以前的版本”，这对企业用户使用文档共享文件夹非常有用。其具体功能有以下 3 项。

- 恢复意外删除的文件。可打开以前的版本将其复制到安全的位置。
- 恢复意外覆盖的文件。如果意外覆盖了某个文件，可以恢复该文件的以前的版本。
- 工作时比较文件版本。如果要查看文件两个版本之间的更改，则可使用以前的版本。

共享文件夹的卷影副本只能用于 NTFS 文件系统，启用时只能以卷（磁盘分区）为单位。一旦启用某 NTFS 卷的该项功能，则位于该卷的所有共享文件夹都具备卷影副本功能，不能对特定的共享文件夹启用该功能。每卷最多存储 64 个卷影副本，当超过该限制时，最早的卷影副本将被删除且无法恢复。

要使用共享文件夹的卷影副本，必须在文件服务器上安装有“文件服务器 VSS 代理服务”角色服务并启用卷影副本功能。

2. 在文件服务器上启用卷影副本

可通过计算机管理控制台、文件资源管理器来启用卷的卷影副本并进行相关设置。

（1）在计算机管理控制台中右击“共享文件夹”节点，选择“所有任务”>“配置卷影副本”命令弹出“卷影副本”对话框，选中要启用卷影副本功能的卷（分区），然后单击“启用”按钮。这里只有 NTFS 卷才能设置卷影副本功能。

也可以在文件资源管理器中右击要设置的卷（驱动器），选择“配置卷影副本”命令。

（2）弹出“启用卷影复制”对话框，单击“是”按钮，返回“卷影副本”对话框。如图 10-35 所示，系统已自动就当前时刻的该卷创建第一个卷影副本。

只有创建卷影副本，才能提供文件或文件夹恢复服务。默认设置为每天 7：00 和 12：00 分别创建一个卷影副本。也可单击“立即创建”按钮，为当前时刻的卷创建卷影副本。

（3）根据需要更改设置。单击要更改设置的卷，然后单击“设置”按钮，打开图 10-36 所示的对话框。其中“最大值”选项指定在特定卷上用于存储卷影副本的最大空间量。“计划”选项为定期创建卷影副本的计划指定设置。

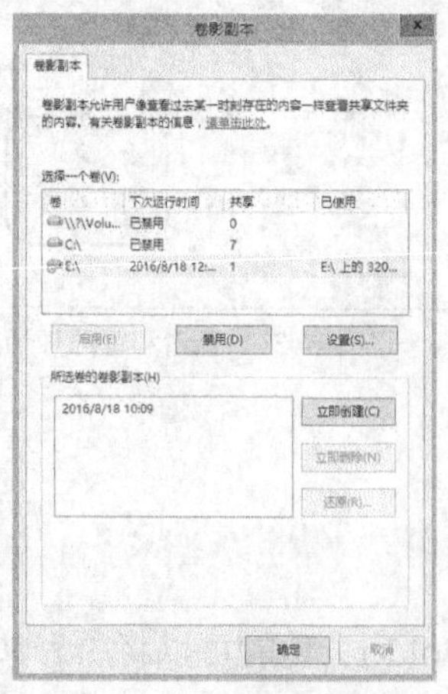

图 10-35　启用卷影副本功能

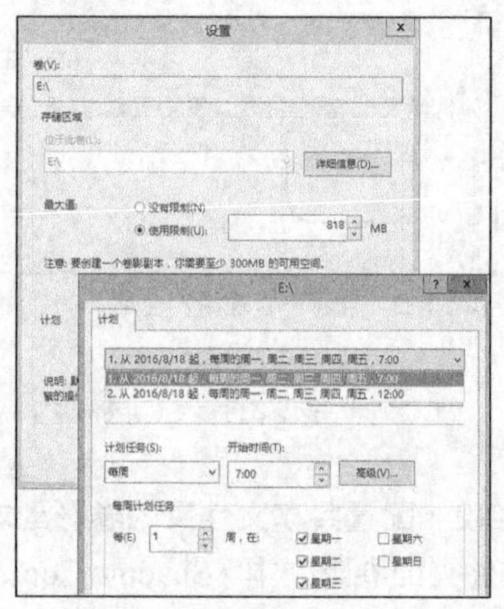

图 10-36　更改卷影副本的设置

3. 在客户端使用卷影副本

客户端计算机连接到启用卷影副本的共享文件夹之后，就可通过共享文件夹或其中文件的属性对话框中的“以前的版本”选项卡来访问卷影副本，对文件进行相应的查看和挽救操作。实际上，客户端将“以前的版本”作为卷影副本来引用。

为便于测试，在例中的共享文件夹中创建一个文本文件，多次修改，每改一次，在服务器端立即创建卷影副本。共享文件夹及其文件的“以前的版本”分别如图 10-37 和图 10-38 所示。可以对特定的版本执行打开、复制和还原操作。

由共享文件夹卷影副本所建立的以前版本，仍然维持原来的访问权限。如果对该副本文件不具备修改权限，则无法还原该文件。

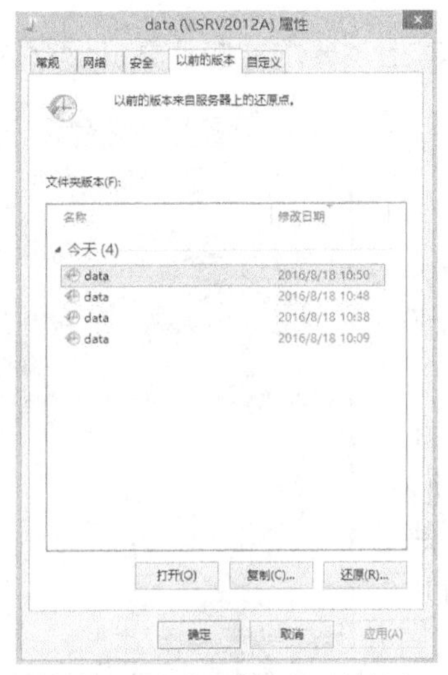

图 10-37　共享文件夹的以前版本

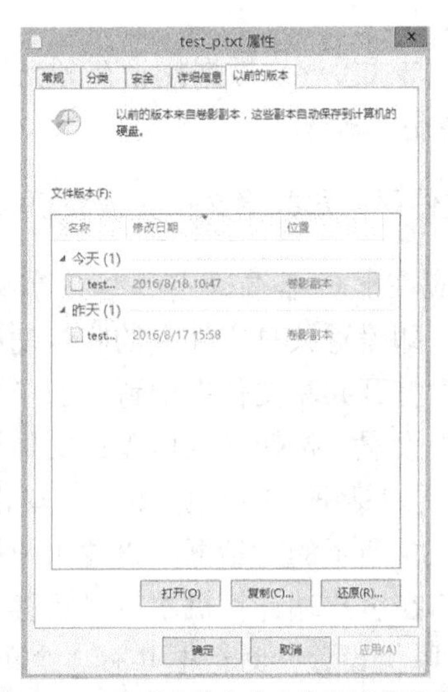

图 10-38　共享文件夹内文件的以前版本

10.2.9　通过脱机文件实现文件同步

脱机文件功能允许用户在网络断线的情况下仍然可以访问共享文件夹。微软有时也将这项功能称作客户端缓存。使用脱机文件功能，能够提高网络文件访问速度，缓解网络拥挤程度（减小网络流量），简化移动办公终端与服务器文件的同步。

1. 脱机文件实现机制

脱机文件使用直写缓存（Write-Throug Cache）机制。当写入文件时，文件会保存到存有该文件的网络位置，同时还会缓存到本地磁盘上。当用户访问脱机文件中缓存的文件时，脱机文件首先比较网络位置和缓存中文件的版本，若没有发生变化，优先提供本地缓存版本，否则会获取网络上的文件副本。遇到网络断线不能访问服务器时则暂时先访问本机中的数据。

脱机文件可以根据用户设定的多种方式自动进行后台同步（对用户不可见），尽可能获取文件的最新副本。

经常携带笔记本计算机出差的用户回到公司，需要将笔记本计算机中的文件复制到服务器上，并将服务器上的文件复制到笔记本计算机，以实现文件同步，这通过脱机文件功能即可实现。脱机文件功能在服务器端或客户端都要进行相应的设置，不过重点是客户端。

2. 网络文件 BranchCache

BranchCache（分支缓存）旨在增强使用 WAN 慢速连接的分支机构的网络文件访问体验，允许数据缓存在远程分支的计算机中，方便远程分支机构的其他用户使用。

与脱机文件类似，使用 BranchCache 功能，远程分支机构用户第一次访问网络文件时会将其缓存到分支机构的计算机中。当用户再次访问该文件时，BranchCache 首先比较网络位置和缓存中文件的版本，若没有发生变化，优先提供本地缓存版本，否则会获取网络上的文件副本。BranchCache 支持两种模式。

- 托管缓存：数据托管在运行 Windows Server 2008 R2 或更高版本的分支机构服务器上。
- 分布式缓存：数据托管在分支机构的各台 PC 上，要求这些计算机运行 Windows 7 或更高版本。

3. 文件服务器共享文件夹的脱机设置

首先应在服务器端确定哪些共享文件夹支持脱机文件功能，即设置共享文件夹的脱机功能。在计算机管理控制台中打开共享文件夹配置界面（参见图 10-18），单击“脱机设置”按钮（也可以在文件资源管理器打开“高级共享”对话框，参见图 10-22，单击“缓存”按钮）打开图 10-39 所示的对话框，设置用户访问该共享文件夹时，如何在客户端计算机本机“缓存”服务器端的共享文件。“脱机设置”对话框共有 3 个单选项。

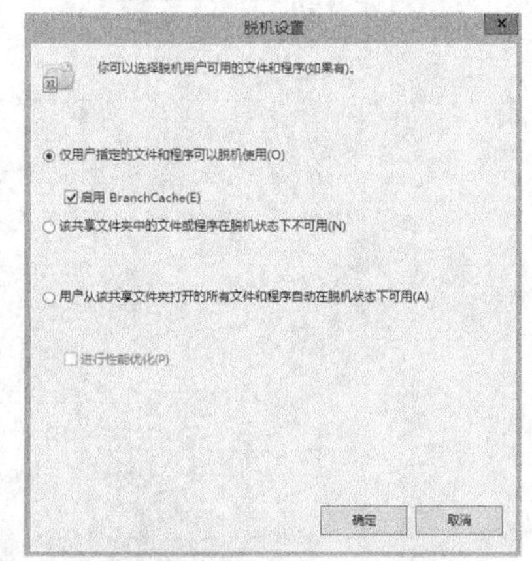

图 10-39 服务器端脱机设置

- 第 1 个选项：用户可控制哪些文件可脱机使用，可从服务器端手动复制文件到客户端。这是默认设置。它下面有一子选项，用于启用 BranchCache 功能。
- 第 2 个选项：禁止用户脱机存储文件。选择此项该共享文件夹就不能支持脱机功能。
- 第 3 个选项：用户从共享文件夹中打开的所有文件自动脱机使用。如果再选中“进行性能优化”复选框，则所有程序将自动缓存，这样就可在本机上运行，该选项对于宿主应用程序的文件服务器尤其有用，因为它可以减小网络流量。

还可以在服务器管理器的“共享”设置中来启用脱机功能。

4. 客户端启用脱机文件功能

不同客户端启用脱机文件的方式有所不同。Windows 7 和 Windows 8.1 默认已经启用脱机文件功能。Windows 服务器版本（如 Windows Server 2012）需要安装桌面体验功能（一般通过服务器管理器的添加角色和功能向导），然后通过控制面板中的“同步中心”来启用脱机文件功能。

5. 客户端允许共享网络文件和文件夹脱机使用

在客户端计算机上要指定可以脱机使用的网络文件和文件夹，这样客户端用户才能存储网络共享资源的本地副本，遇到网络连接断开时仍能访问这些资源，从而实现脱机工作。打开文件资源管理器，右击要脱机使用的共享网络文件或文件夹，选择“始终脱机可用”命令即可，如图 10-40 所示。该文件夹图标的左下部将出现两个方向相反的绿色弧线箭头。

要取消文件或文件夹的脱机使用许可，右击该条目并再次单击“始终脱机可用”命令清除复选标记。

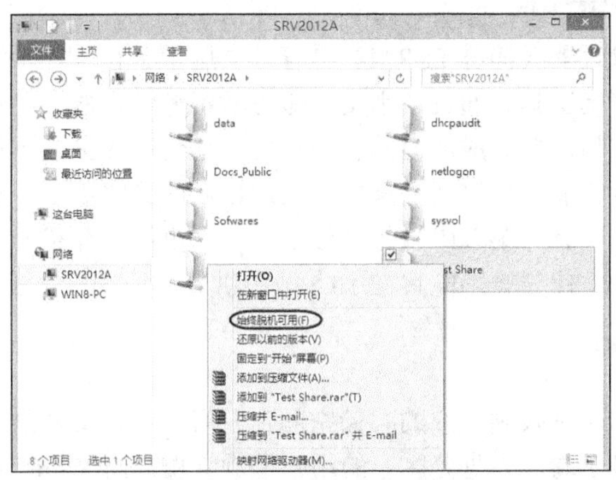

图 10-40 指定可以脱机使用的网络文件和文件夹

6. 同步处理

在网络连接正常状态下，用户所访问的文件仍然位于网络位置。系统会自动同步用户的脱机文件，一旦网络文件内容发生更改，就会复制到用户计算机的缓存区域。

离线状态下改变文件，重新连接网络后，同步管理器将使用脱机工作时所做的更改来更新网络文件，将网络中断的负面影响减少到最小程度。

系统并不是随时自动同步的，如有需要可随时执行手动同步。具体方法是，在文件资源管理器中右击要脱机使用的共享网络文件或文件夹，选择“同步” > “同步所选脱机文件”命令。

可以通过同步中心进一步管理文件同步。打开控制面板，将查看方式改为“大图标”或“小图标”，单击“同步中心”链接打开图 10-41 所示的界面，这里可以查看和管理相应的同步项目。单击“管理脱机文件”链接打开图 10-42 所示的对话框，可以管理脱机文件。

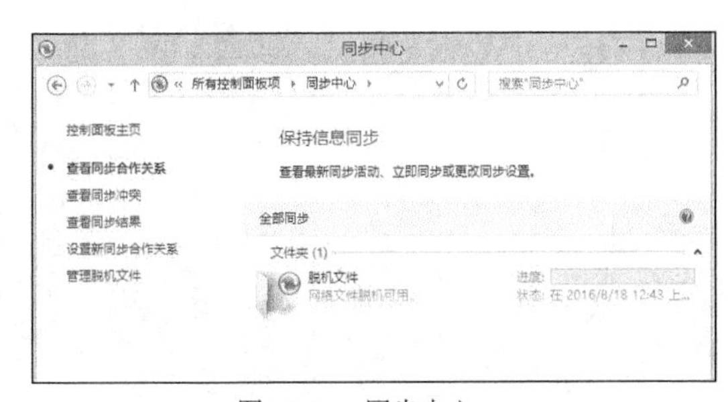

图 10-41 同步中心

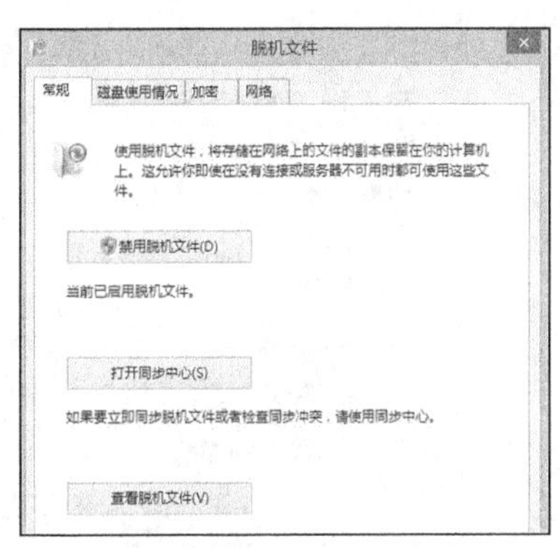

图 10-42 脱机文件管理

10.3　使用文件服务器资源管理器

实验 10-3　文件夹配额管理

实验 10-4　文件屏蔽管理

文件服务器资源管理器（简称 FSRM）是管理员用于了解、控制和管理服务器上存储的数据的数量和类型的一套工具。通过使用文件服务器资源管理器，管理员可以为文件夹和卷设置配额，主动屏蔽文件，并生成全面的存储报告。这套高级工具不仅可以帮助管理员有效地监视现有的存储资源，而且可以帮助规划和实现以后的策略更改。从“管理工具”菜单或者服务器管理器中的“工具”菜单中来打开该工具。这里简要介绍一下配额管理、文件屏蔽管理和存储报告管理，文件分类功能将在 10.5 节中讲解。

1. 文件夹配额管理

配额管理的主要作用是限制用户的存储空间，只有 NTFS 文件系统才支持配额。早期的 Windows 版本仅支持基于卷（磁盘分区）的用户配额管理，而 Windows Server 2012 R2 支持基于文件夹的配额管理。使用文件服务器资源管理器通过创建配额来限制允许卷或文件夹使用的空间，并在接近或达到配额限制时生成通知。例如，可以为服务器上每个用户的个人文件夹设置 500 MB 的限制，并在达到 450 MB 存储空间时通知用户。

配额可通过模板创建，也可分别创建。模板便于集中管理配额，简化存储策略更改。

（1）打开文件服务器资源管理器，展开“配额管理”节点，右击“配额”节点，选择“创建配额”命令。

（2）弹出图 10-43 所示的对话框，在“配额路径”文本框中指定要应用配额的文件夹，可单击“浏览”按钮来浏览查找配额路径。

（3）如果要使用配额模板，选择“从此配额模板派生属性”单选按钮，然后从下拉列表中选择模板，在“配额属性摘要”区域可查看相应模板的属性。

如果不使用模板，选择“定义自定义配额属性”单选按钮，然后单击“自定义属性”按钮弹出图 10-44 所示的对话框，从中设置所需的配额选项，单击“确定”按钮。

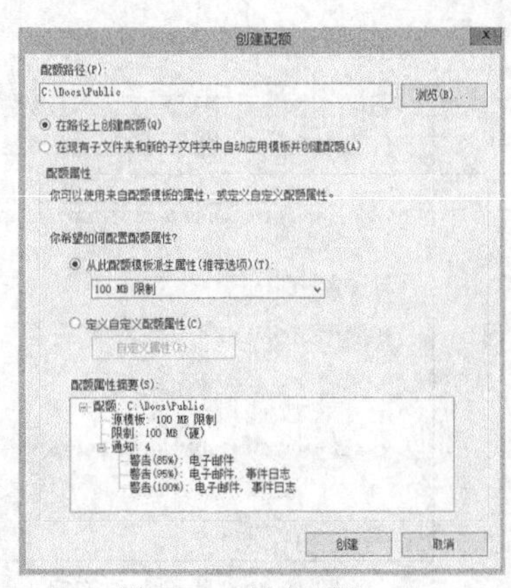

图 10-43　创建配额

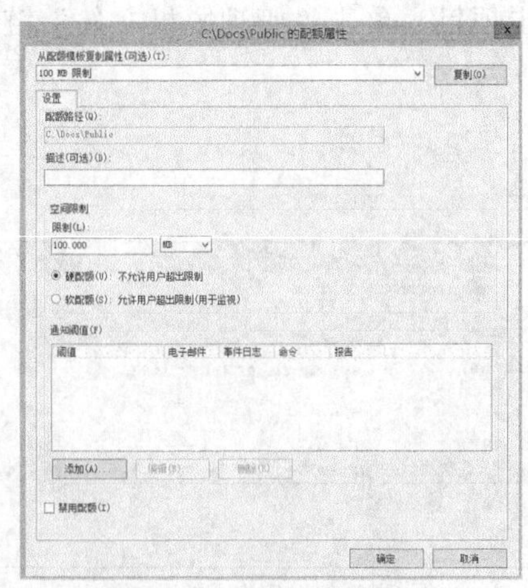

图 10-44　自定义配额属性

（4）单击“创建”按钮，完成配额创建，结果如图 10-45 所示。可根据要调整现有配额的设置。

默认情况下，系统提供了 6 种配额模板，如图 10-46 所示。可根据需要添加新的模板，或者编辑修改甚至删除现有模板。模板的编辑请参见图 10-44。

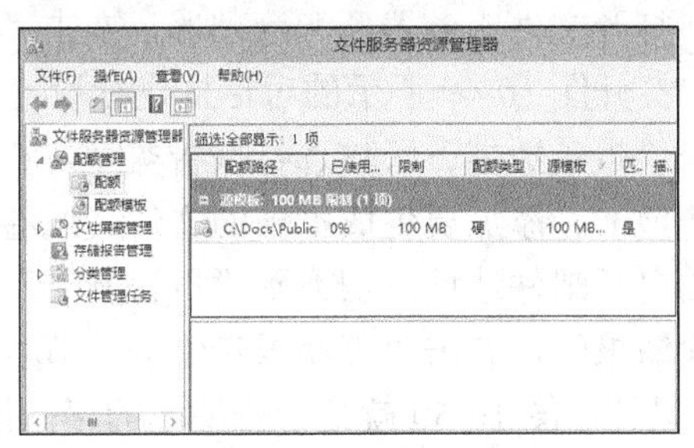

图 10-45　已创建的配额

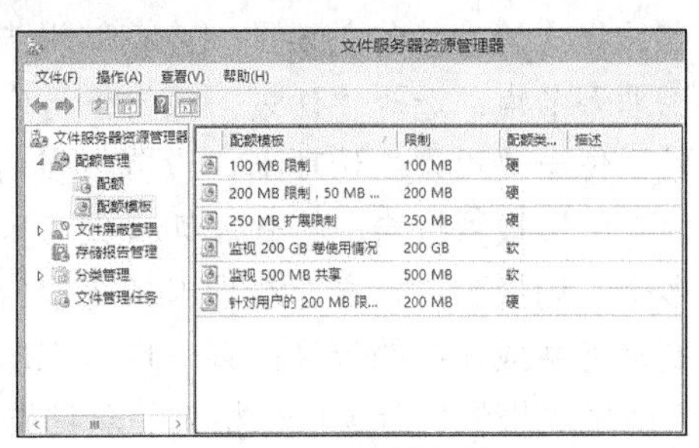

图 10-46　配额模板列表

2. 文件屏蔽管理

文件屏蔽管理的主要作用是在指定的存储路径（文件夹或卷）中限制特定的文件类型存储，阻止大容量文件（如 AVI）、可执行文件或其他可能威胁安全的文件类型。

文件屏蔽管理任务主要是创建和管理文件屏蔽规则，屏蔽规则可以通过模板创建，也可以自定义。模板便于集中管理屏蔽规则，简化存储策略更改。屏蔽规则创建与上述配额操作相似。

（1）打开文件服务器资源管理器，展开“文件屏蔽管理”节点。

（2）右击“文件屏蔽”节点，选择“创建文件屏蔽”命令，打开图 10-47 所示的对话框，在“文件屏蔽路径”框中指定要屏蔽规则的文件夹或卷，可单击“浏览”按钮来浏览查找路径。

（3）如果要使用配额模板，选择“从此文件屏蔽模板派生属性”单选按钮，然后从下拉列表中选择模板，在“文件屏蔽属性摘要”区域可查看相应模板的属性。

如果不使用模板，选择“定义自定义文件屏蔽属性”单选按钮，然后单击“自定义属性”按钮弹出相应的对话框，从中设置所需的文件屏蔽选项，单击“确定”按钮。

（4）单击“创建”按钮，完成文件屏蔽规则的创建。

默认情况下，系统提供了 5 种文件屏蔽模板，可根据需要添加新的模板，或者编辑修改甚至删除现有模板。模板的编辑如图 10-48 所示，涉及屏蔽类型、电子邮件通知、事件日志记录、违规时运行的命令、报告生成等选项设置。

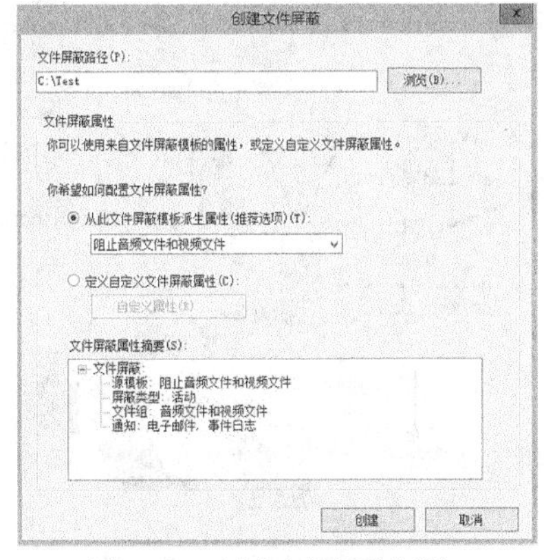

图 10-47　创建文件屏蔽规则

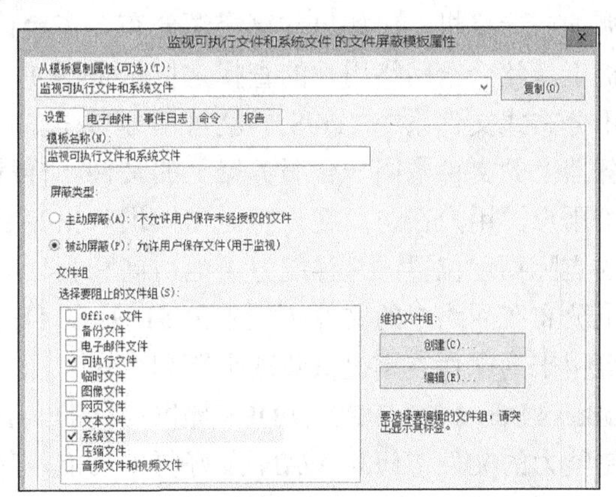

图 10-48　编辑文件屏蔽模板

3. 存储报告管理

存储报告管理的主要作用是生成与文件系统和文件服务器相关的存储报告，用于监视磁盘使用情况，标记重复的文件和休眠的文件，跟踪配额的使用情况，以及审核文件屏蔽。

存储报告管理任务主要是创建存储报告任务。打开文件服务器资源管理器，右击“存储报告管理”节点，选择“计划新报告任务”命令，打开图 10-49 所示的对话框进行设置。

默认位于“设置”选项卡，设置报告名称，在“报告数据”区域选择报告类型，在“报告格式”区域设置报告的格式。切换到“范围”选项卡，添加要生成报告的文件夹或卷，可添加多个。切换到“发送”选项卡指定报告发送的电子邮件地址。切换到“日程安排”选项卡定制报告生成任务的调度计划。也可立即生成存储报告，右击“存储报告管理”节点，选择“立即生成报告”命令打开相应的对话框，进行设置。图 10-50 就是一份简单的存储报告。

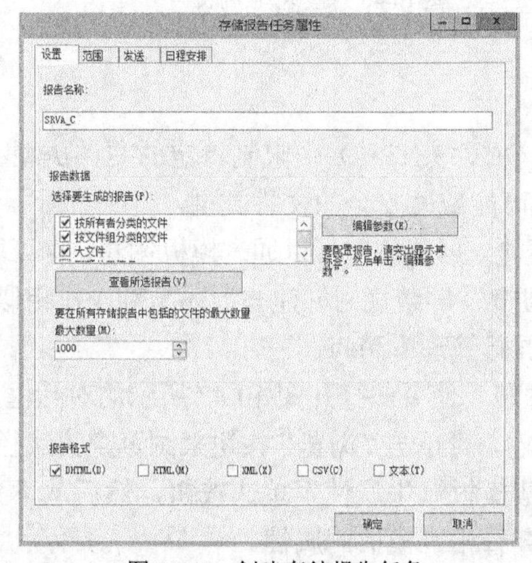

图 10-49　创建存储报告任务

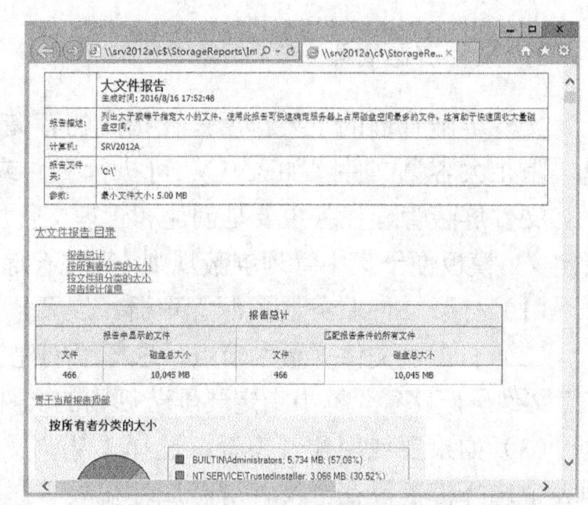

图 10-50　存储报告示例

10.4　配置和管理分布式文件系统

当用户通过网上邻居或 UNC 名称访问共享文件夹时，必须知道目标文件夹的实际位置在哪一台计算机上。如果共享资源分布在多台计算机上，就会给网络用户的查找定位带来不便。使用分布式文件系统（DFS），就可使分布在多台服务器上的文件像同一台服务器上的文件一样提供给用户，用户在访问文件时无需知道和指定它们的实际物理位置，这样能方便地访问和管理物理上分布在网络中的文件，如图 10-51 所示。DFS 还可用来为文件共享提供负载平衡和容错功能。Windows Server 2012 R2 的 DFS 提供简化的具有容错能力的文件访问和 WAN 友好复制功能，包含 DFS 命名空间与 DFS 复制两项技术。

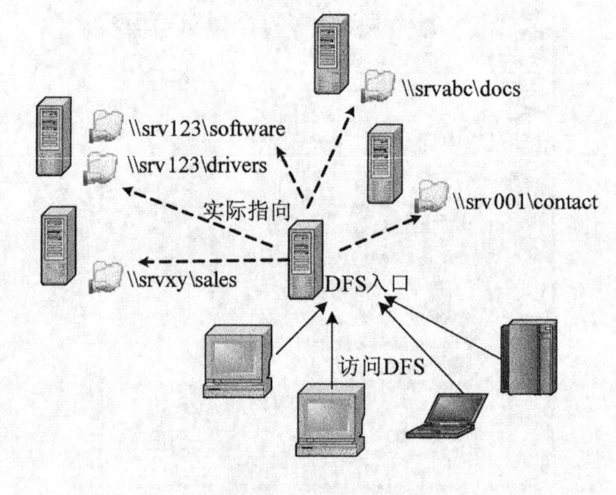

图 10-51　DFS 示意

10.4.1　分布式文件系统结构

DFS旨在为用户所需网络资源提供统一和透明的访问途径。DFS更像一类名称解析系统，使用简化单一的命名空间来映射复杂多变的网络共享资源。Windows Server 2012 R2 的 DFS 通过 DFS 命名空间与 DFS 复制两项技术来实现。DFS 中的各个组件介绍如下。

- DFS 命名空间：让用户能够将位于不同服务器内的共享文件夹集中在一起，并以一个虚拟文件夹的树状结构呈现给用户。DFS 命名空间分为两种，一种是基于域的命名空间，它将命名空间的设置数据存储到命名空间服务器与 Active Directory 中，支持多台命名空间服务器，并具备命名空间的容错功能；另一种是独立命名空间，它将命名空间的设置数据存储到命名空间服务器内，只能够有一台命名空间服务器。这两种命名空间类型决定了分布式文件系统的类型：域分布式文件系统与独立的根目录分布式文件系统。
- 命名空间服务器：这是命名空间的宿主服务器，对于基于域的命名空间，可以是成员服务器或域控制器，且可设置多台命名空间服务器；对于独立命名空间，可以是独立服务器。
- 命名空间根目录：这是命名空间的起始点，对应到命名空间服务器内的一个共享文件夹，而且此文件夹必须位于 NTFS 卷。对于基于域的命名空间，其名称以域名开头；对于独立命名空间，则名称会以计算机名称开头。
- DFS 文件夹：相当于 DFS 命名空间的子目录，它是一个指向网络文件夹的指针，同一根目录下的每个文件夹必须拥有唯一的名称，但是不能在 DFS 文件夹下再建立文件夹。
- 文件夹目标：这是 DFS 文件夹实际指向的文件夹位置，即目标文件夹。目标可以是本机或网络中的共享文件夹，也可是另一个 DFS 文件夹。一个 DFS 文件夹可以对应多个目标，以实现容错功能。
- DFS 复制（DFS Replication）：一个 DFS 文件夹可以对应多个目标，多个目标所对应的共享文件夹提供给客户端的文件必须一样，也就是保持同步，这是由 DFS 复制服务来自动实现的。该服务提供一个称为远程差分压缩（RDC）的功能，能够有效地在服务器之间复制文件，这对带宽有限的 WAN 联机非常有利。

总之，分布式文件系统由 DFS 命名空间、DFS 文件夹和文件夹目标组成。通过 DFS 来访问网络共享资源，只需提供 DFS 命名空间和 DFS 文件夹即可。建立分布式文件系统的主要工作就是建立 DFS 结构。

10.4.2　部署分布式文件系统

实验 10-5　部署分布式文件系统

安装 DFS，然后建立 DFS 结构。这里在域控制器 SRV2012A 上进行示范。

1. 安装 DFS

使用服务器管理器中的添加角色和功能向导来安装 DFS。当出现“选择服务器角色”界面时，单击“角色”列表中的“文件与存储服务”角色，再单击“文件和 iSCSI 服务”节点，选中“DFS 命名空间”与“DFS 复制”两个角色服务，根据提示完成安装过程。

2. 在服务器端建立命名空间

接下来是建立 DFS 结构，这里选择基于域的命名空间。

（1）从“管理工具”菜单中选择“DFS Management”命令打开 DFS 管理控制台。

（2）展开“DFS 管理”节点，右击“命名空间”节点，选择“新建命名空间”命令启动新建命名空间向导，设置命名空间服务器。一般选择本机（这里是 SRV2012A），也可选择其他服务器（需要管理权限）。

（3）单击“下一步”按钮，出现图 10-52 所示的对话框，设置命名空间的名称。

系统默认会在命名空间服务器的%SystemDrive%\DFSRoots 文件夹创建一个以该命名空间名称为名的文件夹作为命名空间根目录（例中为 C:\DFSRoots\DFSPublic），普通用户具有只读权限。如果要对此进行更改，单击“编辑设置”按钮打开相应的对话框进行设置。

（4）单击“下一步”按钮，出现图 10-53 所示的对话框，从中选择命名空间类型。这里选中“基于域的命名空间”单选按钮。

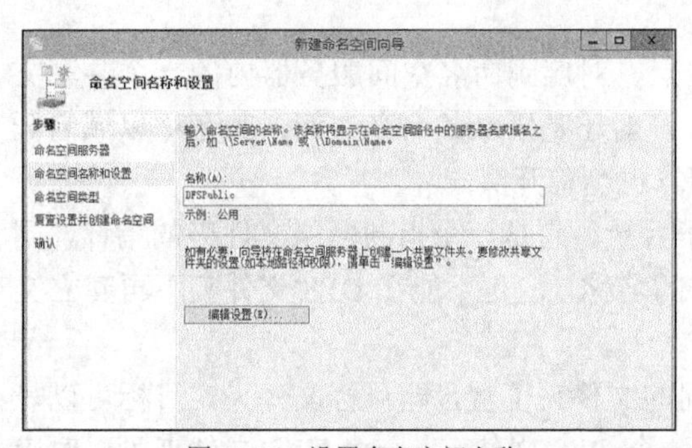

图 10-52　设置命名空间名称

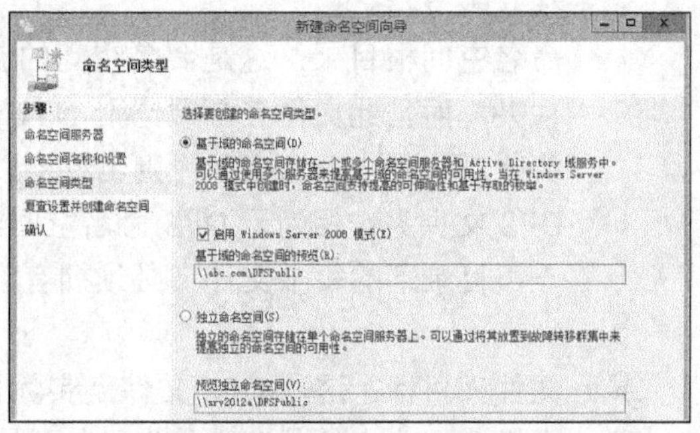

图 10-53　选择命名空间类型

（5）单击“下一步”按钮，出现“复查设置并创建命名空间”对话框，检查命名空间设置信息，确认后单击“创建”按钮完成命名空间的创建。

在 DFS 管理控制台中可查看新创建的命名空间，如图 10-54 所示。

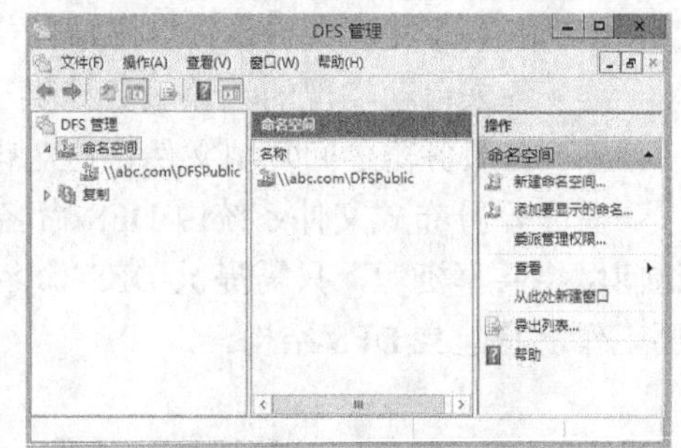

图 10-54　新创建的命名空间

3. 创建文件夹

在 DFS 管理控制台中展开“DFS 管理”节点，右击“命名空间”节点下的命名空间，选择“新建文件夹”命令，打开图 10-55 所示的对话框，设置文件夹名称和文件夹目标路径。文件夹名称不受目标名称或位置的限制，可创建对用户具有意义的名称。单击“添加”按钮弹出“添加文件夹目标”对话框，可在其中直接输入目标路径，目标路径必须是现有的共享文件夹，用 UNC 名称表示。也可单击“浏览”按钮弹出“浏览共享文件夹”对话框，从可用的共享文件夹列表中选择。可以添加多个文件夹目标。

在 DFS 管理控制台中可查看命名空间下新创建的文件夹及其目标，如图 10-56 所示。

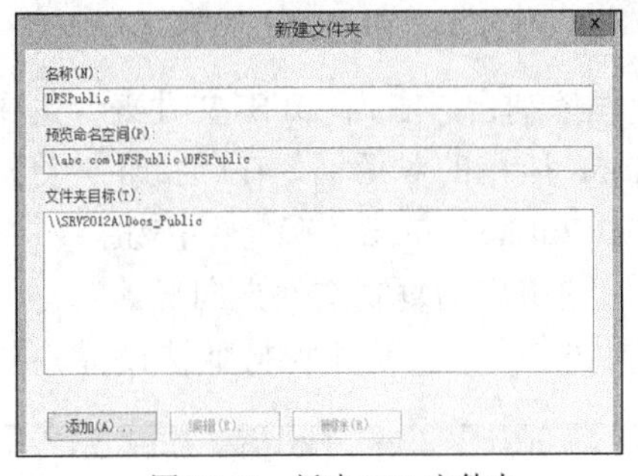

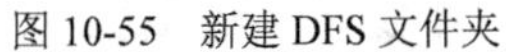
图 10-55　新建 DFS 文件夹

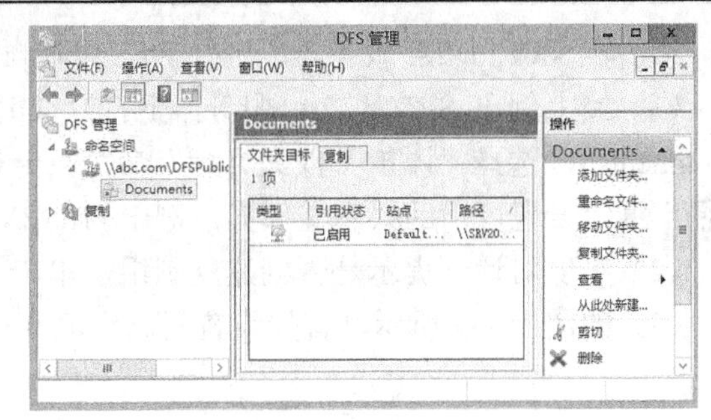

图 10-56　新创建的 DFS 文件夹

4. 客户端通过 DFS 访问共享文件夹

DFS 客户端组件可在许多不同的 Windows 平台上运行。默认情况下，Windows 2000 及更高版本都支持 DFS 客户端。

在客户端计算机上像访问网络共享文件夹一样访问分布式文件系统，只是 UNC 名称是基于 DFS 结构的，格式为\\命名空间服务器\命名空间根目录\DFS 文件夹，如图 10-57 所示。服务器也可用域代替，例如\\abc.com\DFSPublic\Documents。还可直接打开命名空间根目录，展开文件夹来访问所需的资源。

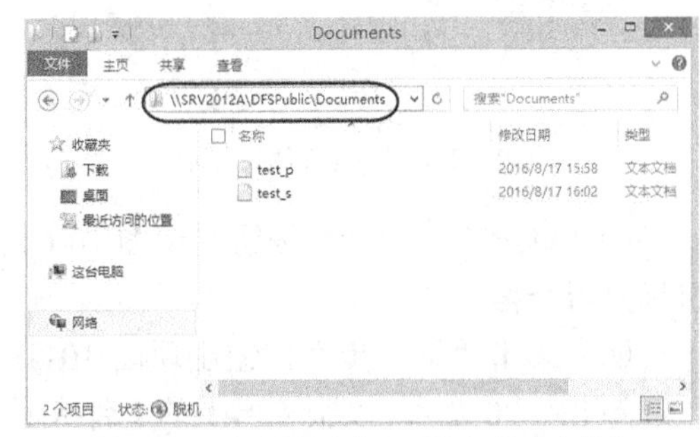

图 10-57　客户端通过 DFS 访问共享文件夹

不管用哪种方式，访问 DFS 名称空间的用户看到的是根目录下作为文件夹而列出的链接名，而不是目标的实际名称和物理位置。

5. 管理 DFS 目标

每个 DFS 文件夹都可对应多个目标（共享文件夹），形成目标集。例如，让同一个 DFS 文件夹对应多个存储相同文件的共享文件夹，这样可提高可用性，还可用于平衡服务器负载，当用户打开 DFS 资源时，系统自动选择其中的一个目标。这就需要为 DFS 文件夹再添加其他 DFS 目标，同一个文件夹对应多个目标会涉及 DFS 复制。右击 DFS 文件夹，选择“添加文件夹目标”命令打开“新建文件夹目标”对话框，根据提示设置即可。

6. 删除 DFS 系统

DFS 命名空间根目录、DFS 文件夹和文件夹目标都可以被删除。方法是右击该项目，选择相应的删除命令即可。无论是删除哪个 DFS 项，都仅仅是中断 DFS 系统与共享文件夹之间的关联，而不会影响到存储在文件夹中的文件。

10.4.3　部署 DFS 复制

实验 10-6　部署 DFS 复制

DFS 同一个文件夹对应多个目标可能涉及 DFS 复制，前提是目标（共享文件夹）位于不同的服务器上，且服务器支持 DFS 复制。这里在域成员服务器 SRV2012B 上安装“DFS 复制”角色服务，创建一个共享文件夹（例中为“Public”），将其作为上述 DFS 文件夹的的一个目标，然后在 SRV2012A 服务器上进行 DFS 复制配置。

（1）接上例在 SRV2012A 服务器上打开 DFS 管理控制台，右击 DFS 文件夹（例中为 Documents），选择“添加文件夹目标”命令打开图 10-58 所示的对话框，在“文件夹目标的路径”框中设置可用的共享文件夹，例中为\\SRV2012B\Public，单击“确定”按钮。

（2）出现对话框提示是否创建复制组，单击“是”按钮启动复制文件夹向导。

（3）如图 10-59 所示，首先设置复制组名和已复制文件夹名，这里保持默认设置。

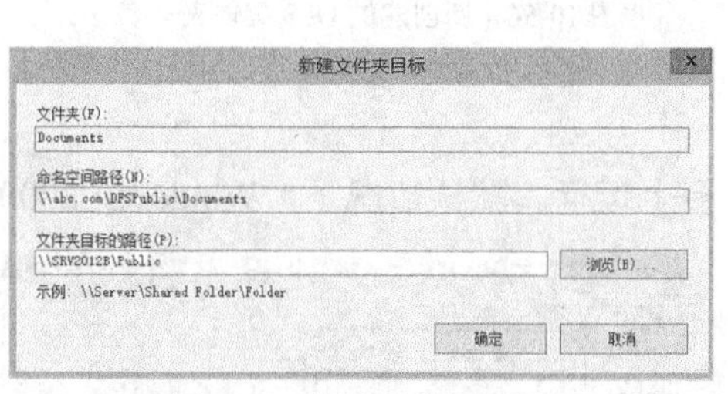

图 10-58　新建文件夹目标

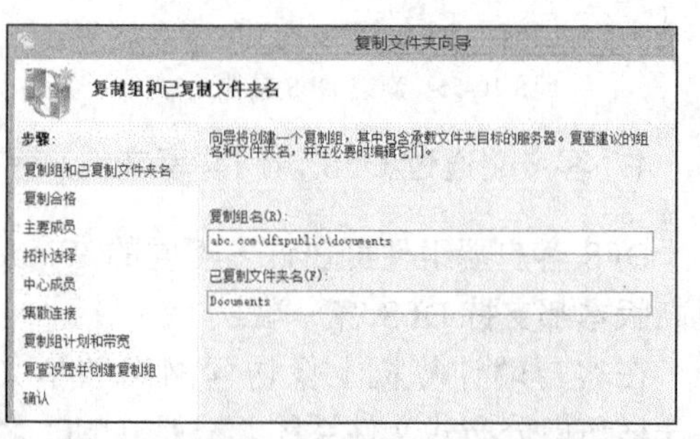

图 10-59　设置复制组名和已复制文件夹名

（4）单击“下一步”按钮出现图 10-60 所示的对话框，评估作为 DFS 复制成员的文件夹目标是否合格。

（5）单击“下一步”按钮出现图 10-61 所示的对话框，首先设置复制组的主要成员，这里选择 SRV2012A，该服务器上的文件夹具有权威性。

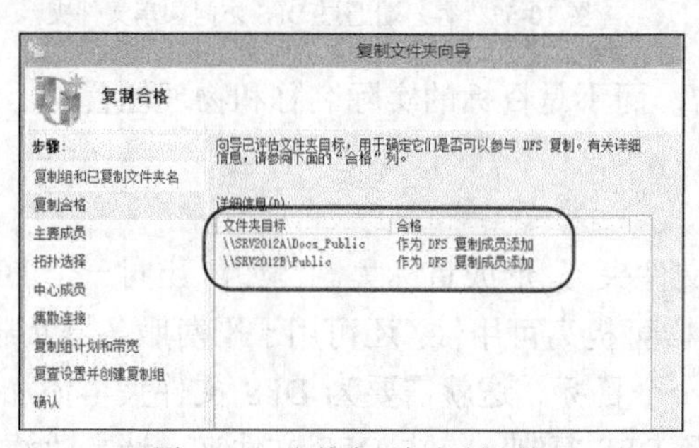

图 10-60　文件夹目标复制合格

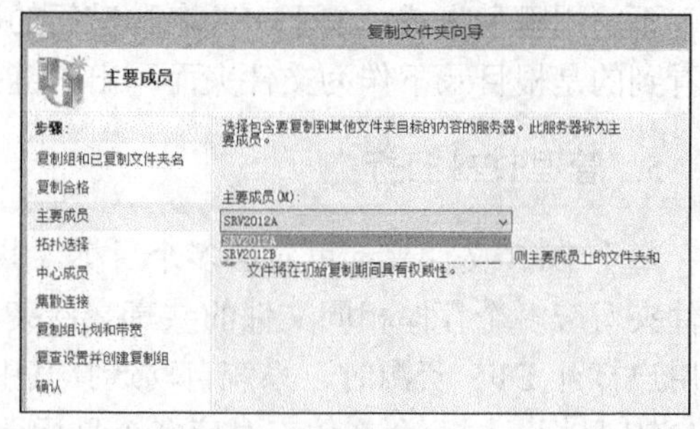

图 10-61　设置复制组主要成员

（6）单击“下一步”按钮出现图 10-62 所示的对话框，选择复制组成员之间的连接拓扑，这里选择默认选项“交错”，每个成员都与其他成员一起复制。

（7）单击“下一步”按钮出现图 10-63 所示的对话框，选择默认情况下用于复制组所有连接的复制计划和带宽，这里保持默认设置。

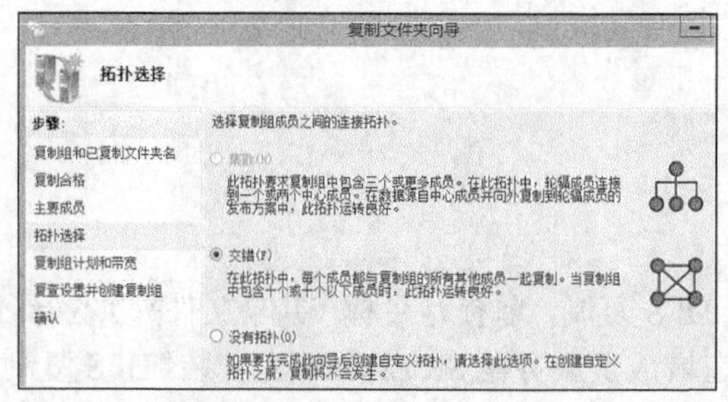

图 10-62　拓扑选择

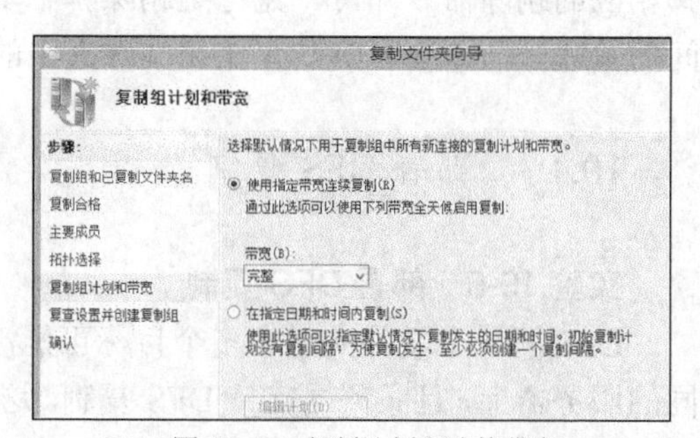

图 10-63　复制计划和连接带宽

（8）单击“下一步”按钮出现“复查设置并创建复制组”对话框，确认设置无误后单击“创建”按钮开始创建复制组。完成之后单击“关闭”按钮。

回到 DFS 管理控制台，单击创建有复制组的 DFS 文件（这里为“Documents”），在中间窗格中切换到“复制”选项卡，如图 10-64 所示，可以查看 DFS 复制的当前状态。

单击“导航到复制组”链接，可以对 DFS 进行管理，包括查看成员身份、管理复制连接、查看已复制文件夹等，如图 10-65 所示。也可以单击“复制”节点下的复制组来打开该界面。

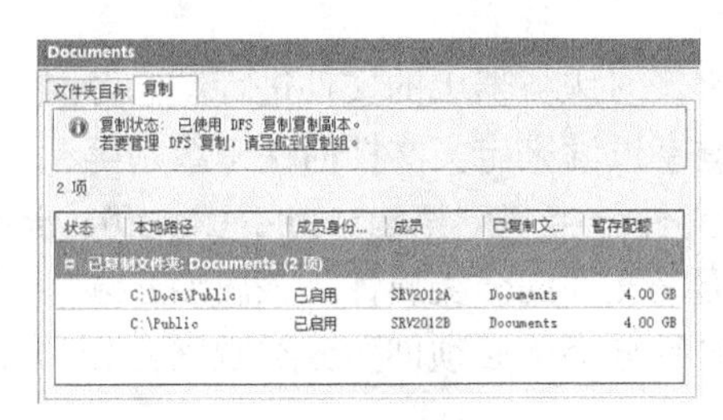

图 10-64　DFS 复制状态

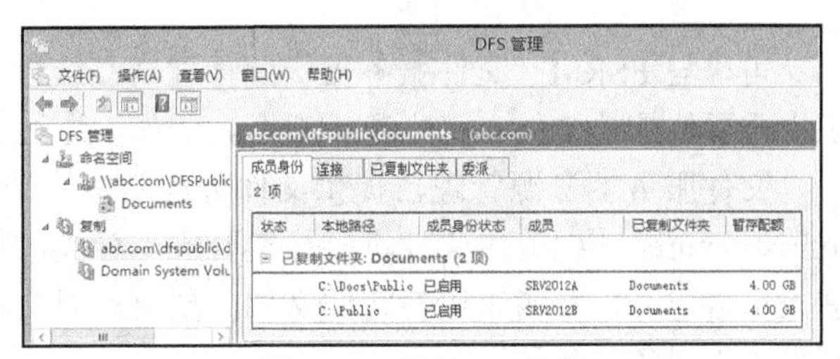

图 10-65　管理 DFS 复制

10.5　动态访问控制

文件服务器的安全和访问控制的重要性不容置疑，早期 Windows 服务器版本提供的主要控制手段是 NTFS 安全权限设置。这要求用户针对特定的文件或文件夹，指定特定的用户或组拥有相应的权限。对于有数千员工的大型企业，文件服务器数量多，NTFS 权限管理可能需要变得非常细致，甚至会出现个别用户隶属于上百个用户组的情形。为此，微软自 Windows Server 2012 开始引入动态访问控制（Dynamic Access Control，DAC）技术来解决这个问题。DAC 可以结合 FSRM（文件服务器资源管理器）的文件分类功能，对文件资源访问实现动态控制，并且使用中心访问规则，实现对用户的动态判断。

动态访问控制可以用来实现文件服务器的集中管理、分级、信息保护等功能，提供了一种灵活的方式对访问进行控制和审计，从而轻松实现精细的粒度控制。

10.5.1　动态访问控制的主要功能

动态访问控制是一种新的机制，可以在组织级别集中定义访问策略并自动地应用到每一个文件服务器，与现有的共享和文件授权相结合，形成一个总体的安全保护设施。其主要功能列举如下。

1. 访问控制

基于中央访问策略设置用户的访问控制，实现更加丰富的权限管理，快速、安全地保护所有数据。例如，要求用户和他使用的计算机都隶属于管理员组时，才对某文件资源拥有访问权限。又比如，设置部门属性，让具有特定部门属性的用户获得访问权限，从而限制跨部门的访问。

2. 访问审计

安全审计是维持安全的必要措施。可以使用中央审计策略设置文件访问审计，并生成审计报告。例如，可以审核没有高级别的安全授权而尝试访问高安全性敏感数据的用户。收集、存储和分析审计事件费时费力，动态访问控制可用来简化这个流程，在“声明”和资源属性的基础上快速建立审计策略。

3. 文件分类

可以与 FSRM（文件服务器资源管理器）结合起来，对服务器上的文件进行动态分类，识别需要保护的文件，阻止数据泄密。例如，通过关键字过滤来定义文档的保密级别等。

文件服务器资源管理器提供文件分类功能，通过文件分类基础架构（File Classification Infrastructure，FCI）对文件进行分类管理。分类的依据是文件的分类属性，该属性必须由管理人员自定义，并指定给特定的文件。要自动对文件进行分类，必须创建分类规则。分类规则用于设置各种条件。

4. 集成权限管理服务

与 Active Directory 权限管理服务（ADRMS）集成，实现文档权限的进一步细化。ADRMS 是专门针对微软 Office 文档进行加密的插件，确保只有授权用户才能访问它们的内容。动态访问控制能够通过策略简化加密流程，自动触发权限管理服务，根据文档分类提供相应的保护。

例如，市场部门的用户创建了一个共享的文档，一旦该文件被确认为包含敏感信息，ADRMS 自动将该文件的访问权限限制在市场部门来进行保护。任何试图访问该文档的用户必须首先获得 ADRMS 服务器的授权，只有有效的市场部门的用户才能打开该文档。

5. 拒绝访问援助

当用户遇到拒绝访问问题时，仅靠人工来沟通和解决问题是比较困难的，尤其是规模较大的企业。动态访问控制授权用户和内容的所有者自助解决，以减轻 IT 部门的负担。

动态访问控制机制可以提供帮助用户自助解决相应问题的步骤。管理员可以自定义拒绝访问的提示信息，以便用户能够在遇到拒绝访问的情况时进行自我修正。该消息还可以包含 URL，以便将用户定向到所提供的自我修正网站。

10.5.2 动态访问控制的关键组件

动态访问控制不是一项单一的技术，而是一套文件服务器解决方案，需要多个组件一起工作。下面列出关键的组件。

1. 用户与设备声明

声明（Claim）是关于实体的信息，是一种基于属性的授权方法。声明支持多种数据类型，包括字符串型、布尔型和整型。

用户声明是关于用户的属性，例如用户在哪个部门工作、在哪个地方办公。用户声明与

Active Directory 用户账户属性关联。

设备也有自身关联的声明，即关于设备的属性，如设备运行的操作系统。设备声明与与 Active Directory 计算机账户属性关联。

2. 基于表达式的访问控制列表

每一个访问控制列表（Access Control List，ACL）包含有授权访问该文件（或文件夹）的所有用户账户和组，以及它们被授予的访问权限。基于表达式的访问控制列表作用于用户声明、设备声明和资源属性上。资源属性（Resource Properties）是用于归类的信息，可以是为文件或文件夹定义的属性。

表达式包含两个部分：适用范围（Applicability）和权限。适用范围检查通常针对资源属性，例如“Resource.SecurityLevel = Secret”。如果这一表达式返回 true，则权限表达式将会评估用户或设备是否可以访问该资源。

基于表达式的访问控制列表也扩展了现有的基于组的策略。以前对于组而言，并没有“与（And）”运算符。如果一个用户必须在两个或两个以上组才能访问某一资源，那么必须要新建一个组代表那些用到的组才行。现在，只需要一个表示“用户既在组 A 也在组 B”的表达式就可以了。

3. 文件分类基础架构

文件分类基础架构用于将资源属性指派给文件。FCI 支持内置分类和第三方分类。在 Windows Server 2012 R2 中，文件分类器是近实时运行的。在创建文件与将其分类之间仍然存在少许延迟，这使得本地权限也非常重要。

FCI 的另一个变化是分类信息的存放地。先前它是放在次级文件流中。这意味着任何对这个文件有写权限的人都可以编辑它。在 Windows Server 2012 R2 中它已经被移入文件访问控制列表。文件分类的列表存在 Active Directory 中。

4. 中心访问策略

中心访问策略（Central Access Policy，CAP）又译为中央访问策略，将基于表达式的访问控制与文件分类相结合。这允许 IT 部门设置高级规则，例如财务文档（用 FCI 分类）只有财务部门的用户并且在项目组中才能访问。这些规则通过组策略推送到文件服务器。

中心访问策略检查是在共享访问控制列表检查之后应用的。如果 CAP 规则通过了，那么 NTFS 文件系统的本地文件访问控制将进行检查。

为了减少由于错误配置安全设置引发的问题，中心访问策略可以分阶段配置。这使得信息安全经理可以发现谁对某一文件失去了访问权限，并找出哪些规则引发了问题。

10.5.3　动态访问控制的部署要求

动态访问控制的优势在于实现跨文件服务器的集中访问控制管理策略。动态访问控制是 Windows Server 2012 R2 中的一组功能，用于管理在 Active Directory 组之上的身份验证与授权。部署动态访问控制需要满足以下条件。

- 文件服务器需要运行 Windows Server 2012 或更高版本操作系统，低于此版本的服务器必须至少升级到 Windows Server 2012。
- 需要 Active Directory 域环境支持。Active Directory 域服务是动态访问控制实现的基础设施。用户声明和中央访问策略需要 Windows Server 2012 或 Windows Server 2012 R2 域控制器。文件服务器必须部署在域控制器或域成员服务器上。
- 设备声明要求客户端运行于 Windows 8.1 或更高版本操作系统上。
- 需要 KDC（Key Distribution Center）支持。Kerberos 仍旧是 Active Directory 域成员计算机之间声明流动的主要方式。KDC 是通过组策略产生 Kerberos 认证票证（Ticket）的地方。声明类型要由 Kerberos 进行处理。

10.5.4 DAC 管理工具

动态访问控制的核心是中心访问策略，这可以使用 Active Directory 管理中心工具进行配置管理。以管理员身份登录域控制器，打开该工具，单击“动态访问控制”节点，如图 10-66 所示，中间窗格中列出有关的项目，简介如下。

- Central Access Polices（中心访问策略）：该策略的配置将应用到部署环境中的所有文件服务器上。
- Central Access Rules（中心访问规则）：是中心访问策略的组成部分。
- Claim Types（声明类型）：基于 Active Directory 用户和计算机的属性，用于配置声明。声明类型由 Kerberos 进行处理。
- Resource Properties（资源属性）：用于归类信息，这些属性可以是为文件或文件夹定义的属性。
- Resource Property Lists（资源属性列表）：将资源属性归类到容器中。

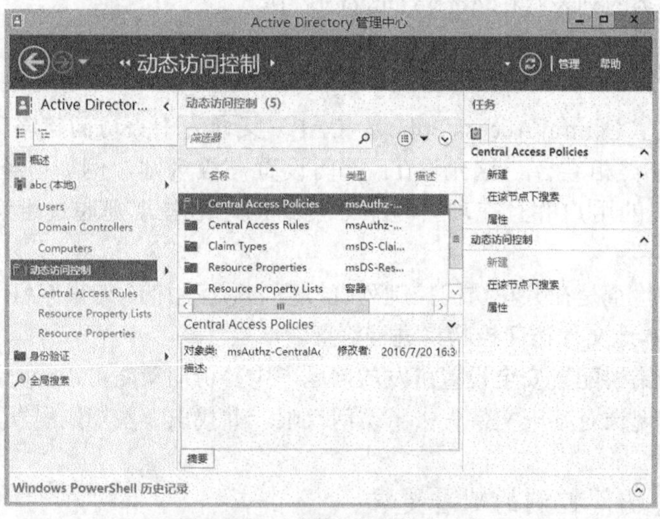

图 10-66　动态访问控制管理界面

要让动态访问控制生效，需要先配置声明类型、资源和中心访问规则，再构成中心访问策略。该策略用于集中保护文件服务器，管理和控制信息访问。

10.5.5　动态访问控制的实现

实验 10-7　动态访问控制的实现

这里结合一个实例来讲解动态访问控制的实现过程。

1. 实验环境和要求

ABC 公司有一个域名为 abc.com 的活动目录，其中域控制器为 SRV2012A，同时作为文件服务器，客户端 Windows 8.1 计算机 Win8-PC 是域成员。

所有用户和计算机位于域 abc.com 中。用户 zhang 隶属于组 Manager 和 Domain Users；用户 zhongxp 隶属于组 Domain Users，在 IT 部门工作；计算机 Win8-PC 隶属于组 Manager 和 Domain Computers。

安全组 Manager 成员属于公司的管理人员，对文档拥有较高权限。公司有一个名为 IT 的部门，负责软件工作。本例拟实现以下两个目标。

- 对公司文档进行关键字过滤来实现保密级别的划分。只有 Manager 组的用户，使用属于 Manager 组的计算机时，才可以访问这些文档。
- 为 IT 部门建立共享文件夹（例中为 Softwares），并赋予 IT 属性，只有当用户的部门属性为 IT 时才可以访问。

2. 准备工作

（1）按实验要求配置用户和计算机账户，可以使用“Active Directory 用户和计算机”控制台来操作。这里重点讲一下部门属性的设置。在该控制台中从“查看”菜单中选中“高级”选项，打开用户（这里是 zhongxp）的属性设置对话框，切换到“属性编辑器”选项卡，将“department”属性的值设置为“IT”，如图 10-67 所示。

（2）设置共享文件夹。这里利用前面的例子所创建的共享文件夹，一个是 C:\Docs\Public（共享名为 Docs_Public），供发布内部文档用；另一个为 C:\Softwares（共享名为 Softwares），供 IT 部门用。两个共享都授予 Everyone 组读写的共享权限。

（3）在内部文档共享文件夹 C:\Docs\Public 中创建两个文本文档 test_p.txt 和 test_s.txt，如图 10-68 所示，后者包含后面文件分类要用到的关键字“秘密”。

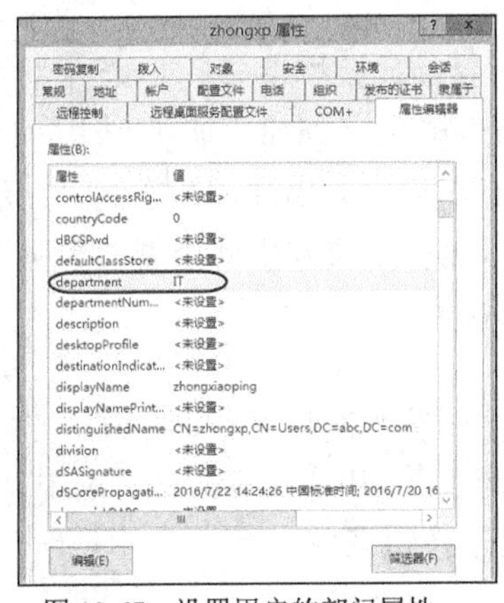

图 10-67　设置用户的部门属性

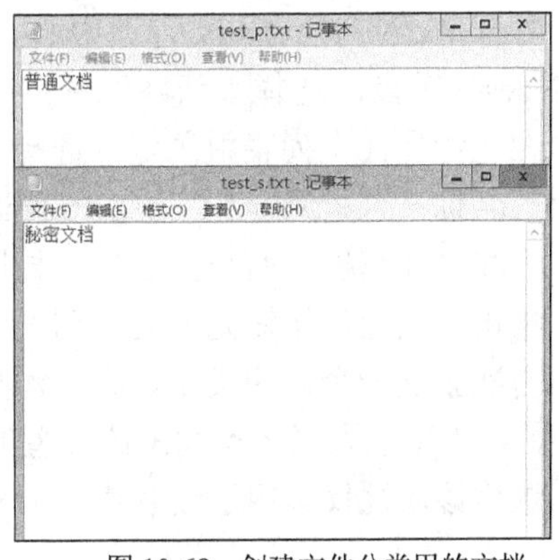

图 10-68　创建文件分类用的文档

3. 启用 KDC 支持

在创建 DAC 策略之前，要通过 AD 组策略来启用相关的 KDC 支持。

（1）在域控制器上打开“组策略管理”控制台，从中找到“Default Domain Controller”（默认域控制器策略），右击它并选择“编辑”命令打开相应的编辑界面。

（2）如图 10-69 所示，依次展开“计算机配置”>“策略”>“管理模板”>“系统”>“KDC”节点。

（3）单击“KDC 支持声明、复合身份验证和 Kerberos Armoring”项（Armoring 译为防御），弹出如图 10-70 所示的对话框，选中“已启用”单选钮，“选项”为默认的“支持”。

（4）单击“确定”按钮，再关闭组策略管理编辑器。

（5）以管理员身份打开命令行或“Windows PowerShell”窗口，执行命令 gpupdate /force 以刷新计算机策略，应用上述 GPO 设置。

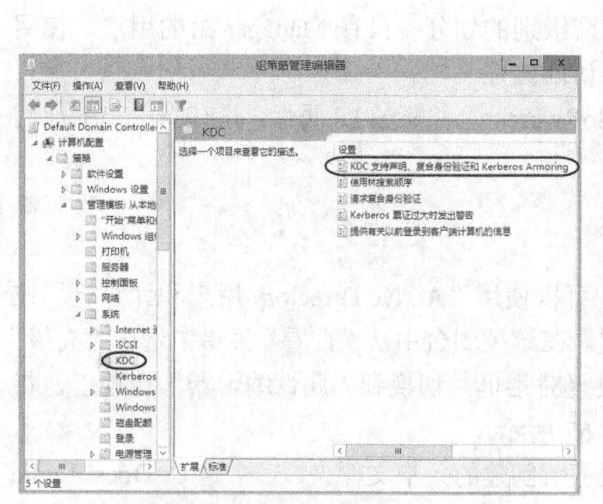

图 10-69　定位要编辑的组策略对象

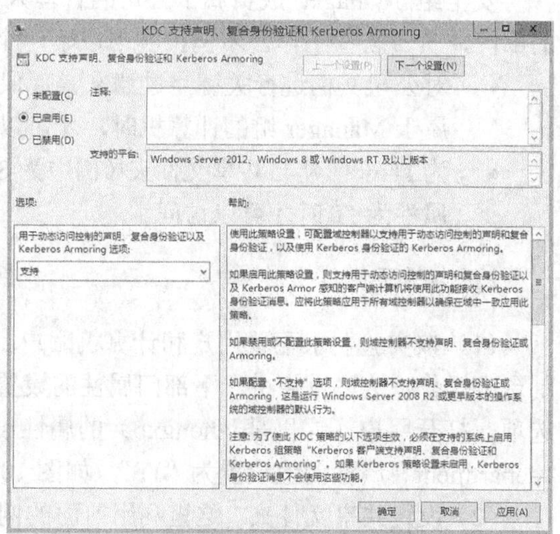

图 10-70　启用 KDC 支持

接下来开始 DAC 策略的创建过程。

4. 设置用户和设备声明

（1）打开 Active Directory 管理中心，单击“动态访问控制”节点，在中部窗格中右击“Claim Types”节点，选择“新建”>“声明类型”命令弹出“创建声明类型”对话框。

（2）在“源属性”列表中浏览并选择“department”（部门）属性，在右侧“显示名称”框中设置其名称（这里为 ABC_department），在“可以为以下类发出此类型的声明”区域选中“用户”和“计算机”两个复选框，如图 10-71 所示。

（3）单击“确定”按钮完成此声明类型的创建。

（4）再次新建一个声明类型，在“源属性”列表中浏览并选择“description”（描述或说明）属性，在“可以为以下类发出此类型的声明”区域清除“用户”复选框，选中“计算机”复选框（这样该属性仅适用于设备声明），单击“确定”按钮完成。

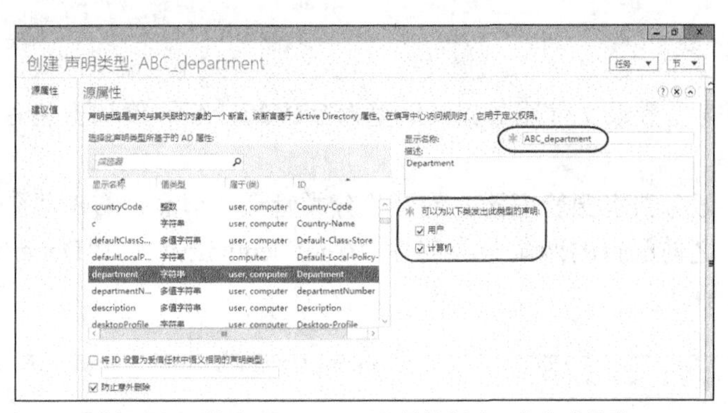

图 10-71　修改“department”属性创建一个声明类型

5. 设置资源属性

（1）打开“动态访问控制”界面，在中部窗格中双击“Resource Properties”节点，出现当前的资源属性列表。

（2）从中选择“Confidentiality”（机密性）和“Department”（部门）两个资源属性，选择“全部启用”命令，如图 10-72 所示。

图 10-72　启用“Confidentiality”和“Department”资源属性

（3）双击“Department”出现相应的对话框，在“建议值”区域单击“添加”按钮弹出相应的对话框，添加一个名为“IT”的值，如图 10-73 所示。

（4）单击“确定”按钮关闭该对话框，再单击“确定”按钮完成资源属性的设置。

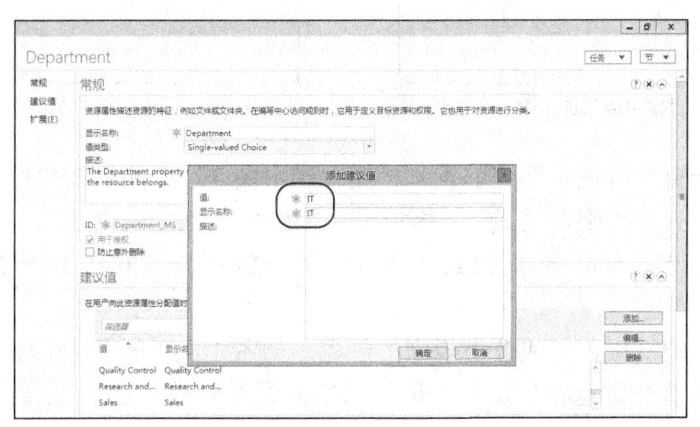

图 10-73　为资源属性添加建议值

6. 配置文件分类

（1）以管理员身份登录文件服务器（这里为 SRV2012A），确认安装有文件服务资源管理器这个角色服务。

（2）打开文件服务器资源管理器，展开“分类管理”节点，右击“分类属性”节点并选择“刷新”命令，之前配置的两条分类属性“Confidentiality”和“Department”显示在列表中，如图 10-74 所示。

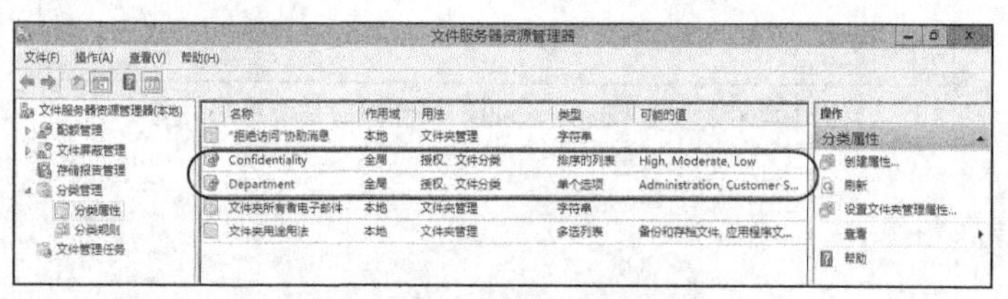

图 10-74 分类属性列表

（3）右击“分类规则”节点，选择“新建规则”命令弹出“创建分类规则”对话框，首先在“常规”选项卡中为该规则命名，这里为“文档密级”。

（4）切换到“作用域”选项卡，添加规则所应用的文件夹（这里为内部文档共享文件夹 C:\Docs\Public），并选择数据类型，如图 10-75 所示。

（5）切换到“分类”选项卡，从“分类方法”列表中选择“内容分类器”，“属性”和“指定值”分别设置为“Confidentiality”和“High”，如图 10-76 所示。

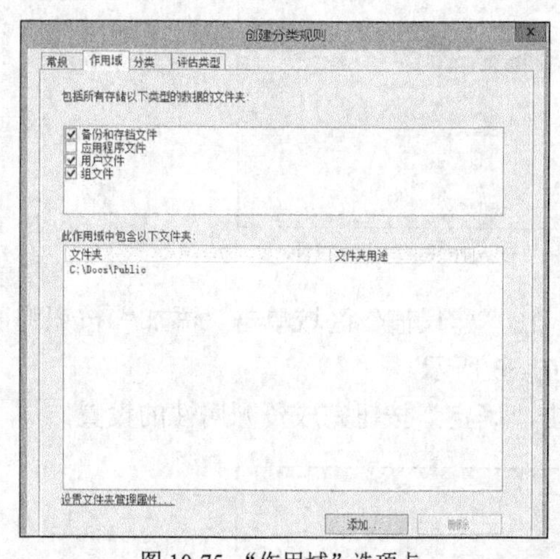

图 10-75 “作用域”选项卡

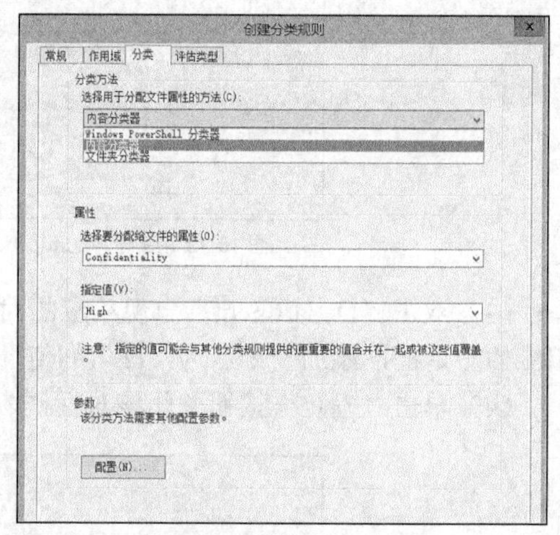

图 10-76 “分类”选项卡

（6）单击“配置”区域中的“配置”按钮，弹出图 10-77 所示的对话框，配置一个分类参数，表达式类型为“正则表达式”，表达式为“秘密”（此为关键字）。

（7）单击“确定”按钮，再切换到“评估类型”选项卡，选中上面两个选项，如图 10-78 所示。

（8）单击“确定”按钮完成分类规则的创建，如图 10-79 所示，显示当前的规则列表，执行“立即使用所有规则运行”操作（也可以按需配置分类计划），可查看生成的自动分类报告。

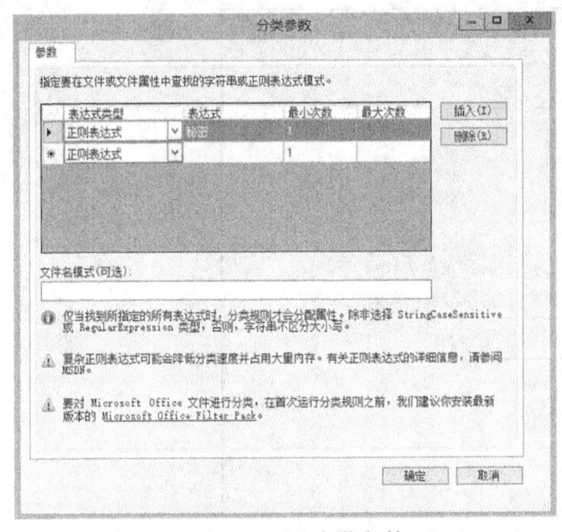

图 10-77　配置分类参数

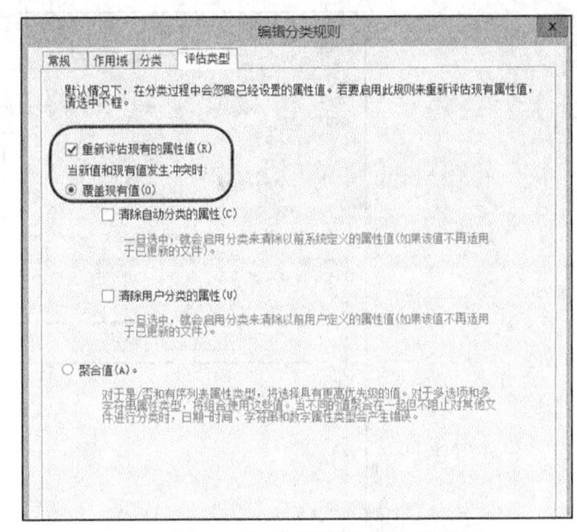

图 10-78　“评估类型”选项卡

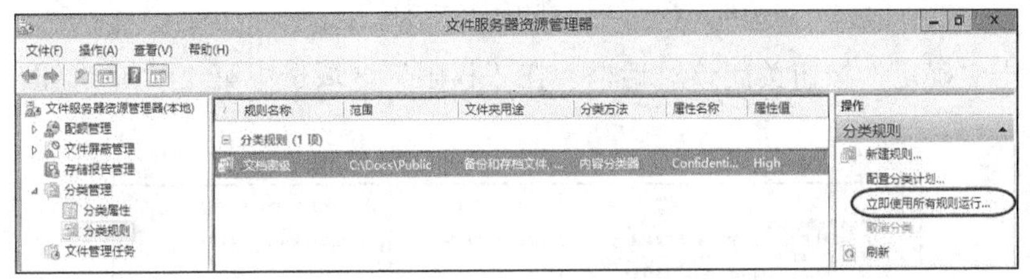

图 10-79　分类规则

（9）在文件资源管理器中打开内部文档共享文件夹 C:\Docs\Public，查看文件 test_s.txt 的属性，“分类”选项卡中“Confidentiality”属性值为“High”，如图 10-80 所示；另一个文件 test_p.txt 的“Confidentiality”属性没有值。

（10）打开 IT 部门专用文件夹 C:\Softwares 的属性对话框，切换到“分类”选项卡，将“Department”属性的值设为“IT”，如图 10-81 所示。

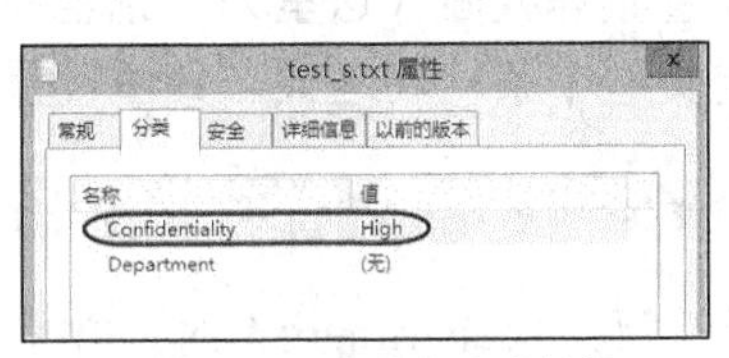

图 10-80　文件的分类属性

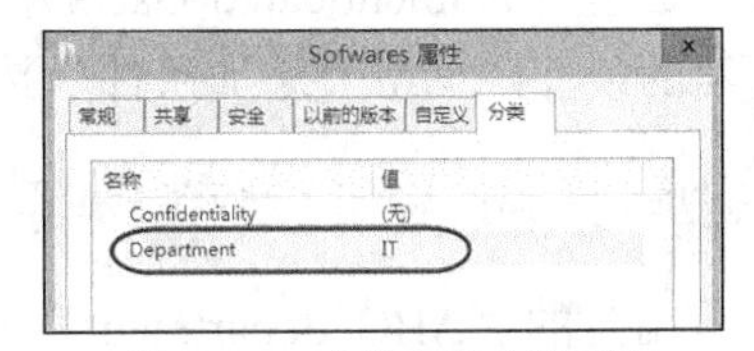

图 10-81　文件夹的分类属性

7. 设置中心访问规则

（1）打开“动态访问控制”界面，在中部窗格中右击“Central Access Rules”节点，选择“新建”>“中心访问规则”命令，出现“创建中心访问规则”界面。

（2）如图 10-82 所示，设置其名称为“Department Match”；在“目标资源”区域单击“编辑”按钮弹出“中心访问规则”对话框，再单击“添加条件”按钮，定义一个条件表达式，具体设置如下：

```
“资源” - “Department” - “等于” - “值” - “IT”
```

其含义是资源“Department”属性值等于“IT”时，才能被授予指定的权限。

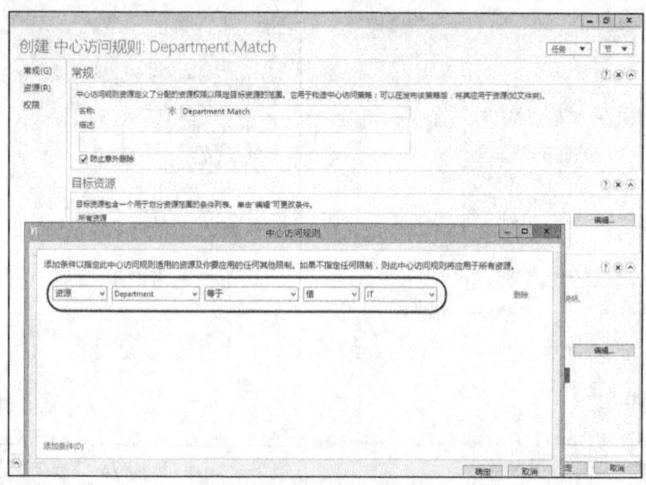

图 10-82　创建中心访问规则

（3）单击“确定”按钮关闭该对话框。在“权限”区域选中第 2 个单选钮，如图 10-83 所示。

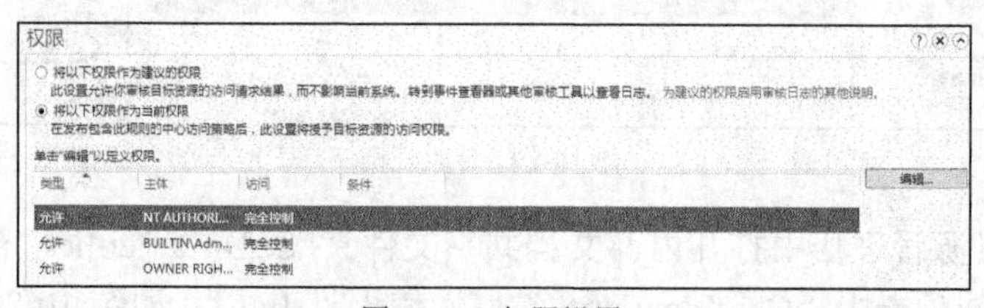

图 10-83　权限设置

（4）单击“编辑”按钮弹出“权限的高级安全设置”对话框，列出当前的权限条目。

（5）单击“添加”按钮弹出“权限的权限项目”对话框。如图 10-84 所示，首先选择一个权限主体（这里为 Authenticated Users）；然后设置具体权限（这里为“完全控制”）；最后添加限制访问的条件，单击“添加条件”按钮，定义一个条件表达式，具体设置如下：

```
“用户” - “ABC_department” - “等于” - “资源” - “department”
```

其含义是用户的“ABC_department”属性等于资源“department”时，才能被授予指定的权限。

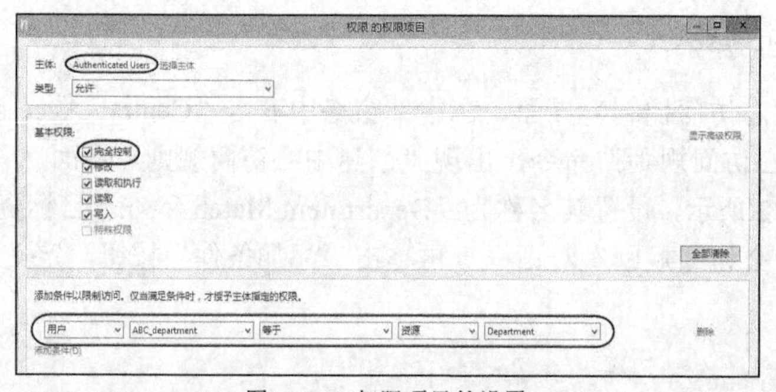

图 10-84　权限项目的设置

（6）连续单击“确定”按钮直至关闭“创建中心访问规则”界面，完成一条规则的创建。

（7）参照上述步骤再创建另一条中心访问规则。

将其名称设置为“Access Secure Documents”；在“目标资源”区域定义一个条件表达式，具体设置如下：

```
“资源” - “Confidentiality” - “等于” - “值” - “High”
```

同样在“权限”区域选中第 2 个单选钮。

如图 10-85 所示，添加一个权限条目，权限主体设置为 Authenticated Users)；具体权限设置为“完全控制”；添加两个限制访问的条件，条件表达式分别为：

```
“用户” - “组” - “隶属于每项” - “值” - “Manager”
“设备” - “组” - “隶属于每项” - “值” - “Manager”
```

设置两个条件之间的组合关系为“And”（和）。

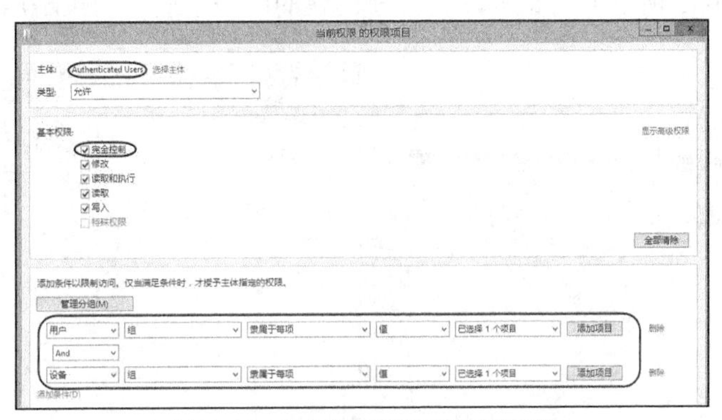

图 10-85　第 2 条规则的权限项目设置

8. 创建中心访问策略

（1）打开“动态访问控制”界面，在中部窗格中右击“Central Access Policy”节点，选择“新建”>“中心访问策略”命令，出现“创建中心访问策略”界面。

（2）如图 10-86 所示，设置其名称为“Department Match”；在“成员中心访问规则”区域单击“添加”按钮弹出“添加中心访问规则”对话框，这里从中心访问规则列表中选择“Department Match”。

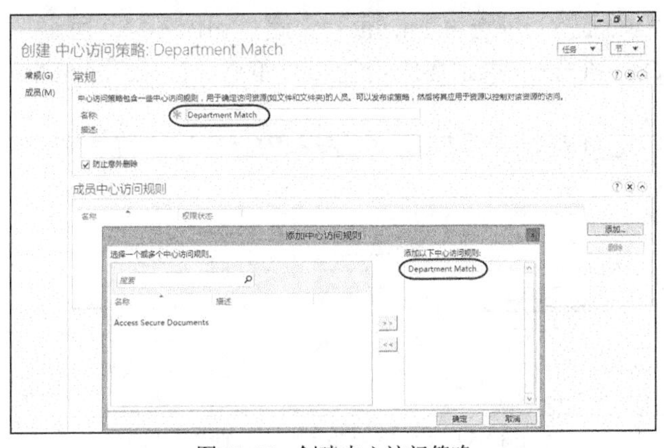

图 10-86　创建中心访问策略

（3）连续单击“确定”按钮直至关闭“创建中心访问策略”界面。

（4）参照上述步骤创建另一条中心访问策略，策略名称设置为“Access Secure Documents”，成员中心访问规则选择“Access Secure Documents”。

9．发布中心访问策略

接下来使用组策略发布中心访问策略。

（1）在域控制器上打开组策略管理控制台，在 abc.com 域中新建一个名称为 DAC TEST 的组策略对象，确认其链接至域 abc.com。

（2）打开该组策略对象的编辑界面，依次展开“计算机配置”>“策略”>“Windows 设置”>“安全设置”>“文件系统”>“中心访问策略”节点。

（3）如图 10-87 所示，右击“中心访问策略”节点，选择“管理中心访问策略”命令。

（4）弹出图 10-88 所示的对话框，将之前创建的两条中心访问策略添加到组策略中。

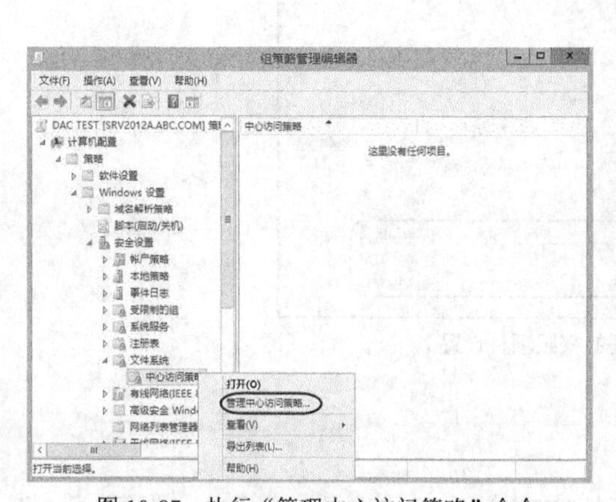

图 10-87　执行“管理中心访问策略”命令

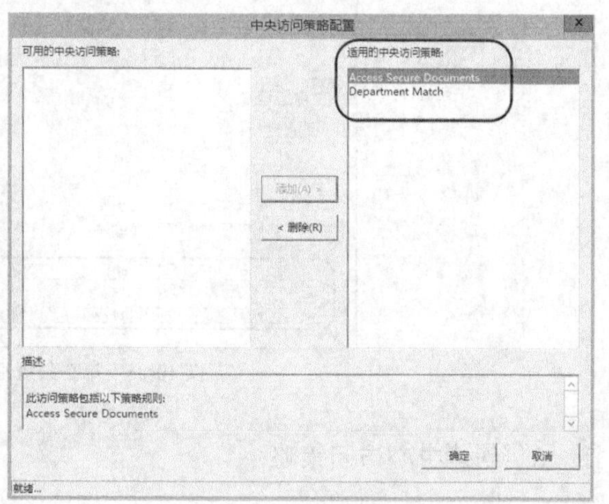

图 10-88　将中心访问策略添加到组策略中

（5）以管理员身份登录到文件服务器（这里为 SRV2012A），打开命令行或“Windows PowerShell”窗口，执行命令 gpupdate /force 以刷新组策略。

（6）在文件资源管理器中找到内部文档共享文件夹 C:\Docs\Public，打开其属性设置对话框，切换到“安全”选项卡，单击“高级”按钮，再切换到“中央策略”选项卡，从“中央策略”列表中选择“Access Secure Documents”策略，如图 10-89 所示。采用同样的方法，为 IT 部门专用文件夹 C:\Softwares 指定要应用的中央策略“Department Match”。

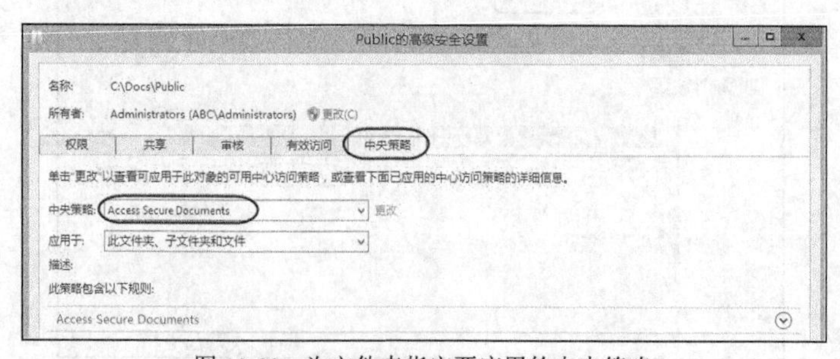

图 10-89　为文件夹指定要应用的中央策略

10. 验证动态访问控制

完成上述 DAC 设置后，即可进行验证。

在 Win8 客户端以 zhong 身份登录，访问网络资源\\SRV2012A，由于 zhong 的部门不是 IT，所以无法访问 IT 的专用共享；由于 zhong 是 Manager 组成员，并且 Win8 客户端也属于 Manager 组，所以它可以访问\\SRV2012A\Docs_Public 中的所有文件，包括秘密文档。

切换用户，以 zhongxp 身份登录，由于它属于 IT 部门，所以可以打开 Softwares 共享文件夹；但是它不是 Manager 组成员，不能访问 Docs_Public 共享中的秘密文档 test_s.txt。

DAC 具有强大的控制能力，只要设计得当，权限可以控制得非常细致，并且可以与 RMS 集成，实现文档的防泄密。

10.6　打印服务器配置与管理

办公自动化的发展对打印的效率和管理提出了更高的要求。打印机也是一种广为使用的网络共享资源。这里讲解 Windows 打印服务器的配置和管理。

10.6.1　部署打印服务器

充当打印服务器的计算机可以是独立服务器，也可以是域成员服务器，甚至是域控制器。这里以在域环境中部署 Windows Server 2012 R2 打印服务器为例进行介绍。

默认情况下，在安装 Windows Server 2012 R2 系统时，将自动安装“Microsoft 网络的文件和打印共享”网络组件。如果没有安装该组件，请通过网络连接属性对话框安装。直接将服务器连接的打印机共享出来，就可以为客户端提供打印共享服务。为了集中管理网络上的打印机，还需要安装打印服务器角色服务。

1. 在服务器端安装打印机并设置共享

（1）将打印机连接到服务器计算机上，在服务器上安装打印机和打印机驱动程序，这与在普通 Windows 计算机上安装一样。

一般从控制面板中打开“设备和打印机”窗口，通过添加打印机向导进行安装，即插即用的打印机（如 USB 接口）可参照相应的说明进行安装。

（2）设置打印机共享。在“设备和打印机”窗口中右键单击要共享的打印机，选择“打印机属性”命令，打开相应的属性设置对话框，切换到“共享”选项卡，选中“共享这台打印机”复选框，并设置共享名即可。

在 Windows 系统中，“打印机”指的是逻辑设备而不是物理设备，而实际的打印机称为打印设备。本地打印指的是通过计算机直接连接的打印机进行打印，远程打印是指通过网络中的打印服务器来进行打印。

2. 安装打印和文件服务角色

在服务器管理器中启用添加角色和功能向导，选择服务器角色时双击“打印和文件服务”，列出相关的角色服务，如图 10-90 所示，一共包括 4 个角色服务。

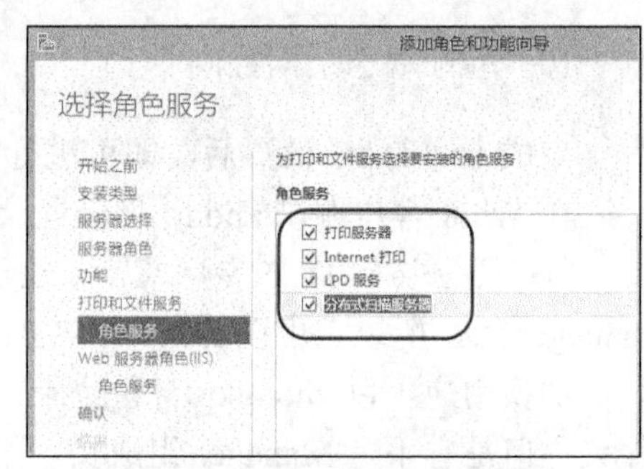

图 10-90　安装打印和文件服务角色

- 打印服务器：最核心的角色服务，包括打印管理控制台。
- Internet 打印：提供 Internet 打印协议（IPP），让网络用户通过浏览器来管理打印服务器和打印作业。
- LPD 服务：提供行式打印机后台程序，支持行式打印共享。
- 分布式扫描服务器：允许服务器接收网络扫描器扫描的文档并路由到指定的目的地，该服务包括扫描管理控制台。

可根据需要选择角色服务，如果选择 Internet 打印，将自动安装 Web 服务器的部分角色服务，且安装过程中需要重新启动。

根据向导提示完成安装过程。

注意删除打印服务器角色并不影响打印机共享。

3. 打印管理工具

Windows 操作系统本身提供“打印机和传真”窗口或“设备和打印机”窗口进行打印管理工作，对于要共享的打印机来说，可以像普通打印机一样进行配置和管理。不过只能管理单台打印机。在 Windows 服务器上添加打印机服务器角色之后，就可以使用“打印管理”控制台这种高级管理工具。

从管理工具菜单中选择“打印管理”命令可打开该控制台，如图 10-91 所示。其左侧导航窗格中包括 3 个主节点。

- 自定义筛选器：查看该控制台管理的所有打印机。如果托管的打印机特别多，使用筛选器就很有必要。默认给出几个常用的筛选器，用户可以自定义筛选器。
- 打印服务器：默认只添加了本地服务器。可以根据需要添加多台打印服务器。每台服务器拥有自己的驱动程序、格式、端口和打印机，可以使用一个单独的打印管理控制台进行管理。
- 已部署的打印机：列举已经使用组策略部署的打印机。

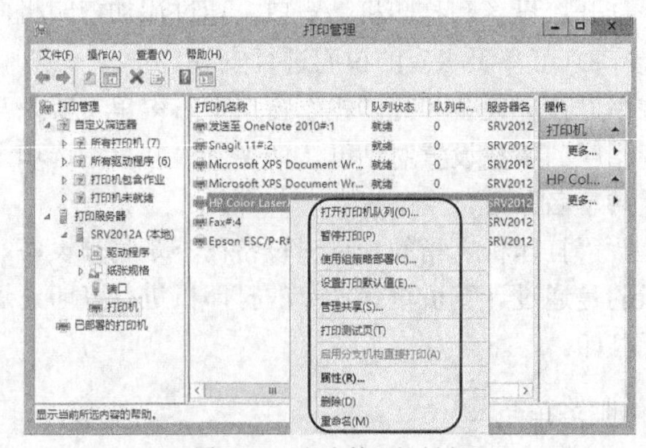

图 10-91　打印管理控制台

打印管理控制台能用来集中、高效地配置和管理网络中的打印服务器和打印机，可以执行的主要任务列举如下。

- 自动将打印机添加到本地打印服务器。
- 添加和删除打印服务器。
- 创建新的打印机筛选器。
- 执行打印机管理任务。
- 查看打印机的扩展功能。
- 使用组策略部署打印机。

4. 在 Active Directory 中发布打印机

在 Windows 域环境中，要便于用户搜索和使用打印服务器，还需在 Active Directory 中发布共享打印机，有以下两种发布方法。

对于域成员计算机上的共享打印机，可以直接在"打印管理"控制台中发布。右击要发布的共享打印机，打开属性设置对话框，切换到"共享"选项卡，如图 10-92 所示，选中"列入目录"复选框，单击"确定"按钮即可。具有共享打印机设置权限的用户可以直接在本机上完成 AD 发布，具体通过打印机属性设置来实现。

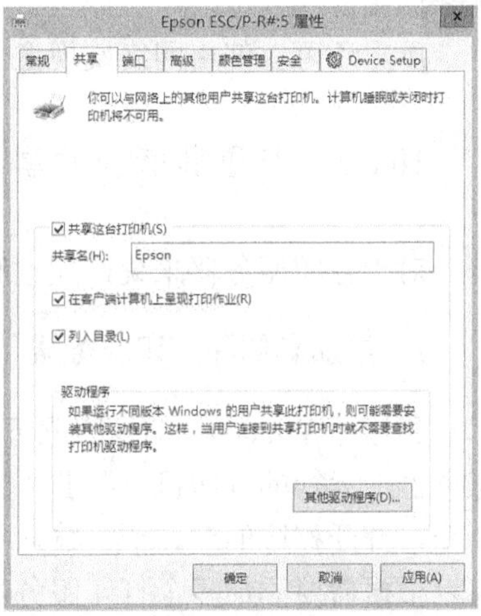

对于非域成员计算机上的共享打印机，可以由域管理员来发布到 Active Directory。在联网计算机上设置共享打印机之后，在域控制器或域成员计算机上使用"Active Directory 用户和计算机"控制台新建打印机，设置共享打印机的网络路径（UNC 名称）。

图 10-92　在 Active Directory 中发布打印机

域成员计算机可以通过网络发现或搜索 Active Directory 来定位 Active Directory 目录中已经发布的打印机，直接使用。

10.6.2　安装和配置网络打印客户端

打印服务器的主要功能是为打印客户端提供到网络打印机和打印机驱动程序的访问。对于客户端来说，打印服务器共享出来的打印机就是网络打印机。客户端要共享网络打印机，还需安装打印机驱动程序。为方便不同平台和操作系统的客户端安装，可在服务器端添加相应的客户端打印机驱动程序，供客户端在安装或更新时自动下载，而不需要原始驱动程序。

1. 在打印服务器上添加其他平台打印机驱动程序

Windows Server 2012 R2 为 64 位平台，默认安装的是 64 位打印机驱动程序，如果打印客户端为 32 位系统，还要在打印服务器上为客户端安装 32 位打印驱动程序。这样，运行 32 位 Windows 版本的用户才可以连接到网络打印机，而不会被提示安装所需的打印机驱动程序。

可直接在打印服务器上添加其他驱动程序。打开"打印管理"控制台右击要为其安装其他驱动程序的打印机，选择"属性"命令，切换到"共享"选项卡（参见图 10-92），单击"其他驱动程序”按钮，弹出图 10-93 所示的对话框，选中需要的处理器版本（x86 代表 32 位版本），然后单击“确定”按钮，根据提示安装好驱动程序。

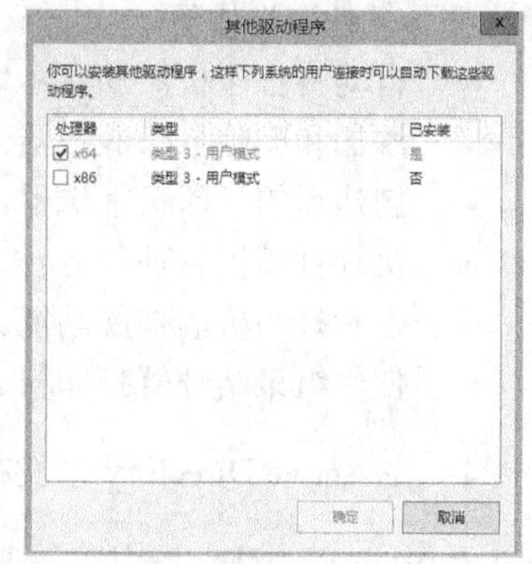

图 10-93　添加其他版本打印机驱动程序

2. 将网络客户端连接到网络打印机

客户端要使用共享的网络打印机，只需简单安装网络打印机即可。一般使用添加打印机向导。对于已发布到 Active Directory 的共享打印机，将直接列出。如果要连接的打印机未列出，有 3 种选择：一是从 Active Directory 目录中查找要共享的打印机；二是直接输入共享打印机的 UNC 名称，格式为\\打印服务器\打印机共享名；三是根据共享打印机的 IP 地址或主机名以及端口名称来连接。

用户还可以使用网络发现像访问共享文件夹一样来连接共享打印机。

10.6.3　配置和管理共享打印机

对于打印服务器来说，配置和管理共享打印机是管理员最主要的任务。

1. 添加和删除打印服务器

将运行 Windows 的打印服务器添加到“打印管理”控制台中，可使用该控制台管理打印服务器上运行的打印机。右击“打印管理”或“打印服务器”节点，选择“添加/删除服务器”命令，打开相应的对话框，输入要添加的打印服务器名称（或者单击“浏览”按钮来查找），可以根据需要添加多个打印服务器，对多个打印服务器进行统一管理。

2. 执行打印机批量管理任务

使用打印管理组件可管理企业内的所有打印机，可以使用相同的界面执行批量操作。如图 10-94 所示，可以在特定服务器上的所有打印机，或通过打印机筛选器筛选出的所有打印机上执行批量操作，包括暂停打印、继续打印、取消所有作业、在目录中列出或删除等；还可以获取实时信息，包括队列状态、打印机名称、驱动程序名称和服务器名称。

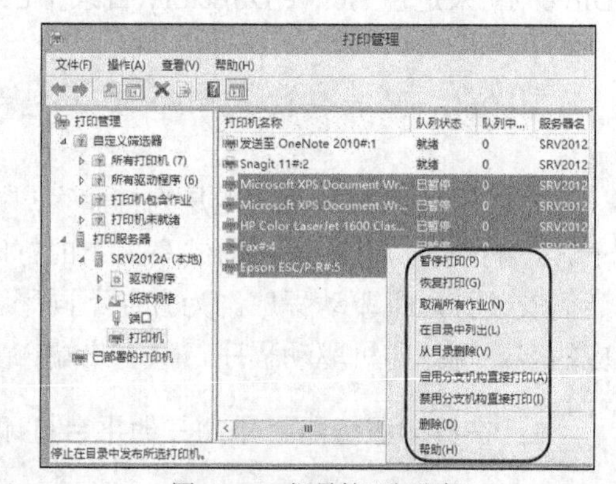

图 10-94　批量管理打印机

3. 设置打印服务器属性

可在“打印管理”控制台中设置打印服务器。右击“打印服务器”节点下面的服务器，选择“属性”命令，如图 10-95 所示，设置该打印服务器的各项属性，包括驱动程序、纸张规格、端口，以及其他高级属性。这些属性的设置作用于纳入该打印服务器管理的所有打印机。

4. 设置和管理打印机

可以分别对每台打印机进行设置管理。展开“打印管理”控制台，单击某打印服务器节点下面的“打印机”节点，右侧窗格显示该服务器上的打印机，可对其进行属性设置和管理。

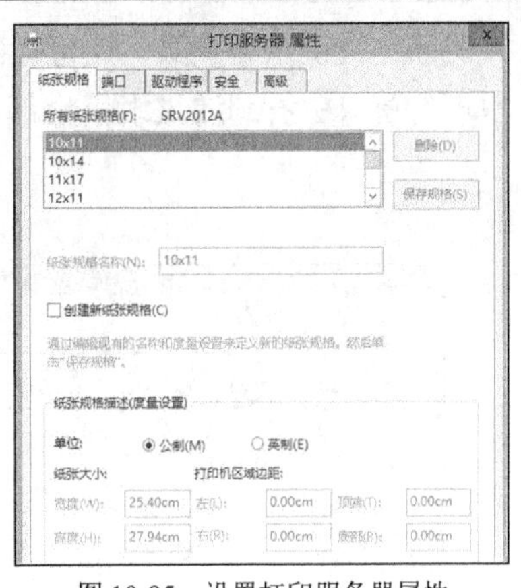

图 10-95　设置打印服务器属性

10.6.4　使用组策略在网络中批量部署打印机

可以结合使用“打印管理”控制台和组策略来自动为用户或计算机部署打印机连接，并安装正确的打印机驱动程序。一些实验室、教室或分支机构等小型网络，往往需要访问同一台打印机，一些大中型机构往往按部门共享打印机，采用组策略在指定范围内部署打印机共享，可以免去为每台计算机逐一安装网络打印机的繁琐工作。

首先通过“打印管理”控制台将某台打印机连接设置添加到 Active Directory 中某个现有组策略对象（GPO）。这样客户端计算机在处理组策略时，会将打印机连接设置应用到与该组策略对象相关联的用户或计算机。

（1）打开“打印管理”控制台，展开某打印服务器下的“打印机”节点，右击要部署的共享打印机，选择“使用组策略部署”命令打开相应的对话框。

（2）单击“浏览”按钮，弹出“浏览组策略对象”对话框，从中选择一个组策略对象并单击“确定”按钮。这里选择通用的 Default Domain Policy。

（3）确定打印机连接设置应用到与该组策略对象相关联的用户还是计算机。如果是按用户设置，选中“应用此 GPO 的用户（每位用户）”复选框；如果按计算机设置，选中“应用此 GPO 的计算机（每台计算机）”复选框。这里两个选项都选中。

（4）单击“添加”按钮，打印机连接设置添加到该组策略对象，如图 10-96 所示。

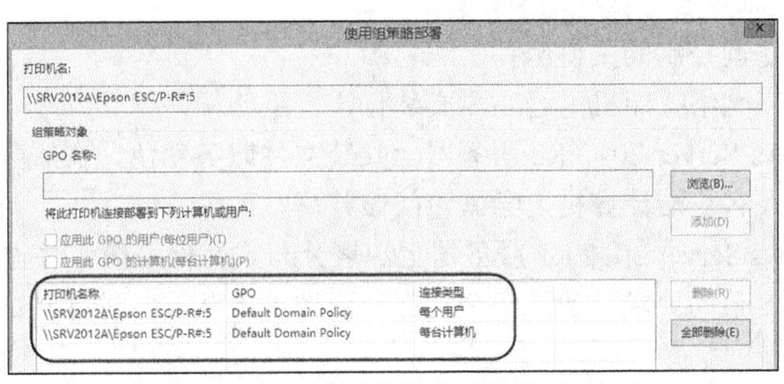

图 10-96　将打印机连接设置添加到组策略对象

可以根据需要重复上述步骤，将打印机连接设置添加到其他组策略对象。

（5）单击“确定”按钮，弹出“打印管理”对话框，其中提示打印机部署或删除操作成功完成，再单击“确定”按钮。

使用此方法部署的打印机将显示在打印管理控制台的“已部署的打印机”节点中，并显示其基本信息，如图 10-97 所示。

运行 Windows 7（Windows Server 2008 R2）或更高版本的域成员计算机重新启动，或者以域用户身份重新登录，还可以在该计算机运行 gpudate /force 命令，这样可以在“设备和打印机”窗口中看到通过组策略部署的共享打印机，如图 10-98 所示。

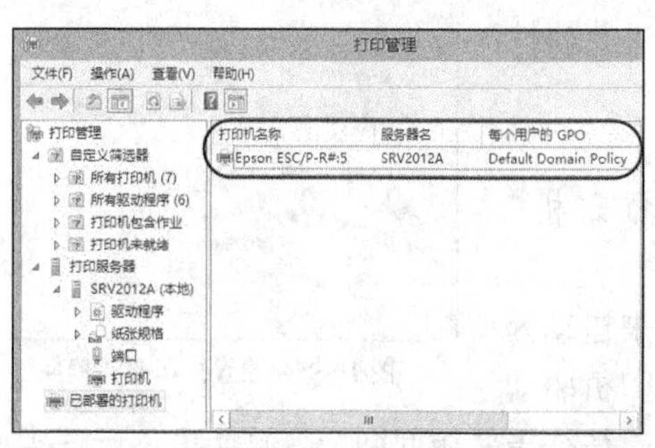

图 10-97 “打印管理”控制台列出已部署的打印机

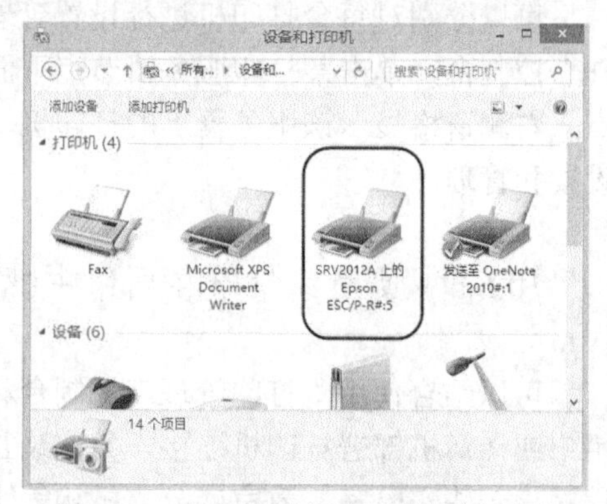

图 10-98 客户端访问已部署的共享打印机

10.7 习　题

1．什么是文件服务器？什么是打印服务器？

2．简述共享协议 SMB 和 NFS。

3．共享权限与 NTFS 权限有什么区别？

4．Windows 客户端访问共享文件夹主要有哪些方式？

5．共享文件夹的卷影副本有什么作用？

6．脱机文件有什么作用？

7．文件服务器资源管理器有哪些功能？

8．简述分布式文件系统的结构。

9．动态访问控制主要有哪些功能？

10．列举动态访问控制的关键组件。

11．客户端共享网络打印机是否还要安装打印机驱动程序？

12．在 Windows Server 2012 R2 服务器上安装文件服务角色，在服务器管理器中通过向导创建共享，然后在客户端计算机上尝试访问该共享。

13．在 Windows Server 2012 R2 服务器上部署分布式文件系统，并进行测试。

14．按照 10.5.5 节的要求，建立一个动态访问控制策略，并进行测试。

第 11 章 Web 服务器

Web 是最重要的 Internet 服务，Web 服务器是实现信息发布的基本平台，更是网络服务与应用的基石。本章将向读者介绍 Web 基础知识，讲解 IIS 服务器部署、Web 网站架设、虚拟主机配置、应用程序部署、虚拟目录部署、IIS 功能配置、Web 安全配置、Web 应用程序开发设置、WebDAV 配置、SSL 安全网站部署。

11.1 Web 基础

WWW 服务也称 Web 服务或 HTTP 服务，是由 Web 服务器来实现的。随着 Internet 技术的发展，B/S（浏览器/服务器）结构日益受到用户青睐，其他形式的 Internet 服务，如电子邮件、远程管理等都广泛采用 Web 技术。

11.1.1 Web 服务运行机制

Web 服务基于客户机/服务器模型。客户端运行 Web 浏览器程序，提供统一、友好的用户界面，解释并显示 Web 页面，将请求发送到 Web 服务器。服务器端运行 Web 服务程序，侦听并响应客户端请求，将请求处理结果（页面或文档）传送给 Web 浏览器，浏览器获得 Web 页面。Web 浏览器与 Web 服务器交互的过程如图 11-1 所示。可以说 Web 浏览就是一个从服务器下载页面的过程。

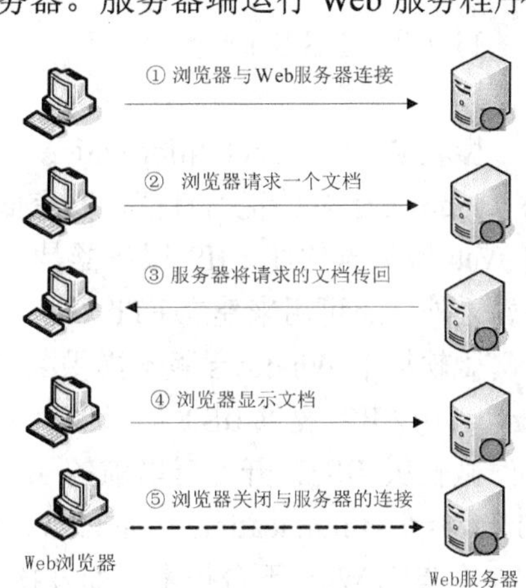

图 11-1 Web 服务运行机制

Web 浏览器和服务器通过 HTTP 协议来建立连接、传输信息和终止连接，Web 服务器也称为 HTTP 服务器。HTTP 即超文本传输协议，是一种通用的、无状态的、与传输数据无关的应用层协议。

Web 服务器以网站的形式提供服务，网站是一组网页或应用的有机集合。在 Web 服务器上建立网站，集中存储和管理要发布的信息，Web 浏览器通过 HTTP 协议以 URL 地址（格式为 http://主机名:端口号/文件路径，当采用默认端口 80 时可省略）向服务器发出请求，来获取相应的信息。

传统的网站主要提供静态内容，目前主流的网站都是动态网站，服务器和浏览器之间能够进行数据交互，这需要部署用于数据处理的 Web 应用程序。

11.1.2　Web 应用程序简介

Web 应用程序就是基于 Web 开发的程序，一般采用浏览器/服务器结构，要借助 Web 浏览器来运行。它具有数据交互处理功能，如聊天室、留言板、论坛、电子商务平台等。

Web 应用程序是一组静态网页和动态网页的集合，其工作原理如图 11-2 所示。静态网页是指当 Web 服务器接到用户请求时内容不会发生更改的网页，Web 服务器直接将该页发送到 Web 浏览器，而不对其做任何处理。当 Web 服务器接收到对动态网页的请求时，将该网页传递给一个负责处理网页的特殊软件——应用程序服务器，由应用程序服务器读取网页上的代码，并解释执行这些代码，将处理结果重新生成一个静态网页，再传回 Web 服务器，最后 Web 服务器将该网页发送到请求浏览器。Web 应用程序大多涉及数据库访问，动态网页可以指示应用程序服务器从数据库中提取数据并将其插入网页中。

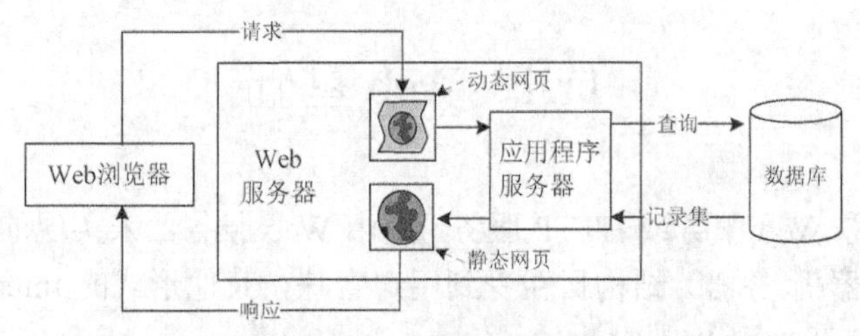

图 11-2　Web 应用程序工作原理

目前 Web 应用程序基于 Web 服务平台，服务器端不再是解释程序，而是编译程序，如微软的.NET 和 Sun、IBM 等支持的 J2EE。Web 服务器与 Web 应用程序服务器之间的界限越来越模糊，往往集成在一起。

11.1.3　IIS 8 简介

微软 IIS（Internet Information Services）与 Windows 操作系统集成得最为密切，最能体现 Windows 平台的优秀性能，具有低风险、低成本，易于安装、配置和维护的特点，是超值的 Web 服务器软件。IIS 服务器是一个综合性的 Internet 信息服务器，除了可用来建立 Web 网站之外，还可用来建立 FTP 站点。

微软每个 Windows 版本提供配套的 IIS 版本。Windows Server 2012 提供 IIS 8.0，Windows Server 2012 R2 提供 IIS 8.5。通常将 IIS 8.5 与 IIS 8.0 统称为 IIS 8。

微软从 IIS 7 开始对以前的 IIS 版本进行重大升级，将它打造成集成 IIS、ASP.NET、Windows Communication Foundation（WCF）和 Windows SharePoint Services 的统一 Web 平台。IIS 7 在集成 Web 平台技术方面发挥着关键作用。

IIS 8 在 IIS 7 的基础上进一步改进，成为一个集 IIS、ASP.NET、FTP 服务、PHP 和 Windows Communication Foundation 于一体的 Web 平台。它提供一个安全、易于管理的模块化和可扩展的平台，能够可靠地托管网站、服务和应用程序。IIS 8 可以用来与 Internet、Intranet（内联网）或 Extranet（外联网）上的用户共享信息。IIS 8 的优势体现在以下 5 个方面。

- 通过减少服务器资源占用和自动应用程序隔离，最大程度地保证 Web 安全。

- 在同一台服务器上轻松地部署基于经典 ASP、ASP.NET 和 PHP 的 Web 应用程序。
- 通过默认情况下赋予工作进程唯一的标识和带沙盒（Sandbox）安全机制的配置，实现应用程序隔离，进一步降低安全风险。
- 能够添加、删除，甚至使用自定义模块替换内置的 IIS 组件，以满足特殊需求。
- 通过内置的动态缓存和增强压缩提高网站访问速度。

11.2　IIS 服务器的部署

可以使用 IIS 设置和管理多个网站、Web 应用程序和 FTP 站点。这里以 Windows Server 2012 R2 平台上运行的 IIS 8.5 为例来讲解 Web 服务器的部署、配置与管理。在部署 Web 服务器之前应做好相关的准备工作，如进行网站规划，确定是采用自建服务器，还是租用虚拟主机，在 Internet 上建立 Web 服务器还需申请注册 DNS 域名和 IP 地址。

本章的实验环境涉及到一台运行 Windows Server 2012 R2 的服务器和一台运行 Windows 8 的客户机，计算机名称（IP 地址）分别是 SRV2012A（192.168.1.10）和 Win8-PC（192.168.1.50）。为了部署 SSL 安全网站，SRV2012A 作为域控制器，同时提供企业证书服务。另外为 SRV2012A 注册一个域名 www.abc.com 用于提供 Web 服务。

11.2.1　在 Windows Server 2012 R2 平台上安装 IIS 8.5

实验 11-1　在 Windows Server 2012 R2 平台上安装 IIS 8.5

以前版本将 IIS 并入到应用程序服务器，Windows Server 2012 R2 则将 Web 服务器与应用程序服务器分为两个不同的角色。

默认情况下，Windows Server 2012 R2 并没有安装 IIS 8.5。在安装之前，应检查确认 TCP 80 端口未被占用，以确保 IIS Web 服务器正常启动。可以执行以下命令来检查：

```
netstat -ano -p tcp | find "LISTEN" | find ":80"
```

如果之前在“文件和存储服务”角色中安装有“工作文件夹”角色服务，将自动安装“IIS 可承载 Web 核心”功能，导致 80 端口被占用，此时可以考虑删除该功能。

可以使用服务器管理器中的添加角色和功能向导来安装 Web 服务器。当出现“选择服务器角色”界面时，从“角色”列表中选择“Web 服务器（IIS）”角色，单击“下一步”按钮，从“角色服务”列表中选择所需的项。

IIS 8.5 是一个完全模块化的 Web 服务器，默认只会安装最少的一组角色服务，只能充当一个支持静态页面的基本 Web 服务器，如果需要更多的功能，应选择更多的角色服务（模块）。为便于实验，这里除了 FTP、IIS 6 管理兼容性、ASP .NET 3.5 和.NET Extensibility 3.5 之外都选中（如图 11-3 所示），单击“下一步”按钮，根据向导的提示完成安装过程。

安装结束后，可以在服务器管理器中单击“IIS”节点，右侧窗格显示当前 IIS 服务器的状态和摘要信息，如图 11-4 所示。

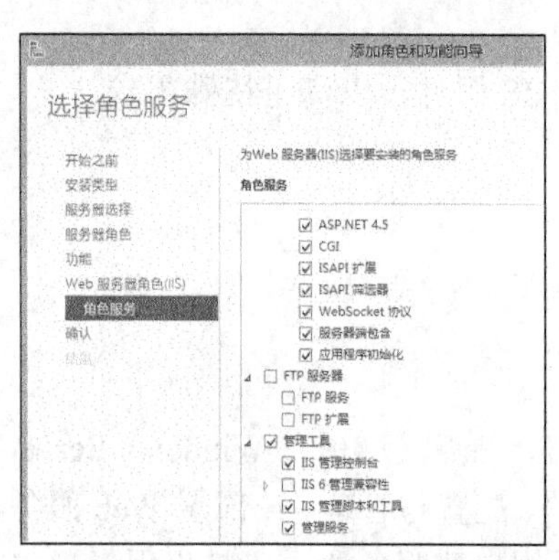

图 11-3　选择 IIS 角色服务（模块）

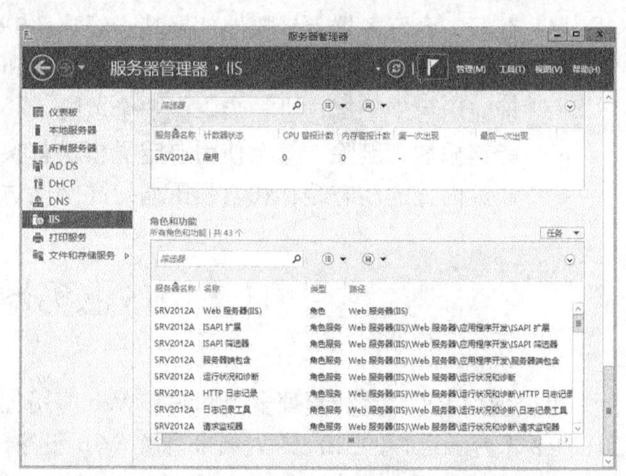

图 11-4　Web 服务器（IIS）信息

11.2.2　IIS 管理工具

IIS 8.5 提供了多种配置和管理 IIS 的工具，简单介绍如下。

1. IIS 管理器

IIS 管理器是最主要的配置管理工具，可以从“管理工具”菜单或服务器管理器的“工具”菜单中选择“Internet Information Services (IIS)管理器”命令来打开，也可以在服务器管理器的“本地服务器”界面，通过“任务”菜单来打开。

Windows Server 2012 R2 弃用了 IIS 管理器 6.0 的 MMC 管理单元。新的 IIS 管理器界面经过重新设计，采用了常见的三列式界面。

- 左侧是“连接”窗格，以树状结构呈现管理对象，可用于连接（导航）至 Web 服务器、站点和应用程序等管理对象。
- 中间窗格是工作区，有两种视图可供切换。“功能视图”用于配置站点或应用程序等对象的功能；“内容视图”用于查看树中所选对象的实际内容。
- 右侧是“操作”窗格，可以配置 IIS、ASP.NET 和 IIS 管理器设置。其显示的操作功能与左侧选定的当前对象有关。这些操作命令也可通过相应的右键快捷菜单来选择。

打开 IIS 管理器，单击左侧“连接”窗格中的“起始页”节点，在右侧窗格中可连接到要管理的 IIS 服务器。

单击要设置的服务器节点，如图 11-5 所示，工作区（中间窗格）默认为“功能视图”，显示要配置的功能项，这与早期版本通过选项卡设置不同，单击要设置的功能项，右侧“操作”窗格显示相应的操作链接（按钮），单击链接打开相应的界面，可以执行具体的设置。

单击要设置的服务器节点，在中间窗格切换到“内容视图”，可查看该服务器或站点包括的内容，如图 11-6 所示，还可进一步设置。

IIS 管理器具有层次结构，可对 Web 服务器进行分层管理，自上而下依次为：服务器（所有服务）→站点→应用程序→目录（物理目录和虚拟目录）→文件（URL）。下级层次的设置继承上级层次，如果上下级层次的设置出现冲突，就以下级层次为准。

图 11-5　工作区为功能视图

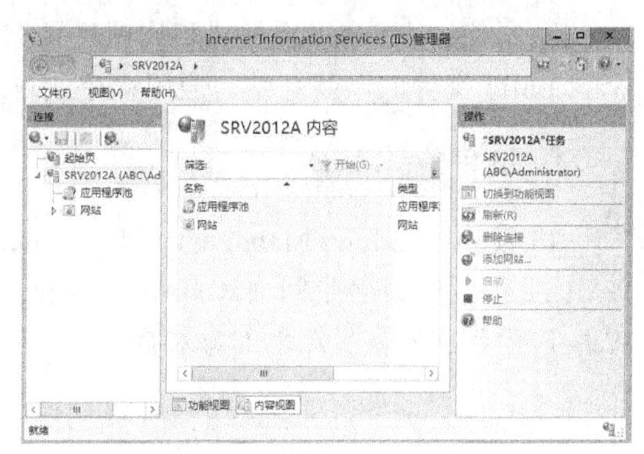

图 11-6　工作区为内容视图

2. 命令行工具 Appcmd.exe

Appcmd.exe 可以用来配置和查询 Web 服务器上的对象，并以文本或 XML 格式返回输出。它为常见的查询和配置任务提供了一致的命令，从而降低了学习语法的复杂性，例如可以使用 list 命令来搜索有关对象的信息，使用 add 命令来创建对象。另外，还可以将命令组合在一起使用，以返回与 Web 服务器上对象相关的更为复杂的数据，或执行更为复杂的任务，如批量处理。

在 Windows Server 2012 R2 中 Appcmd.exe 位于%windir%\syswow64\inetsrv 目录中，首先在命令提示符处执行命令 cd %windir%\syswow64\inetsrv，然后再执行具体的 appcmd 命令。例如，执行以下命令列出名为“Default Web Site”的站点的配置信息。

```
appcmd list site "Default Web Site" /config
```

又如，执行以下命令停止名为“Default Web Site”的站点运行。

```
appcmd stop site /site.name: contoso
```

3. 直接编辑配置文件

IIS 8 使用 XML 文件指定 Web 服务器、站点和应用程序配置设置，主要配置文件是 ApplicationHost.config，还对应用程序或目录使用 Web.config 文件。这些文件可以从一个 Web 服务器或网站复制到另一个 Web 服务器或网站，以便向多个对象应用相同的设置。大多数设置既可以在本地级别（Web.config）配置，又可以在全局级别（ApplicationHost.config）配置。

管理员可以直接编辑配置文件。IIS 配置存储在 ApplicationHost.config 文件中，同时可以在网站、应用程序和目录的 Web.config 文件之间进行分发。下级层次的设置继承上级层次，如果上下级层次的设置出现冲突，就以下级层次为准。这些配置保存在物理目录的服务器级配置文件或 Web.config 文件中。每个配置文件都映射到一个特定的网站、应用程序或虚拟目录。

服务器级配置存储的配置文件包括 Machine.config（位于%windir%\Microsoft.NET\Framework\framework_version\CONFIG）、.NET Framework 的根 Web.config（位于%windir%\Microsoft.NET\Framework\framework_version\CONFIG）和 ApplicationHost.config（位于%windir%\

System32\inetsrv\config）。

网站、应用程序以及虚拟和物理目录配置可以存储的位置包括服务器级配置文件、父级 Web.config 文件，以及网站、应用程序或目录的 Web.config 文件。

4. 编写 WMI 脚本

IIS 使用 Windows Management Instrumentation（WMI）构建用于 Web 管理的脚本。IIS 的 WMI 提供程序命名空间（WebAdministration）包含的类和方法，允许通过脚本管理网站、Web 应用程序及其关联的对象和属性。

5. Windows PowerShell 的 IIS 模块

Windows PowerShell 的 IIS 模块 WebAdministration 是一个 Windows PowerShell 管理单元，可执行 IIS 管理任务并管理 IIS 配置和运行时的数据。此外，一个面向任务的 cmdlet 集合提供了一种管理网站、Web 应用程序和 Web 服务器的简单方法。

11.2.3 远程管理 IIS 服务器

实验 11-2 远程管理 IIS 服务器

Web 服务器的远程管理非常必要。

一种方法是直接使用操作系统本身的远程管理功能，管理端计算机直接远程登录到运行 IIS 的服务器上，像在本地服务器一样使用 IIS 管理器或其他工具对 IIS 服务器进行配置管理，下一章将涉及 Windows Server 2012 R2 的远程管理。

另一种方法是直接利用 IIS 管理器本身的远程管理功能。该管理工具不仅可以管理本地的站点，还可以管理远程的 IIS 8 服务器，前提是远程的 IIS 8 服务器安装、启用和设置了相关的管理服务。要让 IIS 服务器能够被远程管理，需要执行以下管理任务。

（1）确认安装有“Web 服务器（IIS）”角色下面的“管理服务”角色服务。

（2）启用远程连接。打开 IIS 管理器，在“连接”窗格中单击树中要远程管理的 IIS 服务器，在“功能视图”中双击“管理服务”图标，选中“启用远程连接”复选框，如图 11-7 所示。

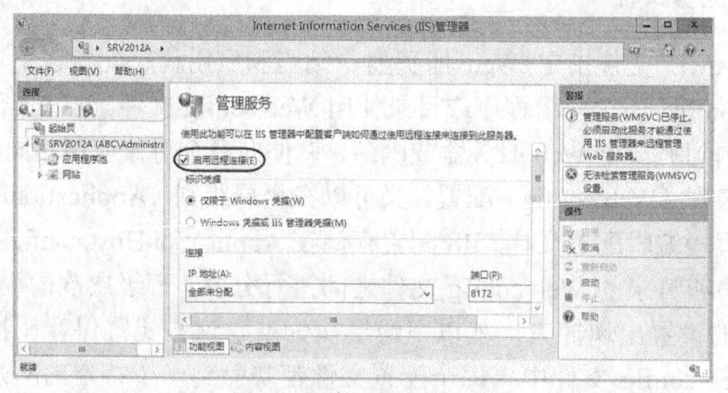

图 11-7 “管理服务”界面

（3）配置其他设置。根据需要在“管理服务”界面中设置验证凭据、所绑定的 IP 地址、SSL 证书（用于 SSL 安全连接）、IP 地址限制（限制管理端计算机的 IP）等其他选项。

（4）启动管理服务。单击“操作”窗格中的“启动”链接。

完成上述设置后，在管理端计算机上打开 IIS 管理器，从“文件”菜单中选择“连接到服务器”打开相应的对话框，设置远程管理的 IIS 服务器的域名，并提供相应的连接凭据，即可实现远程管理。

11.3　Web 网站的配置和管理

Web 服务器以网站的形式提供内容服务，网站是 IIS 服务器的核心。在 IIS 8 中，网站可以采用分层结构，进一步包括应用程序和虚拟目录等基本内容提供模块。一台服务器可以包含一个或多个网站，一个网站包含一个或多个应用程序，一个应用程序包含一个或多个虚拟目录，而虚拟目录则映射到 Web 服务器上的物理目录。

11.3.1　网站基本管理

实验 11-3　网站基本管理

这里以默认网站为例介绍网站的基本管理。

1. 查看网站列表

打开 IIS 管理器，在“连接”窗格中单击树中的“网站”节点，工作区显示当前的网站（站点）列表。如图 11-8 所示，可以查看一些重要的信息，例如启动状态、绑定信息；从列表中选择一个网站，“操作”窗格中显示对应的操作命令，可以编辑更改该网站，重命名网站，修改物理路径、绑定，启动或停止网站运行等。

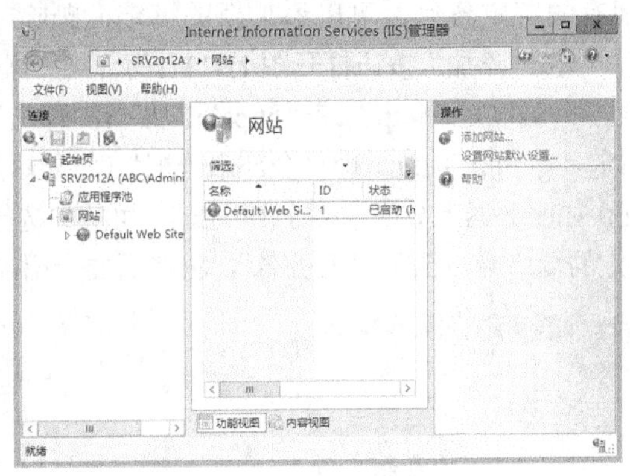

图 11-8　网站列表

IIS 8.5 安装过程中将在 Web 服务器上的\inetpub\wwwroot 目录中创建默认网站配置，可以直接使用此目录发布 Web 内容，也可以为默认网站创建或选择其他目录来发布内容。

2. 设置网站主目录

每个网站必须有一个主目录。主目录位于发布的网页的中央位置，包含主页或索引文件以及到所在网站其他网页的链接。主目录是网站的“根”目录，映射为网站的域名或服务器名。用户使用不带文件名的 URL 访问 Web 网站时，请求将指向主目录。例如，如果网站的域名是 www.abc.com，其主目录为 D:\Website，浏览器就会使用网址 http://www.abc.com 访问主目录 D:\Website 中的文件。

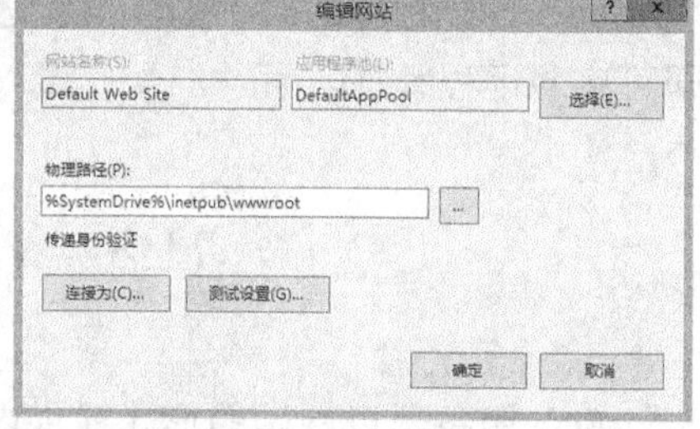

图 11-9　编辑网站

在 IIS 管理器中选中要设置的网站，在右侧“操作”窗口中单击“基本设置”链接，打开图 11-9 所示的对话框，根据需要在“物理路径”框中设置主目录所在的位置，可以输入目录路径，也可以单击“物理路径”框右侧的按钮打开“浏览文件夹”窗口来选择一个目录路径。

主目录可以是该服务器上的本地路径，需设置完整的目录路径，默认网站的物理路径是%SystemDrive%\inetpub\wwwroot。

主目录也可以是远程计算机上的共享文件夹，直接输入完整的 UNC 路径（格式为“\\服务器\共享名”），或者打开“浏览文件夹”窗口展开“网络”节点来选择共享文件夹（前提是启用网络发现功能）。注意网站必须提供访问共享文件夹的用户认证信息，单击“连接为”按钮弹出相应的对话框，默认选中“应用程序用户”，IIS 使用请求用户提供的凭据来访问物理路径。也可以选中“特定用户”，设置具有物理路径访问权限的用户账户名和密码。

3. 设置网站绑定

网站绑定（IIS 6.0 版本的相关界面上称为“网站标识”）用于支持多个网站，创建网站时需要设置绑定，现有网站也可以进一步添加、删除或修改绑定，包括协议类型（Web 服务有两种：HTTP 和 HTTPS）、IP 地址和 TCP 端口。完整的网站绑定由协议类型、IP 地址、TCP 端口以及主机名（可选）组成，它使名称与 IP 地址相关联从而支持多个网站，即后面要介绍的虚拟主机。

在 IIS 管理器中选中要设置的网站，在“操作”窗格中单击“绑定”链接，打开图 11-10 所示的界面，其中列出现有的绑定条目，可以添加新的绑定，删除或编辑修改已有的绑定。

例如，选中一个绑定，单击“添加”按钮打开图 11-11 所示的对话框，根据需要进行编辑。从“类型”列表中选择协议类型，可以是“http”或“https”；从“IP 地址”列表中选择指派给 Web 网站的 IP 地址，如果不指定具体的 IP 地址，即“全部未分配”（将显示为“*”），则使用尚未指派给其他网站的所有 IP 地址，如服务器上分配了多个 IP 地址，可从中选择所需的 IP 地址；“端口”文本框用于设置该网站绑定的端口号。至于“主机名”，将在后面介绍虚拟主机时详细说明。

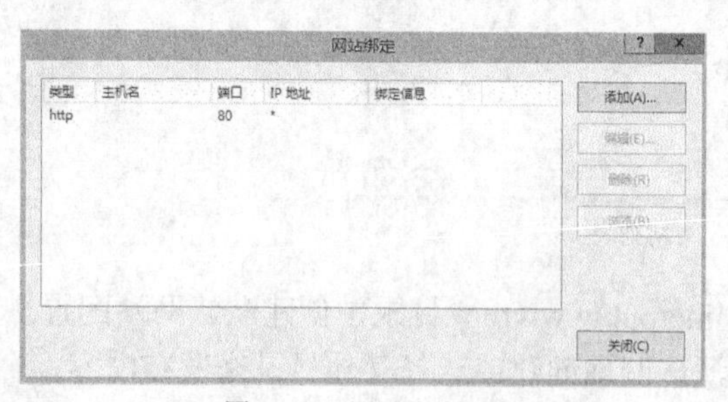

图 11-10　网站绑定列表

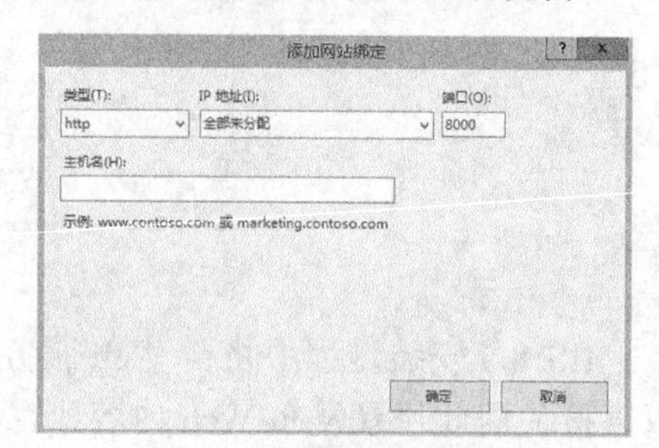

图 11-11　添加网站绑定

4. 启动和停止网站

默认情况下，网站将随 IIS 服务器启动而自动启动，停止网站不会影响该 IIS 服务器其他正在运行的服务、网站，启动网站将恢复网站的服务。在 IIS 管理器中，右击要启动、停止的网站，然后选择相应的命令即可。

11.3.2 部署应用程序

实验 11-4 添加应用程序

应用程序是一种在应用程序池中运行的软件程序，它通过 HTTP 协议向用户提供 Web 内容。创建应用程序时，应用程序的名称将成为用户浏览器请求的 URL 的一部分。在 IIS 8.5 中，每个网站都必须拥有一个称为根应用程序（或默认应用程序）的应用程序。一个网站可以拥有多个应用程序，以实现不同的功能。除了属于网站之外，应用程序还属于某个应用程序池，应用程序池可将此应用程序与服务器上其他应用程序池中的应用程序隔离开来。

1. 添加应用程序

应用程序是网站根级别的一组内容，或网站根目录下某一单独文件夹中的一组内容。在 IIS 8.5 中添加应用程序时，需要为该应用程序指定一个目录作为应用程序根目录（即开始位置），然后指定该应用程序的属性，例如指定应用程序池以供该应用程序在其中运行。

（1）打开 IIS 管理器，在“连接”窗格中展开“网站”节点。

（2）右击要创建应用程序的网站，然后选择“添加应用程序”命令打开相应的对话框。如图 11-12 所示，设置所需选项。

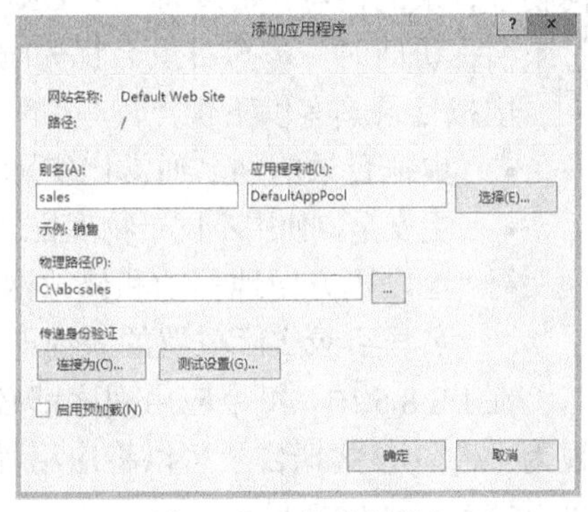

图 11-12 添加应用程序

（3）在“别名”文本框中为应用程序 URL 设置一个值，如 sales。

该应用程序的 URL 路径由当前路径加此别名组成。

（4）如果要选择其他应用程序池，单击“选择”按钮从列表中选择一个应用程序池。

（5）在“物理路径”中设置应用程序所在文件夹的物理路径，或者单击右侧按钮通过在文件系统中导航来找到该文件夹。

当然还可以将物理路径设置为远程计算机上的共享文件夹。

（6）单击“确定”按钮完成应用程序的创建。

例中该应用程序可通过 http://www.abc.com/sales 来访问。

2. 管理应用程序

在 IIS 管理器中选中要管理应用程序的网站，切换到“功能视图”，单击“操作”窗格中的“查看应用程序”链接，打开如图 11-13 所示的界面，给出该网站当前的应用程序列表，可以查看一些重要的信息，如应用程序内容的物理路径、所属的应用程序池等。应用程序图标为 。

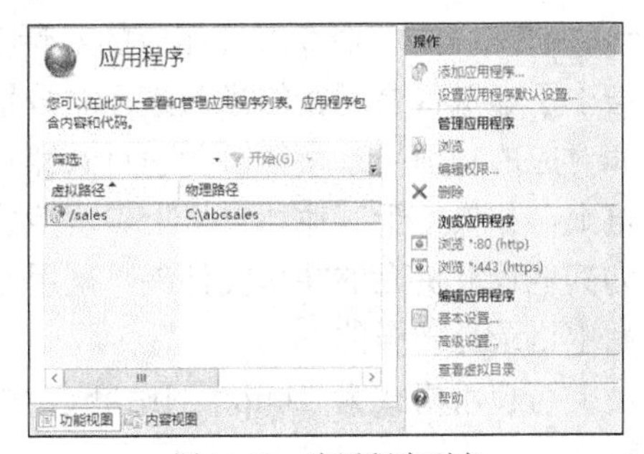

图 11-13 应用程序列表

选中列表中的应用程序项，右侧“操作”窗格中给出相应的操作命令，可以编辑和管理应用程序。单击“基本设置”链接可打开“编辑应用程序”对话框（界面类似于图 11-12），可修改应用程序池、物理路径。

单击“高级设置”链接可打开“高级设置”对话框，可修改更多的设置选项。

单击“删除”链接将删除该应用程序。注意在 IIS 中删除应用程序并不会将相应的物理内容从文件系统中删除，只是删除了相应内容作为某一网站下的应用程序这种逻辑关系。

11.3.3 部署虚拟目录

实验 11-5 创建虚拟目录

Web 应用程序由目录和文件组成。目录分为两种类型：物理目录和虚拟目录。

1. 虚拟目录概述

物理目录是位于计算机物理文件系统中的目录，它可以包含文件及其他目录。虚拟目录是在 IIS 中指定并映射到本地或远程服务器上的物理目录的目录名称，这个目录名称被称为“别名”。别名成为应用程序 URL 的一部分，用户可以通过在 Web 浏览器中请求该 URL 来访问物理目录的内容。如果同一个 URL 路径中物理子目录名与虚拟目录别名相同，那么使用该目录名称访问时，虚拟目录名优先响应。

虚拟目录具有以下优点。

- 虚拟目录的别名通常比实际目录的路径名短，使用起来更方便。
- 更安全，使用不同于物理目录名称的别名，用户难以发现服务器上的实际物理文件结构。
- 可以更方便地移动和修改网站应用程序的目录结构。一旦要更改目录，只需更改别名与目录实际位置的映射即可。

在 IIS 8.5 中，每个应用程序都必须拥有一个名为根虚拟目录的虚拟目录（可以将其别名视为“/”），该虚拟目录可以将应用程序映射到包含其内容的物理目录。但是，一个应用程序可以拥有多个虚拟目录。

2. 创建虚拟目录

虚拟目录是在地址中使用的、与服务器上的物理目录对应的目录名称。可以添加包括网站或应用程序中的目录内容的虚拟目录，而无需将这些内容实际移动到该网站或应用程序目录中。可以在网站或应用程序下面创建虚拟目录。

打开 IIS 管理器，在“连接”窗格中展开“网站”节点，右击要创建虚拟目录的网站（或应用程序），然后选择“添加虚拟目录”命令打开相应的对话框，如图 11-14 所示，给出了虚拟目录所在的当前路径，分别设置虚拟目录别名和对应的物理目录路径。物理目录路径一般设在同一计算机上，如果位于其他计算机上，就应将物理目录路径设置为其他计算机上的共享文件夹（采用 UNC 格式），这与网站主目录是一样的。

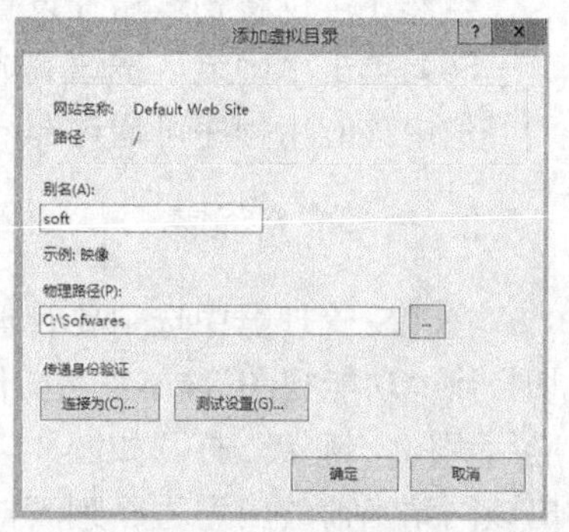

图 11-14 添加虚拟目录

可使用格式为“http://网站域名/虚拟目录别名”的 URL 来访问该虚拟目录（子网站）。

3. 管理虚拟目录

在 IIS 管理器中选中要管理虚拟目录的网站，切换到“功能视图”，单击“操作”窗格中的“查看虚拟目录”链接，打开图 11-15 所示的界面，给出了该网站当前的虚拟目录列表，可以查看一些重要的信息，如虚拟目录内容的物理路径。虚拟目录用图标表示。

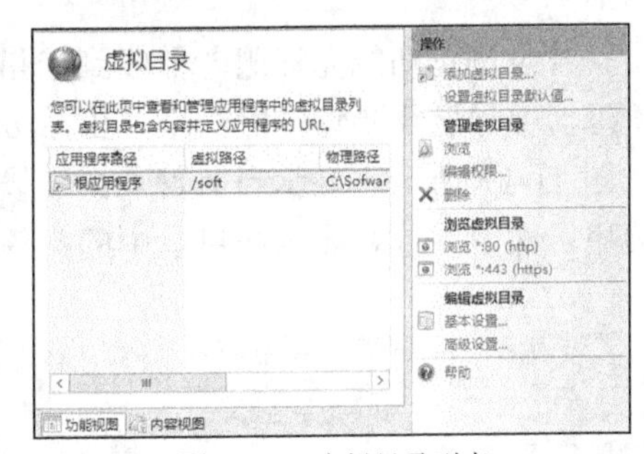

图 11-15　虚拟目录列表

选中列表中的虚拟目录，右侧“操作”窗格中给出相应的操作命令，可以编辑和管理虚拟目录。单击“基本设置”链接可打开“编辑虚拟目录”对话框（界面类似于图 11-14），可修改物理路径。

单击“高级设置”链接可打开相应的对话框，可修改更多的设置选项。

单击“删除”链接将删除该虚拟目录。注意删除虚拟目录并不删除相应的物理目录及其文件。

除了在网站下创建虚拟目录外，还可在网站物理目录或虚拟目录中创建下一层次的虚拟目录。当然也可在主目录或虚拟目录对应的物理目录下直接创建目录来管理内容。

可以将物理目录或虚拟目录转换为应用程序。

11.4　IIS 服务器的功能配置和管理

上述 Web 网站、应用程序和虚拟目录，涉及的是 Web 内容部署和管理。接下来要介绍的是 IIS 服务器的功能配置和管理。这些功能可以应用到不同的级别——网站、应用程序、目录和文件，级别较低的配置覆盖级别较高的配置。在配置过程中首先需要导航至相应的级别，再进行相应的设置。

11.4.1　配置 HTTP 功能

HTTP 功能设置的重要性不言而喻，包括默认文档、目录浏览、HTTP 错误页、HTTP 重定向、HTTP 响应头和 MIME 类型等。下面讲解 4 项常用的功能设置。

1. 设置默认文档

在浏览器的地址栏中输入网站名称或目录，而不输入具体的网页文件名时，Web 服务器将默认文档（默认网页）返回给浏览器。默认文档可以是目录的主页，也可以是包含网站文档目录列表的索引页。Internet 上比较通用的默认网页是 index.htm，IIS 中的默认网页为 Default.htm，管理员可定义多个默认网页文件。

在 IIS 管理器中导航至要管理的级别，在“功能视图”中双击“默认文档”按钮，打开相应的界面。如图 11-16 所示，列出已定义的默认文档，根据需要添加和删除默认文档。可指定多个默认文档，IIS 按出现在列表中的名称顺序提供默认文档，服务器将返回所找到的第一个文档。要更改搜索顺序，应选择一个文档并单击“上移”或“下移”链接。默认已经启用默认文档功能，要禁用此功能只需单击“禁用”链接。

2. 设置目录浏览

目录浏览功能允许服务器收到未指定文档的请求时向客户端浏览器返回目录列表。在 IIS 管理器中导航至要管理的级别，在“功能视图”中双击“目录浏览”按钮，打开相应的界面。如图 11-17 所示，显示当前目录浏览设置。为安全起见，默认已禁用目录浏览。可根据需要启用，然后设置要显示在目录中的文件属性项，如时间、大小等。

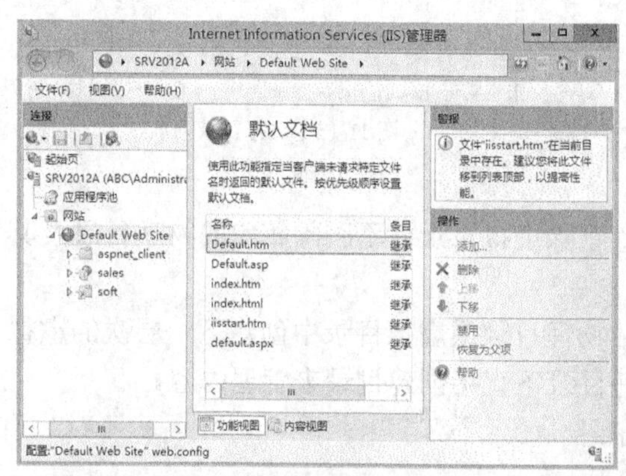

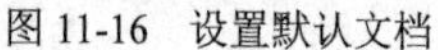
图 11-16 设置默认文档

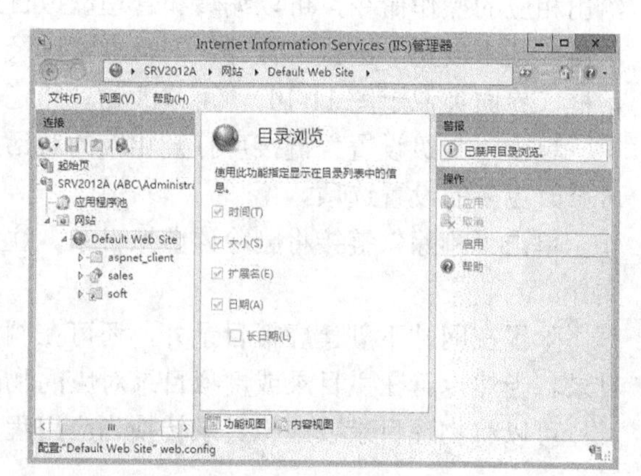

图 11-17 设置目录浏览

如果客户端在访问网站或 Web 应用程序时未指定文档名称，当默认文档和目录浏览都已禁用时，浏览器会收到 404（“找不到文件或目录”）错误，这是因为 Web 服务器无法确定要提供哪个文件并且无法返回目录列表。但是，如果禁用了默认文档但启用了目录浏览，则浏览器将收到一个目录列表，而不是 404 错误。

3. HTTP 重定向

重定向是指将客户请求直接导向其他网络资源（文件、目录或 URL），Web 服务器向客户端发出重定向消息（如 HTTP 302），以指示客户端重新提交位置请求。配置重定向规则可使最终用户的浏览器加载不同于最初请求的 URL。如果网站正在建设中或更改了标识，这种配置将十分有用。

要使用重定向功能，需要确认在 Web 服务器角色中安装有“HTTP 重定向”角色服务（安装 IIS 服务器时默认没有选中该角色服务）。

在 IIS 管理器中导航至要管理的级别，在“功能视图”中双击“HTTP 重定向”按钮，打开相应的界面。如图 11-18 所示，在其中设置重定向选项。选中“将请求重定向到此目标”复选框，在相应的框中输入要将用户重定向到的文件名、目录路径或 URL。

4. 设置 MIME 类型

MIME 最初用作原始 Internet 邮件协议的扩展，用于将非文本内容在纯文本的邮件中进行打包和编码传输，现在被用于 HTTP 传输。IIS 仅为扩展名在 MIME 类型列表中注册过的文件提供服务。在 IIS 管理器中导航至要管理的级别，在“功能视图”中双击“MIME 类型”

按钮，打开相应的界面。如图 11-19 所示，其中显示当前已定义的 MIME 类型列表，可根据需要添加、删除和修改 MIME 类型。

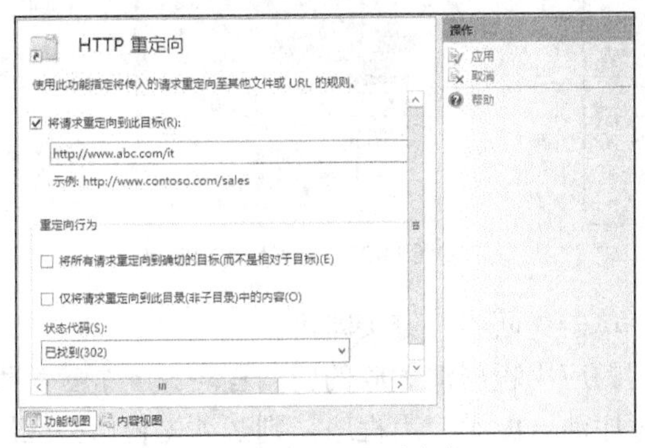

图 11-18　设置 HTTP 重定向

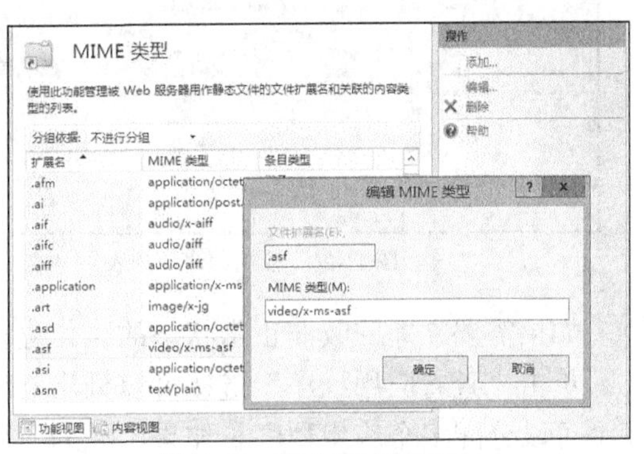

图 11-19　设置 MIME 类型

11.4.2　配置请求处理功能

IIS 的服务器组件用于请求处理，包括应用程序池、模块、处理程序映射和 ISAPI（Internet 服务器应用程序编程接口）筛选器。利用这些组件，可以自定义 Web 服务器，以便在服务器上加载和运行所需的功能的代码。在 IIS 8.5 中，模块取代了早期版本的 ISAPI 筛选器提供的功能。

1. 管理应用程序池

应用程序池是一个或一组 URL，由一个或一组工作进程提供服务。应用程序池为所包含的应用程序设置了边界，通过进程边界将它们与其他应用程序池中的应用程序隔离。这种隔离方法可以提高应用程序的安全性。

在 IIS 8.5 中应用程序池以集成模式或经典模式运行，运行模式会影响 Web 服务器处理托管代码请求的方式。如果应用程序在采用集成模式的应用程序池中运行，Web 服务器将使用 IIS 和 ASP.NET 的集成请求处理管道来处理请求；如果应用程序在采用 ISAPI 模式（经典模式）的应用程序池中运行，则 Web 服务器将继续通过 Aspnet_isapi.dll 路由托管代码请求。大多数托管应用程序应该都能在采用集成模式的应用程序池中成功运行，但为实现版本兼容，有时也需要以经典模式运行。应该先对集成模式下运行的应用程序进行测试，以确定是否真的需要采用经典模式。

创建网站时默认会创建新的应用程序池，也可以直接添加新的应用程序池。

打开 IIS 管理器，在“连接”窗格中单击树中的“应用程序池”节点，显示当前已有的应用程序池列表。如图 11-20 所示，可以查看一些重要的信息，如.NET Framework 特定版本、运行状态、托管模式等；选中列表中的某一应用程序池，右侧“操作”窗格中给出相应的操作命令，可以编辑和管理指定的应用程序池。

单击“基本设置”链接可打开图 11-21 所示的对话框，编辑应用程序池，如更改托管模式、.NET Framework 版本等。单击“添加应用程序池”链接打开相应的对话框（界面类似于图 11-21），添加新的应用程序池。

单击“高级设置”链接可打开“高级设置”对话框，编辑修改更多的设置选项。

可以启动或停止某一应用程序池。

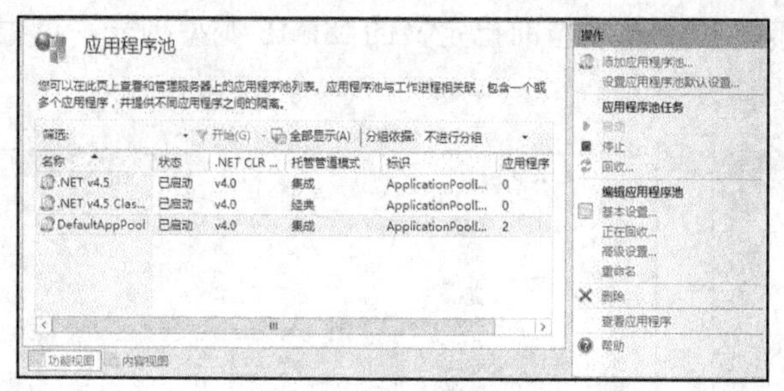

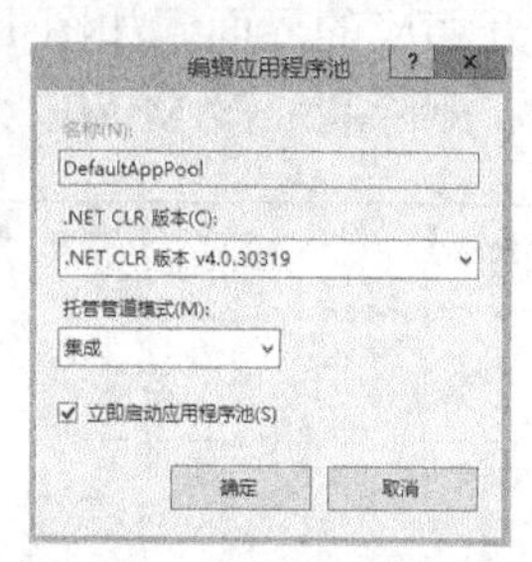

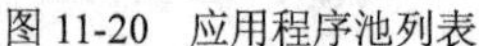

图 11-20　应用程序池列表　　　　图 11-21　编辑应用程序池

如果需要立即回收非正常状态的工作进程，单击“回收”链接即可。

单击“查看应用程序”链接可以列出与选定的应用程序池关联的应用程序。一个应用程序池可以分配多个应用程序。如果已经为应用程序池分配了应用程序，则必须先将这些应用程序分配给其他应用程序池，才能删除原来的应用程序池。应用程序必须与应用程序池关联起来才能运行。

2. 配置模块

模块通过处理请求的部分内容来提供所需的服务，如身份验证或压缩。通常情况下，模块不生成返回给客户端的响应，而是由处理程序来执行此操作，这是因为它们更适合处理针对特定资源的特定请求。IIS 8 包括以下两种类型的模块。

- 本机模块（本机.dll 文件）。也称“非托管模块”，是执行特定功能的工作以处理请求的本机代码 DLL。默认情况下，大多数功能都是作为本机模块实现的。初始化 Web 服务器工作进程时，将加载本机模块。这些模块可为网站或应用程序提供各种服务。
- 托管模块（由.NET 程序集创建的托管类型）。这些是使用 ASP.NET 模型创建的。

打开 IIS 管理器，在“连接”窗格的树中单击服务器节点，在“功能视图”中双击“模块”按钮，打开图 11-22 所示的界面，列出当前模块。

出于安全考虑，只有服务器管理员才能在 Web 服务器级别注册或注销本机模块。但是，可以在网站或应用程序级别启用或删除已注册的本机模块。单击“配置本机模块”按钮，打开相应的对话框，列出已注册但未启用的本机模块，如图 11-23 所示，要启用某模块，选中其左侧复选框。要删除已注册的本机模块，在模块列表中选择本机模块，在“操作”窗格中单击“删除”链接。

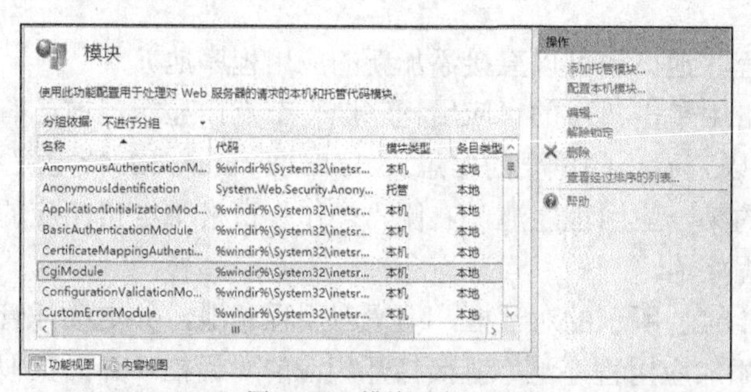

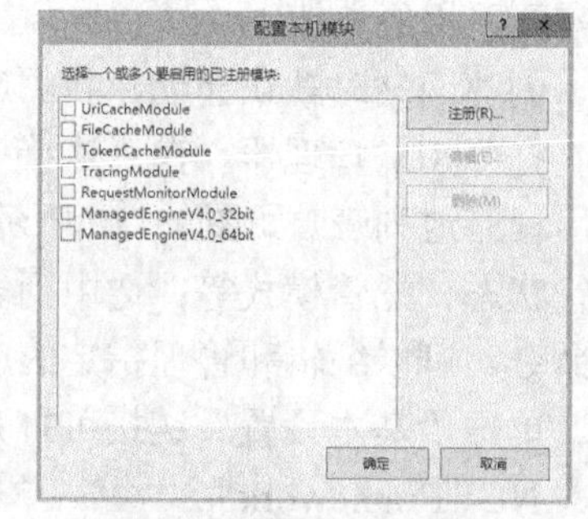

图 11-22　模块列表　　　　图 11-23　配置本机模块

可以为每个网站或应用程序单独配置托管模块。只有在该网站或应用程序需要时，才会加载这些模块来处理数据。单击“添加托管模块”链接将打开相应的对话框，设置相关选项即可。

3. 配置处理程序映射

在 IIS 8.5 中，处理程序对网站和应用程序发出的请求生成响应。与模块类似，处理程序也是作为本机代码或托管代码实现的。当网站或应用程序中存在特定类型的内容时，必须提供能处理对该类型内容的请求的处理程序，并且要将该处理程序映射到该内容类型。例如，有一个处理程序（Asp.dll）用来处理对 ASP 网页的请求，默认情况下会将该处理程序映射到对 ASP 文件的所有请求。

IIS 8.5 为网站和应用程序提供了一系列常用的从文件、文件扩展名和目录到处理程序的映射。例如，它不仅有处理文件（例如 HTML、ASP 或 ASP.NET 文件）请求的处理程序映射，还提供了处理未指定文件的请求（例如目录浏览或返回默认文档）的处理程序映射。默认情况下，如果客户端请求的文件的扩展名或目录未映射到处理程序，将由 StaticFile 处理程序或 Directory 处理程序来处理该请求。如果客户端请求的 URL 具有特定的文件，但其扩展名并未映射到处理程序，StaticFile 处理程序将尝试处理该请求。如果客户端在请求 URL 时未指定文件，Directory 处理程序将返回默认文档或目录清单，具体取决于是否为应用程序启用了这些选项。如果要使用 StaticFile 或 Directory 之外的处理程序来处理请求，可以创建新的处理程序映射。

IIS 8 中支持以下 4 种类型的处理程序映射来处理针对特定文件或文件扩展名的请求。

- 脚本映射：使用本机处理程序（脚本引擎）.exe 或.dll 文件响应特定请求。脚本映射提供与早期版本 IIS 的向下兼容性。
- 托管处理程序映射。使用托管处理程序（以托管代码编写）响应特定请求。
- 模块映射。使用本机模块响应特定请求。例如，IIS 会将所有对.exe 文件的请求映射到 CgiModule，这样当用户请求带有.exe 文件扩展名的文件时将调用该模块。
- 通配符脚本映射。将 ISAPI 扩展配置为在系统将请求发送至其映射处理程序之前截获每个请求。例如，可能拥有一个执行自定义身份验证的处理程序，这时便可以为该处理程序配置通配符脚本映射，以便截获发送至应用程序的所有请求，并确保在提供请求之前对用户进行身份验证。

打开 IIS 管理器，导航至要管理的节点，在“功能视图”中双击“处理程序映射”按钮打开图 11-24 所示的界面，列出当前配置的处理程序映射。选中列表中的某一处理程序映射，右侧“操作”窗格中给出相应的操作命令，可以编辑和管理指定的应用程序映射。

编辑脚本映射的界面如图 11-25 所示。除了请求路径（文件扩展名或带扩展名的文件名）和可执行文件外，这里还有一个请求限制。请求限制的设置决定该处理程序仅处理针对特定资源类型或谓词的请求。

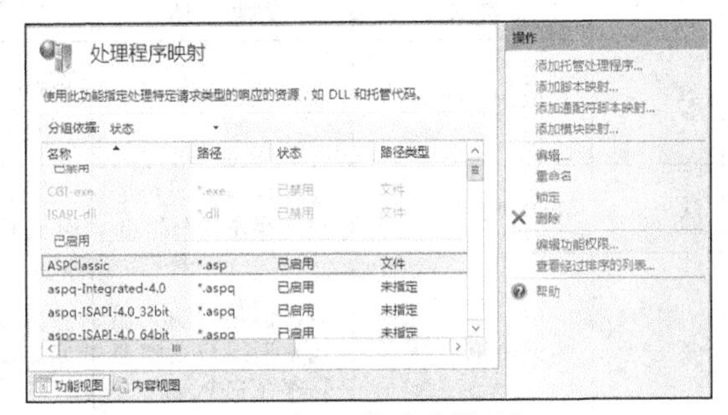

图 11-24　处理程序映射列表

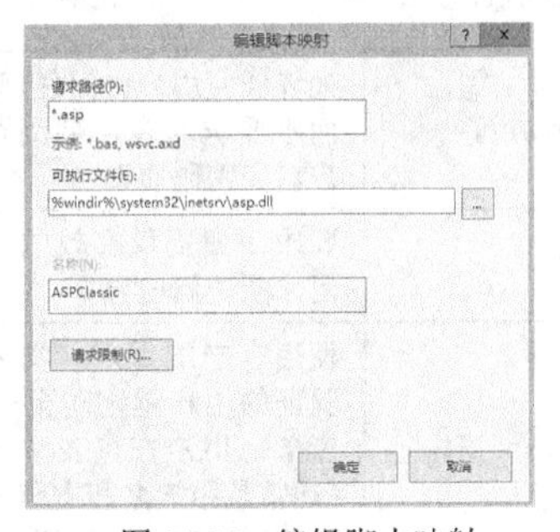

图 11-25　编辑脚本映射

11.4.3　配置 IIS 安全性

Web 服务器本身和 Web 应用程序已成为攻击者的重要目标。Web 服务所使用的 HTTP 协议本身是一种小型简单且又安全可靠的通信协议，它本身遭受非法入侵的可能性不大。Web 安全问题往往与 Web 服务器的整体环境有关，如系统配置不当、应用程序出现漏洞等。Web 服务器的功能越多，采用的技术越复杂，其潜在的危险性就越大。Web 安全涉及的因素多，必须从整体安全的角度来解决 Web 安全问题，实现物理级、系统级、网络级和应用级的安全。这里主要从 Web 服务器软件本身角度来讨论安全问题，解决访问控制问题，即哪些用户能够访问哪些资源管理。

IIS 8.5 改进了应用级安全机制。为增强安全性，默认情况下 Windows Server 2012 R2 上未安装 IIS 8.5。安装 IIS 8.5 时，默认将 Web 服务器配置为只提供静态内容（包括 HTML 和图像文件）。在 IIS 8.5 中可以配置的安全功能包括身份验证、IPv4 地址和域名规则、URL 授权规则、服务器证书、ISAPI 和 CGI 限制、SSL（安全套接字层）、请求筛选器等。

默认安装 IIS 8.5 时提供的安全功能有限，为便于实验，这里要求安装与安全性相关的所有角色服务。

1．配置身份验证

身份验证用于控制特定用户访问网站或应用程序。IIS 8.5 支持 7 种身份验证方法，具体说明如表 11-1 所示。默认情况下，IIS 8.5 仅启用匿名身份验证。一般在禁止匿名访问时，才使用其他验证方法。如果服务器端启用多种身份验证，客户端则按照一定顺序来选用，例如，常用的 4 种验证方法的优先顺序为匿名身份验证、Windows 验证、摘要式身份验证、基本身份验证。

打开 IIS 管理器，导航至要管理的节点，在“功能视图”中双击“身份验证”图标打开如图 11-26 所示的界面，显示当前的身份验证方法列表，可以查看一些重要的信息，如状态（启用还是禁用）、响应类型（未通过验证返回给浏览器端的错误页）；选中某一身份验证方法，右侧“操作”窗格中给出相应的操作命令，可以启用、禁用或编辑该方法。

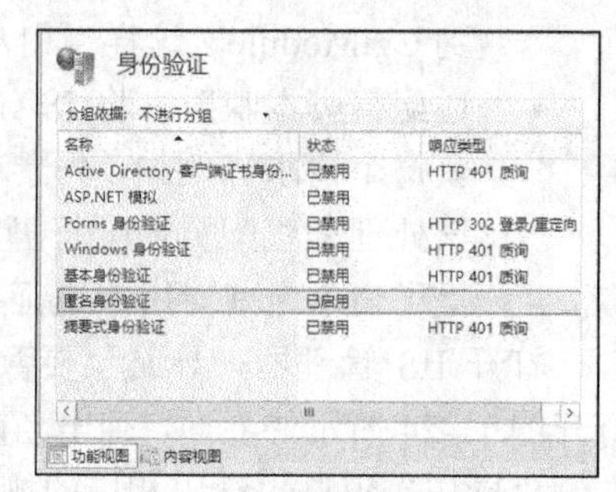

图 11-26　身份验证方法列表

表 11-1　　IIS 8 身份验证方法的比较

身份验证方法	说明	安全性	对客户端的要求	能否跨代理服务器或防火墙	应用场合
匿名访问	允许任何用户访问任何公共内容，而不要求向客户端浏览器提供用户名和密码质询	无	任何浏览器	能	Internet 公共区域
基本	要求用户提供有效的用户名和密码才能访问内容	低	主流浏览器	能，但是明码传送密码存在安全隐患	内网或专用连接
Forms（窗体）	使用客户端重定向将未经过身份验证的用户重定向至一个 HTML 表单，用户在该表单中输入凭据（通常是用户名和密码），确认凭据有效后重定向至最初请求的网页	低	主流浏览器	能，但是以明文形式发送用户名和密码存在安全隐患	内网或专用连接

续表

身份验证方法	说明	安全性	对客户端的要求	能否跨代理服务器或防火墙	应用场合
摘要式	使用 Windows 域控制器对请求访问 Web 服务器内容的用户进行身份验证	中等	支持 HTTP/1.1 协议	能	AD 域网络环境
Windows	客户端使用 NTLM 或 Kerberos 协议进行身份验证	高	IE	否	内网
ASP.NET 模拟	ASP.NET 应用程序将在通过 IIS 身份验证的用户的安全上下文中运行应用程序	高	IE	能	Internet 安全交易
客户端证书映射	自动使用客户端证书对登录的用户进行身份验证	高	IE 和 Netscape	能，使用 SSL 连接	Internet 安全交易

匿名身份验证允许任何用户访问任何公共内容，而不要求向客户端浏览器提供用户名和密码质询。默认情况下，匿名身份验证处于启用状态。启用匿名身份验证后，可以更改 IIS 用于访问网站和应用程序的账户。选中“匿名身份验证”，单击“编辑”链接打开图 11-27 所示的对话框，默认情况下使用 IUSR 作为匿名访问的用户名,该用户名是在安装 IIS 时自动创建的，可根据需要改为其他指定用户。如果要让 IIS 进程使用当前在应用程序池属性页上指定的账户运行，选择“应用程序池标识”选项。如果某些内容只应由选定用户查看，则必须配置相应的 NTFS 权限以防止匿名用户访问这些内容。

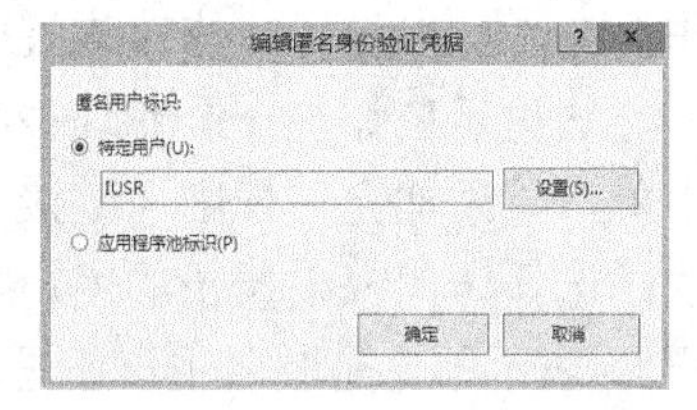

图 11-27　设置匿名身份验证凭据

如果希望只允许注册用户查看特定内容，应当配置一种要求提供用户名和密码的身份验证方法，如基本身份验证或摘要式身份验证。以使用摘要式身份验证为例，在身份验证方法列表中选中“摘要式身份验证”，单击“启用”链接，然后单击“编辑”链接打开相应的对话框，在“领域”文本框中输入 IIS 在对尝试访问受摘要式身份验证保护的资源的客户端进行身份验证时应使用的领域（输入用户名/密码时对话框的提示内容）。如果要使用摘要式身份验证，必须禁用匿名身份验证。

2. 配置 IPv4 地址和域名规则

当用户首次尝试访问 Web 网站的内容时，IIS 将检查每个来自客户端的接收报文的源 IP 地址，并将其与网站设置的 IP 地址比较，以决定是否允许该用户访问。配置 IPv4 地址和域名规则可以有效保护 Web 服务器上的内容，防止未授权用户进行查看或更改。

打开 IIS 管理器，导航至要管理的节点，在“功能视图”中双击“IPv4 地址和域限制”图标打开相应的界面，显示当前的 IPv4 地址和域名限制规则列表，选中某一规则，右侧“操作”窗格中给出相应的操作命令，可以编辑或修改该规则。

要添加允许规则，在“操作”窗格中单击“添加允许条目”链接，打开图 11-28 所示的对话框，选中“特定 IP 地址”或“IP 地址范围”选项，接着添加 IPv4 地址、范围、掩码，然后单击“确定”按钮即可。例中由子网标志和子网掩码来

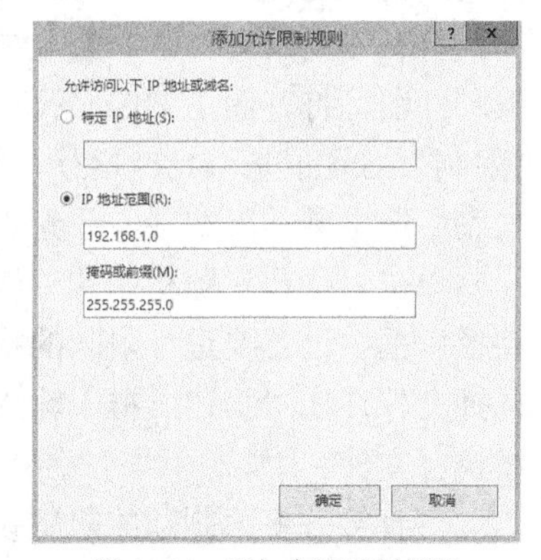

图 11-28　添加允许限制规则

定义一个 IP 地址范围。

可以启用域名限制，基于域名来确定客户端 IP 范围，不过这需要 DNS 反向查找 IP 地址，会增加系统开销。在“操作”窗格中单击“编辑功能设置”链接，然后在“编辑 IP 和域限制设置”对话框中选择“启用域名限制”选项。

可以添加拒绝规则，单击“添加拒绝条目”链接打开相应的对话框，除了“特定 IP 地址”“IP 地址范围”选项，还可以使用“域名”选项（因为启用域名限制）。

3. 配置 URL 授权规则

URL 授权规则用于向特定角色、组或用户授予对 Web 内容的访问权限，可以防止非指定用户访问受限内容。与 IPv4 地址和域名规则一样，URL 授权规则也包括允许规则和拒绝规则。

打开 IIS 管理器，导航至要管理的节点，在“功能视图”中双击“授权规则”图标打开相应的界面，显示当前的授权规则列表，选中某一规则，右侧“操作”窗格中给出相应的操作命令，可以编辑或修改该规则。

这里示范添加一个允许授权规则。在“操作”窗格中单击“添加允许规则”链接打开图 11-29 所示的对话框，选择访问权限授予的用户类型，这里选中“所有用户”，表示不论是匿名用户还是已识别的用户都可以访问相应内容。要进一步规定允许访问相应内容的用户、角色或组只能使用特定 HTTP 谓词列表，还可以选中“将此规则应用于特定谓词”，并在对应的文本框中输入这些谓词。

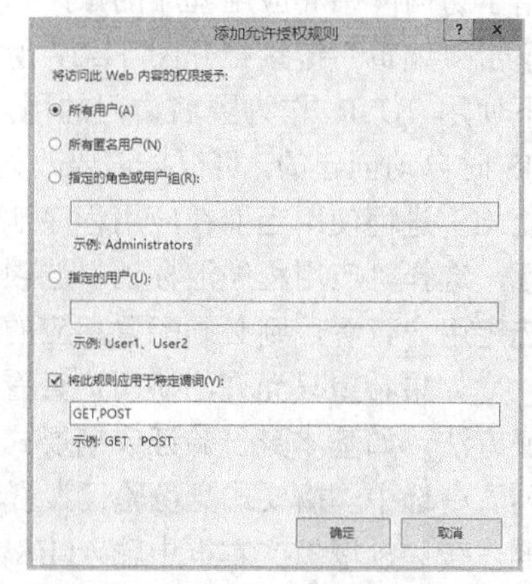

图 11-29 添加允许授权规则

可参照上述方法添加拒绝授权规则。注意不能更改规则的模式。例如，要将拒绝规则更改为允许规则，必须先删除该拒绝规则，然后创建新的具有相同用户、角色和谓词的允许规则。此外，也不能编辑从父级节点继承的规则。

4. 管理 ISAPI 和 CGI 程序限制

ISAPI 和 CGI 限制决定是否允许在服务器上执行动态内容——ISAPI（.dll）或 CGI（.exe）程序的请求处理，相当于 IIS 6 中的配置 Web 服务扩展。

打开 IIS 管理器，导航至要管理的服务器节点，在“功能视图”中双击“ISAPI 和 CGI 限制”图标打开图 11-30 所示的界面，从中可以查看已经定义的 ISAPI 和 CGI 限制的列表，“限制”列显示是否允许运行该特定程序，“路径”列显示 ISAPI 或 CGI 文件的实际路径。从列表中选中某一限制项，右侧“操作”窗格中给出相应的操作命令，可以管理或修改该规则。

单击“操作”窗格中的“编辑”按钮，打开图 11-31 所示的对话框，在“ISAPI 或 CGI 路径”框中设置要进行限制的执行程序，可直接输入路径，也可单击右侧的按钮弹出对话框选择文件；在“描述”框中输入说明文字；选中“允许执行扩展路径”复选框将允许执行上述执行文件。

可直接改变限制项的限制设置，单击“操作”窗格中的“允许”或“拒绝”按钮，以允许或禁止运行 ISAPI 或 CGI 路径指向的执行程序。

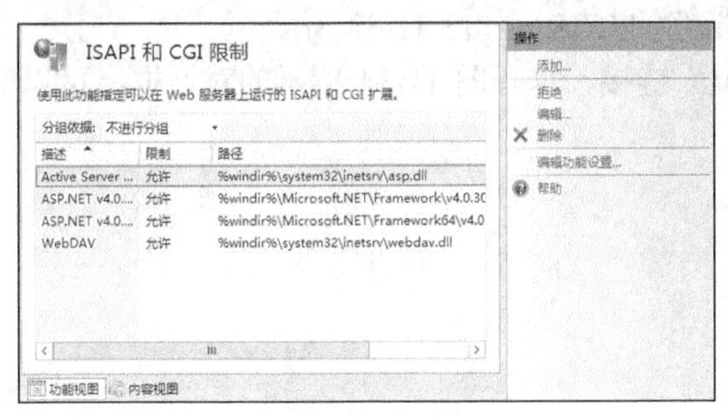

图 11-30　ISAPI 和 CGI 限制列表

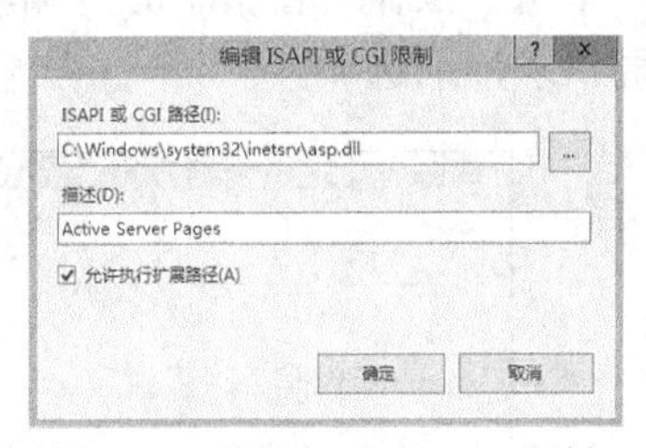

图 11-31　编辑 ISAPI 和 CGI 限制

要添加新的 ISAPI 和 CGI 限制，单击“操作”窗格中的“添加”按钮，弹出“添加 ISAPI 或 CGI 限制”对话框，界面类似于图 11-31。前面涉及的脚本映射，如果相关的脚本引擎执行文件没有添加到 ISAPI 和 CGI 限制列表中，是不能启用要运行的映射的。

默认情况下 IIS 只允许指定的文件扩展名在 Web 服务器上运行，如果不限制任何 ISAPI 和 CGI 程序，单击“编辑功能设置”按钮弹出“编辑 ISAPI 和 CGI 限制设置”对话框，选中“允许未指定的 CGI 模块”和“允许未指定的 ISAPI 模块”复选框，单击“确定”按钮。

5. 配置请求筛选器

请求筛选器用于限制要处理的 HTTP 请求类型（协议和内容），防止具有潜在危害的请求到达 Web 服务器。

打开 IIS 管理器，导航至要管理的节点，在“功能视图”中双击“请求筛选”图标打开图 11-32 所示的界面，可以查看已经定义的请求筛选器列表，IIS 可定义以下类型的筛选器（筛选规则），通过相应的选项卡来查看或管理。

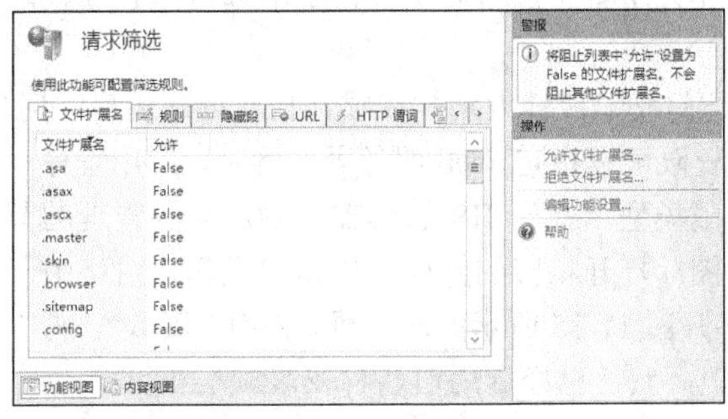

图 11-32　请求筛选器列表

- 文件扩展名。指定允许或拒绝对其进行访问的文件扩展名的列表。
- 规则。列出筛选规则和请求筛选服务应扫描的特定参数，这些参数包括标头、文件扩展名和拒绝字符串。
- 隐藏段。指定拒绝对其进行访问的隐藏段的列表，目录列表中将不显示这些段。
- URL（拒绝 URL 序列）。指定将拒绝对其进行访问的 URL 序列的列表。
- HTTP 谓词。指定将允许或拒绝对其进行访问的 HTTP 谓词的列表。
- 标头。指定将拒绝对其进行访问的标头及其大小限制。
- 查询字符串。指定将拒绝对其进行访问的查询字符串。

不同类型的请求筛选器定义和管理操作不尽相同，例如，文件扩展名可以设置允许或拒绝，URL 可以通过添加筛选规则来设置要拒绝的 URL，如图 11-33 所示。

单击“操作”窗格中的“编辑功能设置”链接，打开图 11-34 所示的对话框，可以配置全局请求筛选选项。

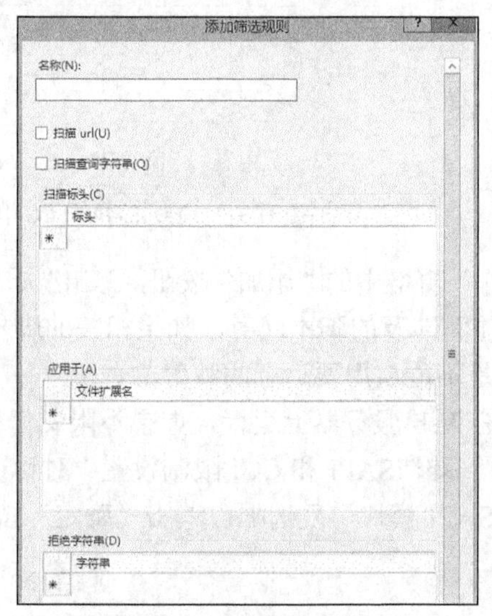

图 11-33　添加筛选规则

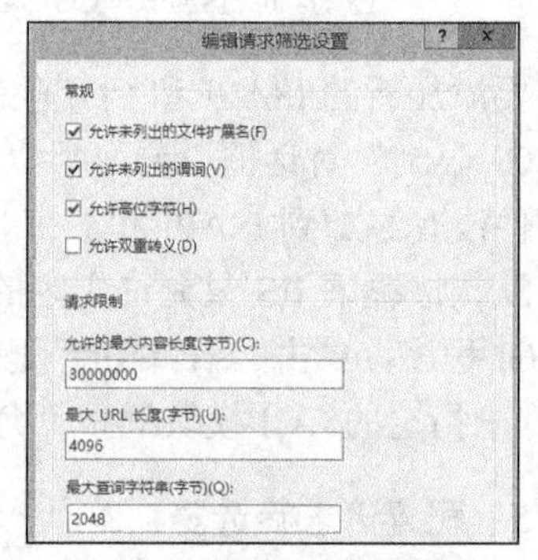

图 11-34　编辑请求筛选设置

6. 配置 Web 访问权限（功能权限）

Web 访问权限适用于所有的用户，而不管它们是否拥有特定的访问权限。如果禁用 Web 访问权限（如读取），将限制所有用户（包括拥有 NTFS 高级别权限的用户）访问 Web 内容。如果启用读取权限，则允许所有用户查看文件，除非通过 NTFS 权限设置来限制某些用户或组的访问权限。

在 IIS 8.5 中 Web 访问权限被称为功能权限，在“处理程序映射”模块中来配置 Web 访问权限，通过配置功能权限可以指定 Web 服务器、网站、应用程序、目录或文件级别的所有处理程序可以拥有的权限类型。打开 IIS 管理器，导航至要管理的节点，在“功能视图”中双击“处理程序映射”图标打开相应的界面，单击“操作”窗格中“编辑功能权限”链接打开图 11-35 所示的对话框，共有“读取”“脚本”和“执行”3 种权限，默认已经启用前两种权限。

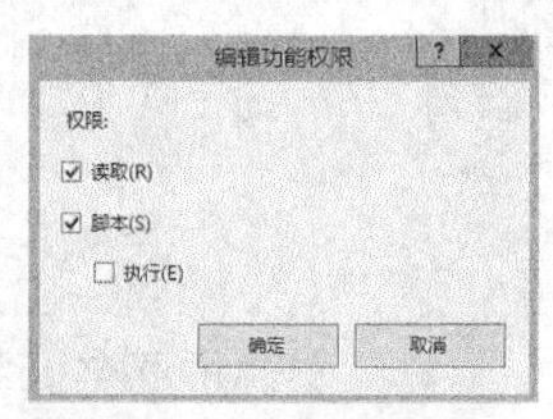

图 11-35　编辑功能权限

可以在 Web 服务器级别启用“读取”和“脚本”权限，而对仅提供静态内容的特定网站禁用“脚本”权限。一般要禁用“执行”权限，因为启用“执行”权限允许运行执行程序。

7. 配置 NTFS 权限

IIS 利用 NTFS 安全特性为特定用户设置 Web 服务器目录和文件的访问权限。例如，可将 Web 服务器的某个文件配置为允许某用户查看，而禁止其他用户访问该文件。当内网服务器已连接到 Internet 时，要防止 Internet 用户访问 Web 服务器，一种有效的方法是仅授予内网成员访问权限而明确拒绝外部用户访问。首先应了解 NTFS 权限和 Web 访问权限之间的差别。

- 前者只应用于拥有 Windows 账户的特定用户或组，而后者应用于所有访问 Web 网站的用户。
- 前者控制对服务器物理目录的访问，而后者控制对 Web 网站虚拟目录的访问。
- 如果两种权限之间出现冲突，则使用最严格的设置。

要使用 NTFS 权限保护目录或文件必须具备以下两个条件。

- 要设置权限的目录或文件必须位于 NTFS 分区中。对于 Web 服务器上的虚拟目录，其对应的物理目录应置于 NTFS 分区。
- 对于要授予权限的用户或用户组，应设立有效的 Windows 账户。

NTFS 权限可在资源管理器中设置，也可直接在 IIS 管理器中设置。在 IIS 管理器中导航至要管理的节点，单击“操作”窗格中“编辑权限”链接打开内容对应目录或文件的属性设置对话框，切换到“安全”选项卡即可根据需要进行设置。

应理解组权限和用户权限的关系。用户获得所在组的全部权限，如果用户又定义了其他权限，则将累积用户和组的权限。属于多个组的用户的权限就是各组权限与该用户权限的累加。

使用“拒绝”一定要谨慎，“拒绝”的优先级高于“允许”。对“Everyone”用户组应用“拒绝”可能导致任何人都无法访问资源，包括管理员。全部选择“拒绝”，则无法访问该目录或文件的任何内容。

11.4.4　配置 Web 应用程序开发设置

实验 11-6　配置 ASP 应用程序

IIS 8.5 对 Web 应用程序开发提供充分支持，除 ASP.NET 之外，还提供与 ASP、CGI 和 ISAPI 等其他 Web 应用技术的兼容性。这里重点介绍 ASP 与 ASP .NET 应用程序的部署与配置。

1. 配置 ASP 应用程序

ASP 是传统的服务器端脚本环境，可用于创建动态和交互式网页并构建功能强大的 IIS 应用程序。与 IIS 6 相比，在 IIS 8.5 中 ASP 程序的配置操作有较大变化。

在 Windows Server 2012 R2 上安装 IIS 8.5 时默认不安装 ASP，需要添加这个角色服务，在“Web 服务器”角色中添加角色服务时选中“应用程序开发”部分的“ASP”。添加 ASP 角色服务之后，默认设置能保证 ASP 的基本运行。可以在网站、应用程序、虚拟目录或目录中发布 ASP 应用，建议在 IIS 8.5 的网站中针对 ASP 应用创建专门的应用程序。

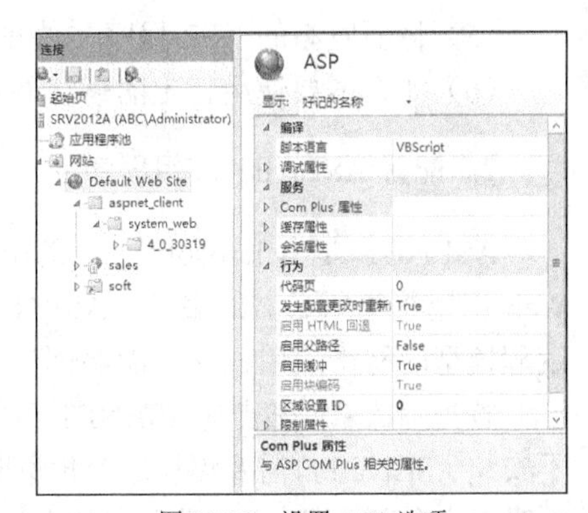

图 11-36　设置 ASP 选项

在实际应用中，因为运行环境的改变，或者为满足特定需要，往往还需要进一步配置。使用 IIS 管理器可以在服务器、网站、应用程序、虚拟目录以及目录级别配置 ASP。

（1）打开 IIS 管理器，导航至要配置 ASP 的节点，在“功能视图”中双击“ASP”按钮打开如图 11-36 所示的界面，配置 ASP 有关选项，具体包括编译、服务、行为 3 大类设置。

例如，默认情况下并未启用父路径以防止潜在的安全风险。启用父路径将允许 ASP 网页使用相对于当前目录的路径（使用“..\”表示法）。不过许多通用的 ASP 软件都需要启用父路径。又如，默认启用会话状态，服务器将为各个连接创建新的 Session（会话）对象，这样就可以访问会话状态，也可以保存会话；会话超时值默认为 20 分钟，即空闲 20 分钟后会话将自动断开。

（2）导航至服务器节点，在“功能视图”中双击“ISAPI 和 CGI 限制”按钮打开相应的界面，确认允许执行 ASP 相关的扩展路径（参见图 11-31）。

（3）导航至要配置 ASP 的节点，在“功能视图”中双击“处理程序映射”按钮打开相应的界面，检查确认处理程序映射配置已经配置 ASP 脚本映射并启用。还要单击“编辑功能权限”链接打开相应的对话框，确认启用“读取”和“脚本”Web 权限。

（4）导航至要配置 ASP 的节点，单击“操作”窗格中的“编辑权限”链接打开相应的界面，切换到“安全”选项卡，设置 NTFS 权限。

一般采用匿名身份验证，应确认匿名身份验证账户（默认为 IIS_IUSRS）拥有“读取”“读取和执行”“列出文件夹内容”等权限，如图 11-37 所示，如果涉及上传、文件型数据库访问，还需要授予“修改”“写入”权限。

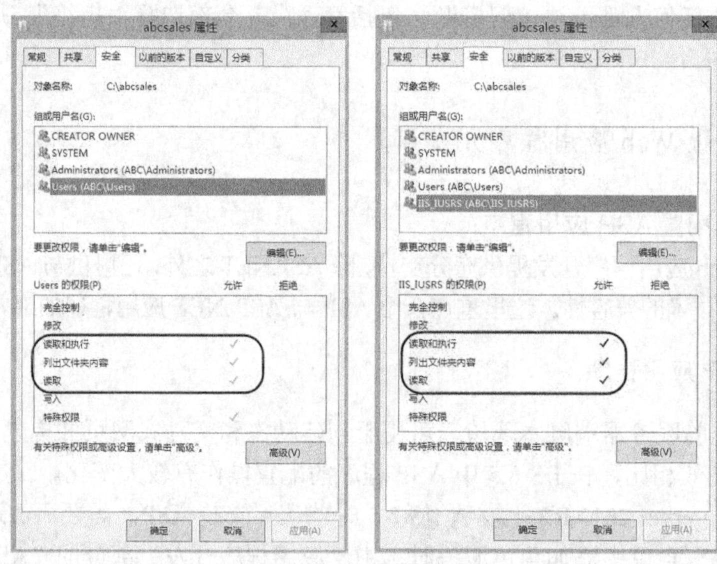

图 11-37　设置访问权限

（5）将要发布的 ASP 程序文件复制到网站相应目录中，根据需要配置数据库。

（6）如果需要使用特定的默认网页，还需要设置默认文档。

2. 配置 ASP.NET 应用程序

ASP.NET 是 Microsoft 主推的统一的 Web 应用程序平台，它提供了建立和部署企业级 Web 应用程序所必需的服务。ASP.NET 不仅仅是 ASP 的下一代升级产品，还是提供了全新编程模型的网络应用程序，能够创建更安全、更稳定、更强大的应用程序。

首先确认 IIS 安装有 ASP.NET 角色服务。在 Windows Server 2012 R2 上安装 IIS 8.5 时默认不安装 ASP.NET，需要添加这个角色服务。具体是在“Web 服务器（IIS）”角色中添加角色服务时选中“应用程序开发”部分的“ASP.NET”“.NET 扩展”“ISAPI 扩展”和“ISAPI 筛选器”。

添加上述角色服务之后，默认设置能保证 ASP.NET 的基本运行。可以在网站、应用程序、虚拟目录或目录中发布 ASP.NET 应用，建议在 IIS 8.5 的网站中创建专门的应用程序。

在实际应用中，因为运行环境的改变，或者为满足特定需要，往往还需要进一步配置。在 IIS 管理器中可以在服务器、网站、应用程序、虚拟目录以及目录级别配置 ASP.NET。

（1）根据需要安装和配置.NET Framework 运行环境。Windows Server 2012 R2 默认安装有.NET Framework 4.5。如果要发布 ASP.NET 2.0 应用，需要安装.NET Framework 3.5，然后更改应用程序池的.NET Framework 特定版本。

（2）在 IIS 管理器中导航至服务器节点，在“功能视图”中双击“ISAPI 和 CGI 限制”按钮打开相应的界面，确认允许执行 ASP.NET（可能有多个版本）相关的扩展路径。

（3）导航至要配置 ASP.NET 的节点，在“功能视图”中双击“处理程序映射”按钮打开相应的界面，检查确认处理程序映射配置已经配置 ASP.NET 脚本映射和托管程序并启用。再单击“编辑功能权限”链接打开相应对话框，确认启用“读取”和“脚本”Web 权限。

（4）导航至要配置 ASP.NET 的节点，单击“操作”窗格中的“编辑权限”链接打开相应的界面，切换到“安全”选项卡设置 NTFS 权限。

（5）将要发布的 ASP.NET 程序文件复制到网站相应目录中，根据需要配置数据库。

（6）如果需要使用特定的默认网页，还需要设置默认文档。

11.5 部署基于 SSL 的 Web 网站

SSL 是以 PKI 为基础的网络安全解决方案。利用 IIS 服务器可轻松架设 SSL 安全网站，为网上交易、政府办公等网站业务提供安全访问解决方案。

11.5.1 基于 SSL 的安全网站解决方案

SSL 是一种建立在网络传输层协议 TCP 之上的安全协议标准，用来在客户端和服务器之间建立安全的 TCP 连接，向基于 TCP/IP 协议的客户/服务器应用程序提供客户端和服务器的验证、数据完整性及信息保密性等安全措施。

基于 SSL 的 Web 网站可以实现以下安全目标。

- 用户（浏览器端）确认 Web 服务器（网站）的身份，防止假冒网站。
- 在 Web 服务器和用户（浏览器端）之间建立安全的数据通道，防止数据被第三方非法获取。
- 如有必要，可以让 Web 服务器（网站）确认用户的身份，防止假冒用户。

基于 SSL 的 Web 安全涉及 Web 服务器和浏览器对 SSL 的支持，而关键是服务器端。目前大多数 Web 服务器都支持 SSL，如微软的 IIS、Apache、Sambar 等；大多数 Web 浏览器也都支持 SSL。

架设 SSL 安全网站，关键要具备以下 4 个条件。

- 需要从可信的证书颁发机构（CA）获取 Web 服务器证书。
- 必须在 Web 服务器上安装服务器证书。
- 必须在 Web 服务器上启用 SSL 功能。

- 如果要求对客户端（浏览器端）进行身份验证，客户端需要申请和安装用户证书。如果不要求对客户端进行身份验证，客户端必须与 Web 服务器信任同一证书认证机构，需要安装 CA 证书。

Internet 上知名的第三方证书颁发机构都能够签发主流 Web 服务器的证书，当然签发用户证书也没问题。自建的 Windows Server 2012 R2 证书颁发机构也可以颁发所需的证书。

11.5.2 利用 IIS 8 部署 SSL 安全网站

实验 11-7 利用 IIS 8 部署 SSL 安全网站

IIS 8.5 进一步优化了 SSL 安全网站配置，下面以此为例讲解 SSL 安全网站部署步骤。为便于实验，例中通过自建的 Windows Server 2012 R2 企业证书颁发机构来提供证书。实际应用中可以向网上的证书中心申请服务器证书。

1. 注册并安装服务器证书

配置 Web 服务器证书的通用流程为：生成服务器证书请求文件→向 CA 提交证书申请文件→CA 审查并颁发 Web 服务器证书→获取 Web 服务器证书→安装 Web 服务器证书。

在 IIS 8.5 中，获得、配置和更新服务器证书都可以由 Web 服务器证书向导完成，向导自动检测是否已经安装服务器证书以及证书是否有效。例中直接向企业 CA 注册证书，步骤更为简单。

（1）打开 IIS 管理器，单击要部署 SSL 安全网站的服务器节点，在“功能视图”中双击“服务器证书”图标出现相应的界面，其中，中间工作区列出当前的服务器证书列表，右侧“操作”窗格中列出相关的操作命令。

IIS 获得服务器证书的方式有导入服务器证书、创建证书申请、创建域证书、创建自签名证书。这里示范创建域证书，因为网络中部署有企业 CA，这里选择“立即将证书请求发送到联机证书机构”单选钮，这种方式仅适合企业 CA。其他方式将在后面介绍。

（2）单击“操作”区域的“创建域证书”链接弹出相应的对话框，设置要创建的服务器证书的必要信息，包括通用名称、组织单位和地理信息，如图 11-38 所示。

通用名称很重要，可选用 Web 服务器的 DNS 域名（多用于 Internet）、计算机名（用于内网）或 IP 地址，浏览器与 Web 服务器建立 SSL 连接时，要使用该名称来识别 Web 服务器。例如，通用名称使用域名 www.abc.com，在浏览器端使用 IP 地址来连接 SSL 安全网站时，将出现安全证书与站点名称不符的警告。一个证书只能与一个通用名称绑定。

（3）单击“下一步”按钮，出现“联机证书颁发机构”对话框，单击“选择”按钮弹出“选择证书颁发机构”对话框，从列表中选择要使用的证书颁发机构，单击“确定”按钮，然后在“好记名称”框中为该证书命名，如图 11-39 所示。

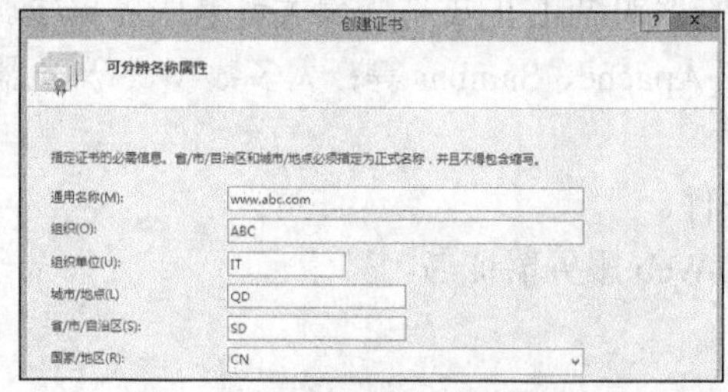

图 11-38　服务器证书信息设置

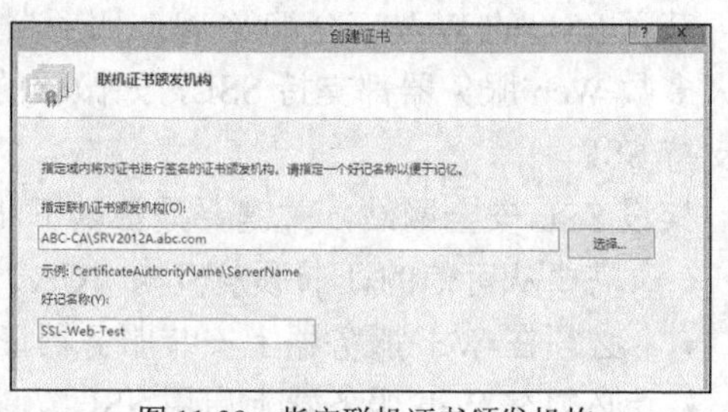

图 11-39　指定联机证书颁发机构

（4）单击“完成”按钮，注册成功的服务器证书将自动安装，并出现在服务器证书列表中，如图 11-40 所示。可选中它来查看证书的信息，如图 11-41 所示。

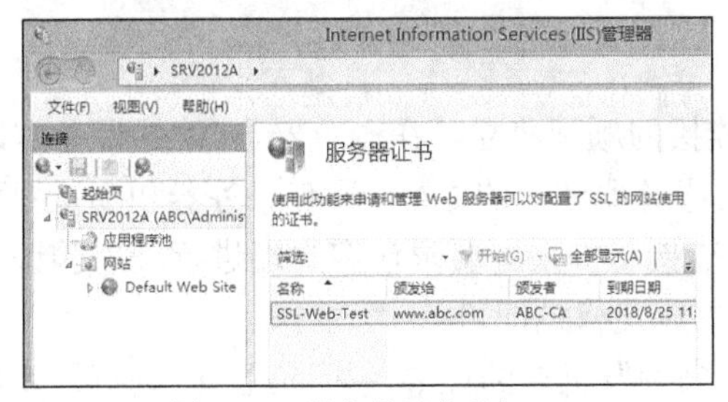

图 11-40　服务器证书列表

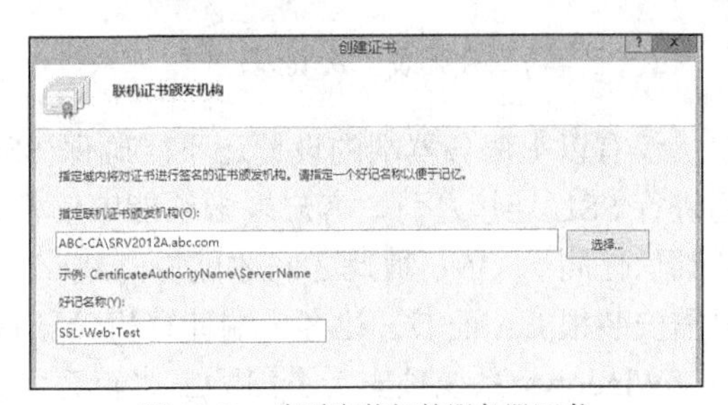

图 11-41　查看安装好的服务器证书

2. 在 Web 网站上启用并配置 SSL

安装了服务器证书之后，还要对网站进行进一步配置，才能建立 SSL 安全连接。

先启用 SSL。展开 IIS 管理器，单击要设置 SSL 安全的网站，在“操作”窗格中单击“绑定”链接打开“网站绑定”对话框，单击“添加”按钮弹出“添加网站绑定”对话框，从“类型”列表中选择“https”，从“SSL 证书”列表中选择要用的证书（前面申请的服务器证书），默认端口号是 443，单击“确定”按钮完成 HTTPS 协议绑定。如果已有一个 HTTPS 绑定，可以选中它，单击“编辑”按钮弹出图 11-42 所示的对话框，更改“SSL 证书”列表中的证书。

至此，Web 网站就具备了 SSL 安全通信功能，可使用 HTTPS 协议访问。默认情况下，HTTP 和 HTTPS 两种通信连接都支持，也就是说 SSL 安全通信是可选的。如果使用 HTTP 协议访问，将不建立 SSL 安全连接。如果要强制客户端使用 HTTPS 协议，只允许以“https://”打头的 URL 与 Web 网站建立 SSL 连接，还需进一步设置 Web 服务器的 SSL 选项。具体步骤如下。

（1）在 IIS 管理器中单击要设置 SSL 安全的网站，在“功能视图”中单击“SSL 设置”按钮打开图 11-43 所示的界面。

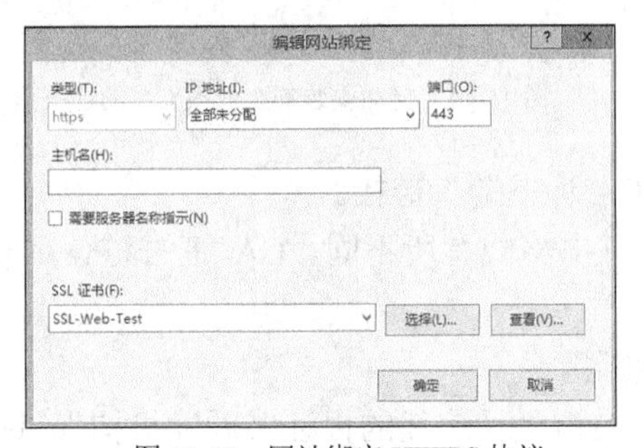

图 11-42　网站绑定 HTTPS 协议

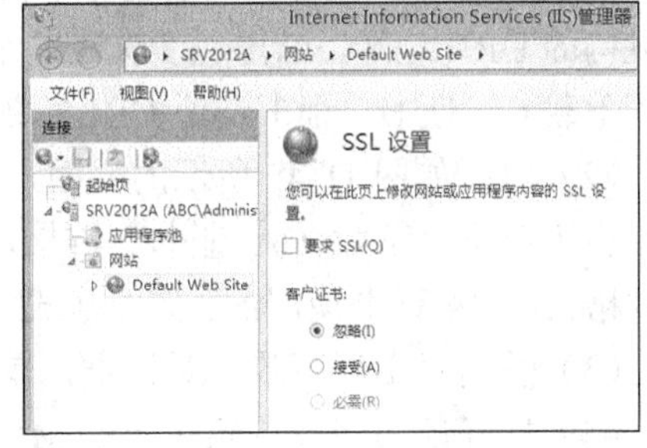

图 11-43　SSL 设置

（2）如果选中“要求 SSL”复选框，将强制浏览器与 Web 网站建立 SSL 加密通信连接。

（3）在“客户证书”区域设置客户证书选项。默认选中“忽略”单选按钮，允许没有客户证书的用户访问该 Web 资源，因为现实中的大部分 Web 访问都是匿名的。

选中“接受”单选按钮，系统会提示用户出具客户证书，实际上有没有客户证书都可使用 SSL 连接。选中“必需”单选按钮，只有具有有效客户证书的用户才能使用 SSL 连接，没有有效客户证书的用户将被拒绝访问，这是最严格的安全选项。选中这两者中任一选项，使用浏览器访问安全站点时，将要求客户端提供客户证书。

3. 在客户端安装 CA 证书

仅有以上服务器端的设置还不能确保 SSL 连接的顺利建立。在浏览器与 Web 服务器之间进行 SSL 连接之前，客户端必须能够信任颁发服务器证书的 CA，只有服务器和浏览器两端都信任同一 CA，彼此之间才能协商建立 SSL 连接。如果不要求对客户端进行证书验证，只需安装根 CA 证书，让客户端计算机信任该证书颁发机构即可。

Windows 系统预安装了国际上比较有名的证书颁发机构的证书，可通过 IE 浏览器或证书管理单元来查看受信任的根证书颁发机构列表。自建的证书颁发机构，客户端一开始当然不会信任，还应在客户端安装根 CA 证书，将该 CA 添加到其受信任的根证书颁发机构列表中。否则，使用以“https://”打头的 URL 访问 SSL 网站时将提示客户端不信任当前为服务器颁发安全证书的 CA。

如果向某 CA 申请了客户证书或其他证书，在客户端安装该证书时，如果以前未曾安装该机构的根 CA 证书，系统将其添加到根证书存储区（成为受信任的根证书颁发机构）。

如果部署有企业根 CA，Active Directory 会通过组策略让域内所有成员计算机自动信任该企业根 CA，自动将企业根 CA 的证书安装到客户端计算机，而不必使用组策略机制来颁发根 CA 证书。此处示例就是这种情况，如图 11-44 所示。

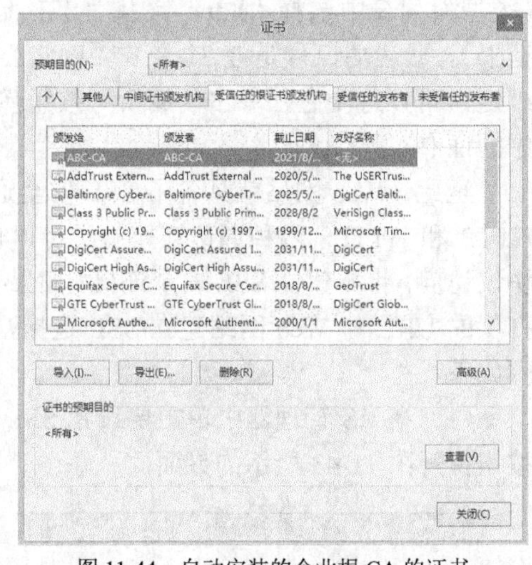

图 11-44　自动安装的企业根 CA 的证书

未加入域的计算机默认不会信任企业 CA，无论是域成员计算机，还是非域成员计算机，默认都不会信任独立根 CA，这就要考虑手动安装根 CA 证书。这里以在 Windows 8 计算机上通过 IE 浏览器访问证书颁发网站来下载安装该证书颁发机构的 CA 证书或 CA 证书链为例进行示范。

（1）打开 IE 浏览器，在地址栏中输入证书颁发机构的 URL 地址，当出现“欢迎”界面时，单击“下载 CA 证书、证书链或 CRL”链接。

（2）出现如图 11-45 所示的界面，单击“下载 CA 证书链”链接。

也可单击“下载 CA 证书”链接，只是获得的证书格式有所不同。CA 证书链使用.p7b 文件格式；CA 证书使用.cer 文件格式。

（3）弹出“文件下载”对话框，单击“保存”按钮。

（4）打开证书管理单元（通过 MMC 控制台），右击“受信任的根证书颁发机构”，选择“所有任务”>“导入”命令，启动证书导入向导。

（5）单击“下一步”按钮出现“要导入的文件”界面，选择前面已下载的 CA 证书链文件。

（6）单击“下一步”按钮出现图 11-46 所示的界面，在“证书存储”列表中一定要选择“受信任的根证书颁发机构”。

（7）单击“下一步”按钮，根据提示完成其余步骤。

可以到“受信任的根证书颁发机构”列表中查看该证书。

使用 IE 浏览器通过“证书”对话框也可导入根 CA 证书。

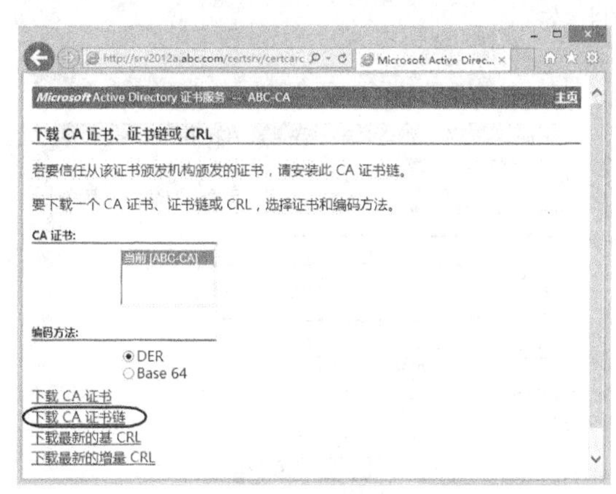

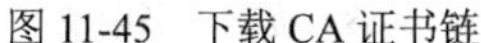
图 11-45　下载 CA 证书链

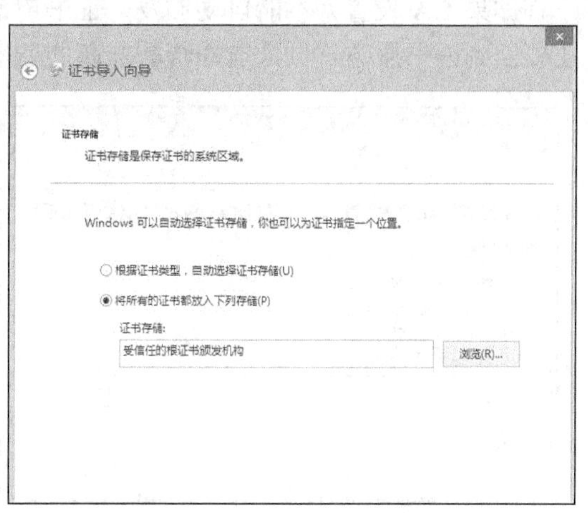

图 11-46　选择证书存储区域

4. 测试基于 SSL 连接的 Web 访问

完成上述设置后，即可进行测试。以“https://”打头的 URL 访问 SSL 安全网站，可以正常访问，浏览器地址栏右侧将出现一个小锁图标，表示通道已加密。

5. 通过创建证书申请注册并配置 Web 服务器证书

创建域证书仅适合企业 CA，考虑到通用性，这里再示范一下通过创建证书申请来注册 Web 服务器的过程。

首先执行以下步骤生成服务器证书请求文件。

（1）打开 IIS 管理器，单击要部署 SSL 安全网站的服务器节点，在“功能视图”中双击“服务器证书”图标出现相应的界面。企业 CA 必须以用户身份登录。

（2）单击“操作”区域的“创建证书申请”链接弹出“可分辨名称属性”对话框，设置要创建的服务器证书的必要信息，包括通用名称、组织单位和地理信息（见图 11-38）。此处示范所用的通用名称为 info.abc.com。

（3）单击“下一步”按钮出现“加密服务提供程序属性”对话框，从中选择加密服务提供程序和算法位长。

（4）单击“下一步”按钮出现“文件名”对话框，指定生成的证书申请文件及其路径。

（5）单击“完成”按钮完成证书申请文件的创建。

然后继续申请服务器证书，需要向证书颁发机构提交服务器证书请求文件。

（1）通过浏览器访问 CA 网站。

（2）根据提示进行操作，选择“高级证书申请”，并选择第二个选项，直接利用已经生成的证书申请文件提交申请，如图 11-47 所示。

（3）出现图 11-48 所示的界面时，填写证书申请表单。这里使用文件编辑器打开刚生成的证书请求文件，将其全部文本内容复制到“保存的申请”表单中。

对于企业 CA，还需要选择证书模板（这里为 Web 服务器）。独立 CA 则不需要。

（4）单击“提交”按钮，例中是企业 CA 自动颁发证书，将出现“证书已颁发”界面，单击“下载证书”链接，弹出相应的对话框，再单击“保存”按钮将证书下载到本地。

如果 CA 设置为不能自动颁发，证书申请被挂起，需要等待证书申请审查和证书颁发，还要回到证书服务首页，选择查看挂起的证书的状态。

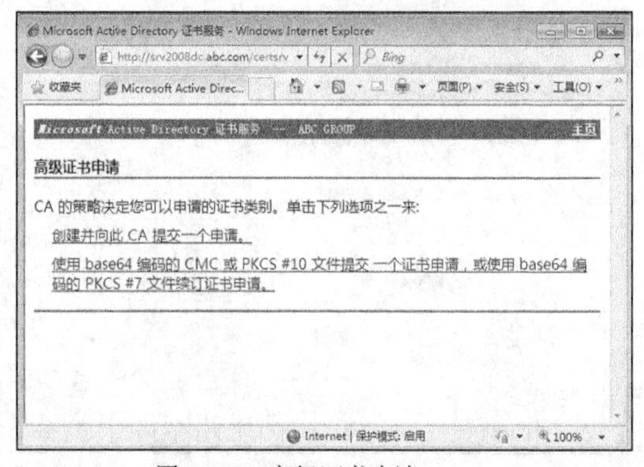

图 11-47　高级证书申请

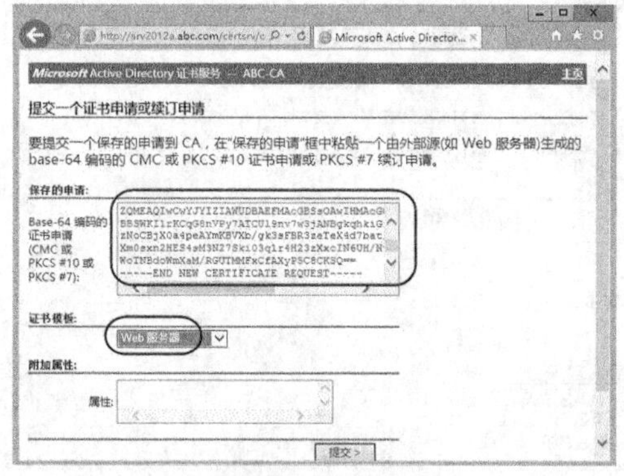

图 11-48　提交证书申请

最后安装服务器证书。

（1）重新回到 IIS 管理器的“服务器证书”管理界面，单击“操作”区域的“完成证书申请”链接弹出图 11-49 所示的对话框，选择前面下载的服务器证书文件，并为该证书给出一个名称。

（2）单击“确定”按钮，完成服务器证书的安装，该证书出现在服务器证书列表中，可选中它来查看证书的信息，如图 11-50 所示。

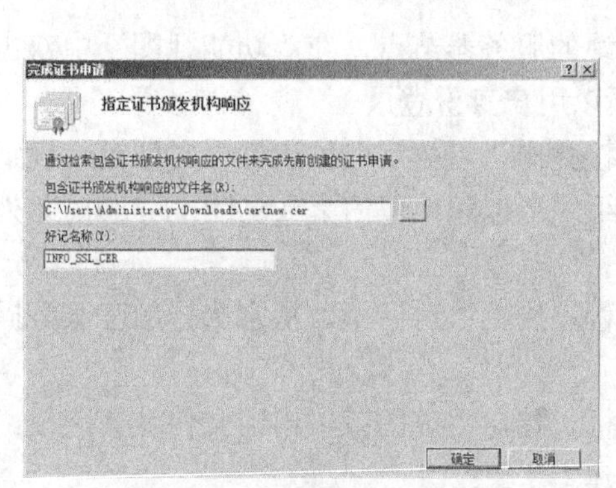

图 11-49　指定联机证书颁发机构

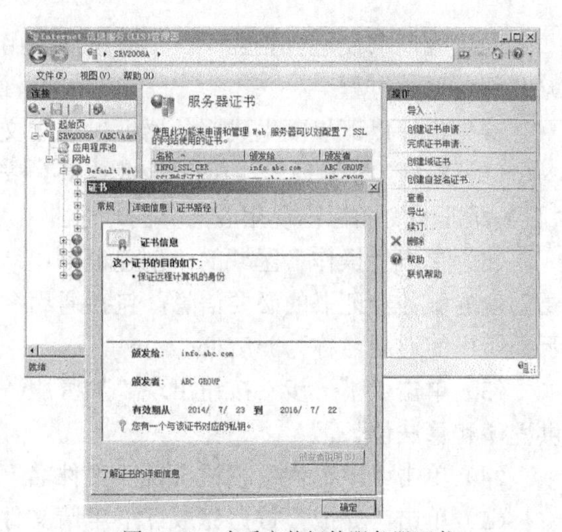

图 11-50　查看安装好的服务器证书

11.6　通过 WebDAV 管理 Web 网站内容

WebDAV 是 Web 分布式创作和版本控制的简称。它扩展了 HTTP/1.1 协议，支持通过 Intranet 和 Internet 安全传输文件，允许客户端发布、锁定和管理 Web 上的资源。WebDAV 让用户通过 HTTP 连接来管理服务器上的文件，包括对文件和目录的建立、删改、属性设置等操作，就像在本地资源管理器中一样简单，可完全取代传统的 FTP 服务。WebDAV 可使用 SSL 安全连接，安全性高。基于 SSL 远程管理 Web 服务器时，WebDAV 将保护密码和所加密的数据。

WebDAV 采用客户机/服务器模式。目前 IIS 都集成了 WebDAV 服务，支持工业标准 WebDAV 协议的客户端软件都可访问 WebDAV 发布目录。Windows 网上邻居、IE 浏览器和 Office 软件都支持 WebDAV 协议，可作为 WebDAV 客户端。

11.6.1　在服务器端创建和设置 WebDAV 发布

实验 11-8　在服务器端创建和设置 WebDAV 发布

关键是在服务器端创建和设置 WebDAV 发布目录，供客户端访问和管理。服务器上需要管理的文件夹都可设置为 WebDAV 发布目录，便于远程管理其中的文件。另外，初次安装 IIS 时 WebDAV 发布功能没有启用。

（1）确认安装有“WebDAV”角色服务。在 Windows Server 2012 R2 上安装 IIS 8.5 时默认不安装 WebDAV，在“Web 服务器（IIS）”角色中添加角色服务时选中“常见 HTTP 功能”部分的“WebDAV”即可安装该角色服务。

（2）打开 IIS 管理器，导航至要配置的网站节点，在“功能视图”中双击“WebDAV 创作规则”按钮打开相应界面，默认禁用 WebDAV，单击“启用 WebDAV”链接以启用。

（3）默认没有创建任何 WebDAV 创作规则，单击“添加 WebDAV 创作规则”链接弹出图 11-51 所示的界面，设置所需的规则以控制内容访问权限。

在“允许访问”区域设置规则适用的访问内容，可以是全部内容，也可以是指定的内容，通常用文件扩展名来指定规则匹配的内容，如*.asp 表示应用于对 ASP 文件的所有 WebDAV 请求。

在“允许访问此内容”区域设置规则适用的访问用户，可以是所有用户，也可以是指定的用户，还可以是指定的角色或用户组（其所有成员都必须拥有有效的用户账户和密码）。

在“权限”区域设置规则适用的访问权限，除了“读取”“写入”之外，还有一个“源”权限用于表示是否有权访问文件的源代码，例如，ASP.NET 的*.aspx 页要求用户或组拥有“源”访问权限才能使用 WebDAV 编辑。

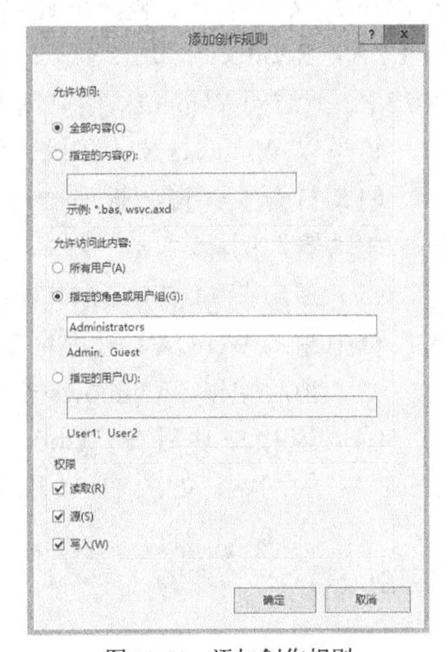

图 11-51　添加创作规则

（4）确认规则设置后单击“确定”按钮，WebDAV 创作规则将被添加到规则列表中。可根据需要添加多条规则，更改规则应用顺序，或者修改或删除某条规则。

（5）单击“WebDAV 设置”链接打开相应的界面，如图 11-52 所示，根据需要从中设置 WebDAV 选项，一般保持默认设置即可。

（6）在“连接”窗格中单击要设置的网站节点，双击“身份验证”按钮打开相应的界面，启用 Windows 身份验证（不必禁用匿名身份验证）。

出于安全需要，如果启用基本身份验证，则 WebDAV 客户端仅支持基于 SSL 连接的基本身份验证，即通过 HTTPS 访问 WebDAV 内容。

（7）在 IIS 管理器中导航至服务器节点，在“功能视图”中双击“ISAPI 和 CGI 限制”按钮打开相应的界面，检查确认允许执行 WebDAV，默认设置为允许。

（8）用于 WebDAV 发布目录的物理目录应具有的 NTFS 权限有：“读取”“读取和运行”“列出文件夹目录”“写入“和”修改”。可为“Everyone”组授予“读取”权限，为部分管理用户授予“写入”和“修改”权限。

图 11-52　WebDAV 设置

11.6.2　WebDAV 客户端访问 WebDAV 发布目录

经过以上配置，只要使用支持 WebDAV 协议的客户端软件，就可访问 WebDAV 发布目录，就像访问本地文件夹一样。访问 WebDAV 发布目录最通用的方法是使用指向 WebDAV 发布路径的 URL 地址，格式为 http://服务器 IP 地址(或域名)/WebDAV 发布路径或 https://服务器 IP 地址(或域名)/WebDAV 发布路径（这需要支持 SSL 连接）。

WebDAV Redirector 作为客户端，它是一个基于 WebDAV 协议的远程文件系统，让 Windows 计算机像访问网络文件服务器一样来访问启用 WebDAV 的 Web 服务器上的文件。Windows 7 和 Windows 8 等系统安装时会自动安装 WebDAV Redirector，而 Windows Server 2012 R2 默认并未安装，可通过服务器管理器添加“桌面体验”功能来安装它。正常使用 WebDAV Redirector 要求对应的 WebClient 服务必须启动。在 Windows 8 或 Windows Server 2012 R2 上访问 WebDAV 网站时会自动启动 WebClient 服务。

这里以 Windows 8 计算机作为客户端来介绍访问 WebDAV 的步骤。

（1）打开文件资源管理器，单击“这台电脑”，切换到“计算机”选项卡，单击“映射网络驱动器”图标。

（2）弹出图 11-53 所示的对话框，从“驱动器”列表框中选择一个驱动器号，在“文件夹”框中输入 WebDAV 网站的 URL 地址，单击“完成”按钮给出正在尝试连接的提示。

（3）稍后弹出“Windows 安全”对话框，输入用户名和密码，单击“完成”按钮。

（4）连接成功后在 Windows 资源管理器中显示新设置的映射驱动器，正好是启用 WebDAV 的网站，如图 11-54 所示。可以根据需要操作其中的文件。

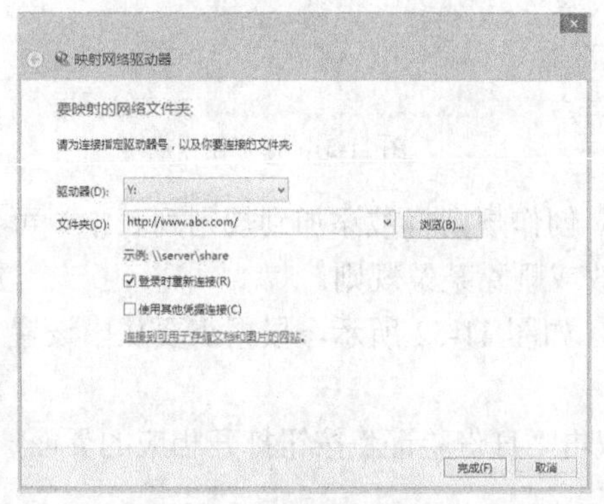

图 11-53　映射网络驱动器

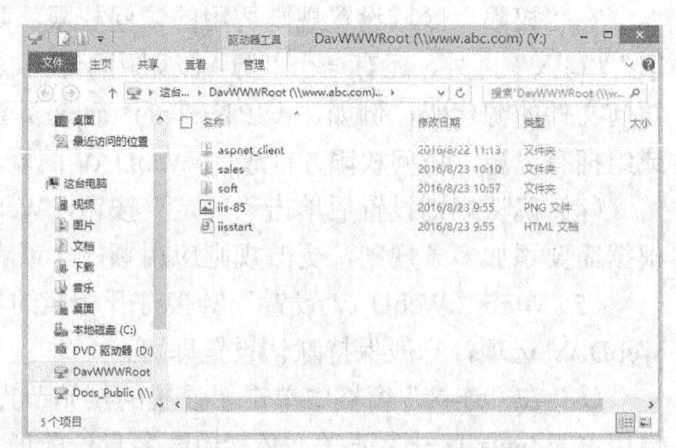

图 11-54　列出 WebDAV 网站的内容

11.7　基于虚拟主机部署多个网站

一台服务器上可以建立多个 Web 网站，这就要用到虚拟主机技术。简而言之，网站是 Web 应用程序的容器，可以通过一个或多个唯一绑定来访问网站。网站绑定可以实现多个网站，即虚拟主机技术。无论是作为 ISP 提供虚拟主机服务，还是要在企业内网中发布多个网站，都可通过 IIS 8 实现。

虚拟主机技术将一台服务器主机划分成若干台“虚拟”的主机，每一台虚拟主机都具有独立的域名（有的还有独立的 IP 地址），具备完整的网络服务器（WWW、FTP 和 E-mail 等）功能，虚拟主机之间完全独立，并可由用户自行管理。这种技术可节约硬件资源，节省空间，降低成本。

每个 Web 网站都具有唯一的，由 IP 地址、TCP 端口和主机名 3 个部分组成的网站绑定，用来接收和响应来自 Web 客户端的请求。通过更改其中的任何一个部分，就可在一台计算机上运行维护多个网站，从而实现虚拟主机。每一个组成部分的更改代表一种虚拟主机技术，共有 3 种。可见，虚拟主机的关键就在于为 Web 网站分配网站绑定。

11.7.1　基于不同 IP 地址架设多个 Web 网站

实验 11-9　基于不同 IP 地址架设多个 Web 网站

这是传统的虚拟主机方案，又称为 IP 虚拟主机，使用多 IP 地址来实现，将每个网站绑定到不同的 IP 地址，以确保每个网站域名对应于独立的 IP 地址，如图 11-55 所示。用户只需在浏览器地址栏中输入相应的域名或 IP 即可访问 Web 网站。

这种技术的优点是可在同一台服务器上支持多个 HTTPS（SSL 安全网站）服务，而且配置简单。每个网站都要有一个 IP 地址，这对于 Internet 网站来说造成 IP 地址浪费。在实际部署中，这种方案主要用于要求 SSL/TLS 服务的多个安全网站。下面示范使用不同 IP 地址架设 Web 网站的步骤。

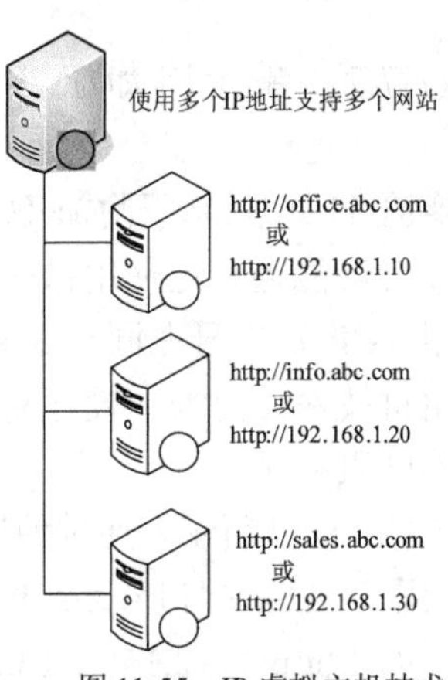

图 11-55　IP 虚拟主机技术

（1）在服务器上添加并设置 IP 地址，如果需要域名，还应为 IP 地址注册相应的域名。

可为每个 IP 地址附加一块网卡，也可为一块网卡分配多个 IP 地址。多网卡并不适合做虚拟主机，主要用于路由器和防火墙等需要多个网络接口的场合。一般为一块网卡分配多个 IP 地址。

（2）打开 IIS 管理器，在“连接”窗格中右键单击“网站”节点，然后选择“添加网站”命令打开“添加网站”对话框。如图 11-56 所示，设置各个选项。

（3）在“网站名称”框中为该网站命名。

（4）在“应用程序池”框中选择所需的应用程序池。

每个应用程序池都拥有一个独立运行环境，系统自动为每一个新建网站创建一个名称与网站名称相同的应用程序池，让此网站运行更稳定，免受其他应用程序池内网站的影响。

如果要选择其他应用程序池，单击“选择”按钮在现有的应用程序池列表中选择。

（5）在“物理路径”框中直接输入网站的文件夹的物理路径，或者单击右侧按钮弹出“浏览文件夹”对话框来选择。

物理路径可以是远程计算机上的共享文件夹，只是需要提供访问共享文件夹的用户认证信息。

（6）从“类型”列表中为网站选择协议，这里选择默认的 HTTP 协议。也可选 HTTPS 协议。

（7）在“IP 地址”框中指定要绑定的 IP 地址。

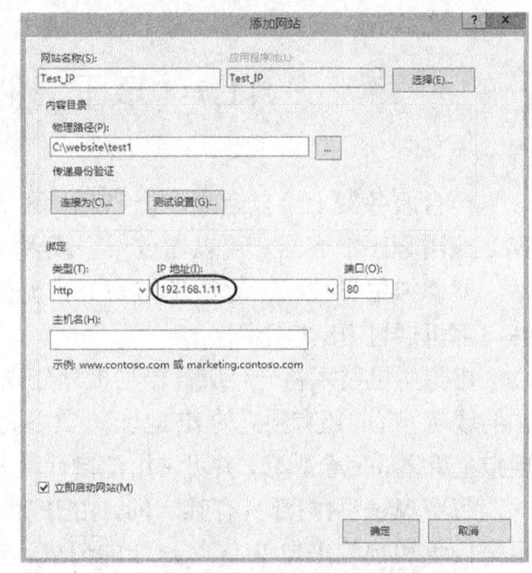

图 11-56　基于不同 IP 地址创建新网站

默认值为“全部未分配”，表示不指定具体的 IP 地址，使用尚未指派给其他网站的所有 IP 地址。这里为网站指定静态 IP 地址（服务器上的另一个 IP 地址）。

（8）在“端口”文本框中输入端口号。HTTP 协议的默认端口号为 80。

（9）如果无需对站点做任何更改，并且希望网站立即可用，选中“立即启动网站”复选框。

（10）单击“确定”按钮完成网站的创建。

11.7.2　基于附加 TCP 端口号架设多个 Web 网站

实验 11-10　基于附加 TCP 端口号架设多个 Web 网站

读者可能遇到过使用格式为“http://域名:端口号”的网址来访问网站的情况。这实际上是利用 TCP 端口号在同一服务器上架设不同的 Web 网站。严格地说，这不是真正意义上的虚拟主机技术，因为一般意义上的虚拟主机应具备独立的域名。这种方式多用于同一个网站上的不同服务。

如图 11-57 所示，通过使用附加端口号，服务器只需一个 IP 地址即可维护多个网站。除了使用默认 TCP 端口号 80 的网站之外，用户访问网站时需在 IP 地址（或域名）后面附加端口号，如“http://192.168.1.10:8000”。

这种技术的优点是无需分配多个 IP 地址，只需一个 IP 就可创建多个网站，其不足之处有两点，一是输入非标准端口号才能访问网站，二是开放非标准端口容易导致被攻击。因此一般不推荐将这种技术用于正式的产品服务器，而主要用于网站开发和测试目的，以及网站管理。

打开 IIS 管理器，在“连接”窗格中右击“网站”节点，然后选择“添加网站”命令打开“添加网站”对话框。如图 11-58 所示，参照前面内容设置各个选项。“IP 地址”可以保持默认设置，这里关键是在“端口”框中设置该 Web 网站所用的 TCP 端口。默认情况下，Web 网站将 TCP 端口分配到端口 80。这里使用不同端口号来区别多个 Web 网站，应确保与已有网站端口号不同。使用非标准端口号，建议采用大于 1023 的端口号，本例为 8000。

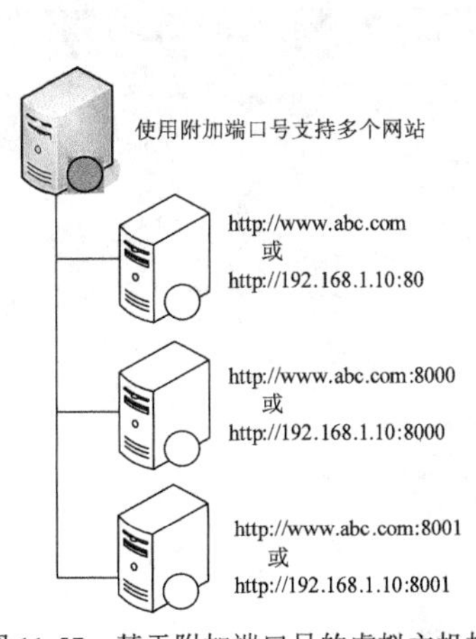

图 11-57　基于附加端口号的虚拟主机技术

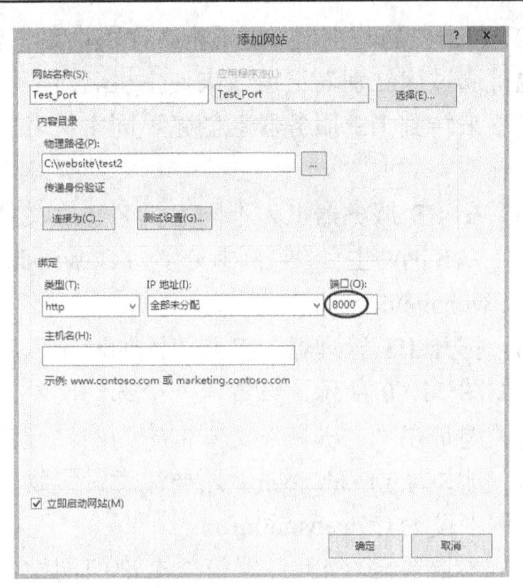

图 11-58　基于附加端口号创建新网站

11.7.3　基于主机名架设多个 Web 网站

实验 11-11　基于主机名架设多个 Web 网站

由于传统的 IP 虚拟主机浪费 IP 地址，实际应用中更倾向于采用非 IP 虚拟主机技术，即将多个域名绑定到同一 IP 地址。这是通过使用具有单个 IP 地址的主机名建立多个网站来实现的，如图 11-59 所示，前提条件是在域名设置中将多个域名映射到同一 IP 地址。一旦来自客户端的 Web 访问请求到达服务器，服务器将使用在 HTTP 主机头（Host Header）中传递的主机名来确定客户请求的是哪个网站。

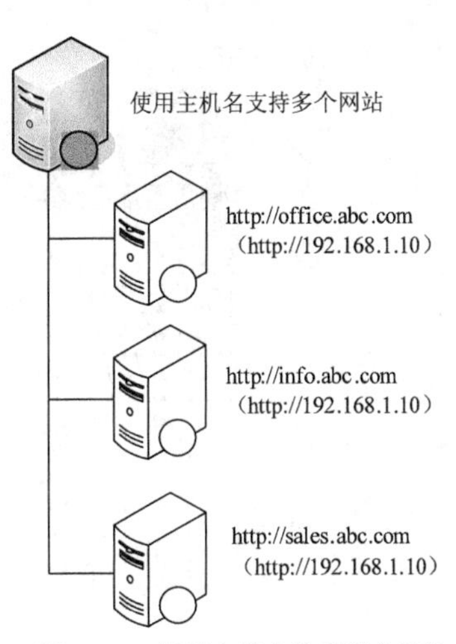

图 11-59　基于主机名的虚拟主机技术

这是首选的虚拟主机技术，经济实用，可以充分利用有限的 IP 地址资源来为更多的用户提供网站业务，适用于多数情况。这种方案唯一的不足是不能支持 SSL/TLS 安全服务时，因为使用 SSL 的 HTTP 请求有加密保护，主机名是加密请求的一部分，不能被解释和路由到正确的网站。

下面示范使用主机名架设多个 Web 网站的操作步骤，以一个公司的不同部门（信息中心、开发部）分别建立独立网站为例，两部门所用的独立域名分别为 info.abc.com 和 dev.abc.com，通过 IIS 提供虚拟主机服务。为不同公司创建不同网站可参照此方法。

首先要将网站的主机名（域名）添加到 DNS 解析系统，使这些域名指向同一个 IP 地址。Internet 网站多由服务商提供相关的域名服务，这里以使用 Windows Server 2012 R2 内置的 DNS 服务器自行管理域名为例。

（1）在 DNS 服务器上打开 DNS 控制台，展开目录树，右击“正向查找区域”下面要设置的一个区域（或域），选择“新建主机”命令。

（2）打开“新建主机”对话框，分别设置主机名 info、dev 对应同一 IP 地址 192.168.1.10。也可通过建立别名记录，来使主机名对应同一个 IP 地址。

接下来转到 IIS 服务器上创建不同主机名的网站。

（3）在 IIS 服务器上为不同主机名建立文件夹，作为 Web 网站主目录，例中分别为 C:\website\info、C:\website\dev。

（4）打开 IIS 管理器，打开“添加网站”对话框，如图 11-60 所示，设置第一个部门网站，这里的关键是在“主机名”文本框中为网站设置主机名，例中为 info.abc.com，还要注意设置物理路径，例中设为 C:\website\info。

（5）参照步骤（4）设置第二个部门网站。例中主机名设为 dev.abc.com，物理路径设为 C:\website\dev。

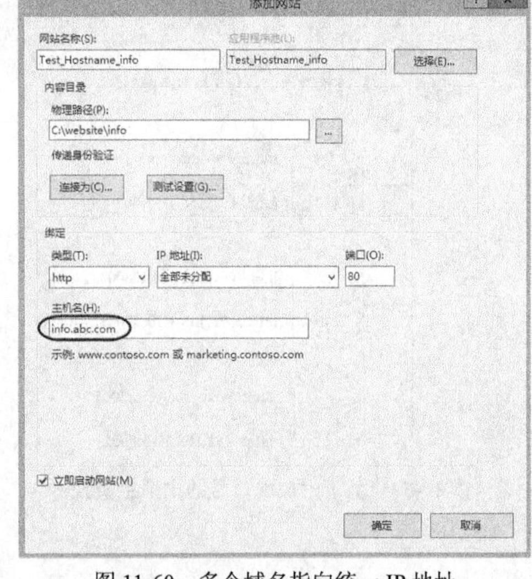

图 11-60　多个域名指向统一 IP 地址

这样就创建了主机名为 info.abc.com 和 dev.abc.com 的网站，其网站主目录分别设置为 C:\website\info 和 C:\website\dev，从而实现基于不同的主机名建立不同的网站。

在测试网站时可能出现禁止访问提示。这种情况往往并不是因为安全配置出现问题，可能是在网站主目录中没有提供默认文档。对于已创建的网站，可以进一步配置管理，如图 11-61 所示。

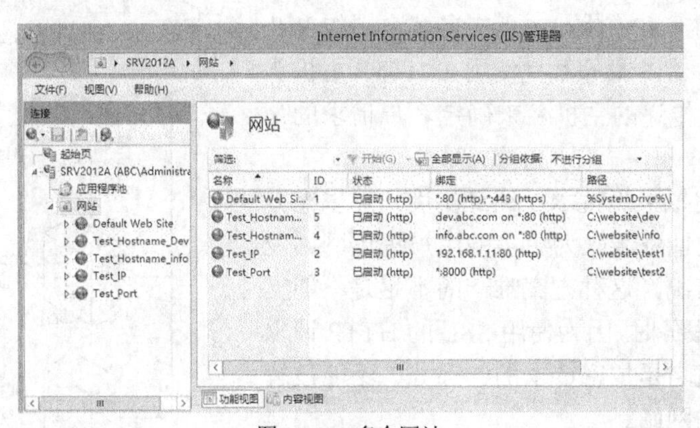

图 11-61　多个网站

11.8　习　题

1．简述 Web 浏览器与 Web 服务器交互的过程。

2．简述 IIS 8.5 服务器的层次结构。

3．什么是应用程序？

4．什么是虚拟目录？它有什么优点？

5．应用程序池有什么作用？它以集成模式或经典模式运行，有什么区别？

6．模块有何作用？IIS 的模块包括哪两种类型？

7．什么是处理程序映射？IIS 8 支持哪几种处理程序映射？

8．IIS 8 包括哪些安全功能？

9．Web 访问权限与 NTFS 权限有什么不同？

10．简述部署 SSL 安全网站的前提条件。

11．解释 WebDAV 的概念，简述其用途。

12．Web 虚拟主机有哪几种实现技术？各有什么优缺点？

13．在 Windows Server 2012 R2 服务器上安装 IIS 8.5，基于附加 TCP 端口号架设两个 Web 网站。

14．在 IIS 8.5 服务器上基于不同 IP 地址架设两个 Web 网站。

15．在 IIS 8.5 服务器上基于主机名架设两个 Web 网站。

16．在 IIS 8.5 服务器上配置 ASP 应用程序。

17．在 IIS 8.5 服务器上配置服务器证书，架设 SSL 安全网站，使用浏览器进行测试。

18．在 IIS 8.5 服务器上启用 WebDAV 功能，并使用客户端进行测试。

第 12 章　远程桌面服务

远程桌面服务以前称为终端服务，除了提供传统的桌面连接让客户端访问整个远程桌面之外，还重点支持 RemoteApp 程序部署和虚拟桌面。RemoteApp 程序是一种新型远程应用呈现技术，部署 RemoteApp 程序可确保所有客户端都使用应用程序的最新版本。虚拟桌面是指将计算机的桌面进行虚拟化，让用户随时随地访问在网络上属于自己的桌面系统。本章以 Windows Server 2012 R2 平台为例，讲解远程桌面服务的部署、管理和基本应用。虚拟桌面的部署依赖 Hyper-V 虚拟机技术，留到本书第 16 章再讲解。

12.1　远程桌面服务基础

远程桌面服务（Remote Desktop Services，RDS）是 Windows Server 2012 R2 的一个重要角色，为用户提供连接到基于会话的桌面、远程应用程序或虚拟桌面的技术。通过远程桌面服务，用户可以从企业网络或 Internet 访问远程连接。

12.1.1　终端服务简介

远程桌面服务的前身是微软的终端服务。终端服务（Terminal Services）为所谓“瘦客户机”远程访问和使用服务器提供服务，其核心在服务器端，主要用于网络环境，将应用程序集中部署在服务器端，让每个客户端登录服务器访问自己权限范围内的应用程序和文件，也就是构建多用户系统。终端服务也可用于远程管理和控制。

早期的终端是 UNIX 字符终端，现在 Windows 终端具有更为友好的图形界面，操作起来更为便捷。如图 12-1 所示，终端服务采用客户机/服务器模式，终端服务器运行应用程序，终端服务仅将程序的用户界面传输到客户端，客户端计算机作为终端模拟器，返回键盘和鼠标动作，客户端的动作由终端服务器接收并加以处理。多个客户端可同时登录到终端服务器上，互不影响地工作。客户端不需要具有计算能力，至多只需提供一定的缓存能力。

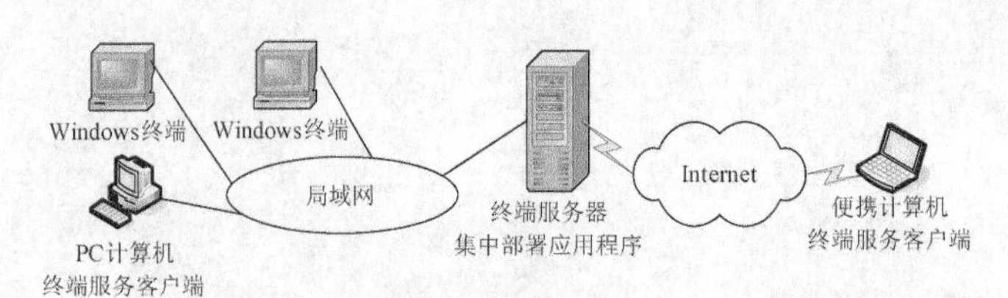

图 12-1　终端服务

目前最流行的是能够部署和运行 Windows 应用程序的 Windows 终端，英文全称为 Windows Based Terminal，简称 WBT。客户端通过终端服务可以访问 Windows 图形界面，并在服务器上运行 Win32 和 Win64 应用程序。这种模型称为瘦客户端计算模型，客户端需要的仅仅是用来加载远程桌面软件和连接到服务器的最少资源。

12.1.2　远程桌面服务的重要概念

在讲解远程桌面服务部署之前，有必要解释几个相关的概念。

1. 远程桌面

所谓远程桌面（Remote Desktop）是指这样一种功能，用户可以在网络的另一端控制计算机，实时操作计算机，在上面安装软件，运行程序，一切都像是直接在该计算机上操作一样。形象一点讲，就是远程访问一台计算机的桌面。

2. RemoteApp

RemoteApp 程序是一种新型远程应用呈现技术，它与客户端的桌面集成在一起，而不是在远程服务器的桌面中向用户显示，这样用户可以像在本地计算机上一样远程使用应用程序。

RemoteApp 与远程桌面功能类似，区别在于它允许用户使用本地的应用程序和远程计算机上的独立的应用程序，而不是远程计算机上的整个桌面。对于那些频繁更新、难于安装或者需要通过低带宽连接进行访问的业务应用程序来说，RemoteApp 程序是一种极具成本效益的部署手段。

3. 桌面虚拟化

桌面虚拟化是指将计算机的桌面进行虚拟化，以达到桌面使用的安全性和灵活性，让用户可以通过任何设备，在任何地点、任何时间访问在网络上的属于自己的桌面系统。远程桌面技术加上操作系统虚拟化技术之后形成了桌面虚拟化技术。

桌面虚拟化依赖于服务器虚拟化，在数据中心的服务器上进行服务器虚拟化，生成大量的独立的桌面操作系统（虚拟机或者虚拟桌面），同时根据专有的虚拟桌面协议发送给终端设备。

4. 虚拟桌面基础架构（VDI）

英文全称为 Virtual Desktop Infrastructure，简称 VDI。VDI 不是给每个用户都配置一台运行 Windows 桌面的计算机，而是通过在数据中心的服务器上运行 Windows 操作系统，将用户的桌面进行虚拟化。

12.1.3　远程桌面服务的发展过程

1. 早期版本的终端服务与远程桌面服务

微软从 Windows 2000 Server 开始支持基本的终端服务。Windows Server 2003 的终端服务开始支持 Web 浏览器访问，包括终端服务器和管理远程桌面两个组件，前者用于在服务器上部署和管理应用程序，实现多用户同时访问服务器上的桌面；后者用于远程控制 Windows 服务器。

Windows Server 2008 对终端服务进行了改进和创新，将其作为一个服务器角色，增加了终端服务远程应用程序（RemoteApp 程序）、终端服务网关和终端服务 Web 访问等组件，便于通过 Web 浏览器更便捷地访问远程程序或 Windows 桌面本身，同时支持远程终端访问和跨防火墙应用。

Windows Server 2008 R2 进一步改进了终端服务，并将其改称为远程桌面服务，重命名所有远程桌面服务角色服务，并新增了远程桌面虚拟化主机。它提供的技术让用户能够从企业内部网络和 Internet 访问在远程桌面会话主机服务器（相当于终端服务器）上安装的 Windows 程序或完整的 Windows 桌面。

2. Windows Server 2012 对远程桌面服务的改进

Windows Server 2012 的远程桌面服务部署过程更简单，主要改进体现在以下方面。

- 简化的虚拟桌面基础架构（VDI）部署和管理。
- 简化的会话虚拟化部署和管理。
- 集中资源发布。
- 远程桌面协议（RDP）的丰富用户体验。
- 引入新的管理控制台，用于管理大量与远程桌面服务相关的任务。

3. Windows Server 2012 R2 对远程桌面服务的改进

Windows Server 2012 R2 改进了 RemoteApp 用户体验，能更好地帮助用户和系统管理员访问远程应用程序或者本地的应用程序。

- 利用会话重影（Session Shadowing）进行监视和控制。
- 减少了存储需求并提升了访问常用数据时的性能。
- RemoteApp 程序执行操作时更像基于本地的应用程序。全面支持透明窗口，改善应用程序的用户体验，提供实时预览效果，允许禁用相关的功能，新增对 ClickOnce 应用程序的支持。
- 提升了远程客户端的重新连接性能。
- 提高了压缩率，从而提高了网络带宽利用率。
- 显示分辨率更改自动反映在远程客户端上。

12.1.4 远程桌面服务的角色服务

在 Windows Server 2012 R2 中，远程桌面服务是一种服务器角色，由多个角色服务组成。远程桌面服务包含以下角色服务。

1. RD 会话主机（远程桌面会话主机）

该角色服务以前称为终端服务器，用于提供终端服务，支持服务器承载基于 Windows 的程序或完整的 Windows 桌面。用户可连接到 RD 会话主机服务器来运行程序、保存文件，以及使用该服务器上的网络资源。

2. RD Web 访问（远程桌面 Web 访问）

它以前称为 TS Web 访问，支持用户通过 Web 浏览器或“开始”菜单（运行 Windows 7 或更高版本的计算机）访问 RemoteApp 程序和桌面连接，可帮助管理员简化远程应用发布工作，同时还能简化用户查找和运行远程应用的过程。新的 RemoteApp 和桌面连接为用户提供了一个自定义的 RemoteApp 程序和虚拟机视图。

3. RD 授权（远程桌面授权）

该角色服务以前称为 TS 授权，用于管理连接到 RD 会话主机服务器所需的远程桌面服务客户端访问许可证（RDS CAL）。在 RD 授权服务器上安装、颁发 RDS CAL 并跟踪其可用性。

4. RD 网关（远程桌面网关）

它以前称为 TS 网关，目的是让远程用户无需使用 VPN 连接，能够从任何联网设备通过 Internet 连接到企业内部网络上的资源，将远程桌面服务的适用范围扩展到企业防火墙之外的更广泛领域。它使用 HTTPS 上的 RDP 协议（RDP over HTTPS）在 Internet 上的计算机与内部网络资源之间建立安全的加密连接。RD 网关与网络访问保护整合起来以提高安全性。

5. RD 连接代理（远程桌面连接代理）

以前称为 TS 会话代理，支持 RD 会话主机服务器场中的会话负载平衡和会话重新连接，还可以通过 RemoteApp 和桌面连接为用户提供对 RemoteApp 程序和虚拟机的访问。

6. RD 虚拟化主机（远程桌面虚拟化主机）

与 Hyper-V 集成，用于承载虚拟机并以虚拟机的形式将它们提供给用户。可以为组织中的每个用户分配一个唯一的虚拟机，或者为它们提供对一个虚拟机池的共享访问。

12.1.5　远程桌面服务的部署方式

Windows Server 2012 R2 的远程桌面服务支持以下两种部署方式。

1. 基于虚拟机基础架构（VDI）部署

需要主机（服务器）中具有 Hyper-V 功能，在 Windows Server 2012 R2 中，远程桌面服务提供高效配置和管理虚拟机的新方式。用户可以通过远程桌面协议（RDP）访问 Hyper-V 中的虚拟机。用户远程使用 VDI 虚拟桌面，非常适合那些需要私人桌面的用户。这种部署方式所需存储成本很高。

2. 基于会话虚拟化部署

无需主机中具有 Hyper-V 功能，在 Windows Server 2012 R2 中，远程桌面服务中的会话虚拟化部署包括高效配置和管理基于会话的桌面的新方式。通过使用会话虚拟化部署方案，支持集中式管理和安装。这允许用户远程访问它们的应用程序和桌面镜像，最适合于那些不需要私人桌面的用户。这种部署方式对 CPU 和内存的需求比 VDI 低，而且拥有运行在本地存储上的优势。

本章只介绍第二种部署方式。

12.2 部署和管理远程桌面服务

实验环境中一台 Windows Server 2012 R2 服务器 SRV2012A（192.168.1.10）用作域控制器，另一台 Windows Server 2012 R2 服务器 SRV2012B（192.168.1.20）作为域成员服务器安装远程桌面服务，一台 Windows 8.1 计算机 Win8-PC（192.168.1.50）作为客户端。

会话虚拟化部署包含 RD 会话主机服务器和基础架构服务器，如 RD 授权、RD 连接代理、RD 网关和 RD Web 访问服务器，使用会话集合来发布基于会话的桌面和 RemoteApp 程序。在会话虚拟化部署方案中，快速启动部署是在一台计算机上安装所有必要的远程桌面服务角色服务，非常适合测试环境中安装和配置远程桌面服务角色服务。

12.2.1 安装远程桌面服务角色

实验 12-1 远程桌面服务安装过程

远程桌面服务包括多个角色服务，可以将多个角色安装在同一台服务器上，也可以将它们安装在不同的服务器上。为此，Windows Server 2012 R2 的远程桌面服务安装支持两种部署类型。

- 标准部署：可以跨越多台服务器部署远程桌面服务器。
- 快速启动：可以在一台服务器上部署远程桌面服务。下面以这种类型为例进行示范。

1. 远程桌面服务安装过程

（1）以域管理员身份登录服务器，打开服务器管理器，启动添加角色和功能向导。

（2）单击“下一步”按钮，出现“选择安装类型”界面，选中“远程桌面服务安装”单选钮，如图 12-2 所示。

（3）单击“下一步”按钮，出现“选择部署类型”界面，选中“快速启动”单选钮，如图 12-3 所示。

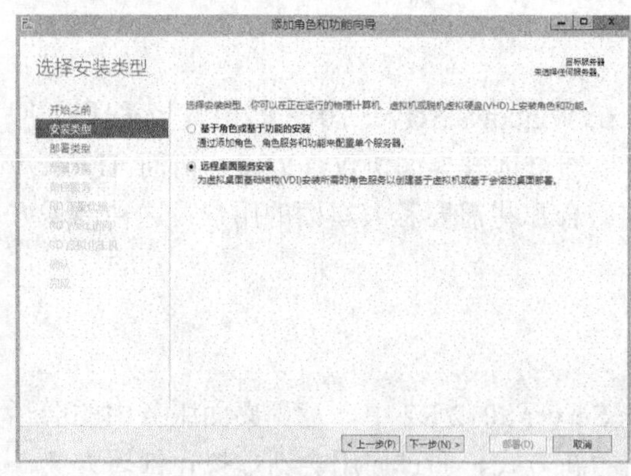

图 12-2 选择安装类型

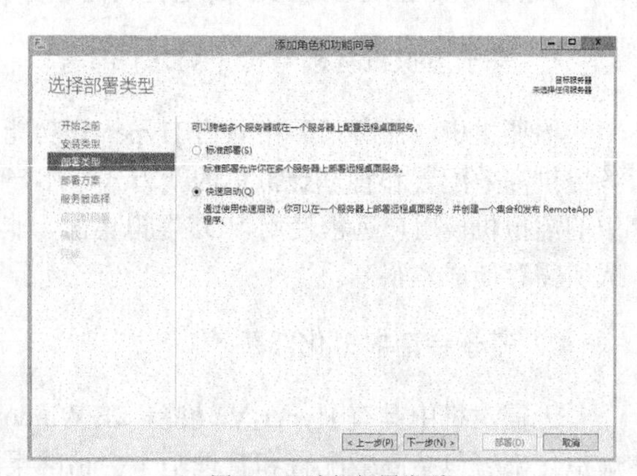

图 12-3 选择部署类型

（4）单击“下一步”按钮，出现“选择部署方案”界面，选中“基于会话的桌面部署”单选钮，如图 12-4 所示。

（5）单击“下一步”按钮，出现“选择服务器”界面，从服务器池中选择要部署的服务器，如图 12-5 所示。

如果域中有多台 Windows Server 2012 R2 服务器，可以选择其中的一台服务器进行远程部署。

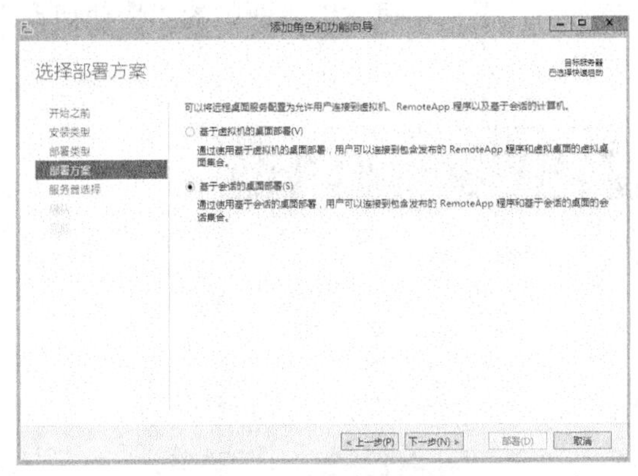

图 12-4　选择部署方案

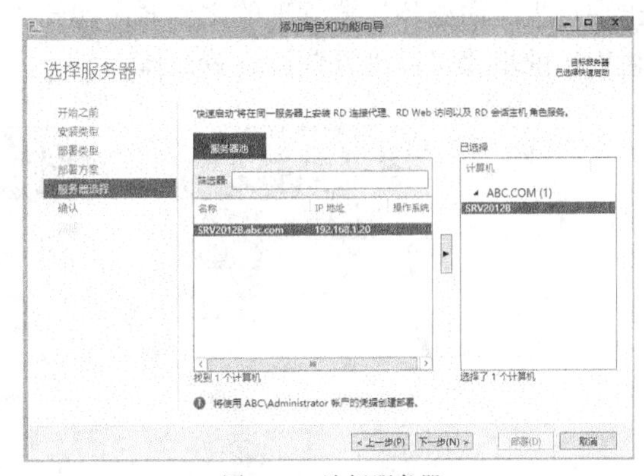

图 12-5　选择服务器

（6）单击“下一步”按钮，出现“确认选择”界面，如图 12-6 所示，选中“需要时自动重新启动目标服务器”复选框，单击“部署”按钮。

提示：部署类型无论是快速启动，还是标准部署，基于会话的桌面部署都会安装 3 种基本的角色服务：RD 连接代理、RD Web 访问和 RD 会话主机。由于 RD Web 访问涉及 IIS 服务器，如果 IIS 服务器未安装或者它所需的 IIS 角色服务未安装，将自动安装 Web 服务器及其部分角色服务。

在安装过程中需要重新启动。启动后会继续安装，查看安装进度，直到安装完成，如图 12-7 所示。可以单击“关闭”按钮完成安装过程。

此时如果需要连接到 RD Web 访问，可以单击下方的链接进行测试。因为选用这种快速启动部署类型，向导除了会将所有的组件安装到同一台服务器中外，也会默认创建一些 RemoteApp 应用程序。

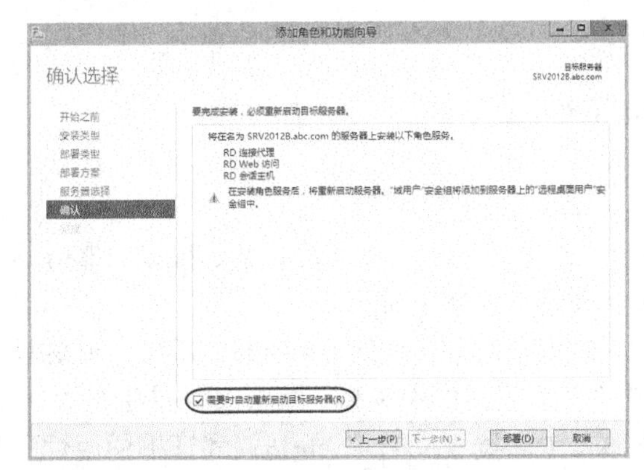

图 12-6　确认安装选择

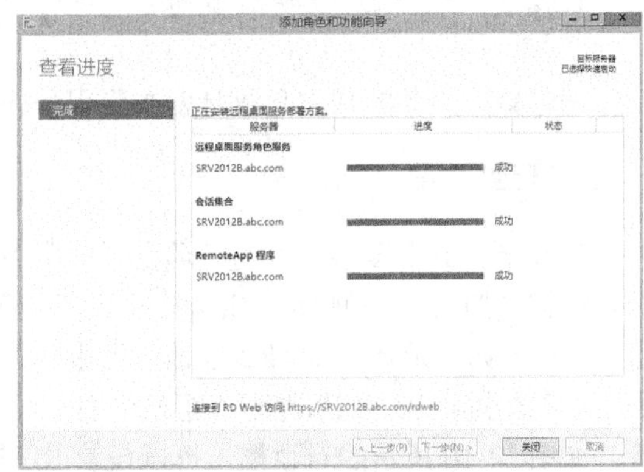

图 12-7　完成远程桌面服务安装

提示：系统重启之后会在任务栏中显示“远程桌面授权模式尚未配置”的通知。由于使用远程桌面角色需要微软 CAL 授权，此授权需要添加 RD 授权服务器。从安装远程桌面角色之日起可免费全功能使用 120 天，不影响远程桌面服务的实验和测试。

2. 远程桌面服务配置管理工具

成功安装远程桌面角色之后，在服务器管理器导航窗格中，单击“远程桌面服务”节点，出现远程桌面服务配置管理的主界面，如图 12-8 所示。根据“概述”界面中的“快速启动”栏给出的步骤可以进行快捷设置操作。

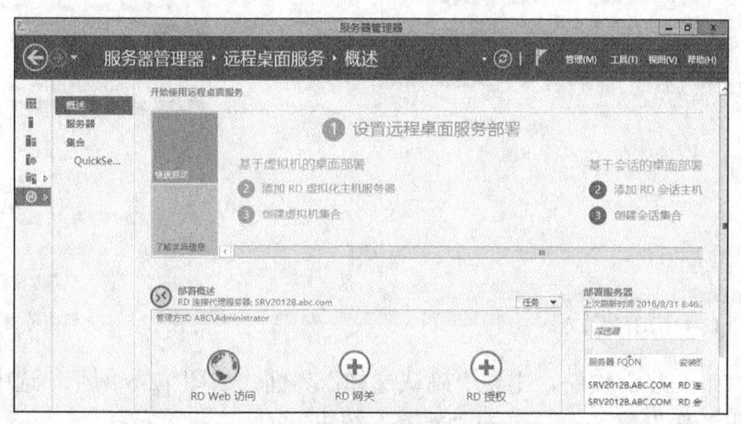

图 12-8　远程桌面服务配置管理主界面

与第 7 章介绍的 IPAM 类似，在 Windows Server 2012 R2 中，可以直接在服务器管理器中配置远程桌面服务。以前 Windows 服务器版本中的远程桌面服务管理器、远程桌面服务会话主机配置、RemoteApp 管理器、远程桌面 Web 访问配置、远程桌面连接管理器、远程桌面等都已经集成到服务器管理器的“远程桌面服务”节点。

只有远程桌面授权工具和远程桌面网关工具仍然位于“管理工具”中的“远程桌面服务”下，加入的一个新增工具是 RD 授权诊断器。需要注意的是，这 3 个工具在服务器管理器中位于“工具”菜单的“Terminal Services”下。

12.2.2　配置远程桌面服务

远程桌面服务的基本配置是发布应用程序的前提。

1. 配置部署

打开服务器管理器，可以在远程桌面服务的“概述”界面中直观地查看远程桌面服务的拓扑结构。如图 12-9 所示，该结构具体在“部署概述”窗格中展示。

Windows Server 2008 R2 远程访问服务的基本配置都是作为安装向导的一部分，而这里需要单独配置。从“部署概述”窗格中右上角的“任务”菜单中选择“编辑部署属性”命令，打开如图 12-10 所示的对话框，可以设置 RD 网关、RD 授权、RD Web 访问和证书的属性和选项。这些配置项目具有全局性作用域。

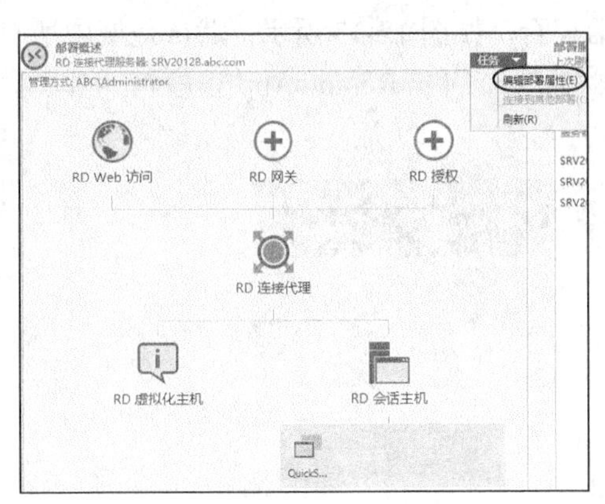

图 12-9　远程桌面服务的拓扑结构

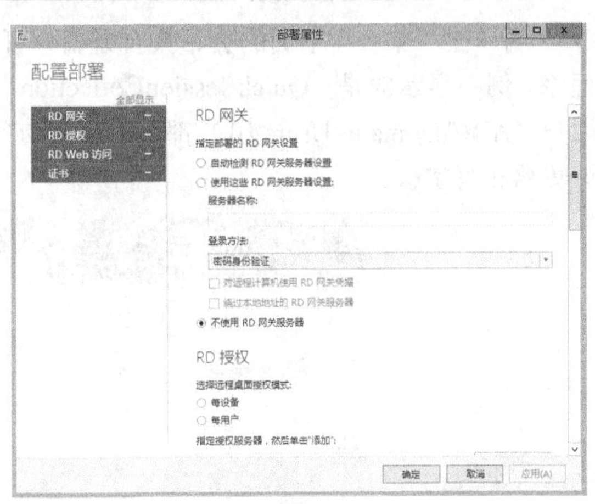

图 12-10　编辑部署属性

2. 查看服务器

可以在远程桌面服务的“概述”界面中的“部署服务器”窗格中查看远程桌面服务的服务器部署情况，包括服务器名称及其所安装的角色，如图 12-11 所示。可以通过此处的任务菜单添加所需的服务器及其角色。

3. 配置会话集合

会话集合（Session Collection）在早期版本的 Windows 服务器中称为场（Farm），是指定会话的 RD 会话主机服务器组（集）。会话集合用于发布基于会话的桌面和 RemoteApp 程序。要发布应用程序，必须至少创建一个会话集合。

可以在远程桌面服务的“集合”界面中查看当前的会话集合部署情况，如图 12-12 所示。例中选择的是“快速启动”部署类型，向导已经创建了一个默认的名为“QuickSessionCollection”的会话集合。

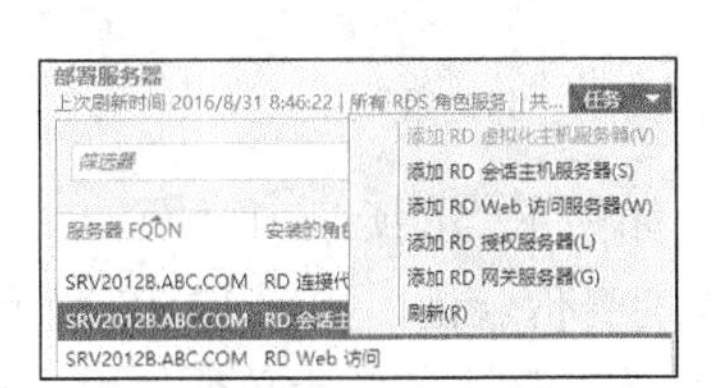

图 12-11　部署服务器列表

图 12-12　查看会话集合

管理员可以删除现有的会话集合，右击该集合选择“删除连接”即可；也可以新建一个会话集合，使用任务菜单中的“创建会话集合”启动相应的向导，根据提示进行操作。

“主机服务器”窗格中显示当前的 RD 会话主机，可能会有多个。

管理员更重要的工作是配置某一具体的会话集合。在服务器管理器中单击“远程桌面服务”，再单击“集合”下面的会话集合条目，可以查看编辑会话集合属性，管理要发布的应用程序。例中显示的是“QuickSessionCollection”会话集合，如图 12-13 所示，默认是域中所有用户（ABC\Domain Users 组）都可以进行访问，默认发布的在 RemoteApp 程序包括画图、计算器和写字板。

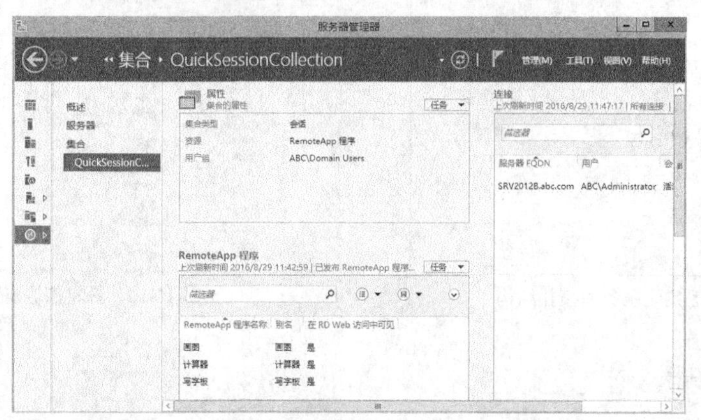

图 12-13　查看会话集合条目

这里重点介绍一下会话集合的属性设置。从“属性”窗格中的任务菜单中选择“编辑属性”命令打开相应的属性设置对话框。如图 12-14 所示，默认设置常规选项，主要是名称和描述信息。

单击“用户组”项，设置能够使用该会话集合连接到 RD 会话主机，并访问所发布的应用程序的指定用户组，如图 12-15 所示。

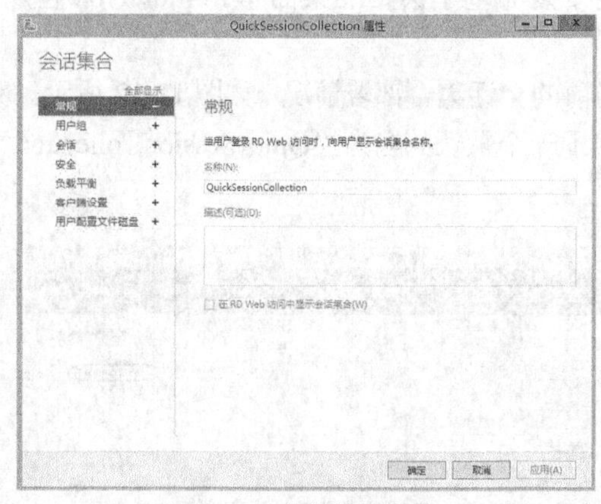

图 12-14　设置常规选项

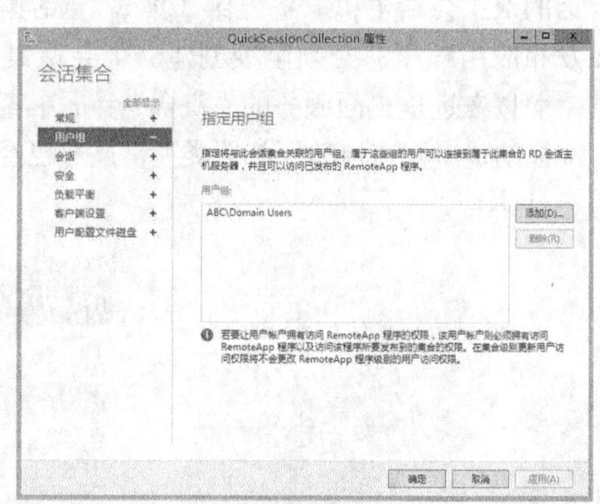

图 12-15　指定用户组

单击“会话”项，配置会话的超时设置和重新连接设置，如图 12-16 所示。

单击“安全”项，配置身份验证和加密级别，以及网络级别身份验证，如图 12-17 所示。一般应选择默认选项。选择使用网络级别身份验证，安全性更好，但是客户端必须使用支持凭据安全支持提供程序（CredSSP）协议的操作系统，如 Windows 7 或 Windows Vista 等及更新版本。

单击“客户端设置”项，配置客户端的基本设置，包括要连接的设备、资源，如图 12-18 所示。

单击“用户配置文件磁盘”项，根据需要设置用户配置文件磁盘，如图 12-19 所示。

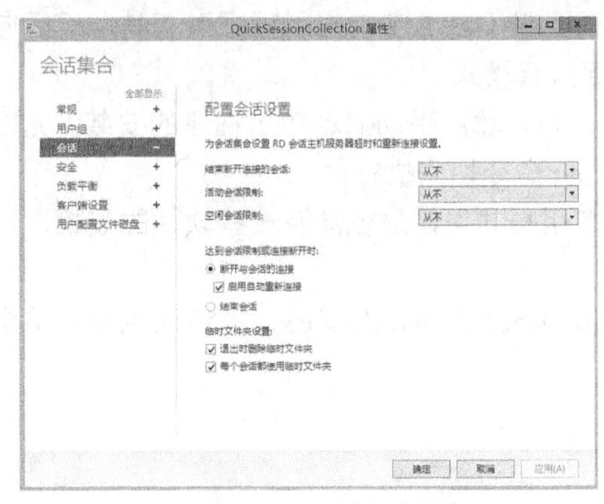

图 12-16　配置会话设置

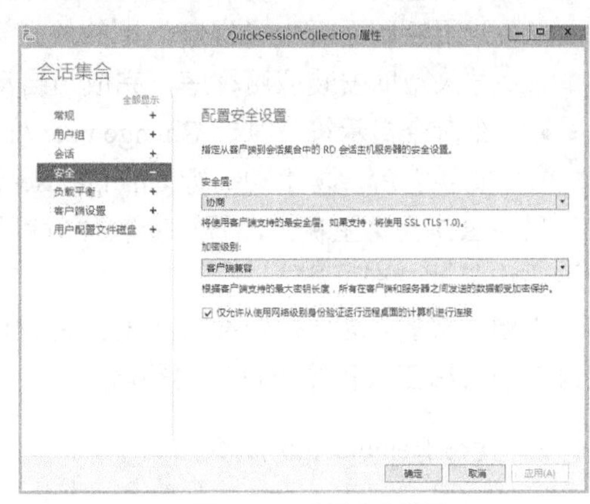

图 12-17　配置安全设置

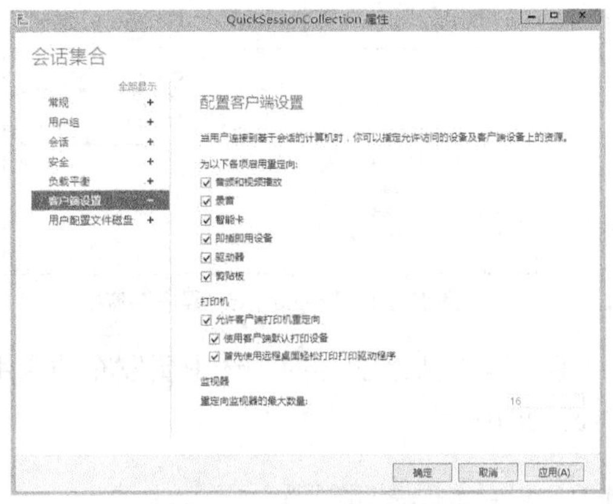

图 12-18　配置客户端设置

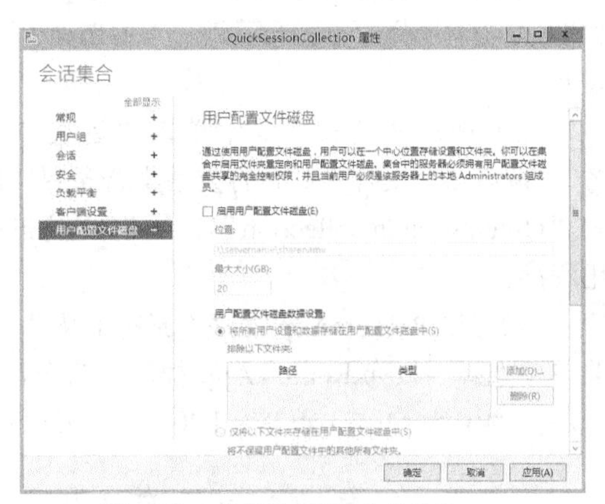

图 12-19　设置用户配置文件磁盘

12.2.3　部署并发布 RemoteApp 程序

实验 12-2　部署并发布 RemoteApp 程序

部署 RemoteApp 程序是提供远程桌面服务的重点，决定着用户最终能否使用安装在服务器端上的应用程序。在以前的 Windows 服务器版本中，可以将要发布的应用程序打包成 rdp 文件或 Windows Installer（.msi）程序包再分发给客户端，比较繁琐。现在已经弃用此类方法，大大简化了发布过程。

1. 在 RD 会话主机服务器上安装应用程序

对于要发布的应用程序，最好在安装 RD 会话主机角色服务之后再进行安装。对于之前已经安装的，如果发现兼容性问题，可卸载之后重新安装。

多数情况下可以像在本地桌面上安装程序那样在 RD 会话主机服务器上安装程序。大部分应用程序都可以安装在 Windows Server 2012 R2 服务器上，一些有特殊要求的软件，可用兼容模式进行安装，但是不再支持以 Windows XP 兼容模式安装应用程序。

某些程序可能无法在多用户的环境中正常运行。要确保应用程序正确地安装到多用户环境，在安装应用程序之前必须将远程桌面会话主机服务器切换到特殊的安装模式。切换到特殊的安装模式有以下两种方法。

- 使用控制面板中“程序”下的“在远程桌面服务器上安装应用程序”工具，运行向导来帮助安装应用程序，完成后自动切回执行模式。
- 在命令提示符下执行 Change user /install 命令，然后手动启动应用程序的安装。完成安装之后，再手动执行 Change user /execute 命令切回执行模式。

只在 RD 会话主机上部署一套软件就可以让多用户共用，这就涉及一些软件的授权，可能需要购买批量许可。

为便于实验，这里在服务器上先安装 Microsoft Office 的 Word 和 Excel。当然也可使用系统自带的实用工具程序来进行实验。

2. 发布 RemoteApp 程序

例中默认的会话集合中已经发布了 3 个 Windows Server 2012 R2 自带的应用程序，如图 12-20 所示。这里再示范一下 Office 程序的发布。

图 12-20 “RemoteApp 程序”窗格

（1）在服务器管理器中单击“远程桌面服务”，再单击“集合”下面的会话集合条目（例中为“QuickSessionCollection”），管理要发布的应用程序。

（2）在“RemoteApp 程序”窗格中从“任务”菜单中选择“发布 RemoteApp 程序”命令，弹出如图 12-21 所示的界面，选中要发布的应用程序，例中为 Microsoft Word 2010 和 Microsoft Excel 2010。

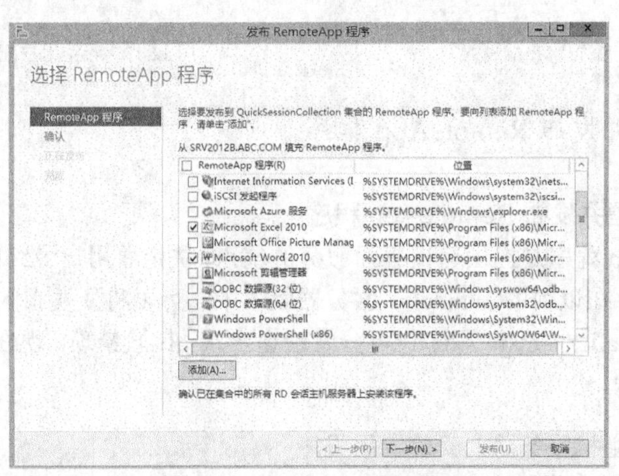

图 12-21 选择 RemoteApp 程序

（3）单击“下一步”按钮，在“确认”界面中检查确认要发布的 RemoteApp 程序列表，然后单击“发布”按钮。

系统开始发布过程，完成之后显示如图 12-22 所示的界面，表明所选的程序已成功发布，单击“关闭”按钮。“RemoteApp 程序”窗格中列出新增的应用程序，如图 12-23 所示。

可以取消发布已经发布的应用程序。从“任务”菜单中选择“取消发布 RemoteApp 程序”命令弹出相应的对话框，选择要取消发布的应用程序，根据提示操作即可。

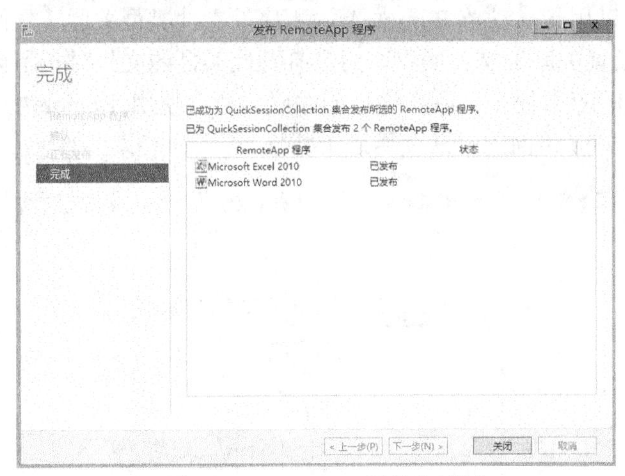

图 12-22　RemoteApp 程序成功发布

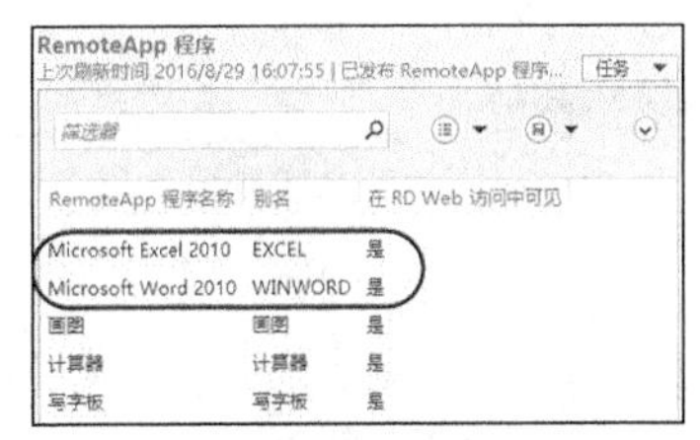

图 12-23　新增的 RemoteApp 程序

3. 设置 RemoteApp 程序

完成上述发布过程后，用户即可访问相应的应用程序。应用程序的访问受所在会话集合配置所控制。如果还要进一步控制 RemoteApp 程序的访问，可以对其进行个性化设置。

在“RemoteApp 程序”窗格中右击要设置的应用程序（例中为 Microsoft Word 2010），选择“编辑属性”命令打开图 12-24 所示的界面，对该程序进行设置。默认设置常规选项，包括 RemoteApp 程序名称、别名（呈现给用户）、是否在 RD Web 访问中显示 RemoteApp 程序。这里还有一个“RemoteApp 程序文件夹”框，默认为空，该程序位于呈现给用户的列表中；如果设置一个文件夹名称，则该程序位于列表中的指定文件夹中。

单击“参数”项，设置用户启动 RemoteApp 时是否允许使用命令行参数，如图 12-25 所示。如果允许使用任何命令行参数运行，服务器则可能被恶意攻击。

图 12-24　设置 RemoteApp 程序常规选项

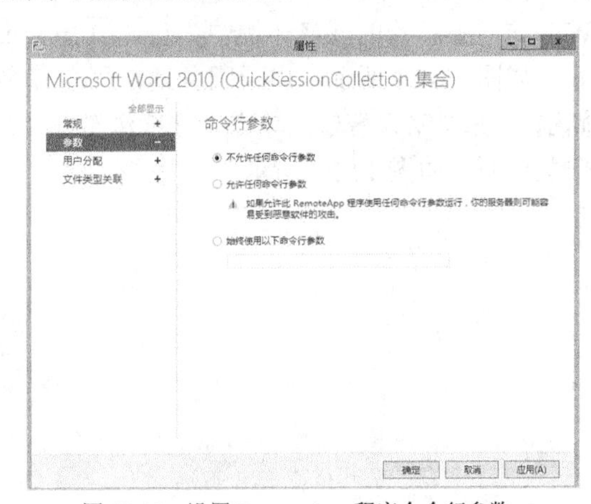

图 12-25　设置 RemoteApp 程序命令行参数

单击“用户分配”项，设置允许访问该 RemoteApp 程序的用户，如图 12-26 所示。只有在此指定的用户或组登录到 RD Web 访问时，才能看到该程序。RemoteApp 程序级别的访问权限高于会话集合级别的访问权限。要让用户能够访问 RemoteApp 程序，该用户账户必须拥有访问该应用程序及其所在会话集合的权限。

单击“文件类型关联”项，设置可以用于启动该 RemoteApp 程序的文件类型关联（文件扩展名），如图 12-27 所示。对于没有设置关联的文件类型，用户打开此类型的文件时，不会调用 RemoteApp 程序，而是调用本地的应用程序。注意这里的关联只适合使用 RemoteApp 和桌面连接进行连接的用户，使用 RD Web 访问的无法使用这个特性。

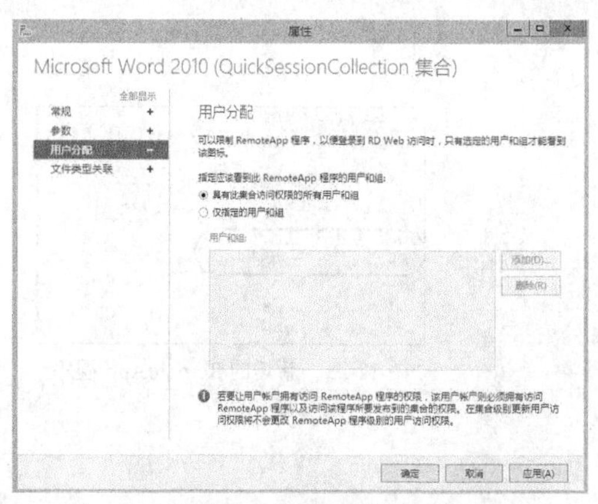

图 12-26　设置 RemoteApp 程序的用户分配

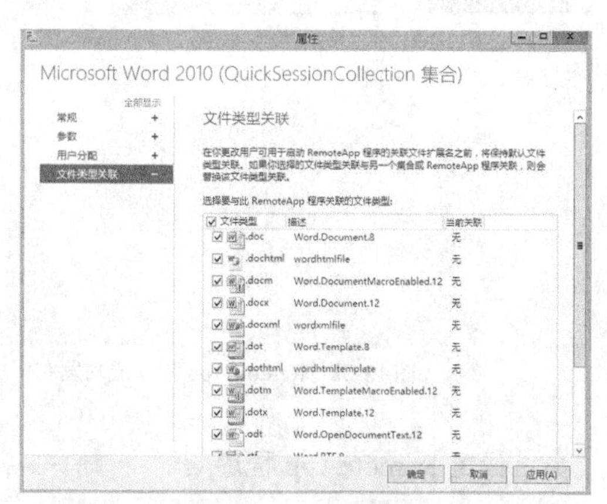

图 12-27　设置 RemoteApp 程序的文件类型关联

12.2.4　客户端通过 Web 浏览器访问 RemoteApp 程序

实验 12-3　客户端通过 Web 浏览器访问 RemoteApp 程序

最简单、最通用的 RemoteApp 程序访问方式就是通过浏览器进行 Web 访问。

1. 使用浏览器访问 RemoteApp 程序

使用 https://server_name/rdweb 连接到 RD Web 访问网站，其中 server_name 是远程桌面 Web 访问服务器的域名，例中为 srv2012b.abc.com。

如图 12-28 所示，由于服务器使用自签名的证书，这里会提示“此网站的安全证书存在问题”。先忽略该警告，单击“继续浏览此网站（不推荐）”链接进入 RemoteApp 和桌面连接登录页面，如图 12-29 所示。

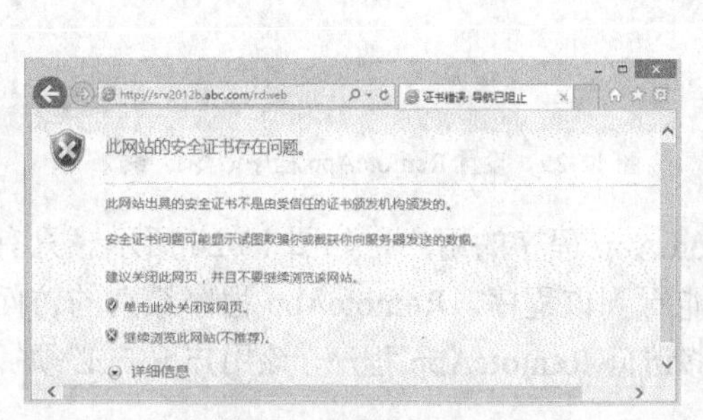

图 12-28　访问 RD Web

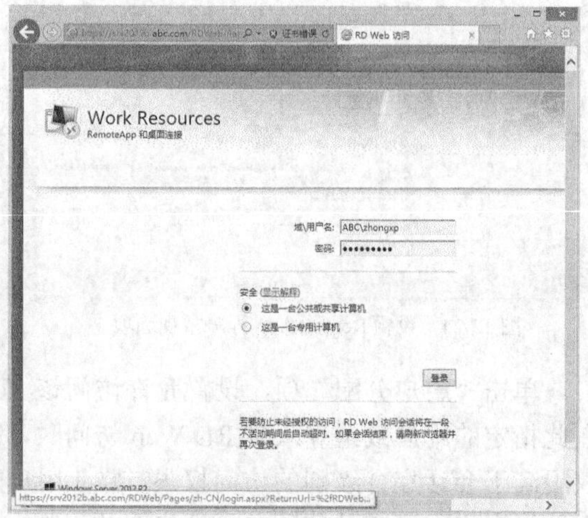

图 12-29　登录界面

如果是在公共计算机上使用远程桌面 Web 访问，选中“这是一台公共或共享计算机”；如果使用专用计算机，选择“这是一台专用计算机”。后者在注销前将允许较长的非活动时间。然后输入身份验证登录即可。

登录成功后，会在客户端任务栏中显示成功已经连接到 RemoteApp 和桌面连接，同时页面列出已发布的 RemoteApp 程序，如图 12-30 所示。登录的用户不同，所看到的 RemoteApp 应用程序也不尽相同，这是由用户的访问权限所决定的。

单击其中的一个 RemoteApp 程序，此时会弹出“网站正在尝试运行 RemoteApp 程序”警告对话框，如图 12-31 所示。这是因为没有为远程桌面服务配置证书，提示无法识别此 RemoteApp 程序的发布者。可以忽略该警告，单击“连接”按钮弹出 RemoteApp 应用程序，可以像客户端本地计算机的应用程序一样使用。

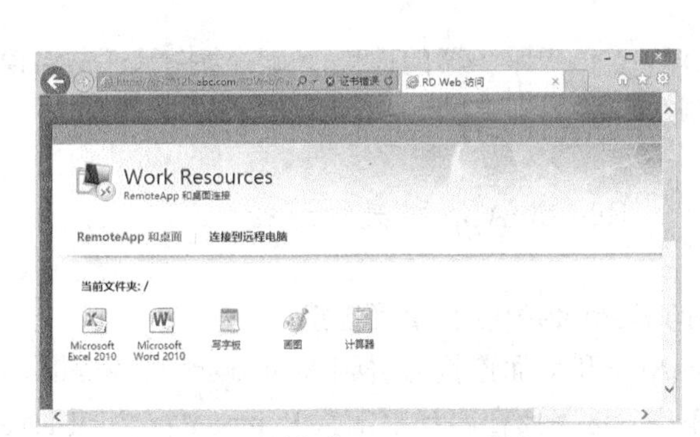

图 12-30　可访问的 RemoteApp 程序

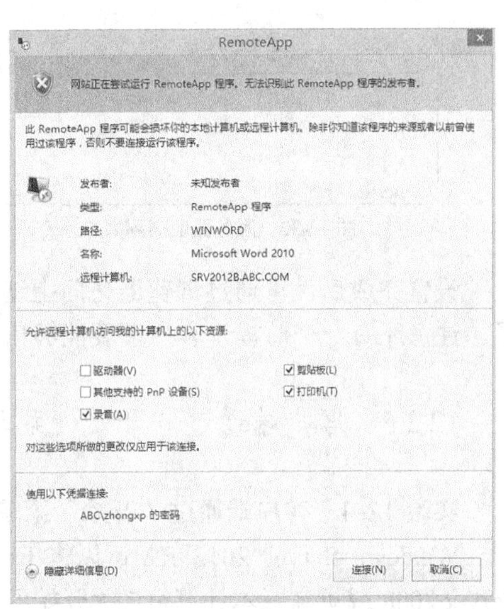

图 12-31　无法识别此 RemoteApp 程序发布者

2. 解决 Web 访问的证书问题

安装远程桌面服务角色时会为 RD Web 访问安装 IIS Web 服务器及其所需的角色服务，并自动配置 RD Web 的 SSL 安全访问，RD Web 作为默认网站中一个名为“RDWeb”的应用程序。不过默认会为该网站使用自签名的证书，客户端不信任这种证书，每当登录到 RD Web 服务器进行访问时，总是提示“此网站的安全证书存在问题”。为此，可以重新设置 Web 的 SSL 访问，让 RD Web 使用 CA 签发的服务器证书。这里简单说明一下过程。

为便于实验，例中通过自建的 Windows Server 2012 R2 企业证书颁发机构来提供证书，便于直接向企业 CA 注册证书。实际应用中可以向证书颁发中心申请服务器证书。

（1）在 RD Web 服务器（例中为 srv2012b.abc.com）上打开 IIS 管理器，单击服务器节点，在“功能视图”中双击“服务器证书”图标弹出相应的界面，列出当前的服务器证书。

（2）单击“操作”区域的“创建域证书”链接弹出相应的对话框，设置要创建的服务器证书的必要信息，包括通用名称（例中为 srv2012b.abc.com）、组织单位和地理信息。

（3）单击“下一步”按钮，出现“联机证书颁发机构”对话框，单击“选择”按钮弹出“选择证书颁发机构”对话框，从列表中选择要使用的证书颁发机构，单击“确定”按钮，然后在“好记名称”框中为该证书命名（例中为 RDS）。

（4）单击“完成”按钮，注册成功的服务器证书将自动安装，并出现在服务器证书列表中，如图 12-32 所示。

（5）单击要设置 SSL 安全的网站“Default Web Site”，在“操作”窗格中单击“绑定”链接打开“网站绑定”对话框，双击“https”项弹出“编辑网站绑定”对话框，从“SSL 证书”列表中选择要用的证书（前面申请的服务器证书），如图 12-33 所示，单击“确定”按钮完成 HTTPS 协议绑定。

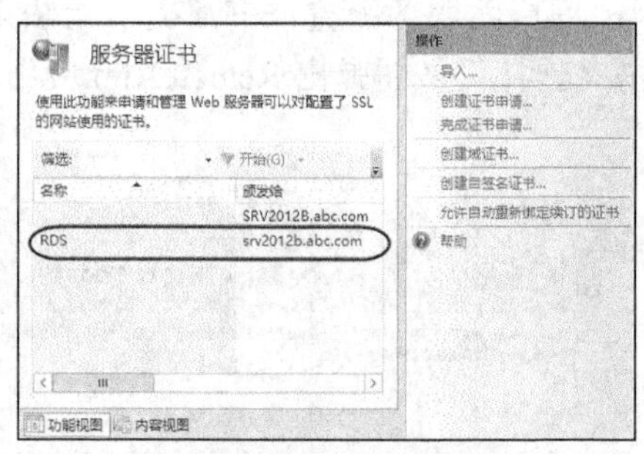

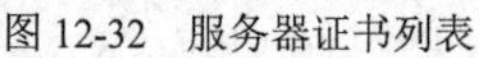
图 12-32　服务器证书列表

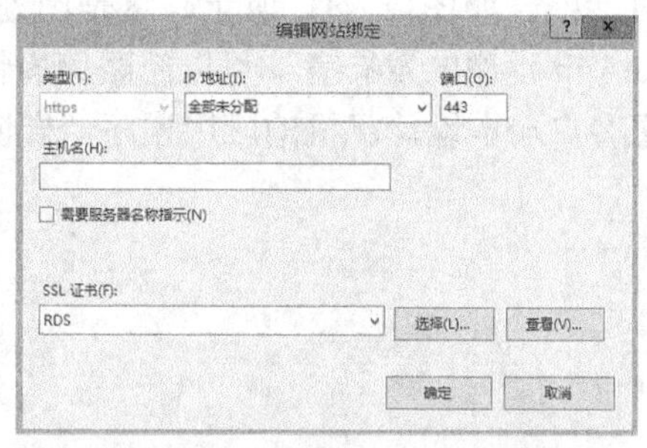

图 12-33　网站绑定 HTTPS 协议

设置完成后，再通过浏览器访问上述 RD Web 访问服务器的地址，就不会提示证书错误了。注意还有一个前提，客户端要能够信任颁发服务器证书的 CA。

12.2.5　客户端通过“开始”菜单访问 RemoteApp 和桌面连接

实验 12-4　客户端通过“开始”菜单访问 RemoteApp 和桌面连接

Windows Server 2012 R2 可以将 RemoteApp 和桌面连接部署到 Windows 7、Windows Server 2008 或更高版本计算机的“开始”菜单中。这需要在客户端配置 RemoteApp 和桌面连接。这里以 Windows 8 客户端为例。

（1）以管理员的身份登录到客户端计算机，打开控制面板，将查看方式改为大图标或小图标，可以找到“RemoteApp 和桌面连接”项。

（2）单击该项弹出“RemoteApp 和桌面连接”对话框，再单击“访问 RemoteApp 和桌面”链接。

（3）出现“访问 RemoteApp 和桌面”对话框，在“电子邮件地址或连接 URL”框中输入相应的地址。这里输入连接 URL，格式为“https://server_name/RDWeb/Feed/webfeed.aspx”（server_name 是远程桌面 Web 访问服务器的域名，此处为 srv2012b.abc.com），如图 12-34 所示。

如果要使用电子邮件地址，则需要在包含该连接 URL 的 DNS 服务器上创建一个特殊的 DNS 文本（TXT）记录。具体方法是打开 DNS 管理器，右击 DNS 区域（这里是 abc.com），选择“其他新记录”命令打开相应的对话框，从中选择资源记录类型“文本 (TXT)”，然后单击“创建记录”按钮，如图 12-35 所示，在“记录名称(如果为空则使用其父域)”框中输入_msradc，在“文本”框中输入“https:// srv2012b.abc.com/RDWeb/Feed”，单击“确定”按钮。这样，用户再次输入自己的电子邮件地址（即 AD 账户的 UPN 用户名，邮件域名同服务器的 DNS 后缀）时自动发现 RemoteApp 和桌面连接 URL。

图 12-34 设置连接 URL

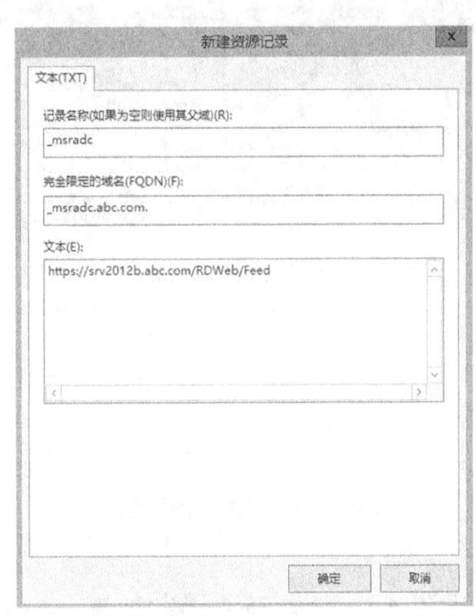

图 12-35 新建 DNS 文本（TXT）记录

（4）单击“下一步”按钮，出现“准备就绪，可以设置连接”的提示页面。

（5）单击“下一步”按钮，开始添加连接资源过程，并弹出“Windows 安全”对话框，输入能够连接该资源的凭据（用户名和密码）。

（6）验证通过后继续处理，出现图 12-36 所示的界面，提示已成功设置连接，用户可以从“开始”屏幕中访问这些资源，单击“完成”按钮。

这样就可以从“开始”屏幕中打开“应用”列表，如图 12-37 所示，在“Work Resources（RADC）”区域列出了可访问的 RemoteApp 程序，直接运行即可。

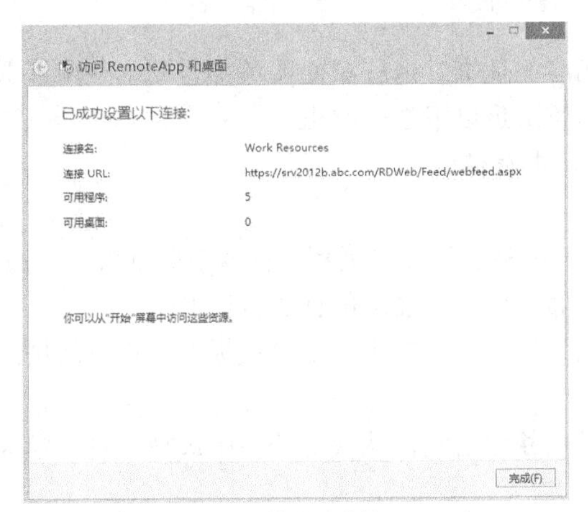

图 12-36 成功设置连接 URL

图 12-37 可访问的 RemoteApp 程序

用户可以通过控制面板打开“RemoteApp 和桌面连接”对话框，进一步配置管理 RemoteApp 和桌面连接。如图 12-38 所示，显示已配置的连接资源，可以查看连接包含的资源（RemoteApp 程序列表）、连接状态、更新时间，还可以删除该连接。

单击“属性”按钮打开如图 12-39 所示的对话框，查看该连接的属性，还可以更新该连接。

建议读者尝试一下使用电子邮件地址启用对 RemoteApp 和桌面连接 URL 的自动发现，配置 RemoteApp 和桌面连接。

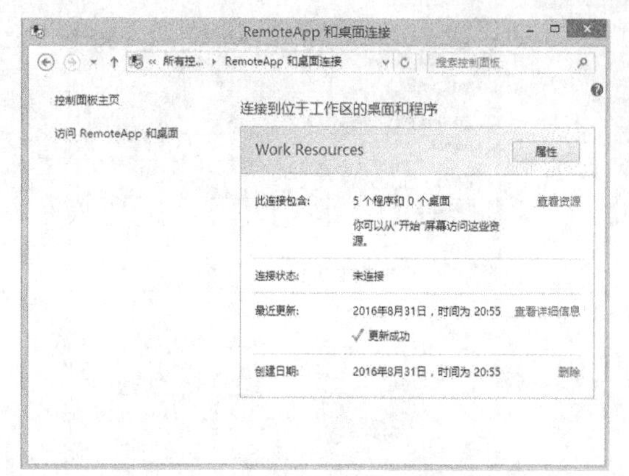

图 12-38　已配置的连接资源

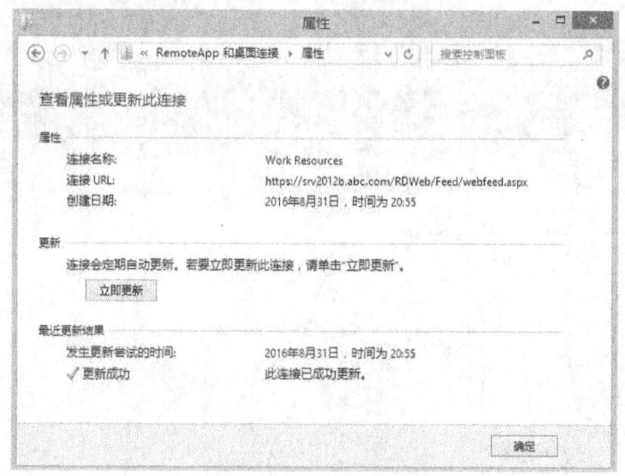

图 12-39　连接属性

12.2.6　配置证书解决 RemoteApp 发布者的信任问题

实验 12-5　配置证书解决 RemoteApp 发布者的信任问题

RemoteApp 发布者的信任涉及两个问题。第一个问题是，如果没有为远程桌面服务配置证书，启动 RemoteApp 程序时会给出无法识别 RemoteApp 程序的发布者的警告；第二个问题是，虽然配置了证书，客户端也信任证书的颁发者（根 CA 证书），但是还会给出要求信任 RemoteApp 发布者的警告。这两个问题都涉及证书配置，下面示范解决方案，前提是已经部署好企业证书颁发机构，例中已在域控制器 SRV2012A 上部署好。

1. 解决无法识别 RemoteApp 程序的发布者的问题

此问题的解决方案为远程桌面服务配置相应的证书。远程桌面服务部署要求使用证书进行服务器身份验证。远程桌面服务中的证书需要满足以下 3 个要求。

- 该证书安装在本地计算机的“个人”证书存储区中。
- 该证书具有相应的私钥。
- 增强型密钥用法扩展具有值“服务器身份验证”或“远程桌面身份验证”。

首先是配置证书模板，让证书颁发机构能够提供符合要求的计算机证书。

（1）在证书服务器上展开“证书颁发机构”控制台，右击“证书模板”节点，从快捷菜单中选择“管理”命令打开证书模板控制台。

（2）从证书模板列表中找到“计算机”模板并右击它，从快捷菜单中选择“复制模板”命令弹出“新模板的属性”设置对话框。

（3）切换到“常规”选项卡，设置模板显示名称（这里为“RDS 计算机”），并选中“在 Active Directory 中发布证书”复选框，如图 12-40 所示。

（4）切换到“使用者名称”选项卡，选中“在请求中提供”单选钮，如图 12-41 所示。然后单击“确定”按钮，再关闭证书模板控制台。

（5）回到“证书颁发机构”控制台，右击“证书模板”节点，从快捷菜单中选择“管理”命令打开证书模板控制台。右击证书模板，在弹出的菜单中选择“新建”>“要颁发的证书模板”命令弹出“启用证书模板”对话框。

（6）从可选的证书模板列表中找到之前新建的“RDS 计算机”并选中它，单击“确定”按钮。

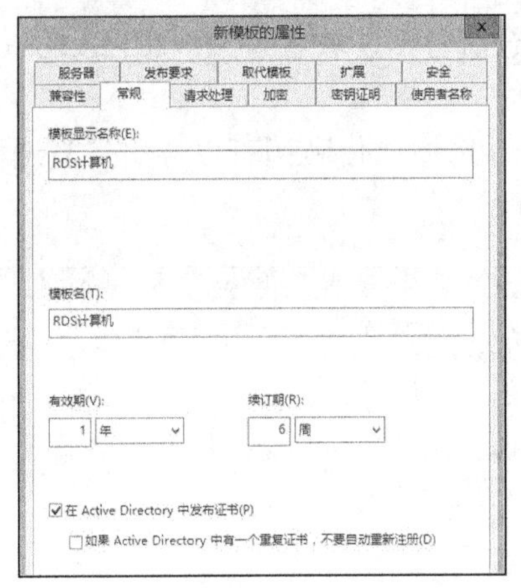

图 12-40　设置证书模板的常规选项

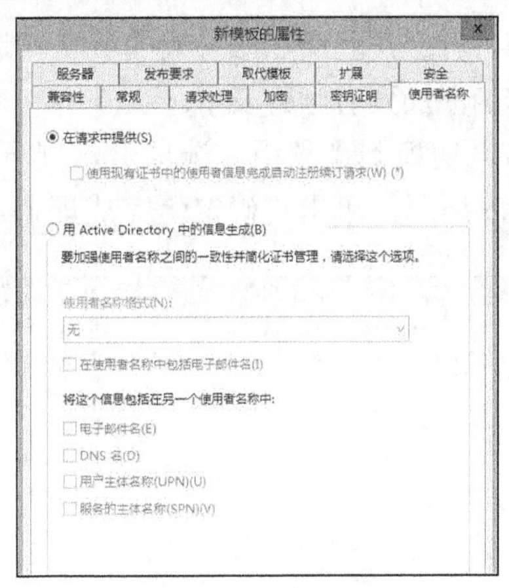

图 12-41　设置证书模板的使用者名称

（7）该证书模板就出现在“证书模板”节点下了，它同时具有客户端和服务器的身份验证功能，如图 12-42 所示。证书颁发机构就使用该模板为证书客户端颁发证书。

接着在安装有远程桌面服务的服务器上申请并安装由上述“RDS 计算机”模板提供的证书。申请证书之前，确保能申请的服务器能连接到证书服务器。

（1）以域管理员身份登录到服务器，通过 MMC 控制台添加“证书”管理单元，账户选择“计算机账户”，管理对象选择“本地计算机（运行此控制台的计算机）”。

（2）在 MMC 控制台中展开“证书（本地计算机）”节点，右击“个人”节点，从快捷菜单中选择“所有任务”>“申请新证书”命令。

（3）弹出“证书注册”对话框，单击“下一步”按钮。

（4）出现“选择证书注册策略”对话框，这里保持默认设置，即由管理员配置的 Active Directory 注册策略。单击“属性”按钮可查看证书注册策略服务器属性。

（5）单击“下一步”按钮，出现图 12-43 所示的对话框，选择“RDS 计算机”证书模板，并单击黄色感叹号以配置注册此证书所需的详细信息。

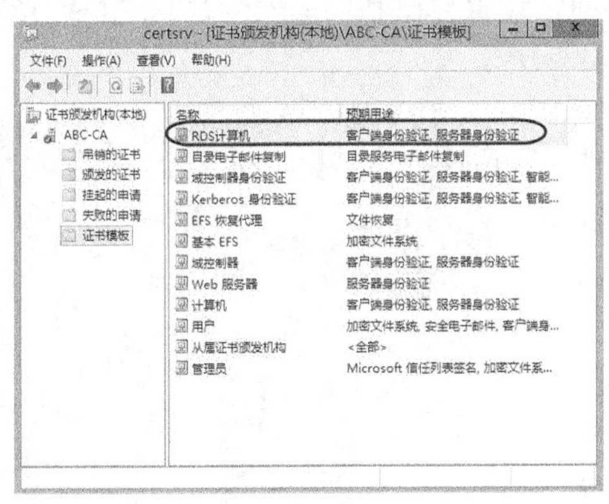

图 12-42　新增的证书模板

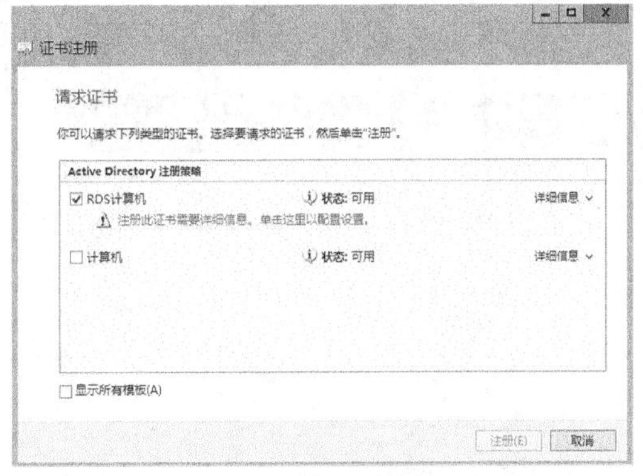

图 12-43　选择要请求的证书

（6）弹出“证书属性”设置对话框，在“使用者”选项卡提供注册证书所用的使用者名称。如图 12-44 所示，在“使用者名称”区域，从“类型”下拉列表中选择“公用名”，在“值”文本框中设置 RD 远程会话主机的域名（这里为 SRV2012B.abc.com），并将它添加到右侧列表中；在“备用名称”区域，从“类型”下拉列表中选择“DNS”，在“值”文本框中设置远程桌面服务各个角色所在服务器的域名（这里都为同一台服务器，域名为 SRV2012B.abc.com），并将它们添加到右侧列表中。

（7）切换到“私钥”选项卡，展开“密钥选项”，选中“使私钥可以导出”复选框，如图 12-45 所示。单击“确定”完成证书属性的设置。

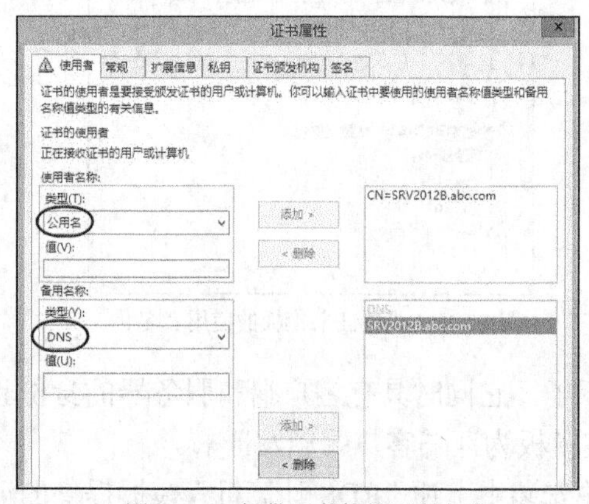

图 12-44　提供证书的使用者名称

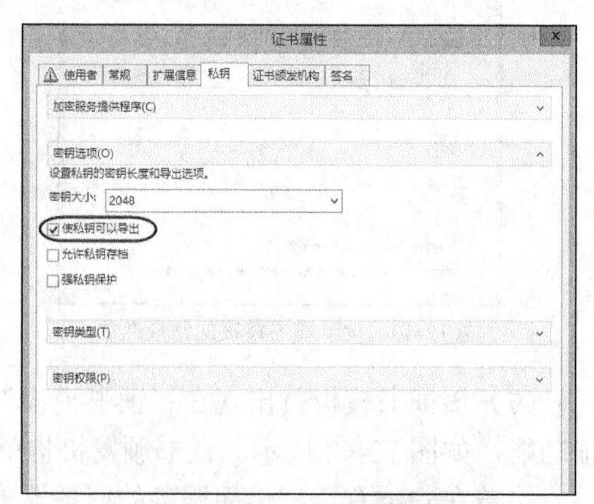

图 12-45　设置证书的密钥选项

（8）回到“证书注册”对话框，单击“注册”按钮开始申请证书，该证书由证书颁发机构自动颁发，并安装在本地计算机上。单击“完成”按钮退出。

成功申请证书后将它导出备用。

（9）回到 MMC 控制台，展开“个人”>“证书”节点，可以发现已安装的证书，右击该证书，从弹出的菜单中选择“所有任务”>“导出”命令启动证书导出向导。

（10）单击“下一步”按钮，出现“导出私钥”界面，选择“是，导出私钥”选项。

（11）单击“下一步”按钮，出现“导出文件格式”界面，选择要导出的格式。这里选择“个人信息交换-PKCS # 12(.PFX)(P)”格式，并选中“导出所有扩展属性”复选框，如图 12-46 所示。

（12）单击“下一步”按钮，出现“安全”界面，设置导出私钥的安全性。这里选择密码方式进行安全控制，并设置一个密码，如图 12-47 所示。

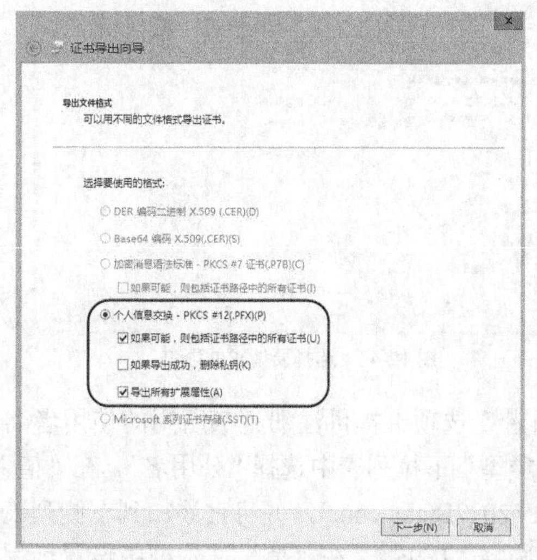

图 12-46　设置导出文件格式

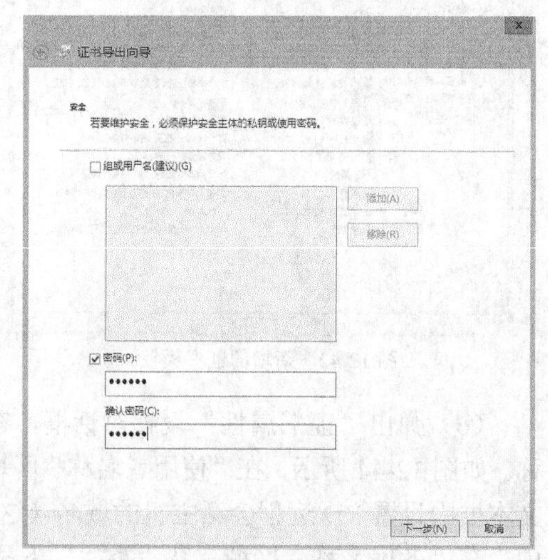

图 12-47　设置证书导出的安全性

（13）单击“下一步”按钮，出现“要导出的文件”界面，设置证书要导出的文件路径和文件名。例中文件名为 rdssrv.pfx。

（14）成功导出证书私钥，单击“完成”按钮关闭证书导出向导。

最后是为远程桌面服务配置证书。至此只是完成了 RD 会话主机的证书安装。如果有多台服务器（如 RD Web、RD 连接代理），需要将导出的证书文件复制到其他服务器上，在不同的服务器上使用证书管理单元导入该文件，将证书安装在各自的本地计算机账户的“个人”证书存储区中。本例只有一台服务器，无需做这些工作。

（1）在 RD 会话主机服务器上打开服务器管理器，进入远程桌面服务配置界面，执行“编辑部署属性”命令，单击“证书”项出现图 12-48 所示的“管理证书”界面。

（2）目前没有配置任何证书。从“角色服务”列表中选中“RD 连接代理-启用单一登录”项，单击“选择现有证书”按钮弹出“选择现有证书”对话框。

（3）如图 12-49 所示，选中“选择其他证书”单选钮，提供之前导出私钥的文件，并输入密码，同时选中“允许向目标计算机上受信任的根证书颁发机构证书存储中添加证书”复选框，单击“确定”按钮。

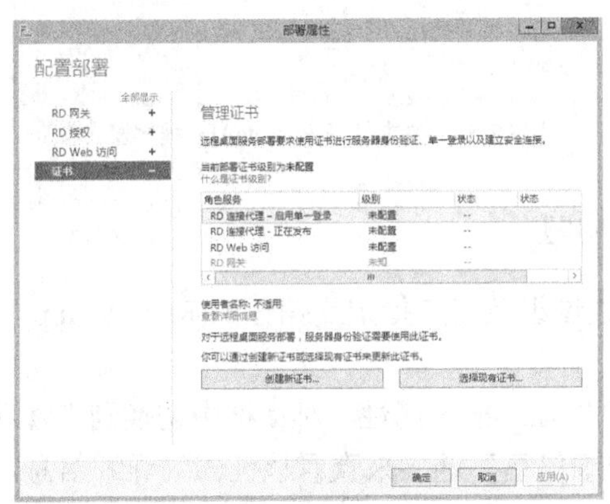

图 12-48　管理证书

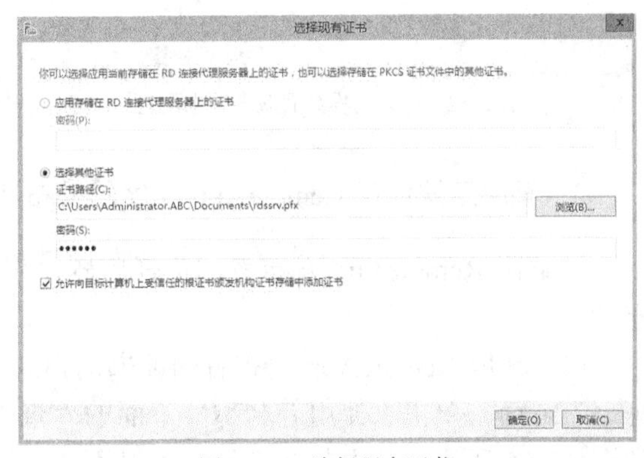

图 12-49　选择现有证书

（4）出现图 12-50 所示的界面，提示每次只能将一个证书导入到特定的角色服务中。单击“确定”按钮完成证书的导入。

（5）导入证书成功后会显示证书级别和状态，如图 12-51 所示。这里“RD 连接代理-启用单一登录”对应的证书级别为“受信任”，并给出了使用者名称。

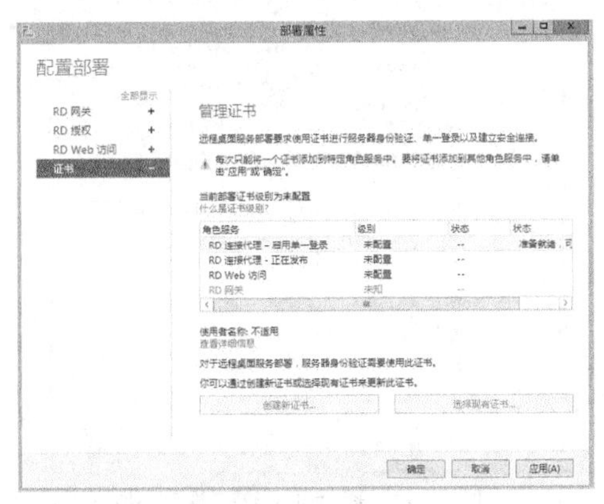

图 12-50　准备添加证书

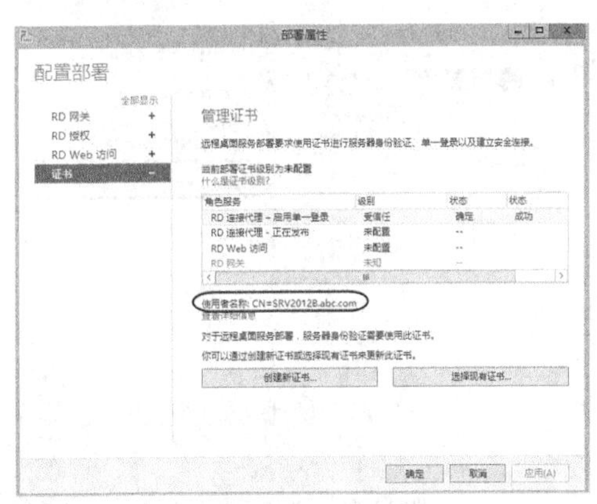

图 12-51　完成一个证书添加

（6）参照上述步骤，为每个角色服务分别配置证书。由于已经为 RD 连接代理服务器配置好证书，在选择现有证书时可以直接选中“应用存储在 RD 连接代理服务器上的证书”单选按钮（参见图 12-49）。完成之后，可以查看证书配置情况，如图 12-52 所示。

此时可以在客户端进行测试，运行 RemoteApp 程序时不再出现无法识别此 RemoteApp 程序发布者的提示，已经明确显示发布者，如图 12-53 所示。不过依然要求信任其发布者，继续解决问题。

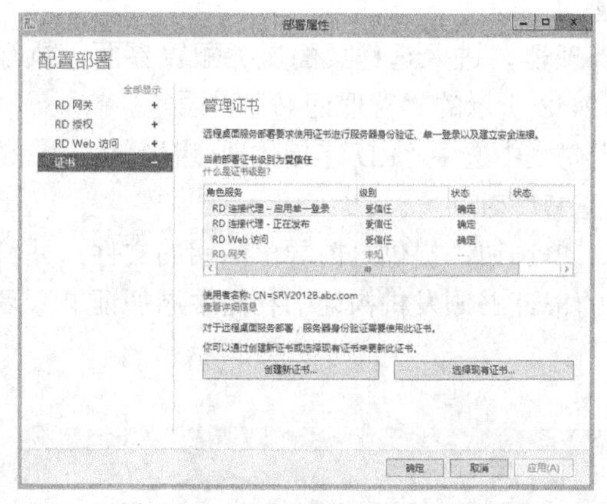

图 12-52　完成远程桌面服务证书配置

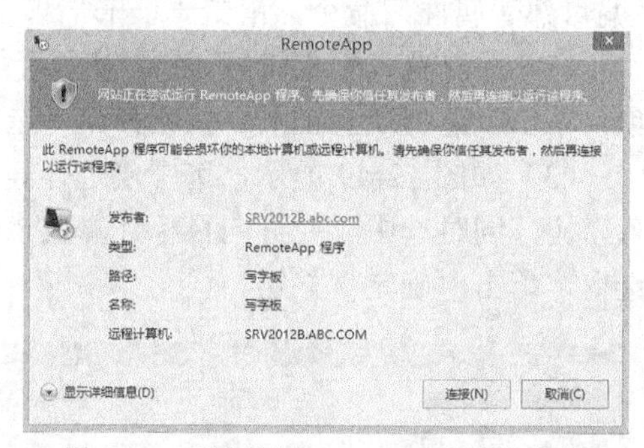

图 12-53　要求信任 RemoteApp 程序发布者

2. 解决无法信任 RemoteApp 程序的发布者的问题

要解决 RemoteApp 发布者的信任问题，需要通过组策略来指定受信任的 RemoteApp 发布者。

（1）获取 RemoteApp 发布者的证书的指纹。可以在“部署属性”对话框中切换到“管理证书”界面，单击“使用者名称”下面的“查看详细信息”链接来查看该证书的详细信息，如图 12-54 所示，其中包括指纹，不过不能直接复制。要便于复制，通过证书管理单元找到该证书（例中为 SRV2012B.abc.com）并打开它，如图 12-55 所示，切换到“详细信息”选项卡查看证书的详细信息，单击“指纹”字段，获取指纹信息，不要包括前后空格。

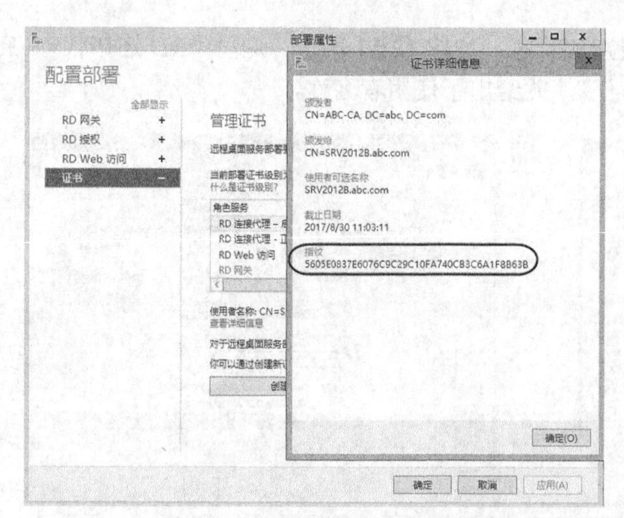

图 12-54　通过部署属性查看证书指纹

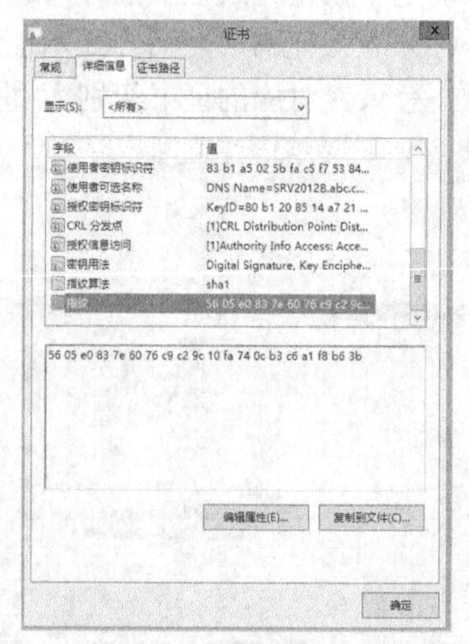

图 12-55　通过证书管理单元获取证书指纹

（2）以域管理员身份登录到域控制器，打开组策略管理控制台，编辑“Default Domain Policy”（默认域策略），依次展开“计算机配置”>“策略”>“管理模板”>“Windows 组件”>“远程桌面服务”>“远程桌面连接客户端”节点，如图 12-56 所示。

（3）双击“指定表示受信任.rdp 发行者的 SHA1 证书指纹”项弹出相应的设置对话框，选中“已启用”单选按钮，并在“选项”下面的文本框中输入上述证书指纹，如图 12-57 所示。单击“确定”按钮完成组策略设置。

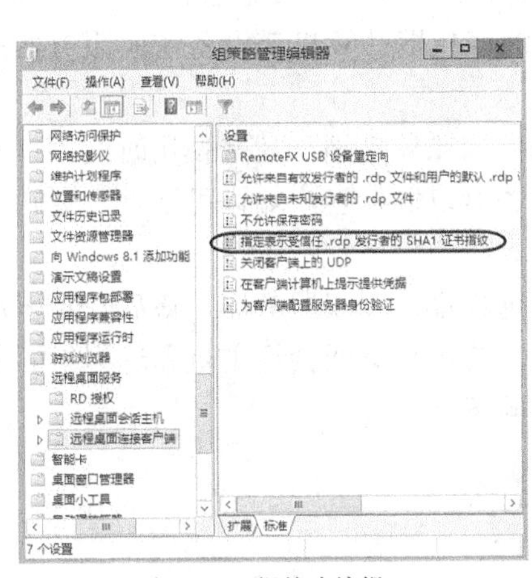

图 12-56　组策略编辑

图 12-57　指定表示受信任.rdp 发行者的 SHA1 证书指纹

（4）完成上述配置之后，刷新组策略时域用户将自动指定受信任.rdp 发行者。如果要立即刷新组策略，则可以重启客户端计算机，或运行 gpupdate /force 命令。

至此，如果用户尝试启动 RemoteApp 程序，会直接弹出运行窗口，不会接收到任何警告消息。

12.2.7　管理远程桌面服务会话连接

可以查看远程桌面服务的会话连接情况。在服务器管理器中单击“远程桌面服务”，再单击“集合”下面的会话集合条目，在“连接”窗格显示该会话集合当前的会话连接信息，包括用户、登录时间和会话状态等信息。通过任务菜单的“刷新”命令可以获得最新的信息。例中的会话集合为“QuickSessionCollection”，会话连接如图 12-58 所示。

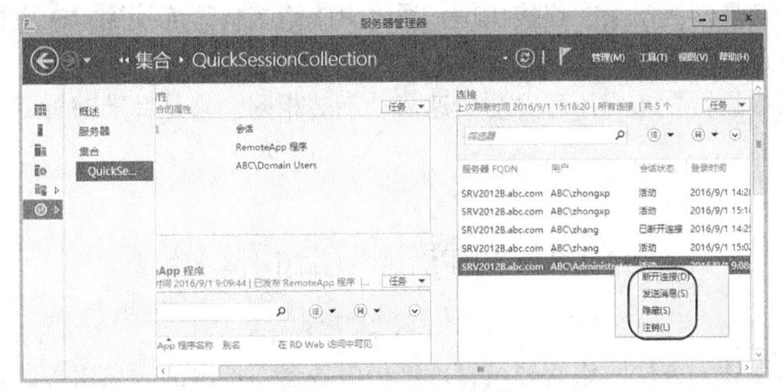

图 12-58　管理会话连接

可以对连接进行管理操作，右击要操作的连接，从快捷菜单中选择要执行的命令即可。例如，可以断开连接，注销连接的用户，或者给连接的用户发送消息或通知。

12.2.8 远程桌面授权

连接到远程桌面服务器的每个用户或计算设备必须拥有远程桌面授权服务器颁发的有效远程桌面服务客户端访问许可（RDS CAL）。RDS CAL 的类型有两种。

- RDS-每设备 CAL。允许一台设备（任何用户使用的）连接到服务器。
- RDS-每用户 CAL。授予一个用户从无限数目的客户端计算机或设备访问服务器的权限。

远程桌面授权服务器必须激活才能开始授权，这需要向微软申请，免费使用时间为 120 天。该评估期结束后，除非服务器找到远程桌面授权服务器以颁发客户端许可证，否则它将不再允许客户端进行连接。

首先要安装“远程桌面授权”角色服务，然后激活远程桌面授权服务器，最后安装客户端许可证。对于小型部署，可以在同一台计算机上同时安装远程桌面会话主机和远程桌面授权；对于大型部署，建议将远程桌面授权安装在另一台服务器上。

12.2.9 会话远程桌面的标准部署

以上讲解的远程桌面服务部署类型是基于会话远程桌面的快速启动，这种类型适合实验和小型应用，并不适合企业生产环境。这是因为部署上存在多个单点故障，安全性无法保证。建议企业的正式部署最好采用标准部署，将 RD 授权、RD 连接代理、RD 网关和 RD Web 访问分别部署到不同的服务器上，各服务器运行不同的角色服务，起着不同的作用，它们之间进行协作，构成一个完整的应用平台。这种部署还可以预防单点故障，实现负载均衡，提高 RemoteApp 的可用性。

采用标准部署，需要进行前期的准备和规划，由于标准部署所需的角色多，需要大量的服务器或者虚拟机，将 RemoteApp 服务器群集部署在数据中心，可大大方便配置管理。在正式部署之前，在企业环境中，需要域控制器和证书管理服务器（CA）。在标准部署中，往往包括 VDI。

外网用户通过 RD 网关访问自己的 RemoteApp，内网用户可以通过使用浏览器访问远程桌面，或者基于客户端访问 RD 连接代理，通过 RD 连接代理连接到 RD 主机或者 RD 虚拟化主机，访问自己的应用程序或者个人桌面。

在标准部署中设置发布应用程序与快速启动部署相同，只是标准部署默认不会发布任何 RemoteApp 程序。

12.3 部署远程桌面连接

远程桌面是微软为方便网络管理员管理维护服务器而推出的一项服务，管理员使用远程桌面连接程序连接到网络中开启了远程桌面功能的计算机上，可以像本地直接操作该计算机一样执行各种管理操作任务。在 Windows 早期版本中将它称为终端服务的远程管理模式，现在则称其为用于管理的远程桌面。如果计算机上未安装“远程桌面会话主机”角色服务，服务器最多只允许同时建立两个与它的远程连接。

12.3.1　服务器端的远程桌面配置

实验 12-6　服务器端的远程桌面配置

默认情况下，在安装了“远程桌面会话主机”角色服务后，将启用远程连接，即可为客户端提供远程桌面连接服务。可以执行以下步骤来验证或更改远程连接设置。

（1）通过控制面板打开“系统”窗口（或者右击“计算机”并选择“属性”命令），单击“远程设置”打开系统属性对话框。

（2）如图 12-59 所示，选中“允许远程连接到此计算机”单选钮启动远程桌面；选中“仅允许运行使用网络级别身份验证的远程桌面的计算机连接”复选框以增强安全性，但仅支持 Windows Vista 和 Windows Server 2008 以及更高版本的客户端。

（3）根据需要管理具有远程连接权限的用户。单击“选择用户”按钮打开图 12-60 所示的对话框，添加或删除远程桌面用户，默认支持所有的域用户。注意 Administrator 组成员总是能够远程连接到该服务器，不受此限制。

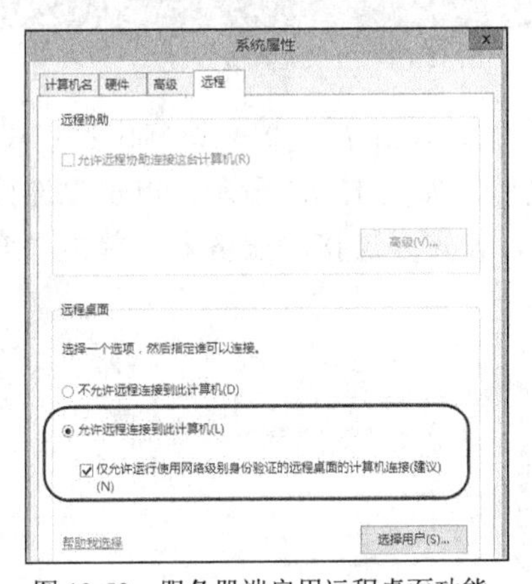

图 12-59　服务器端启用远程桌面功能

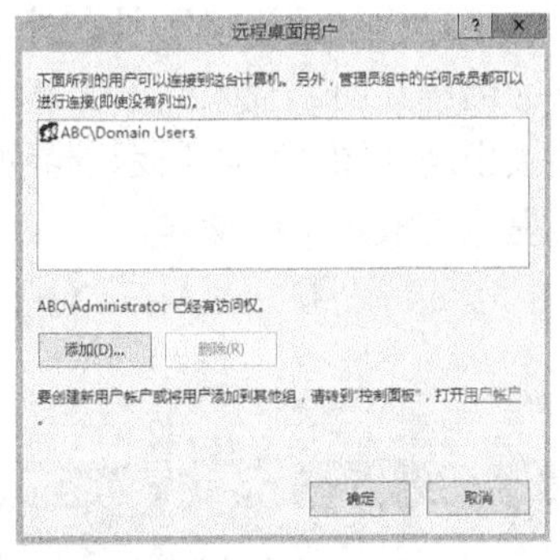

图 12-60　管理远程桌面用户

12.3.2　客户端使用远程桌面连接

客户端通常使用远程桌面连接软件连接到远程桌面服务器。以 Windows 8 计算机为例，从“开始”屏幕进入“应用”界面，从“Windows 附件”列表中执行“远程桌面连接”命令，打开图 12-61 所示的对话框。要正常使用，还需对远程连接进一步配置。

（1）单击“显示选项”按钮展开相应的界面，在“常规”选项卡中设置登录设置，包括要连接的终端服务器、登录终端服务器的用户账户及其密码。可以将设置好选项的连接保存为连接文件，供以后调用。

（2）切换到“显示”选项卡，在其中设置桌面的大小和颜色。

（3）切换到“本地资源”选项卡，从“远程音频”列表中选择声音文件的处理方式；从“键盘”列表中选择连接到远程计算机时 Windows 快捷键组合的应用；在“本地设备和资源”

区域设置是否允许终端服务器访问本地计算机上的打印机等。

（4）根据需要切换到其他选项卡，可以设置有关远程桌面连接的其他选项。

（5）设置完毕，单击“连接”按钮，出现“Windows 安全”对话框（远程桌面登录界面），输入登录账户名称和密码，像在服务器本地一样。

登录成功之后的操作界面如图 12-62 所示，客户端可像本地用户在本机上一样进行操作。用户要退出，可通过顶部的会话控制条来选择断开。

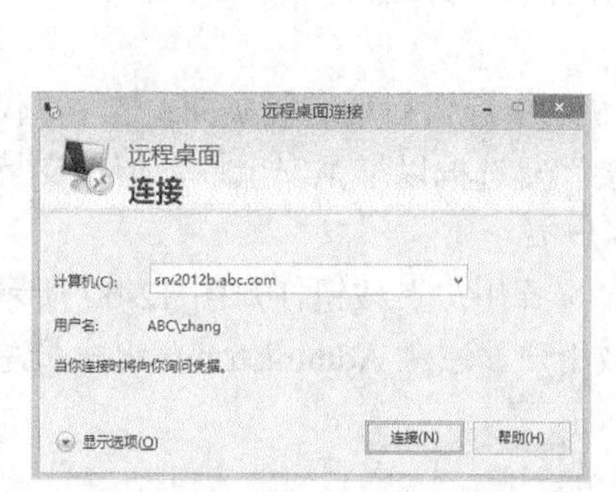

图 12-61　启动远程桌面连接

图 12-62　登录远程服务器

除了使用远程桌面连接工具之外，客户端还可通过 Web 浏览器来访问由远程桌面 Web 访问提供的远程桌面。登录到 RD Web 访问界面之后，如图 12-63 所示，单击“连接到远程电脑”链接出现如图 12-64 所示的界面，展开选项，设置要连接的服务器，单击“连接”按钮，根据提示完成余下的操作。

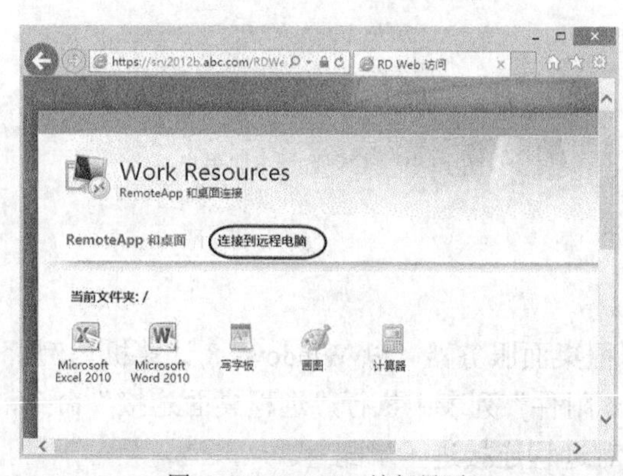

图 12-63　RD Web 访问界面

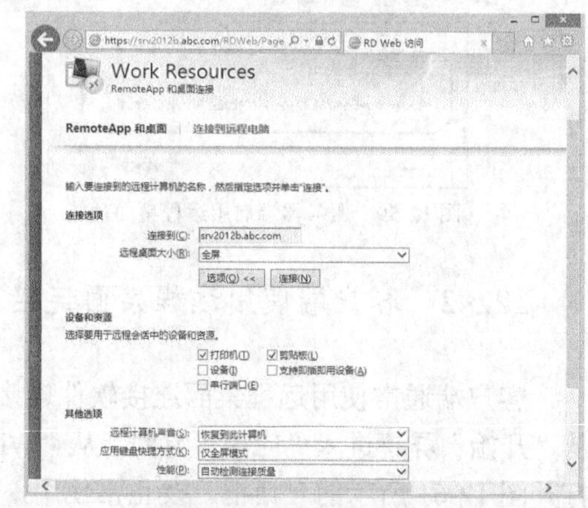

图 12-64　设置连接选项

12.3.3　用于管理的远程桌面配置

用于管理的远程桌面相当于授权远程用户管理 Windows 服务器，是一种远程服务器管理技术。它由远程桌面服务（终端服务）启用，采用的是远程桌面协议，如果只是要远程管理

Windows Server 2012 R2 服务器，则没有必要安装“远程桌面会话主机”角色服务。

安装 Windows Server 2012 R2 系统时，会自动安装用于管理的远程桌面，在未安装“远程桌面会话主机”角色服务的情况下默认禁用该功能。可以通过控制面板打开“系统”窗口，再单击“远程设置”打开系统属性对话框进行配置。

用于管理的远程桌面受到下列限制。

- 默认连接（RDP-Tcp）最多只允许两个同时远程连接。
- 无法配置远程桌面授权设置。
- 无法配置远程桌面连接代理设置。
- 无法配置用户登录模式。

若要取消这些限制，必须在服务器上安装“远程桌面会话主机”角色服务。

12.4 习　题

1．远程桌面与 RemoteApp 有什么区别？

2．什么是桌面虚拟化？什么是 VDI？

3．远程桌面服务包括哪些角色服务？

4．远程桌面服务有哪几种部署方式？

5．什么是会话集合？

6．在 RD 会话主机服务器上安装应用程序要注意哪些问题？

7．如何解决 RemoteApp 发布者的信任问题？

8．用于管理的远程桌面受到哪些限制？

9．搭建一个实验环境，在 Windows Server 2012 R2 服务器上采用快速启动部署类型安装远程桌面服务。

10．发布一个 RemoteApp 应用程序，并在客户端测试访问。

11．在客户端配置 RemoteApp 和桌面连接，让它通过“开始”菜单访问 RemoteApp 和桌面连接。

12．在服务器端配置远程桌面，然后在客户端使用远程桌面连接测试访问。

第 13 章　Windows 路由器

Windows Server 2012 R2 作为网络操作系统，本身就可提供路由器和网络地址转换（NAT）等网络通信功能。虽然 VLAN（虚拟局域网）应用越来越多，但是路由器仍然是维护网络基础结构的关键节点。安装远程访问角色中的路由角色服务之后，Windows Server 2012 R2 服务器可以充当一个全功能的软件路由器，也可以是一个开放式路由和互连网络平台，为局域网、广域网、虚拟专用网（VPN）提供路由选择服务。本章讲解如何配置 Windows 路由器和网络地址转换（NAT）来搭建 Windows Server 2012 R2 网络环境。网络地址转换可以看作一种特殊的路由器。至于远程访问角色中最重要的 DirectAccess 和 VPN，将在下一章专门介绍。

本章的实验环境涉及两台运行 Windows Server 2012 R2 的服务器和一台运行 Windows 8.1 的客户机，计算机名称（IP 地址）分别是 SRV2012A（192.168.1.10）、SRV2012B（192.168.1.20）和 Win8-PC（192.168.1.50）。服务器充当 Windows 路由器。

13.1　路由和远程访问服务基础

路由和远程访问服务（Routing and Remote Access Service，RRAS）的名称来源于它所提供的两个主要网络服务功能。路由和远程访问集成在一个服务中，却是两个独立的网络功能。RRAS 最突出的优点就是与 Windows 服务器操作系统本身和 Active Directory 集成，借助于多种硬件平台和网络接口，可非常经济地实现不同规模的互连网络路由、远程访问服务（RAS）和 VPN 等解决方案。

13.1.1　远程访问角色与 RRAS 的路由功能

在 Windows Server 2008 和 Windows Server 2008 R2 中，路由和远程访问服务是作为“网络策略和访问服务”服务器角色中的一种角色服务提供的。与之前的版本相比，它在路由器支持方面删除了开放式最短路径优先（OSPF）路由协议组件，删除了路由和远程访问中的基本防火墙，并将其替换为 Windows 防火墙，来改进对 IPv6 协议的支持。

Windows Server 2008 R2 开始引入 DirectAccess 技术，这是一种全新的远程访问功能，可以实现到企业网络资源的连接，从而消除对传统的 VPN 连接的需要。RRAS 则用于提供传统的 VPN 连接。Windows Server 2008 R2 中的 RRAS 不能与 DirectAccess 并存于同一边缘服务器中，且必须以独立于 DirectAccess 的方式加以部署和管理。Windows Server 2012 开始将 DirectAccess 功能和 RRAS 角色服务合并到新的统一服务器角色——远程访问中。

在 Windows Server 2012 R2 中，远程访问服务器角色包括 DirectAccess 以及 RRAS。其中 RRAS 除了提供远程访问功能外，还可以用作路由和网络连接的软件路由器和开放平台。它通过使用安全的 VPN 连接，为本地局域网（LAN）和广域网（WAN）环境中的企业或通过 Internet 为企业提供路由服务。路由用于多协议 LAN 到 LAN、LAN 到 WAN、VPN 和 NAT 路由服务。

13.1.2　安装远程访问角色

实验 13-1　安装远程访问角色

Windows Server 2012 R2 默认没有远程访问角色，可以通过服务器管理器来安装。

（1）以管理员身份登录到服务器（例中为 Srv2012b.abc.com），打开服务器管理器，启用添加角色和功能向导。

（2）当出现“选择服务器角色”界面时，从“角色”列表中选中“远程访问”角色。

（3）单击“下一步”按钮，根据提示进行操作，当出现图 13-1 所示的界面时，从中选择要安装的角色服务。这里选择“DirectAccess 和 VPN(RAS)”和“路由”。前者提供 DirectAccess 和远程访问服务，后者提供 NAT、RIP 等 IP 路由支持。选中前者会提示需要安装额外的功能，单击“添加功能”按钮关闭该对话框。

远程访问服务器角色包括的相关网络访问技术有 DirectAccess、路由和远程访问、Web 应用程序代理，划分角色服务时将路由和远程访问服务拆分了，路由单列出来，远程访问服务（RAS）或 VPN，与 DirectAccess 并到一起了。

这里还有一项角色服务“Web 应用程序代理”，主要用于将基于 HTTP/HTTPS 协议的应用程序从内网发布到外网。由于涉及 AD FS（Active Directory 联合身份验证服务），这里不做介绍。

（4）根据提示进行操作，安装完成时给出相应的结果界面，如图 13-2 所示。

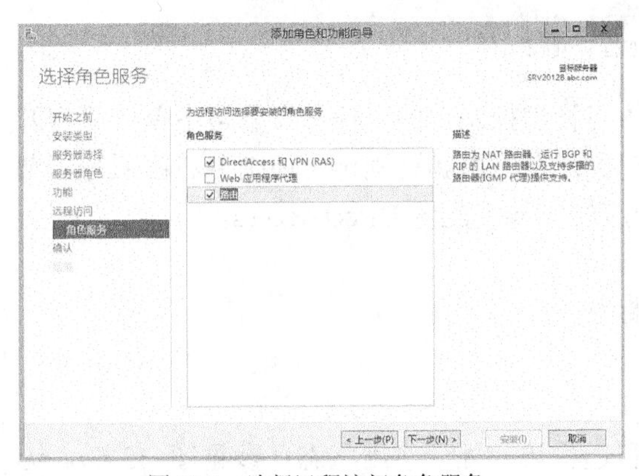

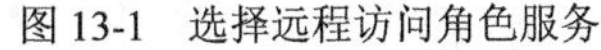
图 13-1　选择远程访问角色服务

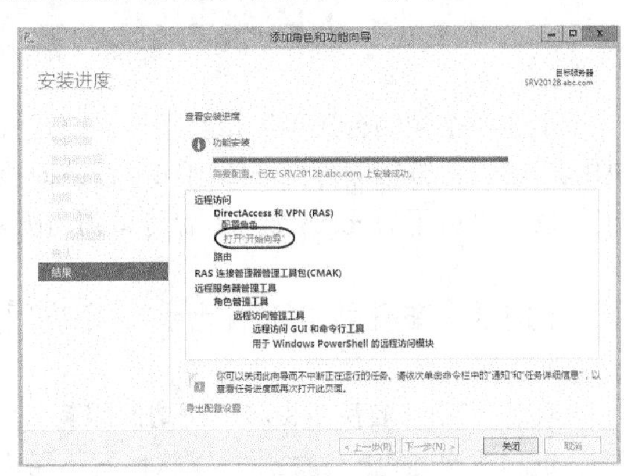

图 13-2　远程访问安装完成

远程访问安装分为两个阶段，前一个阶段完成角色的安装，后一个阶段是部署配置。

（5）在安装结果界面中单击“打开‘开始向导’”链接，启动“配置远程访问”开始向导，如图 13-3 所示，首先是部署选项，选择同时部署还是单独部署 DirectAccess 和 VPN。

选择第一项或第二项，根据提示进行操作，最后进入如图 13-4 所示的远程访问管理控制台界面。也可以从“管理工具”或服务器管理器“工具”菜单中打开该控制台。如果要部署 DirectAccess，就要用到该控制台。

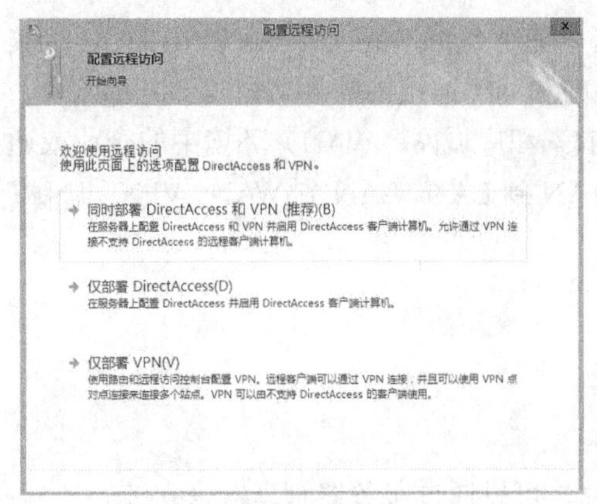

图 13-3　配置远程访问

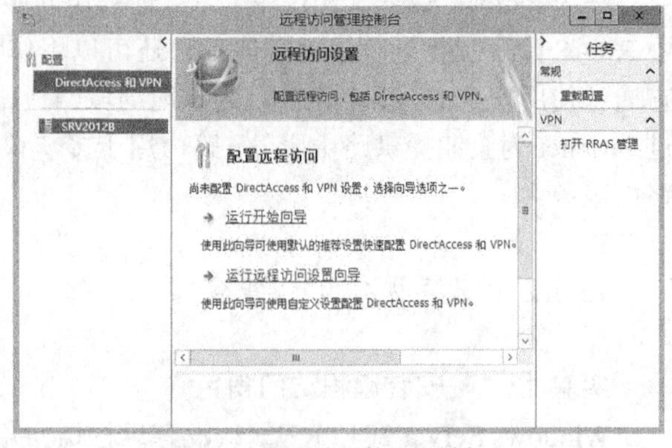

图 13-4　远程访问管理控制台

选择第三项，将直接打开如图 13-5 所示的路由和远程访问控制台界面，用于传统的远程访问、VPN 和路由配置管理，基本继承 Windows Server 2008 R2。也可以从“管理工具”或服务器管理器“工具”菜单中打开该控制台。

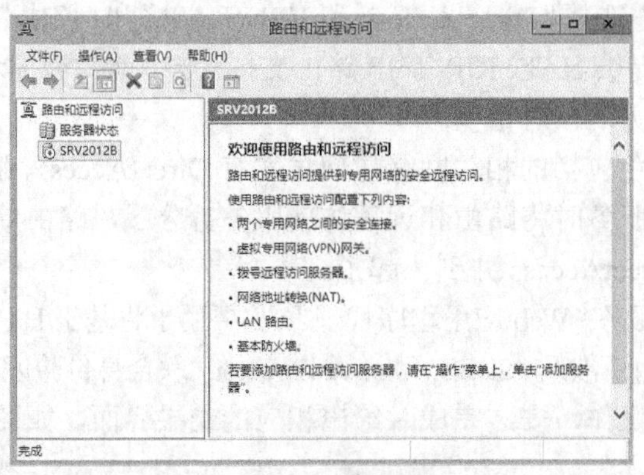

图 13-5　路由和远程访问控制台

上述两个控制台还可以相互切换。在远程访问管理控制台的“任务”窗格中单击“打开 RRAS 管理”链接即可打开路由和远程访问控制台；在路由和远程访问控制台右击服务器节点，选择“启用 DirectAccess”命令即可打开相应的向导，配置 DirectAccess。

13.1.3　配置并启用路由和远程访问服务

实验 13-2　启用路由和远程访问服务

远程访问角色安装之后，默认情况下路由和远程访问处于禁用状态（参见图 13-5）。无论是使用路由功能，还是使用远程访问服务功能，都必须先启用它。

1. 启用路由和远程访问服务

（1）打开路由和远程访问控制台，右击服务器节点，从快捷菜单中选择“配置并启用路由和远程访问”命令，启动路由和远程访问服务器安装向导。

（2）单击“下一步”按钮，出现图 13-6 所示的对话框，从中选择要定义的项目，单击“下一步”按钮，根据提示完成其余操作步骤，然后启动该服务。

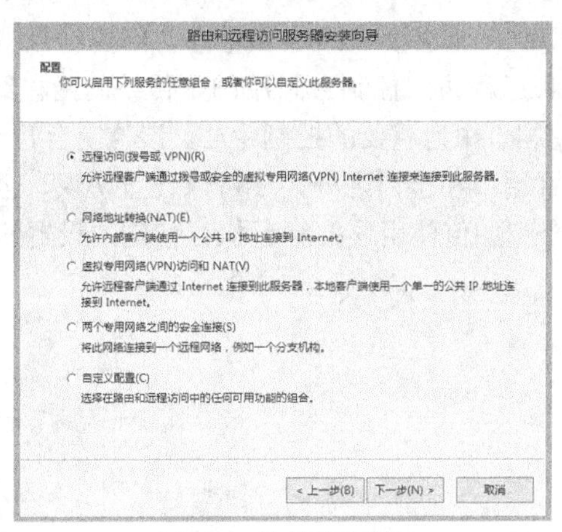

图 13-6　选择配置项目

提示：在路由和远程访问控制台中执行“禁用路由和远程访问”命令将删除当前的路由和远程访问服务配置。只有需要重新配置路由和远程访问时，才需执行该命令，再根据向导配置并启用路由和远程访问服务。本章涉及多种路由方案的配置实验，反倒可以利用这一点来快速转换配置，在实现新的方案时，先禁用路由和远程访问以清除原方案的配置，再使用向导配置新的方案。

2. 管理路由和远程访问服务

路由和远程访问作为服务程序运行，如果配置并启用了路由和远程访问，可以在路由和远程访问控制台中右击服务器节点，从“所有任务”的子菜单中选择相应的命令来停止或重新启动该服务。也可以在“服务”管理单元中对“Routing and Remote Access”服务进行管理。

3. 配置路由和远程访问服务

路由和远程访问服务可以充当多种服务器角色，这取决于具体的配置。

（1）通过向导进行配置。首次启用路由和远程访问服务时将启动路由和远程访问服务器安装向导，其提供了 4 种典型配置和 1 项自定义配置。选择以下任何一种典型配置，向导将引导管理员详细配置。

- 远程访问（拨号或 VPN）。配置服务器接受远程客户端通过拨号或 VPN 连接到服务器的请求。
- 网络地址转换（NAT）。配置 NAT 路由器，以支持 Internet 连接共享。
- 虚拟专用网（VPN）访问和 NAT。组合 VPN 远程访问和 NAT 路由器。
- 两个专用网络之间的安全连接。配置两个内部网络通过 VPN 连接或请求拨号连接进行远程互连。

上述典型配置只适合一种类型的服务的配置。要使用任何可用的路由和远程访问服务功能，可选择自定义配置。如图 13-7 所示，管理员可以从服务类型中选择一种或同时选择多种，向导会安装必要的 RRAS 组件来支持所选的服务类型，但不会提示需要任何信息来设置具体选项，这些任务由管理员随后在路由和远程访问控制台中进行配置。

（2）使用路由和远程访问控制台手动配置。再次提醒，上述向导只有在服务器上首次配置路由和远程访问服务时才可使用。已经通过向导配置 RRAS 服务之后，要修改已有配置选项，或者增加新的服务类型时，都需要在路由和远程访问控制台中进行手动设置。

如图 13-8 所示，路由和远程访问控制台采用的是传统的两栏结构，左边窗格是树状结构的导航，右侧窗格是详细窗格。作为重要的控制中心，该控制台管理着 RRAS 的大部分属性，通过 RRAS 控制台除了配置端口和接口之外，还可以设置协议、全局的选项和属性以及远程访问策略。接下来将具体介绍如何使用该控制台执行特定的设置和管理任务。

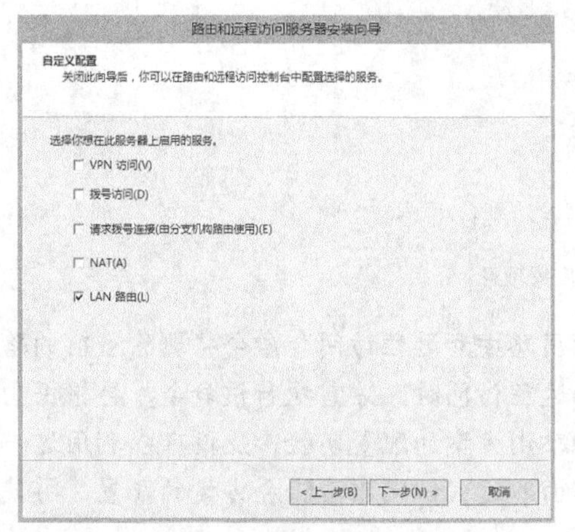

图 13-7　自定义配置

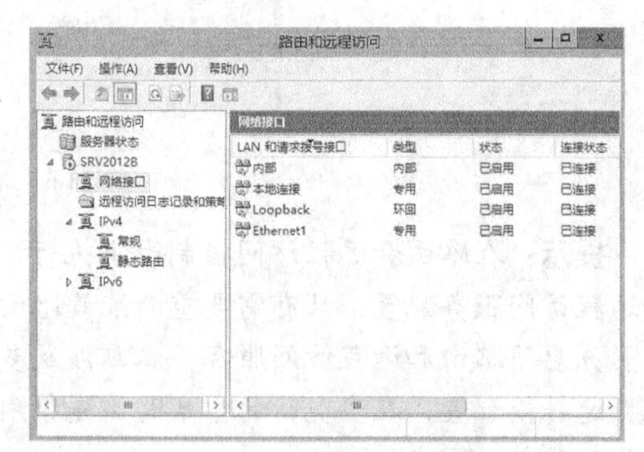

图 13-8　路由和远程访问控制台界面

13.2　路由配置

TCP/IP 网络作为互连网络，涉及 IP 路由配置，路由选择在 TCP/IP 中承担着非常重要的角色。Windows Server 2012 R2 服务器可以作为路由器，在网络中提供路由选择服务。

13.2.1　IP 路由与路由器

1. IP 路由

从数据传输过程看，路由是数据从一个节点传输到另一个节点的过程。在 TCP/IP 网络中，携带 IP 报头的数据报，沿着指定的路由传送到目的地。同一网络区段中的计算机可以直接通信，不同网络区段中的计算机要相互通信，则必须借助于 IP 路由器。如图 13-9 所示，两个网络都是 C 类 IP 网络，网络 1 上的节点 192.168.1.5 与 192.169.1.20 可以直接通信，但是要与网络 2 的节点 192.168.2.20 通信，就必须通过路由器。

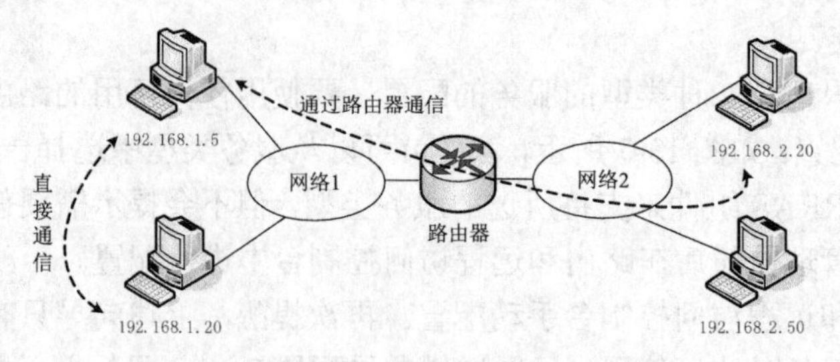

图 13-9　IP 路由示意

2. IP 路由器

路由器是在互连网络中实现路由功能的主要节点设备。典型的路由器通过局域网或广域网连接到两个或多个网络。路由器将网络划分为不同的子网（也称为网段），每个子网内部的数据包传送不会经过路由器，只有在子网之间传输数据包才经过路由器，这样提高了网络带宽的利用率。路由器还能用于连接不同拓扑结构的网络。

路由器可以是专门的硬件设备，一般称专用路由器或硬件路由器；也可以由软件来实现，一般称主机路由器或软件路由器。另外，网络地址转换（NAT）甚至网络防火墙都可以看作是一种特殊的路由器。

支持 TCP/IP 的路由器称为 IP 路由器。在 TCP/IP 网络中，IP 路由器在每个网段之间转发 IP 数据包，又叫 IP 网关。每一个节点都有自己的网关，IP 包头指定的目的地址不在同一网络区段中，就会将数据包传送给该节点的网关。

3. IP 路由表

路由器靠路由表来确定数据包的流向。路由表也称为路由选择表，由一系列称为路由的表项组成，其中包含有关互连网络的网络 ID 位置信息。当一个节点接收到一个数据包时，查询路由表，判断目的地址是否在路由表中，如果是，则直接发送给该网络，否则转发给其他网络，直到最后到达目的地。

除了路由器使用路由表之外，网络中的主机也使用路由表。在路由网络中，相对于路由器而言，非路由器的普通计算机一般称为主机。TCP/IP 对应的路由表是 IP 路由表，IP 路由表实际上是相互邻接的网络 IP 地址的列表。

路由表中的表项一般包括网络地址、转发地址、接口和跃点数等信息。不同的网络协议，路由表的结构略有不同。图 13-10 所示的是某服务器上的一份 IP 路由表。

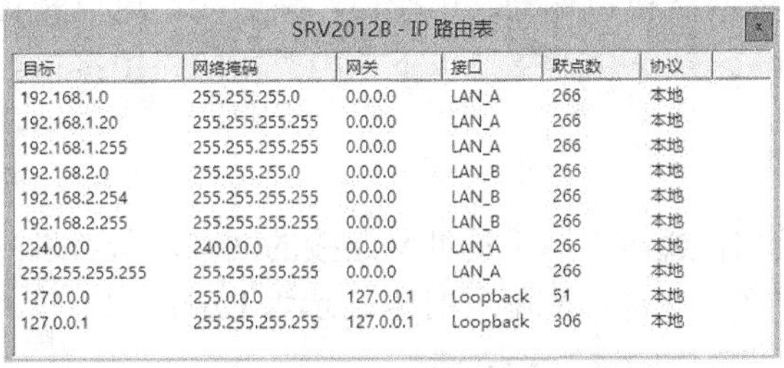

SRV2012B - IP 路由表

目标	网络掩码	网关	接口	跃点数	协议
192.168.1.0	255.255.255.0	0.0.0.0	LAN_A	266	本地
192.168.1.20	255.255.255.255	0.0.0.0	LAN_A	266	本地
192.168.1.255	255.255.255.255	0.0.0.0	LAN_A	266	本地
192.168.2.0	255.255.255.0	0.0.0.0	LAN_B	266	本地
192.168.2.254	255.255.255.255	0.0.0.0	LAN_B	266	本地
192.168.2.255	255.255.255.255	0.0.0.0	LAN_B	266	本地
224.0.0.0	240.0.0.0	0.0.0.0	LAN_A	266	本地
255.255.255.255	255.255.255.255	0.0.0.0	LAN_A	266	本地
127.0.0.0	255.0.0.0	127.0.0.1	Loopback	51	本地
127.0.0.1	255.255.255.255	127.0.0.1	Loopback	306	本地

图 13-10　IP 路由表

查看分析路由表结构，其表项主要由以下信息字段组成。

- 目标（目的地址）：需要网络掩码来确定该地址是主机地址，还是网络地址。
- 网络掩码：用于决定路由目的的 IP 地址。例如，主机路由的掩码为 255.255.255.255；默认路由的掩码为 0.0.0.0。
- 网关：转发路由数据包的 IP 地址，一般就是下一个路由器的地址。在路由表中查到目的地址后，将数据包发送到此 IP 地址，由该地址的路由器接收数据包。该地址可以是本机网卡的 IP 地址，也可以是同一子网的路由器接口的地址。
- 接口（Interface）：指定转发 IP 数据包的网络接口，即路由数据包从哪个接口转出去。
- 跃点数：指路由数据包到达目的地址所需的相对成本。一般称为 Metric（度量标准），典型的度量标准指到达目的地址所经过的路由器数目，此时又常常称为路径长度或跳数（Hop Count），本地网内的任何主机，包括路由器，值为 1，每经过一个路由器，该值再增加 1。如果到达同一目的地址有多个路由，优先选用值最低的。

路由表中的每一项都被看成一个路由，共有以下 4 种路由类型。

- 网络路由：到特定网络 ID 的路由。
- 主机路由：到特定 IP 地址，即特定主机的路由。主机路由通常用于将自定义路由创建到特定主机以控制或优化网络通信。主机路由的网络掩码为 255.255.255.255。
- 默认路由：若在路由表中没有找到其他路由，则使用默认路由。默认路由简化主机的配置。其网络地址和网络掩码均为 0.0.0.0。在 TCP/IP 协议配置中一般将其称为默认网关。
- 特殊路由：如 127.0.0.0 指本机的 IP 地址，224.0.0.0 指 IP 多播转发地址，255.255.255.255 指 IP 广播地址。

4. 路由选择过程

路由功能指选择一条从源到目的地的路径并进行数据包转发。如果按路由发送数据包，经过的节点出现故障，或者指定的路由不准确，数据包就不能到达目的地。位于同一子网的主机（或路由器）之间采用广播方式直接通信，只有不在同一子网中，才需要通过路由器转发。路由器至少有两个网络接口，同时连接到至少两个网络。对大部分主机来说，路由选择很简单，如果目的主机位于同一子网，就直接将数据包发送到目的主机，如果目的主机位于其他子网，就将数据包转发给同一子网中指定的网关（路由器）。

13.2.2 路由接口

路由器上支持路由的网络接口称为路由接口。路由接口可以是转发数据包的物理接口，也可以是逻辑接口。Windows 路由器支持以下 3 种类型的路由接口。

1. LAN 接口

LAN 接口是物理接口，通常指用于局域网连接的网卡。充当路由器的计算机上安装的网卡都是 LAN 接口，安装的 WAN 适配器有时也表示为 LAN 接口。LAN 接口基本总是处于激活状态，一般不需要通过身份验证过程激活。

2. 请求拨号接口

请求拨号接口是代表点对点连接的逻辑接口。点对点连接基于物理连接（如使用模拟电话线连接的两个路由器）或者逻辑连接（如使用虚拟专用网连接的两个路由器）。请求拨号连接可以是请求式，仅在需要时建立点对点连接，也可以是持续型，建立点对点连接然后持续保持已连接状态。请求拨号接口通常需要通过身份验证过程来连接。请求拨号接口所需的设备是设备上的一个端口。

通过请求拨号接口实现的路由称为请求拨号路由，也称为按需拨号路由，一般用于远程网络互连。请求拨号路由可以明显地降低连接成本。在请求拨号路由网络中，应使用静态路由，因为拨号链路只在需要时才拨通，不能为动态路由信息表提供路由信息的变更情况。

3. IP 隧道接口

IP 隧道接口是代表已建立隧道的点对点连接的逻辑接口。IP 隧道接口不需要通过身份验证过程来建立连接。

13.2.3　启用 Windows Server 2012 R2 路由器

默认情况下，Windows Server 2012 R2 路由和远程访问服务并没有启用路由功能，需要进行相应的配置。如果是首次配置路由和远程访问服务，可利用向导启用路由器，选择“自定义配置”选项，然后再选中“LAN 路由”复选框（参见图 13-7）。然后单击“下一步”按钮，出现相应的对话框，提示路由器设置完成，单击“完成”按钮，弹出相应的提示对话框，询问是否开始服务，单击“是”按钮即可。

如果已经配置过路由和远程访问服务，在路由和远程访问控制台中右击服务器节点，选择“属性”命令打开相应的对话框，如图 13-11 所示，确认在“常规”选项卡中选中“IPv4 路由器”复选框（要支持 IPv6 协议，还可以选中“IPv6 路由器”复选框）。如果修改这些配置，需要重启路由和远程访问服务使之生效。

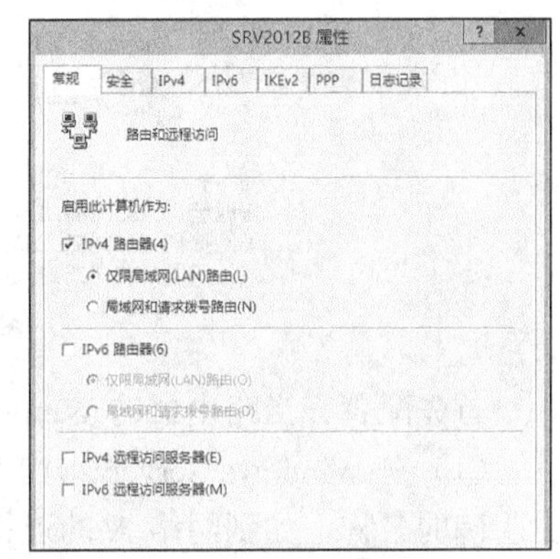

图 13-11　启用局域网路由

配置路由信息主要有两种方式：手动指定（静态路由）和自动生成（动态路由）。在实际应用中，有时采用静态路由和动态路由相结合的混合路由方式。一种常见的情形是主干网络上使用动态路由，分支网络和终端用户使用静态路由；另一种情形是，高速网络上使用动态路由，低速连接的路由器之间使用静态路由。

可以在许多不同的拓扑和网络环境中使用路由器。路由器部署涉及绘制网络拓扑图、规划网络地址分配方案、路由器网络接口配置、路由配置等。

13.2.4　配置 IP 静态路由

实验 13-3　配置简单的 IP 路由网络

实验 13-4　配置 IP 静态路由

静态路由的网络环境设计和维护相对简单，并且非常适用于那些路由拓扑结构很少有变化的小型网络环境。有时出于安全方面的考虑也可以采用静态路由。

1. 静态路由概述

静态路由是指由网络管理员手工配置的路由信息。当网络的拓扑结构或链路的状态发生变化时，网络管理员要手工修改路由表中相关的静态路由信息。静态路由具有以下优点。

- 完全由管理员精确配置，网络之间的传输路径预先设计好。
- 路由器之间不需进行路由信息的交换，相应的网络开销较小。
- 网络中不必交换路由表信息，安全保密性高。

静态路由的不足也很明显，对于因网络变化而发生的路由器增加、删除、移动等情况，无法自动适应。要实现静态路由，必须为每台路由器计算出指向每个网段的下一个跃点，如果规模较大，管理员将不堪重负，而且还容易出错。

2. 配置简单的 IP 路由网络

一个路由器连接两个网络是最简单的路由方案。因为路由器本身同两个网络直接相连，不需要路由协议即可转发要路由的数据包，只需设置简单的静态路由。这里给出一个简单的例子，网络拓扑如图 13-12 所示，为便于理解，图中标明了每个路由接口的 IP 地址。

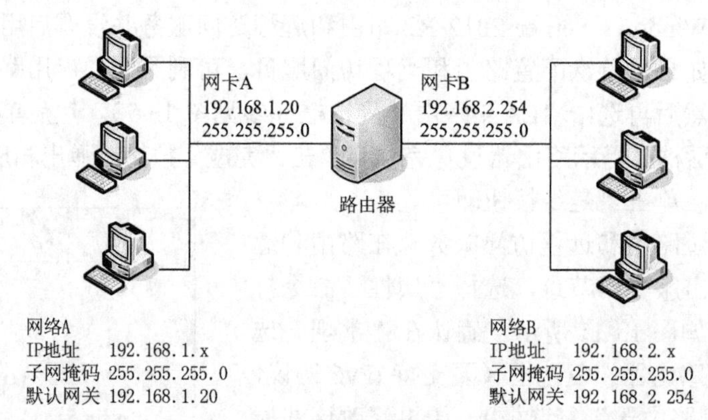

图 13-12　一个路由器连接两个网络

首先配置充当路由器的 Windows Server 2012 R2 服务器（例中为 SRV2012B）。

（1）在 Windows Server 2012 R2 服务器上安装和配置两块网卡。可根据情况将网卡改为更明确的名称，如到网络 A 的连接名为“LAN_A”，到网络 B 的连接名为“LAN_B”，这样会更直观。

Windows Server 2012 R2 网络连接的重命名与早期 Windows 版本有所不同。具体方法是通过控制面板打开“网络和共享中心”，再单击“更改适配器设置”链接（或者右击任务栏左侧的窗口图标再选择“网络连接”命令）打开“网络连接”对话框，右击其中的网络连接，选择“重命名”即可更改名称。

（2）在网卡上配置 IP 地址，连接到网络 A 和网络 B 的两个网卡的 IP 地址分别为 192.168.1.20 和 192.168.2.254，子网掩码为 255.255.255.0。

（3）如果没有启用路由功能，可参见 13.2.3 节的讲解开启路由和远程访问的路由功能。

（4）在路由和远程访问控制台中展开“IPv4”节点，右击“静态路由”项，选择“显示 IP 路由表”命令，弹出窗口查看当前的路由信息，参见图 13-10。

路由表中分别提供了目标为 192.168.1.0（网络 A）和 192.168.2.0（网络 B）的路由表项。这里的“协议”字段用于指示路由项的来源。如果是通过路由和远程访问控制台手动创建的将显示为“静态”；如果不是通过该控制台手动创建，而是利用其他方式设置的（如网卡设置）将显示为“网络管理”；如果是通过动态路由协议获得的，将显示该协议名称；其他情况则都显示为“本地”。

接下来配置网络上其他计算机（非路由器）的 IP 地址、子网掩码和默认网关。应当将其默认网关设置为与路由器连接的网卡的 IP 地址，网络 A 的其他计算机默认网关为 192.168.1.20，而网络 B 上其他计算机的默认网关为 192.168.2.254。路由网络中的每台计算机应设置默认网关，否则由于不能传送路由信息而无法与其他网络中的计算机通信。

最后进行测试。一般使用 ping 或 tracert 命令来测试。例如，在网络 B 的某计算机上试着用 ping 和 tracert 命令访问网络 A 的某台计算机。

3. 配置静态路由

上述方案非常简单，网络中只有一个路由器。该路由器直接与两边的网络相连，路由器直接将包转发给目的主机，不用手工添加路由。如果遇到更为复杂的网络，要跨越多个网络进行通信，每个路由器必须知道那些并未直接相连的网络的信息，当与这些网络通信时，必须将包转发给另一个路由器，而不是直接发往目的主机，这就需要提供明确的路由信息。这里给出一个例子，网络拓扑如图 13-13 所示。

图 13-13　跨多个路由器通信的路由网络

静态路由配置比较容易，只需在每台路由器上设置与该路由器没有直接连接的网络的路由项即可。这里以图 13-13 所示的网络中的路由器 2（由 SRV2012B 充当）为例进行示范。根据网络拓扑，共有 3 个网段和 2 个路由器，从网络 1 到网络 B 要跨越两个路由器。路由器 2 要连接到网络 1，必须通过路由器 1 同网络 1 通信，到网络 1 的数据包由网卡 A 发送，下一路由器为路由器 1，路由器 1 连接网络 1 的 IP 地址为 192.168.0.1。

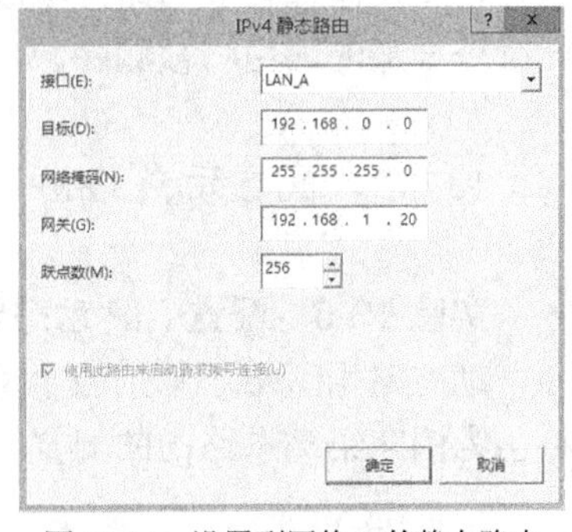

图 13-14　设置到网络 1 的静态路由

打开路由和远程访问控制台，展开“IPv4”节点，右击“静态路由”节点，选择“新建静态路由”命令，弹出图 13-14 所示的窗口，在其中设置相应的参数，各项参数含义如下。

- 接口：指定转发 IP 数据包的网络接口。
- 目标：目的 IP 地址，可以是主机地址、子网地址和网络地址，还可以是默认路由（0.0.0.0）。
- 网络掩码：用于决定目的 IP 地址。需要注意的主机路由的子网掩码为 255.255.255.255；默认路由的掩码为 0.0.0.0。
- 网关：转发路由数据包的 IP 地址，也就是下一路由器的 IP 地址。
- 跃点数：也称跳数（Hop Count），到达目的地址所经过的路由器数目。

这里的跃点数虽然指到达目的地址所经过的路由器数目，实际上只是一个确定路由相对优先级的参数，如果到达目的地址只有一条路径，即使要经过多个路由器，也可随便赋值，一般采用默认值 256 即可，不一定要准确反映所经过的路由器数目。

提示：对于局域网网卡，设置的网关接口必须与该网卡位于同一子网。也就是说，如果正在使用的接口是 LAN 接口，例如以太网或令牌环，则路由的“网关”IP 地址必须是所选接口可以直接到达的 IP 地址。对于请求拨号接口（按需路由）则不用设置网关。

设置好上述参数，单击“确定”按钮将当前设置的静态路由项添加到“静态路由”列表中。右击“静态路由”项，选择“显示 IP 路由表”命令查看当前路由信息，如图 13-15 所示，其中的通信协议显示为“静态（非请求拨号）”。

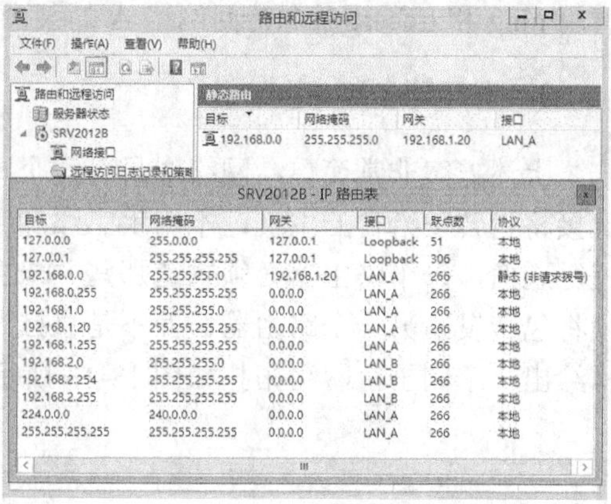

一定要注意，路由器 2 与网络 A 和网络 B 都能直接相连，不用设置静态路由。

提示：不要使用彼此指向对方的默认路由来配置两个相邻的路由器。默认路由将不直接相连的网络上的所有通信传递到已配置的路由器。具有彼此指向对方的默认路由的两个路由器，对于不能到达目的地的通信可能产生路由循环。

图 13-15　查看 IP 路由表

4. 使用 route ADD 命令添加静态路由

还可直接使用命令行工具 route 来添加静态路由，语法格式为：

```
route ADD [目的地址] MASK [子网掩码] [网关] METRIC [跃点数] IF [网络接口(号)]
```

其中路由目的地址或网关（gateway）可以使用通配符“*”和“?”，这可简化路由配置。另外，要使添加的静态路由项成为永久性路由，还应使用-p 选项，否则，系统重启后，使用此命令添加的路由将被删除。

13.2.5　配置动态路由

实验 13-5　配置 RIP 动态路由

动态路由适用于复杂的中型或大型网络，也适用于经常变动的互连网络环境。这里以 RIP 路由为例介绍动态路由的配置。

1. 动态路由概述

动态路由通过路由协议，在路由器之间相互交换路由信息，自动生成路由表，并根据实际情况动态调整和维护路由表。路由器之间通过路由协议相互通信，获知网络拓扑信息。路由器的增加、移动以及网络拓扑的调整，路由器都会自动适应。如果存在到目的站点的多条路径，即使一条路径发生中断，路由器也能自动地选择另外一条路径传输数据。

动态路由的主要优点是伸缩性和适应性，具有较强的容错能力。其不足之处在于复杂程度高，频繁交换的路由信息增加了额外开销，这对低速连接来说无疑难以承受。

路由协议是特殊类型的协议，能跟踪路由网络环境中所有的网络拓扑结构。它们动态维护网络中与其他路由器相关的信息，并依此预测可能的最优路由。主流的路由协议如下。

- 边界网关协议（Border Gateway Protocol，BGP）。
- 增强的内部网关路由协议（Enhanced Interior Gateway Routing Protocol，EIGRP）。
- 外部网关协议（Exterior Gateway Protocol，EGP）。
- 内部网关路由协议（Interior Gateway Routing Protocol，IGRP）。

- 开放最短路径优先（Open Shortest Path First，OSPF）。
- 路由信息协议（Routing Information Protocol，RIP）。

2. RIP 协议简介

RIP 属于距离向量路由协议，主要用于在小型到中型互连网络中交换路由选择信息。RIP 只是同相邻的路由器互相交换路由表，交换的路由信息也比较有限，仅包括目的网络地址、下一跃点以及距离。RIP 目前有两个版本：RIP 版本 1 和 RIP 版本 2。RIP 路由器主要用于中小型企业、有多个网络的大型分支机构、校园网等。

如图 13-16 所示，RIP 路由器之间不断交换路由表，直至饱和状态，整个过程如下。

（1）开始启动时，每个 RIP 路由器的路由选择表只包含直接连接的网络。例如，路由器 1 的路由表只包括网络 A 和 B 的路由，路由器 2 的路由表只包括网络 B、C 和 D 的路由。

（2）RIP 路由器周期性地发送公告，向邻居路由器发送路由信息。很快，路由器 1 就会获知路由器 2 的路由表，将网络 B、C 和 D 的路由加入自己的路由表，路由器 2 也会进一步获知路由器 3 和路由器 4 的路由表。

（3）随着 RIP 路由器周期性地发送公告，最后所有的路由器都将获知到达任一网络的路由。此时，路由器已经达到饱和状态。

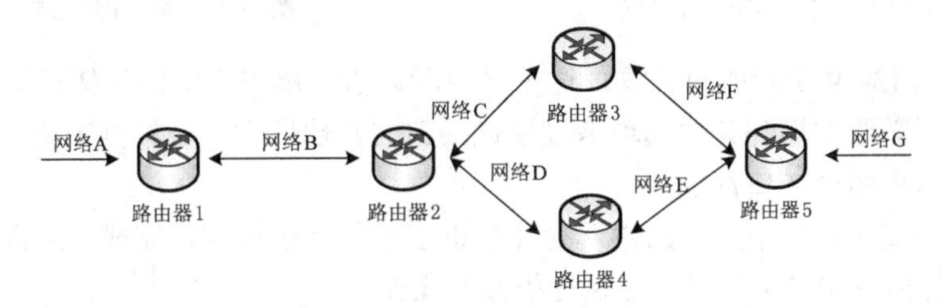

图 13-16　RIP 路由器之间交换路由表（箭头表示交换方向）

除了周期性公告之外，RIP 路由器还可以通过触发更新对路由信息进行通信。当网络拓扑更改以及发送更新的路由选择信息时，触发更新发生以反映那些更改。使用触发更新，将立即发送更新的路由信息，而不是等待下一个周期的公告。

RIP 的最大优点是配置和部署相当简单。RIP 的最大缺点是不能将网络扩大到大型或特大型互连网络。RIP 路由器使用的最大跃点计数是 15 个，16 个跃点或更大的网络被认为是不可达到的。当互连网络的规模变得很大时，每个 RIP 路由器的周期性公告可能导致大量的通信。另一个缺点是需要较高的恢复时间。互连网络拓扑更改时，在 RIP 路由器重新将自己配置到新的互连网络拓扑之前，可能要花费几分钟时间。互连网络重新配置自己时，路由循环可能出现丢失或无法传递数据的结果。

3. 配置 RIP 动态路由

RIP 路由设置的基本步骤与静态路由设置相似，只是在路由设置时有所不同，要在路由器上添加 RIP 协议，添加并配置 RIP 路由接口。

（1）参照静态路由设置（图 13-13 所示的网络拓扑），在要充当路由器的 Windows Server 2012 R2 服务器上安装和配置网卡，并启用路由功能和 IP 路由功能。

下面以路由器 2（由 SRV2012B 充当）为例进行示范。

（2）添加 RIP 路由协议。打开路由和远程访问控制台，展开“IPv4”节点，右击“常规”节点，从快捷菜单中选择“新增路由协议”命令弹出“新路由协议”对话框，如图 13-17 所示。

（3）单击要添加的协议“用于 Internet 协议的 RIP 版本 2”（软件中未翻译），然后单击“确定”按钮，“IPv4”节点下面将出现“RIP”节点。

（4）再添加 RIP 接口，将路由器的网络接口配置为 RIP 接口。右击“RIP”节点，从快捷菜单中选择“新增接口”命令弹出图 13-18 所示的对话框，从中选择要配置的接口，单击“确定”按钮。

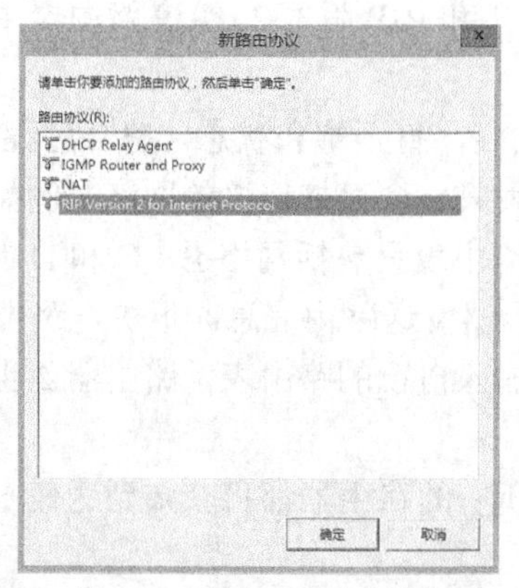

图 13-17　添加 RIP 路由协议

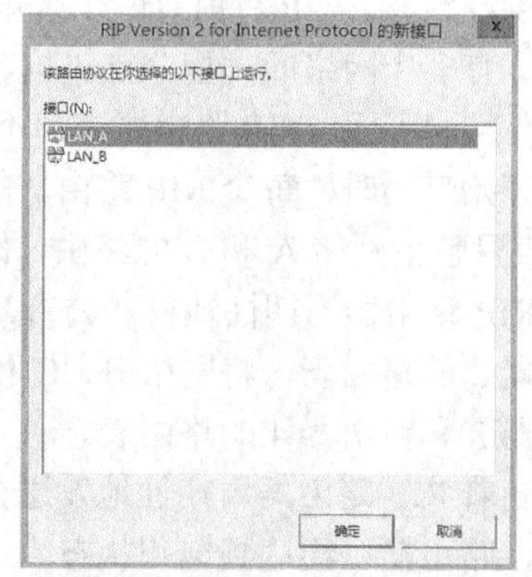

图 13-18　添加 RIP 接口

（5）出现图 13-19 所示的对话框，这里采用默认值，单击“确定”按钮即可。

（6）可根据需要切换到其他选项卡设置该接口的其他属性。如根据需要，添加并配置其他 RIP 接口。这里两个接口都加入。

参照上述步骤，在每个充当路由器的计算机上进行上述操作，完成 RIP 路由配置。这里在路由器 1（由 SRV2012A 充当）上执行类似的操作。

可在路由和远程访问控制台中查看现有的 RIP 接口和自动生成的路由信息。例如，如图 13-20 所示，在路由器 2（由 SRV2012B 充当）上单击“IPv4”节点下的“RIP”节点可查看当前 RIP 接口的发送和响应次数；右击“静态路由”项并选择“显示 IP 路由表”命令查看当前路由信息，其中目标为 192.168.0.0 的路由表项的通信协议显示为“翻录”（实际上应当是 RIP，此处应系中文版翻译错误）。

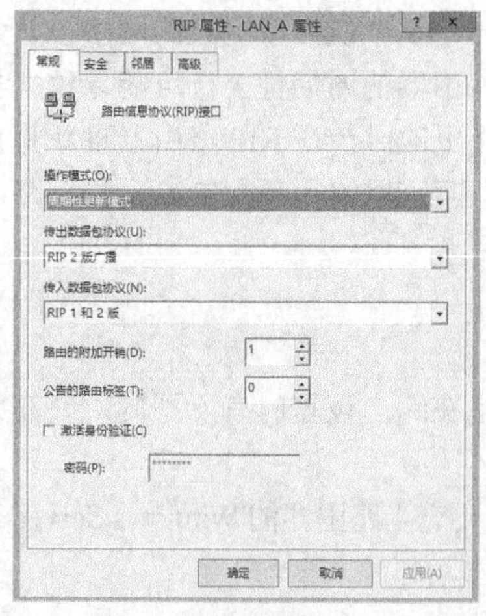

图 13-19　配置 RIP 接口

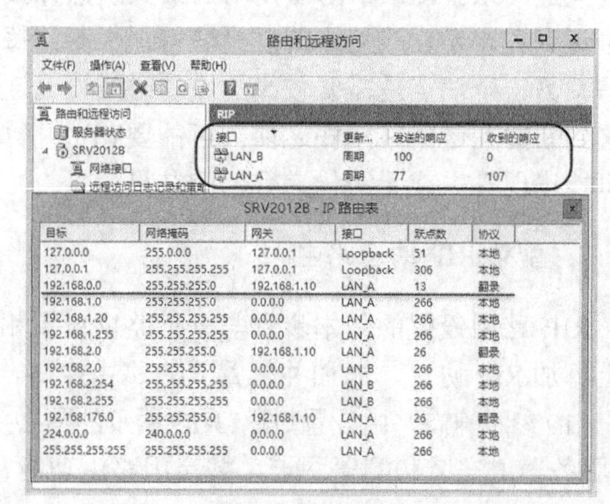

图 13-20　查看当前的 RIP 接口和 IP 路由表

除了采用默认的 RIP 设置，还可根据需要进一步设置 RIP。主要是设置每个 RIP 接口的属性，也可设置 RIP 协议的全局属性。

在网络的每台主机上配置相应的 IP 地址，设置相应的默认网关。使用 ping 和 tracert 命令在不同网络之间测试。

13.2.6　IPv6 路由

IPv6 路由与 IPv4 路由类似。IPv6 路由表如图 13-21 所示。路由是 IPv6 的主要功能，通过在网络层上使用 IPv6，IPv6 数据包在每个主机上进行交换和处理。每个发送主机上的 IPv6 层服务，检查每个数据包的目标地址，将此地址与本地维护的路由表进行比较，然后确定下一步的转发操作。

SRV2012B - IP 路由表

目标	网络掩码	网关	接口	跃点数	协议
ff00::	8	::	LAN_A	266	本地
ff00::	8	::	LAN_B	266	本地
fe80::fc05:12f3:d40e:749a	128	::	LAN_B	266	本地
fe80::fc05:12f3:d40e:749a	128	::1000	Loopback	50	本地
fe80::15f9:dc07:1606:a48c	128	::	LAN_A	266	本地
fe80::15f9:dc07:1606:a48c	128	::1000	Loopback	50	本地
fe80::	64	::	LAN_A	266	本地
fe80::	64	::	LAN_B	266	本地
::1000	128	::1000	Loopback	50	本地

图 13-21　IPv6 路由表

IPv6 路由器是将 IPv6 数据包从一个网络段传递到另一个网络段的设备。IPv6 网段，也称作链路或子网，通过 IPv6 路由器进行连接。IPv6 路由器提供将两个或多个物理上相互分离的 IPv6 网段连接起来的主要方法，具有以下两个基本特征。

- 充当物理多宿主主机，用两个或多个网络接口连接每个物理分隔的网段的网络主机。
- 为其他 IPv6 主机提供数据包转发，即在网络之间转发基于 IPv6 的通信。

IPv6 的设计在很大程度上就是解决基于 IPv4 的 Internet 极度爆炸性增长所遇到的路由问题。IPv6 从设计基础上就将路由效率和吞吐量作为重点目标。可聚合的全球单播地址的结构本质上将 CIDR 的优点构建在 IPv6 协议的原生地址空间中。IPv6 首部、可选首部以及将它们结合起来构成 IPv6 数据包的方式都在设计上考虑了优化路由器性能问题。很多类似于 IPv4 的相同路由方法，比如 RIP、BGP-4 以及 OSPF 都能够仅仅做些许的修改而过渡到 IPv6 上。从很多方面来说，对这些协议最重要的升级是 128 位 IPv6 地址的规定。

IPv6 支持各种单播路由协议。IPv6 单播路由协议实现和 IPv4 类似，有些是在原有协议上做了简单扩展，如 BGP4＋，有些则完全是新的版本，如 RIPng、OSPFv3。不过，Windows Server 2012 R2 路由和远程访问服务不支持这些路由协议。

13.3　网络地址转换配置

Windows Server 2012 R2 的远程访问服务器角色集成了非常完善的网络地址转换功能，可以用来将小型办公室、家庭办公室网络连接到 Internet 网络。NAT 实际上是在网络之间对经过的数据包进行地址转换后再转发的特殊路由器。

13.3.1 网络地址转换技术

网络地址转换（NAT）工作在网络层和传输层，既能实现内网安全，又能提供共享上网服务，还可将内网资源向外部用户开放（将内网服务器发布到 Internet）。

1. NAT 的工作原理

NAT 作为一种特殊的路由器，工作原理如图 13-22 所示。要实现 NAT，可将内网中的一台计算机设置为具有 NAT 功能的路由器，该路由器至少要安装两个网络接口，其中一个网络接口使用合法的 Internet 地址接入 Internet，另一个网络接口与内网其他计算机相连接，它们都使用合法的私有 IP 地址。

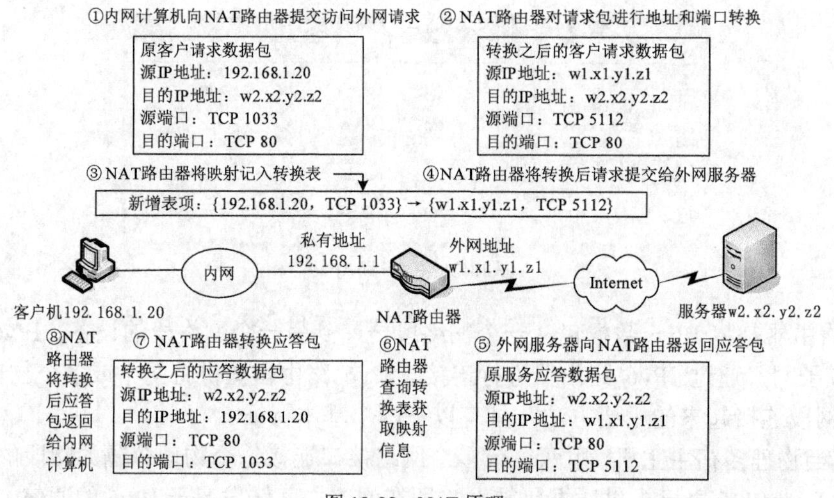

图 13-22　NAT 原理

NAT 的网络地址转换是双向的，可实现内网和 Internet 双向通信，根据地址转换的方向，NAT 可分为两种类型：内网到外网的 NAT 和外网到内网的 NAT。

内网到外网的 NAT 实现以下两个方面的功能。

- 共享 IP 地址和网络连接，让内网共用一个公网地址接入 Internet。
- 保护网络安全，通过隐藏内网 IP 地址，使黑客无法直接攻击内网。

2. 端口映射技术

外网到内网的 NAT 用于从内网向外部用户提供网络服务，NAT 系统可为内网中的服务器建立地址和端口映射，让外网用户访问，这是通过端口映射来实现的。如图 13-23 所示，端口映射将 NAT 路由器的公网 IP 地址和端口号映射到内网服务器的私有 IP 地址和端口号，来自外网的请求数据包到达 NAT 路由器，由 NAT 路由器将其转换后转发给内网服务器，内网服务器返回的应答包经 NAT 路由器再次转换，然后传回给外网客户端计算机。

端口映射又称端口转换或目的地址转换，如果公网端口与内网服务器端口相同，则往往称为端口转发。

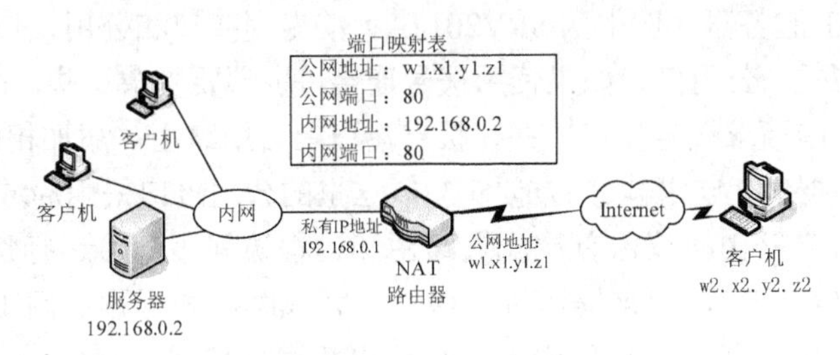

图 13-23　端口映射

3. RRAS 内置的 NAT

NAT 是一种特殊的路由器，网络操作系统大都内置了 NAT 功能。Windows 的 RRAS 通过下列组件来实现完善的网络地址转换功能。

- 转换组件。用于实现数据包转换。它转换 IP 地址，同时转换内部网络和 Internet 之间转发数据包的端口。
- 寻址组件。用于为内部网络计算机提供 DHCP 服务。寻址组件是简化的 DHCP 服务器，用于分配 IP 地址、子网掩码、默认网关以及 DNS 服务器的 IP 地址。
- 名称解析组件：用于为内部网络计算机提供 DNS 名称解析服务。将 NAT 服务器作为内部网络计算机的 DNS 服务器，当 NAT 服务器接收到名称解析请求时，它随即将该请求转发到外部接口所配置的 DNS 服务器，并将 DNS 响应结果返回给内部网络计算机。

13.3.2　通过 NAT 实现 Internet 连接共享

实验 13-6　通过 NAT 实现 Internet 连接共享

网络地址转换主要用来实现 Internet 连接共享。首先要配置用于网络地址转换的路由器（服务器），配置其专用接口和公用接口（Internet 接口，可以是 LAN 网卡，也可以是拨号连接），添加并配置网络地址转换协议，然后对内部网络中的计算机进行 TCP/IP 设置。这里通过一个实例来介绍，其网络拓扑如图 13-24 所示。这里使用局域网模拟公网。

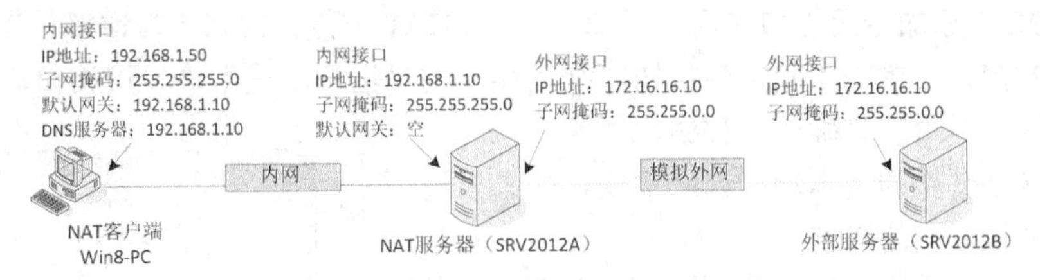

图 13-24　通过 NAT 服务器共享网络连接

1. 设置 NAT 服务器

要将 Windows Server 2012 R2 服务器配置为 NAT 路由器，利用路由和远程访问服务器安装向导非常方便，只要选择“网络地址转换（NAT）”选项，根据提示逐步完成网络地址转换的所有配置即可。不过手工设置则更加灵活实用，下面详细介绍网络地址转换设置步骤。

（1）分别为 NAT 服务器（例中为 SRV2012A）的专用接口和公用接口配置 IP 地址。专用接口不用设置默认网关。公用接口如果使用拨号连接，步骤要复杂一些，需要在路由和远程访问控制台中配置相应的请求拨号接口，并在拨号端口上启用路由，添加相应的请求拨号接口，并配置默认路由（根据 ISP 要求）。为方便实验，这里的公用接口采用局域网连接进行模拟。

（2）添加“NAT”路由协议。首次配置路由和远程访问服务可运行相应的安装向导，选择“网络地址转换（NAT）”，根据提示进行操作，完成路由和远程访问服务的启用。

如果已经配置过路由和远程访问服务，在路由和远程访问控制台中展开“IPv4”节点，右击其中的“常规”节点，选择“新增路由协议”命令，单击要添加的协议“NAT”，然后单击“确定”按钮。

（3）为 NAT 添加公用接口（Internet 接口）。如图 13-25 所示，右击“IPv4”节点下“NAT”节点，选择“新增接口”命令弹出对话框，从接口列表中选择要连接外网的接口，单击“确定”按钮。

（4）出现图 13-26 所示的对话框，选中“公用接口连接到 Internet”单选钮并选中“在此接口上启用 NAT”复选框，单击“确定”按钮。

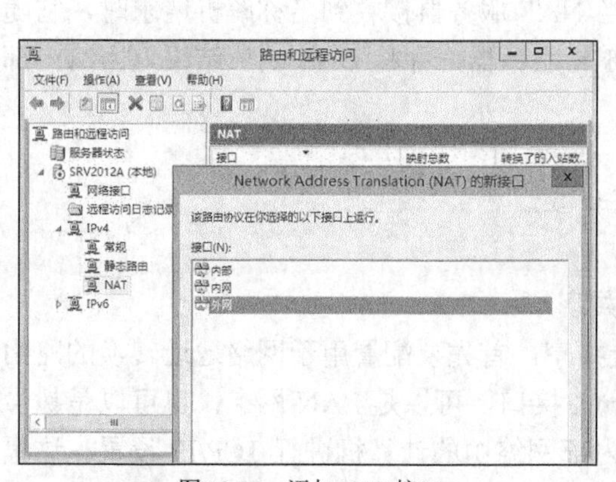

图 13-25　添加 NAT 接口

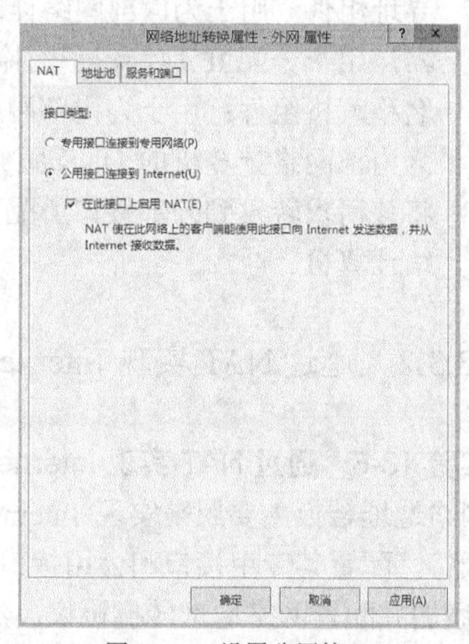

图 13-26　设置公用接口

（5）为 NAT 添加专用接口（内网接口）。右击 NAT 节点，选择“新增接口”命令，选择要连接内网的接口，单击“确定”按钮，弹出相应的对话框，选中“专用接口连接到专用网络”单选按钮，再单击“确定”按钮。

至此，网络转换的基本功能已经实现，如果要进一步设置，请继续下面的操作。

（6）如果要启用网络地址转换寻址功能，即提供 DHCP 服务，右击“NAT”节点，选择“属性”命令打开相应的对话框，切换到图 13-27 所示的“地址分配”选项卡，选中“使用 DHCP 分配器自动分配 IP 地址”复选框，指定分配给专用网络上的 DHCP 客户端的 IP 地址范围（此地址范围要与 NAT 服务器专用接口位于同一网段）。必要时，还可设置要排除的 IP 地址。

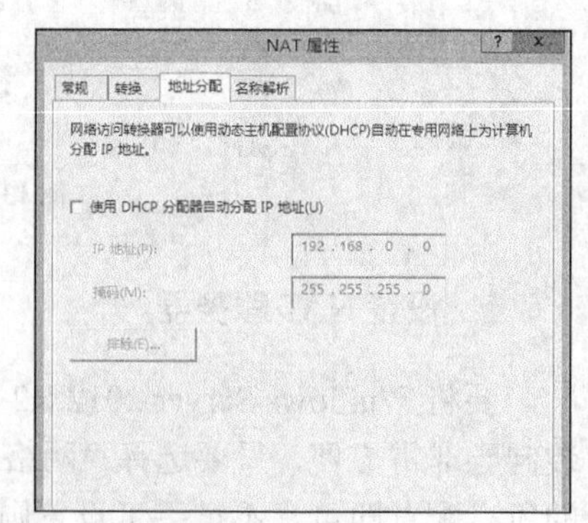

图 13-27　启用 NAT 寻址功能

（7）如果要启用网络地址转换名称解析功能，即提供 DNS 服务，切换至“名称解析”选项卡，选中“使用域名系统（DNS）的客户端”复选框。

一旦启用了 NAT 的寻址功能，就不能在 NAT 服务器上运行 DHCP 服务或 DHCP 中继代理；一旦启用了 NAT 的名称解析功能，就不能在 NAT 服务器上运行 DNS 服务。

2. 配置 NAT 客户端

如果在 NAT 服务器上启用了 DHCP 功能，只需将内部专用网络的其他计算机配置为 DHCP 客户端，以自动获得 IP 地址及相关配置。

如果在 NAT 服务器上没有启用 DHCP 功能，网络中也没有其他 DHCP 服务器提供 DHCP 服务，就必须使用手工配置。注意将默认网关和 DNS 服务器都设置为 NAT 服务器内部接口的 IP 地址。

至此，可以测试网络地址转换功能了，在内部网络的计算机上试着访问 Internet 网络，NAT 服务器将自动接入 Internet，并提供 IP 地址转换服务。

查看 NAT 映射表来进一步测试 NAT 功能。在“路由和远程服务”控制台中展开“IPv4”>“NAT”节点，右击要设置的公用接口，选择“显示映射”命令打开图 13-28 所示的对话框，其中显示当前处于活动状态的地址和端口映射记录，可以清楚地查看正在活动的 NAT 通信，其中方向为“出站”的表示内部用户访问 Internet 网络。

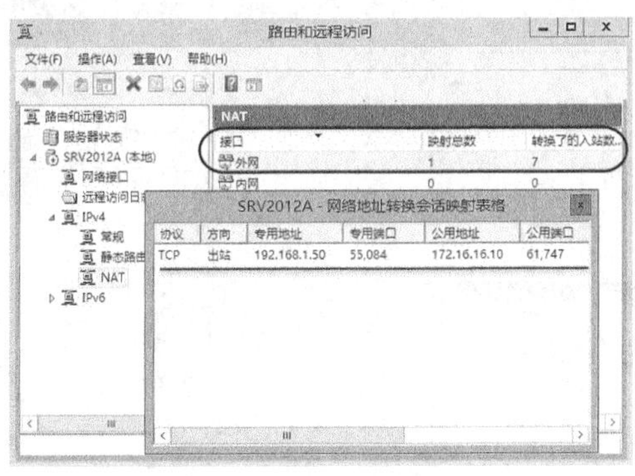

图 13-28　启用 NAT 名称解析功能

13.3.3　让 Internet 用户通过 NAT 访问内部服务

实验 13-7　让 Internet 用户通过 NAT 访问内部服务

这实际上是通过端口映射发布内网服务器，让公网用户通过对应于公用接口的域名或 IP 地址来访问位于内网的服务和应用。来自 Internet 的请求在到达 NAT 服务器以后，就会被自动转发到拥有适当内网 IP 地址的内网服务器中。这里通过一个发布 Web 服务器的实例来进行介绍，其网络拓扑如图 13-29 所示，这里将客户端调到外网。

（1）在内部网络中确定要提供 Internet 服务的资源服务器，并为其设置 TCP/IP 参数，包括静态的 IP 地址、子网掩码、默认网关和 DNS 服务器（NAT 服务器的内部 IP 地址）。

必须为内部服务器计算机设置默认网关，否则端口映射不起作用。

（2）参照 13.3.2 节的有关步骤，启用路由和远程访问服务，添加 NAT 路由协议，并添加公用端口和专用端口。

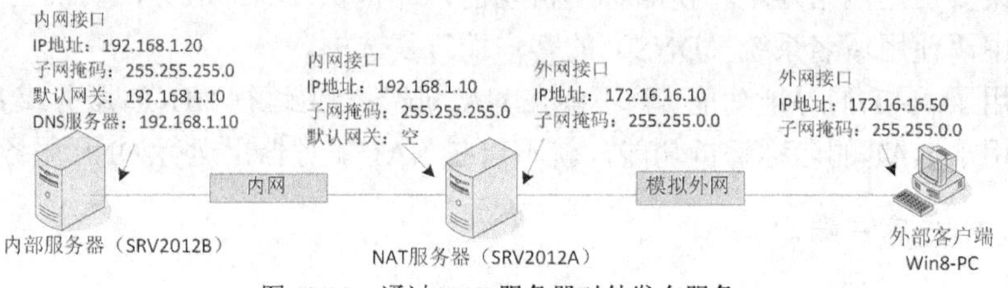

图 13-29　通过 NAT 服务器对外发布服务

如果在 NAT 服务器上启用网络地址转换寻址功能，则在 IP 地址范围中排除资源服务器使用的 IP 地址。

（3）添加要发布的服务。

在“路由和远程服务”控制台中展开“IPv4”>“NAT”节点，右击要设置的公用接口，选择“属性”打开相应对话框，切换到图 13-30 所示的“服务和端口”选项卡，从列表中选中要对外发布的服务，这里选中“Web 服务器（HTTP）”，弹出图 13-31 所示的对话框，在“专用地址”文本框中设置要发布的服务器的 IP 地址，然后单击“确定”按钮。

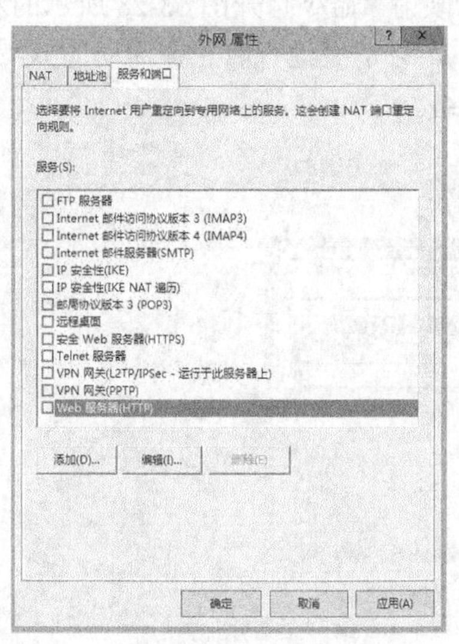

图 13-30　选择服务

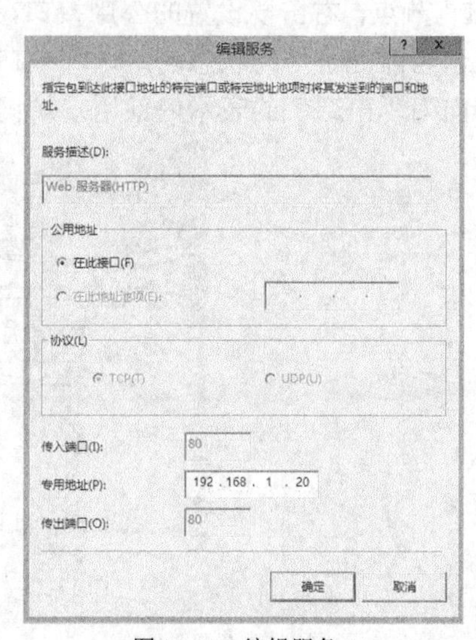

图 13-31　编辑服务

至此，对外发布服务已经实现。可以进行测试。在公网计算机上提交到 NAT 服务器公用地址的 Web 请求，将获得来自内部 Web 服务器的返回结果。

不过这种情况只适合几项标准的服务（默认端口），如果要发布更多的服务和应用，应考虑自定义端口映射。具体方法是在“服务和端口”选项卡中单击“添加”按钮，弹出图 13-32 所示的对话框，在“公用地址”设置外来访问的目标地址，默认选中“在此接口”单选按钮，即当前公用接口的 IP 地址；在“协议”区域选择“TCP”或“UDP”单选按钮；在“传入端口”“专用地址”和“传出端口”文本框中分别输入外来访问的目标端口、内部服务器的 IP 地址和端口。

查看 NAT 映射表来进一步测试 NAT 功能。在“路由和远程服务”控制台中展开“IPv4”>“NAT”节点，右击要设置的公用接口，选择“显示映射”命令打开图 13-33 所示的对话框，其中显示当前处于活动状态的地址和端口映射记录，可以清楚地查看正在活动的 NAT 通信，方向为“入站”的表示 Internet 用户访问内部网络。

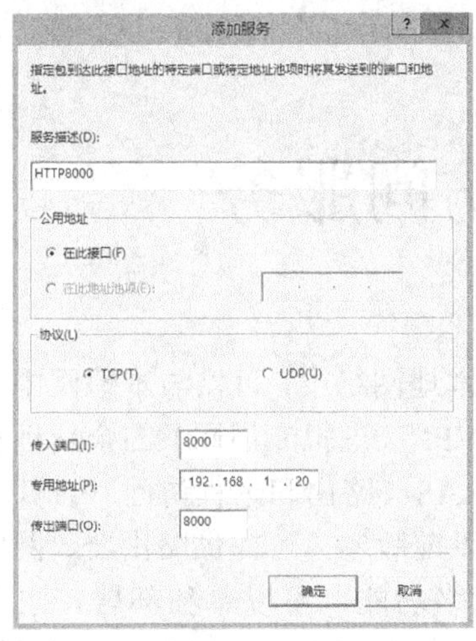

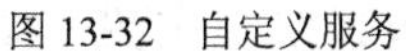
图 13-32　自定义服务

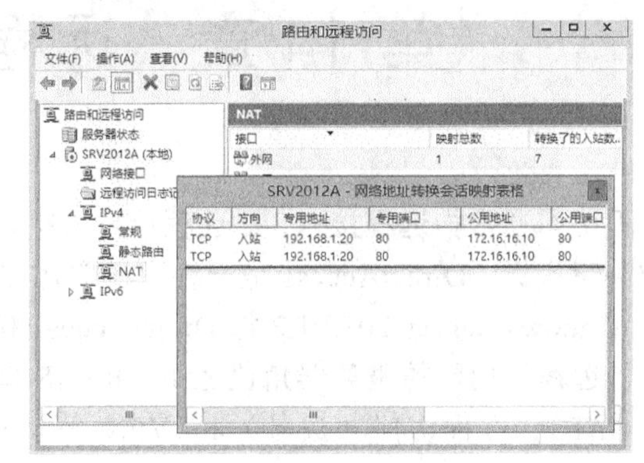

图 13-33　查看 NAT 映射表

13.4　习　　题

1．简述 Windows Server 2012 R2 的远程访问角色与 RRAS 的关系。

2．路由和远程访问服务提供哪几种典型配置？

3．什么是主机路由？什么是默认路由？

4．静态路由与动态路由有什么区别？

5．简述请求拨号接口与请求拨号路由。

6．简述 NAT 与端口映射的原理和作用。

7．在 Windows Server 2012 R2 服务器上启用路由和远程访问服务，配置一个简单的路由器，将两个网络连接起来。

8．在 Windows Server 2012 R2 服务器上通过 RRAS 的 NAT 功能实现连接共享和内网服务器发布。

第 14 章　远程访问服务

远程访问通常指远程接入，即远程计算机接入到本地网络中，可以与本地网中的计算机一样共享资源。DirectAccess 是一种旨在取代传统 VPN（虚拟专用网）的全新远程访问技术。Windows Server 2012 R2 将 DirectAccess 和 RRAS（路由和远程访问）合并到同一个名为“远程访问”的服务器角色之中。RRAS 延续以前版本，可提供路由器、网络地址转换（NAT）、远程访问（拨号）和 VPN 等多种网络功能，可以单独部署，也可以与 DirectAccess 一起部署。RRAS 的路由功能上一章已经介绍过，这里主要介绍其远程访问配置与 VPN 功能的实现。DirectAccess 作为新的技术实现，将重点讲解。规模较大的远程访问部署往往需要集中管理网络访问身份验证与授权，为此也将讲解 RADIUS 服务器部署。

本章的内容比较复杂，总的来说包括 3 大部分：RRAS 远程访问与 VPN、RADIUS 和 DirectAccess。本章的实验环境需要多次变换网络拓扑和计算机配置，建议使用虚拟机快照来保存配置以便以后恢复。就 RRAS 实验来说，可以执行“禁用路由和远程访问”命令删除当前配置，再执行“配置并启用路由和远程访问”命令来重新配置。

14.1　远程访问服务器基本配置

将 RRAS 配置为远程访问服务器，可以将远程工作人员或移动工作人员连接到企业网络。适用于局域网连接用户的所有服务（包括文件和打印共享、Web 服务器访问）一般都可通过远程访问连接使用。远程用户可以像其计算机直接连接到网络上一样工作。

RRAS 提供两种不同的传统远程访问连接：拨号网络和 VPN。当用于拨号网络时，将服务器称为拨号网络服务器；当用于 VPN 时，则称为 VPN 服务器。这两者统称为远程访问服务器。这里主要介绍远程服务器的共同特性和配置。实际应用中 RRAS 主要用于 VPN 远程访问，而拨号网络使用相对较少，下一节专门介绍 VPN。

这里的实验环境涉及两台运行 Windows Server 2012 R2 的服务器，SRV2012A（192.168.1.10）作为域控制器，SRV2012B 作为域成员服务器并安装有远程访问角色。RRAS 的安装已在上一章讲解，这里不再赘述。

14.1.1　启用远程访问服务器

可以使用 RRAS 安装向导配置并启用远程访问服务器，也可手动配置远程服务器。运行路由和远程访问服务安装向导，选择“远程访问（拨号或 VPN）”选项，根据提示逐步完成即可。

如果已配置 RRAS 其他服务并要保持现有配置，则可手动启用远程服务器。在路由和远程访问控制台中右击要设置的服务器，选择“属性”命令打开相应的对话框，如图 14-1 所示，在“常规”选项卡上选中“IPv4 远程访问服务器”复选框，单击“确定”按钮，重启路由和远程访问服务以启用远程服务器功能。如果需要支持 IPv6，则要选中“IPv6 远程访问服务器”复选框。根据需要配置具体的选项，如 LAN 协议、身份验证等。

14.1.2　设置远程访问协议

远程访问协议用于协商连接并控制连接上的数据传输。使用远程访问协议在远程访问客户端和服务器之间建立拨号连接，相当于通过网线连接起来。Windows Server 2012 R2 服务器支持的远程访问协议是 PPP。PPP 即点对点协议，已成为一种工业标准，主要用来建立连接。远程访问客户端作为 PPP 客户端，远程服务器作为 PPP 服务器。

Windows Server 2012 R2 服务器只能接受 PPP 方式的连接。在路由和远程访问控制台中打开服务器属性设置对话框，切换到图 14-2 所示的 PPP 选项卡，从中设置 PPP 选项。一般使用默认设置即可。

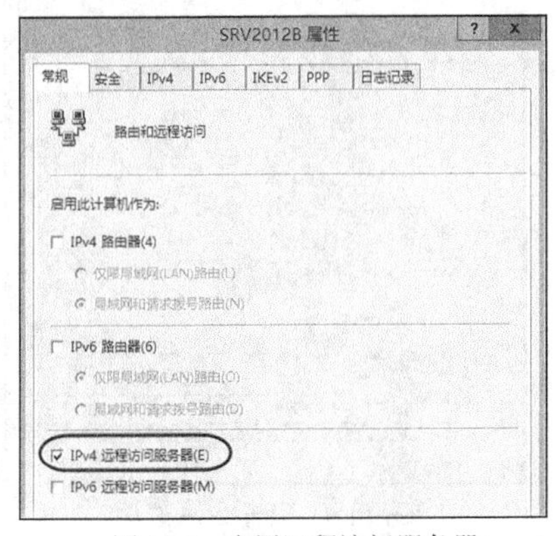

图 14-1　启用远程访问服务器

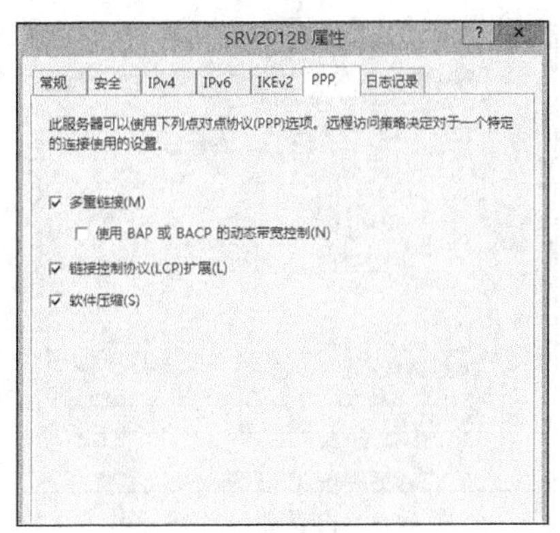

图 14-2　设置 PPP 选项

14.1.3　设置 LAN 协议

远程访问需要 LAN 协议用于远程访问客户端与服务器及其所在网络之间的网络访问。首先使用远程访问协议在远程访问客户端和服务器之间建立连接，相当于通过网线连接起来；然后使用 LAN 协议在远程访问客户端和服务器之间进行通信。在数据通信过程中，发送方首先将数据封装在 LAN 协议中，然后将封装好的数据包封装在远程访问协议中，使之能够通过拨号连接或 VPN 线路传输；接收方则正好相反，收到数据包后，先通过远程访问协议解读数据包，再通过 LAN 协议读取数据。可以将远程客户端视为基于特殊连接的 LAN 计算机。

TCP/IP 是最流行的 LAN 协议。对于 TCP/IP 协议来说，还需给远程客户端分配 IP 地址以及其他 TCP/IP 配置，如 DNS 服务器和 WINS 服务器、默认网关等。在路由和远程访问控制台中打开服务器属性设置对话框，切换到如图 14-3 所示的“IPv4”选项卡，从中设置 IP 选项。

- 限制远程客户访问的网络范围。如果希望远程访问客户端能够访问到远程访问服务器所连接的网络，应选中“启用 IPv4 转发”复选框；如果清除该选项，使用远程客户端将只能访问远程访问服务器本身的资源，而不能访问网络中的其他资源。
- 向远程客户端分配 IP 地址。远程访问服务器分配给远程访问客户端的 IP 地址有两种方式，一种是通过 DHCP 服务器，选择“动态主机配置协议”，远程访问服务器将从 DHCP 服务器上一次性获得 10 个 IP 地址，第 1 个 IP 地址留给自己使用，将随后的地址分配给客户端；另一种是由管理员指派给远程访问服务器的静态 IP 地址范围（可设置多个地址范围），选中“静态地址池”单选钮，设置 IP 地址范围，远程访问服务器使用第 1 个范围的第 1 个 IP 地址，将剩下的 IP 地址分配给远程客户端。
- 在“适配器”列表中指定远程客户端获取 IP 参数的网卡。如果有多个 LAN 接口，默认情况下，远程访问服务器在启动期间随机地选择一个 LAN 接口，并将选中的 LAN 接口的 DNS 和 WINS 服务器 IP 地址分配给远程访问客户端。

至于 IPv6 协议支持，则可以切换到相应的选项卡进行设置，如图 14-4 所示。

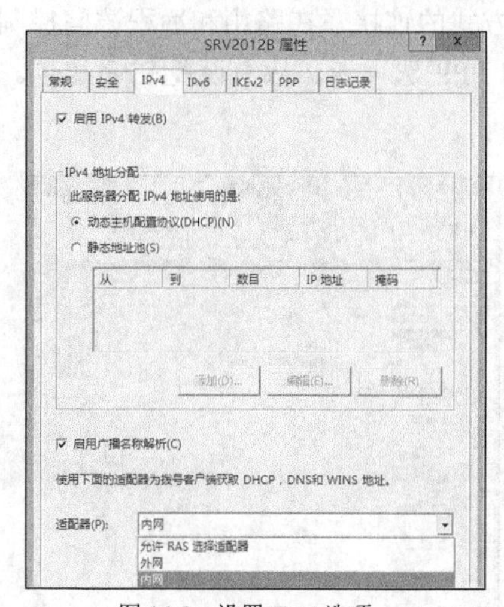

图 14-3　设置 IPv4 选项

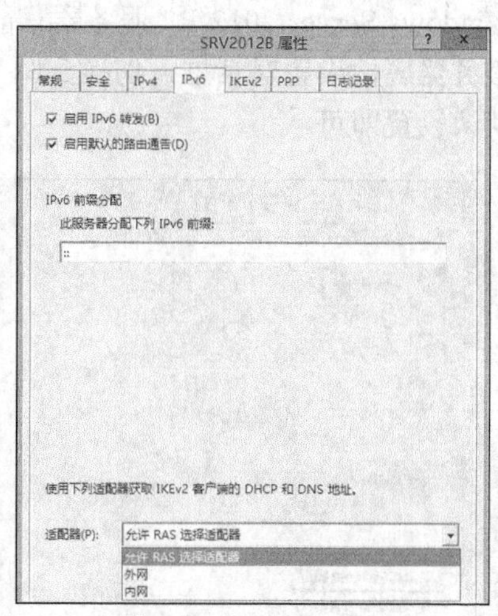

图 14-4　设置 IPv6 选项

14.1.4　设置身份验证和记账功能

身份验证是远程访问安全的重要措施。远程访问服务器使用验证协议来核实远程用户的身份。RRAS 支持用于本地的 Windows 身份验证和用于远程集中验证的 RADIUS 身份验证，还支持无需身份验证的访问。当启用 Windows 作为记账提供程序时，Windows 远程访问服务器也支持本地记录远程访问连接的身份验证和记账信息，即日志记录。RADIUS（远程身份验证拨入用户服务）是一个工业标准协议，如何部署 RADIUS 将在 14.3 节具体介绍。

提示：身份验证（Authentication）和授权（Authorization）是两个不同的概念。身份验证是对试图建立连接的用户的身份凭证进行验证，在验证的过程中用户使用特定的身份验证协议将身份凭证从客户端发送到服务器端，由服务器进行核对。而授权用于确定用户是否有访问某种资源的权限，只有身份验证通过后才能进行授权，决定是否允许该用户建立连接。如果使用 Windows 身份验证，服务器使用 Windows 系统的 SAM 账户数据库来验证用户身份，用户账户的拨入属性和网络策略（远程访问策略）则用于授权建立连接。

1. 选择身份验证和记账提供程序

在路由和远程访问控制台中打开服务器属性设置对话框，切换到如图 14-5 所示的“安全”选项卡，选择身份验证和计账（译为“记账”更贴切）提供程序。

从“验证提供程序”列表中选择是由 Windows 系统还是 RADIUS 服务器来验证客户端的账户名称和密码。除非建立了 RADIUS 服务器，否则采用默认的“Windows 身份验证”。

从“记账提供程序”列表中选择连接日志记录保存的位置。默认的是“Windows 记账”，记录保存在远程访问服务器上；如果选择“RADIUS 记账”，则记录保存在 RADIUS 服务器上。当然还可选择“<无>”，不保存连接记录日志。

2. 设置身份验证方法

可以进一步设置身份验证方法。在“安全”选项卡中单击“身份验证方法”按钮，打开图 14-6 所示的对话框，设置所需的验证方法。身份验证方法是指在连接建立过程中用于协商的一种身份验证协议。

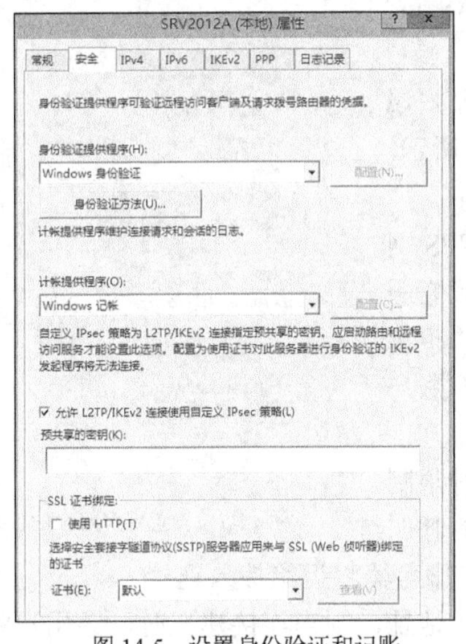

图 14-5　设置身份验证和记账

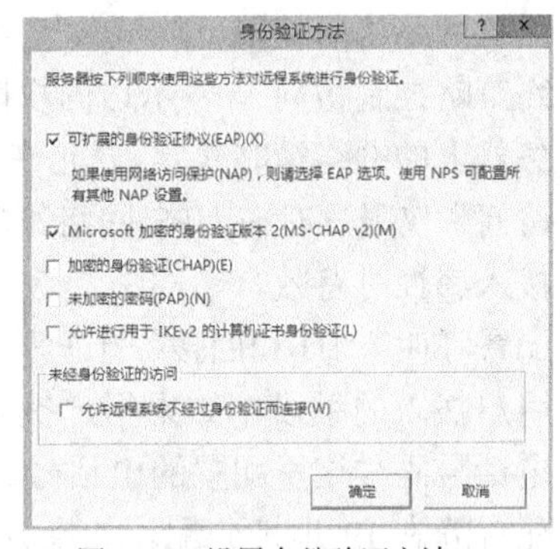

图 14-6　设置身份验证方法

可以同时选中多种验证方法，应尽可能禁用安全级别低的验证方法以提高安全性。在选择身份验证方法的时候，要注意服务器和客户端双方都要支持。

14.1.5　配置远程访问用户拨入属性

必须为远程访问用户设置拨入属性，并授予适当的远程访问权限。不仅可以为远程访问用户个别设置账户和权限，还可通过设置 NPS 网络策略（以前版本称为远程访问策略）来集中管理账户和权限。远程访问服务器需要验证用户账户来确认其身份，而授权由用户账户拨入属性和 NPS 网络策略设置共同决定。这里主要讲解用户拨入属性设置，关于网络策略将在 14.1.6 节中详细介绍。

1. 远程访问连接授权过程

这里以远程访问服务器使用 Windows 身份验证为例说明客户端获得授权访问的过程。

（1）远程访问客户端提供用户凭据尝试连接到远程访问服务器。

（2）远程访问服务器根据用户账户数据库检查并进行响应。

（3）如果用户账户有效，而且所提交的身份验证凭据正确，远程访问服务器使用其拨入属性和网络策略为该连接授权。

（4）如果是拨号连接还启用了回拨功能，则服务器将挂断连接再回拨客户端，然后继续执行连接协商过程。

2. 设置用户账户拨入属性

远程访问服务器本身就可以用于身份验证和授权，也可委托 RADIUS 服务器进行身份验证和授权。它支持本地账户验证，也支持 Active Directory 域用户账户验证，这取决于用于身份验证的服务器。要使用 Active Directory 域用户账户进行身份验证，用于身份验证的服务器必须是域成员，并且要加入到“RAS and IAS Servers”组中。

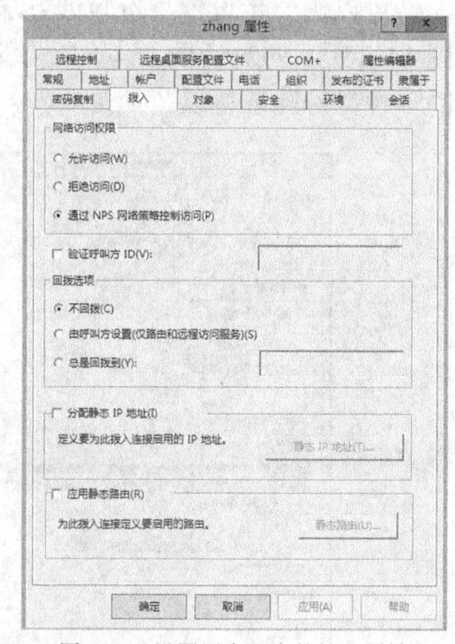

图 14-7　设置用户账户的拨入属性

以域用户账户拨入属性设置为例，打开用户账户属性设置对话框，切换到“拨入”选项卡，如图 14-7 所示，包括以下 4 个方面的设置。

- 配置网络访问权限。默认设置为“通过 NPS 网络策略控制访问”，表示访问权限由网络策略服务器上的网络策略决定。“允许访问”和“拒绝访问”权限只有在 NPS 网络策略忽略用户账户拨入属性时有效。
- 配置呼叫方 ID 和回拨。验证呼叫方是一种限制用户拨入的手段，如果用户拨入所使用的呼叫电话号码与这里配置的电话号码不匹配，服务器将拒绝拨入连接。
- 配置静态 IP 地址分配。如果分配静态 IP 地址，则当连接建立时，该用户将不会使用由远程访问服务器分配给它的 IP 地址，而是使用此处指派的 IP 地址。
- 配置静态路由。一般不用配置静态路由。只有配置请求拨号路由连接，才会涉及为用户拨入配置静态路由。

14.1.6　设置 NPS 网络策略

使用 NPS 网络策略可以更灵活、更方便地实现远程连接的授权，将用户账户的拨入属性和网络策略结合起来，实现更复杂、更全面的远程访问权限设置。

1. NPS 网络策略的应用

从 Windows Server 2008 开始，网络策略服务器（NPS）取代了 Windows Server 2003 的

Internet 验证服务器（IAS），并将远程访问策略改称为网络策略。NPS 网络策略是一套授权连接网络的规则，由网络策略服务器提供。网络策略服务器可以作为 RADIUS 服务器，用于连接请求的身份验证和授权。

这里重点介绍用于远程访问的网络策略。用户只有在符合网络策略的前提下，才能连接到远程访问服务器，并根据网络策略的规定访问远程访问服务器及其网络资源。使用网络策略，可以根据所设条件来授权远程连接。远程访问服务器配置和应用网络策略有以下两种情形。

- 在 Windows Server 2012 R2 中安装“远程访问”服务器角色中的“DirectAccess 和 VPN(RAS)”角色服务。这将自动安装 NPS 部分组件（网络策略和记账），如果采用 Windows 身份验证，将直接使用本地的 NPS 网络策略；如果采用 RADIUS 身份验证，将使用指定的 RADIUS 服务器（网络策略服务器）上的 NPS 网络策略。
- 在 Windows Server 2012 R2 中同时安装“网络策略和访问服务”角色中的“网络策略服务器”角色服务和“远程访问”角色中的“DirectAccess 和 VPN(RAS)”角色服务。NPS 服务器将自动接管远程访问服务的身份验证和记账，也就是说不再支持 Windows 身份验证和记账，而必须使用网络策略服务器。默认情况下使用本地服务器的 NPS 网络策略，要使用其他服务器的网络策略，需要配置 RADIUS 代理，将身份验证请求转发到指定的 RADIUS 服务器（网络策略服务器）。

2. NPS 网络策略构成

每个网络策略是一条由条件、约束和设置组成的规则。可以配置多个网络策略时，形成一组有序规则。NPS 根据策略列表中的顺序依次检查每个连接请求，直到匹配为止。如果禁用某个网络策略，则授权连接请求时 NPS 将不应用该策略。

这里以默认的网络策略为例介绍网络策略的基本构成。如图 14-8 所示，在路由和远程访问控制台中展开服务器节点，右击“远程访问日志和策略”节点，选择“启动 NPS”命令打开 NPS（网络策略服务器）控制台。如图 14-9 所示，这是一个 NPS 精简版的控制台，已经内置了两个网络策略，位于上面的优先级高。第 1 个策略就是针对路由和远程访问服务的，第 2 个策略就是针对其他访问服务器的，设置的都是拒绝用户连接。也可以从“工具”菜单选择“网络策略服务器”命令将打开完整的 NPS 控制台，提供更丰富的配置选项。

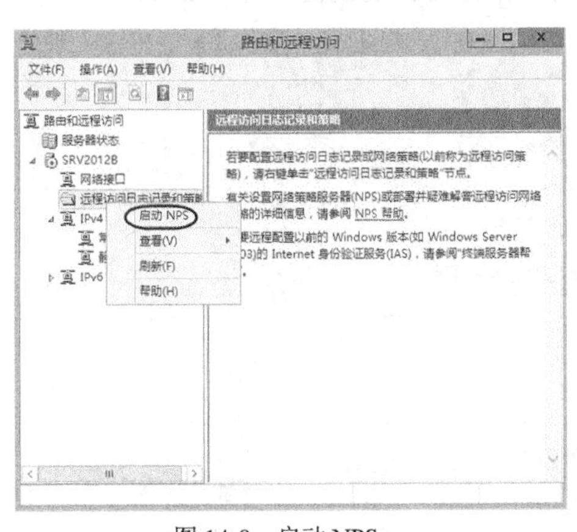

图 14-8　启动 NPS

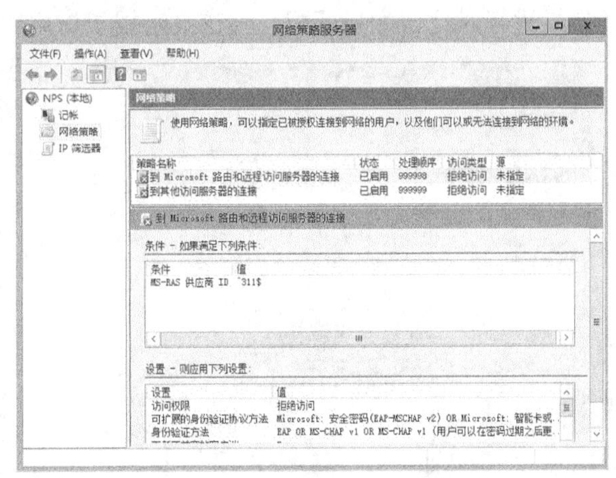

图 14-9　默认的网络策略列表

双击第 1 个策略打开相应的属性设置对话框，共有 4 个选项卡用于查看和设置策略。如图 14-10 所示，在“概述”选项卡中可以设置策略名称、策略状态（启用或禁用）、访问权限和网络服务器的类型等。该默认策略的访问权限设置为“拒绝访问”（界面中的说明文字有错误，应改为“如果连接请求与此策略匹配，将拒绝访问”），表示拒绝所有连接请求。不过，没有选中“忽略用户账户的拨入属性”复选框，说明还可以由用户的拨入属性来授予访问权限（将其网络权限设置为“允许访问”）。如果在网络策略中选中“忽略用户账户的拨入属性”复选框，则以网络策略设置的访问权限为准，否则用户账户拨入属性配置的网络访问权限将覆盖网络策略设置的访问权限。

切换到“条件”选项卡，如图 14-11 所示，从中配置策略的条件项。条件是匹配规则的前提，如用户组、隧道类型等。只有连接请求与所定义的所有条件都匹配，才会使用该策略对其执行身份验证，否则将转向其他网络策略进行评估。

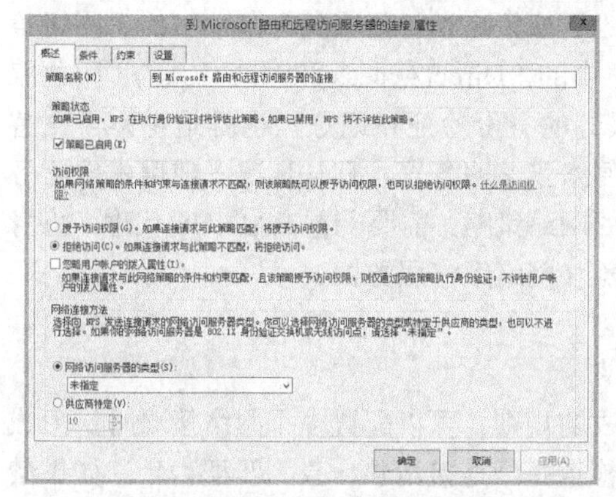

图 14-10　网络策略属性设置

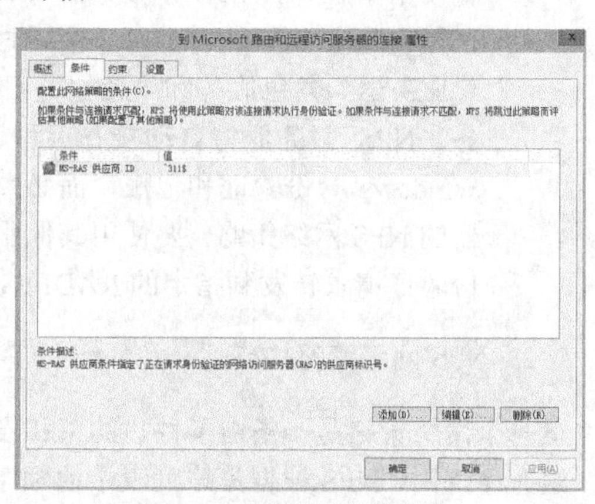

图 14-11　网络策略条件配置

切换到“约束”选项卡，如图 14-12 所示，配置策略的约束项。约束也是一种特定的限制，如身份验证方法、日期和时间限制，但与条件的匹配要求不同。只有连接请求与条件匹配，才会继续评估约束；只有连接请求与所有的约束都不匹配时，才会拒绝网络访问。也就是说，连接请求只要有其中任何一个约束匹配，就会允许网络访问。

切换到“设置”选项卡，如图 14-13 所示，从中配置策略的设置项。设置是指对符合规则的连接进行指定的配置，如设置加密位数、分配 IP 地址等。NPS 将条件和约束与连接请求的属性进行对比，如果匹配，且该策略授予访问权限，则定义的设置会应用于连接。

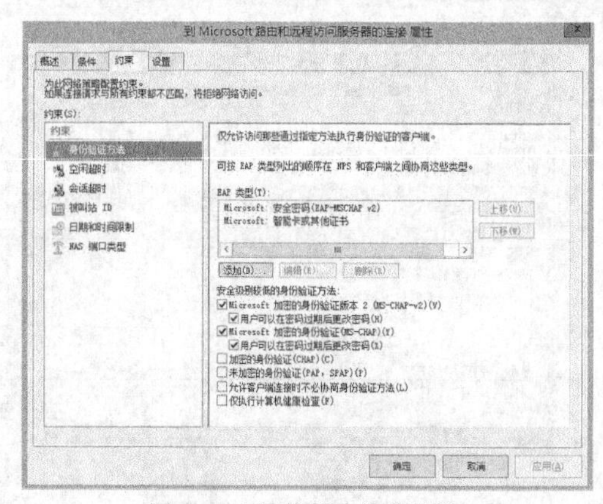

图 14-12　网络策略约束配置

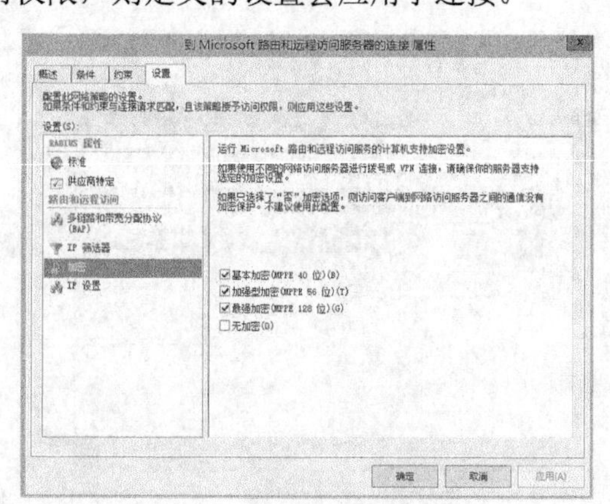

图 14-13　网络策略设置配置

默认 RRAS 网络策略拒绝所有用户连接，要允许远程访问，可采取以下任意一种方法。

- 修改默认策略，将其访问权限改为“授予访问权限”。
- 确认默认策略的访问权限设置中清除了“忽略用户账户的拨入属性”复选框，通过用户账户拨入属性设置为远程访问用户授予“允许访问”网络权限。
- 为远程访问创建专用的网络策略，为符合条件的连接请求授予访问权限。

3. 创建和管理 NPS 网络策略

NPS 控制台提供新建网络策略向导，让管理员快捷地创建所需的网络策略。网络策略的创建步骤将在 14.2.2 节中示范。

新创建的网络策略加入到列表中，处理顺序排在第 1 位，将优先应用。管理员可以调整网络策略的顺序，通常是将较特殊的策略按顺序放置在较普遍的策略之前。

4. NPS 网络策略处理流程

了解网络策略处理的流程，便于管理员正确地使用网络策略。整个流程如图 14-14 所示。其中的“用户账户拨入设置”是指用户账户拨入属性设置中的其他控制，如验证呼叫方 ID 等。当用户尝试连接请求时，将逐步进行检查，以决定是否授予访问权限。一般都是拒绝权限优先。只有处于启用状态的网络策略才被评估，如果删除所有的策略，或者禁用所有的策略，任何连接请求都会被拒绝。

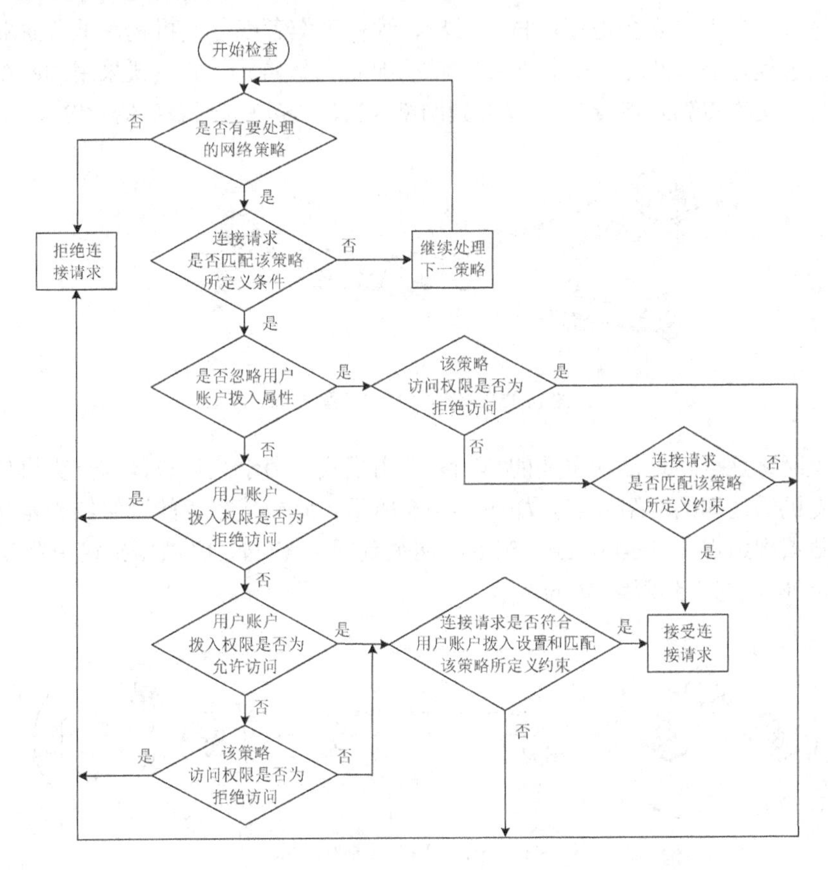

图 14-14　网络策略处理流程

14.2　部署虚拟专用网（VPN）

DirectAccess 作为全新的远程访问功能，对客户端有特定的要求，还有其他部署限制，在现阶段并不能完全替代 VPN。因此仍然需要 RRAS 为旧版本的客户端、非域成员客户端以及第三方 VPN 客户端提供传统的 VPN 连接，而且 RRAS 还能提供服务器之间的点到点连接，即远程网络互连。Windows Server 2012 R2 支持 SSTP 和 IKEv2 等新协议，提供完善的 VPN 解决方案。本节讲解 VPN 单独部署（不与 DirectAccess 部署在同一服务器上）。

14.2.1　VPN 基础

VPN 是企业内网的扩展，在公共网络上建立安全的专用网络，传输内部信息而形成逻辑网络，为企业用户提供比专线价格更低廉、更安全的资源共享和互连服务。

1. VPN 应用模式

VPN 大致可以划分为远程访问和网络互连两种应用模式。

（1）远程访问。如图 14-15 所示，远程访问 VPN 可作为替代传统的拨号远程访问的解决方案，能够廉价、高效、安全地连接移动用户、远程工作者或分支机构，适合企业的内部人员移动办公或远程办公，以及商家提供 B2C 的安全访问服务等。此模式采用的网络结构是单机连接到网络，又称点到站点 VPN、桌面到网络 VPN、客户机到服务器 VPN。

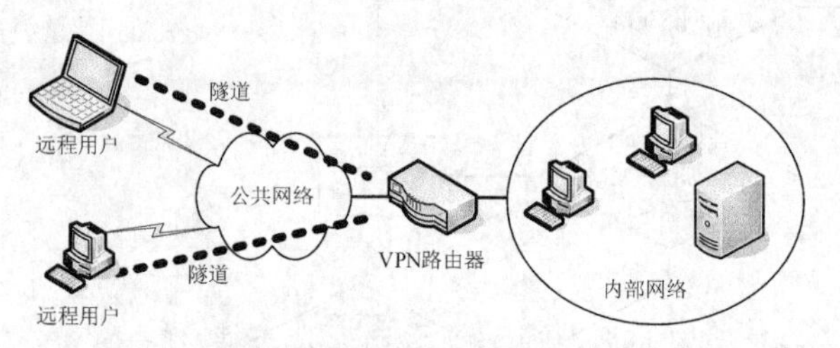

图 14-15　基于 VPN 的远程访问

（2）远程网络互连。这是最主要的 VPN 应用模式，用于企业总部与分支机构之间、分支机构与分支机构之间的网络互连，如图 14-16 所示。此模式采用的网络结构是网络连接到网络，又称站点到站点（Site-to-Site）VPN、网关到网关 VPN、路由器到路由器 VPN、服务器到服务器 VPN 或网络到网络 VPN。

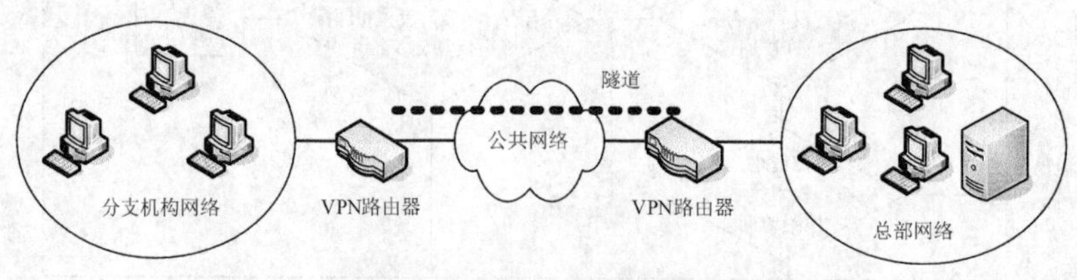

图 14-16　基于 VPN 的远程网络互连

2. 基于隧道的 VPN

VPN 的实现技术多种多样，隧道（又称通道）技术是最典型的，也是应用最为广泛的 VPN 技术。VPN 隧道的工作机制如图 14-17 所示，位于两端的 VPN 系统之间形成一种逻辑的安全隧道，称为 VPN 连接或 VPN 隧道，各种应用（如文件共享、Web 发布、数据库管理等）可以像在局域网中一样使用。

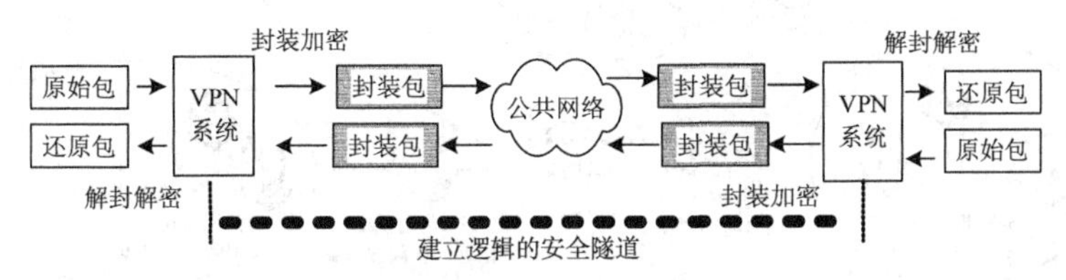

图 14-17　VPN 隧道工作机制

隧道包括数据封装、传输和解包的全过程，实际上是用一种网络协议来传输另一种网络协议的数据单元，依靠网络隧道协议实现。

3. VPN 协议

VPN 客户端使用隧道协议以创建 VPN 服务器上的安全连接。Windows Server 2012 R2 的 RRAS 供支持 4 种 VPN 协议，表 14-1 对这些协议进行了比较。

表 14-1　Windows Server 2012 R2 所支持的 VPN 协议

协议名称	应用模式	穿透能力	说　明
PPTP（Point-to-Point Tunneling Protocol）	远程访问与远程网络互连	NAT（需支持 PPTP）	是 PPP 协议的扩展，增强了 PPP 的身份验证、压缩和加密机制。PPTP 协议允许对 IP、IPX 或 NetBEUI 数据流进行加密，然后封装在 IP 包头中通过企业 IP 网络或公共网络发送。PPP 和 Microsoft 点对点加密（MPPE）为 VPN 连接提供了数据封装和加密服务
L2TP/IPSec（Layer Two Tunneling Protocol/IPSec）	远程访问与远程网络互连	NAT（需支持 NAT-T）	L2TP 使用 IPSec ESP（封装安全有效荷载）协议来加密数据。L2TP 和 IPSec 的组合称为 L2TP/IPSec。VPN 客户端和 VPN 服务器均必须均支持 L2TP 和 IPSec
SSTP（Secure Socket Tunneling Protocol）	远程访问	NAT、防火墙和代理服务器	SSTP 基于 HTTPS 协议创建 VPN 隧道，通过 SSL 安全措施来确保传输安全性
IKEv2（Internet Key Exchange Version 2）	远程访问与远程网络互连	NAT（需支持 NAT-T）	使用 Internet 密钥交换版本 2 （IKEv2）的 IPsec 隧道模式，支持失去 Internet 连接时自动重建连接的方式——VPN Reconnect

当然，Windows 系统都支持基于 IPSec 的 VPN，不过这与 RRAS 无关。

4. 规划部署 VPN

一个完整的 VPN 远程访问网络主要包括 VPN 服务器、VPN 客户端、LAN 协议、远程访问协议、隧道协议等组件。其中 VPN 服务器是核心组件，可以配置 VPN 服务器以提供对整个网络的访问或只限制访问 VPN 服务器本身的资源。典型情况下，VPN 服务器具有到 Internet 的永久性连接。VPN 客户端可以是使用 VPN 连接的远程用户（远程访问），也可以是使用 VPN 连接的远程路由器（远程网络互连）。VPN 客户端使用隧道协议以创建 VPN 服务器上的安全连接。

这里给出一个部署示例，网络拓扑结构如图 14-18 所示，建立网络互连和远程访问 VPN，将总部网络和分支机构网络通过公共网络连接起来，能够相互安全地通信，使出差在外的远程客户通过公共网络安全地访问总部网络。在建立和配置 VPN 网络之前，需要进行适当的规划。

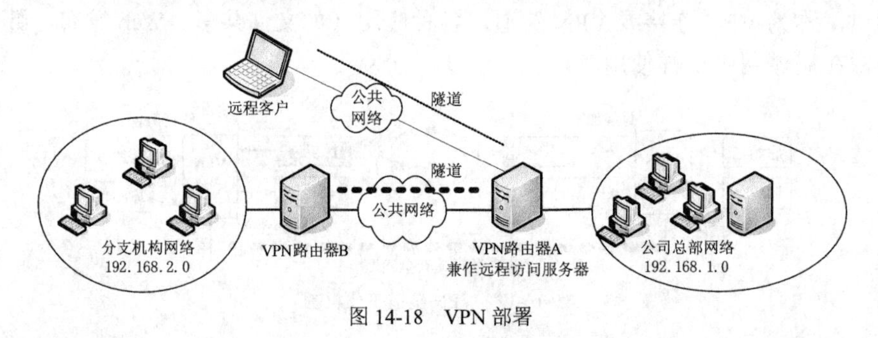

图 14-18　VPN 部署

14.2.2　部署基于 PPTP 的远程访问 VPN

实验 14-1　部署基于 PPTP 的远程访问 VPN

PPTP 使用 MPPE 加密来进行连接，只需对用户进行验证，是最容易使用的 VPN 协议，而且具有易于部署的优点。这里示范远程访问 PPTP VPN 的部署。

为便于实验，可以使用局域网模拟公网。利用虚拟机软件搭建一个实现 VPN 远程访问的简易环境，如图 14-19 所示。在域控制器上部署证书服务器和 DHCP 服务器，在 VPN 服务器上使用两个网络接口，一个用于外网，另一个用于内网，并安装路由与远程访问服务。客户端连接到外部网络。

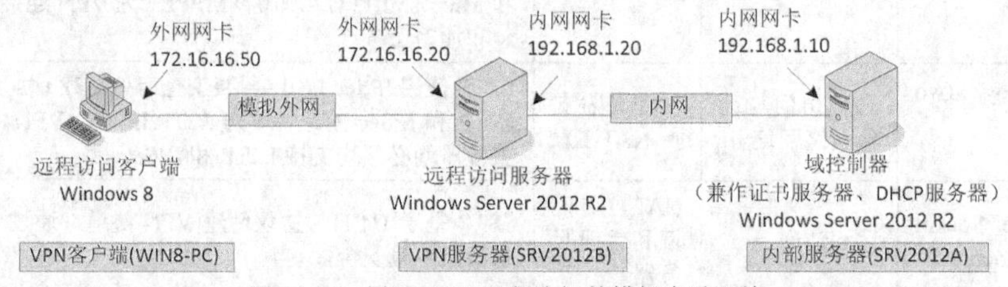

图 14-19　用于 VPN 远程访问的模拟实验环境

首先配置网络环境，并安装远程访问角色，然后进行下面的操作。

1. 配置并启用 VPN 服务器

建议使用路由和远程访问服务器安装向导来配置 VPN 服务器。如果已配置有路由和远程访问服务，运行向导前需要先禁用路由和远程访问。

（1）在要配置的远程访问服务器（例中为 SRV2012B）上打开路由和远程访问控制台，启动路由和远程访问服务器安装向导。

（2）单击“下一步”按钮，出现“配置”界面，选择“远程访问（拨号或 VPN）”项。

（3）单击“下一步”按钮，出现“远程访问”界面，选中“VPN”复选框。

（4）单击“下一步”按钮，出现如图 14-20 所示的对话框，指定 VPN 连接。选择用于公用网络的接口，并选中“通过设置静态数据包筛选器来对选择的接口进行保护”复选框。

选中该复选框将自动生成用于仅限 VPN 通信的 IP 筛选器。因为公网接口上启用了 IP 路由，如果没有配置 IP 筛选器，那么该接口上接收到的任何通信都将被路由，这可能导致将不必要的外部通信转发到内部网络而带来安全问题。

如果 VPN 服务器还要兼作 NAT 服务器，则不要选中该复选框。当然，还可以通过网络接口的入站筛选器和出站筛选器来进一步定制。例如，对于基于 PPTP 的 VPN 来说，应当限制 PPTP 以外的所有通信，这就需要在公网接口上配置基于 PPTP 的入站和出站筛选器，以保证只有 PPTP 通信通过该接口。

（5）单击“下一步”按钮，出现图 14-21 所示的对话框，从中选择为 VPN 客户端分配 IP 地址的方式。这里选择“自动”，将由 DHCP 服务器分配。如果选择“来自一个指定的地址范围”，将要求指定地址范围。

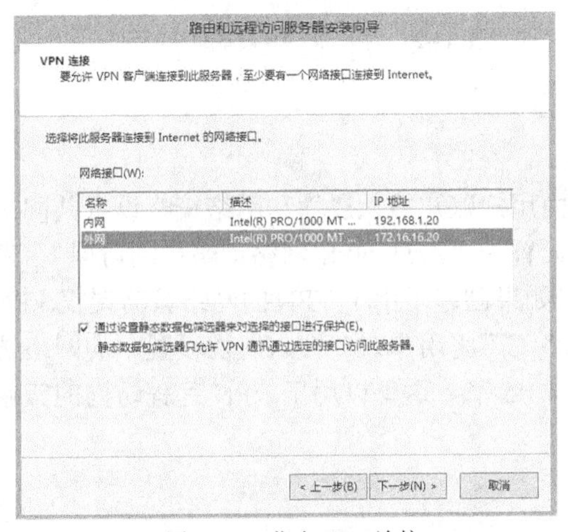

图 14-20　指定 VPN 连接

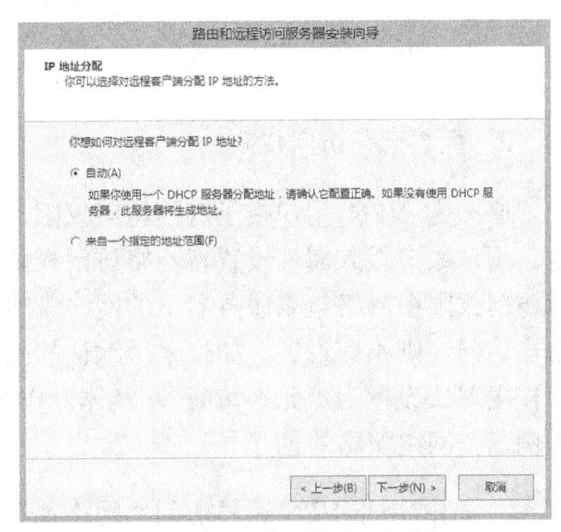

图 14-21　选择 IP 地址分配方式

（6）单击“下一步”按钮，出现“管理多个远程访问服务器”对话框，从中选择是否通过 RADIUS 服务器进行身份验证。这里选择“否”，表示采用 Windows 身份验证。例中 VPN 服务器为域成员，可以通过 Active Directory 进行身份验证。

（7）单击“下一步”按钮，出现“正在完成路由和远程访问服务器安装向导”界面，如图 14-22 所示，检查确认上述设置后，单击“完成”按钮。

完成之后系统提示正在启动该服务，启动结束后单击“完成”按钮。展开路由和远程访问控制台，可以进一步查看和修改 VPN 配置。

RRAS 将已安装的网络设备作为一系列设备和端口进行查看。设备是为远程访问连接建立点对点连接提供可以使用的端口的硬件和软件，设备可以是物理的（如调制解调器），也可以是虚拟的（如 VPN 协议）。端口是设备中可以支持一个点对点连接的通道，一个设备可以支持一个端口或多个端口。VPN 协议（如 PPTP）就是一种虚拟多端口设备，这些协议支持多个 VPN 连接。配置并启动 VPN 远程访问服务器时会创建所支持的 VPN 端口。展开路由和远程访问控制台，右击服务器节点下的“端口”节点，选择“属性”命令打开相应的对话框，列出当前的设备，双击某设备，可以配置该设备（本例中 PPTP 支持 128 个端口），如图 14-23 所示。

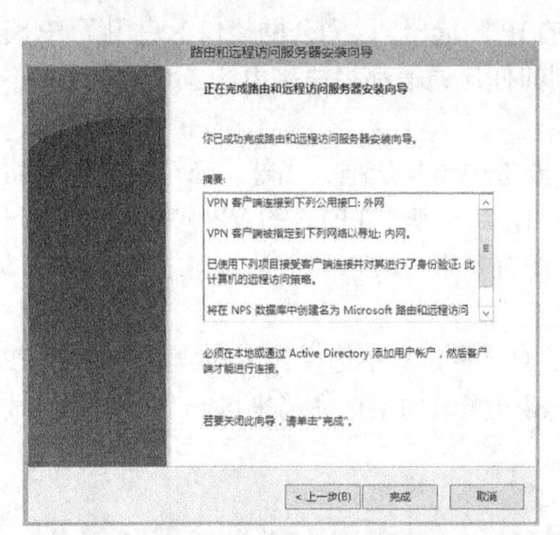

图 14-22　VPN 配置摘要

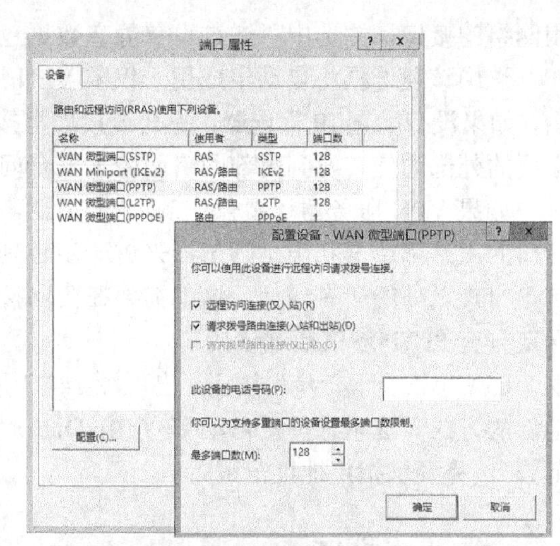

图 14-23　查看 RRAS 设备和端口

2. 配置远程访问权限

必须为 VPN 用户授予远程访问权限。授权由用户账户拨入属性和网络策略设置共同决定。用户账户拨入属性设置将网络访问权限默认设置为“通过 NPS 网络策略控制访问”，表示访问权限由网络策略服务器上的网络策略决定。如果创建了用于 VPN 的网络策略授权 VPN 用户访问，则不需设置。如果采用默认的网络策略，可将用户账户拨入属性设置中的网络访问权限默认设置为“允许访问”，具体操作参见 14.1.5 节。这里以用于 VPN 远程访问的策略为例示范网络策略的创建。

3. 创建用于 VPN 远程访问的网络策略

（1）在路由和远程访问控制台中展开服务器节点，右击“远程访问日志和策略”节点，选择“启动 NPS”命令打开 NPS（网络策略服务器）控制台，然后右击“网络策略”节点，选择“新建”命令启动新建网络策略向导。

（2）如图 14-24 所示，指定网络策略名称和网络访问服务器类型，这里选择“远程访问服务器（VPN 拨号）”。还可以指定供应商来限制连接类型。

（3）单击“下一步”按钮出现“指定条件”界面，从中定义策略的条件项。如图 14-25 所示，单击“添加”按钮弹出“选择条件”对话框，从列表中选择要配置的条件项（如“用户组”），再单击“添加”按钮，设置匹配的条件（如添加域用户组），单击“确定”按钮。

（4）根据需要参照上一步骤继续定义其他条件项，例中共设置了“用户组”和“NAS 端口类型”两个条件，如图 14-26 所示。

（5）完成策略的条件项定义以后，单击“下一步”按钮出现图 14-27 所示的界面，从中指定访问权限。这里选中“已授予访问权限”选项。

（6）单击“下一步”按钮出现图 14-28 所示的界面，从中配置身份验证方法，这里保持默认设置。身份验证方法实际是网络策略的约束项。

（7）单击“下一步”按钮出现图 14-29 所示的界面，从中配置约束项，默认不设置任何选项。

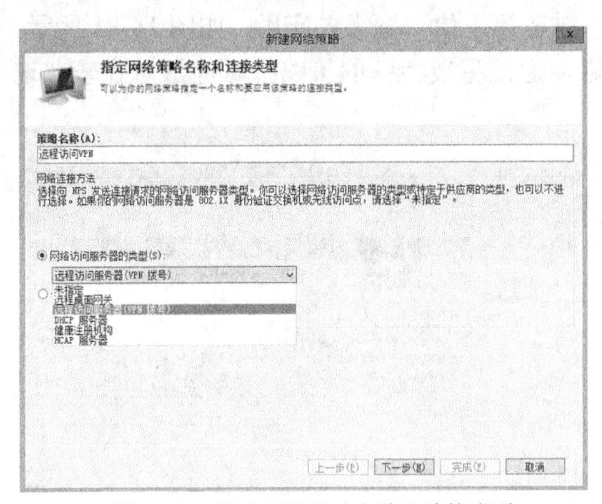

图 14-24　指定网络策略名称和连接类型

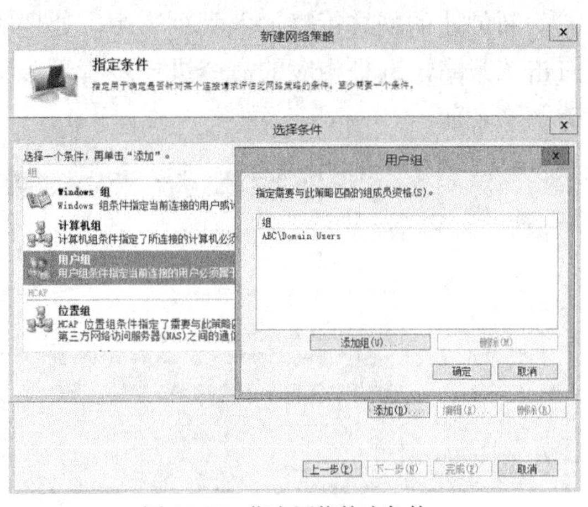

图 14-25　指定网络策略条件

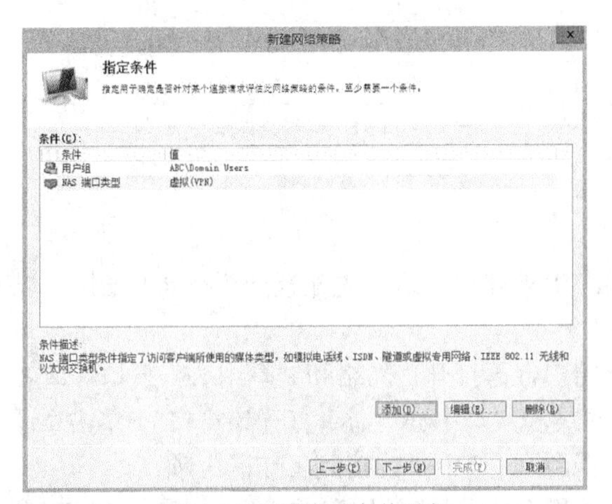

图 14-26　网络策略条件列表

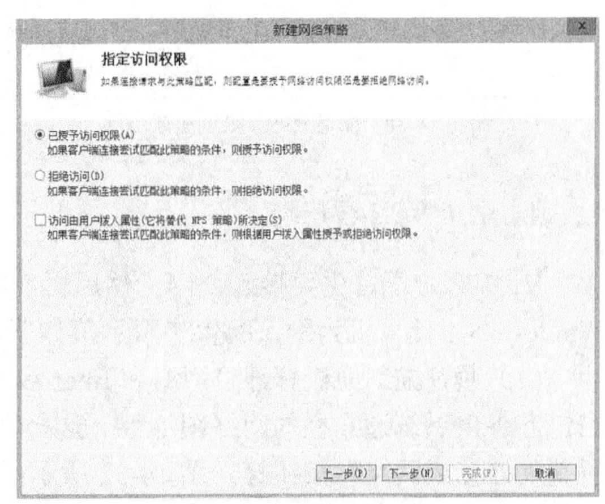

图 14-27　指定访问权限

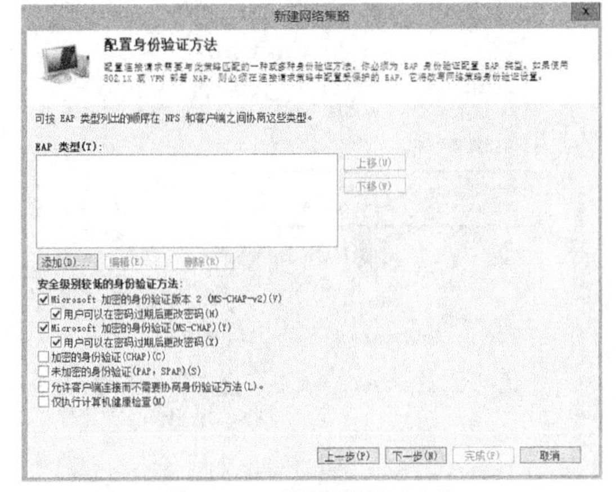

图 14-28　配置身份验证方法

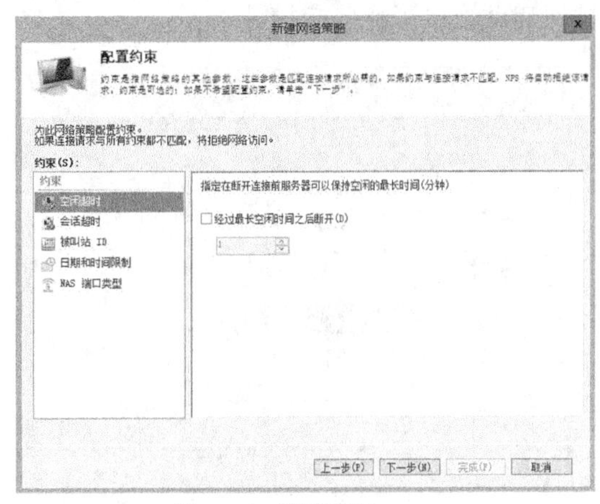

图 14-29　配置约束

（8）单击"下一步"按钮出现"配置设置"界面，这里设置"加密"项，清除其中的"无加密"复选框，如图 14-30 所示。

（9）单击"下一步"按钮出现"正在完成新建网络策略"界面，检查确认设置后单击"完成"按钮完成策略的创建。

新创建的网络策略加入到列表中，处理顺序排在第 1 位，将优先应用，如图 14-31 所示。右击该策略，选择相应的命令进一步管理该策略，通常将较特殊的策略按顺序放置在较普遍的策略之前。

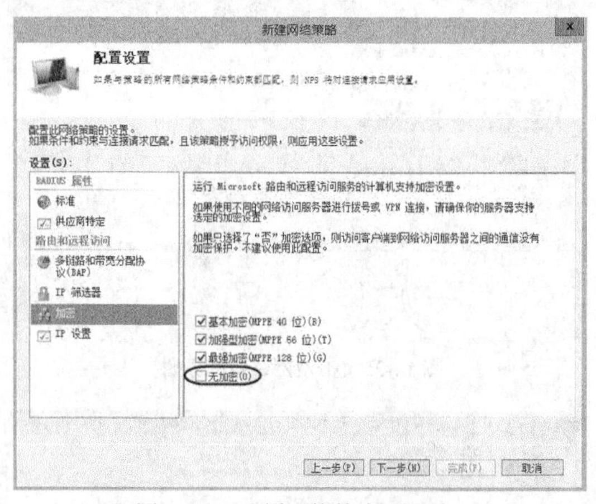

图 14-30　配置网络策略设置项

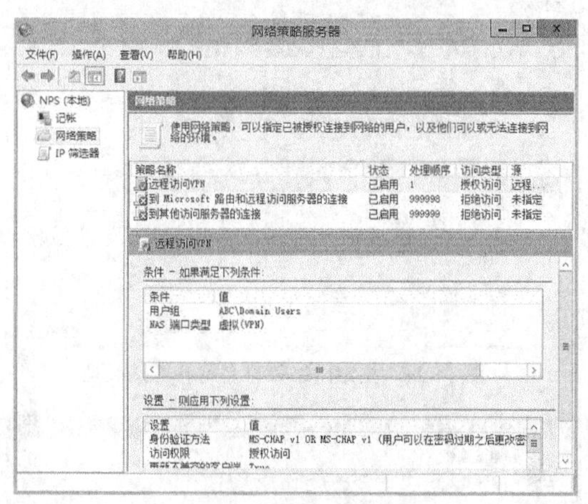

图 14-31　网络策略列表

4. 配置 VPN 客户端

VPN 客户端首先要接入公网，然后再建立 VPN 连接。这里先配置一个 VPN 连接，以 Windows 8.1 计算机为例，配置步骤示范如下。

（1）通过控制面板打开“网络和 Internet”窗口，再打开“网络和共享中心”窗口（或者右击右下角系统通知栏的网络图标，选择“网络和共享中心”命令打开该窗口），单击“设置新的连接或网络”按钮打开图 14-32 所示的对话框，选中“连接到工作区”项。

（2）单击“下一步”按钮出现图 14-33 所示的界面，单击“使用我的 Internet 连接（VPN）”按钮启动连接工作区向导。

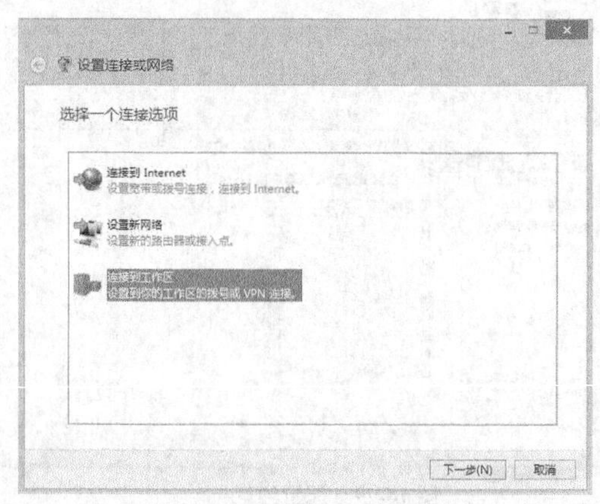

图 14-32　设置连接或网络

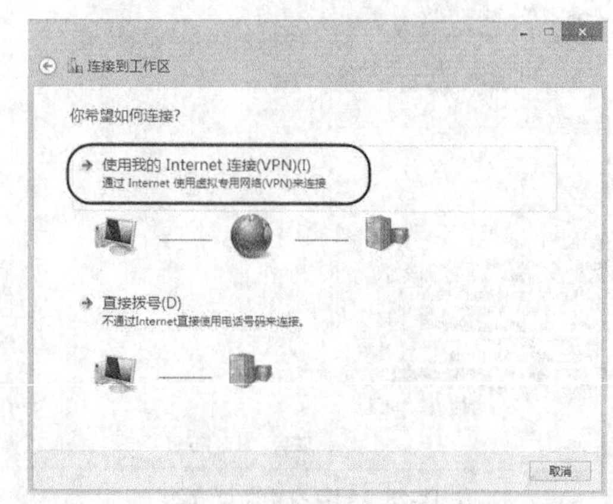

图 14-33　选择连接方式

（3）当出现需要 Internet 连接才能使用 VPN 的提示时，如图 14-34 所示，单击“我将稍后再设置 Internet 连接”按钮。

实际应用中，如果使用 PPPoE 等方式上网，应单击“设置 Internet 连接”按钮，根据提示设置上网所需的的账户等信息。

（4）出现图 14-35 所示的界面，在“Internet 地址”框中输入 VPN 公网接口的 IP 地址（如果输入 DNS 域名，需要保证能正确解析），在“目标名称”框中设置连接名称。

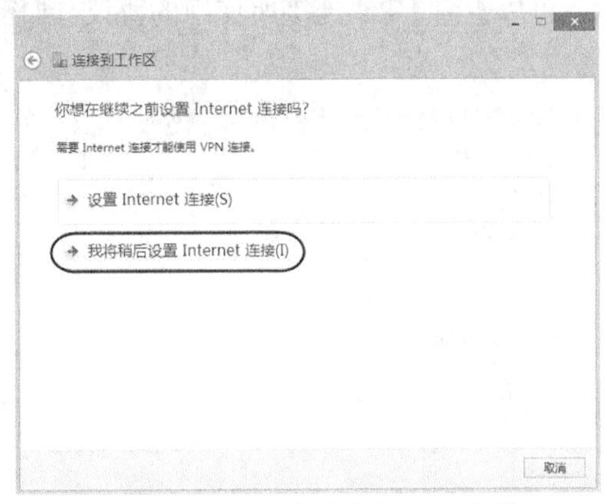

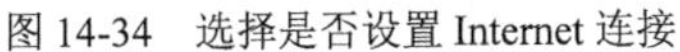
图 14-34　选择是否设置 Internet 连接

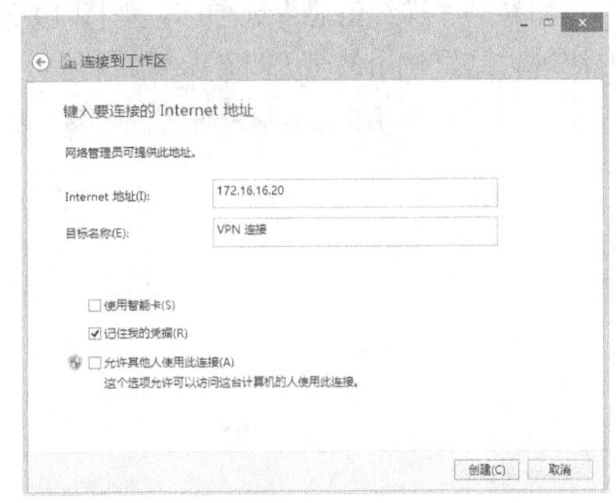

图 14-35　设置用于连接的用户账户信息

（5）单击“创建”按钮完成 VPN 连接的创建。创建成功后桌面右侧将弹出一个“网络”窗口，如图 14-36 所示。

接下来可以针对 PPTP 连接进一步配置该 VPN 连接。在“网络和共享中心”窗口中单击“更改适配器设置”链接弹出“网络连接”对话框（或者右击桌面左下角的窗口图标，选择“网络连接”直接弹出该对话框），右击其中的 VPN 连接名称，选择“属性”按钮，打开相应的属性设置对话框，切换到“安全”选项卡，从“VPN 类型”列表中选择“点对点隧道协议（PPTP）”，如图 14-37 所示。

图 14-36　操作 VPN 连接

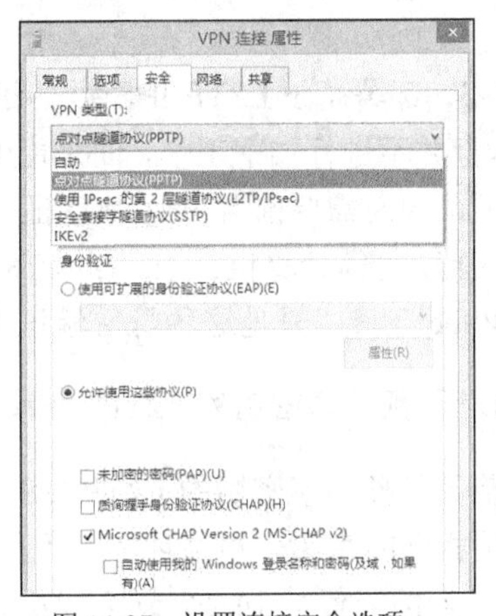

图 14-37　设置连接安全选项

5. 测试 VPN 连接

最后进行实际测试。在“网络连接”窗口中右击其中的 VPN 连接，选择“连接”命令（或者单击桌面右下角系统通知栏上的网络图标），桌面右侧弹出相应的“网络”窗口，单击要发起连接的 VPN 连接，再单击“连接”按钮开始连接到 VPN 服务器，根据提示设置用户登录信息（域用户在账户中要明确加上域名）。

连接成功可以查看连接状态。在“网络连接”窗口中右击要查看的 VPN 连接，选择“属性”命令弹出如图 14-38 所示的对话框，从中可以发现 VPN 连接处于活动状态，单击“断开”按钮可以断开连接。

切换到“详细信息”选项卡，如图 14-39 所示，可以查看 VPN 连接所使用的协议、加密方法等。这里使用的是 PPTP 协议。

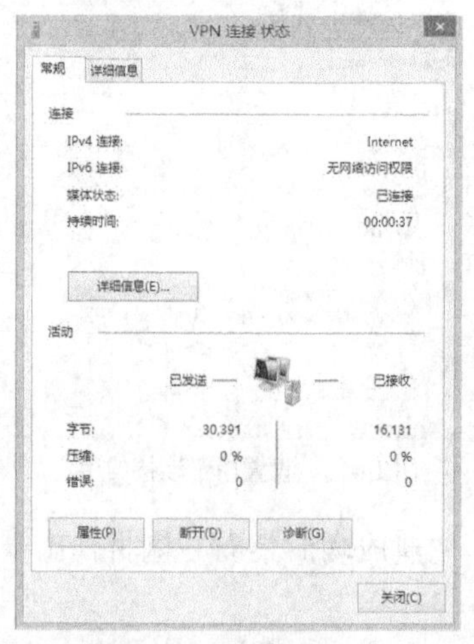

图 14-38　查看连接状态

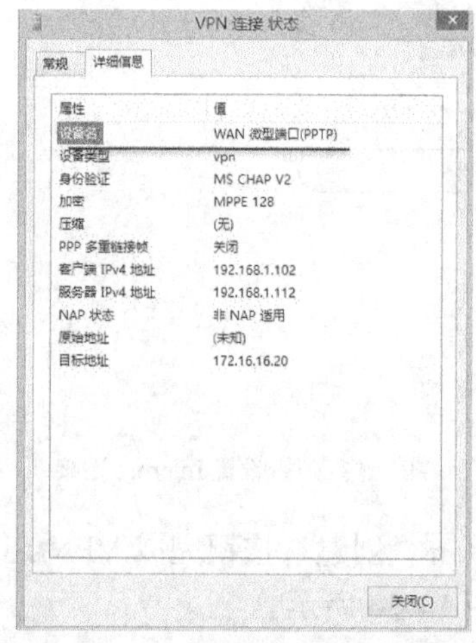

图 14-39　查看连接状态详细信息

在服务器端打开路由和远程访问控制台，单击“远程访问客户端”节点，右侧窗格将显示当前的远程访问连接。

14.2.3　部署基于 L2TP/IPSec 的远程访问 VPN

实验 14-2　部署基于 L2TP/IPSec 的远程访问 VPN

L2TP 本身并不进行加密工作，而是由 IPSec 实现加密。它需要对所有客户端进行计算机证书身份验证，因而需要部署 PKI 数字证书。不过 RRSA 在 L2TP/IPSec 身份验证中提供了预共享密钥支持，无需计算机证书，在 VPN 客户端与服务器两端使用相同的预共享密钥也可建立 L2TP/IPSec 连接，只是这种身份验证方法安全性相对较差，远不如证书。

1. 部署基于预共享密钥的 L2TP/IPSec VPN 远程访问

这里示范基于预共享密钥的 L2TP/IPSec VPN 远程访问，只需要 VPN 服务器与 VPN 客户端双方采用相同的密钥。网络环境参见图 14-19。

VPN 服务器的配置与 14.2.2 节所涉及的 PPTP VPN 基本相同。这里直接在上述配置基础上稍加改动安全配置即可。

在路由和远程访问控制台中打开服务器属性设置对话框，切换到“安全”选项卡，如图 14-40 所示，选中“允许 L2TP/IKEv2 连接使用自定义 IPSec 策略”复选框，并设置预共享的密钥。单击“确定”按钮将弹出重新启动路由和远程访问的提示对话框，单击“确定”按钮即可。

VPN 客户端的配置与 14.2.2 节所涉及的 PPTP VPN 基本相同。只需稍加改动安全配置即可。打开 VPN 连接属性设置对话框，切换到“安全”选项卡，如图 14-41 所示，从“VPN 类型”列表中选择“使用 IPSec 的第 2 层隧道协议（L2TP/IPSec）”，单击“高级设置”按钮弹出相应的对话框，选中第一个选项并设置与服务器端相同的密钥，单击“确定”按钮。

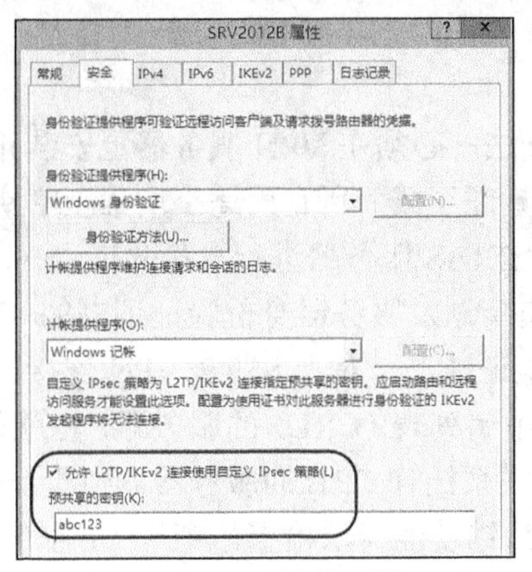

图 14-40　VPN 服务器配置 L2TP

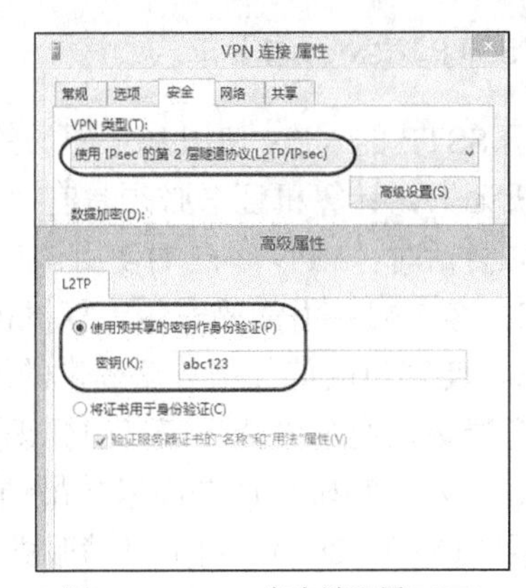

图 14-41　VPN 客户端配置 L2TP

确认用户的远程访问权限设置没有问题，测试 VPN 连接。连接成功时在连接状态显示的详细信息中会指示使用 L2TP 协议，如图 14-42 所示。

2. 部署基于计算机证书的 L2TP/IPSec VPN

如果要部署基于计算机证书的 L2TP/IPSec VPN，需要 VPN 服务器与 VPN 客户端都申请安装计算机证书（既可以向远程计算机证明自己的身份，又可以确认远程计算机的身份），至少需要一个证书颁发机构来部署 PKI。VPN 服务器与 14.2.2 节所涉及的 PPTP VPN 基本相同，基本不用更改；VPN 客户端要设置将证书用于身份验证，如图 14-43 所示。

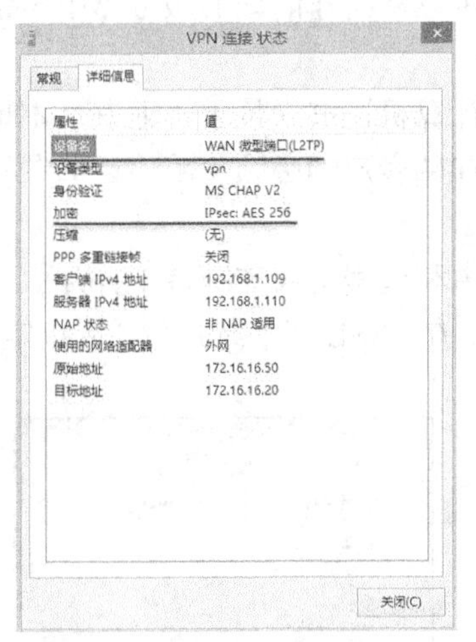

图 14-42　查看连接状态详细信息

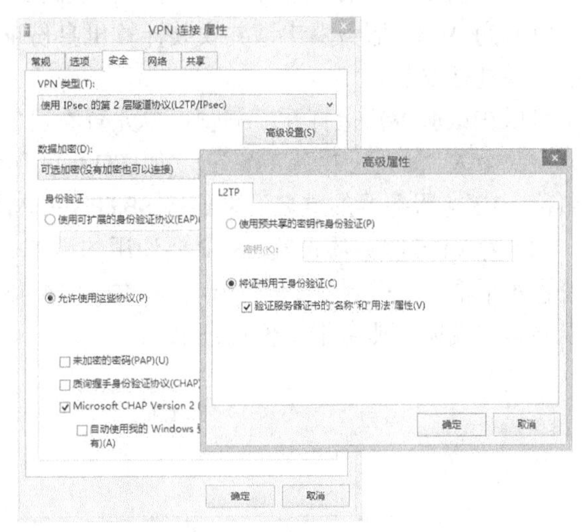

图 14-43　将证书用于身份验证

14.2.4　部署 SSTP VPN

实验 14-3　部署 SSTP VPN

SSTP 从 Windows Server 2008 开始支持 VPN 协议，可以创建一个在 HTTPS 上传送的 VPN 隧道。HTTPS 是普遍采用的安全访问协议，可以穿过代理服务器、防火墙和 NAT 路由器。SSTP 只适用于远程访问，不能支持网络互连 VPN。

1. SSTP VPN 部署要求

基于 SSTP 的 VPN 使用基于证书的身份验证方法，必须在 VPN 服务器上安装正确配置的计算机证书，计算机证书必须具有“服务器身份验证”或“所有用途”增强型密钥使用属性。建立会话时，VPN 客户端使用该计算机证书对 RRAS 服务器进行身份验证。

VPN 客户端并不需要安装计算机证书，但要安装颁发服务器身份验证证书的 CA 的根 CA 证书，使客户端信任服务器提供的服务器身份验证证书。对于 SSTP VPN 连接，默认情况下客户端必须通过检查在证书中标识为托管证书吊销列表（CRL）的服务器，也就是从 CA 下载 CRL，才能够确认证书尚未被吊销。如果无法联系托管 CRL 的服务器，则验证会失败，报出错误“0x80092013：由于吊销服务器已脱机，吊销功能无法检查吊销”，并且断开 VPN 连接。为避免这种情况，必须在 Internet 上可访问的服务器上发布 CRL，或者将客户端配置为不要求 CRL 检查。

提示：实际部署中一般可以访问 Internet 上第三方 CA 发布的 CRL。如果需要使用内部网上的企业根 CA 发布的 CRL，可以采用变通方案，即在 VPN 服务器上启用 NAT 功能，通过端口映射将 HTTP 通信转到内部根 CA 网站，VPN 客户端通过 NAT 从根 CA 网站下载 CRL。另外，要保证 CA 能够通过 HTTP 分发 CRL（Windows Server 2012 R2 证书服务器默认未设置）。为方便实验，这里将客户端设置为不要求检查 CRL。网络环境参见图 14-19。

2. 配置 VPN 服务器

VPN 服务器的安装配置与 14.2.2 节所涉及的 PPTP VPN 基本相同，只需稍加改动安全配置。

（1）为 VPN 服务器申请并安装计算机身份证书。可以从自建的证书服务器中申请计算机证书并进行安装。

可以在该服务器上打开证书管理单元查看已安装的计算机证书（位于“证书（本地计算机）”>“个人”>“证书”节点下），如图 14-44 所示。VPN 客户端必须使用该证书颁发对象的名称（VPN 服务器的域名）来连接 SSTP VPN 服务器。

（2）为 VPN 服务器设置 SSTP 要使用的证书。在路由和远程访问控制台中打开服务器属性设置对话框，切换到“安全”选项卡，如图 14-45 所示，在“SSL 证书绑定”区域指定 SSTP 用于向客户端验证服务器身份的证书。

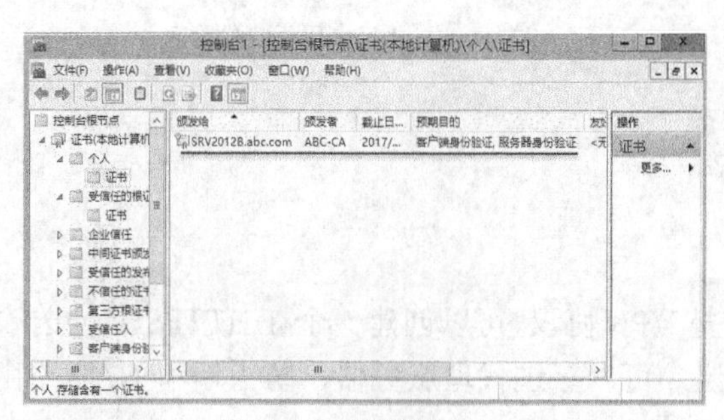

图 14-44　查看证书

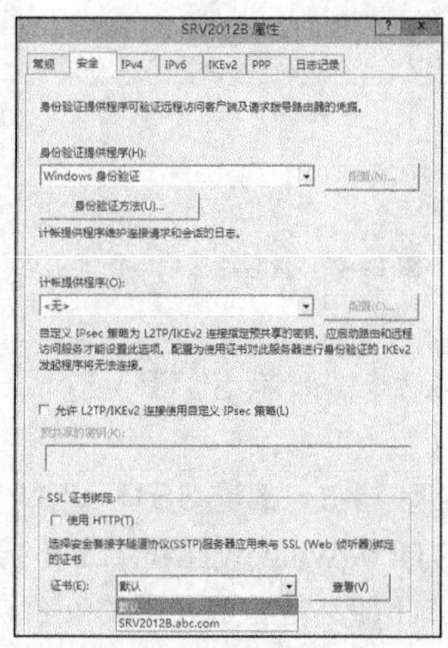

图 14-45　配置 SSTP 证书

“证书”列表中选择默认，表示可以使用该服务器上预期目的为服务器身份验证的所有有效计算机证书。可以从该列表中选择指定的证书，单击“查看”按钮可以查验该证书的详细信息。如果服务器上部署有 SSL Web 服务，也可以直接使用为 Web 服务器配置的证书，只需选中“使用 HTTP”复选框。“SSL 证书绑定”区域变更任何配置，会要求重新启动 RRAS。

3. 配置 VPN 客户端

SSTP VPN 客户端必须运行 Windows Vista SP1 及更新版本或 Windows Server 2008 及更新版本。这里以 Windows 8 计算机为例。

首先解决证书验证问题。

（1）安装颁发服务器身份证书的 CA 的证书，使客户端能够信任根 CA 所发证书。本例中安装的 CA 证书为 ABC GROUP。可以采用以下方式获取和安装 CA 证书。

- 利用 PPTP VPN 连接访问位于内部网络的企业 CA，通过浏览器获取 CA 证书。
- 直接通过其他方式（文件复制）获取 CA 证书进行安装。
- 将客户端计算机暂时移动到内网中安装 CA 证书后，再移到公用网络中。这在做实验时非常方便。

（2）修改客户端计算机的注册表以禁用 CRL 检查。在 HKEY_LOCAL_MACHINE\SYSTEM\CurrentControlSet\services\SstpSvc\Parameters 节点下添加一个名为 NoCertRevocationCheck 的 DWORD 键，并将其值设为 1。

接下来修改 VPN 连接属性。

（3）打开 VPN 连接属性设置对话框，在“常规”选项卡上将目的地址改为 VPN 服务器的域名。

考虑到上述计算机证书颁发给具体的域名，客户端连接 VPN 服务器要使用域名。要注意客户端能够解析该域名，实际应用中由公网上的 DNS 服务器解析，实验时可直接采用本地 hosts 文件来实现域名解析。

（4）切换到“安全”选项卡，从“VPN 类型”列表中选择“安全套接字隧道协议（SSTP）”，单击“确定”按钮。

确认用户的远程访问权限设置没有问题，开始测试 VPN 连接。连接成功时在连接状态显示的详细信息中会指示使用 SSTP 协议。

14.2.5 部署 IKEv2 VPN

实验 14-4　部署 IKEv2 VPN

IKEv2 是最新的 VPN 协议，它最大的优势是支持 VPN 重新连接。VPN 服务器上需要安装正确配置的计算机证书，VPN 客户端可以不需要计算机证书，但需要信任由 CA 颁发的证书。这里示范所使用的网络环境参见图 14-19，VPN 服务器的基本安装配置与 14.2.2 节所涉及的 PPTP VPN 基本相同，所不同的是要安装特定的服务器证书。

1. 为 VPN 服务器申请安装专用的证书

IKEv2 VPN 服务器需要安装目的为服务器验证和 IP 安全 IKE 中级的证书，微软企业 CA 系统预置的证书模板不能满足要求，因此需要创建新的证书模板，然后再为服务器颁发证书。

确认已经部署企业根证书颁发机构。必须通过复制现有模板来创建新的证书模板。

（1）在证书颁发机构控制台中右击“证书模板”节点，选择“管理”命令可打开证书模板管理单元，列出已有的证书模板。

（2）右击要复制的模板 IPSec，从快捷菜单中选择“复制模板”命令弹出相应的对话框，选择证书模板所支持的最低 Windows 服务器版本，这里保持默认设置。

（3）单击“确定”按钮打开相应的新模板属性设置对话框，在“常规”选项卡“模板显示名称”框中为新模板命名，如图 14-46 所示。

（4）切换到“扩展”选项卡，如图 14-47 所示，选择“应用程序策略”，单击“编辑”按钮弹出对话框，“应用程序策略”列表中已经有“IP 安全 IKE 中级”策略。单击“添加”按钮弹出对话框，从列表中选择“服务器身份验证”，然后单击“确定”按钮。这样该证书模板就有两个目的了。

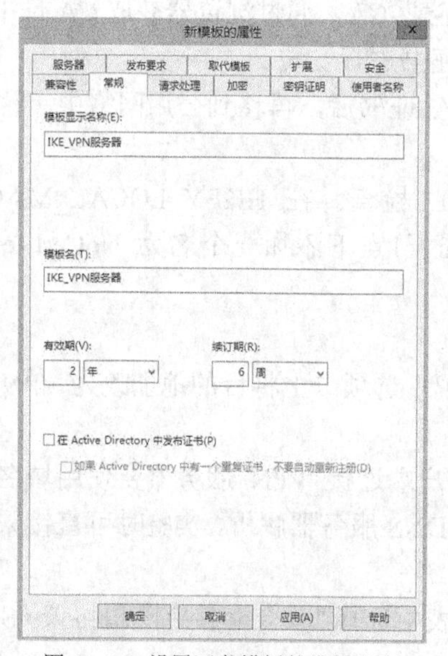

图 14-46 设置证书模板的常规选项

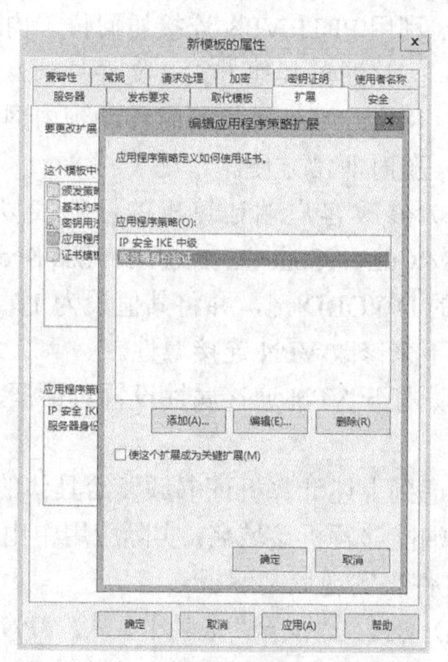

图 14-47 编辑应用程序策略扩展

（5）切换到“使用者名称”选项卡，选中“在请求中提供”选项，如图 14-48 所示。

（6）切换到“请求处理”选项卡，选中“允许导出私钥”选项，如图 14-49 所示。

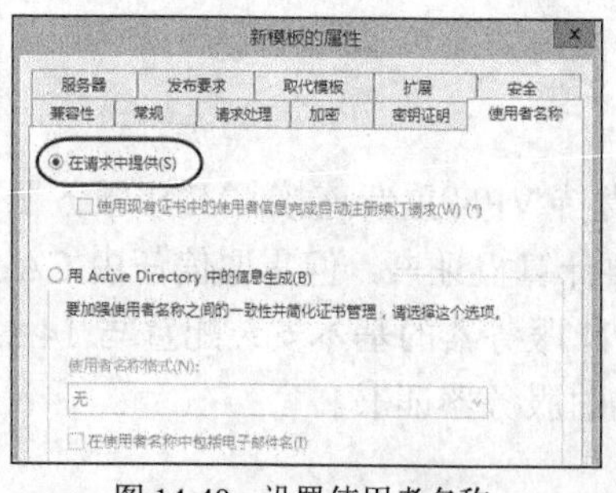

图 14-48 设置使用者名称

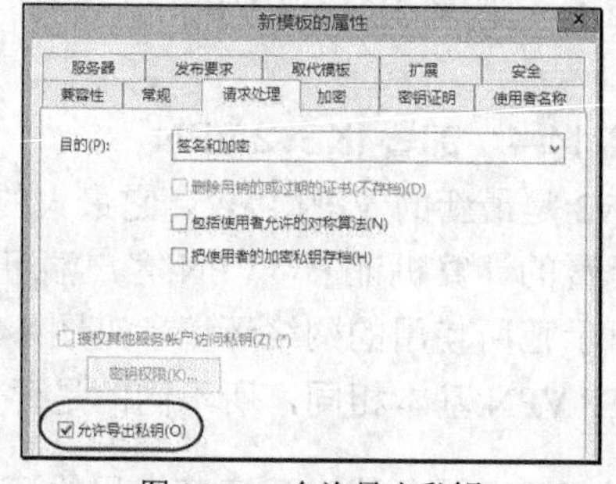

图 14-49 允许导出私钥

（7）连续两次单击“确定”完成证书模板的编辑。

（8）将该证书模板添加到证书颁发机构。在证书颁发机构控制台中右击“证书模板”

节点，从快捷菜单中选择“新建”>“要颁发的证书模板”命令弹出“启用证书模板”对话框，从列表中选择刚刚增加的新证书模板“IKE_VPN 服务器”，单击“确定”按钮即可。

由于 VPN 服务器是域成员，可采用证书申请向导直接从企业 CA 获取证书。

（1）打开证书管理单元（确保添加有“计算机账户”）并展开，右击“证书（本地计算机）”>“个人”节点，选择“所有任务”>“申请新证书”命令，启动证书申请向导并给出有关提示信息。

（2）单击“下一步”按钮，选择证书注册策略，这里保持默认设置，即由管理员配置的 Active Directory 注册策略。

（3）单击“下一步”按钮，出现“请求证书”窗口，选择要申请的证书类别（证书模板），这里选中前面创建的证书模板“IKE_VPN 服务器”，单击它下面的黄色感叹号以配置注册此证书所需的详细信息。

（4）弹出“证书属性”设置对话框，在“使用者”选项卡提供注册证书所用的使用者名称。如图 14-50 所示，在“使用者名称”区域，从“类型”下拉列表中选择“公用名”，在“值”文本框中设置 VPN 服务器的域名（这里为 vpnsrv.abc.com），并将它添加到右侧列表中；在“备用名称”区域，从“类型”下拉列表中选择“DNS”，在“值”文本框中设置同样的域名，并将它们添加到右侧列表中。单击“确定”完成证书属性的设置。

（5）单击“注册”按钮提交注册申请，如果注册成功将出现“证书安装结果”界面，提示证书已安装在计算机上，单击“完成”按钮。

可以在服务器上通过证书管理单元打开该证书进行查验，确保满足 IKEv2 VPN 服务器的证书要求。

2. 配置 NPS 网络策略

IKEv2 VPN 默认使用基于 EAP 的身份验证（其他 VPN 协议也可选择 EAP 验证），需要配置相应的 NPS 网络策略。在身份验证方法中添加 EAP 类型，最省事的方法是将 3 种类型都加入，如图 14-51 所示。可以针对 IKEv2 VPN 创建相应的网络策略，或者修改现有网络策略（修改约束项）。默认 NPS 网络策略已经支持 EAP 身份验证的 2 种类型。如果选择 EAP 之外的验证方法，则不需要配置 NPS 网络策略。

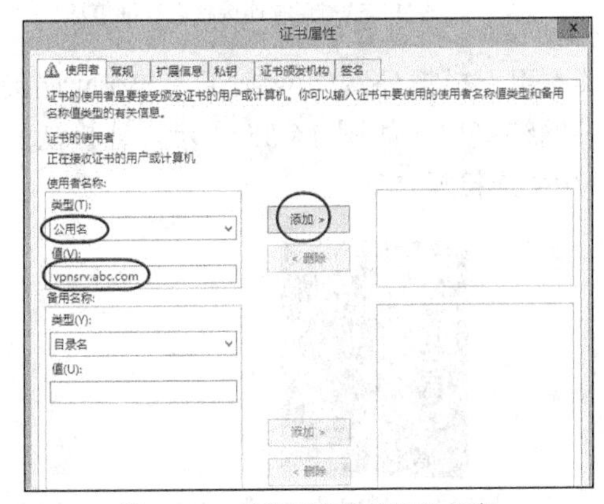

图 14-50　提供证书的使用者名称

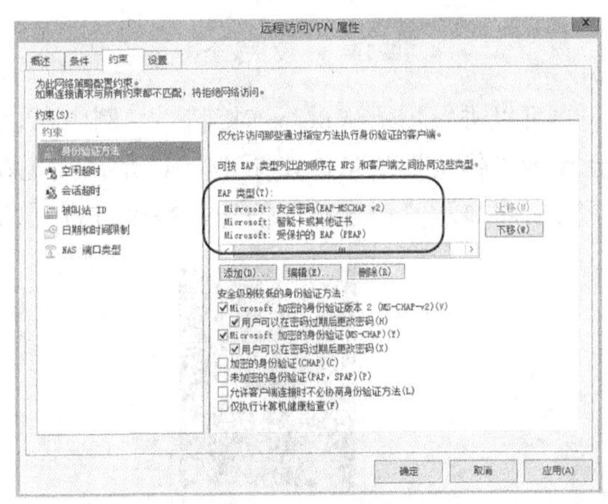

图 14-51　配置 NPS 网络策略

3．配置 IKEv2 VPN 客户端

IKEv2 VPN 客户端必须运行 Windows 7 和 Windows Server 2008 R2 或更新版本。这里以 Windows 8.1 计算机为例。

（1）安装颁发服务器身份证书的 CA 的证书，使客户端能够信任根 CA 所发证书。

（2）打开 VPN 连接属性设置对话框，在“常规”选项卡上将目的地址改为 VPN 服务器的域名。上述 IKEv2 VPN 证书颁发给具体的域名。

（3）切换到“安全”选项卡，如图 14-52 所示，从“VPN 类型”列表中选择 IKEv2，单击“高级设置”按钮，在弹出的对话框中可以设置 VPN 重新连接属性（默认选中“移动性”复选框支持启用重新连接功能，将允许的网络中断最长时间设为 30 分钟）；此处身份验证使用 EAP，选择的是 EAP-MSCHAP v2，要求服务器端 NPS 网络策略支持。

身份验证如果选择“使用计算机证书”，则要求客户端安装计算机身份证书，而不仅仅是信任颁发服务器身份证书的 CA。

4．测试 IKEv2 VPN 连接

确认用户的远程访问权限设置没有问题，开始测试 VPN 连接。连接成功时在连接状态显示的详细信息中会指示使用 IKEv2 协议，如图 14-53 所示。

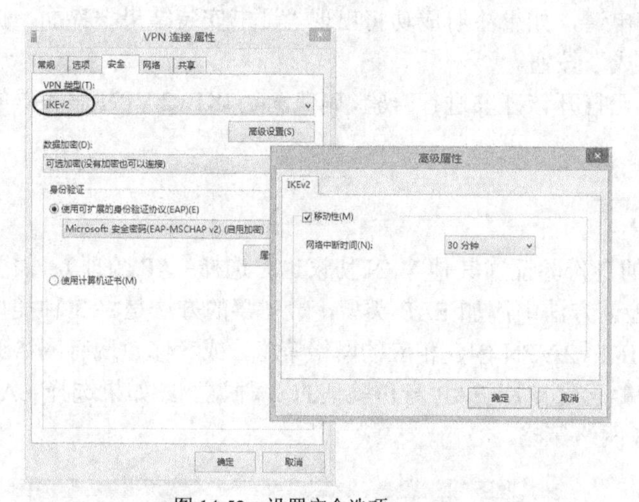

图 14-52　设置安全选项

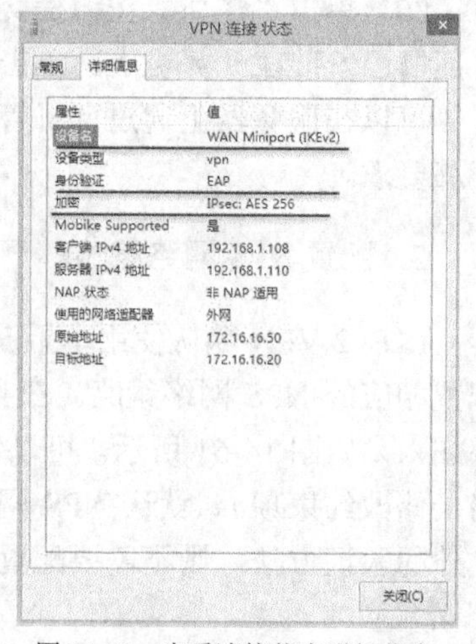

图 14-53　查看连接状态详细信息

可以进一步测试重新连接特性。例中可以暂时禁用用于模拟外网的网络接口，VPN 连接会显示“休止”信息，如图 14-54 所示；重新启用该网络接口，如图 14-55 所示，连接恢复正常后将显示“已连接”信息。整个过程无需执行 VPN 连接操作。

图 14-54　VPN 连接休止

图 14-55　VPN 重新连接

14.2.6　部署远程网络互连 VPN

实验 14-5　部署远程网络互连 VPN

Windows Server 2012 R2 的 RRAS 除了 SSTP 协议，其他 3 种 VPN 协议都支持远程网络互连，即服务器到服务器的 VPN 连接。远程网络互连 VPN 的部署中，发起 VPN 连接的一端为客户端，接受 VPN 连接的一端为服务器端，如果两端都可以发起连接，则两端都同时充当 VPN 服务器和客户端。

除了 L2TP/IPSec 可能需要两端部署计算机证书，IKEv2 VPN 服务器需要安装目的为服务器验证和 IP 安全 IKE 中级的证书之外，远程网络互连 VPN 的部署过程基本相同。这里以 PPTP 协议为例讲解如何通过 VPN 隧道将两个网络互连起来，假设两个网络分别为公司总部和分支机构。例中利用虚拟机软件搭建一个相对简易的环境，如图 14-56 所示。一台服务器用作总部 VPN 路由器，另一台服务器用作分支机构 VPN 路由器（使用两个网络接口，一个用于外网，另一个用于内网），两台服务器上都安装有远程访问角色 RAS（VPN）。计算机连接到分支机构内部网络。两台服务器（路由器）通过在外网连接上建立 VPN 隧道来互连两端的内部网络。按照图中所示设置网络，注意分支机构计算机的默认网关设置为分支机构 VPN 服务器的内网地址，DNS 服务器设置为总部 DNS 服务器地址。如果条件允许，可在总部内部网络加上服务器或客户端计算机进行两端内网之间的通信测试。

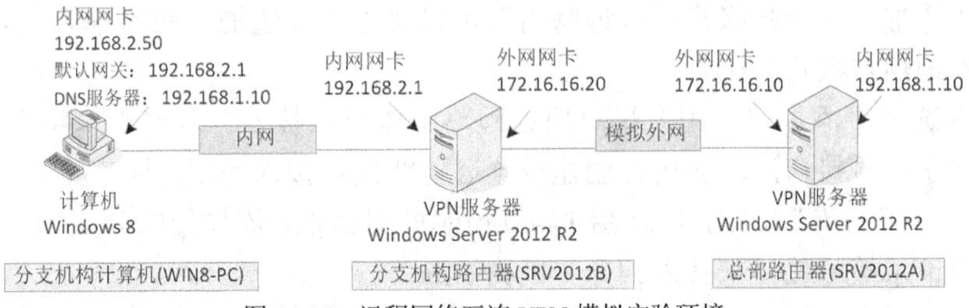

图 14-56　远程网络互连 VPN 模拟实验环境

1．配置总部 VPN 路由器

（1）打开路由和远程访问控制台，启动路由和远程访问服务安装向导，选择“两个专用网络之间的安全连接”项。

（2）单击“下一步”按钮，出现对话框提示是否是所有请求拨号连接，选中“是”。

（3）单击“下一步”按钮，出现“IP 地址分配”对话框，选择为 VPN 客户端分配 IP 地址的方式。这里选择“来自一个指定的地址范围”，单击“下一步”按钮，指定一个地址范围。

（4）单击“下一步”按钮，出现“正在完成路由和远程访问服务器安装向导”界面，检查确认上述设置后，单击“完成”按钮。

（5）开始启动 RRAS 服务并初始化，接着启动请求拨号接口向导（出现“欢迎使用请求拨号接口向导”界面）。

（6）单击“下一步”按钮，出现“接口名称”对话框，输入用于连接分支机构的接口名称（例中为 CorpToBranch）。

（7）单击“下一步”按钮，出现“连接类型”对话框，选中“使用虚拟专用网络连接(VPN)”

单选钮。

（8）单击“下一步”按钮，出现图 14-57 所示的“VPN 类型”对话框，从中选中“点对点隧道协议(PPTP)”单选按钮。

（9）单击“下一步”按钮，出现图 14-58 所示的“目标地址”对话框，从中输入要连接的 VPN 路由器（对方 VPN 服务器）的名称（域名）或地址。此处可不填写，因为例中总部 VPN 路由器不会初始化 VPN 连接，不呼叫其他路由器，所以不要求有地址。

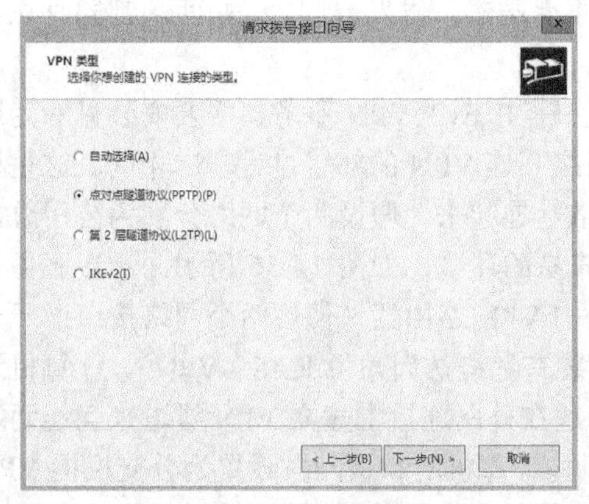

图 14-57 选择 VPN 类型

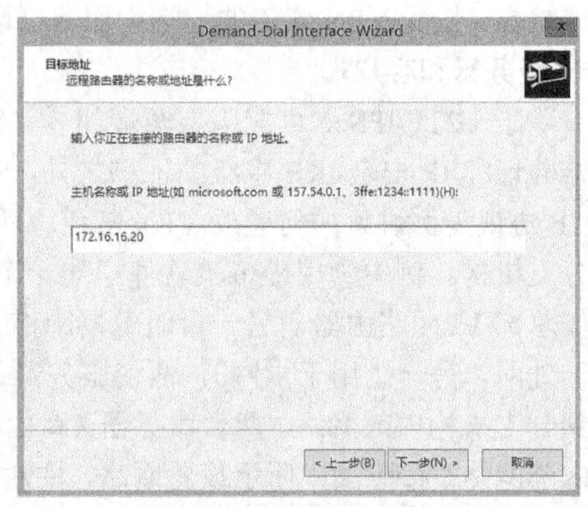

图 14-58 设置目标地址

（10）单击“下一步”按钮，出现图 14-59 所示的对话框，选中“在此接口上路由选择 IP 数据包”和“添加一个用户账户使远程路由器可以拨入”复选框（在服务器上创建一个允许远程访问的本地用户账户）。

如果没有选中“添加一个用户账户使远程路由器可以拨入”复选框，将直接进入第 13 步，添加完请求拨号接口后，应自行创建设置远程路由器拨入的用户账户。

（11）单击“下一步”按钮，出现图 14-60 所示的对话框，添加指向分支机构网络的路由，以便通过使用请求拨号接口来转发到分支机构的通信。

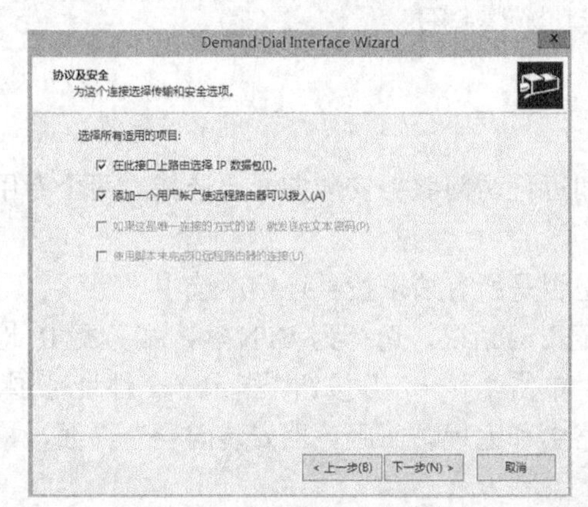

图 14-59 设置协议和安全措施

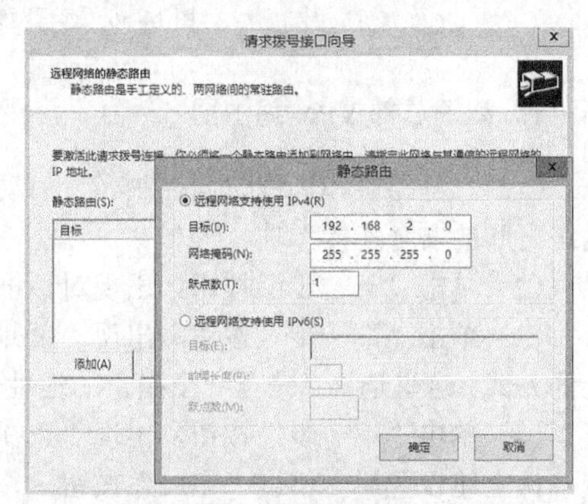

图 14-60 设置静态路由

例中与分支机构相对应的路由为 192.168.2.0，网络掩码为 255.255.255.0，跃点数为 1，单击“添加”按钮弹出“静态路由”对话框来设置。如果有多个分支机构，应为每一个分支机构添加一条静态路由。

（12）单击“下一步”按钮，出现图 14-61 所示的对话框，设置拨入凭据，即分支机构

VPN 路由器连接总部要使用的 VPN 用户名和密码。这样，请求拨号接口向导自动创建账户并将远程访问权限设置为“允许访问”，账户的名称与拨入请求接口的名称相同。

（13）单击“下一步”按钮，出现图 14-62 所示的对话框，设置拨出凭据，即总部连接到分支机构路由器要使用的用户名和密码。本例中总部路由器不会初始化 VPN 连接，输入任意名称、域和密码即可。

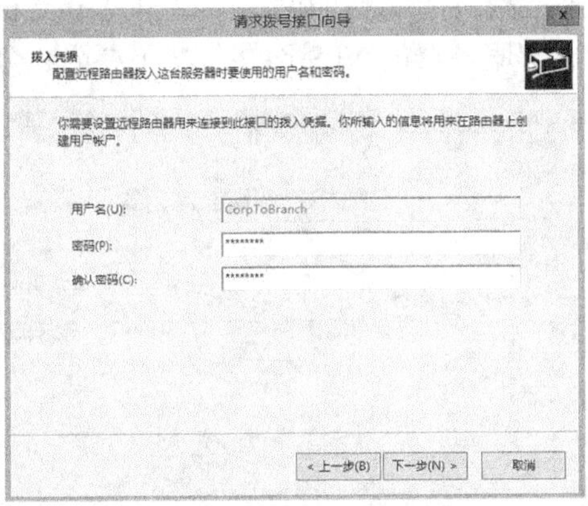

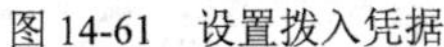

图 14-61　设置拨入凭据

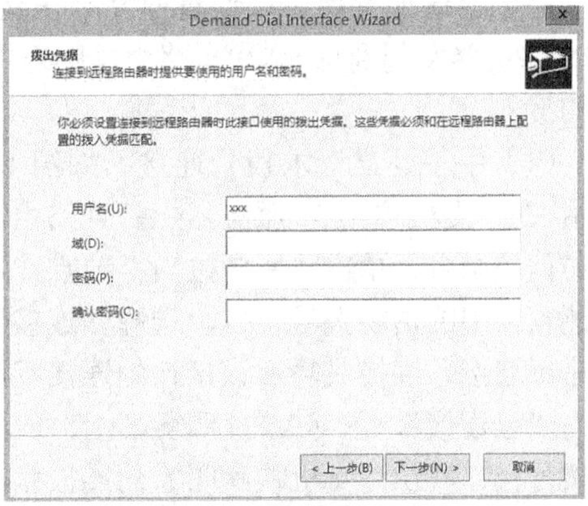

图 14-62　设置拨出凭据

（14）单击“下一步”按钮，出现“完成请求拨号接口向导”对话框，单击“完成”按钮完成该接口的创建，新添加的请求拨号连接将出现在“网络接口”列表中，如图 14-63 所示。

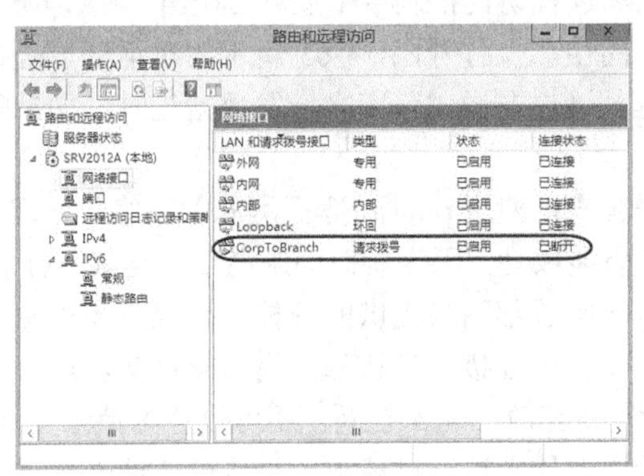

图 14-63　总部请求拨号连接

2. 部署分支机构 VPN 路由器

本例中分支机构需部署为呼叫总部路由器的 VPN 路由器，设置步骤与总部 VPN 路由器基本相同。不同之处主要有以下 5 点。

- 接口名称设置为 BranchToCorp。
- 目标地址设置为总部 VPN 路由器的公网接口 IP 地址，例中为 172.16.16.10。参见图 14-58。
- 设置协议及安全措施时不必选中“添加一个用户账户使远程路由器可以拨入”复选框（这样不用设置拨入凭据）。参见图 14-59。
- 远程网络的静态路由设置为指向总部内网的路由，以使请求拨号接口来转发到总部的通信。例中与总部相对应的路由为 192.168.1.0，网络掩码为 255.255.255.0，跃点数为 1。参见图 14-60。

- 拨出凭据设置为用于拨入总部的用户账户的名称、域名和密码，与总部路由器请求拨号接口的拨入凭证相同，例中用户名为 CorpToBranch。参见图 14-61。

3. 测试远程网络互连 VPN

完成上述配置后可以通过建立请求拨号连接来连接位于两端的网络，这里从分支机构 VPN 路由器发起到总部 VPN 路由器的连接。注意总部服务器的 NPS 网络策略不要阻止分支机构拨入。

（1）手工建立请求拨号连接。如图 14-64 所示，在分支机构 VPN 服务器上打开路由和远程访问控制台，单击“网络接口”节点，右击右侧窗格中的请求拨号接口，选择“连接”命令进行连接。连接成功后该接口的连接状态将变为“已连接”，总部 VPN 服务器上对应的请求拨号接口（供分支机构呼叫）的连接状态也将变为“已连接”。

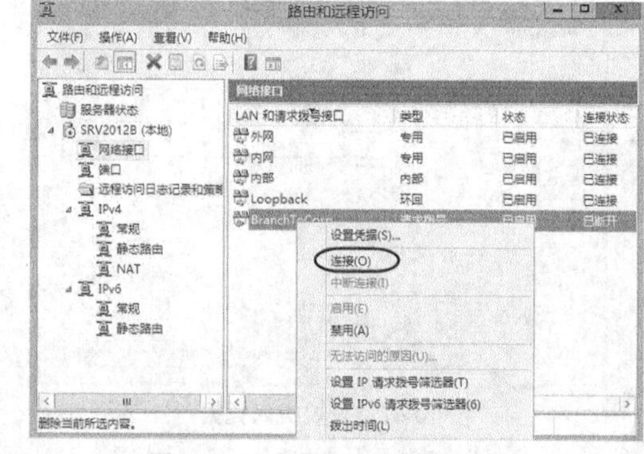

图 14-64　分支机构请求拨号连接

（2）自动激活请求拨号连接。也可通过从分支机构网络访问总部网络来自动激活请求拨号连接，前提是在分支机构 VPN 服务器上设置相应的静态路由。在路由和远程访问控制台中展开“IPv4”>“静态路由”节点，双击右侧窗格中指向总部网络的静态路由项，打开图 14-65 所示的对话框，确认选中“使用此路由来启动请求拨号连接”复选框。这样在通过路由来转发数据包时，如果隧道还没有建立，将自动建立连接。

例如，可在分支机构客户端使用 ping 命令探测总部网络的计算机（或 VPN 路由器），要注意的是，首次运行往往不能成功，因为接口尚未激活，再次运行 ping 命令，即可成功 ping 到目的计算机。可以直接访问总部网络提供的各种网络服务和资源来激活请求拨号接口。

（3）将按需连接改为持续型连接。默认为按需请求连接，如果长达 5 分钟处于空闲状态将自动挂断。可进行设置，将其改为从不挂断。还可设置为持续型连接，两端 VPN 路由器启动后即建立连接并试图始终保持。这通过请求拨号接口属性来设置，如图 14-66 所示。

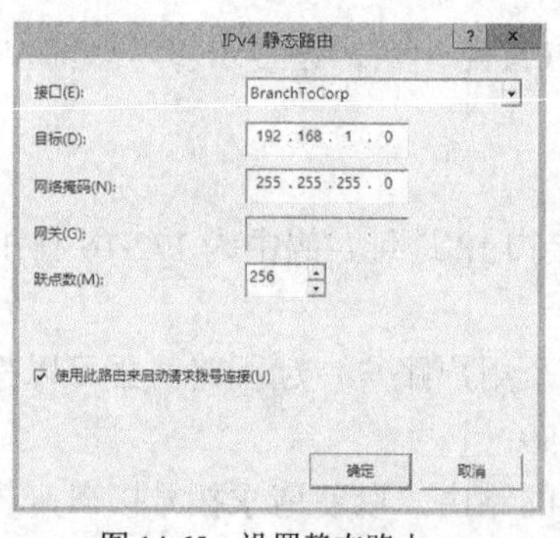

图 14-65　设置静态路由

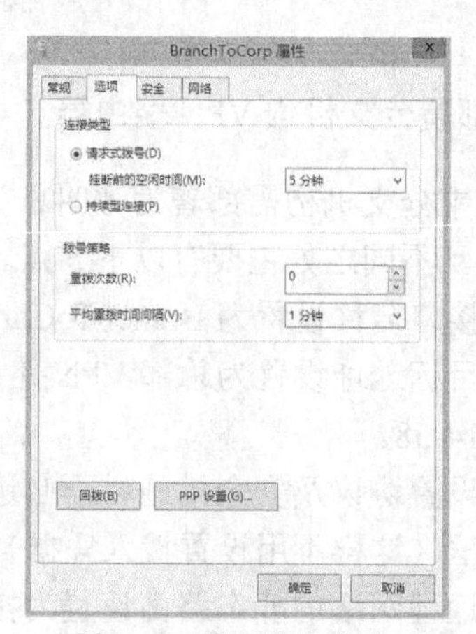

图 14-66　设置连接类型

另外，使用上述向导配置 VPN 路由器时，默认情况下也支持远程访问（服务器属性设置会选中“IPv4 远程访问服务器”选项），远程访问 VPN 客户端也可接入 VPN 路由器所在内部网络。这样可以实现一个同时支持网络互连和远程访问的完整的 VPN 解决方案。

14.3　配置 RADIUS 服务器

前面的内容已多次涉及网络策略。网络策略服务器简称 NPS，前身是网络身份验证服务器（Internet Authentication Server，IAS）。Windows Server 2012 R2 的网络策略服务器是“网络策略和访问服务”角色的一种角色服务，可以用作 RADIUS 服务器和 RADIUS 代理，集中管理网络访问身份验证与授权，还可以用作网络访问保护（NAP）策略服务器，统一管理客户端计算机健康状态。由于 Windows Server 2012 R2 要弃用 NAP，这里主要讲解 RADIUS。

14.3.1　RADIUS 基础

RADIUS 全称为 Remote Authentication Dial In User Service，可以译为“远程身份验证拨入用户服务”，是目前应用最广泛的 AAA 协议。AAA 是指身份验证（Authentication）、授权（Authorization）和记账（Accounting）3 种安全服务。RADIUS 协议是一种基于客户机/服务器模式的网络传输协议，客户端对服务器提出验证和记账请求，而服务器针对客户端请求进行应答。

1. RADIUS 系统的组成

网络策略服务器可以用作 RADIUS 服务器，为远程访问拨号、VPN 连接、无线访问、身份验证交换机提供集中化的身份验证、授权和记账服务。RADIUS 客户端可以是访问服务器，如拨号服务器、VPN 服务器、无线访问点、802.1X 交换机，还可以是 RADIUS 代理。访问客户端是连接到网络访问服务器的计算机，其访问请求经 RADIUS 客户端提交到 RADIUS 服务器集中处理。RADIUS 系统组成如图 14-67 所示，包括 RADIUS 服务器、RADIUS 客户端、RADIUS 协议和访问客户端。

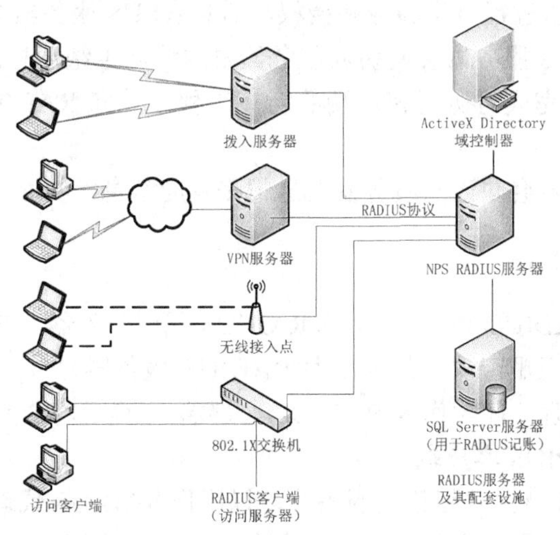

图 14-67　RADIUS 系统组成

2. RADIUS 服务器的功能与应用

将 NPS 用作 RADIUS 服务器时，它提供以下功能。

（1）为 RADIUS 客户端发送的所有访问请求提供集中的身份验证和授权服务。通常使用 Active Directory 域用户账户数据库对用于尝试连接的用户凭据进行身份验证，前提是 RADIUS 服务器要作为域成员，如果用户账户属于其他域，则要求与其他域具有双向信任关系。也可以使用本地 SAM 用户账户数据库进行身份验证。

RADIUS 服务器根据用户账户的拨入属性和网络策略对其连接进行访问授权。

（2）为 RADIUS 客户端发送的所有记账请求提供集中的记账记录服务。记账请求存储在本地日志文件中，还可配置为保存在 SQL Server 数据库中以便于分析。

使用 NPS 作为 RADIUS 服务器适合以下应用场合。

（1）使用 AD 域或本地 SAM 用户账户数据库作为访问客户端的用户账户数据库。

（2）在多个拨号服务器、VPN 服务器或请求拨号路由器上使用路由和远程访问，并且要将网络策略配置与连接日志记录集中在一起。

（3）外购拨号、VPN 或无线访问，访问服务器使用 RADIUS 对建立的连接进行身份验证和授权。

（4）对一组不同种类的访问服务器集中进行身份验证、授权和记账。

3. RADIUS 身份验证、授权与记账工作流程

（1）访问服务器（如 VPN 服务器和无线访问点）作为 RADIUS 客户端从访问客户端接收连接请求。

（2）访问服务器将创建访问请求消息并将其发送给 RADIUS 服务器。

（3）RADIUS 服务器评估访问请求。

（4）如果需要，RADIUS 服务器会向访问服务器发送访问质询消息，访问服务器将处理质询，并向 RADIUS 服务器发送更新的访问请求。

（5）系统将检查用户凭据，并获取用户账户的拨入属性。

（6）系统将使用用户账户的拨入属性和网络策略对连接尝试进行授权。

（7）如果对连接尝试进行身份验证和授权，则 RADIUS 服务器会向访问服务器发送访问接受消息，否则 RADIUS 服务器会向访问服务器发送访问拒绝消息。

（8）访问服务器将完成与访问客户端的连接过程，并向 RADIUS 服务器发送记账请求消息。

（9）RADIUS 服务器会向访问服务器发送记账响应消息。

4. RADIUS 代理

RADIUS 代理（RADIUS Proxy）又称 RADIUS 代理服务器，它用于接收 RADIUS 客户端的身份验证、授权和记账请求（此时作为 RADIUS 服务器），接着将这些请求委托给其他 RADIUS 服务器进行处理（此时作为 RADIUS 客户端），最后将由其他 RADIUS 服务器返回的处理结果转送给 RADIUS 客户端。

Windows Server 2012 R2 网络策略服务器可以用作 RADIUS 代理，在 RADIUS 客户端（访问服务器）和 RADIUS 服务器之间充当一个中介，它们之间通过 RADIUS 协议进行通信，如

图 14-68 所示。RADIUS 访问和记账消息都需要经过 RADIUS 代理服务器，被转发的消息的有关信息将被记录在 RADIUS 代理服务器的记账日志中。

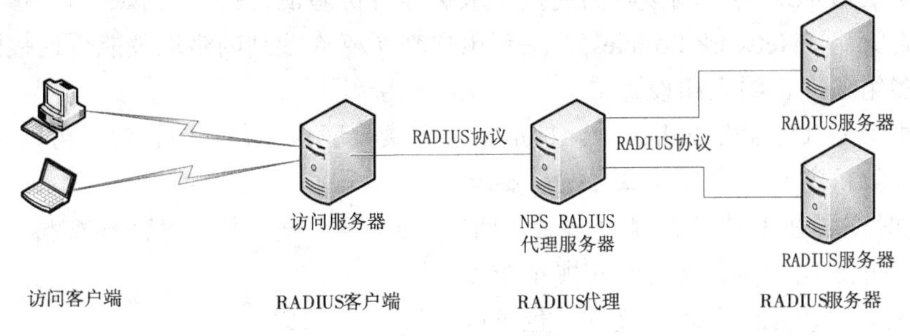

图 14-68 RADIUS 代理组成

当 NPS 充当 RADIUS 代理时，需要与 RADIUS 客户端和 RADIUS 服务器进行交互，增加了 RADIUS 消息转发过程。RADIUS 代理服务器将访问服务器提交的请求消息转发给指定的 RADIUS 服务器，RADIUS 服务器将响应消息发送到 RADIUS 代理服务器，由它转发到访问服务器。

14.3.2 安装和配置网络策略服务器

1. 安装网络策略服务器角色服务

使用服务器管理器中的添加角色和功能向导来安装网络策略服务器。当出现“选择服务器角色”界面时，从“角色”列表中选择“网络策略和访问服务”，会提示需要安装额外的管理工具，单击“添加功能”按钮关闭该对话框回到“选择服务器角色”界面。

单击“下一步”按钮，根据提示进行操作，当出现“选择角色服务”界面时，选择“网络策略服务器”。根据向导的提示完成余下的安装过程。

2. 网络策略服务器控制台

从“管理工具”菜单或服务器管理器的“工具”菜单中选择“网络策略服务器”命令，打开图 14-69 所示的网络策略服务器控制台，可以对本机的网络策略服务器进行管理。例如，右击“NPS（本地）”节点，选择“停止 NPS 服务”或“启动 NPS 服务”来停止或启动 NPS 服务。

该控制台提供大量向导引导管理员进行配置。为提高配置效率，它提供 NPS 模板来创建配置元素，从而减少在一台或多台服务器上配置网络策略服务器时所需的时间和成本。NPS 模板类型包括共享机密（密钥）、RADIUS 客户端、远程 RADIUS 服务器、IP 筛选器、健康策略、更新服务器组等。

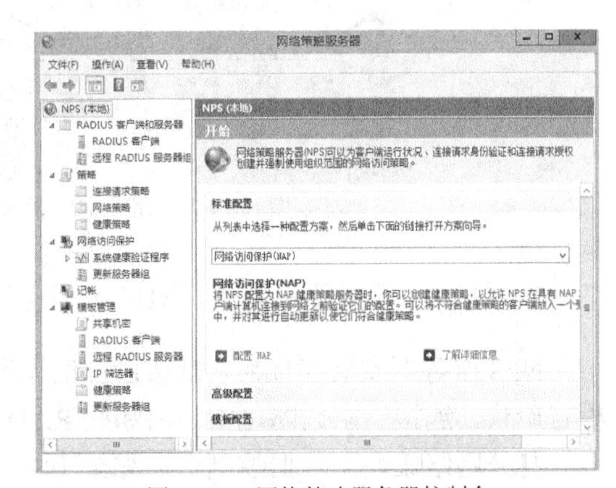

图 14-69 网络策略服务器控制台

在网络策略服务器控制台中可以为 NPS 服务器配置 3 种类型的策略。

- 连接请求策略（Connection Request Policies）。指定哪些 RADIUS 服务器对 NPS 服务器从 RADIUS 客户端接收的连接请求执行身份验证、授权和记账的多组条件和设置。
- 网络策略（Network Policies）。指定用户被授权连接到网络以及能否连接网络的情况的多组条件、约束和设置。
- 健康策略（Health Policies）。指定系统健康验证程序和其他设置，可以为支持 NAP 的计算机定义客户端计算机配置要求。

可以根据需要在网络策略服务器上配置记账，目的是记录用户身份验证和记账请求以用于检查分析。可以记录到本地文件，也可以记录到与 Microsoft SQL Server 兼容的数据库。单击“记账”节点，如图 14-70 所示，列出当前的 NPS 记账配置。默认配置是记录到本地日志文件（如 C:\Windows\System32\LogFiles）。单击“更改日志文件属性”按钮打开相应的对话框，从中设置记录选项。实际的生产部署中往往有大量的记账信息，需要配置数据库来进行记账，通常记录到 SQL Server 数据库。

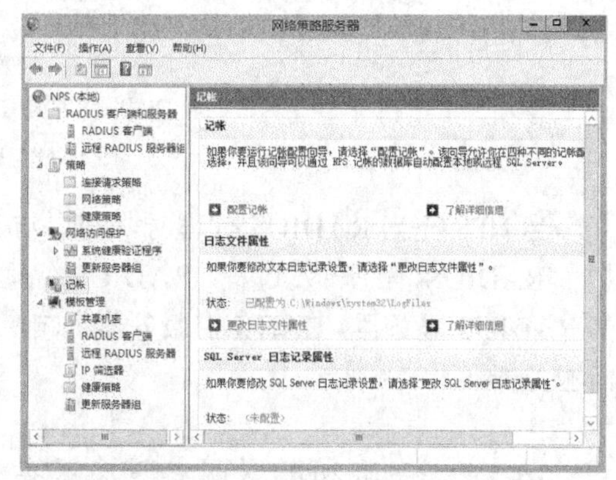

图 14-70　NPS 记账设置

14.3.3　部署 RADIUS 服务器

实验 14-6　部署 RADIUS 服务器

网络策略服务器控制台提供了两个 RADIUS 服务器配置向导，分别是“用于拨号或 VPN 连接的 RADIUS 服务器”和“用于 802.1X 无线或有线连接的 RADIUS 服务器”。这里以 VPN 远程访问为例讲解 RADIUS 服务器的手动部署与管理。

为便于实验，这里利用虚拟机软件搭建一个用于 VPN 的 RADIUS 服务器的简易实验环境，如图 14-71 所示。这里在域控制器上安装网络策略服务器。

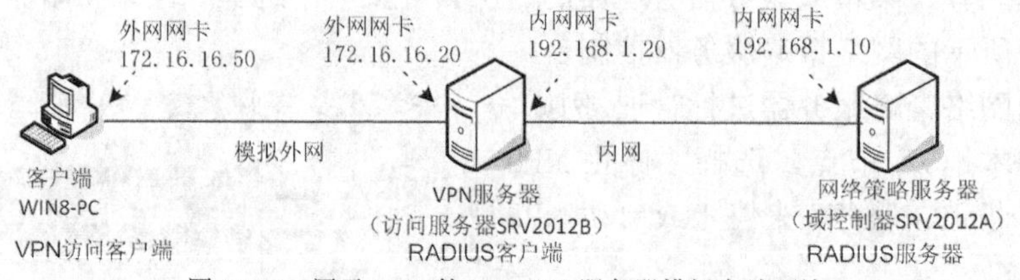

图 14-71　用于 VPN 的 RADIUS 服务器模拟实验环境

1. 将 NPS 服务器设置为 RADIUS 服务器

NPS 服务器安装完成后，默认已自动设置为 RADIUS 服务器。可以通过连接请求策略来检查确认。连接请求策略可指定将哪些 RADIUS 服务器用于 RADIUS 身份验证和记账。

打开网络策略服务器控制台，如图 14-72 所示，展开“策略”>“连接请求策略”节点，右侧窗格中列出现有的连接策略列表，默认已创建一个名为“所有用户使用 Windows 身份验证”的策略，其条件表示一周任何时段都可以连接，显然所有连接请求都被允许。

双击该默认策略打开相应的属性设置对话框，切换到“设置”选项卡，如图 14-73 所示，单击“转发连接请求”下的“身份验证”，默认选中“在此服务器上对请求进行身份验证”选项，表示直接由该 NPS 服务器来验证用户的连接请求。可以单击“转发连接请求”下的“记账”进一步检查确认由该 NPS 服务器执行记账任务。

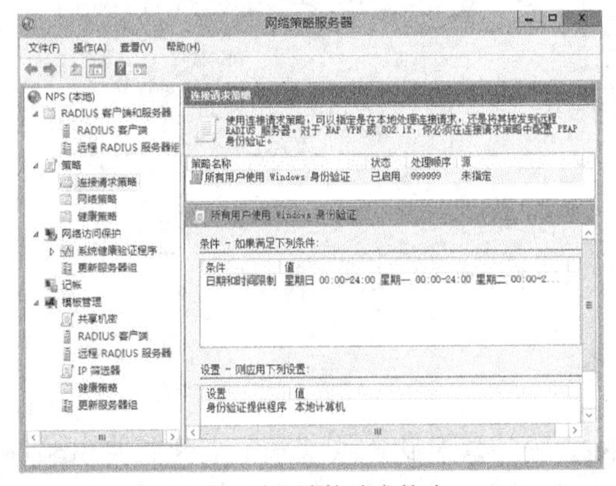

图 14-72　默认连接请求策略

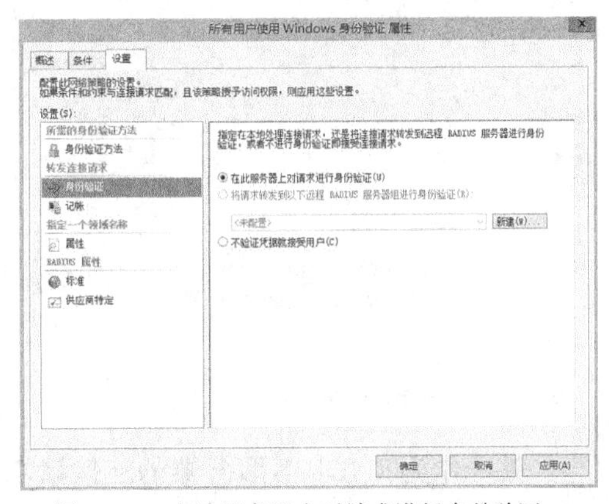

图 14-73　在该服务器上对请求进行身份验证

2. 为 RADIUS 服务器指定 RADIUS 客户端

在 RADIUS 服务器中添加新的 RADIUS 客户端，为每个 RADIUS 客户端提供一个友好名称、IP 地址和共享机密（密钥）。例中将一台 VPN 服务器作为 RADIUS 客户端。

（1）打开网络策略服务器控制台，展开“RADIUS 客户端和服务器”节点，右击“RADIUS 客户端”节点，选择“新建”命令，弹出相应的对话框。

（2）如图 14-74 所示，选中“启用此 RADIUS 客户端”复选框，然后设置以下选项。

- 在“友好名称”框中为该客户端命名。
- 在“地址”框中设置该客户端的 IP 地址或 DNS 名称。
- 在“共享机密”区域设置 RADIUS 客户端要共享的密钥。这里没有选择共享机密模板，选择“手动”单选按钮并设置共享密钥。

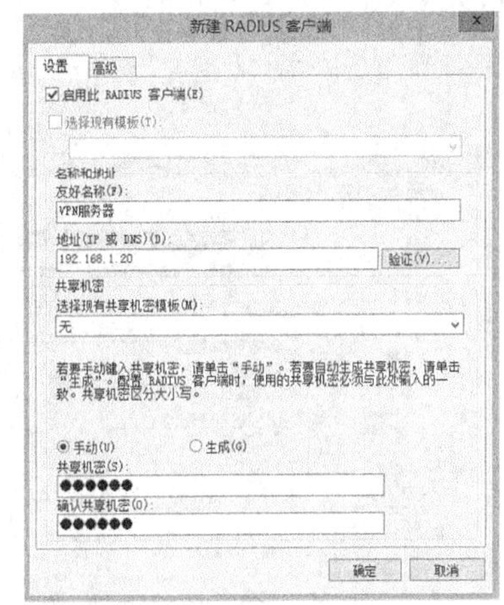

图 14-74　RADIUS 客户端设置

（3）切换到“高级”选项卡，如图 14-75 所示，从“供应商名称”下拉列表中选择 RADIUS 客户端的供应商，例中将 Windows 路由和远程访问服务中的 VPN 服务器作为客户端，因此选择 Microsoft。如果不能确定，可直接选择 RADIUS Standard。

如果选中“Access-Request 消息必须包含 Message-Authenticator 属性”选项，则要求对方发送请求时要包含消息验证器属性以提高安全性，防止假冒 IP 地址的 RADIUS 客户端。

（4）确认上述设置后，单击“确定”按钮完成添加 RADIUS 客户端。

这样，上述客户端将加入到 RADIUS 客户端列表中，如图 14-76 所示。可以根据需要进一步修改其设置，右击该客户端，从快捷菜单中选择相应的命令即可。

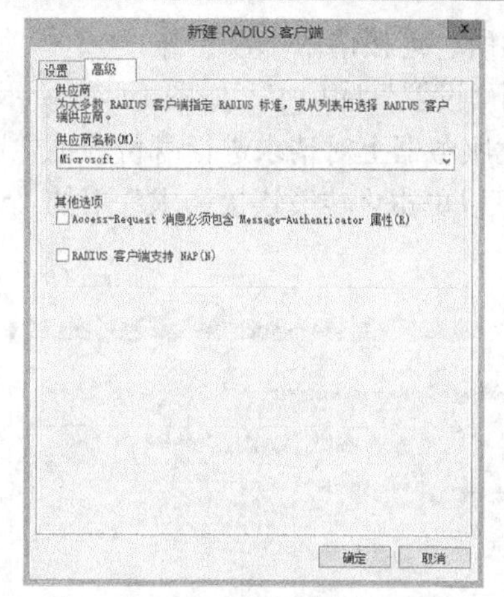

图 14-75　RADIUS 客户端高级设置

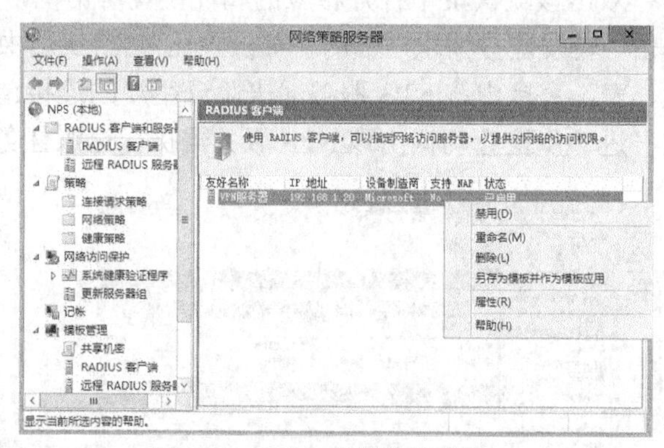

图 14-76　RADIUS 客户端列表

3. 配置网络策略

当处理作为RADIUS服务器的连接请求时，NPS服务器对此连接请求既要执行身份验证，又要执行授权。在身份验证过程中，NPS 验证连接到网络的用户或计算机的身份。在授权过程中，NPS 确定是否允许用户或计算机访问网络。授权是由网络策略决定的。

打开网络策略服务器控制台，展开“策略”>“网络策略”节点，如图 14-77 所示，右侧窗格中列出现有的网络策略列表，默认已创建两个策略。双击第一个策略（针对 RRAS 访问），可以发现“访问权限”区域已选中“拒绝访问”选项，拒绝所有用户访问。要允许用户访问，如图 14-78 所示，在“访问权限”区域选中“授予访问权限”选项，或者新建一个网络策略允许 VPN 用户访问，具体方法请参见 14.2.2 节。

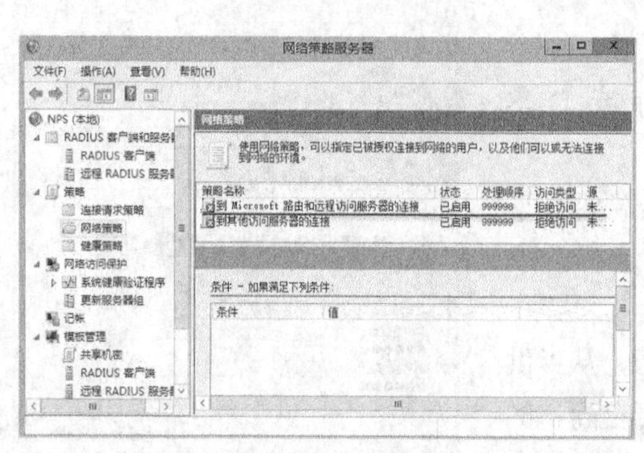

图 14-77　网络策略列表

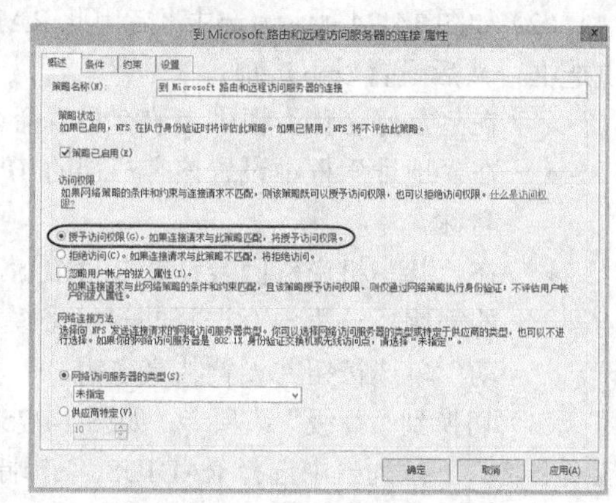

图 14-78　授予访问权限

4. 配置 RADIUS 客户端

例中将 VPN 服务器作为 RADIUS 客户端，前面已介绍过 VPN 服务器的安装和配置。这里侧重介绍在 VPN 服务器上通过路由和远程访问控制台来配置远程访问服务器的 RADIUS 验证和记账。

最简单的方法是运行路由和远程访问服务器安装向导来配置 RADIUS。选择“远程访问（拨号或 VPN）”，再选择“VPN”，根据提示进行操作，当出现“管理多个远程访问服务器”

界面时，选中第二个选项；单击“下一步”按钮，出现“RADIUS 服务器选择”界面，从中设置 RADIUS 的地址或域名，在“共享机密”框中输入 RADIUS 服务器端所设置的共享密钥。然后根据提示完成操作步骤。

也可以手动配置 RADIUS 身份验证与记账。在“路由和远程访问”控制台中打开服务器属性设置对话框，切换到图 14-79 所示的“安全”选项卡，从“身份验证提供程序”列表中选择“RADIUS 身份验证”，单击右侧的“配置”按钮打开相应的对话框，然后单击“添加”按钮弹出“添加 RADIUS 服务器”对话框，如图 14-80 所示，设置 RADIUS 服务器及其共享密钥，其他选项保持默认值即可。参照上述方法配置计账（记账）提供程序。

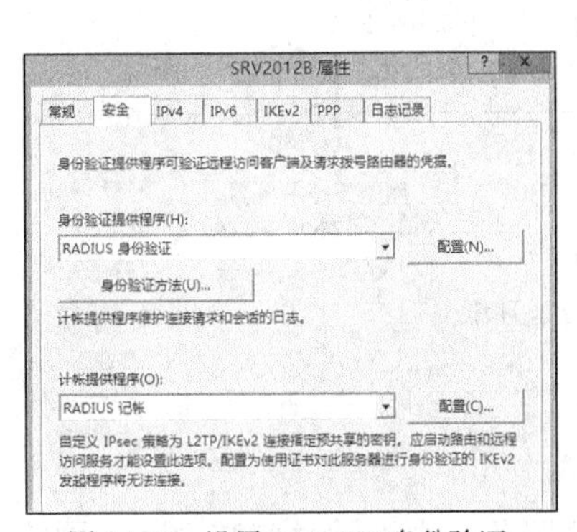

图 14-79　设置 RADIUS 身份验证

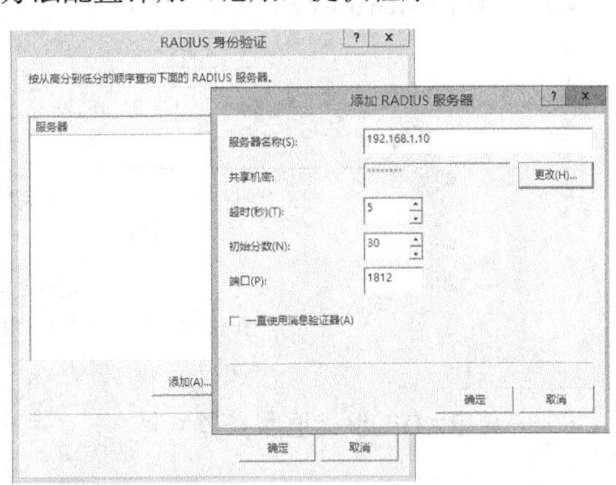

图 14-80　添加 RADIUS 服务器

5. 测试 RADIUS

完成上述配置后，可以进行 RADIUS 测试。

（1）在服务器（例中为域控制器）上检查用户账户的拨入属性设置，确认该用户的“网络访问权限”设置为“通过 NPS 网络策略控制访问”（这也是默认设置）。

（2）在访问客户端（例中为 Windows 8 计算机）上添加一个到 RADIUS 客户端（例中为 VPN 服务器）的 VPN 连接，将其 VPN 类型设置为 PPTP。

（3）启动该 VPN 连接，输入相应的用户名、密码和域名，连接成功后可查看连接的详细信息。

（4）在 RADIUS 服务器上检查 NPS 日志记录，打开系统驱动器上的\Windows\System32\LogFiles 文件夹，其中有一个 log 文件，用文本编辑器打开，可以发现连接请求已被记录到日志，如图 14-81 所示，说明 RADIUS 身份验证、授权与记账功能均已生效。

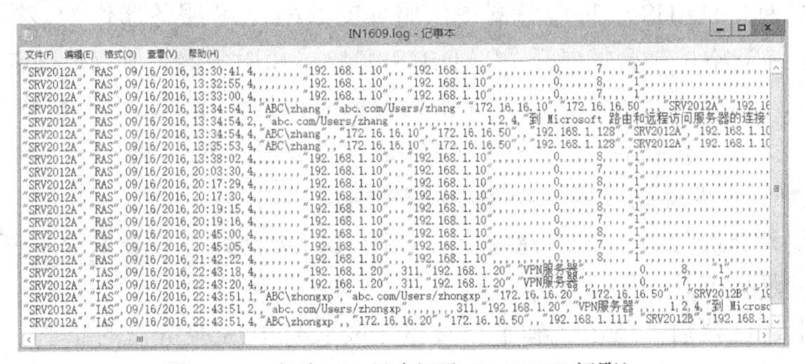

IN1609.log - 记事本

文件(F)　编辑(E)　格式(O)　查看(V)　帮助(H)

```
"SRV2012A","RAS",09/16/2016,13:30:41,4,,,,,,,,"192.168.1.10",,,"192.168.1.10",,,,,,,,,,0,,,,,,7,,,,"1",,,,,,,,,,,,,,,,,,,,
"SRV2012A","RAS",09/16/2016,13:32:55,4,,,,,,,,"192.168.1.10",,,"192.168.1.10",,,,,,,,,,0,,,,,,8,,,,"1",,,,,,,,,,,,,,,,,,,,
"SRV2012A","RAS",09/16/2016,13:33:00,4,,,,,,,,"192.168.1.10",,,"192.168.1.10",,,,,,,,,,0,,,,,,7,,,,"1",,,,,,,,,,,,,,,,,,,,
"SRV2012A","RAS",09/16/2016,13:34:54,1,"ABC\zhang","abc.com/Users/zhang","172.16.16.10","172.16.16.50",,,"SRV2012A","192.16
"SRV2012A","RAS",09/16/2016,13:34:54,2,,"abc.com/Users/zhang",,,,,,,,,,,,,,,,1,2,4,"到 Microsoft 路由和远程访问服务器的连接"
"SRV2012A","RAS",09/16/2016,13:34:54,4,"ABC\zhang",,"172.16.16.10","172.16.16.50",,"192.168.1.128","SRV2012A","192.168.1.10
"SRV2012A","RAS",09/16/2016,13:35:53,4,"ABC\zhang",,"172.16.16.10","172.16.16.50",,"192.168.1.128","SRV2012A","192.168.1.10
"SRV2012A","RAS",09/16/2016,13:38:02,4,,,,,,,,"192.168.1.10",,,"192.168.1.10",,,,,,,,,,0,,,,,,8,,,,"1",,,,,,,,,,,,,,,,,,,,
"SRV2012A","RAS",09/16/2016,20:03:30,4,,,,,,,,"192.168.1.10",,,"192.168.1.10",,,,,,,,,,0,,,,,,7,,,,"1",,,,,,,,,,,,,,,,,,,,
"SRV2012A","RAS",09/16/2016,20:17:29,4,,,,,,,,"192.168.1.10",,,"192.168.1.10",,,,,,,,,,0,,,,,,8,,,,"1",,,,,,,,,,,,,,,,,,,,
"SRV2012A","RAS",09/16/2016,20:17:30,4,,,,,,,,"192.168.1.10",,,"192.168.1.10",,,,,,,,,,0,,,,,,7,,,,"1",,,,,,,,,,,,,,,,,,,,
"SRV2012A","RAS",09/16/2016,20:19:15,4,,,,,,,,"192.168.1.10",,,"192.168.1.10",,,,,,,,,,0,,,,,,8,,,,"1",,,,,,,,,,,,,,,,,,,,
"SRV2012A","RAS",09/16/2016,20:19:16,4,,,,,,,,"192.168.1.10",,,"192.168.1.10",,,,,,,,,,0,,,,,,7,,,,"1",,,,,,,,,,,,,,,,,,,,
"SRV2012A","RAS",09/16/2016,20:45:00,4,,,,,,,,"192.168.1.10",,,"192.168.1.10",,,,,,,,,,0,,,,,,8,,,,"1",,,,,,,,,,,,,,,,,,,,
"SRV2012A","RAS",09/16/2016,20:45:05,4,,,,,,,,"192.168.1.10",,,"192.168.1.10",,,,,,,,,,0,,,,,,7,,,,"1",,,,,,,,,,,,,,,,,,,,
"SRV2012A","RAS",09/16/2016,21:42:22,4,,,,,,,,"192.168.1.10",,,"192.168.1.10",,,,,,,,,,0,,,,,,8,,,,"1",,,,,,,,,,,,,,,,,,,,
"SRV2012A","IAS",09/16/2016,22:43:18,4,,,,,,,,"192.168.1.20",,311,"192.168.1.20","VPN服务器",,,,,,,,,0,,,,,,8,,,,"1",,,,,,,
"SRV2012A","IAS",09/16/2016,22:43:20,4,,,,,,,,"192.168.1.20",,311,"192.168.1.20","VPN服务器",,,,,,,,,0,,,,,,7,,,,"1",,,,,,,
"SRV2012A","IAS",09/16/2016,22:43:51,1,"ABC\zhongxp","abc.com/Users/zhongxp","172.16.16.20","172.16.16.50",,,"SRV2012B","19
"SRV2012A","IAS",09/16/2016,22:43:51,2,,"abc.com/Users/zhongxp",,,,,,,,311,"192.168.1.20","VPN服务器",,,,,1,2,4,"到 Microsc
"SRV2012A","IAS",09/16/2016,22:43:51,4,"ABC\zhongxp",,"172.16.16.20","172.16.16.50",,"192.168.1.111","SRV2012B","192.168.1.
```

图 14-81　查看 NPS 日志记录（RADIUS 记账）

14.3.4 部署与测试 RADIUS 代理服务器

Windows Server 2012 R2 网络策略服务器可以充当 RADIUS 代理服务器，将 RADIUS 客户端的身份验证、授权和记账请求委托给其他 RADIUS 服务器进行处理。这至少需要两台网络策略服务器，一台作为 RADIUS 代理，另一台作为 RADIUS 服务器。为便于实验，对 14.3.3 节的 VPN 实验环境略加调整，在 VPN 服务器上同时安装网络策略服务器，并将它作为 RADIUS 代理，如图 14-82 所示。

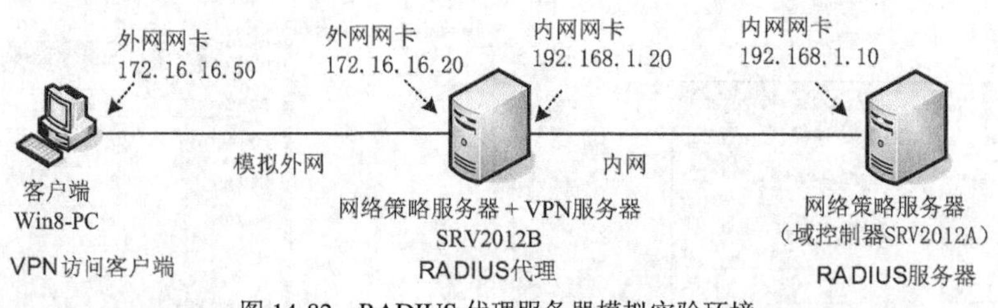

图 14-82 RADIUS 代理服务器模拟实验环境

1. 安装 RADIUS 代理服务器

首先在 VPN 服务器上添加“网络策略服务器”角色服务。由于同时安装由有“网络策略服务器”和“DirectAccess 和 VPN(RAS)”两个角色服务，网络策略服务器将自动接管路由和远程访问服务的身份验证和记账，也就是说远程访问的身份验证和记账必须由本地 NPS 服务器提供。在“路由和远程访问”控制台中打开服务器属性设置对话框，切换到“安全”选项卡，可以发现这样的提示信息。

该服务器（例中为 SRV2012B）作为 VPN 服务器，具有 RADIUS 客户端身份。由于安装了网络策略服务器，又可作为 RADIUS 服务器或 RADIUS 代理服务器。这里要将其配置为 RADIUS 代理服务器。可以使用连接请求策略来指定执行连接请求身份验证的位置，是在本地计算机上，还是在属于远程 RADIUS 服务器组成员的远程 RADIUS 服务器上（也就是使用 RADIUS 代理）。

2. 在 RADIUS 代理服务器上创建远程 RADIUS 服务器组

设置 RADIUS 代理需要在 RADIUS 代理服务器（例中为 SRV2012B）上创建远程 RADIUS 服务器组，将要为 RADIUS 代理服务器提供服务的 RADIUS 服务器作为该组成员。

（1）打开网络策略控制台，展开“RADIUS 客户端和服务器”节点，右击“远程 RADIUS 服务器组”节点，选择“新建”命令，弹出相应的对话框，在“组名”框中为该组命名。

（2）单击“添加”按钮打开“添加 RADIUS 服务器”对话框，在“服务器”框中设置 RADIUS 服务器的 IP 地址或域名，如图 14-83 所示。

（3）切换到“身份验证/记账”选项卡，如图 14-84 所示，设置共享机密（密钥），其他选项保持默认设置即可。

（4）确认上述设置后，单击“确定”按钮完成 RADIUS 服务器的添加。

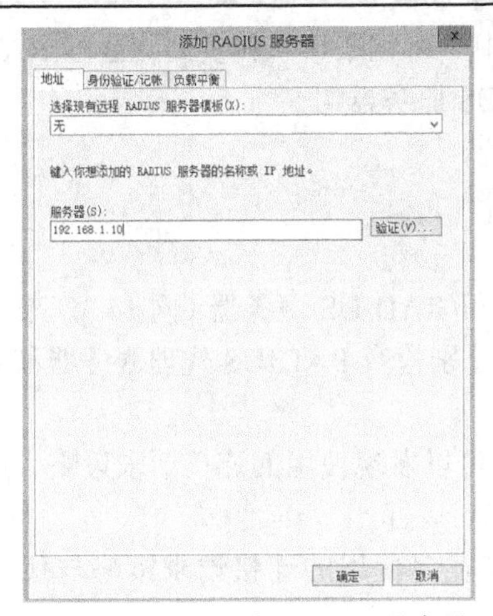

图 14-83　添加 RADIUS 服务器

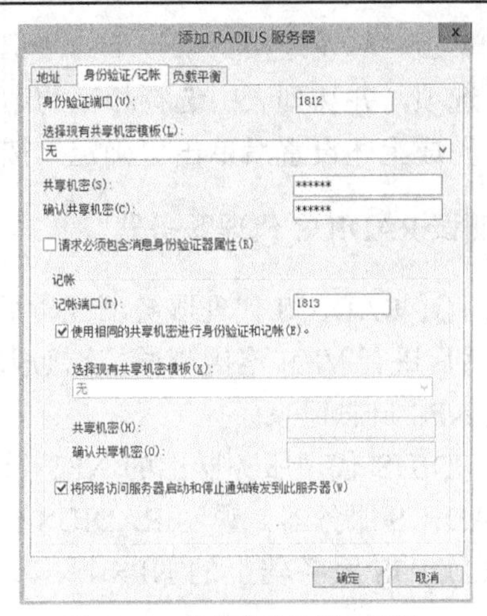

图 14-84　设置身份验证与记账

（5）回到“新建远程 RADIUS 服务器组”对话框，可根据需要继续添加其他 RADIUS 服务器，完成后单击“确定”按钮。

这样，上述远程 RADIUS 服务器组将加入到远程 RADIUS 服务器组列表中，可以根据需要进一步修改其设置。

3．在 RADIUS 代理服务器上启用 RADIUS 代理

在 SRV2012B 服务器上打开网络策略服务器控制台，如图 14-85 所示，展开“策略”>“连接请求策略”节点，右侧窗格中列出现有的连接策略列表，由于原先 VPN 服务器已经配置为 RADIUS 客户端，这里增加了一个名为“Microsoft 路由和远程访问服务策略”的策略（另外也生成了一个名为“Microsoft 路由和远程访问服务身份验证服务器”的远程 RADIUS 服务器组），通过该策略已经自动设置为 RADIUS 代理服务器。为便于实验，这里再对该策略进行修改。当然，还可以增加一个新的连接请求策略。

（1）双击该策略打开相应的属性设置对话框，切换到“设置”选项卡，如图 14-86 所示，单击“转发连接请求”下的“身份验证”，选中“将请求转发到以下远程 RADIUS 服务器组进行身份验证”选项，并从列表中选择相应的远程 RADIUS 服务器组。如果没有合适的远程 RADIUS 服务器组，可以单击“新建”按钮增加。

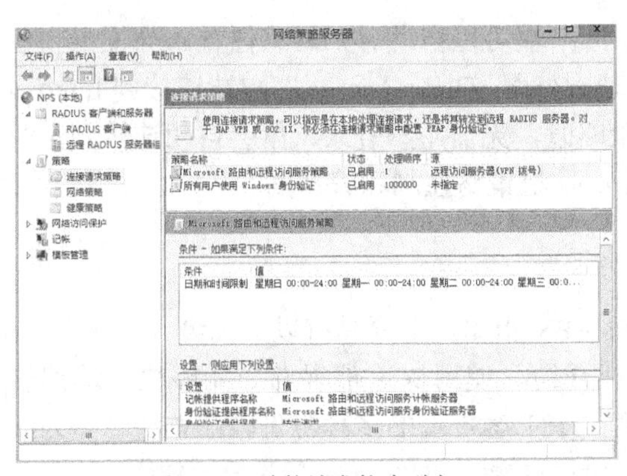

图 14-85　连接请求策略列表

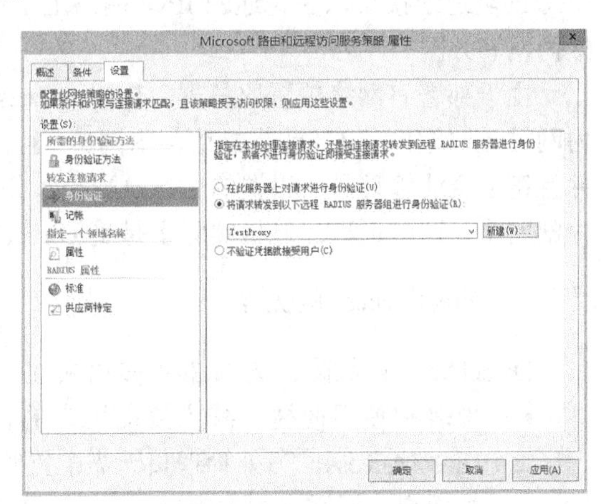

图 14-86　转发身份验证请求

（2）单击“转发连接请求”下的“记账”，选中“将记账请求转发到此远程 RADIUS 服务器组”选项，并从列表中选择相应的远程 RADIUS 服务器组。

（3）完成上述设置后单击“确定”按钮。

4. 测试 RADIUS 代理服务器

完成上述 RADIUS 代理服务器配置后，再配置好 RADIUS 服务器（同 14.3.3 节）和 VPN 服务器，然后进行 VPN 连接测试，连接成功后可以分别检查 RADIUS 代理服务器和 RADIUS 服务器的 NPS 日志记录。

从 RADIUS 代理服务器上的 NPS 日志记录中可以发现使用的连接请求策略、远程服务器组、RADIUS 服务器，说明 RADIUS 代理已经成功运行。

从 RADIUS 服务器上的 NPS 日志记录中可以发现使用的连接请求策略与代理服务器不同。

14.4 部署 DirectAccess 远程访问

DirectAccess 可以译为直接访问，是微软新一代 VPN 技术，旨在为企业的远程访问提供更简便、更有效的解决方案。它最突出的特点是，远程用户可以在不需要建立传统 VPN 连接的情况下，安全便捷地通过 Internet 直接访问企业内网资源。Windows Server 2008 R2 开始引入该技术，由于对普通用户来说部署比较困难，尤其需要精通 IPv6 和 netsh 命令，所以应用受限。Windows Server 2012 和 Windows Server 2012 R2 重新设计了 DirectAccess 部署和管理方式，使得 DirectAccess 部署更为便捷，同时将 DirectAccess 与 RRAS 整合到一起，提供全面的远程访问解决方案。

14.4.1 DirectAccess 基础

1. DirectAccess 工作原理

DirectAccess 工作时，客户端建立一个通向 DirectAccess 服务器的 IPv6 隧道连接。这个 IPv6 的隧道连接可以在普通的 IPv4 网络上工作。DirectAccess 服务器承担了网关的角色来连接内网和外网。

由于部署有网络位置服务器，DirectAccess 客户端可以自动感知网络位置。当位于企业内网时，直接作为内部计算机访问内网。一旦移动到外网，DirectAccess 客户端连接到 Internet 并且符合企业管理员所设置的 DirectAccess 组策略时，无需用户登录，就会自动连接到企业内部网络。这些远程计算机实际上是受 DirectAccess 组策略控制和管理的。

2. DirectAccess 的优势

DirectAccess 克服了 VPN 的很多局限性，与 VPN 相比，主要具有以下优势。

- 部署和使用便捷，减少终端用户的管理开销。使用快速部署向导能够快速地部署 DirectAccess，另外管理员无需配置管理 VPN 客户端的多种身份验证方法。作为终端用户，无需考虑 VPN 连接，无需考虑断线重拨，网络连接都是自动的。

- 位于外网的客户端可以自动地与公司内网服务器之间建立双向的连接，使得远程用户和移动计算机更易于管理。这有助于对漫游在外的 IT 财产进行安全监督和数据保护。如果没有部署 DirectAccess，只有当用户及其设备连接到 VPN 或进入企业内网，才能对它们进行管理。另外，双向连接使得管理员可以通过远程桌面连接访问漫游在外的客户端。
- 提高用户的漫游体验和工作效率。DirectAccess 客户端能够自动感知网络位置，能够提供内部与外部办公同样的连接体验，只要有 Internet 连接便能访问内网资源，无论用户漫游到何处。
- 改进远程访问的安全性。DirectAccess 使用 IPSec 进行认证和加密，确保通信安全。DirectAccess 支持 NAP（网络保护策略），能对连接的用户进行系统健康检查和准入控制。

3. DirectAccess 的新特性

Windows Server 2012 和 Windows Server 2012 R2 的 DirectAccess 改进非常大，这里列举 6 个最主要的新特性。

- DirectAccess 和 RRAS 并存，两种服务可以在同一服务器上运行。
- 简化的 DirectAccess 部署。针对中小型规模的部署，无需全面部署 PKI、集成证书配置以及两个连续的公用 IPv4 地址。新提供的开始向导提供非常简单的配置体验，回避了 DirectAccess 的复杂性，允许执行一些简单的步骤完成自动设置。
- 无需以 PKI 部署作为 DirectAccess 的先决条件。中小型组织可以使用自签名证书来简化配置和管理。
- DirectAccess 服务器可部署于 NAT 设备后面。在此配置中，将只部署通过 HTTPS 的 IP。IP-HTTPS 协议是 IPv6 转换技术，允许使用安全的 HTTP 连接建立安全的 IP 隧道。
- 支持一次性密码（OTP）双因素身份验证。新的 DirectAccess 支持带有智能卡或 OTP 的双因素身份验证基于令牌的解决方案，此功能需要 PKI 部署。
- 自动支持强制隧道。启用强制隧道选项将限制 DirectAccess 客户端仅可使用 IP-HTTPS 协议进行连接。

4. 部署 DirectAccess 的最低要求

部署 DirectAccess 要满足以下最低要求。

- Active Directory 域服务。需要部署一个 Active Directory 环境，供 DirectAccess 使用安全组和组策略对客户端进行配置和管理。DirectAccess 服务器和客户端都需要加入域。
- DirectAccess 服务器。安装有远程访问服务器角色的 Windows Server 2012 或 Windows Server 2012 R2 服务器，作为域成员。
- DirectAccess 客户端。必须运行 Windows 7 旗舰版、Windows 7 企业版、Windows 8/8.1 企业版或 Windows 10 企业版，并作为域成员计算机。
- 一个公网 IP 地址和相应的 DNS 记录。这个 IP 地址是提供给 DirectAccess 服务器连接 Internet 用的。
- 所有客户端必须启用 Windows 防火墙。

5. DirectAccess 的部署路径和方案

DirectAccess 远程访问部署路径为：基本→高级→企业。选择基本部署，通过使用向导使用默认设置，而无需配置基础结构设置，如 PKI 或 Active Directory 安全组就可以配置 DirectAccess。在高级部署中，可以部署单台 DirectAccess 服务器，配置网络基础结构服务器以支持 DirectAccess。企业部署旨在使用企业网络功能，如负载平衡群集、多站点部署或双因素客户端身份验证，涉及更为复杂的 DirectAccess 配置。

DirectAccess 部署方案有多种，下面列出两种最基本的方案及其特点。

（1）使用入门向导部署单台 DirectAccess 服务器。

- 必须在所有配置文件上启用 Windows 防火墙。
- 仅支持客户端运行 Windows 8.1 企业版和 Windows 8 企业版。
- 无需部署 PKI。
- DirectAccess 服务器兼作网络位置服务器。
- 不支持部署双因素身份验证。域凭据是必需的身份验证。
- 默认自动将 DirectAccess 部署到当前域中的所有移动计算机。
- 到 Internet 的流量不会通过 DirectAccess。不支持强制隧道配置。
- 不支持 NAP（网络访问保护）。

（2）使用高级设置部署单台 DirectAccess 服务器。

- 必须部署 PKI。
- 必须在所有配置文件上启用 Windows 防火墙。
- DirectAccess 客户端支持 Windows 7 旗舰版/企业版、Windows 8/8.1 企业版、Windows Server 2008 R2、Windows Server 2012/Windows Server 2012 R2。
- 使用 KerbProxy 身份验证不支持强制隧道配置。
- 不支持隔离 NAT64/DNS64 和 IP-HTTPS 在另一台服务器上的服务器角色。

其他方案包括在群集中部署远程访问、部署多站点部署中的多个远程访问服务器、部署带有 OTP 身份验证的远程访问、在多林环境中部署远程访问等。

14.4.2 部署基本的 DirectAccess 远程访问

实验 14-7 部署基本的 DirectAccess 远程访问

学习 DirectAccess，可以从最基本的部署开始。这里示范使用入门向导部署单台 DirectAccess 服务器。为便于实验，利用虚拟机软件搭建一个最小 DirectAccess 配置的简易实验环境，如图 14-87 所示。内网部署的 AD 域为 abc.com，网段为 192.168.1.0/24；外网采用模拟 Internet，网段为 137.107.0.0/24，DNS 域为 isp.example.com；一台 Windows Server 2012 R2 服务器作为内网的域控制器、DNS 和 DHCP 服务器，命名为 SRV2012A；一台 Windows Server 2012 R2 服务器加入域，作为边缘服务器（DirectAccess 服务器），配置内、外两个网络接口，命名为 DASRV；一台 Windows Server 2003 服务器，作为公网 DNS、DHCP 服务器和 Web 服务器；一台运行 Windows 8.1 企业版的计算机作为 DirectAccess 客户端，命名为 Win81-Ent，可在外网和内网之间切换。

先做好环境部署，再配置 DirectAccess，最后进行测试。

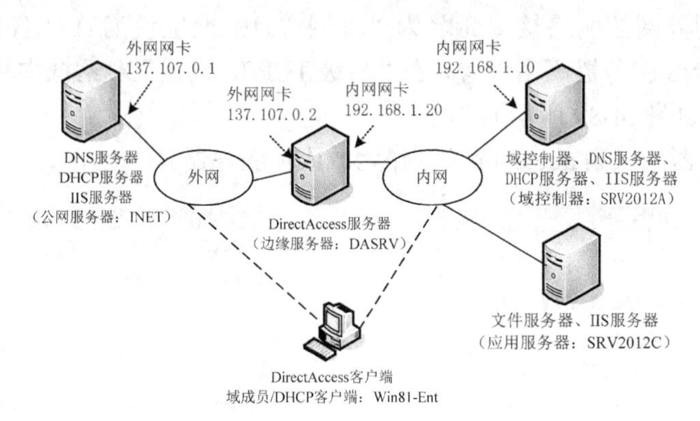

图 14-87　DirectAccess 模拟实验环境

1. 部署域控制器

Active Directory 环境和域控制器是必需的。

（1）在内网中部署一台运行 Windows Server 2012 R2 的域控制器，例中将其命名为 SRV2012A，将其网络接口的 IP 地址设置为 192.168.1.10（子网掩码为 255.255.255.0），DNS 服务器地址设置为 127.0.0.1。

（2）安装并配置域名为 abc.com 的 Active Directory 域服务。

（3）安装 Active Directory 域服务时一并安装并配置相应的 DNS 服务器，确认区域 abc.com 已经启用动态更新。

（4）安装并配置 DHCP 服务器。新建一个 IPv4 作用域，将作用域地址范围设置为 192.168.1.101~192.168.1.180；在作用域选项中将 DNS 域名设置为 abc.com，DNS 服务器设置为 192.168.1.10。

（5）为 DirectAccess 客户端创建一个全局安全组，例中将其命名为 DA-Clients。可以使用 Active Directory 管理中心或 Active Directory 用户和计算机控制台工具在 Users 容器中新建该安全组。

2. 部署应用服务器

在实际应用中，内网中往往要部署应用服务器提供 Web 服务和文件服务等。这类服务器的网络接口要使用静态 IP 地址，DNS 服务器要设置为上述域控制器的 IP 地址，且加入到域，作为域成员服务器。然后根据需要安装要提供的服务。

这里考虑到虚拟机环境的系统资源承载能力，将应用服务器并到域控制器上，在域控制器上安装 IIS 服务器用于测试。

3. 配置 DirectAccess 服务器的网络设置

在内、外网边界部署一台运行 Windows Server 2012 R2 的 DirectAccess 服务器，作为内网边缘服务器，例中将其命名为 DASRV。为该服务器配置两个网络接口（网卡）。

（1）将连接到内网的网络接口命名为“内网”，IP 地址设为 192.168.1.20（子网掩码为 255.255.255.0），DNS 服务器设为 192.168.1.10（指向域控制器），在“高级 TCP/IP 设置”对话框中将 DNS 后缀设置为 abc.com（如图 14-88 所示）。

（2）将连接到外网的网络接口命名为“外网”，IP 地址设为 131.107.0.2（子网掩码为 255.255.255.0），DNS 服务器不用设置，在“高级 TCP/IP 设置”对话框中将 DNS 后缀设置为 isp.example.com（如图 14-89 所示）。

（3）将该服务器加入到 abc.com 域，作为域成员服务器。

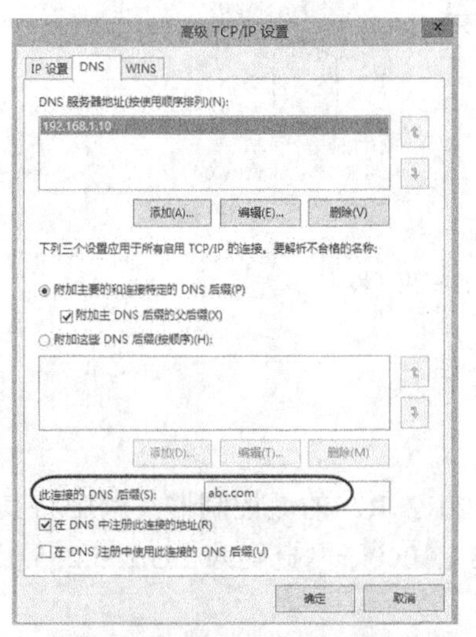

图 14-88　内网接口 DNS 设置

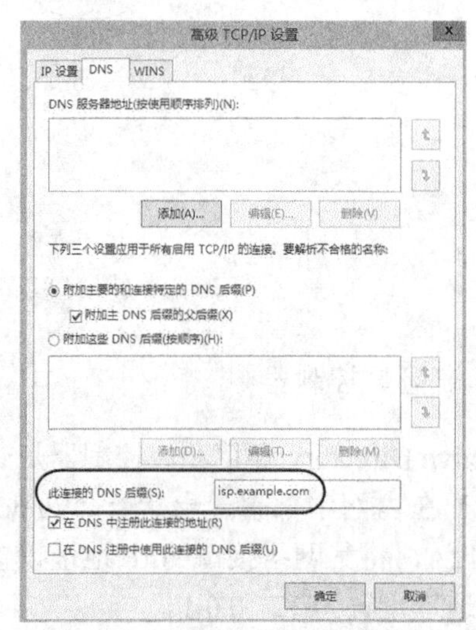

图 14-89　外网接口 DNS 设置

4. 配置公网服务器

微软官网相关文档中推荐公网服务器运行 Windows Server 2012/Windows server 2012 R2，这里改用 Windows Server 2003 也是可行的。

（1）在外网（模拟公网）中部署该服务器，例中将其命名为 INET，将其网络接口的 IP 地址设置为 131.107.0.1（子网掩码为 255.255.255.0），DNS 服务器地址设置为 127.0.0.1，在“高级 TCP/IP 设置”对话框中将 DNS 后缀设置为 isp.example.com。

（2）在该服务器上安装 DNS 服务器和 IIS 服务器。

（3）打开 DNS 管理器，在“正向查找区域”节点下新建一个名为 isp.example.com 的主要区域，设置为允许动态更新（此处是非安全动态更新，因为没有部署 AD 域）；然后在该区域中新建一条主机(A)记录，将本机域名(inet.isp.example.com)指向本机 IP 地址 131.107.0.1。

（4）继续在 DNS 管理器的“正向查找区域”节点下新建一个名为 xyz.com（主要用于测试，域名可以自己定）的主要区域；然后在该区域中新建一个主机（A）记录，将 DirectAccess 服务器的域名（dasrv.xyz.com）指向其外网接口 IP 地址 131.107.0.2。

（5）再在 DNS 管理器的“正向查找区域”节点下新建一个名为 msftncsi.com（一定要用这个域名，它有特殊用途）的主要区域；在该区域中创建一条主机（A）记录，将域名 www.msftncsi.com 指向本机地址 131.107.0.1，如图 14-90 所示；再创建一条主机（A）记录，域名 dns.msftncsi.com 指向地址 131.107.255.255，如图 14-91 所示，这条记录必须这样设置。

（6）配置专用的 NCSI Web 网页。在网站根目录（例中为 C:\inetpub\wwwroot）下新建一个名为 ncsi.txt 的纯文本文件，编辑该文件，只需输入以下一行特定的内容：

```
Microsoft NCSI
```

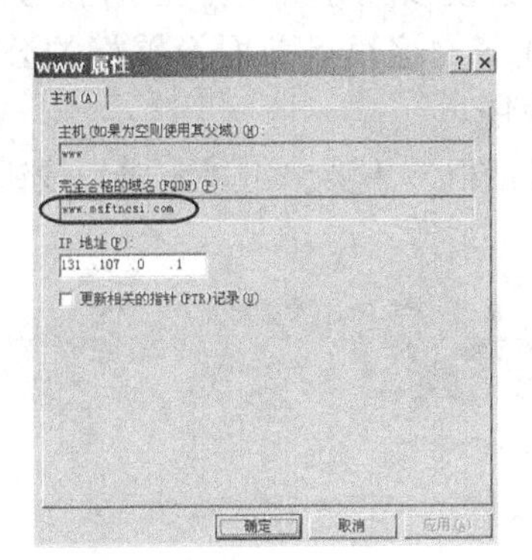

图 14-90　www.msftncsi.com 主机记录

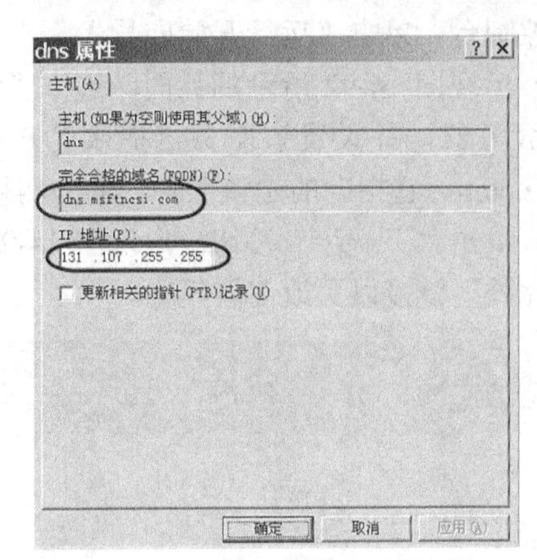

图 14-91　dns.msftncsi.com 主机记录

上述两个步骤有特定的意义，一定要正确配置。在实际部署中，DirectAccess 客户端会访问微软专门提供的 DNS 服务器和网站来确定是否连接到 Internet（互连网），这两个步骤的设置就是模拟微软的环境。当 Windows 系统连接网络时，会自动向微软发送一个域名访问的请求，返回的结果用来作为网络连接状况指示器（Network Connectivity Status Indicator，NCSI）的状态显示，NCSI 首先在 dns.msftncsi.com 服务器上执行一次 DNS 查询，然后请求访问只有一行文字“Microsoft NCSI”的文本文件 http://www.msftncsi.com/ncsi.txt，以此来确定是否有 Internet 连接。域名 dns.msftncsi.com 一定要解析为 131.107.255.255，如果地址不匹配，系统则会认为网络连接工作不正常。

（7）在该服务器上安装并配置 DHCP 服务器。新建一个 IPv4 作用域，例中将作用域地址范围设置为 137.107.0.101~137.107.0.180；在作用域选项中将 DNS 域名设置为 isp.example.com，DNS 服务器设置为 137.107.0.1。

5. 配置 DirectAccess 客户端

（1）部署一台运行 Windows 8.1 企业版的计算机，命名为 Win81-Ent。

对于这种快速部署，微软官方文档要求 DirectAccess 客户端操作系统必须是 Windows 8 或 Windows 8.1 企业版，实际上 Windows Server 2012/Windows Server 2012 R2 也是可行的。

（2）为便于测试，为该计算机配置两个网络接口，分别连接内、外网，IP 地址都配置为自动获取（DHCP 客户端）。

（3）将该计算机加入 abc.com 域，作为域成员计算机。

（4）在域控制器上将该计算机添加到前面创建的 DA-Clients 组中，作为该组成员。

至此，实验的基本环境已经搭建起来，接下来是最为关键的步骤，部署 DirectAccess 远程访问并进行测试。

6. 配置 DirectAccess 远程访问

这里使用入门向导部署，DirectAccess 服务器的外网接口只需一个公网 IP 地址。

（1）确认在 DirectAccess 服务器上安装有远程访问角色。

（2）在部署后配置阶段单击“打开开始向导”链接，启动相应的开始向导，再单击“仅部署 DirectAccess”按钮。或者从“管理工具”或服务器管理器“工具”菜单中打开远程访问管理控制台。单击“运行开始向导”。

（3）出现图 14-92 所示的界面，选中“边缘”单选钮使该服务器充当位于内、外网边界的边缘服务器，并设置该服务器提供客户端连接的域名，这里是前面设置好的公网域名 dasrv.xyz.com，它指向的是该服务器的外网接口的 IP 地址。

（4）单击“下一步”按钮，出现图 14-93 所示的对话框，不要单击“完成”按钮，而是单击“此处”链接以更改部署策略。

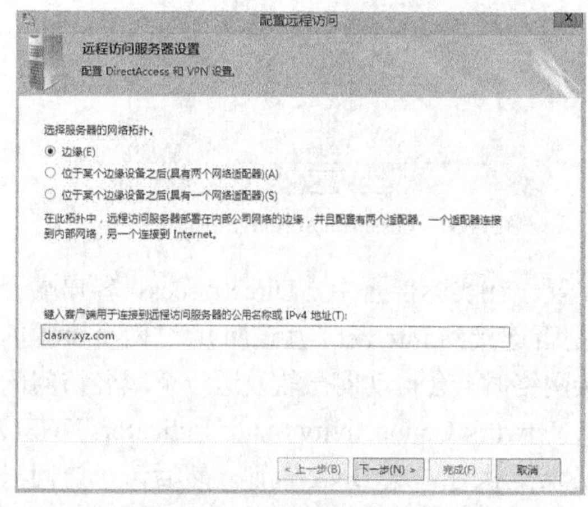

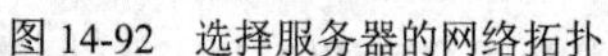
图 14-92　选择服务器的网络拓扑

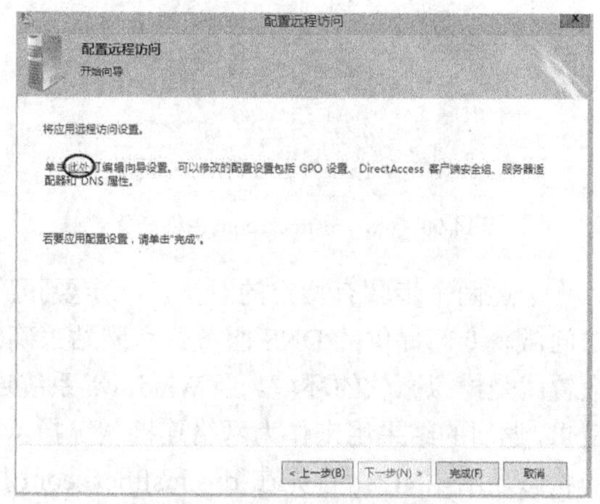

图 14-93　将应用远程访问设置

（5）出现图 14-94 所示的界面，显示远程访问配置设置摘要信息，默认设置为将 DirectAccess 功能部署到域中安全组（ABC\Domain Computers 包括所有域成员计算机）所有的移动计算机，显然不符合测试需要，单击“远程客户端”右侧的“更改”链接以修改相应的设置。

（6）进入“DirectAccess 客户端设置”界面，设置要选择的组。将现有的组删除，添加之前在域控制器上创建的 DA-Clients 组，并清除“仅为移动计算机启用 DirectAccess”复选框，如图 14-95 所示。

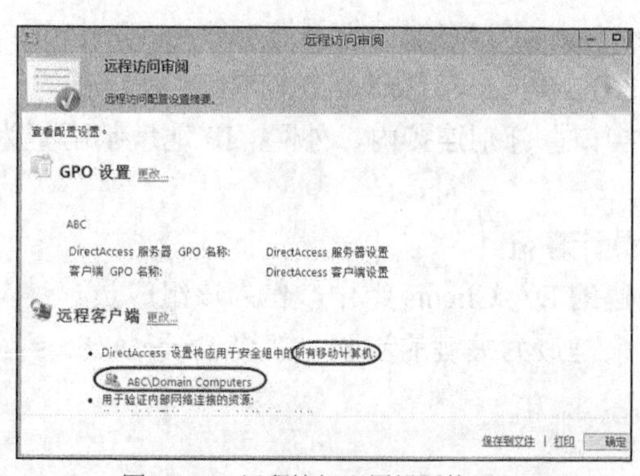

图 14-94　远程访问配置设置摘要

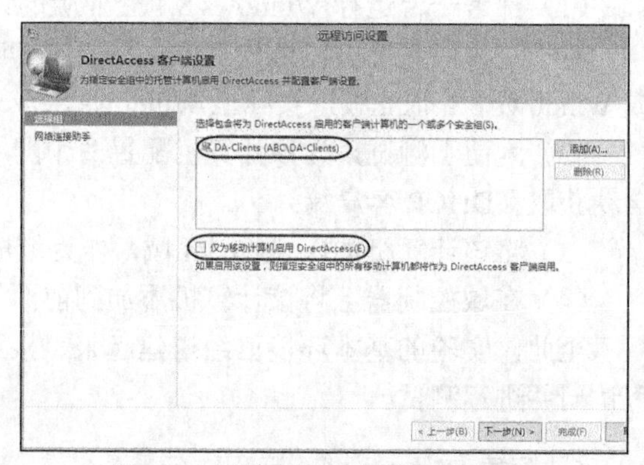

图 14-95　指定要应用客户端设置的组

（7）单击“下一步”按钮，出现图 14-96 所示的界面，更改客户端 DirectAccess 连接的名称，默认为“工作区连接”，这里改为“DA 连接”。

（8）单击“完成”按钮回到“远程访问配置设置摘要”界面（参见图 14-94），再单击“确定”按钮回到“将应用远程访问设置”界面（参见图 14-93）。

（9）单击“完成”按钮，将开始应用上述配置进行 DirectAccess 自动部署。完成之后，确认没有错误或警告信息，如图 14-97 所示，这表示已经成功部署。

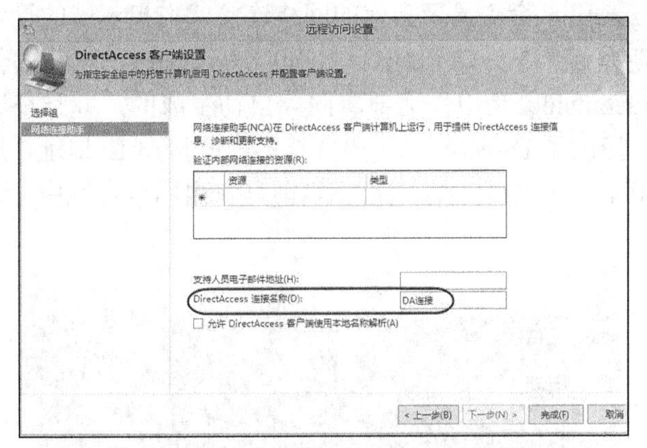

图 14-96　更改客户端 DirectAccess 连接名称

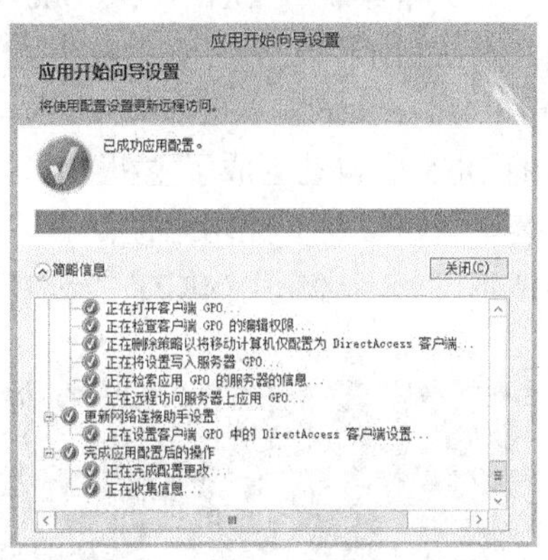

图 14-97　成功部署 DirectAccess

可以进一步验证 DirectAccess 部署。转到域控制器上，打开组策略管理控制台，可以发现自动生成了两条新的组策略，如图 14-98 所示，一条是针对 DirectAccess 服务器设置的策略，另一条是针对 DirectAccess 客户端的策略。回到 DirectAccess 服务器，在远程访问管理控制台中，查看操作状态面板，确保所有的状态都显示为工作状态，如图 14-99 所示。

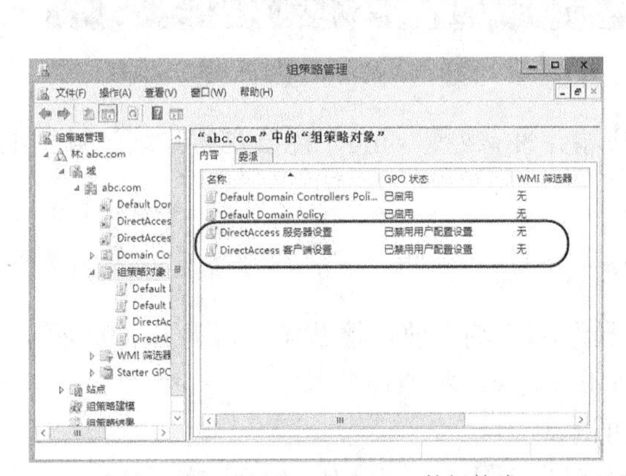

图 14-98　用于 DirectAccess 的组策略

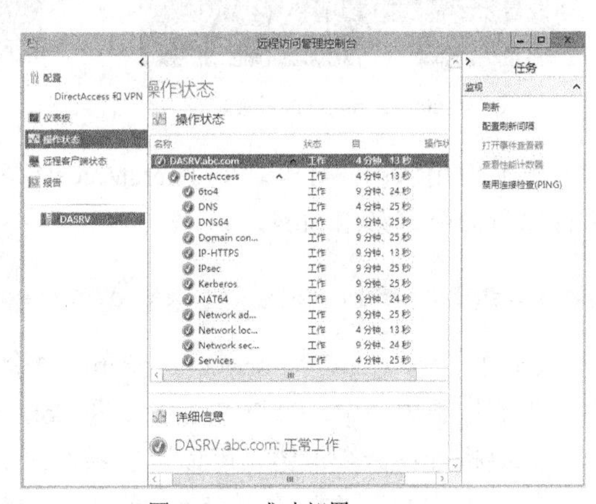

图 14-99　成功部署 DirectAccess

7. 测试 DirectAccess 远程访问功能

接下来进一步配置 DirectAccess 客户端，并测试远程访问功能。由于安装有内、外两个网络接口，测试非常方便。实际部署中，客户端（不便进入内网）可能会使用脱机加入域的技术。

（1）在客户端计算机上启用内网接口，禁用外网接口，使它仅连接到内网。

（2）打开命令行窗口，运行 gpupdate /force 命令以更新组策略，然后重启系统。

（3）以管理员身份运行 Windows PowerShell 工具，执行 Get-DnsClientNrptPolicy 命令显示客户端应用的名称解析策略表（NRPT）。

如图 14-100 所示，.abc.com 表示内网 DNS 后缀，DirectAccessDnsServers 值 2002:836b:2:3333::1 是 DirectAccess 内网接口 IPv6 地址，表示所有其他内网域名后缀为 abc.com 的网络访问将使

用该内部 IPv6 地址与外网通信；DirectAccess-NLS.abc.com 表示位置服务器，这样的显示结果说明已经正确应用组策略。

（4）继续执行 Get-NCSIPolicyConfiguration 命令显示当前的网络连接状态指示器的设置信息。如图 14-101 所示，这样的结果表明是正常的。DomainLocationDeterminationURL 的值 https://DirectAccess-NLS.abc.com:443/insideoutside 是由快速部署向导自动生成的，并且在域中的 DNS 中自动生成了主机（A）记录，指向了 DirectAccess 服务器的内网接口 IP 地址，只要客户端可以访问此网络位置服务器 URL，客户端就会断定自己当前是在内网域环境中，这种情形下就不必启用 NRPT 的策略设置。

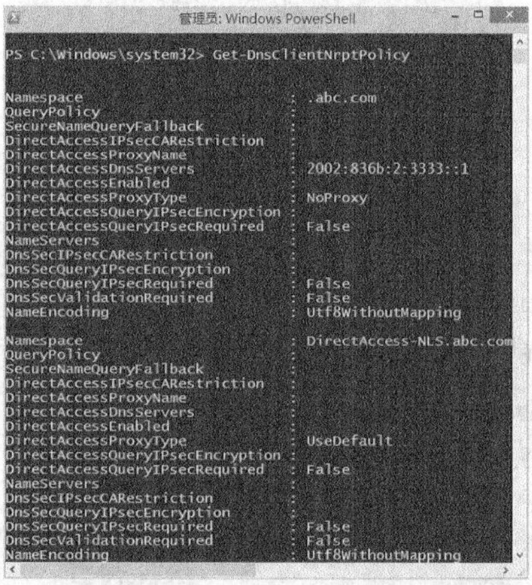

图 14-100　显示名称解析策略表

图 14-101　显示当前的网络连接状态指示器设置

（5）使用入门向导部署的 DirectAccess 客户端并没有配置 6to4，需要在客户端计算机上执行以下命令来禁用 6to4。

```
netsh interface 6to4 set state state=disabled
```

（6）再运行 Get-DAConnectionStatus 命令，显示客户端当前连接状态。如图 14-102 所示，由于当前位于内网中，所以 Status 值为 ConnectedLocally（本地连接）。

如果执行该命令报错，可以重启系统之后再测试。

（7）单击桌面右下角的系统通知栏上的网络图标，弹出相应的“网络”窗口，如图 14-103 所示，单击“DA 连接”，显示已在本地连接到网络。

图 14-102　显示客户端当前连接状态

图 14-103　在本地连接到网络

（8）禁用内网接口，启用外网接口，将客户端移动到模拟公网。

（9）在 Windows PowerShell 窗口中运行 Get-DAConnectionStatus 命令显示客户端当前连接状态。由于当前位于公网中，所以 Status 值应为 ConnectedRemotely（远程连接）。

（10）单击桌面右下角的系统通知栏上的网络图标，弹出相应的“网络”窗口，单击“DA 连接”，显示已连接，再单击“查看连接设置”，出现如图 14-104 所示的界面，说明该连接使用的是 DirectAccess。

（11）上述对比已经表明 DirectAccess 连接成功，可以进一步测试访问网络资源（服务或应用）。例如访问内部 Web 网站（http://srv2012a.abc.com）的结果如图 14-105 所示，还可以访问公网 Web 网站（http://inet.isp.example.com）。

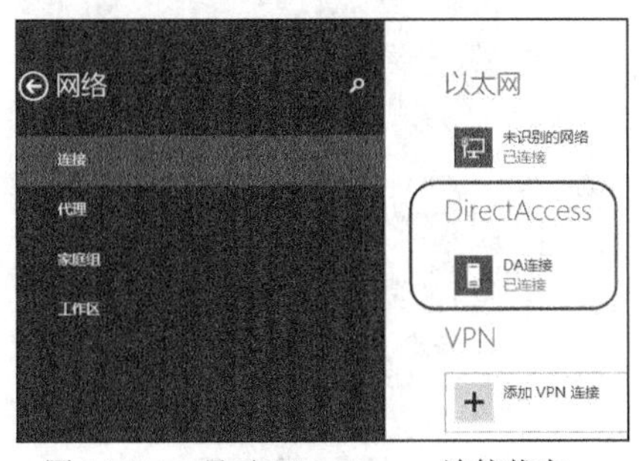

图 14-104　显示 DirectAccess 连接状态

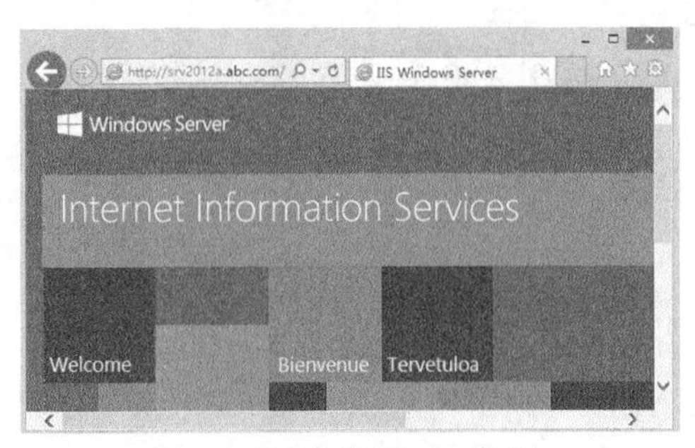

图 14-105　成功访问内网资源

8. 查看 DirectAccess 客户端状态

在远程访问管理控制台中单击左侧导航栏中的“远程客户端状态”，将显示当前连接的远程客户端状态，如图 14-106 所示，该客户端使用的协议是 IP-HTTPS，连接使用 DirectAccess，身份验证方法是 Machine Kerberos & User。双击该客户端弹出相应的统计信息对话框，可以查看其详细的统计信息，如图 14-107 所示。

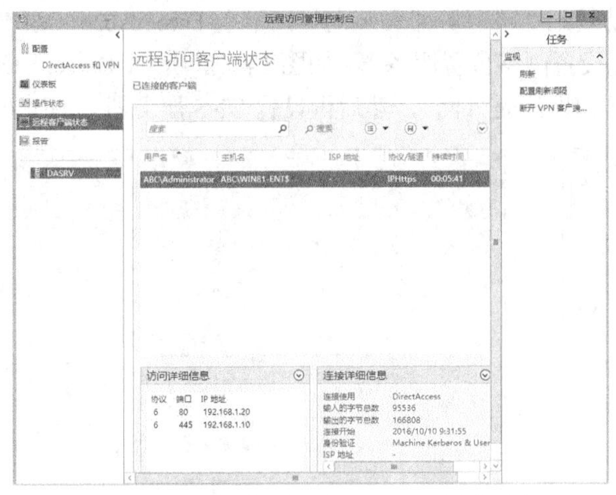

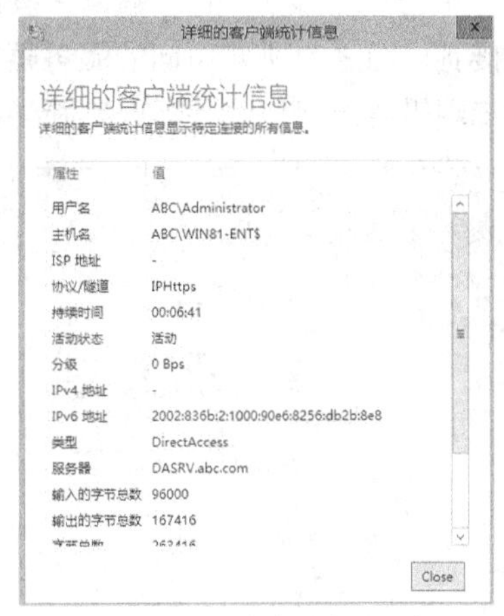

图 14-106　查看已连接的 DirectAccess 客户端状态

图 14-107　客户端统计信息

14.4.3　配置 DirectAccess

除了使用入门向导部署 DirectAccess 外，还可以手动配置 DirectAccess。这可以对使用向导生成的配置进行编辑修改，也可以自定义新的 DirectAccess 配置。

打开远程访问管理控制台，单击左侧窗格中“配置”节点的“DirectAccess 和 VPN”，出现如图 14-108 所示的“远程访问设置”主界面，中间窗格给出 4 个配置步骤，每个步骤都提供配置向导，单击每一步骤的“编辑”按钮可以进入相应的配置界面。右侧窗格给出任务清单，便于执行相关的 DirectAccess 配置管理操作。由于内容较多，这里介绍其中几个关键的操作。

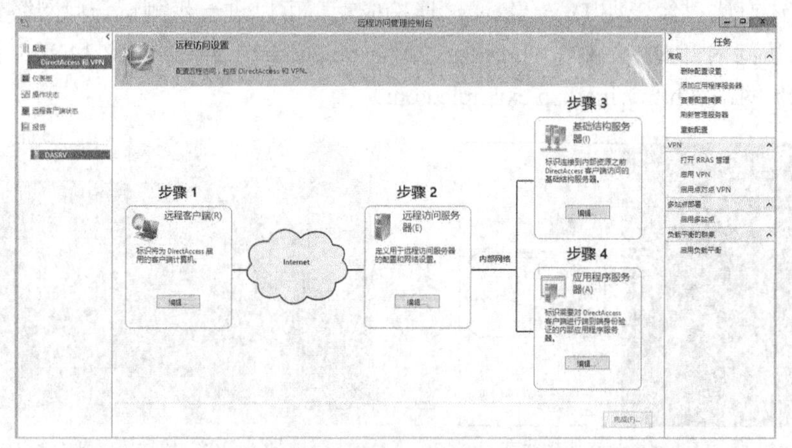

图 14-108　DirectAccess 配置主界面

单击“步骤 1”的“编辑”按钮启动 DirectAccess 客户端安装向导，进行客户端设置。如图 14-109 所示，首先选择部署方案，然后选择安全组，设置网络连接助手。

单击“步骤 2”的“编辑”按钮启动远程访问服务器安装向导，配置 DirectAccess 和 VPN 服务器。首先是选择网络拓扑，然后配置网络适配器（如图 14-110 所示，主要设置内、外网接口和 IP-HTTPS 身份验证用的证书），最后配置 DirectAccess 客户端所用的身份验证（如图 14-111 所示）。如果启用 VPN，还可以继续设置 VPN 的 IP 地址分配和身份验证。

单击“步骤 3”的“编辑”按钮启动基础结构服务器安装向导，配置 DirectAccess 客户端连接到内网之前所要访问的服务器。首先设置网络位置服务器（如图 14-112 所示，DirectAccess 客户端需要访问该服务器来判断当前处于内网还是外网），然后再设置 DNS 服务器。

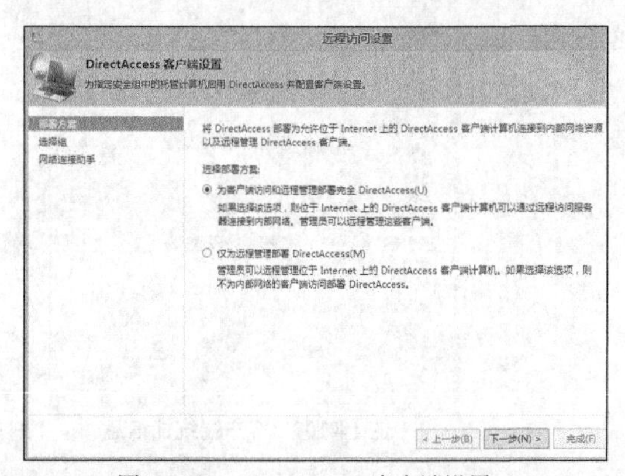

图 14-109　DirectAccess 客户端设置

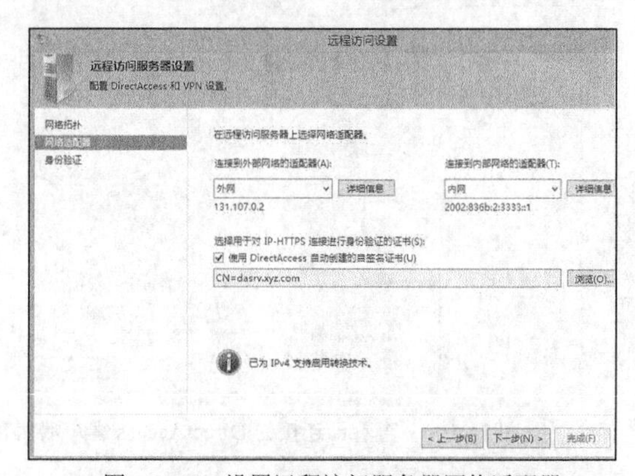

图 14-110　设置远程访问服务器网络适配器

单击“任务”窗格中的“查看配置摘要”，可以打开“远程访问审阅”窗口，查看当前的 DirectAccess 配置摘要信息。

单击“任务”窗格中的“删除配置设置”，则可将该服务器上的所有远程访问设置全部删除，包括域控制器上由 DirectAccess 远程访问创建的组策略。

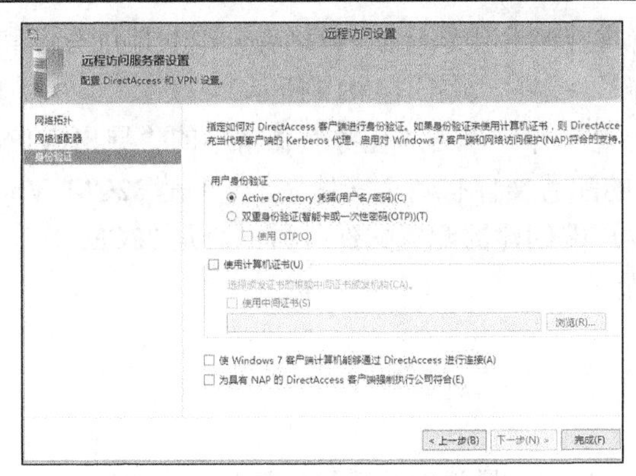

图 14-111　设置 DirectAcces 身份验证

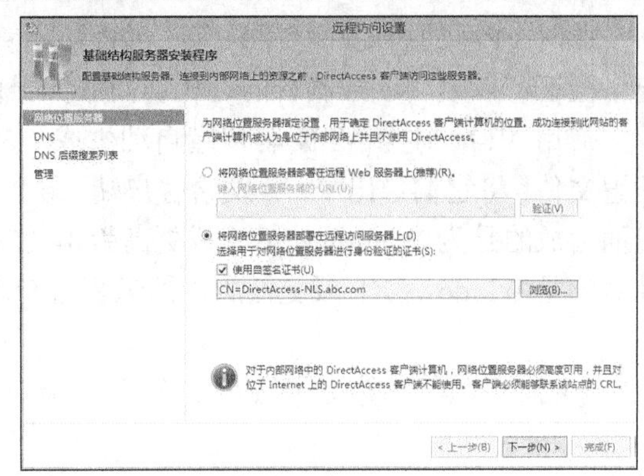

图 14-112　设置网络位置服务器

14.5　同时部署 DirectAccess 和 VPN 远程访问

考虑到 DirectAccess 远程访问有一定要求和限制，有时也需要同时部署传统的 VPN 连接。现在两者可并存于同一服务器。可以采用以下任意一种方法来实现这种部署。

- 在配置远程访问开始向导中选择“同时部署 DirectAccess 和 VPN”。
- 在路由和远程访问控制台中配置 VPN 之后，再启用 DirectAccess。
- 在远程访问管理控制台中配置 DirectAccess 之后，再启用 VPN。

这里选择最后一种方法进行示范，在上一节 DirectAccess 部署的基础上再部署 VPN。

14.5.1　在 DirectAccess 服务器上启用 VPN

实验 14-8　在 DirectAccess 服务器上启用 VPN

在远程访问管理控制台中打开“远程访问设置”主界面，单击右侧“任务”窗格中的“启用 VPN”弹出相应的对话框，单击“确定”按钮将自动启用 VPN，使用配置设置更新远程访问，完成之后出现如图 14-113 所示的对话框，单击“关闭”按钮。

单击“任务”窗格中的“打开 RRAS 管理”可以打开路由和远程访问控制台，如图 14-114 所示，可以在其中配置远程访问服务器（VPN），启动或停止 RRAS 服务，但是不能再次启用或禁用路由和远程访问。

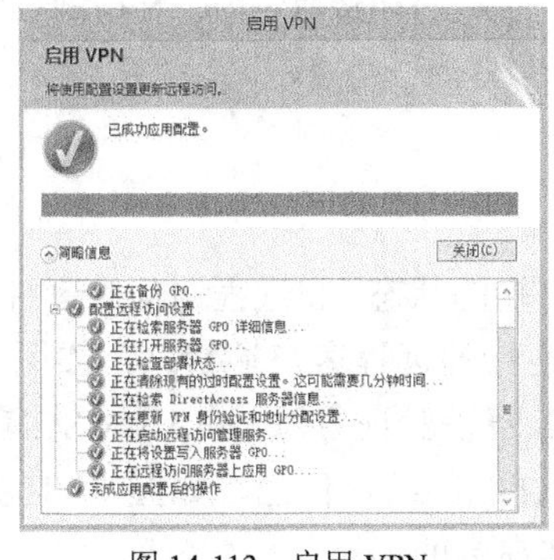

图 14-113　启用 VPN

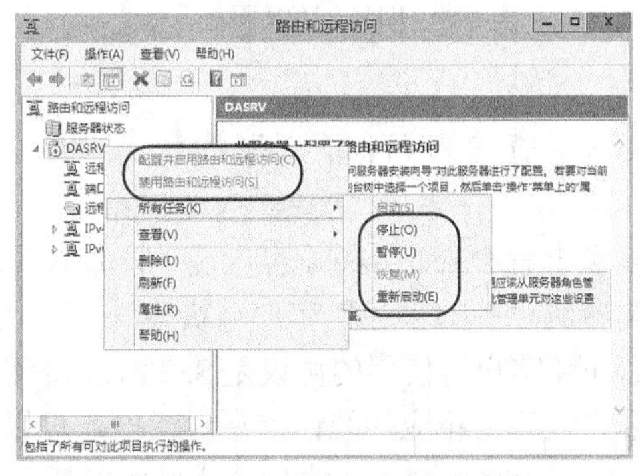

图 14-114　路由和远程访问控制台

此时 VPN 的启用和禁用只能在远程访问管理控制台中进行。VPN 客户端 IP 地址分配和身份验证可以使用该控制台的远程访问服务器向导配置，如图 14-115 所示。

启用 VPN 时为 VPN 客户端自动生成了配置文件。单击“任务”窗格中的“导出 VPN 配置文件”将它们导出来，分发给客户端。导出的配置文件有两个文件夹，一个是 32CM_V6，里面存放的是为 Windows Vista 或更高版本的客户端创建的配置文件；另一个是 32CM_V5，针对的是 Windows XP 或更低版本的远程客户端。

14.5.2 客户端使用 VPN 连接

这里以 Windows 8 为例，在 14.4.2 节的 DirectAccess 模拟实验环境中增加一台 Windows 8 计算机，将其部署在外网，IP 地址设置为自动获取。之后将导出的 32CM_V6 文件夹复制到该计算机，先使用 CorporateNetworkRootCert0.cer 证书文件安装根证书，再运行 32cm_v6.exe 文件在“网络连接”中安装一个名为 Corporate Network（公司网络）的网络连接，这是一个专门定制的 VPN 连接。打开“网络连接”窗口，或者单击桌面右下角的系统通知栏上的网络图标打开“网络”窗口，启动该网络连接，弹出如图 14-116 所示的对话框，设置好身份验证信息，单击“连接”即可。这里必须要为 VPN 用户授予远程访问权限。

远程客户端将尝试首先使用 SSTP 隧道进行连接。如果没有安装相应的根证书，将使用 PPTP 协议连接。

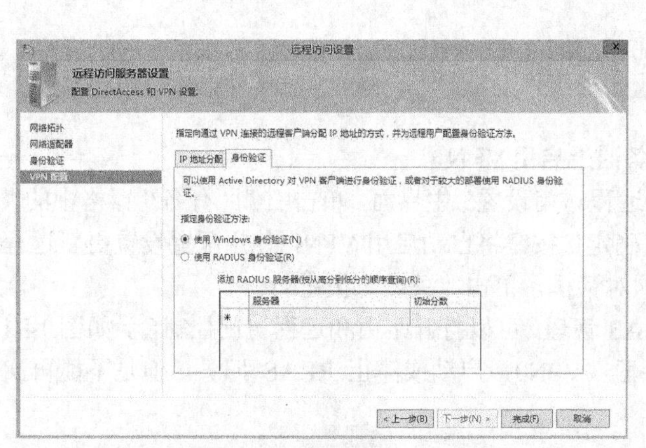

图 14-115 VPN 配置

图 14-116 Corporate Network 连接

14.5.3 查看 VPN 客户端的状态

可以像查看 DirectAccess 客户端一样查看 VPN 客户端的状态。在远程访问管理控制台中单击左侧导航栏中的“远程客户端状态”，将显示当前连接的远程客户端状态，如图 14-117 所示，该 VPN 客户端使用的协议是 SSTP，连接使用 VPN，身份验证方法是 EAP-MSCHAP-v2。双击该客户端弹出相应的统计信息对话框，可以查看其详细的统计信息，如图 14-118 所示。与 DirectAccess 客户端不同的是，这里可以断开 VPN 客户端的连接。

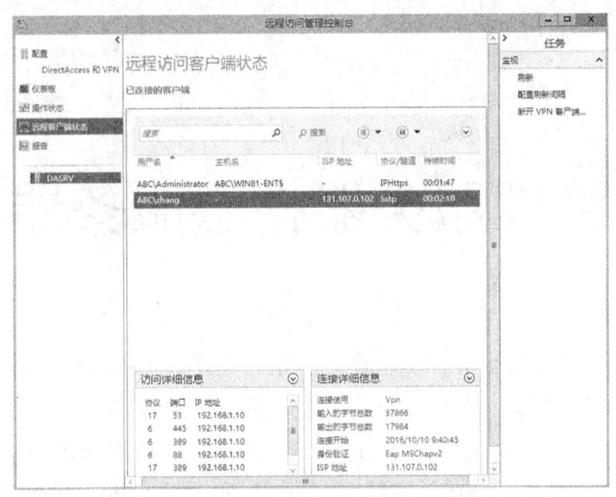

图 14-117　查看已连接的远程访问客户端状态

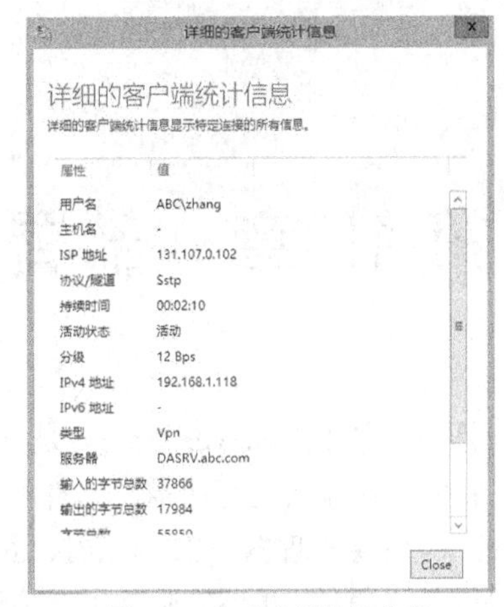

图 14-118　客户端统计信息

14.6　习　　题

1．简述 LAN 协议和远程访问协议在远程访问中的作用。
2．NPS 网络策略与用户账户拨入属性如何结合起来控制远程访问权限？
3．默认 RRAS 网络策略拒绝所有用户连接，要允许远程访问，可采取哪些方法？
4．简述 VPN 的两种应用模式。
5．RRAS 支持哪几种 VPN 协议？其中哪一种最适合移动应用？
6．简述 RADIUS 系统的组成。
7．简述 RADIUS 服务器的主要功能。
8．简述 DirectAccess 工作原理。
9．DirectAccess 与 VPN 相比有哪些优势？
10．分别配置基于 PPTP、L2TP/IPSec、SSTP 和 IKEv2 的远程访问 VPN 并进行测试。
11．配置基于 PPTP 的网络互连 VPN 并进行测试。
12．配置用于 VPN 远程访问的 RADIUS 服务器并进行测试。
13．部署最基本的 DirectAccess 远程访问，并进行测试。

第 15 章　部署和管理服务器核心服务器

服务器核心（Server Core）是一个运行在 Windows 服务器操作系统上的极小服务器安装选项。它将操作系统运行所需的组件减少到最低程度，去除了不必要的驱动、应用和图形界面，如 Windows 资源管理器、IE 浏览器、.NET 框架等，主要实现 DHCP、DNS、文件服务器和域控制器等服务器角色。虽然它限制了服务器上可以扮演的角色，但是它能够有效地提高安全性和降低管理复杂度，可以实现最大程度的稳定性。它主要面向网络和文件服务基础设施开发人员、服务器管理工具、实用程序开发人员以及 IT 规划师。这个特性是微软从 Windows Server 2008 开始引入的，在 Windows Server 2012 和 Windows Server 2012 R2 中得到了改进和完善。本章以 Windows Server 2012 R2 服务器核心版本为例讲解其安装、基本操作和配置管理。

15.1　服务器核心版安装与基本操作

服务器核心旨在为特定的服务提供一个可执行的功能有限的低维护服务器环境，增强服务器的稳定性和性能。

15.1.1　服务器核心概述

服务器核心版本安装完成之后，由于运行更少的应用，因此对服务器的资源占有率也会降低。因为不具备传统的图形界面，服务器核心版的配置和管理需要使用命令行界面，管理员可以在本地或者远程终端的命令行中管理服务器。

1. 部署服务器核心版的优势

部署服务器核心版具有以下优势。

- 提升服务器的稳定性。只安装那些管理服务器所需要的功能，只运行很少的服务和应用，极大地增强了服务器的稳定性和性能。
- 减少维护工作量。只安装最基本的功能，因此，提高了可管理性，同时也会降低软件维护工作量。比如，需要更新和打补丁的软件就少了许多。
- 降低被攻击风险。由于只安装了有限的服务和应用，所以暴露在网络中的攻击点也很有限，从而减少攻击面。例如，没有安装 IE 浏览器软件，就不受 IE 中的漏洞影响。
- 降低对硬件的需求。服务器核心版本需要较少的 CPU 资源和更少的磁盘存储空间，能更有效地利用现有的硬件资源。

2. Windows Server 2012 R2 对服务器核心的改进

在 Windows Server 2008 和 Windows Server 2008 R2 中，服务器核心安装（Server Core）和完全安装（Full Server）选项都是在操作系统安装时由管理员进行选择的，这两个版本是彼此独立的，如图 15-1 所示。一旦从中选择一个版本，如果今后的需求发生了变化，那么除了完全重新安装操作系统之外，无法转换到完全安装或服务器核心安装。

图 15-1 Windows Server 2008 和 Windows Server 2008 R2 安装选项

在 Windows Server 2012 和 Windows Server 2012 R2 中，服务器核心安装选项不再是安装过程中不可取消的选择，它们集成了安装选项，并且提供了 3 大可选功能，如图 15-2 所示。其中 Server-Gui-Shell 表示服务器图形 Shell，Server-Gui-Mgmt 表示图形管理工具。管理员可以安装或卸载这些选项，以便在服务器核心安装和完全服务器安装之间根据需要进行转换。

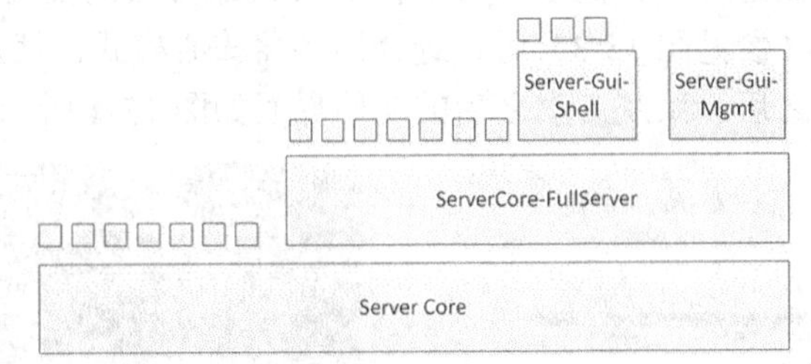

图 15-2 Windows Server 2012 和 Windows Server 2012 R2 安装选项

这是一个很大的改进，允许用户在 Core 模式（服务器核心安装）和 GUI 模式（带图形界面的完全安装）之间进行自由的切换。这一新特性对以下 4 种情形下尤其有用。

- 管理员已安装并且正在运行 Windows 服务器的完全安装选项，但以独占方式使用在服务器核心安装上运行的角色。管理员可以将服务器转换到服务器核心安装（Core 模式），以减少映像大小和提高服务优势，无需重新设置所有服务器。
- 管理员已选择服务器核心安装，并且现在需要进行更改，或者解决远程图形界面无法解决的问题。管理员可能不知道如何从命令行进行更改，或者找不到命令行的等效项。这时可以将服务器转换到完全安装，执行更改，然后再将其转换回服务器核心安装，以减小映像并保持服务优势。
- 管理员欲使用 GUI 模式完成所有初始配置步骤，从而使初始配置体验尽可能轻松，但还想减小映像并保持服务器核心安装所提供的服务优势。管理员可以执行完全安装，根据需要配置服务器，然后将其转换为服务器核心安装。
- 企业要求只有一个服务器操作系统映像，从前版本无法使用服务器核心安装，因为该安装需要两个映像。由于 Windows Server 2012 R2 集成了服务器核心安装和完全服务器安装选项。现在，企业可以使用单一服务器操作系统映像来部署 Windows Server 2012 R2 的完全安装，然后将其转换为服务器核心安装，以减小映像并提供该安装所提供的服务优势。

15.1.2 安装服务器核心版

实验 15-1 安装服务器核心版

安装 Windows Server 2012 R2 时，可以在服务器核心（Server Core）和带有 GUI 的服务器（Server with a GUI）之间任选其一，如图 15-3 所示。后一选项相当于 Windows Server 2008 R2 中的完全安装（Full Server）选项。服务器核心可减少所需的磁盘空间、潜在的攻击面、服务和重启服务器的要求，因此现在已成为默认的安装选项。对于专业的管理员，建议选择服务器核心安装，除非有特殊需求要用到用户界面元素和图形管理工具。

提示： 考虑到大部分 Windows 服务器管理员还是习惯用图形界面工具来进行系统初始化配置，Windows Server 2012 R2 允许用户在 Core 和 GUI 模式之间进行自由的切换。这样，IT 管理人员可以先进行完全安装，然后等服务器完全配置完毕后，将图形界面移除，切换到 Core 模式。这种方法非常适合初学者，待熟悉之后，可以直接安装和使用服务器核心版。作为管理员，必须掌握服务器核心版的安装和使用。

为便于实验，在之前的环境中新建一台虚拟机来安装服务器核心板，将其命名为 SRV2012C。

服务器核心版的安装过程非常简单，与带有 GUI 的服务器的安装类似。当出现“选择要安装的操作系统”界面（参见图 15-3）时，选择服务器核心模式，然后按照屏幕上的说明完成安装过程。完成安装之后，系统启动之后的初始界面如图 15-4 所示。

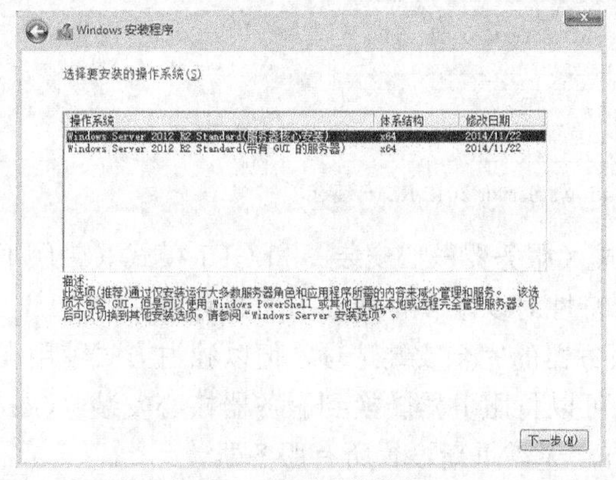

图 15-3 选择安装模式

图 15-4 服务器核心版初始界面

按 Ctrl+Alt+Delete 组合键进行用户登录，首次登录系统将提示设置管理员账户密码。

15.1.3 服务器核心版基本操作

实验 15-2 服务器核心版基本操作

服务器核心版没有安装标准用户界面（服务器图形 Shell），管理员使用命令行、Windows PowerShell 或远程用户界面工具等来管理服务器。

1. 使用命令行和 Windows PowerShell

正常登录服务器核心版之后，默认将弹出一个命令行窗口，可以执行各种 CMD 命令。从中执行 PowerShell 命令将进入 Windows PowerShell 操作界面，可以运行 Windows

PowerShell 命令（cmdlet）和脚本。

命令行窗口是服务器核心版默认的唯一界面。管理员完成任务之后，常常会关闭该窗口，有时也会无意间关闭命令行窗口。如果要打开命令行窗口，按 Ctrl+Shift+Esc 组合键打开任务管理器，打开“详细信息”开关，选择菜单“文件”>“运行新任务”弹出“新建任务”对话框，在“打开”框中输入 cmd.exe 命令，再按回车键即可。或者按 Ctrl+Alt+Delete 组合键，选择注销用户，然后再重新登录。

同样，在“新建任务”对话框的“打开”框中输入 PowerShell 命令并按回车键可打开 Windows PowerShell 窗口。

在 Windows PowerShell 中可以查看、安装或删除角色、角色服务和功能，这是由 ServerManager 模块提供的 cmdlet 来实现的。以管理员特权启动 Windows PowerShell 之后执行 Import-Module ServerManager 加载服务器管理器模块。实际上在 Windows Server 2012 R2 中执行该模块的任一命令，都会隐式加载该模块，也可以不执行显式加载模块的命令。

2. 使用 Ctrl+Alt+Delete 组合键进入 Windows 安全菜单

Ctrl+Alt+Delete 组合键除了用于交互式登录之外，在系统登录状态下，按此组合键可以打开如图 15-5 所示的安全菜单，可以用于锁定系统、切换用户、注销、更换密码、打开任务管理器、关机、重启等系统管理和应急处理。

3. 使用任务管理器（Task Manager）

任务管理器是服务器核心版能够提供的一个图形用户界面工具，如图 15-6 所示，与 GUI 模式中的任务管理器相同。通常使用 Ctrl+Alt+Delete 组合键打开安全对话框，单击其中的“任务管理器”链接打开任务管理器。实际上还有一种更为简便的方法，即使用 Ctrl+Shift+Esc 组合键直接启动任务管理器。

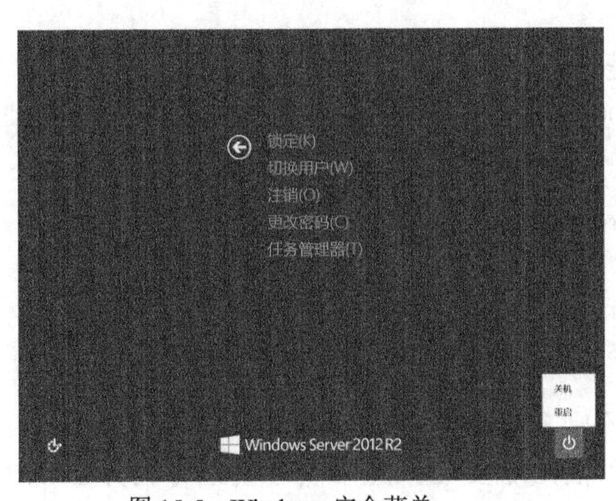

图 15-5　Windows 安全菜单

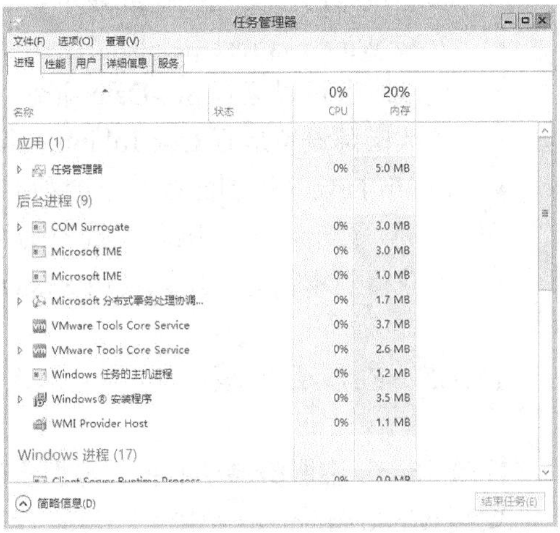

图 15-6　任务管理器

任务管理器对服务器核心版很重要，常用于一些关键的系统管理。例如，可以用来强制关掉正在运行的程序和进程，查看 CPU 和内存的使用情况，也可以查看网络当前的状态。选择菜单“文件”>“运行新任务”可以弹出相应的对话框（类似于开始菜单中的“运行”命令），在“打开”框中输入要执行的命令，单击“确定”按钮即可执行。例如，运行 regedit

即可打开注册表编辑器。

4. 使用记事本（Notepad）工具

服务器核心版安装中提供了传统的文本文件编辑工具——记事本（Notepad）。这对于编辑配置文件和查看帮助文档非常有用，在命令行中执行 notepad 命令即可打开该工具。

5. 关机和重启系统

按 Ctrl+Alt+Delete 组合键进入安全对话框，单击右下角的关机按钮弹出“关机”和“重启”命令，单击它们执行即可。

也可以使用相应的 PowerShell 命令执行此类操作。进入 PowerShell 操作界面，执行命令 Stop-Computer 可以关机，执行命令 Restart-Computer 可以重启系统。这两个命令可以带选项和参数，执行更复杂的操作。例如以下命令可以重启多台计算机：

```
Restart-Computer -ComputerName ServerA, ServerB, localhost
```

15.1.4 服务器核心模式下的一些操作限制

服务器核心模式下具有以下一些操作限制。

- 任何试图启动 Windows 资源管理器的命令或工具都将无法工作。
- 不支持 HTML 呈现或 HTML 帮助。
- 没有激活、新更新或者密码过期通知，因为这些通知需要资源管理器界面。
- 支持静默（Quiet）模式下的 Windows Installer 程序包（*.msi 文件）安装，便于管理员从 Windows Installer 文件安装工具和实用工具。这种模式使用选项/qn，安装过程中没有用户交互操作或显示。
- 安装 Windows Installer 程序包（*.msi 文件）时，使用/qb 选项显示基本用户界面。
- 更改时区可以运行 Set-Date 命令。
- 更改国际设置运行 Control intl.cpl。.cpl 是 Windows 控制面板扩展项文件的后缀。
- Control.exe（控制面板）不会独立运行，必须将它与 Timedate.cpl（日期和时间控制面板）或 Intl.cpl（国际设置控制面板）一起运行。
- 要获得版本信息，可以使用 Systeminfo.exe，而 Winver.exe 不可用。

15.1.5 在服务器核心模式与服务器 GUI 模式之间进行切换

实验 15-3 在服务器核心模式与服务器 GUI 模式之间进行切换

安装 Windows Server 2012 R2 之后，管理员可以根据需要在服务器核心模式与服务器 GUI 模式（完全安装）之间进行切换。无论怎样切换，都需要重启系统。

1. 从服务器核心模式切换到服务器 GUI 模式

管理员为便于执行某些配置管理任务，可能需要使用图形用户界面，这就需要从服务器核心模式转换成 GUI 模式。可以分为以下两种情形。

一种情形是，服务器最初在核心模式下安装，需要转换成 GUI 模式，具体方法如下。

（1）进入 PowerShell 界面，插入 Windows Server 2012 R2 安装光盘，执行 Get-WindowsImage 命令（cmdlet）来确定完全安装（启用图形界面）映像的索引编号。这里给出一个实例（-ImagePath 用于指定映像文件参数，例中 D 为安装盘符）：

```
PS C:\Windows\system32> Get-WindowsImage -ImagePath D:\Sources\Install.wim
Index       : 1
Name        : Windows Server 2012 R2 SERVERSTANDARDCORE
Description : Windows Server 2012 R2 SERVERSTANDARDCORE
Size        : 7,617,269,865 bytes
Index       : 2
Name        : Windows Server 2012 R2 SERVERSTANDARD
Description : Windows Server 2012 R2 SERVERSTANDARD
Size        : 13,206,951,848 bytes
Index       : 3
Name        : Windows Server 2012 R2 SERVERDATACENTERCORE
Description : Windows Server 2012 R2 SERVERDATACENTERCORE
Size        : 7,614,634,895 bytes
Index       : 4
Name        : Windows Server 2012 R2 SERVERDATACENTER
Description : Windows Server 2012 R2 SERVERDATACENTER
Size        : 13,203,017,853 bytes
```

本例所使用的 SERVERSTANDARD（标准版）的索引编号为 2。

（2）执行 Install-WindowsFeature 命令安装图形管理工具和基础结构、服务器图形 Shell。例中的命令如下，其中-Restart 表示安装完成后重启系统，-Source 指定安装源，这里是 WIM 格式的映像文件，最后一个参数 2 表示上一步获取的索引编号。

```
Install-WindowsFeature  Server-Gui-Mgmt-Infra,Server-Gui-Shell  -Restart  -Source
wim:d:\sources\install.wim:2
```

WIM 全称为 Microsoft Windows Imaging Format，是 Windows 基于文件的映像格式。如果不使用某个 WIM 文件作为安装源，而直接使用 Windows 更新，则不需要上述步骤，直接在 PowerShell 界面中执行以下命令即可：

```
Install-WindowsFeature Server-Gui-Mgmt-Infra,Server-Gui-Shell -Restart
```

另一种情形是，服务器最初在 GUI（完全安装）模式下安装，后来转换为核心模式，现在又要转回 GUI 模式，只需在 PowerShell 界面中执行以下命令：

```
Install-WindowsFeature Server-Gui-Mgmt-Infra,Server-Gui-Shell -Restart
```

2. 从服务器 GUI 模式切换到服务器核心模式

出于某些安全原因，可能需要将 Windows Server 2012 R2 转换为服务器核心模式，也就是移除图形界面。这比较简单，直接在 PowerShell 界面中执行以下命令即可：

```
Uninstall-WindowsFeature Server-Gui-Mgmt-Infra,Server-Gui-Shell -Restart
```

也可以在服务器管理器中操作，使用删除角色和功能向导，删除“图形管理工具和基础结构”和“服务器图形 Shell”功能即可。

3. 使用使用 SwitchGUIServerCORE 脚本进行切换

还有一种更为便捷的切换方式是使用 SwitchGUIServerCORE 脚本，其下载地址为 https://gallery.technet.microsoft.com/scriptcenter/Switch-between-Windows-9680265d/file/107247/1/SwitchGUIServerCORE.zip。这是一个脚本，核心代码如下：

```
switch ($id)
        {
            "1" {Uninstall-WindowsFeature Server-Gui-Mgmt-Infra,Server-Gui-Shell}
            "2" {Install-WindowsFeature Server-Gui-Mgmt-Infra,Server-Gui-Shell}
            "3" {
                    Import-Module Dism
                    Enable-WindowsOptionalFeature  -online  -Featurename  ServerCore-
FullServer,Server-Gui-Shell,Server-Gui-Mgmt
                }
        }
```

其中第 3 项是从联机资源安装图形界面。执行该脚本需要更改系统上的执行策略，这里在 PowerShell 界面中执行以下命令，将执行策略更改为“Unrestricted”。

```
Set-ExecutionPolicy Allsigned
```

接下来执行 SwitchGUIServerCORE 脚本（例中位于 C:\SwitchGUIServerCORE）：

```
PS C:\Users\Administrator> \SwitchGUIServerCORE\SwitchGUIServerCORE.ps1
===============================================================
             Switch between GUI and server Core
===============================================================
[1] Switch to server CORE
[2] Switch to GUI
[3] Install GUI from online resource
Enter the number to select an option: 1

Success Restart Needed Exit Code      Feature Result
------- -------------- ---------      --------------
True    Yes            SuccessRest... {Windows PowerShell ISE, 图形管理工具和基...
警告：必须重新启动此服务器才能完成删除过程。
It Will take effect after reboot, do you want to reboot?
[Y] Yes  [N] No   (default is 'N'):
```

执行过程中需要重启系统才能使转换生效。

15.2　服务器核心服务器的配置管理

当 Windows Server 2012 R2 处于服务器核心模式时，帮助系统和浏览器不可用，首先要完成一些必需的服务器配置任务，如设置密码、配置 Windows 防火墙、加入域以及激活服务器等。

15.2.1　服务器核心服务器的初始配置

1. 设置管理员密码

安装完成后，首次启动计算机时，系统会提示输入新密码，此时需要设置管理员密码。

需要更改管理员密码时，登录并按 Ctrl+Alt+Delete 组合键，然后从 Windows 安全菜单中选择"更改密码"命令，根据提示输入旧密码和新密码即可。

也可以在命令行或 PowerShell 界面中使用 net user 命令查看用户和更改密码。例如，带参数*可以更改指定用户的密码：

```
C:\Users\Administrator>net user Administrator *
请键入用户的密码：
请再键入一次密码以便确认：
```

2. 更改网络配置

默认采用自动获取 IP 地址的方式，作为服务器应当改为手动分配静态 IP 地址。

要查看当前的网络配置，在 PowerShell 中使用 Get-NetIPConfiguration 命令，例如：

```
PS C:\Windows\system32> Get-NetIPConfiguration
InterfaceAlias        : Ethernet0
InterfaceIndex        : 12
InterfaceDescription : Intel(R) 82574L 千兆网络连接
NetProfile.Name       : 网络
IPv4Address          : 192.168.1.129
IPv6DefaultGateway   :
IPv4DefaultGateway   : 192.168.1.2
DNSServer            : 192.168.1.2
```

要查看正在使用的 IP 地址，使用 Get-NetIPAddress 命令。

要设置静态 IP 地址，可执行以下步骤。

（1）在 PowerShell 中运行 Get-NetIPInterface 或 Get-NetIPConfiguration。

（2）记下网络接口索引编号 InterfaceIndex 或者 InterfaceDescription 字符串。如果拥有一个以上的网络适配器，记下要设置的网络接口对应的索引编号或者字符串。

（3）在 PowerShell 中运行 New-NetIPAddress，并指定相应的参数。例如：

```
New-NetIPAddress -InterfaceIndex 12 -IPAddress 192.168.1.30 -PrefixLength 24 -DefaultGateway 192.168.1.10
```

其中参数 InterfaceIndex 是网络接口索引编号（例中是 12），IPAddress 是要设置的静态

IP 地址（例中是 192.168.1.30），PrefixLength 是要设置的 IP 地址的前缀长度（子网掩码的另一种形式，例中是 24，相当于子网掩码 255.255.255.0），DefaultGateway 是默认网关（例中是 192.168.1.10）。

（4）在 Windows PowerShell 中运行 Set-DNSClientServerAddress 指定 DNS 服务器，例如：

```
Set-DNSClientServerAddress -InterfaceIndex 12 -ServerAddresses 192.168.1.10
```

其中 ServerAddresses 是 DNS 服务器的 IP 地址。如果要添加多个 DNS 服务器，在此参数中列出这些 DNS 服务器的 IP 地址，并用逗号隔开。

如果需要转换成使用 DHCP，使用 PowerShell 命令 Set-DnsClientServerAddress，例如：

```
Set-DnsClientServerAddress -InterfaceIndex 12 –ResetServerAddresses。
```

3. 更改计算机名称

每台计算机的名称必须是唯一的，不可以与同一网络上的其他计算机同名。虽然安装系统时会自动设置计算机名（一个随机生成的名称），但是服务器一般都将计算机名改为更有意义的名称。实际部署中，一般将同一部门或工作性质相似的计算机划分为同一个工作组，便于它们之间通过网络进行通信。计算机默认所属的工作组名为 WORKGROUP。

使用 hostname 或 ipconfig 命令确定服务器的当前名称。

在 PowerShell 中运行 Rename-Computer，然后重新启动计算机使之生效。例如：

```
PS C:\Windows\system32> Rename-Computer
位于命令管道位置 1 的 cmdlet Rename-Computer
请为以下参数提供值：
NewName: Srv2012C
警告：所做的更改将在重新启动计算机 WIN-GE4HF4V9ELS 后生效。
```

4. 将服务器加入域

以服务器核心模式安装的 Windows Server 2012 R2 默认是独立服务器，可以作为域成员加入 Active Directory 域，接受域控制器集中管理。这里有个前提，在 IP 设置中将 DNS 服务器设置为能够解析域控制器域名的 DNS 服务器 IP 地址，例中为 192.168.1.10。

在 Windows PowerShell 中运行 Add-Computer，系统会提示输入具有加入域权限的凭据，如图 15-7 所示。除了域管理员账户外，普通的域用户账户（隶属于 Domain Users）也具有加入域的权限。域用户账户需要完整的名称，如 ABC\Administrator 或 Administrator@abc.com。

输入域用户账户的名称和密码，单击“确定”按钮。系统将提示输入域名，这里是 abc.com。如图 15-8 所示，输入域名后按回车键执行加入域的任务，之后重启系统使之生效。

该 cmdlet 使用参数-WorkGroupName 即可将计算机添加到指定的工作组中，例如：

```
Add-Computer -WorkGroupName WORKGROUP_ABC
```

如果要退出 Active Directory 域，可以在 Windows PowerShell 中运行 Remove-Computer，重新加入工作组即可。

管理员要向本地 Administrators 组添加域用户账户，可以在命令行中执行以下命令：

```
net localgroup administrators /add <域名>\<用户名>
```

图 15-7　输入域用户账户的名称和密码

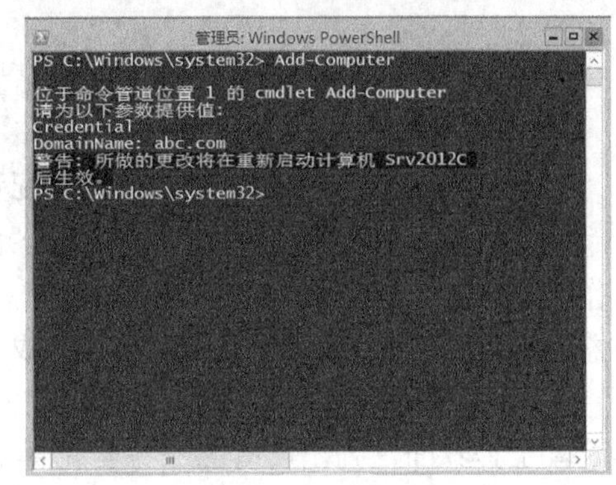

图 15-8　加入域

5. Windows 激活

Windows Server 2012 R2 安装完成后，必须在 30 天内激活。具体方法是在 Windows PowerShell 中先运行以下脚本：

```
slmgr.vbs -ipk <产品系列号>
```

然后运行以下脚本在线激活：

```
slmgr.vbs -ato
```

如果激活成功，则不会返回消息。

管理员还可以通过电话、使用密钥管理服务（KMS）服务器或者远程激活服务器。

6. 本地添加硬件和管理驱动程序

在“服务器核心”模式下可以在本地添加硬件和管理驱动程序。

（1）按照硬件供应商提供的说明安装新硬件。

如果硬件的驱动程序包含在 Windows Server 2012 R2 中，即插即用会启动并安装驱动程序。如果不包含硬件的驱动程序，则继续步骤 2 和 3。

（2）将驱动程序文件复制到运行服务器核心安装的服务器上的一个临时文件夹。

（3）在命令提示符下打开驱动程序文件所在的文件夹，然后运行以下命令：

```
pnputil -i -a <driverinf>
```

其中 driverinf 是驱动程序的.inf 文件的文件名。

（4）如果出现提示，重新启动计算机。

若要获得安装的驱动程序的列表，在命令提示符下运行

```
sc query type= driver
```

若要命令能成功完成，必须保留等号后的空格。

若要禁用设备驱动程序，在命令提示符下运行

```
sc delete <service_name>
```

其中 service_name 是运行 sc query type= driver 所获得的服务的名称。

15.2.2　使用 Sconfig.cmd 工具配置服务器核心服务器

实验 15-4　使用 Sconfig.cmd 工具配置服务器核心服务器

Sconfig.cmd 是一款简单易用的服务器配置工具，可以执行常用的配置管理任务，如域或工作组、网络设置、注销、重启等。它非常适合在服务器核心模式下使用，当然也可以在服务器 GUI 模式下使用。只有管理员组的成员才能使用此工具。

在命令行（或 Windows PowerShell）中执行 Sconfig.cmd 即可打开如图 15-9 所示的服务器配置工具界面，列出所有的服务器配置主菜单，输入相应的数字序号选择选项。根据配置管理的项目，多数选项提供向导和提示，便于管理员操作。

例如，选择数字 8 进入网络设置界面，如图 15-10 所示，首先列出可用的网络适配器（接口）；接着提示选择要配置的网络适配器的索引编号，给出该网络适配器的当前设置信息；再给出配置任务菜单，选择相应的选项进行操作。

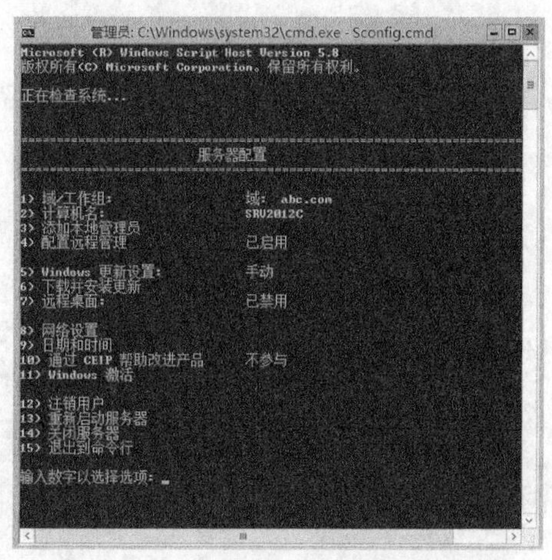

图 15-9　Sconfig.cmd 服务器配置界面

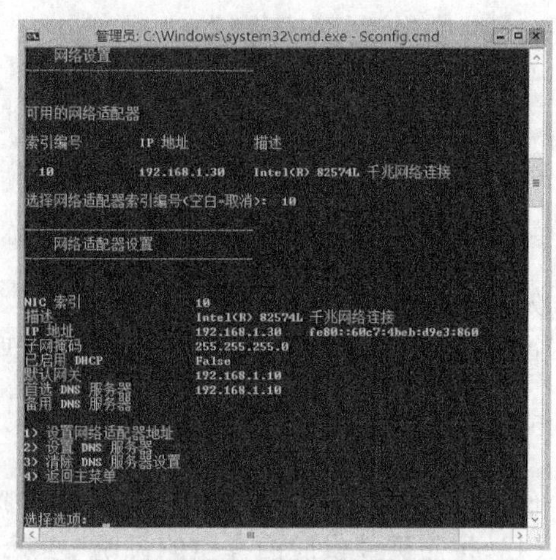

图 15-10　网络设置界面

大部分选项前面已经介绍过，这里再补充介绍几个选项。

“本地管理员设置”是指将其他用户添加到本地管理员组，域用户账户使用“域\用户名”的格式。

“Windows 更新设置”配置选项中将服务器配置为使用自动或手动更新。

“远程桌面设置”用于配置以下远程桌面设置。

- 为运行带网络级别身份验证的远程桌面的客户端启用远程桌面。
- 为运行任何版本的远程桌面的客户端启用远程桌面。
- 禁用远程桌面。

“配置远程管理”用于启用以下远程管理方案。

- Microsoft 管理控制台远程管理。
- Windows PowerShell。
- 服务器管理器。

总的来说，Sconfig.cmd 能够完成服务器的基本配置和管理，使用方便。更复杂的管理任务还需要使用命令行和 Windows PowerShell 等通用工具。

15.3　服务器核心服务器的远程管理

这里再介绍一下服务器核心服务器的管理方法和工具。测试在域控制器上进行。

1. 使用 Windows PowerShell 进行远程管理

可以使用 Windows PowerShell 的 cmdlet（命令）和脚本，在本地或从远程计算机上管理以服务器核心模式安装的服务器。Windows PowerShell 能够完成大多数配置管理任务。

Windows PowerShell 远程管理是一种常用的管理方式，目的是让在一台计算机上的 Windows PowerShell 中键入的命令在另一台计算机上运行。Windows Server 2012 R2 中该功能是默认启动的。如果已关闭，可以执行以下 PowerShell 命令开启：

```
Enable-PSRemoting
```

然后使用以下 PowerShell 命令连接远程服务器：

```
Enter-PSSession -computer 服务器名或者 IP
```

下面给出一个实例，在另一台计算机上先连接远程服务器，然后进行操作测试：

```
PS C:\Users\Administrator> Enter-PSSession -computer srv2012c
[srv2012c]: PS C:\Users\Administrator.ABC\Documents> Get-NetIPConfiguration
InterfaceAlias       : Ethernet0
InterfaceIndex       : 12
InterfaceDescription : Intel(R) 82574L 千兆网络连接
NetProfile.Name      : abc.com
IPv4Address          : 192.168.1.30
IPv6DefaultGateway   :
IPv4DefaultGateway   : 192.168.1.10
DNSServer            : 192.168.1.10
```

2. 使用服务器管理器进行管理

服务器管理器是 Windows Server 2012 R2 中的图形界面的管理控制台，可用于管理本地和远程基于 Windows 的服务器。要让在远程计算机上运行的服务器管理器能够管理本地服务器，可以在本地服务器上运行以下 PowerShell 命令开启相应的功能：

```
PS C:\Users\Administrator> Configure-SMRemoting.exe -Enable
已启用服务器管理器远程处理
```

要远程管理 Windows Server 2012 R2 服务器，远程计算机上应当运行配套的服务器管理器版本，Windows Server 2012 R2 上直接使用服务器管理器版本，Windows 8.1 需要作为下载程序包的“远程服务器管理工具”一部分的服务器管理器版本。当然更高版本也可以。

这里给出一个实例，在域控制器 SRV2012A 上打开服务器管理器，执行添加服务器任务弹出如图 15-11 所示的对话框，选择要管理的服务器 SRV2012C，单击“确定”按钮将它添加到“所有服务器”组，如图 15-12 所示，使用服务器管理器对它进行远程管理操作。

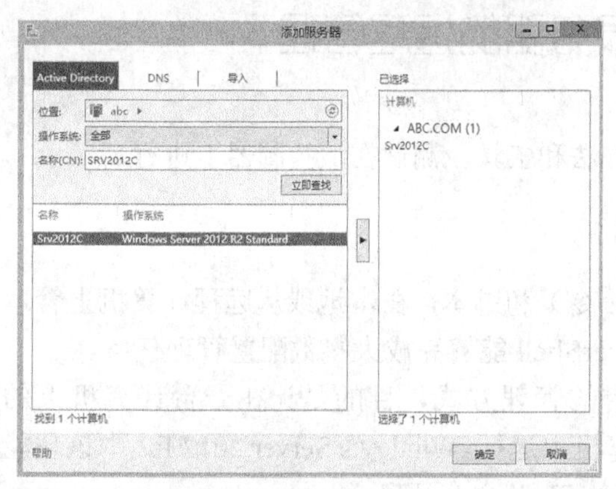

图 15-11　添加服务器

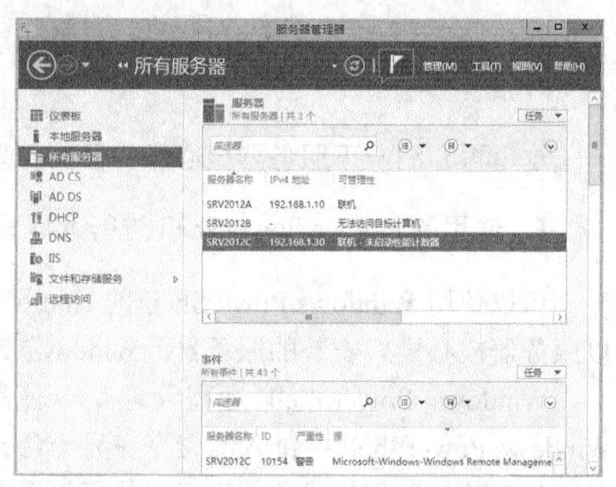

图 15-12　使用服务器管理器远程管理

3. 使用 Microsoft 管理控制台（MMC）进行管理

在其他 Windows 计算机上可以使用 MMC 管理单元远程管理服务器核心服务器。这分为两种情形。

一种情形是被管理的服务器核心服务器是域成员。打开 MMC 控制台，启动一个 MMC 管理单元，在左侧窗格中，右击树顶部，然后选择“连接到另一台计算机”命令，如图 15-13 所示，在“另一台计算机”框中指定服务器核心服务器的名称，单击“确定”按钮，这样就可以使用 MMC 管理单元来管理该服务器。“计算机管理”控制台是一个内置的 MMC 管理单元，可以采用类似的方法来管理服务器核心服务器。

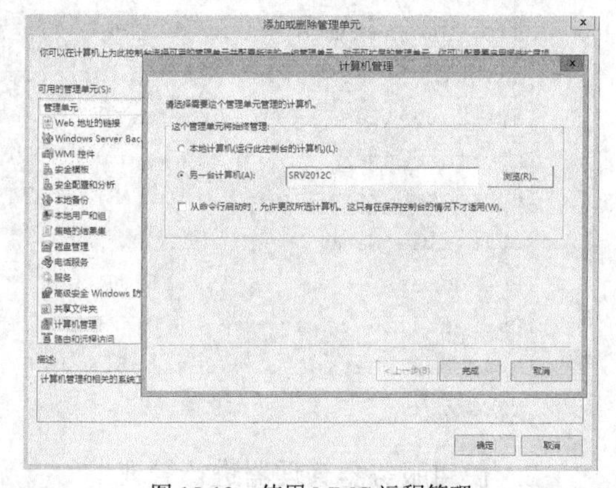

图 15-13　使用 MMC 远程管理

另一种情形是被管理的服务器核心服务器不是域成员。可以按照以下步骤操作。

（1）确认被管理的服务器核心服务器上的防火墙配置为允许连接 MMC 管理单元。如果未配置，参照后面的介绍进行操作。

（2）在远程计算机上的命令行中执行以下命令，建立替代的凭据，以用来连接到服务器核心服务器。

```
cmdkey /add:<ServerName> /user:<UserName> /pass:<password>
```

其中 ServerName 是服务器核心服务器的名称，UserName 是管理员账户的名称，若要系统提示需要密码，则忽略/pass 选项。

（3）系统提示需要密码时，输入在之前步骤中指定的用户名的密码。

（4）在远程计算机上启动 MMC 管理单元，参照上一种情形的操作步骤，连接到服务器核心服务器。

如果要将 Windows 防火墙配置为允许连接 MMC 管理单元，若要允许连接所有 MMC 管理单元，在 Windows PowerShell 中运行

```
Enable-NetFirewallRule -DisplayGroup "Remote Administration"
```

若要仅允许连接特定 MMC 管理单元，在 Windows PowerShell 中运行

```
Enable-NetFirewallRule -DisplayGroup "<Rulegroup>"
```

其中 Rulegroup 用于表示要连接的 MMC 管理单元。下面列出常用的 MMC 管理单元对应的规则组。

- 事件查看器：远程事件日志管理。
- 服务：远程服务管理。
- 共享文件夹：文件和打印机共享。
- 任务计划程序：性能日志和警报或者文件和打印机共享。
- 磁盘管理：远程卷管理。
- 高级安全 Windows 防火墙：Windows 防火墙远程管理。

注意某些 MMC 管理单元没有允许其通过防火墙连接的相应规则组。不过，启用事件查看器、服务或共享文件夹的规则组将允许连接大多数其他管理单元。此外，某些管理单元在可以通过 Windows 防火墙连接之前需要进行进一步配置，如磁盘管理要求首先在服务器核心计算机上启动虚拟磁盘服务（VDS），且在运行 MMC 管理单元的计算机上正确配置磁盘管理规则。

4. 使用远程桌面进行管理

可以从远程计算机上使用远程桌面管理服务器核心服务器，具体实施步骤如下。

（1）在服务器核心服务器上运行以下命令以便远程桌面接受连接。

```
cscript C:\Windows\System32\Scregedit.wsf /ar 0
C:\Users\Administrator>cscript C:\Windows\System32\Scregedit.wsf /ar 0
Microsoft (R) Windows Script Host Version 5.8
版权所有(C) Microsoft Corporation。保留所有权利。

已更新注册表。
```

（2）在远程计算机上执行 mstsc 命令打开相应的对话框。

（3）在“计算机”框中输入服务器核心服务器的名称，然后单击“连接”按钮。

（4）使用管理员账户登录。

（5）当命令提示符出现，可以使用 Windows 命令行工具管理计算机，如图 15-14 所示。

（6）完成远程管理服务器核心服务器后，在命令行中运行 logoff 命令，以结束远程桌面会话。

要在以前版本的 Windows 上运行远程桌面服务客户端，必须关闭 Windows Server 2012 R2 中默认设置的较高安全级别。为此，在步骤 1 之后，在命令提示符下键入以下命令：

```
cscript C:\Windows\System32\Scregedit.wsf /cs 0
```

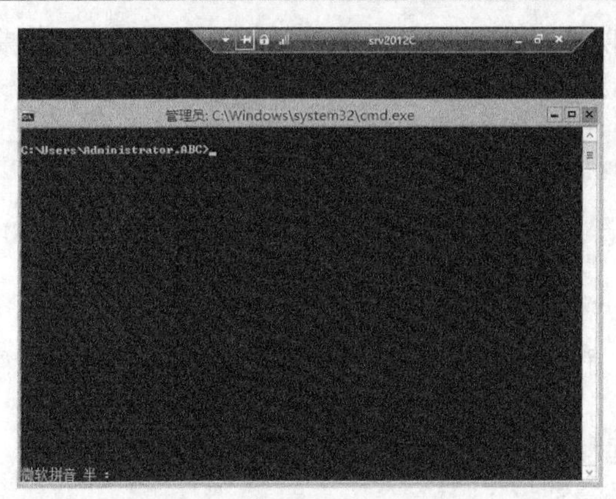

图 15-14 使用远程桌面远程管理

15.4 部署和管理服务器角色和功能

Windows Server 2012 R2 的网络服务和系统服务使用角色与功能等概念，对于服务器来说，最主要的工作就是配置管理角色和服务。Windows Server 2012 R2 以服务器核心模式安装时与 GUI 模式一样，除了文件和存储服务之外，没有安装其他角色，目的是让用户以最低的风险构建服务器。在服务器核心模式下，主要使用 Windows PowerShell 来查看、安装或删除角色和功能，实现各种服务的配置管理。当然，也可以从远程计算机上使用图形界面的服务器管理器来部署管理服务器核心服务器。

15.4.1 服务器核心服务器支持的角色和功能

以服务器核心模式运行的 Windows Server 2012 R2 所支持的服务器角色主要有：Active Directory 证书服务、Active Directory 域服务、DNS 服务器、DHCP 服务器、文件服务（包括文件服务器资源管理器）、Active Directory 轻型目录服务、Hyper-V、打印和文档服务、流媒体服务、Web 服务器（包括 ASP.NET 的一个子集）、Windows Server 更新服务器、Active Directory 权限管理服务器、路由和远程访问服务器等。

它支持的服务器功能主要有：.NET Framework 3.5、.NET Framework 4.5、Windows PowerShell、后台智能传送服务（BITS）、BitLocker 驱动器加密、BitLocker 网络解锁、BranchCache、数据中心桥接、增强存储、故障转移群集、多路径 I/O、网络负载平衡、简单 TCP/IP 服务、HTTP 代理上的 RPC、SMTP 服务器、SNMP 服务、Telnet 客户端与服务器、Windows 内部数据库等。

服务器核心模式与 GUI 模式支持的角色和功能差不多，少的主要是与图形界面有关的功能。

15.4.2 安装和删除服务器角色和功能

在服务器核心模式下主要使用 Windows PowerShell 安装和删除服务器角色和功能。

1．基本方法

一般先要执行 Get-WindowsFeature 来获取角色和功能的安装情况。如图 5-15 所示，结果列表中“Display Name”列提供角色、角色服务和功能的显示名称，“Name”列给出用于安装的项目名称；左侧开头的“[ ]”中显示的安装标记，“X”标记表示已安装的，没有安装的就没有该标记。

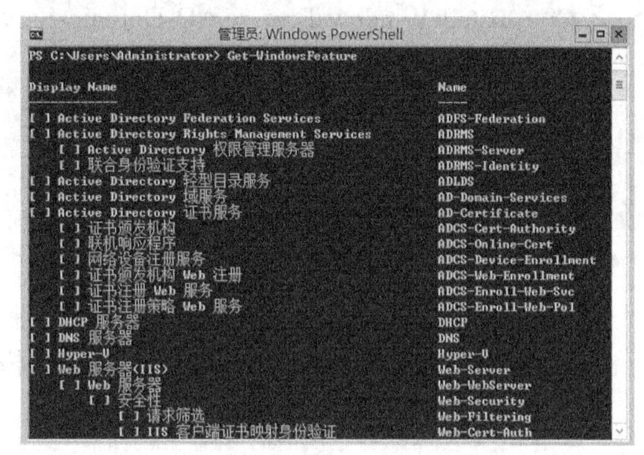

图 15-15　获取角色和功能的安装情况

如果要安装服务器角色或功能，记下 Get-WindowsFeature 命令输出中“Name”列给出的角色或功能名称，然后以该名称作为参数运行 Install-WindowsFeature 命令。

如果要删除（卸载）服务器角色或功能，以角色或功能名称作为参数运行 Uninstall-WindowsFeature 命令。

可以一次安装（或删除）多个角色或功能，用逗号将名称隔开。Install-WindowsFeature 或 Uninstall-WindowsFeature 命令使用选项-Whatif，将显示安装过程中发生的情况，但并不实际运行该命令。这非常适合在正式安装或删除之前使用。

2．完全删除与安装源

使用 Uninstall-WindowsFeature 命令删除角色或功能时，其二进制文件仍然保留在磁盘上，并占用磁盘空间。之后重新添加该角色或功能时，无需访问安装源（如安装 DVD 或 WIM 映像）。

要完全删除某个角色或功能，应在该命令中使用选项-Remove。一旦执行完全删除，不仅禁用该角色或功能，还完全删除相应的二进制文件，这种状态在服务器管理器中称为“已删除”，在 DISM（部署映像服务和管理）工具中显示为“已禁用并删除负载”。之后要重新安装某个已完全删除的角色或功能，必须能够访问安装源。

使用 Install-WindowsFeature 命令时可以使用-Source 选项来指定安装源（WIM 映像路径和映像的索引编号）。本章 15.1.5 节在讲解从服务器核心模式切换到服务器 GUI 模式时的示例就使用了-Source 选项。如果没有指定-Source 选项，则 Windows 将默认使用 Windows 更新作为安装源。

15.4.3　在服务器核心模式下部署域控制器

实验 15-5　在服务器核心模式下部署域控制器

在服务器核心模式下可部署的服务器角色和功能非常多。域控制器是整个域的核心，这里讲解如何使用 Windows PowerShell 在服务器核心模式下安装和配置域控制器。至于其他角色或功能，就不一一示范了。

在 Windows Server 2012 R2 服务器核心模式下安装 AD 域服务主要用到 3 个 PowerShell 命令：Install-WindowsFeature、Import-Module 和 Install-ADDSForest。同 GUI 模式一样，安装 AD 域服务也分为两个阶段，一是安装 AD 服务本身，二是将服务器提升为域控制器。下面在 Windows PowerShell 中示范相关的操作步骤，将 SRV2012C 升级为域控制器。

（1）运行 Get-WindowsFeature 获取 AD 域服务名称，从列表中获取的对应名称为 AD-Domain-Services。

（2）执行以下命令安装 AD 域服务，完成安装之后显示相应的结果。

C:\> Install-WindowsFeature AD-Domain-Services

```
PS C:\Users\Administrator> Install-WindowsFeature AD-Domain-Services

Success Restart Needed Exit Code      Feature Result
------- -------------- ---------      --------------
True    No             Success        {Active Directory 域服务，远程服务器管...
```

至此完成 AD 服务本身的安装，接下来将服务器提升为域控制器。

（3）运行以下命令导入 ADDSDeployment 模块。

```
Import-Module ADDSDeployment
```

该 PowerShell 模块用于 AD 域服务部署以将服务器提升为域控制器，提供以下 PowerShell 命令。

- Add-ADDSReadOnlyDomainControllerAccount：安装只读域控制器。
- Install-ADDSDomain：在子域或树域中安装第一台域控制器。
- Install-ADDSDomainController：在域中安装额外的域控制器。
- Install-ADDSForest：在一个新林中安装第一台域控制器。
- Test-ADDSDomainControllerInstallation：检查安装域控制器的必备条件。
- Test-ADDSDomainControllerUninstallation：测试从服务器上卸载 AD 服务。
- Test-ADDSDomainInstallation：检查在子域或树域中安装第一台域控制器的必备条件。
- Test-ADDSForestInstallation：测试在一个新林中安装第一台域控制器的必备条件。
- Test-ADDSReadOnlyDomainControllerAccountCreation：检查安装只读域控制器的必备条件。
- Uninstall-ADDSDomainController：从服务器上卸载域控制器。

（4）根据需要检查安装域控制器的必备条件。

（5）运行 Install-ADDSForest 命令在林中安装第一个域控制器。

直接运行 Install-ADDSForest 将以默认的配置安装第一台域控制器，执行过程中会提示设置域名（DomainName）和目录服务还原模式的系统管理员密码（SafeModeAdministratorPassword）。实际应用中通常使用若干配置参数来定制安装域控制器，下面给出一个非常典型的例子：

```
Install-ADDSForest `
-CreateDnsDelegation:$false `
-DatabasePath "C:\Windows\NTDS" `
-DomainMode "Win2012R2" `
-DomainName "test.com" `
-DomainNetbiosName "TEST" `
-ForestMode "Win2012R2" `
-InstallDns:$true `
-LogPath "C:\Windows\NTDS" `
```

```
-NoRebootOnCompletion:$false `
-SysvolPath "C:\Windows\SYSVOL" `
-Force:$true
```

其中-CreateDnsDelegation 选项指定是否创建 DNS 委派；-DatabasePath 指定 AD 数据库保存路径；-DomainMode 指定域功能级别；-DomainName 指定域名；-DomainNetbiosName 指定 NetBIOS 名；-ForestMode 指定林功能级别；-InstallDns 指定是否安装 DNS 服务器；-LogPath 指定 AD 日志文件保存路径；-NoRebootOnCompletion 指定完成安装后是否重启计算机；-SysvolPath 指定 SYSVOL 文件夹路径；-Force 指定是否强制完成安装（开启该选项，高重要性的任何警告都无需用户显式确认）。

如图 15-16 所示，运行上述带参数的 Install-ADDSForest 命令，根据提示设置目录服务还原模式的系统管理员密码（SafeModeAdministratorPassword）。之后系统开始安装新林的过程，如图 15-17 所示。最后成功升级域控制器，完成 Active Directory 的安装。

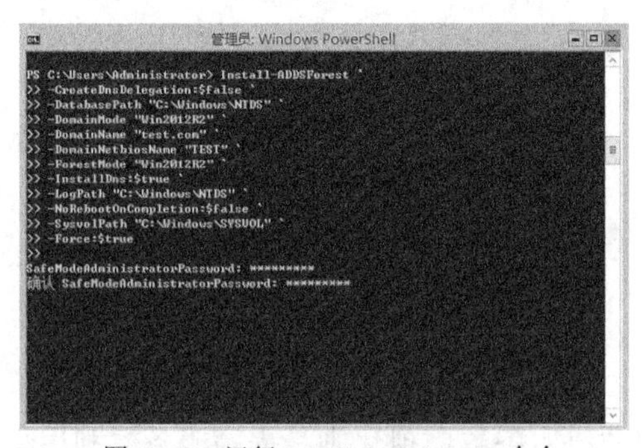

图 15-16　运行 Install-ADDSForest 命令

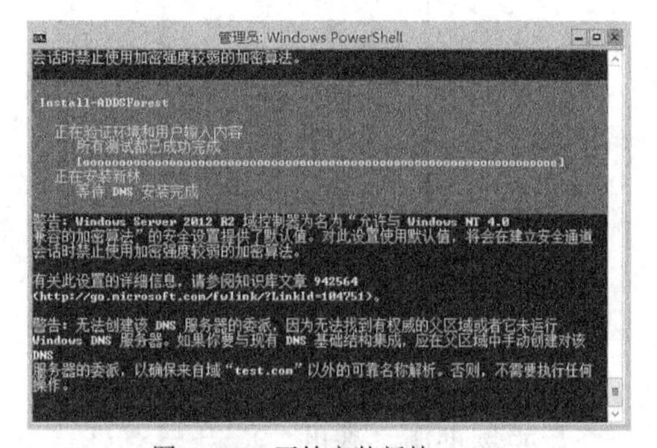

图 15-17　开始安装新林

Active Directory 依赖于 DNS，安装 Active Directory 域服务会自动配置 DNS 服务。

可以进一步检查和验证相关的 DNS 设置，例如可使用 PowerShell 命令 Get-DnsServer 查看 DNS 服务器的配置信息。

15.5　习　　题

1．服务器核心安装有什么特点？

2．服务器核心安装有哪些优势？

3．Windows Server 2012 R2 对服务器核心的主要改进是什么？

4．服务器核心服务器的远程管理有哪些方法？

5．使用 Windows PowerShell 如何完全删除角色？安装源有什么用？

6．在服务器核心模式下安装 AD 域服务主要用到哪 3 个 PowerShell 命令？安装过程分为哪两个阶段？

7．搭建一个实验环境，安装 Windows Server 2012 R2 服务器核心版。

8．登录服务器核心服务器，练习命令行和 Windows PowerShell 的基本操作。

9．从服务器核心模式切换到服务器 GUI 模式，再切换回核心模式。

10．练习 Sconfig.cmd 工具的使用。

第 16 章　基于 Hyper-V 实现服务器虚拟化

可以通过虚拟化技术来进行服务器的整合，提高服务器利用率并降低成本。Windows Server 2012 R2 提供的 Hyper-V 角色可以用来实现虚拟化底层架构的部署，创建一个虚拟化的服务器计算环境来支持虚拟机，在一台物理计算机上运行多个操作系统。本章首先介绍 Hyper-V 基础知识，然后讲解 Hyper-V 的部署和虚拟机的管理，最后结合远程桌面服务讲解虚拟桌面的部署。

16.1　Hyper-V 基础

Hyper-V 是微软服务器虚拟化的实现技术，首先需要了解服务器虚拟化的概念。

16.1.1　服务器虚拟化概述

企业的物理服务器的实际利用率只有 7%～12%，服务器虚拟化则是提高服务器利用率最有效的办法。通过在单一的服务器上运行多个虚拟服务器，不但可以降低企业总体支出成本，同时能够大大提高服务器的利用率。

1. 服务器虚拟化的概念

虚拟化是一个广义的术语，是指计算元件在虚拟的基础上而不是在真实的基础上运行，是一种为了简化管理、优化资源的解决方案。

服务器的虚拟化是指将服务器物理资源抽象成逻辑资源，让一台服务器变成若干台相互隔离的虚拟服务器，如图 16-1 所示。这样就不再受限于物理上的界限，CPU、内存、磁盘、I/O 等硬件变成可以动态管理的“资源池”，从而提高资源的利用率，简化系统管理，实现服务器整合，提升 IT 对业务变化的适应性。

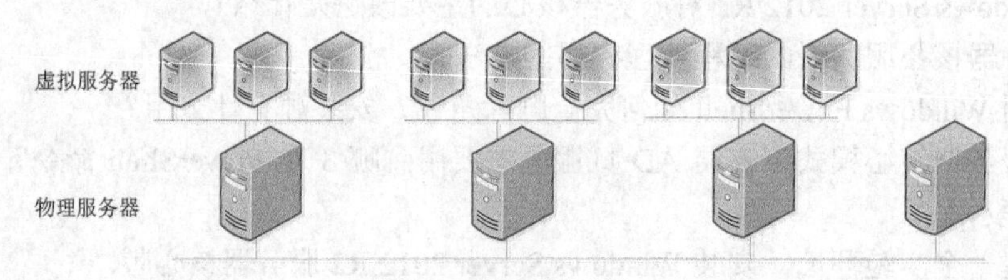

图 16-1　服务器虚拟化

在 IT 领域，除了服务器虚拟化外，还有桌面虚拟化和应用虚拟化，应当区分这些术语和概念。桌面虚拟化是指在服务器上虚拟出多个用户桌面环境，提供给不同用户使用，从而做到方便管理和维护。应用虚拟化是指在一台服务器上部署应用虚拟化平台，然后发布不同的应用以提供给不同用户使用，相当于桌面虚拟化的一个子集，而桌面虚拟化相当于发布整个桌面。服务器虚拟化则是在一台物理服务器上虚拟出若干台虚拟服务器。

2. 服务器虚拟化的优势

服务器虚拟化具有如下优势。

- 节约 IT 部署总体成本。使用虚拟化技术将物理服务器变成虚拟服务器，减少了物理服务器的数量，大大削减了采购服务器的数量，同时相应的占用空间和能耗都变小了，从而降低 IT 总成本。
- 提高基础架构的利用率。通过将基础架构进行资源池化，打破一个应用一台物理机的藩篱，大幅提升资源利用率。
- 提高 IT 的灵活性和适应性。通过动态资源配置提高 IT 对业务的灵活适应力，支持异构操作系统的整合，支持老旧应用的持续运行，减少迁移成本。
- 提高可用性，增长运行时间。大多数服务器虚拟化平台都能够提供一系列物理服务器无法提供的高级功能，比如实时迁移、存储迁移、容错、高可用性还有分布式资源管理，用来保持业务延续和增长运行时间。
- 提高灾难恢复能力。硬件抽象功能使得不再锁定在某一厂商，在灾难恢复时就不需要寻找同样的硬件配置环境；物理服务器数量减少，在灾难恢复时需要的工作会少得多；多数企业级的服务器虚拟化平台会提供在发生灾难时帮助自动恢复的软件。
- 便于隔离应用。为隔离应用，数据中心经常使用一台服务器一个应用的模式。而通过服务器虚拟化提供的应用隔离功能，只需要很少几台物理服务器就可以建立足够多的虚拟服务器来解决这个问题。

3. 服务器虚拟化与云计算

云（Cloud）是网络、互连网的一种比喻说法。云计算（Cloud Computing）是以服务的方式提供虚拟化资源的模式，将以前的信息孤岛转化为灵活高效的资源池和具备自我管理能力的虚拟基础架构，从而以更低的成本和更好的服务的形式提供给用户。云计算意味着 IT 的作用正在从提供 IT 服务逐步过渡到根据业务需求优化服务的交付和使用。

云分为私有云（Private Cloud）和公共云（Public Cloud）。私有云是为一个客户单独使用而构建的，因而能提供对数据、安全性和服务质量的最有效控制。私有云可部署在企业数据中心的防火墙内，也可以将它们部署在一个安全的主机托管场所，私有云的核心属性是专有资源。公共云是面向公众提供的应用和存储等资源，目前主流的公共云服务有微软 Azure、亚马逊 Web 服务和谷歌公共云。

云计算系统的平台管理技术能够使大量的服务器协同工作，方便进行业务部署和开通，快速发现和恢复系统故障，通过自动化、智能化的手段实现大规模系统的可靠运营。服务器虚拟化技术可用于云计算，一种常见的应用是通过虚拟化服务器将虚拟化的数据中心搬到私有云。当然，一些主流的公共云也都使用这种虚拟化技术。

4. 服务器虚拟化的应用

目前市场上的物理服务器可以支持虚拟化，市场上还有大量的应用工具来帮助用户快捷地将数据从物理服务器迁移到虚拟服务器。服务器虚拟化技术的价值已在许多环境中得到证明。常见的应用有虚拟化数据中心、高性能应用、定制化服务、测试和实验平台、私有云部署、云托管提供商等。

16.1.2　Hyper-V 虚拟化技术

Hyper-V 是微软提出的一种虚拟化技术，旨在提供高性价比的虚拟化基础设施软件，降低运营成本，提高硬件利用率，优化基础设施并提高服务器的可用性。在 x86 平台虚拟化技术中引入的虚拟化层通常称为虚拟机监控器（Virtual Machine Monitor，VMM），又称为 Hypervisor，Hyper-V 的名称正来源于此。

Hyper-V 技术可虚拟化硬件，提供在一台物理计算机上同时运行多个操作系统的环境。虚拟机监控器 Hypervisor 运行的环境，也就是真实的物理平台，称之为宿主机或主机（Host），其中运行的操作系统称为管理操作系统。而虚拟出来的平台是可单独运行其各自操作系统的虚拟机，通常称为客户机，其中运行的操作系统也称为客户操作系统（Guest OS，微软一些文档中将其译为“来宾操作系统”）。

1. Hyper-V 分区

一个虚拟化层提供了在子操作系统里的独立的、隔离的环境，让应用能在其中运行，Hyper-V 使用“分区”这个术语来表示这些区域。Hypervisor 是 Hyper-V 的核心组件，负责创建和管理分区。

根分区指的是 Hypervisor 运行的区域。当启动一个使用 Hyper-V 的 Windows 服务器上的物理实例时，分区自动创建。

父分区是一个能创建新子分区的环境。在 Hyper-V 的早期版本中，父分区与根分区是一样的。子分区的目的是在子操作系统里隔离环境，使应用可以运行。子分区从技术角度来说不完全与一台虚拟机一样，不过为了共同的目的，这两个可互换。

2. 基于微内核的 Hyper-V 管理程序架构

Hyper-V 的设计借鉴了 Xen，管理程序采用微内核的架构，兼顾了安全性和性能的要求。如图 16-2 所示，Hyper-V 底层的 Hypervisor 运行在最高的特权级别下，微软将其称为 Ring -1（而 Intel 也将其称为 root mode），而虚拟机的操作系统内核和驱动运行在 Ring 0，应用程序运行在 Ring 3。这种架构不需要采用复杂的 BT（二进制特权指令翻译）技术，可以进一步提高安全性。由于 Hyper-V 底层的 Hypervisor 代码量很小，不包含 GUI 代码，也不包含任何第三方的驱动，非常精简，所以安全性高。

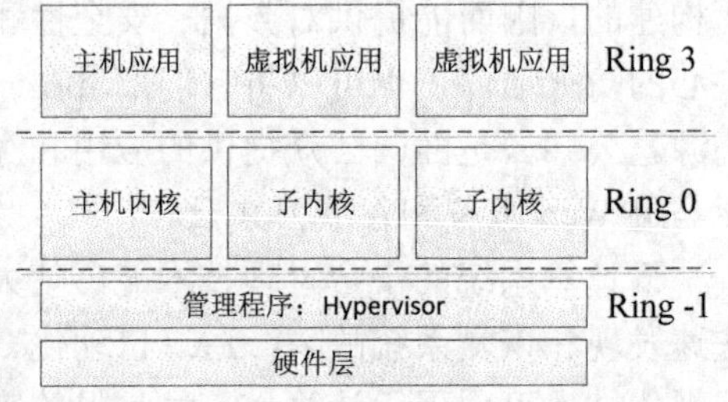

图 16-2　基于微内核的 Hyper-V 管理程序架构

3. 基于 VMBus 的高速内存总线架构

在其他的服务器虚拟化实现技术中，每个硬件请求，都需要经过用户模式、内核模式的多次切换转移，效率大受影响。如图 16-3 所示，Hyper-V 采用基于 VMBus（虚拟机总线）

的高速内存总线架构，来自虚拟机的硬件请求（显卡、鼠标、磁盘、网络），可以直接经过 VSC（虚拟化服务客户端），通过 VMBus 总线发送到根分区的 VSP（虚拟化服务提供程序），VSP 调用对应的设备驱动，直接访问硬件，中间不需要 Hypervisor 的任何帮助。显然这种架构效率很高。

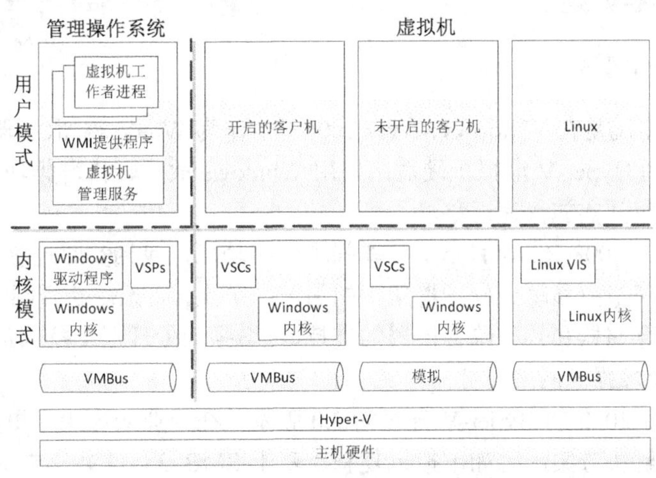

图 16-3　基于 VMBus 的高速内存总线架构

4. Hyper-V 的设备驱动架构

Hyper-V 架构使用了微内核设计，Hypervisor 代码运行时没有包括设备驱动。如图 16-4 所示（其中 HID 是人机交互设备的缩写），设备驱动安装在主机操作系统内，虚拟机访问硬件设备的请求交由主机操作系统处理。也就是说，由主机操作系统控制直接运行在硬件之上的 Hypervisor。主机操作系统运行两类设备驱动：合成的（Synthetic）与模拟的（Emulated），前者要比后者快。只有在虚拟机上安装了 Hyper-V 集成服务时，虚拟机才能够访问合成设备驱动。

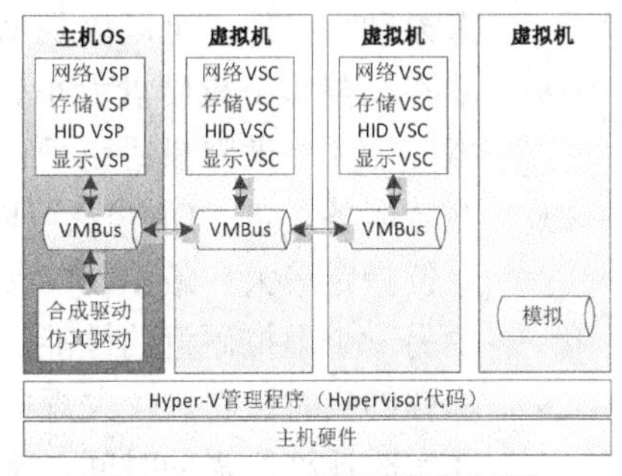

图 16-4　Hyper-V 的设备驱动架构

集成服务在虚拟机内实现了 VMBus/VSC 设计，使直接访问硬件成为了可能。例如，为访问物理网卡，运行在虚拟机内的网络 VSC 驱动会与运行在主机操作系统内的网络 VSP 驱动进行通信。网络 VSC 与网络 VSP 之间的通信发生在 VMBus 之上。网络 VSP 驱动使用虚拟合成设备驱动库直接与物理网卡通信。运行在主机操作系统内的 VMBus，实际是在内核空间内运转以改进虚拟机与硬件之间的通信。如果虚拟机没有实现 VMBus/VSC 设计，那么只能依赖于设备模拟。

5. Hyper-V 的技术优势

Hyper-V 可以采用半虚拟化（Para-virtualization）和全虚拟化（Full-virtualization）两种模拟方式创建虚拟机。半虚拟化方式要求虚拟机与物理主机的操作系统（通常是版本相同的 Windows）相同，以使虚拟机达到高的性能；全虚拟化方式要求 CPU 支持全虚拟化功能（如 Intel VT 或 AMD-V），以便能够创建使用不同的操作系统（如 Linux 和 Mac OS）的虚拟机。

从架构上讲 Hyper-V 只有“硬件－Hyper-V－虚拟机”三层，本身非常小巧，代码简单，且不包含任何第三方驱动，所以安全可靠，执行效率高，能充分利用硬件资源，使虚拟机系统性能更接近真实系统性能。

16.1.3　Hyper-V 版本

1. Hyper-V 的早期版本

Hyper-V 首次出现是在 Windows Server 2008 中，作为 Windows 服务器的安装角色出现，使用 VHD 格式作为 Hyper-V 虚拟机硬盘，使用 Windows 故障转移群集功能实现 Hyper-V 高可用性，支持在群集间实施快速迁移。

Windows Server 2008 R2 为 Hyper-V 增强了一些功能，包括实时迁移（能够以透明方式从一个故障转移群集节点移动到同一群集中的另一个节点，而无需断开网络连接）、动态虚拟机存储（对热插拔存储器和热移除存储器的支持）、增强的处理器支持（最多支持 32 个物理处理器内核），以及增强的网络支持。

Windows Server 2012 的 Hyper-V 升级为 3.0 版本，在企业级应用中更具优势，在高可用性方面提供更多的解决方案，比如虚拟机复制、基于 SMB 3.0 的共享虚拟机部署、Hyper-V 群集、虚拟机迁移等。

2. Windows Server 2012 R2 的新增功能

Windows Server 2012 R2 关于 Hyper-V 的新增功能非常多，这里仅列出最主要的。

- 共享虚拟硬盘。虚拟磁盘使用新的 VHDX 格式，可以使多个虚拟机能够访问同一个虚拟硬盘文件，可以提供 Windows 故障转移群集使用的共享存储。
- 动态调整虚拟机硬盘大小。可以在运行虚拟机的同时调整虚拟硬盘的大小。在线虚拟硬盘大小调整只适用于已附加到 SCSI 控制器的 VHDX 文件。
- 存储服务质量（QoS）。可以针对虚拟机中的每个虚拟磁盘，以每秒 I/O 运算次数为单位指定最大和最小 I/O 负载，确保一个虚拟硬盘的存储吞吐量不会影响同一主机中另一个虚拟硬盘的性能。
- 增强的实时迁移。较大规模的部署中，此项改进可减少网络开销和 CPU 使用率，以及实时迁移所需的时间。支持跨版本实时迁移，可以将 Windows Server 2012 中的 Hyper-V 虚拟机迁移到 Windows Server 2012 R2 中的 Hyper-V。
- 支持第 2 代虚拟机。这种虚拟机提供的新增功能包括安全启动（默认情况下已启用）、从 SCSI 虚拟硬盘启动、从 SCSI 虚拟 DVD 启动、使用标准网络适配器执行 PXE 启动、UEFI 固件支持。
- 增强的会话模式。与虚拟机交互时，它可以提供类似于远程桌面连接的功能。
- 虚拟机自动激活。将虚拟机激活绑定到许可的虚拟化服务器，并在虚拟机启动时激活该虚拟机。也就是说，在已经激活了 Windows Server 2012 R2 的计算机上安装虚拟机，而无需管理每一台虚拟机的产品密钥，即使在连接断开的环境中，也是如此。此项功能的前提是需要一台运行 Windows Server 2012 R2 Datacenter 的虚拟化服务器，虚拟机上的操作系统必须是 Windows Server 2012 R2 版本。
- 可扩展的 Hyper-V 复制。在扩展复制中，副本服务器会将有关主虚拟机上发生更改的信息转发到第三台服务器（扩展的副本服务器），以提供进一步的业务连续性保护。

- 增强的 Linux 支持。包括提供增强的视频体验并改进鼠标支持、动态内存受 Linux 虚拟机的支持、联机 VHDX 大小调整、联机备份（例如可将运行中的 Linux 虚拟机备份到 Windows Azure）。
- 增强的故障转移群集和 Hyper-V。将 Windows 故障转移群集与 Hyper-V 结合使用可以启用虚拟网络适配器保护和虚拟机存储保护。Hyper-V 已得到增强，可以检测未由 Windows 故障转移群集管理的存储设备（SMB 3.0 文件共享）上的物理存储故障。存储故障检测可以检测虚拟机启动磁盘或者与虚拟机关联的任何附加数据磁盘的故障。如果发生了这种事件，Windows 故障转移群集会确保在群集中的其他节点上重新定位并重新启动该虚拟机。这样便消除了检测不到非托管存储故障以及虚拟机资源不可用的情况。Hyper-V 和 Windows 故障转移群集已得到增强，可以检测虚拟机的网络连接问题。如果分配到虚拟机的物理网络遭受故障（例如交换机端口或网络适配器发生故障，或者网络电缆连接断开），Windows 故障转移群集会将该虚拟机移到群集中的其他节点，以恢复网络连接。
- Hyper-V 网络虚拟化的新增功能。主要包括 HNV 网关（执行站点到站点 VPN、NAT 和转发功能的多租户网关）、IPAM、HNV 与 Windows NIC 组合相集成、NVGRE 封装任务卸载。
- Hyper-V 虚拟交换机的新增功能。包括 Hyper-V 虚拟交换机扩展端口 ACL、网络流量的动态负载平衡、Hyper-V 网络虚拟化能够与 Hyper-V 虚拟交换机的第三方转发扩展共存、使用 vRSS 缓解虚拟机的流量瓶颈，以及网络跟踪简化并可提供更多详细信息。

3. 独立的虚拟化产品 Hyper-V Server

在 Windows Server 中可以通过安装 Hyper-V 角色来完成虚拟化底层架构的部署。微软还推出了单独的发行版 Hyper-V Server，这是官方精简的服务器操作系统，只拥有 Hyper-V 功能，更小的系统内核决定了该版本更不容易被攻击和破坏。

Microsoft Hyper-V Server 2012/ Microsoft Hyper-V Server 2012 R2 是完全免费的，因为它只包含虚拟化的产品，但不包含虚拟机的授权，可以用来无限制地建立虚拟机，所以非常适合于大型的虚拟化数据中心。但是，如果建立的虚拟机包含 Windows 操作系统，则需要重新授权激活。如果使用 Hyper-V Server 加上 Linux，那么就可实现完全免费的虚拟化平台。

16.1.4　Hyper-V 的应用

Hyper-V 提供了基础结构，可以用来虚拟化应用程序和工作负载，支持旨在提高效率和降低成本的各种商业目标。

- 建立或扩展私有云环境。Hyper-V 可扩展共享资源的用途，并随着需求的变化而调整利用率，以根据需要提供更灵活的 IT 服务。
- 提高硬件利用率。通过将服务器和工作负载合并到数量更少但功能更强大的物理计算机上，可以减少对资源（如电源和物理空间）的消耗。

- 改进业务连续性。Hyper-V 可用来将计划和非计划停机对工作负载的影响降到最低限度。
- 建立或扩展虚拟机基础结构（VDI）。包含 VDI 的集中式桌面策略可提高业务灵活性和数据安全性，还可简化法规遵从性以及对桌面操作系统和应用程序的管理。在同一物理计算机上部署 Hyper-V 和远程桌面虚拟化主机（RD 虚拟化主机），以制作向用户提供的个人虚拟机或虚拟机池。
- 提高部署和测试活动的效率。使用虚拟机可以无需获取或维护所有硬件而再现不同的计算环境，否则的话则会需要。

16.2 部署 Hyper-V 虚拟化基础架构

可以使用 Hyper-V 角色来完成 Hyper-V 虚拟化基础架构的部署，创建和管理虚拟化的计算环境。

16.2.1 Hyper-V 的部署要求

1. 硬件要求

Hyper-V 需要一个 64 位处理器，包括以下要求。

- 硬件协助的虚拟化。在提供虚拟化选项的处理器上，可以进行硬件协助的虚拟化，特别是具有 Intel 虚拟化技术（Intel VT）或 AMD 虚拟化（AMD-V）技术的处理器。
- 硬件强制实施的数据执行保护（DEP）必须可用且已启用。也就是必须启用 Intel XD 位（执行禁用位）或 AMD NX 位（无执行位）。

2. 软件要求（针对支持的客户操作系统）

Hyper-V 包括所支持的客户操作系统的软件包，从而改进了物理计算机与虚拟机之间的集成，该程序包称为集成服务。一般情况下，先设置虚拟机中的操作系统，之后再将此数据包作为单独的程序安装在客户操作系统中。不过，一些操作系统内置了集成系统，无需单独安装。

Windows Server 2012 R2 中可支持的客户操作系统包括以下 3 种。

- Windows Server 2003 SP2 及更高版本的 Windows 服务器操作系统，其中 Windows Server 2012 或更高版本已经内置集成服务，其他版本需要安装最新的 Hyper-V 集成服务。
- 带有 Service Pack 2（SP2）的 Windows XP x64 版本、Windows XP Service Pack 3（SP3）及更高版本的 Windows 桌面操作系统，其中 Windows 8.1 或更高版本已经内置集成服务，其他版本需要在设置完虚拟机中的操作系统后安装集成服务。
- 主流的 Linux 和 UNIX。RedHat Enterprise Linux 或 CentOS 6.4、Debian 7.0、Oracle Linux 6.4、SUSE 11 SP2、Ubuntu 12.04、FreeBSD 10 等版本开始内置 Hyper-V 集成服务，不需要单独安装。RedHat Enterprise Linux 或 CentOS 5.5 至 6.3 版、FreeBSD 8.4/9.1 至 9.3 版需要安装最新的 Hyper-V 集成服务。

16.2.2　安装 Hyper-V 角色

实验 16-1　安装 Hyper-V 角色

实际应用中首选单独的发行版 Hyper-V Server 2012 R2 来部署虚拟化服务器，该版本是不带 GUI 界面的 Hypervisor，需要使用命令行或 Windows PowerShell 管理，或者使用 Hyper-V 管理器进行远程管理。考虑到初学者，这里以 Windows Server 2012 R2 附带的 Hyper-V 角色安装进行示范。

默认情况下在 Windows Server 2012 R2 中并没有安装 Hyper-V 角色，如果要将服务器升级成虚拟主机，需要安装 Hyper-V 角色。可以使用图形化界面安装，也可以使用 Windows PowerShell 安装。这里介绍使用图形界面的服务器管理器的添加角色或功能向导来安装它。

1. 安装前的准备

一般需要在 AD 域环境中部署 Hyper-V。如果企业中没有域环境，最好是先部署域控服务器，然后将 Hyper-V 主机加入域中，方便以后的管理。当然也可以在非域环境中部署 Hyper-V 进行简单的虚拟化操作和测试，这种情况不支持远程管理。例中在 abc.com 域中部署 Hyper-V，一台 Windows Server 2012 R2 域控制器为 SRV2012A（192.168.1.10/24），部署有 DHCP 和 DNS 服务器；另外专门安装一台 Windows Server 2012 R2 服务器作为虚拟化主机，名称为 SRV2012C（192.168.1.30/24），并将其加入域。

为保证虚拟化服务器的正常运行，应提高系统硬件配置。内存不要低于 4 GB，硬盘容量应尽可能大，最好安装两块或更多的硬盘。例中内存为 4 GB，安装有两块硬盘，其中一块用于安装虚拟硬盘，容量为 100 GB。最好安装两个网络适配器，一个用于管理主机，另一个用于虚拟机的网络通信。例中再增加一个网络接口，由于有 DHCP 服务器，IP 地址设为自动获取。

对照 Hyper-V 的部署要求检查硬件，要求处理器支持硬件协助的虚拟化。笔者是通过 VMware Workstation 搭建实验环境的，要安装 Hyper-V 角色的服务器本身就是 VMware 虚拟机，需要修改相关的配置才能正常安装 Hyper-V。具体方法是在相应的.vmx 配置文件下添加以下 3 行配置语句：

```
hypervisor.cpuid.v0 = "FALSE"
mce.enable = "TRUE"
vhv.enable = "TRUE"
```

其中 vhv.enable 定义对应的是处理器的虚拟化设置中的“Virtualize Intel VT-x/EPT 或 AMD-V/RVI”选项，非常关键。

2. 安装步骤

使用服务器管理器中的添加角色和功能向导来安装 Hyper-V 角色。

（1）已有域管理权限的账户登录到要安装 Hyper-V 角色的服务器，在服务器管理器中启动添加角色和功能向导，根据提示进行操作。

（2）当出现“选择服务器角色”界面时，从“角色”列表中选择“Hyper-V”角色，会提示需要安装 Hyper-V 管理工具，单击“添加功能”按钮关闭该对话框回到“选择服务器角色”界面，此时“Hyper-V”已被选中。

（3）单击“下一步”按钮，根据向导的提示进行操作，当出现图 16-5 所示的界面时，创建虚拟交换机。这里选择创建，从列表中选择一个网络适配器用于创建虚拟交换机。另一个未选中的用作 Hyper-V 管理。也可以之后再创建。

（4）单击“下一步”按钮，出现“虚拟机迁移”界面，设置虚拟机迁移选项。这里保持默认设置，没有选中“允许此服务器发送和接收虚拟机的实时迁移”复选框。

（5）单击“下一步”按钮，出现图 16-6 所示的界面，选择虚拟硬盘和虚拟机配置文件存储位置。这里没有采用默认设置，而是将它们放置在另一个磁盘中。

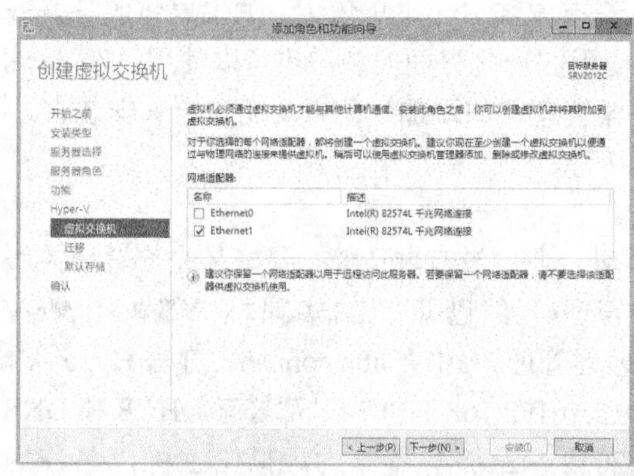

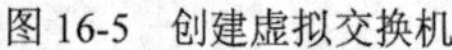
图 16-5　创建虚拟交换机

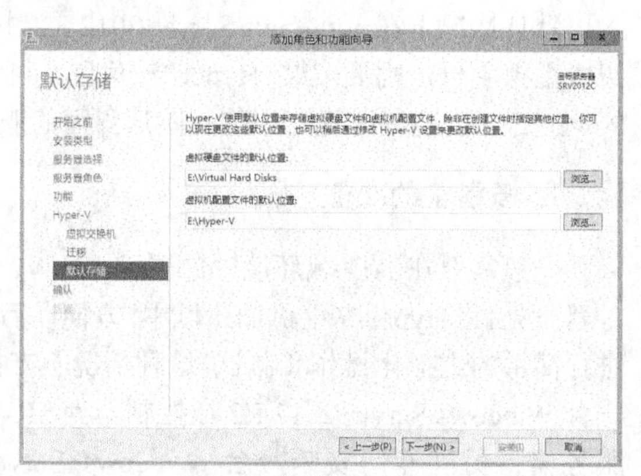

图 16-6　设置默认存储

（6）单击“下一步”按钮，根据向导提示完成余下的安装过程，之后关闭该向导。在服务器管理器中可以验证 Hyper-V 安装成功。

提示：在没有安装 Hyper-V 角色之前，Windows Server 2012 R2 只是一个单一的操作系统。但是在安装完成后，作为宿主机存在的 Windows Server 2012 R2 变成了第一台虚拟机，也就是父分区，其硬件均已被 Hypervisor 接管。

16.2.3　熟悉 Hyper-V 管理工具

安装 Hyper-V 角色一般选择安装相应的管理工具，包括 Hyper-V GUI 管理工具和 Windows PowerShell 的 Hyper-V 模块。也可以在其他计算机上选择单独安装这些工具。Windows PowerShell 的 Hyper-V 模块提供了对 GUI 中所有可用功能，以及整个 GUI 中不可用功能的命令行访问权。这里重点介绍图形界面的 Hyper-V 管理器。

要打开该管理器，可以从“管理工具”菜单或服务器管理器的“工具”菜单中选择“Hyper-V 管理器”命令，也可以在服务器管理器的“本地服务器”界面通过“任务”菜单来选择相应的命令。Hyper-V 管理器主界面如图 16-7 所示，分为 3 个窗格。

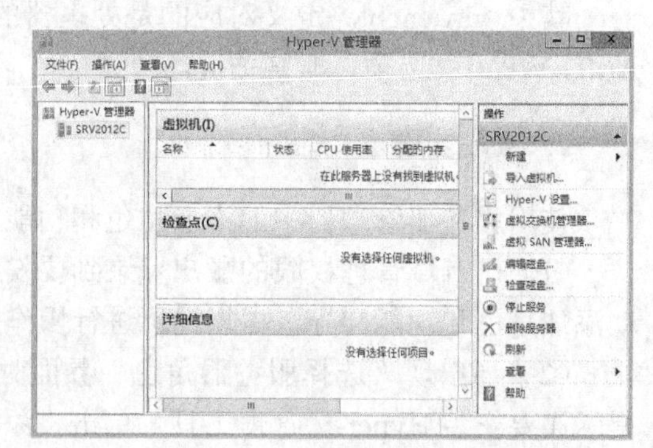

图 16-7　Hyper-V 管理器

左侧是导航窗格，列出要管理的 Hyper-V 主机，可以通过“连接到服务器”命令添加要远程管理的其他 Hyper-V 服务器。

中间是内容窗格，显示所选主机上当前的

Hyper-V 虚拟机以及相关信息。其中“虚拟机”区域列出 Hyper-V 主机上当前承载的虚拟机名称及其相关参数，如当前状态、CPU 使用率、内存分配等；“检查点”区域给出所选虚拟机上所创建的快照（时间点磁盘映像）列表；“详细信息”区域给出所选虚拟机上的其他详细信息，如摘要、内存、网络和复制情况。

右侧是操作窗格，列出所选 Hyper-V 主机和虚拟机对应的操作任务或命令。这些命令也可以通过右键菜单来选择。

单击操作窗格中的“Hyper-V 设置”按钮可以打开相应的设置界面，如图 16-8 所示，这是一个全局设置界面，针对主机上的 Hyper-V 进行设置，影响该主机上运行的所有虚拟机。其中“服务器”区域的选项是针对 Hyper-V 主机的，“用户”区域的选项是针对 Hyper-V 虚拟机的。

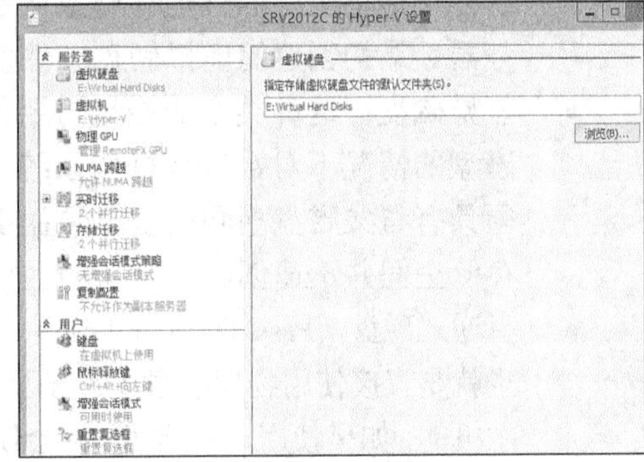

图 16-8　Hyper-V 设置

针对 Hyper-V 主机的操作主要是虚拟机、虚拟磁盘和虚拟交换机的创建和管理。下面先介绍虚拟磁盘和虚拟交换机，至于虚拟机在下一节专门讲解。

16.2.4　虚拟磁盘

实验 16-2　创建虚拟磁盘

虚拟硬盘是虚拟化的关键。虚拟硬盘为虚拟机提供存储空间，在虚拟机中，虚拟硬盘功能相当于物理硬盘，被虚拟机当作物理硬盘使用。

虚拟机所使用的虚拟磁盘，实际上是物理硬盘上的一种特殊格式的文件。虚拟磁盘文件用于捕获驻留在服务器内存中的虚拟机的完整状态，并将信息以一个已明确的磁盘文件格式显示出来。每个虚拟机从其相应的虚拟磁盘文件启动并加载到服务器内存中。随着虚拟机的运行，虚拟磁盘文件可通过更新来反映数据或状态的改变。虚拟磁盘文件可以复制到远程存储以提供虚拟机的备份和灾难恢复副本，也可以迁移或者复制到其他服务器。虚拟硬盘也适合集中式存储，而不是存在于每台本地服务器上。

1. Hyper-V 虚拟磁盘格式

虚拟磁盘格式不断改进以满足虚拟机和数据中心资源不断变化的需求。Windows Server 2012 以前版本 Hyper-V 所使用的虚拟硬盘格式为 VHD 格式，现在升级为 VHDX。

VHD 格式存储容量最大支持 2 TB，而 VHDX 具有更大的存储容量，最大支持 64 TB。VHDX 格式可以记录所有的 VHDX 元数据的更改，所有的变化都会被追踪到，因此不必要的或有问题的变化都可以恢复，允许虚拟服务器在恢复虚拟机时保持很少的数据或状态丢失。它还在电源故障期间提供数据损坏保护并且优化动态磁盘和差异磁盘的结构对齐方式，以防止在新的大型扇区物理磁盘上性能降级。

2. 虚拟磁盘类型

Windows Server 2012 和 Windows Server 2012 R2 支持 4 种虚拟磁盘类型。

- 动态扩展磁盘：按需动态分配物理存储空间，不会分配多余的空间。这样可更好地利用物理存储空间。建议用于不含有密集使用磁盘的应用程序的虚拟服务器。虚拟磁盘在最初创建时很小，随着不断添加数据会逐渐变大。按需扩展空间会影响性能。

- 固定大小磁盘：按设定的虚拟磁盘容量大小一次性分配固定大小的物理存储空间，这样可提供更好的性能，建议用于运行具有密集磁盘访问活动的应用程序的虚拟服务器。最初创建的虚拟硬盘文件使用虚拟硬盘的大小，之后大小不会更改。
- 差异磁盘：这种类型的磁盘与要保持的另一种磁盘存在父子关系，可以在不影响父磁盘的情况下对数据或操作系统进行更改，以便可以轻松还原更改，所有子磁盘必须具有与父磁盘相同的虚拟硬盘格式（VHD 或 VHDX）。这种磁盘能够节省主机的存储空间并迅速创建一个新的虚拟机，只适用于测试。
- 直通式磁盘（Pass-Through Disk）：这是将 Hyper-V 虚拟机直接连接到物理存储的方式，也就是直接使用物理磁盘（或分区）作为虚拟机的磁盘存储。由于直通式磁盘是绑定到主机的，如果使用这种磁盘，将会使实时迁移复杂化，另外 Hyper-V 不能对它抓取快照。

3. 虚拟磁盘所支持的硬盘类型

Hyper-V 部署的虚拟机支持市面上主流厂商的存储类型，包括 DAS、NAS、FC SAN、iSCSI SAN，设备类型包括 IDE 设备和 SCSI 设备。Hyper-V 虚拟机使用带有 IDE 控制器的模拟设备，最多可以有 2 台 IDE 控制器，每台控制器可以有 2 个磁盘。每台虚拟机最多可支持 256 个 SCSI 设备（4 个 SCSI 控制器，每个控制器最多支持 64 个磁盘）。SCSI 控制器使用一种专为虚拟机而开发的设备，并使用虚拟机总线进行通信。

4. 创建虚拟磁盘

在创建虚拟机时可以同时创建一个虚拟磁盘，编辑虚拟机配置时也可以创建虚拟磁盘，还可以在需要的时候创建一个独立的虚拟磁盘。这里示范创建一个独立的虚拟磁盘。

（1）在 Hyper-V 主机（例中为 SRV2012C）上打开 Hyper-V 管理器，从“操作”菜单中选择“新建”>“硬盘”命令启动新建虚拟硬盘向导。

（2）单击“下一步”按钮，出现图 16-9 所示的对话框，选择磁盘格式，这里选择默认的 VHDX 格式。

（3）单击“下一步”按钮，出现图 16-10 所示的对话框，选择磁盘类型，这里选择“固定大小”。

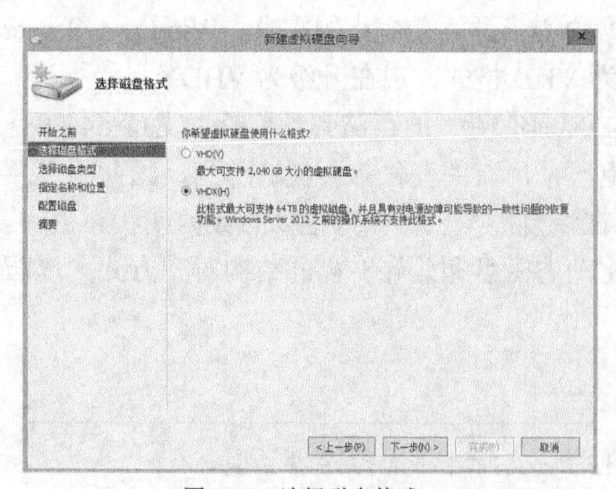

图 16-9 选择磁盘格式

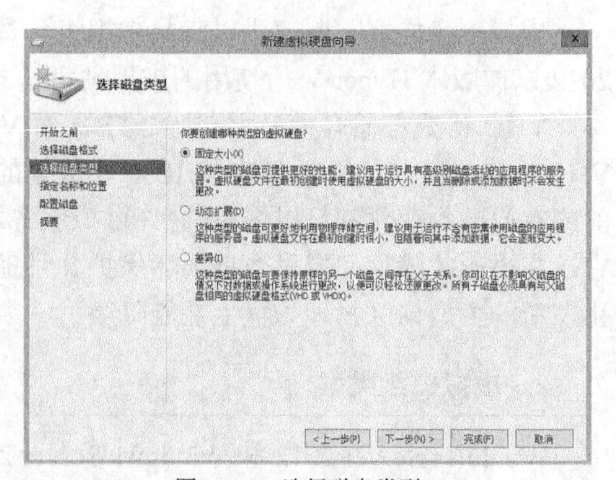

图 16-10 选择磁盘类型

（4）单击“下一步”按钮，出现图 16-11 所示的对话框，指定名称和存储位置。

（5）单击“下一步”按钮，出现图 16-12 所示的对话框，设置虚拟磁盘空间大小。

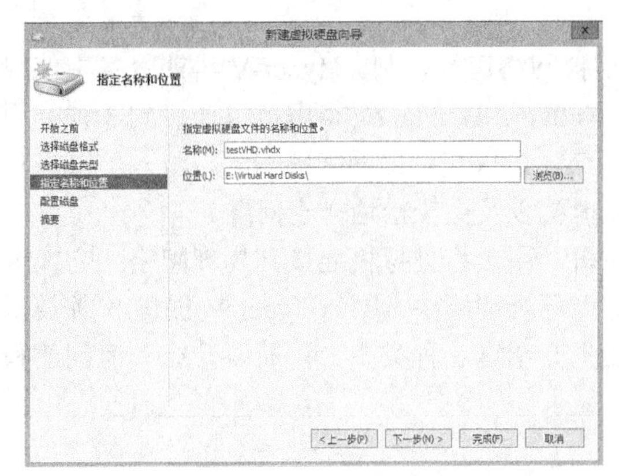

图 16-11　指定名称和存储位置

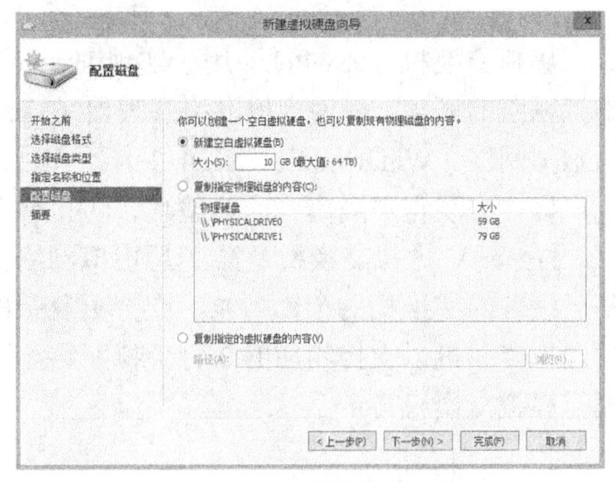

图 16-12　配置磁盘

（6）单击“下一步”按钮，显示新建磁盘配置的摘要信息，确认后单击“完成”按钮。

5. 管理和操作虚拟磁盘

单独创建的虚拟磁盘并没有添加到任何虚拟机中。要添加到某虚拟机中，可以打开虚拟机的设置对话框（16.3 节将具体介绍虚拟机的设置），单击“SCSI 控制器”节点，从列表中选中“硬盘驱动器”，单击“添加”按钮，如图 16-13 所示，选中“虚拟硬盘”单选钮，并设置要添加的虚拟磁盘的文件（VHD 或 VHDX 格式），单击“应用”按钮。这样虚拟机就可以使用该虚拟磁盘了。

虚拟机中要卸载某虚拟磁盘，也是进入图 16-13 所示的界面，单击“SCSI 控制器”节点下要删除的硬盘驱动器，单击“删除”按钮。这种删除不会将该虚拟磁盘对应的物理硬盘上的虚拟磁盘文件同时删除。

虚拟磁盘是虚拟机的重要资源，在使用过程中需要进行编辑修改。在 Hyper-V 管理器中单击操作窗格中的“编辑磁盘”按钮可以启动编辑虚拟硬盘向导，根据提示选择要操作的磁盘，当出现图 16-14 所示的界面时，再选择要执行的操作，可以执行压缩（缩小空间）、扩展（增大空间），转换格式与类型操作。

单击操作窗格中的“查找磁盘”按钮可以查看当前 Hyper-V 主机的虚拟磁盘文件，这里执行删除会将虚拟磁盘完全删除。

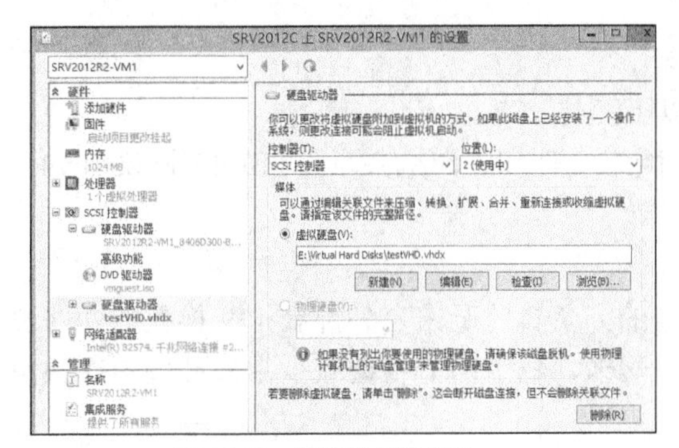

图 16-13　添加硬盘驱动器

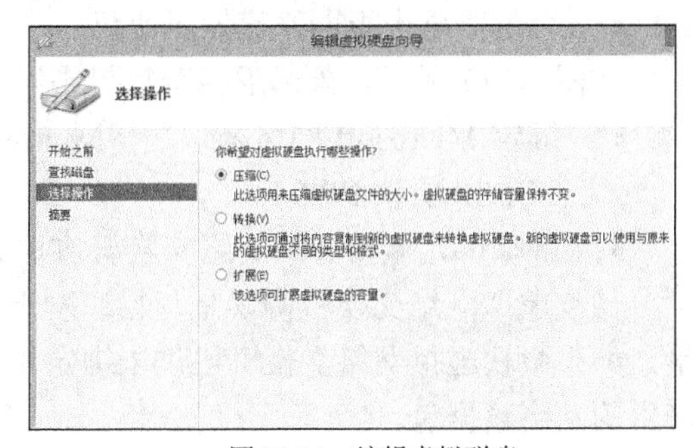

图 16-14　编辑虚拟磁盘

16.2.5 虚拟交换机

虚拟交换机（vSwitch）用于实现 Hyper-V 虚拟网络运行机制。Hyper-V 早期版本中使用虚拟网络的概念，使用虚拟网络管理器（Virtual Network Manager）将虚拟机连接到 3 种类型的虚拟网络。Windows Server 2012 开始使用虚拟交换机取代虚拟网络的概念，引入了很多功能，以便实现租户隔离、通信整形、防止恶意虚拟机以及更轻松地排查问题。

Hyper-V 虚拟交换机是第 2 层虚拟网络交换机，用于将虚拟机连接到物理网络。它模拟基于硬件的交换机的全部功能，支持更复杂的虚拟环境和解决方案。Hyper-V 提供 3 种类型的虚拟交换机以支持相应的 3 种虚拟网络。下面先介绍这 3 种类型，再简要介绍如何创建和配置虚拟交换机。

1. 外部虚拟交换机

如图 16-15 所示，这种交换机能提供完全网络访问，虚拟机和主机连接到同一个外部虚拟交换机，虚拟机与本地主机和物理网络都能通信。虚拟机与主机获取同一网段的 IP 地址，与主机所在的网络中的其他计算机通信，每台虚拟机等同于主机所在网络的主机。可以针对每个物理网卡创建一个外部虚拟交换机。

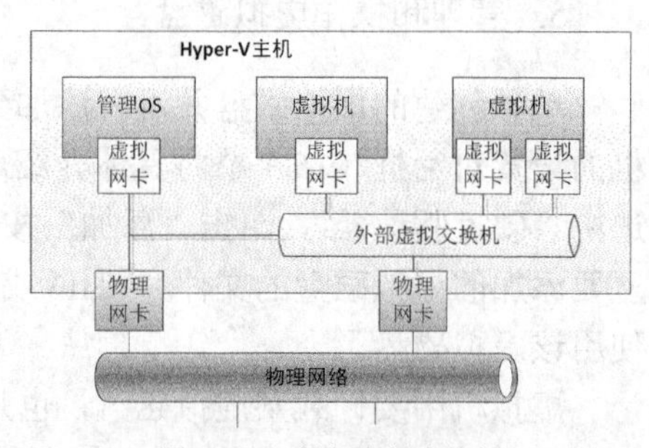

图 16-15　外部虚拟交换机

创建一个外部虚拟交换机后，Hyper-V 主机上的数据流发生了变化。默认情况下，Windows 操作系统使用物理网络发送网络数据包。一旦外部虚拟网络交换机接收了网络数据包，会将这些数据包转发到所映射的物理网卡。因为创建外部虚拟交换机时，虚拟交换机管理器修改了物理网卡和外部虚拟交换机的一些属性，包括协议、服务和客户服务的绑定和解绑定。

例如，创建了一个外部虚拟交换机，并将其映射到名为“Ethernet1”的物理网络接口上。如图 16-16 所示，该物理网卡会发生如下变化。

- 解除绑定的 Microsoft 网络客户端、Microsoft 网络文件和打印机共享，TCP/IP 协议 IPv4、TCP/IP 协议 IPv6，以及其属性设置中列出的所有其他服务、客户端或协议。
- 绑定微软虚拟网络交换机协议。

如图 16-17 所示，外部虚拟交换机则发生以下变化。

- 绑定 Microsoft 网络客户端、Microsoft 网络文件和打印机共享，TCP/IP 协议 IPv4、TCP/IP 协议 IPv6。
- 解除绑定微软虚拟网络交换机协议。

微软虚拟网络交换机协议是与物理网卡绑定的，负责监听来自外部虚拟交换机的网络流量。如果微软虚拟网络交换机协议未绑定到物理网卡，物理网卡将会减少由外部虚拟交换机产生的网络数据包。

图 16-16　用于外部虚拟交换机的物理网卡协议设置

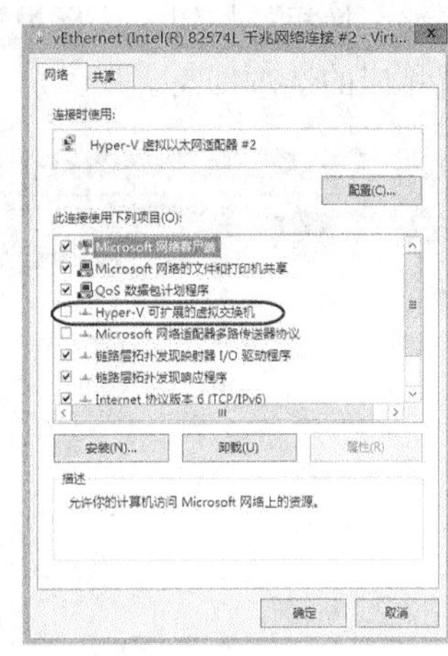

图 16-17　外部虚拟交换机协议设置

2. 内部虚拟交换机

如图 16-18 所示，内部虚拟交换机连接的内部虚拟网络很特别，允许所有虚拟机与主机通信，但不能与主机所在的物理网络通信。可以创建多个内部虚拟交换机。内部虚拟网络是一种未绑定到物理网卡的虚拟网络，通常用来构建从管理操作系统（主机）连接到虚拟机所需的测试环境。

添加内部虚拟交换机，相当于给主机添加一个虚拟网卡。由于可以提供 DHCP 服务和 NAT 代理服务，如果在主机上启用 NAT 或 Internet 连接共享，则可以让虚拟机访问 Internet。

3. 专用虚拟交换机

如图 16-19 所示，使用专用虚拟交换机，所有的虚拟机连接到同一个虚拟交换机上，所有的虚拟机之间可以通信，但是不能访问主机以及主机所在的网络。要将虚拟机与主机从外部网络中的网络通信中隔离出来时，通常会使用这种虚拟交换机。可以创建多个专用虚拟交换机。

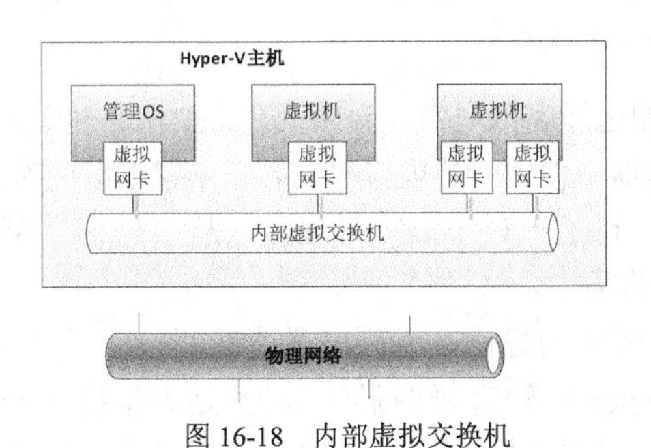

图 16-18　内部虚拟交换机

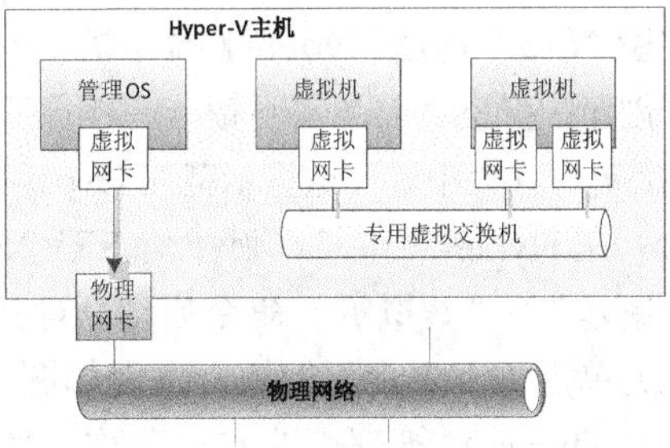

图 16-19　专用虚拟交换机

4. 创建和管理虚拟交换机

通常在安装 Hyper-V 角色时会创建一个虚拟交换机。管理员也可以根据需要创建更多的虚拟交换机，或者修改现有的虚拟交换机。打开 Hyper-V 管理器，单击操作窗格中的“虚拟交换机管理器”按钮打开如图 16-20 所示的界面，左侧给出虚拟交换机列表，单击“新建虚拟网络交换机”按钮，选择类型，单击“创建虚拟交换机”按钮出现如图 16-21 所示的界面，设置相应的选项即可。

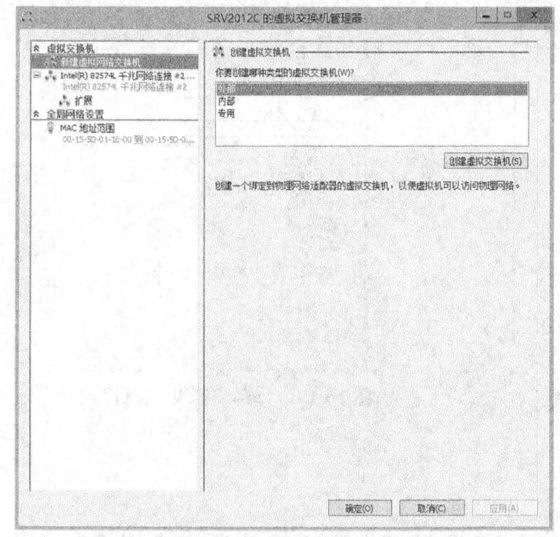

图 16-20　虚拟交换机管理器

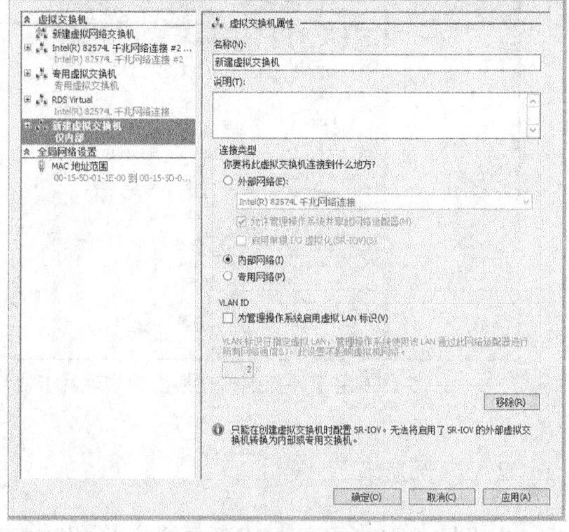

图 16-21　新建虚拟交换机

提示：建议在 Hyper-V 主机上创建外部虚拟网络交换机时规划停机时间，在 Hyper-V 主机上至少安装两个网络适配器，其中一个专供远程管理使用，其他专门用于虚拟机。

16.3　创建与管理 Hyper-V 虚拟机

完成了 Hyper-V 角色的安装，了解和掌握了虚拟磁盘和虚拟交换机的操作，接下来进入最为关键的环节——创建和管理虚拟机。

16.3.1　创建 Hyper-V 虚拟机

实验 16-3　创建 Hyper-V 虚拟机

在创建虚拟机之前，需要做一些准备工作，如选择虚拟网络（交换机）类型、选择虚拟磁盘类型、决定内存大小等。这里示范在 Hyper-V 管理器中使用新建虚拟机向导来创建虚拟机的过程。

（1）在 Hyper-V 主机（例中为 SRV2012C）上打开 Hyper-V 管理器，从“操作”菜单中选择“新建”>“虚拟机”命令启动新建虚拟机向导。

（2）单击“下一步”按钮，出现如图 16-22 所示的界面，为新建的虚拟机指定一个名称，这是一个 Hyper-V 管理用的友好名称（如在 Hyper-V 管理器中显示），不是虚拟机（安装操作系统）的计算机名称；为虚拟机配置文件指定存储放置，默认将位于安装 Hyper-V 角色所设置的路径。

（3）单击“下一步”按钮，出现如图 16-23 所示的界面，为 Hyper-V 虚拟机指定代数。这里选择“第二代”。

第二代是 Windows Server 2012 R2 新增的功能，Hyper-V 使用更少的硬件以支持多项功能，例如使用标准网络适配器进行安全启动、SCSI 启动和 PXE 启动。客户操作系统必须运行的是 Windows Server 2012 或者 64 位的 Windows 8 及更高的版本。注意虚拟机创建完成后无法修改 Hyper-V 虚拟机代数。

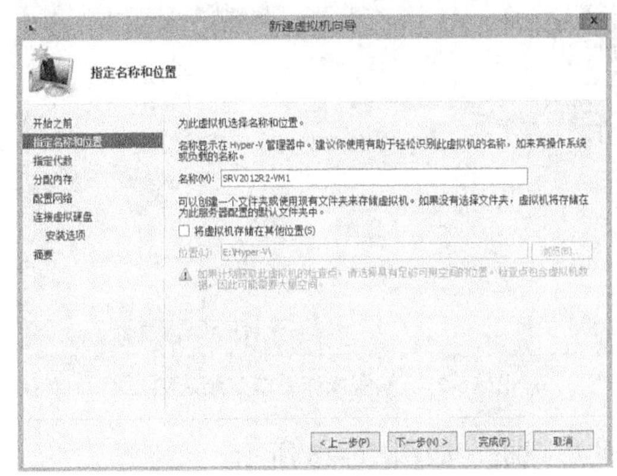

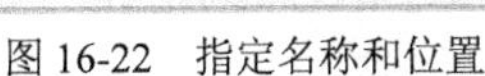
图 16-22　指定名称和位置

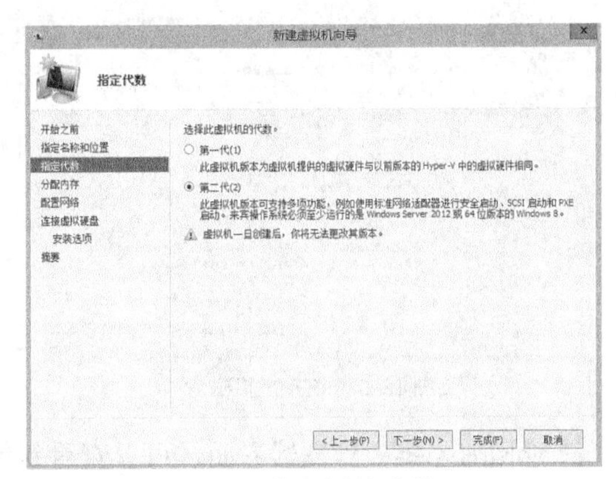

图 16-23　指定虚拟机代数

（4）单击“下一步”按钮，出现图 16-24 所示的界面，为虚拟机分配内存。这里选择使用动态内存，动态内存是一个优化 Hyper-V 主机通过管理操作系统给虚拟机分配物理内存的方式的一种功能。

（5）单击“下一步”按钮，出现图 16-25 所示的界面，为虚拟机配置网络以便虚拟机创建完成之后能够正常通信。这里选择一个之前创建的虚拟交换机，也可以选择默认的“未连接”，在虚拟机创建完成之后进入 Hyper-V 虚拟机设置界面添加虚拟网卡。

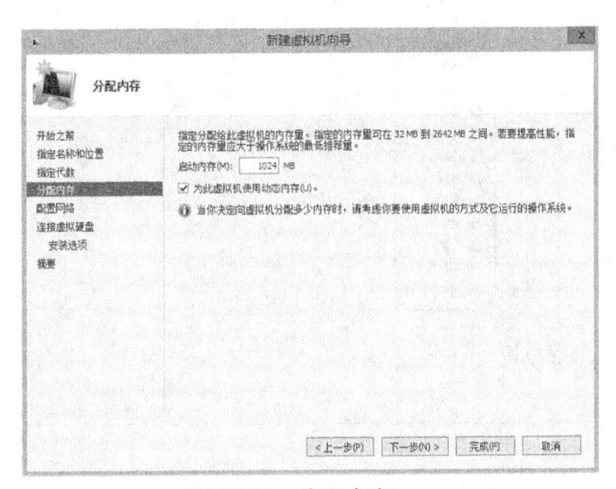

图 16-24　分配内存

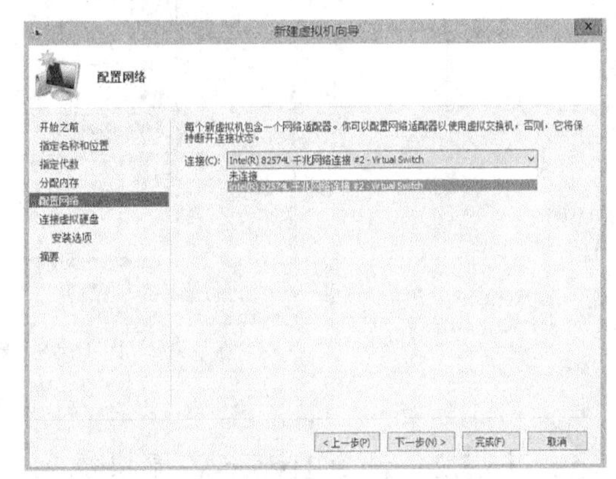

图 16-25　配置网络

（6）单击“下一步”按钮，出现图 16-26 所示的界面，连接虚拟机硬盘。可以选择创建新的虚拟硬盘、使用现有的虚拟硬盘、以后附加虚拟硬盘。例中选择“创建虚拟硬盘”，并指定 VHDX 文件的名称、存储位置和大小。这将创建一个动态扩展磁盘。

如果要使用固定大小磁盘，可以在创建虚拟机之前创建以作为现有虚拟磁盘使用，或者之后再附加。

（7）单击“下一步”按钮，出现图 16-27 所示的界面，设置操作系统安装选项。这里选择“以后安装操作系统”。还可以提供操作系统映像文件，或者从网络安装操作系统。

（8）单击“下一步”按钮，显示上述设置的摘要信息，确认无误后单击“完成”按钮，即可创建所需的虚拟机。

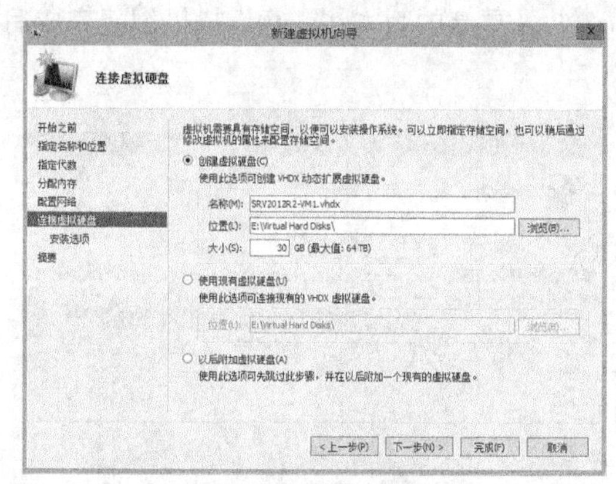

图 16-26　连接虚拟磁盘

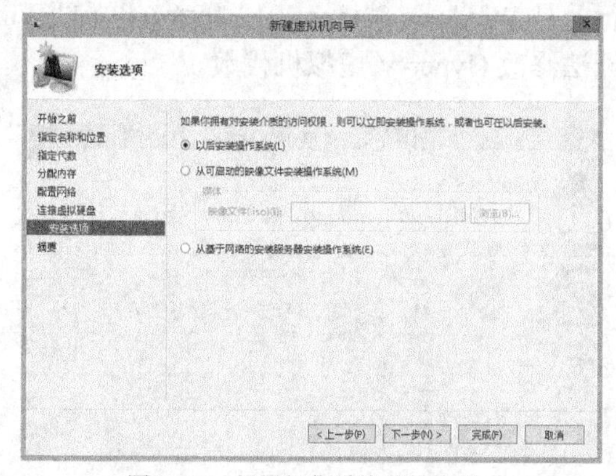

图 16-27　设置操作系统安装选项

返回 Hyper-V 管理器界面，可以查看新创建的虚拟机，如图 16-28 所示。

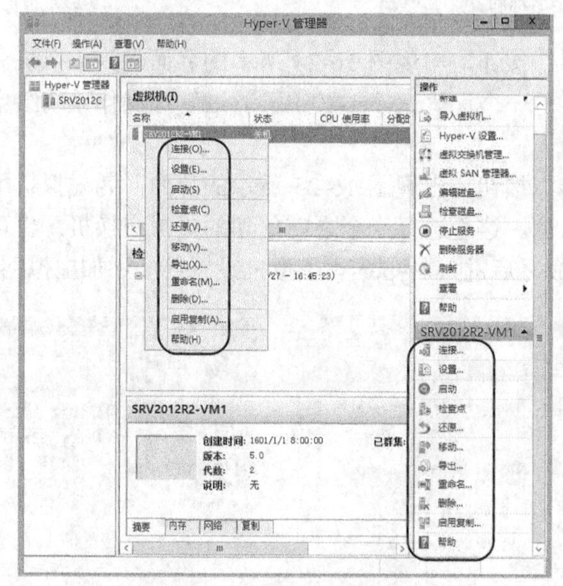

图 16-28　新创建的虚拟机

16.3.2　设置 Hyper-V 虚拟机

对于现有的虚拟机，可以进一步查看和修改其设置。在 Hyper-V 管理器中右击要设置的虚拟机，选择“设置”命令，弹出图 16-29 所示的虚拟机设置界面。设置选项较多，左侧窗格中包括“硬件”和“管理”两个区域。

“硬件”区域用于设置所有的虚拟硬件，这里列出主要的设置选项。

- 添加硬件：能够添加相关的硬件设备。可以添加 SCSI 控制器、网络适配器和光纤通道适配器。
- 固件（Firmware）：可以选择启动顺序。
- 内存：可以设置启动内存、动态内存等，包括最大和最小内存、内存缓冲区以及内存权重。

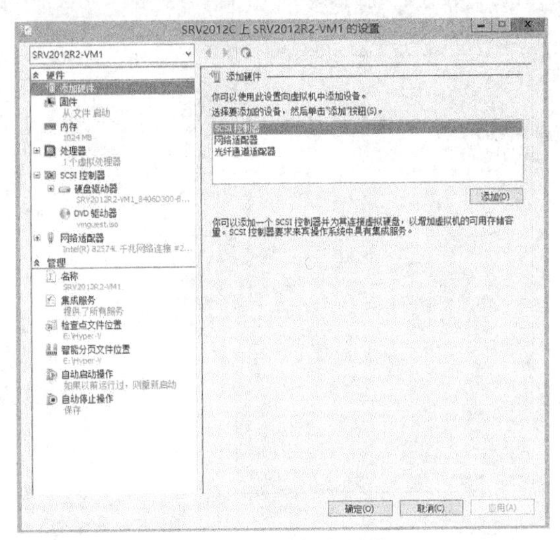

图 16-29　虚拟机设置

- 处理器：指定虚拟机所配置的虚拟处理器的数量，设置资源控制（为虚拟机限制处理器占用比例）。
- SCSI 控制器：管理虚拟磁盘和光驱等。
- 网络适配器：查看已连接的虚拟交换机、创建 VLAN、带宽管理。
- 硬件加速：配置虚拟机队列、IPSec 任务卸载以及 SR-IOV。
- 高级功能：配置 MAC 地址、DHCP 防护、路由器保护、受保护的网络、端口镜像以及 NIC 组合

“管理”区域可以更改虚拟机名称，配置集成服务组件，指定检查点文件位置和智能分页文件位置，以及决定主机启动或停止时要执行的任务。这些选项通常保留默认设置即可。

16.3.3　在虚拟机上安装操作系统

实验 16-4　在虚拟机上安装操作系统

前面使用向导创建虚拟机时，如果没有安装任何操作系统，该虚拟机只是相当于一台裸机。例中要在该机上安装 Windows Server 2012 R2。

参见图 16-27，Windows Server 2012 R2 附带的 Hyper-V 所提供的新建虚拟机向导不再提供物理光驱（CD/DVD）为虚拟机安装操作系统，第二代虚拟机支持 ISO 映像文件安装。可以手动添加 DVD 驱动器，支持从 DVD 驱动器启动安装光盘。

（1）设置启动光盘。在 Hyper-V 管理器中打开要安装操作系统的虚拟机的设置对话框，在左侧窗格的“硬件”区域中单击“SCSI 控制器”节点，在右侧窗格中列表中选中“DVD 驱动器”，单击“添加”按钮将一个 DVD 驱动器附加到 SCSI 控制器，如图 16-30 所示，例中 Hyper-V 主机本身就是 VMware 虚拟机，因而 DVD 驱动器需要使用 Windows Server 2012 R2 安装包的映像文件，单击“应用”按钮。

（2）调整启动顺序。如图 16-31 所示，在左侧窗格的“硬件”区域中单击“固件”节点，在右侧窗格“启动顺序”列表中选中“DVD 驱动器”，单击“向上移动”按钮直至该项处于第一位，以便使光驱成为优先启动载体。单击“确定”按钮关闭设置对话框。

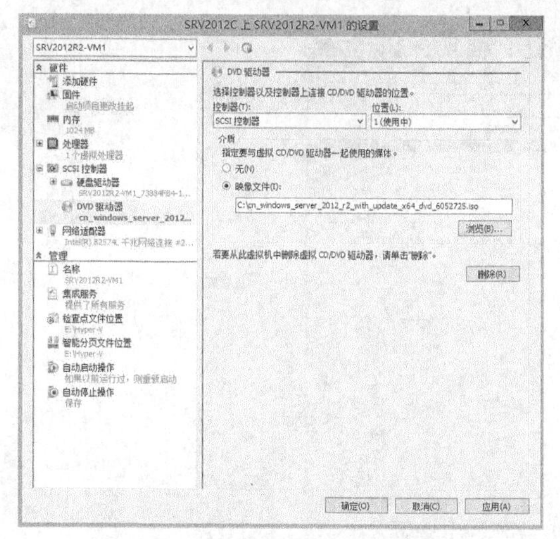

图 16-30　设置 DVD 驱动器

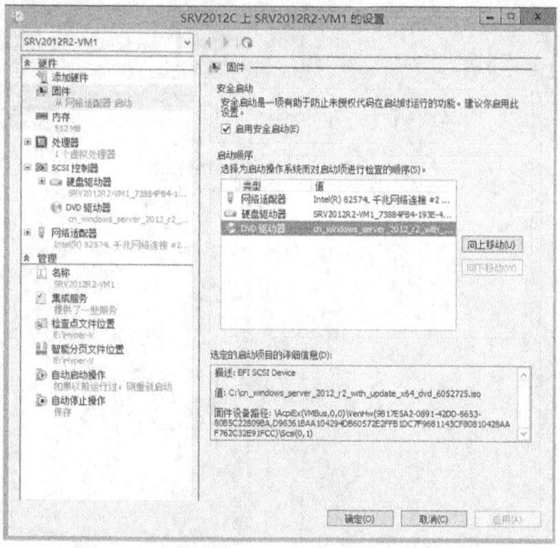

图 16-31　调整启动顺序

（3）在 Hyper-V 管理器中的“虚拟机”列表中双击要安装系统的虚拟机，或者右击它并选择“连接”命令，弹出相应的虚拟机连接控制台，如图 16-32 所示，当前该虚拟机处于关闭状态，也就是没有开机。

（4）在虚拟机连接控制台中单击启动按钮，或者从“操作”菜单中选择“启动”命令，启动该虚拟机，如图 16-33 所示。

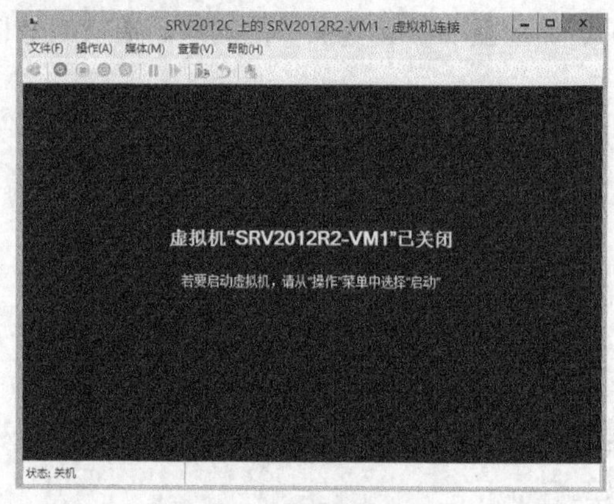

图 16-32　虚拟机连接控制台

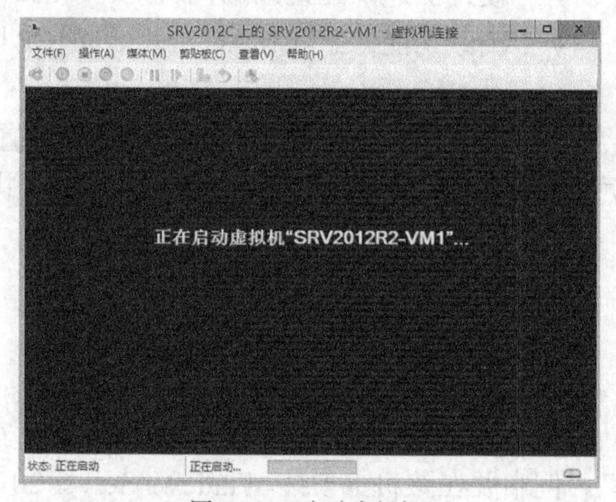

图 16-33　启动虚拟机

（5）虚拟机加载安装文件后进入安装过程，根据提示完成安装过程。

虚拟机也可以加入到域，作为域成员。

16.3.4　使用虚拟机连接控制台

实验 16-5　使用虚拟机连接控制台

1. 虚拟机基本操作

虚拟机连接控制台用于从主机上管理控制虚拟机。它顶部有一个菜单栏和一个工具栏，其中大部分功能也会在 Hyper-V 管理器中提供，如图 16-34 所示。底部是一个状态栏。中间主区域则是虚拟机的屏幕。

在虚拟机连接控制台中单击虚拟机屏幕可以“捕获”键盘和鼠标，此时所有的键盘和鼠标操作都发送给虚拟机。最初要释放虚拟机对键盘和鼠标的控制，需要按组合键 Ctrl+Alt+左箭头。虚拟机安装操作系统时一般都安装有集成服务，直接将光标从虚拟机屏幕中移到主机桌面上，虚拟机就会自动释放对键盘和鼠标的控制；再次移动到虚拟机屏幕，则又被虚拟机控制。有一个例外，任何时候使用组合键 Ctrl+Alt+Delete，主机都会捕获它。要将这个组合键发送给虚拟机，可以从“操作”菜单中选择“Ctrl+Alt+Delete”命令，或者按 Ctrl+Alt+End 组合键。

实际上虚拟机连接控制台使用远程桌面协议（RDP）与虚拟机进行通信。远程桌面服务也使用该协议，不过它使用的端口是 3389，而虚拟机连接控制台使用端口 2179。在 Hyper-V 管理器中启动虚拟机连接控制台时，将启动一个名为 vmconnect.exe 的客户端应用程序（Virtual Machine Connection），它是类似于远程桌面客户端的角色。Hyper-V 虚拟机管理（Virtual Machine Management）服务是类似于远程桌面服务的角色，当使用 vmconnect.exe 连接到该服务时，该服务将通知哪些虚拟机可用，并让 RDP 通信引导到相应的虚拟机。

提示：当安装有操作系统的虚拟机在运行时，在虚拟机连接控制台从“查看”菜单中选择“全屏模式”命令，或者按组合键 Ctrl+Alt+Pause，切换到全屏模式，此时会出现类似于远程桌面连接的界面，如图 16-35 所示。

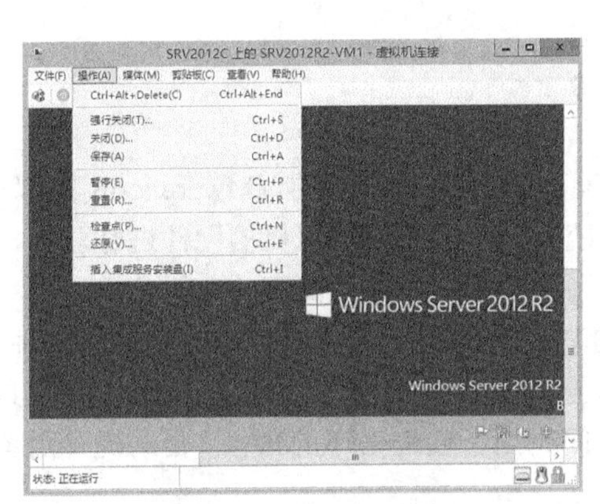

图 16-34　虚拟机连接控制台

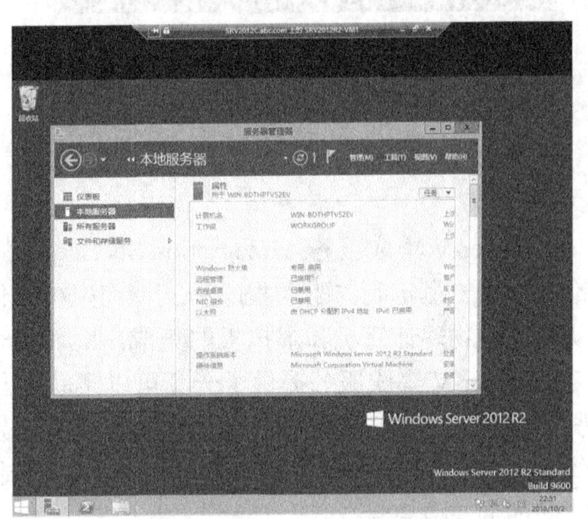

图 16-35　类似于远程桌面连接的界面

2. Hyper-V 增强会话模式

Windows Server 2012 R2 开始支持使用 Hyper-V 增强会话模式，Hyper-V 中的虚拟机连接允许重定向虚拟机连接会话中的本地资源（如显示器配置、音频、打印机、剪贴板、智能卡、驱动器等）。虚拟机连接增强了为需要连接到虚拟机的 Hyper-V 管理员提供的交互式会话体验。当与虚拟机交互时，它可以提供类似于远程桌面连接的功能。

在以往版本的 Hyper-V 中，虚拟机连接仅提供虚拟机屏幕、键盘和鼠标的重定向以及有限的复制功能。若要获取更多重定向功能，可以启动与虚拟机之间的远程桌面连接，但这需要提供虚拟机的网络路径。

要使用 Hyper-V 增强会话模式，Hyper-V 客户操作系统至少是 Windows 8.1 和 Windows Server 2012 R2 以及更新版本。

打开 Hyper-V 管理器，单击操作窗格中的“Hyper-V 设置”，单击“增强会话模式策略”，选中“允许增强会话模式”复选框，单击“确定”按钮。

关闭虚拟机并重新打开虚拟机连接，出现如图 16-36 所示的界面，可以调整虚拟机显示分辨率。

单击“显示选项”按钮，切换到“本地资源”选项卡，可以配置远程音频设置以及本地资源设置，如图 16-37 所示。

在虚拟机中打开资源管理器，可以调用 Hyper-V 主机资源。

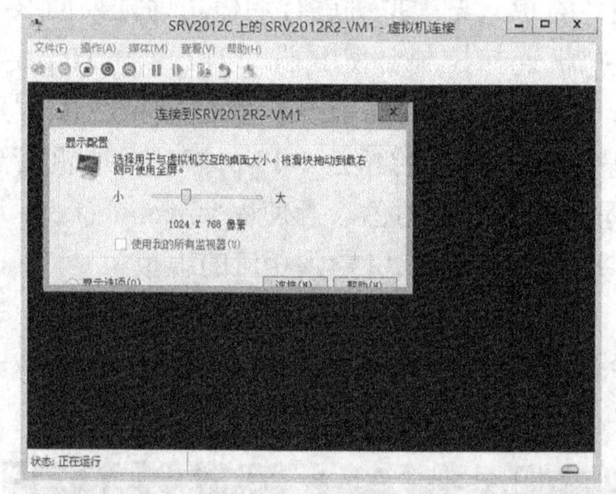

图 16-36 调整虚拟机显示分辨率

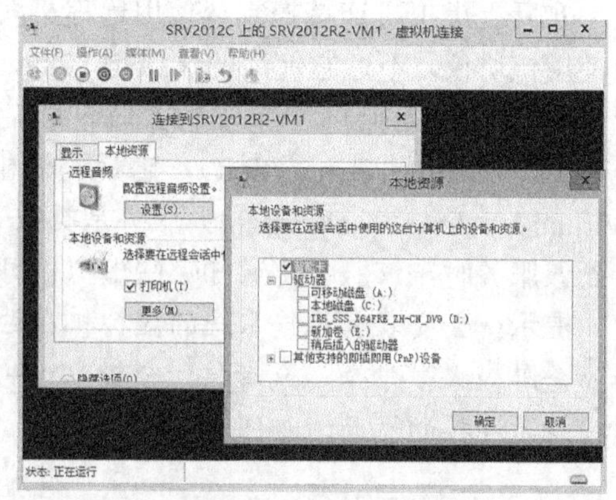

图 16-37 设置重定向的本地资源

16.3.5 安装 Hyper-V 集成服务

Hyper-V 集成服务（Integration Services）的功能与 VMware 产品的 VMware tools 类似，都是提供一组定制的驱动程序和支持虚拟机操作系统的软件包，对虚拟机的硬件进行驱动，从而改进物理计算机和虚拟机的集成，继而带来一系列主机与虚拟机交互的功能。

Hyper-V 集成服务提供了一套可以帮助提升虚拟机性能表现的组件。这些组件分为两种：驱动和服务。驱动在提升虚拟机性能表现方面发挥了十分重要的作用，而服务则负责完成具体的工作。比如，VMBus 驱动在虚拟机和父分区之间充当了通信信道的角色，帮助提升两者之间的通信效率。

Hyper-V 集成服务在每台虚拟机上都安装了 5 种服务，每种服务都在实现特定功能方面都发挥了重要作用。这些服务包括操作系统关闭、时间同步、数据交换、检测信号（心跳）和备份（卷检查点）。Windows Server 2012 R2 还增加了一种称为客户服务（来宾服务）的功能，可以将文件复制到虚拟机当中。

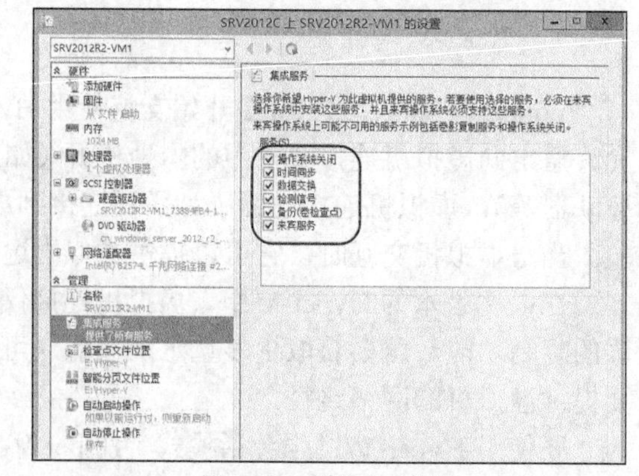

图 16-38 开启集成服务

这 6 种服务功能也可以根据用户的特殊求而选择单独关闭。打开虚拟机的设置对话框，单击左侧窗格“管理”区域中的“集成服务”节点，即可对这 6 大服务进行开启和关闭，如图 16-38 所示。

提示：为了获得最优的性能，建议管理操作系统和客户操作系统运行相同版本的集成服务。在 Windows Server 2012 R2 中部署 Hyper-V，虚拟机安装 Windows Server 2012 或更高版本，已经内置集成服务，无需安装。其他客户操作系统上的集成服务升级到较新的版本，虚拟机在包含要升级到的集成服务版本的 Hyper-V 版本上运行时执行升级。

安装 Windows 版的集成服务很简单，只需在虚拟机连接控制台的菜单栏中选择“操作”>“插入集成服务安装光盘”命令，根据提示安装即可。

16.3.6 配置和使用检查点

Windows Server 2012 R2 将 Windows Server 2012 及以前版本的 Hyper-V 快照（Snapshots）功能改称为检查点（Checkpoints）。检查点可以保持虚拟机在某一个时间点的状态，这种状态包括磁盘、网络、内存等。

这个特性可以帮助用户更好地进行测试。例如，在某个软件安装的环节，不确定配置方法是否有误，而接下来的安装过程时间又很长，此时可以为虚拟机创建一个检查点，当发现结果不是预期的时候，可以快速还原到上一个检查点，而不需要等待重启虚拟机和继续前面的操作步骤，从而大量节省时间。

当创建检查点后，系统会锁定当前的 VHD 或 VHDX 文件，然后创建一个新的 AVHD 或 AVHDX 文件，在这个检查点之后的操作都会保存在新的文件中，并且此时还会单独保存一份当前状态的内存拷贝。每次创建检查点，即会运行这两个操作。

当多次对虚拟机创建检查点后，可以看到系统会产生一条检查点树。默认情况下检查点的命名会采用“虚拟机名称-（时间）”的方式，如图 16-39 所示，按时间顺序从上往下，依次缩进。

打开 Hyper-V 管理器，右击要创建检查点的虚拟机，选择“检查点”命令，设置检查点名称，即可创建新的检查点。

对于已经创建的检查点，可以执行相关的操作，如图 16-40 所示。这些操作主要包括导出、导入、重命名、删除检查点/检查点树、应用、还原。

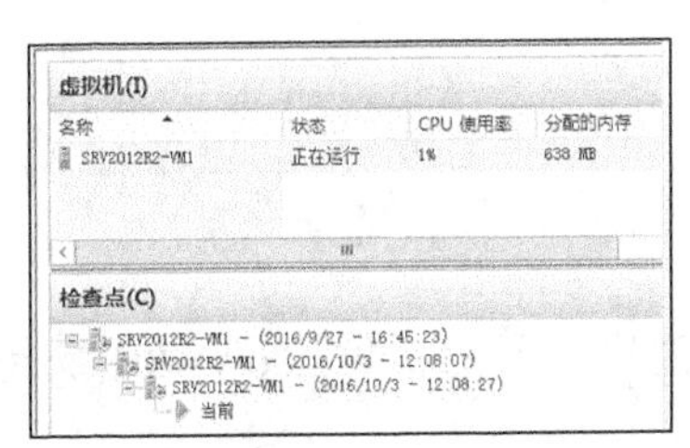

图 16-39 检查点树状结构

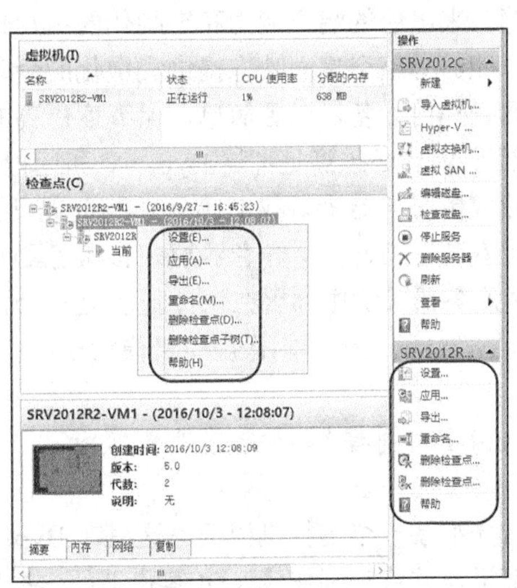

图 16-40 检查点操作

这里强调一下检查点的应用。它的优势在于可以随时使用“应用”操作来回退到某一个时间点。通过在不同时间创建检查点，可以获得虚拟机在不同时间段的不同状态。

16.3.7 远程管理虚拟机

可以使用 Hyper-V 管理器对虚拟机进行远程管理。从 Windows Server 2012 开始，操作系统中内置了“Hyper-V Administrators”用户组，通过该用户组，管理员可以快速为特定人员赋予权限，此组的成员拥有对 Hyper-V 所有功能的完全且不受限制的访问权限。通过将特定管理人员的用户账户添加到该用户组，即可实现其远程对 Hyper-V 的管理。当然还可以将用户添加至 Administrators 组中，为用户赋予 Hyper-V 管理权限，注意这样权限更大，本地的 Administrators 组权限和域管理员在目标主机上的权限是一致的，都拥有完全不受限的权限。

这里简单示范一下域管理员远程管理 Hyper-V。

在域管理器（SRV2012A）上安装 Hyper-V 管理器。可通过服务器管理器的添加角色和功能向导，进入“选择功能”界面，依次展开“远程服务器管理器”>“角色管理工具”>“Hyper-V 管理器”进行添加。

打开 Hyper-V 管理器，从“操作”菜单中选择“连接至服务器”命令，在“选择计算机”对话框中输入服务器信息，可以是要管理 Hyper-V 主机的计算机名、域名或 IP 地址。连接成功后即可以远程管理其他 Hyper-V 主机。

16.4 部署虚拟桌面

实验 16-6 部署虚拟桌面

第 12 章介绍了远程桌面服务基于会话虚拟化部署的方法，这里讲解基于虚拟机基础结构（VDI）部署虚拟桌面。这种部署需要 Hyper-V 支持。VDI 这种全新模式旨在为智能分布式计算带来出色的响应能力和定制化的用户体验，并通过基于服务器的模式提供管理和安全优势，能够为整个桌面映像提供集中化的管理。Windows Server 2012 R2 的 VDI 技术能让用户用几乎任何设备，以更简单、保真度更高的方式访问数据中心内托管的 Windows 环境。

部署 VDI 必须满足部署 Hyper-V 和远程桌面服务的前提条件。至少需要一台域控制器、一台域成员服务器来承载 Hyper-V 和远程桌面服务。这里沿用上述实验环境，在 SRV2012C 上已经安装好 Hyper-V 角色。要求该服务器是域成员，将在它上面安装 VDI，且网络中提供 DHCP 服务器（例中部署在域控制器上）。另外要准备操作系统（Windows 7 或 Windows 8，不支持 Windows XP）制作虚拟机模板。

16.4.1 创建客户端虚拟机模板

首先准备一个虚拟机模板。这里在 Hyper-V 主机上创建一个运行 Windows 8.1 操作系统的虚拟机，并将它制作成 VDI 客户端的虚拟机模板。

（1）在 Hyper-V 主机（例中为 SRV2012C）上打开 Hyper-V 管理器，启动新建虚拟机向导，新建一个虚拟机，例中各项主要设置如图 16-41 所示，具体步骤请参见 16.3.1 节的讲解。

其中名称设置为 Win81_Test；虚拟机代数指定为第一代，因为 VDI 客户端不支持第二代虚拟机；考虑到安装 Windows 8.1，启动内存设置为 1 024 MB，且启用动态内存；网络选择一个外部虚拟交换机；磁盘支持动态扩展；操作系统安装选项选择“从可启动的 CD/DVD-ROM 安装操作系统”，并选择映像文件，这里使用 Windows 8.1 系统，如图 16-42 所示。

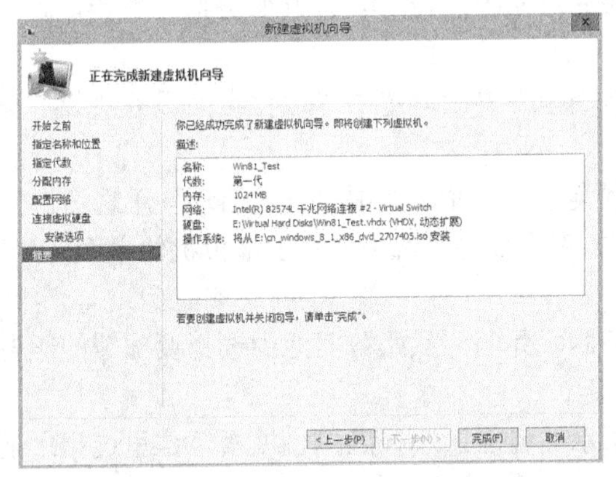

图 16-41　虚拟机安装选项摘要

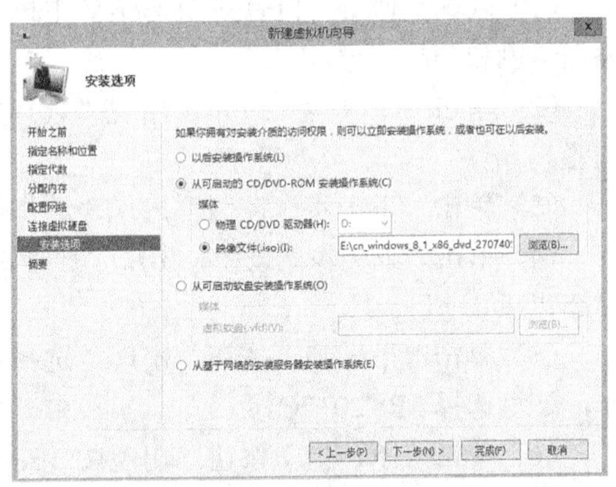

图 16-42　操作系统安装选项

（2）在虚拟机上安装操作系统，这里是 Windows 8.1，步骤参见 16.3.3 节的讲解。

（3）安装操作系统之后，根据需要安装系统更新（补丁），配置应用环境，安装应用软件，做好发布之前的准备。

（4）使用系统准备工具 Sysprep 准备要交付的客户端映像。

具体步骤是：登录准备好的操作系统后，打开“运行”对话框，输入 sysprep 命令打开图 16-43 所示的窗口，右击应用程序 sysprep，选择“以管理员身份运行”命令弹出如图 16-44 所示的对话框，从“系统清理操作”下拉列表中选择“进入系统全新体验”，选中“通用”复选框，从“关机选项”下拉列表中选择“关机”，单击“确定”按钮。

待 Sysprep 工作完成，虚拟机自动关机，至此客户端模板创建完成。

图 16-43　执行 sysprep 命令

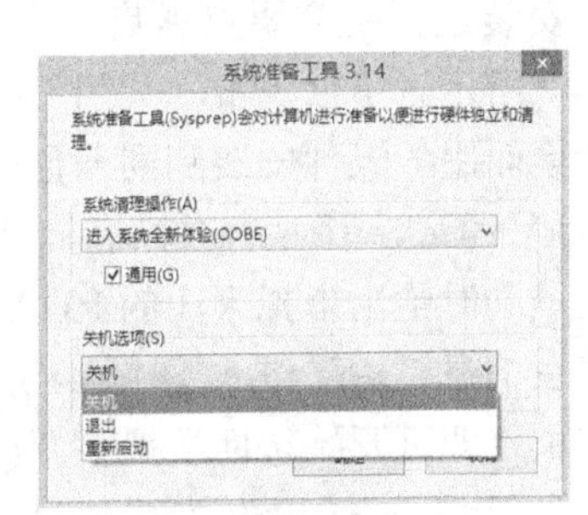

图 16-44　系统准备工具

16.4.2 完成基于虚拟机的桌面部署

VDI 是由远程桌面服务角色支持的，这就需要安装远程桌面服务。这里选择快速启动部署，在 Hyper-V 主机上部署远程桌面服务并快速创建虚拟机集合，向用户提供虚拟桌面。这里要用到之前做好的模板机，注意模板机一定要是关机状态。

（1）以域管理员身份登录 Hyper-V 主机（例中为 SRV2012C），打开服务器管理器，启动添加角色和功能向导。

（2）单击“下一步”按钮，出现“选择安装类型”界面，选中“远程桌面服务安装”单选钮。

（3）单击“下一步”按钮，出现“选择部署类型”界面，选中“快速启动”单选钮。

（4）单击“下一步”按钮，出现“选择部署方案”界面，选中“基于虚拟机的桌面部署”单选钮。

（5）单击“下一步”按钮，出现“选择服务器”界面，从服务器池中选择要部署的服务器，这里选择 SRV2012C。

（6）单击“下一步”按钮，出现图 16-45 所示的界面，选择虚拟机模板，这里选择之前创建的虚拟机的虚拟磁盘文件。

（7）单击“下一步”按钮，出现“确认选择”界面，如图 16-46 所示，选中“需要时自动重新启动目标服务器”复选框，单击“部署”按钮。

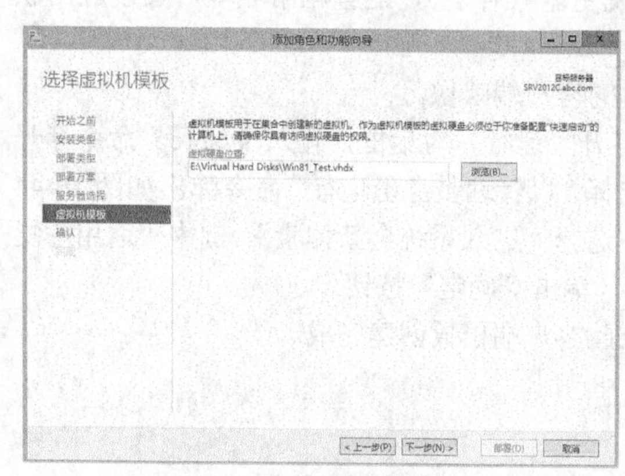

图 16-45　选择虚拟机模板

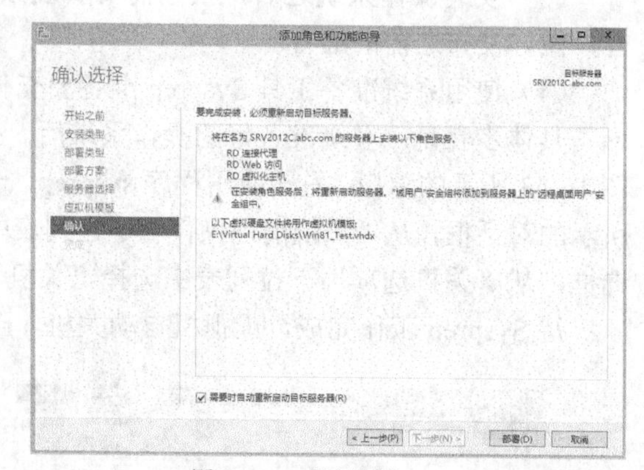

图 16-46　确认选择

在安装过程中需要重新启动。启动后会继续安装，查看安装进度，直到安装完成，如图 16-47 所示。可以单击“关闭”按钮完成安装过程。这种快速启动部署向导除了会将所需的远程桌面服务组件安装到同一台服务器中外，还会配置虚拟机模板，默认会创建一个名称为 QuickVMCollection 的虚拟机集合。

这里同时给出虚拟桌面的 RD Web 访问地址，可以单击下方的链接进行测试。根据提示设置登录信息之后，进入图 16-48 所示的界面，当前文件夹列出来可以访问的虚拟机集合，单击该集合即可开始访问虚拟桌面。

可以忽略证书一类的警告信息，最终能够进入虚拟桌面，如图 16-49 所示。

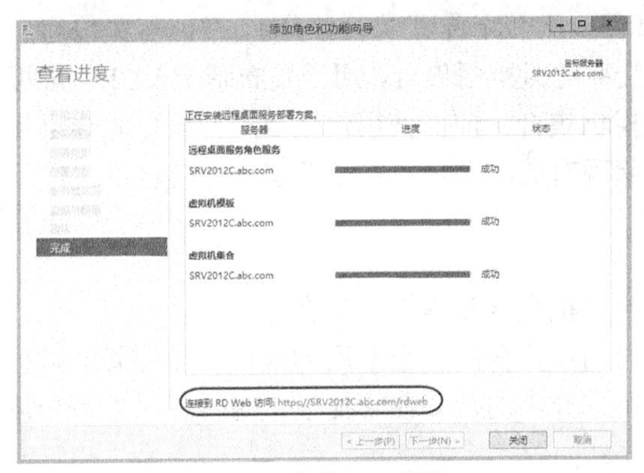

图 16-47　完成 VDI 安装

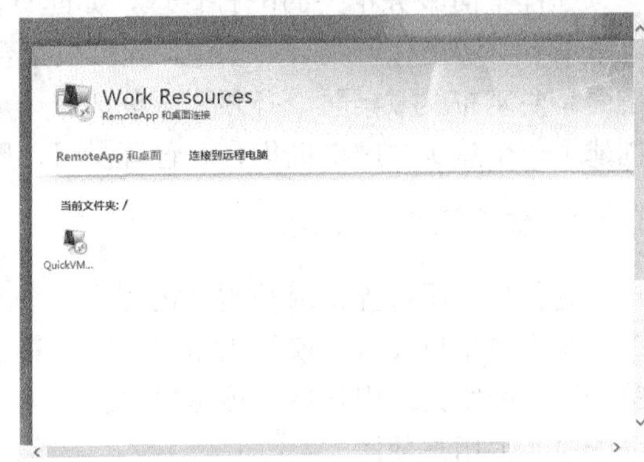

图 16-48　访问虚拟桌面

图 16-49　虚拟桌面

16.4.3　创建和管理虚拟机集合

VDI 是通过远程桌面服务来实现的，可以在服务器管理器打开远程桌面服务管理主界面来进行配置管理，如图 16-50 所示。

图 16-50　远程桌面服务部署管理界面

远程桌面服务相关的配置管理，如配置部署、证书配置可以参考第 12 章的有关内容。这里重点讲解虚拟机集合的创建。虚拟机集合又称虚拟桌面集合，用于发布基于 VDI 的虚拟桌面。要发布虚拟桌面，必须至少创建一个虚拟机集合。前面使用快速启动部署，向导已经创建了一个默认的虚拟机集合。管理员可以删除现有的集合，也可以新建一个集合。

1. 虚拟机集合的类型

远程桌面服务提供两种虚拟机集合：个人虚拟机集合和虚拟机集合池。

个人虚拟机集合，就是当用户连接到集合时向用户分配一个专用的虚拟机，当某虚拟机第一次分配给某个用户后，该虚拟机就成为该用户专用的，即使它处于空闲状态，都不会被分配给其他用户使用。

虚拟机集合池也就是共用集合，当用户连接到集合时，向用户分配一个临时的虚拟机，所以只要空闲的虚拟机都可以被分配使用，从而达到虚拟机共用的效果。

另外，这两种集合还可根据是否自动创建和管理虚拟机来区分。自动创建和管理虚拟机是一种托管方式，需要准备虚拟机模板。手动创建和管理虚拟机是一种非托管方式，需要手动准备每台虚拟机，然后再加到虚拟机集合中。

2. 创建虚拟机集合

这里以创建托管的虚拟机集合池为例进行示范。

（1）使用域管理员账户登录服务器，在服务器管理器中左侧窗格中单击“远程桌面服务”节点，然后单击“集合”节点。

（2）单击“任务”菜单，然后选择“创建虚拟桌面集合”命令打开创建集合向导。

（3）单击“下一步”按钮，出现“命名集合”界面，这里将其命名为“ABC Managed Pool”。

（4）单击“下一步”按钮，出现图 16-51 所示的界面，选中“虚拟机集合池”，确保“自动创建和管理虚拟机”复选框被选中。

（5）单击“下一步”按钮，在“指定虚拟机模板”界面上选择要使用的虚拟机模板，这里选择前面创建的 Win81_Test。向导通过复制该虚拟机模板来创建此集合中的虚拟机。

（6）单击“下一步”按钮，在“指定虚拟机设置”界面上选中“提供无人参与的设置”单选钮。还可以选择另一个选项，不过需要建立简单的 Sysprep 应答文件。

（7）单击“下一步”按钮，出现图 16-52 所示的界面，选择时区以及组织单位。这里的组织单位信息来自集合的配置部署（“部署属性”设置对话框）中的 AD 信息。

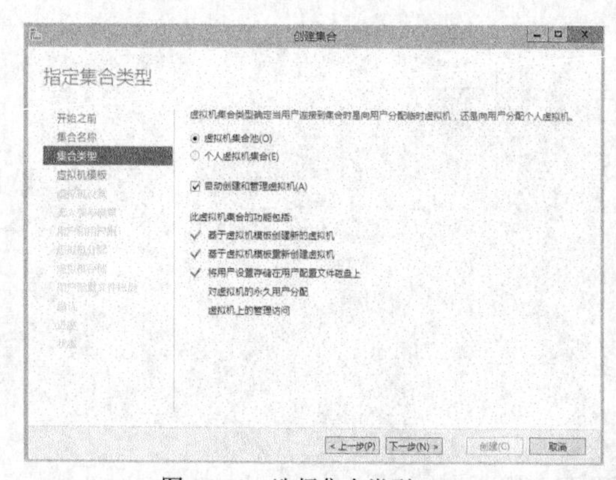

图 16-51　选择集合类型

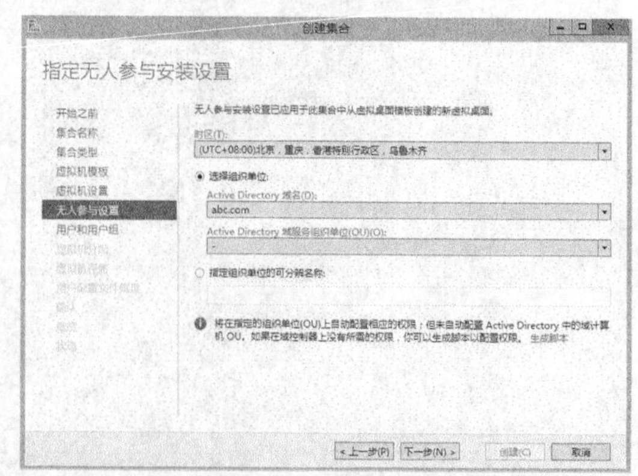

图 16-52　指定无人参与安装设置

（8）单击“下一步”按钮，出现图 16-53 所示的界面，指定具有虚拟桌面访问权限的用户组、要在集合中创建的虚拟桌面数，以及虚拟机名称的前缀和后缀。

（9）单击“下一步”按钮，出现图 16-54 所示的界面，指定虚拟机分配的 RD 虚拟化主机。

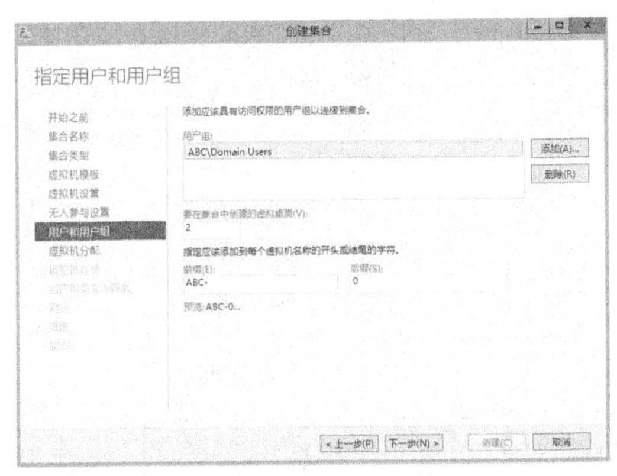

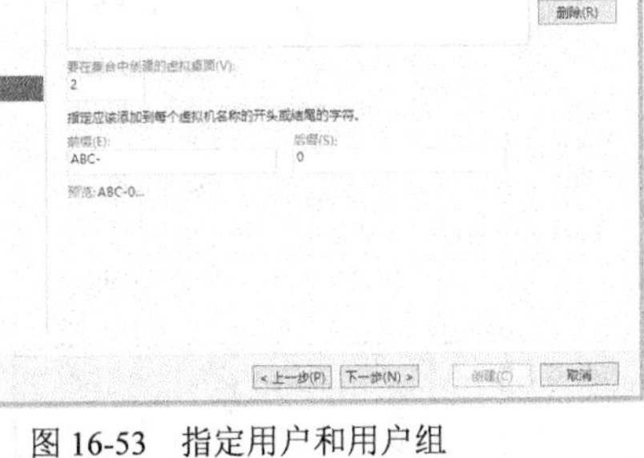

图 16-53　指定用户和用户组

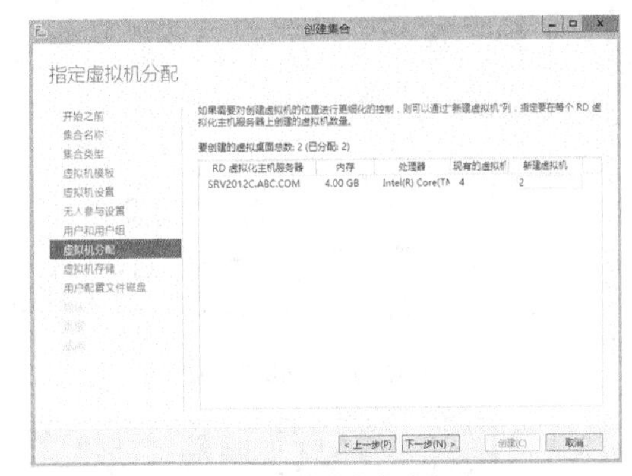

图 16-54　指定虚拟机分配

（10）单击“下一步”按钮，出现图 16-55 所示的界面，指定存储虚拟机的路径。

（11）单击“下一步”按钮，在“指定用户配置文件磁盘”界面上选择是否启用用户配置文件磁盘，这里选择不启用。如果启用，则需要指定一个共享文件夹来存放用户的配置文件。这需要用户配置文件磁盘支持。

用户配置文件磁盘将用户配置文件信息存储在单独虚拟硬盘上，以便用户配置文件设置在共用虚拟机中保持持久。

（12）单击“下一步”按钮，在“确认选择”界面上确认选项设置，单击“创建”按钮开始创建虚拟机。

可以在创建过程中看到从模板机中导出虚拟机，然后利用它创建虚拟机（虚拟桌面）。完成此过程需要一些时间。完成之后即可在其他计算机上通过 RD Web 访问地址进行测试，正常登录之后将出现图 16-56 所示的界面，当前文件夹列出新建的虚拟桌面集合。

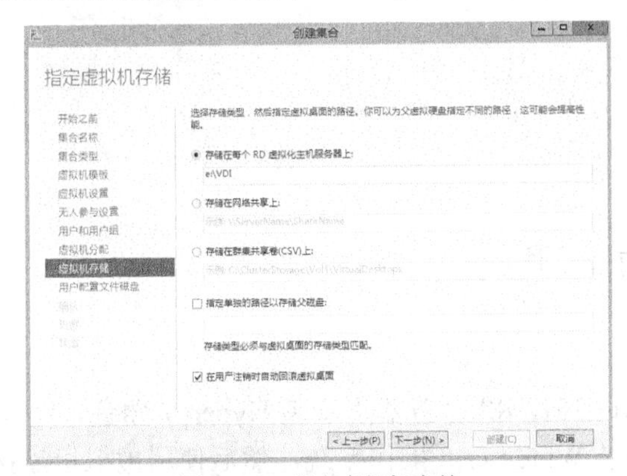

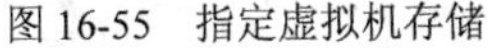

图 16-55　指定虚拟机存储

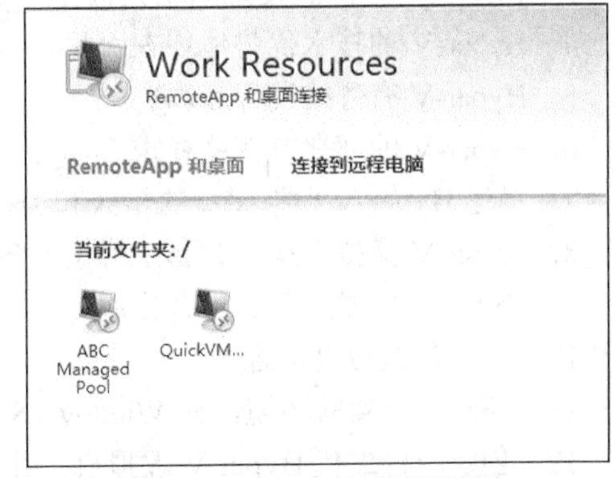

图 16-56　RD Web 访问虚拟桌面

由于该集合支持两个虚拟桌面（虚拟机），可以在两台计算机上同时测试，访问的虚拟桌面分别如图 16-57 和图 16-58 所示，可见虚拟机的计算机名称使用前面指定的前缀和后缀来区分。

此时也可以在服务器端查看虚拟桌面的连接状态，如图 16-59 所示。

图 16-57　第一个虚拟桌面　　图 16-58　第二个虚拟桌面

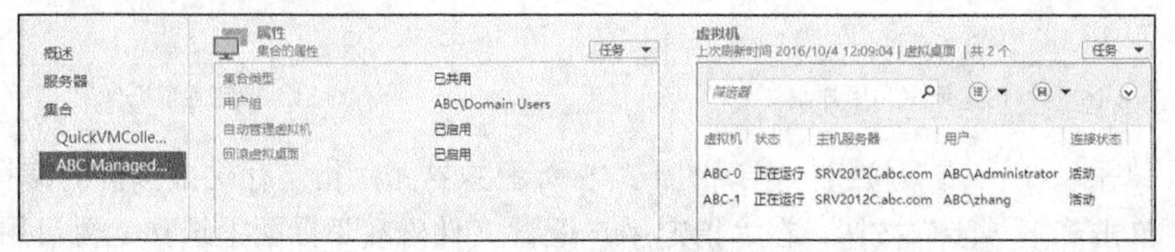

图 16-59　虚拟机集合的连接状态

至此可以更深刻地体会到：Hyper-V 与远程桌面服务结合起来的一套解决方案提供了 3 种灵活的 VDI 部署选项：池化桌面、个人桌面，以及远程桌面会话（终端服务）。

16.5　习　　题

1．解释服务器虚拟化的概念。

2．简述 Hyper-V 基于 VMBus 的高速内存总线架构。

3．简述 Hyper-V 的设备驱动架构。

4．Hyper-V 的技术优势体现在哪里？

5．Hyper-V 有哪些发行版本？

6．Hyper-V 的部署有哪些要求？

7．简述 Hyper-V 虚拟磁盘的格式和类型。

8．Hyper-V 虚拟交换机有哪些类型？各有什么特点？

9．Hyper-V 集成服务有什么作用？

10．什么是虚拟机集合？

11．搭建一个实验环境，在 Windows Server 2012 R2 服务器上安装 Hyper-V 角色。

12．创建一台二代 Hyper-V 虚拟机，并安装 Windows 8 操作系统，然后使用虚拟机连接控制台进行操作。

13．创建一个检查点，并进行还原实验。

14．搭建一个实验环境，在 Windows Server 2012 R2 服务器上采用快速启动部署类型基于 VDI 部署远程桌面服务，并测试虚拟桌面的访问。